ATZ/MTZ-Fachbuch

In der Reihe ATZ/MTZ-Fachbuch vermitteln Fachleute, Forscher und Entwickler aus Hochschule und Industrie Grundlagen, Theorien und Anwendungen der Fahrzeug- und Verkehrstechnik. Die komplexe Technik, die moderner Mobilität zugrunde liegt, bedarf eines immer größer werdenden Fundus an Informationen, um die Funktion und Arbeitsweise von Komponenten sowie Systemen zu verstehen. Fahrzeuge aller Verkehrsträger sind ebenso Teil der Reihe, wie Fragen zu Energieversorgung und Infrastruktur. Das ATZ/MTZ-Fachbuch wendet sich an Ingenieure aller Mobilitätsfelder, an Studierende, Dozenten und Professoren. Die Reihe wendet sich auch an Praktiker aus der Fahrzeug- und Zulieferindustrie, an Gutachter und Sachverständige, aber auch an interessierte Laien, die anhand fundierter Informationen einen tiefen Einblick in die Fachgebiete der Mobilität bekommen wollen.

Weitere Bände in dieser Reihe http://www.springer.com/series/12236

Eduard Köhler · Rudolf Flierl

Verbrennungsmotoren

Motormechanik, Berechnung und Auslegung des Hubkolbenmotors

7., aktualisierte und erweiterte Auflage

Springer Vieweg

Eduard Köhler
Mosbach, Deutschland

Rudolf Flierl
München, Deutschland

ATZ/MTZ-Fachbuch
ISBN 978-3-658-24540-5 ISBN 978-3-658-24541-2 (eBook)
https://doi.org/10.1007/978-3-658-24541-2

Die Deutsche Nationalbibliothek verzeichnet diese Publikation in der Deutschen Nationalbibliografie; detaillierte bibliografische Daten sind im Internet über http://dnb.d-nb.de abrufbar.

Springer Vieweg

Verantwortlich im Verlag: Markus Braun

Springer Vieweg ist ein Imprint der eingetragenen Gesellschaft Springer Fachmedien Wiesbaden GmbH und ist ein Teil von Springer Nature.
Die Anschrift der Gesellschaft ist: Abraham-Lincoln-Str. 46, 65189 Wiesbaden, Germany

Vorwort zur 7. Auflage

Die Autoren danken dem Verlag Springer Vieweg/Springer Fachmedien Wiesbaden für das anhaltende Interesse. So ermöglicht eine nunmehr 7. Auflage, neue Entwicklungen bei Verbrennungsmotoren zu berücksichtigen. Die Verunsicherung durch den so genannten „Diesel-Skandal" führte bei der deutschen Automobilindustrie zu einem deutlichen Rückgang der Verkaufszahlen von Diesel-Pkw. Um zwecks Vermeidung von Strafzahlungen dennoch die CO_2-Flottenemissionsziele zu erreichen, bestand die Notwendigkeit, Ottomotoren mit neuen Technologien auszurüsten. So wurden bei einzelnen Vierzylindermotoren u. a. die Zylinderabschaltung, das Miller-Verfahren und die variable Verdichtung eingeführt. Der Hubkolben-Verbrennungsmotor beweist damit in einer Zeit der proklamierten „Verkehrswende" seine noch lange nicht erschöpfte Wandlungsfähigkeit. Innovationen bei mechanischen Motorkomponenten und Baugruppen tragen in ganz spezifischer Weise zur Optimierung der Thermodynamik des Hubkolben-Verbrennungsmotors bei. Neben technischen Neuerungen zeichnet die 7. Auflage eine gründliche Überarbeitung mit zahlreichen Ergänzungen aus. Das Fachbuch spiegelt damit in der vorliegenden Auflage den Stand der Technik wider. Auch die Vorbereitung der 7. Auflage stand im Zeichen bewährter und vertrauensvoller Zusammenarbeit mit dem Verlag Springer Vieweg/Springer Fachmedien Wiesbaden, dem hierfür gedankt sei.

Kaiserslautern, im Februar 2019 — Rudolf Flierl
Mosbach, im Februar 2019 — Eduard Köhler

Vorwort zur 6. Auflage

Mit der breiten Einführung der Turboaufladung bei Otto- und Dieselmotoren hat sich der technische Stand der Verbrennungsmotoren nochmals deutlich verändert. Die Bedeutung der Turboaufladung nimmt durch die Downsizing-Konzepte zur Reduzierung der CO_2-Emissionen einen neuen Stellenwert in den Fahrzeugantrieben ein und wird die Motorenkonzepte der Zukunft wesentlich beeinflussen. Um das Buch auf dem aktuellen Stand der Technik zu halten, wurde eine neue Auflage notwendig. Die Autoren danken dem Verlag Vieweg+Teubner für die vertrauensvolle und gute Zusammenarbeit bei der Vorbereitung dieser Auflage.

Der Autor Rudolf Flierl widmet diese 6. Auflage seinem Doktorvater Prof. Dr.-Ing. Klaus Federn, der im Dezember 2010 seinen 100. Geburtstag feiern konnte. Seine Begeisterung für die Technik und sein analytisches Vorgehen haben mich wesentlich geprägt. Dafür möchte ich mich bei ihm auf diesem Wege bedanken und ihm und seiner Familie alles Gute wünschen.

Kaiserslautern, im Juli 2011 — Rudolf Flierl
Heilbronn, im Juli 2011 — Eduard Köhler

Vorwort zur 5. Auflage

Die Autoren freuen sich, zusammen mit dem Verlag Vieweg+Teubner nunmehr die 5. Auflage des Buches „Verbrennungsmotoren" vorlegen zu können. Darin kommt zunächst zum Ausdruck, dass sich das Buch etablieren konnte und auf nachhaltiges Interesse in Fachkreisen auch an der Motormechanik stößt. Diese tritt ja angesichts der politischen Dimension der Abgasemissionen des Verbrennungsmotors gegenüber der Motorthermodynamik zuweilen doch etwas in den Hintergrund. Es unterstreicht aber auch, dass die Autoren seit einigen Jahren eine kontinuierliche und bis zum heutigen Tag hervorragende Zusammenarbeit mit dem Verlag Vieweg – jetzt Vieweg+Teubner – verbindet. Anlässlich des Erscheinens der 5. Auflage sei dafür besonders herzlich gedankt.

Der Inhalt dieses Buches beruht ursprünglich auf einer Habilitationsschrift „Berechnung und Auslegung der Motormechanik schnelllaufender Hubkolbenmotoren" eines der beiden heutigen Autoren, Eduard Köhler. Diese wurde von der Otto-von-Guericke-Universität Magdeburg im Jahr 1996 angenommen. Ein herzlicher Dank gilt der dortigen Fakultät Maschinenbau und insbesondere Herrn Prof. Dr.-Ing. H. Tschöke vom Lehrstuhl für Kolbenmaschinen, der umfangreiche Unterstützung gewährte. Verpflichtung zu großem Dank besteht zudem gegenüber Herrn Prof. Dr.-Ing. H. Pucher, Technische Universität Berlin, und Herrn Prof. em. Dr.-Ing. Ulf Essers, Universität Stuttgart. Beide gaben viele wertvolle Hinweise zum Gelingen der Arbeit. Der Kontakt zu Herrn Prof. Essers geht auf die Studienzeit zurück. Er hat sich seither immer wieder mit Rat und Tat zur Verfügung gestellt. Seit einigen Jahren darf der genannte Autor einem Lehrauftrag am Lehrstuhl von Prof. Tschöke nachkommen, wobei Inhalte dieses Buches Berücksichtigung finden.

Die Funktionsverantwortung für mechanische Motorkomponenten im Rahmen der Berufstätigkeit des Autors gab ab 1988 Anlass, persönliche Erfahrungen schriftlich festzuhalten. Es war insbesondere auch eine Zeit des Umbruchs. Die rechnergestützte Bauteilauslegung ersetzte mehr und mehr herkömmliche Berechnungsverfahren. Hier sei auch dem Arbeitgeber, der heutigen Kolbenschmidt Pierburg AG bzw. der KS Aluminium-Technologie AG, für eine fachlich herausfordernde, interessante berufliche Tätigkeit gedankt. Dieser Dank schließt Kollegen, Mitarbeiter und Vertreter der Kundenseite mit ein, die sich immer wieder als Gesprächspartner zur Verfügung gestellt und wertvolle Anregungen gegeben haben.

Die Gelegenheit, die Habilitationsschrift in Buchform publizieren zu können, gab Anlass zur ersten größeren Überarbeitung. Manche Leser empfanden es als Mangel, dass ein zentrales Thema – der Massenausgleich des Hubkolbenmotors – zunächst ausgespart wurde. So regte vor allem Herr Prof. Tschöke eine entsprechende Ergänzung des Buches an und entsprach damit auch einem Anliegen des Autors. Mit der inhaltlich erweiterten 2. Auflage, bei der Herr Prof. Tschöke und Mitarbeiter beratend zur Seite standen, lag nun ein fachlich abgerundetes Buch vor.

Der Autor wurde von der Nachricht des Verlags, dass sich die 2. Auflage anhaltend gut verkauft und bereits eine 3. Auflage in Angriff genommen werden soll, etwas, wenn auch angenehm, überrascht. Die Vorbereitungszeit reichte damals für eine fachliche Überarbeitung bzw. Aktualisierung – Letzteres ohnehin eine Problematik speziell von Fachbüchern – nicht aus. Dagegen wurde die vom Verlag in dankenswerter Weise bereits mit der 2. Auflage begonnene redaktionelle Überarbeitung einschließlich Mängelbeseitigung fortgesetzt.

Im Herbst 2004 erschien die 4. Auflage des Buches. Vor einer weiteren Auflage drängte sich zunehmend die Frage auf, ob das Buch dem Stand der Technik noch gerecht wird. Auch wenn ein Fachbuch primär Grundlagen vermitteln soll, kann es sich der stürmischen Entwicklung der Motorentechnik nicht ganz entziehen. Der beruflich stark eingespannte Autor war allerdings kaum mehr in der Lage, die erforderliche Überarbeitung alleine zu leisten. Hier war es sicherlich ein glücklicher Umstand, dass Herr Prof. Dr.-Ing. Rudolf Flierl, Technische Universität Kaiserslautern, als Mitautor für die 4. Auflage gewonnen werden konnte. Herr Prof. Flierl hatte zunächst dankenswerterweise das Kapitel Ventiltrieb grundsätzlich neu überarbeitet und um viel aktuelles Wissen über moderne Ventiltriebsysteme und den von diesen zu steuernden Ladungswechsel bereichert. Darüber hinaus war es dringend geboten, im Kapitel Kolben aktuellen Entwicklungen – vor allem auf Seite der Pkw-DI-Dieselmotoren – Rechnung zu tragen.

Mit der 4. Auflage wurde die Aktualisierung des Buches angegangen. Diese wurde nun konsequent fortgesetzt. Mit der 5. Auflage legen die Autoren eine Überarbeitung insbesondere des sich mit der Bauteilauslegung befassenden Kap. 4 und damit zugleich eines ansehnlichen Teils des Buches vor. Hier lag stets die Absicht zugrunde, den Grundlagen neueres Wissen gegenüberzustellen. So werden z. B. die Fortschritte bei der Kurbelwellenberechnung ausführlich dargestellt sowie neue Bauteilkonzepte von Pkw-Zylinderkurbelgehäusen erläutert. Es wird z. B. auch auf die Werkstoffproblematik beim Zylinderkopf tiefer eingegangen und versucht, einen Überblick über neue Zylinderkopfdichtungskonzepte zu geben. Gerade letzteres Bauteil erfährt eine rasante Weiterentwicklung. Kleinere Veränderungen in den restlichen Kap. 2, 3 und 5 und das Bemühen um die Beseitigung verbliebener kleiner Mängel runden die 5. Auflage ab.

Die Autoren danken dem Verlag Vieweg+Teubner für die traditionell gute Zusammenarbeit, so auch bei der Vorbereitung dieser 5. Auflage. Schließlich ging vom Verlag auch der Anstoß für diese umfangreiche Aktualisierung aus. Eine Fortsetzung dieses Bemühens mag – sollten die Voraussetzungen dann gegeben sein – einer weiteren Auflage vorbehalten sein. Die Autoren geben der Hoffnung Ausdruck, das Buch wieder auf den aktuellen Stand der Technik gehoben zu haben, und damit beim geneigten Leser entsprechende Resonanz zu finden.

Kaiserslautern, im Juli 2008 — Rudolf Flierl
Heilbronn, im Juli 2008 — Eduard Köhler

Formelzeichen

(Ein * anstelle einer Dimension steht bei den Formelzeichen, deren Dimension fallspezifisch ist.)

a, A

a	mm	große Ellipsen-Hauptachse
	m/s	Schallgeschwindigkeit
a^*	m/s	Schallgeschwindigkeit bei kritischen Bedingungen
a_{Gg}, a_{Ggi}	mm	Gegengewichtsabstände
a_{urban}	m/s²	stat. rel. Teillastbeschleunigung Stadtverkehr
a_{No}	mm	Abstand Einstichpunkte Grundkreis-/Nockenspitzen-radius
a_{Pl}	m/s²	Pleuelquerbeschleunigung
$a_{wot\,ref}$	m/s²	Referenzbeschleunigung
a_Z	mm	Zylinderabstand
Δa_Z	mm	Stegbreite zwischen den Zylindern
$\Delta a'_Z$	mm	Zylinderbankversatz
A	mm², m²	Fläche, Oberfläche, Querschnitt, Strömungsquerschnitt
A_0	mm², m²	Bezugsfläche
A_1	mm²	Querschnitt vor Drosselstelle
A_2	mm²	Querschnitt nach Drosselstelle
A_5	%	Bruchdehnung
A_A	mm²	Auslassquerschnitt
A_{eq}	mm², m²	Ersatzquerschnitt
A_E	mm²	Einlassquerschnitt
A_i	mm², m²	i-te Teiloberfläche
	*	auch allg. für Fourier-Koeffizienten verwendet
$A_{i,j}$	mm², m²	Durchflussquerschnitt zwischen Volumen i und j
A_K	cm², mm²	Kolbenfläche
A_{Pl}	mm²	(mittlerer) Pleuelstangenquerschnitt
A_S	mm²	Schraubenschaftquerschnitt (Spannungsquerschnitt)
A_{Trf}	mm²	Trennfugenquerschnitt
A_{Ve}	mm²	Ventilquerschnittsfläche, Ventilöffnungsfläche

b, B

b	mm, m	Breite, kleine Ellipsen-Hauptachse auch: Abstand
b_B	mm	radialer Abstand Angriffspunkt Abstützkraft/Innenrand der Zylinderbohrung
b_e	g/kWh	spezifischer Kraftstoffverbrauch
b_{FR}	mm	radiale Abmessung des Feuerrings
b_{KWW}	mm	Kurbelwangenbreite
b'_{KWW}	–	auf Außendurchmesser Hubzapfen bezogene Kurbelwangenbreite
b_{Pl}	mm	Pleuelbreite
b_{Ri}	mm	radiale Kolbenringabmessung
Δb_{Ri}	mm, µm	Kolbenringlaufflächenverschleiß
b_{Sa}	mm	halbe Breite Kolbenschaftaussparung
b_Z	mm	Bankversatz beim V-Motor

b_{ZKD}	mm	radiale Abmessung der Brennraumeinfassung der Zylinderkopfdichtung
B	kg/h	Kraftstoffverbrauch
B'	$\frac{kg\,m^2}{s^2}$	Biegesteifigkeit pro Querschnittsbreite
B_i	*	Fourier-Koeffizienten
B_{100km}	l/100 km	Kraftstoffstreckenverbrauch

c, C

c	N/mm	Steifigkeit, Federsteifigkeit
c_1, c_2	Nmm/mm N/mm	Drehsteifigkeiten bzw. Axialsteifigkeiten
c_{Ers}	N/mm	Ersatzsteifigkeit (des Ventiltriebs)
c_F	N/mm	Federkonstante, Federsteifigkeit
c_{ij}	*	verschiedene Konstanten
c_L	m/s	Schallgeschwindigkeit in Luft (in der Akustik wird meist *c* statt *a* verwendet)
c_N	mm	Anlenkhebellänge des Nebenpleuels
$c_{ÖF}$	N/mm	Ölfilmsteifigkeit
c_p	kJ/(kgK)	spezifische Wärme bei konstantem Druck
C	*	Konstante, mathematischer Term
C_1, C_2	*	Konstanten, Integrationskonstanten

d, D

d	mm, m	Durchmesser
Δd	mm	Durchmesserüberdeckung, Durchmesservergrößerung infolge Wärmeausdehnung
d_1	mm	Durchmesser, Nenndurchmesser der Kolbenbolzensicherung (z. B. Sprengring)
d_2	mm	Sprengringdrahtdurchmesser
d_3	mm	Sprengringdurchmesser ungespannt
d_4	mm	Sprengringdurchmesser gespannt (Einbauzustand)
d_a	mm	Außendurchmesser
d_B	mm	Kolbenbolzendurchmesser
d_B^*	mm	Durchmesser der Kolbenbolzenfreidrehung
Δd_B	µm, mm	Ovalverformung des Kolbenbolzens, Durchmesserverkleinerung der Zylinderlaufbuchse wegen Überdeckung
d_{Bi}	mm	Innendurchmesser des Kolbenbolzens
d_{Bi1}	mm	aufgeweiteter Innendurchmesser des Innenkonusbolzens
d_{Bi2}	mm	Innendurchmesser des Innenkonusbolzens im zylindrischen Bereich
d_F	mm	Federdrahtdurchmesser
d_i	mm	Innendurchmesser, Innendurchmesser des Ein- bzw. Auslasskanals
d_{KWG}	mm	Durchmesser des Kurbelwellengrundzapfens
d_{KWGi}	mm	Innendurchmesser des Kurbelwellengrundzapfens
d'_{KWG}	–	auf Außendurchmesser des Hubzapfens bezogener Innendurchmesser des Kurbelwellengrundzapfens
d_{KWH}	mm	Außendurchmesser des Kurbelwellenhubzapfens
d_{KWHi}	mm	Innendurchmesser des Kurbelwellenhubzapfens
d'_{KWH}	–	auf Außendurchmesser bezogener Innendurchmesser des Kurbelwellenhubzapfens
d_{Ri}	mm	Kolbenringaußendurchmesser
$d_{Ri1,2}$	mm	orthogonal im Spannband gemessener Kolbenringaußendurchmesser
d_S	mm	Schraubenschaftdurchmesser (Durchmesser des Spannungsquerschnitts)
d_{S1}	mm	Flankendurchmesser des Schraubengewindes
d_{S2}	mm	Reibungsdurchmesser des Schraubenkopfes
Δd_U	µm	Durchmesservergrößerung der Futterbohrung des Zylinderkurbelgehäuses infolge Überdeckung
d_{Ve}	mm	Ventiltellerdurchmesser
ΔD	µm, mm	durchmesserbezogene Änderung der Kolbenovalität unter einem bestimmten Winkel
D_{Ba}	mm	Bund-Außendurchmesser
D_F	mm	mittlerer Schraubenfederdurchmesser
D_i	–	modale Dämpfung des *i*-ten Freiheitsgrads

D_K	mm, cm	Kolbendurchmesser
ΔD_K	µm, mm	durchmesserbezogene Ovalität des Kolbens
ΔD_{K1}	µm, mm	durchmesserbezogener Betrag der „einfachen" Ovalität des Kolbens
ΔD_{K2}	µm, mm	durchmesserbezogener Betrag der überlagerten „doppelten" Ovalität des Kolbens (Zusatzindex „alt" = vor, „neu" = nach Ovalitätskorrektur)
D_Z	mm, cm	Zylinderdurchmesser
e, E		
e	–	auf Pleuellänge bezogene Kurbeltriebsdesachsierung und/oder -schränkung
e_F	mm	Hebelarm der exzentrisch eingeleiteten Schraubenbetriebskraft
e_{F1}, e_{F2}	mm	Hebelarme der exzentrisch eingeleiteten Schraubenbetriebskraft bei schräg geteiltem Pleuel
e_S	mm	Schwerpunktsabstand
E	N/mm²	Elastizitäts-Modul
E_{Al}	N/mm²	Elastizitäts-Modul von Aluminium
E_{GJL}	N/mm²	Elastizitäts-Modul von Grauguss
f, F		
f	Hz, kHz	Frequenz
Δf	Hz, kHz	Frequenzband
f_{abt}	Hz, kHz	Abtastfrequenz
f_c	Hz, kHz	Eckfrequenz („Cut-off"-Frequenz)
f_e	Hz, kHz	Eigenfrequenz
f_g	Hz, kHz	Grenzfrequenz
f_i	–	Einflussfaktoren auf Biegeformzahl der Kurbelwellenkröpfung
	Hz, kHz	diskrete Frequenzen
	Hz, kHz	i-te Eigenfrequenz
F	N	Kraft
$F_I^{(1)}$, F_{II} $F_I^{(2)}$	N	Massenkräfte (abgekürzte Schreibweise)
ΔF	N	Kraftänderung
F_{ax}	N	Axialkraft
F_B	N	Betriebskraft
F_{Bi}	N	Betriebskraft bezogen auf verschiedene Stellen i
F_E	N	Erregerkraft

F_{E0}	N	Erregerkraft-Amplitude
F_F	N	Federkraft
F_{Fred}	N	reduzierte Federkraft
F_{FV}	N	Federvorspannkraft
F_G	N	Gewichtskraft, Schwerkraft
F_{Gas}	N	Gaskraft
$F_{Gas1,2}$	N	oberhalb und unterhalb des Kolbenrings wirkende Gaskraft
ΔF_{Gas}	N	Gaskraftdifferenz oberhalb und unterhalb des Kolbenrings
F_{Gasrad}	N	im Kolbenringrücken radial wirkende Gaskraft
F_{Gg}, F_{Ggi}	N	Gegengewichtskraft
F_{GgI}, F_{GgII}	N	bestimmte Gegengewichtskräfte
F_{Ggx}	N	x-Komponente der Gegengewichtskraft
F_{Ggy}	N	y-Komponente der Gegengewichtskraft
F_{hydax}	N	axiale Auftriebskraft im Schmierfilm zwischen Ringnut und Kolbenringflanke
F_{hydrad}	N	radiale Auftriebskraft im Schmierfilm der Kolbenringlauffläche
F_i	N	verschiedene durch Index i unterschiedene Kräfte, Schnittkräfte
F_K	N	Kolbenkraft
F_K^*	N	Kolbenkraft ohne Berücksichtigung der Kolbenbolzenmasse
F_{Kl}	N	Klemmkraft
F_{Klmin}	N	Mindestklemmkraft
F_{Klmin1}	N	Mindestklemmkraft gegen Querverschiebung
F_{Klmin2}	N	Mindestklemmkraft bei Betriebskraft
F_{Klmin3}	N	Mindestklemmkraft zur Kompensation der Lagerüberdeckung
F_{KN}	N	Kolbenseitenkraft
$F_{KN\text{-}DS}$	N	druckseitige Kolbennormalkraft (am Zylinderende) mit ausgetauchtem Schaftende
$F_{KNx\text{-}DS}$	N	Längskomponente der druckseitigen Normalkraft
$F_{KNy\text{-}DS}$	N	Querkomponente der druckseitigen Normalkraft (= Kolbenseitenkraft)

$F_{KN\text{-}GDS}$	N	gegendruckseitige Kolbennormalkraft (= Kolbenseitenkraft)
F_{KWHL}	N	Hauptlagerkraft der Kurbelwelle
F_l	N	Längskraft
F_{li}	N	Längskraft bezogen auf verschiedene Stellen i
F_m	N	Massenkraft
F_{mK}	N	Massenkraft des Komplettkolbens (mit Bolzen, Bolzensicherung und Kolbenringen)
F^*_{mK}	N	Massenkraft des Kolbens ohne Kolbenbolzen
F_{mKWrot}	N	Massenkraft der rotierenden Kurbelwellenmasse
F_{mosz}	N	oszillierende Massenkraft
$F_{mosz}^{(1)}$	N	oszillierende Massenkraft 1. Ordnung
$F_{mosz}^{(2)}$	N	oszillierende Massenkraft 2. Ordnung
F_{moszN}	N	oszillierende Massenkraft des Nebenpleuels
$F_{mosz\text{-}OT}$	N	oszillierende Massenkraft in OT-Stellung
$F_{mosz\text{-}Ref}$	N	oszillierende Massenkraft (Bezugswert)
F_{mPlk}	N	Massenkraftbelastung des Pleuelkopfes
F_{mPlrot}	N	Massenkraft des rotierenden Pleuelmassenanteils
F'_{mPlrot}	N	Massenkraft des rotierenden Pleuelmassenanteils ohne Pleuellagerdeckel
$F_{mPlrotN}$	N	rotierender Anteil der Massenkraft des Nebenpleuels
F_{mRest}	N	nicht ausgeglichene Massenkraft
F_{mrot}	N	rotierende Massenkraft
$F_{mrotges}$	N	gesamte rotierende Massenkraft
F_N	N	Normalkraft
F_{No}	N	auf Nocken wirkende Kraft
F_{Nx}, F_{Ny}	N	x- und y-Komponente der Normalkraft
F_{Pl}	N	Pleuelstangenkraft
F_{PlKZ}	N	Pleuelkopfentlastung im Klemmlängenbereich
F_{PlL}	N	Pleuellager- bzw. Hubzapfenkraft
F_q	N	Querkraft
F_{qi}	N	Querkraft bezogen auf verschiedene Stellen i
F_{rad}	N	Radialkraft (in verschiedenem Zusammenhang gebraucht)
F_{radx}, F_{rady}	N	x- und y-Komponente der Radialkraft
F_{Rax}	N	axiale Reibkraft an der Kolbenringlauffläche
$F_{R\text{-}DS}$	N	druckseitige Reibkraft am Kolbenschaft
F_{res}	N	resultierende Kraft
F_{Rrad}	N	radiale Reibkraft zwischen Ringnut- und Kolbenringflanke
$F_{Rx\text{-}GDS}$	N	x-Komponente der gegendruckseitigen Reibkraft am Kolbenschaft
$F_{Ry\text{-}GDS}$	N	y-Komponente der gegendruckseitigen Reibkraft am Kolbenschaft
F_S	N	Schraubenkraft
F_{So}	N	Reaktionskraft im oberen Schaftbereich
F_{Su}	N	Reaktionskraft im unteren Schaftbereich
F_{SZ}	N	Schraubenzusatzkraft
F_t	N	Tangentialkraft
F_{tGas}	N	gaskraftbedingte Tangentialkraft
F_{ti}	N	Tangentialkraft an der Kröpfung i
F_{tmosz}	N	Tangentialkraft der oszillierenden Massenkraft
F_V	N	Vorspannkraft (in verschiedenem Zusammenhang gebraucht)
$F_{V1,2}$	N	Vorspannkräfte bezogen auf unterschiedliche Verhältnisse
ΔF_V	N	Vorspannkraftverlust, Erhöhung der Vorspannkraft
F_{Vmax}	N	maximale Vorspannkraft
F_{Vmin}	N	minimale Vorspannkraft
F_x	N	x-Komponente der Kraft F
$F_x^{(1)}$	N	Längskraft 1. Ordnung
$F_x^{(2)}$	N	Längskraft 2. Ordnung
F_{xi}	N	Längskräfte
F_{xres}	N	x-Komponente der resultierenden Kraft
$F_{xRest}^{(1)}$	N	Restlängskraft 1. Ordnung
F_y	N	y-Komponente der Kraft F

F_{yi}	N	Querkräfte
F_{yres}	N	y-Komponente der resultierenden Kraft
F_{yRest}	N	Restquerkraft
F_z	N	z-Komponente der Kraft F, Axialkraft
g, G		
g	m/s^2	Erdbeschleunigung (9,81 m/s^2)
G	N/mm^2	Schubmodul
h, H		
h	mm, m	Höhe, Querschnittshöhe, Abstand, Schmierspalthöhe, Gewindesteigung
	kJ/kg	spezifische Enthalpie
h_0	mm	Vornockenhöhe (Ventilspiel)
h_{Al}	mm	auf Aluminium angepasste Querschnittshöhe
h_B	mm	Bundhöhe
h_{GG}	mm	auf Grauguss angepasste Querschnittshöhe
h_i	mm	verschiedene Querschnittshöhen
	mm	verschiedene Höhenmaße im Bereich der Kolbenkompressionshöhe
h_{Kb}	mm	Kolbenbodendicke
h_{KWW}	mm	Kurbelwangendicke
h'_{KWW}	–	auf den Außendurchmesser des Hubzapfens bezogene Kurbelwangendicke
h_{KWZW}	mm	Dicke der Kurbelwellenzwischenwange
h_{No}	mm	Nockenhub
h_{Ri}	mm	axiale Kolbenringhöhe bzw. -laufflächenhöhe
h_{Sa}	mm	Schaftaussparungshöhe des Kolbens
h_{ZKD}	mm	Dicke der Zylinderkopfdichtung
H	m/N	Übertragungsfunktion
ΔH	m/N	Veränderung der Übertragungsfunktion
H_0	m/N	Anfangswert der Übertragungsfunktion
H_{ges}	m^{-2}	Übertragungsfunktion der Motorstruktur
H_K	mm	Kompressionshöhe des Kolbens

ΔH_K	mm	Änderung der Kompressionshöhe des Kolbens
H_u	kJ/kg	unterer Heizwert
H_{uGem}	kJ/m^3	unterer Gemischheizwert
i, I		
i	–	ganze Zahl, Zähler, Faktor, Windungszahl, Übersetzungsverhältnis, Ordnungszahl
i_k	–	Faktor für innere Kerbwirkung
I	mm^4	axiales Flächenträgheitsmoment
I_i	mm^4	axiales Flächenträgheitsmoment bezogen auf verschiedene Stellen i
I_b	mm^4	Flächenträgheitsmoment bezüglich Biegung
I_{eq}	mm^4	Ersatzflächenträgheitsmoment
I_{Ov}	mm^4	Flächenträgheitsmoment bezüglich Ovalverformung
I_{Trf}	mm^4	axiales Flächenträgheitsmoment bezogen auf den Trennfugenquerschnitt des Pleuelkopfes
j, J		
j	–	ganze Zahl, Zähler, $\sqrt{-1}$ (imaginäre Größe)
J	kgm^2	Massenträgheitsmoment
J_K	kgm^2	Massenträgheitsmoment des Kolbens
J_{SPl}	kgm^2	Massenträgheitsmoment des Pleuels bezogen auf den Schwerpunkt
k, K		
k	–	ganze Zahl, Zähler
	Ns/m	Dämpfungskonstante
	g/cm^3	„k-Faktor“ (Pseudo-Dichte) des Kolbens
	$W/(m^2K)$	Wärmedurchgangszahl
	m^2/s^2	turbulente spezifische kinetische Energie
k_D	Ns/m	Dämpfungskonstante
k_{Di}	Ns/m	verschiedene Dämpfungskonstanten
k_{KW}	mm^2	Trägheitsradius der Kurbelwelle
k_{Pl}	mm^2	Trägheitsradius des Pleuels
k_{Plosz}	mm^2	Trägheitsradius des oszillierenden Pleuelmassenanteils

k_{Plrot}	mm^2	Trägheitsradius des rotierenden Pleuelmassenanteils
k_{Ri}	–	Kolbenringparameter
l, L		
l	mm…km	Länge, Streckenlänge, Bogenlänge, Abstand, Tragbreite
Δl	mm	Längenänderung
l_1	mm	Stützkraftabstand der Kolbenbolzennabe, bestimmter Abstand
l_2	mm	(= b_{Pl}) Pleuelbreite, bestimmter Abstand
Δl_1, Δl_2	mm	bestimmte Längenänderungen
l_{AA}	mm	Augenabstand der Kolbenbolzennabe
l_{Aufl}	mm	Auflagelänge des Kolbenbolzens
l_B	mm	Länge des Kolbenbolzens
l_{B1}	mm	Länge des Innenkonusbolzens
l_{B2}	mm	Länge des zylindrischen Bereichs der Innenform des Innenkonusbolzens
l_{Fase}	mm	Länge der Fase am Kolbenbolzenauge innen
l_i	mm	Abstand der i-ten Ersatzmasse der Kurbelwellenkröpfung
l_K	mm	Kolbenbauhöhe (Kolbengesamthöhe)
l_{Kl}	mm	Klemmlänge der Schraubenverbindung
l_{Kli}	mm	Längenanteil i der Klemmlänge
l_{KWG}	mm	Länge des Kurbelwellengrundzapfens
l_{KWH}	mm	Länge des Kurbelwellenhubzapfens
l_{Pl}	mm	Pleuellänge
l_{Pl1}	mm	Abstand Pleuelschwerpunkt/großes Pleuelauge
l_{Pl2}	mm	Abstand Pleuelschwerpunkt/kleines Pleuelauge
l_{PlN}	mm	Augenabstand des Nebenpleuels
l_{PlN1}	mm	Massenschwerpunktsabstand des Nebenpleuels
l_S	mm	Kolbenschaftlänge, Schraubenlänge
Δl_S	mm	Austauchmaß des Kolbenschafts
l_{So}	mm	obere Kolbenschaftlänge (Bolzenbohrungsmitte aufwärts)
l_{Su}	mm	untere Kolbenschaftlänge (Bolzenbohrungsmitte abwärts)
L_{urban}	dB(A)	A-bewerteter Typprüfschallpegel
Δl_V	mm	Setzbetrag der Schraubenverbindung
$L_{wot\ rep}$	dB(A)	A-Schalldruckpegel beschleunigte Vorbeifahrt
l_Z	mm	Zylinderlänge
l_{ZK}	mm	Klemmlänge der Zylinderkopf-Schraubenverbindung
Δl_{ZK}	mm	relative Verkürzung der Klemmlänge der Zylinderkopf-Schraubenverbindung
l_{ZKD}	mm	Klemmlänge des Zylinderkurbelgehäuses
$L_{A\text{-}Am}$	dB(A)	A-bewerteter Schalldruckpegel des Auspuffmündungsgeräusches
L_{AMot}	dB(A)	A-bewerteter Schalldruckpegel des Motorgeräusches
L_{AR}	dB(A)	A-bewerteter Schalldruckpegel des Reifenabrollgeräusches
$L_{A\Sigma}$	dB(A)	A-bewerteter Summenschalldruckpegel
$L_{crs\ rep}$	dB(A)	A-Schalldruckpegel Vorbeifahrt mit konst. Geschw.
L_{Bl}	mm	Höhe des Zylinderkurbelgehäuses („Blockhöhe")
ΔL_K	dB	Pegeldifferenz der Körperschallschnelle
L_v	dB	Schnellepegel
m, M		
m	–	ganze Zahl, Zähler
m	kg	Masse
Δm	kg	Massendifferenz
m_1	g, kg	Stößelmasse
m_2	g, kg	Stoßstangenmasse
m_3	g, kg	Ventilmasse mit Feder und Teller
m_A	g, kg	ausströmende Masse
m_B	g, kg	Kolbenbolzenmasse
m_E	g, kg	einströmende Masse
m_{Ers}	g, kg	schwingende Ersatzmasse (des Ventiltriebs)
m_F	g, kg	Federmasse
m_{Gem}	g, kg	Gemischmasse
m_{Gg}	kg	Gegengewichtsmasse

Δm_{Gg}	kg	Gegengewichtsmassen-differenz
m_i	g, kg	verschiedene Massen
$m_{i,j}$	g, kg	vom Volumen *i* zum Volumen *j* strömende Menge (Masse)
m_{0i}	g, kg	Ausgangsmasse im Volumen *i*
m_K	g, kg	Kolbenmasse ohne Kolbenzubehör („nackt")
m_K^*	g, kg	Kolbengesamtmasse ohne Kolbenbolzen
m_{Kges}	g, kg	Kolbengesamtmasse
m_{Kr}	g, kg	Kraftstoffmenge
m_{KW0}	kg	Kurbelwellenmasse ohne Gegengewichte
m_{KWrot}	g, kg	rotierende Kurbelwellen-masse auch: reduzierte Kurbel-wellenmasse
m_{KWroti}	g, kg	Anteile *i* der rotierenden Kurbelwellenmasse
m_L	g, kg	Luftmenge(-masse)
m_{Mot}	kg	Motormasse
m'_{Lmin}	kg/kg	stöchiometrische kraftstoff-mengenbezogene Luftmenge
m_{Nored}	g, kg	auf den Nocken reduzierte Masse der Ventil-betätigungsorgane
m_{osz}	g, kg	oszillierende Triebwerksmasse
m_{oszN}	kg	oszillierende Masse des Nebenpleuels
m_{Pl}	g, kg	Pleuelmasse
m_{PlLd}	g, kg	Masse des Pleuellager-deckels
m_{PlN}	kg	Masse des Nebenpleuels
m_{Plosz}	g, kg	oszillierender Anteil der Pleuelmasse
m_{Plrot}	g, kg	rotierender Anteil der Pleuelmasse
m_{PlrotN}	kg	rotierende Masse des Nebenpleuels
m_{Ri}	g, kg	Kolbenringmasse
m_{rot}	g, kg	rotierende Masse
m_t	kg	Prüfmasse (EU-Richtlinie 540/2014)
m_{th}	g, kg	theoretische Masse
m_{Vered}	g, kg	auf das Ventil reduzierte Masse der Ventilbetäti-gungsorgane
m_Z	g, kg	nach Ladungswechsel im Zylinder vorhandene, momentan im Zylinder befindliche Gasmasse

M	Nm	Drehmoment
Ma	–	Mach-Zahl
M_i	Nm	Biegemoment bezogen auf die Stelle *i*
M_b	Nm	Biegemoment
$M_{bI\ldots VI}$	Nm	Biegemoment in verschie-denen Kurbelkröpfungs-abschnitten
M_{bPl}	Nm	Biegemoment im Pleuelschaft
M_{bPlKZ}	Nm	zusätzlicher Biegemoment-anteil im Klemmlängen-bereich des Pleuelkopfes
M_{bSZ}	Nm	zusätzlicher Biegemoment-anteil im Schraubenschaft
M_{bZ}	Nm	zusätzliches Biegemoment
M_D	Nm	hydrodynamisches Dämpfungsmoment des Kolbenschafts
M_{max}	Nm	maximales Moment
M_{mrot}	kgm	rotierendes „Massen-moment"
M'_{rad}	N	auf den Umfang bezogenes radiales Moment
M_{RB}	Nm	Bolzenreibungsmoment
M_{Rest}	Nm	Restmoment
M'_t	N	auf den Umfang bezogenes tangentiales Moment
M_T	Nm	Torsionsmoment
M_{Ti}	Nm	Torsionsmoment der Kröpfung *i*
$M_{TI\ldots III}$	Nm	Torsionsmoment in ver-schiedenen Kurbel-kröpfungsabschnitten
M_{TS}	Nm	Schraubenanzugs-drehmoment
M_{TS1}	Nm	Gewindereibungsmoment
M_{TS2}	Nm	Schraubenkopfreibungs-moment
M_x	Nm	Moment um die *x*-Achse (Längsmoment, wenn Motorhochachse)
M_{xres}	Nm	*x*-Komponente des resultierenden Moments
M_{xRest}	Nm	Restlängsmoment
M_y	Nm	Moment um die *y*-Achse (Kippmoment, wenn Motorquerachse)
$M_y^{(1)}$	Nm	Kippmoment 1. Ordnung
M_{yres}	Nm	*y*-Komponente des resultierenden Moments
M_{yRest}	Nm	Restkippmoment 1. Ordnung

M_z	Nm	Moment um die z-Achse (Motorlängsachse)
n, N		
n	–	ganze Zahl, Zähler
	min^{-1}	Drehzahl
n_e	min^{-1}	Drehzahl entsprechend der Eigenfrequenz
n_i	–	Lastwechsel einer Stufe des Belastungskollektivs
n_g	min^{-1}	Grenzdrehzahl
N	–	Lastwechsel, Lebensdauer
N_i	–	Bruchlastspielzahl auf Laststufenniveau
Nu	–	Nußelt-Zahl
o, O		
o_k	–	Oberflächenfaktor
p, P		
p	bar, Pa	Druck, Flächenpressung (auch in N/mm^2)
	µbar, Pa	Schalldruck
Δp	bar, Pa	Änderung der Flächenpressung (auch in N/mm^2)
p^*	bar, Pa	kritischer Druck
$\overline{p}$	bar, Pa	mittlere Flächenpressung (auch in N/mm^2)
p_0	bar, Pa	Bezugsdruck, Druck bei Umgebungsbedingungen, Ausgangswert (Gesamtzustandswert), Druck bezogen auf ungestörtes Medium
p_{01}	bar, Pa	Gesamtdruck vor der Drosselstelle (Gesamtzustandswert)
p_{0i}	bar, Pa	Ausgangsdruck im Volumen i
p_1	bar, Pa	statischer Druck vor der Drosselstelle
p_2	bar, Pa	statischer Druck hinter der Drosselstelle
p_A	bar, Pa	Druck im gedachten „Auslassbehälter“
p_E	bar, Pa	Druck im gedachten „Einlassbehälter“
p_{E0}	bar, Pa	Gesamtdruck im Einlasskanal (Gesamtzustandswert)
p_{hyd}	bar, Pa	hydrodynamischer Schmierfilmdruck
p_i	bar, Pa	verschiedene durch Index i unterschiedene Drücke
p_{max}	bar, Pa	maximale Flächenpressung (auch in N/mm^2)
p_{me}	bar, Pa	mittlerer effektiver Druck, spezifische Arbeit
p_{mi}	bar, Pa	mittlerer innerer oder indizierter Druck, spezifische Arbeit
p_{min}	bar, Pa	Mindestflächenpressung (auch in N/mm^2)
P_n	kW	Nennleistung (EU-Richtlinie 540/2014)
p_{rad}	bar, Pa	radiale Pressungsverteilung (auch in N/mm^2)
p_{tGas}	bar, Pa	Tangentialdruck der Gaskraft
p_{tmosz}	bar, Pa	Tangentialdruck der oszillierenden Massenkraft
p_U	bar, Pa	Umgebungsdruck (an anderer Stelle auch p_0)
$p_{Ü}$	%	Überlebenswahrscheinlichkeit
p_Z, p_{Zmax}	bar, Pa	Zylinderdruck, Zünddruck
p_{Z0}	bar, Pa	Druck im Zylinder (Gesamtzustandswert)
p_{Z1}	bar, Pa	Gesamtdruck im Zylinder bei Einlassschluss
p_{ZFA}	bar, Pa	Zylinderdruck bei fremdangetriebenem Motor
p_{zul}	bar, Pa	zulässige Flächenpressung (auch in N/mm^2)
P	pW	Schalleistung
P_0	pW	Bezugsschalleistung
P_e	kW	effektive Leistung
Pr	–	Prandtl-Zahl
q, Q		
q	kJ/kg	spezifische Wärmemenge
Q	kJ	Wärmemenge
Q_{ab}	kJ	abgeführte Wärmemenge, Energie
Q_{Kr}	kJ	Kraftstoffenergieinhalt
Q_W	kJ	Wandwärmeverluste
Q_{zu}	kJ	zugeführte Wärmemenge, Energie
r, R		
r	mm	Radius, Kurbelradius
r^*	mm	Ersatzkerbradius
r_1, r_2	mm	bestimmte Radien
r_1, r_{10}	mm	Massenschwerpunktsradius der Kurbelwelle
r_a	mm	Außenradius
r_{Gg}	mm	Gegengewichtsradius (Konturradius)
Δr_{Gg}	mm	Kurbelwellenfreigang (Gegengewichte)

r_i	mm	verschiedene durch Index *i* unterschiedene Schwerpunktsradien, Innenradius
r_{KWG}	mm	Hohlkehlenradius des Kurbelwellengrundzapfens
r_{KWH}	mm	Hohlkehlenradius des Kurbelwellenhubzapfens
r'_{KWH}	–	auf Hubzapfendurchmesser bezogener Hohlkehlenradius am Hubzapfenübergang der Kurbelwelle
r_m	mm	mittlerer Radius, Flächenschwerpunktsradius, radialer Abstand der neutralen Faser
r^*_m	mm	radialer Abstand der neutralen Faser
r_{Sa}	mm	Schaftaussparungsradius des Kolbens
R	mm	Radius, Nockengrundkreisradius, Kolbenbolzenradius am Übergang Zylinder- zu Stirnfläche
	kJ/(kgK)	spezifische Gaskonstante
ΔR	mm	radiale Abweichung
R_0	mm	Nockenkrümmungsradius im Vornockenbereich
R_d	N/mm²	Druckfestigkeit
$R_{d0,01}$	N/mm²	0,01%-Stauchgrenze
Re	–	Reynolds-Zahl
R_E	kJ/(kgK)	spezifische Gaskonstante bei Bedingungen im Einlasskanal oder im gedachten „Einlassbehälter“
R_{Fl}	mm	Krümmungsradius der Nockenflanke
R_G	mm	Nockengrundkreisradius
ΔR_i	mm	bestimmte radiale Abweichungen
R_K	mm	Krümmungsradius, Kolben-Ersatzkrümmungsradius
R_m	N/mm²	Zugfestigkeit
R_t	µm	Rautiefe
$R_{p0,2}$	N/mm²	Streckgrenze
R_{Sp}	mm	Nockenspitzenradius
R_{St}	mm	Stößelradius
R_Z	kJ/(kgK)	spezifische Gaskonstante bei Bedingungen im Zylinder
	mm	Zylinderradius

s, S

s	mm	Hub; Index „alt“ = vor, „neu“ = nach Änderung
	mm	Wanddicke
	*	Standardabweichung
s^*	mm	Hub des desachsierten und/oder geschränkten Triebwerks
s_1, s_2	mm	bestimmte Wanddicken
s_N	mm	Nabenwanddicke der Kolbenbolzennabe im unteren Scheitel
Δs_N	mm	Zunahme der Nabenwanddicke der Kolbenbolzennabe in Bolzenlängsrichtung (infolge Auszugsschräge)
s_{Ve}	mm	Ventilhub
s_W	mm	Wanddicke (z. T. auch ohne Index verwendet)
$s_{Zü}$	mm	Zapfenüberschneidung der Kurbelwelle
$s'_{Zü}$	–	auf den Hubzapfendurchmesser bezogene Zapfenüberschneidung der Kurbelwelle
S	–	Sicherheitsfaktor
S_D	–	Sicherheit gegen Dauerbruch

t, T

t	s, h	Zeit
Δt	s	Zeitschritt (Diskretisierung von d*t*)
t_{Kr}	s, h	Kraftstoffdurchflusszeit
T	K	Temperatur
ΔT	K	Temperaturdifferenz
	s	Schwingungsperiode, Periodendauer
T^*	K	kritische Temperatur
T_0	K	Bezugstemperatur, Temperatur bei Umgebungsbedingungen, Ausgangstemperatur (Gesamtzustandswert)
T_{01}	K	Temperatur (Gesamtzustandwert)
T_E	K	Temperatur im Einlasskanal oder im gedachten „Einlassbehälter“
T_{E0}	K	Temperatur im Einlasskanal (Gesamtzustandswert)
T_{ges}	kgm^2s^{-1}	Gesamtdrehimpuls
T_i	K	verschiedene durch Index *i* unterschiedene Temperaturen
T_K	kgm^2s^{-1}	Drehimpuls des Kolbens

T_{KW}	kgm^2s^{-1}	Drehimpuls der Kurbelwelle
T_{Km}	K	Temperatur des Kühlmittels
ΔT_{Km}	K	Temperaturerhöhung des Kühlmittels
T_{KmA}	K	Kühlmittel-Austrittstemperatur
T_{KmE}	K	Kühlmittel-Eintrittstemperatur
T_{Plosz}	kgm^2s^{-1}	Drehimpuls des oszillierenden Pleuelmassenanteils
T_{Plrot}	kgm^2s^{-1}	Drehimpuls des rotierenden Pleuelmassenanteils
ΔT_S	K	Temperaturerhöhung der Schraube im Betrieb
T_W	K	Brennraumwandtemperatur
ΔT_W	K	Wandtemperaturdifferenz
T_{Wa}	K	kühlmittelseitige Wandtemperatur
T_{Wi}	K	Wandtemperatur der i-ten Teiloberfläche des Brennraums
T_{Wm}	K	mittlere Wandtemperatur
T_Z	K	Temperatur im Zylinder
T_{Z0}	K	Temperatur im Zylinder (Gesamtzustandswert)
T_{Z1}	K	Temperatur im Zylinder bei Einlassschluss
ΔT_{ZK}	K	Temperaturerhöhung des Zylinderkopfes im Betrieb
T_{Zm}	K	repräsentative Temperatur im Zylinder

u, U

u	kJ/kg	spezifische innere Energie
u_E	kJ/kg	spezifische innere Energie im gedachten „Einlassbehälter“
u_Z	kJ/kg	spezifische innere Energie der im Zylinder befindlichen Gasmasse
U	m/s	axiale Kolbenringgeschwindigkeit ($U = \dot{x}_K + \dot{x}_{Riax}$)
	mm, m	Umfang

v, V

v	m/s, km/h	Geschwindigkeit, Schallschnelle
	m^3/kg	spezifisches Volumen
$\overline{v}$	m/s	Durchschnittsgeschwindigkeit, über schallabstrahlende Oberfläche gemittelte Schallschnelle
v_0	m/s	Bezugsschallschnelle
v_1, v_2	m/s	Körperschallschnelle an der Stelle der Erregung und am Ort der Abstrahlung
v_i	m/s	Schallschnelle des i-ten Freiheitsgrads
v_m	m/s	mittlere Kolbengeschwindigkeit
v_u	m/s	Umfangsgeschwindigkeit des Dralls
V	l, m^3	Volumen
$\dot{V}_{Blow\text{-}by}$	l/min	Blow-by-Gasstrom
V_C	cm^3	Kompressionsvolumen
ΔV_C	cm^3	Änderung des Kompressionsvolumens, Kompressionsvolumentoleranz
V_{Gem}	l, m^3	Gemischvolumen
V_h	l, cm^3	Zylinderhubvolumen, Zylinderhubraum
V_H	l, cm^3	Motorhubvolumen, Hubraum
V_i	l, m^3	verschiedene durch Index i unterschiedene Volumina
V_{Kr}	l, cm^3	Kraftstoffvolumen
V_Z	l, cm^3	Zylindervolumen, Brennraumvolumen
V_{Z1}	l, cm^3	Zylindervolumen bei Einlassschluss

w, W

w	m/s	Strömungsgeschwindigkeit
w^*	m/s	kritische Strömungsgeschwindigkeit
w_m	m/s	mittlere Einlassströmungsgeschwindigkeit
W_b	mm^3	Widerstandsmoment bezüglich Biegung
W_{bS}	mm^3	Widerstandsmoment des Schraubenschafts gegen Biegung
W_i	J, kJ	innere Arbeit
W_{Kr}	kJ	Kraftstoffenergieinhalt
W_{Ov}	mm^3	Widerstandsmoment bezüglich Ovalverformung

W_{TS}	mm^3	Widerstandsmoment des Schraubenschafts gegen Torsion
$W_{ü}$	J, kJ	überschüssige Energie
x, X		
x	mm, m	kartesische Koordinate, Abstandsvariable
	mm	Maulweite des Sprengrings
Δx	mm, m	Verschiebung, Längenänderung, Maulweitenänderung von Kolbenring und Kolbenbolzensicherung (Sprengring), Dickenänderung
x_0	mm, m	besonders gekennzeichneter Punkt auf der x-Koordinate, Wegabschnitt
x_1, x_2	mm, m	Abstände
x_{1E}, x_{2E}	mm	bestimmte Anfangswerte
x_A	mm, µm	Ausgangsamplitude (Resonanzamplitude)
x_i	mm	verschiedene durch Index i unterschiedene Wege bzw. Federwege
x_K	mm	Kolbenweg
x_{KN}	mm	Kolbenweg (Nebenpleuel)
x_{No}	mm	Nockenhubfunktion
x_{Noi}	mm	Nockenhubfunktion in den Abschnitten i
x_{OT}	mm	Kolbenweg bezogen auf OT-Stellung
x_{Riax}	mm	axiale Wegkoordinate der Kolbenringbewegung
x_{Rirad}	mm	radiale Wegkoordinate der Kolbenringbewegung
x_S	mm	Schwerpunktsabstand, Schwerpunktskoordinate
x_{St1}	mm	Kolbenringstoßspiel im Neuzustand
x_{St2}	mm	Kolbenringstoßspiel bei Laufflächenverschleiß
x_{UT}	mm	Kolbenweg bezogen auf UT-Stellung
x_{Ve}	mm	Ventilerhebung
y, Y		
y	mm, m	kartesische Koordinate, Abstandsvariable
	mm	Kolbenbolzendesachsierung
	µm, mm	Durchbiegung des Kolbenbolzens
	mm	auch: Schränkung
y_1, y_2	mm, m	Abstände
y_K	µm, mm	Kolbenquerbewegung
y_S	mm	Schwerpunktsabstand, Schwerpunktskoordinate
z, Z		
z	mm, m	kartesische Koordinate, Abstandsvariable
	–	Zylinderzahl
Z	–	Faktor
Z_0	$kg/(m^2s)$	Schallkennimpedanz
Z_A	$kg/(m^2s)$	Abstrahlmaß
Z_E	kg/s	Eingangsimpedanz
Z_S	$kg/(m^2s)$	Schallimpedanz
$Z_Ü$	–	Übertragungsfaktor

Griechische Formelzeichen

α		
α	°, rad	Winkel, Formzahl
	K^{-1}	Wärmeausdehnungskoeffizient
α_1, α_2	K^{-1}	bestimmte Wärmeausdehnungskoeffizienten
α_{AlSi12}	K^{-1}	Wärmeausdehnungskoeffizient der eutektischen Kolbenlegierung AlSi12CuMgNi
α_{AlSi18}	K^{-1}	Wärmeausdehnungskoeffizient der übereutektischen Kolbenlegierung AlSi18CuMgNi
α_b	–	Formzahl bezüglich Biegung
α_D	–	Durchflussziffer, Durchflusszahl
α_{DA}	–	Durchflusszahl der Auslassventilöffnung(en)
α_{DE}	–	Durchflusszahl der Einlassventilöffnung(en)
α_{Di}	–	verschiedene durch Index i unterschiedene Durchflusszahlen
$\alpha_{Di,j}$	–	Durchflussziffer für den Strömungsquerschnitt zwischen den Volumina i und j
α_{GJL}	K^{-1}	Wärmeausdehnungskoeffizient von Grauguss

α_q	–	Formzahl bezüglich Querkraft
α_S	K^{-1}	Wärmeausdehnungskoeffizient des Schraubenwerkstoffs
α_{Su}	°	Umfangswinkel des „geraden" Schaftendes
α_T	–	Formzahl bezüglich Torsion
α_V	°, rad	V-Winkel
α_{Ve}	°	Ventilsitzwinkel
$\alpha_W (\alpha_{Wi})$	$kJ/(m^2K)$	Wärmeübergangskoeffizient der Brennraumwände
α_{Wa}	$kJ/(m^2K)$	kühlmittelseitiger Wärmeübergangskoeffizient
α_{Wm}	$kJ/(m^2K)$	zeitlich gemittelter Wärmeübergangskoeffizient der Brennraumwände
α_{ZK}	K^{-1}	Wärmeausdehnungskoeffizient des Zylinderkopfwerkstoffs

β

β	°, rad	Winkel, Kolbenkippwinkel
	–	Kerbwirkungszahl
β, β_i	°, rad	auch: Phasenwinkel
β_{Plk}	$N^{-1}m^{-1}$	Biegenachgiebigkeit des Pleuelkopfes im Klemmlängenbereich
β_S	$N^{-1}m^{-1}$	Biegenachgiebigkeit des Schraubenschafts

γ

γ	°, rad	Winkel, Neigungswinkel
	–	Faktor (z. B. bei Kolbenbolzendurchbiegung)
γ_N	°, rad	Anlenkwinkel des Nebenpleuels

δ

δ	mm/N	Nachgiebigkeit, Kehrwert der Steifigkeit
	°, rad	auch: Pleuelversatzwinkel
δ_{Ers}	mm/N	Ersatznachgiebigkeit
δ_i	mm/N	Nachgiebigkeit verschiedener durch Index *i* gekennzeichneter Querschnitte
δ_{Plk}	mm/N	Pleuelkopfnachgiebigkeit im Bereich der Verschraubung
δ^*_{Plk}	mm/N	auf Schraubenkraft bezogene Nachgiebigkeit des Pleuelkopfes
δ^{**}_{Plk}	mm/N	auf Betriebskraft bezogene Nachgiebigkeit des Pleuelkopfes
δ_S	mm/N	Schraubennachgiebigkeit
δ_U	–	Ungleichförmigkeitsgrad
δ_{ZK}	mm/N	Nachgiebigkeit des Zylinderkopfes
δ_{ZKD}	mm/N	Nachgiebigkeit der Zylinderkopfdichtung
δ_{ZKG}	mm/N	Nachgiebigkeit des Zylinderkurbelgehäuses

ε

ε	–	Dehnung
	–	Verdichtungsverhältnis
	m^2/s^3	Dissipationsrate der turbulenten spezifischen kinetischen Energie
$\Delta\varepsilon$	–	Änderung des Verdichtungsverhältnisses, Verdichtungsverhältnistoleranz
ε_1	–	Dehnung in Hauptspannungsrichtung σ_1
ε_{el}	–	elastische Dehnung
ε_{ges}	–	Gesamtdehnung
ε_{pl}	–	plastische Dehnung
ε_t	–	tangentiale Dehnung
$\varepsilon_{t1,2}$	–	verschiedene durch Index gekennzeichnete tangentiale Dehnungswerte
ε_{tB}	–	tangentiale Dehnung der Zylinderlaufbuchse
ε_{tU}	–	tangentiale Dehnung der Futterbohrung des Zylinderkurbelgehäuses

ζ

ζ	–	Faktor (Reduzierung der Klemmlänge einer Schraubenverbindung bei Betriebskrafteinleitung innerhalb der verspannten Teile)

η

η	Ns/m^2	dynamische Viskosität
η_a	–	Durchmesserverhältnis
η_e	–	effektiver oder Gesamtwirkungsgrad
η_i	–	innerer oder indizierter Wirkungsgrad, Durchmesserverhältnis
η_{Kerb}	–	Kerbempfindlichkeitsziffer
η_{Kr-zu}	–	Wirkungsgrad der Kraftstoffzufuhr

η_{mec}	–	mechanischer Wirkungsgrad
η_v	–	Wirkungsgrad des vollkommenen Motors
θ, Θ		
θ	°	Nockenwinkel im Flanken- und Spitzenbereich
θ_0	°	Vornockenwinkelbereich
θ_{Fl}	°	Nockenflankenwinkel
θ_{Flmax}	°	gesamter Nockenflanken-winkelbereich
θ_i	°	einzelne Nockenwinkel-abschnitte
θ_{NW}, θ_{NWi}	°	Nockenwinkel, Nockenwellendrehwinkel
θ_{Sp}	°	Nockenspitzenwinkel
θ_{Spmax}	°	gesamter Nockenspitzen-winkelbereich
Θ	°	Abstrahlwinkel
Θ_{ges}	kgm^2	gesamtes Massenträgheits-moment
Θ_{KW}	kgm^2	Massenträgheitsmoment der Kurbelwelle
Θ_{Kwges}	kgm^2	Gesamtmassenträgheits-moment der Kurbelwelle
Θ_{Plosz}	kgm^2	Massenträgheitsmoment des oszillierenden Pleuel-massenanteils
Θ_{Plrot}	kgm^2	Massenträgheitsmoment des rotierenden Pleuel-massenanteils
Θ_{redi}	kgm^2	reduzierte Massenträgheits-momente
Θ_{Schw}	kgm^2	Massenträgheitsmoment des Schwungrads
κ		
κ	–	Isentropenexponent
	–	auch: Verhältnis
κ_A	–	Isentropenexponent bei Bedingungen im Auslasskanal
κ_E	–	Isentropenexponent bei Bedingungen im Einlasskanal
λ		
λ	–	Luftverhältnis
	W/mK	Wärmeleitzahl
	m	Wellenlänge
λ_A	–	Frischgas- bzw. Luftaufwand
λ_B	m	Biegewellenlänge
λ_L	–	Liefergrad
	m	Luftschallwellenlänge
λ_{Pl}	–	Pleuelstangenverhältnis
λ_{PlN}	–	Pleuelstangenverhältnis des Nebenpleuels
μ		
μ	–	Reibungskoeffizient, Massenfaktor in Verbindung mit reduzierter Ventilfedermasse, Querkontraktionszahl
	–	auch: Faktor (Größenverhältnis)
$\mu_{1,2}$	–	verschiedene durch Index gekennzeichnete Querkontraktionszahlen
μ_{Al}	–	Querkontraktionszahl von Aluminium
μ_{ax}	–	axialer Reibungskoeffizient
μ_{GJL}	–	Querkontraktionszahl von Grauguss
μ_{rad}	–	radialer Reibungs-koeffizient
ξ		
ξ	–	Korrekturfaktor für die Spannungserhöhung am Innendurchmesser der Schraubenfeder
ξ_S	–	Ausnutzungsgrad der Schraubenstreckgrenze
π		
π	–	3,141593...
ρ		
ρ	g/cm^3	Dichte
ρ_0	g/m^3	Dichte bei Umgebungsbedingungen, Bezugsdichte, Dichte bezogen auf ungestörtes Medium, Ausgangswert (Gesamtzustandswert)
ρ_{01}	g/m^3	Dichte (Gesamtzustandswert)
ρ_{Al}	g/cm^3	Dichte von Aluminium
ρ_E	g/m^3	Gasdichte im gedachten „Einlassbehälter“
ρ_{E0}	g/m^3	Gasdichte bei Bedingungen im Einlasskanal (Gesamtzustandswert)
ρ_{Gem}	g/m^3	Gemischdichte
ρ_{GJL}	g/cm^3	Dichte von Grauguss
ρ_{Kr}	g/cm^3	Kraftstoffdichte
ρ_{Kr0}	g/cm^3	Kraftstoffdichte bei Umgebungsbedingungen, Bezugswert für Kraftstoffdichte

ρ_L	g/m^3	Luftdichte
ρ_{L0}	g/m^3	Luftdichte bei Umgebungsbedingungen, Bezugswert für Luftdichte
ρ_N	–	Anlenkungsverhältnis
ρ_{Pl}	g/cm^3	Pleuelwerkstoffdichte
ρ_Z	g/m^3	Gasdichte im Zylinder
ρ_{Z0}	g/m^3	Gasdichte im Zylinder (Gesamtzustandswert)

σ, Σ

σ	N/mm^2	Spannung
	–	Abstrahlgrad
σ_1, σ_2, σ_3	N/mm^2	Hauptspannungen bei dreiachsigem Spannungszustand
σ_a	N/mm^2	Wechselspannungs-amplitude
σ_{ax}	N/mm^2	Axialspannung
σ_b	N/mm^2	Biegespannung
σ_{ba}	N/mm^2	Biegewechselspannungs-amplitude
σ_{bGas}	N/mm^2	Biegespannung in der Kurbelwelle/im Kolben-bolzen infolge Gaskraft
σ_{bGOT}	N/mm^2	Biegespannung in der Kurbelwelle im GOT
σ_{bKWrot}	N/mm^2	Biegespannung in der Kurbelwelle infolge rotierender Massen
σ_{bm}	N/mm^2	Biegemittelspannung
σ_{bmas}	N/mm^2	Biegespannung in der Kurbelwelle/im Kolben-bolzen infolge Massenkraft
σ_{bmasOT}	N/mm^2	Biegespannung in der Kurbelwelle infolge Massenkraft im OT
σ_{bmax}	N/mm^2	maximale Biegespannung
σ_{bn}	N/mm^2	Biegenennspannung
σ_{bw}	N/mm^2	Biegewechselspannung
σ^*_{bw}	N/mm^2	bauteilbezogene Biegewechselfestigkeit
σ_{bw10}	N/mm^2	Biegewechselfestigkeit des glatten Probestabs mit 10 mm Durchmesser
σ_{bwAl}	N/mm^2	Biegewechselfestigkeit von Aluminium
σ_{bwGG}	N/mm^2	Biegewechselfestigkeit von Grauguss
σ_{bZOT}	N/mm^2	Biegespannung in der Kurbelwelle im ZOT
σ_{dmax}	N/mm^2	max. Druckspannung
σ_K	N/mm^2	Knickspannung
σ_m	N/mm^2	Mittelspannung
σ_{max}	N/mm^2	Maximalspannung
σ_{mec}	N/mm^2	mechanische Spannung
σ_{mec1}, σ_{mec2}	N/mm^2	mechanische Spannung mit Unterscheidung zwischen gas- und massenkraft-bestimmtem Kurbel-winkelbereich
σ_N	N/mm^2	Normalspannung
σ_{Nn}	N/mm^2	Normalnennspannung
σ_{NS}	N/mm^2	Normalspannung (Zugspannung) im Schraubenschaft
σ_o	N/mm^2	Oberspannung
σ_{Ov}	N/mm^2	Spannung infolge Ovalverformung
σ_{OvGas}	N/mm^2	Spannung infolge Ovalverformung durch Gaskraft
σ_{Ovmas}	N/mm^2	Spannung infolge Ovalverformung durch Massenkraft
σ_{rad}	N/mm^2	Radialspannung
$\sigma_{rad1,2}$	N/mm^2	verschiedene durch Index gekennzeichnete Radialspannungen
σ_{rada}	N/mm^2	Radialwechselspannungs-amplitude
σ_{radB}	N/mm^2	Radialspannung in der Zylinderlaufbuchse
σ_{radm}	N/mm^2	Radialmittelspannung
σ_{radU}	N/mm^2	Radialspannung in der Futterbohrung der ZKG-Umgebung
σ_t	N/mm^2	Tangentialspannung
$\sigma_{t1,2}$	N/mm^2	verschiedene durch Index gekennzeichnete Tangentialspannungen
σ_{ta}	N/mm^2	Tangentialwechsel-spannungsamplitude
σ_{therm}	N/mm^2	Wärmespannung
σ_{tm}	N/mm^2	Tangentialmittelspannung
σ_u	N/mm^2	Unterspannung
$\sigma_{ü}$	N/mm^2	Vorspannung infolge Überdeckung
$\sigma_{ürad}$	N/mm^2	Radialkomponente der Vorspannung infolge Überdeckung
$\sigma_{üt}$	N/mm^2	Tangentialkomponente der Vorspannung infolge Überdeckung
σ_v	N/mm^2	Vergleichsspannung

σ_{va}	N/mm²	Vergleichswechsel-spannungsamplitude
σ_{vm}	N/mm²	Vergleichsmittelspannung
σ_{vmax}	N/mm²	maximale Vergleichsspannung
σ_w	N/mm²	Wechselspannung
σ_y	N/mm²	Spannung in *y*-Richtung
σ_{ySZ}	N/mm²	zusätzliche Schrauben-beanspruchung
σ_{zdw}	N/mm²	Zug-/Druckwechsel-festigkeit
Σ	–	Schadenssumme
τ		
τ	N/mm²	Schubspannung
τ_o	N/mm²	Torsionsoberspannung
τ_T	N/mm²	Torsionsspannung
τ_{Ta}	N/mm²	Torsionswechselspannungs-amplitude
τ_{Tm}	N/mm²	Torsionsmittelspannung
τ_{Tmax}	N/mm²	maximale Torsions-spannung
τ_{Tn}	N/mm²	Torsionsnennspannung
τ_{TS}	N/mm²	Torsionsspannung im Schraubenschaft
τ_{TV}	N/mm²	Torsionsspannung infolge Federvorspannung
τ_u	N/mm²	Torsionsunterspannung
φ, Φ		
φ	°, rad	Winkel, Kurbelwinkel, Neigungswinkel
$\Delta\varphi$	°, rad	Winkeländerung
φ_A, φ_B	°, rad	Kurbelwinkel bezogen auf die beiden Zylinderbänke beim V-Motor
φ_i	°, rad	bestimmte Winkel, Kurbelwinkel
$\varphi_k^{(i)}$	°, rad	ordnungsabhängiger „Kröpfungswinkel" (Phasenwinkel)
φ_{OT}	°, rad	Kurbelwinkel der OT-Stellung des desachsierten und/oder geschränkten Triebwerks
φ_{UT}	°, rad	Kurbelwinkel der UT-Stellung des desachsierten und/oder geschränkten Triebwerks
Φ	–	Kraftverhältnis der Verschraubung
χ		
χ	mm⁻¹, m⁻¹	bezogenes Spannungsgefälle
ψ		
ψ	°, rad	Pleuelschwenkwinkel, Kanalwinkel
Ψ	–	Ausströmfunktion
Ψ_A	–	Ausströmfunktion
Ψ_E	–	Einströmfunktion
$\Psi_{i,j}$	–	Durchflussfunktion für die Gasströmung von Volumen *i* nach Volumen *j*
Ψ_{max}	–	Maximalwert der Ausström-funktion
ω, Ω		
ω	s^{-1}	Kreisfrequenz, Winkelgeschwindigkeit, „Drehgeschwindigkeit"
ω_e	s^{-1}	Eigenkreisfrequenz
ω_{eI}	s^{-1}	Eigenkreisfrequenz *I*-ten Grades
ω_g	s^{-1}	Grenzkreisfrequenz
ω_{NW}	s^{-1}	Nockenwellenkreis-frequenz
Ω	–	Ausgleichsfaktor

Anmerkungen zu den angegebenen Dimensionen:

Die angegebenen Dimensionen sind diejenigen, die offiziell Verwendung finden dürfen. Wenn z. B. mm statt m angegeben ist, so wird damit nur die jeweilige Größenordung nachempfunden. Bei Drücken in Pa wird dagegen auf eine Differenzierung hinsichtlich Pa, kPa oder MPa verzichtet.

Die Gleichungen sind, wenn nicht mit besonderer Anmerkung versehen, keine Dimensionsgleichungen. Sie beziehen sich auf die Dimensionen des MKS-Systems (m, kg und s).

Inhaltsverzeichnis

Vorbemerkung

1

Dieses Buch befasst sich mit Berechnungsverfahren und der Auslegungspraxis im Bereich dessen, was heute als „Motor-Mechanik" benannt wird. Im engeren Sinne beziehen sich die Ausführungen auf Kolbenmotoren mit innerer Verbrennung. Zur notwendigen Begrenzung des Gesamtumfangs sind thematische Einschränkungen nicht zu vermeiden. So werden primär schnell laufende Fahrzeugmotoren für Pkw und Nkw angesprochen – konkret Otto- und Diesel-Hubkolbenmotoren, die nach dem Viertaktverfahren arbeiten.

Mechanik und Thermodynamik beschreiben die Vorgänge im Kolbenmotor. Auch wenn die direkte Interaktion zwischen Mechanik und Thermodynamik das Prinzip des Kolbenmotors ausmacht, ist es sinnvoll, beide Gebiete getrennt voneinander zu behandeln. Die Überschneidung ist dort gegeben, wo die Randbedingungen von der jeweils anderen Disziplin vorgegeben werden. So ist die Triebwerksbeanspruchung – von Massenwirkungen einmal abgesehen – Folge der thermodynamischen Vorgänge im Brennraum. Die notwendige Vertiefung führt zu einer Konzentration auf einen dieser Bereiche.

Bei der Festlegung eines geeigneten Motorkonzepts wird zunächst von einfachen Abschätzungen ausgegangen. Im Entwurfsstadium kommen dann umfangreiche Berechnungen zur Voroptimierung der Motorkonstruktion hinzu. Nur so können die einzelnen Baugruppen in Einklang mit den Forderungen des Lastenhefts gebracht und letztendlich die Bauteile richtig dimensioniert werden. Zwangsläufig stellt sich dabei die Frage nach zweckmäßigen und effizienten Berechnungsverfahren.

Für den außenstehenden Beobachter scheinen komplexe, leistungsfähige Rechenprogramme mit großem Speicherbedarf und langen Rechenzeiten – möglicherweise nur noch von Spezialisten in entsprechenden Abteilungen anwendbar – die konventionellen Berechnungsverfahren abgelöst zu haben. Richtig ist, dass in diesem Zusammenhang dem Kosten-Nutzen-Aspekt gebührend Beachtung geschenkt werden muss. Nicht die verfügbaren Hilfsmittel, sondern Zweck und jeweils notwendige Genauigkeit entscheiden über den zu treibenden Aufwand, soll die Berechnung nicht Selbstzweck werden.

E. Köhler, R. Flierl, *Verbrennungsmotoren*, ATZ/MTZ-Fachbuch,
https://doi.org/10.1007/978-3-658-24541-2_1

Von großer Bedeutung ist heute der Begriff „Simulation", für den es aber keine feststehende Definition gibt. So ist die Grenze zwischen „konventioneller Berechnung" und „Simulationsrechnung" zwangsläufig fließend. Die wesentliche Rolle spielt vor allem der die Hilfsmittel betreffende Fortschritt (Hardware, Methoden, Software). Die Simulationsmöglichkeiten verbessern sich dabei ständig. Die Annäherung an die Grenzen der Berechenbarkeit – möglichst genaue Simulation von realen Zuständen bzw. Vorgängen im zeitlichen Ablauf – ist ein für die Forschung stets anzustrebendes, für den Berechnungsingenieur in der Praxis meist nicht unbedingt notwendiges und somit sinnvolles Ziel. Dem wird hier im Hinblick auf die gesetzten Schwerpunkte Rechnung getragen.

Die folgenden Darstellungen können in Anbetracht des stofflich sehr breit angelegten Themas im Einzelfall ein weiter vertiefendes Studium nicht ersetzen. Ebenso muss sich die Darstellung auf Berechnungsansätze bzw. das Andeuten von Berechnungsabläufen beschränken, um den Rahmen nicht zu sprengen. Aus diesem Grund sind zahlreiche Hinweise zum Quellenstudium aufgenommen worden.

Einleitung

2

2.1 Bedeutung der Berechnung im Entwicklungsprozess

Konstruktion, Berechnung und Versuch stehen in einer gegenseitigen Abhängigkeit, wie sie z. B. in [1] beschrieben wird. Die Entwicklungsbereiche, die im Wesentlichen in diese drei Organisationseinheiten unterteilt sind, sehen sich mehr und mehr dem Druck immer kürzerer Entwicklungszeiten ausgesetzt. Vorgehensweisen wie „Simultaneous Engineering“ o. Ä. gewinnen damit zunehmend an Bedeutung. Je leistungsfähiger die Beiträge der Berechnung sind, umso stärker kann sie in die Entwicklungsabläufe eingebunden werden. Entscheidend für die Wirksamkeit der Berechnung ist somit ihre Integration in den Entwicklungsprozess. Dies setzt bei anspruchsvollen Aufgaben problemorientierte Software, leistungsfähige Hardware und anwenderfreundliche Benutzeroberflächen voraus. Der eindeutige Vorteil der Berechnung (hier gleichzusetzen mit der Simulation) ist der, dass bereits lange vor der Verfügbarkeit von Prototypen eine Voroptimierung durchgeführt werden kann, wodurch sich die Anzahl der zu untersuchenden Versuchsvarianten auf ein Minimum reduziert. Somit ist ein erheblicher Einsparungs- und Beschleunigungseffekt zu verzeichnen. Insbesondere was die Parametervariation anbetrifft, kennt die Berechnung im Gegensatz zum Versuch keinerlei Einschränkungen, wenngleich auch bei der Erstellung von aufwändigen Rechenmodellen, wie schon erwähnt, die Wirtschaftlichkeit zu beachten ist. Die Berechnung leistet damit einen nicht zu unterschätzenden Beitrag zur Senkung der Entwicklungskosten. Berechnung und Versuch ergänzen sich auch dort, wo einspuriges Vorgehen in den Möglichkeiten begrenzt und damit nicht zielführend ist (z. B. unverhältnismäßig hoher Messaufwand). Die Berechnung hilft darüber hinaus bei der Interpretation von Messergebnissen. Die jeweiligen Schwächen von Berechnung und Versuch sind in [1] gegenübergestellt.

Die Nutzung des Potenzials technischer Berechnungen erfolgt heute unter dem Überbegriff CAE (Computer Aided Engineering). Dahinter verbergen sich Produkt- und

E. Köhler, R. Flierl, *Verbrennungsmotoren*, ATZ/MTZ-Fachbuch,
https://doi.org/10.1007/978-3-658-24541-2_2

Verfahrensentwicklung unterstützende Programmpakete mit Zugang zu Datenbanken, die mit Hilfe einer selbsterklärenden und übersichtlichen Benutzeroberfläche möglichst mit Plausibilitätsprüfung der Daten genutzt werden können. Der Anwender muss nicht mehr notwendigerweise ein Berechnungsexperte sein. Die einzelnen Bausteine eines CAE-Systems werden auch als „CAE-Tools", also als Werkzeuge, bezeichnet. Je nach Ausbaustufe, gespeichertem Erfahrungsumfang und dessen logischer Verknüpfung ist auch der Begriff „Expertensystem" eingeführt. Ziel des CAE ist es, dem Entwicklungsingenieur möglichst effiziente Mittel unter Nutzung eines produktspezifischen Erfahrungsschatzes an die Hand zu geben. CAE geht damit weit über die rechnergestützte technische Berechnung hinaus.

CAE ist ein wichtiges Bindeglied im CAD/CAM-Verbund mit dem Fernziel CIM (Computer Integrated Manufacturing). Mittels CAD werden z. B. Geometriedaten erzeugt. Diese werden über genormte Schnittstellen an ein CAE-System übergeben, das die Produktoptimierung vornimmt. Die optimierte Geometrie wird an das CAD-System zurückgegeben und dort für die CAD/CAM-Nutzung aufbereitet. Auf diese Weise entstehen CNC-Bearbeitungsprogramme, die, um an den einzelnen Bearbeitungsmaschinen Verwendung finden zu können, noch einem „Post-Processing" unterzogen werden müssen. Möglichst während des Fertigungsprozesses (SPC, Statistical Process Control), aber auch danach können Solldaten nochmals im Rahmen des CAQ (Computer Aided Quality Assurance, auch ein Bestandteil von CIM) für die Qualitätssicherung herangezogen werden. In diesem Zusammenhang soll nicht unerwähnt bleiben, dass das eigentliche Ziel der Qualitätsbemühungen nicht das der optimal überwachten, sondern das der beherrschten Prozesse ist, die innerhalb so enger Grenzen ablaufen, dass auf SPC verzichtet werden kann.

2.2 Abgrenzung zwischen Mechanik und Thermodynamik

Der Kolbenmotor (gemeint ist hier stets die konventionelle Bauart mit Hubkolben) setzt sich aus bewegten und unbewegten Bauteilen zusammen, wobei die letzteren die Reaktionen der zuerst genannten aufnehmen. Jedes Bauteil übernimmt eine spezifische Aufgabe. Die Bauteile lassen sich zu Baugruppen oder Funktionseinheiten zusammenfassen. Das statische und dynamische Verhalten der Bauteile bzw. Baugruppen folgt den Gesetzen der Mechanik. Darauf basieren die Berechnungsverfahren, die im Bereich der Motor-Mechanik angewandt werden.

Wie schon in Kap. 1 erwähnt, ist damit auch die Abgrenzung des hier aufgearbeiteten Stoffes entsprechend eindeutig. So liefern die der Motor-Thermodynamik zuzuordnenden Gebiete Ladungswechsel und Verbrennung zwar mechanische und thermodynamische Randbedingungen in Form der Gaskraft und der Bauteiltemperaturen, die die Funktion und Lebensdauer erheblich beeinflussen, Letztere kann jedoch im abgesteckten Rahmen keine Berücksichtigung finden. Dem z. B. an der „realen" Prozessrechnung und anverwandten Gebieten interessierten Leser mögen [2–13], aus jüngerer Zeit [14, 15] weiterhelfen.

2.3 Anmerkungen zum ausgewählten Stoff und zur Vertiefung

Neben der vorgenommenen Abgrenzung zu anderen Wissensgebieten ist es angebracht darzulegen, nach welchen Kriterien der Stoff innerhalb des identifizierten Gebiets ausgewählt wurde. Berücksichtigt werden die primär wichtigen Bauteile und Baugruppen bzw. Systeme der Motor-Mechanik. So wird zunächst auf allgemein bekannte Zusammenhänge eingegangen. Ein Anliegen ist dabei, ergänzende und dem Verständnis dienende Sachverhalte anstelle des gängigen Lehrstoffs in den Vordergrund zu stellen. Als Richtschnur dienen hier die Gesichtspunkte einer zeitgemäßen Motorauslegung. Verschiedene Themen können aus den genannten Gründen nicht erschöpfend behandelt werden.

Ein Schwerpunkt ist die Berechnung. Bekanntlich erfordert die explizite Lösung mathematisch-physikalischer Zusammenhänge in Form von Differenzial- und Integralgleichungen Vereinfachungen und Annahmen. Entsprechend idealisiert können dann die Berechnungsergebnisse sein. Die explizite Lösbarkeit ist ohnehin nur in Sonderfällen gegeben. Die reale Aussagekraft von Berechnungen bezogen auf komplexe Aufgabenstellungen stieg erst mit der Diskretisierung von Strukturen und Räumen sprunghaft. Dies bedeutet die Umformulierung der erwähnten Gleichungen in lineare bzw. nichtlineare Gleichungssysteme, die mit Hilfe numerischer Methoden mit modernen Rechnern ausreichend schnell zu lösen sind.

Die diskretisierten Berechnungsverfahren und die zugrunde liegenden Lösungsalgorithmen sind ein Fachgebiet für sich. Das primäre Interesse gilt daher dem Stand der Anwendung dieser Verfahren, hier speziell im Bereich der Motor-Mechanik, und verständlicherweise nicht den Verfahren selbst. Dennoch wird im Anhang u. a. auf die Finite-Element-Methode (FEM) eingegangen. Damit wird dem Bedürfnis Rechnung getragen, dass eine Methode, die in unterschiedlichem Zusammenhang immer wieder bemüht wird, wenigstens in ihren Grundzügen darzustellen ist. Aber auch die Leistungsfähigkeit konventioneller Berechnungsverfahren kann mit Rechnerunterstützung erheblich gesteigert werden. So können durchaus auch elementare Berechnungen gepaart mit spezifischem Produkt-Know-how weiterhin nutzbringend eingesetzt werden. Letzteres wird gemeinhin heute etwas unterschätzt.

Abschließend ist noch darauf hinzuweisen, dass in der ersten Auflage die Berechnungsverfahren zur Dynamik, einem wichtigen Bestandteil der Motor-Mechanik (z. B. Massenausgleich, Kurbelwellen-Torsions-, -Biege- und -Längsschwingungen) zu Gunsten der vergleichsweise jungen Disziplin Motorakustik zunächst keine Berücksichtigung gefunden haben. Ähnliches gilt für die Lagerberechnung. Die Lagerbelastung (Haupt- und Pleuellager) wird im Zusammenhang mit den Kurbeltriebskräften zwar gestreift, die zusätzliche Behandlung der Grundlagen des Gleitlagers hätte jedoch ebenfalls den Rahmen gesprengt. Ausführungen zu den Antriebselementen der Nockenwelle (Kette, Zahnriemen, Führung, Spanner und Schwingungsdämpfer) und der Nebenaggregate mussten aus diesem Grund auch entfallen. Hier sei auf die weiterführende Literatur hingewiesen. Mit der zweiten Auflage konnte das Buch um ein ausführliches Kapitel zum Massenausgleich des Hubkolbenmotors bereichert werden.

2.4 Ziele bei der Neu- und Weiterentwicklung eines Motors

Die Ziele bei der Neu- und Weiterentwicklung eines Motors sind, wie aus Abb. 2.1 ersichtlich, recht komplex und nicht frei von Zielkonflikten. Letztere gilt es unter den gegebenen Randbedingungen und unter Berücksichtigung der jeweils gesetzten Prioritäten zu lösen. So beweisen z. B. moderne Pkw-Dieselmotoren mit Direkteinspritzung, Abgasturboaufladung – bei Nkw-Dieselmotoren schon seit Jahrzehnten ein überaus erfolgreiches Konzept – und Partikelfilter, dass Fahrspaß und Umweltverträglichkeit keine grundsätzlichen Gegensätze sein müssen. Die Zukunft des Dieselmotors hängt jedoch mit Blick auf die Stickoxide an einer weiteren Verbesserung der Abgasqualität. Eine zusätzliche katalytische Nachbehandlung ist somit auch beim Dieselmotor zwecks Erfüllung aktueller Abgasgesetzgebungen unvermeidlich.

Beim Ottomotor steht dagegen nicht nur angesichts stetig steigender Kraftstoffpreise, sondern insbesondere der die breite Öffentlichkeit beschäftigenden Klimaschutzdiskussion und sich abzeichnender gesetzlicher Regelungen eine drastische Senkung des Kraftstoffverbrauchs (der CO_2-Emission) absolut im Vordergrund. Die Direkteinspritzung ist daher im Begriff, sich auch beim Ottomotor durchzusetzen (Abb. 2.2). Sie ist in der Lage, diesen im Kraftstoffverbrauch in absehbarer Zeit nahe an den Dieselmotor heranzuführen und verlorene Marktanteile zumindest teilweise zurück zu gewinnen. Die Einführung „strahlgeführter" Systeme, d. h. der Schichtladung in einem erweiterten Kennfeldbereich, bedeutet die Abkehr von der Verbrennung eines stöchiometrischen Gemischs. Da der obligatorische Dreiwege-Katalysator Stickoxide bei Verbrennung mit Luftüberschuss nicht mehr wirksam reduziert, stellt sich auch beim Ottomotor die Notwendigkeit der Auftrennung in eine spezifische katalytische Nachbehandlung. Eine immer strengere Abgasgesetzgebung

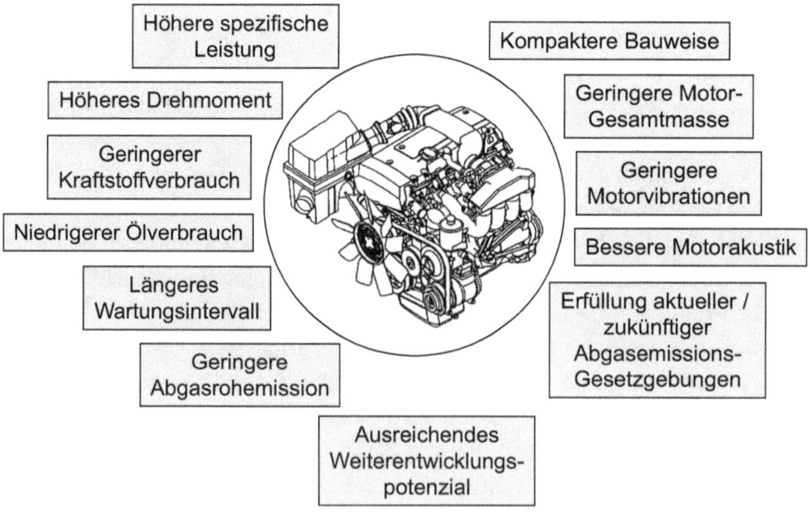

Abb. 2.1 Ziele bei der Neu- und Weiterentwicklung eines Motors

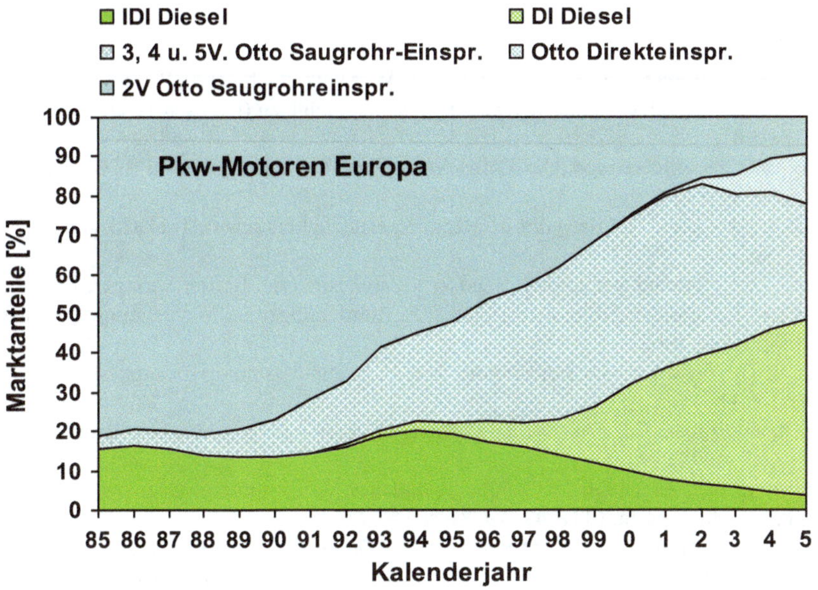

Abb. 2.2 Entwicklung der Marktanteile von Pkw-Otto- und -Dieselmotoren im Zeitraum 1985 bis 2005 (nach [17])

erfordert daher sowohl beim Otto- als auch insbesondere Dieselmotor aufwändigere technische Lösungen.

In den ersten beiden Dekaden des 21. Jahrhunderts befindet sich speziell der Pkw-Antrieb insgesamt im Umbruch. Die Klimaschutzdiskussion gibt nicht nur dem Leichtbau, d. h. auch der Werkstoffsubstitution im Antriebsbereich, erkennbar neuen Auftrieb. Auch das „Downsizing" des herkömmlichen Hubkolbenmotors hat konkrete Formen angenommen. Letzteres kennzeichnet einerseits eine Selbstbeschränkung im Hubraum und in der Zylinderzahl, andererseits eine erhebliche Steigerung der spezifischen Leistung [16]. Alternative Antriebssysteme sind in Form des Hybridantriebs bereits Realität geworden. Die kontrovers geführte Diskussion um dessen Berechtigung erübrigt sich, wenn bedacht wird, dass sich die Popularität des Pkw-DI-Dieselmotors allein auf Europa beschränkt. Eine sich am primären Einsatzbereich orientierende, breitere Differenzierung der Antriebssysteme ist zur Senkung der CO_2-Flottenemissionen zwingend. Es ist absehbar, dass der Gesetzgeber zunehmend in Ballungsräumen von Restriktionen bis hin zu „Nullemissionszonen" Gebrauch machen wird. Der Hybridantrieb benötigt weiterhin einen an dieses Antriebssystem angepassten Verbrennungsmotor. Dieser kann wiederum von einem elektrischen Assistenten profitieren. Die einen Elektromotor mit Strom speisende Brennstoffzelle ist nur mit regenerativ erzeugtem Wasserstoff, wofür derzeit noch die Voraussetzungen fehlen, eine Zukunftsperspektive. Der globale Wunsch nach individueller Mobilität führt allerdings keinen Weg an der Beantwortung der Energieressourcenfrage und der Frage, wie die CO_2-Emissionen einzuschränken sind, vorbei. Das Potenzial der Elektromobilität beschränkt sich dabei zunächst auf den urbanen Raum.

Literatur

1. *Braess, H.-H.:* Berechnung, Konstruktion und Versuch: zunehmende Partnerschaft auch in der Automobiltechnik. VDI-Tagung Berechnung im Automobilbau (Fellbach 1984). In: VDI-Berichte Nr. 537 (1984)
2. *Seifert, H.:* 20 Jahre erfolgreiche Entwicklung des Programmsystems PROMO. In: MTZ 51 (1990), Nr. 11
3. *Stanski, U.; Melcher, Th.; Berthold, J.:* Rechnergestützte Ladungswechselauslegung. In: MTZ 46 (1985), Nr. 12
4. *Urlaub, A.:* Verbrennungsmotoren. Band 2: Vefahrenstheorie. Berlin: Springer, 1989
5. *Seifert, H.:* Instationäre Strömungsvorgänge in Rohrleitungen an Verbrennungskraftmaschinen. Berlin: Springer, 1962
6. *Woschni, G.:* Elektronische Berechnung von Verbrennungsmotorkreisprozessen. In: MTZ 26 (1965), Nr. 11
7. *Görg, K. A.; Brüner, Th.; Franzke, E.; Polke, H. R.:* Ladungswechselrechnung im CAE-Konzept. In: MTZ 51 (1990), Nr. 9
8. *Brandstätter, W.; Killmann, I.:* Computersimulation der Strömung, Gemischbildung und Verbrennung in Motoren. In: MTZ 49 (1988), Nr. 5
9. *Amsden, A. A.; Ramshaw, J. D.; O'Rourke, P. J.; Dukowicz, J. K.:* KIVA: A Computer Program for Two- and Three-Dimensional Fluid Flows with Chemical Reactions and Fuel Sprays. In: Los Alamos National Lab. (USA), LA-10245-MS (1985)
10. *Amsden, A. A.; Butler, T. D.; O'Rourke, P. J.; Ramshaw, J. D.:* KIVA: A Comprehensive Model for 2D- and 3D-Engine Simulations. In: SAE Technical Paper Series 850554
11. *Ahmadi-Befrui, B.:* Assessment of Variants of the κ-ε-Turbulence Model for Engine Flow Applications. Energy Sources Technology Conference and Exhibition (Dallas/Tex. 1987). In: ASME 87-FE-11
12. *Ahmadi-Befrui, B.; Brandstätter, W.; Pitcher, G.; Troger, Ch.; Wigley, G.:* Simulationsmodell zur Berechnung der Luftbewegung in Zylindern von Verbrennungsmotoren. In: MTZ 51 (1990), Nr. 10
13. *Fischer, H.; Melcher, Th.:* Mehrdimensionale Verbrennungsrechnung: ein Werkzeug für die Brennraumentwicklung. In: MTZ 50 (1989), Nr. 4
14. *Grill, M.:* Objektorientierte Prozessrechnung von Verbrennungsmotoren. Stuttgart, Universität, Diss., 2006 (http://elib.uni-stuttgart.de/opus/doku/lic_mit_pod.php)
15. *Barba, Ch.:* Erarbeitung von Verbrennungskennwerten aus Indizierdaten zur verbesserten Prognose und rechnerischen Simulation des Verbrennungsablaufs bei Pkw-DE-Dieselmotoren mit Common-Rail-Einspritzung. Zürich, Eidgenössische Technische Hochschule (ETH), Diss., 2001
16. *Velji, Amin (Hrsg.):* Der Konflikt zwischen Thermodynamik und Mechanik in der Motorenentwicklung. Renningen: Expert, 2006 (Haus der Technik Fachbuch)
17. *Johansson, R. J.:* Globale Antriebssysteme – Die Strategie von GM. 27. Internationales Wiener Motorensymposium, 27–28. April 2006. Fortschr.-Ber. VDI Reihe 12 Nr. 622. Düsseldorf: VDI, 2006

Kriterien bei der Motorauslegung 3

3.1 Zur Veränderlichkeit von Motorkenndaten

Bei der Auslegung eines Motors sind bereits für den ersten Entwurf eine Anzahl von Festlegungen zu treffen. Wichtige Motorhauptabmessungen ergeben sich direkt aus der Triebwerksauslegung. Dabei ist eine Anzahl von Gesichtspunkten maßgeblich, deren physikalischer Hintergrund weltweit in Fachbüchern und Veröffentlichungen erörtert wird. Die Vielfalt des Schrifttums macht es schwierig, einzelne Quellen hervorzuheben. Dennoch können stellvertretend für die Standardwerke über Verbrennungskraftmaschinen z. B. [1–4] genannt werden. Aktuelleres Wissen vermitteln z. B. [5, 6].

Wenn ein scheinbar erschöpfend abgehandeltes Thema hier wieder aufgegriffen wird, so gibt es dafür zwei Gründe. Zunächst ist damit die Absicht verbunden, abweichend vom teilweise auch nicht mehr ganz zeitgemäßen Ansatz mancher Standardwerke, die Dimensionierung eines Fahrzeugmotors durch die Zeitbrille zu sehen. Dieses Ansinnen gestaltet sich bei diesem Buch, das in seinem Ursprung auf dem technischen Stand Anfang der 1990er-Jahren basiert, zunehmend schwierig. Dennoch bemühen sich die Autoren von Auflage zu Auflage um eine entsprechende Aktualisierung.

Im Folgenden wird versucht, die hinreichend bekannten Zusammenhänge unter aktuellen Aspekten nochmals kurz zu beleuchten und die aktuellen Entscheidungskriterien für die Motorauslegung in der Praxis zu skizzieren. Neben besseren Werkstoffen in Verbindung mit neuen Fertigungstechnologien, konstruktiv neuen bzw. bekannten, aber verbesserten Lösungen, weiterentwickelten peripheren Komponenten einschließlich stetig zunehmendem Steuerungs- und Regelungsaufwand, drückt sich der an einem Motor erkennbare Fortschritt auch in seinen Dimensionen aus. Die Änderung maßgeblicher Abmessungen im Zeichen des Fortschritts ist einer Randwertoptimierungsaufgabe vergleichbar. Das Überdenken eines bestehenden Konzepts (Auslegungsphilosophie) vor dem Hintergrund sich ändernder Aufgabenstellungen – wobei z. B. die Umweltproblematik eine wesentliche

E. Köhler, R. Flierl, *Verbrennungsmotoren*, ATZ/MTZ-Fachbuch,
https://doi.org/10.1007/978-3-658-24541-2_3

Triebfeder ist – ist die wesentlich häufigere Aufgabenstellung in der Praxis. Technik ist in der Hauptsache Evolution mit revolutionären Einschnitten.

Ein zusätzlicher Anlass, Betrachtungen über die Motorhauptabmessungen und deren Kopplung mit der Triebwerksauslegung voranzustellen, drängt sich dem Verfasser aufgrund praktischer Erfahrungen auf. So nimmt die Diskussion um Hauptabmessungen und deren Rückwirkung auf die Bauteildimensionierung in der Praxis weit breiteren Raum ein, als vielleicht allgemein angenommen. Manchmal ist ein geradezu zähes Ringen in dieser Angelegenheit zwischen den zuständigen Fachabteilungen und der technischen Entscheidungsebene zu beobachten.

Sehr häufig entstehen viele Probleme bei der Motorenentwicklung aus dem verständlichen Ehrgeiz, immer kompakter auszulegen, um die im Lastenheft ausgewiesenen Massenreduzierungen zu erreichen. Obwohl dieses Ziel voll zu unterstützen ist, muss bei der Festlegung der Hauptabmessungen der Funktion und Gestaltfestigkeit elementarer Komponenten, d. h. Dimensionierung und Formgebung, speziell Rechnung getragen werden.

3.2 Definition wichtiger Motorkenndaten

3.2.1 Hubvolumen (Hubraum)

Bohrungsdurchmesser D_Z und Hub s setzen bekanntlich das Zylinderhubvolumen V_h fest. Mit der Zylinderzahl z ergibt sich das Motorhubvolumen V_H:

$$V_H = z s \pi \frac{D_Z^2}{4} \tag{3.1}$$

Das Hubvolumen ist heute im Gegensatz zu der früher üblichen Darstellung nicht immer die Größe, die sich direkt aus den Drehmoment- und Leistungsforderungen ergibt. Bei Kraftfahrzeugen ist das Hubvolumen eine durch Steuergesetze, in der EU einst auch durch die Anfänge der Abgasgesetzgebung oder in zunehmendem Maß durch die Verbrauchsgesetzgebung (Flottenverbrauch in den USA/CAFE Regulations bzw. EU-CO_2-Flottenzielwert) beeinflusste, in Klassen einteilbare und durch spezifische Randbedingungen mehr oder weniger limitierte Größe. Begriffsprägungen wie (untere/obere) Mittelklasse und automobile Oberklasse im Pkw-Bereich werden automatisch mit bestimmten Hubräumen in Verbindung gebracht. Im Nkw-Bereich gilt Vergleichbares. Die im angelsächsischen Sprachraum übliche Klassierung nach „Light“, „Medium“ und „Heavy Duty“ (hier nicht zu verwechseln mit den gleichen Begriffen in Verbindung mit der US-Emissionsgesetzgebung) assoziieren Hubräume bzw. Vorstellungen von Motorkategorien. Die Entwicklung eines neuen Motors ist zielgruppenorientiert. Damit steht der Hubraum fest. Um möglichst viele Kunden anzusprechen, wird ein bestimmtes Fahrzeug mit verschiedenen Motoren angeboten. Dass Motor- und Fahrzeuggröße in gewissem Maß korrelieren, versteht sich von selbst. Liegt der Hubraum fest, so ist die Größe der einzelnen Zylindereinheit nur innerhalb gewisser Grenzen sinnvoll. Dazu werden in Abschn. 3.3 wichtige Aspekte erörtert.

3.2.2 Leistung und Drehmoment

Die effektive Motorleistung P_e und das Drehmoment M sind neben dem Hubraum V_H die signifikanten Daten im Lastenheft:

$$P_e = p_{me}\, V_H\, i \frac{\omega}{2\pi} \; (i = 1 \text{ bei Zweitakt}, i = ½ \text{ bei Viertakt}) \tag{3.2}$$

$$P_e = M\omega \tag{3.3}$$

$$M = p_{me}\, V_H \frac{i}{2\pi} \tag{3.4}$$

p_{me} ist der mittlere effektive Zylinderdruck, heute vornehmlich als spezifische Arbeit (auf das Hubvolumen bezogene Arbeit pro Arbeitsspiel) bezeichnet. Der Faktor i berücksichtigt das Verhältnis von Zyklus- zu Drehfrequenz (demnach $i = ½$ beim Viertaktmotor). ω steht für die Winkelgeschwindigkeit, wobei $\omega = \pi\ n/30$ ist, wenn die Drehzahl n in 1/min eingesetzt wird.

3.2.3 Spezifische Leistung

Aus Leistung und Hubraum folgt in Form der spezifischen Leistung die vielleicht wichtigste Kenngröße:

$$\frac{P_e}{V_H} = p_{me}\, i \frac{\omega}{2\pi} \tag{3.5}$$

Sie gibt insbesondere Aufschluss über den zu erwartenden Entwicklungsaufwand, legt jedoch das Motorkonzept noch nicht fest. Um das Leistungsziel bei vorgegebenem Hubraum zu erreichen, können drei verschiedene Wege beschritten werden:

- Motor auf möglichst hohen Mitteldruck, d. h. drehmomentstark, auslegen
- Motor auf möglichst hohe Nenndrehzahl auslegen
- Kompromisslösung

Bei der Auslegung eines Nkw-Dieselmotors fällt die Entscheidung selbstverständlich zugunsten der Drehmomentstärke, wobei die Abgasturboaufladung ein Schlüssel zur Problemlösung ist. Der durchschnittliche Ottomotor ist ein Kompromiss. Mit zunehmenden spezifischen

Leistungsforderungen muss auch von der Nenndrehzahlerhöhung Gebrauch gemacht werden. Der Ladungswechsel muss dann an den größeren Massenstrom angepasst werden. Die Vierventiltechnik ist heute die angemessene Problemlösung, zumindest beim Ottomotor. Reduzierte Strömungsverluste ermöglichen eine verbesserte Zylinderfüllung mit Frischgasgemisch und damit ebenfalls eine Erhöhung des Mitteldrucks. Diese beschränkt sich allerdings ohne spezielle Maßnahmen auf den Bereich höherer Drehzahlen. Variable Ventilsteuerung (Phasenverschiebung, Steuerzeitänderung, Ventilhubänderung bzw. -abschaltung sowie kombinierte Systeme) und in ihrer Länge variable Saugrohre (Schaltsaugrohre) zur Kompensation der Drehmomenteinbußen im unteren und mittleren Drehzahlbereich sind konstruktiv aufwändig, gewinnen jedoch zunehmend an praktischer Bedeutung. Mit dem entsprechenden technischen Aufwand werden damit Kompromisse in zunehmendem Maß hinfällig. Durch Sportgesetze limitierte Motoren, wie z. B. die Saugmotoren der früheren Formel 1, müssen voll auf das Konzept hohe Nenndrehzahl setzen. Die Nenndrehzahlen sind dabei mehr als doppelt so hoch verglichen mit zeitgemäßen Serienmotoren. Im Rahmen des „Downsizing“ findet auch bei Ottomotoren die Abgasturboaufladung immer breiteren Einsatz.

3.3 Festlegung der Hauptabmessungen in Verbindung mit der Triebwerksauslegung

3.3.1 Hub-Bohrungs-Verhältnis

Die konzeptionellen Betrachtungen führen dann zum Hub-Bohrungs-Verhältnis s/D_Z. Folgende Begriffe sind eingeführt:

s/D_Z $= 1$ $\rightarrow$ quadratisch
> 1 $\rightarrow$ unterquadratisch oder langhubig
< 1 $\rightarrow$ überquadratisch oder kurzhubig

Nkw-Dieselmotoren mit dem Trend zur weiteren Mitteldruck- und damit Drehmomentsteigerung sowie Drehzahlsenkung (Kraftstoffverbrauchssenkung) erfüllen die Voraussetzungen für größeren Hub, sind also traditionell unterquadratisch ausgelegt.

Bei der Weiterentwicklung von Pkw-Ottomotoren ist es ebenfalls nicht unüblich, Hubraumvergrößerungen mittels Hubverlängerung zu erreichen. Darüber hinaus zeigt auch manche Neukonstruktion wieder etwas längeren Hub. Folgende Vorteile des längeren Hubs sind nennenswert:

- günstige Voraussetzungen für eine auf Drehmoment ausgerichtete Auslegung (Drehmomentcharakteristik)
- kompakterer Brennraum (Oberflächen-Volumen-Verhältnis günstiger bei gleichem Zylinderhubvolumen) verbessert Gütegrad und Emissionsverhalten
- kleinere oszillierende Massen pro Zylindereinheit

- kleinerer Kolbendurchmesser verringert die gaskraftbedingte Triebwerksbelastung bei identischem Zylinderdruckverlauf

Dem stehen jedoch die bekannten Nachteile gegenüber:

- kleinerer Bohrungsdurchmesser erzwingt absolut kleinere Ventildurchmesser und damit Zeitquerschnitte, was im unteren bis mittleren Drehzahlbereich hinsichtlich des Liefergrads jedoch keineswegs nachteilig sein muss
- kleinerer Bohrungsdurchmesser und demzufolge größerer Hub erhöhen die mittlere Kolbengeschwindigkeit (Reibleistungserhöhung, Drehzahlbegrenzung)
- längerer Hub reduziert zwar die oszillierenden Massen über den Kolbendurchmesser, erhöht andererseits die oszillierenden Massenkräfte, ist also eher der Laufruhe abträglich, wenn nicht, was nur sehr eingeschränkt möglich ist, längere Pleuel verwendet werden
- mit längerem Hub nehmen auch die rotierenden Massenkräfte zu
- größerer Hub bewirkt in der Regel größeren Pleuelschrägstand und damit größere Seitenkraftbelastung des Kolbens (größere Kolbenverformung und -reibung, größerer Kolbenverschleiß)

Nach [7] muss zwischen den Auswirkungen bei niedrigen und hohen Drehzahlen unterschieden werden. Quadratische bis unterquadratische Hub-Bohrungs-Verhältnisse ergeben bei niedrigen bis mittleren Drehzahlen Vorteile hinsichtlich des volumetrischen Wirkungsgrads, des Verdichtungsenddrucks, des mittleren effektiven Drucks, des thermischen Wirkungsgrads und damit des spezifischen Kraftstoffverbrauchs. Mit zunehmender Drehzahl steigen die Reibungsverluste jedoch stark an, sodass überquadratische Hub-Bohrungs-Verhältnisse dann im Vorteil sind, da der Reibleistungsgewinn die höheren Wärmeverluste überwiegt.

In diesem Zusammenhang interessant ist auch die bei [8] versuchte Brennraumoptimierung von Vierventil-Ottomotoren. Ein möglichst kleines Oberflächen-Volumen-Verhältnis stellt sich bei großem Hub-Bohrungs-Verhältnis, kleinem Ventilwinkel und großem Zylinderhubraum ein (Abschätzungen hierzu in Abschn. 3.6). Ein möglichst großes Verhältnis Quetschfläche zur gesamten Kolbenfläche folgt aus einem ebenfalls großen Hub-Bohrungs-Verhältnis, jedoch großem Ventilwinkel und kleinem Zylinderhubraum. Die Quetschfläche ist der unvertiefte bzw. nicht erhöhte Flächenanteil des Kolbenbodens, der mit der ebenen Fläche außerhalb der Brennraumkalotte des Zylinderkopfes in OT-Stellung einen engen Spalt bildet. Dieser hat einen starken Einfluss auf die Ladungsbewegung. Es wird daraus der Schluss gezogen, dass ein „leicht" langhubig ausgelegter Kurbeltrieb (Interpretation des Autors: $s / D_Z = 1{,}0 - 1{,}1$) ohne Erhöhung der Nenndrehzahl für einen Serien-Pkw mit Vierventil-Ottomotor die besten Voraussetzungen bietet. Zwischen den Aussagen bei [7] und [8] besteht somit kein Widerspruch.

Mit Bohrung und Hub sind bereits wichtige Hauptabmessungen festgelegt und konzeptionelle Entscheidungen getroffen. Für die schon erwähnte mittlere Kolbengeschwindigkeit v_m sind der Hub s und die Winkelgeschwindigkeit ω maßgeblich:

$$v_m = s\frac{\omega}{\pi} \tag{3.6}$$

Der Generationen von Ingenieuren während der Ausbildung mitgegebene Rat, mittlere Kolbengeschwindigkeiten von 20 m/s und mehr zu meiden, hat weiterhin Gültigkeit, wenngleich mittlerweile auch bei Serienmotoren Werte um 25 m/s nicht gescheut werden.

3.3.2 Pleuelstangenverhältnis und Pleuellänge

Das Pleuelstangenverhältnis λ_{Pl} ist der Quotient aus Kurbelradius $r = s/2$ und Pleuellänge l_{Pl}:

$$\lambda_{Pl} = \frac{r}{l_{Pl}} \tag{3.7}$$

$r = s/2$ gilt exakt nur für den Kurbeltrieb ohne Desachsierung/Schränkung.

Fällt die konzeptionelle Entscheidung zu Gunsten eines längeren Hubs, so ist eine Laufruhe-Komfort-Verbesserung nur darstellbar, wenn das Pleuelstangenverhältnis den diesbezüglichen Nachteil weitgehend ausgleichen kann. Dies erfordert ein längeres Pleuel. Entsprechende Entwicklungstendenzen bei Pkw-Otto- und Dieselmotoren sind derzeit nicht zu übersehen. Die Festlegung von Hub und Bohrung nimmt also weitere Entscheidungen vorweg, wenn Nachteile vermieden werden sollen. λ_{Pl}-Werte > 0,3 sind bei Pkw-Motoren nicht mehr zeitgemäß. Neuere Nkw-Dieselmotoren unterscheiden sich heute in dieser Hinsicht nicht mehr nennenswert. Ausnahmen bestätigen die Regel d. h., es gibt immer wieder Zwänge zur Überschreitung dieses Werts.

3.3.3 Blockhöhe (Zylinderdeckhöhe)

Hub (Kurbelradius r), Pleuellänge l_{Pl} und Kolbenkompressionshöhe H_K, so die gängige Bezeichnung für den Abstand zwischen der Kolbenbolzenachse und dem Kolbenboden (Feuersteg-Oberkante), bestimmen die Blockhöhe L_{Bl}, auch Zylinderdeckhöhe genannt. Gemeint ist der Abstand zwischen der Kurbelwellenlängsachse (Lagergassenachse) und dem Zylinderdeck des Zylinderkurbelgehäuses (Motorblock) (Abb. 3.1):

$$L_{Bl} = r + l_{Pl} + H_K \tag{3.8}$$

Gl. (3.8) muss von Fall zu Fall um den Kolbenüberstand korrigiert werden, der wenige 1/100 bis 1/10 mm betragen kann. Kleinere Zylinderbohrung, längerer Hub und das damit aus heutiger Sicht eigentlich notwendig werdende längere Pleuel vergrößern die Blockhöhe. Dies kann durch eine reduzierte Kompressionshöhe des Kolbens meist nur teilweise aufgefangen werden. Beispiele aus der Entwicklungspraxis der Pkw-Motoren bestätigen in der

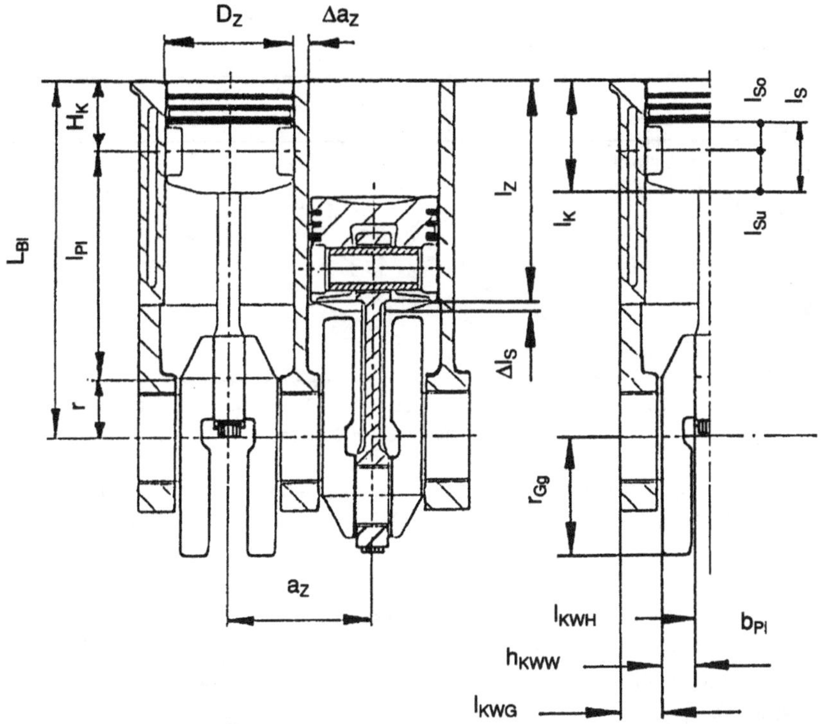

Abb. 3.1 Zusammenhang zwischen den Hauptabmessungen von Triebwerk und Zylinderkurbelgehäuse

Tat, dass die Blockhöhe vergrößert werden muss, wenn die Kompressionshöhe keine Reserven mehr bereit hält (z. B. VW/Audi: Zylinderkurbelgehäuse des 2,0 l-Motors wurde wegen Pleuelverlängerung von 220 mm auf 236,5 mm erhöht). Dennoch sollte speziell bei Ottomotoren der Minimierung der Kompressionshöhe primäre Bedeutung zukommen. Die Reduzierung der axialen Höhe der Kolbenringe leistet hier einen wichtigen Beitrag. Herstellbarkeit, Verschleißverhalten und Kosten bestimmen das praktisch Machbare. Insgesamt haben die Kolbenhersteller zusammen mit den Kolbenringherstellern entsprechende Konzepte für minimale Kompressionshöhen entwickelt.

3.3.4 Kolbendurchmesser und Kolbenmasse

Die „nackte“ Kolbenmasse m_K (ohne Kolbenbolzen und Kolbenringe) nimmt ungefähr mit der dritten Potenz des Kolbendurchmessers D_K zu. Zur vergleichenden Beurteilung der Kolbenmasse wurde der so genannte „k-Faktor“ ([g/cm^3]) eingeführt:

$$k = \frac{m_K}{D_K^3}; \quad m_K = k D_K^3 \tag{3.9}$$

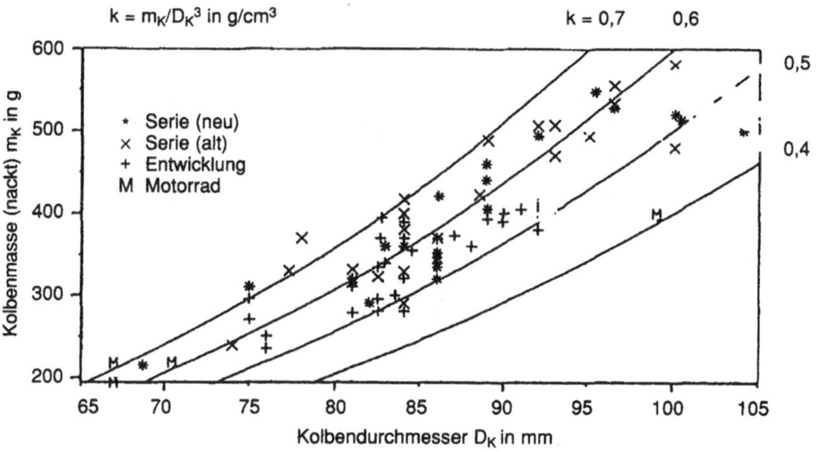

Abb. 3.2 Kolbenmasse („nackt") von Pkw-Ottomotoren in Abhängigkeit vom Kolbendurchmesser mit Kurven konstanten „*k*-Faktors" (Serienstand 1989/1990 und in diesem Zeitraum laufende Entwicklungen)

Gleiche *k*-Faktoren drücken aus, dass Kolben unterschiedlichen Durchmessers in Bezug auf Leichtbau vergleichbar sind. Das Formulieren von Entwicklungszielen und die Darstellung des Entwicklungsfortschritts mittels des *k*-Faktors hat vor allem bei Kolben für Ottomotoren eine zunehmende Bedeutung. Abb. 3.2 zeigt die Kolbenmasse (Ottomotoren) in Abhängigkeit vom Kolbendurchmesser. Zugleich sind Linien gleichen *k*-Faktors eingezeichnet. Serienkolben, in Entwicklung befindliche Kolben, Kolben für Forschungsmotoren und Kolben für Motorräder sind mittels verschiedener Symbole gekennzeichnet. Bei Pkw-Dieselmotoren mit vergleichsweise niedrigem Drehzahlniveau wird der Kolbenmasse erst in jüngster Zeit mehr Beachtung geschenkt. Die erreichbaren *k*-Faktoren liegen bei DI-Dieselkolben im Bereich 0,95 bis 1,10. Bei Nkw-Dieselmotoren spielt die Kolbenmasse gegenüber Beanspruchungskriterien noch eine untergeordnete Rolle. Die gaskraftseitige Kolben-, Kolbenbolzen-, Pleuel- und Kurbelwellenbelastung nimmt mit dem Quadrat, die massenkraftseitige mit der dritten Potenz des Kolbendurchmessers zu.

3.3.5 Kompressionshöhe des Kolbens

Großen Einfluss auf die Kolbenmasse (*k*-Faktor) hat die Kompressionshöhe des Kolbens (Abb. 3.3). Die minimale Kompressionshöhe wird durch innere oder äußere Abmessungen bestimmt (Abb. 3.4). Letzteres ist dann zutreffend, wenn keine nennenswerte Muldentiefe vorliegt, d. h., das Kompressionsvolumen hauptsächlich oder vollständig im Zylinderkopf untergebracht ist (Ottomotoren mit „Flat Top" oder flacher Bodenmulde, indirekt einspritzende Dieselmotoren mit Vor- oder Wirbelkammer). Ersteres gilt für Kolben mit ausgeprägten Bodenmulden, wie sie für direkteinspritzende Dieselmotoren oder die zeitweise

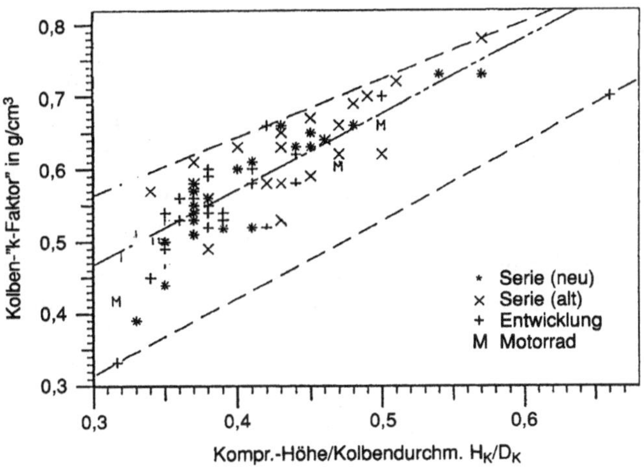

Abb. 3.3 „*k*-Faktor" in Abhängigkeit von der auf den Kolbendurchmesser bezogenen Kompressionshöhe; Kolben für Ottomotoren (Serienstand 1989/1990 und in diesem Zeitraum laufende Entwicklungen)

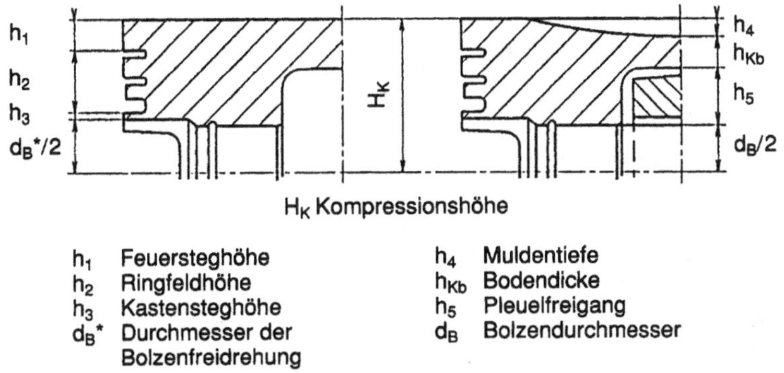

Abb. 3.4 Kolbenkompressionshöhe (schematisch) aufgebaut aus inneren und äußeren Abmessungen (Darstellung entspricht Kolben für Ottomotor)

bevorzugten Heron-Brennräume für Ottomotoren typisch sind. Ein Kompressionshöhenminimum für einen serienfähigen Dreiringkolben eines Ottomotors errechnet sich aus äußeren Abmessungen bei solider Auslegung zu 36 % des Kobendurchmessers. Noch etwas kleinere Werte lassen sich mit niedrigen (HC-optimierten) Feuerstegen erreichen. Eine noch sinnvolle Obergrenze ist spätestens bei 45 % des Kolbendurchmessers zu setzen. Größere Kompressionshöhen stehen aufgrund der Kopflastigkeit im Widerspruch zu heutigen Geräuschanforderungen an Ottomotoren.

Dieselkolben benötigen aufgrund der Funktionssicherheit größere Feuerstege („Headland"-Ausführungen = Sonderfall) und belastungsbedingt höhere Ringstege sowie größer dimensionierte Bolzendurchmesser. Darüber hinaus gibt es bei den

Direkteinspritzern je nach Brennverfahren sehr unterschiedliche Verhältnisse von Muldendurchmesser zu Muldentiefe. Die Angabe von Unter- und Obergrenzen für die Kompressionshöhe gestaltet sich daher etwas problematisch. Für ausgeführte Beispiele sind im Pkw-Bereich Werte zwischen 50 und 60 %, im Nkw-Bereich eher 60 und 70 % des Kolbendurchmessers repräsentativ.

Es ist in der Entwicklungspraxis recht üblich, Hubraumvarianten durch Hubvariation auf der Basis desselben Zylinderkurbelgehäuses darzustellen. Da das Pleuel zur Reduzierung der Teilevielfalt üblicherweise ebenfalls als Gleichteil betrachtet wird, müssen Kolben unterschiedlicher Kompressionshöhe verwendet werden. Die Kompressionshöhe ändert sich um den Betrag

$$\Delta H_K = \frac{(s_{alt} - s_{neu})}{2} \tag{3.10}$$

Die Indizes „alt“ und „neu“ kennzeichnen die Hubvarianten s. Bei Hubverlängerung ist jedoch darauf zu achten, dass die halbe Hubänderung auch dem Betrag entspricht, um den der Kolben (weiter) aus dem Zylinder austauscht.

3.3.6 Hub, Bohrung und Zylinderzahl

Bei Pkw- und Nkw-Fahrzeugmotoren (Viertakt) gibt es sinnvolle absolute Unter- und Obergrenzen für ausgeführte Zylinderdurchmesser (Bohrungen D_Z):

- Motorrad (55) 60 … 95 mm
- Pkw-Ottomotor 60 … 104 mm
- Pkw-Dieselmotor 75 … 90 mm
- Nkw-Dieselmotor 90 … 160 mm

Die Angaben sind Empfehlungen, basierend auf praktischen Erfahrungen. Im Übrigen ist es schwierig, die jeweiligen Grenzen exakt zu fixieren.

Im Bereich der Obergrenzen ist dann zunächst eventuell vorhandenes Hubverlängerungspotenzial auszuschöpfen und schließlich die Erhöhung der Zylinderzahl vorzuziehen. In der Praxis sind häufig Restriktionen wie vorhandene Fertigungseinrichtungen („Bohrbild“), Verwendung von Gleichteilen (Kosten), vorgegebener begrenzter Einbauraum im Fahrzeug und andere unumstößliche Tatsachen anzutreffen.

Eine Erhöhung der Zylinderzahl verbessert stets die Gleichförmigkeit des Drehmoments und bei günstiger Zylinderanordnung auch den Massenausgleich. Die Reibleistung nimmt im Allgemeinen jedoch zu. Eine Verkleinerung des Zylinderhubvolumens bei ähnlichem Triebwerk bedeutet zudem nicht zwangsläufig, wie manchmal in populären Publikationen zu lesen, eine Verbesserung des inneren Wirkungsgrads. Wegen des sich ungünstiger gestaltenden Oberflächen-Volumen-Verhältnisses (siehe auch Abschn. 3.6) verschlechtert sich zumindest der Gütegrad. Es soll hier aber nicht den Aussagen, die aus Ähnlichkeitsbetrachtungen abgeleitet werden können, widersprochen werden. Danach steigt bei selber spezifischer Arbeit und selber mittlerer Kolbengeschwindigkeit die spezifische Leistung P_e/V_H mit zunehmender Zylinderzahl z und abnehmendem Hubraum V_H ($P_e/V_H \sim 1/\sqrt[3]{V_H}$ bzw. $\sim \sqrt[3]{z}$). Dass speziell aus kleinen Zylindereinheiten sehr hohe spezifische Leistungen herausgeholt werden können, liegt primär in der konsequenten Nutzung der Schnelllauffähigkeit. Hinzu kommt, dass mit steigender Zylinderzahl aufgrund der damit einhergehenden thermischen Entlastung das Verdichtungsverhältnis angehoben werden kann. Die fast generell festzustellende geringfügige Verschlechterung des Kraftstoffverbrauchs bei Erhöhung der Zylinderzahl ist eine praktische Erfahrung, die, wie oben erwähnt, auch auf erhöhte Reibungsverluste zurückgeführt wird. Es bleibt allerdings ein breiter Interpretationsspielraum, wobei hier auf weitere Einlassungen verzichtet wird.

Eine Auslegung zu Gunsten des Hubes bringt Bauhöhe und spart Baulänge. Bei einer Auslegung zu Gunsten der Bohrung verhält es sich umgekehrt. Diese gemeinhin triviale Anmerkung sei der Vollständigkeit halber erlaubt. Eine größere Bohrung verbessert über die Ventildurchmesser indirekt den Liefergrad, wodurch die Nachteile im Gütegrad kompensiert werden können (ergänzende Ausführungen hierzu in Abschn. 3.3.1).

Zu Zylinderdurchmessern von Ottomotoren mit deutlich mehr als 92 mm ist anzumerken, dass trotz Leichtbaus (kleiner k-Faktor) die Massen absolut groß werden. Je nach Zylinderanordnung erfordert dies begleitende konstruktive Maßnahmen. Bei Vierzylinderreihenmotoren, bei denen die Massenkräfte 2. Ordnung nicht ausgeglichen sind, können zur Erreichung der geforderten Laufruhe zusätzliche Ausgleichswellen notwendig sein [9]. Die Beibehaltung einer niedrigeren Zylinderzahl ist dann in Anbetracht des erhöhten Aufwands allein aus Kostengründen nicht vertretbar. Entscheidend für diese Lösung sind dann eher Bauraumaspekte oder vorhandene Fertigungseinrichtungen („Bohrbild" des Zylinderdecks). Entscheidungen dieser Art stehen vor allem bei Vierzylindermotoren mit mehr als 2,0 l Hubraum an.

3.3.7 Zylinderlänge, untere Kolbenschaftlänge, Austauchen des Kolbens

Vor dem Hintergrund immer kompakterer Motorkonstruktionen und unabdingbarer geometrischer Verträglichkeit kommt weiteren Hauptabmessungen besondere Bedeutung zu. Das Austauchen des Kolbenschafts im UT kann die Funktion des Kolbens beeinträchtigen oder sich zumindest aufgrund erhöhten Schaftverschleißes im Austauchbereich (Kolbenschrägstand mit Anlagewechsel im UT) negativ bemerkbar machen. Das Austauchmaß des Kolbenschafts Δl_S errechnet sich aus der unteren Schaftlänge l_{Su}, dem Hub s, der Kompressionshöhe H_K und der Zylinderlänge l_Z, (Abb. 3.5):

$$\Delta l_s = l_{Su} + s + H_K - l_Z \tag{3.11}$$

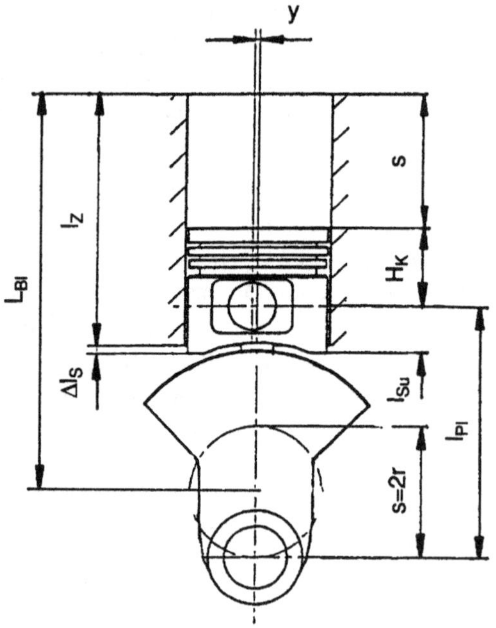

Abb. 3.5 Austauchen des Kolbenschaftendes

(Da $s/2 + H_K = L_{Bl} - l_{Pl}$ [vgl. Abschn. 3.3.3], kann Gl. (3.11) auch mittels anderer Parameter angegeben werden.)

Je kürzer der Kolbenschaft, umso weniger sollte er im UT austauchen. Die kürzesten Kolbenschäfte sind mit z. T. schon weniger als 40 %, mehrheitlich mit 40 bis maximal 50 % des Kolbendurchmessers bei Ottomotoren anzutreffen. Als Faustregel kann gelten, dass das Schaftende nicht mehr als 15 % der Schaftlänge austauchen soll. Aus heutiger Sicht sind 45 % des Kolbendurchmessers eine sinnvolle Schaftlänge. Eine ausreichende Geradführung des Kolbens kann jedoch noch oberhalb von 40 % gewährleistet werden. Es ist zu beachten, dass weitere Schaftkürzungen nicht mehr nennenswert zur Massenreduzierung beitragen. Bei den genannten Werten sind Schaftlappen, sofern sie zur Anwendung kommen, nicht inbegriffen.

Die Zylinderlänge l_Z kann aus Gl. (3.11) abgeleitet werden. Wird die gesamte Kolbenbauhöhe $l_K = H_K + l_{Su}$ eingeführt, die allerdings neben den bereits genannten Kolbenparametern in der Auslegungspraxis als Summe aus Kompressionshöhe und unterer Schaftlänge nur eine untergeordnete Rolle spielt, so ist noch folgende Umformung möglich (Abb. 3.5):

$$l_Z = l_K + s - \Delta l_S \tag{3.12}$$

Der Zylinder muss bekanntlich den Kolben in seiner Gesamtlänge abzüglich des zulässigen Austauchmaßes Δl_S aufnehmen und über die Hublänge s führen.

3.3.8 Kurbelwellenfreigang und Kolbenschaftlänge

Ein mit kompakterer Bauweise immer häufigerer Interessenkonflikt bezieht sich auf die „Kollision“ der Kurbelwellengegengewichte mit dem Kolben im Bereich des UT (UT ist nicht zwangsläufig die kritische Kurbelstellung. Bei Gegengewichten mit veränderlichem – nach außen hin zunehmendem – Radius liegt die kritische Kurbelstellung meist 20 bis 40° außerhalb der UT-Stellung). Hier stehen der äußere und innere Massenausgleich sowie der Einfluss des Letzteren auf die Hauptlagerbelastung gegen Forderungen nach ausreichender Kolbenschaftlänge, Gestaltung des Schaftendes und Bolzennabendimensionierung im unteren Scheitel (Massenkraftsicherheit). Zunehmend bereiten auch die in die Kurbelwelle integrierten Steuerscheiben Unterbringungsschwierigkeiten.

Mit Steuerscheiben sind Impulsgeber-Scheiben für die Motorsteuerung gemeint. Insgesamt sind Ottomotoren wiederum etwas stärker betroffen als Dieselmotoren. Abb. 3.6 zeigt die Verhältnisse im Detail. Obwohl diese überschaubar und mit einfachsten mathematischen Mitteln transparent zu machen sind, treten hier in der Praxis erstaunlicherweise immer wieder die größten Irrtümer auf. Mit Verbreitung der 2D/3D-CAD-Systeme und einem optional verfügbaren Kinematik-Modul können Kollisionen schnell sichtbar gemacht werden. Die genaue Abstandsermittlung erfolgt durch Herausmessen im kritischen Bereich bei Nutzung entsprechender CAD-Systemfunktionen. Damit hat sich die Situation wesentlich verbessert. Schließlich lassen sich mit diesen Hilfsmitteln auch recht einfach und schnell

Abb. 3.6 Kurbelwellenfreigang und Kolbenschaftlänge

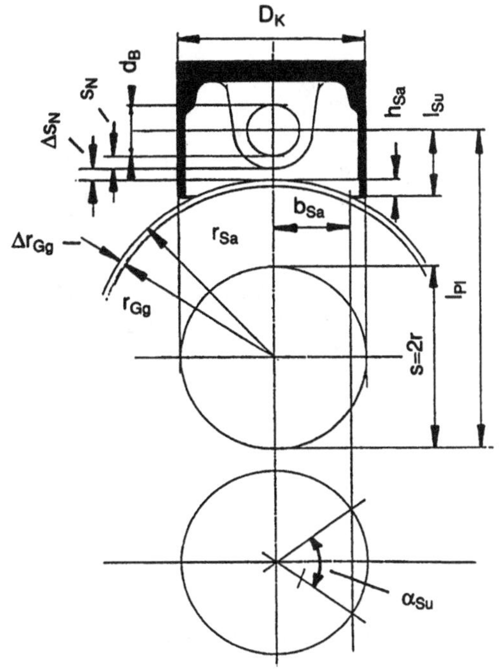

Parametervariationen durchführen. Diese erleichtern vor allem die unvermeidlichen Toleranzstudien. Wenn von Irrtümern die Rede ist, so beziehen sich diese in den meisten Fällen auf nachlässige Betrachtungen zu den Fertigungstoleranzen und nicht auf Fehler bei den Nennabmessungen.

Nach Abb. 3.6 können zunächst der Gegengewichtsradius r_{Gg} und der notwendige Freigang Δr_{Gg} zum zumindest theoretisch notwendigen Schaftaussparungsradius r_{Sa} des Kolbens zusammengefasst werden:

$$r_{Sa} = r_{Gg} + \Delta r_{Gg} \tag{3.13}$$

Der Einstichpunkt des Schaftaussparungsradius fällt in der Praxis nicht notwendigerweise mit der Kurbelwellenachse zusammen. Es kann z. B. ein kleinerer Radius mit einem Einstichpunkt oberhalb der Kurbelwellenachse im Einzelfall durchaus helfen, noch das eine oder andere Gramm zu sparen (Abb. 3.7). Dennoch ist der theoretische Schaftaussparungsradius allein maßgeblich für die Kollisionsbetrachtung.

Auf die Pleuellänge l_{Pl} verteilen sich in UT-Stellung der Kurbelradius $r = s/2$ (gilt exakt nur bei Kurbeltrieb ohne Desachsierung/Schränkung), der Kurbelwellenfreigang oder Schaftaussparungsradius r_{Sa}, die Nabenwanddicke der Bolzennabe des Kolbens im unteren Nabenscheitel s_N sowie ein Zuschlag Δs_N, der die Auszugsschräge des Augenbackens des im Allgemeinen fünfteiligen Kolbengießkerns berücksichtigt (Wanddicke im unteren Nabenscheitel nimmt deshalb nach außen hin zu), und der halbe Kolbenbolzendurchmesser $d_B/2$ (siehe Abb. 3.6):

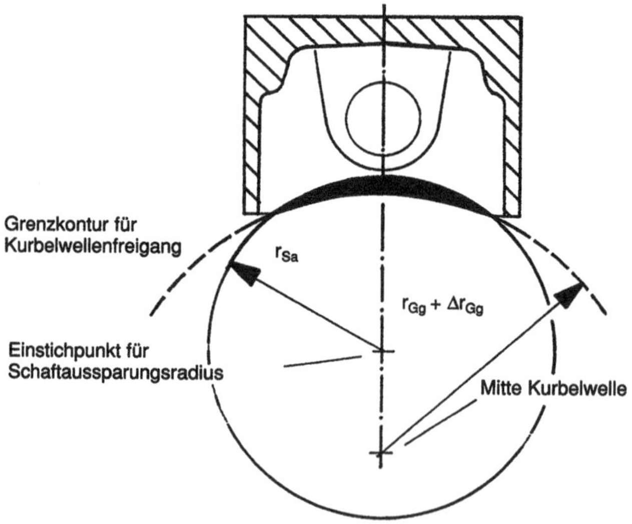

Abb. 3.7 Theoretischer und real möglicher Schaftaussparungsradius des Kolbens

$$l_{Pl} = \frac{s}{2} + r_{Sa} + s_N + \Delta s_N + \frac{d_B}{2} \tag{3.14}$$

bzw.

$$r_{Sa} = l_{Pl} - \frac{s}{2} - \left(s_N + \Delta s_N + \frac{d_B}{2} \right) \tag{3.15}$$

Zugleich setzt sich die untere Schaftlänge l_{Su} im Grenzfall aus folgenden Abmessungen zusammen:

$$l_{Su} = h_{Sa} + s_N + \Delta s_N + \frac{d_B}{2} \tag{3.16}$$

Aus den Gl. (3.15) und (3.16) folgt auch

$$r_{Sa} = l_{Pl} - \frac{s}{2} - l_{Su} + h_{Sa} \tag{3.17}$$

Mit der Abmessung h_{Sa}, dem Unterschied zwischen der Schaftlänge auf Druck- bzw. Gegendruckseite des Kolbens und im ausgesparten Bereich unterhalb der Bolzennaben, wird ein weiterer Parameter eingeführt. Wie aus Abb. 3.6 hervorgeht, ist in Verbindung mit der Schaftlänge auch der Abstand b_{Sa} von Bedeutung. Dies bedarf einer zusätzlichen Erklärung.

Die Bemessung der Schaftlänge wird bereits in Abschn. 3.3.7 angesprochen. Der Begriff „Kolbenschaftlänge“ ist dehnbar und Anlass zu mancher Diskussion auch unter Fachleuten. Aus der Sicht des Kolbenentwicklers dürfen Schaftlappen, d. h. künstliche Schaftverlängerungen zwischen den Gegengewichten, bei der Schaftlängenbemessung nicht berücksichtigt werden. Ganz abgesehen davon erschienen Schaftlappen zeitweise ein nicht mehr empfehlenswertes Relikt zu sein. Unter heutigen Leichtbauaspekten und den daraus resultierenden Wandstärken kann nämlich daran gezweifelt werden, ob den frei auskragenden Enden mit geringer Steifigkeit noch eine geradführende Eigenschaft zugesprochen werden kann. Diese Vermutung ist zumindest bei Kolben für Ottomotoren berechtigt. Bei den insgesamt deutlich stärker dimensionierten Dieselkolben ist der Schaftlappen weniger in Frage gestellt.

Gegen den Schaftlappen spricht, dass er einer geräuschoptimierten Gestaltung des Schaftendes entgegensteht („Cold Slap“ = Kolbenschaftgeräusch bei kaltem Motor [10]) und wichtige Führungsfläche verschenkt (Abb. 3.8) [11]. Vor diesem Hintergrund müsste der untere Abschluss des Kolbenschafts über einen Umfangswinkel α_{Su} von mindestens 60° gerade ausgebildet sein. Für das Maß b_{Sa} ergibt sich daraus folgende Bedingung:

$$\frac{2\,b_{Sa}}{D_K} = \cos\frac{\alpha_{Su}}{2} \leq \cos 30^\circ = \frac{\sqrt{3}}{2}$$

bzw.

$$b_{Sa} \leq \sqrt{3}\frac{D_K}{4} \tag{3.18}$$

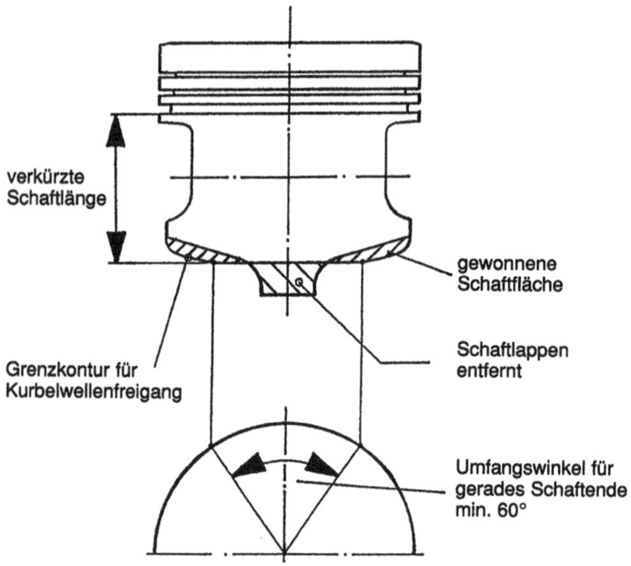

Abb. 3.8 Formoptimierung des Kolbenschaftendes zur Reduzierung des Schaftgeräuschs bei kaltem Motor („Cold Slap"); Anwendung primär bei Kolben für Ottomotoren (Darstellung nach internen Unterlagen der damaligen Kolbenschmidt AG, heute KS Kolbenschmidt GmbH, Unternehmen der Rheinmetall Automotive AG)

Schließlich kann h_{Sa} noch mittels b_{Sa} und r_{Sa} ausgedrückt werden:

$$h_{Sa} = r_{Sa} - \sqrt{r_{Sa}^2 - b_{Sa}^2} \tag{3.19}$$

Mit den Gl. (3.17), (3.18) und (3.19) kann jetzt der Schaftaussparungsradius r_{Sa}, hier z. B. für den Grenzwinkel $\alpha_{Su} = 60°$, in Abhängigkeit von den ihn bestimmenden Parametern berechnet werden:

$$r_{Sa} = \sqrt{\left(l_{Pl} - \frac{s}{2} - l_{Su}\right)^2 + \frac{3D_K^2}{16}} \tag{3.20}$$

Der maximal mögliche Gegengewichtsradius ergibt sich unter Berücksichtigung von Gl. (3.20) zu

$$r_{Gg} = r_{Sa} - \Delta r_{Gg} \tag{3.21}$$

Es ist zu beachten, dass in der Praxis die jeweiligen Toleranzen, die sich ungünstig addieren können, auf jeden Fall berücksichtigt werden müssen.

Ähnliche Betrachtungen können auch für einen veränderlichen Gegengewichtsradius in entsprechender Weise angestellt werden. Es kann jedoch anhand einiger real existierender Triebwerksauslegungen gezeigt werden, dass diese Lösung nicht wesentlich zu kompakterer Bauweise beiträgt. Da sich der Kolben kinematisch bedingt nur relativ „langsam" aus den Totpunktstellungen herausbewegt, ist die mögliche Radienvergrößerung bescheiden. Andernfalls wird die Problematik nur aus der UT-Stellung heraus verlagert.

Anhand von Geräuschkriterien allein sollte das Urteil über den Schaftlappen noch nicht gesprochen werden. Eine gewisse Stützwirkung kann ihm letztlich nicht abgesprochen werden. Zu dieser Einschätzung kann man bereits auch mittels sehr abstrakter Modelle gelangen. Abb. 3.9 zeigt zunächst den starren, oben und unten am Schaft abgestützt gedachten Kolben. Die Belastung am Schaftende nimmt mit relativer Verlängerung des unteren Schaftbereichs ab.

In Abb. 3.10 ist nochmals das einfache Modell von Abb. 3.9 dargestellt. Die Verfeinerung besteht in der Einführung von Elastizitäten. Es besteht eine elastische Verbindung zwischen Kolbenkopf und -schaft, die ihrerseits weiterhin starr angenommen werden. Zudem stützt sich auch das Schaftende elastisch ab. Dies bedeutet eine Annäherung der tatsächlichen elastischen Verformbarkeit in gröbster zweidimensionaler Weise. Die Belastung am Schaftende nimmt mit einer relativen Verlängerung des unteren Schaftbereichs ab. Für ein unendlich steifes Schaftende oder ein Gelenk an der Schaftoberkante ohne jede Drehsteifigkeit ist die Belastung am Schaftende identisch mit der des starren Falls von Abb. 3.9. Neben der Schaftverlängerung, die auch so interpretierbar ist, dass ein Schaftlappen angehängt wird, führt eine Erhöhung der Schaftelastizität am Schaftende dort

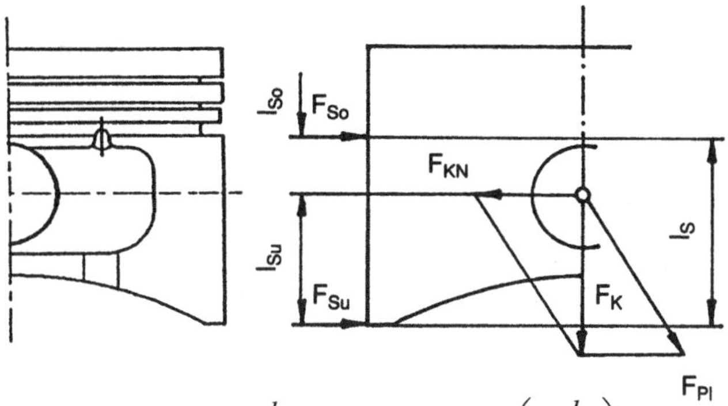

$$F_{Su} = F_{KN}\frac{l_{So}}{l_S} \text{ bzw. } F_{Su} = F_{KN}\left(1-\frac{l_{Su}}{l_S}\right)$$

Abb. 3.9 Einfachstes starres zweidimensionales Ersatzmodell für die Abstützkräfte am Kolbenschaft

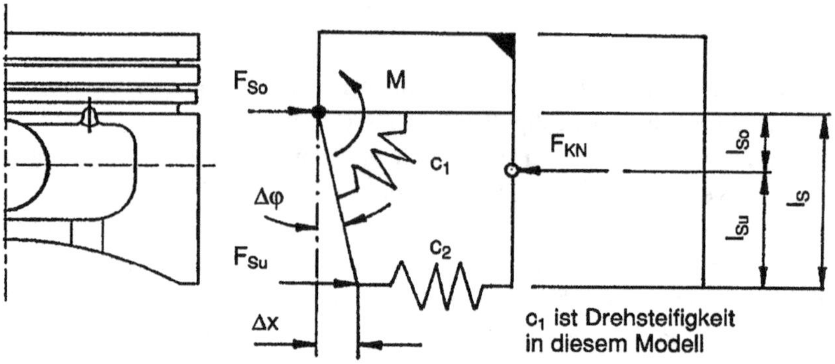

$$F_{Su} = F_{KN}\frac{l_{So}}{l_S}\frac{1}{1+\frac{c_1}{\left(c_1+c_2 l_S^2\right)}} \text{ bzw. } F_{Su} = F_{KN}\left(1-\frac{l_{Su}}{l_S}\right)\frac{1}{1+\frac{c_1}{\left(c_1+c_2 l_S^2\right)}}$$

Abb. 3.10 Einfachstes elastisches zweidimensionales Ersatzmodell für die Abstützkräfte am Kolbenschaft

zu günstigeren Belastungsverhältnissen. Ebenso belastungsreduzierend am Schaftende wirkt sich eine relative Erhöhung durch Versteifung im oberen Schaftbereich aus.

Die anhand des sehr einfachen Modells gewonnenen Ergebnisse dürfen in ihrer Aussagekraft nicht überbewertet werden. So trifft die Vorstellung, dass sich der Kolbenschaft in dieser statisch bestimmten Weise mittels zweier Einzelkräfte am Zylinder abstützt, ja keineswegs die Realität. Dennoch ist es interessant, dass ihre Interpretation es erlaubt, die in Verbindung mit der Schafteinfallsproblematik (Durchmesserverringerung infolge plastischer Verformung im Motorbetrieb) insbesondere von Kolben für Ottomotoren praktisch gewonnenen Erfahrungen zu unterstützen:

- Der Schaftlappen ist zwar aus Geräuschgründen nicht beliebt, er wirkt jedoch bezüglich Schafteinfall im Bereich des Nenndurchmessers tendenziell positiv.
- Ein elastischer Schaft, der zugleich die Seitenkraftbeanspruchung spannungsminimierend über dem Umfang verteilt, reduziert den Schafteinfall.
- Längs- und Radialsteifigkeitsverteilung beeinflussen die lokale Beanspruchung.

Die Thematik Kolbenschaftgestaltung, -geräusch und bleibende Verformung wird hier vielleicht etwas überbetont. In der Auslegungspraxis kommt ihr jedoch angesichts der z. T. widersprüchlichen Forderungen sehr große Bedeutung zu.

Neben den u. U. kritischen Verhältnissen im Bereich der UT-Stellung muss auch eine Überschneidung zwischen dem schräg stehenden Pleuel in seiner ungünstigsten Position und der Zylinderunterkante anhand der so genannten „Pleuelgeige", die durch Übereinanderlegen aller möglicher Pleuelstellungen mit geringem Kurbelwinkelabstand den Raumbedarf des Pleuels anzeigt, überprüft werden. Außerdem sind die durch die Zylinderanordnung bei V- und Boxermotoren gegebenen Besonderheiten zu beachten.

Trotz der vielen Variablen kann die Frage nach einem sinnvollen Vorgehen bei der Triebwerksauslegung relativ kurz beantwortet werden. Es ist zunächst davon auszugehen, dass Hub und Bohrung für ein Motorkonzept vorläufig fixiert werden oder feststehen. Kolbenkompressionshöhe und Pleuellänge bringen die Anpassung an ein u. U. schon bestehendes Zylinderkurbelgehäuse. Die Kolbenkompressionshöhe unterliegt bei Ottomotoren zunehmend Minimalkriterien. Ob die unter Berücksichtigung der spezifischen Anforderungen minimale Kompressionshöhe realisiert werden kann, hängt von Form und Aufteilung des Brennraums ab. Dies gilt für Otto- und Dieselmotoren. Stehen die äußeren Abmessungen, so ist die Kolbenauslegung vorzunehmen. Parallel dazu sollten die Belange des Massenausgleichs geklärt werden. Die Optimierung ist dann ein iterativer Prozess. Notfalls sind die Hauptabmessungen Hub, Bohrung oder Pleuellänge zu korrigieren. Auf keinen Fall sollte die Forderung nach ausreichender Kolbenschaftlänge bei richtiger konstruktiver Gestaltung des Schaftendes oder massenkraftsicherer Bolzennabe fallengelassen werden, wenn der belassene Bauraum dies zunächst nicht zulässt. Die sonst bereits mit dem Entwurfskonzept eingebrachten Funktionsnachteile können später nicht mehr ohne weiteres kompensiert werden.

3.3.9 Weitere Kolbenhauptabmessungen

Die für die Triebwerksauslegung wichtigen Kolbenabmessungen als Bestandteile der Motorhauptabmessungen wurden bereits in den vorigen Abschnitten erläutert. Darüber hinaus gibt es weitere Abmessungen am Kolben, die die Kompressionshöhe oder die Bolzenlänge mehr oder weniger beeinflussen. Hier sind primär Gesichtspunkte der Funktion und der

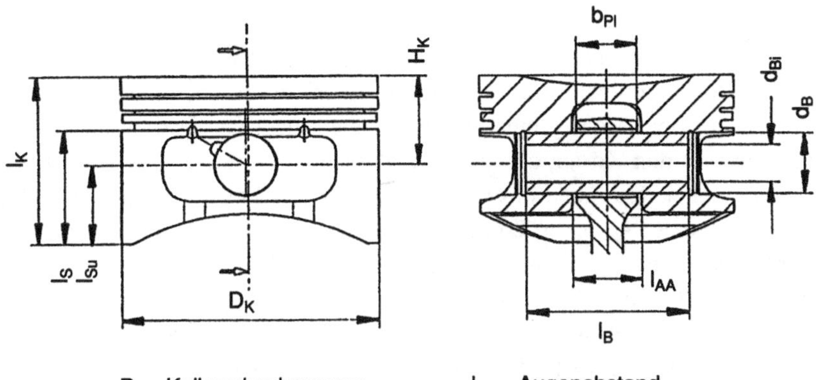

D_K Kolbendurchmesser
l_K Kolbengesamthöhe
H_K Kompressionshöhe
l_S Schaftlänge
l_{Su} untere Schaftlänge
l_{AA} Augenabstand
b_{Pl} Pleuelbreite
d_B Bolzenaußendurchmesser
d_{Bi} Bolzeninnendurchmesser
l_B Bolzenlänge

Abb. 3.11 Hauptabmessungen des Kolbens (Darstellung zeigt Kolben für Ottomotor)

Gestaltfestigkeit maßgeblich, die im Abschnitt zur Kolbenberechnung (Abschn. 4.2) behandelt werden. Die Kolbenhauptabmessungen am Beispiel eines Ottomotorkolbens sind in Abb. 3.11 dargestellt (Otto- oder Dieselmotorkolben spielt in diesem Zusammenhang keinerlei Rolle). Die Technischen Handbücher der Kolbenhersteller geben einen Überblick über die Hauptabmessungen ausgeführter Kolbenkonstruktionen mit Empfehlungen (z. B. [12, 13]). Die genannten Werte unterliegen dem technischen Fortschritt. Aktuelle Angaben werden zudem in Verbindung mit der Präsentation neuer Motoren in Fachveröffentlichungen gemacht.

3.4 Weitere Motorhauptabmessungen

3.4.1 Zylinderabstand und Stegbreite

Der Zylinderabstand a_Z ist die „letzte" wichtige Hauptabmessung, die das Motorbauvolumen endgültig festlegt und damit auch die Masse beeinflusst. Der Zylinderabstand hängt vom technischen Konzept des Zylinderkurbelgehäuses und der Zylinderanordnung ab. Die monolithische Bauweise konkurriert mit „nassen" oder „trockenen" Buchsen. Bei Nutzfahrzeugen wird die Lösung mit nassen Graugussbuchsen wegen ihrer günstigen Instandsetzungsmöglichkeiten bevorzugt. Im Pkw-Bereich dominierte das monolithische Zylinderkurbelgehäuse auch hier aus Grauguss viele Jahrzehnte. Der Werkstoff Aluminium, d. h. Leichtbau, gewann jedoch angesichts immer schwerer gewordener Pkw zunehmend an Bedeutung. 2006 wurden in Europa erstmals mehr Pkw-Motoren mit Aluminium- als mit Grauguss-Zylinderkurbelgehäuse produziert.

Zunächst waren ebenfalls nasse Graugussbuchsen üblich. Das monolithische Aluminium-Zylinderkurbelgehäuse mit unbewehrten Zylinderlaufbahnen aus übereutektischer AlSi-Legierung konnte sich schließlich im oberen Marktsegment durchsetzen. Eine hochwertige Alternative war zunächst die Verwendung einer etwas kostengünstigeren untereutektischen AlSi-Legierung, die eine Ni-SiC-Dispersions-Beschichtung erforderte. Diese Lösung konnte sich bei Mehrzylindermotoren jedoch nicht durchsetzen (siehe 4.5.1.3.3). Bei der primär von den Kosten dominierten Massenfertigung setzte sich trotz der damit verbundenen potenziellen Funktionsnachteile die im Druckguss eingegossene Graugussbuchse durch. Druckguss konkurriert hier mittlerweile mit dem aufwändigeren, aber andererseits große konstruktive Freiheit gewährenden Sandguss in Form des Kernpaket-Verfahrens. Neue Konkurrenz erwuchs in Form lokaler Verbundwerkstoffe im Bereich der Zylinderbohrung oder auch Aluminium-Buchsen aus Sonderlegierungen (gegossen oder pulvermetallisch hergestellt). In jüngster Zeit haben zudem thermische Spritzschichten auf stahlähnlicher Werkstoffbasis (atmosphärisches Plasmaspritzen (APS), Lichtbogen-Drahtspritzen (LDS) und Plasma Transferred Wire Arc (PTWA)) Serienreife erlangt. Eingepresste oder eingesetzte Buchsen sind wegen der zusätzlichen Bearbeitung einschließlich derer für passgenaue Futter- bzw. Passbohrungen mit einem gewissen Kostenhandicap belastet.

Das monolithische bzw. quasi-monolithische Zylinderkurbelgehäuse mit Zylinderlaufflächenbeschichtung bietet auf jeden Fall die besten Voraussetzungen für einen kleinen Zylinderabstand, wohingegen der luftgekühlte Einzelzylinder bzw. auch die Lösung mit einzelnen Zylinderköpfen in dieser Hinsicht die ungünstigsten Voraussetzungen bieten. Der Einfluss der Zylinderanordnung auf den Zylinderabstand ist dann gegeben, wenn z. B. bei V-Motoren innere Abmessungen der Kurbelwelle (Hubzapfenlänge, Zwischenwangen- und Wangenbreite) maßgeblich werden sollten.

Die einzelnen Konzepte für Zylinderkurbelgehäuse werden in Abschn. 4.5 behandelt. Die Ausführungen umfassen folgende Punkte:

- konstruktive Ausführung (Open-deck, Closed-deck, Schürzen bzw. zweiteilige Konstruktion usw.)
- Wärmeübergang und Wärmeleitung
- thermisches Ausdehnungsverhalten
- Zylinderverzug
- Verschleißverhalten
- Rückwirkungen des technischen Konzepts auf das Gießverfahren (insbesondere bei Aluminium von großer Bedeutung)
- fortschreitende Substitution von Grauguss durch Aluminium insbesondere bei Pkw-Ottomotoren

Es ist speziell bei den vielfältig darstellbaren Aluminium-Zylinderkurbelgehäusen üblich geworden, von Konzepten zu sprechen. Monolithische bzw. quasi-monolithische Gehäuse mit Zylinderlaufflächenbeschichtung vereinigen hier einige wichtige Vorteile auf sich. Bei diesen gibt es hinsichtlich der minimalen Stegbreite keine prinzipiellen Unterschiede zwischen Grauguss und Aluminium. Es versteht sich von selbst, dass diese nur mit zusammengegossenen Zylinderbohrungen darstellbar ist. Auf der einen Seite steht das aus gießtechnischen, Festigkeits- und Stabilitätsgründen Machbare, auf der anderen Seite wirkt die Temperatur im Stegbereich begrenzend (lokale Temperaturerhöhung führt zu thermisch bedingter Unrundheit und möglicherweise Überbeanspruchung des Werkstoffs). Die Vorteile des Werkstoffs Aluminium (insbesondere monolithische Zylinderkurbelgehäuse) sind auch in der besseren thermischen Entlastung, ein Nachteil vielleicht, falls die Temperaturen im Stegbereich auch bei Aluminium nicht beherrscht werden, im Festigkeitsverlust und in der Kriechneigung zu sehen.

Als untere Grenze hat sich bei Pkw-Ottomotoren ein Wert von 4,5 bis 5,5 mm für die Stegbreite etabliert. Die geringste bisher bei einem Pkw-Serienmotor mit Aluminium-Zylinderkurbelgehäuse realisierte Stegbreite betrug 4 mm (Abb. 3.12, links). Im Gegensatz zum Grauguss war das hierzu notwendige monolithische Konzept bei Aluminium aus Kostengründen eher die Ausnahme und nur bei großvolumigen bzw. vielzylindrigen Pkw-Ottomotoren anzutreffen (übereutektische AlSi-Legierung, Niederdruckguss). Die im Vormarsch begriffenen thermischen Beschichtungen auf stahlähnlicher Werkstoffbasis erweitern hier die Möglichkeiten, wenn auch das Minimum bei der Stegbreite derzeit bei

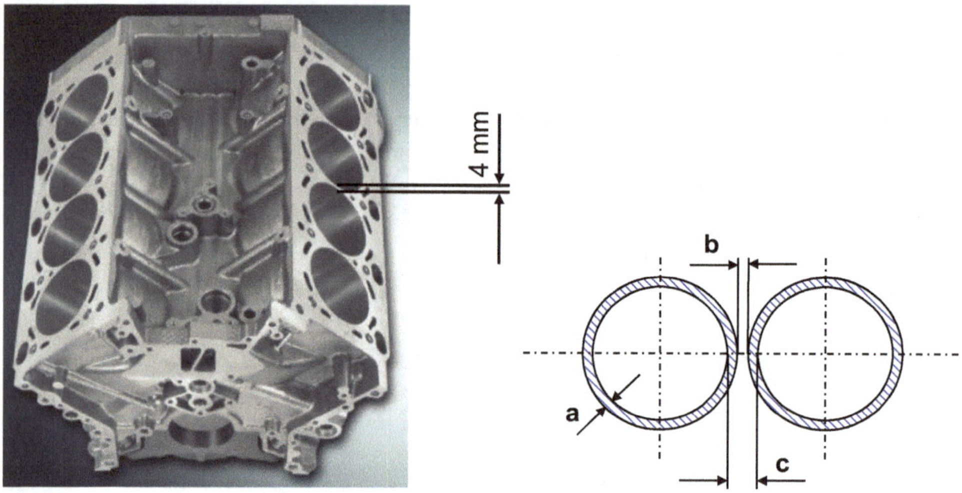

Zylinderlaufflächen-konzept	Charakter des ZKG	Büchsenwand-dicke (fertigbearb.) a [mm]	min. Al-Umguss-dicke b [mm]	min. Stegbreite c [mm]
eingegossene GJL-Büchsen	heterogen	2,5 (3)	2	7 (8)
lokal erzeugter Al-Matrix-Verbund-werkstoff (MMC)[1)]	quasimonolithisch	(1,75) 2,0	1,5	(5,0) 5,5
übereutektische AlSi-Legierung[2)]	monolithisch	ganzes ZKG aus dieser Legierung	kein Umguss	(4,0) 4,5 – 5,5
bzw. Zylinderlaufflächen-beschichtung	quasimonolithisch	0,075 – 0,25	kein Umguss	(4,0) 4,5 – 5,5

1) Bekannt unter dem Markennamen LOKASIL®
2) Bekannt unter dem Markennamen ALUSIL®

Abb. 3.12 Geringste bisher bei einem Serien-Ottomotor realisierte Zylinderstegbreite von 4 mm (V8 Motor der BMW Motorsport GmbH mit monolithischem ZKG aus übereutektischer AlSi-Legierung; Serienauslauf 2003) (oben links); sinnvolle minimale Stegbreite bei unterschiedlichen technischen Zylinderlaufflächen-Konzepten für Aluminium-Zylinderkurbelgehäuse von Pkw-Motoren (oben rechts bzw. unten)

Serienmotoren nicht gesucht zu werden scheint. Nur bei kleiner Zylinderbohrung ist eine Stegbreite von weniger als 7 mm in Verbindung mit eingegossenen Zylinderlaufbuchsen unter Toleranzgesichtspunkten als sinnvoll zu erachten. Der Geringe Zylinderverzug bei monolithischen bzw. quasi-monolithischen Gehäusen spricht jedoch für sich (insbesondere der geringe bleibende Zylinderverzug nach längerer Laufzeit).

Diese Größenordnung lässt sich auch mit den erwähnten lokalen Verbundwerkstofflösungen erreichen. Das ist gerade einer der wesentlichen Vorteile dieser Alternative zur eingegossenen Graugussbuchse. Letztere ist gleichbedeutend mit „verschenkter" Baulänge, weil sie der Minimierung der Stegbreite zwischen den Zylinderbohrungen im

Weg steht (Abb. 3.12, rechts oben). Folgendes Rechenbeispiel kann dies veranschaulichen: Bei Bohrungsdurchmessern > 80 mm kann von einer Buchsenwanddicke beim Eingießen von 3,5 bis 4 mm ausgegangen werden. Diese reduziert sich nach der Fertigbearbeitung auf 2,5 bis 3 mm. Bei einer minimal erforderlichen Umgussstärke von 2 mm beträgt die minimale Stegbreite $2 \cdot 2{,}5\,\text{mm} + 2\,\text{mm} = 7\,\text{mm}$, besser 8 bis 10 mm bei Beachtung der Toleranzen. Die mögliche Baulängenreduzierung ergibt sich durch Addition der machbaren Stegbreitenreduzierung der inneren Stege (z. B. drei beim R4-Zylindermotor).

Soll ein gegossener Kühlmitteldurchtritt zwischen den Zylindern realisiert werden, so ist im Sandguss und Kokillenguss (unter Verwendung von Sandkernen) eine aus Stabilitätsgründen nicht zu unterschreitende Mindestwandstärke des Wassermantelsandkerns zu berücksichtigen. Beim Aluminium-Zylinderkurbelgehäuse ist der Kühlmitteldurchtritt nicht zwingend erforderlich. Die Vorteile in der Dimensionierung sind hier auf der Seite des Graugusses mit ca. 10 mm Stegbreite gegenüber ca. 12 mm bei Aluminium, weil aufgrund der Werkstoff- einschließlich Gießeigenschaften etwas geringere Wanddicken realisiert werden können. Bei diesen Angaben sind keine Zylinderlaufbuchsen berücksichtigt. Angesichts des „Downsizing“ mit stetig steigender spezifischer Leistung und der Notwendigkeit zusätzlicher thermischer Entlastung werden bei geringer Stegbreite Bearbeitungslösungen – in das Zylinderdeck eingebrachte Schlitze bzw. Bohrungen – angewandt.

Zur Beurteilung der Kompaktheit einer ausgeführten Konstruktion wird oft nicht die Stegbreite selbst, sondern das Verhältnis Zylinderabstand zu Bohrungsdurchmesser a_Z/D_Z herangezogen. Wird davon ausgegangen, dass die Stegbreite nicht unmittelbar mit dem Bohrungsdurchmesser gekoppelt ist und das Minimalkriterium, wie oben erläutert, vom technischen Konzept abhängt, so ist eine prozentuale Angabe weit weniger aussagefähig als die Stegbreite selbst als absolutes Maß. Eine Überprüfung dieses Sachverhalts anhand der Daten ausgeführter Aluminium-Zylinderkurbelgehäuse lässt immerhin eine gewisse

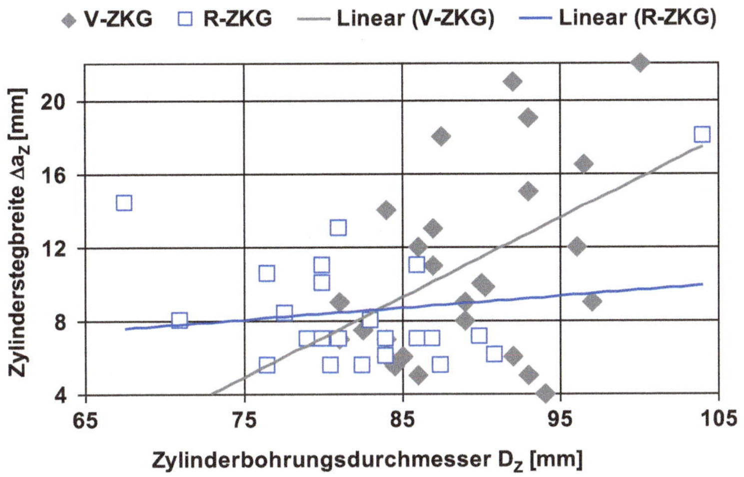

Abb. 3.13 Zylinderstegbreite und -bohrungsdurchmesser ausgeführter Aluminium-Zylinderkurbelgehäuse von Reihen- und V-Motoren mit Trendlinie (lineare Regression)

Korrelation zwischen Stegbreite und Bohrungsdurchmesser erkennen (für V-Motoren etwas eindeutiger als für R-Motoren) (Abb. 3.13). Insgesamt kann sich eben wegen der sehr unterschiedlichen technischen Konzepte kein einheitliches Bild ergeben. Auffallend ist die geübte Zurückhaltung im Schrifttum. Der Zylinderabstand bleibt in vielen Fällen im Gegensatz zu anderen technischen Daten unerwähnt.

3.4.2 Zylinderbankversatz bei V-Motoren, Auswirkungen auf Zylinderabstand und Stegbreite

Bei V-Motoren,[1] bei denen beide Pleuel eines V-Zylinderpaares am selben Hubzapfen angelenkt sind, müssen die Zylinderbänke wenigstens um die Pleuelbreite b_{Pl} gegeneinander versetzt werden. Das erforderliche Maß heißt Bankversatz $\Delta a'_Z$:

$$\Delta a'_Z = b_{Pl} \tag{3.22}$$

Sind die Hubzapfen eines V-Zylinderpaares versetzt, so trennt sie eine Zwischenwange mit der Breite h_{KWZW}. Diese vergrößert den Bankversatz:

$$\Delta a'_Z = b_{Pl} + h_{KWZW} \tag{3.23}$$

Bei kleinen V-Winkeln, wie sie bei so genannten VR-Motoren[2] prinzipbedingt sind, können sich die Zylinderbohrungen im unteren Bereich verschneiden. Durch Vergrößerung des Bankversatzes und Pleuelverlängerung (Vergrößerung der Deckhöhe) kann die Konstruktion angepasst werden.

Üblicherweise ist die von vorn (Steuerseite) gesehen linke Zylinderbank zum Betrachter hin versetzt. Es entspricht einer Konvention, den vordersten Zylinder dieser Bank als Zylinder Nr. 1 zu bezeichnen.

Wie aus Abb. 3.14 hervorgeht, kann der Bankversatz auch Auswirkungen auf den Zylinderabstand und damit die Stegbreite haben. Der Zylinderabstand ist die Summe folgender Abmessungen:

$$\begin{aligned} a_Z &= 2b_{Pl} + h_{KWZW} + l_{KWG} + 2h_{KWW} \\ &= D_Z + \Delta a_Z \end{aligned} \tag{3.24}$$

[1] V-Motor: Motor mit zwei Zylinderbänken, die ein „V“ bilden (jede Zylinderbank benötigt einen eigenen Zylinderkopf).

[2] VR-Motor: Motor mit sehr kleinem V-Winkel und dadurch bedingt geschränktem Kurbeltrieb (benötigt nur einen Zylinderkopf).

Diese allgemein üblichen Abkürzungen werden auch an anderer Stelle ohne besondere Erläuterung verwendet.

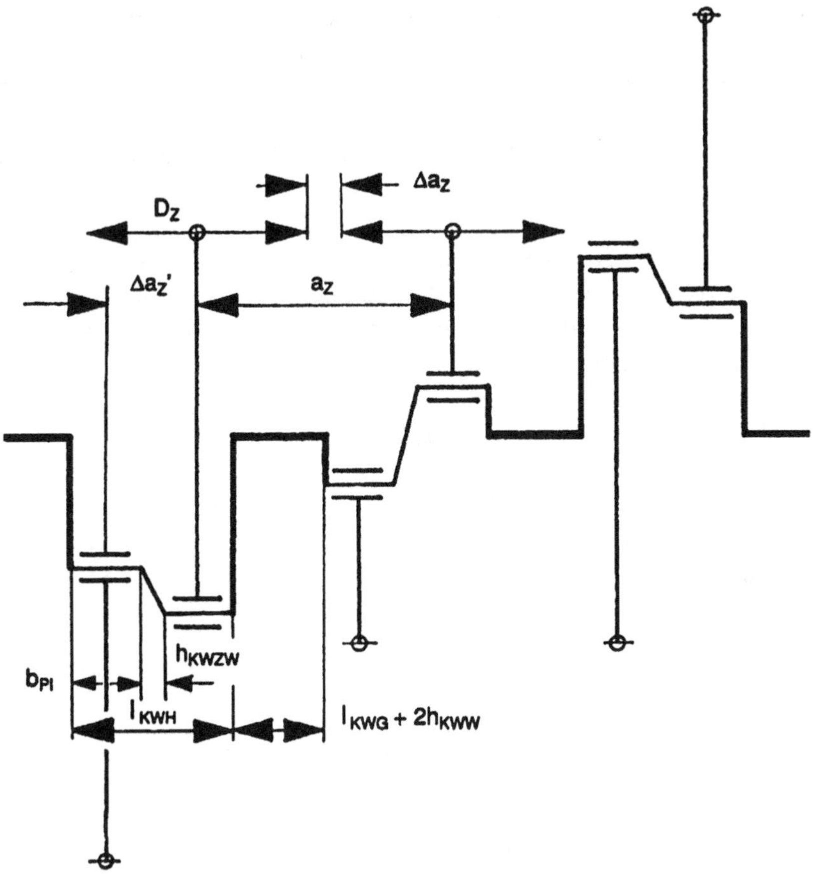

Abb. 3.14 Bankversatz, Zylinderabstand und Stegbreite beim V-Motor; geometrische Zusammenhänge im allgemeinen Fall, d. h. hier mit Kurbelwellen-Zwischenwange gezeichnet (einem V6-Triebwerk mit Hubzapfenversatz an den Kurbelkröpfungen nachempfundene Prinzipskizze)

Außer der Länge l_{KWG} des Grundzapfens der Kurbelwelle sind alle Größen bekannt. Im Gegensatz zum R-Motor[3] sind beim V-Motor zwischen zwei Zylindern derselben Bank zweimal die Pleuelbreite und bei Pleuelversatz auch die Zwischenwange unterzubringen.

Gl. (3.24) kann wieder in die allgemein gültige Beziehung zurückgeführt werden, wenn die Hubzapfenlänge eingeführt wird, die beim V-Motor

$$l_{KWH} = 2b_{Pl} + h_{KWZW} \tag{3.25}$$

beträgt:

$$a_Z = l_{KWH} + l_{KWG} + 2h_{KWW} \tag{3.26}$$

[3] R-Motor: Reihenmotor

3.5 Betrachtungen zum optimalen Pleuelstangenverhältnis

Über die üblichen Betrachtungen hinaus soll hier die Frage untersucht werden, ob es ein optimales Pleuelstangenverhältnis gibt. Da hier Theorie und Praxis zu trennen sind, soll zunächst mittels einer einfachen Optimierungsrechnung ein optimales Stangenverhältnis bestimmt werden. Dessen praktische Bedeutung kann dann im Rahmen der existierenden Restriktionen bewertet werden.

Der Einfluss des Pleuelstangenverhältnisses auf die Laufruhe des Motors wurde bereits in Abschn. 3.3.2 gestreift. Zwischen dem Pleuelstangenverhältnis λ_{Pl} und der die Laufruhe primär störenden oszillierenden Massenkraft des Triebwerks $F_{mosz\text{-}OT}$ gilt vereinfacht folgender Zusammenhang:

$$F_{mosz-OT} = m_{osz}\, r\,\omega^2 (1 + \lambda_{Pl}) \tag{3.27}$$

OT kennzeichnet den Größtwert der Massenkraft im oberen Totpunkt, m_{osz} ist die oszillierende Masse und ω die Winkelgeschwindigkeit. Die oszillierende Masse setzt sich aus der „nackten" Kolbenmasse m_K, der Kolbenbolzenmasse m_B, der Masse des Kolbenringpakets m_{Ri} und dem oszillierenden Massenanteils des Pleuels m_{Plosz} zusammen:

$$m_{osz} = m_K + m_B + m_{Ri} + m_{Plosz} \tag{3.28}$$

Für die Optimierungsrechnung wird konstantes Zylinderhubvolumen vorausgesetzt. Dann bestehen folgende Abhängigkeiten:

- Kolbendurchmesser D_K = Funktion des Hubs s
- nackte Kolbenmasse m_K = Funktion des Kolbendurchmessers D_K und des die Kolbenmasse kennzeichnenden Faktors k
- Kolbenbolzenmasse m_B = Funktion des Kolbendurchmessers D_K (Auslegungszünddruck und zulässige Flächenpressung in der Bolzennabe werden konstant gehalten; der Bolzeninnendurchmesser beträgt jeweils 60 % des -außendurchmessers und dieser wiederum 25 % des Kolbendurchmessers, der Augenabstand stets 30 % des Kolbendurchmessers [repräsentative Werte für Ottomotoren])
- Kolbenringmasse m_{Ri} = Funktion des Kolbendurchmessers D_K (die Ringhöhen werden als konstant angenommen)
- oszillierende Pleuelmasse m_{Plosz} = Funktion der Pleuellänge l_{Pl}
- Blockhöhe L_{Bl} = konstant
- Pleuellänge l_{Pl} = Funktion des Hubs s und der Kompressionshöhe H_K
- Kompressionshöhe H_K = Funktion des Kolbendurchmessers D_K
- k-Faktor = Funktion des Verhältnisses Kompressionshöhe H_K zu Kolbendurchmesser D_K
- Pleuelstangenverhältnis $\lambda_{Pl} = r/l_{Pl}$

Die jeweiligen Zusammenhänge werden in Form von einfachen Gleichungen erfasst und in Gl. (3.27) eingesetzt. Sie sind anhand der Aufstellung prinzipiell leicht nachzuvollziehen, auch wenn nicht alle getroffenen Annahmen hier genannt werden, so z. B. die empirische Beziehung für die Abhängigkeit des *k*-Faktors von der Kompressionshöhe oder die Dimensionierung des Kolbenbolzens. Dies soll jedoch hier nicht im Vordergrund stehen.

Ein optimales Pleuelstangenverhältnis bedingt ein Minimum der oszillierenden Massenkraft, sofern ein solches existiert. Solche Probleme lassen sich üblicherweise über die Differentiation nach der interessierenden Variablen mit anschließender Lösung der zu Null gesetzten Gleichung handhaben. Letztere ist jedoch meist nicht explizit lösbar, sodass eine numerische Lösung mit Hilfe eines einfachen Rechenprogramms vorzuziehen ist. Dies erfordert konkrete Eingabedaten. Die beispielhaft durchgeführte Berechnung basiert auf realistischen Auslegungsdaten eines Vierzylinder-Ottomotors. Dabei wird von einer bestimmten, jeweils innerhalb einer Optimierungsrechnung als konstant angenommenen Höhe des Zylinderkurbelgehäuses (Blockhöhe) ausgegangen. Das Pleuelstangenverhältnis wird variiert. Daraus resultieren Änderungen der Abmessungen der einzelnen Triebwerksteile, die wiederum Massenänderungen bedingen. Deren Einfluss auf die oszillierende Triebwerksmasse ist das Berechnungsergebnis, das Abb. 3.15 zeigt. Den einzelnen

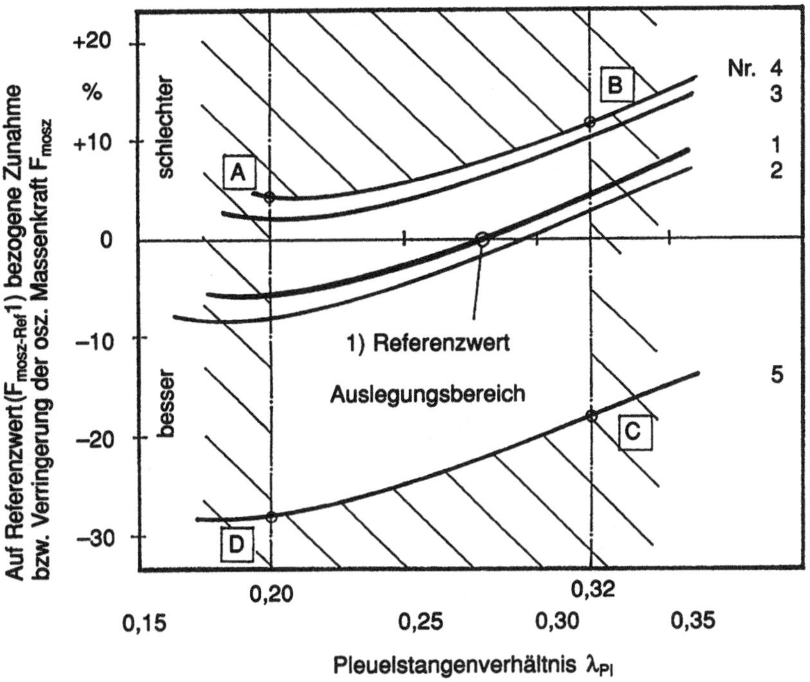

Abb. 3.15 Bezogene oszillierende Massenkraft $F_{mosz}/F_{mosz-Ref}$ in Abhängigkeit vom Pleuelstangenverhältnis (Optimierungsrechnung anhand verschiedener Triebwerkskonfigurationen eines 1,8-l-Ottomotors)

Kurven, die die auf einen Referenzwert bezogene oszillierende Massenkraft in Abhängigkeit vom Pleuelstangenverhältnis zeigen, liegen die Parametervariationen aus Tab. 3.1 zugrunde, wobei jeweils von einem Hubraum von 1,8 l ausgegangen wird. Die Minimal- und Maximalwerte der Parameter sind für diesen Hubraum funktionstechnisch noch vertretbar.

Der Referenzpunkt in Abb. 3.15 (Triebwerk 1) entspricht der Auslegung eines modernen Mittelklasseserienmotors:

- quadratisches Hub-Bohrungs-Verhältnis
- relativ niedrige Kompressionshöhe (38 % D_K)
- akzeptables Pleuelstangenverhältnis $\lambda_{Pl} = 0{,}28$
- leichter Kolben nach Stand der Technik ($k = 0{,}54$)

Abb. 3.15 zeigt einen allseits begrenzten Bereich, der den Auslegungsspielraum für die Triebwerksauslegung darstellt. Eine sinnvolle Begrenzung ergibt sich wie folgt:

- Linke Begrenzung: $\lambda_{Pl} = 0{,}2$
  - Kolbendurchmesser wird zu groß (innerer Wirkungsgrad); sollte bei Pkw-Ottomotoren < 100 mm sein. Ausnahmen gibt es dort, wo große Hubräume mit wenigen Zylindern (Porsche 944/968 mit 100 bzw. 104 mm Bohrung) oder absolut gesehen sehr große Hubräume („klassische“ 4″-Bohrung mit 101,6 mm in USA) realisiert werden sollen.
  - Es gibt ein Pleuelstangenverhältnis, bei dem die oszillierende Massenkraft für eine bestimmte Triebwerkskonfiguration einen Minimalwert annimmt. Wegen des flachen Kurvenverlaufs sind jedoch Pleuelstangenverhältnisse < 0,2 uninteressant.

Tab. 3.1 Triebwerksparameter

Triebwerk	Blockhöhe	Hub	Kolbendurchmesser	Kompressionshöhe	Pleuellänge
	L_{Bl} [mm]	s [mm]	D_K [mm]	H_K [mm]	l_{Pl} [mm]
Nr. 1	221,5	101 ... 55	75 ... 101,6	28,5 ... 38,6	142,5 ... 155,4
Nr. 2	233,5	101 ... 55	75 ... 101,6	28,5 ... 38,6	154,5 ... 167,4
Nr. 3	221,5	101 ... 55	75 ... 101,6	33,0 ... 44,7	138,0 ... 149,3
Nr. 4	213,5	101 ... 55	75 ... 101,6	33,0 ... 44,7	130,0 ... 141,3
Nr. 5*	221,5	101 ... 55	75 ... 101,6	25,0 ... 33,9	146,0 ... 160,0

*geringeren k-Faktor für Renntriebwerk angenommen

- Rechte Begrenzung: $\lambda_{Pl} = 0{,}32$
  - Der Hub wird zu groß und der Kolbendurchmesser unnötig klein. Die oszillierende Massenkraft nimmt progressiv zu und verschlechtert die Laufruhe.
  - Große Ausgleichsmassen an der Kurbelwelle sind schwingungstechnisch und hinsichtlich der inneren Momente ungünstig.
- Obere Begrenzung
  - Die Blockhöhe wird zu niedrig.
  - Die Kompressionshöhe wird zu groß.
  - Das Pleuel wird zu kurz.
  - Damit sind auch bei großem Kolbendurchmesser und demzufolge kleinem Hub Nachteile nicht zu kompensieren.
- Untere Begrenzung
  Hängt ab von noch sinnvoller Blockhöhe und minimaler Kolbenmasse (minimale Kompressionshöhe, axial niedriges Zweiringpaket usw.; getroffene Annahmen für Triebwerk 5 beziehen sich auf einen noch nicht extremen Saug-Rennmotor).

Die Eckpunkte A bis D lassen sich ergänzend wie folgt charakterisieren:

A. Ungünstige Auslegung: Pleuelstangenverhältnis zwar sehr klein, jedoch Kolbendurchmesser und Kompressionshöhe und damit oszillierende Massenkraft unnötig groß.
B. Schlechte Auslegung: Hub zu groß, Pleuel zu kurz, Kompressionshöhe zu groß, Blockhöhe im Verhältnis dazu zu niedrig. Oszillierende Massenkraft relativ am größten.
C. Leichter Kolben, noch günstige Kompressionshöhe, jedoch Hub-Bohrungs-Verhältnis sehr ungünstig: trotz relativ geringer oszillierender Massenkraft Drehzahlbegrenzung über mittlere Kolbengeschwindigkeit.
D. Leichter Kolben, niedrige Kompressionshöhe, kleiner Hub, langes Pleuel: trotz absolut großem Kolbendurchmesser extrem schnell lauffähig → Rennmotor.

Das Ergebnis der Optimierungsrechnung kann folgendermaßen zusammengefasst werden:

- Unter vereinfachten, den wirklichen Verhältnissen jedoch nahekommenden Annahmen bezüglich der gegenseitigen Abhängigkeiten der triebwerksbestimmenden Parameter gibt es ein optimales Pleuelstangenverhältnis. Es handelt sich dabei um eine relative, von der Basisauslegung des Triebwerks abhängige Größe.
- Die optimalen Pleuelstangenverhältnisse liegen außerhalb des realen Auslegungsbereichs (für das hier verwendete Beispiel des 1,8-l-Ottomotors unter 0,2).
- Eine optimale Triebwerksauslegung ist gekennzeichnet durch
  - ein ausgewogenes Hub-Bohrungs-Verhältnis,
  - eine dem Stand der Technik entsprechende, niedrige Kompressionshöhe,
  - ein relativ langes Pleuel,
  - eher größere Blockhöhe (oft Zielkonflikt mit der Fahrzeug-Aerodynamik),
  - Leichtbau der bewegten Triebwerksteile.

3.6 Betrachtungen zum Oberflächen-Volumen-Verhältnis des Brennraums

Das Oberflächen-Volumen-Verhältnis des Brennraums ist in Verbindung mit dem inneren Wirkungsgrad eine wichtige Kenngröße. Da mit Bohrung und Hub, d. h. mit den Hauptabmessungen des Motors, hierauf stark Einfluss genommen wird, sind einige zusätzliche Anmerkungen angebracht. Die Brennraumkalotte im Zylinderkopf kann als Kugelkalotte mit dem Basiskreisradius R und der Höhe h abstrahiert werden (Abb. 3.16). Oberfläche A und Volumen V können einfach berechnet werden (siehe z. B. [14]):

$$A = \pi\left(2R^2 + h^2\right) \tag{3.29}$$

bzw.

$$V = \pi \frac{h}{6}\left(3R^2 + h^2\right) \tag{3.30}$$

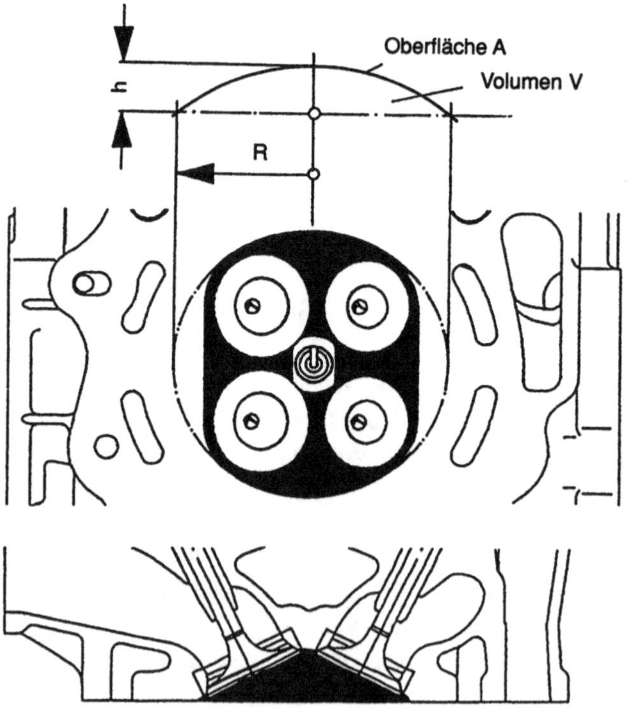

Abb. 3.16 Kugelkalotte als einfachste Abstraktion der zylinderkopfseitigen Brennraumkalotte für grundsätzliche Betrachtungen

Für eine exemplarische Untersuchung des Verhältnisses A/V wird ein großvolumiger Ottomotor mit 4,0 l Hubraum und einem Verdichtungsverhältnis $\varepsilon = 11$ angenommen. Es werden zwei Fälle unterschieden:

- Hub-Bohrungs-Verhältnis $s/D_Z = 1 = \text{const.}$, Variation der Zylinderzahl z
- Zylinderzahl $z = \text{const.}$ (Zylinderhubvolumen $V_h = \text{const.}$), Variation des Hub-Bohrungs-Verhältnisses s/D_Z

Mit diesen Vorgaben kann das Verhältnis A/V jeweils berechnet werden (Tab. 3.2).

Es ist klar ersichtlich, dass das Oberflächen-Volumen-Verhältnis A/V mit zunehmendem Zylinderhubvolumen und zunehmendem Hub-Bohrungs-Verhältnis immer günstiger wird. Zwecks Reduzierung der Wärmeverluste des Brennraums sollte die Zylindereinheit möglichst groß, die Zylinderzahl also möglichst klein und das Hub-Bohrungs-Verhältnis demgegenüber wieder groß, d. h. unterquadratisch sein. Die Vorteile, die mit der Erhöhung der Zylinderzahl verbunden sind, stehen sicherlich nicht in Verbindung mit dem Gütegrad, da sich dieser verschlechtert, worauf auch schon in Abschn. 3.3.6 hingewiesen wird. So sind die obigen Betrachtungen auch primär bezüglich des Gütegrads und nicht des inneren Wirkungsgrads insgesamt zu bewerten.

Einflüsse, wie größere Ventilquerschnitte bei kleinerem Hub-Bohrungs-Verhältnis können Nachteile beim Gütegrad überkompensieren. Damit lässt sich auch der Bogen zu den Ähnlichkeitsgesetzen spannen, die bekanntlich besagen, dass die spezifische Leistung mit abnehmendem Zylinderhubvolumen und Hub-Bohrungs-Verhältnis sowie zunehmender Zylinderzahl steigt. Darauf wird schon in Abschn. 3.3.6 eingegangen.

Es ist noch zu ergänzen, dass die Brennraumoberfläche auch mit dem Ventilwinkel gekoppelt sein kann. Dies trifft insbesondere für Vierventilmotoren zu. Mit Vergrößerung der Ventildurchmesser über einen mit dem Zylinderdurchmesser nicht mehr verträglichen Querschnitt müssen die Ventilflächen „angestellt" werden, wodurch sich die Brennraumoberfläche vergrößert.

Tab. 3.2 Berechnung des Oberflächen-Volumen-Verhältnisses des Brennraums A/V

	Zylinderzahl	Zylinderhubvolumen	Zylinderdurchmesser	Hub-Bohrungs-Verhältnis	Oberflächen-Volumen-Verhältnis
	z	V_h [l]	D_Z [mm]	s/D_Z	A/V [cm^{-1}]
a)	6	0,667	94,68	1	2,266
	8	0,500	86,03	1	2,494
	12	0,333	75,15	1	2,856
b)	6	0,667	102,00	0,8	2,569
	6	0,667	94,68	1	2,266
	6	0,667	89,10	1,2	2,060

3.7 Zusätzliche Begriffe und Definitionen

In diesem Abschnitt werden zusätzliche Kenndaten, wie sie z. B. auch im Lastenheft gebräuchlich sind, sowie gängige Begriffe und Definitionen erwähnt.

Hubraumsteuerformel
Der tatsächliche Hubraum und der nach der Steuerformel berechnete stimmen nicht überein. In der Steuerformel wird der Faktor $\pi/4$ durch 0,78 angenähert (vgl. Gl. (3.1)).

Massen- und hubraumbezogene Kenngrößen

- Leistungsgewicht

$$P_e/m_{Mot} \text{ (effektive Leistung/Motormasse)} \tag{3.31}$$

  Obwohl die Leistung auf die Motormasse bezogen wird, ist weiterhin der Begriff „Leistungsgewicht" eingeführt.
- Hubraumgewicht

$$m_{Mot}/V_H \text{ (Motormasse/Hubraum)} \tag{3.32}$$

- Auf die Kolbenfläche bezogene Kenngrößen „Kolbenflächenleistung"

$$\frac{P_e}{A_K z \sqrt{s/D_Z}} \tag{3.33}$$

A_K ist die Kolbenfläche, z die Zylinderzahl und s/D_Z das Hub-Bohrungs-Verhältnis (bei Fahrzeugmotoren wird der Korrekturterm, der üblicherweise nicht so wesentlich von eins abweicht, oft vernachlässigt). Die auf die Kolbenfläche bezogene Leistung wird hauptsächlich bei Großmotoren als Vergleichsgröße herangezogen.

Verdichtungsverhältnis

- Verdichtungsverhältnis

$$\varepsilon = \frac{V_h + V_c}{V_c} = 1 + \frac{V_h}{V_c} \tag{3.34}$$

  V_h ist das Zylinderhubvolumen, V_c das Kompressionsvolumen.

- Änderung des Verdichtungsverhältnisses

$$\Delta\varepsilon = \frac{\pm\frac{\Delta V_c}{V_h}\left[-(\varepsilon-1)^2\right]}{\pm\frac{\Delta V_c}{V_h}(\varepsilon-1)+1} \tag{3.35}$$

ε ist das ursprüngliche Verdichtungsverhältnis oder der Nennwert. ΔV_c ist die Änderung des Kompressionsvolumens oder dessen Volumentoleranz (Vorzeichen beachten!). Eine übliche Toleranzangabe bei Ottomotoren ist z. B. $\varepsilon = 10 - 0{,}4$; das wirkliche ε darf also zwischen 9,6 und 10,0 variieren. Eine enge Verdichtungstoleranz stellt hohe Anforderungen an die Fertigungsgenauigkeit der diese Größe beeinflussenden Bauteile (strenge Fertigungsüberwachung).

Anhand der idealen Kreisprozesse des Otto- und Dieselmotors (des Gleichraum- und Gleichdruck- bzw. Seiliger-Prozesses) lässt sich unmittelbar ableiten, dass der Wirkungsgrad des Hubkolbenmotors mit dem Verdichtungsverhältnis bekanntlich zunimmt. Die Einführung der Benzindirekteinspritzung bei Ottomotoren eröffnet aufgrund der damit verbundenen „Innenkühlung“ die Möglichkeit, das Verdichtungsverhältnis um eine bis zwei Einheiten anzuheben (beim Saugmotor auf $\varepsilon \approx 12$). Der monovalente Erdgasbetrieb – Verzicht auf die derzeit noch ratsame „Bifuel“-Option – beinhaltet sogar noch ein deutlicheres Steigerungspotenzial. Begrenzend sind beim Ottomotor Klopfen und Glühzündung.

Das oben definierte geometrische Verdichtungsverhältnis $\varepsilon = \varepsilon_{geom}$ ist jedoch gegen das effektive Verdichtungsverhältnis ε_{eff} klar abzugrenzen. In der Teillast unterscheiden sich diese beim gedrosselten Ottomotor mehr oder weniger erheblich. Sinkt der Druck im Zylinder unter den Referenzdruck bei voll geöffneter Drosselklappe, so mindert dies gemäß der allgemeinen Gasgleichung auch die Gemischmenge zum Ende des Saughubs sowie, bezogen auf den Referenzdruck, auch das Gemischvolumen. Damit sinkt auch das effektive Verdichtungsverhältnis. Maßnahmen zur teilweisen „Entdrosselung“ des Ottomotors können diesen Effekt abmildern (Abgasrückführung, Direkteinspritzung mit Magerbetrieb, kontinuierlich variabler Ventiltrieb). Wünschenswert wäre es, das geometrische Verdichtungsverhältnis beim Ottomotor in der Teillast anheben zu können, wobei sich eine sinnvolle Kombination mit Einlasssteuerzeiten nach Miller oder Atkinson anbietet [15]. Dem variablen Verdichtungsverhältnis (VCR: variable compression ratio [15–19]) stand trotz der Vorteile bez. Kraftstoffverbrauch, Abgasemissionen, Drehmoment und Leistung der große technische Aufwand für die Realisierung erforderlicher Verstellmechanismen sowie damit einhergehende Nachteile lange Zeit entgegen. Mittlerweile wurde eine solche Technologie bei einem Ottomotor erstmals in der Serie umgesetzt [16].

Beim prinzipiell höher verdichteten DI-Dieselmotor begrenzen die mit dem Zünddruck p_Z zunehmende Bauteilbelastung und erhöhte Reibleistungsverluste das geometrische Verdichtungsverhältnis nach oben. Dies hat insbesondere bei Pkw-DI-Dieselmotoren zur sukzessiven Absenkung auf Werte um 16 (15) geführt, nicht zuletzt auch zur Verringerung der NO_x-Rohemission. Gleichzeitig wurden Aufladung und Einspritzdruck erhöht. Nach unten ist die Begrenzung durch das Kaltstartverhalten zu beachten. Beim DI-Dieselmotor ist neben der Anhebung des geometrischen Verdichtungsverhältnisses in der Teillast vor allem auch interessant, dieses in der Volllast absenken zu können [17]. Potenzial bietet die Anwendung eines VCR-Systems verständlicherweise vor allem auch beim „Dual-Fuel"-Betrieb von Diesel-Gasmotoren [18, 19], um die Zielkonflikte zwischen Gas- und Dieselbetrieb zu lösen. Abgesehen vom in den Kurbeltrieb integrierten „Multi-Link-Mechanismus von Nissan [16] beruhen derzeit ernsthaft für die Serienanwendung diskutierte VCR-Systeme auf einem mechanisch-hydraulischen Verstellmechanismus im kleinen Pleuelauge oder Pleuelschaft.

Definitionen zum Kraftstoffverbrauch

- Kraftstoffverbrauch

$$B = \dot{m}_{Kr} = \dot{V}_{Kr}\,\rho_{Kr} = \frac{V_{Kr}\,\rho_{Kr}}{t_{Kr}} \tag{3.36}$$

  m_{Kr} ist die verbrauchte Kraftstoffmenge, V_{Kr} das entsprechende Volumen mit der Dichte ρ_{Kr} und t_{Kr} die während des Kraftstoffdurchflusses verstrichene Zeit. Der Punkt (.) zeigt an, dass es sich um den mit der Zeit veränderlichen Momentanwert des Verbrauchs handelt (Ableitung nach der Zeit d/dt). Geläufig ist die Dimensionsgleichung

$$B = 3{,}6\,\frac{V_{Kr}\,\rho_{Kr}}{t_{Kr}} \tag{3.37}$$

  mit den Dimensionen B [kg/h], V_{Kr} [cm^3], ρ_{Kr} [g/cm^3] und t_{Kr} [s].
- Spezifischer Kraftstoffverbrauch

$$b_e = \frac{B}{P_e} \tag{3.38}$$

  B wird nach Gl. (3.36) oder (3.37) berechnet. Die Bezugsgröße P_e ist die effektive Leistung. b_e hat üblicherweise die Dimension [g/kWh].
- Kraftstoffstreckenverbrauch

$$B/\bar{v} \tag{3.39}$$

  B folgt wiederum aus den Gl. (3.36) oder (3.37) und entspricht dem durchschnittlichen Kraftstoffverbrauch. $\bar{v}$ ist die Durchschnittsgeschwindigkeit. Üblich ist jedoch der auf eine Fahrstrecke von 100 km bezogene Kraftstoffverbrauch nach der Dimensionsgleichung

$$B_{100km} = 100 \frac{V_{Kr}}{l} \tag{3.40}$$

l ist die zurückgelegte Strecke, während der das Kraftstoffvolumen V_{Kr} verbraucht wird. Die Dimensionen sind dabei B [l/100 km], V_{Kr} [l] und l [km].

Der Kraftstoffstreckenverbrauch kann nach DIN 70 030 bestimmt werden. Für Pkw gilt DIN 70 030-1. Es wird der Kraftstoffverbrauch während eines Stadtzyklus, bei 90 km/h auf der Landstraße und bei 120 km/h auf der Autobahn gemessen (DIN-„Drittelmix"-Verbrauch). Alle drei Verbrauchswerte werden getrennt angegeben. Für Lkw, Omnibusse und Krafträder gilt DIN 70 030-2. Es wird der Verbrauch nach Gl. (3.40) gemessen und mit dem Faktor 1,1 multipliziert. Die Messbedingungen fordern eine trockene, ebene Fahrbahn mit maximal 1,5 % Steigung oder Gefälle sowie „Windstille". Die Messstrecke ist 10 km lang und hin und zurück zu befahren. Die Geschwindigkeit beträgt 3/4 der Höchstgeschwindigkeit, jedoch nicht über 110 km/h. Der Kraftstoffverbrauch hat über die bekannten Aspekte hinaus hinsichtlich der CO_2-Emission und deren klimabeeinflussenden Auswirkungen eine neue Dimension angenommen. Das Nahziel war Anfang des 21. Jahrhunderts 5 l/100 km Kraftstoffverbrauch, das Fernziel 3 l/100 km für Pkw im „Drittelmix" [20]. Dem ist man näher gekommen. Der für die Flottenemission relevante Kraftstoffverbrauch wurde in der EU allerdings im NEFZ (Neuer Europäischer Fahrzyklus) gemessen. Dieser wurde nun vom WLTP (Worldwide Harmonized Light-Duty Vehicles Test Procedure) abgelöst.

Definitionen zum Ölverbrauch

Der Ölverbrauch wird analog zum Kraftstoffverbrauch als zeit-, leistungs- und streckenbezogene Größe angegeben. Die Gl. (3.36), (3.37), (3.38), (3.39) und (3.40) können hierfür herangezogen werden, wobei der Index „Kr" (Kraftstoff) durch „S" (Schmierstoff) zu ersetzen ist. Bezüglich der gebräuchlichen Dimensionen ist zu beachten, dass der Ölverbrauch gemeinhin in [g/h] angegeben wird. Üblich ist auch, den Verbrauch auf 100 Stunden Betriebszeit zu beziehen. Der so genannte „Streckenverbrauch" (Ölverbrauch pro Fahrstrecke) wird immer öfter auf das Wartungsintervall, z. B. 10.000 km, bezogen. Letzteres ist deshalb von Interesse, weil zu fordern ist, dass nach dieser Fahrstrecke noch die Mindestölmenge vorhanden sein muss.

Der so genannte „Kurzzeitölverbrauch" fällt nach dem Einlaufen des Motors auf ein Minimum ab. Der so genannte „Langzeitölverbrauch" steigt dann verschleißbedingt wieder an. Für Ottomotoren ist heute auf jeden Fall ein spezifischer Ölverbrauch < 0,5 g/kWh zu fordern. Um die Forderungen bezüglich HC-Emission (Verbesserung der Rohemission) zu erfüllen, sollten heute Ölverbrauchswerte < 0,3 g/kWh erreicht werden. Wegen des Beitrags des Ölverbrauchs zur Partikelemission muss dieser Wert bei Nkw-Dieselmotoren zukünftig unter 0,1 g/kWh gedrückt werden. Die Angaben beziehen sich auf stationären Betrieb mit Volllast bei Nenndrehzahl.

3.8 Mittlerer effektiver Druck bzw. spezifische Arbeit

Der mittlere effektive Druck p_{me} bzw. die spezifische Arbeit (Deutung auch als auf das Hubvolumen bezogene geleistete Arbeit pro Arbeitsspiel) wurde schon in Gl. 3.2 benötigt, um die effektive Leistung P_e angeben zu können. Um aufzuzeigen, wodurch diese elementare Größe bestimmt wird, muss etwas ausgeholt werden. So muss die Grenze zur Motor-Thermodynamik überschritten werden. Der Zusammenhang mit der Motor-Mechanik ist insofern herstellbar, als der Liefergrad λ_L und die Steuerung des Ladungswechsels nicht voneinander zu trennen sind. Mit dem Gesamtwirkungsgrad η_e und der zugeführten Energie als Produkt des Kraftstoffmengenstroms $\dot{m}_{Kr}$ und des unteren Heizwerts H_u kann folgende, zu Gl. 3.2 äquivalente Beziehung aufgestellt werden:

$$P_e = \eta_e \dot{m}_{Kr} H_u = p_{me} V_H i \frac{\omega}{2\pi} \tag{3.41}$$

Der Gesamtwirkungsgrad errechnet sich aus dem inneren (indizierten) Wirkungsgrad η_i des realen thermodynamischen Prozesses und dem mechanischen Wirkungsgrad η_{mec}:

$$\eta_e = \eta_\mathrm{i} \eta_{mec} \tag{3.42}$$

Beim Hubkolbenmotor ist es sinnvoll, die massenbezogene Energie des Kraftstoffs in eine volumenbezogene Energie des Gemischs, den Gemischheizwert H_{uGem}, umzurechnen:

$$H_{uGem} = \frac{Q_{Kr}}{V_{Gem}} = \frac{H_u m_{Kr}}{V_{Gem}} \tag{3.43}$$

$$H_u = \frac{H_{uGem} V_{Gem}}{m_{Kr}} \tag{3.44}$$

Q_{Kr} ist die mit der Kraftstoffmenge m_{Kr} zugeführte Energie, V_{Gem} ist das Gemischvolumen, das aus den anteiligen Kraftstoff- und Luftmassen m_{Kr} bzw. m_L und der jeweiligen Stoffdichte ρ_{Kr0} bzw. ρ_{L0} entsprechend dem Zustand p_0, T_0 (Umgebungszustand bei Saugmotoren bzw. Zustand hinter Verdichter oder, falls vorhanden, Ladeluftkühler bei aufgeladenen Motoren) bestimmt wird:

$$V_{Gem} = \frac{m_{Kr}}{\rho_{Kr0}} + \frac{m_L}{\rho_{L0}} \tag{3.45}$$

Das Verhältnis der Luftmenge m_L zur kraftstoffspezifischen Mindestluftmenge $m_{Kr}\, m'_{L\min}$ wird als Luftverhältniszahl λ bezeichnet ($m_L = \lambda m_{Kr}\, m'_{L\min}$). Die Mindestluftmenge (der stöchiometrische Luftbedarf) von Ottokraftstoff beträgt 14,7, der von Dieselkraftstoff 14,5 kg Luft pro kg Kraftstoff. Damit wird der Gemischheizwert (Gl. (3.43)) unter Berücksichtigung von Gl. (3.45) der Berechnung zugänglich:

$$H_{uGem} = H_u \frac{\rho_{L0}}{\frac{\rho_{L0}}{\rho_{Kr}} + \lambda m'_{L\min}} \tag{3.46}$$

Beim Dieselmotor, der ohne Abgasrückführung nur Luft ansaugt, entfällt der erste Term auf der rechten Seite in Gl. (3.45). Dies gilt entsprechend für den ersten Term unter dem Bruchstrich in Gl. (3.46).

Die angesaugte Luft- bzw. Gemischmenge (m_L bzw. m_{Gem}) ist wegen der Drosselverluste kleiner als die theoretisch denkbare Menge. Dies kommt im Liefergrad λ_L bzw. Frischgas- oder Luftaufwand λ_A zum Ausdruck. Ersterer bezieht die nach Ladungswechsel im Zylinder vorhandene, Letzterer die dem Zylinder zugeführte Frischgasmasse auf die theoretisch mögliche. Beim herkömmlichen Ottomotor sind neben Drosselverlusten auch Ladungsverluste beim Ladungswechsel zu berücksichtigen. Das Verhältnis λ_L/λ_A beschreibt somit den Wirkungsgrad der Kraftstoffzufuhr η_{Kr-zu}.

$$\lambda_A = \frac{m_L}{\rho_{L0}\, V_H} \qquad \text{(Dieselmotor)}$$

bzw.

$$\lambda_A = \frac{m_{Gem}}{\rho_{Gem}\, V_H} = \frac{V_{Gem}}{V_H} \qquad \text{(Ottomotor)} \tag{3.47}$$

Werden Mengen- bzw. Volumenströme betrachtet, so gilt analog nach Umformung:

$$\dot{m}_L = \lambda_A\, \rho_{L0}\, V_H\, i \frac{\omega}{2\pi}$$

bzw.

$$\dot{V}_{Gem} = \lambda_A\, V_H\, i \frac{\omega}{2\pi}$$

Eine weitere Umformung ergibt:

$$V_H\, i \frac{\omega}{2\pi} = \frac{\dot{m}_L}{\lambda_A\, \rho_{L0}}$$

bzw.

$$V_H\, i \frac{\omega}{2\pi} = \frac{\dot{V}_{Gem}}{\lambda_A} \tag{3.48}$$

Werden die Gl. (3.44) und (3.48) in Gl. (3.41) eingesetzt, so zeigt sich schließlich, wenn im Fall des Dieselmotors noch V_{Gem} gemäß Gl. (3.45) durch m_L/ρ_{L0} ersetzt wird, dass der mittlere effektive Druck bzw. die spezifische Arbeit des Motors vom effektiven Wirkungsgrad, dem unteren Gemischheizwert und dem Frischgas-/Luftaufwand abhängt:

$$\begin{aligned} p_{me} &= \eta_e H_{uGem} \lambda_A \\ p_{me} &= \eta_i \eta_{mec} H_{uGem} \lambda_A = \eta_v \eta_g \{\eta_{Kr-zu}\} \eta_{mec} H_{uGem} \lambda_A \\ p_{me} &= \eta_v \eta_g \eta_{mec} H_{uGem} \lambda_L \end{aligned} \tag{3.49}$$

Die zweite Zeile der Gl. (3.49) beinhaltet, dass der innerer Wirkungsgrad η_i von den Wirkungsgraden des vollkommenen Motors η_v und (beim Ottomotor) der Kraftstoffzufuhr η_{Kr-zu} sowie dem Gesamtgütegrad η_g abhängt. Gl. (3.49) kann mittels Gl. (3.44) und (3.45) sowie der Definition der Luftverhältniszahl λ noch in folgende Form gebracht werden:

$$p_{me} = \rho_{L0} \eta_e H_u \frac{\lambda_A}{\lambda m'_{L\min}} \tag{3.50}$$

Gl. (3.50) gilt exakt für den Dieselmotor. Hier werden die Lastregelungsmöglichkeiten erkenntlich: Dichte der Verbrennungsluft ρ_{L0} (Ladedruckregelung bei Aufladung), Frischgasaufwand λ_A (Drosselung beim herkömmlichen Ottomotor („Quantitätsregelung")) und Luftverhältniszahl λ (DI-Diesel- und Ottomotor mit Benzin-Direkteinspritzung bei Schichtladung („Qualitätsregelung")).

Aus Gl. (3.41) kann einfach abgeleitet werden, dass der effektive Wirkungsgrad dem Kehrwert des spezifischen Kraftstoffverbrauchs *be* proportional ist:

$$b_e = \frac{\dot{m}_{Kr}}{P_e} = \frac{1}{\eta_e H_u} \quad \Rightarrow \quad \eta_e = \frac{1}{b_e H_u} \tag{3.51}$$

Damit stehen die wichtigsten elementaren Beziehungen zur Verfügung.

Der untere Heizwert und der Gemischheizwert eines bestimmten Kraftstoffs sind bei gegebener Motorleistung und bekanntem Wirkungsgrad wie folgt zu interpretieren: Ersterer bestimmt gemäß Gl. (3.41) den Kraftstoffverbrauch. Bei gegebener Drehzahl und bekanntem Frischgas-/Luftaufwand bestimmt Letzterer unter zusätzlicher Berücksichtigung von Gl. (3.49) dann den erforderlichen Hubraum, d. h. die Baugröße des Motors. Tab. 3.3 enthält für gebräuchliche Kraftstoffe Angaben über die Dichte, den Mindestluftbedarf sowie den unteren Heizwert und den Gemischheizwert.

Abschließend noch der Verlauf des mittleren effektiven Drucks ρ_{me} und des spezifischen Kraftstoffverbrauchs b_e in Abhängigkeit vom Luftverhältnis λ hier am Beispiel eines Ottomotors (Abb. 3.17). Demnach wird die maximale Motorleistung bei geringem Luftmangel (Anfettung), der minimale spezifische Kraftstoffverbrauch bei Luftüberschuss (Abmagerung) erreicht.

Zu Abb. 3.17 ist zu ergänzen, dass eine alternative Darstellung des Sachverhalts „Fischhakenkurve" genannt wird. Sofern nämlich alternativ der spezifische Kraftstoffverbrauch b_e in Abhängigkeit vom effektiven mittleren Druck p_{me} (Drehmoment) dargestellt wird, sieht

Tab. 3.3 Dichte, Mindestluftbedarf, unterer Heizwert und Gemischheizwert gebräuchlicher Kraftstoffe

	Benzin (Super)	Diesel	Methanol	Ethanol	Autogas LPG[1)] (Butan / Propan)	CNG[2)] (Erdgas, primär Methan)	Wasserstoff
Dichte ρ_{Kr} [kg/m^3]	730–780	815–855	795	789	540 (fl.) 2,06 (g.)	424 (fl.) 0,72 (g.)	71 (fl.) 0,09 (g.)
Mindest-Luftbedarf m'_{Lmin} [kg Luft /kg Kraftstoff]	14,7	14,5	6,46	9,0	15,5	17,2	34
Unterer Heizwert H_u [MJ/kg]	41,0	43,0	19,7	26,8	45,84	50,0	120
Gemischheizwert H_{uGem} [MJ/m^3]	3,75	3,865	3,438	3,475	3,725	3,223	2,973

1) Liquefied Petroleum Gas
2) Compressed Natural Gas
Zusätzliche Anmerkung: fl. = flüssig, g. = gasförmig

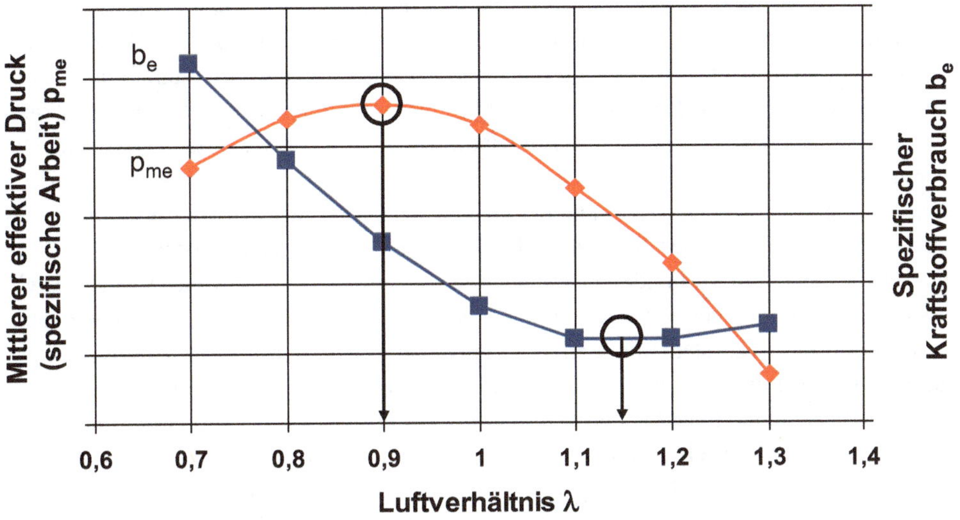

Abb. 3.17 Mittlerer effektiver Druck p_{me} und spezifischer Kraftstoffverbrauch b_e in Abhängigkeit vom Luftverhältnis λ hier am Beispiel eines Ottomotors (Prinzipdarstellung ohne Ordinatenskalierung (Nullpunkt unterdrückt))

der Kurvenverlauf einem Fischhaken ähnlich. Beim herkömmlichen Ottomotor ist noch auf folgenden Sachverhalt hinzuweisen:

- Sein realer – in engen Grenzen quantitätsgeregelter – Betrieb ist auf den Bereich eines Luftverhältnisses von $0{,}75 < \lambda < 1{,}15$ eingeschränkt. Die den Kraftstoffverbrauch bei hoher Leistung überproportional erhöhende „Anfettung" erfolgt aus Gründen des Bauteilschutzes. Der geregelte Drei-Wege-Katalysator fordert ein Luftverhältnis von $\lambda \approx 1$. Die eigentlichen Zündgrenzen liegen im Bereich von $0{,}6 < \lambda < 1{,}6$.
- Je vollständiger die Verbrennung, umso geringer ist der Kraftstoffverbrauch und umso besser der Wirkungsgrad. Dies erfordert geringen Luftüberschuss.
- Ein Luftverhältnis $\lambda > 1$ verlangsamt aber die Verbrennung. Für λ-Werte > 1,1 wird die Verbrennung zunehmend verschleppt. Es bedarf der Erwärmung überschüssiger Luft. Dies senkt die Verbrennungstemperatur und verlangsamt die Flammengeschwindigkeit.
- Ein Luftverhältnis λ deutlich < 1 senkt zwar merklich den Wirkungsgrad, der Gemischheizwert H_{uGem} und damit der mittlere effektive Druck p_{me} steigen dennoch weiter an.
- So wird insgesamt betrachtet die optimale Verbrennung bzw. das Minimum des spezifischen Kraftstoffverbrauchs $\mathrm{b_{e\text{-}min}}$ etwa bei $\lambda \approx 1{,}1$, die höchste Reaktionsgeschwindigkeit bzw. der höchste mittlere effektive Druck bzw. das maximale Drehmoment $\mathrm{p_{me\text{-}max}}$ etwa bei $\lambda \approx 0{,}85$ erreicht.

Wenn hier und in den vorigen Abschnitten der herkömmliche Ottomotor angesprochen wird, so ist der quantitätsgeregelte mit Saugrohreinspritzung, in der weiter zurückliegenden Vergangenheit auch noch mit Vergaser, gemeint. Heute werden Ottomotoren dagegen vornehmlich für Benzin-Direkteinspritzung (BDE) ausgelegt. Infolge der stärkeren „Innenkühlung" – Verdampfung des Kraftstoffes im Brennraum statt teilweise im Saugrohr – kann das Verdichtungsverhältnis angehoben und damit der Wirkungsgrad gesteigert werden. Die überwiegende Mehrheit der BDE-Ottomotoren wird jedoch weiterhin stöchiometrisch betrieben, wobei, abweichend vom nicht stöchiometrisch betriebenen BDE-Ottomotor mit Schichtladung und vom Dieselmotor, der Kraftstoff im Saughub eingespritzt wird. Dies hat hinsichtlich des damit verbundenen geringen technischen Aufwands den großen Vorteil, dass weiterhin der geregelte Drei-Wege-Katalysator mit λ-Sonde Anwendung finden kann.

Im Gegensatz dazu steht die Benzin-Direkteinspritzung in Verbindung mit Schichtladung. Hier wird der Kraftstoff ähnlich wie beim Dieselmotor erst im Kompressionshub eingespritzt. Schichtladung bedeutet, dass die Zündkerzen dabei ein ausreichend zündfähiges („fettes") Gemisch umgibt, das sich mit zunehmender Entfernung von derselben aber verdünnt. Die Gemischbildung wird durch spezielle Ladungsbewegungsmaßnahmen unterstützt. Solche Ottomotoren können in der Teillast mit Luftüberschuss, also „mager" betrieben werden. Die verringerte Ladungswechselarbeit infolge Entdrosselung im qualitätsgeregelten Schichtladungsbetrieb in Verbindung mit den dem Brennverfahren eigenen geringeren Wandwärmeverlusten beinhaltet weiteres Potenzial zur Wirkungsgradsteigerung, sprich Kraftstoffverbrauchsreduzierung. Mit der Abkehr von der stöchiometrischen Verbrennung verliert jedoch auch der Drei-Wege-Katalysator seine Wirkung. Für die Reduzierung der Stickoxide ist dann zusätzlich zumindest ein NO_x-Speicher-Katalysator (NSC) vorzusehen. Mit der Benzin-Direkteinspritzung hat auch der Ottomotor ein nunmehr nicht mehr zu übersehendes Partikel-Emissionsproblem, so dass ab der Norm Euro 6c ein Partikelfilter erforderlich sein kann. Offensichtlich gestaltet es die moderne Weiterentwicklung des Ottomotors und die damit verbundene Differenzierung mittlerweile schwierig, den Ottomotor in einheitliche Weise anzusprechen.

Für den qualitätsgeregelten Dieselmotor ist dagegen der Bereich des Luftverhältnisses λ um das stöchiometrische Mischungsverhältnis irrelevant. Das Geschehen spielt sich – bezogen den engen Skalierungsbereich des Luftverhältnisses im Abb. 3.17 – bis weit jenseits davon ab. Im Gegensatz zum Ottomotor gibt es beim Dieselmotor keine durch die Zusammensetzung des Gemischs bedingten engen Zündgrenzen. Steigende Gastemperatur beschleunigt die Umsetzung. Die Selbstzündung wird dabei quasi durch „Fremdzündung" infolge brennender Zonen um die Kraftstofftröpfchen der Einspritzstrahlen überlagert. Deren Verbrennung in einer „Diffusionsflamme" der sie umgebenden Brennzonen läuft über Crack- und Dehydrierungsprozesse. Schließlich bleiben reaktionsträge Kohlenstoffpartikel übrig, die sich zu Rußflocken zusammenballen, nicht mehr vollständig verbrennen und somit als Partikel-Emission (PM) in Erscheinung treten. Schon deutlich vor Annäherung an das stöchiometrische Luftverhältnis $\lambda = 1$ ist aufgrund von Schwarzrauch kein regulärer Motorbetrieb mehr möglich. Die „Rußgrenze" wird spätestens bei $\lambda < 1{,}3$ erreicht. Lokal fettes Gemisch infolge inhomogener Verteilung führt auch bei Betrieb mit Gesamtluftüberschuss ($\lambda > 1$) zur Rußbildung. Daher ist im realen Motorbetrieb eine ausreichende Sicherheit gegen Schwarzrauch unbedingt erforderlich.

Die maximale Leistung stellt sich bei $\lambda \approx 1{,}3$ bis 1,4 ein. Bei ungedrosselter Luftzufuhr im ganzen Motorkennfeld wird der Dieselmotor im Teillastbereich mit mehr oder weniger hohem Luftüberschuss betrieben. Anders als beim Ottomotor dient somit das Luftverhältnis λ der Lastregelung. Der mittlere effektive Druck p_{me} (das Drehmoment) sinkt somit bei zunehmendem und steigt bei abnehmendem Luftverhältnis. Wird der Gleichdruck-Prozess des idealen Dieselmotors herangezogen, so symbolisiert das dort eingeführte Einspritzverhältnis die Menge des zugeführten Kraftstoffs. Beim „vollkommenen Motor" steigt der Wirkungsgrad mit abnehmendem Einspritzverhältnis, sprich zunehmendem Luftverhältnis (Luftüberschuss) kontinuierlich. Der Gleichdruck-Prozess nähert sich dem Gleichraum-Prozess an. Der spezifische Kraftstoffverbrauch sinkt entsprechend, da dieser sich bekanntlich umgekehrt proportional zum Wirkungsgrad verhält. Die Verluste des realen Motors sorgen jedoch mit weiter zunehmendem Luftverhältnis für eine Umkehr dieses Trends. Die Kraftstoffverbrauchskennfelder von Otto- und Dieselmotoren unterscheiden sich daher in qualitativer Hinsicht wenig. Den Dieselmotor kennzeichnen jedoch eindeutige Verbrauchsvorteile aufgrund seines höheren Verdichtungsverhältnisses, seines Betriebs mit Luftüberschuss im Teillastbetrieb und seiner geringeren Wandwärmeverluste. Der Brennraumseitige Wärmeübergangskoeffizient ist zwar größer als beim Ottomotor, die Verbrennungstemperatur jedoch spürbar geringer, so dass die Gesamtbetrachtung einen Vorteil ausweist.

Literatur

1. *Heywood, J. B.:* Internal Combustion Engine Fundamentals. London: McGraw Hill, 1989
2. *Kraemer, O.; Jungbluth, G.:* Bau und Berechnung von Verbrennungsmotoren: Hubkolben- und Rotationskolbenmotoren. Berlin: Springer, 1983
3. *List, H.; Pischinger, A. (Hrsg.):* Die Verbrennungskraftmaschine. Bd. 1 bis 8. Wien: Springer. – Teilweise Neuauflage unter der Bezeichnung „Neue Folge"
4. *Schmidt, F. A. F.:* Verbrennungskraftmaschinen. 4. Auflage. Berlin: Springer, 1967
5. *Basshuysen van, R.; Schäfer, F. (Hrsg.):* Handbuch Verbrennungsmotor. ATZ/MTZ-Fachbuch. 7. Auflage. Wiesbaden: Springer Vieweg/Springer Fachmedien, 2015, S. 131 ff.
6. *Mollenhauer, K.; Tschöke, H. (Hrsg.):* Handbuch Dieselmotoren. 3. neu bearbeitete Auflage. Berlin; Heidelberg; New York: Springer, 2007
7. *Derndinger, H.-O.; Ritter, H.:* Über den Einfluss des Hubbohrungsverhältnisses. In: MTZ 27 (1966), Nr. 8
8. *Schellmann, K.; Gleiter, F.; Steinhauser, D.-G.:* Optimierung der Brennraumgeometrie von Vierventil-Ottomotoren. In: MTZ 50 (1989), Nr. 9
9. *Sivers, R. v.; Pilgrim, R.:* Schwingungstechnisch-akustische Maßnahmen bei der Entwicklung des Porsche-944-Motors. In: ATZ 83 (1981), Nr. 1
10. *Kolbenschmidt AG*: E-gvo-005. Neckarsulm: Kolbenschmidt. – Interner Entwicklungsbericht
11. *Kolbenschmidt AG*: Konstruktion für Ottokolben. Neckarsulm: Kolbenschmidt. – Interne Hausnorm HNK40
12. *Kolbenschmidt AG:* KS-Handbuch: Technisches Handbuch der Kolbenschmidt AG. Band 1, Heft 3, Kap. 2: Gestaltung des Kolbens. Neckarsulm: Kolbenschmidt, 1987
13. *Mahle GmbH:* Mahle Kolbenkunde: Technisches Handbuch. Stuttgart: Mahle, ca. 1984/1985
14. *Bronstein, I. N.; Semendjajew, K. A.:* Taschenbuch der Mathematik. Zürich: Harri Deutsch, 1969
15. *Schöffmann, W.; Sorger, H.; Lösch, S.; Arens, K.:* Variables Kompressionsverhältnis über ein modulares System mit zweiteilig schaltbarer Pleuellänge. MTZ 06/2018 79. Jahrgang, S. 42–47
16. *Kiga, S.; Moteki, K.; Kojima, S.:* Der neue Nissan VC-Turbo mit variablem Verdichtungsverhältnis. MTZ 11/2017 78. Jahrgang, S. 44–53
17. *Diezemann, M.; Schramm, Ch.;* Brauer, M.; Severin, Ch.: Variable Verdichtung am Dieselmotor. MTZ 07-08/2015 76. Jahrgang, S. 52–57
18. *Schlemmer-Kelling, U.; Bergmann, D.; Heuser, P.:* How Legislation Bodies and Customers Influence Maritime Development. MTZ industrial September 2017, S. 14–21
19. *Schlemmer-Kelling, U.; Ghetti, S.; Methfessel, P.; Marten, Ch.:* Variable Verdichtung bei Großmotoren. MTZ 07-08/2017 78. Jahrgang, S. 52–57
20. *Piech, F.:* 3 Liter/100 km im Jahr 2000? ATZ 94 (1992), Nr. 1

Berechnung und Auslegung von Bauteilen

4

4.1 Das Pleuel

4.1.1 Funktion, Anforderungen und Gestaltung

Das Pleuel überträgt die auf den translatorisch bewegten Kolben wirkenden Gaskräfte und die oszillierenden Massenkräfte des Triebwerks auf den rotierenden Hubzapfen der Kurbelwelle. Daraus resultieren folgende Anforderungen an dieses Bauteil:

- geringe Masse, da ein Teil der Pleuelmasse den oszillierenden Triebwerksmassen zuzurechnen ist
- ausreichende Gestaltfestigkeit insbesondere in Hinblick auf:
  - Formsteifigkeit des Pleuelkopfes und des Pleuelauges; unzulässige Ovalverformung beeinträchtigt hydrodynamischen Schmierfilm und im Extremfall ist „Lagerklemmen" möglich
  - Knicksicherheit des Pleuelschafts
  - dauerfeste Pleuelschraubenverbindung; ausreichende Sicherheit gegen Klaffen in der Teilungsfuge des Pleuelkopfes
- ausreichende Dimensionierung der Lagerstellen unter Berücksichtigung der Tragfähigkeit der Lager

Die Hauptabmessungen des Pleuels gehen aus Abb. 4.1 (oben) hervor. Der Augenabstand ist die Pleuellänge l_{Pl}. Der Durchmesser des großen Pleuelauges ist durch den Hubzapfendurchmesser unter Berücksichtigung der Lagerschalenwanddicke festgelegt. Der Durchmesser des kleinen Auges entspricht bei Klemmpleuel oder bei Entfall der Pleuelbuchse, was z. B. bei Ottomotoren zwecks Kosteneinsparung heute immer wieder versucht wird, dem Kolbenbolzendurchmesser. Im Normalfall ist auch hier die Pleuelbuchse

E. Köhler, R. Flierl, *Verbrennungsmotoren*, ATZ/MTZ-Fachbuch,
https://doi.org/10.1007/978-3-658-24541-2_4

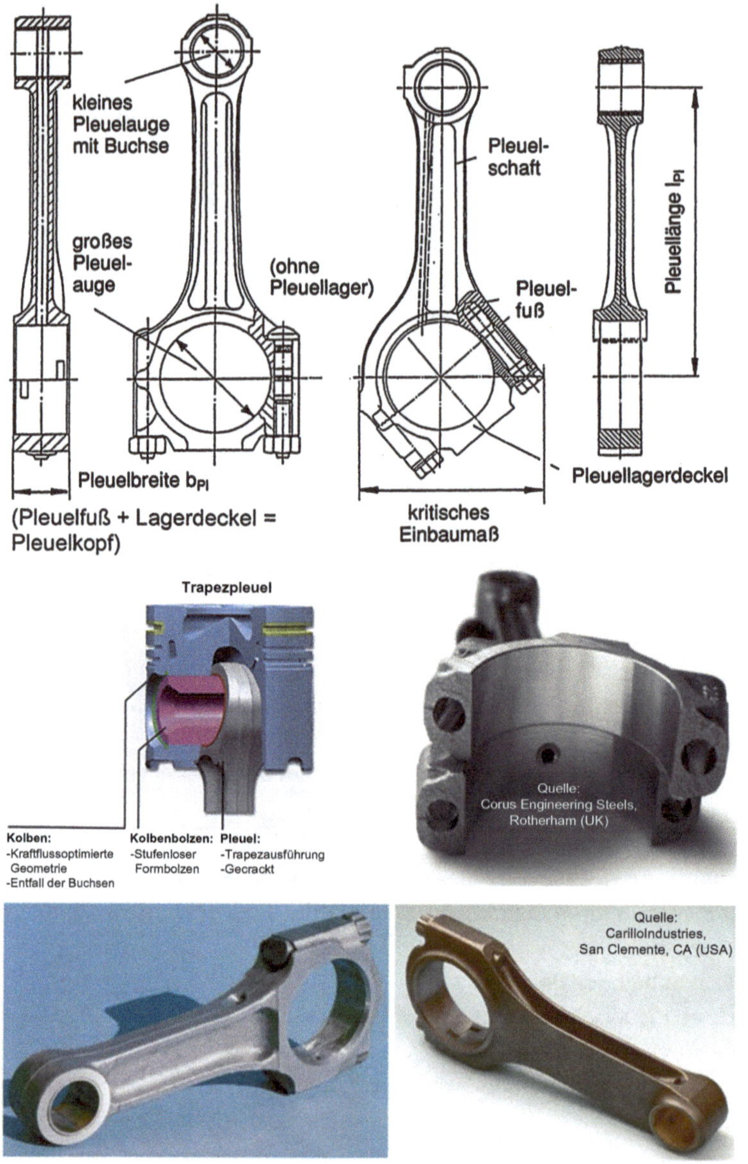

Abb. 4.1 Hauptabmessungen des Pleuels (oben): Pleuel mit gerade (links, Pkw) und schräg (rechts, Nkw) geteiltem Pleuelkopf; nicht maßstäblich (aus [13]); vergrößerte Tragfläche der Bolzennabe durch Trapezpleuel (Mitte, links) (aus [3]); Bruchflächen eines Bruchtrennpleuels (Mitte, rechts); (Quelle: Corus Engineering Steels, Rotherham S60 1DW, UK); herkömmliche und um 90° gedrehte Orientierung des I-Pleuelschaftquerschnitts (unten) (Quelle: Carillo Industries, San Clemente, CA (USA))

zu berücksichtigen. Die Lagerbreite ergibt sich aus der zulässigen mittleren Flächenpressung, die Werte von 100 N/mm^2 und mehr (bei Pkw-DI-Dieselmotoren in der Pleuelbuchse heute bis 180 N/mm^2) betragen kann. Eine Übersicht über mögliche Lagerwerkstoffe ist z. B. bei [1] zu finden.

Um Bearbeitungskosten zu senken, ist es vorteilhaft, Pleuelkopf und Pleuelauge in gleicher Breite auszuführen. Dies widerspricht allerdings den zeitgemäßen Forderungen nach möglichst kleinem Augenabstand des Kolbens. Zur Steigerung der Gaskraftbelastbarkeit der Bolzennabe ohne Verlängerung des Kolbenbolzens müssen die Pleuelaugenbreite schmäler ausgeführt und hochwertige Lagerwerkstoffe für die Pleuelbuchse eingesetzt werden. Anhaltswerte für die Vordimensionierung sind z. B. bei [2] zu finden. Eine Alternative zur Steigerung der Gaskraftbelastbarkeit der Bolzennabe ist in Form des Trapezpleuels verfügbar, Abb. 4.1 Mitte, links [3]. Diese konstruktive Option findet nicht nur bei Dieselmotoren, sondern zunehmend auch bei Pkw-Ottomotoren Anwendung. Eine konstruktive Variante bei großen Dieselmotoren ist das Stufenpleuel, bei dem die obere Hälfte des kleinen Pleuelauges deutlich schmäler als die untere ausgeführt ist. Dies dient somit demselben Zweck. Da sich Hauptabmessungen, wie zu Anfang erklärt, mit dem Stand der Technik ändern, wird der Bezug auf ältere Quellen bewusst vermieden. Ein guter Überblick folgt stets aus dem Vergleich neuer ausgeführter Konstruktionen.

Abb. 4.1 (oben links) zeigt z. B. ein Pleuel mit gerade geteiltem Pleuelkopf. Das kleine Pleuelauge ist immer ungeteilt. Bei großem Hubzapfendurchmesser der Kurbelwelle muss der Pleuelkopf schräg geteilt werden, um den Ein- und Ausbau des Pleuels mit montiertem Kolben vom Zylinderdeck aus durch den Zylinder zu ermöglichen (Abb. 4.1, oben rechts). Dies führt zu komplizierteren Beanspruchungsverhältnissen und zusätzlich notwendiger Abstützung der Querkräfte in der Teilungsfuge.

Der Pleuelschaftquerschnitt hat die Form eines Doppel-T, wobei die „Flansche“ sowohl parallel (Normallfall) als auch senkrecht zur Kurbelwellenachse angeordnet sein können (Abb. 4.1, unten). Letzteres erfreut sich bei Rennmotoren zunehmender Beliebtheit. Das Pleuel nimmt dabei mit Blick auf die Seitenflächen eine dreieckförmige Gestalt an. Der Querschnitt entspricht dem eines Breitflanschträgers, wobei die axialen Flächenträgheitsmomente in Bezug auf beide Hauptachsen deutlich erhöht und deren Verlauf über die Pleuellänge günstiger gestaltet werden.

Pleuel werden in Stahl geschmiedet oder gegossen (Stahl- und Temperguss). Je nach Beanspruchung werden Vergütungs- oder legierte Stähle verwendet. Neuerdings sind Sinterverfahren hinzugekommen. Die verfahrensbedingte Volumenkonstanz erübrigt das spanende Tarieren und erlaubt Einsparungen bei der Pleuelmasse durch bessere Werkstoffeigenschaften. Mittlerweile nicht nur beim Sinter-Pleuel mit höheren Rohteilkosten gewinnt eine neue, kostengünstige Fertigungstechnik, das so genannte „Fracture-Splitting“, stark an Bedeutung [4–6]. Schaft und Deckel werden dabei mittels eines Bruchtrennverfahrens getrennt. Die Trennfuge wird dann nicht bearbeitet, und auf Passhülsen oder Passschrauben kann verzichtet werden (Abb. 4.1, Mitte). Die Passung erfolgt allein durch die ineinandergreifenden Unebenheiten. Die Bruchflächen setzen sich zudem nur minimal.

Der Entwicklungsfortschritt bei Triebwerken von Ottomotoren kommt insbesondere in der Reduzierung der oszillierenden Massen zum Ausdruck. Das Pleuel entwickelt sich daher zunehmend zu einer Komponente eines vom Zulieferanten (Kolbenlieferanten) insgesamt zu optimierenden Systems, das dieses mit der Kolbengruppe bildet [7]. Bei Nutzfahrzeugmotoren besteht die Tendenz, in die Systemverantwortung auch die Zylinderlaufbuchsen einzubeziehen.

Abschließend noch ein Hinweis auf die konstruktiven Möglichkeiten für die beiden an einer Doppelkröpfung (ohne Hubzapfenversatz) montierten Pleuel eines V-Zylinderpaares. Die Ausführungen beschränken sich hier auf die herkömmliche „Pleuel-neben-Pleuel"-Anordnung. Diese kommt bei Pkw- und Nkw-Motoren heute fast ausschließlich zum Einsatz. Darüber hinaus haben bei größeren Dieselmotoren die Anordnungen mit Gabel- und Innenpleuel sowie Haupt- und an diesem gelenkig gelagerten Nebenpleuel noch eine gewisse Bedeutung [8]. Dies dient der Vermeidung gekröpfter Lagerstuhlwände mit entsprechender Biegemomenteinleitung durch den bei der „Pleuel-neben-Pleuel"-Anordnung gegebenen Hebelarm.

4.1.2 Beanspruchung des Pleuels

4.1.2.1 Art und Ort der Beanspruchung, Schwachstellen

Das Pleuel wird wie folgt beansprucht:

a) Pleuelkopf

Die kritische Beanspruchung des Pleuelkopfes erfolgt durch Massenkräfte auf Zug (rechnerisch wird die größte oszillierende Massenkraft berücksichtigt, Abb. 4.2). Da es sich näherungsweise um eine ringförmig geschlossene Struktur handelt, resultieren daraus auch eine Biegebeanspruchung und Querkräfte in der Teilungsfuge. Der Pleuelkopf wird in Pleuellängsrichtung ovalverformt.

Aus Abb. 4.2 geht auch die Aufteilung der Pleuelmasse in eine mit dem Kolben oszillierende und eine mit der Kurbelwelle rotierende Ersatzmasse hervor, wobei die ursprüngliche Masse und der Schwerpunkt erhalten bleiben. Diese Zweimassenaufteilung ist mechanisch nicht ganz exakt, jedoch insofern gerechtfertigt, als vorwiegend die beiden Enden des Pleuels, der Pleuelkopf und das Pleuelauge, mit Masse belegt sind. Tatsächlich führt der Pleuelschwerpunkt eine recht komplexe Bewegung aus. Die ungleichförmige Drehbewegung verursacht infolge des Massenträgheitsmoments der Pleuelstange auch ein Massenmoment. Bei der üblichen Zweimassenaufteilung wird das Massenträgheitsmoment

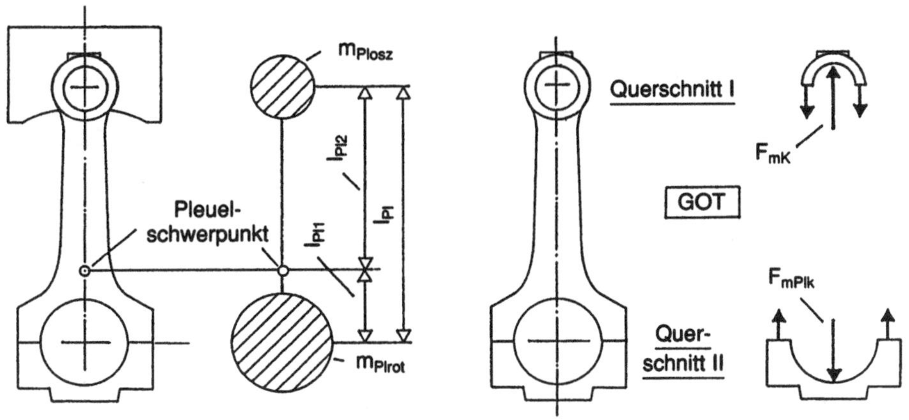

$$m_{Pl} = m_{Plosz} + m_{Plrot}, \quad m_{Plosz} = m_{Pl}\,\frac{l_{Pl1}}{l_{Pl}}, \quad m_{Plrot} = m_{Pl}\left(1 - \frac{l_{Pl1}}{l_{Pl}}\right)$$

$$J_{SPl} = m_{Plrot}\,l_{Pl1}^2 + m_{Plosz}\,l_{Pl2}^2 (\text{näherungsweise}), F_{mPlk} = F_{mosz} + F'_{mPlrot}$$

Abb. 4.2 Ersatzmassen des Pleuels bei mechanisch nicht ganz exakter Zweimassenaufteilung, Massenkraftbelastung des Pleuelkopfes und des kleinen Pleuelauges

etwas zu groß, d. h. die dritte statische Randbedingung – gleiches Massenträgheitsmoment – wird nicht erfüllt. Andernfalls wandern die beiden Ersatzmassen aus den Endpunkten etwas nach innen. Ein mechanisch exaktes Ersatzsystem kann bei Hinzunahme einer dritten Masse dargestellt werden. Darauf wird in der Praxis jedoch verzichtet, da die bei der Zweimassenaufteilung exakt wiedergegebenen Massenkraftwirkungen in der Regel ausreichend sind.

b) Kleines Pleuelauge

Die Beanspruchung des kleinen Pleuelauges entspricht qualitativ der des Pleuelkopfes, (siehe Abb. 4.2). Speziell beim kleinen Pleuelauge kann die Ovalverformung unzulässig groß werden.

c) Pleuelschaft

Der Pleuelschaft unterliegt bei Viertaktmotoren einer Zug-Druck-Wechselbeanspruchung (Zug durch Massenkraft im GOT, Druck durch Gaskraft im ZOT, siehe Abb. 4.2 und 4.3). Der Pleuelschaft muss im Regelfall jedoch nur auf ausreichende Knicksicherheit geprüft werden (Schwenkrichtung und Motorlängsrichtung). Bei hohen Drehzahlen kann auch die Biegebeanspruchung durch Massenkräfte nicht mehr vernachlässigt werden (Abb. 4.4).

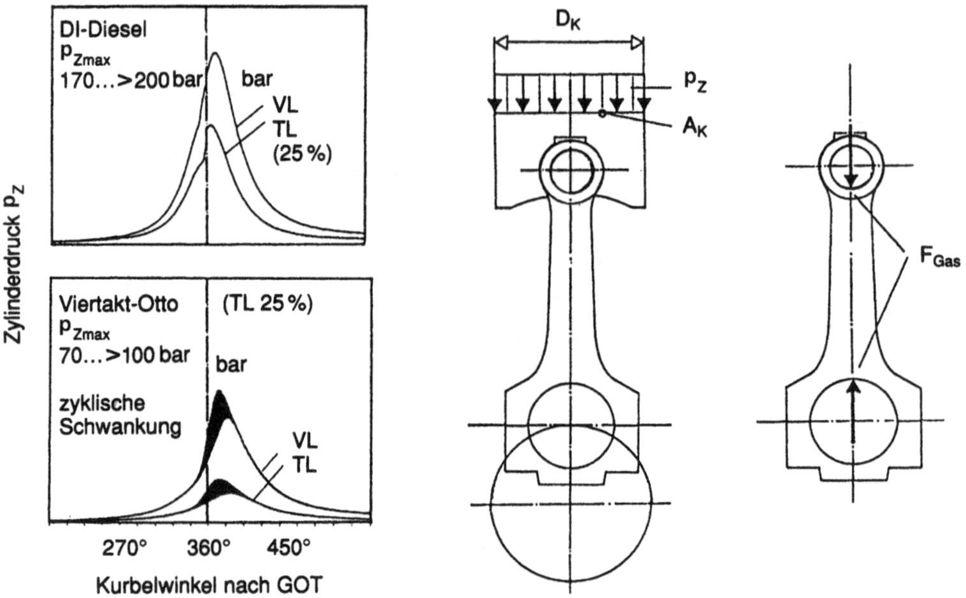

$$A_K = \frac{\pi}{4} D_K^2, F_{\mathrm{Gas}} = p_Z A_K$$

Abb. 4.3 Gaskraftbelastung des Pleuels

d) Pleuelschrauben

Die Pleuelschrauben werden schwellend auf Zug (Vorspannkraft, exzentrisch angreifende Betriebskraft), Biegung (Verformung des Pleuelkopfes) und Schub (falls in der Teilungsfuge konstruktiv keine Entlastung vorgesehen ist) belastet.

Als typische Schwachstellen werden z. B. von [9] die Schraubenauflage, Sackgewindebohrungen für die Pleuelschrauben und ganz allgemein der Übergang Pleuelfuß/ Pleuelschaft angeführt. Die konstruktiven Details müssen hier zwecks ausreichender Gestaltfestigkeit besonders sorgfältig ausgeführt werden. Die am Bauteil lokal auftretenden Spannungsmaxima entziehen sich weitgehend den elementaren Berechnungsverfahren. Abb. 4.5 gibt einen Eindruck von den gestalterischen Möglichkeiten zur Pleueloptimierung [10]. Trotz Verlängerung wiegt das dargestellte Pleuel des Rennmotors deutlich weniger als das Serienpleuel. Es darf allerdings nicht verschwiegen werden, dass das Herstellverfahren (Schmieden), der hochwertige Werkstoff (31CrMoV9) sowie hochfeste Schrauben (Nimonic) und nicht allein die Ausschöpfung konstruktiver Möglichkeiten zu diesem Ergebnis führen.

4.1.2.2 Äußere Kräfte und Momente (Pleuelbelastung)

Die maximale Pleuelbelastung durch die Gaskraft F_{Gas} im Bereich des ZOT unter Berücksichtigung des Zünddrucks p_Z und der Kolbenfläche A_K beträgt

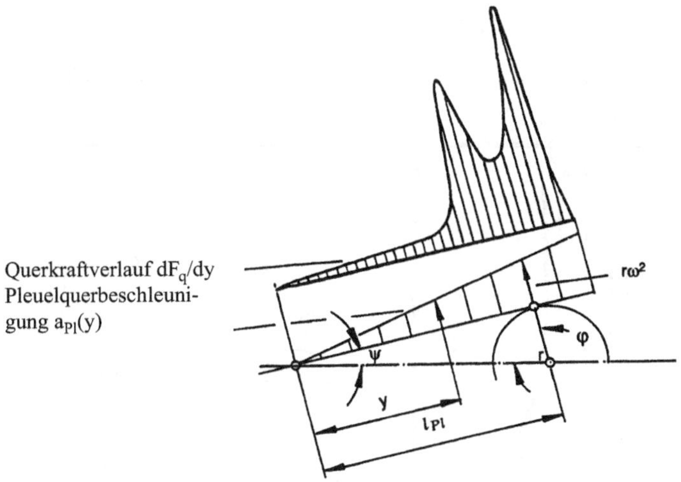

$$dm_{Pl}(y) = \rho_{Pl} A_{Pl}(y) dy \; A_{Pl}(y) \rightarrow \bar{A}_{Pl} = const.$$
$$a_{Pl}(y) = r\omega^2 \frac{y}{l_{Pl}}$$
$$dF_q(y) = a_{Pl}(y) dm_{Pl}(y)$$
$$q(y) = \frac{dF_q(y)}{dy} = r\omega^2 \rho_{Pl} \frac{\bar{A}_{Pls}}{l_{Pl}} y$$
$$F_q(y) = \int q(y)dy \; M_b(y) = \int F_q(y)dy \; \sigma_b = M_b/W_b$$

Abb. 4.4 Biegebelastung des Pleuelschafts durch Massenkräfte infolge Querbeschleunigung (nach [11])

$$F_{Gas} = p_Z A_K = p_Z D_K^2 \frac{\pi}{4} \tag{4.1}$$

Die maximale Pleuelbelastung durch Massenkräfte F_m im GOT bezogen auf den Pleuelkopf beträgt

$$F_{mPlk} = [m_{osz}(1 + \lambda_{Pl}) + m_{Plrot} - m_{PlLd}]\, r\,\omega^2 \tag{4.2}$$

und bezogen auf das kleine Pleuelauge

$$F_{mK} = m_{Kges}(1 + \lambda_{Pl})\, r\,\omega^2 \tag{4.3}$$

Auf den Pleuelkopf wirkt also die gesamte oszillierende Massenkraft einschließlich des Pleuelanteils

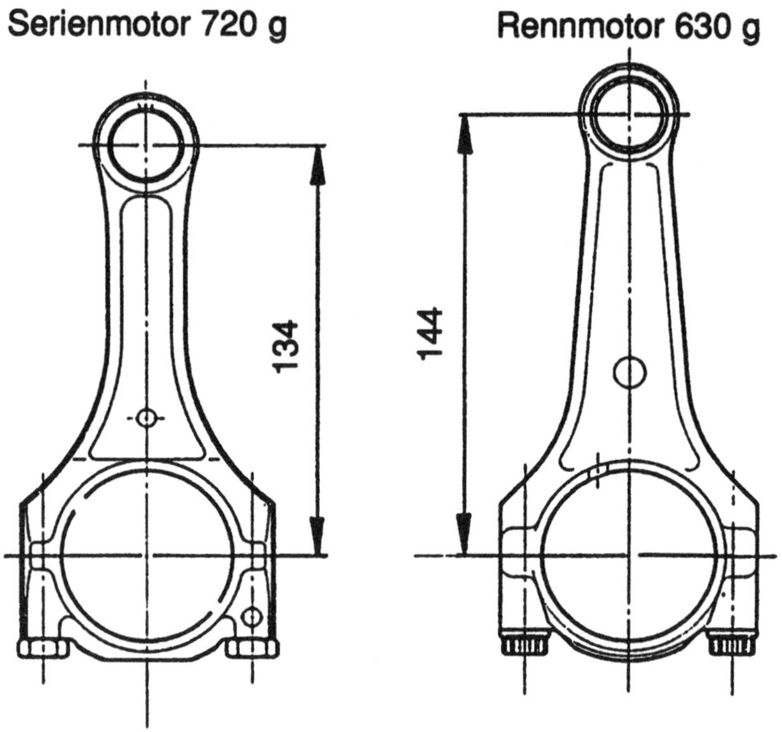

Abb. 4.5 Serienpleuel und gestaltfestigkeitsoptimiertes sowie massenreduziertes Pleuel des auf dem Serienmotor basierenden Rennmotors (aus [10])

$$F_{mosz} = m_{osz} (1 + \lambda_{Pl}) r \omega^2 \tag{4.4}$$

sowie die Zentrifugalkraft des rotierend angenommenen Pleuelanteils

$$F_{mPlrot} = m_{Plrot} r \omega^2 \tag{4.5}$$

abzüglich des Lagerdeckels, auf das kleine Pleuelauge nur die Massenkraft des Komplettkolbens (Kolben „nackt" mit Bolzen, Bolzensicherungen und Kolbenringen) (siehe Abb. 4.2). Die Indizes der in den Gl. (4.2) bis (4.5) angegebenen Massen m erklären sich selbst, λ_{Pl} ist das Pleuelstangenverhältnis, r der Kurbelradius und ω die Winkelgeschwindigkeit.

Für die bei hohen Drehzahlen nicht zu vernachlässigende Biegebeanspruchung des Pleuelschafts sind dessen Querbeschleunigung und Massenverteilung ausschlaggebend [9, 11] (siehe Abb. 4.4). Die Querbeschleunigung tritt periodisch mit wechselndem Vorzeichen auf. Dadurch können Biegeschwingungen angeregt werden. Folgende Näherungsformel kann für das in den Pleuelschaft eingeleitete Biegemoment hergeleitet werden:

$$M_{bPl} = 0{,}064\, l_{Pl}^2 A_{Pl} \rho_{Pl}\, r\, \omega^2 \tag{4.6}$$

A_{Pl} ist in diesem Fall der mittlere Pleuelschaftquerschnitt, l_{Pl} die Pleuellänge und ρ_{Pl} die Dichte des Pleuelwerkstoffs (Stahl 7,85 g/cm^3). r ist wiederum der Kurbelradius und ω die Winkelgeschwindigkeit.

4.1.3 Gestaltfestigkeit des Pleuels – konventionelle Berechnungsverfahren

4.1.3.1 Ersatzmodelle zur Ermittlung des Biegemoment-, Normalkraft- und Querkraftverlaufs im Pleuelkopf- bzw. Pleuelaugenquerschnitt

Abhängig von der gewünschten Genauigkeit und dem beabsichtigten Rechenaufwand nähert das zu wählende Ersatzmodell des Pleuelkopfes bzw. Pleuelauges die wirklichen Verhältnisse hinsichtlich der Geometrie und der Einleitung der Belastung mehr oder weniger genau an. In Abb. 4.6 sind mit der Reihenfolge der Anordnung zunehmender Komplexität einige gebräuchliche Ersatzmodelle dargestellt. Das einfache, statisch bestimmte halbkreisförmige Balkenmodell (Ersatzmodell a) ist wirklichkeitsfern und taugt bestenfalls für einen relativen Auslegungsvergleich unterschiedlicher Pleuel. Das statisch unbestimmte halbkreisförmige Balkenmodell mit fester Einspannung (Ersatzmodell b) hat den wesentlichen Nachteil, dass es keine Ovalverformung zulässt. Der Kreisring (Ersatzmodell c)

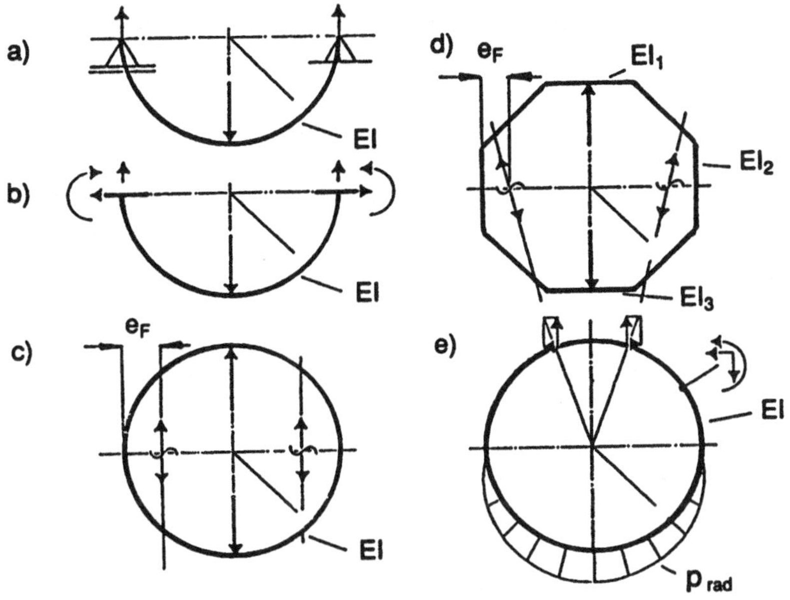

Abb. 4.6 Verschiedene Ersatzmodelle für den Pleuelkopf und das Pleuelauge

erfüllt letztere Bedingung und ist als Basis für die Erklärung der Beanspruchungsverhältnisse in Verbindung mit anspruchsvolleren Modellen gut geeignet (siehe Abschn. 4.1.3.3). In der Praxis genügt das Kreisringmodell mit Einschränkung höchstens dem Pleuelauge. Das von [12] eingeführte achteckige Modell (Ersatzmodell d) berücksichtigt die unterschiedlichen Querschnitte des Pleuelkopfes mittels dreier Flächenträgheitsmomente und unterscheidet damit zwischen Pleuelfuß, Klemmlänge und Lagerdeckel. Alle genannten Modelle beinhalten noch eine schlechte Annäherung des wirklichen Belastungsfalls, da nur eine Einzelkraft angesetzt wird. Das von [9] vorgeschlagene Modell (Ersatzmodell e) legt zwar nur einen Kreisring zugrunde, geht jedoch auf eine den wirklichen Verhältnissen nahekommende Pressungsverteilung über und versucht außerdem, die Reaktion im Pleuelfußbereich durch ein Ersatzkräftepaar (biegesteifer Übergang) besser zu erfassen. Dieses Modell wurde auch von [13] übernommen, wobei aber vereinfachend zwei längssymmetrisch angeordnete Einzelkräfte ($\pm$ 30° zur Vertikalen) hier die Pressungsverteilung ersetzten.

4.1.3.2 Wirklichkeitsnahe Lastverteilung im Pleuellagerdeckel bzw. Pleuelauge

Die Abstützkraft im Lager kann, wie in Abb. 4.6 angedeutet, durch eine sinusförmige Pressungsverteilung ersetzt werden, die näherungsweise dem Druckverlauf im Schmierspalt entspricht [9]:

$$p_{rad}(\alpha) = p_{max} \sin \alpha \tag{4.7}$$

Die auf das infinitesimal kleine Flächenelement $\mathrm{d}A = b_{Pl}\,\mathrm{d}l$ wirkende radiale Pressung erzeugt in Richtung der Kraft F die infinitesimal kleine Teilkraft

$$\mathrm{d}F = p_{rad}\, b_{Pl}\, \mathrm{d}l \, \sin \alpha \tag{4.8}$$

b_{Pl} ist die Pleuelbreite und $\mathrm{d}l$ das Bogenelement $r_m\,\mathrm{d}\alpha$. r_m ist der radiale Abstand der neutralen Faser, entlang der die Flächenlast beim Kreisringmodell angesetzt wird. Durch Integration folgt

$$F = p_{max}\, b_{Pl}\, r_m \int_0^{\pi} \sin^2\alpha \,\mathrm{d}\alpha = p_{max}\, b_{Pl}\, r_m \,\frac{\pi}{2} \tag{4.9}$$

Die maximale Pressung im Scheitel beträgt somit

$$p_{max} = \frac{2F}{\pi\, r_m\, b_{Pl}} \tag{4.10}$$

4.1.3.3 Schnittkräfte und -momente im Pleuelkopf bzw. Pleuelaugenquerschnitt

Maßgeblich für die Beurteilung der Gestaltfestigkeit und der im Betrieb auftretenden Verformung sind die in den Querschnitten wirkenden inneren Kräfte und Biegemomente. Mit den Gesetzmäßigkeiten der Statik bzw. Elastostatik kann der Verlauf der Radialkraft F_{rad}, der Normalkraft F_N und des Biegemoments M_b über dem Umfang ermittelt werden. Ist die Belastung der einzelnen Querschnitte bekannt, so ergibt sich daraus die Beanspruchung in Form der wirkenden Nennspannungen multipliziert mit den Formzahlen. Bezüglich Letzterer ist man jedoch weitgehend auf Messungen oder aufwändige FEM-Berechnungen angewiesen (siehe Abschn. 4.1.3.6). Kritisch sind Kerbstellen und Querschnittsübergänge. In der Fachliteratur gibt es jedoch nahezu keine Angaben zu Pleuel spezifischen Spannungsüberhöhungen. Abgesehen von den in Abschn. 4.1.2.1 identifizierten Schwachstellen, die bei „normaler" Beanspruchung aber auch ohne großen Rechenaufwand konstruktiv beherrschbar sind, versagen Pleuel in der Praxis auch aufgrund der folgenden Ursachen:

- Pleuellagerschaden
- falsch ausgelegte Schraubverbindung oder nicht vorschriftsmäßig angezogene Pleuelschrauben

Beides kann letztlich das Abreißen des Pleuels bewirken.

Obwohl das Kreisringmodell mit Einzelkräften eine grobe Vereinfachung darstellt, wird für eine exemplarische Ermittlung der Schnittkräfte und -momente dieses Modell wegen seiner Einfachheit und Übersichtlichkeit hier kurz vorgestellt. Prinzipiell können alle komplizierteren Modelle analog behandelt werden. Die folgenden Beziehungen ergeben sich aus der in Abb. 4.7 (oben) erklärten Vorgehensweise.

- Ermittlung der Schnittkräfte
  Kräftegleichgewicht in x-Richtung

$$F_{radx} - F_{Nx} = 0 \quad \rightarrow \quad F_{rad} \sin\alpha = F_N \cos\alpha \quad \rightarrow \quad F_N = F_{rad} \tan\alpha \tag{4.11}$$

Kräftegleichgewicht in y-Richtung

$$-F_{rady} - F_{Ny} + \frac{F}{2} = 0 \quad \rightarrow \quad F_{rad} \cos\alpha + F_N \sin\alpha - \frac{F}{2} = 0 \tag{4.12}$$

Aus den Gl. (4.11) und (4.12) folgt

$$F_{rad} = \frac{F}{2} \cos\alpha \quad \text{und} \quad F_N = \frac{F}{2} \sin\alpha \tag{4.13}$$

für die Radial- oder Querkraft bzw. Normalkraft im Querschnitt.

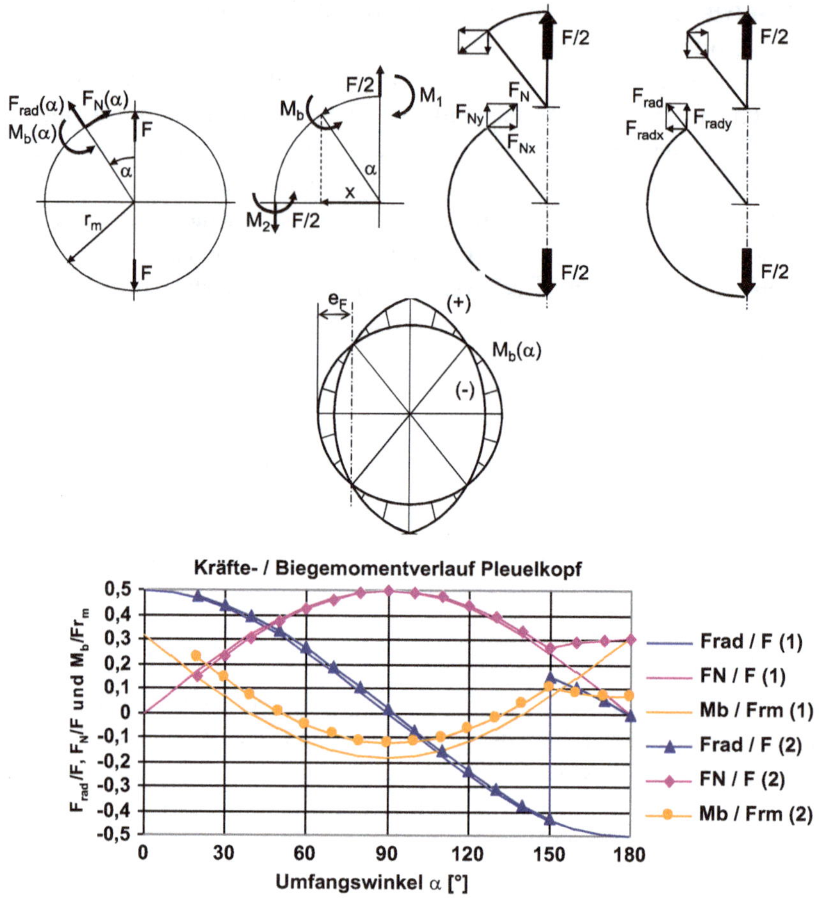

Abb. 4.7 Schnittkräfte und Schnittmomente am Kreisringmodell, Biegemomentverlauf (oben); Vergleich des Radial- und Normalkraft- sowie Biegemomentverlaufs des einfachen Kreisringmodells (Kennzeichnung: (1)) mit einem aufwändigeren Ersatzmodell des Pleuels nach [13] (Kennzeichnung: (2)) (unten)

- Ermittlung der Schnittmomente
  Momentengleichgewicht

$$M_1 - \frac{F}{2} r_m - M_2 = 0 \tag{4.14}$$

M_1 und M_2 sind Unbekannte, sodass für das einfach statisch unbestimmte System eine weitere Momentengleichung erforderlich ist. Mit dem Schnittmoment M_b nach Abb. 4.7 (oben) folgt:

Berechnung des Biegemomentverlaufs

$$M_1 - \frac{F}{2}x - M_b = 0 \quad \rightarrow \quad M_b = M_1 - \frac{F}{2}x \tag{4.15}$$

Die waagrechte Tangente im oberen Scheitel bei $\alpha = 0$ bleibt auch im belasteten Zustand erhalten (Neigungswinkel $\varphi(\alpha{=}0) = 0$). Nach den Sätzen von Castigliano und Menabrea [14] führt dies zu folgendem Ansatz:

$$\varphi(\alpha = 0) = \frac{1}{EI}\int_0^l M_b \frac{\partial M_b}{\partial M_1}\,\mathrm{d}l = 0 \quad \text{mit} \quad \frac{\partial M_b}{\partial M_1} = 1 \tag{4.16}$$

Bezüglich der partiellen Ableitung ist Gl. (4.15) zu beachten. $\mathrm{d}l = r_m\,\mathrm{d}\alpha$ ist ein infinitesimales Bogenelement. Durch Einsetzen von Gl. (4.15) und Berücksichtigung, dass der Hebelarm $x = r_m \sin\alpha$ beträgt, kann das Integral für den Viertelbogen ($0 \leq \alpha \leq \pi/2$) gelöst und M_1 berechnet werden:

$$M_1 = M_b(0^\circ) = \frac{F r_m}{\pi} \quad \text{bzw.} \quad \frac{F}{2} r_m \frac{2}{\pi} \tag{4.17}$$

Aus dem Momentengleichgewicht – Gl. (4.14) – kann dann M_2 bestimmt werden:

$$M_2 = M_b(90^\circ) = F r_m\left(\frac{1}{\pi} - \frac{1}{2}\right) = -\frac{F}{2} r_m \left(1 - \frac{2}{\pi}\right) \tag{4.18}$$

Mit dem Schnittmoment – Gl. (4.15) – kann der Biegemomentverlauf in Abhängigkeit vom Winkel α angegeben werden:

$$M_b(\alpha) = M_1 - \frac{F}{2}x = \frac{F}{2} r_m \frac{2}{\pi} - \frac{F}{2} r_m \sin\alpha = \frac{F}{2} r_m \left(\frac{2}{\pi} - \sin\alpha\right) \tag{4.19}$$

- Biegemoment in der Trennfuge
  Wie noch gezeigt wird, ist das Biegemoment in der Trennfuge des Pleuelkopfes $M_b(90^\circ)$ von besonderem Interesse. Es ist in diesem Zusammenhang üblich, dieses durch die an dieser Stelle in Pleuellängsrichtung wirkende Normalkraft $F_N(90^\circ)$ – jetzt als Längskraft F_l bezeichnet – und einen zugehörigen Hebelarm, hier auch Kraftabstand genannt, auszudrücken. Nach Gl. (4.13) ist $F_l = F/2$, sodass gemäß Gl. (4.18) oder (4.19) der Hebelarm $e_F = r_m\,(1 - 2/\pi)$ sein muss. Es ist einfach nachzuprüfen, dass das Biegemoment im Abstand e_F, d. h. beim Winkel $\alpha = \arcsin\,(1 - e_F/r_m)$, einen Nulldurchgang

(Vorzeichenwechsel) hat (Abb. 4.7, oben). Abb. 4.7 (unten) vergleicht die Radial- und Normalkraft- sowie Biegemomentverläufe des einfachen Kreisringmodells mit denen eines aufwändigeren Ersatzmodells (hier nach [13]). Qualitativ zeigt sich über einen großen Umfangsbereich gute Übereinstimmung, quantitativ gibt es – wie zu erwarten – Abweichungen. So ist z. B. die Trennfuge hier und in der Realität nicht querkraftfrei, ein Sachverhalt, auf den im folgenden Abschnitt näher eingegangen wird.

4.1.3.4 Betriebskraft der Pleuelkopfverschraubung

Die Auslegung der Pleuelkopfverschraubung wird in Abschn. 4.1.4 behandelt. Während die das Pleuel belastenden äußeren Kräfte in Abschn. 4.1.2.2 und die daraus resultierende Beanspruchung einzelner Querschnitte in Abschn. 4.1.3.3 bereits erläutert werden, muss auf die Kräfte in der Pleuelkopfverschraubung noch eingegangen werden. Wie gegen Ende des letzten Abschnitts anklingt, sind die Schnittkräfte und das Schnittmoment in der Trennfuge die zu ermittelnden Belastungsgrößen. Darüber hinaus wird gezeigt, dass das in der Trennfuge wirkende Biegemoment auch durch die an dieser Stelle wirkende Normalkraft $F_N(90°) = F_l$ und den Hebelarm e_F ersetzt werden kann. Dies bedingt allerdings, dass die Wirkungslinie der Normal- oder Längskraft um den Abstand e_F nach innen versetzt ist (Abb. 4.8). Für die Pleuelschraube ist folglich ein in der Trennfuge vorhandenes Biegemoment gleichbedeutend mit einer exzentrisch in axialer Richtung eingeleiteten Betriebskraft.

Im vorigen Abschnitt wird abgeleitet, dass bezüglich des einfachen Kreisringmodells im Trennfugenquerschnitt nur eine Längskraft wirkt. Dies trifft in der Praxis nur für eine symmetrische Verschraubung zu. Darunter ist z. B. die Verschraubung zweier identischer Pleuellagerdeckel gegeneinander zu verstehen, zugegeben ein konstruiertes Beispiel. Der Pleuelkopf mit dem Pleuelfuß einerseits und dem Pleuellagerdeckel andererseits stellt keine symmetrische Verschraubung dar. Die Radialkraft F_{rad} verschwindet jetzt nicht mehr in der Trennfuge. Die Pleuelkopfverschraubung ist folglich nicht mehr querkraftfrei, wie das ebenfalls aus Abb. 4.8 für den allgemeinen Fall zu ersehen ist. Die Betriebskraft setzt sich damit aus einer Längs- und einer Querkomponente zusammen. Ihre Wirkungslinie verläuft nicht parallel zur Pleuelachse, sondern ist um den Winkel γ geneigt.

Für einfache Balkenmodelle (Kreisring oder Vieleck, auch mit abgestuften Flächenträgheitsmomenten, Einzelkraftbelastung) wirkt die Betriebskraft in der sogenannten Nullmomentebene. Das ist eine gerade Verbindungslinie zwischen den biegemomentfreien Stellen der Schwerelinie auf der Seite des Pleuelfußes und des Pleuellagerdeckels. Die Nullmomentebene schneidet dabei im Abstand e_F von der Schwerelinie die Trennfugenebene, wie gegen Ende des letzten Abschnitts abgeleitet wird.

Es ist noch erwähnenswert, dass nicht nur die Betriebskraft exzentrisch angreift, sondern auch die Schraubenachse in der Regel um den Abstand e_S gegenüber dem Durchstoßpunkt der Schwerelinie in der Trennfugenebene versetzt ist. Die Schwerelinie ist die Verbindungslinie der Flächenschwerpunkte des Pleuelkopfes. Nur bei nicht vernachlässigbarer Krümmung weicht sie von der neutralen Faser ab.

Die bisherigen Ausführungen gelten für den gerade geteilten Pleuelkopf. Bei schräg geteiltem Pleuelkopf erfolgt die Krafteinleitung nicht mehr senkrecht, sondern unter einem

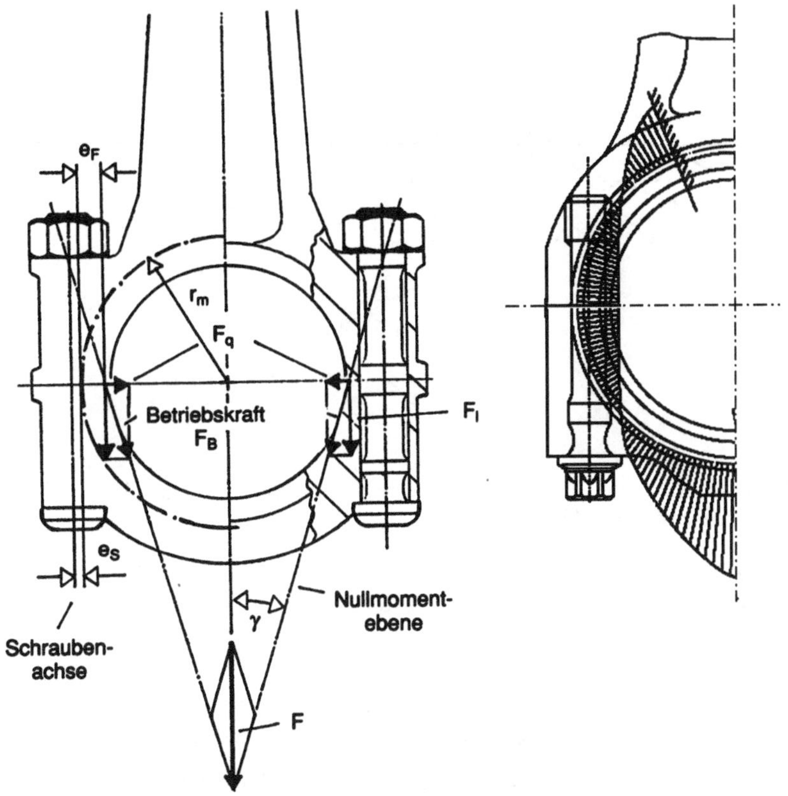

Abb. 4.8 Betriebskraft, Nullmomentebene und Schraubenachse; Pleuelkopfverschraubung beim gerade geteilten Pleuel (links); realitätsnaher Biegemomentverlauf (rechts)

bestimmten Winkel zur Trennfugenebene. Wie Abb. 4.9 zeigt, wirkt in der Trennfuge eine erhebliche Querkraft als Vektorsumme der in den beiden Querschnitten wirkenden, unterschiedlich großen Querkräfte. Diese will den Pleuellagerdeckel gegenüber dem Pleuelfuß verschieben. Beim gerade geteilten Pleuelkopf heben sich die gleich großen, entgegengesetzten Kräfte nach außen auf. Sie wirken nur in den jeweiligen Querschnitten. Eine kraftschlüssige Verbindung reicht bei schräger Teilung nicht mehr aus, um eine Querverschiebung sicher zu verhindern. Es muss auf eine formschlüssige Verbindung, z. B. Kerbverzahnung, übergegangen werden.

Die für den gerade geteilten Pleuelkopf gewählten Modelle können den Verhältnissen bei schräger Teilung nicht mehr ohne Weiteres gerecht werden, da der Pleuelkopf nicht mehr symmetrisch zur Pleuellängsachse ist. Mit Änderung der örtlichen Steifigkeitsverhältnisse und verändertem Krafteinleitungspunkt verlagern sich auch die biegemomentfreien Stellen. Die Berechnung erfolgt jedoch unter Berücksichtigung der spezifischen Verhältnisse analog.

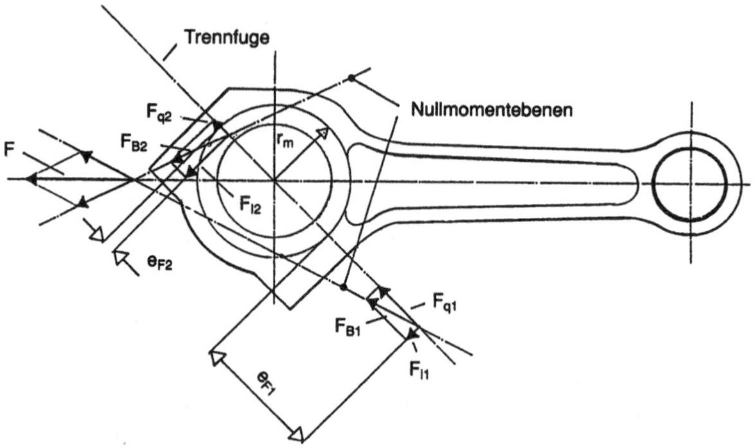

Abb. 4.9 Betriebskraft und Nullmomentebene; Pleuelkopfverschraubung beim schräg geteilten Pleuel (Schraubenachse vernachlässigt)

4.1.3.5 Festigkeitsberechnung des Pleuels

Im Pleuelkopf bzw. im kleinen Pleuelauge wirkt eine schwellende Spannung durch Überlagerung der massenkraftbedingten Normalkraft- und Biegemomentbeanspruchung. Der Pleuelkopf ist zudem vorgespannt infolge der Lagerschalenüberdeckung (siehe z. B. [9]). Entsprechendes gilt für das kleine Auge im Fall der eingepressten Pleuelbuchse oder bei Klemmpleuel. Die Berechnung der Biegespannung sollte vorzugsweise nach der Theorie des stark gekrümmten Trägers erfolgen (siehe z. B. [9, 14]), die der Vorspannung infolge Lagerüberdeckung nach der Theorie des dickwandigen Rohres. Entscheidend für die Beurteilung der Dauerfestigkeit ist die Wechselspannungsamplitude σ_a:

$$\sigma_a = \pm\frac{1}{2}(\sigma_o - \sigma_u) \tag{4.20}$$

Die Oberspannung beträgt

$$\sigma_o = \sigma_N + \sigma_b + \sigma_{ü} \tag{4.21}$$

die Unterspannung

$$\sigma_u = \sigma_{ü} \tag{4.22}$$

σ_N ist die Zugspannung, σ_b die Biegespannung und $\sigma_{ü}$ die Vorspannung infolge Überdeckung (siehe z. B. [9]). Die Wechselspannungsamplitude ist der statischen Mittelspannung σ_m überlagert:

$$\sigma_m = \frac{1}{2}(\sigma_o + \sigma_u) \tag{4.23}$$

Die geringere Beanspruchung durch Gaskraft ist bei dieser Betrachtung vernachlässigt. Dabei wird unterstellt, dass der Pleuelfuß der Abstützfunktion entsprechend ausgelegt ist, und in Bezug auf das Pleuelauge wird davon ausgegangen, dass die Ovalverformung des Kolbenbolzens innerhalb der zulässigen Grenzen liegt.

Zum Vergleich mit den zulässigen Spannungen sind die werkstoffbezogenen Dauerfestigkeitsschaubilder heranzuziehen. Außerdem wird der Pleuelschaft auf Knicksicherheit nachgerechnet (sowohl in Schwenkrichtung als auch in Kurbelwellenachsenrichtung). Die Kenngröße ist der Schlankheitsgrad. Die Berechnung weist keinerlei Besonderheiten gegenüber den im Maschinenbau allgemein angewandten Verfahren auf (nach „Euler" bzw. „Tetmajer"), sodass ein Hinweis z. B. auf [9] bzw. [11], die Darstellung des grundlegenden Sachverhalts in Abb. 4.10 und folgende kurze Erläuterung dazu genügen soll. Der Schlankheitsgrad λ ist abhängig von der Pleuellänge l_{Pl} und den Querschnittsparametern A_{Pl} und I_{Pl} des Pleuels. Die Knickspannung muss möglichst groß(!) sein, mindestens um den Faktor 1,5 größer als die maximale Druckspannung σ_{dmax} im Schaftquerschnitt. Der Fall des elastischen Knickens nach Euler gilt nur bis zum Schlankheitsgrad λ_0. Wird die entsprechende Beziehung für λ_0 in die Knickspannungsformel nach Euler eingesetzt, so erreicht σ_K dort den Wert der 0,01 %-Stauchgrenze $R_{d0,01}$. Im Bereich λ_0 bis λ_1 liegt elastisch-plastisches Knicken vor, und es muss dann z. B. mit Formeln nach Tetmajer gerechnet werden. Für Werte < λ_1 besteht keine Knickgefahr mehr. Nach plastischer Verformung kommt es zum Bruch.

Schlankheitsgrade λ_1, λ_2 bez. der beiden Achsen des Schaftquerschnitts nach Euler:

$$\lambda_1 = \frac{l_{Pl}}{\sqrt{\frac{I_1}{A_{Pl}}}}, \lambda_2 = \frac{l_{Pl}}{2\sqrt{\frac{I_2}{A_{Pl}}}}$$

I_1, I_2 axiale Flächenträgheitsmomente
l_{Pl}, A_{Pl} Pleuellänge, -schaftquerschnitt etwa in Schaftmitte

a) Knickspannung σ_K nach Euler:

$$\sigma_K = \frac{\pi^2 E}{\lambda^2} \left(\lambda \geq \lambda_0 = \pi\sqrt{\frac{E}{R_{d0,01}}}\right)$$

$$\sigma_K \geq 1{,}5\sigma_{dmax}$$

b) Knickspannung σ_K nach Tetmajer für Stahl-Pleuel z. B.:

$$\sigma_{K-Stahl} = 470 \left[N/mm^2\right] - 2{,}3\,\lambda \quad (\lambda < \lambda_0)$$

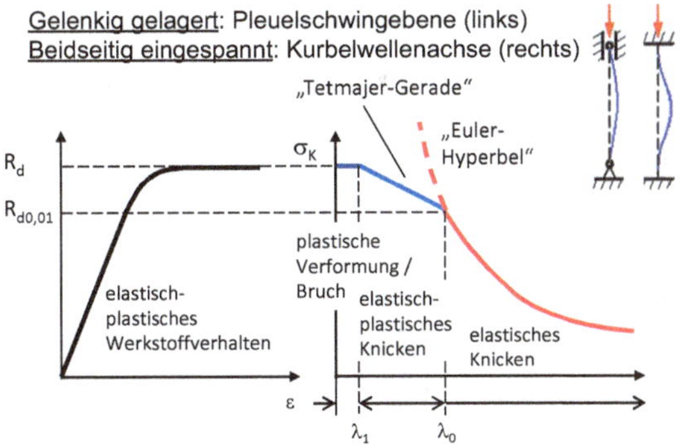

Werkstoffkennwerte des Pleuels:

E Elastizitätsmodul
R_d Druckfestigkeit
$R_{d0,01}$ 0,01%-Stauchgrenze

Druckspannung im Pleuel $\sigma_{dmax} = F_{Gas} / A_{pl} = p_Z\, A_K / A_{Pl}$

Abb. 4.10 Überprüfung des Pleuels auf Sicherheit bez. Knicken; Knickspannung σ_K nach Euler und Tetmajer

4.1.3.6 Anmerkungen zur rechnergestützten Pleuelberechnung

Was die Überprüfung bzw. Optimierung der Gestaltfestigkeit anbetrifft, so lassen die konventionellen Berechnungsverfahren bei einem Bauteil von der komplexen Gestalt des Pleuels prinzipiell zu wünschen übrig. Die rechnergestützten FEM- bzw. BEM-Verfahren (FEM: Finite-Element-Methode, BEM: Boundary-Element-Methode) sind dagegen heute in der Lage, die je nach Problemstellung notwendige Genauigkeit zu bieten. Die Stärke des ersteren Verfahrens ist die wirklichkeitsnahe Erfassung der Bauteilverformung und die daraus resultierende räumliche Spannungsverteilung, die des letzteren Verfahrens die auf die äußere Berandungsfläche bezogene Spannungsverteilung.

Die Rechengenauigkeit ist abhängig davon, wie genau die reale Geometrie angenähert wird. Bei der FEM spielen dabei die Strukturauflösung – hier auch als Diskretisierung bezeichnet – und die Eigenschaften des verwendeten Strukturelements eine entscheidende Rolle. Bei [15] wird beispielsweise gezeigt, wie eine FEM-Geometrie für ein Pleuel mit isoparametrischen räumlichen „Typ 8-Elementen" (8 Eckknoten, 12 Zwischenknoten) vorteilhaft aus Elementschichten aufgebaut wird (Abb. 4.11 (oben)). Da das gerade geteilte Pleuel im Normalfall zwei Symmetrieebenen besitzt, ist es ausreichend, nur ein Viertel des Pleuels zu modellieren. Zur Aufbringung der äußeren Belastung reicht auch bei der vergleichsweise aufwändigen FEM-Berechnung eine sinusförmige Pressungsverteilung aus, wie sie in Abschn. 4.1.3.2 beschrieben wird. Grundsätzlich besteht jedoch auch die Möglichkeit, mittels Kopplung mit einem hydrodynamischen Schmierfilmmodell die reale Druckverteilung im Schmierfilm und den Öldurchfluss zu approximieren. Allerdings bedeutet es einen ungleich höheren Rechenaufwand, solche Kontaktprobleme mit einzubeziehen (z. B. [16]).

Anders verhält es sich z. B., wenn die Rückwirkung der Verformung auf den minimalen Schmierspalt und die Schmierfilmdruckverteilung zwecks konstruktiver Optimierung des Pleuels im Hinblick auf die Funktionssicherheit des Gleitlagers untersucht werden soll. [17] weist auf ein entsprechendes CAD/CAE-System bei VW für die Auslegung von Triebwerksteilen hin. Eine Demonstration der wirklichkeitsnahen Verformung des Pleuelkopfes und des kleinen Pleuelauges ist z. B. bei [18] zu finden (Abb. 4.11, Mitte). Abb. 4.11 (unten) vermittelt neben der Verformung auch einen Eindruck von der Spannungsverteilung unter Massenkraft im Pleuelkopf [19, 20]. Diese setzt eine ausreichend feine Diskretisierung der Pleuelgeometrie voraus. Einblick in die FEM-Berechnung eines Pleuels (hier Pleuel für einen mittelschnell laufenden Dieselmotor) gibt z. B. auch [21]. Insgesamt ist festzuhalten, dass die FEM-Berechnung des Pleuels und anderer Bauteile heute zur Routine geworden ist, sodass in den die Motortechnik betreffenden Veröffentlichungen selten bzw. nicht mehr im Detail berichtet wird.

4.1.4 Konventionelle Berechnungsverfahren zur Auslegung der Pleuelkopfverschraubung

4.1.4.1 Allgemeine Anmerkungen zur Pleuelkopfverschraubung

Die Pleuelkopfverschraubung stellt im Prinzip ein klassisches Problem des Maschinenbaus dar, das anhand eines Verspannungsschaubilds erklärt und bei Ansatz möglichst wirk-

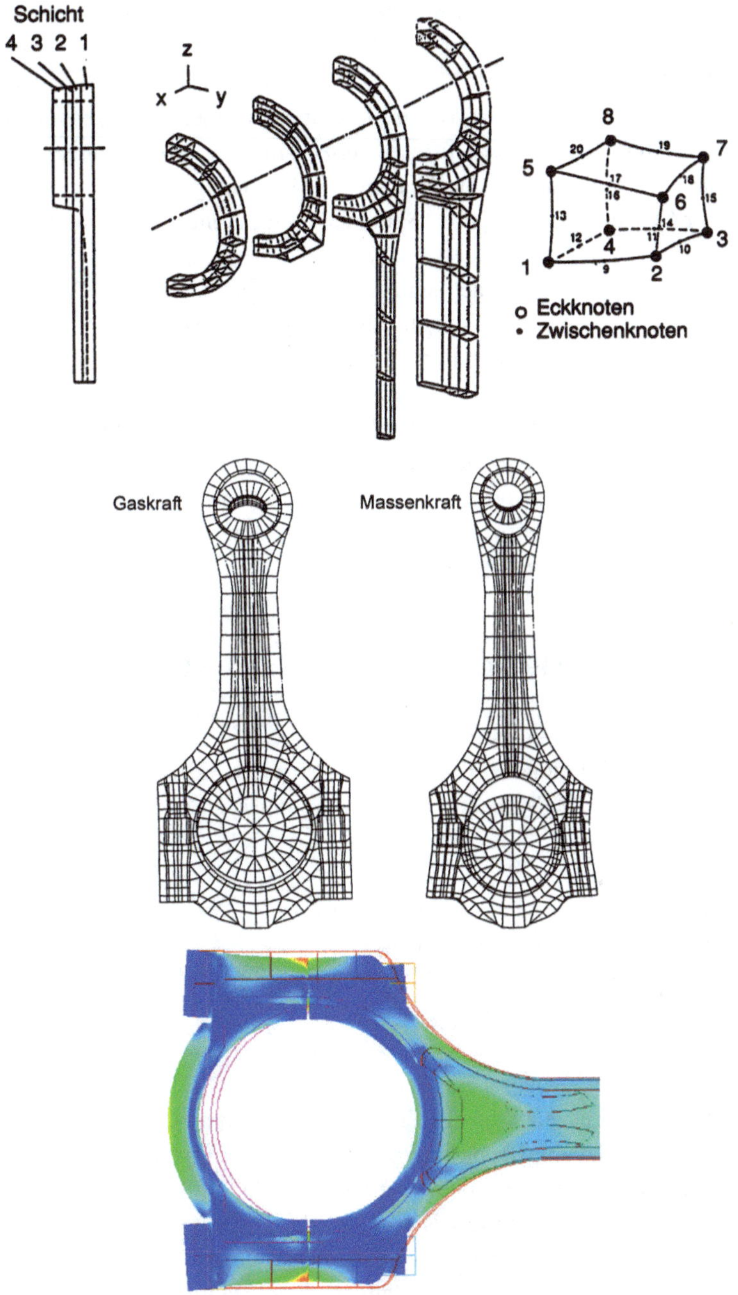

Abb. 4.11 Aufbau der Pleuelgeometrie aus vier Elementschichten unter Verwendung von isoparametrischen Volumenelementen für die FEM-Berechnung (aus [15]) (oben); Pleuelverformung unter Gas- und Massenkraft (aus [18]) (Mitte); Pleuelkopfverformung unter Massenkraft und resultierende Spannungsverteilung bei feiner Diskretisierung (Vergleichsspannungen nach „von Mises"; „rot" hohe, „grün" mittlere und „blau" geringe Beanspruchung) (aus [19, 20]) (unten)

lichkeitsnaher Annahmen auch konventionell zufriedenstellend gelöst werden kann. Das Verspannungsschaubild ist ein elementares Werkzeug auf dem Gebiet der Maschinenelemente, sodass sich allgemeine Schrifttumsangaben erübrigen. Was die Anwendung auf die Pleuelverschraubung anbetrifft, so werden die grundsätzlichen Zusammenhänge z. B. bei [9] und [13] erörtert. Wesentlich differenzierter sind die Erläuterungen bei [22] zur VDI-Richtlinie 2230 [23], auf die in Abschn. 4.1.4.2 Bezug genommen wird. Sehr ausführlich mit der Gesamtproblematik der Schraubenverbindung setzen sich [24–27] auseinander.

Für zuverlässige Verschraubungen sind Dehnschaftschrauben (DIN 2510) erforderlich [28]. Wie mittels des Verspannungsschaubilds noch gezeigt werden wird, ist die Zusatzbelastung einer Schraube im vorgespannten Verbund umso kleiner, je elastischer sie selbst und je unnachgiebiger die verspannten Teile sind. Daraus ist direkt die von normalen Schrauben abweichende Gestalt der Dehnschraube abzuleiten. Durch schlanken Schaft bei hochfestem Werkstoff ist die Dehnschraube bei richtiger Auslegung in der Lage, Montage- und Betriebskräfte ohne Überbeanspruchung aufzunehmen, ausreichende Klemmkräfte auch bei maximaler Betriebskraft aufrechtzuerhalten und sich gegenüber wechselnden Betriebskräften als ausreichend dauerfest zu erweisen.

4.1.4.2 Berechnung der Pleuelverschraubung nach VDI-Richtlinie 2230 [22]

4.1.4.2.1 Vorgaben für die Berechnung

Für die Auslegung der Schraubenverbindung müssen zuvor die in der Trennfuge des Pleuelkopfes wirkenden Kräfte und Momente bestimmt werden (vgl. Abschn. 4.1.3.3 und 4.1.3.4). Im Einzelnen sind das

- die axial pro Schraube wirkende Betriebskraft F_l,
- die senkrecht dazu wirkende Querkraft F_q und
- das Biegemoment

$$M_b = e_F\, F_l \tag{4.24}$$

(e_F ist der Hebelarm der exzentrisch eingeleiteten Betriebskraft).

Auf dieser Basis erfolgt eine überschlägige Dimensionierung des Schraubendurchmessers, wofür am besten Tabellen herangezogen werden (VDI 2230 oder Angaben der Schraubenhersteller). Schließlich kann noch das Klemmlängenverhältnis (geklemmte Länge l_{Kl} zwischen Pleuellagerdeckel und Pleuelfuß zu Schraubendurchmesser d_S) geprüft werden. Hier sollte sich mindestens der Faktor 4 ergeben (allgemeiner Erfahrungswert). Die Voraussetzungen für die eigentliche Berechnung liegen damit vor.

Es kann hier nicht die Aufgabe sein, die umfangreichen Ausführungen der VDI-Richtlinie bzw. derer, die sich um eine Interpretation bemüht haben, zu wiederholen. Es geht vielmehr darum, die wichtigsten Schritte möglichst übersichtlich darzustellen.

4.1.4.2.2 Elastische Nachgiebigkeiten der Schraubenverbindung

Die elastische Nachgiebigkeit δ ist der Kehrwert der Federsteifigkeit c. Für einen Zugstab oder Schraubenschaft der Länge l, des konstanten Querschnitts A und des Elastizitätsmoduls E besteht in Bezug auf die elastische Nachgiebigkeit folgender einfacher Zusammenhang:

$$\delta = \frac{l}{EA} \tag{4.25}$$

Elastische Nachgiebigkeit der realen Schraube

Die Dehnschraube besteht aus Abschnitten unterschiedlicher Länge bei veränderlichem Querschnitt sowie dem Schraubenkopf und einem teilweise verschraubten Gewinde. Um die Nachgiebigkeit der Schraube richtig nachzubilden, muss zunächst die Nachgiebigkeit der einzelnen Segmente möglichst genau bestimmt werden. Im Gegensatz zur Federsteifigkeit gilt für die Nachgiebigkeit die Analogie der Reihenschaltung von elektrischen Widerständen. Die einzelnen Nachgiebigkeiten können demnach zur Gesamtnachgiebigkeit δ_S der Schraube addiert werden.

$$\delta_S = \delta_1 + \delta_2 + \delta_3 + \ldots + \delta_n \tag{4.26}$$

Was die Berücksichtigung von Schraubenkopf sowie freier und verschraubter Gewindelänge anbetrifft, so muss auf die Quelle [22] verwiesen werden.

Nachgiebigkeit des Pleuelkopfes im Klemmlängenbereich

Im verspannten Bereich nimmt die Druckspannung bezogen auf die Schraubenachse radial nach außen ab und die druckbeanspruchte Zone vergrößert sich in Richtung der Trennfuge. Eine entsprechend einfache Beziehung für die Nachgiebigkeit δ_{Plk} des Pleuelkopfes im Klemmlängenbereich kann folglich nur mit vereinfachenden Annahmen gefunden werden. Dies führt zur Definition eines Ersatzquerschnitts, wie er z. B. von [22] und [28] angegeben wird. Dieser ergibt sich aus den realen geometrischen Parametern im Klemmlängenbereich. Was die formelmäßigen Zusammenhänge anbetrifft, so muss auch hier z. B. auf die eben zitierten Quellen verwiesen werden. Mit der Klemmlänge l_{Kl}, dem Ersatzquerschnitt A_{eq} und dem Elastizitätsmodul E kann dann die Nachgiebigkeit analog zu Gl. (4.25) angegeben werden:

$$\delta_{Plk} = \frac{l_{Kl}}{EA_{eq}} \tag{4.27}$$

Die Kontaktnachgiebigkeit bleibt dabei unberücksichtigt. Außerdem wird eine ausreichende Klemmlänge unterstellt. Ebenfalls ist zu beachten, dass eine zusätzliche Längsnachgiebigkeit, die bei exzentrischer Krafteinleitung infolge des dabei zusätzlich wirkenden Biegemoments auftritt, noch nicht berücksichtigt ist.

Zentrische und exzentrische Krafteinleitung, Einfluss auf die Nachgiebigkeit des Pleuelkopfes im Klemmlängenbereich

Die Wirkungslinie der axialen Betriebskraft fällt nicht mit der Schraubenachse zusammen. Auch fällt Letztere im Allgemeinen nicht mit einer im Trennfugenquerschnitt gedachten Achse durch den Flächenschwerpunkt (Verbindungslinie aller Flächenschwerpunkte der Pleuelkopfquerschnitte ist die Schwerelinie) zusammen. Darauf wird bereits in Abschn. 4.1.3.4 (Abb. 4.8) hingewiesen. Die exzentrische Betriebskrafteinleitung und die Tatsache, dass die Schraubenachse einen bestimmten Abstand zur neutralen Faser hat, bedeuten also, dass bei der Pleuelkopfverschraubung Gl. (4.27) den realen Verhältnissen noch nicht gerecht wird. In Abb. 4.12 sind die Verhältnisse prinzipiell für den Fall dargestellt, dass die neutrale Faser zwischen der Schraubenachse und der Wirkungslinie der Krafteinleitung liegt.

Weiterhin wird die Betriebskraft in Wirklichkeit nicht in der Schraubenkopf- oder Mutternauflageebene eingeleitet, sondern innerhalb der verspannten Teile. Mit verkürzter Klemmlänge nimmt die Nachgiebigkeit des Pleuelkopfes ab und die der Schraube zu. Wie später noch gezeigt wird, verringert sich dadurch auch die zusätzliche Schraubenbeanspruchung im Betrieb [22].

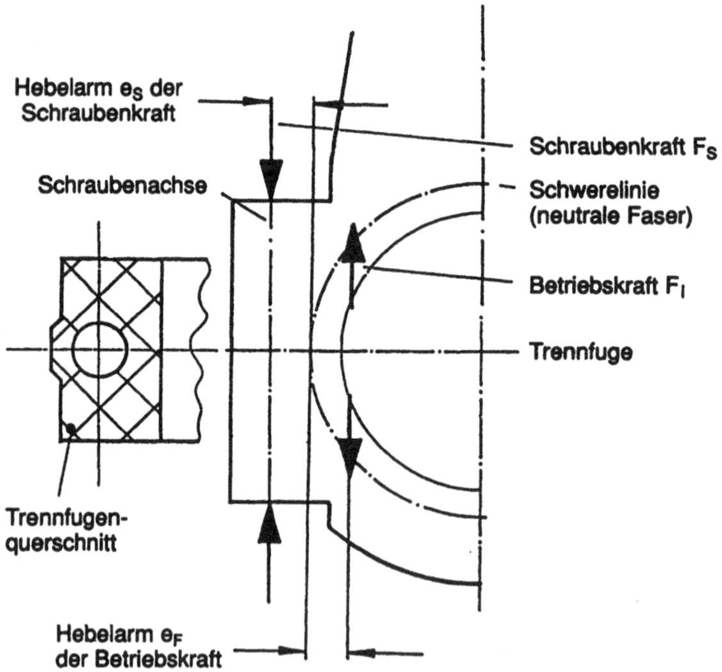

Abb. 4.12 Lage der neutralen Faser, der Schraubenachse und des Angriffspunkts der Betriebskraft im Klemmlängenbereich des Pleuelkopfes (*eine der möglichen Anordnungen*)

Durch Einebnen von Oberflächenrauheiten in der Schrauben- bzw. Mutternauflagefläche, in den Gewindeflanken und in der Trennfuge setzt sich die Schraube, was zu einem Vorspannkraftverlust führt [22]. Auch darauf wird nachfolgend noch eingegangen.

Vereinfachend wird angenommen, dass die infolge exzentrischer Krafteinleitung zusätzlich erzeugte Biegespannung einen linearen Verlauf über dem Pleuelkopfquerschnitt aufweist. Dabei überlagern sich Biege- und Normalspannung $\sigma_b(x)$ bzw. σ_N zum Spannungsverlauf $\sigma_y(x)$:

$$\sigma_y(x) = \sigma_N + \sigma_b(x) \tag{4.28}$$

Für die Normalspannung gilt:

$$\sigma_N = \varepsilon E = \frac{\Delta l}{l_{Kl}} E = \frac{F_l}{A_{eq}} \tag{4.29}$$

$\varepsilon = \Delta l / l_{Kl}$ ist die elastische Dehnung. Die Größen E und A_{eq} wurden bereits oben definiert. Die Kraft F_l sei zunächst eine beliebige exzentrische Kraft. Die allein auf die Normalspannung zurückzuführende Längenänderung $\Delta l = \Delta l_1$ beträgt nach Gl. (4.29)

$$\Delta l_1 = \frac{F_l \, l_{Kl}}{E A_{eq}} \tag{4.30}$$

Für die Biegespannung an der Stelle x gilt:

$$\sigma_b(x) = \frac{\Delta l(x)}{l_{Kl}} E = \frac{M_b \, x}{I_{eq}} \tag{4.31}$$

M_b ist das im Querschnitt wirkende Biegemoment und I_{eq} analog zum Ersatzquerschnitt das Ersatzflächenträgheitsmoment. Auch Letzteres muss abschnittsweise hinreichend genau berechnet werden:

$$I_{eq} = \frac{l_{Kl}}{\sum_{i=1}^{n} \frac{l_{Kli}}{I_i}} \tag{4.32}$$

l_{Kli} sind die Längen der einzelnen Abschnitte, in die der Pleuelkopf zerlegt wird, und I_i die zugehörigen axialen Flächenträgheitsmomente. Das Biegemoment

$$M_b = e_F \, F_l \tag{4.33}$$

ist in dieser Schreibweise schon aus Abschn. 4.1.4.2.1 bekannt. Der Hebelarm e_F ist für den in Abb. 4.12 dargestellten Fall der Abstand zwischen der Wirkungslinie der Betriebskraft und der neutralen Faser.

Die Nachgiebigkeit bezieht sich immer auf die Schraubenachse, also hier die Stelle $x = -e_S$, wobei die Lage des Koordinatensystems davon abhängt, ob sich die Schraubenachse jenseits – wie hier exemplarisch angenommen – oder diesseits der neutralen Faser befindet (dann $x = +e_S$). Die rein auf die Biegung zurückzuführende Längenänderung $\Delta l = \Delta l_2$ beträgt dann nach Gl. (4.31) und (4.33):

$$\Delta l_2 = \frac{F_l\, e_F\, l_{Kl}\,(-e_S)}{E\, I_{eq}} \tag{4.34}$$

Die der Wirklichkeit nahe kommende Längenänderung des Pleuelkopfes im Klemmlängenbereich Δl folgt aus der Addition der Gl. (4.30) und (4.34):

$$\Delta l = \Delta l_1 + \Delta l_2 = \frac{F_l\, l_{Kl}\left(1 - e_F\, e_S \frac{A_{eq}}{I_{eq}}\right)}{E\, A_{eq}} \tag{4.35}$$

Wird die Nachgiebigkeit bei reiner Normalkraftbeanspruchung δ_{Plk} nach Gl. (4.27) berücksichtigt und mit der neu aus Gl. (4.35) ableitbaren in Zusammenhang gebracht, dann gilt:

$$\delta^{**}_{Plk} = \frac{\Delta l}{F_l} = \delta_{Plk}\left(1 - e_F\, e_S \frac{A_{eq}}{I_{eq}}\right) \tag{4.36}$$

4.1.4.2.3 Verspannungsschaubild der Pleuelkopfverschraubung

Zur Erklärung des Verspannungsschaubilds der Pleuelkopfverschraubung muss zunächst noch etwas ausgeholt werden. Dies ist insbesondere auch deshalb erforderlich, weil die spezifischen Verhältnisse im Schrifttum zwar exakt wiedergegeben werden, andererseits nicht unbedingt Wert auf eine verständliche Darstellung gelegt wird. Im vorigen Abschnitt werden bereits zwei elastische Nachgiebigkeiten definiert, die bei zentrischer und exzentrischer Krafteinleitung auftreten, sowie der Zusammenhang zwischen beiden Größen (Gl. (4.36)). Eingeleitet wird jeweils die Betriebskraft F_l.

Die der später noch zu definierenden Schraubenzusatzkraft F_{SZ} zugeordnete Nachgiebigkeit wird weder durch Gl. (4.27) noch durch Gl. (4.36) genau beschrieben. Die Schraubenzusatzkraft wirkt zwar in der Schraubenachse, diese fällt nach Abb. 4.12 jedoch höchstens zufällig mit der neutralen Faser zusammen, sodass auch hier eine exzentrische Krafteinleitung vorliegt. Die auf die Schraubenzusatzkraft bezogene Nachgiebigkeit heißt δ^*_{Plk}. Sie kann analog abgeleitet werden und ist wegen der zur Längsverformung hinzukommenden Biegeverformung größer als δ_{Plk}.

$$\delta^*_{Plk} = \delta_{Plk}\left(1 + e_S^2 \frac{A_{eq}}{I_{eq}}\right) \tag{4.37}$$

Die grundsätzlichen Zusammenhänge des Verspannungsschaubilds sind bei einer Beschränkung auf zentrische Betriebskrafteinleitung besonders übersichtlich darstellbar. Abb. 4.13 zeigt sowohl den Montagezustand, wobei die Schraubenkraft die volle Klemmlänge beaufschlagt, als auch die sich unter Einwirkung der Betriebskraft ändernden Verhältnisse. Vereinfachend wird hier eine zentrische Verschraubung angenommen.

Längenänderung im Betrieb: $\delta_S F_{SZ} = \delta_{Plk} F_{PlkZ}$

Kräftegleichgewicht: $F_{SZ} + F_{PlkZ} = F_l$

Schraubenzusatzkraft: $F_{SZ} = \dfrac{\delta_{Plk}\, F_l}{\delta_S + \delta_{Plk}}$

mit Kraftverhältnis Φ: $F_{SZ} = \Phi F_l$

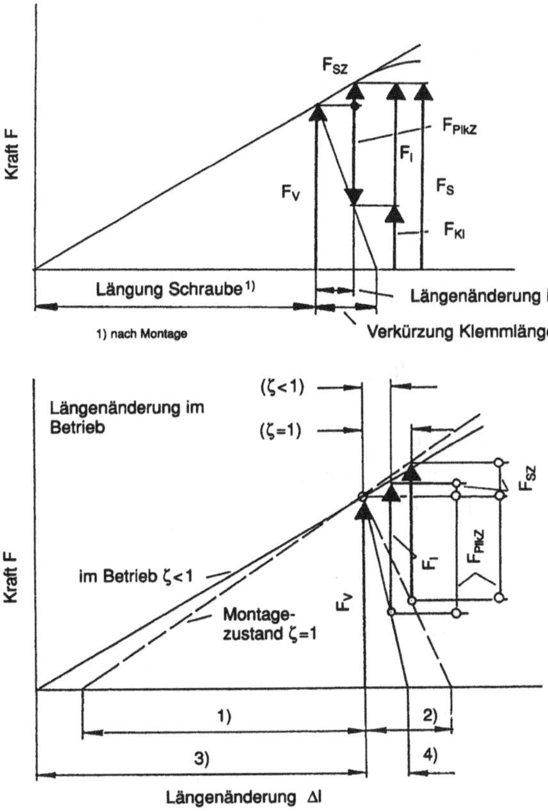

$$\frac{F_{SZ}}{F_l} = \frac{\zeta \delta_{Plk}}{\delta_S + \delta_{Plk}} = \Phi$$

$$\frac{F_{PlkZ}}{F_l} = 1 - \zeta\Phi$$

1) $\delta_S F_V$, 2) $\delta_{Plk}\, F_V$, 3) $[\delta_S + (1-\zeta)\ \delta_{Plk}]\ F_V$, 4) $\zeta \delta_{Plk}\, F_V$

Abb. 4.13 Oben: Verspannungsschaubild in allgemeiner Form für zentrischen Angriff der Betriebskraft (d. h. in der Schraubenachse), also ohne Berücksichtigung der spezifischen Verhältnisse der Pleuelkopfverschraubung; unten: Änderung des allgemeinen Verspannungsschaubilds für praxisnahe Betriebskrafteinleitung innerhalb der verspannten Teile [22] (nicht unmittelbar unterhalb Schraubenkopf bzw. Mutter); Berücksichtigung durch Faktor ζ; $\zeta = 1$: volle, $\zeta < 1$: verkürzte Klemmlänge ζ_{Kl} bei Betriebskraft wirksam (exzentrischer Kraftangriff ebenfalls unberücksichtigt)

Die Betriebskraft wirkt in der Schraubenachse, tatsächlich aber in einem gewissen Abstand zu dieser (siehe Abb. 4.12!). Bereits in Abschn. 4.1.4.2.2 wird vermerkt, dass zudem die Ebene, in der die Betriebskraft wirklich eingeleitet wird, innerhalb der Klemmlänge liegt (nicht unmittelbar unter dem Schraubenkopf bzw. der Mutter, sondern in einem gewissen Abstand). Die tatsächlich nutzbare Klemmlänge wird somit auf den Betrag ζl_{Kl} verkürzt. Die entsprechenden formelmäßigen Zusammenhänge sind in Abb. 4.13 angegeben. Wie im vorigen Abschnitt ausgeführt, kommt dies einer Erhöhung der Schraubenelastizität und einer Versteifung des Pleuelkopfes gleich.

Die entscheidende Größe bei der Montage ist die Vorspannkraft F_V. Diese längt die Schraube und verkürzt die verspannten Teile im Klemmlängenbereich elastisch (Hooksches Gesetz). Unter der Betriebskraft F_l erhöht sich die Schraubenkraft F_S um die Schraubenzusatzkraft F_{SZ}. Gleichzeitig wird der Pleuelkopf im Klemmlängenbereich um den Betrag F_{PlkZ} entlastet. Damit reduziert sich auch die Trennfugenkraft auf die Klemmkraft F_{Kl}. Mit Hilfe des Verspannungsschaubilds lassen sich zwei entscheidende Fragen beantworten:

- Wann klafft die Trennfuge ($F_{PlkZ} = F_V$)?
- Wie groß ist die zusätzliche dynamische Belastung der Schraube? Das geht aus dem Kraftverhältnis Φ (siehe Abb. 4.13) hervor.

4.1.4.2.4 Mindestklemmkraft, Klemmkraftverlust und Vorspannkraft

Mindestklemmkraft

Eine Mindestklemmkraft muss aufrechterhalten werden, um Folgendes zu verhindern:

- Querverschiebung zwischen Pleuellagerdeckel und Pleuelfuß in der Trennfuge infolge der als Querkraft wirkenden Komponente der Betriebskraft
- einseitiges Abheben (Klaffen) in der Trennfuge infolge der als Längskraft wirkenden Komponente der Betriebskraft

Sofern keine konstruktiven Vorkehrungen getroffen werden (z. B. Kerbverzahnung), muss eine Querverschiebung durch Reibungskräfte verhindert werden. Bei gerader Pleuelkopfteilung gelingt dies ausreichend. Die Mindestklemmkraft F_{Klmin1} hängt damit von der Querkraft F_q und dem Reibungskoeffizient μ ab:

$$F_{Klmin1} = F_q/\mu \tag{4.38}$$

Bezüglich der Verhinderung des einseitigen Klaffens in der Trennfuge kann von Gl. (4.28) ausgegangen werden, wobei sowohl die Betriebskraft als auch die Schraubenkraft zu berücksichtigen sind. Wie aus Abb. 4.14 hervorgeht, beziehen sich Normal- und Biegespannung auf den Trennfugenquerschnitt A_{TrF} mit axialem Flächenträgheitsmoment I_{Trf}. Der Spannungsverlauf über dem Querschnitt wird wie folgt angenähert:

$$\sigma_y(x) = -\frac{F_S - F_l}{A_{Trf}} + \frac{M_b x}{I_{Trf}} \tag{4.39}$$

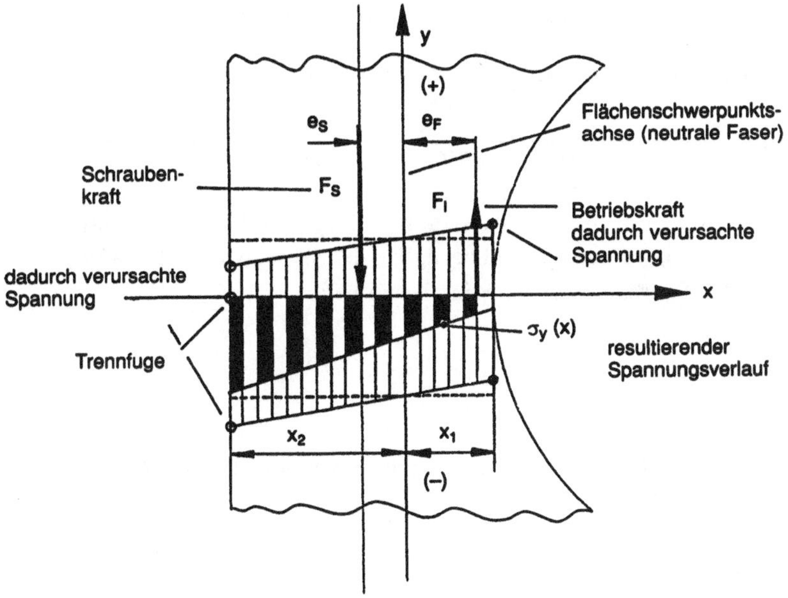

Abb. 4.14 Spannungsverlauf in der Trennfuge des Pleuelkopfes durch Überlagerung der linear angenommenen Spannungsverläufe infolge der Schraubenkraft und der exzentrisch eingeleiteten Betriebskraft

Die Schraubenkraft F_S und die axiale Betriebskraftkomponente F_l sind bereits eingeführte Größen, ebenso das Biegemoment M_b, das sich *unter Berücksichtigung der in* Abb. 4.14 *angenommenen Anordnung* aus folgender Gleichgewichtsbedingung ergibt:

$$M_b = M_b(90°) + F_S e_S \tag{4.40}$$

Je nach Definition wird $M_b(90°)$ auch mit negativem Vorzeichen angegeben (siehe Gl. (4.18)). Nach Abb. 4.14 ist für diese Betrachtung ein positives Vorzeichen vereinbart. Anhand des Verspannungsschaubilds können folgende Zusammenhänge abgeleitet werden:

$$F_{kl} = F_S - F_l = F_V + F_{SZ} - F_l = F_V - F_{PlkZ} = F_V - (1 - \Phi)F_l \tag{4.41}$$

Alle Größen sind eingeführt und bedürfen keiner weiteren Erläuterung. Gl. (4.40) kann mit bekannten Beziehungen wie folgt umgeformt werden:

$$M_b = F_l e_F + e_S(F_V + F_{SZ}) = F_l\, e_F + e_S(F_V + \Phi F_l) \tag{4.42}$$

Im Gegensatz zur Definition des Kraftverhältnisses Φ in Abb. 4.13, die sich auf zentrische Krafteinleitung bezieht, muss im spezifischen Fall die exzentrische Krafteinleitung berücksichtigt werden. Aus dem Verspannungsschaubild folgt:

$$\delta_S F_{SZ} = \delta_{Plk} F_{PlkZ} = \delta_{Plk}(F_l - F_{SZ}) \tag{4.43}$$

Die Nachgiebigkeiten δ_S und δ_{Plk} wurden in Abschn. 4.1.4.2.2 eingeführt. Bezüglich der Betriebskraft F_l ist δ_{Plk} durch δ^{**}_{Plk} und bezüglich der Schraubenzusatzkraft F_{SZ} durch δ^{*}_{Plk} zu ersetzen. Das Kraftverhältnis Φ lautet in diesem Fall:

$$\Phi = \frac{F_{SZ}}{F_l} = \frac{\delta^{**}_{Plk}}{\delta_S + \delta^{*}_{Plk}} \tag{4.44}$$

Die Gl. (4.41) und (4.42) können in den Spannungsverlauf – Gl. (4.39) – eingesetzt werden, wobei noch Gl. (4.44) zu beachten ist:

$$\sigma_y(x) = -\frac{F_V - (1-\Phi)\,F_l}{A_{Trf}} + \frac{[F_l\,(e_F + e_S\,\Phi) + e_S\,F_V]\,x}{I_{Trf}} \tag{4.45}$$

Klaffen in der Trennfuge bei gerade geteiltem Pleuelkopf beginnt an der Innenseite. Dies tritt ein, wenn $\sigma_y(x_1) = 0$. Wird Gl. (4.45) unter Berücksichtigung der in Gl. (4.41) enthaltenen Beziehung zwischen F_{Kl}, F_V und F_l und der genannten Randbedingung nach F_{Kl} aufgelöst, dann kann die verbleibende Klemmkraft der Mindestklemmkraft F_{Klmin2} gleichgesetzt werden:

$$F_{Klmin2} = \frac{F_l x_1\,(e_F + e_S)}{\frac{I_{Trf}}{A_{Trf}} - e_S\,x_1} \tag{4.46}$$

Bei alternativer Lage der Schraubenachse ist e_S in Gl. (4.40) mit negativem Vorzeichen einzusetzen. Entsprechendes gilt dann für Gl. (4.46). Die Vorzeichen von e_S in Zähler und Nenner kehren sich um, sodass sich die Verhältnisse für die Praxis erheblich günstiger gestalten.

F_{Klmin3} ist schließlich die Schließkraft des Pleuellagers infolge Lagerüberdeckung [9]. Die Lagerhalbschale steht nach dem Einlegen an der Teilungsfuge über. Die zum Schließen aufzuwendende Kraft erzeugt die notwendige Pressung. Für die Berechnung der erforderlichen Vorspannkraft ist entscheidend, ob die zur Kompensation der Querkraft F_q durch Reibung oder die zur Verhinderung des Klaffens infolge der Längskraft F_l notwendige Mindestklemmkraft größer ist. Unabhängig davon ist die Schließkraft des Lagers zu addieren.

Vorspannkraftverlust

Infolge von Setzvorgängen erleidet die Pleuelschraube einen Vorspannkraftverlust ΔF_V (Abb. 4.15). Übliche Werte für den Setzbetrag Δl_V gibt z. B. [22] an. Bei der Vorspannung

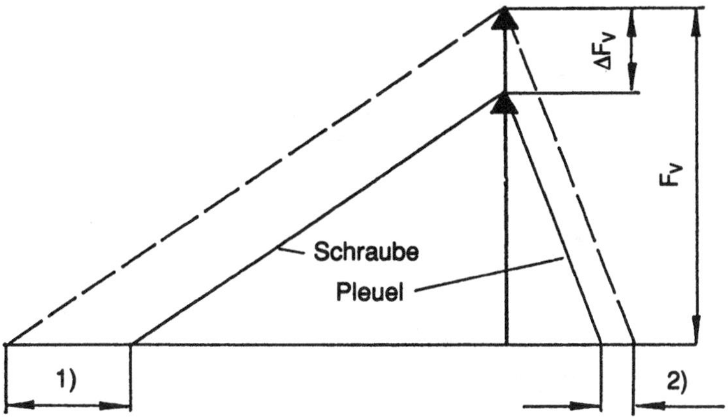

Abb. 4.15 Setzbetrag und Vorspannkraftverlust der Schraubenverbindung. 1) $\delta_S\,\Delta F_V$, 2) $\delta P_{lk}\,\Delta F_V$, Setzbetrag $\Delta l_V = \Delta F_V\,(\delta_S + \delta_{Plk})$

der Schraubenverbindung wird von zentrischer Kraftwirkung ausgegangen. Deshalb ist die Nachgiebigkeit δ_{Plk} nach Gl. (4.27) einzusetzen:

$$\Delta F_V = \frac{\Delta l_V}{\delta_S + \delta_{Plk}} \tag{4.47}$$

Minimale Vorspannkraft

Mit der Mindestklemmkraft F_{Klmin}, dem Vorspannkraftverlust ΔF_V und der betriebskraftbedingten Entlastung im Klemmlängenbereich

$$F_{PlkZ} = F_l(1 - \Phi) \tag{4.48}$$

kann die minimal erforderliche Vorspannkraft F_{Vmin} berechnet werden:

$$F_{Vmin} = F_{Klmin} + \Delta F_V + F_l(1 - \Phi) \tag{4.49}$$

4.1.4.2.5 Schraubendimensionierung

Anziehfaktor und Ausnutzungsgrad

Eine Schraube kann bekanntlich drehmoment-, drehwinkel- und drehmomentgradientquotientgesteuert (streckgrenzengesteuert) angezogen werden [27]. Verfahrensbedingt kann die Vorspannkraft bei der Montage streuen. Die Schraube muss folglich nicht für eine minimale, sondern für eine maximale Vorspannkraft bemessen werden. Das Verhältnis zwischen Letzterer und Ersterer wird als Anziehfaktor bezeichnet [22]. Er kennzeichnet eine u. U. notwendige Überdimensionierung, die beim drehwinkelgesteuerten Anziehverfahren oft

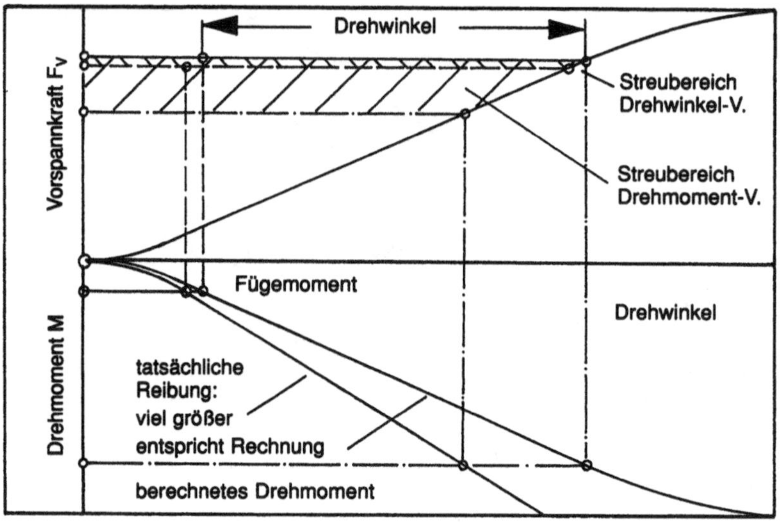

Abb. 4.16 Prinzipielle Unterschiede der einzelnen Anziehverfahren bei Schraubenverbindungen; das Fügemoment dient dem sicheren Anlegen der zu verschraubenden Teile; Reibungseinflüsse bewirken bei Drehmomentsteuerung große Unsicherheit bezüglich tatsächlicher Vorspannung; bei Drehwinkelsteuerung wird davon ausgegangen, dass Streckgrenze sicher erreicht wird; diese Sicherheit garantiert nur Streckgrenzensteuerung (= Gradientensteuerung durch Drehmoment- und Drehwinkelmessung → Abweichung von der Hookschen Gerade über voreingestellten Wert erzeugt Abschaltsignal)

vernachlässigt wird (Anziehfaktor = 1), was jedoch eigentlich nicht zulässig ist (prinzipielle Unterschiede der Anziehverfahren siehe Abb. 4.16).

Neben dem Anziehfaktor ist für die Schraubenbemessung außerdem entscheidend, inwieweit bei der Montage die Streckgrenze des Schraubenwerkstoffs z. B. zu 90 %, zu 100 % erreicht oder die Schraube über die Streckgrenze hinaus beansprucht wird. Dies wird als Ausnutzungsgrad bezeichnet. Es wird auch hier davon ausgegangen, dass bei drehwinkelgesteuertem Anziehverfahren die Streckgrenze mindestens erreicht wird. Für eine sichere Auslegung ist allerdings eine differenziertere Betrachtungsweise in Hinblick auf die Streuparameter der einzelnen Verfahren in Verbindung mit dem Anwendungsfall notwendig. Dies trifft insbesondere für die Qualitätssicherung bei der Großserienmontage zu [27]. Darauf kann hier nicht eingegangen werden.

Schraubenanzugsdrehmoment, Prüfung der Vorspannkraft der Schraube

Das Schraubenanzugsdrehmoment M_{TS} setzt sich aus einem Anteil zur Überwindung der Gewindesteigung sowie Gewindereibung M_{TS1} und Kopfreibung M_{TS2} zusammen:

$$M_{TS1} = 0{,}5\, F_V\, d_{S1}\, \frac{\tan\alpha + \mu'}{1 - \mu' \tan\alpha} \qquad \text{mit} \quad \mu' = \mu\sqrt{1 + \cos^2\!\alpha\, \tan^2\!\beta} \tag{4.50}$$

$$M_{TS2} = \mu F_V \frac{d_{S2}}{2}, \quad \frac{d_{S2}}{2} = \frac{d^3 - d_S^3}{3\left(d^2 - d_S^2\right)} \tag{4.51}$$

F_V ist die Montagevorspannkraft, d_{S1} der Flankendurchmesser des Gewindes (in den Normen mit d_2 bezeichnet), d_{S2} der Reibungsdurchmesser des Schraubenkopfes, α der Gewindesteigungswinkel ($\tan\alpha = h/(\pi\, d_2)$ mit der Gewindesteigung h und dem Flankendurchmesser des Gewindes $d_2 = d_{S1}$), β der Spitzenwinkel des Gewindes und μ der Reibungskoeffizient, wobei streng genommen die Indizes 1 und 2 anzusetzen sind. Bezüglich des Reibungsdurchmessers des Schraubenkopfes ist für d der Schraubenkopfdurchmesser und für d_S der Durchmesser des Schraubenschafts (Nenndurchmesser) einzusetzen.

Die Zugbeanspruchung der Schraube σ_{NS} wird aus der Montagevorspannkraft F_V und dem Schraubenschaftquerschnitt A_S (Spannungsquerschnitt), die Torsionsbeanspruchung τ_{NS} aus dem Reibungsmoment M_{TS1} und dem Torsionswiderstandsmoment W_{TS} des Schraubenschafts berechnet:

$$\sigma_{NS} = \frac{F_V}{A_S} \tag{4.52}$$

$$\tau_{TS} = \frac{M_{TS}}{W_{TS}} \tag{4.53}$$

Die Vergleichsspannung σ_V, berechnet nach der Gestaltänderungshypothese, kann der jeweiligen Ausnutzung der Streckgrenze $\xi_S\, R_{p0,2}$ gleichgesetzt werden:

$$\sigma_V = \sqrt{\sigma_{NS}^2 + \tau_{TS}^2} = \xi_S\, R_{p0,2} \tag{4.54}$$

Mit Einsetzen der Gl. (4.52) und (4.53) sowie Ersetzen von W_{TS} durch eine Schreibweise unter Verwendung von A_S und d_S ist folgende Umformung möglich:

$$\sigma_V = \sqrt{\left(\frac{F_V}{A_S}\right)^2 + 3\left(\frac{4\, M_{TS1}}{d_S\, A_S}\right)^2} \tag{4.55}$$

Mit weiteren Umformungen erhält man schließlich eine einfache Beziehung für die von der ausgewählten Schraube aufgebrachte Vorspannkraft F_V:

$$F_V = \frac{A_S\, \xi_S\, R_{p0,2}}{\sqrt{1 + 3\left(\frac{2\, d_{S1}\,(\tan\alpha + \mu')}{d_S\,(1 - \mu'\, \tan\alpha)}\right)^2}} \tag{4.56}$$

A_S bzw. d_S beziehen sich auf den Spannungsquerschnitt, üblicherweise den Dehnschaftquerschnitt bei einer Dehnschraube, d_{S1} ist der Flankendurchmesser des Gewindes.

F_V (Potenzial-Schraube) > F_{Vmax} (erforderlich) ist die notwendige Bedingung für die richtige Schraubenauslegung. F_V ist also die tatsächlich nach Gl. (4.56) von der Schraube darstellbare Vorspannkraft und F_{Vmax} ist die unter Berücksichtigung der Mindestvorspannkraft F_{Vmin} nach Gl. (4.49) und den einzukalkulierenden Unwägbarkeiten zu erreichende Vorspannkraft. Gelingt dies mit der ausgewählten Schraube nicht, so muss die Berechnung für eine stärker dimensionierte Schraube wiederholt werden.

Die von der Kopf- und Gewindereibung herrührende Unsicherheit ist bei Vorgabe eines Drehmoments augenscheinlich. Beim Drehwinkel-Anziehverfahren wird unter Umgehung der reibungsabhängigen Vorspannkraft des Drehmoment-Anziehverfahrens die notwendige Längung der Schraube unter der erforderlichen Vorspannkraft berechnet, wobei die elastische Nachgiebigkeit, hier des Pleuelkopfes, berücksichtigt wird. Die sich dabei ergebende relative Längung wird über die Gewindesteigung in einen Drehwinkel umgerechnet, um den die Schraube ab dem Fügemoment (entspricht etwa dem Drehmoment, ab dem ein linearer Zusammenhang zwischen der Vorspannkraft und dem Drehwinkel besteht) angezogen wird. Mit modernen Schlüsseln kann mit Prozessor-Unterstützung direkt auf Streckgrenze ohne vorausgehende Berechnung angezogen werden (siehe hierzu auch Abb. 4.16).

4.1.4.2.6 Dynamische Schraubenberechnung, Dauerfestigkeit

Durch die Vorspannkraft F_V wird beim Anziehen der Pleuelschraube bereits ein Biegemoment über den Hebelarm e_S eingeleitet. Die über die Vorspannung hinausgehende zusätzliche Biegebeanspruchung wird durch die in der Schraubenachse wirkende Schraubenzusatzkraft F_{SZ} und das infolge exzentrischer Betriebskrafteinleitung auftretende Biegemoment hervorgerufen. Analog zu den elastischen Längsnachgiebigkeiten δ_S und δ_{Plk} können jetzt noch Biegenachgiebigkeiten β_S und β_{Plk} definiert werden, wobei auf [22] verwiesen wird. Hinsichtlich Gl. (4.25) ist der Querschnitt A durch das Flächenträgheitsmoment I zu ersetzen. Bei der in Abb. 4.14 gezeigten Anordnung ist das von der exzentrisch wirkenden Betriebskraft zusätzlich eingeleitete Biegemoment M_{bZ} wie folgt definiert:

$$M_{bZ} = F_l\, e_F + (F_S - F_V)\, e_S = F_l\, e_F \left(1 + \frac{\Phi\, e_S}{e_F}\right) \tag{4.57}$$

Bei alternativer Lage der Schraubenachse hat e_S wiederum entsprechend negatives Vorzeichen.

Das Biegemoment M_{bZ} setzt sich zusammen aus einem Moment M_{bSZ}, das den Schraubenschaft krümmt, und einem Moment M_{bPlkZ}, das im Pleuelkopf dieselbe Krümmung hervorruft. Das Verhältnis beider Biegemomente ist folglich der Kehrwert des Verhältnisses der zugehörigen Biegenachgiebigkeiten β_S und β_{Plk}. Das zusätzliche Biegemoment im Schraubenschaft beträgt demnach

$$M_{bSZ} = \frac{M_{bZ}}{1 + \frac{\beta_S}{\beta_{Plk}}} \approx M_{bZ}\,\frac{\beta_{Plk}}{\beta_S}, \tag{4.58}$$

wenn $\beta_S >> \beta_{Plk}$ ist, was in der Praxis zutrifft. Die gesamte zusätzliche Beanspruchung des Schraubenschafts σ_{ySZ} unter Einwirkung einer Betriebskraft errechnet sich durch Überlagerung von Normal- und Biegespannung infolge der Schraubenzusatzkraft F_{SZ} und des Biegemoments M_{bSZ}:

$$\sigma_{ySZ} = \frac{F_{SZ}}{A_S} + \frac{M_{bSZ}}{W_{bS}} \tag{4.59}$$

A_S ist wiederum der Spannungsquerschnitt (Dehnschaftquerschnitt) und W_{bS} das zugehörige Widerstandsmoment. Mit den Gl. (4.57) (4.58), und (4.59) kann σ_{ySZ} dann in folgender Form angegeben werden:

$$\sigma_{ySZ} = \frac{4\,\Phi\,F_l}{\pi\,d_S^2}\left[1 + \frac{8\,e_F}{d_S}\,\frac{\beta_{Plk}}{\beta_S}\left(\frac{1}{\Phi} + \frac{e_S}{e_F}\right)\right] \tag{4.60}$$

Alle Größen wurden bereits hinreichend erklärt. Die Pleuelschraube erfährt im Betrieb eine Zugschwellbeanspruchung. Die für die Dauerfestigkeit maßgebliche Wechselspannungsamplitude beträgt

$$\sigma_a = \pm\frac{1}{2}\,\sigma_{ySZ} \tag{4.61}$$

Die zulässige Wechselbeanspruchung im Gewinde ist begrenzt [12, 22].

4.1.4.2.7 Ergänzungen zur Pleuelkopfverschraubung

Zum besseren Verständnis der Vorgänge in der Pleuelkopfverschraubung sind noch folgende Hinweise hilfreich:

- Auch bei Vorspannung der Schraube über die Streckgrenze hinaus bedingt die Betriebskraft keine weitere plastische Verformung, da sich nach dem Anziehen die Torsionsspannung teilweise abbaut und damit Beanspruchungsreserven frei werden.
- Bei plastischer Verformung der Schraube kommt es aufgrund der Längung derselben zu einem Verlust an Vorspannkraft (darstellbar durch eine Hysterese im Verspannungsschaubild). Die Verschraubung kehrt damit von allein in den elastischen Zustand zurück.
- Bei konstanter Amplitude der Betriebskraft ist nur eine einmalige/erstmalige plastische Verformung möglich. Danach spielt sich alles im elastischen Bereich ab.

Neben den Schrifttumshinweisen bezüglich der Theorie der Verschraubung soll auch auf die Anwendungspraxis hingewiesen werden. Bei [29] sind, um nur ein Beispiel zu erwähnen, konkrete Maßnahmen zur Verbesserung der Verschraubung eines Motorradmotorpleuels zu finden.

Die hier beschriebene Vorgehensweise zur Festigkeitsberechnung des Pleuels und Auslegung der Pleuelverschraubung ist hervorragend für die Programmierung mit Benutzerdialogführung geeignet.

4.2 Der Kolben

4.2.1 Vorbemerkung zur Kolbenberechnung

Die folgenden Ausführungen beziehen sich auf Tauchkolben, wie sie heute mit Ausnahme langsam laufender Zweitakt-Großdieselmotoren mit großem Hub bei Viertaktmotoren ausnahmslos im Einsatz sind. Diese grenzen sich gegenüber solchen, wie sie beim Kreuzkopfkurbeltrieb mit Funktionstrennung Anwendung finden, dadurch ab, dass alle funktionsrelevanten Merkmale bzw. Funktionen – Geradführung, kolbenseitiger Brennraum und dessen Abdichtung – in einem Bauteil vereinigt sind. Im Gegensatz zum Kreuzkopfkurbeltrieb begrenzt der Pleuelschwenkwinkel beim Tauchkolbentriebwerk den Hub. Der Kolben ist eine zentrale Komponente des Motors, mit dem sich die Motorenentwickler stets sehr intensiv auseinandergesetzt haben und dies wohl auch weiterhin tun müssen [30].

Die Kolbenberechnung unterteilt sich in die Bereiche

- Festigkeitsberechnung → Lebensdauervorhersage
  - konventionelle Bolzenberechnung
  - Berechnung der thermischen und mechanischen Beanspruchung mittels FEM
- Simulationsrechnung → Funktionsvorhersage
  - Kolbensekundärbewegung mit Rückschlüssen auf das Geräuschverhalten bzw. auch Kavitation am Zylinderrohr
  - Kolbenringbewegung mit Rückschlüssen auf Ölverbrauch und Gasdurchlass („Blow-by“)
  - hydrodynamische Reibung (Reibungsverluste)

wobei die Kolbenfunktion immer auch im Zusammenhang mit der Kolbenringfunktion zu sehen ist (siehe Abschn. 4.3) und die rechnergestützte Festigkeitsberechnung mittels FEM eigentlich auch der Simulation zuzuordnen ist. Es muss hier vorweggenommen werden, dass die Berechnungsverfahren zur Funktionsvorhersage mit Ausnahme der Kolbensekundärbewegung quantitativ noch nicht gänzlich zuverlässige Ergebnisse liefern.

4.2.2 Funktion und Anforderungen

Der Kolben hat folgende Aufgaben zu erfüllen:

- Übertragung der Gaskraft
- Begrenzung und Gestaltung des Brennraums
- Abdichtung im Zusammenwirken mit den Kolbenringen
  - Brennraum gegenüber Kurbelgehäuse → möglichst geringes Durchblasen der Verbrennungsgase („Blow-by")
  - Kurbelgehäuse gegenüber Brennraum → bestmögliche Vermeidung von Schmierölförderung in den Brennraum
- Führung in Verbindung mit der Kurbeltriebskinematik
- Wärmeabführung
  - insbesondere über die Kolbenringe an den Zylinder
  - unmittelbar an das Schmieröl

Dabei werden an den Kolben folgende Anforderungen gestellt:

- Gestaltfestigkeit (Dauerfestigkeit), d. h. ausreichende Sicherheit, gegen
  - Risse
  - Bruch und
  - unzulässig große plastische Verformung bei
- möglichst kleiner Kolbenmasse
- Begrenzung auf zulässige Betriebstemperaturen über
  - Gestaltung (Wärmeleitquerschnitte)
  - Wahl des Kolbenwerkstoffs (Warmfestigkeit, Resthärte, Neigung zu „Ringplattieren")
  - ausreichende Wärmeabführung
  - zusätzliche Maßnahmen zur Kolbenkühlung
- Laufruhe (Geräuscharmut, Schwingungskomfort) durch
  - Leichtbau (siehe oben)
  - gute Kolbengeradführung: ausreichende Schaftlänge, Schaftprofil und -ovalität optimiert sowie ausgewogene Steifigkeitsverteilung am Kolbenschaft in Hinblick auf minimale plastische Verformung (Schafteinfall)
  - angepasstes Kopfspiel unter Beachtung des Kippverhaltens und der elastischen bzw. mit der Laufzeit zunehmenden plastischen Schaftverformung)
  - ausreichende Kompensation der Wärmeausdehnung/Anpassungsfähigkeit an unterschiedliche Betriebszustände (u. U. Regelkolben) und demzufolge
  - minimales Einbauspiel, aber dennoch
- ausreichende Fresssicherheit
- geringer Verschleiß (Kolben und Kolbenringe)
- ausreichende Widerstandsfähigkeit gegen Klopfangriff (insbesondere Ottomotor)

- Langzeitgarantie der Funktionswerte
  - Leistung, Drehmoment
  - Ölverbrauch, Gasdurchlass („Blow-by")
- Beitrag zur Reduzierung der Schadstoffemission
  - Minimierung des Schadvolumens
  - Reduzierung des Ölverbrauchs

Aus den Anforderungen resultieren – wie meist in der Technik – Zielkonflikte. Um das Beispiel der Ottomotoren herauszugreifen, lässt sich das folgendermaßen formulieren: mit immer weniger Masse immer höhere mechanische und thermische Belastbarkeit realisieren. Die Kolbenbauart variiert mit dem Arbeitsverfahren, dem Verbrennungsverfahren und der Baugröße der Kolbenmotoren, wie Tab. 4.1 zu entnehmen ist:

4.2.3 Beanspruchung des Kolbens

4.2.3.1 Art und Ort der Beanspruchung, hoch beanspruchte Bereiche des Kolbens

Der Kolben wird mechanisch und thermisch sehr stark beansprucht. Die *mechanische Beanspruchung* resultiert aus der *Gaskraft-*, *Massenkraft-* und *Seitenkraftbelastung*. Die Seitenkraft setzt sich aus drei Anteilen mit unterschiedlicher Ursache zusammen. Zunächst ist das die rein kinematisch bedingte Abstützkraft. Außerdem wirken aufgrund der mit der Wärmeausdehnung einhergehenden Überdeckung Kräfte, die für die entsprechende elastische Verformung des Kolbenschafts aufzubringen sind. Schließlich wirken noch dynamische Kräfte und Momente in Verbindung mit der Kolbensekundärbewegung (Quer- und Kippbewegung), da der Kolben während eines Viertaktzyklus mindestens sechs Anlagewechsel erfährt. Zudem wirken noch hydrodynamische Reibungskräfte am Kolbenschaft, an den Kolbenringlaufflächen und zwischen den Kolbenring- und Nutflanken. In den Totpunkten erfolgt ein Übergang zur den Verschleiß begünstigenden Mischreibung („Zwickelverschleiß" im „Ringumkehrbereich" insbesondere bei Dieselmotoren).

Die *thermische Beanspruchung* geht von der brennraumseitigen Beaufschlagung mit heißen Verbrennungsgasen aus. Der Wärmefluss vom Brennraum durch den Kolben bewirkt eine inhomogene Temperaturverteilung (Temperaturfeld), die Wärmespannungen hervorruft. Thermisch hoch beanspruchte Bereiche wie der Kolbenboden, der Feuersteg, die erste Ringnut und der obere Scheitel der Bolzennabe erreichen kritische Temperaturen.

In Abb. 4.17 (oben) sind einige hoch beanspruchte Bereiche des Kolbens hervorgehoben. Der beispielhaft dargestellte, mittlerweile betagte Bimetallkolben (Regelkolben) verrichtete in zahlreichen Generationen herkömmlicher Ottomotoren seinen Dienst. Der grundsätzliche Sachverhalt zeigt sich weitgehend unverändert. Beim Dieselmotor ist zudem generell der Kolbenboden, beim Direkteinspritzer speziell der Muldenrand der Brennraummulde (Abb. 4.17, unten) im Kolbenboden eine besonders kritische Zone. Mul-

Tab. 4.1 Grober Überblick über Kolbenbauarten für die einzelnen Kategorien von Hubkolbenmotoren (aktualisierte, ursprünglich auf [31] beruhende Darstellung)

Einsatzgebiet	Anforderungen an Motor und Kolben	Kolbenbauart, konstruktive Ausführung
Pkw-Ottomotor	• hohes Drehzahlniveau • mäßiger (Sauger) bis mäßig hoher Zünddruck (bei Aufladung) • kleiner Zylinderdurchmesser • niedriges bis mittleres Lastkollektiv	• gegossener Einmetallkolben aus eutektischer AlSi-Legierung (Regelkolben überholt) • Leichtbau-Kolbendesign • optional hoch warmfeste Legierung (Otto spez.), hartanodisierte 1. Ringnut, Kühlkanal • Schmiedekolben (Hochleistungs- und Rennmotoren)
Pkw-Dieselmotor	• mittleres Drehzahlniveau • hoher Zünddruck • kleiner Zylinderdurchmesser • mittleres bis hohes Lastkollektiv	• gegossener Einmetallkolben aus hoch warmfester eutektischer AlSi-Legierung (Diesel spez.) mit Ringträger und Kühlkanal, optional gekühlter Ringträger • Trapeznabe, optional Buchsen in Kolbenbolzennabe • geschmiedeter Stahlkolben
Nkw/Nfz-Dieselmotor	• mäßiges Drehzahlniveau • hoher bis sehr hoher Zünddruck • mittlerer Zylinderdurchmesser (max. ca. 160 mm)	• gegossener Einmetallkolben aus hoch warmfester AlSi-Legierung (Diesel spez.) mit Ringträger und Kühlkanal • Pendelschaftkolben (geschmiedetes Stahloberteil + gegossener Aluminiumschaft über Kolbenbolzen gelenkig verbunden) • einteilig geschmiedeter Stahlkolben mit nachträglich verschlossenem Kühlraum • zweiteiliger Stahlkolben, Verbindung durch Reibschweißen (optional mit doppelter Reibschweißung, Innenkühlraum) • (gebauter Stahl-/Stahlkolben (Ober- und Unterteil geschmiedet, verschraubt))

(*Fortsetzung*)

Tab. 4.1 (Fortsetzung)

Einsatzgebiet	Anforderungen an Motor und Kolben	Kolbenbauart, konstruktive Ausführung
Viertakt-Großdieselmotoren: Schnellläufer, Mittelschnellläufer (500 (300) – 1200 min^{-1})	• niedriges bis sehr niedriges Drehzahlniveau • sehr hoher Zünddruck • mittlerer bis großer Zylinderdurchmesser (max. ca. 650 mm)	• gebauter Stahl-/Aluminiumkolben (Stahloberteil verschraubt mit Aluminiumunterteil, beide Teile geschmiedet) • gebauter Stahl-/GJS-Kolben (Oberteil geschmiedet, verschraubt mit Unterteil z. B. aus Sphäroguss) (beide Bauarten technisch überholt) • gebauter Stahl-/Stahlkolben (Ober- und Unterteil geschmiedet, verschraubt)
Zweitakt-Großdieselmotoren: Langsamläufer (ca. 80 – 300 min^{-1})	• niedrigstes Drehzahlniveau • hoher Zünddruck • großes Hub-/Bohrungsverhältnis • größte realisierte Zylinderdurchmesser > 900 mm	• Kreuzkopfkurbeltrieb (Trennung Geradführung und Abdichtung) • Kolbenstange starr verbunden mit Stahlkolbenoberteil und Kreuzkopf • Kreuzkopflager und Gleitschuh • Gleitbahnen am „Gestell“

denrandprobleme sind jedoch auch im Zusammenhang mit der auf „wandgeführter Gemischbildung“ beruhenden ersten Generation von Ottomotoren mit Direkteinspritzung Realität geworden. Diese Kolben wiesen – mittlerweile technisch überholt – ebenfalls relativ tiefe Mulden mit kleinen Muldenrandradien auf.

Unter Gaskraft stützt sich der Kolben auf dem Kolbenbolzen ab. Im oberen Nabenscheitel tritt eine erhebliche radiale Pressung auf, wobei vor allem die in Oberflächennähe vorhandenen tangentialen Zugspannungen in Verbindung mit hohen Nabentemperaturen (bis 240 °C und mehr) die gefürchteten Nabenspaltrisse herbeiführen können. Der Auslegungszünddruck entscheidet über die Gestaltung der Nabenabstützung. Die tief hinterschnittene Nabenabstützung ist bei Kolben für Ottomotoren verdrängt worden durch eine den Dieselkolben ähnliche Blockabstützung. Bei hoch belasteten Dieselmotoren bewährt sich die Trapezabstützung. Ist diese – aus welchem Grund auch immer – nicht ausführbar, können zur Steigerung der Belastbarkeit der Bolzennaben Lagerbuchsen eingezogen werden.

Die Spannungen im Übergangsbereich der Nabenabstützung zum Kolbenboden innen erfordern eine sorgfältige Gestaltung des Verlaufs der Übergangsradien. Festigkeitsmindernd wirken sich hier die auf der Innenseite des Bodens recht hohen Temperaturen aus (260 bis 280 °C).

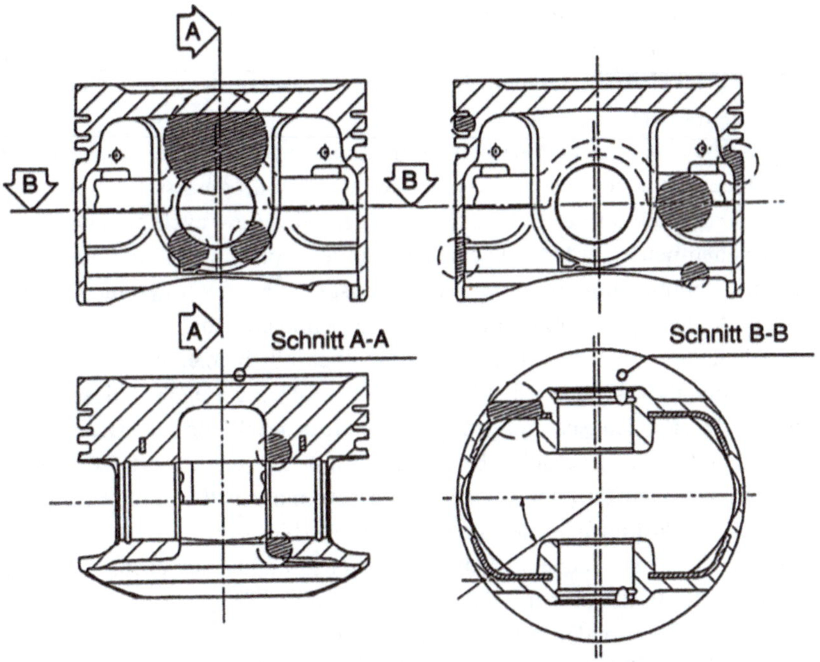

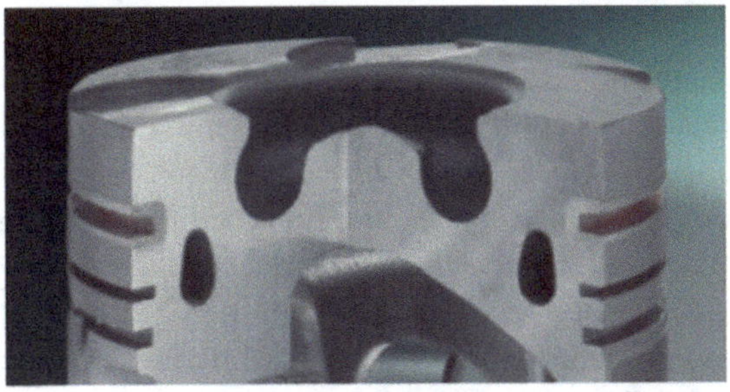

Abb. 4.17 Hoch beanspruchte Bereiche am Kolben (Beispiel zeigt mittlerweile technisch überholten Bimetallkolben eines herkömmlichen Ottomotors) (oben); Brennraummuldenrand mit Hinterschnitt eines Pkw-DI-Dieselkolbens (unten) (Unterlagen der damaligen Kolbenschmidt AG, heute KS Kolbenschmidt GmbH, Unternehmen der Rheinmetall Automotive AG)

Die Massenkraft wirkt entgegengesetzt und beansprucht die untere Hälfte des Bolzenauges, die Querschnitte in Höhe Bolzenmitte sowohl auf Zug als auch auf Biegung, den unteren Nabenscheitel nur auf Biegung. Unter Berücksichtigung des quadratischen Drehzahleinflusses ist die Nabenwanddicke entsprechend zu dimensionieren. Massenkraftschäden treten vereinzelt bei hoch drehenden Ottomotoren auf. Bei Dieselmotoren stellt sich diese Problematik nicht.

Der Kolbenboden selbst stellt trotz seiner hohen thermischen und mechanischen Beanspruchung bei Kolben für herkömmliche Ottomotoren (Saugrohreinspritzer) – abgesehen von tief eingeschnittenen Ventiltaschen für den Ventilfreigang – kein eigentliches Auslegungsproblem dar. Zeitweilig wurde hier sogar Potenzial für die Massenreduzierung gesehen. Auf die veränderte Situation bei Direkteinspritzern der ersten Generation wird oben bereits hingewiesen.

Bei Dieselkolben für Vor- und Wirbelkammermotoren, heute allerdings kaum mehr von praktischer Bedeutung, bestand eine Gefährdung durch Bodenrisse als Folge thermomechanischer Ermüdung (TMF/LCF, „thermo-mechanical/low cycle fatigue"), was dann besondere Maßnahmen erforderte. Die Bodenmulden von Kolben für Direkteinspritzer unterliegen im Bemühen um eine immer emissionsgünstigere Verbrennung permanenten geometrischen Änderungen. Auf den besonders gefährdeten Muldenrand (TMF/LCF) bei üblicher Muldenform mit Hinterschnitt wird oben ebenfalls bereits hingewiesen. Der Kolbenboden wird unter Gaskraft quasi „um den Kolbenbolzen gebogen". Diese Verformung erzeugt im Muldenrand Zugspannungen in Bolzenachsenrichtung und Druckspannungen auf der Druck- und Gegendruckseite. Bei hoher Last heizt sich ein hinterschnittener Muldenrand zudem stark auf und neigt daher in Verbindung mit thermischen Lastwechseln (z. B. Volllast – Nulllast im Wechsel) verstärkt zur Rissbildung.

Der Trend zu niedrigen Feuerstegen zwecks Schadraumminimierung als Beitrag zur Reduzierung der HC-Emission bei Ottomotoren erhöht die Temperatur in der ersten Ringnut und zwingt so zu besonderen Bewehrungsmaßnahmen (Eloxieren (Hartanodisieren), Beschichten, Aufschweißen hoch-Ni-haltiger Legierung). Dieselmotoren leiden primär an der Partikelemission (nicht gasförmige Emissionen). Die Variation von Feuersteghöhe und -spiel steht hier in einem komplexen Zusammenhang unter Berücksichtigung von Temperaturanstieg, Ölverbrauch, Kraftstoffverbrauch, Abgasemission, Ölkohleaufbau und Verschleiß (Zylinderpolieren). Speziell in Verbindung mit hochliegendem Ringträger („Headland Ring") ergibt sich auch ein fertigungsbedingtes Festigkeitsproblem („alfinierte" Ringträgerbindung). Immer wieder werden Kolben auch vom Ringstegbruch heimgesucht (der erste Ringsteg wird ziemlich unmittelbar vom Brennraumdruck beaufschlagt). Bei Ottomotoren steht hier der Wunsch nach Realisierung minimaler Kompressionshöhen einer soliden Dimensionierung entgegen. Nachteilig kommt hinzu, dass die wünschenswert großen Nutgrundradien im Zielkonflikt mit der Schadraumminimierung (HC-Emission) stehen.

Der Kolbenschaft weist verschiedene kritische Bereiche auf. Da ist zunächst die schwächende Ölringnut. Bezüglich der verbleibenden Wanddicke sind Mindestwanddicken unbedingt einzuhalten. Außerdem können Ölbohrungen (meist auf der Innenseite) der Ausgangspunkt von Rissen sein. Zur Rissbildung bei nicht ausreichend sorgfältiger Gestaltung neigt auch der Biegebereich. Darunter ist der Übergang des Schafts in den Kastenbereich (Kasten = seitlicher Freiguss im Bolzennabenbereich) auf der Innenseite und unterhalb im verstärkten Bereich („Einpassbund") des Kolbens zu verstehen. Zur Fachterminologie ist hier anzumerken, dass der Begriff „Kasten" für dieses Merkmal keineswegs einheitlich verwendet wird. Die alternative Bezeichnung ist „Fenster" bzw. „Fensterkolben". Ein „Kastenkolben" ist in diesem Fall dann ein Kolben, bei dem der Schaft im Bereich der Bolzennabe durchgehend zurückgenommen ist. Alternativ wird dies

Hersteller spezifisch auch als „Slipper-Kolben" bezeichnet. Hochbeansprucht durch Seitenkraft ist – abhängig von den jeweiligen geometrischen Verhältnissen – auch das Schaftende. Besonders gefährdet sind Öldüsenaussparungen. Kommen Stahleingussteile zur Anwendung, wie z. B. Bimetallregelplatten, so kann auch die Abstützung derselben im mittleren Schaftbereich zu Gestaltfestigkeitsproblemen führen. Insgesamt kann das Thema „Beanspruchung des Kolbens" hier nicht weiter vertieft werden. Für detailliertere Informationen sind z. B. die Technischen Handbücher der Kolbenhersteller zu Rate zu ziehen [32–34].

4.2.3.2 Kräfte im Kurbeltrieb

Über den Kolbenboden wird die Gaskraft in den Kurbeltrieb eingeleitet. Die einzelnen Bestandteile des Kurbeltriebs setzen gemäß ihrer Schwerpunktbeschleunigung entsprechende Massenkräfte entgegen. Die Triebwerkskräfte mit ihrer vektoriellen Zerlegung und lokalen Addition gehen aus Abb. 4.18 hervor.

- Kolbenkraft

$$F_K = F_{Gas} - F_{mosz} \tag{4.62}$$

  F_{Gas} ist die auf die Kolbenfläche wirkende Gaskraft (Gl. (4.62)) und F_{mosz} die gesamte oszillierende Massenkraft (Gl. (4.4)). Die Reibungskräfte sind dabei nicht berücksichtigt.

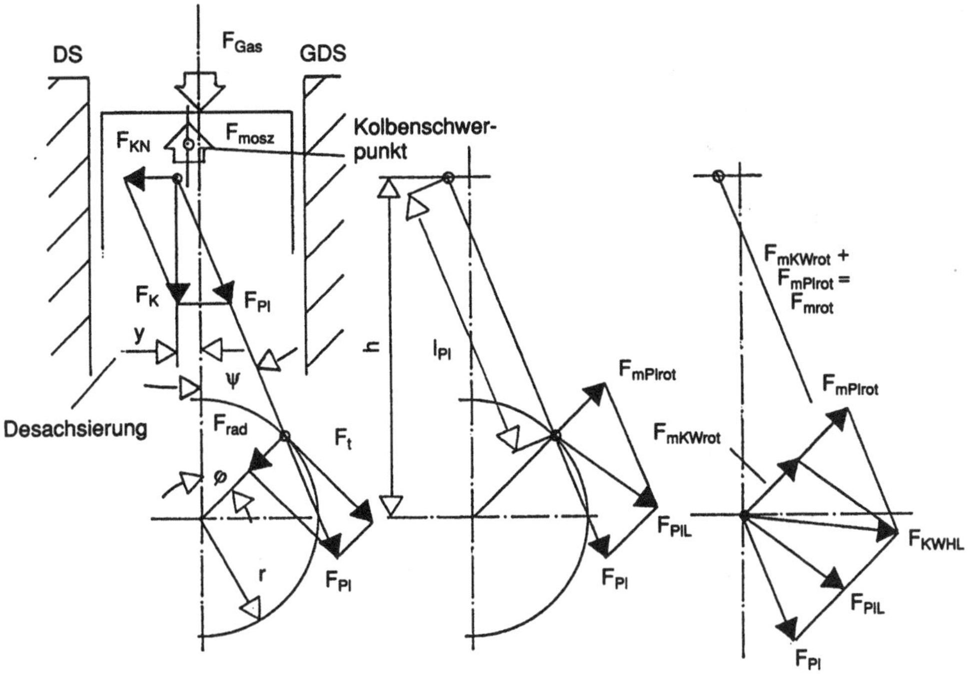

Abb. 4.18 Kolben- und Kurbeltriebskräfte

- Pleuelstangenkraft

$$F_{Pl} = \frac{F_K}{\cos \psi} \tag{4.63}$$

F_K ist die eben definierte Kolbenkraft und ψ der Pleuelschwenkwinkel.

- Kolbenseitenkraft

$$F_{KN} = F_K \tan \psi \tag{4.64}$$

bzw.

$$F_{KN} \approx F_K \lambda_{Pl} \sin \varphi \tag{4.65}$$

F_K ist wiederum die Kolbenkraft, λ_{Pl} das Pleuelstangenverhältnis, ψ der Pleuelschwenkwinkel und φ der Kurbelwinkel.

- Tangentialkraft

$$F_t = F_{Pl} \sin(\varphi + \psi) = F_K \frac{\sin(\varphi + \psi)}{\cos \psi} \tag{4.66}$$

Die einzelnen Größen dieser und der nachfolgenden Gleichung werden oben bereits erläutert, sodass sich eine Wiederholung erübrigt. Die Tangentialkraft steht senkrecht auf dem Kurbelradius (Kurbelkröpfung) und ist damit bestimmend für das Motordrehmoment. In Richtung der Kurbelkröpfung zeigt die

- Radialkraft

$$F_{rad} = F_{Pl} \cos(\varphi + \psi) = F_K \frac{\cos(\varphi + \psi)}{\cos \psi} \tag{4.67}$$

- Drehmoment

$$M = F_t r = F_{Pl} r \sin(\varphi + \psi) \tag{4.68}$$

M ist das an einer Kröpfung mit dem Kurbelradius r erzeugte Drehmoment. Dies ruft ein Reaktionsmoment selben Betrags mit entgegengesetztem Vorzeichen am Zylinderkurbelgehäuse hervor.

- Reaktionsmoment

$$M = -F_t\, r = -F_{Pl}\, r\, \sin(\varphi + \psi) \tag{4.69}$$

Das Reaktionsmoment kann auch auf die momentane Position des Kolbens, nämlich den Abstand h zwischen Kurbelwellenachse und Kolbenbolzenachse, bezogen werden:

$$M = -F_{KN}\, h = -F_{Pl}\, r\, \sin(\varphi + \psi) \tag{4.70}$$

Neben dem unter Berücksichtigung aller Verluste an der Kurbelwelle zur Verfügung stehenden Nutzdrehmoment, dessen Reaktion über die Motoraufhängung abgestützt werden muss, interessieren auch die inneren Reaktionen der Triebwerkskräfte. Darunter sind die Stützkräfte im Pleuellager und im Kurbelwellenhauptlager zu verstehen. Ihr Verlauf in Abhängigkeit vom Kurbelwinkel muss für die Lagerberechnung bekannt sein. Die auf den Hubzapfen und den Grundzapfen der Kurbelwelle wirkenden Kräfte sind durch vektorielle Addition der einzelnen an dieser Stelle wirkenden Kräfte zu ermitteln.

- Pleuellagerkraft

$$\vec{F}_{PlL} = \vec{F}_{Pl} + \vec{F}_{mPlrot} \tag{4.71}$$

$\vec{F}_{mPlrot}$ ist die Fliehkraft des mit dem Hubzapfen rotierend angenommenen Pleuelmassenanteils (siehe Gl. (4.5)). Wird zur Pleuellagerkraft die von der rotierenden Kurbelwellenmasse erzeugte Fliehkraft vektoriell addiert, so stellt der resultierende Vektor die Hauptlagerkraft der Kurbelwelle dar.

- Hauptlagerkraft

$$\vec{F}_{KWHL} = \vec{F}_{PlL} + \vec{F}_{mKWrot} \tag{4.72}$$

Allgemein üblich ist jedoch auch eine Schreibweise unter Verwendung der Fliehkraft aller mit der Kurbelwelle rotierenden Massen (einschließlich Pleuelanteil) $\vec{F}_{mrot}$ und der Pleuelstangenkraft analog zu Gl. (4.71) für die Pleuellagerkraft:

$$\vec{F}_{KWHL} = \vec{F}_{Pl} + \vec{F}_{mrot} \tag{4.73}$$

Es versteht sich von selbst, dass – abgesehen von den nur drehzahlabhängigen Fliehkräften – alle übrigen Kurbeltriebskräfte eine Funktion des Kurbelwinkels φ bzw. des Pleuelschwenkwinkels ψ sind. Zwischen beiden Winkeln besteht ohne die im Allgemeinen tatsächlich vorhandene Desachsierung folgender Zusammenhang:

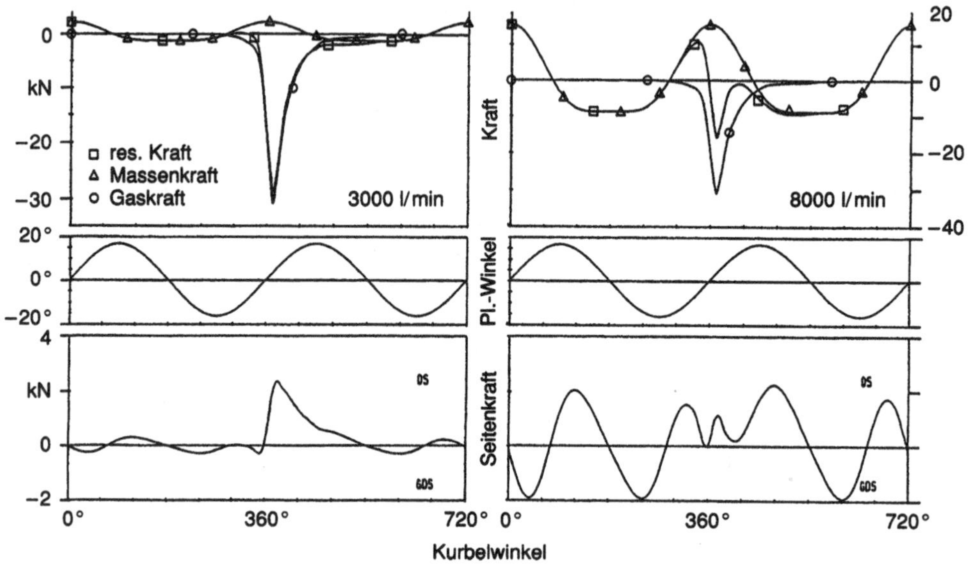

Abb. 4.19 Gaskraft-, Massenkraft-, Kolbenkraft- und Seitenkraftverlauf eines Motorradkolbens (Viertaktottomotor); maximaler Zünddruck 80 bar, Drehzahlen 3000 und 8000 1/min (Kurbeltriebsparameter entsprechend BMW-Motorrad Typ K1)

$$r \sin\varphi = l_{Pl} \sin\psi \quad \rightarrow \quad \sin\varphi = \frac{l_{Pl}}{r} \sin\psi = \frac{1}{\lambda_{Pl}} \sin\psi \tag{4.74}$$

Der bereits genannte momentane Abstand h zwischen der Kurbelwellenachse und der Kolbenbolzenachse kann noch folgendermaßen ausgedrückt werden:

$$h = r \cos\varphi + l_{Pl} \cos\psi \tag{4.75}$$

Abb. 4.19 zeigt die für die Beanspruchung des Kolbens verantwortlichen Kraftverläufe während eines Viertaktzyklus. Zugrunde gelegt ist ein mittels Druckindizierung gemessener repräsentativer Volllastdruckverlauf eines mittlerweile schon etwas betagten Motorrad-Ottomotors (Zünddruck maximal 80 bar). Um den drehzahlabhängigen Einfluss der Massenkraft hervorzuheben, werden zwei verschiedene Drehzahlen berücksichtigt (3000 und 8000 1/min). Die bei höheren Drehzahlen spürbare Massenkraftentlastung der Bolzennabe kommt deutlich zum Ausdruck. Demgegenüber kann die massenkraftbedingte Seitenkraft die gaskraftbedingte bei hohen Drehzahlen übersteigen. Zu beachten ist die Anzahl der Anlagewechsel (Lastwechsel) pro Arbeitszyklus. Insgesamt wird offensichtlich, warum bei hohen Drehzahlen immer wieder Schaftbeanspruchungsprobleme auftreten. Bei hoch aufgeladenen Dieselmotoren sind diese demgegenüber gaskraftbedingt infolge eines fülligen p-V-Diagramms.

4.2.3.3 Kolbenweg, -geschwindigkeit und -beschleunigung

Der Kolbenweg wird von der Kurbeltriebskinematik bestimmt. Der einfachste Fall ist der des nicht geschränkten Kurbeltriebs ohne Kolbendesachsierung (Abb. 4.20 links). Von welchem Bezugspunkt aus der Kolbenweg gemessen wird, ist eigentlich willkürlich. Es ist üblich, dies von der Kurbelwellenachse aus zu tun. Die Wegkoordinate x der Kolbenbolzenachse entspricht dann dem mit Gl. (4.75) eingeführten Abstand h. Mit Gl. (4.74) und dem Pleuelstangenverhältnis ist folgende Umformung möglich:

$$x_K = r\left(\cos\varphi + \frac{1}{\lambda_{Pl}}\sqrt{1 - \lambda_{Pl}^2 \sin^2\varphi}\right) \tag{4.76}$$

Dies gilt jedoch in der Regel nur näherungsweise, weil der Kolbenbolzen desachsiert ist. Kolben für Ottomotoren sind mit einigen wenigen Ausnahmen zur Druckseite desachsiert. Die Desachsierungen sind jedoch recht klein. Sie betragen üblicherweise 0,4 bis 1,0 mm. Die Fehler bei Anwendung der Gl. (4.76) sind daher meist vernachlässigbar gering.

Ausnahmen sind bei V-Motoren zu finden. Ventilhub und -anordnung erfordern zunehmend Ventiltaschen. Deren Lage und Größe oder exzentrische Verbrennungsmulden sind gleichbedeutend mit „linken" und „rechten" Kolben. Aus Kosten- und logistischen Gründen soll dies von Fall zu Fall unterschiedlich vermieden werden (Abb. 4.21). Ein symmetrisches „Bodenbild" erlaubt den Einbau auf „Umschlag" (zweite Zylinderbank). Nicht desachsierte

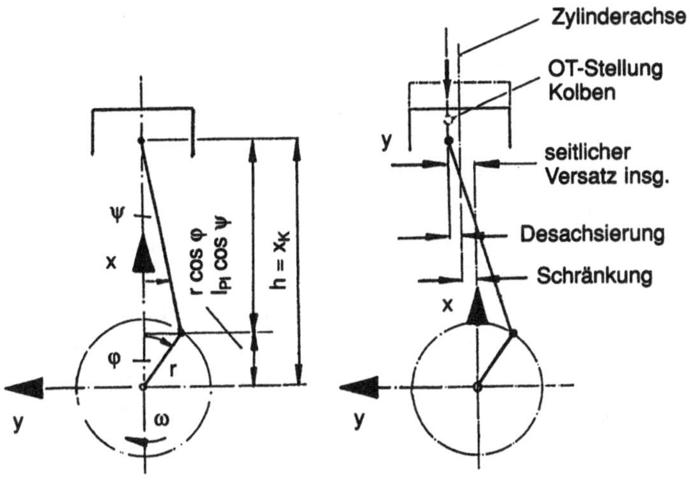

Abb. 4.20 Verhältnisse beim Kurbeltrieb ohne (links) und mit Kolbendesachsierung und/oder Schränkung (rechts)

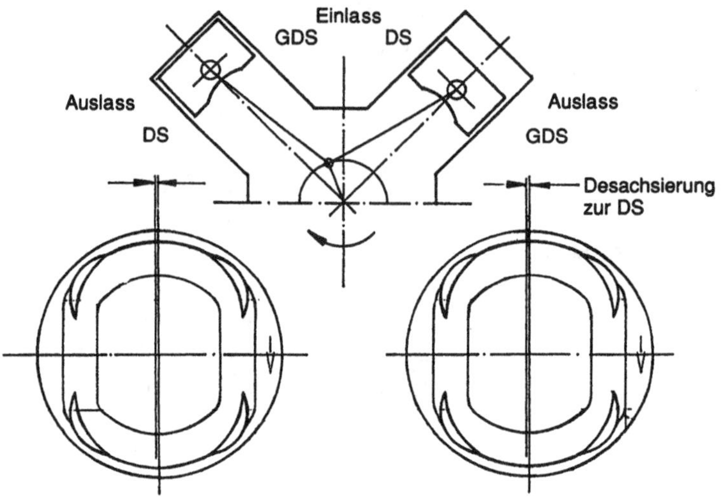

Abb. 4.21 Kolbendesachsierung und V-Motor; die Verwendung desselben Kolbens für die linke und rechte Zylinderbank stellt besondere Symmetrieanforderungen an den Kolbenboden: symmetrisch angeordnete Bodenmulde (symmetrische Bodenform) und Ventiltaschen (falls erforderlich), Ventiltaschendurchmesser wird vom Einlassventil bestimmt (größerer Durchmesser)

Kolben können bei bekanntem Nachteil in der Regel auch um 180° gedreht eingebaut werden, wenn vom Kolbenboden her die Voraussetzungen gegeben sind.

Die Druckseite (DS) ist die Seite der Zylinderbohrung, auf der sich der Kolben bei der Abwärtsbewegung im Verbrennungstakt abstützt. Diese Art der Desachsierung heißt „Geräuschdesachsierung". Dadurch wird erreicht, dass sich der Kolben während der Aufwärtsbewegung vor ZOT bei zunehmendem Zylinderdruck mit dem Kopf zur Gegendruckseite (GDS) neigt. Im gekippten Zustand trifft dann das Schaftende beim Anlagewechsel von der GDS zur DS zuerst auf der D-seitigen Zylinderwand auf. Mittels geeigneter Gestaltung des Schaftendes und entsprechenden Ölangebots kann der Impuls hydrodynamisch gedämpft werden. Das typische Kolbenschaftgeräusch, auch „Cold Slap" genannt (tritt vornehmlich unter Kaltspiel auf), kann damit verringert bis beseitigt werden. Eine zu große Desachsierung erlaubt allerdings ein GD-seitiges Anschlagen des Feuerstegs vor dem Anlagewechsel, wobei das kopfspielseitige Vorhalten begrenzt ist. Die Bezeichnung „Rattling" hat sich zur Kennzeichnung dieses Geräusches eingebürgert. Die Desachsierung bedarf also einer sorgfältigen Abstimmung. Bei Kolben für Dieselmotoren kann auch eine GD-seitige oder „thermische Desachsierung" zur Anwendung kommen. Der Neigung des Feuerstegs, sich vor ZOT der GDS anzunähern und auf der DS einen größeren Spalt zu öffnen, der die Abdichtung negativ beeinflusst und die Ablagerung von Ölkohle begünstigt, wird durch diese entgegengesetzte Desachsierung begegnet.

Neben der Desachsierung gibt es Zylinderanordnungen, die nur mittels eines geschränkten Kurbeltriebs realisiert werden können. Dies ist beispielsweise beim V-Rei-

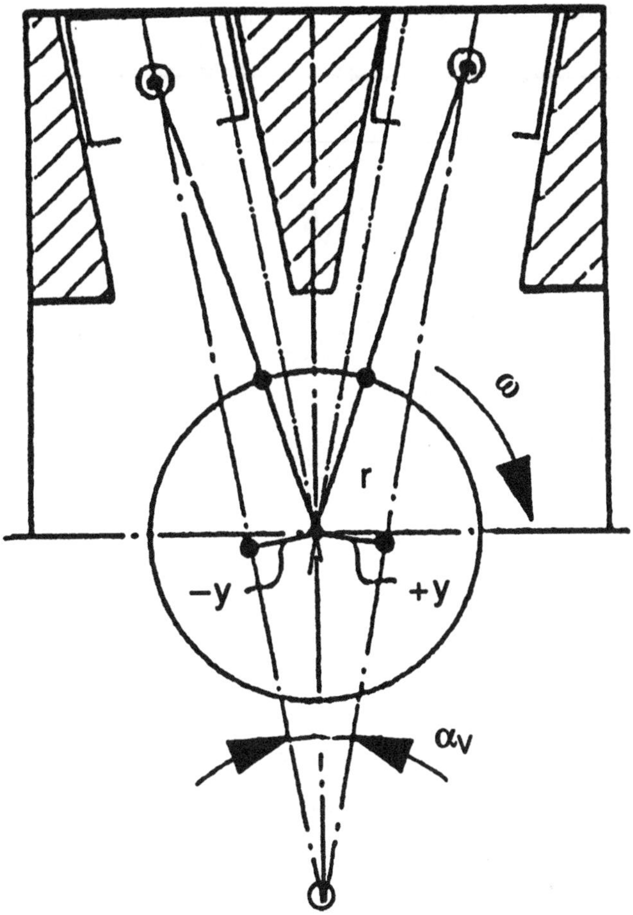

Abb. 4.22 Schränkung des Kurbeltriebs beim V-Reihenmotor (Vorzeichendefinition hier gemäß VW VR-Motoren [35])

henmotor mit sehr kleinem V-Winkel der Fall, der die Verwendung eines einzigen Zylinderkopfes und damit eine sehr kompakte Bauweise erlaubt [35]. Die räumlichen Verhältnisse erzwingen es, dass die Zylinderachse nicht mehr die Kurbelwellenlängsachse schneidet, wie dies für V-Motoren üblich ist. Die Schnittpunkte in dieser Ebene liegen seitlich links und rechts versetzt. Folglich ist eine Zylinderbank D- und die andere GD-seitig geschränkt (Abb. 4.22).

Wie aus Abb. 4.20 (rechts) hervorgeht, muss Gl. (4.76) im allgemeinen Fall um den seitlichen Versatz y erweitert werden. Mit der auf die Pleuellänge bezogenen Exzentrität $e = \pm y/l$ lautet die Kolbenwegkoordinate:

$$x_K = r\left(\cos\varphi + \frac{1}{\lambda_{Pl}}\sqrt{1 - (\lambda_{Pl}\sin\varphi + e)^2}\right) \tag{4.77}$$

Die Kolbengeschwindigkeit $\dot{x}_K$ und die Kolbenbeschleunigung $\ddot{x}_K$ berechnen sich durch ein- bzw. zweimalige Ableitung nach der Zeit unter Berücksichtigung, dass der Kurbelwinkel drehzahlproportional ist ($\varphi = \omega\, t$) [31]:

$$\dot{x}_K = -r\,\omega \left[\sin\varphi + \frac{\cos\varphi\,(\lambda_{Pl}\sin\varphi + e)}{\sqrt{1-(\lambda_{Pl}\sin\varphi + e)^2}} \right] \tag{4.78}$$

$$\begin{aligned}\ddot{x}_K = -r\,\omega^2 &\left[\cos\varphi + \frac{\lambda_{Pl}\cos^2\varphi\,(\lambda_{Pl}\sin\varphi + e)}{\sqrt{\left[1-(\lambda_{Pl}\sin\varphi + e)^2\right]^3}} + \frac{\lambda_{Pl}\cos^2\varphi - \sin\varphi\,(\lambda_{Pl}\sin\varphi + e)^2}{\sqrt{1-(\lambda_{Pl}\sin\varphi + e)^2}} \right] \\ &-r\,\dot{\omega} \left(\sin\varphi + \frac{\cos\varphi\,(\lambda_{Pl}\sin\varphi + e)}{\sqrt{1-(\lambda_{Pl}\sin\varphi + e)^2}} \right)\end{aligned} \tag{4.79}$$

Für die meisten Berechnungen lohnt der Aufwand nicht, mit Gl. (4.79) zu rechnen. Kolbenweg, -geschwindigkeit und -beschleunigung können als periodische Funktionen vorteilhaft einer Fourier-Analyse unterzogen werden. Für die Kolbenbeschleunigung bei konstanter Drehzahl $\left(\dot{\omega} = 0\right)$ gilt dann:

$$\ddot{x}_K = -r\,\omega^2(\cos\varphi + A_1\sin\varphi + A_2\cos 2\varphi + A_3\sin 3\varphi + A_4\cos 4\varphi + \ldots) \tag{4.80}$$

Liegt keine Schränkung vor und ist die Kolbendesachsierung hinreichend klein, so können die Sinus-Glieder der Reihe vernachlässigt werden. Die Konstanten A_i sind dann nur Potenzreihen des Pleuelstangenverhältnisses λ_{Pl}:

$$A_2 = \lambda_{Pl} + \frac{\lambda_{Pl}^3}{4} + \lambda_{Pl}^5\frac{15}{128} + \ldots, \qquad A_4 = -\frac{\lambda_{Pl}^3}{4} - \lambda_{Pl}^5\frac{3}{16} - \ldots \qquad \text{usw.}$$

Außerdem kann mit einem Fehler < 1 % eine Näherungsformel verwendet werden:

$$\ddot{x}_K = -r\,\omega^2(\cos\varphi + \lambda_{Pl}\cos 2\varphi) \tag{4.81}$$

Das desachsierte und/oder geschränkte Triebwerk hat einen unsymmetrischen Kolbenhubverlauf. Der obere bzw. untere Totpunkt stellt sich, wie aus Abb. 4.23 hervorgeht, in der Streck- bzw. Decklage ein. Der Kolbenhub s^* ist größer als der Kolbenhub $s = 2\,r$ des ungeschränkten Triebwerks:

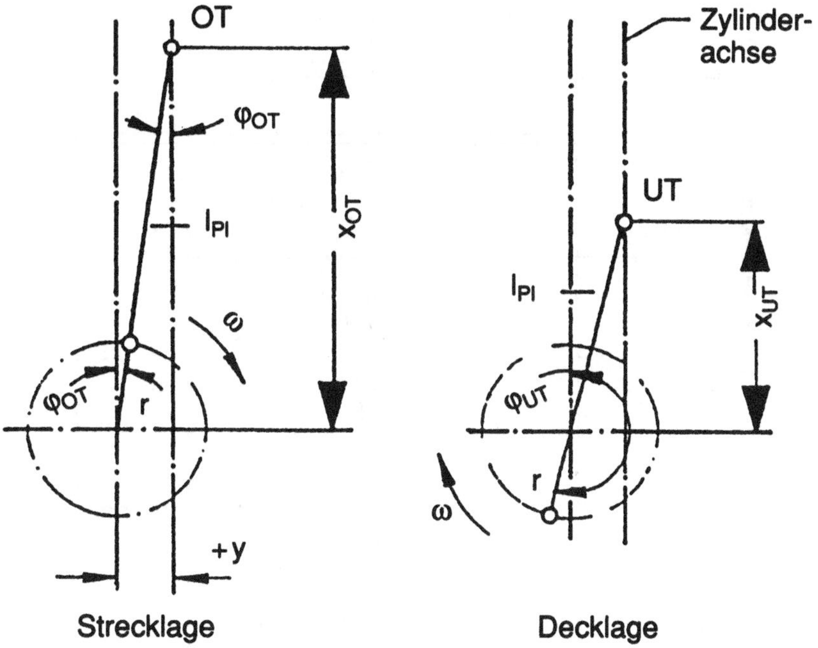

Abb. 4.23 Totpunkte des geschränkten Kurbeltriebs

$$s^* = x_{OT} - x_{UT} = \frac{r}{\lambda_{Pl}} \left(\sqrt{(1 + \lambda_{Pl})^2 - e^2} - \sqrt{(1 - \lambda_{Pl})^2 - e^2} \right) \tag{4.82}$$

Der Kurbelwinkel wird weiterhin von der OT- oder UT-Lage des nicht desachsierten und/oder geschränkten Triebwerks aus gezählt. Die Totpunkte werden dann bei folgenden Winkeln erreicht:

$$\begin{aligned} \varphi_{OT} &= \arcsin \frac{y}{l_{Pl} + r} = \arcsin \frac{e}{1 + \lambda_{Pl}} \\ \varphi_{UT} &= \arcsin \frac{y}{l_{Pl} - r} + \pi = \arcsin \frac{e}{1 - \lambda_{Pl}} + \pi \end{aligned} \tag{4.83}$$

Nach Definition von VW – um dieser zu genügen, muss in den Gl. (4.77), (4.78) und (4.79) $+e$ durch $-e$ ersetzt werden – wird unter positiver Desachsierung und/oder Schränkung ein Versatz zur Gegendruckseite, unter negativer Desachsierung und/oder Schränkung ein Versatz zur Druckseite verstanden. Der untere Totpunkt folgt dem oberen im ersteren Fall nach mehr als 180°, im letzteren Fall nach weniger als 180°. Da der obere Totpunkt außerhalb der definitionsgemäßen OT-Lage liegt, ist beim geschränkten Triebwerk keine zusätzliche Desachsierung notwendig.

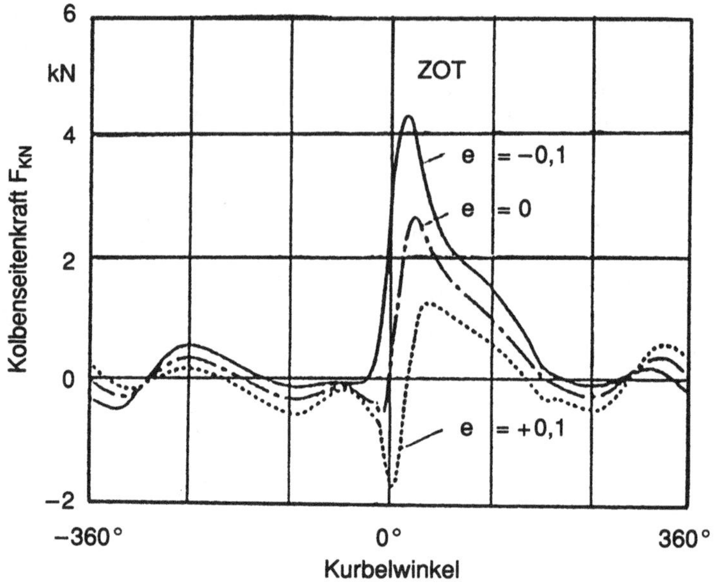

Abb. 4.24 Kolbenseitenkraftverläufe bei unterschiedlicher Schränkung (nach [35]) Ottomotor: Zünddruck 60 bar, $n = 3000$ 1/min, $D_K = 81$ mm, $s = 86$ mm, $l_{Pl} = 164$ mm, $m_{osz} = 0{,}5$ kg

Wie aus Abb. 4.24 deutlich zu ersehen ist, verfügt der V-Reihenmotor über zwei entgegengesetzt geschränkte Zylinderreihen mit entsprechend unterschiedlicher Kolbenseitenkraftbelastung, die unter den genannten Randbedingungen bei der nach VW-Definition negativ geschränkten Reihe ca. 60 % höher liegt als bei ungeschränktem Triebwerk. Dies stellt erhöhte Anforderungen an die Kolbenkonstruktion, um unzulässig großen Schaftverformungen vorzubeugen.

4.2.4 Konventionelle Berechnung des Kolbens

4.2.4.1 Bauarten von Kolben für Otto- und Dieselmotoren, Einsatzgrenzen

Tab. 4.1 am Ende des Abschn. 4.2.3.1 gibt einen groben Überblick über gebräuchliche Kolbenbauarten, ohne jedoch auf die Kolbenkonzepte im Detail, deren gezielten Einsatz sowie die jeweiligen Einsatzgrenzen einzugehen. Dies soll im Wesentlichen auch den technischen Informationen der Kolbenhersteller vorbehalten bleiben. Da technische Handbücher (z. B. [33, 34, 36]) allerdings aufwändig in der Erstellung sind, werden diese erfahrungsgemäß nur in größeren Zeiträumen aktualisiert. Es sind daher vor allem die zahlreichen aktuellen technischen Schriften der Kolbenhersteller zu beachten. Obwohl die Vorbereitung einer Neuauflage dieses Buches mit dem technischen Fortschritt nur schwer Schritt hält, zeichnen z. B. [37–41] ein Bild aktueller Kolbentechnologie.

4.2.4.1.1 Kolben für Ottomotoren

Bei Ottomotoren war in der Vergangenheit das konstruktive Konzept des Zylinderkurbelgehäuses (Motorblock) und der Zylinderwerkstoff von grundsätzlicher Bedeutung für die Kolbenbauart. Beides zusammen bestimmt das thermische Ausdehnungsverhalten der Zylinderbohrung. Ohne auf konstruktive Details einzugehen, ist klar ersichtlich, dass ein Graugusszylinder mit einem Wärmeausdehnungskoeffizienten $\alpha_{GJL} = 9(11) \cdot 10^{-6}\,\mathrm{K}^{-1}$ im Vergleich mit einem Kolben aus eutektischer AlSi-Kolbenlegierung mit $\alpha_{AlSi12} = 21 \cdot 10^{-6}\,\mathrm{K}^{-1}$ auf der Seite des letzteren Maßnahmen zur Teilkompensation der Wärmeausdehnung notwendig machen kann, wenn ungünstig große Kaltspiele nicht nur im Nenndurchmesserbereich (Einbauspiel), sondern auch im wenig elastischen oberen Schaftbereich (Rückfall) und über dem Schaftumfang vermieden werden sollen. Dies war die Begründung für den Einsatz von Regelkolben.

Wegen der historischen Bedeutung von Regelkolben bis in die jüngste Vergangenheit wird auf diese, obwohl sie mittlerweile kaum mehr eine Rolle spielen, im Folgenden noch näher eingegangen. Das bis heute wirkungsvollste Prinzip basiert auf dem Bimetall-Effekt. Im Kolben werden dazu symmetrisch zueinander zwei gekrümmte Stahlblechstreifen eingegossen, die sich im mittleren Schaftbereich abstützen, im Schaft- und Kastenbereich innen aufliegen und mit einem bügelartigen Mittelteil in der jeweiligen Nabenabstützung oberhalb der Bolzenbohrung verankert sind. Die Aluminiumlegierung schrumpft beim Erstarren, bedingt durch Schwindung und den etwa doppelt so großen Wärmeausdehnungskoeffizienten, auf die Stahl-Regelglieder auf, d. h., diese werden vom Aluminium auf ihrer Außenseite umklammert. Bei Erwärmung – Ausdehnung – des Aluminiumumgusses wird die Druckvorspannung teilweise abgebaut. Dies erlaubt eine Rückverformung (Verstärkung der Krümmung, nachdem die Regelglieder bei der Abkühlung zuvor „gestreckt" wurden) im Sinne des Bimetall-Effekts. Es kann auch die Vorstellung herangezogen werden, dass im Kolbenschaft links und rechts der Schaftmitte zwei gegensinnige Biegemomente wirken (siehe Prinzipskizze in Abb. 4.25, oben), die den Schaftdurchmesser in DS-/GDS-Richtung verkleinern und die thermische Verformung in die Bolzenachsenrichtung umlenken, wo sie in Verbindung mit der ovalen Formgebung vergleichsweise unproblematisch ist.

Demgegenüber war in der Vergangenheit der Einmetallkolben nur für den unbewehrten Zylinder aus übereutektischer AlSi-Legierung oder aus weniger hochwertiger AlSi-Legierung z. B. mit Ni-SiC-Beschichtung die richtige Lösung. Der übereutektische Zylinder erfordert eisenbeschichtete Kolben, was in diesem Zusammenhang ohne Bedeutung, wegen der damit verbundenen Mehrkosten aber erwähnenswert ist.

Der Auslegungszünddruck korreliert mit der spezifischen Leistung. In der Ölringnut geschlitzte Kolben mit demzufolge elastischem Schaft, die im oberen Schaftbereich eng geführt werden konnten, gehören der Vergangenheit an. Unterbrochener Wärmefluss und sehr begrenzte Gaskraftbelastbarkeit reduzierten die Einsatzmöglichkeit dieser Bauart zuletzt auf wenige thermisch gering beanspruchte Motoren. Diese spielen in Europa seit langem keine Rolle mehr. Mit der zunehmenden Bedeutung von Vierventilmotoren immer höherer spezifischer Leistung war aufgrund erhöhter thermischer Beanspruchung eigentlich eine möglichst gute Regelwirkung wünschenswert, wie sie der Bimetallkolben bietet (nach

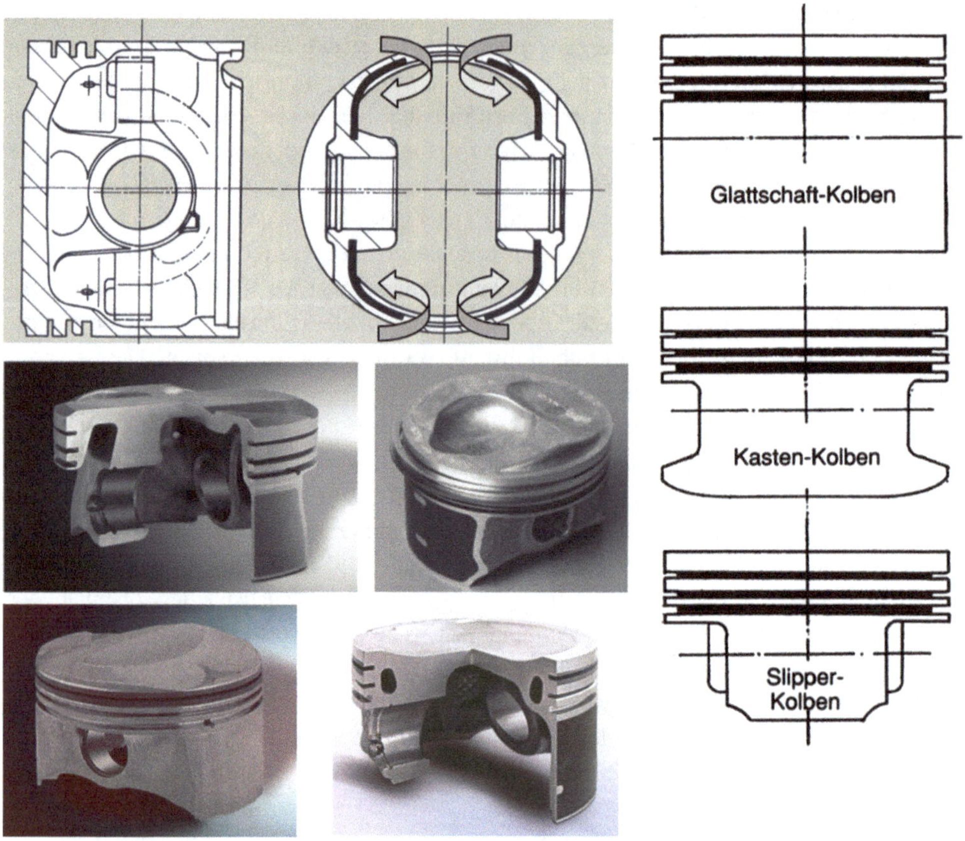

Abb. 4.25 Andeutung des Bimetalleffekt beim nach diesem Prinzip funktionierenden Regelkolben (oben); prinzipielle Unterscheidung der Kolbenkonstruktionen, hier anhand der Ausführung des Kolbenschafts (rechts); moderner Einmetall-Leichtkolben (Bauart LiteKS®) (Mitte, links); Benzin-Direkteinspritzerkolben (1./2. Generation, wand-/luftgeführte Gemischbildung) (Mitte, mittig bzw. unten, links); Kühlkanalkolben für aufgeladenen Ottomotor (unten, mittig) (Kolbenbeispiele aus Unterlagen der damaligen Kolbenschmidt AG, heute KS Kolbenschmidt GmbH, Unternehmen der Rheinmetall Automotive AG)

dem Produktnamen eines Kolbenherstellers auch „Autothermatikkolben" genannt). Zunehmend kamen jedoch Einmetallkolben als leichtere (Wegfall der Regelglieder) und kostengünstigere Alternative generell zum Einsatz. Zum generellen Durchbruch des Einmetallkolbens haben geeignete Konstruktionen des Kolbenschafts mit optimierter Steifigkeitsverteilung und gleichmäßigerer Pressungsverteilung beigetragen. Damit gelingt es, auch solche Kolben deutlich enger führen zu können. Im Übrigen ist der lange bekannte Sachverhalt jetzt auch in der Fachliteratur nachzulesen: „In betriebswarmem Zustand läuft der Kolben mit Überdeckung im Zylinder" [34]. Immer mehr Bedeutung gewannen außerdem hoch warmfeste Varianten der eutektischen Al-Si-Kolbenlegierung. Die übereutektische Kolbenlegierung zeichnet sich durch günstigeres Verschleißverhalten (z. B. in den Ringnuten) bei allerdings etwas reduzierten Festigkeitswerten aus. Sie hat kaum mehr praktische Bedeutung.

Hochleistungs-Ottomotoren benötigen im Gegensatz zu den im Schwerkraftkokillenguss gegossenen Kolben den gepressten Kolben (Schmiedekolben). Diese Bauart ist verfahrensbedingt nur als Einmetallkolben herstellbar. Das Einbringen eines Kühlkanals kann nur auf bearbeitungstechnischem Weg mit nachträglichem Verschließen mittels des Elektronenstrahlschweißens erfolgen. Während in den 1980er-Jahren bereits oberhalb einer spezifischen Leistung von 60 kW/l der gepresste Kolben noch als zwingend erforderlich erachtet wurde, gibt es heute bei Serienmotoren – abgesehen von subjektiven Meinungen – keine eindeutige Obergrenze mehr für Gusskolben. Letztlich ist es neben den erreichten gießtechnischen Fortschritten eine Frage der Begrenzung der maximalen Kolbentemperaturen. Auch die Meinung hinsichtlich dieselspezifischer Merkmale wie Kühlkanal und nicht zuletzt Ringträger beim Ottomotorkolben hat sich grundsätzlich gewandelt (Abb. 4.25, unten mittig). Damit eröffnen sich neue Möglichkeiten für den Einsatz des Gusskolbens auch bei zukünftigen hoch aufgeladenen Ottomotoren im Rahmen des aus Gründen der Senkung des Kraftstoffverbrauchs sich abzeichnenden „Downsizing".

Am rechten Rand von Abb. 4.25 sind auch die gebräuchlichsten Kolbenkonstruktionen angedeutet. Der Glattschaftkolben ohne oder mit nur geringfügig im Bereich der Bolzennaben eingezogenem Schaft hat nur noch bei Dieselmotoren eine gewisse Bedeutung. Die häufigste Ausführung ist der „Kastenkolben" mit stärker eingezogenem Schaft im Bereich der Bolzennaben. Dieses Merkmal wirkt sich günstig auf die Kolbenmasse aus. Im horizontalen Schnitt durch die Bolzennabe zeigt sich ein kastenförmiger Querschnitt, der zur Namensgebung geführt hat. Die Kastenwände verlaufen zunehmend auch schräg oder sind gewölbt (bezogen auf den horizontalen Querschnitt). Damit lässt sich ein günstigerer Steifigkeitsverlauf über dem Umfang erzielen. Es ist oben bereits vermerkt, dass aufgrund uneinheitlicher Terminologie ein Kastenkolben auch als Fensterkolben bezeichnet wird und umgekehrt.

Weiteres „Abspecken" unterhalb des Kastens führt in Verbindung mit einer Schaftkürzung und Verkleinerung des Schaftumfangs zu einer Bauweise, die als „Slipper"-Kolben bezeichnet wird. Zusätzliche Maßnahmen zur Massenreduzierung hängen vom Anwendungsfall ab. „Slipper"-Kolben leiden bei kompromissloser Konstruktion an mangelnder Geradführung. Sie sind daher für Serienmotoren aus Geräusch- und u. U. auch Emissionsgründen überaus schwierig, wenn überhaupt allen Anforderungen gerecht werdend abzustimmen. Wegen uneinheitlicher Terminologie wird der „Slipper"-Kolben teils auch als Kastenkolben bezeichnet, wie oben bereits vermerkt.

Vor allem Ottomotoren unterliegen dem „Downsizing". Hubraum und Zylinderzahl werden reduziert. Die fortschreitende Hybridisierung kombiniert baukleinere Ottomotoren mit einer elektrischen Maschine. Zwecks weitgehender Leistungskompensation setzt sich auch bei Ottomotoren die Abgasturboaufladung durch. Die damit verbundene Steigerung der spezifischen Leistung auf 100 und mehr kW/l und Zünddrücke $\geq$130 bar setzten der herkömmlichen Kolbenbauweise bei Ottomotoren Grenzen.

Moderne Leichtbaukolben für Ottomotoren, wie in Abb. 4.25 (Mitte links) beispielhaft abgebildet, sind einerseits in gewissem Sinn eine Synthese aus gestalterischen Merkmalen der beiden genannten herkömmlichen Kolbenbauarten, heben sich andererseits durch neue Leichtbaumerkmale von diesen deutlich ab. Die kontinuierlich weiterentwickelte Kolbenbauweise [42] beruht auf einer kompakteren, mehr Stabilität verleihenden, spannungsminimierenden Außen- und Innenformgebung sowie dem zusätzlichen Potenzial hochwarmfester Kolbenlegierungen (z. B. KS 309, MAHLE M142, M145). Mit einer solchen kann z. B. die Belastbarkeit der Bolzennabe um bis ca. 30 % gesteigert werden.

Mit dem Maßnahmenpaket gelingt es, die Auslegungskriterien geringe Masse, hohe Steifigkeit, verbesserte Gestaltfestigkeit und optimiertes Kolbengeräusch zu erfüllen. Die den asymmetrischen (mit größerem Schaftumfangswinkel auf der Druckseite) und reibungsreduzierend beschichteten Kolbenschaft abstützenden Seitenwände („Kastenwände") sind konvex gestaltet und schräg gestellt, auch um die Bodenspannungen zu reduzieren. Sie stützen sich außen mit Rippen gegen den Kolbenboden ab. Der konzeptbedingte kleine Augen- bzw. Nabenabstand und die Trapeznabe (Bolzennabe für Trapezpleuel) ermöglichen einen recht kurzen Kolbenbolzen, stützen diesen in der Bolzennabe besser ab und erhöhen deren Tragfähigkeit. Reduzierte Wanddicken bei steifigkeitsoptimierter Wandgestaltung, Ringfeld mit Masse einsparendem Hinterschnitt und nicht zuletzt eine geringe Kolbenkompressionshöhe tragen zur Abrundung des konstruktiven Leichtbaukonzepts wesentlich bei. Abb. 4.26 verdeutlicht die konstruktiven Merkmale des Leichtkolbenkonzepts, hier in Form eines Kolbens mit Ringträger und Kühlkanal für hohe spezifische Leistung, in Form einer Schnittdarstellung.

Herkömmliche Merkmale des Kolbenbodens von Ottomotoren sind eine hinreichend große „Quetschfläche" und optional Ventiltaschen sowie eine flache Brennraummulde.

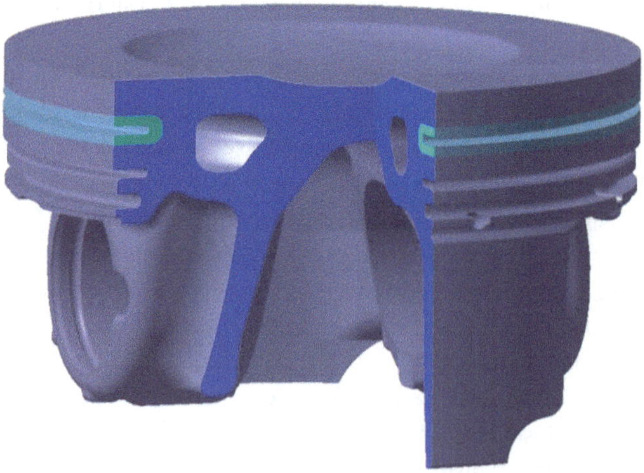

Abb. 4.26 Schnitt durch eine modernen Leichtbaukolben für Ottomotoren, Bauart „Liteks 4" mit Ringträger und Kühlkanal (© KS Kolbenschmidt GmbH, Unternehmen der Rheinmetall Automotive AG)

Die Quetschfläche dient der Unterstützung der Gemischbildung durch Ladungsbewegung. Sie erzeugt eine nach innen gerichtete Quetschströmung („Squish") bei OT-Annäherung des Kolbens. Wie aus Abb. 4.25 (Mitte, rechts) ersichtlich, hat insbesondere die mittlerweile als technisch überholt zu betrachtende wandgeführte Gemischbildung der Benzindirekteinspritzung 1. Generation den Kolbenboden erhaben gestaltet und mit einer zweiteiligen Brennraummulde versehen. Dies führte zu einer verstärkten Kopflastigkeit und einer Erhöhung der Kolbenmasse um ca. 10 %. Der exzentrischen Einspritzdüse zugewandt ist die Kraftstoffmulde, die den Kraftstoffstrahl geeignet ablenkt. Die zweite Mulde, die Strömungsmulde, lenkt z. B. im Fall der Tumble-Strömung diese gegen Ende des Verdichtungstakts gegen den abgelenkten Kraftstoffstrahl und transportiert so das Gemisch in Richtung der Zündkerze. Mit Übergang auf verstärkt luftgeführte Gemischbildung traten die charakteristischen Merkmale des Kolbenbodens weniger ausgeprägt in Erscheinung. Damit wurde auch die Kopflastigkeit abgemildert. Mit der Einführung der strahlgeführten Gemischbildung und etwa zentraler Einspritzdüse ist der Kolbenboden weiterhin etwas erhaben, kommt jedoch mit etwa zentraler, flacher Brennraummulde wieder einer herkömmlichen Auslegung bedingt nahe.

Zur Ausschöpfung aller CO_2-Reduzierungspotenziale gewinnen Maßnahmen zur Minimierung der Kolbenreibungsverluste – Kolben mit Kolbenringen verursachen bis etwa die Hälfte der gesamten Reibungsverluste des Motors – immer mehr Bedeutung. Dabei steht zunehmend auch der Kolbenschaft im Fokus. In diesem Zusammenhang ist auf eine systematische Untersuchung des konstruktiven Einflusses der Kolbenschaftgeometrie hinzuweisen [43]. Danach zeigt sich, dass eine Verkleinerung der Schaftfläche bei Teillast zwar Reibungsvorteile bringt, nicht jedoch bei Volllast wegen steigender Mischreibungsanteile. Auch zeigt sich, dass eine erhöhte Schaftsteifigkeit als Folge festigkeitssteigernder Maßnahmen die Reibungsverluste im gesamten Kennfeld erhöhen kann, wenn damit keine gesamtheitliche konstruktive Optimierung einhergeht.

Es wurden in den letzten Jahren neuartige Schaftbeschichtungen – optional auf Nanopartikel-Basis – entwickelt [42, 44, 45]. Sie bestehen aus Festschmierstoffen (Graphit, Molybdändisulfid etc.) und Additiven bzw. Füllstoffen aus harten Partikeln (Metalle, Metalloxide (Keramik), sogar Diamant [45]), eingebettet in eine Polymer-Matrix, z. B. Polyamidimid (PAI-Harz) oder Polytetrafluorethylen (PTFE). Die Beschichtung wird dabei kostengünstig mittels des Siebdruckverfahrens auf das obligatorische Drehprofil, das beim Kolbenschaft allerdings speziellen Normen genügen muss, aufgebracht. Damit können nachweislich die Trockenreibung deutlich reduziert und der Verschleißwiderstand erhöht werden. Kolben und Kolbenringe unterliegen im Bereich der Totpunkte der Misch- bzw. Grenzreibung. Eine weitere Option steht mit der DLC-Beschichtung des Kolbenbolzens zu Verfügung. DLC, „Diamond-like Carbon", ist eine reibungs- und verschleißreduzierende Kohlenstoffbeschichtung mit diamantähnlicher Struktur.

Zu eutektischen bis geringfügig übereutektischen hochwarmfesten Kolbenlegierungen ist anzumerken, dass für diese die Anhebung des Kupfer- und Nickelgehalts sowie z. B. geringe Zugaben von Vanadium und Zirkonium kennzeichnend ist. Die Einstellung von Festigkeit und Härte sowie die Volumenstabilisierung erfolgen mittels Lösungsglühen,

Abschrecken und Warmauslagern. Oberhalb von 250 °C verliert die auf Ausscheidungshärtung beruhende intermetallische Al_2Cu-Phase an Bedeutung. Temperaturstabilere, hartphasenbildende nanokristalline Ausscheidungen übernehmen bei diesen speziellen Legierungen eine tragende Rolle [42]. Die Kolbenhersteller modifizieren die hochwarmfesten Kolbenlegierungen je nach Anwendung, d. h. spezifisch für Otto- oder Dieselmotoren. Steigende Ringnuttemperaturen in der 1. Ringnut erfordern auch bei Ottomotoren eine Ringnutbewehrung. Das potenzielle Problem ist das punktuelle „Verschweißen" von Ring- und Nutflanke. In der Folge haftet an der Kolbenringflanke Aluminium, das von der Ringnutflanke abgetragen wurde. Undichtheit und folglich stark ansteigende Blowby-Gasmenge sind die höchst unangenehmen Folgen. Mit der Hartanodisierung der 1. Ringnut steht eine wirksame Maßnahme zur Verfügung. Letztes Mittel ist auch beim Ottomotor der wegen seiner Massenerhöhung hier ungeliebte Ringträger aus austenitischem Gusseisen.

4.2.4.1.2 Kolben für Pkw-Dieselmotoren

Bei Pkw-Dieselmotoren hat der Motor mit Direkteinspritzung (DI) den mit indirekter Einspritzung (IDI), der bis Anfang der 1990er-Jahre als Vorkammer- und Wirbelkammer-Motor dieses Segment ausschließlich beherrschte, vollständig abgelöst. Auch bei Pkw-Dieselmotoren ist die spezifische Leistung ein entscheidendes Kriterium, wobei die thermische Beanspruchung in Form der Boden- (Muldenrand-), Ringnut- und Nabentemperatur die Bauart bestimmt. Mit der spezifischen Leistung korreliert der Zünddruck, der angesichts von Werten um 200 bar sich einem für Aluminium-Kolbenlegierungen kritischen Wert annähert.

Abb. 4.27 (oben) verdeutlicht die konstruktiven Merkmale eines zeitgemäßen Pkw-Dieselkolbens (ω-Brennraummulde, Ringträger, Kühlkanal und Trapeznabe für Trapezpleuel [46]). In Abb. 4.27 (unten links) sind die aktuellen Leistungsgrenzen verschiedener Kolbenkonzepte anhand der damit zuverlässig erreichbaren spezifischen Leistung gekennzeichnet, wie sie aus Sicht eines Kolben-Herstellers vor einiger Zeit gesehen wurden. Zünddruck und spezifische Leistung sind seither weiter gestiegen. Zur Beherrschung des Ringnutverschleißes in der ersten Ringnut ist der Einsatz eines Niresist-Ringträgers obligatorisch. Mit steigender spezifischer Leistung wird der Einsatz hoch warmfester Legierungen immer zwingender. Ab spezifischen Leistungen um 40 kW/l reicht die Spritzölkühlung aus einer gehäusefesten Standdüse, die in den Kolben in der UT-Stellung eintaucht, nicht mehr aus, sodass Kühlkanalkolben in unterschiedlichen Bauarten zwingend erforderlich werden. Ladeluftkühlung trägt zur thermischen Entlastung bei. Der Querschnitt eines mittels Salzkern erzeugten Kühlkanals kann variabel und auch derart gestaltet werden, dass die Dynamik der Kolbenbewegung für erhöhten Schmieröldurchsatz sorgt (siehe z. B. [47]). Außerdem kann der Kühlkanal in den Ringträger integriert werden, um die Temperatur in der 1. Ringnut sowie am Brennraummuldenrand stärker abzusenken. Die höhere Belastbarkeit der Trapeznabe in Verbindung mit hochwarmfester Kolbenlegierung kann „Bolo-Buchsen" (interne Terminologie eines Kolben-Herstellers) – in die Bolzennabe eingeschrumpfte Buntmetall-Lagerbuchsen – bis zu einem gewissen Grad ersetzen. Bei der ω-Brennraummulde ist der hinterschnittene Muldenrand thermisch besonders hoch beansprucht und

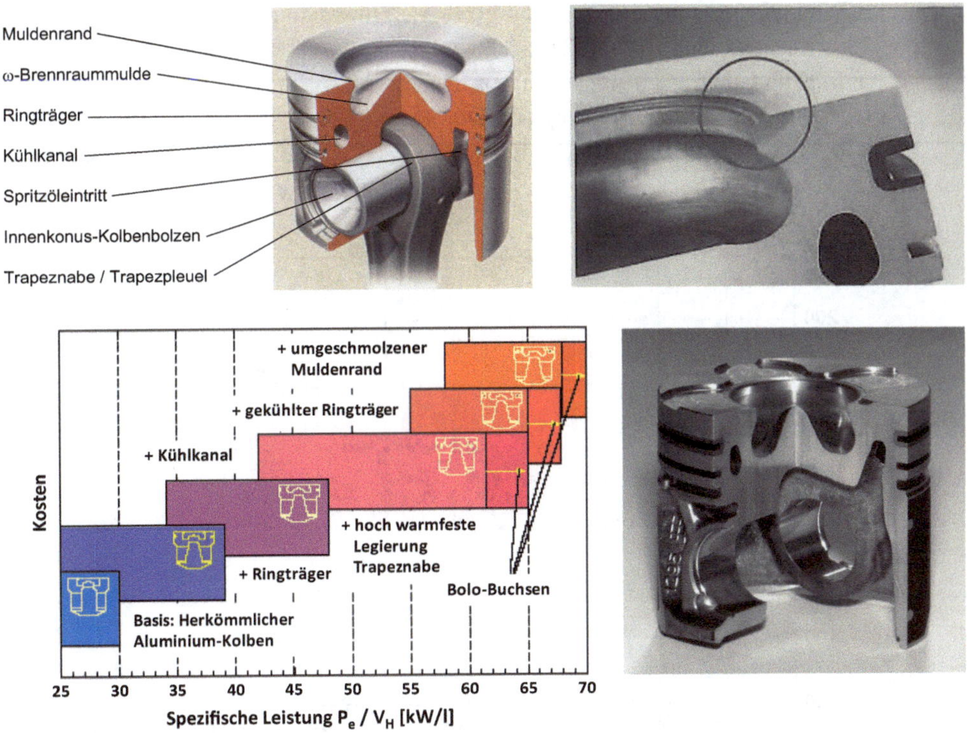

Abb. 4.27 Merkmale eines zeitgemäßen Pkw-Dieselkolbens (aus [46]) (oben links); umgeschmolzener Muldenrand (aus [49]) (oben rechts); ungefähre spezifische Leistungsbereiche und Kolbenkonzepte auf Aluminium-Basis für Pkw-DI-Dieselmotoren (mit allen verfügbaren Maßnahmen heute höhere spezifische Leistung realisierbar) (unten links); Beispiel Kolben AUDI 2,5 l V6 TDI (unten rechts) (Unterlagen der KS Kolbenschmidt GmbH, Unternehmen der Rheinmetall Automotive AG)

damit die Achillesverse des Kolbens. Als besonders wirksames Maßnahmenpaket gegen thermo-mechanische Ermüdung der Aluminium-Kolbenlegierung und die damit einhergehende Rissbildung in diesem Bereich wurde seinerzeit der Pressguss-Kolben mit Keramikfaser verstärktem Muldenrand entwickelt. Wie im Abschn. 4.2.4.1.3 weiter ausgeführt, konnte sich die vergleichsweise aufwändige Technologie aber keineswegs durchsetzen. Die alternative Technologie zur werkstofflichen Optimierung in diesem kritischen Bereich ist das Laser basierte gezielte Umschmelzen und schnelle Abkühlen des Muldenrands, Abb. 4.27 (oben rechts) (siehe z. B. [47–49]). Aufgrund der dabei erzielten hohen Erstarrungsgeschwindigkeit lässt sich lokal ein sehr viel feineres und homogeneres Gefüge mit deutlich verbesserten thermischen Ermüdungseigenschaften erzielen. Eine die Rissbildung verzögernde Hartanodisierung des Kolbenbodens wird schon seit vielen Jahren angewandt [47].

Mit der Direkteinspritzung erfolgte eine generelle Hinwendung zum Einmetallkolben. Auch bei Pkw-Dieselkolben spielt daher der Regelkolben keine Rolle mehr. Damit entfällt bei mechanisch und thermisch hoch beanspruchten Kolben auch ein gewisses Gestaltfestigkeitsrisiko in Verbindung mit Eingussteilen (Regelplatten).

Abb. 4.28 (oben) weist auf die rasante Entwicklung bei modernen Pkw-DI-Dieselmotoren hin. Dargestellt ist die Korrelation zwischen Zünddruck und spezifischer Leistung.

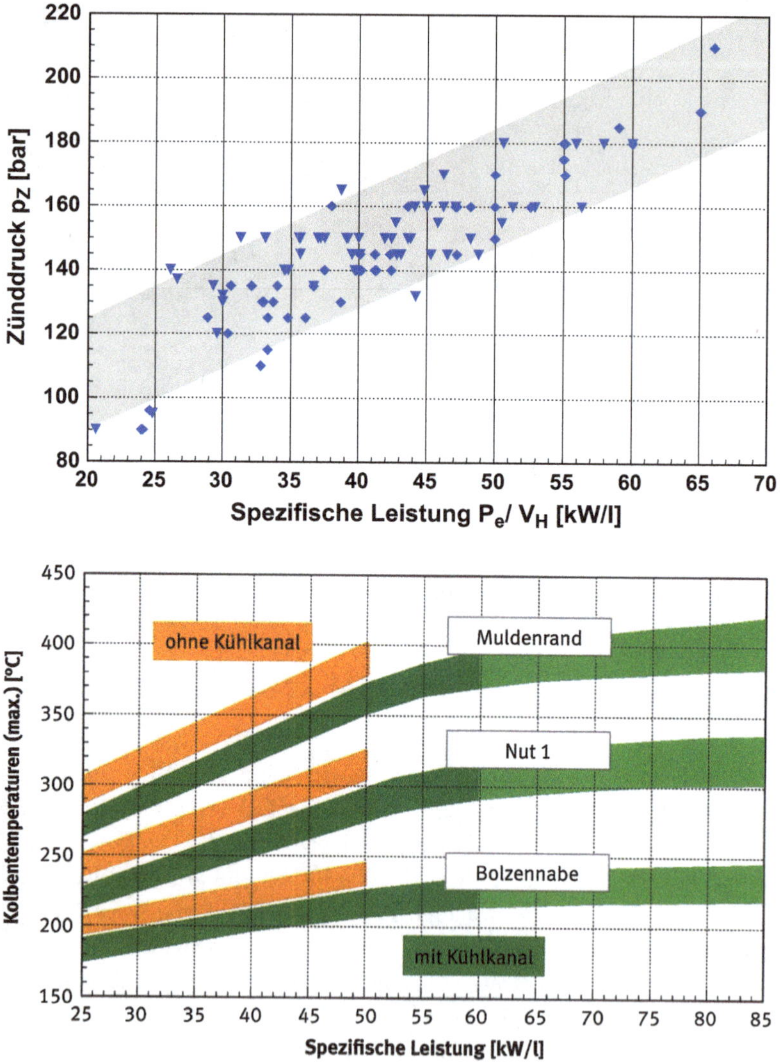

Abb. 4.28 Korrelation zwischen Zünddruck und spezifischer Leistung bei Pkw-Dieselmotoren (oben) (Unterlagen der KS Kolbenschmidt GmbH, Unternehmen der Rheinmetall Automotive AG); Kolbentemperaturen in Abhängigkeit von der spezifischen Leistung ohne und mit Kühlkanal (aus [38]) (unten)

Der entsprechende Einfluss auf die Kolbentemperaturen an primär funktionsrelevanten Stellen geht aus Abb. 4.28 (unten) hervor.

Es ist immer wieder mittels zahlreicher Optimierungen gelungen, die Einsatzgrenze von Pkw-DI-Dieselkolben aus Aluminium-Kolbenlegierung über die in den Abb. 4.27 und 4.28 ausgewiesene spezifische Leistung von 70 kW/l nach oben zu verschieben. Auch wenn nichts festgeschrieben ist, so wird es ab etwa 80 kW/l, 200 bar Zünddruck oder spätestens bei einer Muldenrandtemperatur um 380 °C auch für einen Aluminium-Kolben aus hochwarmfester Kolbenlegierung schwierig, seiner Funktion noch zuverlässig gerecht zu werden. Um am Aluminium-Kolben festhalten zu können, hat der Zünddruck daher einige Jahre bei 180 bis 185 bar stagniert. Diese Zurückhaltung wurde mittlerweile angesichts aktueller Anforderungen und der prinzipiellen Verfügbarkeit des, wenn auch teuren, Stahlkolbens aufgegeben, Abb. 4.29. Dessen Serieneinsatz bei Pkw-DI-Dieselmotoren wurde aufgrund langer Vorerprobung auch mit Aluminium-ZKG, deren Zylinderbohrung mittels thermischer Spritzschichten beschichtet sind, vor allem jedoch auch aus Kostengründen einige Zeit hinausgezögert.

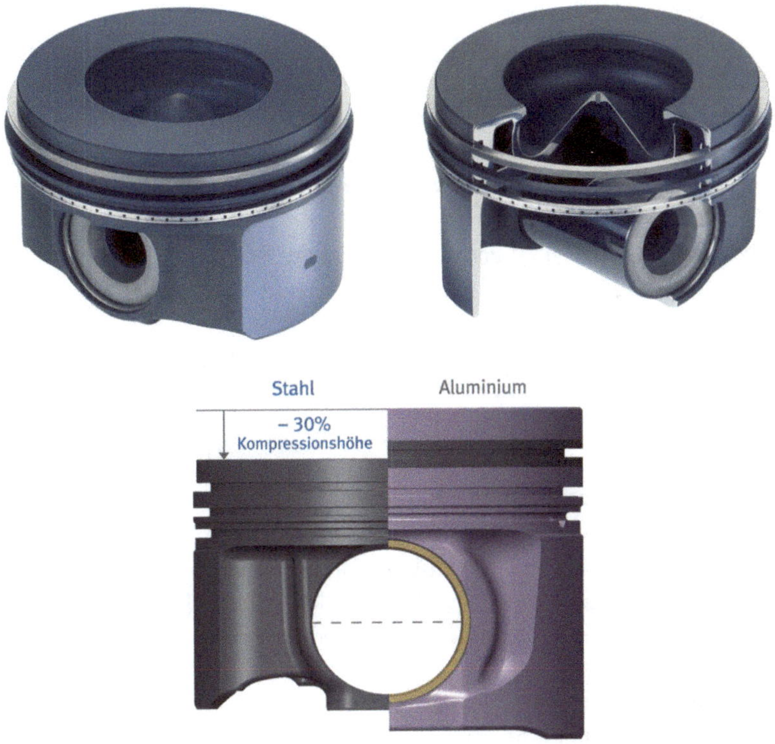

Abb. 4.29 Stahlkolben für Pkw-DI-Dieselmotor (oben); Dimensionen eines Pkw-DI-Dieselkolbens aus Stahl im Vergleich mit einem solchen aus Aluminium-Kolbenlegierung (unten) (© KS Kolbenschmidt GmbH, Unternehmen der Rheinmetall Automotive AG)

Wie der Vergleich in Abb. 4.29 (unten) unmittelbar zeigt, hat ein solcher Stahlkolben eine deutlich geringere Bauhöhe und insbesondere Kolbenkompressionshöhe. Die generellen Vorteile des Stahlkolbens lassen sich bei einer umfassenden Betrachtung wie folgt zusammenfassen, wobei 42CrMo4 aus der Werkstoffgruppe der legierten Vergütungsstähle unterstellt wird:

- Höhere Dauerfestigkeit bei Betriebstemperatur
- Eignung für Zünddrücke > 200 bar und spezifische Leistungen $\geq$ 90 kW/l
- Deutliche Reduzierung der Kompressionshöhe (ca. −30 %)
  - Potenzial für längeres Pleuel
  - In der Folge kleinerer Pleuelschwenkwinkel, dadurch geringere Kolbenseitenkraft, Beitrag zur Reduzierung der Reibungsverlusten auf Seite des Kolbenschafts
- Deutlich geringere Feuersteghöhe (ca. −50 %)
- Erheblich höhere Nabenbelastbarkeit (zulässige Nabenflächenpressung + 80 %)
- Ermöglichung eines kürzeren Kolbenbolzens
- Größerer Kühlkanalquerschnitt
- Reduzierte Wärmeausdehnung (nur etwa halb so großer linearer Wärmeausdehnungskoeffizient im Vergleich mit Aluminium)
  - Kleineres Einbau-, günstiges Laufspiel (Schaftrückfall, Ovalität), keine Überdeckung bei Betriebstemperatur
  - Weiterer Beitrag zur Reduzierung der Reibungsverluste auf Seite des Kolbenschafts
  - Günstige Beeinflussung des Kolbengeräuschs
- Bis 4 % geringerer Kraftstoffverbrauch (aufgrund von Reibungs- und thermodynamischen Vorteilen)
- Etwas geringere CO-, HC- und Partikel-Emissionen
- Mittlerweile Egalisierung der Masse eines äquivalenten Aluminium-Kolbens möglich.

In der Technik gibt es keine Vorteile, ohne auch einige Nachteile in Kauf nehmen zu müssen:

- Hohe Werkstoffdichte
- Spürbar schlechtere Wärmeleitung (Wärmeleitzahl nur ein Bruchteil der einer Aluminium-Kolbenlegierung)
- Dadurch höhere Bauteiltemperaturen mit Verzunderungsgefahr
- In Verbindung mit Aluminium-ZKG zwar besonders reibungsgünstiges Warmspiel, aber dadurch zumindest potenzielle Kolbengeräuschproblematik
- Etwas höhere NO_x-Emission
- Bereits erwähnte relativ hohe Herstellkosten, die den flächenhaften Einsatzsatz im Pkw-Dieselbereich verzögert haben.

Die thermodynamischen Vorteile – Wirkungsgradverbesserung des Hochdruckprozesses – resultieren aus einer stärkeren Aufheizung der Zylinderfüllung im Saug- und Kompressionshub, geringerem Zündverzug und der rascheren, OT-näheren Umsetzung des Kraftstoffs, sprich verkürzter Brenndauer aufgrund höherer Temperatur der Brennraummulde. Dies lässt sich als Erhöhung des quasi Gleichraum-Anteils der Verbrennung interpretieren [50]. Zünddruck, Druckanstiegsgeschwindigkeit dp/dφ und Verbrennungstemperatur sind daher beim Stahlkolben auch höher, womit die leichte Zunahme der NO_x-Emission erklärbar wird. Die Wandwärmeverluste sind trotz Veränderung der betreffenden Parameter letztlich doch wieder ähnlich wie beim Aluminium-Kolben.

Trotz der hohen Dichte von Stahl (42CrMo4: 7,7 g/cm^3) gelingt es, unter Nutzung der hohen Festigkeit und Steifigkeit mittels geringer Bauhöhe, kurzem Kolbenbolzen, dünner Wände, letztlich werkstoffspezifischem Design den Pkw-Diesel-Stahlkolben hinsichtlich seiner Masse neutral zu gestalten [50]. Die schlechte Wärmeleitung des Stahls 42CrMo4 – nur 25 bis 30 % des Werts einer Aluminium-Kolbenlegierung – erhöht jedoch die Bauteiltemperaturen nennenswert. Nun ist Stahl aber thermisch auch nicht so viel höher beanspruchbar, als unbedarft vermutet werden könnte. Bei Dauertemperaturen von 450 bis 500 °C besteht, abhängig von der Stahlqualität, latent die Gefahr, die Oberfläche durch Verzunderung zu schädigen und Ölkohle insbesondere im Kühlkanal zu bilden. Eine deutliche Anhebung der Bauteiltemperaturen begünstigt zudem prinzipiell die Ölalterung. Ausgehend von durch Verzunderung bedingten Oberflächendefekten können vor allem auch die gefürchteten Muldenrandrisse entstehen [34].

Der Kolbenkühlung kommt daher auch bei Stahlkolben besondere Bedeutung zu. Ein geringer Abstand des Kühlkanals zum Muldenrand, eine geringe Wanddicke zwischen Kühlkanal und Muldenrand und eine thermische Abschirmung der 1. Ringnut sind dabei wesentliche konstruktive Merkmale. Hinzu kommt ein vergrößerter Schmieröldurchsatz durch den größeren Kühlkanalquerschnitt. Dies führt zu einem hohen Kühlkanal mit großem Querschnitt. Auf diese Weise werden trotz vergleichsweise schlechter Wärmeleitung von Stahl ausreichend große Wärmeströme ermöglicht [49]. Bei Kolben für größere bzw. große Viertakt-Dieselmotoren kann in Verbindung mit einem Zwischenboden ein innerer Kühlraum unterhalb der Brennraummulde realisiert werden. Die kühlende Schmierölmenge gelangt vom (äußeren) Kühlkanal in den inneren Kühlraum und von dort zurück in den Kurbelraum.

Abb. 4.30 zeigt beispielhaft sowohl lokale Temperaturbereiche als auch Temperaturdifferenzen bei Volllast zwischen Stahl- und Aluminium nach Angaben eines Kolbenherstellers. Danach gelingt es mittels zielführender Maßnahmen (Geometrieoptimierung: Kühlkanal, Brennraummulde etc., Verbesserung der Kühlungsintensität: Spritzöldüsen, Spritzölmenge etc.) die Muldenrandtemperatur auf etwa 450 °C zu begrenzen und damit auf der sicheren Seite zu bleiben.

Die Brennraummulde im Kolbenboden von DI-Dieselkolben ist ein konstruktives Merkmal, das im Rahmen der Weiterentwicklung des Brennverfahrens der fortwährenden Optimierung unterliegt. Letzter Entwicklungsstand ist das Ersetzen der herkömmlichen ω-Mulde durch die Stufenmulde, Abb. 4.31 [51]. Der Muldenrand weist dabei eine

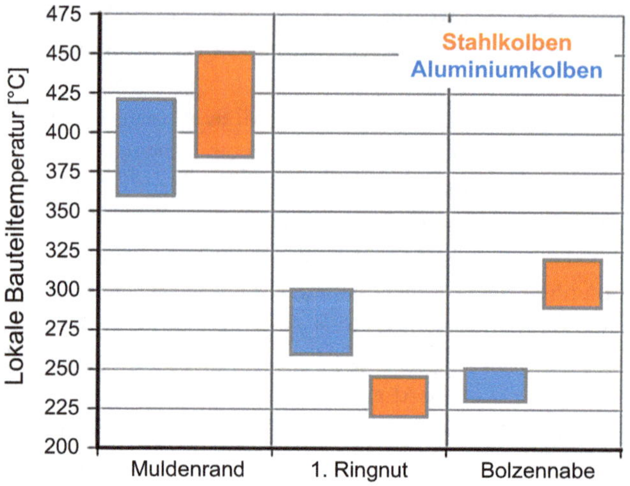

Abb. 4.30 Lokale Temperaturbereiche als auch Temperaturdifferenzen bei Volllast von bzw. zwischen Kolben aus Stahl und Aluminium-Kolbenlegierung (nach Angaben der KS Kolbenschmidt GmbH, Unternehmen der Rheinmetall Automotive AG)

Abb. 4.31 Stufenmulden-Kolben des Pkw-DI-Dieselmotors OM654 von Mercedes-Benz (aus [[51])

prägnante, nach innen abgesetzte Stufe auf. Im gestuften Bereich fängt sich dort, um bei der Terminologie der Quelle zu bleiben, ein „Frischgasvorhang". Insgesamt zeigen sich folgende Vorteile:

- Wirkungsgradsteigerung durch höhere Brenngeschwindigkeit und geringere Wandwärmeverluste infolge modifizierter Strömungsverhältnisse

- Bessere Luftausnutzung bei geringerer Partikel-Emission
- Geringerer Rußeintrag ins Schmieröl, geringere Kraftstoffbenetzung der Zylinderwand
- Gleichmäßigere Temperaturverteilung im Zylinderkopf mit thermischer Entlastung der Ventilstege.

4.2.4.1.3 Kolben für Nkw-Dieselmotoren

Bei Kolben für Nkw-Dieselmotoren mit direkter Einspritzung (DI) sind mehrere Kriterien gebräuchlich, um die Einsatzgrenzen verschiedener Kolbenbauarten zu definieren: der mittlere effektive Druck, die spezifische Leistung, die Kolbenflächenleistung und der Zünddruck [52]. In diesem Zusammenhang sind die Informationen und Fortschrittsberichte der Kolbenhersteller zu beachten. Ohne Zweifel korrelieren die genannten Größen mehr oder weniger direkt. Darüber hinaus wird noch nach dem Einsatzgebiet und damit dem Lastkollektiv zwischen „Medium Duty" und „Heavy Duty" (Begriffe sind nicht zu verwechseln mit den in Verbindung mit der US-Emissionsgesetzgebung eingeführten) unterschieden. Nur für „Medium-Duty"-Nkw kamen aus dem bereits genannten Grund früher auch Regelkolben in Frage. Wie bei Pkw-Dieselmotoren erfolgte auch im Nkw-Bereich mit zunehmender Belastung der Übergang vom innen angespritzten Kolben zum Kühlkanalkolben unter Nutzung der Ladeluftkühlung. Das obere Ende wurde dann vom Pendelschaftkolben mit Stahloberteil abgedeckt. Eine Alternative schien zeitweilig der im Muldenrandbereich faserverstärkte, im Pressgussverfahren (auch „Squeeze-Casting" genannt) hergestellte Aluminiumkolben darzustellen. Dieses Kolbenkonzept konnte sich seinerzeit aufgrund der damaligen eindeutigen Präferenz des Pendelschaftkolbens seitens der Nutzfahrzeugmotoren-Hersteller nicht breit durchsetzen. Angesichts steigenden Zünddrucks und demzufolge erhöhter Muldenrandtemperatur hätte dieses Kolbenkonzept zumindest zeitweise eine geeignete Lösung für Pkw-DI-Dieselmotoren sein können. Es galt für die Massenmotorisierung jedoch stets als relativ teuer.

Angesichts von 220 bar Zünddruck und mehr rückt bei Nkw-Motoren der ganz aus Stahl bestehende Kolben (z. B. [40]) zunehmend in den Vordergrund, Abb. 4.32. Die Vorteile gegenüber dem Pendelschaftkolben sind höhere Zünddruckbelastbarkeit (Nabenbelastbarkeit sowie reduzierte Bauteilspannungen infolge geringerer Verformungen aufgrund steiferer Gestalt), geringere Kavitationsneigung (Abfangen der Sekundärbewegung über den Kolbenschaft), reduzierte Reibleistung (gleicher Wärmeausdehnungskoeffizient auf der Kolben- und Zylinderseite reduziert die Kalt-/Warmspieldifferenz), Potenzial zur Reduzierung der Kompressions- und damit Motorbauhöhe sowie bei entsprechender Auslegung auch geringere Masse. Aufgrund des im Vergleich mit Aluminium schlechten Wärmeleitungsvermögens von Stahl steigt allerdings das Kolbentemperaturniveau deutlich an. Die Temperaturobergrenze – bei den verwendeten mikrolegierten Stählen ca. 450 °C, bei Vergütungsstählen ca. 500 °C – setzt die Zunderbildung, die langfristig zu Rissbildung führt, worauf bereits im Abschn. 4.2.4.1.2 eingegangen wird.

Die Herstellung von Stahlkolben ist vergleichsweise aufwändig. Eine Option ist das Reibverschweißen eines geschmiedeten Oberteils mit einem Unterteil. Dies erfordert im Nachgang das Schließen des außen teilweise offenen Kühlkanals z. B. mittels

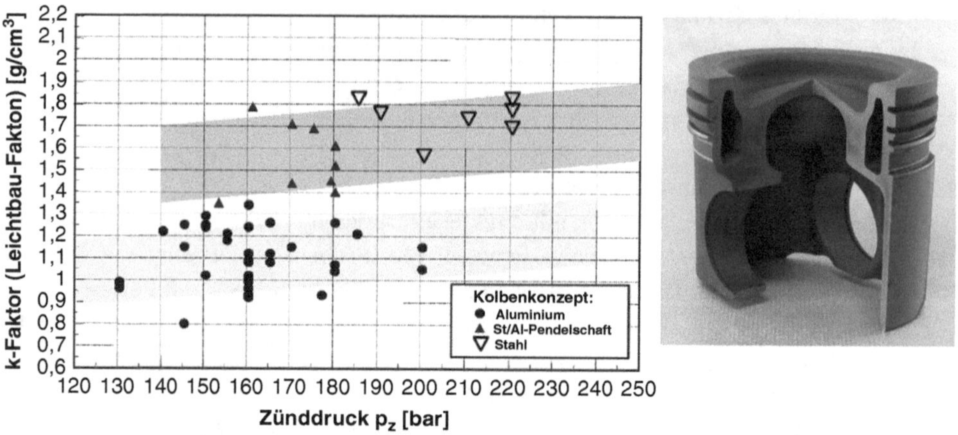

Abb. 4.32 Die Kolbenmasse kennzeichnende k-Faktoren (Definition siehe Abschn. 3.3.4) verschiedener Nkw-Kolbenkonzepte (links); Beispiel Stahl-Kühlkanalkolben (rechts) (Unterlagen der KS Kolbenschmidt GmbH, Unternehmen der Rheinmetall Automotive AG)

Laserschweißen. Bei einer anderen Option wird von einem Schmiedeteil ausgegangen, dessen Ringfeldzone nach Vorbearbeitung warm mittels des Wälzdrückverfahrens so umgeformt wird, dass mittels Schweißung ebenfalls ein geschlossener Kühlkanal entsteht. Die Anbindung des Ringfelds an den Kolbenschaft verbessert nicht nur die Struktursteifigkeit, sondern reduziert auch die Muldenrandtemperatur. Abhängig von der stark variierenden Bauteilkonstruktion und vom Herstellprozess, muss der Kühlkanal auf seiner Unterseite auch z. B. mittels Federstahlblechen geschlossen werden. In der Regel erfolgt eine Laser-Härtung der Unterflanke der 1. Ringnut.

Nkw- unterscheiden sich von Pkw-Dieselkolben durch flachere Bodenmulden mit auch im Verhältnis betrachtet größerem Muldendurchmesser und geringerem bzw. keinem Hinterschnitt des Muldenrands. Ursächlich hierfür ist, dass aufgrund räumlicher Enge im Pkw-Dieselbrennraum die örtliche Gemischbildung/Verbrennung sehr viel stärker durch Ladungsbewegung (Turbulenz) unterstützt werden muss.

4.2.4.1.4 Großkolben für Viertakt-Großdieselmotoren

Der Durchmesserbereich von Nkw-Dieselkolben reicht bis ca. 160 mm. Bei Kolben mit größeren Durchmessern hat sich der Begriff „Großkolben" eingebürgert. Wie aus Tab. 4.1 ersichtlich, sinkt mit zunehmendem Durchmesser zwar das Drehzahlniveau, jedoch steigt die Zünddruckbelastung. Dem wird bei Viertaktmotoren durch entsprechende „gebaute" Tauchkolben Rechnung getragen. Ein Kolbenoberteil wird dabei mit einem Kolbenunterteil – beide aus geeigneten, auch unterschiedlichen Werkstoffen – mittels einer hochfesten

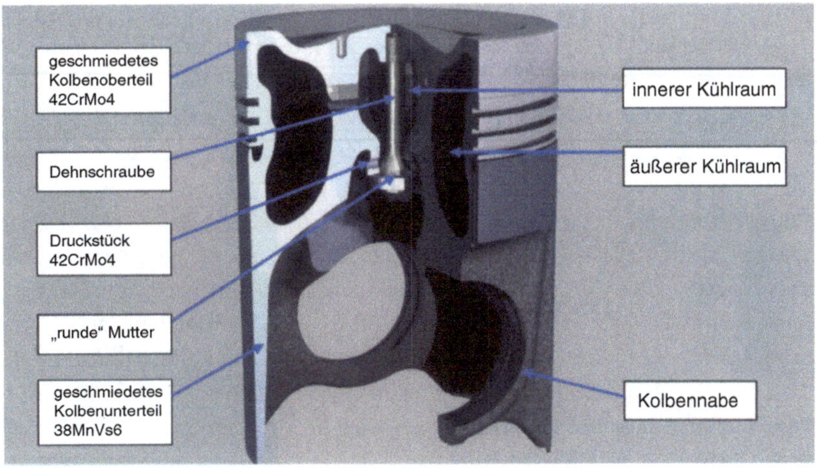

Abb. 4.33 Gebauter Großkolben; Kolbenoberteil aus vergütetem, Kolbenunterteil aus AFP-Stahl, beide Teile geschmiedet (MAHLE Ferrocomp® aus [41]) (AFP-Stahl: ausscheidungshärtender ferritisch-perlitischer Stahl, bei dem die Bauteilfestigkeit kostengünstig bereits durch kontrollierte Abkühlung aus der Schmiedehitze erreicht wird)

Schraubenverbindung verbunden. Für höchste Beanspruchung werden beide Teile aus geschmiedetem Stahl gefertigt [41] (Abb. 4.33).

4.2.4.2 Kolbenbolzenberechnung

Kolbenbolzen werden aus niedrig legierten Einsatz-, Nitrier- oder auch Vergütungsstählen hergestellt. Es gibt unterschiedliche Herstellverfahren:

- Bolzen aus gezogenem Rohr
- Bolzen aus gezogenem Rohr mit Innenbearbeitung
- tiefgebohrter Bolzen aus geschältem Stangenmaterial
- kaltfließgepresster Bolzen

Die Qualität entspricht der umgekehrten Reihenfolge der Aufzählung. Wichtig ist, dass der Werkstoff frei von Schlackenzeilen ist und die Randzonen innen und außen gehärtet sind (Druckvorspannung der Randzonen zur Reduzierung der, wie später noch gezeigt wird, im Betrieb kritischen Zugspannung).

Auch heute ist es noch gebräuchlich, die Berechnung des Kolbenbolzens nach den elementaren Berechnungsgrundlagen von Schlaefke vorzunehmen [53]. Dies trifft für Kolbendurchmesser < 160 mm, zur Unterscheidung von „Großkolben" auch als „Kleinkolben" bezeichnet, und insbesondere für Kolben für Ottomotoren zu. In Verbindung mit den umfangreich vorliegenden Erfahrungen aus motorischen und außermotorischen Untersuchungen sind Grenzbeanspruchungen für die Bolzennabe und den Kolbenbolzen abgeleitet worden, die bei Vergleich mit den auf [53] beruhenden Berechnungsergebnissen eine gestaltfeste Auslegung mit – gemessen an den einfachen Hilfsmitteln – geringer Unsicherheit erlauben. Die vereinfacht berechneten Pressungs-, Verformungs- und Spannungswerte werden dabei nicht als real existent, sondern als Kennzahlen für die tatsächlich örtlich und zeitlich wesentlich komplexeren Beanspruchungsverhältnisse angenommen. Aufwändige 3D-FEM-Berechnungen wurden bis in jüngere Zeit routinemäßig nur bei Großkolben durchgeführt. Aufgrund der sehr teuren Motorbauteile und Versuchsträger sowie der begrenzten Möglichkeiten einer Dauererprobung bei demgegenüber wesentlich höheren Anforderungen an die Betriebssicherheit und Lebensdauer ist eine weitreichende rechnerische Voroptimierung bei einer Großmotorenentwicklung absolut zwingend. Bei Kolben für Ottomotoren sowie Pkw- und Nkw-Dieselmotoren ist die zusätzliche außermotorische Absicherung auf dem Hydropulsator-Prüfstand obligatorisch. Die FEM-Berechnung, früher aufgrund der Vielzahl paralleler Entwicklungen eines Kolbenherstellers hier nur unterstützend und zur speziellen Problemlösung vorgesehen, wird mittlerweile ebenfalls flächendeckend angewandt.

4.2.4.2.1 Art der Bolzenlagerung

Der Kolbenbolzen ist schwimmend gelagert, wenn er sich sowohl im kleinen Pleuelauge als auch in der Bolzennabe frei drehen kann (Abb. 4.34). Die axiale Fixierung des Kolbenbolzens übernehmen Sicherungsringe (Runddrahtsprengring u. a. Ausführungen) im äußeren Nabenbereich. Unter dem Wechselspiel der Reibungsmomente rotiert der Bolzen geringfügig um seine Achse, sodass in der Hauptbelastungszone ein fortwährender Austausch der Gleitflächen und des Schmierfilms stattfindet. Dadurch ist die schwimmende Lagerung bis zu hohen Flächenpressungen fresssicher und verschleißarm. Die schwimmende Bolzenlagerung ist belastungsbedingt bei nahezu allen Dieselkolben und bei fast allen euro-

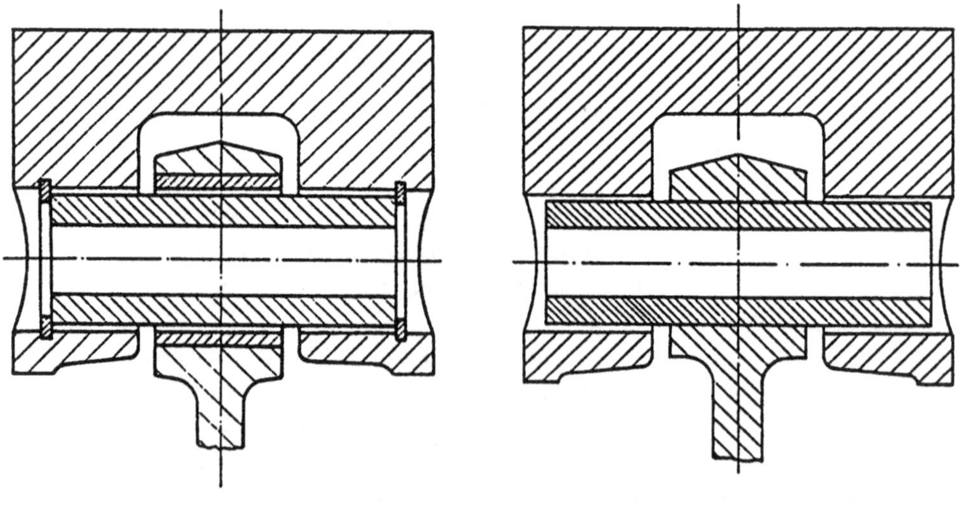

Abb. 4.34 Art der Kolbenbolzenlagerung (Spiel unrealistisch groß dargestellt); links schwimmende Lagerung, rechts Klemmpleuel (aus [32])

päischen Ottokolben in Anwendung. Die Flächenpressung ist oft eher durch die zunehmende Spaltrissgefährdung der Bolzennabe im oberen Scheitel als durch die Fressgefahr begrenzt.

Eine Alternative stellt bei Ottomotoren das so genannte Klemmpleuel dar (Abb. 4.34). Hier wird der Kolbenbolzen mittels Schrumpfsitz im kleinen Pleuelauge fixiert. Somit entfallen die Pleuelbuchse und die Sicherungsringe. In der Bolzennabe wird in diesem Fall eine dem Pleuelschwenkwinkel entsprechende oszillierende Drehbewegung erzwungen. Die ungünstigeren Schmierverhältnisse erlauben nur eine reduzierte Flächenpressung und machen zusätzliche konstruktive Maßnahmen zur Verbesserung der Schmierölversorgung notwendig. Die reduzierte Flächenpressung ist gleichbedeutend mit einer Verlängerung oder Durchmesservergrößerung des Kolbenbolzens, d. h. mit einem entsprechenden zusätzlichen Beitrag zur oszillierenden Masse. Das Klemmpleuel war zumindest eine Zeit lang in den USA sehr beliebt, da es sich um eine kostengünstige Lösung für weniger hoch belastete Motoren handelt.

4.2.4.2.2 Einfaches Ersatzmodell für die Bolzenberechnung nach [53]

Ein richtig ausgelegter Kolbenbolzen ist die Grundvoraussetzung für einen gestaltfesten Kolben. Die Umkehrung dieser Aussage lautet, dass die Nachteile eines zu schwach dimensionierten Bolzens kolbenseitig nicht ausgeglichen werden können. In Abb. 4.35 werden die einfachen Ersatzmodelle für die Berechnung der Durchbiegung und Ovalverformung des Kolbenbolzens gezeigt, die auf [53] zurückgehen. Die Berechnungsformeln sind in den Abschn. 4.2.4.2.4 und 4.2.4.2.5 zu finden.

Erläuterungen zur Bolzenberechnung macht auch [54]. Nicht alle Schlussfolgerungen sind jedoch konform mit den heutigen Auslegungskriterien. Die Vorstellung, dass Bolzennabenabstützungen von Ottokolben elastisch gestaltet werden müssen, gehört angesichts der heute üblichen Zünddrücke von Vierventilmotoren der Vergangenheit an. Die Tendenz ist umgekehrt, da im genannten Anwendungsfall nur die steife Blockabstützung (kein/geringer Hinterschnitt) zur Vermeidung von Nabenspaltrissen geeignet ist. Durch besondere Formgebung kann die Bolzennabe an die Bolzenverformung angepasst werden. Eine geeignete Maßnahme zur Reduzierung der Kantenpressung ist die sich nach innen zum Auge hin über eine bestimmte Länge aufweitende Bolzenbohrung (wenige 1/100 mm), u. U. mit zusätzlich ovalem Querschnitt (50 μm oval bezogen auf den Durchmesser) oder alternativ mit Öltaschen unterschiedlicher Ausführung zur Aufnahme der Bolzenovalverformung [55, 56]. Letzteres reduziert die Tangentialspannungen (Zugspannungen) im oberflächennahen Bereich der Nabenabstützung (oberer Nabenscheitel) unter Gaskraft und steigert damit die Belastbarkeit.

Nach [57] reduziert die obligatorische Fase allein innen am Auge die Kantenpressung keineswegs, sondern erhöht sie sogar. Dennoch wird die Anfasung als sinnvoll erachtet, weil sich gleichzeitig eine Spannungsreduzierung im oberen Nabenscheitel einstellt. Dieses mit FEM-Berechnung erzielte Ergebnis ist in Bezug auf die Flächenpressung nur haltbar, wenn der hydrodynamische Schmierfilm nicht berücksichtigt wird. Bei [58] werden ebenfalls FEM-Berechnungsergebnisse vorgestellt, die den direkten Vergleich beider Zustände (ohne und mit Schmierfilm) erlauben (siehe Abschn. 4.2.6.4.1). Demnach tritt die höchste

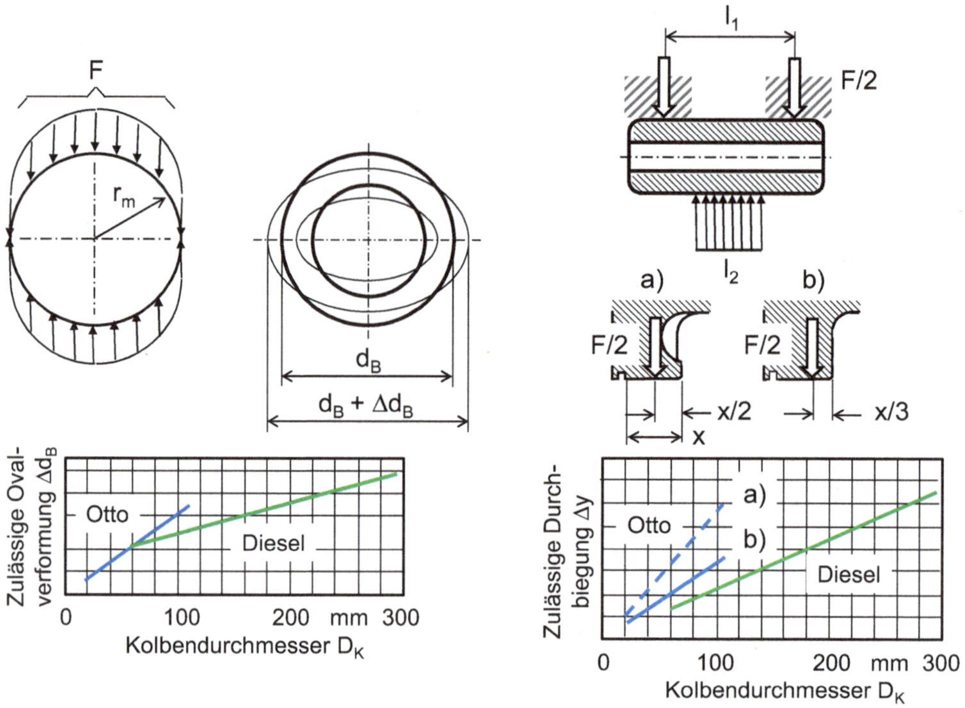

Abb. 4.35 Einfache Ersatzmodelle für die Berechnung der Durchbiegung und Ovalverformung des Kolbenbolzens mit Angaben über die zulässige Bolzenverformung (nach [32])

Flächenpressung bekanntlich eher im Inneren der Bolzenbohrung auf, wenn ein ausreichender Schmierfilm vorhanden ist, und fällt nach außen und innen auf Null ab. Wie sich der Schmierfilm in der Realität einstellt, wo zeitweise auch Mangelschmierung auftreten kann, mag dahingestellt sein.

Es sei noch der Hinweis erlaubt, dass die zulässigen Bolzendurchbiegungen für Ottokolben nach [54] oder auch [32] unter den genannten aktuellen Aspekten bei Blockabstützung auf 50 bis 60 % zurückzunehmen sind.

4.2.4.2.3 Flächenpressung in der Bolzennabe

Die Bolzenlagerkraft ist die Resultierende aus Gaskraft, Massenkraft und Seitenkraft, also auch eine Funktion des Kurbelwinkels φ. Hinsichtlich der Massenkraft ist allerdings zu berücksichtigen, dass nur die Masse des „nackten" Kolbens m_K und der Kolbenringe m_{Ri} eingesetzt werden darf. Die Berechnung der mittleren Flächenpressung $\bar{p}$ bezieht sich auf den Zustand um ZOT:

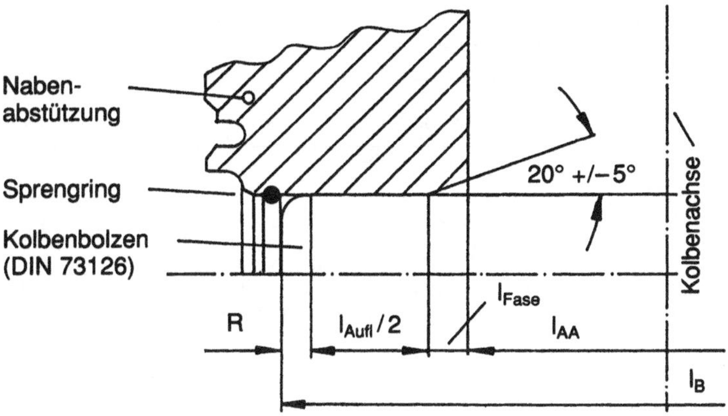

Auflagelänge $l_{Aufl} = l_B - l_{AA} - 2\,(l_{Fase} + R)$; R wird meist vernachlässigt

Abb. 4.36 Auflagelänge des Kolbenbolzens in der Bolzennabe (Skizze nicht maßstäblich)

$$\bar{p} = \frac{F_K^*}{d_B\, l_{Aufl}} = \frac{F_{Gas} - F_{mK}^*}{d_B\, l_{Aufl}} \qquad (4.84)$$

F_{mK}^* ist die Massenkraft des Kolbens ohne Kolbenbolzen, d_B der Durchmesser des Kolbenbolzens und l_{Aufl} die tatsächliche Auflagelänge in der Bolzennabe, wobei im Detail auf die in Abb. 4.36 skizzierten Verhältnisse hingewiesen wird. Der Kolbenbolzenradius R wird in der Regel ebenso vernachlässigt wie die Toleranzen der Fase innen an der Bolzennabe. Diese sind aufgrund der gegossenen Flächen und einer nicht ganz vermeidbaren Unsymmetrie recht groß. Tatsächlich liegt, wie oben bereits erklärt, eine Druckverteilung in Form eines „Druckbergs“ vor. Die maximale Pressung ist aus der Mitte nach innen verschoben. Das Verhältnis der maximalen zur mittleren Flächenpressung ist nicht konstant und von den spezifischen Gegebenheiten abhängig (Spaltgeometrie unter Berücksichtigung der Verformung, siehe Abschn. 4.2.6.4.1).

Der Entwicklungstrend zu höheren Zünddrücken und leichteren Kolben erzwingt in zunehmendem Maß eine Auslegung im Bereich der Obergrenze der Belastbarkeit. Bei schwimmender Bolzenlagerung ist eine Orientierung an den in den Tab. 4.2 und 4.3 aufgeführten zulässigen Flächenpressungen zu empfehlen. Welche Ausführung der Bolzenbohrung zu wählen ist und welche belastungssteigernden Maßnahmen alleine oder in Kombination hinzukommen, bedarf in der Praxis einer differenzierten Betrachtung. Es kann hier lediglich ein Überblick über die vorhandenen Möglichkeiten gegeben werden. Die Angaben beziehen sich primär auf die eutektische AlSi-Kolbenlegierung. Für die in speziellen Fällen verwendete übereutektische und die weniger hochwertige untereutektische Legierung sind allgemein etwas niedrigere Werte anzusetzen. Was die Auslegung in der Praxis anbetrifft, so ist hierzulande im Vergleich mit Japan eine gewisse Zurückhaltung hinsichtlich der Ausreizung der Flächenpressung nicht zu verkennen.

Tab. 4.2 Zulässige mittlere Flächenpressung in der Bolzenbohrung (konservative Angaben für herkömmliche eutektische Kolbenlegierung AlSi12CuMgNi)

Bolzenbohrung	Bolzenlagerung	Merkmal	Zulässige Flächenpressung
zylindrisch (Öltaschen)	Klemmpleuel	Klemmpleuel	max. 45 (50) N/mm^2
zylindrisch	schwimmende Lagerung	T5-Wärmebehandlung (nur Stabilisierung)	max. 60 N/mm^2
alle Ausführungen	schwimmende Lagerung	sehr großer Augenabstand; Nabenabstützung mit Hinterschnitt	max. 60 N/mm^2

Tab. 4.3 Möglichkeiten zur Belastungssteigerung der Bolzenbohrung (konservative Angaben für herkömmliche eutektische Kolbenlegierung AlSi12CuMgNi)

Bolzenbohrung	Bolzenlagerung	Merkmal	Zulässige Flächenpressung
ovale Formbolzenbohrung zylindrische Formbolzenbohrung + Öltaschen	schwimmende Lagerung	Festigkeit steigernde T6-Wärmebehandlung, Blockabstützung (kleiner Augenabstand)	max. 65 (70) N/mm^2
Formbolzenbohrung	schwimmende Lagerung	Presskolben (Schmiedekolben)	70 – 75 N/mm^2
Bolzenbohrung mit Lagerbuchse	schwimmende Lagerung	optional Ölverteilungsnuten	> 70 N/mm^2

Beim Klemmpleuel in Verbindung mit zylindrischer Bolzenbohrung ist die zulässige Flächenpressung auf 45 N/mm^2 begrenzt. Belastungssteigernd sind auch hier die oben genannten Maßnahmen. Die maximale Flächenpressung sollte 50 N/mm^2 nicht wesentlich überschreiten. Wichtig sind Schmierhilfen wie „Slots" und Ölbohrungen, wenigstens im unteren Nabenscheitel. Die Notwendigkeit zusätzlicher Ölbohrungen hängt primär vom gegenüber schwimmender Lagerung zu vergrößernden Einbauspiel ab. Beim Ottokolben beträgt das Bolzenspiel kalt bei Verwendung eines DIN-Bolzens +2…+11 mm. Beim Klemmpleuel sollte es auf +7…+16 mm erhöht werden, was in der Praxis aus Geräuschgründen nicht immer in dieser Größenordnung der Fall ist. Aufgrund des fast doppelt so großen Wärmeausdehnungsverhaltens der Bolzenbohrung ist ein minimales Bolzenkaltspiel von Interesse. Das Bolzenspiel ist nur sehr gering vom Bolzendurchmesser abhängig, wenn der Größenordnungsbereich der Pkw- und Nkw-Motoren betrachtet wird. Die Weiterentwicklung der Kolbenlegierungen, deren hochwarmfeste Varianten, beinhalten weiteres Potenzial zur Steigerung der Nabenbelastbarkeit. Hier werden bis zu 30 % genannt, wenngleich in der verfügbaren Fachliteratur weder ein Referenzwert noch eine Festlegung auf Zahlenwerte zu finden ist. Wie in den Überschriften der Tab. 4.2 und 4.3

angemerkt, sind die dortigen Angaben als konservativ zu betrachten. Sie beziehen sich auf die herkömmliche eutektische Kolbenlegierung AlSi12CuMgNi (Standard-Legierung), aus der viele Jahrzehnte die meisten Kolben hergestellt wurden.

4.2.4.2.4 Ovalverformung des Kolbenbolzens

Zur Berechnung der Durchmesservergrößerung wird gemäß Abb. 4.35 ein Kreisringmodell mit am Umfang angreifender Flächenlast verwendet [53]. Die Ovalverformung ΔdB des Kolbenbolzens mit zylindrischer Innenform berechnet sich nach den elementaren Gesetzen der Elastostatik aus der Kolbenkraft F_K^* (siehe Gl. (4.84)), dem mittleren Bolzenradius r_m, dem E-Modul und dem axialen Flächenträgheitsmoment gegen Ovalisierung I_{Ov}:

$$\Delta d_B = \frac{F_K^* r_m^3}{12 E I_{Ov}} \tag{4.85}$$

mit

$$r_m = \frac{d_B + d_{Bi}}{4} \tag{4.86}$$

und

$$I_{Ov} = l_B \frac{(d_B - d_{Bi})^3}{96} \tag{4.87}$$

d_B bzw. d_{Bi} sind der Außen- bzw. Innendurchmesser des Kolbenbolzens, l_B die Länge desselben. Die Gl. (4.85), (4.86) und (4.87) stellen nur eine Näherungslösung dar, da die bei starker Krümmung abweichende (nicht-lineare) Biegetheorie bei der überschlägigen Berechnung nicht angewandt wird.

Die idealisierte Bolzenovalverformung des stark vereinfachenden Rechenmodells geht zudem von einer homogenen Verformung über der Bolzenlänge aus, die nur bei gleichmäßiger Belastung der projizierten Oberfläche zutrifft. In Wirklichkeit ist die Ovalverformung im Scherbereich am größten und nimmt in beiden Richtungen (zum Bolzenende mehr und zur Bolzenmitte weniger) stark ab [57, 59] (siehe Abschn. 4.2.6.4.2). Dies rechtfertigt den Einsatz des an den Enden innen konisch aufgeweiteten Kolbenbolzens, auch Innenkonusbolzen genannt, oder des sogenannten Innenrippenbolzens. Vor allem letztere Neuentwicklung leistet dort, wo das kolbenseitige Potenzial zur Reduzierung der oszillierenden Massen ausgeschöpft ist, noch einen ansehnlichen Beitrag, verursacht jedoch hohe Herstellkosten und hat daher keine praktische Bedeutung erlangt.

Eine genaue Berechnung der Bolzenverformung und der daraus resultierenden Spannungen ist nur mittels FEM möglich. Die Abschätzung der Ovalverformung des Innenkonusbolzens beruht daher für Vergleichszwecke auf denselben vereinfachenden Annahmen

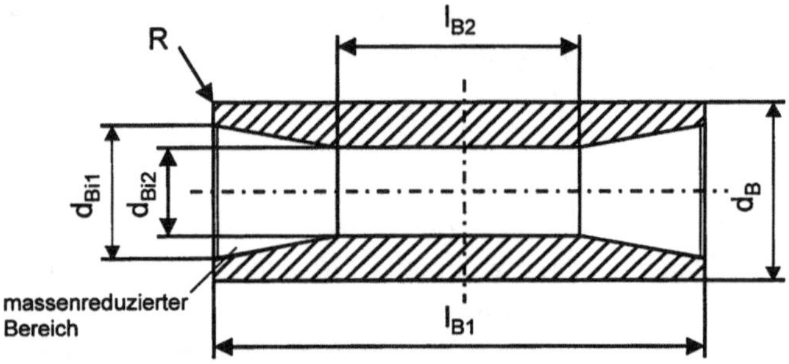

Abb. 4.37 Abmessungen des Innenkonusbolzens

wie beim Bolzen mit zylindrischer Innenform. Der Flächenschwerpunktradius ist in diesem Fall durch

$$r_m = \frac{3\,d_B^2\,l_{B1} - d_{Bi1}\,(d_{Bi1} + d_{Bi2})\,(l_{B1} - l_{B2}) - d_{Bi2}^2\,(l_{B1} + 2\,l_{B2})}{12\,d_B\,l_{B1} - 6\,d_{Bi1}\,(l_{B1} - l_{B2}) - 6\,d_{Bi2}\,(l_{B1} + l_{B2})} \tag{4.88}$$

und das axiale Flächenträgheitsmoment durch Gl. (4.89) zu ersetzen. Die Bedeutung der einzelnen Abmessungen geht aus Abb. 4.37 hervor. Zur Übersichtlichkeit werden noch die Abkürzungen h_1, h_2 und C eingeführt.

$$I_{Ov} = \frac{1}{36}\left\{\frac{h_1^3\left[(l_{B1} + l_{B2})^2 + 2\,l_{B1}l_{B2}\right] + 2\,h_1 h_2^2 l_{B1}^2 C^2}{(l_{B1} + l_{B2})} + h_2 l_{B1}\left(3\,h_2^2 + h_1^2 C^2\right)\right\} \tag{4.89}$$

mit

$$h_1 = \frac{d_{Bi1} - d_{Bi2}}{2} \quad \text{und} \quad h_2 = \frac{d_B - d_{Bi1}}{2}$$

sowie

$$C = \frac{2\,h_1\,(l_{B1} + 2\,l_{B2}) + 3\,h_2\,(l_{B1} + l_{B2})}{h_1\,(l_{B1} + l_{B2}) + 2\,h_2\,l_{B1}}$$

4.2.4.2.5 Durchbiegung des Kolbenbolzens

Für die überschlägige Berechnung der Bolzendurchbiegung y wird der Kolbenbolzen durch das bekannte einfache Biegebalkenmodell nach Abb. 4.35 idealisiert:

$$y = \gamma \frac{F_K^* l_1^3}{48 E I_b} \tag{4.90}$$

F_K^* wird bereits im Zusammenhang mit der Ovalverformung erklärt. l_1 ist der Abstand zwischen den Stützkräften in den Bolzennaben. Er ist von der Konstruktion der Nabenabstützung abhängig. Bei hinterschnittener und demzufolge elastischer Abstützung wird der Kraftangriffspunkt in der Nabenmitte, bei steifer Blockabstützung im inneren Drittel der Nabe angenommen. Das axiale Flächenträgheitsmoment des Kreisringquerschnitts (zylindrische Innenform) beträgt bekanntlich

$$I_b = \frac{\pi}{64}\left(d_B^4 - d_{Bi}^4\right) \tag{4.91}$$

Der Faktor γ berücksichtigt den Einfluss der der Pleuelbreite $b_{Pl} = l_2$ entsprechenden Erstreckung der Last. Es kann vereinfacht mit dem Faktor $\gamma = 1 - l_2/(2\,l_1)$ gerechnet werden (exakt: $\gamma = 1 - l_2^2/(2\,l_1^2) + l_2^3/(8\,l_1^3)$). Für die Durchbiegung des Innenkonusbolzens muss der veränderliche Querschnitt berücksichtigt werden. Für überschlägige Berechnungen kann folgender Ersatzinnendurchmesser in Gl. (4.91) eingesetzt werden:

$$d_{Bi} = 0{,}5\left[d_{Bi1} + d_{Bi2} - \frac{l_{B2}}{l_{B1}}(d_{Bi1} - d_{Bi2})\right] \tag{4.92}$$

Die zulässigen Grenzwerte für die Bolzenverformung (Ovalverformung und Durchbiegung, siehe Abb. 4.35) sind Erfahrungswerte der Kolbenhersteller (hier nach [32], jedoch mit aktualisierten Werten für die Durchbiegung bei Kolben für Ottomotoren).

4.2.4.2.6 Beanspruchung des Kolbenbolzenwerkstoffs

Zur Feststellung der Beanspruchung des Kolbenbolzenwerkstoffs werden für überschlägige Berechnungen dieselben einfachen Ersatzmodelle gemäß Abb. 4.35 verwendet und es wird auf die darauf bauende Erfahrung zurückgegriffen. Die größte Biegespannung infolge Ovalverformung tritt danach in der vertikalen und horizontalen Symmetrieebene auf. Vertikal wirkt außen eine Druck- (–) und innen eine Zugspannung (+). Sie hat den Betrag

$$\sigma_{Ov} = \frac{F_K^* r_m}{8\,W_{Ov}} \tag{4.93}$$

mit

$$W_{Ov} = \frac{I_{Ov}}{\frac{d_B}{2} - r_m} \tag{4.94}$$

Neben den mit den Gl. (4.85), (4.86) und (4.87) eingeführten Größen bedeutet W_{Ov} das Widerstandsmoment und I_{Ov} das zugehörige axiale Flächenträgheitsmoment, z. B. für den zylindrischen Innendurchmesser nach Gl. (4.87). Hierbei wird ein linearer Spannungsverlauf über dem Querschnitt unterstellt. Wegen der starken Krümmung stellt sich tatsächlich ein hyperbolischer Spannungsverlauf ein. Ausgehend von Gl. (4.93) reduziert sich für den zylindrischen Innendurchmesser die Druckspannung an der Außenfläche um den Faktor

$$\frac{\sigma_{Ov}}{\sigma_{Ov}{}^{*}} = \frac{(d_B - d_{Bi})\left[d_{Bi} - d_B\left(1 - \ln\frac{d_B}{d_{Bi}}\right)\right]}{3\,d_B\left[d_{Bi}\left(2 + \ln\frac{d_B}{d_{Bi}}\right) - d_B\left(2 - \ln\frac{d_B}{d_{Bi}}\right)\right]} \tag{4.95}$$

und die Zugspannung an der Innenfläche erhöht sich um den Faktor

$$\frac{\sigma_{Ov}}{\sigma_{Ov}{}^{*}} = \frac{(d_B - d_{Bi})\left[d_B - d_{Bi}\left(1 + \ln\frac{d_B}{d_{Bi}}\right)\right]}{3\,d_{Bi}\left[d_{Bi}\left(2 + \ln\frac{d_B}{d_{Bi}}\right) - d_B\left(2 - \ln\frac{d_B}{d_{Bi}}\right)\right]} \tag{4.96}$$

Für ein Durchmesserverhältnis d_{Bi}/d_B von 0,6, das hinsichtlich der zulässigen Ovalverformung bei Ottokolben oft schon an der Grenze liegt, erhöht sich die Zugspannung innen um etwa 20 %, die Druckspannung außen reduziert sich um knapp 15 % gegenüber dem linear angenommenen Spannungsverlauf. Diese Werte sollen nur einen Eindruck von der Größenordnung der Nicht-Linearität bei Berücksichtigung der Krümmung vermitteln. Dass Zugspannungen hinsichtlich der Dauerfestigkeit wesentlich kritischer zu bewerten sind als Druckspannungen, wird bereits zu Beginn dieses Abschnitts vermerkt.

Zur Berechnung der Längsbiegespannung wird vom ungünstigsten Fall des frei aufliegenden Trägers mit Einzelkraftbelastung ausgegangen. Die größte Biegespannung wirkt in der Mitte des Kolbenbolzens außen und beträgt

$$\sigma_b = \gamma \frac{F_K^{*}\, l_1}{4\,W_b} \tag{4.97}$$

mit

$$W_b = \frac{\pi}{32} d_B^3 \left(1 - \frac{d_{Bi}^4}{d_B^4}\right) \tag{4.98}$$

Außer dem Widerstandsmoment W_b sind bereits alle Größen eingeführt (siehe obige Gleichungen sowie Abb. 4.35). Gl. (4.98) bezieht sich auf die zylindrische Innenform.

Mit den Spannungen σ_{Ov} und σ_b liegt ein zweiachsiger Spannungszustand vor. Für die Vergleichsspannung σ_v gilt die Gestaltänderungshypothese:

$$\sigma_v = \sqrt{\sigma_b^2 + \sigma_{Ov}^2 - \sigma_b \sigma_{Ov}} \tag{4.99}$$

Unter Beachtung von Betrag und Vorzeichen der einzelnen Spannungen tritt die größte und damit maßgebliche Vergleichsspannung bei konventioneller Berechnung im oberen Bolzenscheitel in Bolzenmitte auf (siehe Abb. 4.38). Die zudem vereinfachte Annahme eines linearen Spannungsverlaufs liefert dort gleich große, durch die Ovalverformung bedingte, Druck- (Außenseite) und Zugspannungen (Innenseite).

Der hyperbolische Spannungsverlauf bei Berücksichtigung der Krümmung bewirkt allerdings die größere Zugspannung auf der Innen- und die kleinere Druckspannung auf der Außenseite (an der betrachteten Stelle). Obwohl die Längsbiegespannung auf der Innenseite deutlich kleiner ist als auf der Außenseite, kann die Vergleichsspannung – abhängig von den Abmessungen des Kolbenbolzens – dann dort ähnlich große Werte annehmen. Die kritische Stelle wandert damit jedoch – wegen der Vorzeichen in Gl. (4.99) – von der Außenseite „oben" auf die Innenseite „unten". Die Ortsangaben beziehen sich auf die Definition in (Abb. 4.38 a). Es ist ersichtlich, welch große Unsicherheit die konventionellen Ansätze in sich bergen.

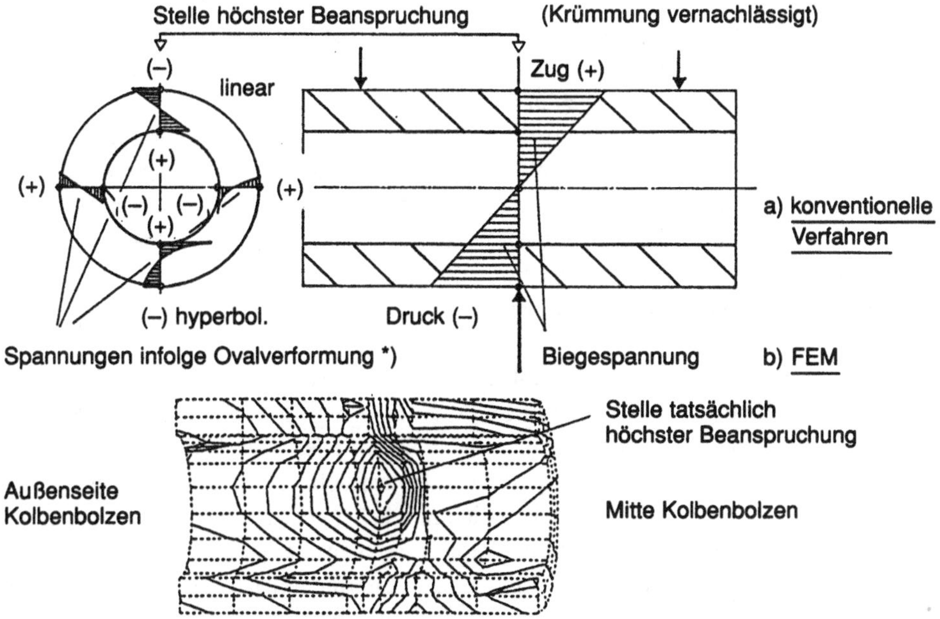

*) Maximale Biegespannungenin der vertikalen Symmetrieebene größer als in der horizontalen. Im Gegensatz zur über der projizierten Fläche konstant angenommenen Flächenpressung in Abb. 4.31 ist diese in den vertikalen Scheitelpunkten am größten und fällt bei ca. ±75° auf Null ab.

Abb. 4.38 Ort der maximalen Beanspruchung des Kolbenbolzens bei Annahme eines zweiachsigen Spannungszustands in Verbindung mit einfachen Rechenmodellen und nach FEM-Berechnung [57]

Wie genaue FEM-Berechnungen zeigen, weicht die tatsächliche Beanspruchung des Kolbenbolzens davon stark ab (z. B. [57]), was angesichts der groben konventionellen Modelle nicht anders zu erwarten ist. Die tatsächlich größte Vergleichsspannung tritt bei diesem Berechnungsbeispiel auf der Innenseite in der horizontalen Symmetrieebene örtlich konzentriert im Scherbereich auf (Abb. 4.38 b), was in Hinblick auf die tatsächliche Krafteinleitung und Abstützung sehr plausibel ist. Beim konventionellen Berechnungsmodell tritt in der horizontalen Symmetrieebene (neutrale Faser) keine Längsbiegespannung auf und die Biegespannung infolge Ovalverformung wird nicht betrachtet. Tatsächlich überlagert sich im horizontalen Querschnitt im Gegensatz zum vornehmlich betrachteten vertikalen Querschnitt noch eine Druckspannung. Diese rührt von der senkrecht zu diesem Querschnitt erfolgenden Belastung her. Die tatsächliche Überhöhung der Druckbiegespannung infolge Ovalverformung am Innenrand, die überlagerte Drucknormalspannung und die erwähnte örtlich im Scherquerschnitt auftretende Spannungskonzentration sorgen für grundsätzlich andere Verhältnisse, als sie beim konventionellen Modell angenommen werden. Werden nur die größten Hauptspannungen betrachtet, so ist auch aus einem FEM-Berechnungsbeispiel in [60] abzulesen, dass der Bezugspunkt der herkömmlichen Bolzenberechnung zwar von der Zugspannung, derjenige der tatsächlich größten Beanspruchung von der Druckspannung dominiert wird. Da Zugspannungen generell kritischer als Druckspannungen bewertet werden, könnte darin eine Bestätigung der herkömmlichen Berechnung des Kolbenbolzens gesehen werden. Dennoch besteht zweifelsfrei die Notwendigkeit, die auf [53] beruhende Bolzenberechnung für die breite Anwendung durch zeitgemäße Verfahren zu ersetzen, wie z. B. in [60] vorgestellt.

Es bleibt nachzutragen, dass die zulässigen Bolzenverformungen nicht der dauerhaft ertragbaren Vergleichsspannung entsprechen. Wie bereits angesprochen, ist vielmehr die Beanspruchung der Bolzennabe durch die Verformung des Bolzens maßgeblich. Die Durchbiegung des Kolbenbolzens erhöht die Kantenpressung am Auge innen, und die Ovalverformung hat einen erheblichen Einfluss auf die Nabenbeanspruchung, vor allem wenn sie die Größenordnung des Warmspiels erreicht. Umso kritischer sind die Verhältnisse kurzzeitig beim Kaltstart.

Die Leichtbauforderungen bei Ottokolben sind beim Nacktkolben so weit ausgereizt, dass das im Kolbenbolzen noch vorhandene Potenzial erschlossen werden muss (Sonderbauformen z. B. Innenkonus- oder Innenrippenbolzen). Dies führt dazu, dass auch der einstmals mit Festigkeitsreserven ausgestattete Kolbenbolzen grenzwertig beansprucht wird. Genauere Berechnungsmethoden und eine möglichst gute Kenntnis der Dauerfestigkeitswerte der Bolzenwerkstoffe sind die Voraussetzungen. So ist darauf zu achten, dass sich die verwendeten Dauerfestigkeitsschaubilder auf die einsatzgehärtete (Standardwerkstoffe wie 17Cr3, 16MnCr5 oder 15CrNi6) oder nitrierte (Sonderwerkstoffe wie 31CrMoV9 oder 34CrAl6) Randzone und nicht auf den Kernbereich beziehen, was leider z. B. auch bei [61] der Fall ist. In erster Näherung kann die höhere Festigkeit der Randzone über die Härte abgeschätzt werden. Des Weiteren spielt eine Rolle, für welche Überlebenswahrscheinlichkeit das Dauerfestigkeitsschaubild gilt. In der Regel wird vom

Probestab ausgegangen, sodass ein Übertragungsfaktor die Oberflächengüte, den Bauteilgrößeneinfluss und die Probenanzahl bei der Erstellung der Wöhler-Kurve erfassen muss. In der Praxis besteht oft nur die Möglichkeit, von garantierten Mindestfestigkeitswerten auszugehen.

Die nach der Gestaltänderungshypothese berechnete Vergleichsspannung ist maßgeblich für die Dauerfestigkeit des Kolbenbolzens. Bisher beschränken sich die Ausführungen auf die von der Gaskraft dominierte Beanspruchung, was wegen der im Vergleich kleinen Massenkraftbeanspruchung (siehe Abschn. 4.2.4.3.2, für Kolbenbolzenberechnung anzusetzende Drehzahl) und der ohnehin idealisierten konventionellen Spannungsberechnung vertretbar ist. Exakterweise sollte die Massenkraftbeanspruchung im Beanspruchungszyklus beachtet werden. Dann existieren sowohl für die Längsbiege- als auch für die Ovalisierungsspannung jeweils Ober- und Unterspannungen σ_o und σ_u innerhalb eines Viertaktzyklus von 720°. Daraus kann wiederum jeweils eine Mittelspannung σ_m und ein Spannungsausschlag $\pm\sigma_a$ berechnet werden. Mit Gl. (4.38) folgt schließlich eine Vergleichsmittelspannung σ_{vm} und ein Vergleichsspannungsausschlag $\pm\sigma_{va}$ (siehe hierzu auch Abschn. 4.2.4.3.4).

4.2.4.2.7 Beanspruchung der Bolzennabe, Steigerung der Nabenbelastbarkeit

In der Bolzennabe stellt sich bei Vorhandensein eines Schmierfilms eine radiale und lineare Pressungsverteilung gemäß Abb. 4.39 ein. Aus der radialen Pressungsverteilung – quasi dem Innendruck – resultieren in der Nabenabstützung tangentiale Zug- und radiale Druckspannungen. Erstere erreichen am oberen Scheitel der Bolzenbohrung ihren Maximalwert und können bei Überbeanspruchung Nabenspaltrisse bewirken, die auch an anderer Stelle Erwähnung finden.

Wie entscheidend die konstruktive Ausführung der Nabenabstützung sowie bestimmte Gestaltungsoptionen der Bolzennabe für deren Belastbarkeit sind, kommt bereits im Abschn. 4.2.4.2.2 zum Ausdruck. Abb. 4.40 (oben) gibt einen Überblick über die prinzipi-

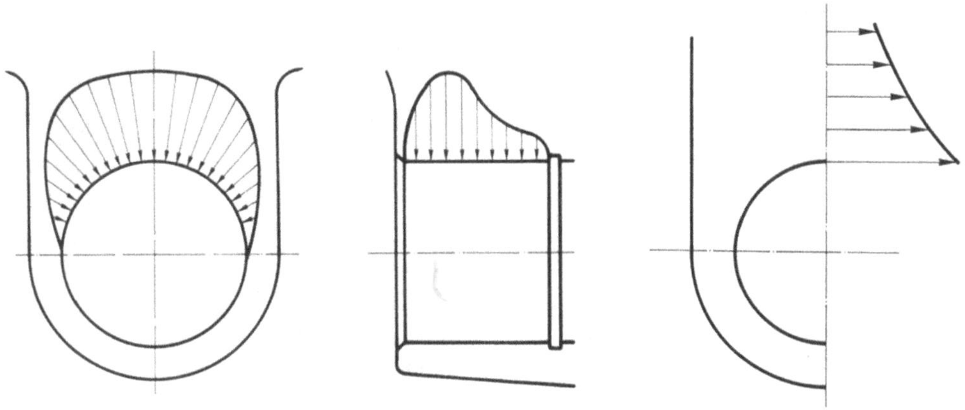

Abb. 4.39 Radiale (links) und lineare (Mitte) Pressungsverteilung in der Bolzennabe sowie daraus resultierende Tangentialspannung (rechts) in der Nabenabstützung

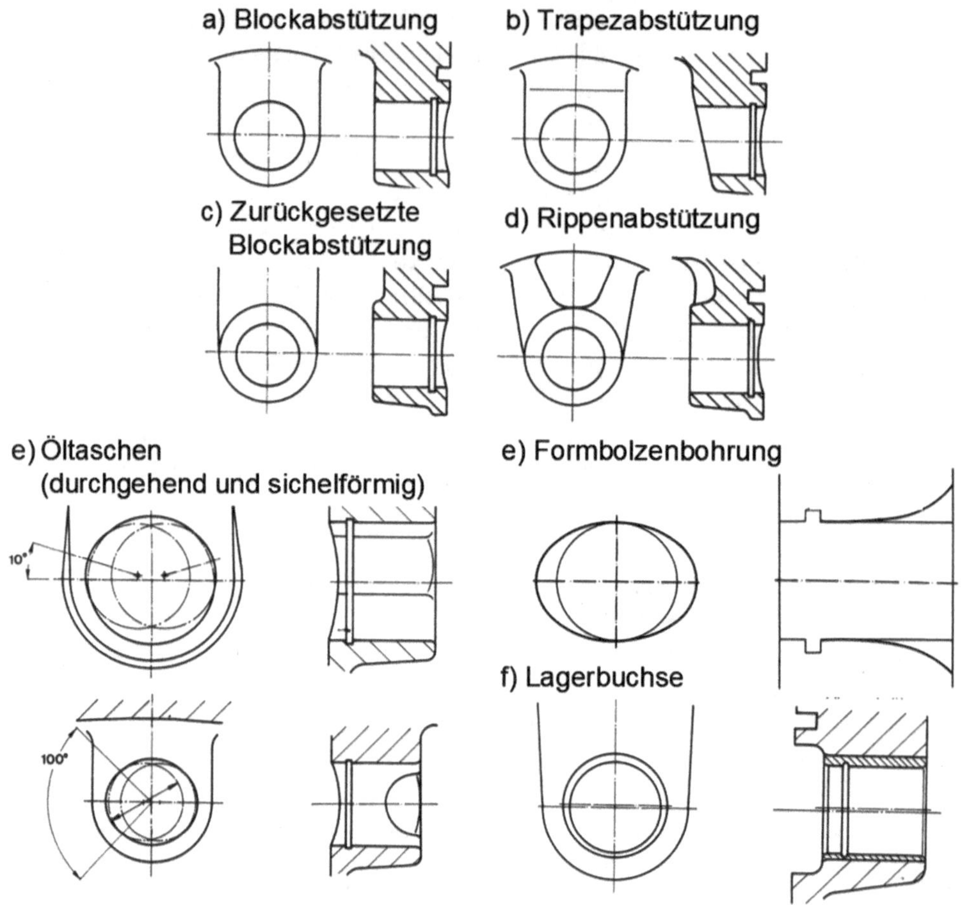

Abb. 4.40 Prinzipielle konstruktive Möglichkeiten für die Bolzennabenabstützung (oben); Gestaltungsoptionen der Bolzennabe zur Steigerung der Nabenbelastbarkeit (unten)

ellen Gestaltungsmöglichkeiten zur Nabenabstützung, die sich heute belastungsbedingt auf die Blockabstützung, bei Dieselkolben mittlerweile weitgehend auf die Trapezabstützung, bei noch höheren Anforderungen die Abstützung mit gestufter Nabe (im Bild nicht dargestellt), reduzieren. Belastbarkeitssteigernde Optionen reichen von verschiedenen Öltaschengeometrien, über die Formbolzenbohrung bis zur eingeschrumpften Lagerbuchse. Eine Steigerung der zulässigen Bolzennabenbeanspruchung durch die beiden zuerst genannten Maßnahmen nimmt jedoch Einfluss auf die Gesamtverformung (Biegebeanspruchung des Kolbenbodens). Daraus resultiert eine höhere Muldenrandbeanspruchung. Zur optimalen Ausnutzung von Aluminiumwerkstoffen muss daher stets ein guter Kompromiss gefunden werden.

4.2.4.3 Ergänzungen zur Kolbenbolzenberechnung

4.2.4.3.1 Auslegungszünddruck

Der Zünddruck oder Spitzendruck der Verbrennung ist, abgesehen von sehr hohen Drehzahlen, die dominierende Größe bei der Dimensionierung des Kolbens und des Kolbenbolzens. Er hängt in erster Linie vom Verbrennungsverfahren ab und steigt mit zunehmender Ladungsdichte (Verdichtungsverhältnis, Vierventiltechnik, Aufladung). Insgesamt ist jedoch nicht nur der Zünddruck, sondern auch der Druckverlauf über dem Kurbelwinkel von Interesse. Hier sind zunächst die für die Kolbenbeanspruchung und die Geräuschentwicklung wichtige Druckanstiegsgeschwindigkeit $dp/d\varphi$ in bar/°KW (Extremfall klopfende Verbrennung) und der Druckabfall während des Arbeitstaktes, der für die Seitenkraftbelastung des Kolbenschafts entscheidend ist, zu nennen.

Während die Verbrennung und damit auch der Zünddruck – primär bedingt durch die Art der Gemischaufbereitung und -zuführung – beim Ottomotor starken zyklischen Schwankungen unterliegt, trifft dies für Dieselmotoren nicht zu. Wegen der Drosselung des Ottomotors im Teillastbetrieb nimmt der Zünddruck entsprechend ab, beim Saugdieselmotor mit idealerweise Gleichdruckverbrennung dagegen nur unmerklich. Beim aufgeladenen Dieselmotor steigt demgegenüber der Zünddruck lastabhängig mit zunehmendem Ladedruck (siehe z. B. [31]).

Während für Dieselmotoren relativ zuverlässige Zünddrücke für die Kolbenauslegung vorgegeben werden können, gelingt dies für Ottomotoren im Vorfeld einer Motorentwicklung nur unbefriedigend. Messungen mittels Zylinderdruckindizierung an vergleichbaren Motoren liefern meistens die einzigen Anhaltswerte, wenn von allgemeinen Erfahrungen basierend auf dem Verdichtungsverhältnis, der spezifischen Leistung und Merkmalen wie vier Ventile pro Zylinder oder Aufladung abgesehen wird. Hinzu kommt, dass eine gewisse Unsicherheit dahingehend besteht, wie die zyklischen Druckschwankungen (± 10 ... ± 20 %) in Bezug auf die Kolbenauslegung zu bewerten sind.

Werden die gemessenen Spitzendrücke ausreichend vieler Arbeitszyklen hinsichtlich ihrer Größe klassiert, so ergibt sich eine etwa symmetrische Verteilung, die durch die Gaußsche Normalverteilung idealisiert werden kann. Abb. 4.41 zeigt dies beispielhaft mit zugehörigen Summenhäufigkeiten. Der mittlere oder häufigste Zünddruck schließt 50 % aller Zyklen ein. Als Auslegungszünddruck kommt dieser jedoch nicht in Frage, da die restlichen 50 % der Zyklen z. T. wesentlich höhere Zünddrücke ausweisen. Der im Rahmen einer Messung ermittelte absolut höchste Zünddruck liegt in der aus den Messergebnissen berechneten „Glockenkurve" üblicherweise zwischen der doppelten bis dreifachen positiven Standardabweichung ($+2s < p_{Zmax}$–Messwert $< +3s$) und stabilisiert sich beim letzteren Wert, wenn mehr Zyklen ausgewertet werden.

Der Begriff „Auslegungszünddruck" gibt Anlass zur Interpretation. Damit ist speziell beim Ottomotor nicht allein der Wert gemeint, der dem ersten konstruktiven Entwurf zugrunde liegt. Er bestimmt vielmehr auch die Prüflast bei der außermotorischen Gestaltfestigkeitsprüfung auf dem Hydropulsator-Prüfstand.

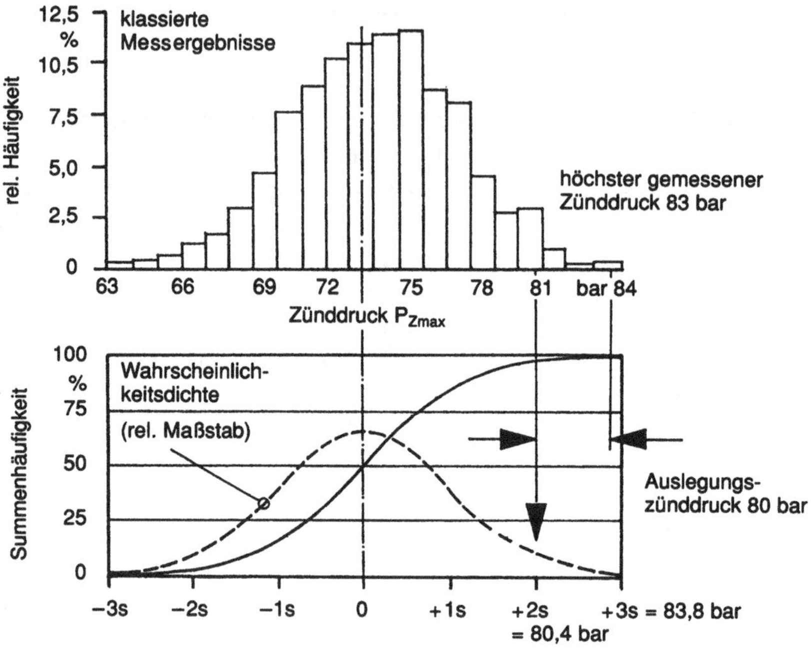

Abb. 4.41 Gaußsche Normalverteilung und zugehörige Summenhäufigkeit der zyklischen Schwankungen des Zünddrucks eines Vierventil-Ottomotors (1,6-l-4V.-R4-Motor, Volllast, 4000 1/min)

Welcher Wert der „richtige" Zünddruck ist, kann von Fall zu Fall am besten anhand der Lebensdaueranforderungen, d. h. an der Laufzeit und dem Volllastanteil des härtesten Dauerlaufprogramms, abgeschätzt werden. Es kann jedoch argumentiert werden, dass der der doppelten positiven Standardabweichung $+2s$ entsprechende Zünddruck eine angemessene Festlegung sein kann, wenn, richtigerweise gestützt auf Messungen, ein bestimmter maximaler Zünddruck und eine statistische Verteilung (Abb. 4.41) vorgegeben werden. Die zu $+2s$ gehörige Summenhäufigkeit beträgt 97,725 %, sodass theoretisch nur 2,275 % aller Zyklen den Kolben noch höher belasten. Dieser Rest ist sehr schief verteilt, indem 46,37 % davon bereits zwischen $s = 2$ und $s = 2{,}25$, weitere 26,37 % zwischen $s = 2{,}25$ und $s = 2{,}5$, 14,07 % schließlich zwischen $s = 2{,}5$ und $s = 2{,}75$ und 7,69 % zwischen $s = 2{,}75$ und $s = 3$ liegen (Rest 5,5 % von 2,275 %). Die höchsten Zünddrücke treten also wirklich nur sehr selten auf. Eine Festlegung des Auslegungszünddrucks kann, wie das Beispiel zeigt, auf folgender Grundlage vorgenommen werden:

Beispiel: Fiktiver Ottomotor

- härtester Test → 1000 h-DL
- 60 % Volllastanteil
- während 50 % der Laufzeit $n \leq 4000$ 1/min; bei höheren Drehzahlen Massenkraftentlastung so groß, dass keine Maximalbeanspruchung der Nabe mehr vorliegt

- während 25 % der Laufzeit $n \leq 2000$ 1/min; keine Maximalbeanspruchung, da Zünddruck noch nicht Höchstwert erreicht hat
- mittlere Drehzahl der zu beachtenden Stufen $n = 3500$ 1/min
- Gaskraftbeanspruchung bei Viertakt nur jede zweite Umdrehung
- Anzahl der Lastspiele mit Zünddrücken jenseits der +2s-Grenze:
  $1000 \cdot 60 \cdot 3500 \cdot 0{,}6 \cdot (100 - 50 - 25)/100 \cdot 0{,}5 \cdot 0{,}02275 =$
  $1000 \cdot 60 \cdot 3500 \cdot 0{,}6 \cdot 0{,}25 \cdot 0{,}5 \cdot 0{,}02275 =$
  358.313 Lastspiele

Die einseitige Verteilung der Drücke jenseits der +2s-Grenze und die praktische Erfahrung mit der außermotorischen Bauteilprüfung auf dem Hydropulsator-Prüfstand lassen erwarten, dass eine Lastspielzahl von 358.313 noch hinreichend $< 2 \cdot 10^{-6}$ ist. So kann der +2s-Wert als Auslegungszünddruck im vorliegenden Beispiel bestätigt werden.

Das „Feilschen" um den richtigen Auslegungszünddruck bei Ottomotoren mag dem Außenstehenden etwas überzogen erscheinen. Vor dem Hintergrund des Zwangs zu grenzwertigem Leichtbau können jedoch 2 bis 3 bar mehr oder weniger Auslegungszünddruck über das Standhalten oder Versagen bei der außermotorischen Bauteilprüfung und damit über die Dauerlauf-Freigabe entscheiden. Die außermotorische Prüflast beinhaltet einen Basissicherheitsfaktor und einen Übertragungsfaktor (Hydropulsator → Motor). Dessen Hauptanteil ist ein Temperaturfaktor (Nabentemperatur beim „Pulsen" << Betriebstemperatur).

Die hier angestellten Betrachtungen geben sicher Anlass zu mancher berechtigten Kritik. Sie sind jedoch ein Ansatz zur Versachlichung des Themas „Auslegungszünddruck beim Ottomotor" mit dem Ziel realistischerer Vorgabewerte. In diesem Zusammenhang müssen auch die weitgehend auf praktischer Erfahrung beruhenden Übertragungsfaktoren einer Überprüfung unterzogen werden. Die für die Auslegung und Freigabe maßgeblichen Zünddrücke eher nach unten zu korrigieren, nur um mit den etablierten Übertragungsfaktoren „leben" zu können, ist schließlich auch sehr fragwürdig.

4.2.4.3.2 Maßgebliche Drehzahl für die Kolbenbolzenberechnung

Die Massenkraft des Kolbens, präzise ausgedrückt die Massenträgheit des Kolbens mit Ringpaket ohne Kolbenbolzen, wirkt entgegen der Gaskraft. Die resultierende Kolbenkraft stützt sich über die Bolzennabe auf dem Kolbenbolzen ab. Die Massenkraft nimmt mit dem Quadrat der Drehzahl zu. Auch der Zünddruck steigt mit der Drehzahl an und erreicht im mittleren Drehzahlbereich einen Höchstwert oder zumindest einen hohen Wert, der sich bis zur Nenndrehzahl nicht mehr wesentlich steigert. Die größte Nabenbelastung stellt sich folglich bei der Drehzahl ein, bei der die größte Kolbenkraft wirkt. Da der Verlauf des Zünddrucks über der Drehzahl vorab nicht bekannt ist, wird in der Regel auf die Erfahrung zurückgegriffen, dass sich der höchste Zünddruck ungefähr bei der dem maximalen Drehmoment zugeordneten Drehzahl einstellt. Folglich wird diese Drehzahl dann zwecks Massenkraftentlastung für die Bolzenberechnung herangezogen. Wie aus Abb. 4.42 zu ersehen

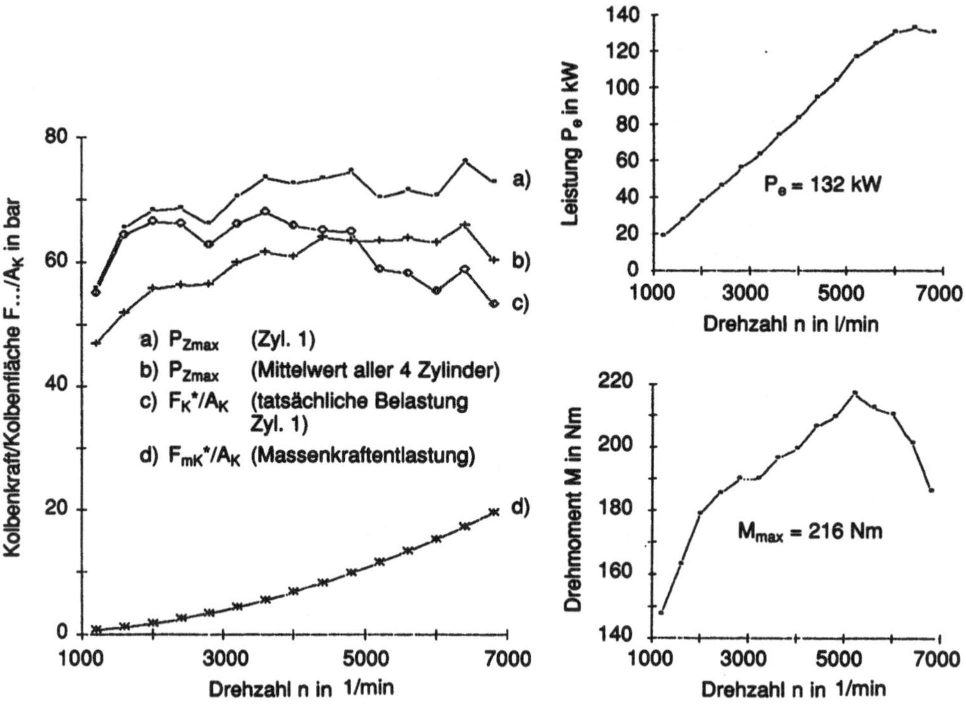

Abb. 4.42 Zünddruckverlauf (Zylinder mit höchsten Drücken), Drehmoment- und Leistungskurve sowie „Massendruck" (auf Kolbenfläche bezogene Massenkraft) eines 2,3-l-Vierventil-Ottomotors (Vierzylinder, $D_K = 92$ mm, $s = 85$ mm, $l_{Pl} = 151{,}5$ mm, $m_K^* = 0{,}44$ kg)

ist, kann diese Annahme vor allem dann, wenn das maximale Drehmoment – wie das für Vierventil-Ottomotoren typisch ist – erst bei relativ hohen Drehzahlen erreicht wird, ziemlich ungenau sein.

Das Bild zeigt den gemessenen Zünddruckverlauf über der Drehzahl für den Zylinder, bei dem die höchsten Drücke auftreten, die Drehmoment- und Leistungskurve und den „Massendruck", d. h. die für Vergleichszwecke auf die Kolbenfläche bezogene Massenkraft eines Vierventil-Ottomotors. Während das maximale Drehmoment erst bei 5200 1/min erreicht wird, weist die Kolbenkraft bereits bei 3600 1/min ihren Maximalwert auf. In diesem Fall wäre also die allgemein übliche Annahme zu günstig. In der Praxis wird deshalb die Massenkraftentlastung auf 4000 bis maximal 4500 1/min beschränkt.

Es sei noch erwähnt, dass die Massenkraftentlastung und damit das Abheben des Kolbens vom Kolbenbolzen und des letzteren im kleinen Pleuelauge die Bolzenschmierung bei Viertaktmotoren ermöglicht. Bei Zweitaktmotoren müssen demgegenüber der Bolzen im Pleuelauge, wo die höchsten Drücke auftreten, wälzgelagert und die zulässige Flächenpressung in der Bolzennabe reduziert werden.

4.2.4.3.3 Drehzahlgrenze der Kolbenbolzensicherung

Bei schwimmender Bolzenlagerung sind beidseitig des Kolbenbolzens Bolzensicherungen notwendig, um ein axiales Auswandern zu verhindern. Es kommen Seegersicherungsringe nach DIN 472 und Drahtsprengringe unterschiedlicher Form nach DIN 73 130 zur Verwendung. Die massebehafteten und der Kolbenbeschleunigung unterliegenden „Schenkel" eines Sicherungsrings können abheben, wenn die Vorspannkraft durch die Massenkraft bei hohen Drehzahlen aufgehoben wird. Alle Bauformen, deren Enden Aushebevorrichtungen aufweisen und damit zusätzlich massebehaftet sind, sind nur begrenzt massenkraftsicher. DIN 73 130 empfiehlt daher Runddrahtsprengringe gemäß Form „C" für Ottomotorkolben.

Für den Sprengring sind verschiedene Durchmesser definiert. Die Auswahl erfolgt nach dem Nenndurchmesser d_1, zugleich Bolzen- bzw. Bolzenbohrungsdurchmesser. Mit dem Drahtdurchmesser d_2 kann dann die Vorspannkraft wesentlich beeinflusst werden. d_3 ist der Durchmesser im ungespannten und d_4 der im gespannten Zustand. d_4 ist zugleich der Durchmesser des Sprengringnutgrunds. Alle Durchmesser sind in Abb. 4.43 erklärt. Schließlich ist noch die Maulweite zu erwähnen, hier als Abstand x gekennzeichnet.

Die Massenkraftsicherheit der Kolbenbolzensicherung kann rechnerisch abgeschätzt werden. [62] hat einen halbempirischen Ansatz auf der Basis gemessener Federkennlinien gewählt. Das hier verwendete Rechenmodell ist darauf nicht angewiesen. Die folgende Ableitung gilt für den Runddrahtsprengring der Form „C" (Ableitung für andere Bauformen analog möglich). Die Theorie des „stark gekrümmten Stabes" wird vernachlässigt, was in Anbetracht der sonstigen vereinfachten Annahmen und der Geometrieabweichung in der Praxis infolge des überaus starken Einflusses der Fertigungstoleranzen nicht mehr ins Gewicht fällt.

Für die Ermittlung der Grenzdrehzahl wird die ungünstigste Einbaulage nach [62] angenommen (Abb. 4.44). Die Massenkraft erreicht ihren Größtwert im OT. Bei Betrachtung von Abb. 4.44 ist es einsichtig, dass die obere Hälfte des Sprengrings von der Massenkraft in die Sprengringnut gepresst wird und somit keine zusätzliche Verformung erleidet. Die Abstützung in der Nut wird vielmehr dadurch um das bei massenkraftbedingter Verformung der unteren Hälfte zusätzlich eingeleitete Biegemoment erhöht. Die Vorspannung der unte-

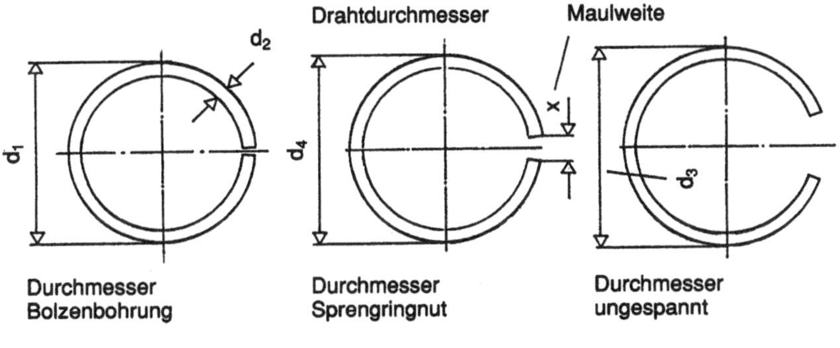

Abb. 4.43 Durchmesserdefinitionen und Maulweite beim Runddrahtsprengring

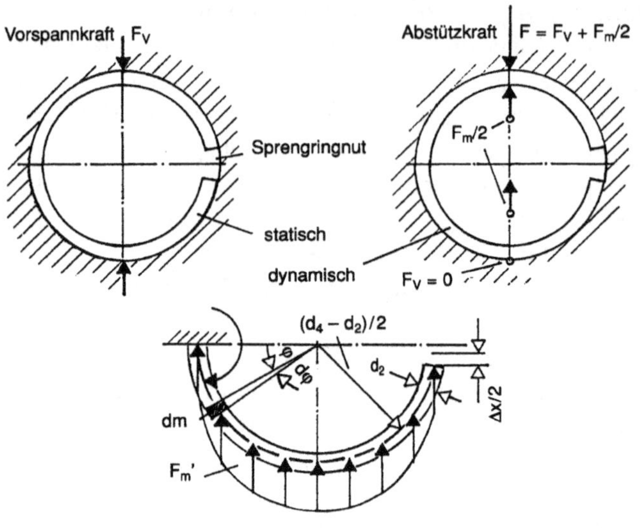

$$\left.\begin{aligned} dm &= \rho\, dV = \frac{1}{8}\rho \pi d_2^2 (d_4 - d_2) d\varphi \\ \ddot{x}_K &= r\omega^2 (1 + \lambda_{Pl}) \\ dl &= \frac{1}{2}(d_4 - d_2) d\varphi \end{aligned}\right\} \quad \rightarrow \quad \begin{gathered} F_m' = \frac{1}{4}\rho \pi d_2^2 r \omega^2 (1 + \lambda_{Pl}) \\ (F_m' = \ddot{x}_K\, dm/dl) \end{gathered}$$

$$x = \frac{1}{2}(d_4 - d_2)(1 - \cos\varphi), \quad F_m' = \frac{d^2 M_b}{dx^2} = \text{const.} \quad \rightarrow \quad M_b = \frac{F_m' x^2}{2}$$

$$M_b(\varphi) = \frac{1}{32}\rho \pi d_2^2 (d_4 - d_2)^2 r \omega^2 (1 + \lambda_{Pl})(1 - \cos\varphi)$$

Abb. 4.44 Rechenmodell für die massenkraftbedingte Verformung des Runddrahtsprengrings

ren Hälfte des Sprengrings wird demgegenüber durch die Massenkraft teilweise oder gar vollständig aufgehoben. Für die Berechnung der Änderung der Maulweite kann folglich das Ersatzmodell des halbkreisförmigen, einseitig eingespannten Stabes herangezogen werden. Es ist dann nur die halbe Massenkraft des Sprengrings anzusetzen, die über den Umfang bei konstantem Querschnitt gleichmäßig verteilt ist (konstante Streckenlast).

Nach Montage des Sprengrings hat sich seine Krümmung von $2\,/\,(d_3 - d_2)$ auf $2\,/\,(d_4 - d_2)$ erhöht (Krümmung = Kehrwert des Krümmungsradius). Dies verursacht das Biegemoment:

$$M_b = 2EI\left(\frac{1}{d_4 - d_2} - \frac{1}{d_3 - d_2}\right) \tag{4.100}$$

E ist der Elastizitätsmodul und I das axiale Flächenträgheitsmoment des Ringquerschnitts. Alle anderen Größen sind bekannt. Die Änderung der Maulweite Δx im eingebauten Zustand kann – ausgehend von den Angaben nach DIN, die sich auf den Nenndurchmesser d_1 beziehen – unter Berücksichtigung der Durchmesser d_3 und d_4 über den jeweils gleichen Umfang elementar berechnet werden. Dies führt zu einer mathematisch unhandlichen Formulierung. Alternativ kann die Änderung = Verkleinerung der Maulweite Δx des offenen Kreisrings über die Biegeverformung desselben bei Belastung mit einem über der Umfangslänge konstanten Biegemoment berechnet werden, wovon bei Gl. (4.100) ausgegangen wird (wie realitätsnah oder -fern diese Annahme ist, soll hier nicht zur Diskussion stehen). Ohne auf die einzelnen Rechenschritte eingehen zu können, lautet das Ergebnis:

$$\Delta x = \frac{M_b \pi (d_4 - d_2)^2}{2EI} \tag{4.101}$$

Es ist darauf hinzuweisen, dass die Verformungen recht groß sind. Die der Verformungsberechnung zugrunde liegende Linearisierung ist dann eigentlich nicht mehr ganz berechtigt. Durch Einsetzen von Gl. (4.100) in Gl. (4.101) folgt:

$$\Delta x = \pi (d_4 - d_2) \left[1 - \frac{(d_4 - d_2)}{(d_3 - d_2)} \right] \tag{4.102}$$

Die Grenzdrehzahl kann verschieden definiert werden [62]. Hier soll der Beginn des Abhebens gelten. Vorspannkraft und Massenkraft halten sich in diesem Fall insofern die Waage, als die Einfederung des unteren Schenkels am Stoß infolge Massenkraftwirkung die Einfederung nach Montage kompensiert. Basierend auf dem in Abb. 4.44 gezeigten Ersatzmodell kann die massenkraftbedingte Einfederung für den einseitig fest eingespannten Halbring mit Kreisquerschnitt mit den Gesetzen der Elastostatik berechnet werden. Die von der Massenkraft herrührende Streckenlast und das dadurch hervorgerufene Biegemoment sind in Abb. 4.44 näher erklärt.

$$\frac{\Delta x}{2} = \frac{5\pi^2 (d_4 - d_2)^4 d_2^2 \rho \, r \omega^2 (1 + \lambda_{Pl})}{64EI} \tag{4.103}$$

mit

$$I = \frac{\pi d_2^4}{64}$$

Gleichsetzen der mit dem Faktor 0,5 multiplizierten Gl. (4.102) mit Gl. (4.103) und Auflösen nach der Grenzdrehzahl n_g unter Verwendung des Zusammenhangs $\omega_g = \pi n_g / 30$ liefert die gesuchte Beziehung:

$$\omega_g = \frac{0{,}3162\, d_2 \sqrt{\frac{E}{\rho}}}{d_4 - d_2} \sqrt{\frac{\frac{1}{(d_4-d_2)} - \frac{1}{(d_3-d_2)}}{r(1+\lambda_{Pl})}} \tag{4.104}$$

In den Gl. (4.103) und (4.104) bedeuten r den Kurbelradius, l_{Pl} die Pleuellänge, ω die Winkelgeschwindigkeit und ρ die Werkstoffdichte. Alle anderen Größen sind bereits bekannt. Für den Term $\sqrt{E/\rho}$ kann bei Stahl der Wert $5{,}17 \cdot 10^3$ m/s eingesetzt werden. Die nach DIN zulässigen Toleranzen für den Drahtdurchmesser, den Durchmesser des ungespannten Rings und den Nutgrunddurchmesser beinhalten eine Unsicherheit von 2000 1/min und mehr. Eine Aussage über die tatsächlich vorhandene Sicherheit kann sich deshalb immer nur auf die ungünstigste Toleranzlage beziehen. Da der Bolzendurchmesser nach anderen Kriterien ausgewählt wird, steht in der Praxis nur der Ringquerschnitt (Drahtdurchmesser beim Runddrahtsprengring) als Variable zur Verfügung. Dieser kann bis zu einer sinnvollen Grenze erhöht werden (plastische Verformung bei Montage ist zu vermeiden, Demontage muss mit begrenztem Kraftaufwand noch möglich sein). Problematische Verhältnisse liegen immer dann vor, wenn axialer Schub, der verschiedene, hier nicht näher beleuchtete Ursachen haben kann, auf den Bolzen ausgeübt wird. Neben zusätzliche Kosten verursachenden Toleranzeinschränkungen am Kolbenbolzen und der Sicherungsnut gibt es noch einige begrenzt wirksame konstruktive Kniffe, um das Ausschlagen der Sicherungsnut zu beherrschen.

4.2.4.3.4 Zusätzliche Beanspruchung des Kolbenbolzens bei Klemmpleuel, Vergleichsspannung (zwei- und dreiachsig)

Beim bereits in Abschn. 4.2.4.2.1 angesprochenen Klemmpleuel erfährt der Kolbenbolzen aufgrund der Presspassung zwischen dem kleinen Pleuelauge und dem Kolbenbolzen eine zusätzliche Beanspruchung. Die bei Kolben für Ottomotoren (Anwendung auf diese Motorenkategorie beschränkt) angestrebte maximale Überdeckung beträgt in der Regel 0,04 mm. Die Tangentialspannungskomponente überlagert sich der Druckspannung infolge Ovalverformung mit gleichem (negativem) Vorzeichen. Die radiale Druckspannung (ebenfalls mit negativem Vorzeichen) führt zu einem dreiachsigen Spannungszustand. Die Gestaltänderungshypothese nach Gl. (4.99) erweitert sich dementsprechend (was für die Hauptspannungen σ_1, σ_2 und σ_3 einzusetzen ist, geht aus der zu Gl. (4.105) gehörenden Aufstellung in Tab. 4.4 hervor):

$$\sigma_v = \sqrt{\sigma_1^2 + \sigma_2^2 + \sigma_3^2 - \sigma_1\sigma_2 - \sigma_1\sigma_3 - \sigma_2\sigma_3} \tag{4.105}$$

Abb. 4.45 zeigt ein für den Standardkolbenbolzenwerkstoff 17Cr3 und den Werkstoff 16MnCr5 konstruiertes Dauerfestigkeitsschaubild. Es gilt für die einsatzgehärtete Randzone. Beispielhaft eingetragen ist die Gesamtbeanspruchung zweier unterschiedlicher

Tab. 4.4 Berechnungsschema zu Gl. (4.105); die Vorzeichen in den Klammern entsprechen den Vorzeichen der jeweiligen Spannungen (die betreffenden Spannungen sind als Beträge einzusetzen)

	Biegung axial	Ovalverformung tangential	Schrumpfung (Überdeckung) tangential	Schrumpfung (Überdeckung) radial
σ_o	$\sigma_{bGas} - \sigma_{bmas}$ (+)	$-(\sigma_{OvGas} - \sigma_{Ovmas})$ (−)	–	–
σ_u	$-\sigma_{bmas}$ (−)	$-\sigma_{Ovmas}$ (−)	–	–
$\pm\sigma_a$	$^1/_2\sigma_{bGas}$ (+)	$-^1/_2\sigma_{OvGas} + \sigma_{Ovmas}$ (−)	–	–
σ_m	$^1/_2\sigma_{bGas} - \sigma_{bmas}$ (+)	$-^1/_2\sigma_{OvGas}$ (−)	$-\sigma_{üt}$* (−)	$-\sigma_{ürad}$* (−)

	$\sigma_1 = \sigma_{ax}$	$\sigma_2 = \sigma_t$	$\sigma_3 = \sigma_{rad}$
$\pm\sigma_{va}$	$^1/_2\sigma_{bGas}$ (+)	$-^1/_2\sigma_{OvGas} + \sigma_{Ovmas}$ (−)	–
σ_{vm}	$^1/_2\sigma_{bGas} - \sigma_{bmas}$ (+)	$-^1/_2\sigma_{OvGas} - \sigma_{üt}$ (−)	$-\sigma_{ürad}$ (−)

* Berechnung der Schrumpfspannungen wie im Maschinenbau üblich unter Vorgabe der Überdeckung (0,02 bis 0,05 mm), der Außen- und Innendurchmesser des Kolbenbolzens sowie des Außendurchmessers des Pleuelauges

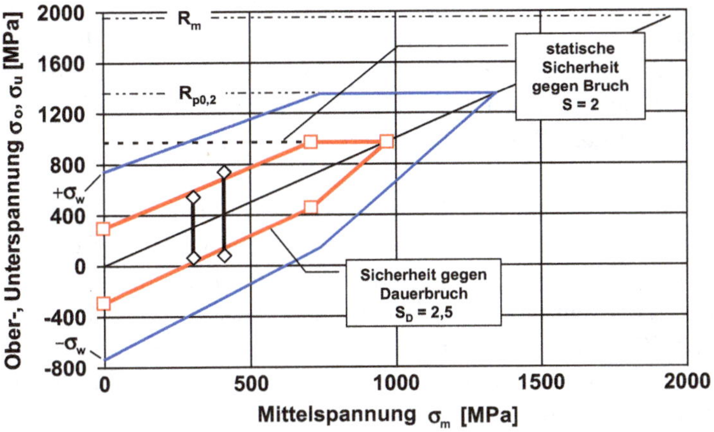

Abb. 4.45 Dauerfestigkeitsschaubild für die Kolbenbolzenwerkstoffe 17Cr3 und 16MnCr5, gültig für die einsatzgehärtete Randzone; zusätzlich eingetragen: zwei Beispiele ausgeführter Kolbenbolzen für Klemmpleuel

Kolbenbolzen für Klemmpleuel (verschiedene Ottomotoren). Einer der beiden Kolbenbolzen ist nach den ausgewiesenen Kriterien geringfügig überbeansprucht. Erst bei sehr großen, nicht den tatsächlichen Verhältnissen entsprechenden Schrumpfspannungen, d. h. im

Bereich großer Vergleichsmittelspannungen, wäre der zulässige Spannungsausschlag deutlich eingeschränkt. Die statische Schrumpfspannung hat somit wenig Einfluss auf die dynamische Beanspruchbarkeit von Kolbenbolzen für Klemmpleuel.

4.2.4.4 Berechnung der Kolbenmasse

Die Bedeutung der Kolbenmasse als anteilige oszillierende Masse insbesondere bei Ottomotoren mit vergleichsweise hohem Drehzahlniveau ist bekannt. Eine möglichst genaue Vorausberechnung der Kolbenmasse ist deshalb wünschenswert, mit herkömmlichen Mitteln jedoch kaum durchführbar. Mit der Integration des dreidimensionalen CAD steht heute ein effizientes Werkzeug zur Volumen- und damit Massenvorausbestimmung zur Verfügung. Die Volumenberechnung war zunächst eher als „Abfallprodukt" der CAD/CAM-Schiene zur Erstellung der Stahlkokille mit Gießkern, Einsätzen (Kastenkolben) und Kernführungsbuchse (Bestandteile der Kolbenkokille) zu sehen. Die Oberfläche des in der Regel fünfteiligen Gießkerns (Stahlkern), der die komplexe, gestaltfestigkeitsoptimierte Innenform des Kolbens erzeugt, wurde schon in der Frühphase der rechnergestützten Bauteilkonstruktion mittels eines 3D-CAD-Systems dargestellt. Dies erfolgt bei den damals präferierten Flächenmodellen durch das lückenlose und die Tangentenbedingungen erfüllende Aneinanderfügen von Raumflächen in der so genannten „Bézier-Darstellung" (Bezeichnung der mathematischen Flächendefinition). Nach „Verzerrung" durch Einbringung des Schrumpfmaßes werden mit Hilfe eines NC-Fräsmoduls die Fräserbahnen berechnet und anschließend zur Überprüfung am Bildschirm über ein vom System erstelltes APT-Programm simuliert. Nach einem „Post-Prozessor-Lauf" können die Fräsprogramme an der Werkzeugmaschine eingesetzt werden. Bei den erzeugten Istkonturen ist eine jeweils günstige Toleranzlage eingebracht, die den Verschleiß zwecks optimaler Nutzung des Werkzeugs berücksichtigt. Auch gegen das gussteiltypische Schwindungsverhalten wird entsprechend vorgehalten. Für die Gießwerkzeug-Herstellung werden demnach keine Nennmaß-Datenmodelle verwendet.

Für die Volumenberechnung sind noch die durch mechanische Bearbeitung erzeugte Außenkontur zu erstellen und eventuelle Lücken zu schließen. In die Genauigkeit der Massenberechnung gehen noch Legierungsschwankungen mit einem Einfluss auf die Werkstoffdichte von ± 1 % ein. Die Unsicherheit dieser genauen Berechnungsmethode liegt damit noch in der Größenordnung der Gewichtstoleranz des „nackten" Kolbens. Abb. 4.46 gibt anhand eines 3D-Flächenmodells der Kolbeninnenform einen Eindruck von der 3D-CAD/CAM-Anwendung bei der Kolbenkonstruktion und -fertigung. Die Optimierung der Kolbenmasse ist ein iterativer Prozess, der der Hardware-Erstellung vorausgeht und damit insgesamt Kosten spart. CNC-gefertigte Werkzeuge erlauben zudem eine hohe Formtreue bei der Fertigung von Folgewerkzeugen und ermöglichen die Einschränkung von Rohlingstoleranzen.

Wesentliche Einflussgrößen auf die Kolbenmasse sind die Hauptabmessungen, die Kolbenbauart, die Belastung und der Anwendungsfall. Beim „nackten" Kolben konzentrieren sich über 70 % der Kolbenmasse zwischen der Bolzenachse und dem Kolbenboden (Kompressionshöhe), beim Komplettkolben sind dies noch über 50 %.

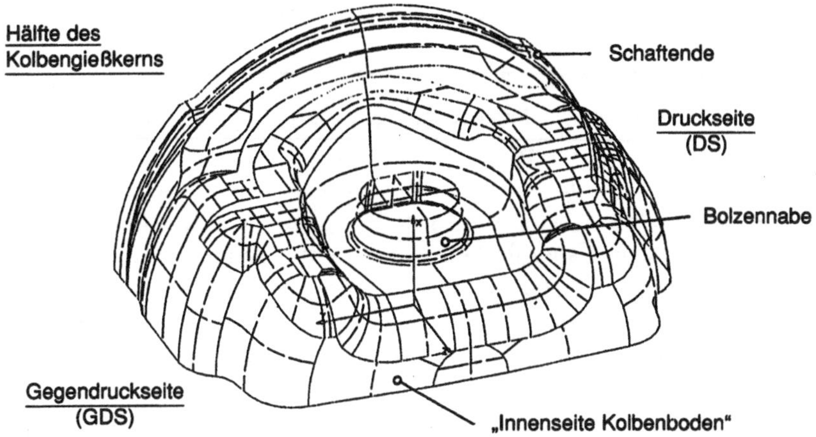

Abb. 4.46 3D-CAD-Flächenmodell der Kolbeninnenform für Vorausbestimmung und Optimierung der Kolbenmasse sowie als Datenbasis für die CNC-Fertigung des Kolbengießwerkzeugs (Fräsen der Graphitelektrode des Gießkerns); „CAD/CAM-Schiene"

Zur Steuerung der Kolbenmasse in der Fertigung werden die Fertigungstoleranzen herangezogen (Zusammenspiel von gegossenen und bearbeiteten Flächen).

4.2.4.5 Festlegung der Kolbenaußenkontur

4.2.4.5.1 Einbauspiel, Laufspiel, Ovalität und Tragbildkorrektur

Das Laufspiel ist der Rückfall von Kolbenkopf und -schaft relativ zum größten Durchmesser, dem Nenndurchmesser, der zwischen Mitte Bolzenachse und Schaftende anzutreffen ist (örtliches Gesamtspiel = Einbauspiel + Rückfall). Das Laufspiel im Schaftbereich ist definiert durch die Laufspielkurve in Druck-/Gegendruckrichtung und die Schaftovalität, die den radialen Abfall über dem Umfang bis zur Bolzenachsenrichtung beschreibt. Die Schaftovalität nimmt die Schaftverformung unter Seitenkraft und bei Überdeckung sowie die speziell bei Regelkolben in die Bolzenachsenrichtung umgelenkte thermische Ausdehnung auf. Wegen dieser funktionsbedingten Formgebung wird der Kolbenschaft auch als balligoval bezeichnet. Der Kopfrückfall wird oft im Detail als Feuersteg- und Ringstegspiel angesprochen. Hier ist die konische Form – auch zusammengesetzt aus mehreren unterschiedlich konischen Bereichen – vorherrschend. Der Feuersteg und die Ringstege sind gering oval oder auch rund.

Die bei der Laufspielgebung zu beachtenden Gesichtspunkte werden z. B. bei [32] oder [33] erörtert. Die Vorausberechnung eines optimalen Laufspiels in Verbindung mit dem angestrebten minimalen Einbauspiel wurde schon von verschiedener Seite versucht, ist jedoch der Auslegungspraxis noch nicht wirklich zugänglich. Dafür können folgende Gründe angeführt werden:

Die mechanisch und thermisch bedingte Kolbenverformung kann zwar mittels FEM und den wirklichen Verhältnissen nahe kommenden Randbedingungen generell berechnet werden. Ohne Berücksichtigung des hydrodynamischen Schmierfilms und der Zylinderverformung (Schmierspalt) sowie der gegenseitigen Wechselwirkungen kann eine optimale Formgebung nicht gefunden werden.

Damit wird das Problem komplex und entsprechend schwierig zu lösen. Die praktische Verwertbarkeit einer Lösung hängt stark von den getroffenen Annahmen ab, die umso allgemeiner sind, je weniger spezifische Kenntnisse vorliegen. Gerade das soll aber die Vorausberechnung überbrücken helfen.

Jede Lösung ist nur eine Momentaufnahme für einen bestimmten Kurbelwinkel und Betriebszustand. Es sind der gesamte Arbeitszyklus, verschiedene Betriebszustände und die Kolbensekundärbewegung in die Optimierung mit einzubeziehen.

Zylinderblockseitige Verzugsprobleme, thermisch bedingte Deformationen (irreversibles Restwachstum) am Kolben (nicht zu verwechseln mit der thermischen Ausdehnung), plastische Verformung („Schafteinfall") und Drehprofilverschleiß, die in der Praxis von erheblicher Bedeutung sind und auf die Laufspielgebung einwirken, führen dazu, dass die Grenzen der Vorausberechenbarkeit überschritten werden.

Die Laufspielauslegung orientiert sich deshalb weitgehend noch an Erfahrungswerten (Kolbenbauart, konstruktive Ausführung, Kolben- und Zylinderwerkstoff, thermische Beanspruchung u. a.), ohne auf die Feinabstimmung anhand von Motorlaufergebnissen (Tragbild nach Markierungstest, allgemeiner Befund nach Fresstest, Geräuschtest und Dauerläufen) verzichten zu können.

Während die Balligkeit der Lauffläche des Kolbenschafts durch „Spline"-Interpolation zwischen Stützstellen frei definiert wird, wird die Schaftovalität meistens noch mittels $\sin^2$-Funktionen angegeben. Die Laufspielerstellung erfolgt heute interaktiv am Bildschirm mit automatischer Erstellung eines Datensatzes für die CNC-Bearbeitung der Kolbenaußenform. Je nach Schaftkonstruktion oder Tragbildbefund kann es erforderlich sein, der Grundovalität eine so genannte doppelt positive oder negative Ovalität zu überlagern. Die mathematische Definition der Kolbenovalität lautet (Abb. 4.47):

$$\Delta D_K = \Delta D_{K1} \sin^2\varphi \pm \Delta D_{K2} \sin^2 2\varphi \tag{4.106}$$

(+) = doppelt negative (!) Ovalität
(–) = doppelt positive (!) Ovalität

Die Adjektive „positiv" und „negativ" erscheinen vertauscht in Anbetracht der zugehörigen Vorzeichen. Die Terminologie orientiert sich am Kolbendurchmesser unter einem bestimmten Winkel zur DS-/GDS-Achse. Wird der Durchmesser größer, so wird der additive Term als „positiv" bezeichnet und umgekehrt.

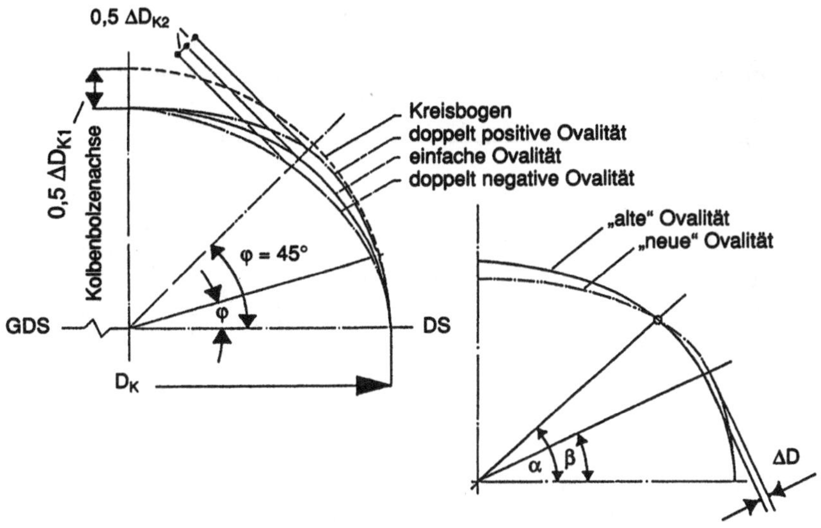

Abb. 4.47 Definition der Ovalität des Kolbens mit Beispiel für Ovalitätskorrektur unter Verwendung der Gl. (4.107) und (4.108); bei Pkw-Motoren beträgt die Kolbenschaftovalität einige 1/10 mm, überlagerte doppelte Ovalitäten einige 1/100 mm

Grund- und doppelte Ovalität können über der Schaftlänge unabhängig voneinander verlaufen, d. h. ihre Werte ändern. Bei elastischem Kolbenschaft (z. B. bei Ottomotoren) ist die Ovalität am stark einfedernden Schaftende größer als im oberen Schaftbereich.

Eine häufige Optimierungsaufgabe besteht darin, ein über dem Schaftumfang zu breites Tragbild etwas zurückzunehmen und den mittleren Bereich etwas stärker tragen zu lassen. Unter Verwendung von Gl. (4.106) können zwei Gleichungen mit den beiden Unbekannten ΔD_{K1} und ΔD_{K2} aufgestellt werden. Diese lassen sich mit folgenden Randbedingungen einfach lösen:

- Schaftumfangswinkel $\varphi = \alpha$, für den der radiale Abfall unverändert bleiben soll.
- Schaftumfangswinkel $\varphi = \beta$, bei dem der radiale Abfall um ΔD verändert werden soll.

Die neu berechneten Ovalitätswerte lauten:

$$\Delta D_{K1neu} = \Delta D_{K1alt} + (\Delta D_{K2neu} - \Delta D_{K2alt})\,\frac{\sin^2 2\alpha}{\sin^2\alpha} \tag{4.107}$$

$$\Delta D_{K2neu} = \frac{\Delta D\,\sin^2\alpha}{\sin^2 2\alpha\ \sin^2\beta - \sin^2 2\beta\ \sin^2\alpha} + \Delta D_{K2alt} \tag{4.108}$$

Abb. 4.47 zeigt prinzipiell ein Ergebnis. Es ist zu erkennen, dass der Kolbenschaft im inneren Bereich zwecks gleichmäßigeren Tragens etwas „aufgefüttert" (parallel dazu

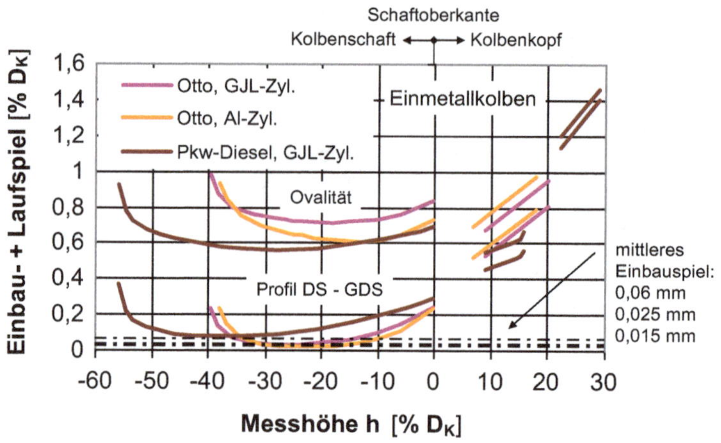

Abb. 4.48 Einfluss des Brennverfahrens sowie des ZKG-/Zylinderwerkstoffs auf Kolbeneinbau-, -laufspiel und Ovalität hier dargestellt am Beispiel ausgeführter Einmetallkolben für Pkw-Motoren; Anhaltswerte für die Spielgebung in % des Kolbendurchmessers (Anmerkung: die Unterschiede im Schaftbereich der beiden Ottomotorkolben tragen der unterschiedlichen thermischen Ausdehnung des Zylinders Rechnung, diejenigen im Kopfbereich entsprechen stets den Erfordernissen individueller Auslegung, sind also keineswegs prinzipieller Natur)

Laufspielkorrektur = Spielvergrößerung D-/GD-seitig denkbar) und im äußeren Schaftbereich (Kastenwand bei Kasten- und Slipperkolben) entschärft wird. Dies ist ein Beispiel für die Durchführung einfacher, aber in der Praxis sehr effizienter Laufspielverbesserungen. Beispiele für die Spielgebung für Pkw-Ottomotoren bei unterschiedlicher Werkstoffpaarung Kolben – Zylinder und Pkw-Dieselmotoren zeigt Abb. 4.48. Die Zahlenwerte unterliegen dem technischen Fortschritt.

4.2.4.5.2 Kolbenschaftelastizität, -ovalität, Tragbildbreite und plastische Verformung

Möglichst geringes Spiel aus Geräuschgründen einerseits und ausreichende Fresssicherheit andererseits stellen einen bei jeder Kolbenentwicklung stets von neuem aktuellen Zielkonflikt dar. Die gegenläufigen Forderungen müssen weitgehend über die Schaftovalität und richtig verteilte Schaftelastizität ausgeglichen werden. Richtig verteilt heißt z. B., dass der radiale Steifigkeitsabfall zur Schaftmitte hin nicht zu groß ist. Sonst kann hartes Tragen im Bereich der Kastenwände mit erhöhter Fressgefahr nur durch eine große Schaftovalität verhindert werden. Dies erzeugt ein ungünstig schmales Tragbild.

Während des Betriebs kommt es zu einer Spielvergrößerung infolge plastischer Verformung des Kolbens. Diese wird „Schafteinfall" genannt. Die Zunahme des Schafteinfalls mit der Betriebsdauer gehorcht einem logarithmischen Gesetz. Dass dabei auch Kriech- und Relaxationsvorgänge mit im Spiel sind, mag als Hinweis genügen. Insbesondere darf auch der Einfluss unterschiedlicher Wärmebehandlungsparameter nicht unterschätzt werden.

Die plastische Deformation des Kolbenschafts ist nicht allein durch die Seitenkraft bzw. deren Lastverteilung in Längsrichtung (siehe hierzu Überlegungen in Abschn. 3.3.8) bedingt. Sie resultiert auch aus der Gesamtverformung des Kolbens unter Gaskraft. Dabei wird der Kolbenboden quasi „um den Kolbenbolzen gebogen". Folglich werden das druck- und das gegendruckseitige Schaftende nach innen gedrückt.

Um die Wechselwirkung von Schaftelastizität und -ovalität zu veranschaulichen, kann ein Querschnittssegment (horizontaler Schnitt) als bogenförmiger, beidseitig eingespannter Träger mit Flächenlast abstrahiert werden. Je breiter und gleichmäßiger die Lastverteilung, umso geringer ist die Beanspruchung in Form des Biegemoments in der Schaftmitte und in den Einspannstellen. Bei Umsetzung dieses elementaren Sachverhalts in die Kolbenkonstruktion kann auch der Schafteinfall günstig beeinflusst werden. In der Praxis stellt sich dies allerdings als überaus schwierige Optimierungsaufgabe dar.

Zur Verdeutlichung des Einflusses der Schaftovalität auf die Tragbildbreite soll folgende Abschätzung dienen:

Die ovale Kontur mit der auf den Durchmesser bezogenen Ovalität ΔD_K wird durch eine Ellipse approximiert, deren Krümmungsradius im Hauptscheitel etwa

$$R_K = \frac{b^2}{a} \approx \frac{D_K}{2} - \Delta D_K \tag{4.109}$$

beträgt (a, b sind die Hauptachsen der Ellipse). Der zugehörige Krümmungsradius der Zylinderbohrung wird unter Vernachlässigung des Einbauspiels mit

$$R_Z \approx \frac{D_K}{2} \tag{4.110}$$

angenommen. In erster Näherung kann unter Vernachlässigung des Schmierfilms ein Ansatz für die Tragbeite l analog zur Hertzschen Theorie der Kontaktprobleme gewählt werden:

$$l \sim \sqrt{\frac{R_Z R_K}{R_Z - R_K}} \sim \sqrt{\frac{D_K}{2\,\Delta D_K} - 1} \tag{4.111}$$

Wird die Sekante l in zugehörige Schaftumfangswinkel umgerechnet, und werden praxisbezogene sehr kleine bis sehr große Ovalitätswerte von $0{,}003 < \Delta D_K / D_K < 0{,}009$ betrachtet, so kommt in diesem Größenbereich eine Drittelung des Ovalitätswerts etwa knapp einer Verdoppelung des tragenden Umfangs gleich.

4.2.5 Berechnung der Kolbensekundärbewegung

Die Kinematik des Kurbeltriebs in Verbindung mit den bewegten Massen und deren Schwerpunktlage, der Zylinderdruckverlauf sowie die örtliche Reibung verursachen beträchtliche Kräfte in Richtung der Hubbewegung und senkrecht dazu sowie zusätzliche Momente, die dem Kolben Quer- und Kippbewegungen aufzwingen. Dies wird allgemein als Kolbensekundärbewegung bezeichnet. Die tatsächlichen Spielverhältnisse – Kaltspiel oder Warmspiel unter Berücksichtigung der Warmkontur des Kolbens (und des Zylinders) –, die Verformung des Kolbenschafts unter Seitenkraft und Überdeckung zwischen Kolben und Zylinder im Warmzustand (ausgeprägt z. B. bei GJL-Zylinder), aber auch die Ausbildung des hydrodynamischen Schmierfilms und dessen Dämpfungseigenschaften beeinflussen die Kolbensekundärbewegung und deren Folgen in grundsätzlicher Weise. Die Kolbensekundärbewegung steht in direktem Zusammenhang mit

- dem Kolbengeräusch → Impulsanregung durch Anschlagen des Kolbenkopfes oder Anlagewechsel des Kolbenschafts
- der Kavitation auf der Außenseite „nasser" Zylinderbuchsen
- dem Kolben-, Kolbenring- und Zylinderverschleiß
- dem Abdichtverhalten der Kolbenringe → „Blow-by"
- dem Ölverbrauch → Beeinflussung des Abstreifverhaltens der Kolbenringe → „Ölschieben" der Feuerstegoberkante

Engste Verknüpfungen zwischen der Kolbensekundärbewegung, der Kolbenbauart und der konstruktiven Ausführung sowie der Laufspielgebung unter Berücksichtigung der thermischen Ausdehnung der Zylinderbohrung sind einleuchtend. So besteht auch hier der Wunsch nach einer rechnerischen Voroptimierung durch wirklichkeitsnahe Simulationsrechnung, um z. B. aufwändige Motorgeräuschuntersuchungen zur Festlegung der richtigen Kolbenbolzendesachsierung auf ein sinnvolles Minimum einzugrenzen.

[63] gibt u. a. einen Überblick über die historische Entwicklung der Rechenmodelle. Die Anregung zu dieser Arbeit geht auf eine frühere Untersuchung zurück [64]. Unter Würdigung der sehr speziellen Thematik müssen hier Hinweise auf andere wichtige Quellen und die verbale Erwähnung der erreichten Fortschritte und Grenzen der derzeit verfügbaren Rechenmodelle genügen. Bei [63] werden als Verbesserung gegenüber früheren Modellen eine die tatsächlichen Verhältnisse annähernde gekrümmte Kolbenschaftkontur, sämtliche reibungsbehaftete Stellen am Kolben und Pleuel, eine exakte Kolben- und Pleuelkinematik sowie die Massenverteilung am Kolben und Pleuel berücksichtigt. Außerdem wird die beim Anlagewechsel des Kolbens wirksame Schmierfilmdämpfung in vereinfachter Form einbezogen.

Daneben gibt es das Rechenmodell der Forschungsvereinigung Verbrennungskraftmaschinen (FVV) [65], aber auch eigene Rechenprogramme der Kolbenhersteller (Hinweise bei [31, 66, 67]). Die wesentliche Weiterentwicklung neuerer Programmversionen betrifft die Berücksichtigung der Realkontur, den Übergang von der Einpunktauflage zur Mehrpunktauflage und den elastischen Schaft (auf empirischer Basis; setzt Verformungsmessungen in verschiedenen Höhenschnitten an vergleichbaren Kolben voraus, wenn aufwändige

FEM-Berechnungen der Schaftverformung vermieden werden sollen). Mit dem elastischen Schaft kann auch die Überdeckung simuliert werden. Außerdem wird an der Integration des hydrodynamischen Schmierfilms gearbeitet.

Die heute routinemäßig angewandten Programme entsprechen noch nicht diesem letzten Stand wegen des damit verbundenen hohen Aufwands. Dies bedeutet, dass die Berechnungsergebnisse für die deutlich steiferen Dieselkolben bessere Dienste leisten. Die Einbeziehung der Schaftelastizität ist eine entscheidende Voraussetzung, um auch bei Ottokolben wirklichkeitsnähere Vorausberechnungen durchführen zu können. Dennoch helfen schon recht grobe Rechenmodelle, um anhand des Seitenkraftverlaufs, der Anzahl und Zeitpunkte der Anlagewechsel, des Kolbenkippwinkels und der beim Auftreffen auf die Zylinderwand übertragenen Impulse (Änderung der kinetischen Energie) bezüglich Geräusch und Kavitation mögliche Schwächen der Auslegung zu erkennen und entsprechend vorzuhalten.

Abb. 4.49 zeigt ein Ersatzmodell des nicht elastisch angenommenen Kolbens mit Einzelkraftabstützung, wie es heute dem Kolbenkonstrukteur zur Unterstützung der Kolbenauslegung zur Verfügung steht [31, 66]. Beispielhaft sind zudem für einen hier nicht näher bestimmten Nkw-Dieselkolben der Seitenkraftverlauf, die Kolbenquerbewegung, der Kippwinkel und die Änderung der kinetischen Energie für den Betrieb bei Nennleistung in Abb. 4.50 angegeben. Folgende Parameter sind in Abb. 4.49 schematisch angedeutet:

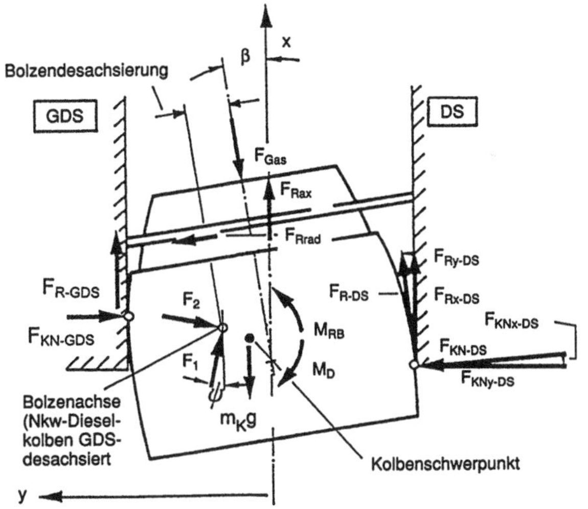

Kräftegleichgewicht: $m_K \ddot{x}_K = \sum F_x$ und $m_K \ddot{y}_K = \sum F_y$
Momentengleichgewicht: $J_K \ddot{\beta} = \sum M$

Abb. 4.49 Gebräuchliches Ersatzmodell für die Kolbenquerbewegung ohne Berücksichtigung der Schaftelastizität (Abstützung durch Einzelkraft) [31, 66], weitgehend vergleichbar mit [63]

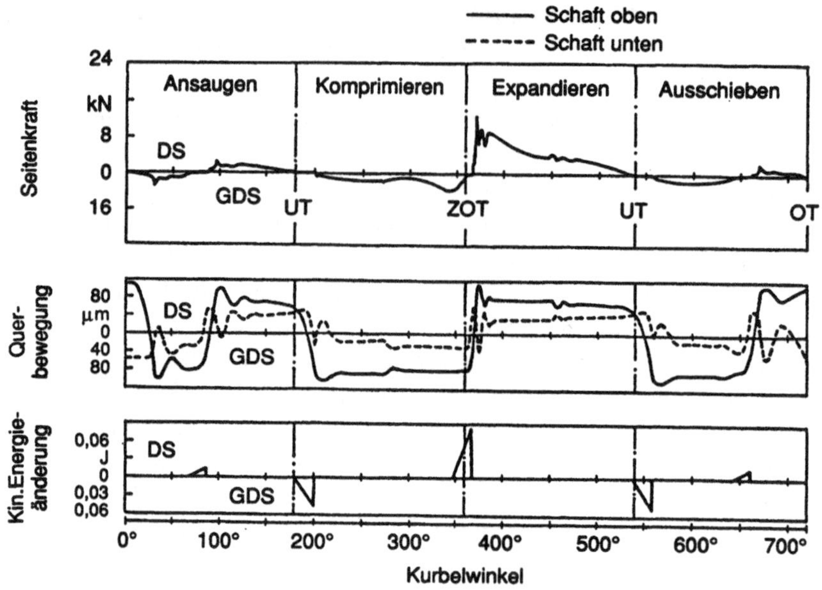

Abb. 4.50 Beispiel für Seitenkraftverlauf, Querbewegung, Kippwinkel und Änderung der kinetischen Energie beim Anlagewechsel eines nicht näher bestimmten Nkw-Dieselkolbens mit 1 mm Desachsierung zur DS bei Betrieb mit Nennleistung ([31, 66])

F_{Gas}, $m_K g$	Gaskraft, Kolbengewichtskraft
$F_{KN\text{-}DS}$	D-seitige Kolbennormalkraft (Schaftende ausgetaucht aus Zylinder)
$F_{KNx\text{-}DS}$	Längskomponente der Normalkraft
$F_{KNy\text{-}DS}$	Querkomponente der Normalkraft = Seitenkraft
$F_{KN\text{-}GDS}$	GD-seitige Kolbennormalkraft = Seitenkraft
$F_{R\text{-}DS}$	D-seitige Reibkraft am Kolbenschaft
$F_{Rx\text{-}GDS}$	x-Komponente der Reibkraft
$F_{Ry\text{-}GDS}$	y-Komponente der Reibkraft
F_{Rax}	axiale Reibkraft an der Kolbenringlauffläche*
F_{Rrad}	radiale Reibkraft zwischen Ringnut und Kolbenringflanke*
F_1, F_2	Schnittkräfte (Pleuellängs- und -querkraft)
M_{RB}	Bolzenreibungsmoment
M_D	hydrodynamisches Dämpfungsmoment des Kolbenschafts
J_K	Massenträgheitsmoment des Kolbens
β, $\ddot{\beta}$	Kolbenkippwinkel, -beschleunigung
ψ	Pleuelschwenkwinkel
$\ddot{x}_K, \ddot{y}_K$	Kolbenbeschleunigung in Hub- und Querbewegungsrichtung

*Ringpaket zu einem Ersatzring zusammengefasst

4.2.6 Rechnergestützte Festigkeitsberechnung des Kolbens

4.2.6.1 Allgemeine Beschreibung der FEM-Berechnung des Kolbens

Die Gestaltfestigkeit des Kolbens hängt, abgesehen von äußeren Merkmalen (wie der Form der Bodenmulde mit dem kritischen Muldenrand bei Kolben für direkteinspritzende Dieselmotoren, der Ringstegbemessung und der richtigen Auslegung des Kolbenbolzens in Verbindung mit der Bolzennabe), hauptsächlich von der sorgfältigen Gestaltung seiner Innenform ab. Konventionelle Berechnungsverfahren versagen hier angesichts der komplexen Geometrie. Voraussagen über die Funktionsfähigkeit des Kolbens sind eigentlich nur dann zuverlässig möglich, wenn die Temperaturverteilung, die örtlichen Verformungen und die daraus resultierenden örtlich auftretenden Spannungen berechnet werden können.

Bei der Optimierung der Gestaltfestigkeit des Kolbens wird die Methode der Finiten Elemente (FEM) schon seit langem erfolgreich kommerziell angewandt [31, 55, 58, 66, 68–73]. Die Kolbenhersteller können hier mit als Vorreiter einer allgemein vollzogenen Entwicklung angesehen werden. Auch die Boundary-Element-Methode (BEM, auch als „Integralgleichungsmethode“ bezeichnet) hat zeitweilig eine gewisse Bedeutung erlangt. Allerdings war diese zunächst nicht für thermische Aufgabenstellungen geeignet, was ihre Leistungsfähigkeit ziemlich einschränkte. Die Forderungen nach maximaler Gestaltfestigkeit bei minimalem Materialeinsatz zwangen die Kolbenhersteller, die Leistungsfähigkeit ihrer Software sowie ihre Berechnungskapazitäten einschließlich Rechnerleistung entsprechend anzupassen, wobei die Vielzahl parallel abzuwickelnder Kolbenentwicklungen zu beachten ist. Heute wird ein Großteil der Kolben zu Beginn ihrer Entwicklung auf der Grundlage von FEM-Berechnungen voroptimiert. Dass auch ohne dieses mächtige Hilfsmittel funktionsfähige Kolben – früher auf dem Reißbrett, später mittels 2D-CAD – konzipiert werden konnten, ist den sorgsam er- und kontinuierlich überarbeiteten Konstruktionsnormen der Kolbenhersteller zu verdanken. Alle Partien sind darin parametrisiert und in ihrer Gestalt variiert, um bestimmten Anforderungen zu entsprechen. Die Dimensionierungsparameter sind meist in Prozent des Kolbendurchmessers angegeben. Besonders hilfreich sind hier CAD-Variantenprogramme, die den Konstruktionsprozess effizient gestalten. Dieses gespeicherte Know-how kann so bei vielen Kolbenauslegungen eine genaue Berechnung ersetzen.

Die kurzen Ausführungen zur FEM-Berechnung des Pleuels beziehen sich beispielhaft nur auf einen bestimmten Elementtyp. Generell steht bekanntlich eine Vielzahl von Elementtypen mit entsprechenden Eigenschaften zur Verfügung (siehe z. B. Abb. 4.132 im Abschn. 4.5.4.1). Die Eckpunkte der Knoten und deren Verbindungslinien stellen elementare geometrische Körper dar. Die diskretisierte Bauteilstruktur setzt sich aus den Koordinaten der einzelnen Knoten und – sofern bei bestimmten Elementtypen vorhanden – Zwischenknoten zusammen. Die Aufbereitung der Eingabedaten, die Netzwerkgenerierung, erfolgt mittel Preprozessoren. Eine automatische Netzwerkgenerierung nach Übernahme der 3D-Konstruktionsdaten eines CAD-Systems mittels geeigneter Schnittstelle (z. B. STL) ist mittlerweile Stand der Technik. Allerdings erfüllt diese Struktur meist noch nicht alle Anforderungen. Somit muss in Teilbereichen der Struktur die Elementgröße nachträglich angepasst werden.

Bei der FEM-Berechnung des Kolbens wird dieser zusammen mit dem Kolbenbolzen als eine Einheit betrachtet (Abb. 4.51). Bei Symmetrie genügt ein 90°-Segment, was die Rechenzeit verkürzt. Nach der eigentlichen Berechnung müssen die Rechenergebnisse

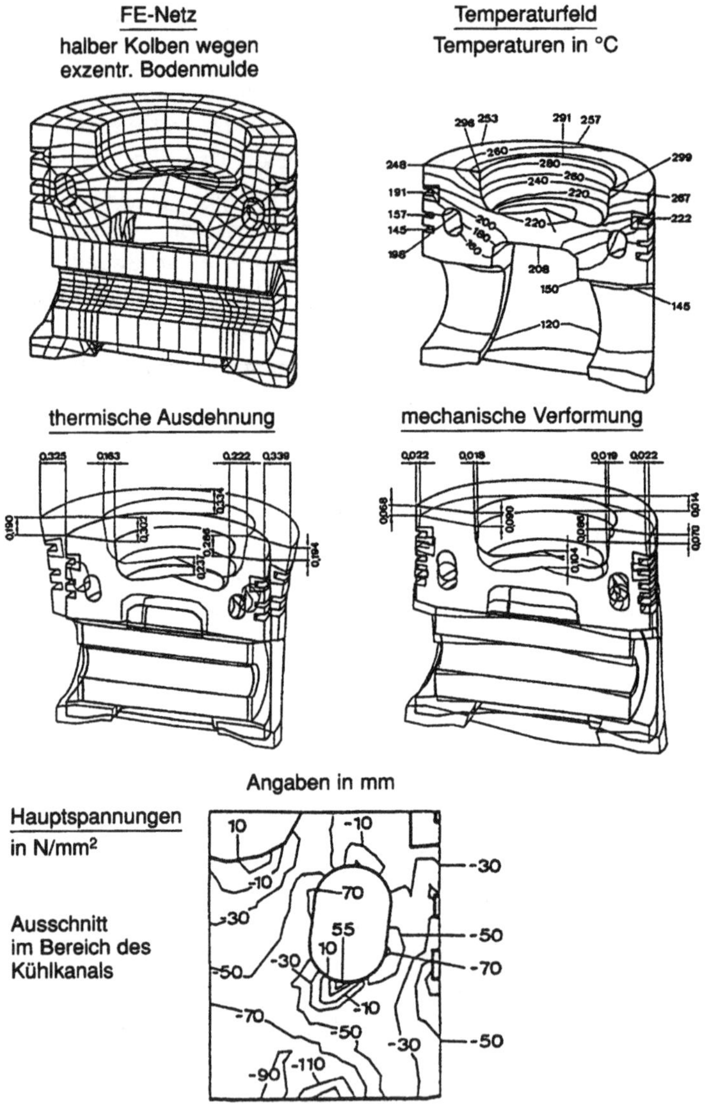

Abb. 4.51 Überblick über Ergebnisse einer FEM-Berechnung des Kolbens (älteres Berechnungsbeispiel: Kühlkanalkolben für Nkw-DI-Dieselmotor, Zünddruck hier noch mäßige $p_Z = 135$ bar); oben links: FE-Netzwerk, oben rechts: Isothermen bei Volllast und Nennleistung, Mitte links: thermische Deformation bei selbem Betriebszustand, Mitte rechts: Deformation infolge des Zünddrucks, unten: maximale Hauptspannung im Kühlkanalbereich (unzulässig große Zugspannung im unteren Kühlkanalscheitel mittels Berechnung identifiziert) (aus [66])

(grafisch) aufbereitet werden, was mit erheblichem Aufwand verbunden ist. Dies erledigt der Postprozessor.

Die unter Berücksichtigung von Speicherplatzbelegung und Rechenzeit erfolgte Auflösung der realen Struktur bestimmt die Rechengenauigkeit im mathematischen Sinn, die Wahl und örtliche Aufprägung der Randbedingungen die Aussagekraft der Ergebnisse.

Beim Kolben sind dies mechanische und thermische Randbedingungen. Die mechanischen Randbedingungen sind der Zünddruck bzw. dessen zeitlicher Verlauf, der den Kolbenboden, den Feuersteg und die Ringstege belastet. Außerdem müssen die Reaktionskräfte des Pleuels und – wenn die Seitenkraftbelastung erfasst werden soll – auch der Zylinderwand angesetzt werden. Die thermischen Randbedingungen resultieren aus der Temperatur der Verbrennungsgase, die den Kolbenboden und den Feuersteg beaufschlagen. Von gleicher Bedeutung wie die zugeführte Wärmemenge ist die über die Kolbenringe und den Kolbenschaft an die Zylinderwand oder die an den Kolbenbolzen abgegebene Wärmemenge. An das Schmieröl wird insbesondere im Fall eines Kühlkanals oder der Anspritzung der Innenform aus einer am Zylinderkurbelgehäuse angebrachten Spritzdüse eine unterschiedlich große Wärmemenge übertragen. Der jeweilige Wärmeübergang und die Kenntnis, ob zusätzliche Kühlmaßnahmen zur Anwendung kommen, sind deshalb wichtige Randbedingungen für die Berechnung.

Die Wärmeübergangskoeffizienten können auch aus Temperaturmessungen abgeleitet werden. Außerdem müssen je nach Aufgabenstellung Werkstoffkenngrößen (wie Elastizitätsmodul, Dichte, spezifische Wärme, Wärmeleitzahl und Wärmeausdehnungskoeffizient) sowie deren Temperaturabhängigkeit bekannt sein, insbesondere auch die Abhängigkeit der Spannung von Dehnung und Temperatur. Mit der Berücksichtigung der Temperaturabhängigkeit und der Abkehr von einem rein Hookeschen Werkstoffverhalten wird die Berechnung nicht-linear.

Die Berechnung erfolgt in zwei Durchgängen. Zuerst werden die Kolbentemperaturen berechnet. Anhand des Temperaturfelds wird die Wärmedehnung (thermische Deformationen) bestimmt, mit deren Hilfe wiederum die örtlich wirkenden Wärmespannungen ermittelt werden. Die mechanischen Verformungen werden getrennt berechnet, wobei allerdings von der thermisch verformten Geometrie auszugehen ist (beim Vergleich mit Messungen mit Dehnmessstreifen ist aber die „kalte" Geometrie maßgebend). Aus den Verformungen kann wiederum auf die örtlich wirkenden Spannungen geschlossen werden. Für jeden Knoten des Netzwerks stehen ein Temperaturwert und dreiachsige Verformungs- und Spannungstensoren (Umrechnung in Hauptspannungen) zur Verfügung, die in Dateien abgelegt werden, auf die der Postprozessor zugreift.

4.2.6.2 Thermische Beanspruchung des Kolbens

Abb. 4.51 zeigt die inhomogene Temperaturverteilung des Kolbens eines direkteinspritzenden Dieselmotors mit Kühlkanal. Wie am angegebenen, nach aktuellen Kriterien mäßigen

Zünddruck zu erkennen, handelt es sich um ältere Berechnungsergebnisse, die allerdings an prinzipieller Aussagekraft nichts verloren haben. Die höchsten Temperaturen werden erwartungsgemäß am Muldenrand erreicht. Im thermischen Beharrungszustand stellt sich die Temperaturverteilung im Kolben so ein, dass die Summe der zu- und abfließenden Wärmeströme gleich Null ist. Quantität und Ort der die Hüllkontur des Kolbens durchdringenden Wärmeströme, die sich als Randbedingungen zusammenfassen lassen, und das Temperaturfeld im Kolben stehen in einem festen Zusammenhang. Für den Beharrungszustand wird das Temperaturfeld durch die homogene Laplacesche Differenzialgleichung beschrieben, die nur für geometrisch einfache Körper geschlossen lösbar ist:

$$\frac{\partial^2 T}{\partial x^2}+\frac{\partial^2 T}{\partial y^2}+\frac{\partial^2 T}{\partial z^2}=0 \tag{4.112}$$

T ist die absolute Temperatur, x, y und z sind kartesische Koordinaten. Für mehrdimensionale Temperaturfelder komplexer Körper müssen deshalb Näherungsverfahren, wie z. B. die FEM oder die FDM (Finite-Differenzen-Methode), Anwendung finden.

Die Energiebilanz bei instationären Verhältnissen wird von der Fourierschen Gleichung der Wärmeleitung beschrieben. Diese sagt aus, dass bei Vorhandensein einer Wärmequelle $\dot{Q}'''$ (Wärmestrom $\dot{Q}$ pro Volumen V) die von dieser erzeugte Wärmemenge gleich der gespeicherten und über die Oberfläche infolge Wärmeleitung abfließenden Wärmemenge sein muss (für $\dot{Q}'''=0$ ist das Temperaturfeld quellfrei):

$$\frac{\partial}{\partial x}\left(\frac{\lambda\partial T}{\partial x}\right)+\frac{\partial}{\partial y}\left(\frac{\lambda\partial T}{\partial y}\right)+\frac{\partial}{\partial z}\left(\frac{\lambda\partial T}{\partial z}\right)+\dot{Q}'''=\rho c_p\frac{\partial T}{\partial t} \tag{4.113}$$

Dabei ist im allgemeinsten Fall $\lambda=\lambda(x,y,z,T)$. Wird nur eine Dimension betrachtet, so kann die Fouriersche Gleichung auch in der Form $\dot{Q}/A=-\lambda \mathrm{d}T/\mathrm{d}x$ angegeben werden.

Innerhalb der Struktur gelten die Gesetzmäßigkeiten der Wärmeleitung, an den Berandungen die des Wärmeübergangs. Bei gegebenem Wärmeeintrag bestimmen die temperaturabhängigen Werkstoffkennwerte in Form der Wärmeleitzahl λ (stationäres Temperaturfeld im Beharrungszustand) bzw. auch der spezifischen Wärme c_p sowie der Dichte ρ (instationäres Temperaturfeld), die Wärmeleitquerschnitte A und die abführbare Wärmemenge (,für die die örtlichen Wärmeübergangskoeffizienten, die Oberflächen- und die Kühlmittel- bzw. Umgebungstemperaturen maßgeblich sind,) die Temperaturverteilung im Bauteil.

Bei Anwendung der FEM wird die Laplacesche Differenzialgleichung auf dem definierten Gebiet, dargestellt durch das Netzwerk, für die vorgegebenen Randbedingungen gelöst. Die Differenzialgleichung wird dazu in eine äquivalente Variationsaufgabe, d. h. in das zugehörige Integralproblem umgeformt. Im Fall der FDM wird die Laplacesche

Differenzialgleichung durch ein System von Differenzengleichungen diskretisiert. Diese beziehen sich auf ein allerdings weniger anpassungsfähiges Punktegitter, das der Bauteilgeometrie nachempfunden ist. Die Laplacesche Differenzialgleichung postuliert, dass sich im Beharrungszustand die örtlichen Temperaturgradienten nicht mehr ändern. Eine nicht ausgeglichene Wärmebilanz bedingt eine örtliche Temperaturänderung entsprechend der Wärmekapazität ($\sim c_p\,\rho$), bewirkt demnach auch eine Gradientenänderung.

Die inhomogene Temperaturverteilung verursacht eine örtlich unterschiedliche Wärmeausdehnung, wobei sich aufgrund des sich einstellenden Temperaturgefälles der Kopf stärker ausdehnt als der Kolbenschaft (Abb. 4.51). Die Längsausdehnung, d. h. die Vergrößerung der Kompressionshöhe, und der Durchmesserzuwachs insbesondere im Feuersteg- und oberen Schaftbereich müssen durch dementsprechend größere Spielgebung konstruktiv beherrscht werden. Die ungleichmäßige Wärmeausdehnung erzeugt Wärmespannungen, die sich bei konstant gehaltenem Betriebszustand nicht ändern.

Dies erlaubt, den einzelnen Brennraumteiloberflächen örtlich und zeitlich mittlere Wärmeübergangskoeffizienten zuzuordnen, obwohl bei genauer Betrachtung in den oberflächennahen Bereichen Temperaturschwingungen auftreten [31, 74]. Mit Hilfe der realen Prozessrechnung lässt sich bekanntlich der zeitliche Verlauf der örtlich mittleren Temperatur der Verbrennungsgase und mit dem örtlich mittleren Wärmeübergangskoeffizienten, z. B. nach der Gleichung von Woschni [75], die momentane in den Kolbenboden einfallende Wärmemenge berechnen. Mittels Integration über ein Arbeitsspiel erhält man örtlich und zeitlich mittlere Wärmeübergangskoeffizienten und damit auch Wärmeströme. Eine mittlere Temperatur des Kolbenbodens kann auch aus Erfahrungswerten relativ genau geschätzt werden. Das instationäre Wärmeübergangsproblem wird so in einen energetisch gleichwertigen, stationären Vorgang in Form einer mittleren Temperaturdifferenz zwischen den Verbrennungsgasen und dem Kolbenboden mit einem repräsentativen Wärmeübergangskoeffizienten überführt.

Was die Randbedingungen insbesondere bei Kolbenkühlung anbetrifft, so muss mit Hilfe von vorliegenden Temperaturmessergebnissen an Kolben die Wärmeabführung so verteilt werden, dass der aus Messungen ermittelte Isothermenverlauf angenähert wird. Eine Kalibrierung der Berechnung anhand von Messergebnissen ist eben überall dort nicht zu umgehen, wo direkt verwertbare Daten für die Berechnung fehlen. Dieses Thema kann verständlicherweise hier nicht besonders vertieft werden.

Abb. 4.52 zeigt die Aufteilung der Wärmeströme am Kolben. Es ist auffällig, wie die Aufgabe der Wärmeabführung, die beim ungekühlten Kolben verstärkt von den Kolbenringen übernommen wird, bei Kühlung auf das Schmieröl übergeht.

Wie sich das Temperaturfeld verändert, wenn sich die konstruktiven Parameter verschieben, verdeutlicht Abb. 4.53 [73]. Der Temperaturanstieg in Bodenmitte und in der ersten Ringnut ist bei der dargestellten Leichtbauvariante zwar nicht so signifikant höher als beim zugehörigen Serienkolben. Der hoch belastete obere Scheitel der Bolzennabe ist beim

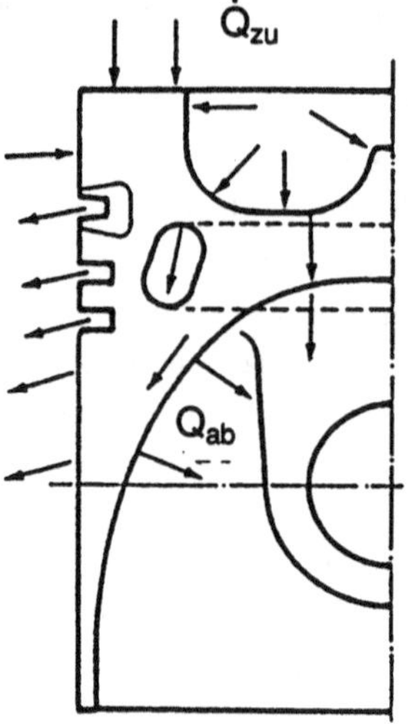

thermischer Beharrungszustand:

$\dot{Q}_{zu} = \dot{Q}_{ab}$

	nicht gekühlt	Innenan-spritzung	Kühl-kanal
Öl		45 %	68 %
Ringe	62 %	41 %	18 %
Gehäuse-luft	24 %	8 %	8 %
Schaft	14 %	6 %	6 %

Abb. 4.52 Aufteilung der Wärmeströme am Kolben (aus [31])

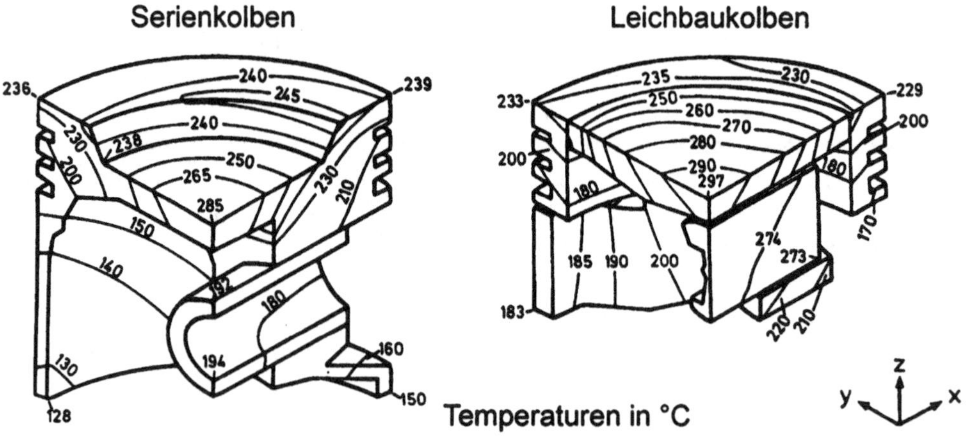

Abb. 4.53 Temperaturfeld eines Ottomotor-Serienkolbens im Vergleich mit dem einer Leichtbauvariante; für die Temperaturen der Verbrennungsgase, der Zylinderwand und des Schmieröls wurden 800, 110 bzw. 90 °C, für den brennraumseitigen Wärmeübergangskoeffizienten 630 W/m^{2}K angenommen (aus [73]); die Leichtbauvariante ist eine nicht serienfähige Bauform mit minimaler Kompressionshöhe

Leichtkolben jedoch zugleich die heiße Innenseite des Kolbenbodens. In Anbetracht der Temperatur ist mit einer Verkokung des Schmieröls zu rechnen.

Grundsätzlich bestehen verschiedene Möglichkeiten der Kolbenschmierölkühlung. Abb. 4.54 [33] gibt einen guten Überblick, wobei die dargestellten Prinzipien, weniger

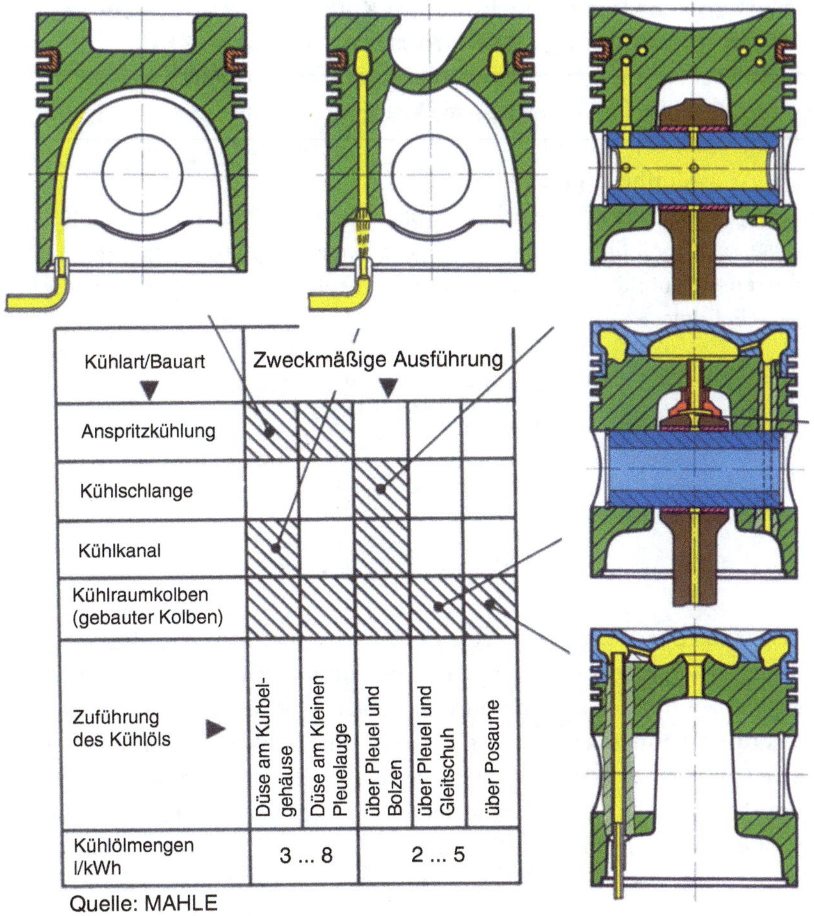

Kühlart/Bauart ▼	Zweckmäßige Ausführung ▼				
Anspritzkühlung	x	x			
Kühlschlange			x		
Kühlkanal	x		x		
Kühlraumkolben (gebauter Kolben)	x	x	x	x	x
Zuführung des Kühlöls ▶	Düse am Kurbelgehäuse	Düse am Kleinen Pleuelauge	über Pleuel und Bolzen	über Pleuel und Gleitschuh	über Posaune
Kühlölmengen l/kWh	3 ... 8		2 ... 5		

Quelle: MAHLE

Abb. 4.54 Prinzipien der Kolbenschmierölkühlung (aus [33])

die Darstellungen bereits betagter Dieselkolben zu beachten sind. Die Innenanspritzung sowie der nur teilweise gefüllte Kühlkanal mit Shakerwirkung bei Pkw- und Nkw-Dieselkolben bedürfen keiner weiteren Erläuterung. Die Ölzufuhr erfolgt über eine gehäusefeste Spritzdüse. Der technisch zwar überholte Großkolben mit eingegossener Kühlschlange zeigt eine Ölzuführung über das Pleuel und die verschlossene Innenbohrung des Kolbenbolzens. Beim gebauten Kühlraumkolben bestehen prinzipiell verschiedene Möglichkeiten der Ölzufuhr, z. B. auch über das Pleuel und einen zusätzlichen Gleitschuh oder eine selten gewordene so genannte „Posaune" (Schieberrohre). Bei schnell laufenden Motoren ist der mittlerweile mit herkömmlichen Spritzdüsen erreichbare „Fanggrad" so hoch, dass sich andere technische Lösungen erübrigen.

4.2.6.3 Mechanische Beanspruchung des Kolbens und Gesamtbeanspruchung durch Überlagerung der thermischen Beanspruchung

Während beim stationären Betrieb die Wärmespannungen im Kolben in etwa konstant sind, wenn von oberflächennahen Bereichen des Kolbenbodens abgesehen wird, ändert sich die von der Kolbenkraft hervorgerufene mechanische Beanspruchung während eines Arbeitszyklus. Die Werkstoffbeanspruchung ergibt sich durch Überlagerung einer konstanten Spannung σ_{therm} und einer veränderlichen Spannung σ_{mec}. Die Mittelspannung σ_m und der Spannungsausschlag σ_a für die Beurteilung der Dauerfestigkeit durch Vergleich mit dem Dauerfestigkeitsschaubild für die betreffende Kolbenlegierung und Temperatur berechnen sich daraus wie folgt:

$$\sigma_m = \sigma_{therm} + \frac{\sigma_{mec}}{2} \tag{4.114}$$

bzw.

$$\sigma_a = \pm\frac{\sigma_{mec}}{2} \tag{4.115}$$

Bei den genannten Spannungen handelt es sich bei der mechanischen Beanspruchung um die größte der drei Hauptspannungen. Um diese zu erhalten, muss zunächst eine Hauptachsentransformation des Spannungstensors erfolgen (Schubspannungen verschwinden). Die zugehörige Wärmespannung ergibt sich durch Koordinatentransformation des Wärmespannungstensors in die Hauptachsenrichtungen der mechanischen Spannungen. Dieses Vorgehen kann auch auf die Berechnung der Vergleichsspannung erweitert werden. Die angeführten Gleichungen gelten für gegenüber der Gaskraft vernachlässigbare Massenkräfte. Ist dies nicht der Fall, d. h. auch die allein von der Massenkraft hervorgerufene Beanspruchung im massenkraftbestimmten Kurbelwinkelbereich ist zu beachten, dann ist zwischen σ_{mec1} (Massenkraft) und σ_{mec2} (Resultierende aus Gas- und Massenkraft) zu unterscheiden. Bei der Ober- und Unterspannung ist dieser Sachverhalt entsprechend zu berücksichtigen.

In besonders hoch beanspruchten Bereichen kann durch örtliche Verfeinerung des Netzwerks die Rechengenauigkeit verbessert werden, was nicht für Verformungsberechnungen, jedoch für Spannungsberechnungen oft nötig ist. Ein solcher spannungskritischer Bereich kann aus einem unhandlich großen Modell „herausgeschnitten" werden. Dem feineren Ausschnitt werden dann die vom gröberen Modell bekannten Randbedingungen aufgeprägt. Dies wird als Ausschnittsberechnung bezeichnet.

Besondere Bedeutung hat die FEM-Berechnung auf dem Kolbensektor dort erlangt, wo hoch beanspruchte Bereiche voroptimiert werden müssen oder Gestaltfestigkeitsprobleme auftreten (insbesondere der eingezogene Muldenrand emissionsoptimierter Dieselkolben (Direkteinspritzer), der Kühlkanal, die Bolzennabe und die Nabenabstützung sind gefährdet). Auf die ungünstige Wechselwirkung nabenverstärkender Maßnahmen, wie

Öltaschen und Formbolzenbohrung (Änderung der Pressungsverteilung), oder emissionsgünstiger kurzer Feuerstege (reduzierte Radialkraftbeaufschlagung) mit den Muldenrandspannungen wird bei [55] hingewiesen. Interessant sind z. B. auch die Ausführungen bei [72] zur Obenführung des Pleuels. Diese wurde im dort erwähnten Fall unbedingt notwendig, um mittels geringen Augenabstands die Spannungen in der Nabenabstützung sowie die Kantenpressung des Kolbenbolzens bei einem Pkw-Turbo-Dieselkolben zu reduzieren. Der Nachweis erfolgte mittels rechnerischer Optimierung.

Ziel einer Festigkeitsberechnung sind letztlich konkrete Aussagen zur Betriebsfestigkeit. Diese basieren auf der Ermittlung einer möglichst realitätsnahen Temperatur- und Spannungsverteilung sowie – genauso wichtig – einer umfangreichen und zuverlässigen Werkstoffdatenbasis, die nichtlineares Werkstoffverhalten – Plastifizierung – berücksichtigt. So muss das örtliche, temperaturabhängige Verhalten des betreffenden Kolbenwerkstoffs unter Berücksichtigung der Einflüsse von Herstellverfahren (Gießen, Schmieden) und Wärmebehandlung bekannt sein. Unterschieden wird zwischen HCF und TMF bzw. LCF. HCF steht für „high cycle fatigue". Darauf beziehen sich die bekannten dynamischen Festigkeitswerte, die auf Wöhler-Linien basieren und sich in einem Dauerfestigkeitsschaubild (DFS) zusammenfassen lassen. Wie auch an anderer Stelle erläutert, stehen TMF für „thermo-mechanical", LCF für „low cycle fatigue", d. h. die Werkstoffermüdung durch große, „langsame", mit einer größeren Änderung des Betriebszustands (Bauteiltemperatur) einhergehende Lastzyklen. Kontinuierlicher Wechsel von lokaler Aufheizung und Abkühlung kann über teilplastische Beanspruchung schließlich zur Rissbildung führen (Beispiel: Kolbenmuldenrand).

Das Ergebnis einer Betriebsfestigkeitsberechnung kann – ohne hier auf Einzelheiten einzugehen (siehe Abschn. 4.6.5) – als örtliche Verteilung der Sicherheiten gegen Bauteilversagen ausgewiesen werden. Zunächst folgen Sicherheitsfaktoren (Forderung $S \geq 1$) aus dem Vergleich der örtlichen Beanspruchung mit dem betreffenden DFS. Die eigentliche Betriebsfestigkeitsberechnung basiert allerdings auf einer Schadensakkumulation mit Bezug auf örtlich gültige Wöhler-Linien. Abb. 4.55 zeigt am Beispiel eines modernen Leichtbaukolbens für Ottomotoren die Verteilung der örtlichen Sicherheiten unter bestimmten Lastannahmen.

4.2.6.4 Ergänzungen zur FEM-Berechnung des Kolbens

4.2.6.4.1 Berechnung der Bolzennabe mit Berücksichtigung des Schmierfilms

Dass die Beanspruchung der Bolzennabe stark davon abhängt, ob sich ein hydrodynamischer Schmierfilm ausbildet oder Mangelschmierung vorliegt, von unzulässig großer Bolzenverformung ganz abgesehen, wird schon in Verbindung mit der konventionellen Bolzenberechnung erwähnt. Der Wirklichkeit sehr nahe kommende Ergebnisse liefert die FEM, wenn der Schmierfilm im Rechenmodell Berücksichtigung findet [58]. Nicht ohne Zufall stammen die meisten Berechnungsergebnisse aus dem Bereich der Großkolben.

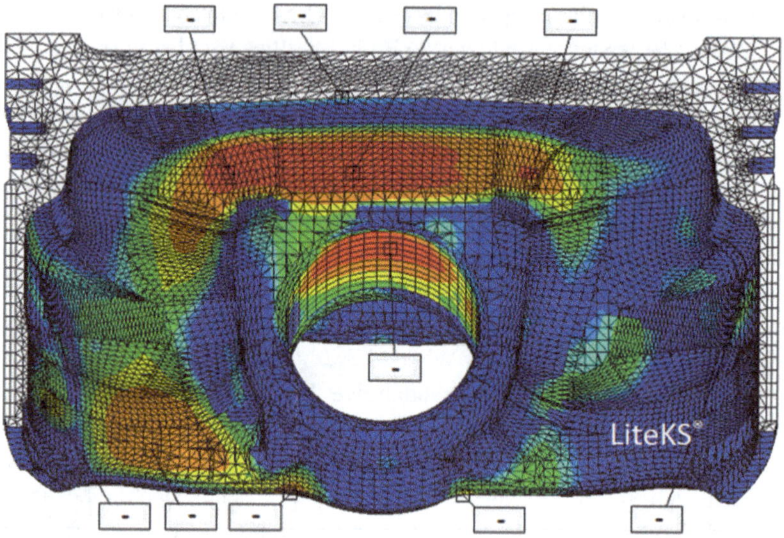

Abb. 4.55 Verteilung der örtlichen Sicherheiten gegen Überbeanspruchung („Rot" kritisch, „Gelb – Grün" größere Sicherheit, „Blau" geringe Beanspruchung) unter bestimmten Lastannahmen am Beispiel eines modernen Leichtbaukolbens (LiteKS®) für Ottomotoren (Unterlagen der KS Kolbenschmidt GmbH, Unternehmen der Rheinmetall Automotive AG) (nicht explizit ausgewiesene Sicherheitsfaktoren nur für interne Verwendung bestimmt)

Die für die Gesamtstruktur gewählte Auflösung ist im Allgemeinen zu grob, um Spannungsspitzen erfassen zu können. Die Verwendung von Elementen mit dementsprechend vielen Zwischenknoten zwischen den Eckknoten hat aber den Nachteil sehr viel längerer Rechenzeit. Folglich hilft dann nur, wie schon an anderer Stelle erwähnt, die Betrachtung eines entsprechend feiner diskretisierten Strukturausschnitts im kritischen Bereich (hier Bolzennabe und Kolbenbolzen). Diesem wird die Verformung (bekannt von der Verformung der Gesamtstruktur) aufgeprägt. Die Berechnung läuft folgendermaßen ab [58]:

- Den Zusammenhang zwischen Relativlage/-geschwindigkeit des Bolzens und Druckverteilung liefert die Reynoldsche Differenzialgleichung. Die angreifende, zunächst fiktive Kraft ist dem Flächenintegral äquivalent. Die Spaltgeometrie wird über die Verformung von Bolzen und Nabe erfasst.
- Mit den am Bolzen angreifenden Gas-, Massen- und hydrodynamischen Kräften wird die Bewegungsgleichung (Impulssatz) des Bolzens gelöst. Hieraus folgen die tatsächliche Bolzenrelativbewegung und die jeweilige Druckverteilung.
- Die Struktur des Kolbenbolzens wird im Netzwerk durch die Druckverteilung ersetzt. Dann kann die mechanische Nabenbeanspruchung in einem weiteren Rechengang bestimmt werden. Die Gesamtbeanspruchung ergibt sich wiederum durch Überlagerung.

Die Abb. 4.56 und 4.57 zeigen eindrucksvoll, wie der Schmierfilm die hohe Spannungsspitze der Hertzschen Pressung am Auge innen abbaut und nach innen verschiebt. Die Bedeutung einer ausreichenden Bolzenschmierung und auch einer besonderen Formgebung bei hoher Beanspruchung („Formbolzenbohrung") kann nicht besser unterlegt werden.

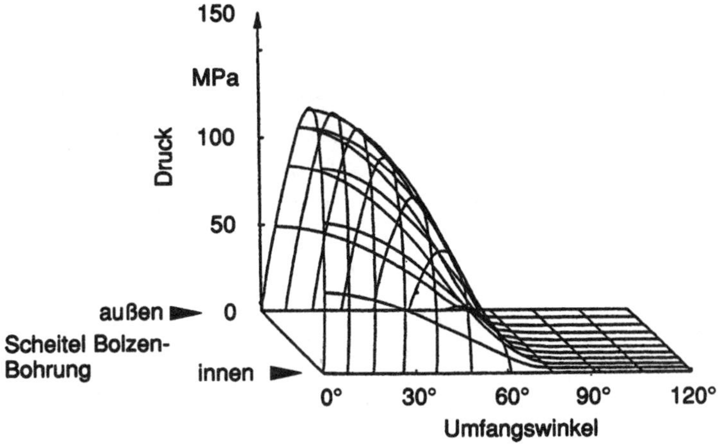

Abb. 4.56 Axonometrische Darstellung des Schmierfilmdrucks in der Bolzenbohrung nach ZOT (spezifisches Berechnungsergebnis aus [58])

Abb. 4.57 Verlauf der maximalen Hauptspannungen in der Bolzenbohrung der Bolzennabe in abgewickelter Darstellung; Spannungen beziehen sich auf dieselben Belastungsdaten wie bei Abb. 4.56 (spezifische Berechnungsergebnisse aus [58])

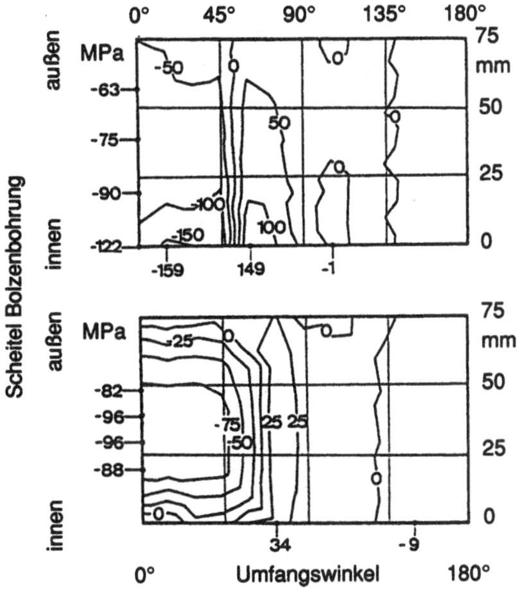

4.2.6.4.2 Berechnung der wirklichkeitsnahen Verformung des Kolbenbolzens

Auf die Vereinfachungen hinsichtlich der Ermittlung der Verformung des Kolbenbolzens bei konventioneller Berechnung wird in Abschn. 4.2.4.2 deutlich hingewiesen. Tatsächlich zeigt sich anhand von FEM-Berechnungen, dass die Biegelinie eher dem Belastungsfall mit beidseitig wirkendem Einspannmoment ähnlich und die Ovalverformung nur im Bereich des Pleuelauges annähernd konstant ist. Im Scherbereich erreicht diese bekanntlich ihren Höchstwert. Zu den Bolzenenden hin nimmt die Ovalverformung – wie zur Rechtfertigung des Innenkonusbolzens bereits erwähnt – stark ab (Abb. 4.58) [57, 59].

4.2.6.4.3 CAE-Systeme für die Kolbenauslegung

Ähnlich wie für andere Motorkomponenten oder Baugruppen kommen mehr und mehr CAE-Systeme zum Einsatz, deren modularer Aufbau und benutzerfreundliche „Oberfläche" eine effiziente Unterstützung bei der Auslegung und bei Änderungen bedeuten. Gerade beim Kolben gibt es ja z. T. sehr widersprüchliche Anforderungen, die es wegen der

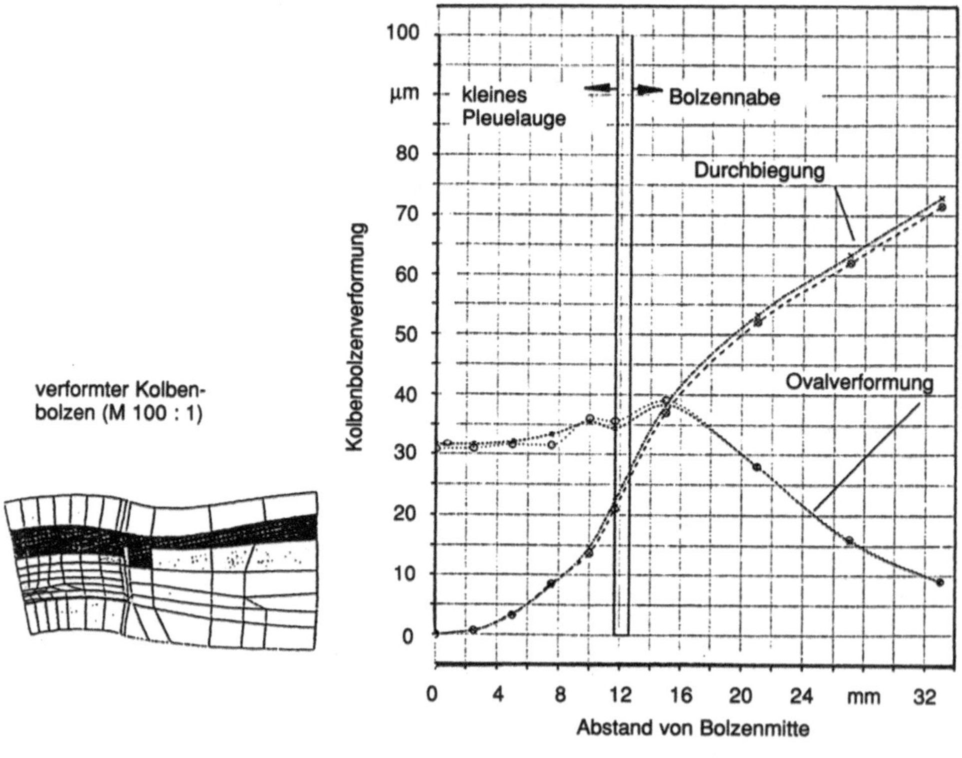

Abb. 4.58 FEM-Berechnungsbeispiele für Durchbiegung und Ovalverformung zweier unwesentlich voneinander abweichender Auslegungsvarianten eines Kolbenbolzens (Motorradmotor mit hoher Leistung) (Durchbiegung, begünstigt durch elastische, hinterschnittene Nabenabstützung, ist auch ohne Kenntnis der Abmessungen gemäß den Grenzwerten der konventionellen Berechnung als zu hoch einzustufen) (aus [59])

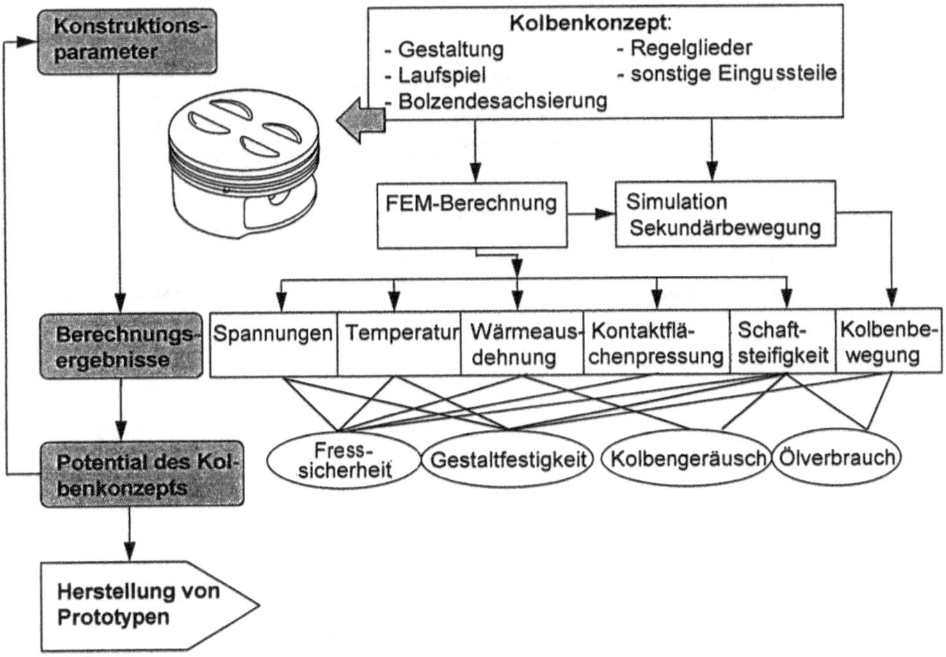

Abb. 4.59 CAE-System zur Kolbenauslegung (nach [76])

Komplexität der Verhältnisse kaum erlauben, alle Wechselwirkungen sofort zu überblicken. Die Module eines leistungsfähigen CAE-Systems, wie z. B. in Abb. 4.59 angedeutet, liefern hier schnell quantitative Ergebnisse für ein funktionsfähiges Produkt [76].

4.2.7 Kolbengeräusche

Störende Kolbengeräusche – vornehmlich nach Kaltstart – sind eine sehr spezielle Thematik, die primär Ottomotoren betrifft. Publikationen darüber sind in jüngerer Zeit selten geworden. [34] befasst sich allerdings u. a. sehr ausführlich damit. Kolbengeräusche treten bei niedriger bis mittlerer Last und Drehzahl störend in Erscheinung. Instationärer Motorbetrieb – kurzzeitig leicht Gas geben und wieder Gas wegnehmen – kann sie stärker hervortreten lassen. Geräuschphänomene können zwar weitgehend messtechnisch sichtbar gemacht werden. Letztlich wird jedoch über eine Freigabe nach subjektivem Höreindruck entschieden. Dem subjektiven Empfinden entsprechen daher auch die auf unterschiedlichen Anregungsmechanismen beruhenden Bezeichnungen diverser detektierter Kolbengeräusche. Es sollen hier nur zwei wichtige Geräuschphänomene, das so genannte „Rasseln“ und „Quaken“, herausgegriffen werden.

Wie die Messung der Kolbensekundärbewegung bezogen auf Feuersteg, Schaftober- und Schaftunterkante belegt, Abb. 4.60 (oben), kippt der Kolbenkopf im Kompressionshub vor Anlagewechsel zur Gegendruckseite (GDS). Es kommt, auch begünstig durch während der Laufzeit zunehmenden Schafteinfalls (bleibende Verformung des Kolbenschafts), dabei zum Anschlagen des Feuerstegs auf der GDS um ZOT, was ein dem Rasseln („rattling") ähnliches Geräusch erzeugt. Das Feuerstegspiel kann nur begrenzt vergrößert, die Geradführung des Kolbens (Reduzierung des Laufspiels im oberen Schaftbereich beim Durchmesser D2) nur bedingt verbessert werden. Das Einbauspiel bietet meist nur geringe Möglichkeiten. Ein Kopfversatz zur DS kann erwogen werden. In der Regel wirkt sich eine Verkleinerung der Desachsierung zur DS positiv aus.

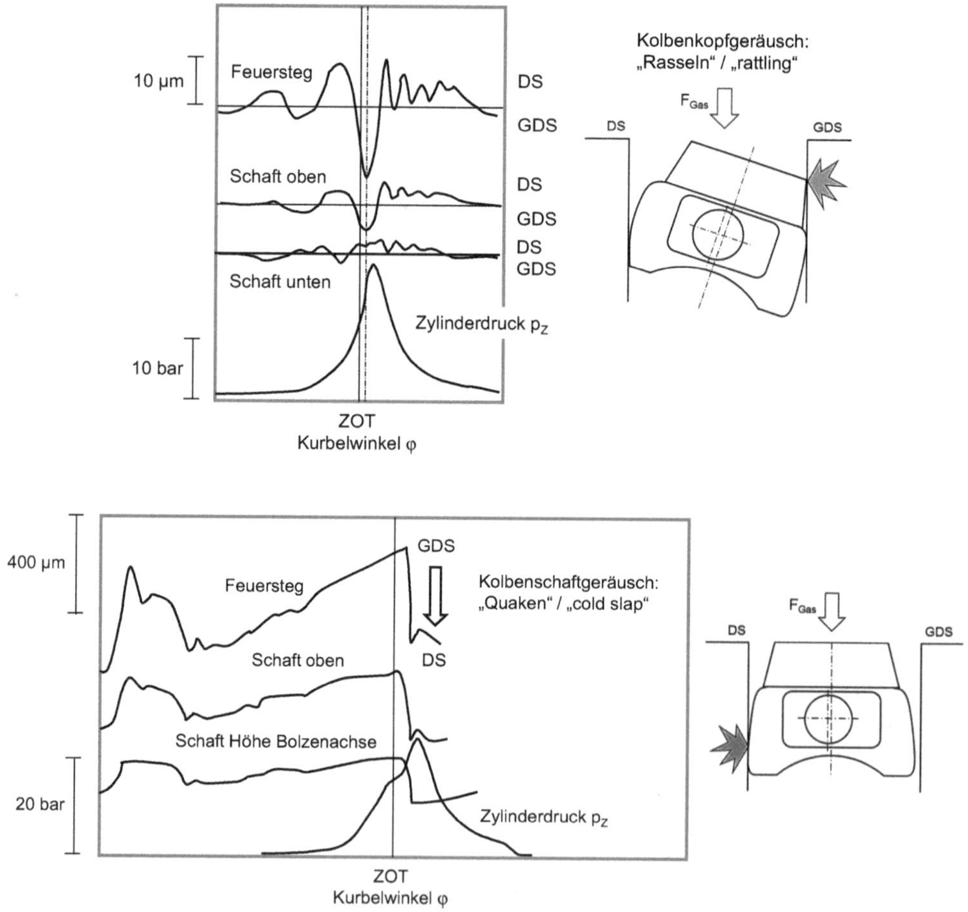

Abb. 4.60 Anregungsmechanismen der Geräuschphänomene „Rasseln" (links) und „Quaken" (rechts) (nach internen Unterlagen der KS Kolbenschmidt GmbH, Unternehmen der Rheinmetall Automotive AG)

Dies steht jedoch im Widerspruch zur Abhilfemaßnahme beim Quaken („cold slap"), die in der Regel dagegen eine größere Desachsierung sinnvoll erscheinen lässt. Wie der Sekundärbewegung des Kolbens in Abb. 4.60 (unten) zu entnahmen ist, wechselt der Kolben hier kurz nach ZOT die Seite, wobei der Kolbenschaft nahezu „mit ganzer Länge" hart auf der Druckseite (DS) aufschlägt. Es fehlt in diesem Fall die dämpfende „Abroll-Bewegung" des gekippten Kolbens mit seinem verrundeten Schaftende auf der DS.

Die Kolbenauslegung kennt zahlreiche Zielkonflikte. Diese kurzen Ausführungen sollen die mitunter recht problematische Behebung von Kolbengeräuschproblemen verdeutlichen. Kolbenentwickler wissen, dass selbst wenn ein Kolben nach langer Entwicklungszeit alle sonstigen Funktionskriterien mit Bravour erfüllt, die abschließende Geräuschbeurteilung im Fahrzeug noch die Ablehnung der betreffenden Kolbenauslegung bedeuten kann. Die Erfahrung lehrt, dass auch in dieser Hinsicht zunächst nicht für relevant erachtete Eingriffe ins Motorsteuergerät (ECU) u. U. ein Kolbengeräuschproblem entstehen lassen können.

4.3 Die Kolbenringe

4.3.1 Vorbemerkung zu den Berechnungsmöglichkeiten des Kolbenringverhaltens

Die zuverlässige Funktion eines Ringpakets kann bis heute noch nicht ausreichend genau vorausberechnet werden. Die Kolbenringe werden nach Funktionsgesichtspunkten ausgewählt und im Motorversuch erprobt. Den konstruktiven und technologisch bedingten Merkmalen kommt dabei besondere Bedeutung zu. Darüber hinaus spielen wie bei kaum einem anderen Motorbauteil die Fertigungstoleranzen eine Schlüsselrolle.

Dennoch hat die Berechnung auch auf dem Gebiet der Kolbenringe und deren Zusammenwirken mit dem Kolben größere Fortschritte gemacht. Die Elastomechanik, die Kolbenringdynamik (Ringbewegung), die Hydromechanik auf der Lauffläche und bezüglich der Ringflanken sowie die Gasdynamik im Dichtungslabyrinth sind in komplexe Simulationsmodelle integriert worden. Diese sind mittlerweile so weit entwickelt, dass grundsätzliche Zusammenhänge über die Berechnung geklärt und im einen oder anderen Fall auch konkrete Voroptimierungen vorgenommen werden können. Die Sensibilität, mit der Ölverbrauch und Gasdurchlass („Blow-by") auf geringe Systemänderungen in der Praxis reagieren, bedeutet für die Empirie noch ein breites Betätigungsfeld. Die zu treffenden Maßnahmen orientieren sich jedoch, soweit die Zusammenhänge im Detail überschaut werden können, an dem jeweils vermuteten physikalischen Vorgang, sodass zumindest qualitative Übereinstimmung mit der Theorie besteht. Quantitativ mangelt es jedoch meist noch an Übereinstimmung. Insgesamt handelt es sich um eine sehr spezielle Materie. Die derzeitigen Berechnungsmöglichkeiten können daher nur in ihren Grundzügen beschrieben werden.

4.3.2 Funktion und Anforderungen

Der Kolbenring ist nur scheinbar ein einfaches Bauteil. Tatsächlich trifft das Gegenteil zu. Im Zusammenwirken mit dem Kolben haben die Kolbenringe funktionsgemäß entscheidenden Einfluss auf den Ölverbrauch und die Durchblasemenge (Blow-by). Beides sind kennfeldabhängige und – abgesehen vom Einlauf – mit zunehmendem Verschleiß sich verschlechternde Größen, die sich zudem gegenseitig beeinflussen. Ihre Beherrschung ist primär funktionswichtig und eine der wesentlichen Aufgaben des Motorversuchs während der Entwicklung. Die Kolbenringe haben zudem wesentlichen Anteil an der Kolbenreibung (über 50 % [77]). Die Aufgaben der Kolbenringe ergeben sich daraus zwangsläufig wie folgt:

- Abdichtung des Brennraums gegenüber dem Zylinderkurbelgehäuse (Durchblasen)
- Kontrolle des Ölverbrauchs: Ölabstreifen, Abdichtung des Zylinderkurbelgehäuses gegenüber dem Brennraum (Ölübertritt)
- Abführung der über den Brennraum in den Kolben geleiteten Wärmemenge an die Zylinderwand (gute Wärmeleiteigenschaften)
- ausreichende Notlaufeigenschaften

Neben der Einhaltung der Funktionswerte sind möglichst geringe Reibungsverluste, geringer Verschleiß und eine Langzeitgarantie der Funktion die wesentlichen zusätzlichen Anforderungen.

Die Kolbenringe können ohne entsprechende Kolbeneigenschaften – wie z. B. ausreichende Geradführung, funktionswichtige Merkmale im Ringnut- und Ringstegbereich sowie Temperaturbegrenzung auf zulässige Werte insbesondere in der ersten Ringnut – ihre Aufgabe nur unzureichend erfüllen. Genauso können nicht vorhandene Kolbenringmerkmale oder größere Qualitätsmängel durch besondere konstruktive Maßnahmen am Kolben (z. B. kolbenseitige Maßnahmen zur Reduzierung der Blow-by-Gasmenge) nur höchst unzureichend ausgeglichen werden.

Nicht zu vergessen ist der dritte Partner, nämlich der Zylinder. Die primären Einflussgrößen sind die Zylinderverformung (Unrundheit und Linearitätsabweichung = mangelnde Zylindrizität) und die Qualität der Zylinderlauffläche in Form der Honung. Dass schlechte Honung bzw. durch Schraubenkräfte verursachte und temperaturbedingte Verzüge es den Kolbenringen und dem Kolben insgesamt nicht immer leicht machen, die geforderten Funktionswerte zu erreichen, beweisen die Beispiele in Abb. 4.61.

Die Kolbenringe (abgesehen von Großkolben heute in der Regel Dreiringpaket) bilden ein Ensemble mit Aufgabenteilung. Es wird zwischen Kompressions-, Ölabstreif- und solchen Ringen unterschieden, die begrenzt beide Funktionen übernehmen können. Was die Vielfalt der verschiedenen Kolbenringtypen anbetrifft, so wird auf die Handbücher der Kolbenringhersteller (z. B. [78, 79]) sowie auf ISO 6621 bis 6627 verwiesen.

Die Kolbenringe werden unter Berücksichtigung der Beanspruchung im Betrieb und den bezüglich des Verschleißes zu stellenden Anforderungen aus unvergüteten bzw. vergüteten Grauguss- (GJL/GJS) oder Stahlwerkstoffen hergestellt. Zudem kommen spezielle Ober-

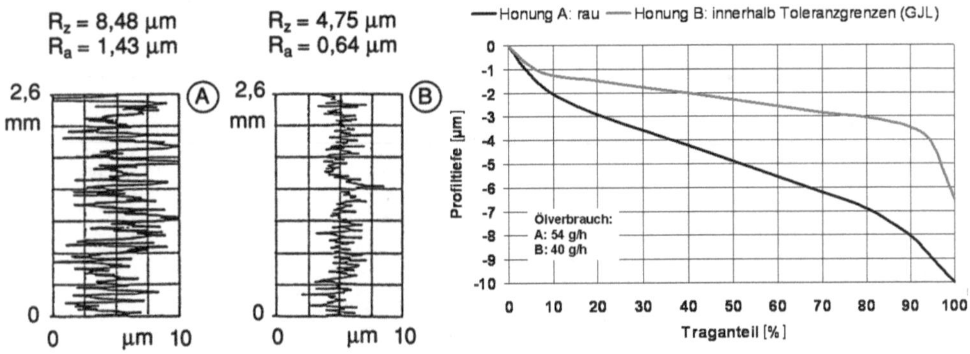

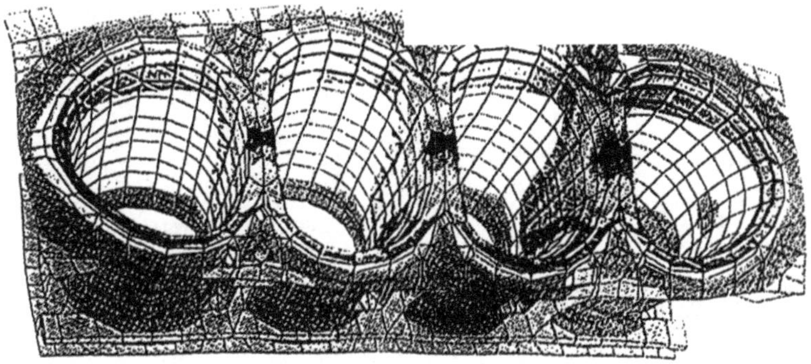

Abb. 4.61 Oben: Einfluss der Zylinderhonung auf den Ölverbrauch eines 1,8-l-Turbo-Dieselmotors mit Wirbelkammer bei Betrieb mit Nennleistung (Kolbenschmidt AG, heute KS Kolbenschmidt GmbH, Unternehmen der Rheinmetall Automotive AG); unten: temperaturbedingter Zylinderverzug eines R4-Zylinderkurbelgehäuses (farblich abgesetzte Temperaturbereiche werden hier nicht wiedergegeben) (nach RICARDO)

flächenbehandlungen und Beschichtungen zum Einsatz. Hier sind zunächst Verschleißschutzschichten an den Ringlaufflächen zu nennen. Verträglichkeit mit dem Zylinderwerkstoff, d. h. geringe Zwickelverschleißneigung, und vor allem bei Dieselmotoren hohe Sicherheit gegen Brandspurbildung sind wichtige Randbedingungen. Anwendung finden galvanische Hartverchromung (Optionen: Sonderläppung, Kanalverchromung) bzw. Chrom-Keramik-Beschichtung mit eingelagerten Aluminiumoxidpartikeln sowie Chrom-Diamant-Beschichtung, flammgespritzte Molybdänbeschichtung, plasmagespritzte Metall-(Molybdän-) bzw. Metallkeramikbeschichtung, ferner mittels PVD („Physical Vapor Deposition") abgeschiedene Titan- und Chromnitride sowie mittels HVOF (Hochgeschwindigkeits-Flammspritzen) abgeschiedene Metalle mit hohem Karbidanteil. Stahlringe aus Chromstahl werden alternativ zum chrombeschichteten Stahlring nitriert bzw. nitrocarburiert. Für besondere Anwendungen können auch die Ringflanken verchromt werden. Phosphatierung, Verzinnung und Verkupferung dienen primär als Einlaufhilfe.

Von grundsätzlicher Bedeutung für das elastomechanische Verhalten und dessen Einfluss auf die Ringfunktion sind die Geometrie des Ringquerschnitts und das Verhältnis der

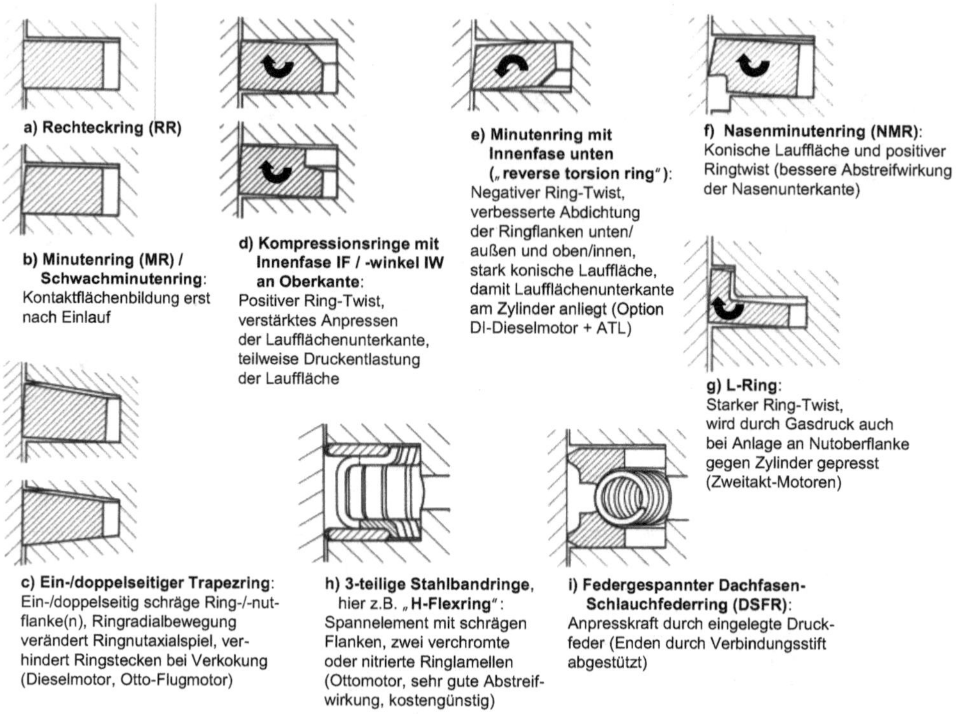

Abb. 4.62 Kompressionsringe: **a**) (Otto) und **c**) (Diesel) sowie mit gewissen Abstrichen, wenn erforderlich: **b**), **d**) (Otto) und **g**) (Zweitakt), Ölabstreifringe: **h**), **i**) sowie Kolbenringe, die mit Einschränkung beide Funktionen erfüllen **b**), **e**) und **f**)

axialen Höhe zur radialen Dicke (siehe auch Untersuchungen bzw. Empfehlungen der Kolben- und Kolbenringhersteller). Abb. 4.62 gibt einen Überblick über die gebräuchlichsten Kompressions- und Ölabstreifringe sowie solche, die mit Einschränkung beide Funktionen erfüllen. „Querschnittsstörungen", d. h. unsymmetrische Querschnitte mit beabsichtigtem Torsionsverhalten im gespannten Zustand [80] (auch „Ring-Twist" genannt) durch Anbringen einer Innenfase oder eines Innenwinkels, sind wichtige Maßnahmen, um Ölverbrauch und Durchblasemenge (Blow-by) in die gewünschte Richtung zu beeinflussen. Grundsätzlich wird zwischen positivem und negativem Ring-Twist unterschieden [80–83] (siehe Abschn. 4.3.4.5).

Auch die Ringlauffläche weist funktionsbedingt unterschiedliches Profil auf. Bei Kompressionsringen sind ballig symmetrische bzw. asymmetrische (u. U. auch zusätzlich unten angeläppte) Formen oder die Minutenform (Laufflächenschräge mit Winkelanstellung im Minutenbereich) gebräuchlich.

Der Kolbenring ist – wenn auch mit gänzlich anderer Zielsetzung als beim Kolben – bei genauer Betrachtung „oval" und nur in bestimmten Fällen rund. Positive und negative Ovalität kommen zur Anwendung, um eine gewünschte radiale Pressungsverteilung zu erzwingen (siehe Abschn. 4.3.3).

4.3.3 Auf den Kolbenring wirkende Kräfte

Aus den auf den Kolbenring wirkenden Gasdrücken, der Ringvorspannung und der durch die Kolbenkinematik aufgezwungenen Massenträgheitswirkung resultieren die das Kolbenringverhalten bestimmenden Kräfte und Momente (Abb. 4.63).

Abgesehen von der Ringvorspannung sind alle in axialer oder radialer Richtung wirkenden Kräfte Funktionen des Kurbelwinkels. In radialer Richtung muss zur Abstützung der Vorspannung und der den Ringrücken beaufschlagenden Gaskraft ein ausreichender hydrodynamischer Druck im Schmierfilm aufgebaut werden. Außerdem ist noch die Ringflankenreibung zu nennen, die die Kolbensekundärbewegung infolge der dabei zwischen

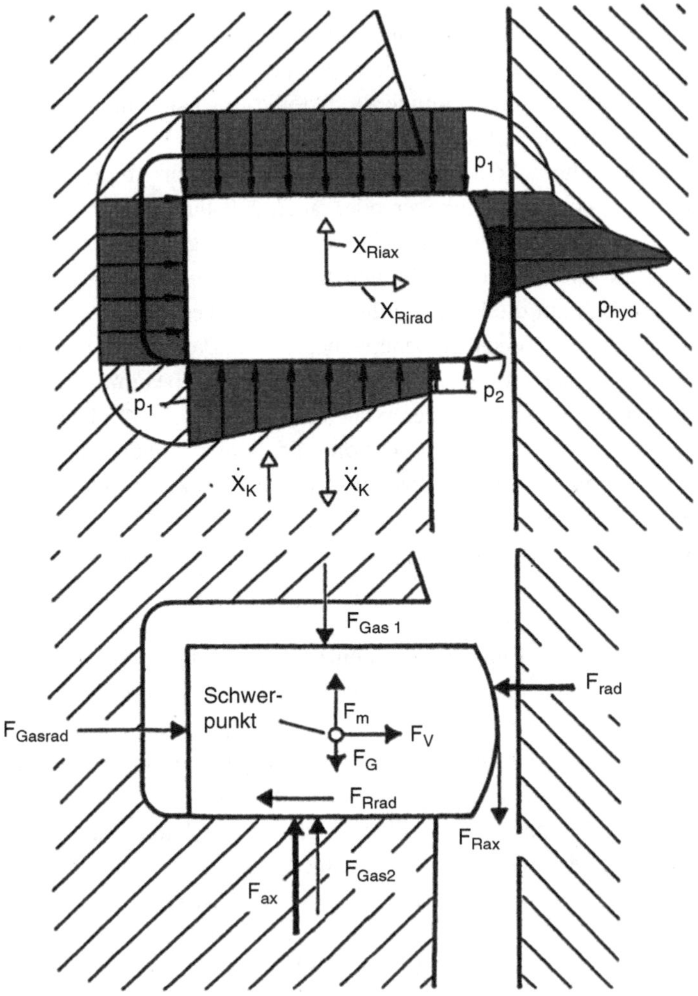

Abb. 4.63 Druckverteilung (schematisch) und Kräfte am Kolbenring

den Kolbenringen und dem Kolben auftretenden Relativbewegung beeinflusst. In axialer Richtung sind der Differenzdruck, die Massenträgheit und die entgegen der Bewegungsrichtung wirkende Reibkraft des hydrodynamischen Schmierfilms in der Lauffläche die bestimmenden Größen. Was den Differenzdruck anbetrifft, so baut sich wegen einer gewissen Gasdurchlässigkeit des Kolbenringdichtsystems auch in den Zwischenringräumen ein gegenüber dem Druck über dem ersten Kolbenring unterschiedlicher und zeitlich verzögerter Zwischenringdruck (Druck im Zwischenringvolumen zwischen dem ersten und zweiten Kolbenring) auf. Die Summe aller Kräfte und Momente an jedem Kolbenring verursacht eine radiale und axiale Bewegung sowie Torsion/Twisten in der Ringnut. Der Kolbenring neigt außerdem dazu, mit dem Ringstoß zu wandern, sich auch örtlich zu „werfen" bzw. zu verwinden und in der Ringnut zu kippen.

Zur Erzielung der erforderlichen Dichtwirkung muss der Kolbenring möglichst gut an der Ringnutflanke und an der Zylinderwand anliegen. Dabei müssen vermeidbares Abheben sowie Anlagewechsel, die z. B. dadurch bedingt sind, dass der Zwischenringdruck den auf dem ersten Kolbenring lastenden Zylinderdruck teilkompensiert und folglich die Massenkraftwirkung unterstützt, unterdrückt werden. Wie aus Abb. 4.64 zu ersehen ist, kann der Zwischenringdruck während der Expansion den brennraumseitigen Druck übersteigen (siehe z. B. [83]). Dies kann ein Abheben oder einen vollständigen Anlagewechsel hervorrufen. Die Folge ist ein Rückströmen aus dem Zwischenringbereich in den Brennraum mit negativen Auswirkungen auf den Ölverbrauch und damit zugleich auf die HC-Emission und bei Dieselmotoren auch auf die Partikelemission. Die Steuerung des Zwischenringdrucks, um diese Vorgänge bestmöglichst zu beherrschen, wird „Pressure Balancing" genannt.

Der Betriebszustand des Motors, d. h. Last und Drehzahl, bestimmt das Bewegungsverhalten der Kolbenringe. Hinsichtlich der axialen Bewegung folgt der Dieselmotor den gleichen physikalischen Gesetzen wie der Ottomotor. Die Unterschiede resultieren daraus, dass beim Letzteren verfahrensbedingt die absolut kleineren Drücke auftreten, die zudem wegen der Drosselung im Teillastbetrieb noch stark abnehmen. Im Motorkennfeld lassen sich prinzipiell zwei Bereiche unterscheiden. Bei niedrigen bis mittleren Drehzahlen ist die Massenkraftwirkung der Kolbenringe nicht nennenswert groß, und die Drücke sind daher maßgebend. Steigt der Zwischenringdruck an, so neigt der erste Kolbenring zum Abheben, was zu der oben erwähnten Entlüftung in den Brennraum führt. Bei höheren Drehzahlen steigt die Massenkraft so an, dass der zweite Kolbenring zuerst abheben kann. Dies führt zu einer Entlüftung in umgekehrter Richtung in das Kurbelgehäuse. Aufgrund der Druckentlastung bleibt der erste Kolbenring stabil auf der Unterflanke und behält seine Dichtwirkung. Die Drehzahl, bei der sich dieser gewünschte Effekt einstellt, verschiebt sich bei Volllast zu mittleren bis höheren Drehzahlen. Es gelingt also kaum, für alle Kennfeldpunkte das optimale „Ringbewegungsmuster" zu erzeugen.

Bei hohen Drehzahlen und niedriger Last bzw. Nulllast kann ein bei Ottomotoren im allgemeinen Sprachgebrauch als „Ringflattern" bezeichnetes Phänomen auftreten. Die Kolbenringe geraten dabei in einen Zustand der Labilität und dadurch bedingter Undichtheit. Die Durchblasemenge (Blow-by) steigt unzulässig und ab einer bestimmten Drehzahl progressiv an. Es kann zum so genannten „Ölreißen" kommen, wenn die Entlüftung des

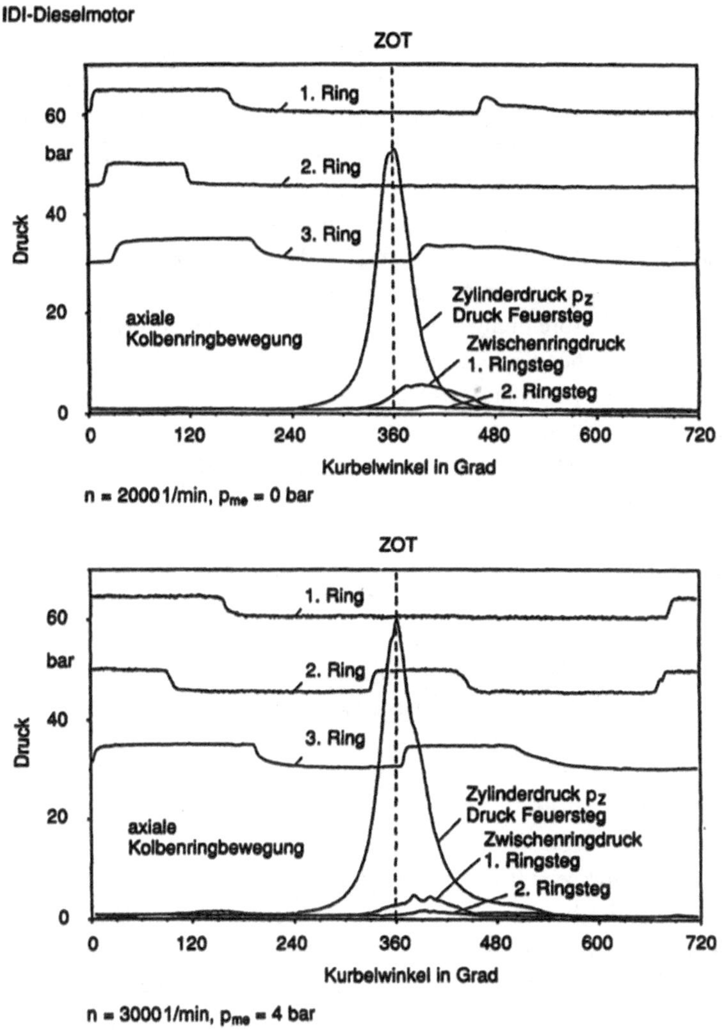

Abb. 4.64 Verschiedene „Ringbewegungsmuster" der axialen Kolbenringbewegung sowie Druckverhältnisse im Feuersteg- und Ringfeldbereich (Pkw-Dieselmotor); oben: „Low-Speed-Pattern" → 1. Ring hebt infolge Zwischenringdruck kurz ab; unten: „High-Speed-Pattern" → 2. Ring führt vor ZOT massenkraftbedingten Anlagewechsel aus (nach internen Unterlagen der damaligen Kolbenschmidt AG, heute KS Kolbenschmidt GmbH, Unternehmen der Rheinmetall Automotive AG)

Kurbelgehäuses ab einer gewissen Durchblasemenge überfordert ist. Über die Rückführung zum Ansaugtrakt wird das Schmieröl hoch gedrückt und gelangt dadurch in den Brennraum. Dies kann eine rasche Entleerung des Ölvorrats, auf jeden Fall jedoch eine Verkürzung der Lebensdauer des Katalysators bedeuten. Früher war dieser Effekt als „Blaurauchen" (Gaswegnehmen bei hoher Geschwindigkeit) gefürchtet.

Die Ursachen des „Nulllastflatterns“ bei Überdrehzahl sind nicht in allen Einzelheiten geklärt. Mittels Ringbewegungs- und Zwischenringdruckmessungen ist aber eindeutig bewiesen, dass die angesprochenen axialen Ringbewegungen in Bezug auf diese Problematik (niedrige Drücke, hohe Drehzahlen) eher zweitrangig sind. Grundsätzlich wirken alle kolben- und ringseitigen Maßnahmen positiv, die die Gasdruckbeaufschlagung des Ringrückens verbessern. Neben der definierten axialen Anlage ist somit der radialen Anlage besondere Aufmerksamkeit zu schenken. Es liegt nahe, auch wenn kein direkter Nachweis dafür vorliegt, dass das Überströmen der Ringlauffläche die hohe Durchblasemenge verursacht. Ein hoher Druckanstieg vor ZOT im Zwischenringvolumen ist stets Indiz dafür, dass größere Mengen von Verbrennungsgasen einströmen (durchblasen). Um den Ringrücken besser mit Gasdruck zu beaufschlagen, sind eine an der Feuerstegunterkante umlaufende Fase und ein vergrößertes Nutflankenspiel geeignet. Dass mit dem Feuerstegspiel (Feuerstegovalität) die Drosselwirkung gesteuert werden kann, ist allgemein bekannt. Darüber hinaus haben sich eine Anzahl wirksamer Maßnahmen bestätigt, deren Mechanismen noch nicht in allen Einzelheiten geklärt sind. Nicht unerwähnt bleiben soll der Zielkonflikt zwischen dem Nulllast- und dem Volllast-Blow-by. Die Forderung bei Letzterem nach möglichst großer Dichtheit steht in gewissem Gegensatz zu manchen Maßnahmen zur Reduzierung des Nulllast-Blow-by.

Ziemlich schädlich ist das radiale Einfallen des Kolbenrings durch teilweise Gasdruckbeaufschlagung der Lauffläche. Ursachen hierfür können z. B. ein „positiver Ring-Twist“ infolge einer zu großen Innenfase oder eines Innenwinkels an der Oberkante im Ringrücken, eine Minutenlauffläche (alles Maßnahmen zur Verbesserung des Ölabstreifverhaltens) oder Störungen (unzulässig große Anfasung) an der Laufflächenoberkante sein. Der nachteilige Einfluss dieser Merkmale auf die Durchblasemenge ist eindeutig und unterstützt die Richtigkeit des vermuteten Mechanismus.

Abb. 4.65 zeigt gemessene Blow-by-Kennfelder eines Ottomotors. Auffällig ist die Verdichtung der Linien gleicher Durchblasemenge im rechten unteren Eck, d. h. bei niedriger Teillast und sehr hohen Drehzahlen. Dargestellt ist ein unbefriedigender Ausgangszustand mit sehr großen Durchblasemengen im kritischen Last-/Drehzahlbereich sowie ein im Rahmen der Weiterentwicklung verbesserter Zustand mit zulässigen Durchblasemengen.

Eine Erhöhung der radialen Pressung im Stoßbereich mittels entsprechender ovaler Formgebung ist eine häufig angewandte ringseitige Maßnahme gegen das Flattern (Abb. 4.66). Dass zudem eine kleinere Kolbenringmasse dazu beiträgt, erst bei höheren Drehzahlen die definierte Kolbenringanlage zu destabilisieren, ist einleuchtend. Das Ringflattern ist in unbekannt vielen Fällen auch die Ursache für gebrochene Ringe.

4.3.4 Elastomechanik des Kolbenrings

4.3.4.1 Tangentialkraft und radiale Pressung

Die radiale Pressung (oder der Anpressdruck), mit der der Kolbenring gegen den Zylinder drückt, ist abhängig von den Ringabmessungen, der Maulweite (Stoßöffnung im unge-

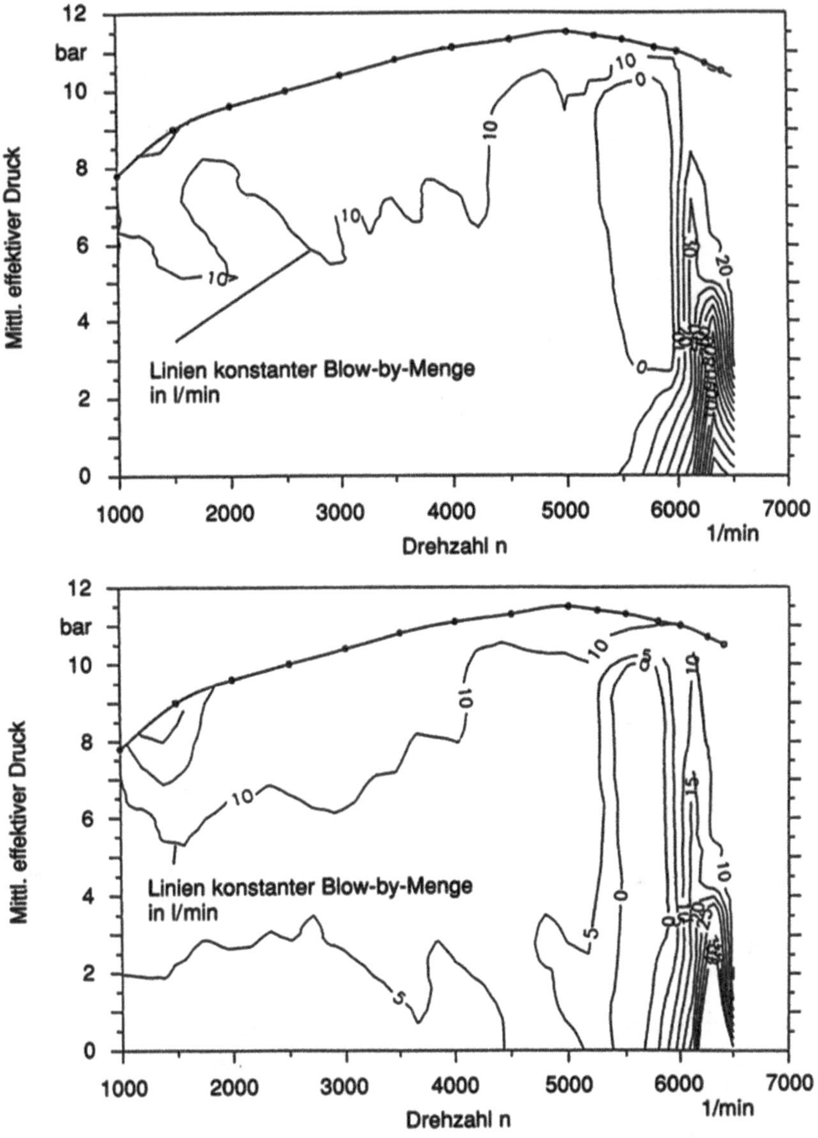

Abb. 4.65 Blow-by-Kennfelder eines 1,8-l-4V.-Ottomotors; oben: unbefriedigender Ausgangszustand mit „Nulllastflattern" bei Drehzahlen > 6000 1/min; unten: verbesserter Zustand (erhöhtes Nutflankenspiel Nut 1, „Flatterfase" an Feuerstegunterkante, vergrößertes Zwischenringvolumen durch größere Ovalität am 1. Ringsteg = Stoßquerschnittsvergrößerung am 1. Ring) mit zulässigen Blow-by-Mengen bei niedriger Teillast und hohen Drehzahlen (nach Unterlagen der damaligen Kolbenschmidt AG, heute KS Kolbenschmidt GmbH, Unternehmen von Rheinmetall Automotive AG)

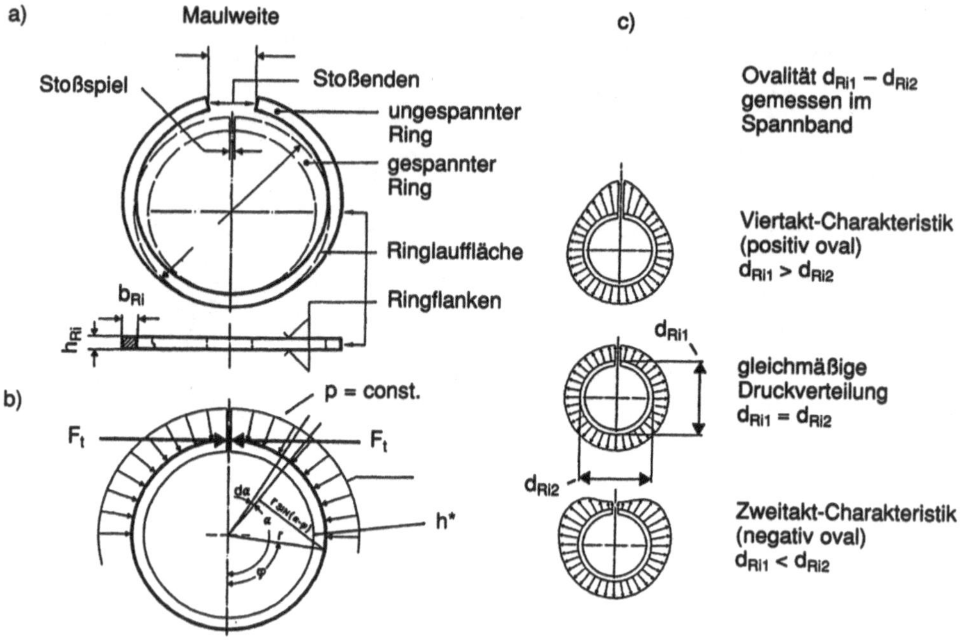

Biegemoment $$dM_b = p\,h_{Ri}\,r^2 \sin(\alpha - \varphi)\,d\alpha, \quad M_b(\varphi) = p h_{Ri} r^2 \int_{\varphi}^{\pi} \sin(\alpha - \varphi) d\alpha,$$
$$M_b(\varphi) = p\,h_{Ri}\,r^2\,(1 + \cos\varphi) = F_t\ r\ (1 + \cos\varphi)$$

Pressung $$p = \frac{2\,F_l}{d_{Ri}\,h_{ri}}, d_{Ri} = 2\,r, \quad h^* = r \sin(\alpha - \varphi)$$

Abb. 4.66 **a**) Bezeichnungen am Kolbenring; **b**) Tangentialkraft, Biegemoment und radiale Pressung; **c**) unterschiedliche radiale Pressungsverteilung und zugehörige ovale Formgebung des Kolbenrings (aus [78])

spannten Zustand, gemessen in der neutralen Faser) und vom Elastizitätsmodul des Werkstoffs. Es wird bereits im vorigen Abschnitt darauf hingewiesen, dass die Pressung näherungsweise konstant oder eine Funktion des Umfangswinkels ist. Ersteres bietet allerdings die besseren Voraussetzungen für ein gutes Formfüllungsvermögen. Die radiale Pressung ist der direkten Messung schwer zugänglich. Es wird deshalb auf die Bestimmung der Tangentialkraft ausgewichen. Diese greift an den Stoßenden am Außenumfang tangential an und zieht den Ring auf das Stoßspiel zusammen. Für die Messung wird ein biegeschlaffes Spannband verwendet. Der Zusammenhang zwischen beiden Größen kann sehr einfach hergestellt werden. Die fiktive „Tangentialspannung" im Stoßquerschnitt σ_t betrage in Analogie zum „dünnwandigen Rohr" (vgl. alternativ Abb. 4.66 bzw. [78])

$$\sigma_t = \frac{p\,d_{Ri}}{2\,b_{Ri}} = \frac{F_t}{h_{Ri}\,b_{Ri}} \tag{4.116}$$

p ist die radiale Pressung, d_{Ri} der Ringaußendurchmesser, b_{Ri} die radiale Breite, h_{Ri} die axiale Ringhöhe und F_t die Tangentialkraft. Also gilt:

$$p = \frac{2\,F_t}{d_{Ri}\,h_{Ri}} \tag{4.117}$$

Die sich rechnerisch ergebende Pressung nimmt mit dem Kolbendurchmesser etwas ab. Bei Kompressionsringen liegt die Pressung zwischen 0,12 und 0,25 N/mm^2, bei Ölabstreifringen zwischen 0,5 und 3 N/mm^2. Wird noch die Radialkraft

$$F_{rad} = p\,\pi\,d_{Ri}\,h_{Ri} \tag{4.118}$$

eingeführt, so folgt:

$$F_{rad} = 2\,\pi\,F_t \tag{4.119}$$

Die Ringvermessung gibt keine verbindliche Aussage über die radiale Pressungsverteilung. Dies gelingt nur über aufwändige Berechnungen, wobei als Eingangsgröße die reale Ringkontur, gemessen im gespannten oder ungespannten Zustand, herangezogen wird [84]. Die Berechnung erfolgt dann iterativ, wobei durch Variation der Druckverteilung die gemessene Kontur angenähert wird.

4.3.4.2 Maulweite, Tangentialkraft und Kolbenringparameter k_{Ri}

Der Zusammenhang zwischen der Reduzierung der Maulweite x des Kolbenrings um Δx auf das Stoßspiel und der dafür erforderlichen Tangentialkraft F_t kann einfach am Ersatzmodell des einseitig eingespannten, halbkreisförmigen Stabes abgeleitet werden (Abb. 4.67). Für geringere Genauigkeitsansprüche kann zunächst die Krümmung vernachlässigt werden. Das Ergebnis lautet dann:

$$\Delta x = \frac{3\,\pi\,r_m^3\,F_t}{E\,I} \tag{4.120}$$

$r_m = (d_{Ri} - b_{Ri})\,/\,2$ ist für den Rechteckquerschnitt der Flächenschwerpunktradius (d_{Ri} und b_{Ri} sind bereits bekannt) und $I = h_{Ri}\,b_{Ri}^3/12$ das zugehörige axiale Flächenträgheitsmoment (E und h_{Ri} sind ebenfalls eingeführte Größen). Für den Rechteckring (RR) lässt sich Gl. (4.120) überführen in:

$$\Delta x = \frac{9\,\pi\,(d_{Ri} - b_{Ri})^3\,F_t}{2\,h_{Ri}\,b_{Ri}^3\,E} \tag{4.121}$$

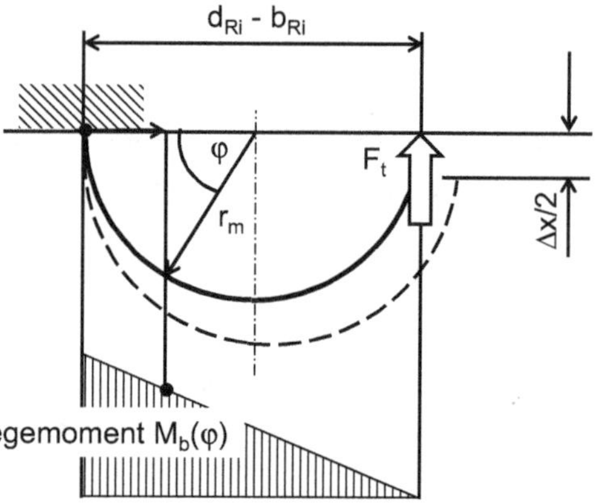

$$M_b(\varphi) = F_t r_m\,(1 + \cos\varphi)$$
$$\Delta x = \frac{2F_t}{EI}\int_{\varphi=0}^{\pi} M_b(\varphi)\,\frac{\partial M_b(\varphi)}{\partial F_t}\,r_m d\varphi$$

Abb. 4.67 Ersatzmodell des fest eingespannten, halbkreisförmigen Stabes für die Berechnung der elastomechanischen Eigenschaften des Kolbenrings

Genauere Werte liefert die Berücksichtigung der Krümmung beim Berechnungsansatz (z. B. [85]). Der Flächenschwerpunktradius r_m und der der neutralen Faser r_m^* fallen jetzt nicht mehr zusammen:

$$\Delta x = \frac{3\,\pi r_m^2 F_t}{\left(r_m - r_m^*\right) h_{Ri}\, b_{Ri}\, E} \tag{4.122}$$

Gl. (4.122) gilt bereits für den Rechteckquerschnitt mit der oben angegebenen Definition von r_m sowie $r_m^* = b_{Ri}\,/\,\ln\,[d_{Ri}\,/\,(d_{Ri} - 2b_{Ri})]$. Für reale Ringabmessungen ist der Fehler gering. Eine wesentlich größere Unsicherheit bei der Nachrechnung der Tangentialkraft ergibt sich aus der in der Regel begrenzt genauen Kenntnis (Schwankungen) des E-Moduls des Kolbenringwerkstoffs.

Die Kolbenringhersteller haben noch den dimensionslosen Kolbenringparameter k_{Ri} eingeführt. Er lässt sich mittels verschiedener Parameter darstellen [78]. Am übersichtlichsten ist vielleicht folgende Definition unter Verwendung der Maulweite x ($x = \Delta x$ + genau genommen geringes Stoßspiel):

$$k_{Ri} = \frac{2x}{3\,\pi\,(d_{Ri} - b_{Ri})} = \frac{3\,(d_{Ri} - b_{Ri})^2\;F_t}{h_{Ri} b_{Ri}^3\;E} \tag{4.123}$$

Alle den Kolbenring versteifenden Maßnahmen verkleinern den Kolbenringparameter und verschlechtern damit das Formfüllungsvermögen des Kolbenrings (lichtspaltdichte

Anpassung an die Zylinderverzüge). Das Formfüllungsvermögen kann exakt berechnet werden [78], worauf hier nicht eingegangen wird. Es verhält sich umgekehrt zum Quadrat des um 1 verminderten Quadrats der Ordnungszahl i, nimmt also zu höheren Verformungsordnungen rasch ab ($\sim k\, d_{Ri}/(i^2 - 1)^2$), mit dem radial innen wirkenden Zylinderdruck $p_Z = p_{rad}$ bzw. entsprechender Federstützwirkung aber um den Faktor $1 + p_{rad}/p$ (p ist die allein aus der Tangentialkraft (ohne Gasdruck bzw. Stützwirkung) resultierende radiale Pressung) zu [78]). Verzüge höherer Ordnung sind daher kritischer. Nach Gl. (4.123) könnte – abgesehen vom Kolbenringdurchmesser, der festgelegt ist – die Maulweite vergrößert werden, um den Kolbenringparameter ebenfalls zu vergrößern. Begrenzend ist hier auch, dass aus Montagegründen der Ring nicht aus der Nut herausfallen darf. Außerdem ist die Biegespannung im Ringrücken zu beachten. Zudem erhöht die mit dieser Maßnahme verbundene Tangentialkraftzunahme die Kolbenringreibung. Die richtige Zuordnung der elastomechanischen Eigenschaften des Kolbenrings und des Anpressdrucks gehört zur „Kernproblematik" der Kolbenringauslegung.

Bei der Weiterentwicklung der Kolbenringe wird speziell auch der Tatsache Rechnung getragen, dass das Formfüllungsvermögen an den momentfreien Stoßenden deutlich eingeschränkt ist. Es wirken dort hohe Punktkräfte. Daneben fällt die radiale Pressung stark ab mit Undichtigkeit als Folge. Das durch das radiale Temperaturgefälle und die dadurch bedingte Wärmeausdehnung verursachte „Strecken" des Kolbenrings verstärkt den Effekt. Ein Vorhalten in der Fertigung bei der Außenformgebung gelingt insgesamt nur unzureichend. Starkes Drücken, Durchbrechen des Ölfilms und lokale thermische Überbeanspruchung sind reale Erscheinungen bei Kolbenringen heutiger hoch beanspruchter Motoren. Als Erkenntnis auf der Grundlage eines erweiterten Berechnungsmodells wird als wirksame Abhilfemaßnahme der Kolbenring mit variierender radialer Abmessung vorgeschlagen [86] (Abb. 4.68).

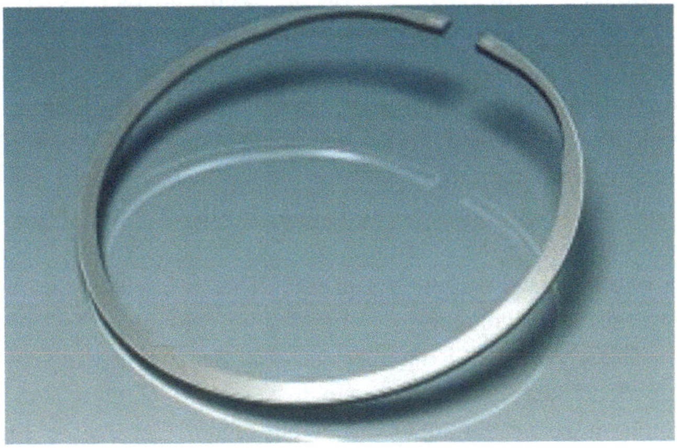

Abb. 4.68 „FO"-Kolbenringausführung mit variierender radialer Abmessung [86]

4.3.4.3 Einbauspannung, Überstreifspannung, Elastizitäts-Modul und plastische Verformung des Kolbenrings

Der Kolbenring ist im eingebauten Zustand auf Biegung beansprucht. Die größte Beanspruchung tritt im Ringrücken auf. Dies ist beim Überstreifen des Kolbenrings der Fall, wenn dieser stark aufgeweitet werden muss. Abhängig von den geometrischen Verhältnissen kann es zu unerwünschten plastischen Verformungen kommen [87]. Die formelmäßigen Zusammenhänge für die Montagespannungen sind z. B. bei [78] zusammengestellt.

Unter Verwendung der eingeführten Kolbenringvariablen lässt sich der E-Modul auch anhand der gemessenen Tangentialkraft und der geometrischen Größen bestimmen. Er ist bei den verschiedenen Werkstoffspezifikationen sehr unterschiedlich (Standard-Gusswerkstoff 85.000 bis 115.000 N/mm^2, GJL/vergütet 100.000 bis 130.000 N/mm^2, GJS/vergütet > 150.000 N/mm^2 und Stahl/vergütet 210.000 N/mm^2). Auf die Schwankung des E-Moduls und die daraus resultierende Unsicherheit wird zuvor schon hingewiesen.

4.3.4.4 Stoßspielvergrößerung

Das Stoßspiel des Kolbenrings vergrößert sich mit zunehmendem Verschleiß. Diese anscheinend nicht immer sofort einsichtige Tatsache ist einfach nachzuweisen. x_{St1} sei das Stoßspiel im Neuzustand, x_{St2} das im verschlissenen Zustand und ΔbRi der radiale Verschleiß. Der Umfang $U = \pi d + x_{St1}$ entspreche dem Umfang $U = \pi(d - 2\Delta b_{Ri}) + x_{St2}$. Also folgt $x_{St2} - x_{St1} = 2\pi\Delta b_{Ri}$. Dieser Sachverhalt sei hier nur beiläufig erwähnt. Die Stoßspielvergrößerung ist insofern eine wichtige Größe, als sie als Meßgröße für den Laufflächenverschleiß (radialer Verschleiß) herangezogen wird.

4.3.4.5 Kolbenringtorsion („Ring-Twist")

Das „Vertwisten" querschnittsgestörter Kolbenringe wurde bereits in den Abschn. 4.3.2 und 4.3.3 kurz erwähnt. So wird der Ring-Twist eingesetzt, um dem Kolbenring bestimmte Eigenschaften zu verleihen, die seine Funktion in gewünschter Weise beeinflussen. Der Kolbenring twistet z. B. „positiv", wenn im Ringrücken an der Oberkante eine Innenfase oder ein Innenwinkel angebracht wird, und „negativ", wenn dies ebenfalls innen an der Unterkante erfolgt. „Positiv" bedeutet, dass sich der Ringquerschnitt so verdreht, dass sich die Lauffläche unten nach außen und oben nach innen bewegt, wenn der Ring gespannt wird, „negativ" bedeutet umgekehrtes Verhalten. Positiver Twist bringt so die Laufflächenunterkante stärker zum Einsatz, was die Ölabstreifwirkung verbessert. Das Zurückweichen der Laufflächenoberkante begünstigt allerdings, wie in Abschn. 4.3.3 bereits erwähnt, die Gasdruckbeaufschlagung der Lauffläche, was einer Teilentlastung gleichkommt und die Gaslässigkeit des Ringes erhöht. Bei negativem Ring-Twist nähert sich die Laufflächenoberkante der Zylinderlaufbahn, was, je nach Ringtyp, zum unerwünschten Ölschieben und damit zu erhöhtem Ölverbrauch führen kann. Eine besondere Ringausführung ist in diesem Zusammenhang der „Reverse-torsion-Ring" in der zweiten Ringnut [80]. Die unüblich große „Minute" soll auch im negativ vertwisteten Zustand das Ölabstreifen garantieren. Die verbesserte Abdichtung dieses Ringtyps beruht auf der

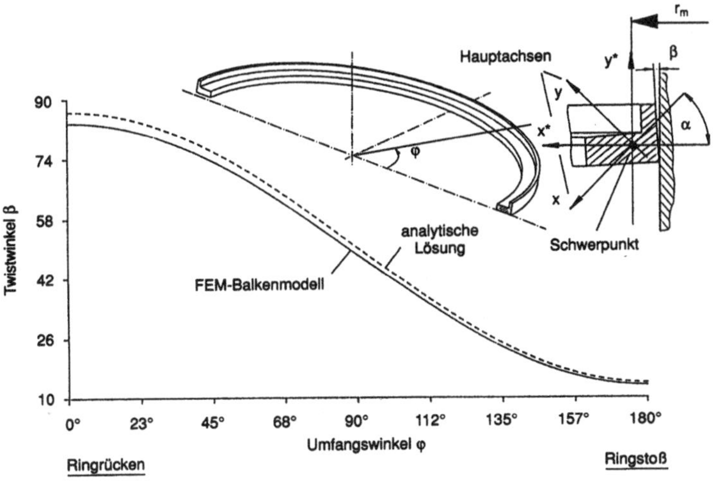

Abb. 4.69 Kolbenringtwist am Beispiel des L-Rings: verdrehtes Hauptachsen-Koordinatensystem (rechts); Twistwinkel β in Abhängigkeit vom Ringumfangswinkel φ für einen bestimmten L-Ring (Kolbenringe mit stark ausgeprägtem Innenwinkel an der Oberkante werden als L-Ringe bezeichnet) (aus [82])

Tatsache, dass er im vertwisteten Zustand unten auf der Außenseite und oben auf der Innenseite der Nutflanken abdichtet.

Der Twistwinkel ist nicht konstant, sondern erreicht sein Maximum im Ringrücken, während sich an den Stoßenden nur eine geringe Verdrehung einstellt [81, 82]. Der Twist ist dadurch bedingt, dass sich die Hauptachsen wegen der Querschnittsstörung um den Winkel α gegenüber den Hauptachsen des ungestörten Querschnitts verdrehen (Abb. 4.69). Der Ring weicht demzufolge um den Winkel β aus, um ein Minimum an Verformungsenergie aufzunehmen. Ein hierauf beruhender mathematischer Ansatz mit Lösung für den L-Ring (Rechteckring mit großem Innenwinkel) wird von [81] angegeben. Für andere Querschnitte können analoge Lösungen gesucht werden. Allerdings bereiten beliebige Querschnitte erhebliche Probleme bei der Berechnung des Torsionswiderstands, da die Poisson-Gleichung bei komplizierter Querschnittsumrandung nicht elementar lösbar ist. Hier bietet sich dann die Berechnung mittels FEM an [82].

4.3.5 Rechnerische Simulation der Kolbenringfunktion

4.3.5.1 Vorbemerkung zu den bekannten Rechenmodellen

Zur rechnerischen Beschreibung der Kolbenringfunktion müssen die Gesetzmäßigkeiten der Mechanik, der Gasdynamik und der Hydromechanik angesetzt werden. Abb. 4.70 vermittelt einen Eindruck von der Komplexität des Sachverhalts. Da sich die axiale und radiale

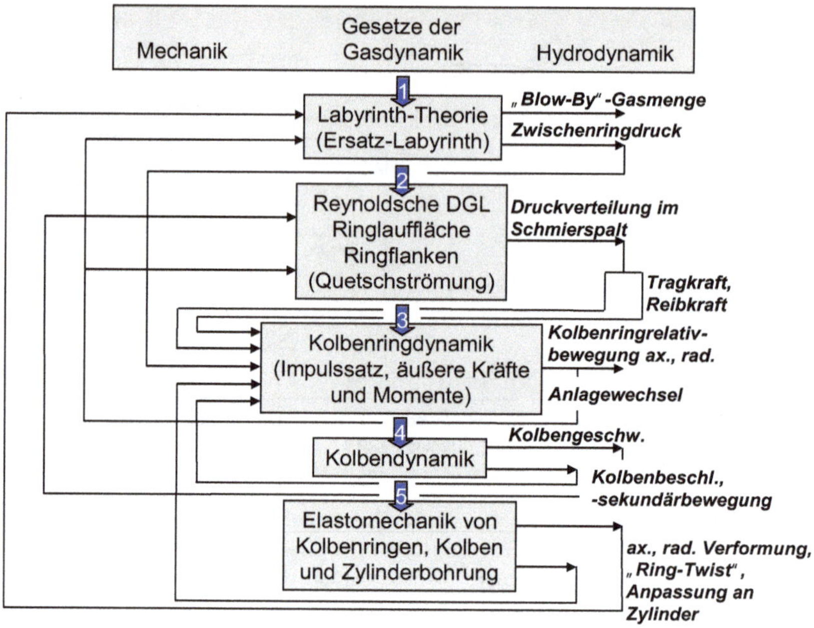

Abb. 4.70 Komplexität eines Kolbenring-Berechnungsmodells

Ringbewegung, die durch das Dichtsystem Kolbenring/Ringnut gelangende Durchblasemenge (Blow-by), der Ölverbrauch und der Schmierfilm sowohl zwischen der Kolbenringlauffläche und der Zylinderwand als auch zwischen der Ring- und Nutflanke gegenseitig beeinflussen, ist eigentlich keine Entkopplung möglich. Dies führt zu ziemlich aufwändigen Rechenmodellen, wie sie im Schrifttum beschrieben werden. Es wird auf folgende Quellen mit Rechenmodellen unterschiedlichen Anspruchs hingewiesen: [82, 88–97].

Prinzipiell sind die zugehörigen Systeme von Differenzialgleichungen nicht geschlossen lösbar. Sie erfordern die Anwendung nummerischer Verfahren mit iterativem Lösungsgang, was hier nicht im Mittelpunkt des Interesses stehen kann. Es wird jedoch der Versuch unternommen, im Sinne der Transparenz die einzelnen Berechnungsprobleme zu trennen und damit auch auf vereinfachende Teilmodelle hinzuweisen, die zumindest für grundsätzliche Aussagen tauglich sind. Ein Standardmodell arbeitet etwa wie folgt:

- Brennraumdruck- und -temperaturverlauf sind vorgegeben und stammen beispielsweise aus der realen Prozessrechnung.
- Die Bewegung der Kolbenringe wird auf die axiale und radiale Bewegung beschränkt. Die Kolbenringe sind verwindungssteif.
- Die Berechnung der Gasströmung durch das Ringpaket erfolgt nach der Labyrinth-Theorie. Das Bewegungsverhalten des Kolbens lässt sich der Wirklichkeit entsprechend

durch die Volumina zwischen den Kolbenringen und durch die Strömungsquerschnitte an den Ringstößen beeinflussen.

- Die Berechnung der Reibkraft und der Auftriebskraft (Tragkraft) des Schmierfilms zwischen Kolbenring und Zylinderwand basiert auf folgenden Annahmen:
  - der Schmierspalt ist „vollgefüllt" und
  - die Reynoldsche Differenzialgleichung wird unter Annahme eines parabelförmigen Profils der Lauffläche des Kolbenrings gelöst.
- Der Ölabstreifring findet keine Berücksichtigung.
- Nach Ermittlung aller augenblicklich am Kolbenring angreifenden Kräfte können die Newtonschen Bewegungsgleichungen angesetzt werden.
- Folgende Ergebnisse liefert die Berechnung:
  - Druck- und Temperaturverlauf in den Zwischenringvolumina,
  - relative Position der Kolbenringe in der Ringnut,
  - Schmierfilmdicke zwischen Kolbenring und Zylinderwand und
  - Verlauf der am Kolbenring angreifenden Kräfte.

4.3.5.2 Simulation der Kolbenringbewegung

In Ergänzung zu den Ausführungen in Abschn. 4.3.3 sollen hier noch die elementaren Ansätze zur Berechnung der Kolbenringbewegung angegeben werden. Unter Beachtung der in Abb. 4.63 skizzierten Verhältnisse kann in axialer und radialer Richtung das Kräftegleichgewicht angesetzt werden:

$$F_{ax} = F_{Gas1} - F_{Gas2} - F_m + F_{Rax} \quad \text{bzw.} \tag{4.124}$$

$$F_{rad} = F_{Gasrad} + F_V - F_{Rrad} \quad \text{mit} \tag{4.125}$$

$$F_{Rax} = \mu_{ax} F_{rad} \quad \text{und} \tag{4.126}$$

$$F_{Rrad} = \mu_{rad} F_{ax} \tag{4.127}$$

Die oberhalb und unterhalb des Kolbenrings wirkenden Gaskräfte F_{Gas1} und F_{Gas2} können zur resultierenden Gaskraft ΔF_{Gas} zusammengefasst werden. F_m ist die über die Kinematik des Kurbeltriebs dem Kolbenring aufgezwungene Massenkraft (die Gewichtskraft des Kolbenrings $m_{Ri}\, g$ sei implizit mitberücksichtigt), F_{Gasrad} ist die den Ringrücken beaufschlagende Gaskraft, F_{Rax} und F_{Rrad} sind die in der Kolbenringlauffläche und an der -flanke angreifenden Reibungskräfte, F_V ist die radiale Ringvorspannung und μ_{ax} bzw. μ_{rad} sind die zugehörigen Reibungskoeffizienten.

Die über die Beziehungen (4.126) und (4.127) gekoppelten Gl. (4.124) und (4.125) können in folgende Form überführt werden:

$$F_{ax} = \frac{\Delta F_{Gas} - F_m + \mu_{ax}(F_{Gasrad} + F_V)}{1 + \mu_{ax}\mu_{rad}} \tag{4.128}$$

$$F_{rad} = \frac{F_{Gasrad} + F_V + \mu_{rad}(F_m - \Delta F_{Gas})}{1 + \mu_{ax}\mu_{rad}} \tag{4.129}$$

Die Vorzeichen entsprechen den in Abb. 4.63 getroffenen Annahmen. Im stationären Fall sind F_{ax} und F_{rad} die axiale bzw. die radiale Anpresskraft. Bei Vorhandensein eines hydrodynamischen Schmierfilms müssen von diesem Auftriebskräfte in selber Höhe aufgebracht werden.

Es ist zwischen der Kolbenbeschleunigung $\ddot{x}_K$, die für die Massenkraft $F_m = m_{Ri}\ddot{x}_K$ verantwortlich ist, und den Relativbeschleunigungen des Kolbenrings $\ddot{x}_{Riax}$ und $\ddot{x}_{Rirad}$ zu unterscheiden. Im instationären Fall ändert sich der Schmierspalt, um die Auftriebskraft den veränderten Verhältnissen anzupassen. Dies ist gleichbedeutend mit einer Bewegung des Kolbenrings:

$$m_{Ri}\ddot{x}_{Riax} = F_{ax} - F_{hydax} \quad \text{bzw.} \tag{4.130}$$

$$m_{Ri}\ddot{x}_{Rirad} = F_{rad} - F_{hydrad} \tag{4.131}$$

In radialer Richtung handelt es sich dabei primär um eine Verformung, weniger um eine Ganzkörperbewegung. Der Zusatz „hyd“ beim Index bedeutet, dass es sich um den augenblicklich vorhandenen Auftrieb des Schmierfilms handelt. Bei Vorzeichenwechsel z. B. der resultierenden Axialkraft bewegt sich der Kolbenring zur gegenüberliegenden Nutflanke. Wird die Ringnut nicht vollgefüllt mit Schmieröl angenommen, so hat der Ring eine „Freiflugphase“ ohne Einwirkung hydrodynamischer Kräfte. Erst bei Annäherung an die Gegenflanke muss die Quetschströmung „aktiviert“ werden.

Die in diesem Zusammenhang verwendeten Reibungskoeffizienten postulieren keine Coulombsche Reibung. Die jeweilige Reibungskraft ergibt sich aus der Berechnung der Hydrodynamik des Schmierfilms. Zur Bestimmung der augenblicklichen Kolbenringposition müssen zunächst die Gleichungen für die Axialbewegungen integriert werden, wobei z. B. das Integrationsverfahren nach Runge-Kutta vorteilhaft angewandt wird [96]. Der nächste Iterationsschritt betrifft dann das radiale Kräftegleichgewicht. In Verbindung mit der nummerischen Integration können verschiedentlich gewisse Schwierigkeiten auftreten, was hier nicht erörtert werden kann.

Das von äußeren Kräften verursachte Torsionsmoment kann in Anlehnung an ein gebräuchliches Modell anhand der in Abb. 4.71 dargestellten Verhältnisse, die sich auf die Anlage an der Unterflanke beziehen, angesetzt werden [90]. Die Reibungskräfte werden dabei als klein angenommen und daher vernachlässigt. Dies ist nur zutreffend für Kurbelwinkel, bei denen nennenswerte Gas- oder Massenkräfte wirken. In diesem Zusammenhang ist interessant, dass die an der Kolbenringlauffläche angreifende Reibkraft in Form der

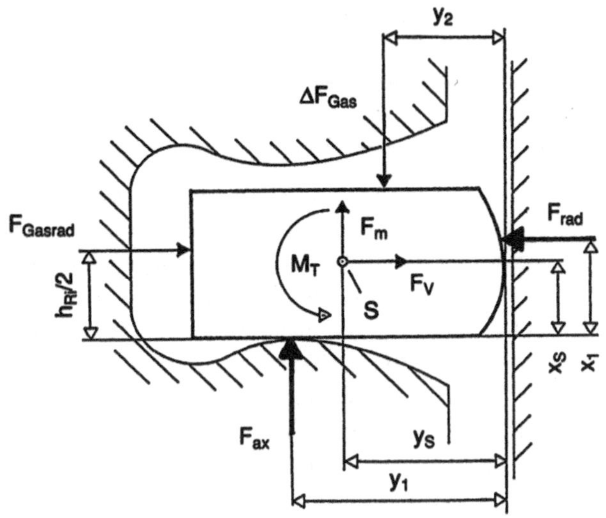

Abb. 4.71 Torsionsmoment am Kolbenring bezogen auf die Auflageverhältnisse eines beliebig gewählten Querschnitts unter Einbeziehung von Nutflankenverschleiß

dadurch bedingten Torsion beim Anlagewechsel mit dem Kolbenring- und Nutflankenverschleiß in Verbindung gebracht wird [98]. Ein fortgeschrittener Nutverschleiß liegt dem Modell in Abb. 4.71 zugrunde. Damit wird klar, dass die Ringtorsion von realen, nicht von idealen Auflageverhältnissen abhängt. Außerdem darf nicht nur ein Querschnitt betrachtet werden, sondern es muss der gesamte Ringumfang einbezogen werden. In allgemeiner Form tragen folgende Anteile zum Torsionsmoment M_T bei:

$$M_T = F_m(y_1 - y_S) - \Delta F_{Gas}(y_1 - y_2) + F_{Gasrad}\left(x_1 - \frac{h_{Ri}}{2}\right) + F_V(x_1 - x_S) \qquad (4.132)$$

Die Kräfte werden in Abb. 4.63, die geometrischen Parameter in Abb. 4.71 erklärt. Das Torsionsmoment bedingt z. B. den bei hohen Gaskräften und torsionslabilen Kolbenringen (z. B. bei großem Durchmesser und kleinem Querschnitt; insbesondere axial niedrige Ringe) schwer vermeidbaren negativen Twist. Dieser verstärkt den im Bild überzeichneten Flankenverschleiß auf der Außen- und Innenseite der Ringnut (auf der Innenseite hier nicht angedeutete Stufenbildung). Hieraus entwickelt sich ein progressiver Ringverschleiß an der Lauffläche und an der Ringflanke außen, der den Ölverbrauch erhöht. Die Laufflächenoberkante des tordierten Rings neigt außerdem zum „Ölschieben" in Richtung Brennraum während des Verdichtungshubs.

4.3.5.3 Simulation der Gasströmung der durchblasenden Verbrennungsgase (Blow-by)

Über die Problematik der durchblasenden Verbrennungsgase und die begrenzten Entlüftungsmöglichkeiten des Kurbelgehäuses wird bereits in den vorausgehenden Abschnitten berichtet. Als Anhaltswert für die maximal zulässige Durchblasemenge können 20 bis 25 l/min und pro l Hubraum bei Nulllast und maximal 15 l/min und pro l Hubraum bei Volllast genannt werden.

Die Gasströmung vom Brennraum durch das Ringpaket in den Kurbelraum kann anhand von Ersatzmodellen, die auf der Labyrinth-Theorie [99] basieren, grundsätzlich berechnet werden. Allerdings zeigt die Praxis, dass die berechneten Durchblasemengen im Gegensatz zu den qualitativ nachvollziehbaren Effekten im Vergleich mit gemessenen Werten noch ziemlich ungenau sind. Offenbar gelingt es noch nicht, die realen Verhältnisse quantitativ richtig in das Modell zu übersetzen, das vor allem auf die Strömungsquerschnitte sehr empfindlich reagiert. Hält man sich vor Augen, dass nicht die „Kaltgeometrie", sondern die vom Betriebszustand abhängige „Warmgeometrie" bestimmend ist, und die Modellbildung stark abstrahiert, so ist die Problematik einsichtig. Dennoch sollen die Berechnungsgrundlagen kurz dargestellt werden.

Abb. 4.72 zeigt ein Ersatzsystem [95] des Labyrinths Feuersteg/Ringstege, Ringnuten, Kolbenringe und Zylinderwand. Dieses wird reduziert auf entsprechende Volumina mit dazwischengeschalteten Drosseln (Überströmquerschnitten). Die Gasgeschwindigkeit in den Volumina ist vergleichsweise vernachlässigbar klein gegenüber der in den Drosselstellen. Unterschiedlich aufwändige Rechenmodelle werden beispielsweise bei [92, 94] und [96] vorgestellt. Das zeitliche Verhalten von Druck und Temperatur wird jeweils durch eine Differenzialgleichung ausgedrückt.

Bei definierter Anlage des Kolbenrings an der Nutunter- oder -oberflanke entspricht der Drosselquerschnitt dem vom Ringstoß freigegebenen Querschnitt. Bei instabiler Ringlage zwischen den Anlagewechseln wird ein um ein Vielfaches größerer, zeitlich veränderlicher Querschnitt über dem Umfang zwischen Ringnut- und Ringflanke geöffnet. So ergibt sich eine Verknüpfung zwischen der durchblasenden Gasmenge und dem Bewegungsverhalten der Kolbenringe. Prinzipiell sind beliebig komplexe Modelle denkbar, die in weitere Teilvolumina auflösen und permanent vorhandene Leckagen über die Lauffläche oder den Ringrücken und die dichtende Flanke einbeziehen. Dies erfordert die Einführung von „Kontrollebenen", in denen die Teilgasströme wieder zusammengeführt werden. Entsprechende Details gehen über das hier Darstellbare hinaus. Im Folgenden wird die Berechnung der Durchblasemenge am einfachen Modell in groben Zügen nachvollzogen.

Für den eindimensionalen, kompressiblen Stromfaden lautet die Kontinuitätsgleichung:

$$\frac{\partial \rho}{\partial t} + \frac{\partial}{\partial x}(\rho w) = 0 \tag{4.133}$$

ρ ist die Dichte, w die Strömungsgeschwindigkeit des Gases. Diese Größen können durch den Massenstrom $\dot{m}$ und den Strömungsquerschnitt A ersetzt werden:

$$\dot{m} = \rho A w \rightarrow \rho w = \frac{\dot{m}}{A} \tag{4.134}$$

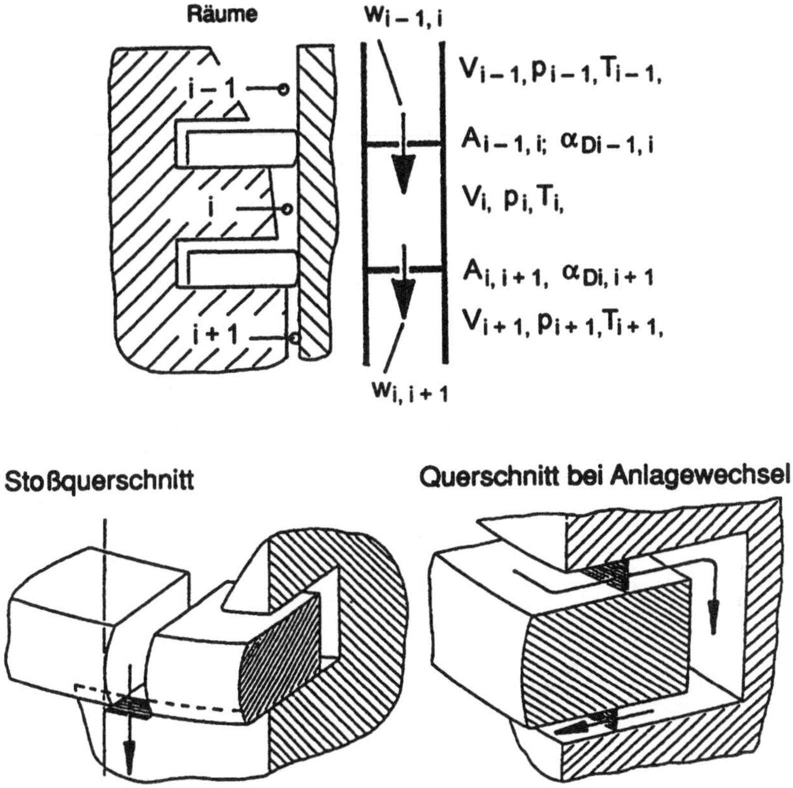

Abb. 4.72 Oben: Abstraktion der tatsächlichen Verhältnisse des Systems Feuersteg/Ringstege, Ringnuten, Kolbenringe und Zylinderwand durch Ersatz-Labyrinth bestehend aus Volumina und zwischengeschaltete Drosseln (nach [94]); unten: schematische Darstellung der Strömungsquerschnitte

Bei isothermer Zustandsänderung ($p\ v = p/\rho =$ konstant $\rightarrow p(\rho + \mathrm{d}\rho) = \rho(p + \mathrm{d}p)$, spezifisches Volumen $v = V/m$ und Druck p) gilt:

$$\frac{d\rho}{dt} = \frac{m}{Vp}\frac{dp}{dt} \tag{4.135}$$

Mit den Gl. (4.134) und (4.135) kann Gl. (4.133) entsprechend umgeformt werden:

$$\frac{mA\,\mathrm{d}x}{Vp}\frac{\mathrm{d}p}{\mathrm{d}t} + \mathrm{d}\dot{m} = 0 \rightarrow \frac{m}{p}\frac{\mathrm{d}p}{\mathrm{d}t} + \Delta\dot{m} = 0 \tag{4.136}$$

Unter Bezugnahme auf das Ersatzmodell in Abb. 4.72 kann schließlich die Druckänderung dp_i/dt im Volumen V_i angegeben werden:

$$\frac{\mathrm{d}p_i}{\mathrm{d}t} = \frac{p_{0i}}{m_{0i}} \left(\dot{m}_{i-1,i} - \dot{m}_{i,i+1}\right) \tag{4.137}$$

p_{0i} ist der Ausgangsdruck, m_{0i} die anfängliche Gasmasse im Volumen V_i nach beendetem Gaswechsel (Startpunkt der Berechnung). Die Gasmasse kann mit der allgemeinen Gasgleichung aus den Zustandsgrößen (R ist die spezifische Gaskonstante und T_{Wm} z. B. in erster Näherung eine örtlich mittlere Wandtemperatur) bestimmt werden:

$$m_{0i} = \frac{p_{0i}\, V_i}{R\, T_{Wm}} \tag{4.138}$$

$\dot{m}_{i-1,i}$ bzw. $\dot{m}_{i,i+1}$ ist die über die Drosselstelle zu- und abströmende Gasmasse, wobei die Druckverhältnisse zu beachten sind ($p_{i-1} > p_i > p_{i+1}$ gilt nicht generell, da der Zwischenringdruck zeitweise über den Brennraumdruck ansteigen kann, was ein Rückströmen beim Abheben des Rings zur Folge hat). Die durch die Drosselstellen strömenden Gasmassen werden quasi-stationär mit Hilfe der isentropen Durchflussfunktion Ψ der Gasdynamik berechnet:

$$\Psi_{i-1,i} = \sqrt{\frac{2\kappa}{(\kappa-1)}\left[\left(\frac{p_i}{p_{i-1}}\right)^{2/\kappa} - \left(\frac{p_i}{p_{i-1}}\right)^{\kappa-1/\kappa}\right]} \tag{4.139}$$

$$\Psi_{i,i+1} = \sqrt{\frac{2\kappa}{(\kappa-1)}\left[\left(\frac{p_{i+1}}{p_i}\right)^{2/\kappa} - \left(\frac{p_{i+1}}{p_i}\right)^{\kappa-1/\kappa}\right]}$$

$$\dot{m}_{i-1,i} = \alpha_{Di-1,i} A_{i-1,i}\, p_{i-1} (R\,T_{i-1})^{-1/2}\, \Psi_{i-1,i} \tag{4.140}$$

$$\dot{m}_{i,i+1} = \alpha_{Di,i+1} A_{i,i+1}\, p_i (R\,T_i)^{-1/2}\, \Psi_{i,i+1}$$

Mit dem kritischen Druckverhältnis wird maximal Schallgeschwindigkeit erreicht. In diesem Zusammenhang wird auf die Grundlagen der Gasdynamik hingewiesen. Die Strömungsquerschnitte A und die Durchflussziffern α_D sind den jeweiligen geometrischen Gegebenheiten im Ringfeldbereich anzupassen.

Somit können die Gleichungen für beliebig viele Volumina mit zwischengeschalteten Drosselstellen aufgestellt werden. Zu ihrer Lösung müssen noch die Randbedingungen, d. h. die Druckverläufe bzw. Drücke in den Randräumen, bekannt sein:

- Brennraumdruck $p_Z(\varphi) = p_i = 1$ und
- Kurbelraumdruck $p_U = p_{i=n+1} =$ konstant (näherungsweise Umgebungsdruck, n Anzahl der Drosselstellen)

$\dot{m}_{n,n+1}$ ist die gesuchte Durchblasemenge.

Anmerkung
Mit der Annahme einer Gastemperatur in Höhe der mittleren Wandtemperatur T_{Wm} wird eine grobe Vereinfachung vorgenommen. Werden Druck und Temperatur als variable Größen angesetzt, so folgt das Differenzialgleichungs-System aus der allgemeinen Gasgleichung (hier ohne jede Indizierung angeschrieben)

$$pV = mRT$$

bzw. in differenzieller Schreibweise

$$p\mathrm{d}V + V\mathrm{d}p = RT\mathrm{d}m + mR\mathrm{d}T + mT\mathrm{d}R$$

und einer Energiebilanz für das Volumen V. Wird die Gaskonstante R als näherungsweise konstant angenommen, das Volumen V als unveränderlich vorausgesetzt und die linke und rechte Seite der Gleichung durch dieses dividiert, so folgt:

$$\mathrm{d}p = (RT/V)\mathrm{d}m + (mR/V)\mathrm{d}T = (RT/V)\mathrm{d}m + (p/T)\mathrm{d}T$$

Mit $RT\,/\,V = p\,/\,m$ und $mR\,/\,V = p\,/\,T$ können die Differenzialgleichungen für Druck p und Temperatur T dann formal auch in folgender Form angegeben werden:

$$\frac{\mathrm{d}p}{\mathrm{d}t} = p\left(\frac{1}{m}\frac{\mathrm{d}m}{\mathrm{d}t} + \frac{1}{T}\frac{\mathrm{d}T}{\mathrm{d}t}\right) \text{ und}$$

$$\frac{\mathrm{d}T}{\mathrm{d}t} = T\left(\frac{1}{p}\frac{\mathrm{d}p}{\mathrm{d}t} - \frac{1}{m}\frac{\mathrm{d}m}{\mathrm{d}t}\right)$$

Die Energiebilanz für das Volumen V mit der inneren Energie $m \cdot u$, wobei Gas der spezifischen Enthalpie h gleichzeitig zu- und abströmt und die Wärmemenge Q mit der Wand ausgetauscht wird, lautet:

$$\mathrm{d}(m \cdot u) = \mathrm{d}m\, h + \mathrm{d}Q$$

Mit $\mathrm{d}(m \cdot u) = u\, \mathrm{d}m + m\, \mathrm{d}u$, der spezifischen Wärme c_V bzw. c_p, dem Isentropenexponenten $\kappa = c_p\,/\,c_V$ und $c_V = R\,/\,(\kappa - 1)$ lässt sich noch folgende Beziehung ableiten:

$$c_V\, T\mathrm{d}m + m\, c_V\, \mathrm{d}T = c_p\, T\,\mathrm{d}m + \mathrm{d}Q$$

bzw.

$$\mathrm{d}T = 1/m[\mathrm{d}m\, T\, (\kappa - 1) + \mathrm{d}Q\, (\kappa - 1)/R]$$

Schließlich kann die für $\mathrm{d}T$ erhaltene Beziehung in die oben für $\mathrm{d}p$ angegebene eingesetzt werden, die Massenbilanz entsprechend berücksichtigt werden usw. Dies entspricht in grundsätzlichen Zügen der Vorgehensweise bei [96], dort für das Teilvolumen V_i.

4.3.5.4 Simulation der Kolbenringhydromechanik(-dynamik)

Über den Anteil der Kolbenringgruppe an den Gesamtreibungsverlusten werden uneinheitliche Angaben gemacht. Teilweise mag dies dadurch begründet sein, dass als Bezugsgröße nicht die reinen innermotorischen Reibungsverluste herangezogen werden, sondern z. B. die Schleppleistung, die auch Gaswechselverluste und durch Nebenaggregate verursachte Verluste beinhaltet. Zweifellos ist jedoch ihr Reibleistungsanteil erheblich (ca. 40 % nach [78]), wobei mindestens die Hälfte den Kolbenringen anzulasten ist. Eine herausragende Stellung hat dabei wiederum der Ölabstreifring, auf dessen Konto davon bis zu 60 % gehen können.

Von Einfluss auf die Reibung des Kolbenrings sind die Flächenpressung, die Ringhöhe, die Laufflächenballigkeit (Laufflächenprofil) und der Reibbeiwert der Lauffläche/Laufflächenbeschichtung. Die konstruktiv vorgesehene Balligkeit beschränkt sich jedoch auf den Neuzustand und erfährt mit zunehmendem Verschleiß Abweichungen von der Idealgeometrie. Reibungsarme Sonderbeschichtungen sind nur bei Mischreibung, d. h. um OT und UT wirksam. Ihr Einfluss ist damit gering. Reibungsreduzierende Maßnahmen beziehen sich selbstredend auf die genannten Einflussgrößen: reduzierte Tangentialkraft und axiale Ringhöhe (Steghöhe bei Ölringen), optimierte Hydrodynamik und verringerte Anzahl der Kolbenringe (Zweiringkolben bei Ottomotoren nur bis Drehzahlen von maximal 6000 1/min wegen progressivem Ölverbrauch- und Gasdurchlassanstieg möglich; über Feldversuch daher bisher nicht hinausgekommen; für Dieselmotoren kein Thema).

In Ergänzung zu den empirischen Arbeiten gibt es mittlerweile eine Vielzahl von Rechenmodellen zur Untersuchung dieser Parameter [82, 88–91, 93, 96, 97]. Die Ansätze basieren jedoch auf einer gemeinsamen Grundlage. Aus der Navier-Stokesschen Differenzialgleichung kann unter Vernachlässigung der Trägheitskräfte und nach Einsetzen der spezifischen Bedingungen des Schmierspalts die eindimensionale, instationäre Reynoldssche Differenzialgleichung abgeleitet werden:

$$\frac{\partial p}{\partial x} = \eta \frac{\partial^2 w}{\partial z^2} \rightarrow \frac{\partial}{\partial x}\left(h^3 \frac{\partial p}{\partial x}\right) = -6\eta U \frac{\partial h}{\partial x} + 12\eta \frac{\partial h}{\partial t} \tag{4.141}$$

Der letzte Term berücksichtigt die Verdrängungsströmung („Squeeze Effekt"), die durch die Radialbewegung des Kolbenrings relativ zur Zylinderwand hervorgerufen wird ($\mathrm{d}h/\mathrm{d}t$ ist die Radialgeschwindigkeit). Die Verhältnisse im Schmierspalt sind in Abb. 4.73 skizziert. p ist der Druck im Schmierspalt, h die veränderliche Schmierspalthöhe, x die axiale und z die radiale Koordinate. Unter w ist die Strömungsgeschwindigkeit im Schmierspalt, unter U die Axialgeschwindigkeit des Kolbenrings zu verstehen. η stellt die dynamische Ölviskosität dar, wobei das Newtonsche Schubspannungsgesetz $\tau = \eta\, \mathrm{d}w/\mathrm{d}z$ gilt. Neben der bereits erwähnten Verdrängungsströmung besteht Gl. (4.141) aus einem Druckströmungs- (erster Term) und einem Scherströmungsanteil (zweiter Term). Das tribologische System Ringflanke–Schmieröl–Nutflanke lässt sich durch den Verdrängungsströmungsanteil der Reynolds-Gleichung entsprechend modellieren, worauf hier nicht weiter eingegangen wird.

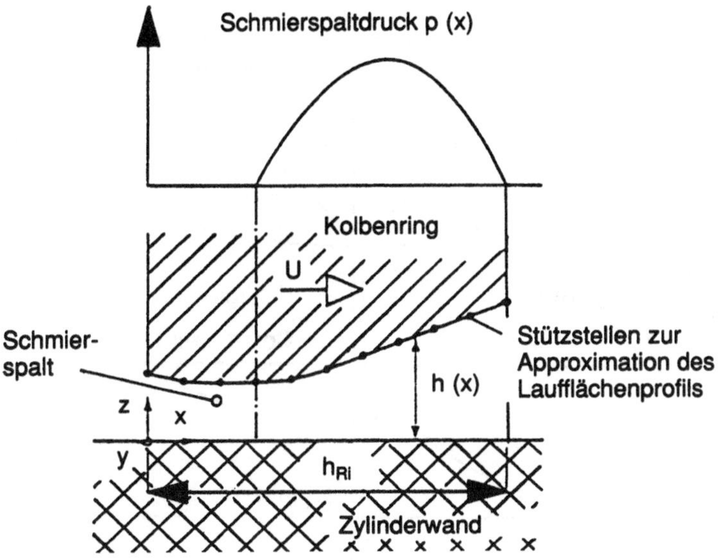

Abb. 4.73 Definition der Größen im Schmierspalt zwischen Kolbenringlauffläche und Zylinderwand (aus [88])

Gl. (4.141) ist zweifach zu integrieren, wobei sich die beiden Integrationskonstanten C_1 und C_2 ergeben, die über die Randbedingungen für den Druck p zu bestimmen sind:

$$\frac{dp}{dx} = -6\eta U \frac{1}{h^2} + 12\eta \dot{h} \frac{x}{h^3} + \frac{C_1}{h^3} \tag{4.142}$$

$h = h(x)$ ist die Spaltgeometrie, wobei die Ringlauffläche im einfachsten Fall durch einen parabolischen Ansatz, für genauere Berechnungen punktweise mittels Spline-Interpolation für beide (!) Laufrichtungen approximiert wird. Die Kopplung mit der Kolbenringbewegung besteht über die axiale Bewegungsgeschwindigkeit

$$U = \dot{x}_K + \dot{x}_{Riax}$$

und die radiale Geschwindigkeit

$dh/dt = \dot{x}_{Rirad}$ – vgl. Gl. (4.130) und (4.131)

Nicht nur in Verbindung mit frei definierten Laufflächenprofilen sind nummerische Methoden zur Lösung obligatorisch. Die zweite Integration führt schließlich zur Druckverteilung entlang der Lauffläche:

$$p(x) = -6\eta U \int \frac{dx}{h^2(x)} + 12\eta \dot{h} \int \frac{x\,dx}{h^3(x)} + C_1 \int \frac{dx}{h^3(x)} + C_2 \tag{4.143}$$

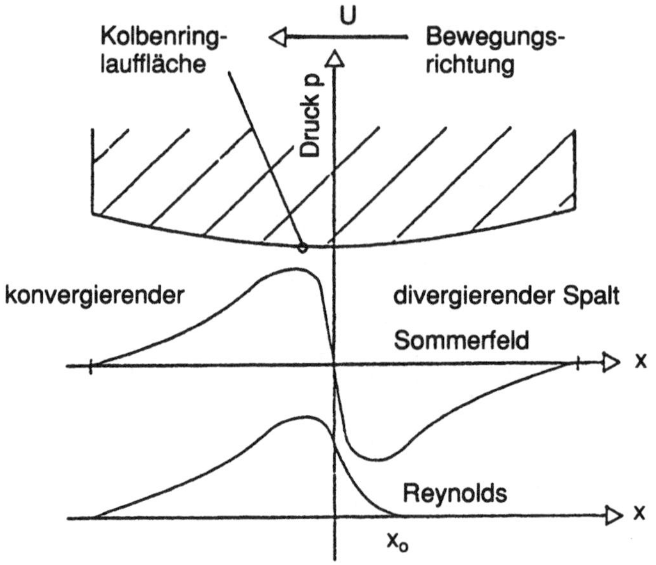

Abb. 4.74 Druckverteilung entlang der Kolbenringlauffläche bei verschiedenen Randbedingungen (aus [96]; dort Bezug auf [101])

Das richtige Ansetzen der Randbedingungen bereitet einige Probleme. Die Sommerfeldschen Randbedingungen mit Umgebungsdruck ($p = 0$) am Ein- und Auslauf erzeugen negative Drücke im divergierenden Spalt, was physikalisch wenig sinnvoll ist. Oberhalb des Kolbenrings und auch im Zwischenringraum treten zeitweise hohe Gasdrücke auf, sodass bei diesen realen Randbedingungen nicht mehr unbedingt negative Drücke auftreten, wie aus Abb. 4.74 hervorgeht. Ist dies dennoch der Fall, so sind die Reynoldsschen Randbedingungen anzuwenden. Diese Problematik wird z. B. bei [96] und [97] diskutiert. Danach wird im divergierenden Spalt an der Stelle $x = x_0$ zudem die Randbedingung $\mathrm{d}p/\mathrm{d}x = 0$ gefordert. Hinter der Stelle $x = x_0$ steigt der Druck im Spalt auf den Druck im Auslauf an. Die Stelle x_0 ist Gegenstand umfangreicher Diskussionen. [100] leitet für das Radiallager über Kontinuitätsbetrachtungen der Strömung ab, dass x_0 dort im divergierenden Spalt ist, wo die gleiche Spalthöhe wie beim Druckmaximum im konvergierenden Spalt vorliegt. Auch beim Druckmaximum gilt entsprechend $\mathrm{d}p/\mathrm{d}x = 0$.

Die Auftriebskraft berechnet sich aus der Druckverteilung und der druckbeaufschlagten Fläche:

$$F_{hydrad} = \pi D_Z \int_0^{h_{Ri}} p(x)\,\mathrm{d}x \qquad (4.144)$$

D_Z ist der Zylinderdurchmesser, h_{Ri} die tatsächliche Laufflächenhöhe. Über die an der Lauffläche angreifende Schubspannung $\tau = h/2\,\mathrm{d}p/\mathrm{d}x + \eta U/h$ kommt man zur Reibkraft:

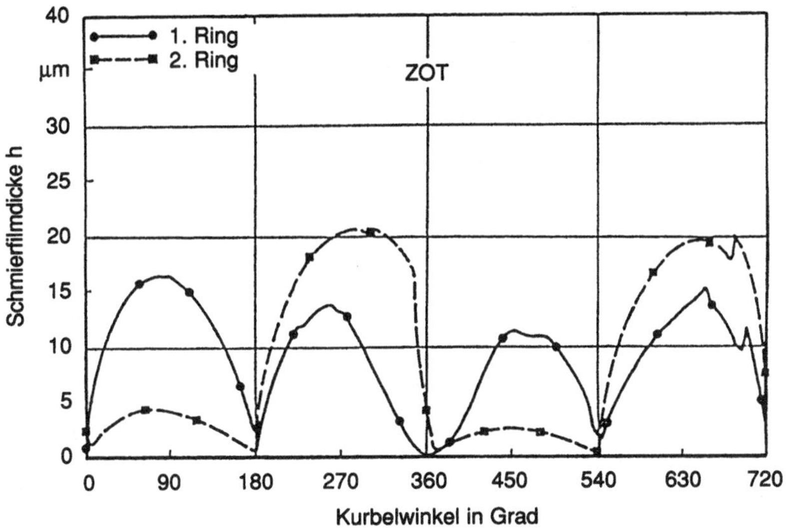

Abb. 4.75 Berechnete Schmierfilmdicke in Abhängigkeit vom Kurbelwinkel; Beispiel aus [95] bezieht sich auf Pkw-Dieselmotor

$$F_{Rax} = \pi D_Z \int_0^{h_{Ri}} \tau(x)\,\mathrm{d}x \tag{4.145}$$

Der Druck p bzw. das Druckgefälle dp/dx können nach Bestimmung der Konstanten C_1 und C_2 angegeben werden (Gl. 4.143).

Die Rechenmodelle gehen zunächst von einem vollständig gefüllten Schmierspalt aus. Ein wesentlicher Schritt weg von mehr oder weniger nur idealen Annahmen sind Ansätze zur Berücksichtigung des Ölangebots (z. B. [88, 89]). Der nachfolgende Kolbenring findet dabei nur so viel Öl vor, wie der vorausgehende auf der Zylinderwand hinterlässt. Der vollständig gefüllte Schmierspalt ist eher eine Momentaufnahme. Entweder wird Öl infolge eines Überangebots abgestreift, oder der Schmierspalt ist nicht vollständig gefüllt. Dabei sind die schwierigen Fragen zu klären, wo der Schmierfilm im Spalt beginnt und wo er endet. Dies gelingt anhand von Bilanzbetrachtungen zufließender = abfließender Ölstrom. Die Schmierspalthöhe im konvergierenden Spalt muss zuerst berechnet werden und diejenige im divergierenden Spalt so lange variiert werden, bis die Bilanz stimmt.

Die Schmierfilmdicke und die Kolbenringreibkraft sind mit dem Kurbelwinkel veränderliche Größen (Abb. 4.75). Im Bereich der Totpunkte stoßen herkömmliche Modelle an ihre Grenzen. Das Gebiet der Mischreibung ist deshalb ein Schwerpunkt bei der Weiterentwicklung von Simulationsmodellen [82, 90, 102, 103].

4.3.6 Nachtrag zu Ölverbrauch, Gasdurchlass (Blow-by) und Kurbelgehäuseentlüftung

4.3.6.1 Ölverbrauch und Ölemission

Die Beherrschung des Ölverbrauchs ist von primärer Bedeutung, da Schmieröl im Abgas direkt zur Verschlechterung der Rohemission von Kohlenwasserstoffen (HC) und Partikeln (PM) beiträgt, Funktion und Lebensdauer der Abgasnachbehandlungssysteme dadurch gemindert werden und zudem das Ölwechselintervall auch zu den Wettbewerbskriterien zählt, somit im Interesse der Kunden immer mehr gestreckt wird. Dies erfordert entsprechend restriktive Maßnahmen. Zum Begriff Ölverbrauch ist nachzutragen, dass dieser letztlich nicht eindeutig bestimmt ist. Landläufig wird darunter eine – heute im Fahrzeug meist elektronisch angezeigte – Absenkung des Ölspiegels im Sumpf der Ölwanne verstanden, also eine wenig genaues volumetrisches Messergebnis, das auf eine zurückgelegte Strecke bezogen werden kann (z. B. [l/10.000 km]). Auf dem Motorenprüfstand kann nach längerem Testlauf die Ölmenge in ein Gefäß abtropfen und danach gewogen werden. Das gravimetrische Messergebnis kann somit auf die Laufzeit in g/h bezogen und mit einem Zielwert verglichen werden. Wurde der Motor in einem bestimmten Betriebspunkt betrieben, so lässt sich ein spezifischer Ölverbrauch in g/(kWh) angeben. Auf kontinuierliche volumetrische und gravimetrische Messverfahren soll nur hingewiesen werden.

Jetzt ist allerdings zu bedenken, dass sowohl Volumen als auch Masse in der Ölwanne durch „Kraftstoffverdünnung“, d. h. Kraftstoffeintrag ins Schmieröl, Kondenswasser bzw. daraus resultierendem Ölschlamm bei ständigem Kurzstreckenbetrieb, Verbrennungsrückstände, Ablagerungen etc. trotz Ölverbrauch sogar zunehmen können. Die moderne Benzin-Direkteinspritzung bewirkt beispielsweise einen drei- bis vierfach höheren Kraftstoffeintrag ins Schmieröl verglichen mit Saugrohreinspritzung. Auch schwerflüchtige Biodiesel-Komponenten sammeln sich nach [104] im Schmieröl.

Eine weitere Unsicherheit ist im Schmierölverlust des Motors infolge Undichtheit der Turbolader-Wellenabdichtung (Druckgefälle), an den Ventilschaftabdichtungen, in Verbindung mit der Kurbelgehäuseentlüftung und schließlich als Folge gewöhnlicher sonstiger Leckagen zu sehen. Es besteht daher eine Abweichung zwischen realem und scheinbarem Ölverbrauch. Die „Öl-Emission“ bezieht sich allein auf den Anteil an nicht verbrannten Kohlenwasserstoffen, der auf das abgedampfte, abgestreifte oder durch „Reverse-Blow-By“ in den Brennraum gelangende Schmieröl zurückzuführen ist und mit dem Abgas primär als HC-Emission emittiert wird. Hinsichtlich Online-Ölverbrauchsmesssystemen bzw. der dafür geeigneten analytisch-chemischen Messmethoden – Tracer- und massenspektroskopische Methoden – sei z. B. auf die Ausführungen bei [104] verwiesen. Gemäß dieser Quelle sind auch die Einflüsse auf das Abdampfverhalten durch Gemischbildung, Brennverfahren und Biokraftstoffe zu beachten. Schließlich sei in diesem Zusammenhang noch auf den Versuch verwiesen, die Ölemission – hier eines Ottomotors – zu berechnen [105].

Abb. 4.76 zeigt ein Ölverbrauchskennfeld eines fiktiven R4-Otto-Saugmotors in Form einer prinzipiellen und schematisierten Darstellung. Der höchste Ölverbrauch – hier absolut,

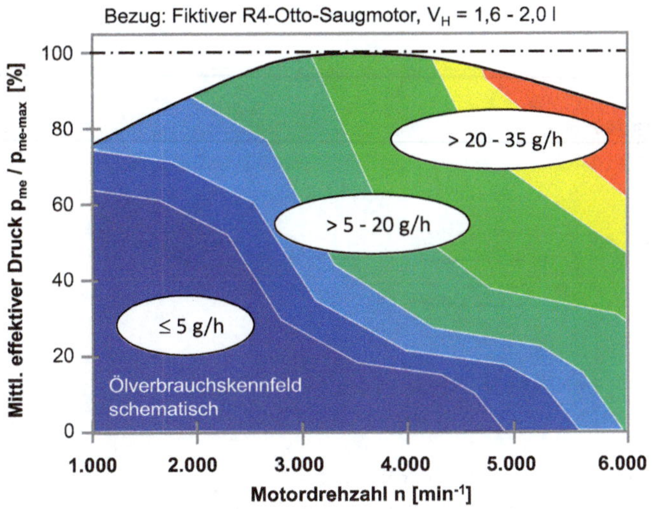

Abb. 4.76 Ölverbrauchskennfeld eines fiktiven Otto-Saugmotors in prinzipieller und schematisierter Darstellung

also in g/h – betrifft beim Saugmotor den Bereich der Nennleistung bis Überdrehzahl. Bei Motoren mit Abgas-Turboaufladung verschiebt sich dieser nach [104] dagegen in den Bereich des maximalen Drehmoments (mittleren effektiven Drucks). Bei heute nahezu generell aufgeladenen Dieselmotoren zeigt sich ein differenziertes Bild. Der Ölverbrauch steigt auch hier mit Last und Drehzahl an, wobei dieser bei mittlerer Last und Drehzahl bereits deutlich zunehmen kann.

Bekanntlich verursachen auch hohe Drehzahlen im Schubbetrieb hohen Ölverbrauch. Dieser Betriebszustand ist bei gedrosselten Motoren gekennzeichnet von hohem Saugrohrunterdruck, der bei Ventilüberschneidung im Ladungswechsel-OT auch im Brennraum anliegt. Durch das „Reverse-Blow-by" genannte Phänomen kann demzufolge Schmieröl quasi „rückwärts" in den Brennraum gefördert werden.

4.3.6.2 Gasdurchlass-/Blow-by-Verhalten von Otto- und Dieselmotoren

Die vorausgehenden Ausführungen zum Gasdurchlass/Blow-by konzentrieren sich auf die Verhältnisse beim Ottomotor. Danach muss bei hoher Drehzahl die Blow-by-Gasmenge für dessen reguläre Funktion sowohl hinsichtlich hoher Last als auch Nulllast limitiert werden. Der Begriff „Nulllast-Blow-by" ist dabei meistens nicht scharf definiert. Gemeint ist der deutliche Anstieg bei Betrieb des Motors im Kennfeldbereich hoher Drehzahl und geringer Last bis zum beginnenden Schubbetrieb (siehe Abb. 4.65). Die Messung der Blow-by-Gasmenge erfolgt auf dem Motorenprüfstand. Gemessen werden kann dabei schließlich nur die gesamte Ventilationsmenge einschließlich Gasleckagen und durch Radialwellendichtringe infolge von Unterdruck im Kurbelraum einströmende „Falschluft". In jedem Fall muss die Messung ohne Belüftung des Kurbelgehäuses stattfinden.

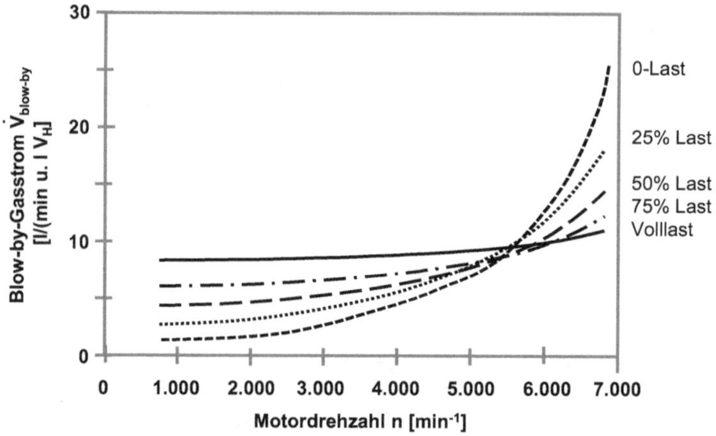

Abb. 4.77 Charakteristischer Verlauf der Blow-By-Gasmenge eines Otto-Saugmotors für Null- bis Volllast in Abhängigkeit von der Drehzahl in prinzipieller und schematisierter Darstellung mit ebenfalls charakteristischen Zahlenwerten

Abb. 4.77 zeigt den charakteristischen Verlauf der Blow-By-Gasmenge eines Otto-Saugmotors für Null- bis Volllast in Abhängigkeit von der Drehzahl in Form einer prinzipiellen und schematisierten Darstellung. Beim Dieselmotor steigt die Blow-by-Gasmenge kontinuierlich mit Last und Drehzahl, bei konstanter Drehzahl mit der Last. Der Ottomotor zeigt dahingehend ein anormales Verhalten, als sich ab einer motorspezifischen Drehzahl das Bild umkehrt. Die Blow-by-Gasmenge beginnt mit abnehmender Last stark anzusteigen. Bei hohen Drehzahlen übertrifft der Nulllastwert die Teil- und Vollastwerte deutlich. Ursächlich für das anormale Verhalten ist nach gängiger Vorstellung das so genannte „Ringflattern", nach Expertise von Fachleuten primär die irreguläre radiale (radiales „Kollabieren"), sekundär die axiale Bewegung („Abheben") des 1., für die Abdichtung hauptsächlich zuständigen Kolbenrings (siehe Abschn. 4.3.3). Eine zwischen Kolbenringlaufläche und Zylinderwand passierende, unzulässig große Blow-by-Gasmenge beaufschlagt auch den Schmierfilm stark thermisch und kann dadurch die Schmierung ziemlich beeinträchtigen.

4.3.6.3 Entsorgung der Blow-by-Gase durch die Kurbelgehäuseentlüftung

Im Kurbelraum (Kurbelgehäuse) ist im Bereich des gesamten Motorkennfelds ein geringer Unterdruck aufrechtzuerhalten. Überdruck würde z. B. die Schmierölleckage durch Wellendichtringe begünstigen. Hoher Überdruck könnte, wie im Abschn. 4.3.3 bereits ausgeführt, „Ölreißen", d. h. Mitreißen, im schlimmsten Fall Hochdrücken von Schmieröl in den Ölrücklaufen, zur Folge haben. Das ist jedoch nicht der einzige Aspekt. Auch wenn nur zulässige Verbrennungsgasmengen das aus Kolbenringen, Ringnuten und Zylinderwand bestehende Dichtlabyrinth passieren, muss die Blow-by-Gasmenge umweltgerecht entsorgt werden. So sind per gesetzlicher Verordnung nur geschlossene Entlüftungssysteme zulässig (CCV: „closed crankcase ventilation"). Die Vermeidung von zusätzlichen HC-Emissionen durch entweichende Öl- und Kraftstoffdämpfe steht somit ebenfalls im Vordergrund. Weiterhin umfassen die Anforderungen an Entlüftungs- bzw. Ventilationssysteme des Kurbelgehäuses – eigentlich des gesamten Motorgehäuses – die Minderung der Schmierölverdünnung durch Kraftstoffeintrag, weitgehende Verhinderung von Korrosion als Folge des Eintragens von Kondensat (Kondenswasser, Kraftstoffdämpfe etc.) ins Schmieröl, das Vorbeugen vorzeitiger Ölalterung und die Vermeidung der Ölschlammbildung. So darf der Unterdruck auch nicht unkontrolliert hoch sein, denn sonst zieht der Kurbelraum ungefilterte „Falschluft" mit negativen Auswirkungen hinsichtlich letzterer Aspekte. In der Fachliteratur sind die Thematik vertiefende Beiträge zur Kurbelgehäuseentlüftung zwar vergleichsweise rar. Einen ausführlichen Überblick über den Stand der Technik gibt aber z. B. [106]. Deshalb sollen hierzu zwecks Abrundung der Sachverhalte, mit denen sich Abschn. 4.3 insgesamt befasst, nur einige, aber wesentliche Fakten beleuchtet werden.

Die Entlüftung des Motorgehäuses erfolgt durch Rückführung in den Ansaugtrakt. Zuvor ist eine Ölabscheidung aus der mehrphasigen Strömung erforderlich, die nach physikalisch-technisch unterschiedlichen Prinzipien funktioniert. Es wird dabei zwischen Groböl- und Ölnebelabscheidung unterschieden. Passive Systeme nutzen Druckdifferenz, Massenträgheit bei Strömungsumlenkung sowie Strömungshindernisse aus Faser- bzw. Vliesstoffen. Aktive Systeme sind auf mechanische oder elektrische Hilfsenergie angewiesen. Abhängig von Baugröße, zur Verfügung stehendem Bauraum, Spezifikation und Einsatzgebiet des Motors ist die Bauweise von Ölabscheidern sehr unterschiedlich aufwändig. Die Rückführung der Blow-by-Gase kann intern über Entlüftungskanäle, die im ZKG und Zylinderkopf – ähnlich wie die Ölrückläufe – primär vertikal angeordnet sind, oder extern über Entlüftungsleitungen erfolgen. Die Ölabscheidung kann in das ZKG integriert sein, muss jedoch spätestens im Zylinderkopf unterhalb der Zylinderkopfhaube erfolgen. Als externe Ölabscheider kommen z. B. häufig Zyklonabscheider zum Einsatz. Ölabscheider und Druckregelventil können in einer Baueinheit vereint sein.

Ungeregelte Systeme sind auch bei Pkw-Motoren durch komplexere Unterdruck geregelte Systeme weitgehend abgelöst worden. Saugrohrunterdruck und Blow-by-Gasmenge sind kennfeldabhängige Größen. Grundsätzlich zu beachten ist, dass der zur Absaugung der Blow-by-Gase genutzte Saugrohrunterdruck abhängig von der Lastregelung ist. Quantitätsgeregelte herkömmliche Ottomotoren bieten somit günstigere Verhältnisse als qualitätsgeregelte Dieselmotoren. Zudem sind die bei Aufladung unterschiedlichen Druckverhältnisse im Bereich der Luftzufuhr von Bedeutung. Kritisch ist generell Vollast bei niedriger Drehzahl, da bezogen auf die geringe Druckdifferenz schon relativ viel Blow-by-Gas anfällt. Spezifischen Gegebenheiten kann durch geeignete Wahl des Kurbelgehäuseentlüftungssystems bzw. dessen sorgfältige Applikation Rechnung getragen werden.

Insbesondere bei externer Rückführung besteht die latente Gefahr des Einfrierens von Kondenswasser in der Leitung. Dem kann durch Beheizung derselben vorgebeugt werden. Eine weitere Maßnahme ist die gezielte Spülung des Kurbelraums mit Frischluft aus dem

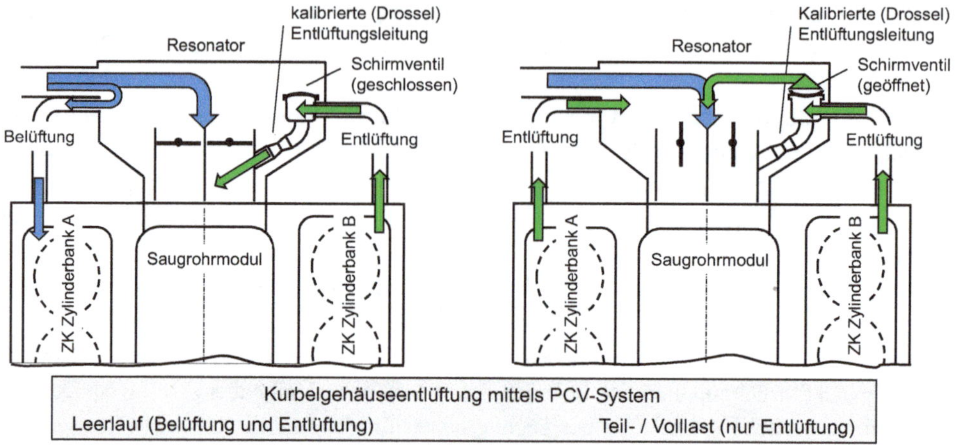

Abb. 4.78 Kurbelgehäuseentlüftung: Funktion eines PCV-Systems am Beispiel eines V-Motors in prinzipieller Darstellung (in Anlehnung an [107])

Ansaugtrakt, d. h. die Anwendung eines PCV-Systems („positive crankcase ventilation"). Ein solches soll gewährleisten, dass sich Kondensat nicht im Ölabscheider verflüssigt, sondern gasförmig entsorgt wird. Die Zwangsbelüftung mittels eines PCV-Systems soll so durch Frischluftzufuhr die Kontamination des Schmieröls mit Kondenswasser, Kraftstoff und auch Verbrennungsrückständen mindern. Obwohl nicht gänzlich unumstritten, hat es sich durchgesetzt. Kritiker sehen in der Sauerstoffzufuhr eine latente Begünstigung der Oxidation des Schmieröls (Ölalterung) und infolge des trotz Luftfilter unvermeidlichen Restschmutzeintrags eine Förderung der Ölschlammbildung. Abb. 4.78 zeigt die Funktion eines PCV-Systems am Beispiel eines V-Motors in prinzipieller Darstellung in Anlehnung an [107].

4.3.6.4 Zusammenfassung von Maßnahmen zur Beherrschung von Ölverbrauch und Gadurchlass-/Blow-by

Im Abschn. 4.2 und in vorausgehenden Abschnitten des Abschn. 4.3 werden diverse Einflüsse bez. der Kolben-, Kolbenring- und Zylinderbeschaffenheit auf Schmierölverbrauch und Gasdurchlass, hier meist Blow-by genannt, ausführlich dargestellt. Zweifelsohne sind dabei in gewissem Sinn Zielkonflikte hinsichtlich Reibleistung, Ölverbrauch, Nulllast- und Volllast-Blow-by herauszulesen, die im Rahmen der Entwicklung jedes neuen Motors trotz umfangreichen Expertenwissens immer wieder auf weitgehend empirische Weise neu zu lösen sind. Dies erfordert eine mehr oder weniger aufwändige Abstimmung auf dem Motorenprüfstand. Wer hier über praktische Erfahrung mit konträren Phänomenen verfügt, weiß nur zu gut, dass z. B. die Reibungsreduzierung im Kolbenbereich durch Absenkung

Tab. 4.5 Überblick über gängige Maßnahmen an Kolben und Kolbenringen bez. Ölverbrauch, Nulllast-, Volllast-Blow-by und Reibleistung sowie Ansätze zur Lösung betreffender Zielkonflikte

Maßnahmen Ölverbrauch	Maßnahmen Nulllast-Blow-by	Maßnahmen Volllast-Blow-by
Abstreifwirkung verbessern: 1. Formfüllvermögen (Kolbenringparameter k_{Ri}) der Kolbenringe optimieren 2. Tangentialkraft F_t erhöhen (erhöht aber auch Reibung) 3. Scharfe Unterkante der Ringlauffläche (bessere Abstreifwirkung), aber Vermeidung scharfer Oberkante (verhindert Ölschieben) 4. Laufflächenunterkante der Kompressionsringe stärker einsetzen/anpressen: a) Positiver Ring-Twist (IF/IW) b) MR in 1. Ringnut 5. Ölabstreifringtypen, die bauartbedingt besser abstreifen: a) NMR statt MR in 2. Ringnut b) DSFR statt 3-teiliger Stahlbandring in der 3. Nut 6. Ggf. geringfügiges Anstellen der Ringnuten der Kompressionsringe (Maßnahmen gemäß 4., 5. a) und 6. begünstigen aber Blow-by)	Gasdruckbeaufschlagung im Ringrücken des 1. Rings verbessern: 1. Fase Feuersteguntenkante („Anti-Flatterfase") 2. Größeres Nutflankenspiel 1. Ringnut 3. Größere(s) Feuerstegspiel bzw. -ovalität (aber jeweils stärkere Verbrennungsgasbeaufschlagung des 1. Rings/der 1. Ringnut)	Abdichtung verbessern: 1. Kolbenringtypen in 1. und 2. Ringnut verwenden, die bauartbedingt besser abdichten 2. Möglichst geringer Strömungsquerschnitt im Stoßbereich: a) Minimales Stoßspiel b) Scharfkantige Ringstege (ohne Fasen) insb. Oberkante 1. Ringsteg c) Kein NMR in 2. Ringnut (MR mit „reverse torsion" bei Dieselmotoren) d) Ggf. Kolbenkopfspiel verringern (Maßnahmen teilweise im Widerspruch zu denen zur Reduzierung von Nulllast-Blow-by und Ölverbrauch) 3. Pressure-balancing-Maßnahmen (siehe mittlere Spalte)
Ölangebot auf Zylinderlauffläche verringern bzw. Öldränage verbessern, d. h. Sammlung, Verteilung und Rückführung von Schmieröl beherrschen 1. 2. Ringsteg zurücksetzen, alternativ stufen (Rezess auf Unterseite) (zurückgesetzter 2. Ringsteg kann sich aber auf Blaurauchen und Blow-by negativ auswirken) 2. Phase an Schaftoberkante unterhalb 3. Ringnut (Ölabstreifring) vergrößern oder dort Ölsammelnut anbringen 3. Ölrückflussbohrungsquerschnitt vergrößern, weitere Bohrung einbringen, Bohrungen günstiger positionieren	Neigung zum „radialen Einfallen" („Kollabieren") der Kompressionsringe verringern: 1. Gasdruckbeaufschlagung der Ringlauffläche (laufflächenseitige Druckentlastung) des 1. Rings verringern: a) Laufflächenprofil modifizieren (Balligkeit verringern) b) Fasen an Ringlaufflächenkanten verkleinern c) Kein positiver Ring-Twist (IF/IW) am Top-Ring, kein MR in 1. Ringnut (aber teilweise negative Auswirkungen auf Ölverbrauch beachten!)	

(*Fortsetzung*)

Tab. 4.5 (Fortsetzung)

Maßnahmen Ölverbrauch	Maßnahmen Nulllast-Blow-by	Maßnahmen Volllast-Blow-by
4. Abstreifwirkung des Ölabstreifrings verbessern (siehe oben)	2. Lokale Pressung im Stoßbereich erhöhen: a) Positive Ringovalitität b) Radiale Pressungsverteilung verändern 3. Feuersteghöhe reduzieren (geringerer Schadraum, aber stärkere Verbrennungsgasbeaufschlagung des 1. Rings/der 1. Ringnut)	
„Ölschieben" durch Feuerstegoberkante verhindern: 1. Kolbengeradführung verbessern (z. B. geringeres Spiel beim Durchmesser D2) 2. Feuerstegspiel vergrößern (aber dadurch auch Vergrößerung des Schadraums (HC), stärkere Verbrennungsgasbeaufschlagung des 1. Rings/der 1. Ringnut)	Neigung des Ring-Abhebens durch Zwischenringdruck verringern: 1. Ringmassenkraft reduzieren: Axial niedrigerer Ring (praktisch nur begrenzte Möglichkeiten) 2. „Pressure balancing"[1)] (im Zwischenringbereich Druckaufbau verzögern, Druck reduzieren): a) Zwischenringvolumen vergrößern: - Fase Unterkante 1. Ringsteg - Größere(s) Spiel/Ovalität 1. Ringsteg - Ölverteilernut/-rille unterhalb 1. Ringnut b) Abströmquerschnitt im Stoßbereich des 2. Rings vergrößern: - Fase Oberkante 2. Ringsteg - 2. Ringsteg zurückstechen - (Stoßspiel nur mit großer Vorsicht vergrößern) (Auswirkungen von Pressure-Balancing-Maßnahmen auf die Motorfunktion im gesamten Kennfeld beachten!)	

Erläuterungen: IF, IW: Innenfase, -winkel Ringoberkante Innenseite, MR: Minutenring, MR mit „reverse torsion: Minutenring mit negativem Ring-Twist, der mit der Oberkante auf der Innenseite die 2. Ringnut zusätzlich abdichtet, NMR: Nasenminutenring, DSFR: Dachfasen-Schlauchfederring, D2: 2. Durchmesser des Kolbenschafts unterhalb der Ölringnut gemessen (D1: Nenndurchmesser)

der Tangentialkräfte des Kolbenringpakets im Zielkonflikt mit dem Ölverbrauch steht, oder dass z. B. die Absenkung der Blow-by-Gasmenge den Ölverbrauch ansteigen lässt und umgekehrt. Tab. 4.5 bietet hierzu einen Überblick über gängige Maßnahmen an Kolben und Kolbenringen bez. Ölverbrauch, Nulllast-, Volllast-Blow-by und Reibleistung sowie Ansätze zur Lösung betreffender Zielkonflikte.

4.4 Die Kurbelwelle

4.4.1 Funktion und Anforderungen

Die Anforderungen an die Kurbelwelle ergeben sich weitgehend aus ihrer zentralen Funktion:

- Umsetzung der translatorischen Hubbewegung in eine Drehbewegung
- Aufnahme der Pleuelstangenkräfte
- Umwandlung der Tangentialkräfte in ein Drehmoment
- Massenausgleich des Kurbeltriebs (Gegengewichte)
- Abtrieb für Ventiltrieb, Ölpumpe, Nebenaggregate, (früher) Zündverteiler (optional auch über Nockenwelle möglich)

Die Kurbelwelle muss dabei folgende Kriterien erfüllen:

- Ausreichende Dauerfestigkeit hinsichtlich Torsion und Biegung:
  - geeigneter Werkstoff
  - hohe Steifigkeit
  - kompakte Bauweise, möglichst geringe Masse
  - günstiges Resonanzverhalten
- Haupt- und Pleuellagerzapfen für ausreichende Lagerdimensionierung
- Geringe Reibleistungsverluste (kleinstmögliche Zapfendurchmesser)
- Gewährleistung bestmöglicher Lagerschmierung:
  - Schmierölversorgung durch schräge Ölbohrungen von den Grund- zu den Hubzapfen
  - günstig angeordnete Austrittsbohrungen in den Hubzapfen
- Günstige Anordnung, richtige Dimensionierung der Gegengewichte:
  - Erzielung des angestrebten äußeren und inneren Massenausgleichs
  - möglichst geringe Masse
  - geringes Massenträgheitsmoment (möglichst kleiner Schwerpunktsradius)
  - günstiges Torsionsschwingungsverhalten
  - günstiges Biege- und Längsschwingungsverhalten
- Sichere Verbindung mit Schwungrad und Riemenscheibe sowie Schwingungsdämpfern (Torsions- und optional Biegeschwingungsdämpfer)

Die Hauptabmessungen sind festgelegt durch den Hub, den Zylinderabstand und die Zylinderanordnung:

- Bei Reihenmotoren bestimmen die Zylinderbohrung, die Zylinderwanddicke und der für den Kühlwasserdurchgang vorgesehene Spalt bzw. bei zusammengegossenen Zylindern neben der Zylinderbohrung allein die (minimale) Stegbreite den Zylinderabstand. Bei luftgekühlten Zylindern sind der Kühlluftdurchtritt bzw. die zwischen den Zylindern minimal erforderliche Kühlrippenbemessung limitierend.

- Bei V-Motoren wirken in der Regel die Pleuel zweier im „V“ angeordneter Zylinder auf eine Kröpfung der Kurbelwelle. Daraus ergibt sich der Längsversatz der beiden Zylinderbänke. Bei Boxermotoren sind zwei gegenüberliegende Zylinder ohne oder mit dazwischenliegendem Hauptlager zusammengefasst. Hier bestimmt die Kurbelwelle selbst über die kleinstmöglichen Kröpfungslängsabmessungen den Zylinderabstand einer Zylinderbank.

Abb. 4.79 zeigt als aktuelles Ausführungsbeispiel die Kurbelwelle des BMW V10-Ottomotors. Tab. 4.6 enthält für die Vordimensionierung von Kurbelwellen für Pkw-Otto- und Dieselmotoren nützliche Anhaltswerte.

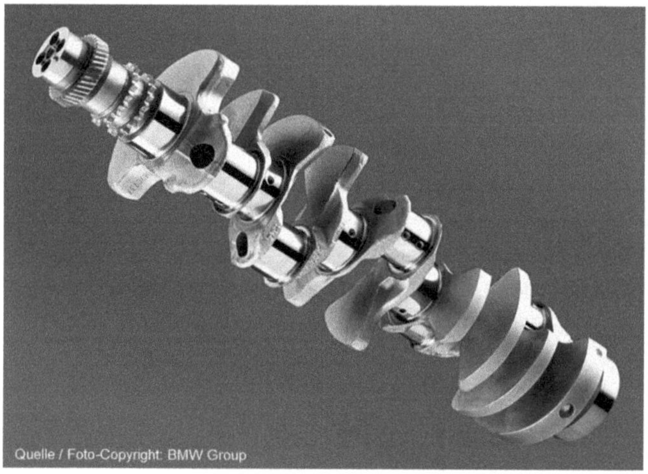

Abb. 4.79 Kurbelwelle des BMW V10-Ottomotors

Tab. 4.6 Anhaltswerte für die Vordimensionierung von Kurbelwellen für Pkw- und Nkw-Motoren

Abmessung (Bezug auf Zylinderdurchmesser D_Z)	Pkw-Otto-/-Dieselmotor	Nkw-Dieselmotor
Grundzapfen d_{KWG}/D_Z	0,65–0,72	0,78–0,83
Hubzapfen d_{KWH}/D_Z	0,58–0,62	0,70–0,75
Kurbelwangendicke h_{KWW}/D_Z	0,20–0,23	0,22–0,26
Grundzapfenlänge l_{KWG}/D_Z	0,25–0,32	0,30–0,34
Hubzapfenlänge R-Motor l_{KWH}/D_Z	0,26–0,32	0,32–0,36
Hubzapfenlänge V-Motor l_{KWH}/D_Z	0,54–0,58	0,56–0,60

4.4.2 Beanspruchung der Kurbelwelle

4.4.2.1 Die Kurbelwelle belastende Kräfte und Momente

Die Kurbelwelle unterliegt vielfältigen Beanspruchungen ([108, 109]):

- periodisch wirkende Gaskräfte:
  Übertragung über Pleuelstangen; greifen an Kurbelkröpfungen an
- periodisch und zeitlich konstant wirkende Massenkräfte:
  resultieren aus Kinematik des Kurbeltriebs
  - oszillierende Massenkräfte → Kolben- und anteilige Pleuelmasse; greifen ebenfalls an Kurbelkröpfungen an
  - rotatorische Massenkräfte → anteilige Pleuelmasse, Kurbel- und Gegengewichtsmassen; wirken als Fliehkräfte

Gas- und Massenkräfte verursachen dabei auch folgende dynamische Effekte:

- dynamische Drehmomente:
  - zeitlich veränderlicher Drehkraftverlauf → Gas- und Massendrehkraft (Tangentialkraft) erzeugen dynamisches Drehmoment.
  - Drehschwingungen (Resonanz) → Harmonische der Tangentialkraft regen Drehschwingungen der gedachten Ersatzmassen des Kurbeltriebs an. Diese überlagern sich der Drehbewegung. Je nach Resonanzlage treten dynamische Drehmomentüberhöhungen auf.
- Biegeschwingungen (Resonanz) → Harmonische der Kurbeltriebskräfte regen Biegeschwingungen an. Kreiselbewegung des Schwungrads (begünstigt durch dessen Gewichtsbelastung, Riemenkräfte und Zwangsverformung (nicht fluchtende Lager, ungenaue Fertigung)). Bei Resonanz umlaufendes Biegemoment mit der der Resonanzfrequenz entsprechenden Präzessionsfrequenz der Kreiselbewegung; Gleichlauf und Gegenlaufpräzession [109].
- Längsschwingungen (Resonanz) → Axiale Schwingungsanregung durch Kurbeltriebskräfte (Schwingen der Kurbelwangen gegeneinander).
- Massenkräfte infolge raschen Zylinderdruckanstiegs → Resultieren aus Elastizität und Massenträgheit der Kurbelwelle. Dynamische Erhöhung der Kurbelwellenbeanspruchung [108].

4.4.2.2 Zeitlicher Beanspruchungsverlauf der Kurbelwelle

Die Haupt- und Pleuellager belastenden Kräfte werden in Abschn. 4.2.3.2 behandelt (siehe Abb. 4.18). Der zeitliche Beanspruchungsverlauf ergibt sich an beliebiger Stelle durch Superposition der aus den einzelnen Belastungen hervorgehenden Beanspruchungen unter Berücksichtigung der zeitlichen Verschiebung und der Wirkungsrichtung. Dies bedeutet zugleich örtlich und zeitlich veränderliche Spannungen (Spannungszustände).

Die „Addition“ der Maximalwerte jeder Beanspruchungsart führt demzufolge zu einer Überdimensionierung. Die Abb. 4.80 und 4.81 zeigen die Beanspruchung einer Kurbelwellenkröpfung auf Biegung (Gas- und Massenkräfte) und Torsion (Wechseldrehmoment) (Kröpfung 2 einer Achtzylinderkurbelwelle [110]). Außerdem ist die zeitlich richtige Superposition von Biege- und Torsionsbeanspruchung unter Einbeziehung der Formzahlen im Vergleich mit einer Maximalwertbetrachtung ohne Berücksichtigung der zeitlichen Abläufe dargestellt. Das Beispiel aus dem Großmotorenbau ist prinzipiell auf Kurbelwellen von Pkw- und Nkw-Motoren übertragbar.

4.4.2.3 Betrachtungen zur statischen Unbestimmtheit der Kurbelwelle

- Statisch unbestimmtes System
  - Eine mehr als zweimal gelagerte Kurbelwelle stellt ein statisch unbestimmtes System dar. Die statische Berechnung eines dreidimensionalen Modells mit herkömmlichen Mitteln ist mehr als umständlich und doch nur ungenau [111].
  - Die mehrfache Lagerung erfordert die Berücksichtigung des zeitlich versetzten Verlaufs der Belastung der Nachbarkröpfungen („Durchgriff“ der Kräfte nach [112]). Die von den Hauptlagern aufzubringenden Einspannmomente wirken dem Belastungsmoment entgegen und verringern dadurch die Kurbelwellenbeanspruchung.
- Balkenmodell (statisch unbestimmt)
  - Die nahezu konstante Biegeelastizität senkrecht zur Kurbelwellenlängsachse erlaubt eine statische Berechnung anhand einer äquivalenten runden Ersatzwelle. Es kann ein „Durchlaufträgermodell“ auf mehreren Stützen herangezogen werden. Die Lagerkräfte und Biegemomente sind dann unabhängig von der Kröpfungsgeometrie berechenbar.
  - Nach [113] sind für die verfeinerte Berechnung der Biegespannungen keine höherwertigen Ersatzmodelle als der „Durchlaufträger“ erforderlich. Wesentlich sind eine genauere Erfassung der tatsächlichen Randbedingungen und die Berücksichtigung der Lagerspiele. In gleicher Weise ist dem Verhältnis Kröpfungssteifigkeit zu Lagersteifigkeit Rechnung zu tragen [112]. Letztere beinhaltet nicht nur die Struktursteifigkeit, sondern schließt die Ersatzsteifigkeit des Ölfilms mit ein.
- Statisch bestimmtes Einkröpfungsmodell
  - Bei der Kurbelwellenberechnung ist die Vereinfachung vertretbar, die Einspannmomente zu vernachlässigen und nur eine statisch bestimmte Kurbelkröpfung für sich zu betrachten. Bezüglich der Lagerbelastung liefert dies allerdings zu niedrige Werte im Vergleich mit dem höchst belasteten Lager bei statisch unbestimmter Lagerung [112].
  - Das statisch bestimmte Einkröpfungsmodell ist für die konventionelle Berechnung der Biegespannung noch durchaus geläufig, zumal sich auch heute noch die Vorschriften der „Klassifikationsgesellschaften“ (Großmotoren für die Schifffahrt) darauf abstützen. Bei zeitgemäßen FEM-Berechnungen wird die Annäherung der realen Kurbelwellengeometrie „unproblematisch“. Die Nachbildung der räumlichen und zeitlich versetzten Belastung mit allen genannten Randbedingungen bleibt aber ein aufwändiges Unterfangen.

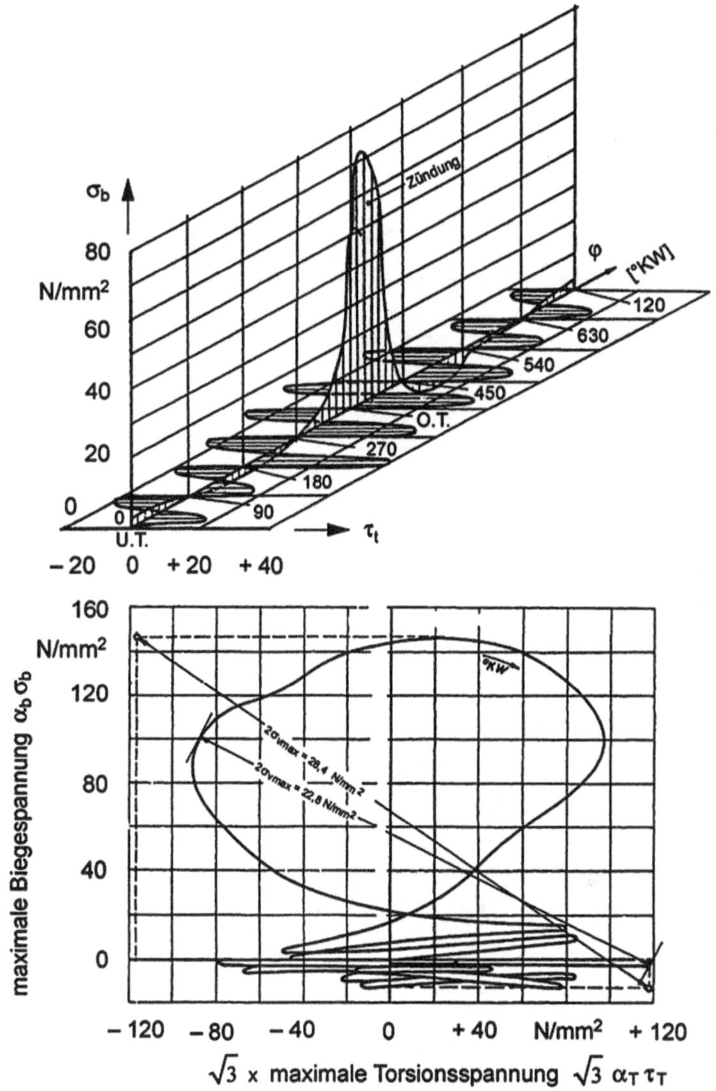

Abb. 4.80 Beanspruchung einer Kurbelwellenkröpfung auf Biegung (Gas- und Massenkräfte) und Torsion (Wechseldrehmoment); oben: höchstbeanspruchte Kröpfung 2 einer Achtzylinderkurbelwelle, unten: Superposition von Biege- und Torsionsbeanspruchung ohne/mit Berücksichtigung des zeitlichen Ablaufs (aus [110])

Vergleichsspannung σ_v nach Gestaltänderungshypothese; σ_{vmax} berücksichtigt größte Biegeober- und -unterspannung sowie größte Torsionsspannung ohne zeitliche Zuordnung; σ_v berücksichtigt größte Torsionsober- und -unterspannung sowie zeitlich richtig zugeordnete Biegespannungen

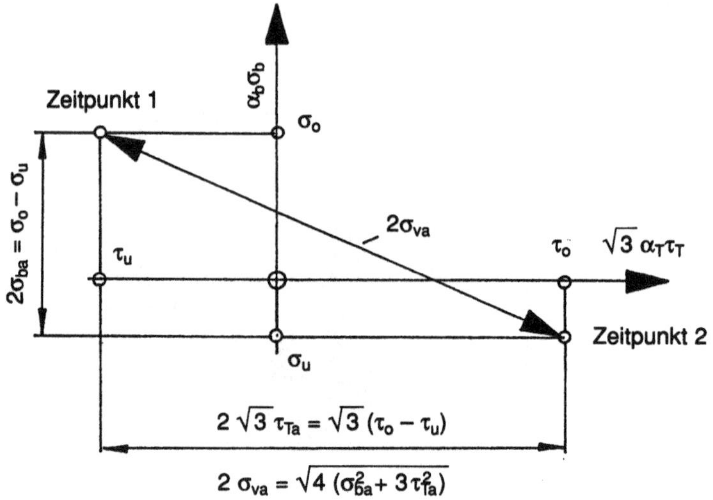

Abb. 4.81 Ergänzung zu Abb. 4.80; τ_o und τ_u sind die größten Amplituden der Torsionsspannung, σ_o und σ_u die zeitlich zugeordneten Biegespannungen; Multiplikation der Torsionsspannung mit dem Faktor $\sqrt{3}$ folgt aus der Gestaltänderungshypothese und erlaubt nach Pythagoras, dass die Vergleichswechselspannung σ_{va} direkt abgelesen werden kann

- Vergleich statisch unbestimmter mit statisch bestimmter Berechnung
  - Die statisch unbestimmte Berechnung erfasst die tatsächlichen Spannungsverhältnisse sicher wesentlich besser. Messungen haben gezeigt, dass die tatsächlichen Biegespannungen in der Regel kleiner sind als die mit einem einfachen, statisch bestimmten Modell berechneten. Wie oben erwähnt, sind dafür die Einspannwirkung der Hauptlager und die Steifigkeit der Nachbarkröpfungen ursächlich. Die statisch bestimmte Berechnung beinhaltet demnach eine gewisse, allerdings nicht quantifizierbare Sicherheit.

Abb. 4.82 demonstriert schematisch die dreidimensionale Belastung einer Kurbelkröpfung. In der Regel wird diese Dreidimensionalität zweidimensional entkoppelt. Das für die Wangentorsion verantwortliche Moment M_x wird dabei vernachlässigt, obwohl hierfür eine eigene Formzahl definiert worden ist [113]. Je nach Vorzeichen kann die Wangentorsion die Torsionsspannung in den Hohlkehlen vergrößern oder verkleinern. Ebenso wird die Axialkraft F_x in Längsrichtung der Kurbelwelle vernachlässigt.

4.4.2.4 Einkröpfungsmodell, Biege- und Torsionsmomente, Nennspannungen

A) An der Kurbelkröpfung angreifende Kräfte

Abb. 4.83 zeigt nochmals die an der Kurbelkröpfung angreifenden Kräfte sowie deren vektorielle Addition. Die radial und tangential an der Kurbelkröpfung angreifenden Kräfte sind bekanntlich für die Ermittlung der Kurbelwellenbeanspruchung maßgeblich.

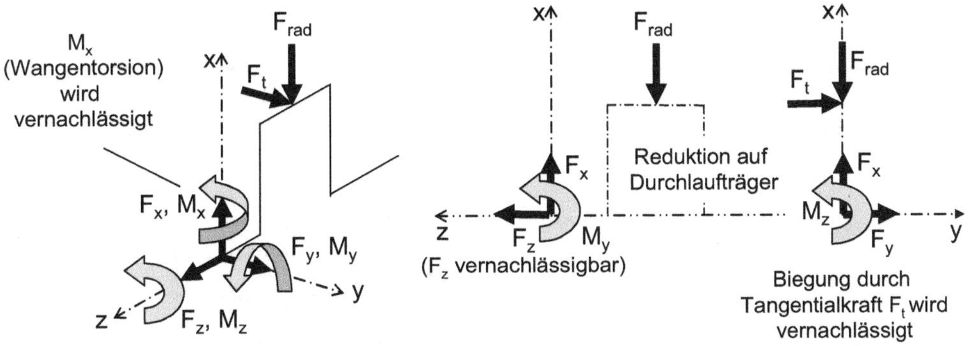

Abb. 4.82 Dreidimensionale Belastung einer Kurbelkröpfung (schematisch) und zweidimensionale Entkopplung

Abb. 4.83 An der Kurbelkröpfung angreifende Kräfte (siehe auch Abb. 4.18)

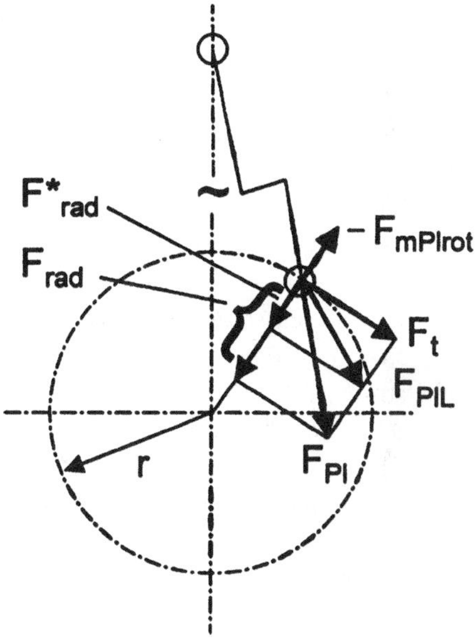

B) Biegemoment durch Radialkraft

Im symmetrischen Einkröpfungsmodell (Abb. 4.84) verursacht die in Richtung der Kröpfung zeigende Radialkraft F_{rad} ein Biegemoment mit dreieckförmiger Momentenfläche (F_{rad} wird nach Gl. (4.67) berechnet; der Differenzbetrag zwischen der Radialkraft F_{rad} und der Fliehkraft der rotierenden Pleuelmasse F_{mPlrot} ist F^*_{rad} in Abb. 4.83; die rotierende Pleuelmasse wird den übrigen rotierenden Massen zugeschlagen – siehe Gl. (4.146)). Es wirkt kein Einspannmoment, weil in den Auflagern zwischen den einzelnen Kröpfungen Gelenke angenommen werden. Die maximale Belastung tritt

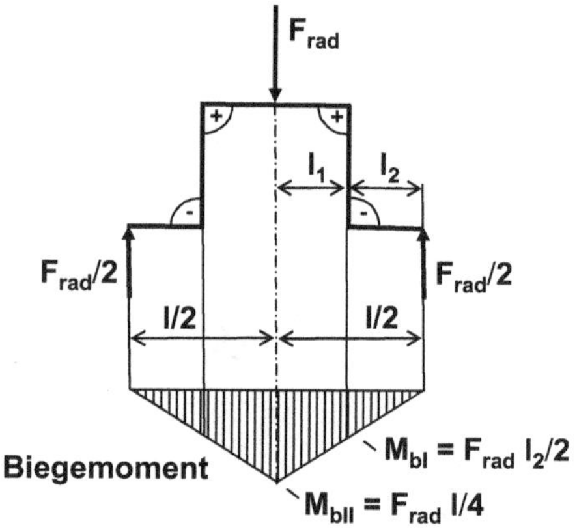

Abb. 4.84 Biegemoment infolge radial in Kröpfungsmitte angreifender Kraft; statisch bestimmtes Einkröpfungsmodell der Kurbelwelle

um ZOT auf. Für die Berechnung ist das maximale Biegemoment in Kurbelwellenmitte ($M_{b\text{II}}$) und das in der Kurbelwange ($M_{b\text{I}}$) zu beachten.

C) Biegung und Torsion durch Tangentialkraft

Es gelten dieselben Annahmen wie bei B). Die Tangentialkraft F_t, die während der Expansion ihren Größtwert meistens 30 bis 40° nach ZOT erreicht, verursacht analog zur Radialkraft ein Biegemoment im Hubzapfen (mittig $M_{b\text{III}}$) und in den Grundzapfen (Abb. 4.85). Die dazwischen befindliche Kurbelwange wird entsprechend tordiert ($M_{b\text{IV}} = M_{T\text{III}}$). Zur Ermittlung der Torsionsbelastung wird angenommen, dass die Kröpfung abtriebsseitig mit einem Schwungrad verbunden ist (eine Abstützung des Drehmoments vorhanden ist). Die an der Kurbel angreifende Tangentialkraft erzeugt mit dem Hebelarm r das Torsionsmoment $M_{T\text{II}} = F_t \cdot r$ im abtriebsseitigen Grundzapfen. Der entgegengesetzte Grundzapfen ist bei diesem Modell zunächst torsionsfrei, stützt sich jedoch mit der halben Tangentialkraft ab. Die Lagerreaktionskraft verursacht damit im Hubzapfen nur die Hälfte des im abtriebsseitigen Grundzapfen wirkenden Torsionsmoments $M_{T\text{I}} = 1/2\ M_{T\text{II}}$. Das durch die Tangentialkraft bedingte Biegemoment in den Kurbelwangen entspricht an den Übergangsstellen dem Torsionsmoment und verläuft zwischen Grund- und Hubzapfen linear.

Die bisherigen Betrachtungen am Einkröpfungsmodell gehen davon aus, dass das Torsionsmoment im abtriebsseitigen Grundzapfen von der an der Kröpfung angreifenden Tangentialkraft erzeugt wird, und dass der gegenüberliegende Grundzapfen torsionsmomentfrei ist. Dies trifft nur für den Einzylindermotor zu, wenn man davon absieht, dass am „freien Ende“ der Kurbelwelle üblicherweise auch ein Drehmoment über eine Riemenscheibe und/oder Steuerkette abgegeben wird. In der absoluten Mehrheit aller Fälle liegt eine Mehrfachkröpfungsanordnung vor, d. h., es wird nicht nur Drehmoment in einer Kröpfung erzeugt, sondern es wird auch Drehmoment von Nachbarkröpfungen durchgeleitet, auch

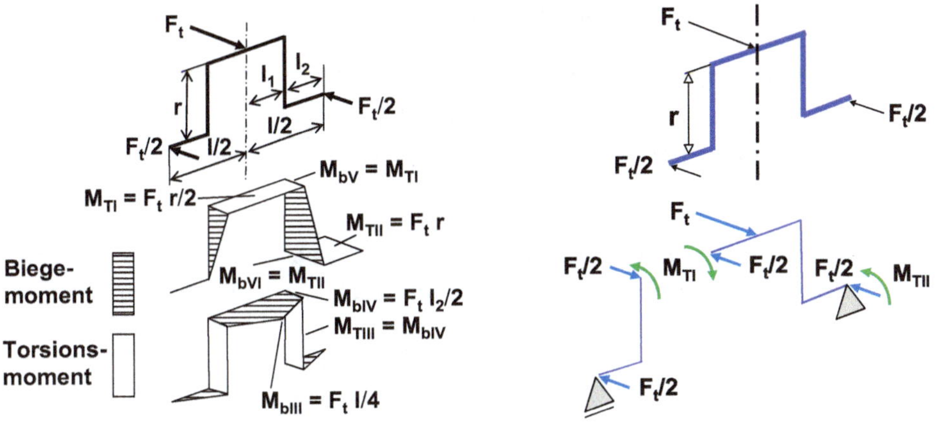

$$\frac{F_t}{2} r - M_{TI} = 0 \rightarrow M_{TI} = \frac{F_t}{2} r$$
$$M_{TI} - \frac{F_t}{2} r = F_t r - M_{TII} = 0$$
$$\frac{F_t}{2} r - \frac{F_t}{2} r + F_t r - M_{TII} = 0 \rightarrow M_{TII} = F_t r$$

Abb. 4.85 Biegung und Torsion durch Tangentialkraft in Kröpfungsmitte; statisch bestimmtes Einkröpfungsmodell der Kurbelwelle (links); Herleitung der unterschiedlich großen Torsionsmomente im Grund- und Hubzapfen mittels Schnittkräften und -momenten (rechts)

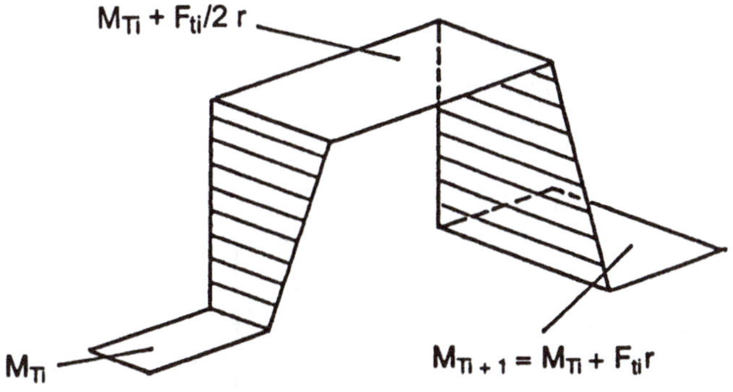

Abb. 4.86 Torsionsbelastung einer Kurbelkröpfung bei Mehrfachkröpfungsanordnung; Prinzipdarstellung bei statisch bestimmter Lagerung (nach [114])

zu Zeitpunkten, zu denen in der betrachteten Kröpfung kein Nutzdrehmoment erzeugt wird. Dem trägt die Prinzipdarstellung in Abb. 4.86 Rechnung.

Die Tatsache, dass die Torsionsmomente im Grund- und Hubzapfen unterschiedlich groß sind (bei statisch bestimmter Lagerung Verhältnis 2:1), bereitet bei Reduktion auf eine ungekröpfte Ersatzwelle Schwierigkeiten. Rechentechnisch kann dies durch Aufspalten in zwei Ersatzmassen pro Kröpfung unter demselben Phasenwinkel beherrscht werden. Dieser hier nicht weiter verfolgte Hinweis bezieht sich auf die Berechnung des Wechseldrehmoments. Die Rechnung gibt dann die Torsionsmomente getrennt für Grund- und Hubzapfen aus. Besonders gefährdet ist das „letzte" Pleuellager [115] (das dem Schwungrad am nächsten gelegene), da hier der Biegebeanspruchung die höchste Torsionsbeanspruchung überlagert sein kann/ist.

D) Biegung durch rotierende Massenkräfte der Kurbelwelle

Nicht nur die äußeren Kräfte, auch die rotierenden Massenkräfte der Kurbelwelle erzeugen ein Biegemoment. Dieses ist nach Betrag und Richtung konstant und quasi-statisch, d. h., es läuft mit der Kurbelwelle um und ist nur von der Drehzahl abhängig. Abb. 4.87 zeigt eine Ersatzmassenanordnung der Kurbelkröpfungsmassen, die dies verdeutlicht. Die von der Koordinate x abhängige Biegespannung σ_{bKWrot} beträgt [116]:

$$\sigma_{bKWrot} = x \frac{\alpha_b}{W_b(x)} \overrightarrow{\sum_i} m_{KWroti}\, r_i\, \omega^2 \left(1 - \frac{l_i}{l}\right) \tag{4.146}$$

Gl. (4.146) gilt in den Grenzen ($0 \leq x \leq l_2$), also zwischen dem Auflagerpunkt und der Hohlkehle der Kurbelwange ($x = l_2$). Der Pfeil $\rightarrow$ kennzeichnet die Vektorsumme der Massenkräfte, die nicht alle zwangsläufig in der Kröpfungsebene wirken. m_{KWroti} sind die einzelnen rotierenden Ersatzmassen, r_i die zugehörigen Schwerpunktsabstände von der Kurbelwellenachse, ω ist die Winkelgeschwindigkeit und l der Stützabstand. $W(x)$ ist das örtlich veränderliche Widerstandsmoment und α_b die Formzahl zur Berücksichtigung der örtlichen Spannungsüberhöhung. Da die Spannung konstant ist, bedeutet dies nur eine Verschiebung der Nulllinie. Für die Dauerfestigkeit sind primär die Wechselspannungsausschläge maßgeblich. Es ist allerdings nur eine Option und daher keineswegs

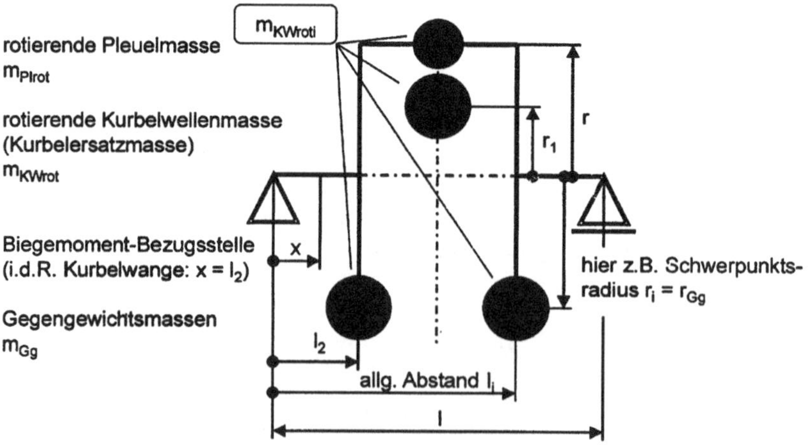

Abb. 4.87 Biegung durch rotierende Massenkräfte der Kurbelwelle und des Pleuels

zwingend, die Biegebeanspruchung in einen quasi-statischen und dynamischen Anteil aufzuteilen.

E) Nennspannungen

Die Biegenennspannung σ_{bn} wird auf den Kurbelwangenquerschnitt bezogen:

$$\sigma_{bn} = \frac{6\,M_b}{b_{KWW}\,h_{KWW}^2} \tag{4.147}$$

mit

$$M_b = F_{rad}\frac{l_2}{2} \tag{4.148}$$

M_b ist das Biegemoment in der Kurbelwange im Abstand l_2 vom Auflager ($0 < l_2 < l/2$). Diese hat den Querschnitt $b_{KWW}\,h_{KWW}$. F_{rad} ist die in Kröpfungsmitte angreifende Radialkraft. Für außermittigen Kraftangriff sind unter Berücksichtigung des Kräfte- und Momentengleichgewichts die Gl. (4.147) und (4.148) entsprechend zu korrigieren. Abb. 4.88 zeigt die Verhältnisse am statisch bestimmten Einkröpfungsmodell mit symmetrischer Anordnung.

Die Torsionsnennspannung τ_{Tn} wird auf den Hubzapfen bezogen:

$$\tau_{Tn} = \frac{16\,d_{KWH}\,M_T}{\pi\left(d_{KWH}^4 - d_{KWHi}^4\right)} \tag{4.149}$$

mit

$$M_T = F_t\frac{r}{2} \tag{4.150}$$

M_T ist das Torsionsmoment (siehe C)), d_{KWH} bzw. d_{KWHi} sind der Außen- bzw. der Innendurchmesser (wenn vorhanden) des Hubzapfens, F_t ist die am Hubzapfen angreifende Tangentialkraft und r der Kurbelradius. Die Tangentialkraft ist zwar eine mit dem Kurbelwinkel veränderliche Größe. Zur Abgrenzung gegenüber Drehmomentüberhöhungen durch Drehschwingungen, angeregt von den Harmonischen des Tangentialkraftverlaufs, wird das von ihr erzeugte Drehmoment dennoch als „statisch“ bezeichnet. Die Überlagerung der Drehmomentbeiträge der einzelnen Kurbelkröpfungen erzeugt in den einzelnen Grund- und Hubzapfen sehr unterschiedliche „statische“ Drehmomentamplituden, die im Einzelnen zu ermitteln sind (Abb. 4.89). Schließlich folgen die maximalen Drehmomentamplituden aus der Drehschwingungsberechnung. Diese erfolgt auf der Basis eines zu erzwungenen Drehschwingungen angeregten Mehrmassen-Drehschwingungsmodells, auf das der Kurbeltrieb einschließlich Schwungrad und Riemenscheibe bzw. Torsionsschwingungsdämpfer reduziert wird (siehe z. B. [117]). Bei Motoren mit vielen Zylindern treten ausgeprägte Drehschwin-

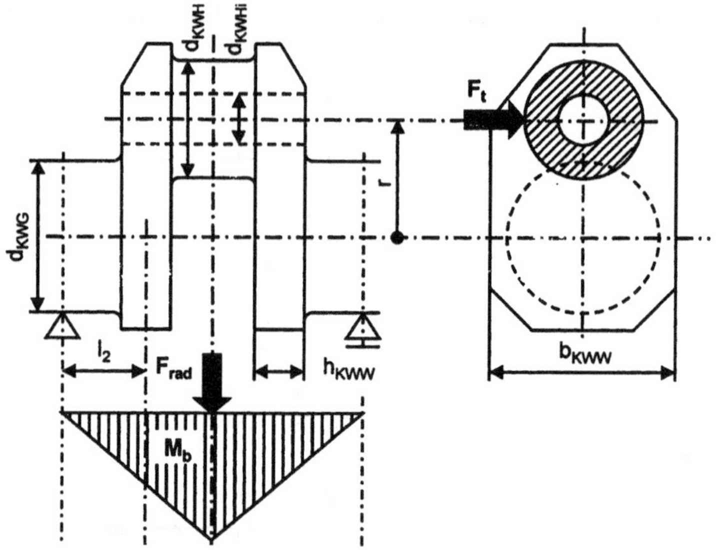

Abb. 4.88 Kurbelkröpfungsparameter für die Nennspannungsberechnung

gungsresonanzen auf. Der Schwingungsknoten der Eigenschwingungsform der niedrigsten Eigenfrequenz liegt dann im Bereich der schwungradseitigen Kröpfung.

Hinsichtlich der maximalen Beanspruchung der Kurbelkröpfung fallen, wie schon angemerkt, die Lastfälle Biegung und Torsion zeitlich nicht und örtlich, z. B. bezogen auf die Hohlkehle, nicht genau zusammen. Für die vereinfachte Berechnung kann dies mit dem Argument der zusätzlichen Sicherheit zunächst vernachlässigt werden. Aus den Nennspannungen und Formzahlen (siehe Abschn. 4.4.2.5.2) berechnen sich die Maximalspannungen. Diese geben Aufschluss über die Gestaltfestigkeit und Sicherheit gegen Dauerbruch.

F) Vergleichsspannung

Wegen des mehrachsigen Spannungszustands muss für die Beurteilung der Gestaltfestigkeit der Kurbelwelle die Vergleichsspannung herangezogen werden. Bei Wechselbeanspruchung ist für zähe Werkstoffe die Gestaltänderungshypothese am besten geeignet [108, 111]. Für den zweiachsigen Spannungszustand wird diese durch Gl. (4.99) (Abschn. 4.2.4.2.6), für den dreiachsigen Spannungszustand durch Gl. (4.105) (Abschn. 4.2.4.3.4) wiedergegeben. Die Spannungen σ_1, σ_2 und σ_3 sind die Hauptspannungen des aus Biegung und Torsion resultierenden Spannungszustands. Die Schubbeanspruchung kann nach [119] vernachlässigt werden, da diese nicht an der Oberfläche im Kerbgrund wirksam ist.

Zunächst ist jedoch der Beanspruchungsverlauf von Biegung und Torsion über den gesamten Arbeitszyklus des Viertaktmotors von 720° zu betrachten. Wird nur eine Kurbelkröpfung herangezogen und von den speziellen Verhältnissen bei V-Motoren, bei denen das V-Zylinderpaar meist auf einer Kröpfung arbeitet, abgesehen, dann treten

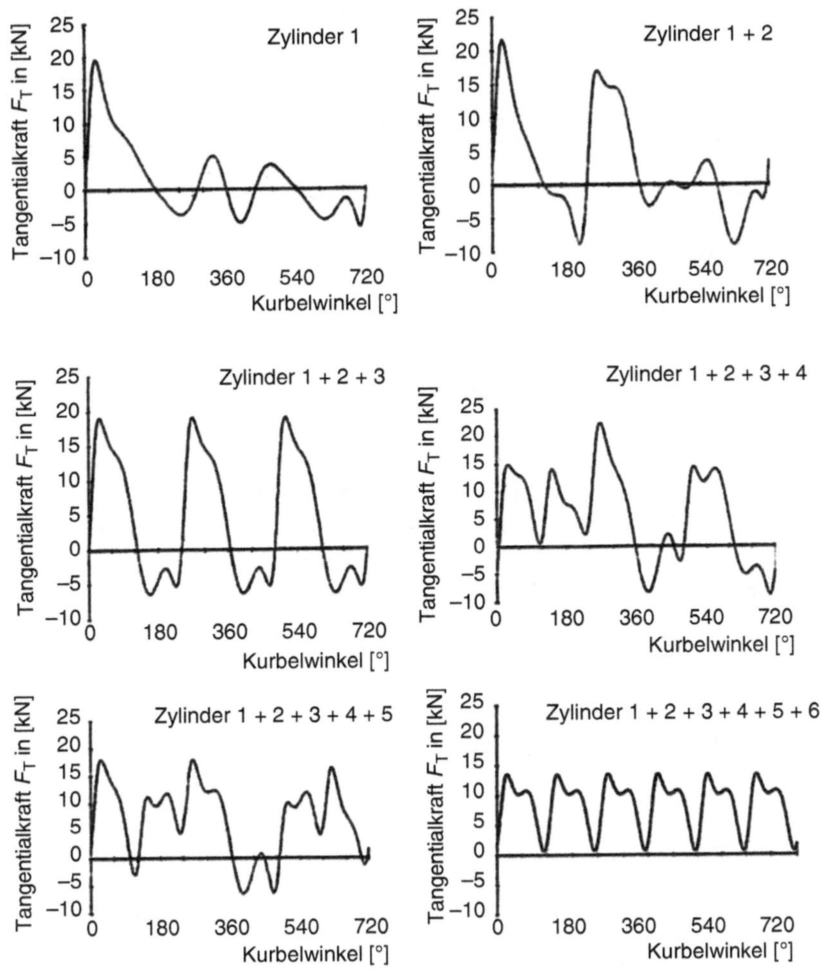

Abb. 4.89 Überlagerung der Tangentialkräfte am Beispiel eines R6-Viertaktmotors (aus [118])

bezüglich Biegung die maximalen, entgegengesetzten Ausschläge um ZOT und GOT auf. Die Biegespannungen in diesen Stellungen werden σ_{bZOT} und σ_{bGOT} genannt. Während die allein auf die Gaskraft zurückgehende Biegespannung σ_{bGas} nur um ZOT auftritt, ist die auf die oszillierenden Massenkräfte zurückzuführende Biegespannung σ_{bmasOT} um ZOT und GOT vorhanden. Damit können die Oberspannung σ_o und die Unterspannung σ_u berechnet werden:

$$\sigma_o = \sigma_{bZOT} = \sigma_{bGas} - \sigma_{bmasOT} \tag{4.151}$$

$$\sigma_u = \sigma_{bGOT} = -\sigma_{bmasOT} \tag{4.152}$$

Einzusetzen sind zunächst die Maximalspannungen unter Berücksichtigung der Formzahlen. In Bezug auf den Torsionsspannungsverlauf ist entsprechend zu verfahren. Die Maxima treten hier außerhalb des OT auf.

Jetzt sind die wechselnden von den ruhenden Spannungsanteilen zu trennen:

$$\text{Biegewechselspannungsamplitude}\,\sigma_{ba} = \pm 1/2\;(\sigma_o - \sigma_u) = \pm 1/2\;\sigma_{bGas} \tag{4.153}$$

$$\text{Mittelspannung}\,\sigma_{bm} = 1/2\;(\sigma_o + \sigma_u) = 1/2\;(\sigma_{bGas} - 2\,\sigma_{bmasOT}) \tag{4.154}$$

$$\text{Torsionswechselspannungsamplitude}\,\tau_{Ta} = 1/2\;(\tau_o - \tau_u) \tag{4.155}$$

$$\text{Mittelspannung}\,\tau_{Tm} = 1/2\;(\tau_o + \tau_u) \tag{4.156}$$

Für die Vergleichsspannung – siehe Gl. (4.157) und (4.158) – müssen Biege- und Torsionsspannungen zeitlich richtig zugeordnet werden, d. h., es ist sowohl von den maximalen Biegeals auch Torsionsspannungen auszugehen. Die jeweils überlagerte andere Spannung muss sich auf den betreffenden Kurbelwinkel beziehen. Der ungünstigere Fall ist maßgeblich.

Die nicht mehr besonders erwähnte Biegespannung infolge der rotatorischen Massenkräfte der Kurbelwelle und der anteiligen Pleuelmasse geht nur in die Mittelspannung ein.

Für den Vergleich mit dem Dauerfestigkeitsschaubild des betreffenden Kurbelwellenwerkstoffs müssen schließlich noch der Vergleichsspannungsausschlag σ_{va} und die Vergleichsmittelspannung σ_{vm} ermittelt werden:

$$\sigma_{va} = \pm\sqrt{\sigma_{ba}^2 + 3\,\tau_{Ta}^2} \tag{4.157}$$

bzw.

$$\sigma_{vm} = \sqrt{\sigma_{bm}^2 + 3\,\tau_{Tm}^2} \tag{4.158}$$

Die Wechselfestigkeit des Werkstoffs nimmt mit zunehmender Mittelspannung ab. Die Mittelspannung kann auch einen Hinweis geben, ob die Grund- oder Hubzapfenhohlkehle stärker gefährdet ist. Bei vergleichbaren Werten trifft dies für diejenige zu, in der bei Gaskraftbelastung Zugspannungen auftreten: die Hubzapfenhohlkehle [116]. Die mittlere Beanspruchung ist meist im Vergleich mit dem Wechselspannungsausschlag gering. In diesem Fall reicht deshalb bezüglich der Aussagen über die Bruchsicherheit eine Beschränkung auf die auftretenden Wechselspannungen [109].

Bei Motoren mit wenigen Zylindern überwiegt die Biegebeanspruchung. Die Torsionsbeanspruchung kann demgegenüber in erster Näherung vernachlässigt werden. Das um ZOT seinen Größtwert erreichende Biegemoment fällt mit dem durch Tangentialkraft erzeugten Größtwert des Drehmoments ohnehin zeitlich nicht zusammen. Neben einer hohen Biegebeanspruchung unterliegt die abtriebsseitige Kröpfung auch dem vollen Nutzdrehmoment. Die größte Wechselbeanspruchung, verursacht durch die Tangentialkraftschwankungen, tritt bei mehrzylindrigen Motoren nicht schwungradseitig, sondern eher in Kurbelwellenmitte auf, wo die Drehmomentschwankungen noch relativ groß sind. Entsprechend ihrer Phasenlage addieren sich die an den einzelnen Kröpfungen erzeugten Drehmomente schwungradseitig zum Motordrehmoment, was von Kröpfung zu Kröpfung bedeutet, dass die Ungleichförmigkeit des Drehmoments mehr und mehr ausgeglichen wird (siehe Abb. 4.89). Das Nutzdrehmoment ist das Integral des Drehmomentverlaufs über dem Kurbelwinkel.

4.4.2.5 Maximale Beanspruchung der Kurbelwelle

4.4.2.5.1 Hochbeanspruchte Bereiche, Spannungszustand

Die Kurbelwelle erleidet ihre maximale Gesamtbeanspruchung in den Hohlkehlen bzw. Übergangsradien zwischen Grund- und Hubzapfen und den Kurbelwellenwangen. Der Ort der höchsten Zugspannungsbeanspruchung (Biegung/Gaskraft), also der Übergang Hubzapfen/Kurbelwange, ist besonders gefährdet. Die Beanspruchung tritt in einem eng begrenzten Oberflächenbereich auf, sodass nur der oberflächennahe Spannungszustand interessiert [109]. Dieser ist in der Hohlkehle, wo keine äußeren Kräfte angreifen (dritte Hauptspannung verschwindet), bei Biegung zweiachsig (im Mittelschnitt Längs- und Umfangsrichtung) [109, 120]. Wie bei [120] bewiesen, entspricht die Vergleichsspannung ziemlich genau der ersten Hauptspannung ($\sigma_v \approx \sigma_1$), was eine Beschränkung auf diese rechtfertigt. Das Spannungsmaximum ist allerdings außerhalb der Längsschnittebene in Umfangsrichtung verlagert [116, 121], besonders bei Zapfenüberschneidung [109] und hohlem Zapfen. Bei Letzterem verschiebt sich das Spannungsmaximum zudem aus der Kehlenmitte in Richtung des Zapfens [121]. Zur Steigerung der Dauerfestigkeit im Hohlkehlenbereich ist eine Nachbehandlung unvermeidlich [122] (siehe Abschn. 4.4.3.4).

Weitere kritische Bereiche sind dort, wo die Ölversorgungsbohrungen in die Zapfenoberfläche austreten. Diese sind in der Regel diagonal vom Grundzapfen zum Hubzapfen durch die Kurbelwange gebohrt. Zur Vermeidung von Torsionsdauerbrüchen sollten Ölbohrungen in Bereichen niedrigerer Spannungen liegen (münden).

4.4.2.5.2 Formzahlen für Biegung und Torsion

Die örtlichen Spannungsüberhöhungen der Kurbelwelle beschreiben die Formzahlen. Diese geben an, um welchen Faktor die im Verlauf des Konstruktionsprozesses entstehende äußere Form (Gestalt) die Nennspannungen überhöht. Sie bestimmen bei sonst wirklichkeitsnahen Lastannahmen die Genauigkeit der herkömmlichen Spannungsberechnung. Zur Ermittlung ausreichend genauer und damit brauchbarer Formzahlen sind in der Vergangenheit immer wieder Forschungsarbeiten durchgeführt worden. Am bekanntesten sind die von [123–125], aber auch [120] für schnell laufende Kolbenmotoren. Die Parametervariation und die Stufung sind jedoch nicht ausreichend, um die gesamte Bandbreite der Praxis abzudecken.

Die Biegeformzahlen beziehen sich in der Regel auf eine Belastung der Kurbelwelle mit konstantem Biegemoment. Damit kann der Frage, welcher Biegemomentverlauf über der

Kurbelkröpfung tatsächlich anzusetzen ist, formal aus dem Weg gegangen werden. Zudem wird kein Unterschied zwischen den Spannungen in den Grund- und Hubzapfen gemacht.

In der Praxis ist der Biegemomentverlauf auch bei statisch unbestimmter Lagerung eher dreieckförmig. Ein dreieckförmiger Biegemomentverlauf macht es notwendig, dass auch der Querkrafteinfluss berücksichtigt wird. Messungen haben gezeigt, dass die Beanspruchung in der Grundzapfenhohlkehle häufig höher ist als in der Hubzapfenhohlkehle. Dennoch bezieht sich z. B. [123] auf den Hubzapfen mit Zugspannungsbeanspruchung in der Hohlkehle. Nach [120] sind die Verhältnisse bei gleichem Zapfendurchmesser und Vernachlässigung der Querkraft äquivalent. Die scheinbaren Widersprüche können weitgehend aufgelöst werden, wenn zusätzliche Randbedingungen beachtet werden. Bei dünnen Kurbelwangen und großer Zapfenüberschneidung, wie sie z. B. für Fahrzeugmotoren typisch sind (insbesondere Pkw), ist die grundzapfenseitige Hohlkehle höher beansprucht. Demgegenüber wurden die meisten Erfahrungen an Kurbelwellen für Großmotoren gesammelt. Außerdem weist [110] auf die von der Querkraft erzeugten Druckspannungen in der Kurbelwange hin (Abb. 4.90). Diese reduzieren zumindest theoretisch die Kerbzugspannungen in der hubzapfenseitigen Hohlkehle und erhöhen die Kerbdruckspannungen in den Grundzapfenhohlkehlen (Gaskraftbelastung angenommen) auch tatsächlich. Zugspannungen sind allerdings, wie schon ausgeführt, stets deutlich kritischer zu bewerten als Druckspannungen. Daher der Bezug primär auf den Hubzapfenübergang.

Zur Schließung der Lücken hatte die Forschungsvereinigung Verbrennungskraftmaschinen (FVV) seinerzeit ein Forschungsvorhaben initiiert [126, 127]. Die FVV-Formzahlen überdecken den größten, bisher in Betracht gezogenen Bereich und erheben Anspruch auf

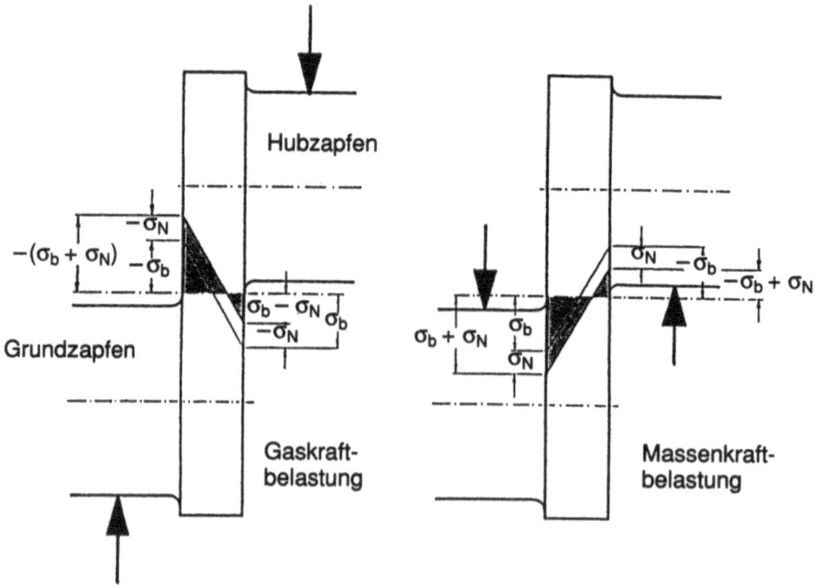

Abb. 4.90 Überlagerung von Biege- und Querkraftbeanspruchung in der Kurbelwange (aus [126])

eine höhere Genauigkeit im Vergleich mit anderen bekannten Formzahlen. Die Biegeformzahlen beziehen sich auf den Kurbelwangenquerschnitt, wodurch sie sich von vielen anderen damaligen Untersuchungen unterscheiden.

σ_{bn} und τ_{Tn} sind die Biege- und Torsionsnennspannungen, α_b und α_T die zugehörigen Formzahlen, die von den Gestaltungsparametern, d. h. von der Formgebung, abhängen. Es versteht sich von selbst, dass die höchst beanspruchte Kröpfung zu beachten ist. Die Maximalspannungen betragen dann:

$$\sigma_{bmax} = \alpha_b \, \sigma_{bn} \tag{4.159}$$

und

$$\tau_{Tmax} = \alpha_T \, \tau_{Tn} \tag{4.160}$$

Zur Berechnung der Formzahlen für ungleiche Zapfendurchmesser werden die konstruktiven Parameter

- Innendurchmesser Grund- und Hubzapfenbohrung
- Wangenbreite
- Wangendicke
- Zapfenüberschneidung und
- Hohlkehlenradien des Grund- sowie Hubzapfens

herangezogen (Abb. 4.91). Es werden nur dimensionslose Formparameter verwendet, indem die jeweiligen Größen auf den Hubzapfendurchmesser, lediglich der Hohlkehlenradius des

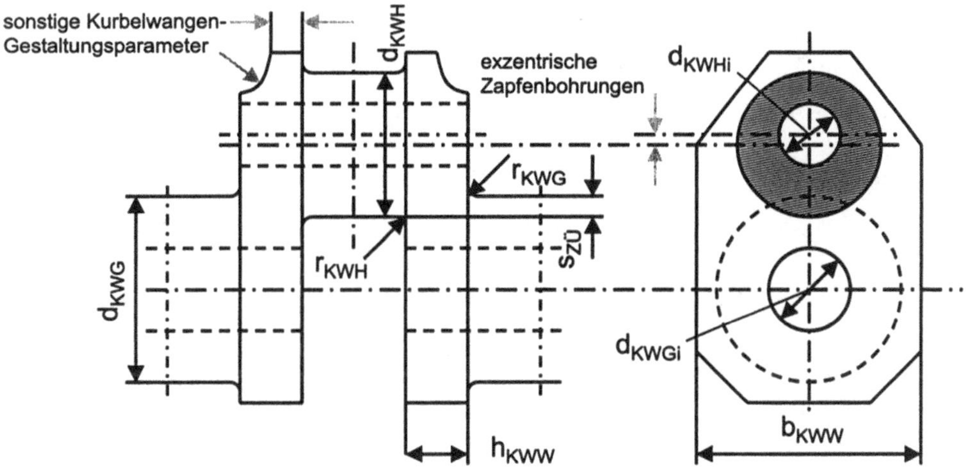

Abb. 4.91 Formparameter der Kurbelkröpfung zur Berechnung von Formzahlen

Tab. 4.7 Bezogene Formparameter (der Index KW soll jeweils den Bezug zur Kurbelwelle herstellen, die Indexerweiterungen H, H_i, G, G_i, W und $Z_ü$ erklären sich selbst)

Hubzapfenbohrung	$d'_{KWH} = d_{KWHi}/d_{KWH}$
Grundzapfenbohrung	$d'_{KWG} = d_{KWGi}/d_{KWH}$
Wangenbreite	$b'_{KWW} = b_{KWW}/d_{KWH}$
Wangendicke	$h'_{KWW} = h_{KWW}/d_{KWH}$
Zapfenüberschneidung	$s'_{Zü} = s_{Zü}/d_{KWH}$
Hohlkehlenradius (Hubzapfen)	$r'_{KWH} = r_{KWH}/d_{KWH}$

Grundzapfens auf den Grundzapfendurchmesser bezogen werden (Tab. 4.7). Letzteres ist für das folgende Beispiel des Hubzapfenübergangs ohne Bedeutung. Die Einflussfaktoren der Kröpfungsparameter sind Potenzfunktionen der bezogenen Formparameter. Die Formzahl selbst ist das Produkt der relevanten Einflussfaktoren, das außerdem mit einer fallspezifischen Konstanten zu multiplizieren ist. Das Beispiel für die Berechnung der Biegeformzahl soll das verdeutlichen, wobei der Fall „Biegung mit Querkraft, Hubzapfenübergang" unterstellt wird (siehe z. B. [128]):

Mit Hilfe der Formparameter berechnen sich die Einflussfaktoren $f_1(d'_{KWH})$, $f_2(d'_{KWG})$, $f_3(b'_{KWW})$, $f_4(h'_{KWW})$, $f_5(s'_{Zü}, h'_{KWW})$ und $f_6(r'_{KWH})$. Schließlich kann die Formzahl in folgender Form angegeben werden:

$$\alpha_b = \text{Konstante} \cdot f_1 \cdot f_2 \cdot f_3 \cdot f_4 \cdot f_5 \cdot f_6 \tag{4.161}$$

$$\text{Konstante} = 2{,}6914$$

$$f_1 = 0{,}9978 + 0{,}3145 d'_{KWH} - 1{,}5241\, d'^2_{KWH} + 2{,}4147\, d'^3_{KWH}$$

$$f_2 = 0{,}9993 + 0{,}2700 d'_{KWG} - 1{,}0211 d'^2_{KWG} + 0{,}5306 d'^3_{KWG}$$

$$f_3 = 0{,}6840 - 0{,}0077 b'_{KWW} + 0{,}1473 b'^2_{KWW}$$

$$f_4 = 2{,}1790 h'^{0{,}7171}_{KWW}$$

$$\begin{aligned} f_5 = {} & 1{,}5158 - 4{,}1032 h'_{KWW} + 11{,}1919 h'^2_{KWW} - 13{,}6064\, h'^3_{KWW} + 6{,}0668\, h'^4_{KWW} \\ & + s'_{Zü}\left(-1,8642 + 8,2592\, h'_{KWW} - 18,2273\, h'^2_{KWW} + 18,5190 h'^3_{KWW} - 6,9252 h'^4_{KWW}\right) \\ & + s'^2_{Zü}\left(-3,8399 + 25,044 h'_{KWW} - 70,5571 h'^2_{KWW} + 87,0328\, h'^3_{KWW} - 39,1832\, h'^4_{KWW}\right) \end{aligned}$$

$$f_6 = 0{,}2081\ r'^{-0{,}5231}_{KWH} \tag{4.162}$$

Die Biegeformzahl bezieht sich auf die fiktive Biegenennspannung in der Kurbelwange, die Torsionsformzahl auf die fiktive Torsionsnennspannung im jeweils betrachteten Zapfen. Folgende Fälle sind allgemein zu unterscheiden:

(1) Reine Biegung, Hubzapfenübergang
(2) Reine Biegung, Grundzapfenübergang
(3) Biegung mit Querkraft, Hubzapfenübergang
(4) Biegung mit Querkraft, Grundzapfenübergang
(5) Torsion, Hubzapfenübergang
(6) Torsion, Grundzapfenübergang.

Bei Berücksichtigung der Querkraft wird für den Grundzapfen – dort überlagern sich die Biege- und Querkraftbeanspruchung ungünstig – zusätzlich noch eine Querkraftformzahl α_q eingeführt [126–128]. Die hinzukommende Normalspannung in der Kurbelwange berechnet sich aus der Querkraft und einem repräsentativen Wangenquerschnitt. Die maximale Spannung beträgt

$$\sigma_{max} = \alpha_b \, \sigma_{bn} + \alpha_q \sigma_{Nn} \tag{4.163}$$

Die prinzipielle Auswirkung zweier Formparameter ist noch erwähnenswert. Es gibt auch Zapfen mit Innenbohrung. Bezüglich Biegung hat dies im Grundzapfenübergang einen positiven, im Hubzapfenübergang einen negativen Einfluss, wenn der Grundzapfen eine Bohrung aufweist. Im Fall des gebohrten Hubzapfens zeigt sich ein umgekehrter Effekt. Ein ebenfalls nicht zu unterdrückender Formparameter ist die Schulterhöhe (Abschrägung) der Kurbelwange. Eine größere Schulterhöhe wirkt sich bei Biegung positiv auf die Verhältnisse am Hubzapfenübergang und negativ auf den Grundzapfenübergang aus. Bei Torsion kehren sich die Verhältnisse um.

4.4.3 Gestaltfestigkeit der Kurbelwelle

4.4.3.1 Anmerkung zu den Auslegungsvorschriften von Kurbelwellen für Schiffsmotoren

Die zahlreichen Arbeiten zur Berechnung von Kurbelwellen für Großmotoren – hier speziell als Schiffsantrieb – können beim Thema „Gestaltfestigkeit“ nicht ganz außer Acht gelassen werden. Die Klassifikationsgesellschaften nehmen direkt Einfluss auf die Kurbelwellenauslegung (siehe z. B. [129]). Ziel einer hier zu vereinheitlichenden Auslegungsvorschrift ist es wie auch ganz allgemein, die Gestaltfestigkeit – mit anderen Worten Betriebsfestigkeit der Kurbelwelle – durch einen Sicherheitsbeiwert auszudrücken:

Sicherheitsbeiwert = Dauerwechselfestigkeit des Werkstoffs/größte Vergleichsspannung

4.4.3.2 Formzahl und Kerbwirkungszahl

Die Gestaltfestigkeit der Kurbelwelle hängt von der Formgebung und dem verwendeten Werkstoff ab. Präzise ausgedrückt heißt das, die entscheidenden Größen sind

- die maximale Wechselspannungsamplitude in der Hohlkehle Zapfen/Wange in Form der Vergleichsspannung und
- die wirkliche örtlich vorhandene Dauerwechselfestigkeit des ur- bzw. umgeformten und bearbeiteten Werkstoffs an dieser höchst beanspruchten Stelle.

Die dynamischen Werkstoffkennwerte basieren auf Messergebnissen an Probestäben. Der Übergang von diesen auf das Bauteil bereitet erhebliche Probleme. Dieser Sachverhalt wird im Schrifttum unterschiedlich beurteilt. Während die mittels Formzahlen ermittelten Maximalspannungen einerseits direkt mit Werkstoffkennwerten verglichen werden [116, 130, 131], werden an anderer Stelle die Formzahlen α erst in Kerbwirkungszahlen β umgerechnet, um mit der Dauerfestigkeit von Probestäben verglichen werden zu können. Nicht ganz von der Hand zu weisen ist allerdings die von [116] angeführte Fragwürdigkeit, experimentell abgestützte Spannungsüberhöhungen in weniger abgesicherte Kerbwirkungen umzudeuten.

Die Kerbwirkungszahl β wird am glatten, polierten Probestab bestimmt. Sie gibt das Verhältnis der Dauerfestigkeit des ungekerbten zum gekerbten Probestab an. Formzahl α und Kerbwirkungszahl β hängen über die Kerbempfindlichkeitsziffer η_{Kerb} zusammen [132–134]. Das Verhältnis α/β, auch als (dynamische) Stützziffer bezeichnet, hängt von einem so genannten werkstoffspezifischen „Ersatzkerbradius" und dem bezogenen Spannungsgefälle $(d\sigma/dx)_{\mathrm{max}}/\sigma_{\mathrm{max}}$ ohne (glatter Stab) sowie mit Kerbe (höchst beanspruchte Stelle, also im Kerbgrund) ab. Der örtliche maximale Spannungsgradient wird dabei auf die Maximalspannung bezogen. Näherungsformeln für β als Funktion von α für Stahl gibt z. B. [110] an. An dieser Stelle muss auf das einschlägige Schrifttum verwiesen werden.

4.4.3.3 Dynamische Festigkeit der Kurbelwellenwerkstoffe, Sicherheit gegen Dauerbruch

Die Dauerschwingfestigkeit des Werkstoffs ist keine konstante Größe. Es gibt verschiedene Ansätze im Schrifttum, die Zug-Druck- bzw. Biegewechselfestigkeit aus der Bruchfestigkeit zu berechnen [116, 135 u. v. a.]. Die Biegewechselfestigkeit, auf die man sich bei Kurbelwellen in der Regel bezieht, liegt allgemein höher. Ursächlich hierfür ist das Spannungsgefälle über dem Querschnitt bei Biegebeanspruchung. Die Dauerschwingfestigkeit ist umso höher, je ungleichförmiger die örtliche Spannungsverteilung und je steiler das bezogene Spannungsgefälle an der Spannungsspitze bzw. je kerbunempfindlicher der Werkstoff ist. Dessen Dauerfestigkeit hängt von vielen Einflüssen ab [109, 111, 130, 136]:

- Wärmebehandlung (Normalglühen, Vergüten)
- Gegossener (EN-GJS-600-3 bis EN-GJS-800-2) oder geschmiedeter Werkstoff (unlegierte, mikrolegierte oder Vergütungsstähle)
- Größeneinfluss: mit zunehmender Bauteilgröße abnehmende Dauerfestigkeit (Bauteilgröße reduziert bezogenes Spannungsgefälle und verschlechtert Verschmiedungsgrad)

- Verschmiedungsgrad, Schmiedeart: Durchschmiedung, Homogenisierung, günstiger Faserverlauf, Beschaffenheit Schmiederohling (Schlackenzeilen, Fehl- und Lunkerstellen, Reinheitsgrad, innere Kerbwirkung des Werkstoffs)
- Oberflächenrauheit, Festigkeit steigernde Nachbehandlung der Oberfläche
- Temperatureinfluss (Warmfestigkeit bei Betriebstemperaturen bis 150 °C allerdings nur von geringer Bedeutung)
- Lastwechselfrequenz Probestab (Versuchsdurchführung)
- Eigenspannungen (allgemeine Berücksichtigung nicht möglich).

Die Schwierigkeit besteht nun darin, die am Probestab ermittelten Wechselfestigkeiten in die wirklich vorhandenen, bauteilbezogenen Werte umzurechnen. Dafür müssten alle gelisteten Einflüsse bewertet werden können [133]:

$$\begin{aligned}\sigma_{bw}^* = \sigma_{bw10} &\cdot \text{Bauteilgrößenfaktor}\\ &\cdot \text{Oberflächenfaktor}\\ &\cdot \text{Oberflächenbehandlungsfaktor}\\ &\cdot \text{Verschmiedungsfaktor u. a.}\end{aligned} \tag{4.164}$$

σ_{bw} ist die Biegewechselfestigkeit; * kennzeichnet die Bauteilbezogenheit; der Index 10 zeigt an, dass der Probestabdurchmesser 10 mm beträgt. σ_{bw10} wird mit den entsprechenden Faktoren multipliziert.

Die quantitative Erfassung der Einflüsse galt lange Zeit als sehr schwierig [109]. Diese Ansicht ist kennzeichnend für ältere Veröffentlichungen. Andere Verfasser ([116, 131 und 133]) sehen die Verhältnisse mit nachfolgendem Ansatz prinzipiell richtig erfasst:

$$\sigma_{bw}^* = \sigma_{zdw}\left(Faktor + \sqrt{r^*\chi}\right) \tag{4.165}$$

Der „Faktor“ beinhaltet den inneren Kerbwirkungsfaktor oder die Oberflächenkennzahl (kleinerer Wert maßgeblich), σ_{bw}^* ist die bauteilbezogene Biegewechselfestigkeit, σ_{zdw} die Zug-/Druck-Wechselfestigkeit des Probestabes, r^* der aus der Härte oder Bruchfestigkeit abschätzbare Ersatzkerbradius und χ das in Abschn. 4.4.3.2 definierte bezogene Spannungsgefälle.

Auch die Forschungsvereinigung Verbrennungskraftmaschinen (FVV) hat Anstrengungen unternommen, eine bessere Basis für die Berechnung der Dauerschwingfestigkeit von Kurbelwellenwerkstoffen zu erarbeiten [130, 131]. Daraus ist das in Abb. 4.92 gezeigte Berechnungsschema hervorgegangen, das von der Bruchfestigkeit des angeschmiedeten Probestabs ausgeht.

Über Korrelationsformeln wird die Zug-Druck-Wechselfestigkeit des fiktiven, ungekerbten Probestabs angenähert. Über die Stützziffer, die vom bezogenen Spannungsgefälle ohne und mit Kerbe sowie einem Gefügeparameter abhängt, erfolgt die Umrechnung auf einen fiktiven, gekerbten Probestab. Ein kombinierter Faktor berücksichtigt zudem die Technologie und die Oberfläche. Die sich ergebende Biegewechselfestigkeit σ_{bw}^* (siehe z. B. [117]) kann direkt mit

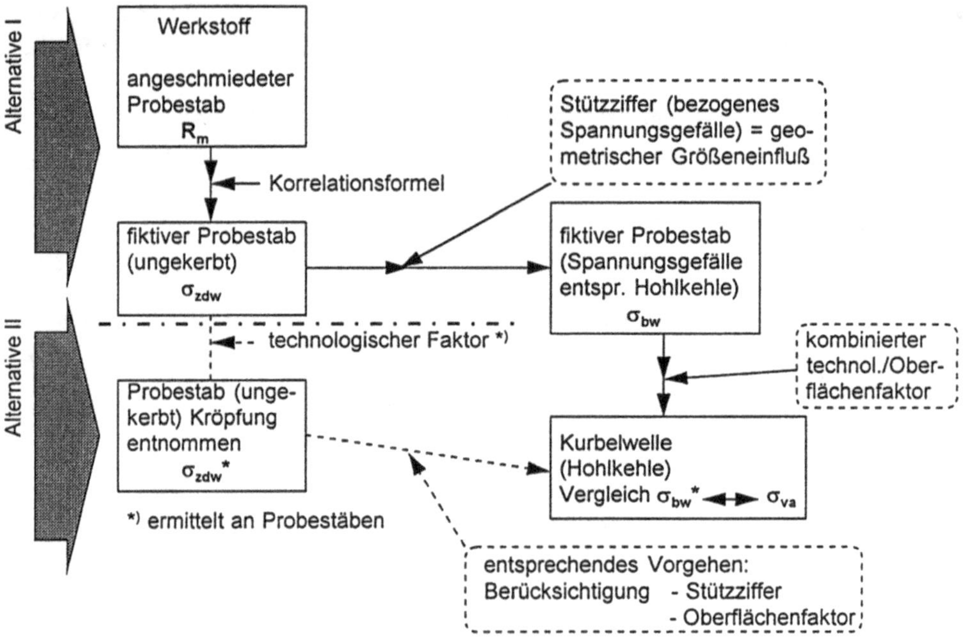

Abb. 4.92 Berechnungsschema für die Wechselfestigkeit des Kurbelwellenwerkstoffs (nach [130, 131])

der Wechselspannungsamplitude σ_{va} (Vergleichspannung) am Bauteil verglichen werden. Der Quotient stellt die gegen Dauerbruch vorhandene Sicherheit dar:

$$\begin{aligned}
&S_D = \frac{\sigma_{bw}^*}{\sigma_{va}} \\
&\sigma_{bw}^* = 0{,}9009\,(0{,}476\,R_m - 42)\left(1 + \sqrt{0{,}05\chi}\right)\left[1 - \sqrt{(1-o_k)^2 + (1-i_k)^2}\right] \\
&\text{Zugfestigkeit}: R_m\ [\text{MPa}] \\
&\text{Faktor für innere Kerbwirkung}: i_k = 1 - 0{,}2305 \cdot 10^{-3} R_m \\
&\text{Oberflächenfaktor}: o_k = 1{,}0041 + 0{,}0421 \cdot \lg R_t - 10^{-6} R_m (13{,}9 + 143 \cdot \lg R_t) \\
&\text{Rautiefe}: R_t\ [\mu\text{m}] \\
&\text{bezogenes Spannungsgefälle (Biegung)}: \chi = \frac{2}{r_{KWG,H}} + \frac{2}{d_{KWG,H}} \\
&\text{Übergangs-/Hohlkehlenradius, Zapfendurchmesser}: r_{KWG,H}, d_{KWG,H}\ [\text{mm}]
\end{aligned} \tag{4.166}$$

Der Mittelspannungseinfluss kann getrennt berücksichtigt werden. Auch hier ist die Verwendung eines Dauerfestigkeitsschaubilds von Vorteil. Es ist allerdings erforderlich, dieses, wie oben angedeutet, auf die speziellen Verhältnisse in der Hohlkehle umzurechnen.

Was diesen Punkt und allgemein die Güte verfügbarer Dauerfestigkeitsschaubilder von Kurbelwellenwerkstoffen betrifft, so besteht hier eine gewisse Schwachstelle. Nach [110] ist eine Sicherheit von ca. 1,3 ausreichend, wenn weitestgehend alle Einflüsse erfasst werden. Dieser Wert soll für Kurbelwellen von Großmotoren gelten. Bezüglich Pkw- und Nkw-Kurbelwellen besteht eine gewisse Unsicherheit.

4.4.3.4 Kurbelwellenwerkstoffe und -herstellung

Hohe Anforderungen an die dynamische Festigkeit und Steifigkeit erfüllen vor allem geschmiedete Kurbelwellen aus Vergütungsstählen (z. B. 30Mn5, 41Cr4V80, 25CrMo5 und 42CrMo4). Daneben finden preiswertere mikrolegierte Stähle mit Vergütung durch gesteuerte Abkühlung aus der Schmiedehitze zunehmend Anwendung. Bei geringer belasteten Kurbelwellen primär von Otto-Saugmotoren kommt häufig sowohl hinsichtlich der Rohteilerzeugung als auch der Zerspannbarkeit kostengünstigerer Sphäroguss [137] in den Qualitäten EN-GJS-600-3 bis EN-GJS-800-2 zum Einsatz. Die Vorteile von Sphäroguss betreffen die etwas geringere Werkstoffdichte sowie die optional hohle Ausführung und den damit verbundenen positiven Einfluss auf die Bauteilmasse. Nachteilig sind der deutlich geringere Elastizitätsmodul (geringere Steifigkeit) sowie die geringere dynamische Festigkeit und Bruchdehnung.

Gießen wie Schmieden setzen eine an das Herstellverfahren angepasste Rohteilgestaltung voraus. Das Schmieden von Großserien erfolgt im Gesenk. Große Kurbelwellen werden z. B. Freiform geschmiedet, die größten (für langsam laufende Zweitaktdiesel-Großmotoren) „gebaut". Nur bei hoher Beanspruchung ist eine allseitige Bearbeitung angebracht. Bei größeren Kurbelwellen werden die Gegengewichte mittels hochfester Schraubenverbindung befestigt. Maßnahmen zur Steigerung der Dauerfestigkeit der spannungskritischen Übergangs- und Hohlkehlenradien zwischen Zapfen und Wange sind unerlässlich. Es geht dabei darum, die Randschicht zu verfestigen und Druckeigenspannungen aufzubauen. Die verfügbaren Verfahren reichen vom Drücken bzw. Festwalzen (Rollen) über Verfestigungsstrahlen (Kaltverfestigung), Induktiv- (auf kleine Zapfendurchmesser beschränkt) und Einsatzhärten bis zum Nitrieren sowie Polieren. Sie bewirken eine unterschiedliche Steigerung der Dauerfestigkeit. Die Tiefenwirkung einer Nitrierung ist eher gering. Induktivhärten bietet ein gutes Verhältnis zwischen Kosten und Festigkeitssteigerung. Bei Fahrzeugmotoren werden auch die Zapfen gehärtet.

4.4.4 Rechnergestützte Festigkeitsberechnung der Kurbelwelle

4.4.4.1 Konzept- und Lay-out-Phase bei der Kurbelwellenauslegung

Es ist sinnvoll, die Auslegung der Kurbelwelle in zumindest zwei Phasen durchzuführen:

- Konzeptphase und
- Lay-out-Phase.

In der Konzeptphase werden zunächst die Hauptabmessungen und der erforderliche Massenausgleich festgelegt. Das Augenmerk gilt dabei auch einer möglichst geringen Bauteilmasse. Zudem wird die Tragfähigkeit der Haupt- und Pleuellager überschlägig überprüft. Daran kann sich eine auf der teilempirischen „analytischen Methode" (siehe Abschn. 4.4.2.4, 4.4.2.5 und 4.4.3) beruhende herkömmliche Festigkeitsberechnung anschließen. Zur Ermittlung der maximalen Torsionsbeanspruchung muss zuvor eine 1D-Drehschwingungsberechnung durchgeführt werden. Diese beinhaltet eine Festlegung des Schwungrads und optional Drehschwingungsdämpfers. Zunehmend werden jedoch bereits in der Konzeptphase aufwändigere Kurbelwellenmodelle eingesetzt.

Die Lay-out-Phase dient danach der Feinanalyse, wenn die Kurbelwelle nach Anwendung elementarer Methoden die Auslegungskriterien grob gesehen erfüllt. Spätestens hier finden die 3D-Mehrkörperdynamik (MKS), die Finite-Elemente-Methode (FEM) bzw. beide im Verbund zur Abbildung der Kurbelwelle in ihrer Systemumgebung oder – nur für Teilaufgaben geeignet – die Boundary-Element-Methode (BEM) Anwendung. Dabei entspricht es mittlerweile dem Stand der Technik, die für die Auslegung maßgeblichen Phänomene möglichst realitätsnah abzubilden:

- Beanspruchung der mehrfach gelagerten (statisch unbestimmten) Kurbelwelle unter allen räumlich verteilten und zeitlich versetzten äußeren und inneren Kräften bzw. Biegemomenten im gesamten Arbeitszyklus
- Berücksichtigung der zusätzlichen Beanspruchung infolge gekoppelter Schwingungen einschließlich deren Dämpfung (der elastischen, dynamischen Verformung der rotierenden Kurbelwelle)
- Berücksichtigung gyroskopischer Effekte (z. B. Schwungradtaumeln)
- Berücksichtigung der Reaktionen (einschließlich Massenwirkung) des nur endlich biegesteifen Zylinderkurbelgehäuses mit elastisch nachgiebigen Lagerstühlen (Lagerstützwirkung)
- Berücksichtigung der spielbehafteten, sich ebenfalls elastisch verformenden Hauptlagerbohrungen mit nichtlinearen, hydrodynamischen Reaktionen des Schmierfilms (EHD)

Eine optionale dritte Phase dient schließlich der Detailoptimierung. Diese reicht von der konstruktiven Anpassung auf der Grundlage der Erkenntnisse aus Phase zwei bis zu einer Verfeinerung der Modellbildung (Modellierungstiefe). Letztere betrifft die Qualität des Mehrkörpersystems einschließlich der Einbindung weiterer Systemkomponenten, vom zusätzlichen Biegeschwingungsdämpfer über den Komplettmotor bis zum Getriebe und Antriebsstrang. Zudem kann die Einbeziehung zusätzlicher, zunächst unberücksichtigter Randbedingungen sinnvoll sein. Die Güte eines Simulationsmodells lässt sich mittels Messgrößen verifizieren. Torsions- und Biegeschwingungsresonanzen lassen sich beispielsweise an der Dämpfernabe relativ einfach nachweisen, DMS-Messungen an der Kurbelwelle sind demgegenüber sehr aufwändig.

4.4.4.2 Komplexe Berechnungsmodelle für die dynamische Kurbelwellenberechnung

Angesichts der Notwendigkeit, den Kraftstoffverbrauch immer weiter zu senken, bedeuten Reibungsminderung, Massenreduzierung und kompaktere Bauweise auch bei der Auslegung der Kurbelwelle stets eine neue Herausforderung. Steigende Belastung verteilt auf geringere Bauteilmasse und geringere Zapfenquerschnitte zwingen auch bei diesem dynamisch hoch beanspruchten Bauteil dazu, in punkto Dauerfestigkeit zunehmend grenznah auszulegen. Dies setzt immer komplexere Berechnungsmodelle und – von gleichrangiger Bedeutung – entsprechendes Wissen um das Werkstoffverhalten bei dynamischer Beanspruchung voraus.

An der Kurbelwellenauslegung auf der Grundlage der herkömmlichen „analytischen Methode" wurde mangels Bewältigung aufwändigerer Berechnungsansätze in der Auslegungspraxis bis in die jüngere Vergangenheit festgehalten. Sie ist weiterhin anerkannt. In den Zeitraum von etwa 1985 bis 1995 fallen vielversprechende Ansätze, die unbefriedigende Situation nach und nach zu überwinden (siehe z. B. [138–142]). Seit Ende der 1990er-Jahre sind mittlerweile zahlreiche komplexe Berechnungsmodelle vorgestellt worden, die die im vorigen Abschnitt genannten Anforderungen erfüllen und bei der Bauteilentwicklung nunmehr auch intensiv genutzt werden (siehe z. B. [143–147]). Es sei in diesem Zusammenhang zudem auf weitere Quellen in [148] verwiesen sowie auf den dortigen Beitrag des Buchautors Eduard Köhler zur modernen Berechnungsmethodik von Kurbelwellen.

Mit zunehmender Komplexität der Berechnungsmodelle gehen Bemühungen einher, den Rechenaufwand gleichzeitig sinnvoll zu reduzieren. Dabei geht es um zulässige Vereinfachungen der Ersatzmodelle ohne nennenswerte Abstriche bei der Güte der Ergebnisse (siehe z. B. [143–145]). Letzteres wird vielfach als Modellkondensierung – ein hier nicht einheitlich verwendeter Begriff – bezeichnet und kann z. B. folgende Methodik bedeuten, die auf der Aufteilung in aufgabenspezifische Ersatzmodelle der Kurbelwelle beruht (Abb. 4.93):

- Basis ist ein im Rahmen der Bauteilkonstruktion erstelltes 3D-CAD-Volumenmodell mit Schwungrad und Drehschwingungsdämpfer.
- Daraus wird ein FE-Modell der Struktur der Kurbelwelle auf der Basis von Volumenelementen diskretisiert, das auch der späteren Spannungsberechnung im Rahmen des Post-Processing dient (Abb. 4.94).
- Dieses kann für die Berechnung der Kurbelwellendynamik – gemeint sind gekoppelte Biege-, Torsions- und Axialschwingungen – z. B. auf ein geometrisch abstrahiertes, aber dynamisch äquivalentes 3D-Balken-Massen-Ersatzmodell für die drehende Kurbelwelle reduziert werden.
  - Die erzwungenen Schwingungen folgen aus der Dynamikberechnung. Sie liefert die örtlichen dynamischen Knotenverschiebungen für einen bestimmten Betriebszeitpunkt. Daraus können mit diesem Modell die Schnittkräfte- und Momente sowie Lagerreaktionen berechnet werden.

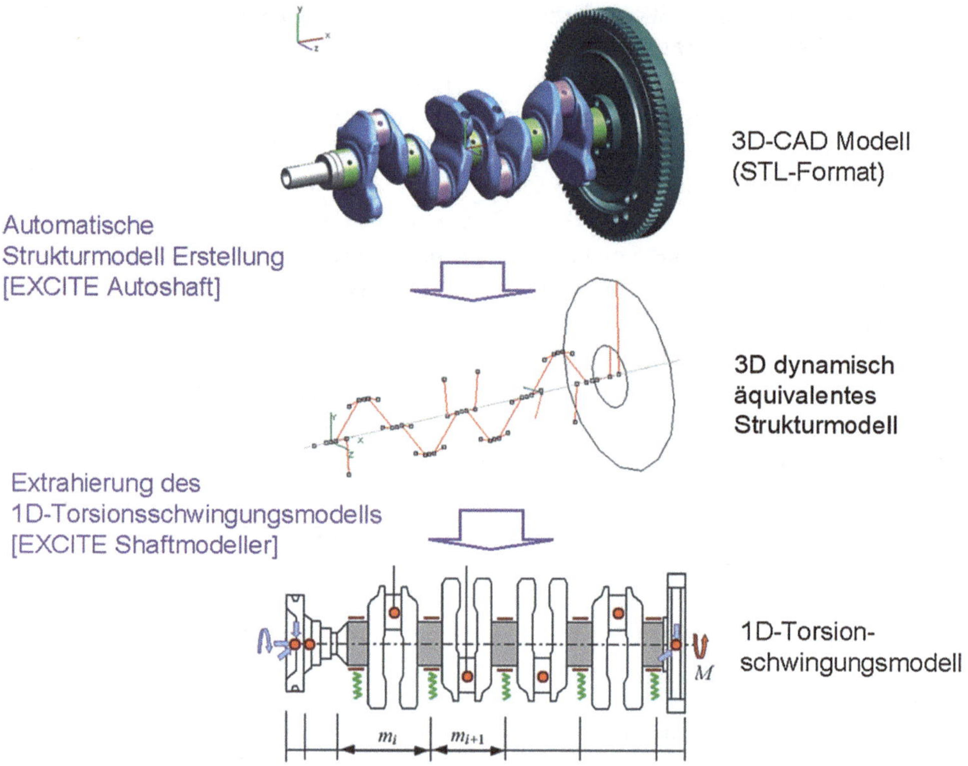

Abb. 4.93 Modellkondensierung: Ersatzmodelle der Kurbelwelle für die Spannungs- und Dynamikberechnung (aus [145])

  - Für die Spannungsberechnung wird die dynamische Kurbelwellenverformung, alternativ werden die Schnittkräfte und -momente, der in kritischen Bereichen ausreichend fein vernetzten FE-Struktur aufgeprägt. Das Ergebnis ist dabei der örtliche Spannungsverlauf im gesamten Arbeitszyklus.
- Für die Berechnung von Torsionsschwingungen in Verbindung mit einem statisch bestimmten Einkröpfungsmodell (herkömmliche „analytische Methode") genügt ein 1D-Mehrmassen-Drehschwingungs-Ersatzmodell, das näherungsweise auch auf herkömmliche Weise abgeleitet werden kann (siehe z. B. [116, 149]), oder aus dem 3D-Balken-Massen-Ersatzmodell resultiert.

Wie ersichtlich, ist die dynamische Kurbelwellenberechnung mit einem einzigen Berechnungsmodell nicht handhabbar. Verständlicherweise ist ein fein vernetztes, auf die Spannungsberechnung ausgerichtetes FE-Modell für die Dynamikberechnung ungeeignet. Für das Importieren in ein MKS-System müssen FE-Vollmodelle mit Freiheitsgraden von einigen 100.000 auf dynamisch weitgehend äquivalente Ersatzmodelle von 100 bis 250 Freiheitsgraden reduziert werden. Es gibt nun verschiedene Wege der Modellreduktion. Das

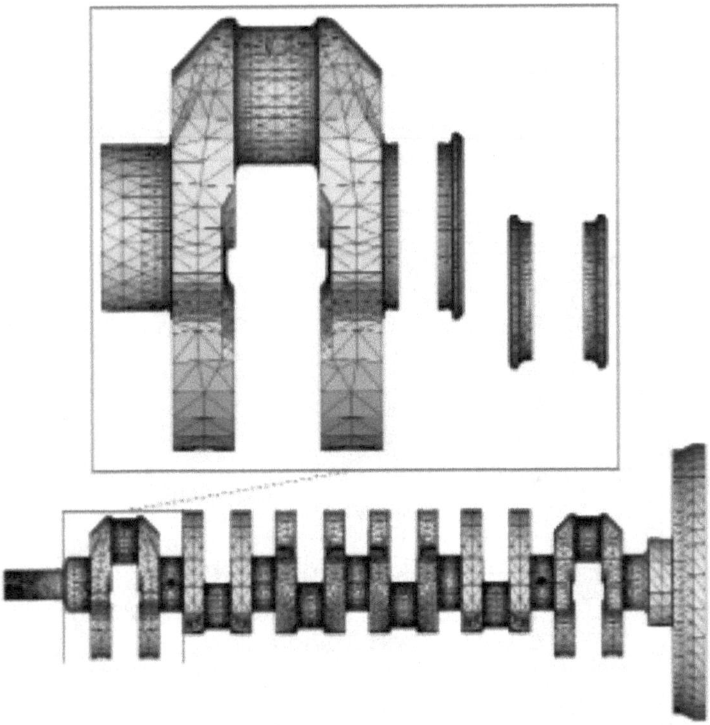

Abb. 4.94 Finite-Elemente-Modell einer Kurbelwelle eines R6-Motors (aus [146])

oben bereits erwähnte Balken-Massen-Ersatzmodell kann selbstverständlich a) auf herkömmlichem Weg abgeleitet werden. Dies ist als iterativer Prozess vergleichsweise mühsam. Es ist daher effizienter, sich einer theoriegestützten Systematik zu bedienen, z. B. b) der statischen Reduktion nach Guyan (s. z. B. Überblick über diese und andere Methoden bei [148]). Daneben existiert c) die Möglichkeit, sich der für beliebige akustische und schwingungstechnische Problemstellungen angewandten modalen Reduktion, also eines modalen Modells zu bedienen. Schließlich gibt es d) ein gemischtes Verfahren. Die Modell-Reduktion wird alternativ auch als Modell-„Kondensierung" im Sinne des „Eindampfens" eines großen Modells bezeichnet, das danach noch dynamisch nahezu äquivalent ist. Die Erzeugung dieser Modelle fällt in die Phase des Pre-Processing. Abb. 4.95:

a) Beim stark vereinfachten Balken-Massen-Ersatzmodell – auch als Massen-Steifigkeits-Modell bezeichnet – muss zunächst die reale Massenverteilung auf eine überschaubare Anzahl von Knotenmassen in geeigneter Weise reduziert werden. Die Knotenmassen können entweder aus dem CAD-Volumen- oder FE-Modell gewonnen werden. Die Steifigkeiten der Ersatzbalken ergeben sich aus Verformungsberechnungen, die an einer Kurbelkröpfung vorgenommenen werden. Die dynamische Äquivalenz setzt die Berech-

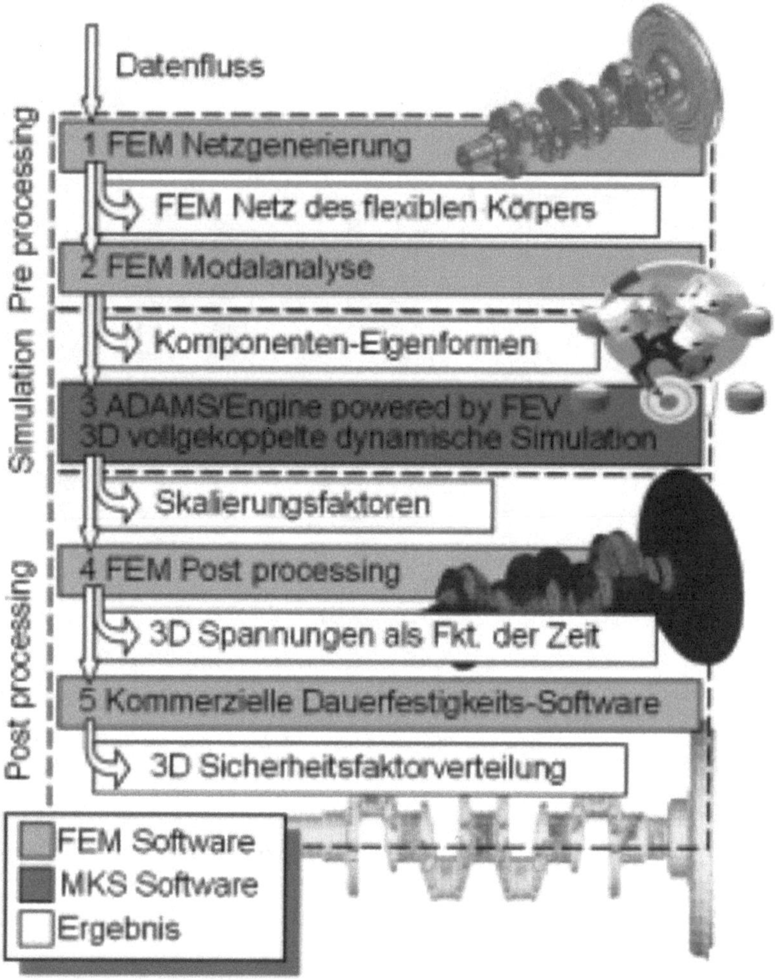

Abb. 4.95 Beispiel für den Prozess der dynamischen Kurbeltriebssimulation mittels MKS (aus [146])

nung der Eigenfrequenzen und zugehörigen Eigenschwingungsformen mit dem FE-Modell voraus, was allgemein als „Modalanalyse“ bezeichnet wird. Die hinreichende Übereinstimmung wird über Vergleich und iterative Anpassung vorgenommen.

b) Die statische Reduktion nach Guyan geht von einem großen und daher unhandlichen System von Schwingungsgleichungen mit Fremderregung in Matrizenform aus, das die Kurbelwelle als schwingungsfähiges Gebilde repräsentiert. Ohne Berücksichtigung der Dämpfung erfolgt durch geeignetes Verschieben von Zeilen und Spalten ein Umsortieren der Knoten nach „Haupt- bzw. Master-Freiheitsgraden“, äußere Knoten, welche in Wechselwirkung mit der Umgebung stehen, und „Neben- bzw. Slave-Freiheitsgraden“, innere Knoten. Des Weiteren wird die Massen-Matrix M vernachlässigt, weshalb die Massenträgheit somit unberücksichtigt bleibt. Das verbleibende, rein statische Matrizen-Gleichungssystem besteht auf der linken Seite nur noch aus der umsortierten Steifigkeits-Matrix C und dem Verschiebungsvektor u. Dieser ist ebenfalls umsortiert nach Hauptfreiheitsgraden, Verschiebungen u_H, und Nebenfreiheitsgraden, Verschiebungen u_N. Aus der Matrizengleichungszeile, die auf der rechten Seite die Kräfte der inneren Knoten enthält, welche definitionsgemäß alle Null sind, lässt sich ohne weitere Details eine Beziehung zwischen den Verschiebungsvektoren u_N und u_H und in der Folge zwischen den Verschiebungsvektoren u und u_H herleiten. Letztere definiert die gesuchte Transformations-Matrix T. Denn diese verknüpft viele n Freiheitsgrade des ursprünglichen Verschiebungsvektors u mit nur noch wenigen n_{red} des reduzierten Verschiebungsvektors u_H, der dann z. B. v genannt wird. Mittels hier nicht weiter ausgeführter Matrizen-Operationen können die (n x n)-Sytem-Matrizen M, D und C in reduzierte (n_{red} x n_{red})-Matrizen überführt werden. Das reduzierte Modell ist jedoch nur statisch korrekt. Der Fehler steigt mit zunehmender Dynamik.

c) Bei der weiteren Möglichkeit, der modalen Kondensierung, wird ein „modales Modell" der FE-Struktur der Kurbelwelle mit demzufolge erheblich reduzierter Anzahl von Freiheitsgraden erzeugt [144]. Ein modales Modell beruht auf der Transformation in so genannte „modale Koordinaten" (siehe auch Anhang VI), die nach der Berechnung der erzwungenen Schwingungen mit einem gewissen Aufwand wieder in reale Koordinaten umgewandelt werden müssen.
d) Die gemischt statisch-modale Reduktion nach Craig-Bampton ist eine Kombination beider Methoden b) und c), um sowohl statische als auch dynamische Struktureigenschaften bestmöglich abzubilden

Die Mehrkörpersimulation (MKS) dient der Beschreibung der Dynamik von Starrkörpern, die über bestimmte Freiheitsgrade miteinander gekoppelt sind. Elastische Körper können eingebunden werden. Dies erlaubt die Kombination von Starrkörperbewegungen und elastischen Bauteilverformungen. Die nichtlineare Dynamikberechnung an elastischen Mehrkörpersystemen bettet das flexible Balken-Massen-Ersatzmodell (linearer flexibler Körper), allgemein das reduzierte Modell der Kurbelwelle, mit anderen flexiblen oder starren Anbauteilen (Schwungrad, Primärmasse des Torsionsschwingungsdämpfers) möglichst realitätsnah in seine nichtlineare Umgebung ein. Diese umfasst triebwerksseitig die Modellierung der Pleuelstangen einschließlich Gelenkanbindung mit jeweils einer im Zylinder geführten Kolbenmasse ebenfalls als Starrkörper. Gehäuseseitig werden mindestens die Lagerstuhlwände einschließlich elastischer Lagerung mit hydrodynamischem (EHD-Kontakt) oder zumindest nichtlinearem Ansatz in den Hauptlagern einbezogen. Das Teilsystem Kurbeltrieb lässt sich am freien Wellenende (Ketten-, Riemen- und Rädertriebe) und abtriebsseitig für beliebige Applikationen mit anderen Systemen koppeln. Zusätzliche Resonanzen im Betriebsdrehzahlbereich und ihre Auswirkungen auf die Dauerfestigkeit sind nämlich zu beachten. Eine herkömmliche Reibkupplung gilt als torsionsweich und entkoppelt weitgehend den Motor vom Getriebe und Antriebsstrang. Auf Prüfständen sind jedoch gänzlich andere Verhältnisse nicht auszuschließen.

Auf diese Weise setzt sich die Gesamtstruktur aus verschiedenen und unterschiedlich gekoppelten Teilstrukturen zusammen. Schließlich sind die Lasten aufzubringen und die Randbedingungen zu definieren. Das Verhalten der Ersatzmassen wird durch ein lineares System von Schwingungsgleichungen mit Massen-, Steifigkeits- und Dämpfungsmatrix auf der linken Seite des Gleichungssystems beschrieben. Dieses hat jedoch eine erweiterte Form. Die rechte Seite des Gleichungssystems ist nicht nur auf den Vektor der Erregerkräfte (Gas- und Massenkräfte) beschränkt. Es gesellen sich zwei weitere Vektoren hinzu. Die Komponenten des einen resultieren aus den Kontaktlasten der Kontaktelemente, die des anderen aus zusätzlichen Massenwirkungen infolge zeitabhängiger globaler Bewegung der Bauteile. Für die globale Bewegung von Teilmassen werden der Impuls- und der Drallsatz in allgemeiner Form angesetzt. Die Berechnung wird aufgrund des nichtlinearen Systemverhaltens im Zeitbereich durchgeführt. Es werden Anfangsbedingungen vorgegeben und Rechenzeit sparende Integrationsalgorithmen mit variabler Schrittweite angewandt [144].

Die verfügbaren Mehrkörper-Simulationswerkzeuge beruhten zunächst eher auf einer „modalen Repräsentierung", nutzten also die Möglichkeit der Entfeinerung mittels modaler Kondensierung (siehe oben). Das System wird zum einen durch seine modalen Parameter, das sind modale Trägheits- und Steifigkeitseigenschaften, Eigenfrequenzen sowie zugehörige Eigenschwingungsformen (Schwingungsmoden), zum anderen in Form so genannter mehrachsiger „modaler Spannungen" [146] beschrieben. Durch Zeitintegration liefert die MKS-Berechnung u. a. die modalen Koordinaten der Kurbelwelle, welche die Ausschläge der einzelnen Schwingungsmoden zu jedem Zeitpunkt repräsentieren. Die Superposition aller Eigenschwingungsformen, gewichtet mit den zugehörigen modalen Koordinaten, liefert die Gesamtverformung. Zu jeder Schwingungsmode gehört auch eine spezifische Spannungsverteilung. Diese modalen Spannungen liefert eine nachgeschaltete FE-Berechnung. Den Gesamtspannungszustand liefert wiederum die lineare Superposition aller modalen Spannungen, gewichtet mit den entsprechenden modalen Koordinaten [150, 151]. Dieses Vorgehen bietet im Gegensatz zu den einem FE-Modell nachträglich aufgeprägten Verformungen oder Schnittkräften- und -momenten quasi die Möglichkeit, die Kurbelwelle in der Simulation „unmittelbar" zu beanspruchen. Es ist eine Weise, die Kurbelwelle und andere flexible Strukturen im Mehrkörpersystem beschrieben. Abb. 4.95 zeigt beispielhaft ein Schema des Berechnungsprozesses für die dynamische Kurbeltriebssimulation mittels MKS. Die Vorgehensweise unterscheidet sich allerdings im Detail.

Ein Hochlauf z. B. unter Volllast gibt zunächst Aufschluss über Resonanzen im gesamten Drehzahlbereich. Neben der Drehzahl ist bei folgenden Hochläufen auch die Last zu variieren. Für kritische Betriebszustände wird stationär der örtliche transiente Spannungsverlauf während eines Arbeitszyklus ermittelt. Ein Viertakt-Arbeitszyklus von 720° beinhaltet in der Regel 256 bis 720 Zeitschritte, was einer Auflösung des Kurbelwinkels von 2,8125° bis 1° entspricht. Für jeden Zeitschritt liegen nach Berechnung eine Verformungs- und eine Spannungs-Matrix für die Kurbelwelle vor. Vorteilhaft ist dabei die zwangsläufig korrekte Berücksichtigung der Phasenbeziehungen zwischen Biege-, Torsions-

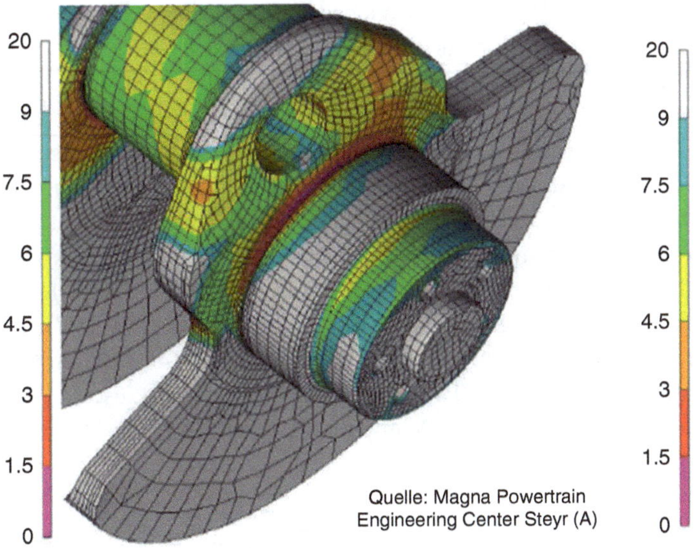

Abb. 4.96 Betriebssicherheit (Dauerfestigkeit) der Kurbelwelle ausgedrückt durch örtliche Sicherheitsfaktoren (aus [151])

und Querkraftbeanspruchung. Mit den berechneten Vergleichsspannungen kann wiederum anhand von Dauerfestigkeitsschaubildern mit örtlicher Gültigkeit die Beanspruchung bewertet werden. Das Vorzeichen der größten Hauptnormalspannung gibt zusätzlich Auskunft über Zug- oder Druckbeanspruchung. Konkrete Aussagen zur Betriebsfestigkeit liefern schließlich örtliche Sicherheitsfaktoren [151] (Abb. 4.96). Die Beanspruchung von Kurbelwellen muss im Dauerfestigkeitsbereich betreffender Wöhler-Linien liegen. Auf verfeinerte Methoden der Betriebsfestigkeitsrechnung wird in diesem Zusammenhang hingewiesen.

4.4.4.3 Ergänzungen zur rechnergestützten Festigkeitsberechnung der Kurbelwelle, zur Betriebsfestigkeit und zu Auslegungskriterien

Die Finite-Elemente-Methode (FEM) erfordert bekanntlich die Approximation des Bauteilvolumens aus geeigneten Strukturelementen. Die Boundary-Element-Methode (BEM) bietet in diesem speziellen Punkt den Vorteil, dass „nur" die Bauteiloberfläche – ebenfalls in diskretisierter Weise – beschrieben werden muss [138]. Bei vergleichbarer Genauigkeit ist somit der Aufwand für die Geometrieerstellung prinzipiell geringer. Die BEM hatte bei der Spannungsberechnung an Kurbelwellen nur zeitweise eine gewisse Bedeutung erlangt. Bei der mittlerweile üblichen Mehrkörpersimulation (MKS) ist, wie im vorigen Abschnitt dargelegt, von einem FE-Modell auszugehen, das zur Berechnung der Kurbelwellendynamik in seiner Detaillierung bzw. mathematisch-physikalischen Repräsentierung sinnvoll reduziert werden kann. Die Möglichkeiten reichen hier von einer groben Vernetzung, über Makroelemente bis zum bereits mehrfach genannten Balken-Massen-Ersatzmodell.

Die Vernetzung des FE-Modells unterliegt einem Zielkonflikt. Um Spannungsspitzen realitätsnah abbilden zu können, muss diese lokal hinreichend genau sein. Nach [143] empfehlen sich im Bereich der Übergangsradien bzw. Hohlkehlen zwischen Zapfen und Wange höherwertige Hexaeder-Elemente. Die Vernetzung in der Tiefe, d. h. die Schichtdicken, sind dabei an eine ausreichend genaue Erfassung des Spannungsgefälles anzupassen. Das übrige Volumen kann mit Tetraeder-Elementen gestaltet werden, wobei jedoch auch der Bereich der Ölbohrungen besondere Anforderungen stellt. Schon lange bekannt als Lösung dieses Problems ist die Ausschnittsberechnung [141] (Abb. 4.97). Daneben haben erweiterte Methoden der FEM Anwendung gefunden [139, 140]. Bei großen Verformungen, wie sie in Verbindung mit Drehschwingungen nicht auszuschließen sind, ist der Zusammenhang von Spannung und Dehnung nicht mehr linear und erfordert daher einen

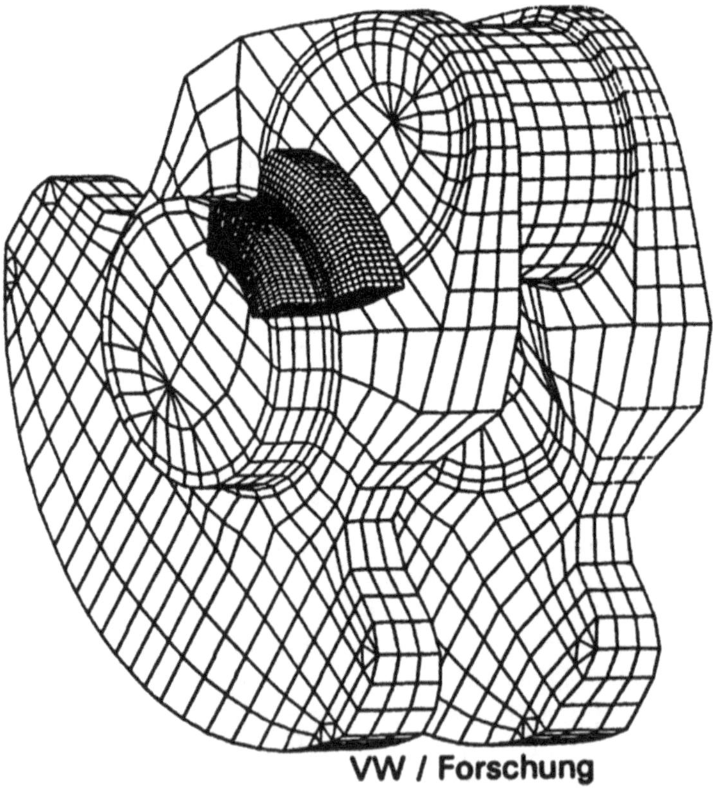

Abb. 4.97 FEM-Basisnetzwerk mit verfeinertem Ausschnitt zur Auslegung der Hohlkehlenradien (Rollradien) am Zapfenübergang (hier Steigerung der Gestaltfestigkeit um 35 % bezogen auf 10^8 Lastwechsel durch kombiniertes „Rollrichten", d. h. Vermeidung der teilweisen Aufhebung der Verfestigung bei getrenntem Verfestigen und nachträglichem Richten (aus [141])

nicht-linearen Ansatz der FEM. Bei Dynamikberechnungen liefert – wie im vorigen Abschnitt bereits ausführlich erläutert – eine erhebliche Entfeinerung auch unter Verwendung von „Makroelementen" noch hinreichend genaue Ergebnisse. Die Modellgröße wird letztlich begrenzt durch Hard- und Software sowie Rechenzeit.

Die Genauigkeit der Spannungsberechnung mittels FEM bzw. BEM und dem herkömmlichen (analytischen) Verfahren war immer wieder Gegenstand von Vergleichen. So ergeben sich unter Gaskraftbeanspruchung bei Anwendung der Formzahlen der FVV (siehe Abschn. 4.4.2.5.2) nach [138] in den Grundzapfenübergängen anscheinend generell höhere Spannungsspitzen als in den Hubzapfenübergängen. FEM- und BEM-Berechnungsergebnisse zeigen dagegen immer wieder umgekehrte Verhältnisse. Letzteres wird durch Dauerschwingversuche und die Praxis bestätigt, wonach ein Bruch mehrheitlich vom Hubzapfenübergang ausgeht. Solche und andere scheinbare Ungereimtheiten lassen sich meist zumindest teilweise erklären. Generell ist beim Vergleich der Methoden Folgendes zu bedenken:

- Oft – wie auch z. B. im erwähnten Fall bei Pkw-Kurbelwellen – wurden die auf den Zapfendurchmesser bezogenen Parameter Wangendicke und Hohlkehlenradius, in anderen Fällen möglicherweise auch die Zapfenüberdeckung extrapoliert, sprich sie liegen außerhalb des Erfahrungsbereichs, den die FVV-Formzahlen abdecken.
- Die Spannungsverläufe in der Kurbelkröpfung sind nicht linear im Sinne der elementaren Biegebalkentheorie.
- Viele Untersuchungen bestätigen einen starken, beim herkömmlichen (analytischen) Verfahren nicht erfassbaren, Einfluss der Wangenform.
- Auch wird die Wangenbreite nur anhand eines Mittelwerts berücksichtigt. Die tatsächliche Wangenbreite im Hubzapfenbereich ist in der Regel geringer als die rechnerische mittlere Breite. Eine Vergrößerung der Wangenbreite im Hubzapfenbereich wirkt nachweislich entlastend. Im Einzelfall kann sogar eine Verschiebung der größten Wangenbreite in diese Richtung eine durchaus sinnvolle Maßnahme sein.
- Insbesondere bei Kurbelwellen von V-Triebwerken kommt der Wangentorsion größere Bedeutung zu. Speziell V6-Kurbelwellen mit Hubzapfenversatz gelten im Fall einer „Split-pin"-Anordnung, d. h. bei Ausführung ohne Zwischenwange und somit sich nur teilweise überdeckenden Hubzapfen, als besonders „weich".

Allen auf empirischer Basis ermittelten Formzahlen haftet der Makel eines kaum zu neutralisierenden Bauteilgrößeneinflusses an.

4.5 Das Zylinderkurbelgehäuse (ZKG)

Die zentrale Motoreinheit, der Motorblock, heißt in der Fachsprache Zylinderkurbelgehäuse und wird in diesem Abschnitt fortan mit ZKG abgekürzt. In der Bezeichnung ZKG sind zwei Begriffe zusammengefasst, nämlich der Zylinderblock und das Kurbelgehäuse. Beide werden oft für die gesamte ZKG-Einheit verwendet. Sie kennzeichnen jedoch richtigerweise die Untereinheiten, aus denen sich dieses Bauteil zusammensetzt. Bei luftgekühlten Rippenzylindern und „gebautem" ZKG handelt es sich in der Tat um getrennte Bauteile.

Das ZKG muss zusammen mit dem Zylinderkopf, der Zylinderkopfdichtung und dem Kolben den Brennraum abdichten, den Kolben in einer Laufbahn, Buchse, Liner oder Zylinder führen, die Lagerung der Kurbelwelle sicherstellen und Massenkräfte, Massenmomente und Reaktionskräfte aus der Verbrennung aufnehmen, Abb. 4.98. Die Reaktionskräfte aus der Verbrennung, die durch Spitzendrücke von bis zu 100 bar beim Ottosaugmotor, 130 bis 150 bar bei Aufladung, bzw. von 180 bis weit über 220 bar bei Dieselmotoren verursacht werden, werden durch die Zylinderkopfschrauben in die ZKG-Struktur eingeleitet. Die Massenkräfte aus der Kolbenbeschleunigung und die Gaskraft aus der Verbrennung beanspruchen dagegen über die Kurbelwellenlagerung das eigentliche Kurbelgehäuse. Der Kolben stützt sich über die Kolbennormalkraft im Zylinder ab. Die statischen bzw. quasistatischen Kräfte führen zu Verformungen, die im Bereich der Zylinder den Aufwand zur Sicherstellung der Brennraumabdichtung über Kolbenringe

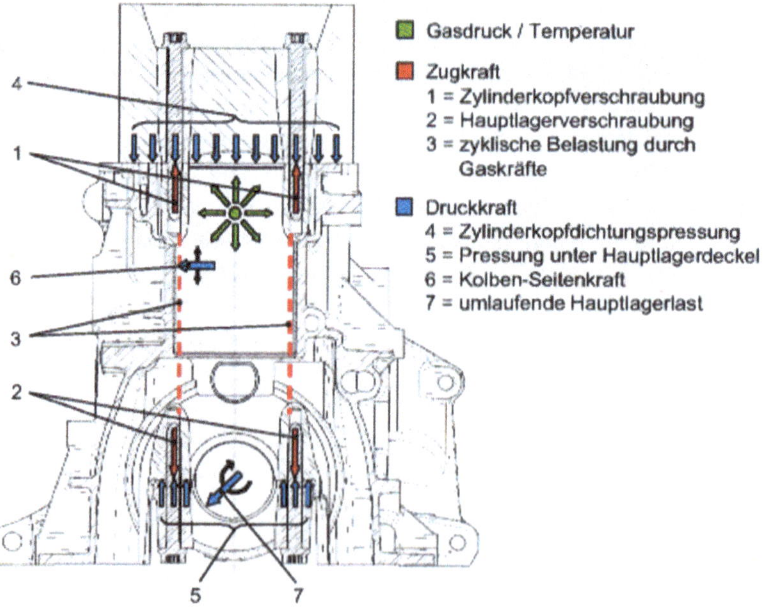

Abb. 4.98 Kräfte im Zylinderkurbelgehäuse; Quelle [152]

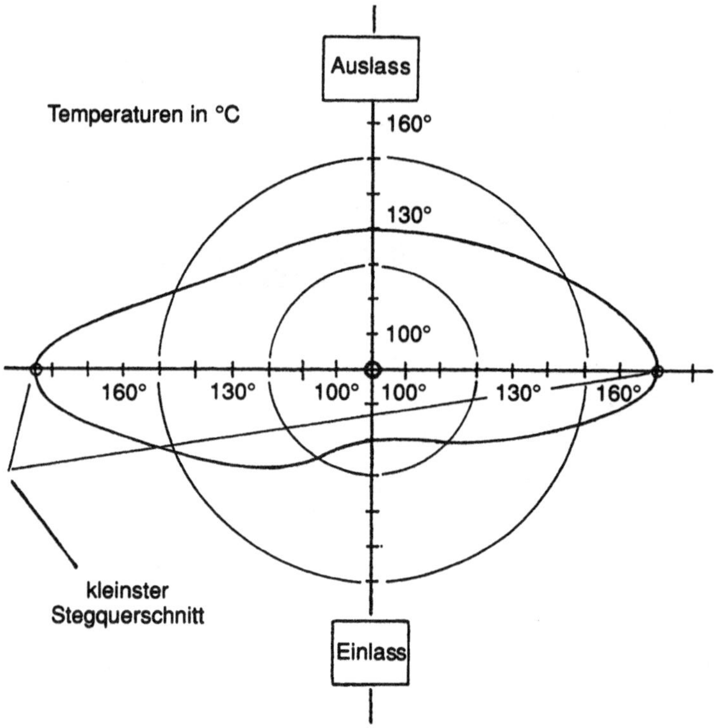

Abb. 4.99 „Temperaturunrundheit“ (radiale Temperaturverteilung) bei zusammengegossenen Zylindern (GJL-Buchsen eingegossen im Druckguss in Al-ZKG) (aus [153])

erhöhen. Die dynamischen Kräfte verursachen Körperschall in der Kurbelgehäusestruktur, der an der Oberfläche in Luftschall umgesetzt wird und über Tragarme und Lagerung bzw. Abstützung des Motors über das ZKG in Fahrzeugstrukturen eingeleitet wird.

An das ZKG werden mehrere Nebenaggregate, wie Generatoren, Lenkhilfepumpe, Klimakompressor und Wasserpumpe angebaut, die durch den Körperschall zu Schwingungen angeregt werden können.

Die bei der Verbrennung entstehende Wärme wird zum Teil direkt und zum Teil über den Kolben bzw. über die Kolbenringe in das Zylinderkurbelgehäuse eingeleitet. Die Wärmeinleitung im Bereich des oberen Totpunktes des Kolbens führt zu einer stark ungleichförmigen Temperaturverteilung, Abb. 4.99, im Steg zwischen zwei Zylindern eines mehrzylindrigen Aluminiumkurbelgehäuses werden zwischen 190 und 230 °C gemessen, während die Buchse bzw. der Zylinder im Bereich des unteren Totpunktes „nur“ ca. 150 °C aufweisen kann.

Das ZKG ist ein zentrales Bauteil, das nicht nur Drehmoment und Leistung, sondern auch Zuverlässigkeit, Dauerhaltbarkeit, akustisches Verhalten und natürlich auch Gewicht und Kosten des Motors wesentlich beeinflusst.

4.5.1 Zylinderkurbelgehäuse-(ZKG-)Konzepte

Die Aussage, dass es kein Motorbauteil gibt, für dessen Darstellung es ähnlich viele Alternativen gibt wie für das ZKG, speziell für den Pkw-Ottomotor, mag zunächst etwas erstaunen. Es hat sich eingebürgert, von Konzepten zu sprechen, die sich hinsichtlich

- Struktur, Konstruktion, Bauweise
- Gießverfahren
- Werkstoff
- Zylinder-Laufflächentechnologie
- Kurbelwellenlagerung

grundsätzlich unterscheiden können. Die angeführten Merkmale eines ZKG-Konzeptes stehen z. T. in einer engen Beziehung zueinander – welche Laufflächentechnologie eingesetzt werden kann, wird beim Aluminium-ZKG u. a. vom Gießverfahren bestimmt. Die praktische Umsetzung dieser Konzepte wird allerdings durch Stückzahlen, Kosten, Gewicht und produktionstechnische Voraussetzungen ganz wesentlich geprägt. Bei der Betrachtung von Kosten und Gewicht darf allerdings nicht nur das ZKG allein gesehen werden. Die Struktur und die Steifigkeit des ZKG beeinflussen auch andere Motorbauteile wie z. B. die Ölwanne, Aggregateträger, Abdeckungen und Dichtungen.

4.5.1.1 ZKG-Konstruktion/-Bauweise

Beim Entwurf eines ZKG sind dem Konstrukteur heute nur mehr geringe Gestaltungsmöglichkeiten im Detailbereich gegeben. Der grundsätzliche Aufbau wird von Kostenzielen, Gewicht und Akustik bestimmt.

Eine Vielzahl von prinzipiellen Möglichkeiten unterscheidet sich insbesondere im Bereich der Kurbelwellenlagerung. Die Lagerung der Kurbelwelle kann in einzeln mit dem ZKG verschraubten Lagerdeckeln oder in einem Lagerdeckelverbund oder in einem eigenen integrierten Leiterrahmen oder in einem eigenen Bauteil, dem so genannten Bedplate, erfolgen. Bei der Bedplate-Konstruktion ist das ZKG praktisch auf Höhe der Kurbelwelle nachse geteilt. Die Alternative zur zweiteiligen Bedplate-Konstruktion ist die Schürzenbauweise („deepskirt“) mit tief heruntergezogenen Seitenwänden, Abb. 4.100 (unten). Trotz der Unterschiedlichkeit in der Bauweise sind in jedem ZKG im Wesentlichen dieselben elementaren funktionalen Bereiche darzustellen, wenngleich es dafür unterschiedliche konstruktive Optionen gibt. Somit gibt es auch weitgehend einheitliche Bezeichnungen, um Erstere anzusprechen, Abb. 4.100 (oben).

4.5.1.1.1 Monolithisches und heterogenes (Buchsen-)ZKG-Konzept

Ein ZKG kann in einem Stück gegossen sein, d. h. ganzheitlich einschließlich der Zylinderbohrungen aus demselben Werkstoff bestehen, oder sich aus mehreren Teilen mit unterschiedlichen Werkstoffen zusammensetzen. Es sind demnach „monolithische“ und

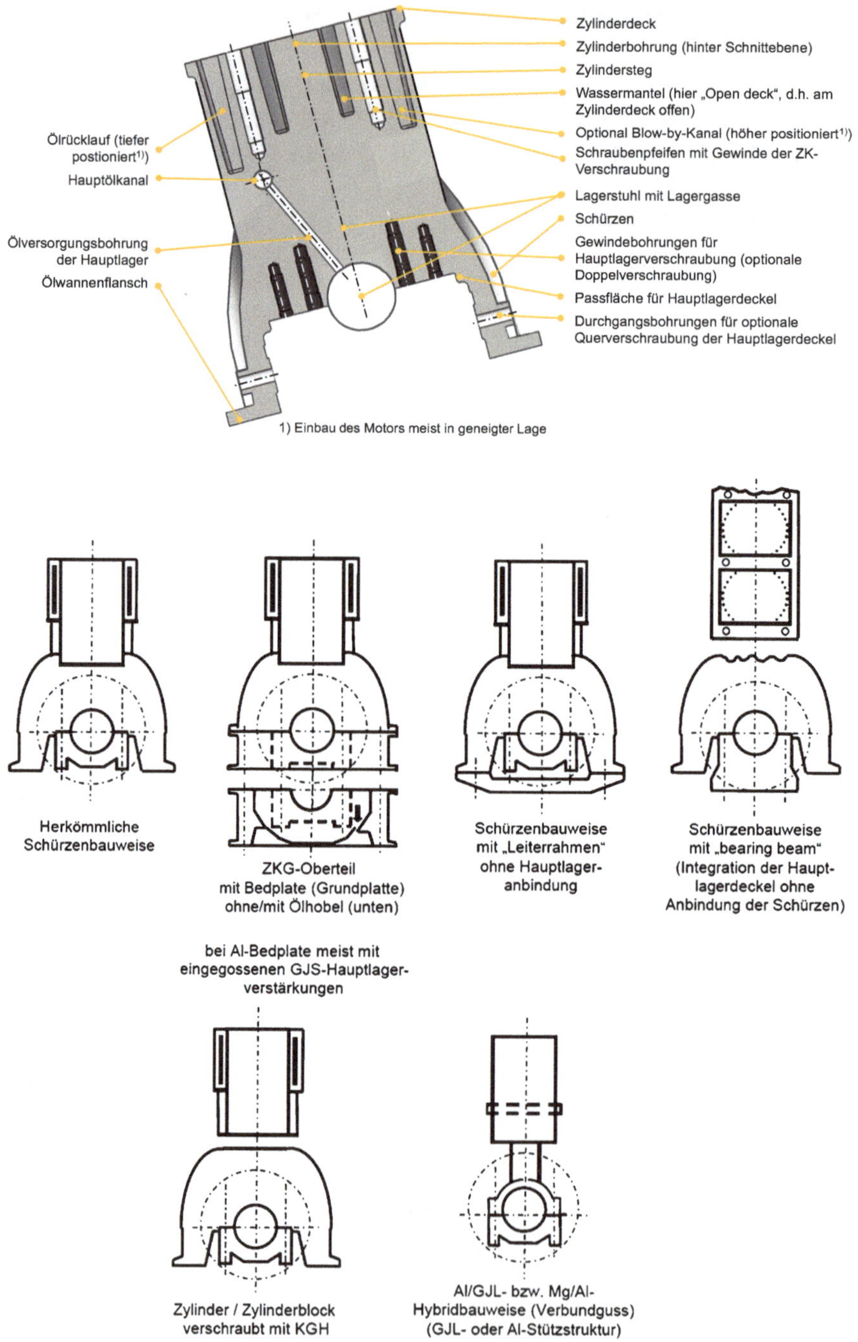

Abb. 4.100 Bauarten von Zylinderkurbelgehäusen [154] (unten); Bezeichnungen am Zylinderkurbelgehäuse (oben) (vertikale Schnittebene Mitte Zylindersteg, d. h. zwischen zwei Zylinderbohrungen)

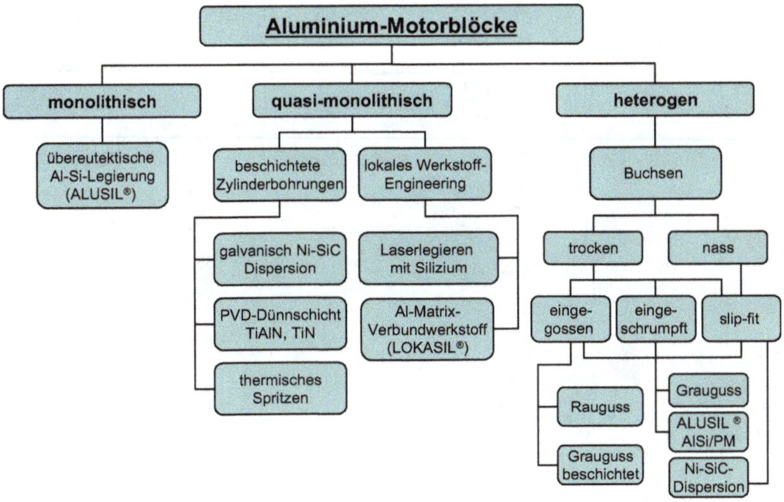

Abb. 4.101 Überblick über monolithische, quasimonolithische und heterogene Aluminium-ZKG-Konzepte von Pkw-Motoren (Masse der Grauguss-ZKG von Pkw- und zunehmend auch Nkw-Motoren ist monolithisch; bei größeren Dieselmotoren Einsatz von Zylinderlaufbuchsen aus Grauguss)

„heterogene" Konzepte zu unterscheiden. In den Abb. 4.101 und 4.102 werden für beide Konzepte am Beispiel des Aluminium-ZKG die möglichen Alternativen aufgezeigt.

Bei Grauguss hat sich das monolithische, also buchsenlose Konzept im Pkw voll durchgesetzt. Bei Aluminium ist es nur mit der übereutektischen AlSi-Legierung zu realisieren, bei der in der Zylinderlaufbahn primär ausgeschiedene Siliziumkristalle als Verschleißschutz benutzt werden.

Die Standard-Legierungen weisen keine ausreichenden tribologischen Eigenschaften auf und bedingen daher im Hinblick auf die Zylinderlaufbahn eine gewisse Heterogenität. Eine Möglichkeit besteht darin, die Zylinderbohrungen zu beschichten. Nur bei Einzelzylindern und im Rennsport konnte sich die Ni-SiC-Beschichtung durchsetzen. Früher war Chrom dort sehr verbreitet. Neue Möglichkeiten eröffnen das Plasmaspritzen und Lichtbogendrahtspritzen sowie andere, noch im Entwicklungsstadium befindliche thermische Beschichtungsverfahren.

Neue Wege wurden in der jüngeren Vergangenheit mit dem „lokalen" Werkstoff-Engineering beschritten. Dabei werden lokal im Bereich der Zylinderbohrungen Verbundwerkstoffe (MMC = Metal Matrix Composites) „in situ", also während des Gießens, erzeugt, die die erforderlichen tribologischen Eigenschaften aufweisen. Dies gelingt mittels der Infiltration von „Preforms" unter hohem Gießdruck. Mit dem HONDA „Prelude" 2,3 l befand sich ein erster Motor auf dem Markt, dessen ZKG entsprechend hergestellt wird. In der Zeit von 1996 bis 2009 traf dies auch die ZKG der Porsche Boxer-Motoren zu.

Heterogene Konzepte stützen sich auf Zylinderlaufbuchsen. „Nasse", d. h. vom Kühlwasser umströmte Buchsen, meist aus Grauguss, werden in Passbohrungen eingesetzt

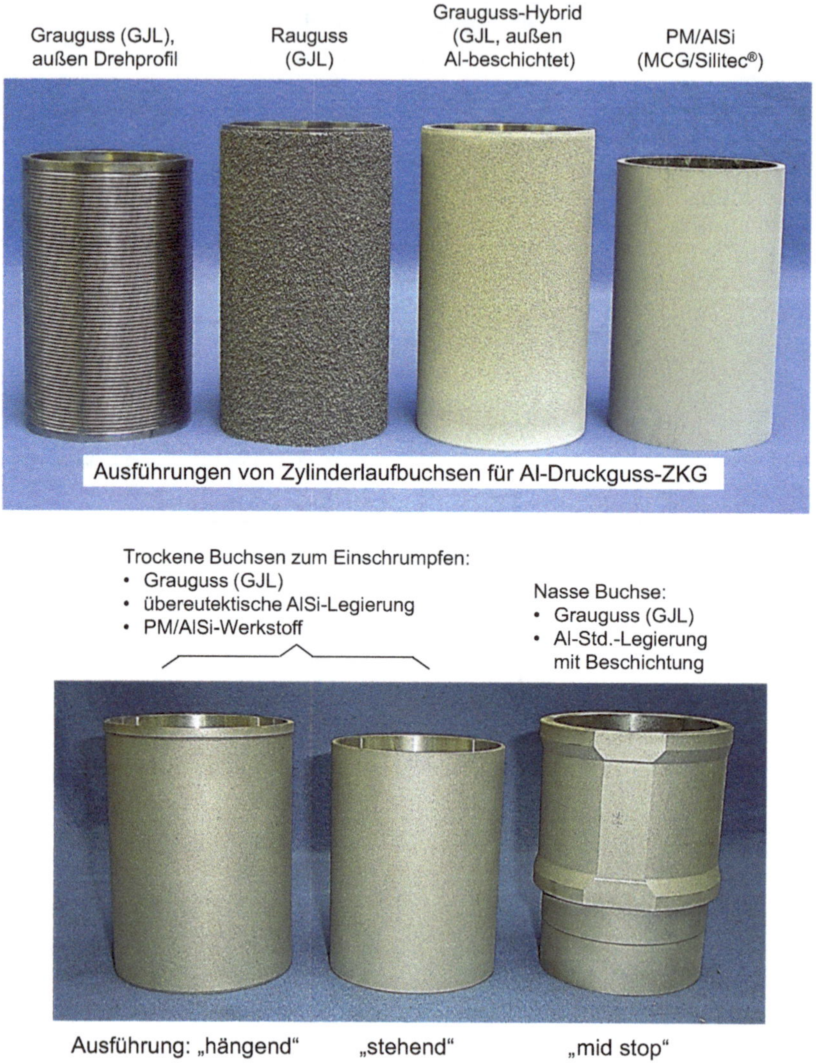

Abb. 4.102 Trockene Zylinderlaufbuchsen unterschiedlicher Ausführung für das Eingießen hier speziell im Aluminium-Druckguss (oben) und zum Einschrumpfen (unten); nasse Buchse zum Einfügen (rechts unten)

und mittels O-Ringen und/oder Flachdichtungen abgedichtet. „Trockene“ Buchsen werden eingeschrumpft, eingeschoben oder eingegossen. Das Eingießen von Buchsen ist nicht in allen Gießverfahren möglich. Besonders wirtschaftlich ist es, Graugussbuchsen im Druckguss einzugießen, wenn mit dieser Lösung auch mögliche Funktionsnachteile verbunden sind. Dieser Weg zur Herstellung von Al-ZKG wurde zunächst in Japan beschritten. Das Konzept setzte sich unter dem Kostendruck jedoch mehr und mehr auch bei europäischen

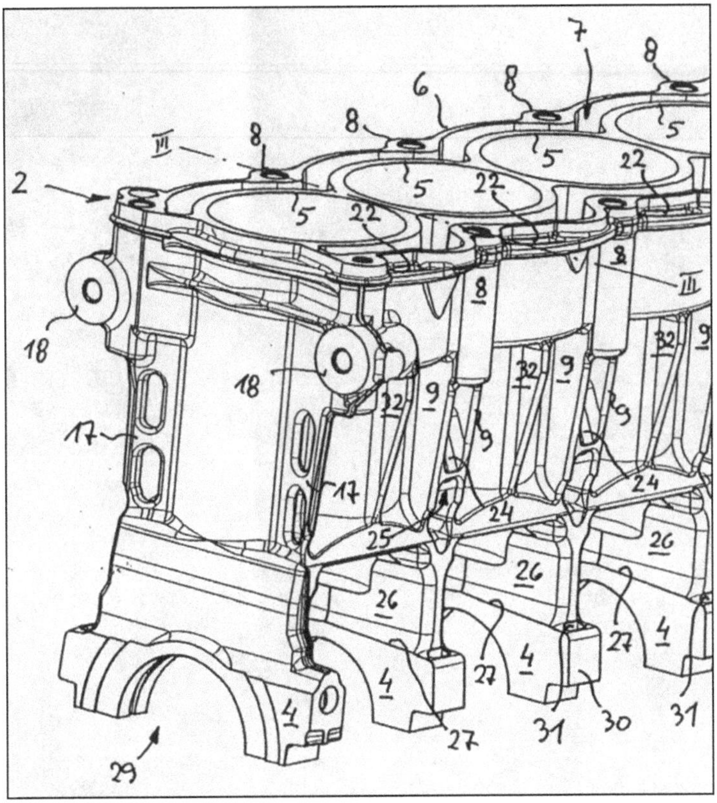

Abb. 4.103 Zylinderkurbelgehäuse [155]

Ottomotoren durch. Buchsen, die eingegossen werden, haben den Vorteil, dass sie nur roh gedreht und gelängt werden müssen, wodurch die Bearbeitungskosten gegenüber nassen oder eingeschrumpften Buchsen klein gehalten werden können.

Bei neuesten heterogenen Entwicklungen werden nicht nur Zylinderlaufbuchsen, sondern ganze „Tragstrukturen" eingegossen. BMW umgießt in seinem seit 2006 in Großserie herstellten Al-Mg-Verbundkurbelgehäuse im Schwerkraftkokillerguss hergestelltes Insert aus übereutektischer AlSi-Aluminium-Legierung in einer Druckgussform mit einer speziellen Magnesiumlegierung. Das Insert stellt eine Tragstruktur dar, in dem die Zylinder mit Wassermantel, Zylinderkopfverschraubungen und Lagerböcken der Kurbelwelle zu einem eigenen Bauteil zusammengefasst werden. In dieser Tragstruktur werden die Kräfte aufgenommen. Der Umguss mit Magnesium dichtet im Wesentlichen den Kurbelraum nach außen ab (Abb. 4.103 und 4.104).

In der Druckgussform wird beim Umgießen mit Magnesium zwischen dem Aluminium und Magnesium eine Verbindungsschicht aufgebaut. Zum sicheren Aufbau wird vor dem Umguss die Oberfläche des Inserts aktiviert, bzw. in kritischen Bereichen mit einer thermisch aufgebrachten Schicht versehen.

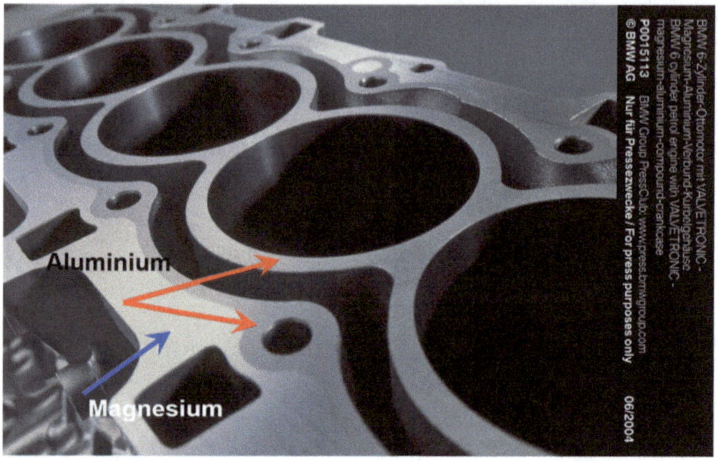

Abb. 4.104 Magnesium-Aluminium-Verbund-Zylinderkurbelgehäuse [156]

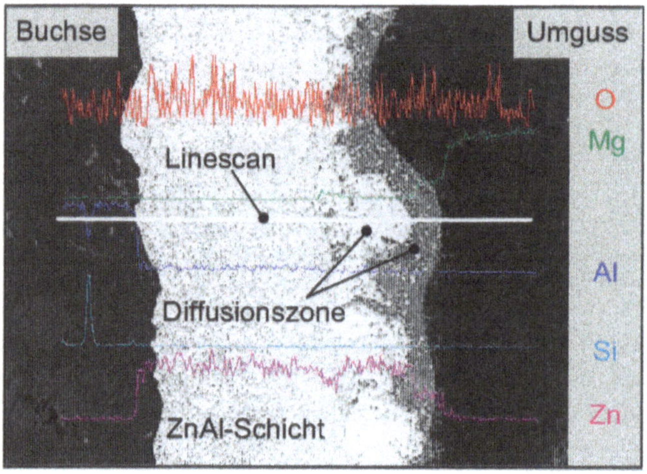

Abb. 4.105 Verbindungsschicht [152]

Ähnliche Entwicklungen wurden auch von Audi durchgeführt, die allerdings nicht zu einer Serienproduktion führten (Abb. 4.105).

4.5.1.1.2 Open- und Closed-deck-Bauweise

Ist das Zylinderdeck mit einer Platte geschlossen, die nur die notwendigen Durchbrüche für den Wasserdurchtritt zum Zylinderkopf aufweist, so wird dies als Closed-deck bezeichnet. Fehlt diese Platte, sodass der Wassermantel von oben vollständig eingesehen werden kann, so liegt eine Open-deck-Bauweise vor (Abb. 4.106): Letztere bietet beim Al-ZKG fertigungstechnische und damit Kostenvorteile, weil der Sandkern für den Wassermantel entfällt

Abb. 4.106 V8-ZKG in Open-deck- (links) und Closed-deck-Bauweise (rechts)

und Letzterer werkzeugseitig in Stahl ausgebildet werden kann, wenn z. B. Niederdruckgießkokillen oder Druckgießwerkzeuge zum Einsatz kommen. Andererseits fehlt die versteifende Wirkung der Deckplatte. Wegen der größeren „Bewegungsfreiheit" der Zylinder steht das Open-deck teilweise noch im Ruf, in Hinblick auf die Zylinderkopfdichtung schwerer beherrschbar zu sein. Dies mag in gewisser Hinsicht für allein stehende Zylinderrohre zutreffend sein. Andererseits geht diese Meinung noch auf die Erfahrungen mit nassen Graugussbuchsen im Al-ZKG zurück. Wegen des identischen Wärmeübergangskoeffizienten auf beiden Seiten ist diese Problematik beim Al-ZKG in Opden-deck-Bauweise daher nicht gegeben.

Zusammengegossene Zylinder mit kurzem Wassermantel (insbesondere Al-ZKG) entschärfen vor allem bei kleinen Zylinderdurchmessern die Schwachpunkte des Open-deck. So können auch die Steifigkeitsdefizite gegenüber dem Closed-deck in Grenzen gehalten werden. Eingehende akustische Untersuchungen haben ohnehin ergeben, dass sich die Steifigkeit der Zylinderblockeinheit im Frequenzspektrum erst oberhalb von 3 kHz akustisch bemerkbar macht [157]. Weitaus wichtiger ist ein steifes Kurbelgehäuse mit solider Anbindung der Lagerstühle an die Seitenwände und oben z. B. an das untere Wasserraumdeck (fällt allerdings nur bei tiefem Wassermantel mit oberem Kurbelraumabschluss zusammen), das seinerseits meist einer dicken Platte vergleichbar gestaltet ist. Schließlich kann in dieser Hinsicht noch angeführt werden, dass durch das Fehlen einer Deckplatte auch die Übertragung in Bezug auf den äußeren Körperschallleitweg teilweise unterbrochen ist (Teilentkopplung).

Insgesamt wird hier nicht einseitig für das Open-deck argumentiert. Diese bei Umstellung von Grauguss auf Aluminium aus Kostengründen zunehmend an Bedeutung gewinnende Bauweise wurde jedoch so weiterentwickelt, dass sich die Anwendung bei kompakten Al-ZKG für die Massenproduktion anbietet.

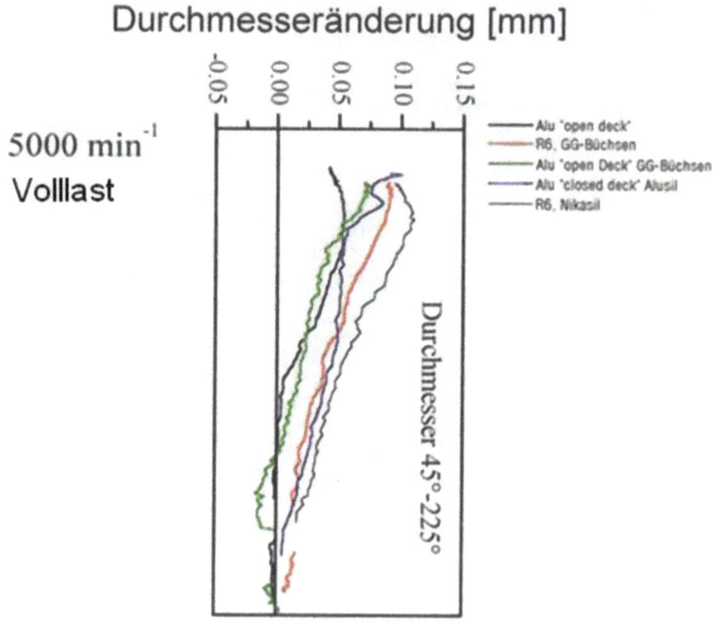

Abb. 4.107 Buchseverformung am befeuerten Motor [158]

Der Werkstoff und die Einleitung der Schraubenkräfte – bei der Open-deck-Bauweise werden die Schraubenkräfte über die Außenwand in den UT-Bereich, bei Closed-deck-Bauweise über die Deckplatte in den OT-Bereich der Zylinderlaufbahn als Biegemoment eingeleitet – beeinflussen das Verzugsverhalten der Zylinderbuchse. Überlagert werden diese Verformungen noch durch die Temperaturverteilung und durch die Größe des Wärmeausdehnungskoeffizienten der Legierung. Damit ergeben sich die im Abb. 4.107 dargestellten Verzüge, die im befeuerten Betrieb gemessen wurden.

Bei Aluminiumzylinderkurbelgehäuse in Closed-deck-Bauweise stellen sich relativ große Kaltverformungen durch die Zylinderverschraubungen im Bereich des oberen Totpunktes ein. Da bei der Verbrennung in diesem Bereich große Zylinderinnendrücke aufgebaut werden, die von den Kolbenringen abgedichtet werden müssen, sind diese Verzüge in einem kritischen Bereich. Bei der Open-deck-Bauweise liegen dagegen die Kaltverzüge in einem Bereich des Zylinders, in dem nur geringe Zylinderdrücke auf den Kolben wirken. Abb. 4.107 zeigt im Bereich des unteren Totpunktes keine deutlichen Verzüge bei den Open-deck-Varianten. Die Verformungen durch die Temperatur und durch den Zylinderinnendruck sind deutlich größer als die Kaltverzüge durch die Zylinderkopfverschraubungen. Zudem zeigt sich, dass die konstruktive Ausführung wie Wandstärkenverteilung und Wassermantelgestaltung einen deutlichen Einfluss auf die Verformung aufweisen.

Das Open-deck ist vergleichsweise weniger betroffen von Zylinderverzügen höherer Ordnung, die beim Closed-deck wegen der Kopplung mit den Schraubenpfeifen über die

Deckplatte eingebracht werden (Zylinderverzüge siehe Abschn. 4.5.4.4). Beim Open-deck dominiert die 2. Ordnung im oberen Zylinderbereich (Ellipse), beim Closed-deck die 4. Ordnung (Kleeblatt). Auch das Open-deck ist nicht frei von Verzügen 4. Ordnung auf Höhe des Wasserraumdecks, wo über die Anbindung der Schraubenpfeifen die Einleitung von Biegemomenten nicht zu vermeiden ist. Die Kolbenringe passen sich den größeren radialen Formabweichungen 2. Ordnung von Fall zu Fall besser an als den kleineren 4. Ordnung, um die Lichtspaltdichtheit zu gewährleisten. Trotz der zusätzlich auftretenden tulpenförmigen Aufweitung im oberen Zylinderbereich haften dem Open-deck bei richtiger Auslegung heute keine nennenswerten Nachteile bezüglich Ölverbrauch, Blow-by und Zwickelverschleiß an. Dennoch neigen die Kolbenringe bei Al-ZKG im aufgeweiteten Bereich zu größerem Überstand, der in Verbindung mit dem durch Gasdruck bedingten „Ring-Twist“ verschleißerhöhend sein kann.

4.5.1.1.3 Wasserdurchtritt zwischen den Zylindern bzw. zusammengegossene Zylinder, Wassermantel[1]

Bis vor einigen Jahren war der voll wasserumspülte Zylinder selbstverständlich. Dies setzt gewisse Stegbreiten zwischen den Zylinderbohrungen voraus, die bei kompakten, leichten Konstruktionen von Pkw-Motoren nicht mehr zur Verfügung stehen. In der Praxis bedeutet dies zusammengegossene Zylinder, unabhängig vom Closed- oder Open-deck. Das Thema „minimale Stegbreite“ wird in Abschn. 3.4.1 in Zusammenhang mit den Hauptabmessungen behandelt. Die schlechtere Wärmeabführung zwischen den Zylindern bei gleichzeitig steigender Leistungsdichte ruft nach besonderen Maßnahmen. Eine große Temperaturunrundheit, wie in Abb. 4.99 beispielhaft gezeigt, verursacht eine einseitige Zylinderverformung infolge größerer thermischer Ausdehnung im Stegbereich quer zur Motorlängsachse, ähnlich wie das in Abb. 4.61 in Abschn. 4.3.2 zum Ausdruck kommt.

Hohe Temperaturen erhöhen auch die Klopfanfälligkeit bei Ottomotoren im Bereich der Zylinderkopfdichtung. Darüber hinaus sind bei Stegbreiten im Bereich des realisierbaren Minimums bei Al-ZKG wegen des nicht auszuschließenden Kriechens des Werkstoffs Abdichtprobleme zu befürchten, die meist nur mit besonderer Dichtungstechnik (Mehrlagen-Metalldichtung) beherrschbar sind.

Grundsätzlich hilfreich ist die zwei- bis dreimal bessere Wärmeleitung der in Frage kommenden Aluminium-Legierungen. Zusätzlich bewährt sich ein im Stegbereich tief eingeschnittener Wassermantel, wie das in Abb. 4.108 angedeutet ist. Nicht veröffentlichte FEM-Berechnungen scheinen zudem zu belegen, dass in Verbindung mit der Open-deck-Bauweise die Wärme besser als bei einem vergleichbaren Closed-deck-ZKG abgeführt werden kann, weil das Kühlmittel Zugang bis zum obersten Zylinderbereich hat.

Bei Grauguss-ZKG sind im höheren Leistungsbereich spezielle Maßnahmen fast unvermeidlich, die lokal im oberen Zylinderbereich zur Temperaturabsenkung eine Verbindung zwischen den beiden Wassermantelhälften herbeiführen. Gießtechnisch sind bei mindestens

[1] Die Begriffe „Wasser“ und „Kühlmittel“ werden synonym verwendet.

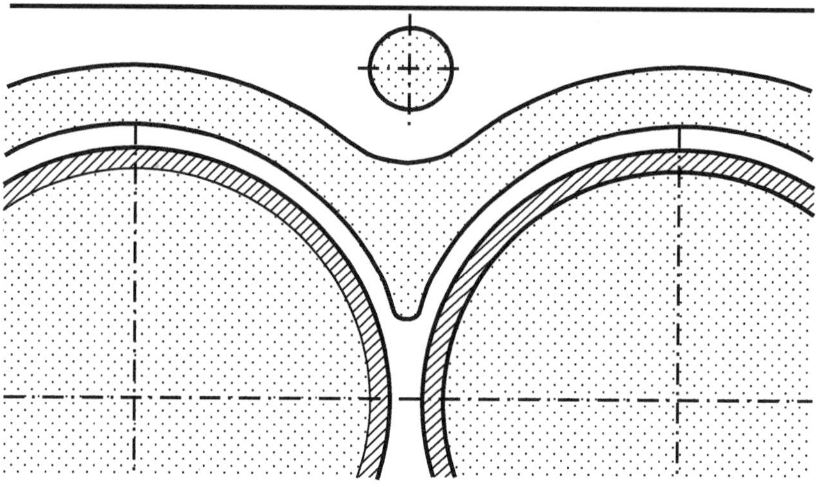

Abb. 4.108 Im Stegbereich zwischen den Zylinderbohrungen tief eingeschnittener Wassermantel zur besseren Wärmeabführung; Open-deck-Beispiel; Skizze erstellt nach Abbildung aus [153]

7 mm Stegbreite das Eingießen eines Röhrchens oder ein von Spezialkernen geformter Durchbruch technisch darstellbar, jedoch sehr aufwändig (Abb. 4.109) [159]. Eine Alternative besteht im Schlitzen des Zylinderdecks mit Abbohren der Schlitzenden (Abb. 4.110) [160]. Insgesamt haben sich ZKG mit zusammengegossenen Zylindern bei Ottomotoren durchgesetzt, weil die Vorteile überwiegen und die Schwachstellen technisch beherrschbar sind.

Monolithische Al-ZKG bieten den Vorteil, dass die Wassermanteltiefe sehr gering ausgeführt werden kann. Als Anhaltswert mag gelten, dass etwa 50 % der Zylinderlänge voll ausreichend sind. Bei in Aluminium eingegossenen Graugussbuchsen kann dieser Wert u. U. zu niedrig angesetzt sein. Vor allem bei monolithischen Grauguss-ZKG sollte der erste Kolbenring, der einen Großteil der Wärme an die Zylinderwand abführt, von der OT- möglichst bis zur UT-Stellung auf der Wassermantelseite vom Kühlmittel beaufschlagt sein (gilt für OT generell). Daraus folgt eine Wassermanteltiefe, die sich am Hub, und eine relative Lage, die sich am Feuersteg des Kolbens orientiert.

Bei herkömmlichen Grauguss-Konstruktionen wird der plattenähnlich ausgeführte Übergang zwischen Zylinderblock und Kurbelgehäuse als Wasserraumdeck bezeichnet, weil er zugleich auch den unteren Abschluss des Wassermantels bildet. Bei kurzem Wassermantel trifft dies nicht zu. Die Anbindung des unteren Abschlusses des Wassermantels an den Zylinder kann eine Einschnürung hervorrufen und dann bei der Kolbenabstimmung negativ in Erscheinung treten. Bei tief liegendem Wasserraumdeck befindet sich dagegen die potenzielle Engstelle im elastischen unteren Schaftbereich des Kolbens in UT-Stellung, sodass dessen steifere Partien diese nicht passieren müssen. Der genannte Einschnürungseffekt ist bei Al-ZKG, insbesondere beim Open-deck mit seiner Tendenz zur tulpenförmigen Aufwei-

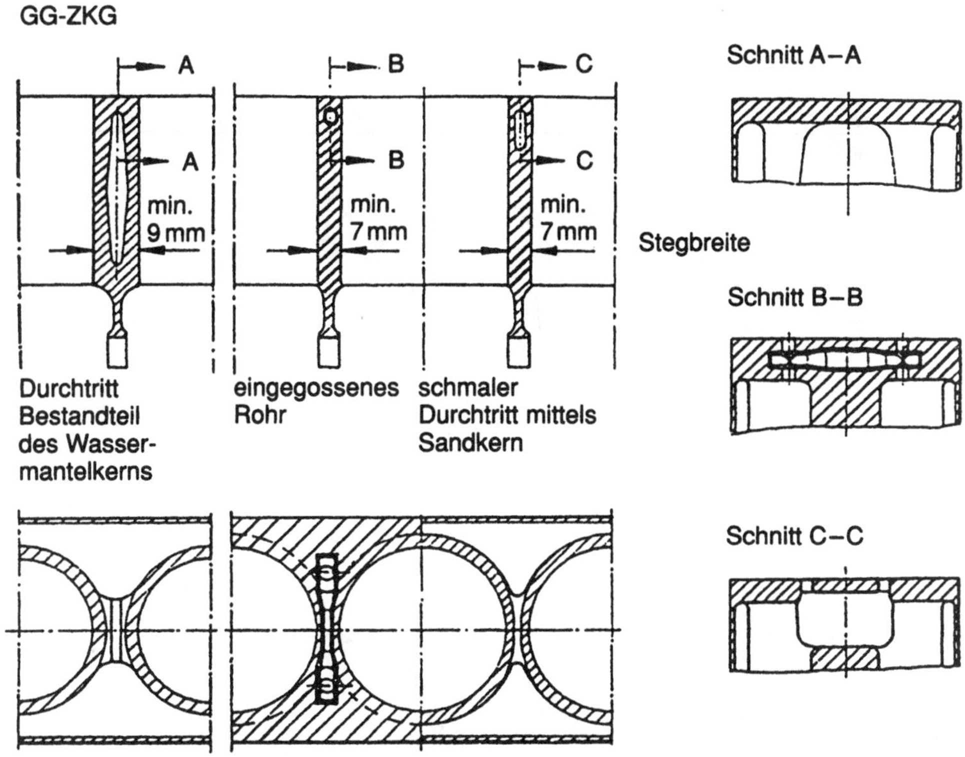

Abb. 4.109 Kühlmitteldurchtritt zwischen den Zylinderbohrungen durch gießtechnische Maßnahmen; mit konventionellem Wassermantelsandkern (Schnitt A–A) und mit besonderen Maßnahmen bei zusammengegossenen Zylindern durch Röhrchen oder Sonderkern (Schnitte B–B bzw. C–C) (aus [159])

tung, von geringerer praktischer Bedeutung. Im Bereich des Wasserraumdecks kann allerdings die Verformungscharakteristik, wie zuvor schon erwähnt, von der 2. Ordnung auf die deutlich kritischere 4. Ordnung springen.

Zur sorgfältigen Anpassung der Strömungsquerschnitte und örtlichen Strömungsgeschwindigkeiten sowie zur Vermeidung von Kurzschlussströmungen und Totwasserzonen wird heute die Simulationsrechnung herangezogen. Hierzu wird der gesamte Wasserraum (Wasserpumpen-Druckstutzen, ZKG-Wassermantel, Verbindungen zum ZK und dessen Wasserraum) modelliert (Abb. 4.111) [161]. Die Berechnung erfolgt mit der FEM oder FDM (Methode der Finiten Differenzen) auf der Basis finiter Volumina. Die diskretisierten Gesetze der Strömungsmechanik (Navier-Stokessche Gleichungen/Impulssatz und Kontinuitätsgleichung) für die stationäre (konstante Last und Drehzahl im thermischen Beharrungszustand), isotherme, inkompressible Strömung werden noch um ein Turbulenzmodell ergänzt. Hier hat sich das „k-ε-Turbulenzmodell" bewährt. k steht für die turbulente kinetische Energie, ε für deren Dissipationsrate. Zur Lösung des nicht-linearen Gleichungssystems werden

Abb. 4.110 Kühlmitteldurchtritt zwischen den Zylinderbohrungen bei zusammengegossenen Zylindern durch nachträgliches Schlitzen (aus [160])

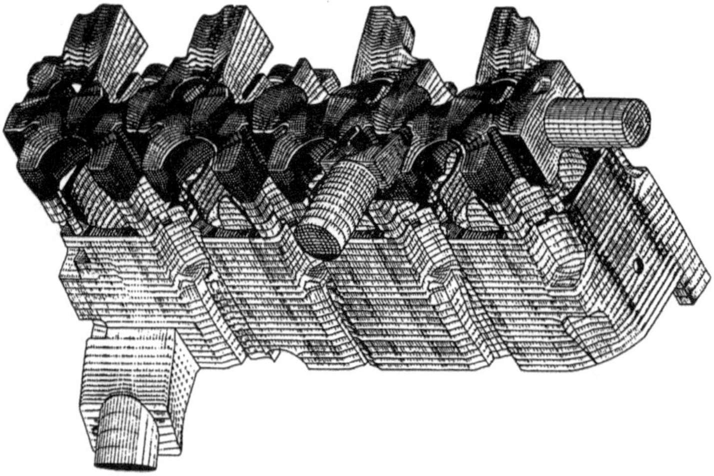

Abb. 4.111 Berechnungsmodell für den motorseitigen Kühlmittelkreislauf zur Überprüfung der Durchströmung (aus [161])

iterative Verfahren angewandt. Damit können die Strömungsverhältnisse in Form der lokalen Geschwindigkeitsvektoren und der skalaren Druckwerte einschließlich des gesamten Druckverlusts sichtbar gemacht werden.

Darüber hinaus können die durch Konvektion bedingten Wärmeübergangskoeffizienten der turbulenten Grenzschicht berechnet werden, was insbesondere für die Überprüfung der thermischen Verhältnisse im Zylinderkopf wichtig ist. Der rechnerische Ansatz beruht auf der so genannten „Reynolds-Analogie“, die besagt, dass unter bestimmten Voraussetzungen von einer Ähnlichkeit zwischen dem Geschwindigkeitsprofil und der Temperaturverteilung in Wandnähe ausgegangen werden kann. Der definitionsgemäß benötigte Temperaturgradient wird durch die Differenz zwischen der Wandtemperatur und der Temperatur der der Wand nächstgelegenen Volumenelementschicht angenähert.

Beim Grauguss-ZKG (Sandguss) ist der Wassermantel üblicherweise auf der Außenseite verdeckelt. Die Öffnungen dienen als zusätzliche Kernstützen für einen Wassermantelsandkern und sind zudem beim Entkernen hilfreich. Die eigentliche Kernlagerung erfolgt auf der Zylinderdeckseite. Der Wassermantelkern hängt dann – verbunden über dünne „Füßchen", die die Durchbrüche im Zylinderdeck freisparen – an einer massiven Kernmarke (Closed-deck), die der Lagerung (Positionierung) in der Form dient. Dies gilt auch für den Kokillenguss von Al-ZKG, wobei jedoch die zusätzliche seitliche Abstützung meist entfällt.

Eine Reduzierung des Wassermantelvolumens (der vom Kühlmittel beaufschlagten Fläche), z. B., wie oben angeführt, durch Reduzierung der Wassermanteltiefe bei Al-ZKG, dient der schnelleren Erwärmung des Motors und damit dem schnelleren Ansprechen des Katalysators, was zur Verbesserung der Emission in der Warmlaufphase von erheblicher Bedeutung ist. Ein geringer bzw. unterbrochener Kühlmitteldurchfluss ist dabei bekanntlich hilfreich. Die Wasserpumpenverluste lassen sich nur dann senken, wenn kleinere Fördermengen (oder geringere Druckverluste) realisiert werden. Die weitaus bessere Wärmeleitung von Aluminium macht sich ganz allgemein positiv bemerkbar. Sie wirkt thermisch entlastend und stellt so letztlich auch geringere Anforderungen an die Ölkühlung.

4.5.1.1.4 Schürzen- bzw. zweiteilige ZKG-Konstruktion

Was den unteren Abschluss des ZKG anbetrifft, so lassen sich zwei grundsätzlich unterschiedliche Bauweisen unterscheiden (Abb. 4.112):

- Schürzenbauweise und
- zweiteilige Bauweise

Bei Ersterer werden die Seitenwände tief unter die Lagergassenachse heruntergezogen; bei Letzterer ist das ZKG in Höhe der Lagergassenachse geteilt. Das Unterteil ist einem Leiterrahmen ähnlich und wird mit dem Oberteil im Bereich der Hauptlager und der Seitenwände verschraubt. Es hat sich für dieses Bauteil kein fester Begriff eingebürgert. Es wird „Zwischenteil", „Unterteil", „Lagertraverse", „bedplate" (UK) und „girdle" (USA) genannt – Letzteres wohl etwas weniger ernst gemeint.

Das Unterteil dient der Versteifung des unten offenen und damit zu größeren Schwingungsamplituden fähigen Gehäuses (siehe auch Kap. 6). Die Integration der unteren Hälfte der Kurbelwellenlagerung mit der Hauptlagerverschraubung und die damit erreichte Anbindung der Lagerstühle ermöglichen eine erhebliche, aus akustischer Sicht wünschenswerte Versteifung der Gesamtstruktur. Zur Beherrschung des Kurbelwellenwarmspiels müssen bei Al-Konstruktionen Lagerbrücken aus Grauguss (üblicherweise GJS 600 oder Sinterwerkstoffe auf Fe-Basis) eingegossen werden. Damit kann eine Halbierung des Warm-

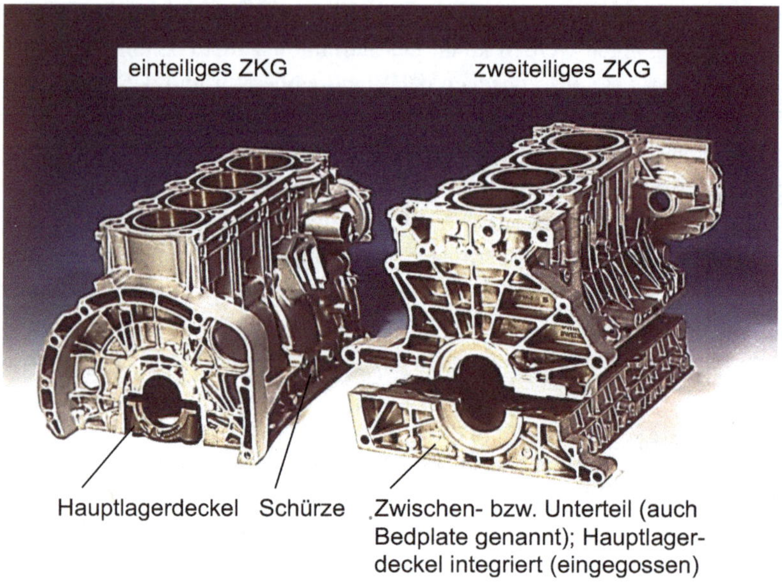

Abb. 4.112 Schürzenbauweise (links) und zweiteilige Bauweise (rechts) am Beispiel von ZKG von Vierzylinder-Reihenmotoren: links Mercedes-Benz-A-Klasse, rechts VOLVO

spiels erreicht werden. Neben der mit größerem Hauptlagerspiel einhergehenden verstärkten Körperschallanregung durch die Kurbelwelle muss auch der erhöhte Schmieröldurchsatz genannt werden. Eine kleiner dimensionierte Ölpumpe – eine wesentliche Voraussetzung ist hier eine Minimierung der Spalte – trägt zur Reduzierung der mechanischen Verluste bei. Die Unterteile sind im Allgemeinen typische Druckgussteile.

Aus Verankerungs-, Bearbeitungs- (unterbrochener Schnitt, min. gemischte Späne) und Funktionsgründen wird beim Eingussteil ein Umguss sowohl seitlich als auch im Lagerbereich vorgezogen (Abb. 4.113). Immer schmaler werdende Hauptlagerbreiten lassen dies nicht immer zu. Aus dem Schraubendurchmesser, der minimalen Auflagefläche des Schraubenkopfes und der minimal erforderlichen Al-Umgussdicke unter Berücksichtigung der Gusstoleranzen folgen die Lagerbreiten, für die eine umgossene Lösung realisierbar ist (Tab. 4.8). Sofern die Schraubenköpfe, bedingt durch die geometrischen Verhältnisse, nicht direkt auf dem Eingussteil, sondern auf darüber befindlichem Aluminium liegen, müssen unbedingt geeignete Scheiben unterlegt oder Sonderschrauben verwendet werden.

Da Grauguss und Aluminium keine flächenhafte Verbindung eingehen (Spalt vorhanden), ist bezüglich der Körperschallübertragung ein größerer Impedanzsprung vorhanden, der sich akustisch günstig auswirkt. Auf der Seite des ZKG-Oberteils werden serienmäßig noch keine GJS-Lagerbrücken eingegossen (anstelle von GJS können auch andere Fe-Werkstoffe zum Einsatz kommen). Dies hängt mit gießtechnischen Schwierigkeiten zusammen, weil je nach Gießverfahren dadurch die Anguss- (Niederdruckguss) und Durchspeisungsquerschnitte (Druckguss) stark reduziert werden.

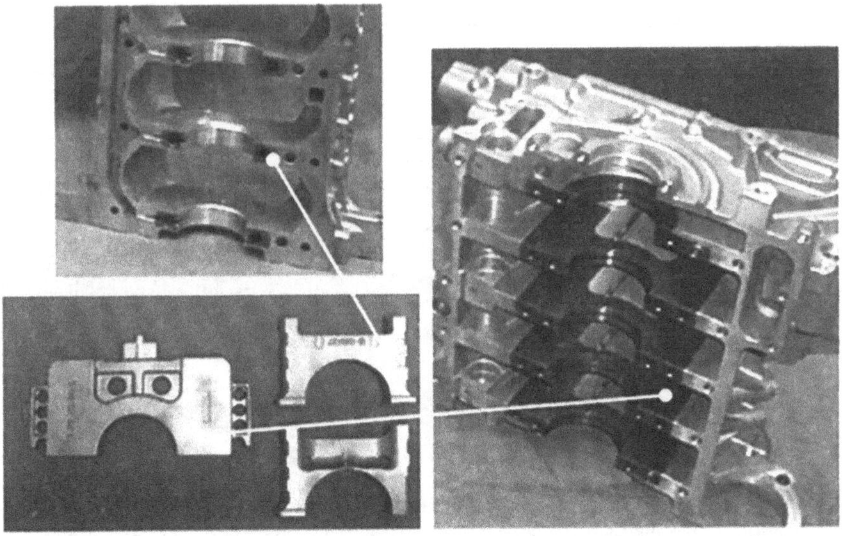

Abb. 4.113 Unterschiedliche Ausführungen von in Aluminium-ZKG-Unterteile („Bedplates") eingegossenen GJS-Lagerbrücken (Lagerdeckeln) bei zweiteiliger ZKG-Konstruktion, abhängig unter anderem von der Zylinderanordnung und Lagerstuhlbreite; Eingussteil vollständig umgossen (hier: VOLVO R5-Ottomotor, linkes Bild unten rechts bzw. linkes Bild oben); Eingussteil mit zusätzlicher Verankerung, da seitlich freigeschnitten (hier: VW W-Motoren, linkes Bild unten links bzw. rechtes Bild)

Tab. 4.8 Mindesthauptlagerbreiten bei voll umgossenen Hauptlagerbrücken

Innensechskantschraube (DIN912)	M10	M12
Kopfdurchmesser	16 mm	18 mm
Umgussdicke	2 mm	2 mm
Breiten- und Lagetoleranz (Gusstoleranzen)	ca. 1 mm	ca. 1 mm
Hauptlagerbreite	> 21 mm	> 23 mm

Auch bei Schürzenkonstruktionen kann eine bessere Anbindung der Hauptlager an die Seitenwände erreicht werden. Der gewöhnliche Lagerdeckel wird zur Brücke ausgebildet und nochmals seitlich horizontal oder schräg mit der Schürze verschraubt, wie das bei V-Motoren anzutreffen ist (Abb. 4.114). Allerdings drängt sich dies bei V-Motoren ohnehin auf, weil durch die Winkelstellung der Zylinderbänke größere Horizontalkräfte des Triebwerks aufgefangen werden müssen. Darüber hinaus empfiehlt es sich, den Flansch zur Ölwanne breit und massiv auszuführen und die Seitenwände zu bombieren sowie stark zu verrippen (längs, quer und diagonal), um die Membranwirkung zu reduzieren (Abb. 4.115). Die Empfehlung zur Verrippung bezieht auch das Unterteil bei zweiteiliger Konstruktion sowie die Ölwanne, wenn diese gegossen ist, ein. Mit der Versteifung der Struktur verschie-

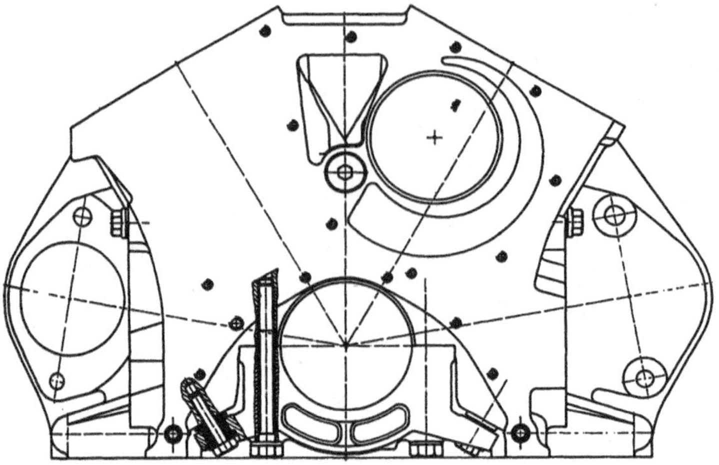

Abb. 4.114 Beispielhafte Lagerstuhlverschraubung beim V-Motor; die schräge Verschraubung ist eine „Schraube-in-Schraube"-Konstruktion; die äußere Schraube überbrückt das Spiel zwischen Hauptlagerbrücke und ZKG und wird mit einem bestimmtem Drehmoment angelegt, um Gehäuseverzug zu vermeiden; die innere Schraube dient der eigentlichen Befestigung (aus [162])

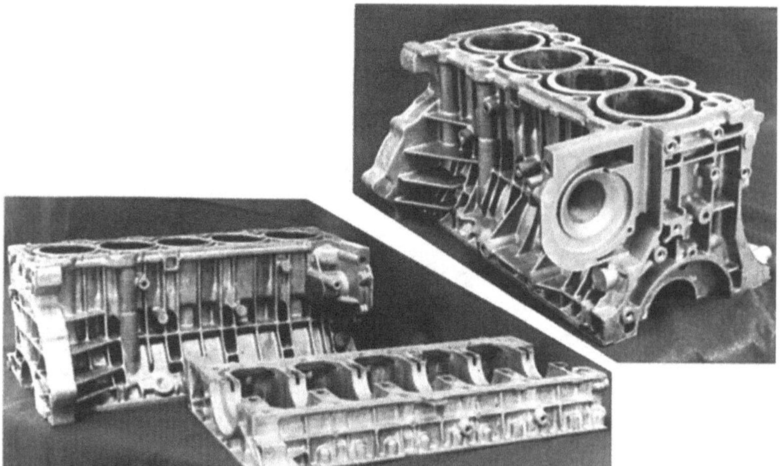

Abb. 4.115 Reihenmotor-Al-ZKG mit auch aus akustischen Gründen stark verrippten Außenflächen (R4- und R5-Motorbaureihe von VOLVO)

ben sich die Eigenfrequenzen zu höheren Frequenzen und damit relativ zum unveränderten Anregungsspektrum. Außerdem erhöhen sich mit der Versteifung auch die Eingangsimpedanzen. Beides macht sich akustisch positiv bemerkbar.

In jüngster Zeit sind auch Ansätze zu beobachten, die mit Hilfe des Ölhobels (Abschirmung des Ölsumpfes) in Form einer versteifenden Platte eine Versteifung der Struktur insgesamt herbeiführen sollen, speziell bezüglich Torsion durch „geschlossenen Querschnitt“.

Schließlich sind noch „umgekehrte“ konstruktive Bemühungen zu erwähnen, die das Ziel haben, das „Innenleben“ gegenüber den äußeren Gehäusewänden bestmöglichst zu entkoppeln, ohne dabei dem als „Skelettmotor“ bekannt gewordenen Prinzip nachzueifern. Dazu zählt auch der von der AVL/Graz (A) propagierte „Leiterrahmen“ (Unterteil), der nur mit den Gehäusewänden, jedoch nicht mit den Hauptlagern verschraubt wird. Diese werden durch konstruktive Maßnahmen seitlich zusätzlich entkoppelt. Dies bedingt, dass die Lagerstühle in sich ausreichend steif sein müssen.

4.5.1.1.5 ZKG-Bauweise bei Großdieselmotoren

Die bisherigen Ausführungen des Abschn. 4.5.1.1 haben einen starken Bezug zur ZKG-Konstruktion/-bauweise, wie sie für Pkw- und Nkw-/Nfz-Motoren typisch ist. Ab einer bestimmten Baugröße und insbesondere bei Großdieselmotoren zeigen sich mit zunehmendem Bauvolumen stärkere Abweichungen, die es daher wert sind, hier noch etwas genauer beleuchtet zu werden. Große Dieselmotoren decken ein erhebliches Baugrößenspektrum von großen Viertakt-Schnellläufern über -Mittelschnellläufer in R- und V-Bauweise bis zu Zweitakt-Langsamläufern, die es nur in R-Bauweise gibt, ab. Letztere sind große Schiffsdieselmotoren, die für den Direktantrieb der Schiffsschraube geeignet sind. Bei ZKG von großen Dieselmotoren dominiert eine modulare Bauweise.

Mit zunehmender Bauteilmasse, Gießer sprechen vom „Stückgewicht“, wird es immer schwieriger, das ZKG im kernintensiven Schwerkraftsandguss „in einem Guss“ (ohne Zylinderlaufbuchsen) aus Grauguss oder Sphäroguss zu gießen. Nur einige auf Großgussteile spezialisierte Gießereibetriebe und Großmotorenhersteller selbst verfügen über eine entsprechend große Ofenanlage, Gießeinrichtung sowie Gießgrube und sind in der Lage, sehr große Sandformen einschließlich zugehöriger großer, schwerer Kerne zu bauen, viele Tonnen Schmelze zu bewegen und ohne Unterbrechung zu vergießen sowie entsprechend schwere Gussteile anschließend auch zu handhaben. ZKG aus einem Guss sind zumindest bei Mittelschnellläufern mittlerer Baugröße noch darstellbar. Allerdings sind die Großdieselmotoren-Hersteller zurückhaltend mit technischen Informationen. Ein noch sinnvoll und wirtschaftlich darstellbares Stückgewicht (Gussteilmasse) bleibt daher etwas in der Grauzone. Die Befähigung von entsprechend spezialisierten Gießereibetrieben liegt im Rahmen einer Stichprobe bei 10 bis 50 t, im Einzelfall bei 100 t. Gemäß einer Presseverlautbarung wendet MAN Diesel & Turbo SE für einen „Schiffsdieselmotorblock“ 120 t Schmelze auf.

Als Werkstoffe für ZKG-Komponenten kommen herkömmlicher Grauguss (z. B. EN-GJL-250) oder Sphäroguss (z. B. EN-GJS-400-15 oder EN-GJS-500-7) sowie Stahl (Stahlguss und Stahlschweißkonstruktionen) zum Einsatz. Aus Gründen des Leichtbaus werden bei ZKG von Schnellläufern für Panzer, Schnellbooten etc. warm aushärtende AlSi-Legierungen eingesetzt. Mit zunehmender Baugröße wird es erforderlich, das ZKG aus mehreren Teilen zusammenzusetzen. Bei Tauchkolbentriebwerken ist dies eine dreiteilige Bauweise, bestehend aus der optionalen Grundplatte, dem Kurbelgehäuse und dem Zylinderblock [164]. Bei Kreuzkopftriebwerken ist ebenfalls die dreiteilige Bauweise die Regel, die sich jedoch wie weiter unten ausgeführt, unterscheidet. Es ist hierbei anzumerken, dass sich die Optionen für die Kurbelwellenlagerung großer Dieselmotoren prinzipiell nicht von denen kleinerer Motoren unterscheiden. Es gilt jedoch eine Terminologie, die bei ZKG von Pkw- und Nkw-/Nfz-Motoren nicht mehr gepflegt wird. Eine herkömmliche Kurbelwellenlagerung unter Verwendung von Lagerdeckeln wird bei großen Dieselmotoren als „hängende Kurbelwellenlagerung" bezeichnet. Diese wird unterschieden von der „liegenden Kurbelwellenlagerung" in einer Grundplatte. Diese entspricht dem ZKG-Unterteil bei zweiteiliger Bauweise, bei dem sich heutzutage der englische Fachbegriff „Bedplate" durchgesetzt hat. Die Grundplatte besteht aus duktilem Grauguss oder Stahlguss. Stahl-Schweißkonstruktionen beinhalten ein gewisses Massenreduzierungspotenzial. Wichtig ist die Erzielung einer hohen Struktursteifigkeit. Bei [165] wird in diesem Zusammenhang das Einschweißen eines Tragrahmens aus Stahlguss in die Grundplatte hervorgehoben. Bis zu einer schwer zu definierenden Maximalgröße werden Grundplatten einteilig gefertigt. Bei mehrteiligen Grundplatten werden die Einzelteile z. B. aneinander geflanscht und verschraubt.

Auch bei ZKG von großen Dieselmotoren sind mitunter die Begriffe Differenzialbauweise (viele Einzelteile) und Integralbauweise (Zusammenfassung zu einzelnen Baugruppen) gebräuchlich, jedoch wenig aussagefähig. Bei Zweitakt-Großdieselmotoren wird die Gestell-Bauweise, Abb. 4.117 (links), von der Ständer-Bauweise, Abb. 4.117 (rechts) unterschieden. Wie oben bereits erwähnt, ist der Aufbau in der Regel jeweils dreiteilig. Auf der Grundplatte liegt das Gestell mit integrierten Ständern, oder die einzelnen Ständer werden dort aufgesetzt. Das Gestell bzw. die Ständer beinhalten die Kreuzkopfgeradführungen (z. B. Gleitbahnen in Form einer Viergleisführung). Auf dem Gestell bzw. den Ständern liegt der Zylinderblock mit Wassermänteln zur Aufnahme der Zylinderlaufbuchsen. Bei der Gestell-Bauweise werden letztlich drei kastenförmige Komponenten übereinander gestapelt. Die Schichtung kann bei großer Bauhöhe auch vierteilig ausfallen, indem unterhalb des Zylinderblocks noch ein weiteres Gestell eingefügt ist. Bei der alternativen Ständer-Bauweise beinhalten das zugehörige Grundplattenelement, der Ständer und der Zylinderblock die Zwischenwände zwischen den Zylindern, Abb. 4.117 rechts. Nicht nur bei Ständern, sondern auch bei großen Grundplatten und Gestellen bieten sich Stahl-Schweißkonstruktionen an. Zylinderblöcke sind üblicherweise gegossen. Bei kleineren Motoren lässt sich der Aufbau auch nur zweiteilig gestalten. In den Seitenwänden befinden sich explosionsgeschützte Montage- bzw. Wartungsöffnungen (Türen), die mittels Verschraubung geschlossen werden.

Steifigkeit, Kraftfluss gerechte Konstruktion und Gestaltfestigkeit sind primäre Anforderungen an die Auslegung eines ZKG. Ein signifikantes konstruktives Merkmal von ZKG großer Dieselmotoren ist die Zuganker-Bauweise, Abb. 4.118 (links), deren Bedeutung z. B. auch bei [164] betont wird. Dabei werden Grundplatte, Ständerbereich und Zylinderblock vorgespannt. Dies dient der Erzeugung einer Druckvorspannung im Gehäuse, um dann unter Gaskraft die Beanspruchung durch Zugspannungen, die stets kritischer als Druckspannungen zu bewerten sind, zu mindern. Der obere Buchsenrand kann optional

Abb. 4.116 Aluminium-Zylinderkurbelgehäuse eines VW R5-Dieselmotors [163] (Bild: KS Aluminium-Technologie AG)

Abb. 4.117 Gestell-Bauweise MAN KSZ-C Quelle (aus [166]) (links); Ständer-Bauweise (Skizze nach Darstellung aus älterer Ausgabe von www.Motorlexikon.de) (rechts)

noch von einem so genannten „Wasserring" umgeben sein und dadurch separat besonders gekühlt werden. Optional ist bei großen Dieselmotoren ein Zylinderschmierungssystem durch die Zylinderlaufbuchsen.

4.5.1.2 ZKG-Werkstoffe

Mit Grauguss und Aluminium stehen zwei sehr unterschiedliche Werkstoffe für das ZKG in Konkurrenz zueinander. Dies trifft primär für den Pkw-Ottomotor zu. Aber auch bei

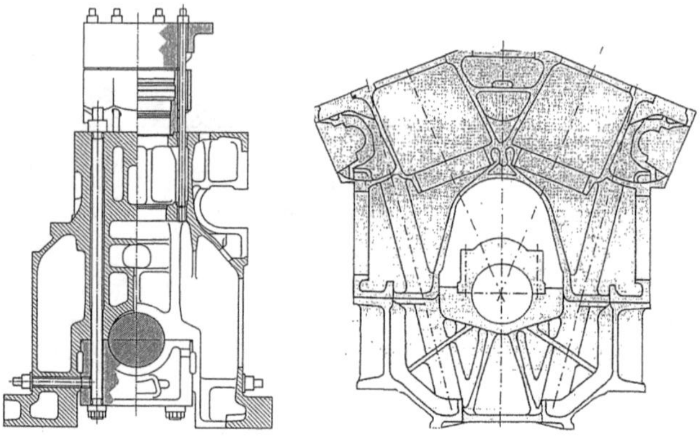

Abb. 4.118 FM-MAN L 40/54: Zuganker, hängende Kurbelwellenlagerung, Querverschraubung der Lagerdeckel (links); GMT 550: Schräg wirkende Zuganker bei V-ZKG, Zugrichtung, d. h. abweichend von der Richtung der Zylinderachsen, liegende Kurbelwellenlagerung (rechts) (aus [167])

Pkw-Dieselmotoren findet, beginnend Mitte der 1990er-Jahre, seit ca. 2005 ein verstärkter Einsatz von Aluminium statt, Abb. 4.116. Die gebräuchlichsten Grauguss-Werkstoffe sind:

- GJL250 bzw. GJL300:
  - unlegierter lamellarer Grauguss mit perlitischem Grundgefüge und Phosphidnetz (Steadit)
  - niedrig legierter lamellarer Grauguss (Chrom, Kupfer, Nickel, Molybdän und Vanadium sind die Elemente, die in kleinen Mengen zulegiert werden)
- oberflächenhärtbare/vergütbare GJL-Legierungen bei hohen Anforderungen an Zylinderlaufbuchsen
- GJV400; Vermiculargraphit-Guss (deutlich höherer Elastizitäts-Modul, höhere Festigkeit)

Die gebräuchlichsten Aluminium-Legierungen sind:

- Untereutektische Sekundärlegierungen (Umschmelzlegierungen):
  - AlSi8Cu3; ziemlich reine Kokillenguss-Legierung
  - AlSi9Cu3 (Legierung 226 nach VDS); Druckguss-Legierung mit größerem Fe-Gehalt
- Untereutektische, reine Primärlegierungen (Hütten-Legierungen); optional Zulegieren geringer Mengen an Kupfer
  - AlSi7Mg(Cu)
  - AlSi10Mg(Cu)
- Übereutektische Legierung AlSi17Cu4Mg (bekannt unter dem Markennamen ALUSIL®)

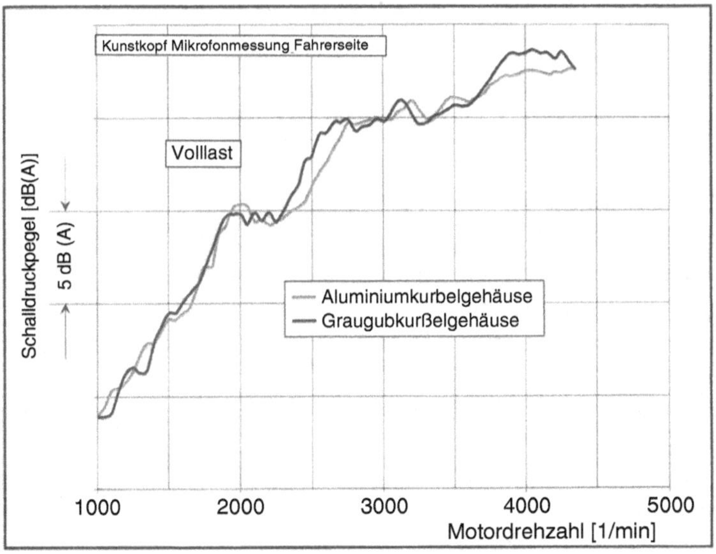

Abb. 4.119 Akustikvergleich zwischen einem Grauguss- und einem Aluminium-Zylinderkurbelgehäuse

Die beiden Werkstoffe unterscheiden sich ganz deutlich im Elastizitäts-Modul und in der Dichte. Zwischen einem R4-ZKG aus Grauguss und aus Aluminium kann ein Massenunterschied von 15 bis 20 kg durchaus möglich sein. Elastizitäts-Modul und Dichte beeinflussen auch das akustische Verhalten. Bei einem Vergleich eines Motors in demselben Fahrzeug mit Aluminium- und Grauguss-ZKG ergeben sich trotz des geringeren Elastizitäts-Moduls (siehe hierzu Ausführungen im Abschnitt 4.5.3.2) Vorteile für das Aluminium-ZKG, Abb. 4.119.

Die Werkstoffkennwerte von gegossenen Werkstoffen sind nicht unproblematisch in der Handhabung. Tabellenwerte, sofern es sich dabei nicht um garantierte Mindestfestigkeiten handelt, werden in kritischen Bereichen des ZKG, wie z. B. den Schraubenpfeifen oder Lagerstühlen, nicht sicher erreicht. Oftmals kann eine gewisse Mikroporosität, die die Festigkeit herabsetzt, nicht ganz vermieden werden. Die spezifische Bauteilfestigkeit ist so lokal sehr unterschiedlich. Wärmebehandlungen – bei Aluminium nur „Anlassen", d. h. Warmauslagern (T5) oder mit vorausgehendem Lösungsglühen und anschließendem Abschrecken (T6/T7) – sind gängige Maßnahmen. Letztere Wärmebehandlung dient dazu, das Festigkeitsniveau, insbesondere die dynamische Festigkeit um 15 bis 30 % anzuheben. Diese Vorbehandlung von Gussteilen dient gleichzeitig stets auch dazu, die Eigenspannungen abzubauen, die spezifizierte Härte einzustellen und das so genannte „Wachstum" bis zu einem unkritischen Restbetrag vorwegzunehmen (Volumenkonstanz). Eigenspannungen und Wachstum bewirken im Motorbetrieb thermisch bedingte (auch bleibende) Deformationen des ZKG, die die Funktion erheblich beeinträchtigen können. Es gibt jedoch auch

Gussteile, die nur bedingt wärmebehandelbar sind. Dazu zählen herkömmliche Al-Druckguss-ZKG, die verfahrensbedingt über sehr hohe Gaseinschlüsse (Porosität) verfügen. Bei starker Erwärmung, wie dies beim Homogenisierungsglühen bei ca. 480 °C der Fall ist, führt das zur Zerstörung des Bauteils.

4.5.1.3 Zylinderlaufflächen-Technologien

Nachfolgend werden die Zylinderlaufflächen etwas näher beschrieben, denen die größte praktische Bedeutung zukommt. Im Gegensatz zum Grauguss sind die Laufflächendarstellung und -aufbereitung bei Aluminium sehr unterschiedlich und auch aufwändiger. Das Honen ist jedoch jeweils der letzte mechanische Bearbeitungsschritt, für den bis heute keine echten Alternativen bestehen.

Die Anforderungen an das Gesamtsystem Kolben, Kolbenringe, Zylinderlaufbahn sind:

- niedriger Ölverbrauch (geringe HC-Emission)
- geringer Verschleiß (Langzeit-Funktionssicherheit)
- geringe Reibungsverluste (Verbesserung des mechanischen Wirkungsgrads)
- hohe Fresssicherheit (Robustheit und Betriebssicherheit mit Notlaufeigenschaften)
- keine der Abdichtung abträglichen Eigenschaften

Dass dies auch eine entsprechende Beschaffenheit der Oberfläche der Zylinderbohrung voraussetzt, muss nicht besonders hervorgehoben werden. Gefordert werden [168]:

- ausreichende Härte (Verschleißwiderstand)
- geringe Rauheit (geringe Reibung)
- (dennoch) ausreichendes Schmierölreservoir (hohe Funktions- und Fresssicherheit)
- gute Benetzung (dünner Ölfilm reduziert Ölverbrauch und HC-Emission)

4.5.1.3.1 Grauguss-Zylinderlauffläche

Die Beschaffenheit der GJL-Zylinderlauffläche ist geeignet, um auf einige grundsätzlichen Dinge hinzuweisen. Wie aus Abb. 4.120 hervorgeht, ist die Oberfläche nach dem Honen mit einem Netz sich kreuzender Riefen versehen, in denen Öl haftet. Der Honwinkel, der durch Überlagerung der translatorischen mit der rotatorischen Bewegung der Honsteine zustande kommt, soll bei GJL 30 bis 60° zur Zylinderachse betragen. Bei Aluminium gelten je nach Lauffläche davon abweichende Werte.

Zur Verbesserung des Traganteils (Abb. 4.121) ist ein plateauähnliches Oberflächenprofil, das den Einlaufverschleiß bereits teilweise vorwegnimmt, wünschenswert (Plateau-Honung). Bei hochwertigen Gusswerkstoffen wird ein Teil des Kohlenstoffs als Graphit ausgeschieden, der Rest im Grundgefüge als Perlit (Gemenge aus Eisen und Eisenkarbid) gebunden.

Die Grafitlamellen erscheinen im Querschliff wie Adern, die an der Oberfläche nicht mit Metall überschmiert sein dürfen (wird „Blechmantelbildung“ genannt). Graphit hat gute

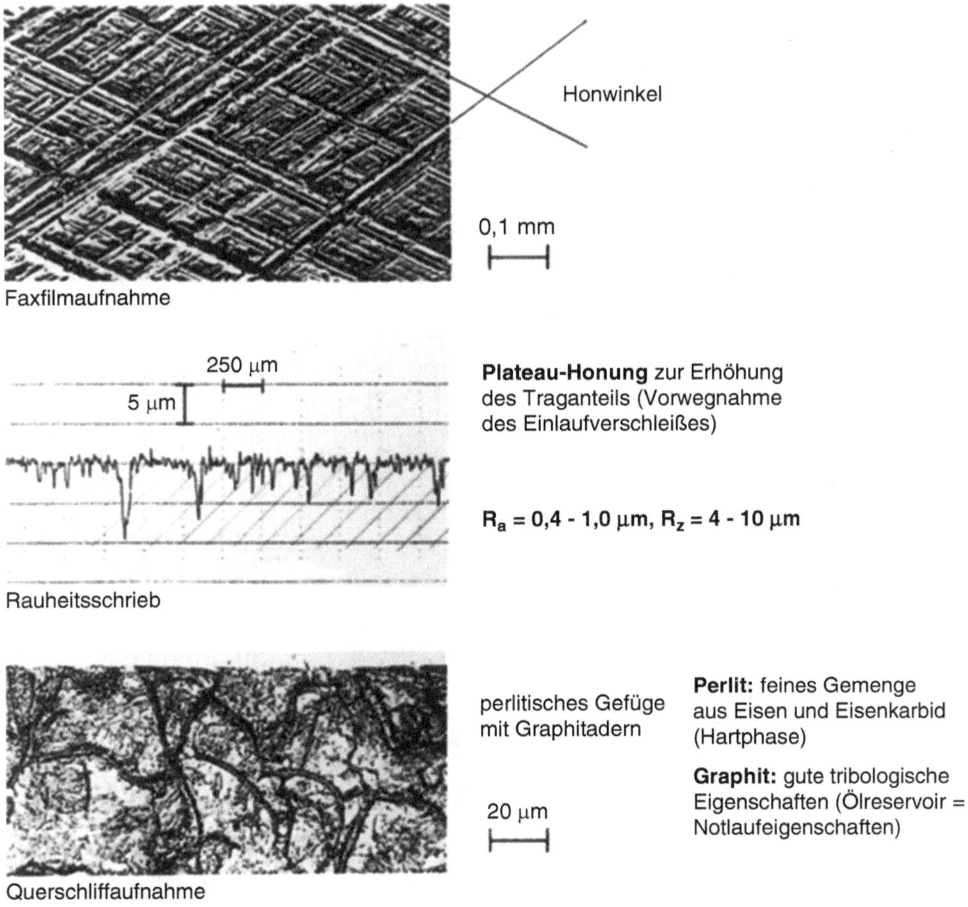

Abb. 4.120 Oberflächenbeschaffenheit von Grauguss-Zylinderlaufflächen

tribologische Eigenschaften. Zudem nehmen die Grafitadern Schmieröl in sich auf, was die Notlaufeigenschaften verbessert.

Die Verschleißfestigkeit der Lauffläche beruht auf dem perlitischen Gefüge (und Phosphidnetz [Steadit]). Zulegieren, z. B. von Chrom, erhöht die Verschleißfestigkeit. Dabei bildet sich ein Netz aus hartem, verschleißbeständigem Chromkarbid. Oberflächenbehandlungen wie das Phosphatieren verbessern das Einlaufverhalten. Das Härten bzw. Vergüten kommt vor allem bei Zylinderlaufbuchsen zur Anwendung.

Während es beim Zylinderhonen über Jahrzehnte wenig Bewegung gab, sind hier in jüngerer und jüngster Zeit zahlreiche Verfahrensfortschritte zur Oberflächenoptimierung hinsichtlich Reibung, Verschleiß (Lebensdauer) und Ölverbrauch zu verzeichnen. Zusätzlich sind neue Messmethoden zur viel genaueren Oberflächenbeschreibung entwickelt worden. Die Spiralgleithonung (siehe z. B. [169]) gilt nicht nur bei Grauguss als vorteilhafte Weiterentwicklung der herkömmlichen Plateau-Honung. Bei dieser Strukturhonung mit

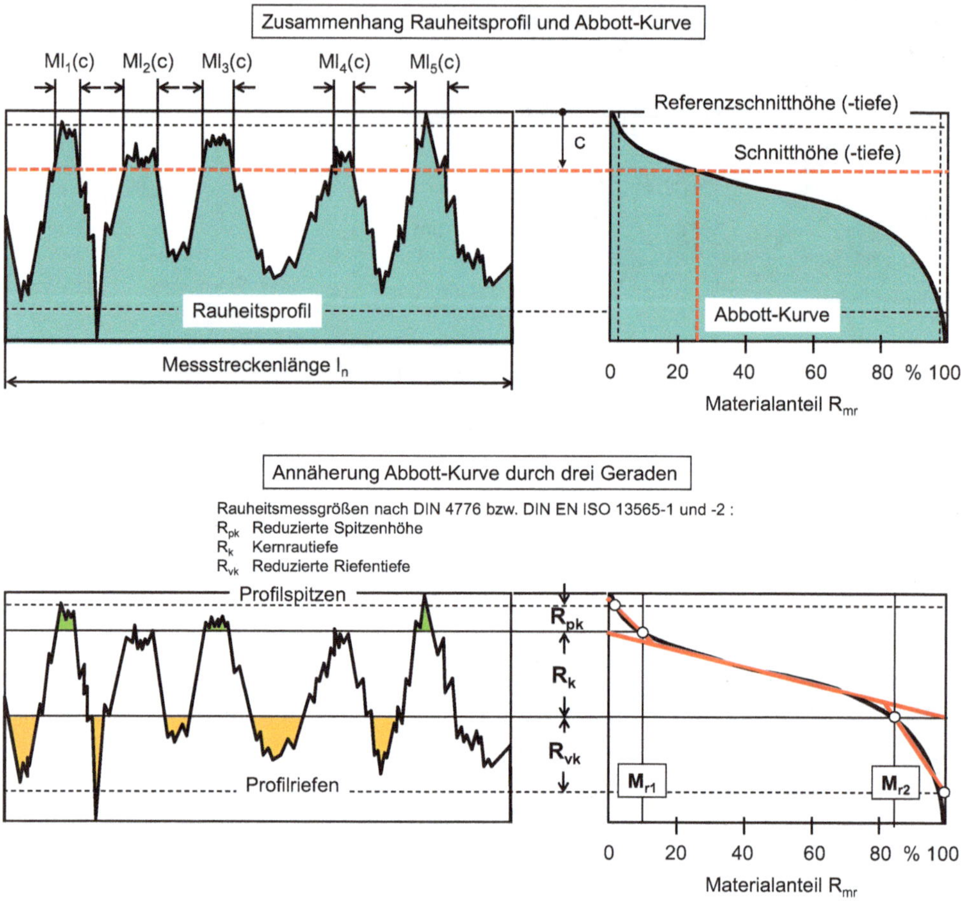

Abb. 4.121 Traganteil der Oberfläche der Zylinderlauffläche in Abhängigkeit von der Schnitttiefe; schematische Darstellung der Abbottschen Tragkurve mit den die Oberfläche kennzeichnenden Rauheitswerten

sehr ausgeprägten Plateaus wird versucht, die Vorstellung von deren idealer Gestalt real bestmöglich anzunähern. Andererseits hat diese Honung aufgrund tiefer Riefen einen relativ hohen R_{vk}-Wert. Außerdem ist der Honwinkel sehr groß, d. h. die Honriefen verlaufen bez. der Zylinderachse vergleichsweise „steil". Eine Oberflächenstruktur aus eng angeordneten, ausreichend tiefen Riefen soll bei Misch- bis Grenzreibung Reibungsverluste und Verschleiß reduzieren. Weitere Optionen sind die Laserstrukturierung – das Erzeugen kleiner Öltaschen im Bereich der Totpunkte – und die UV-Laserbehandlung. Bei Ersterer wird kleinen Öltaschen eine quasi-hydrostatische Wirkung zugeschrieben. Bei Letzterer bewirkt der UV-Laser ein Anschmelzen der Zylinderlauffläche, Verdampfen des „Blechmantels" und damit eine sicheres Freilegen der Grafitadern. Bei der nanokristallinen Erstarrung lagert sich

Stickstoff der Luft ein, womit die Oberfläche pseudo-keramische Eigenschaften erhält. Prozessbedingte Unebenheiten müssen anschließend glatt gehont werden.

4.5.1.3.2 Übereutektische Aluminium-Silizium-Legierung

Bei hubraumstarken Motoren des oberen Marktsegments behaupteten ZKG aus der übereutektischen Legierung AlSi17Cu4Mg, hergestellt im Niederdruckgießverfahren, über Jahrzehnte ihre Spitzenstellung. Es handelt sich hierbei um das einzige Al-Konzept mit unbewehrter Zylinderlauffläche. Der für diese Anwendung eisenbeschichtete (heute auch alternativ beschichtete) und aus Korrosionsschutz- und Einlaufgründen mit einem dünnen Zinn-Flash versehene Kolben läuft auf einem Traggerüst aus primär ausgeschiedenem Silizium [170–173]. Dieses wird nach dem Honen durch eine Ätzbehandlung der Zylinderlauffläche freigelegt. Heute gelingt die Freilegung auch mechanisch in Form einer weiteren Honstufe. Abb. 4.122 zeigt im Querschliff den Unterschied zwischen gehonter und anschließend noch geätzter Oberfläche. Das Zurücksetzen der Aluminium-Matrix gegenüber den an der Oberfläche befindlichen Kornflächen des Siliziums ist deutlich zu sehen. Messgröße für den geringen Überstand der Siliziumkornflächen ist der R_{pk}-Wert (0,4 – 0,8 µm). Die harten Siliziumkristalle (Korngröße 30 bis 70 µm, Härte HV ca. 1400) verleihen der Oberfläche ihre Verschleißbeständigkeit. Das Verschleißverhalten der heute generell mechanisch mittels Honleisten, deren Schneidkorn elastisch gebunden ist, freigelegten Zylinderlaufflächen kann durch nachträgliches Strukturhonen, der Spiralgleithonung ähnliche Kreuzriefen, noch verbessert werden. Letztlich hat sich nicht bewahrheitet, dass der dabei wieder steigende Anteil an oberflächlich zerstörten Si-Kristallen – der Grund, warum lange Zeit wegen Bedenken bestimmter Automobilhersteller von dieser Nachbearbeitung Abstand genommen wurde, – negative Auswirkungen zeitigt.

Vorteilen, wie hervorragende Laufeigenschaften, günstiges Verschleißverhalten und niedriger Ölverbrauch, ist gegenüberzustellen, dass das gesamte Gussteil aus einer Sonderlegierung besteht, die nur im Bereich der Zylinderbohrung tatsächlich benötigt wird und schwieriger zu bearbeiten ist. Zudem ist das für dieses Konzept optimierte Niederdruckgießverfahren taktzeitbedingt in der Ausbringung begrenzt und daher primär bei großen, vielzylindrigen Motoren mit mittleren Stückzahlen wettbewerbsfähig.

4.5.1.3.3 Nickel-Siliziumkarbid-beschichtete Zylinderlauffläche

Soll eine kostengünstige, gut vergießbare und bearbeitungsfreundliche Sekundärlegierung (Umschmelzlegierung 226 [VDS]) zum Einsatz kommen, so ist eine Beschichtung der Zylinderlauffläche denkbar, wenn das Eingießen von GJL-Buchsen wegen der damit verbundenen Nachteile nicht in Frage kommt. Nickel-Siliziumkarbid-Dispersionsschichten haben hier solche aus Chrom abgelöst. Wie aus dem Querschliff (Abb. 4.123) zu ersehen ist, ist das verschleißbeständige SiC mit einer Korngröße von wenigen µm und einem Anteil von 2,7 bis 4 Gew.% in der Ni-Matrix fein verteilt. Die Nennschichtdicke beträgt unbearbeitet 75 µm.

Die Schicht wird galvanisch abgeschieden. Das im Nickelbad dispergierte SiC-Pulver wird mit der Ni-Abscheidung eingelagert. Die Abscheidungsgeschwindigkeit beträgt

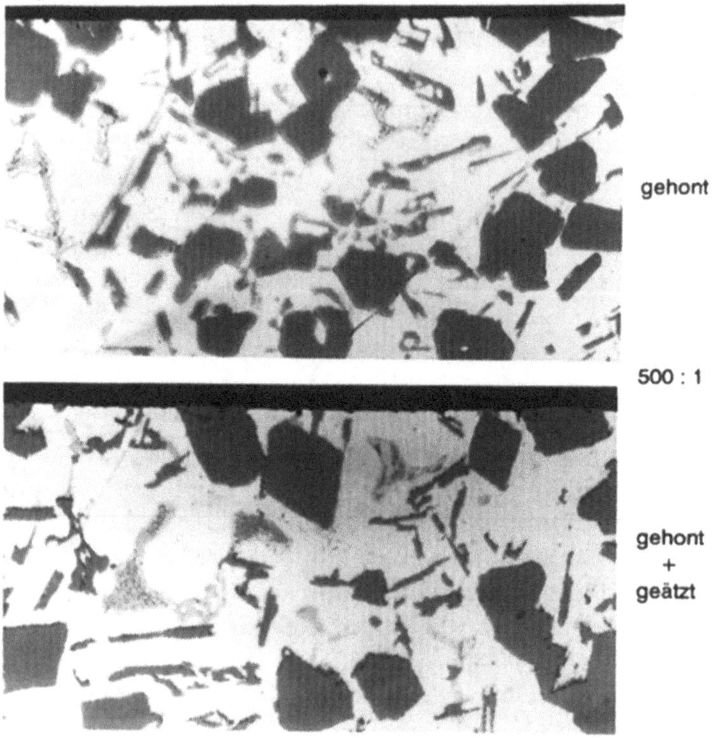

Silizium-Anteil: 16–18 Gew.% (Legierung), ca. 4–6 Gew.% als Si-Primärausscheidung, Korngröße 30–70 µm
Härte: Al-Matrix 80 90 HB, Silizium ca. 1400 HV
Rauheit nach dem Honen/Ätzen: R_a 0,3–0,5 µm, R_z 2,5–4 µm

Abb. 4.122 Übereutektische Aluminium-Silizium-Zylinderlauffläche gehont und gehont/geätzt

ca. 3 µm/min. Bei der Beschichtung taucht die Anode in die Zylinderbohrung ein. Der Elektrolyt wird ständig umgepumpt und strömt vertikal durch den ringförmigen Spalt zwischen Anode und Zylinderwand.

Ni-SiC-Dispersionsschichten zeichnen sich durch sehr günstige Eigenschaften aus:

- hohe Härte (Ni HV 610 ± 60, SiC ca. HV 2500)
- geringe Oberflächenrauheit ($R_a \leq 0{,}3$ µm; zum Vergleich: übereutektische Lauffläche [nach Ätzen] ≥ 0,3 µm, GJL-Lauffläche $0{,}4 \leq R_a \leq 0{,}8$ [1,0] µm)
- hervorragende Benetzung (hohe Affinität Schmieröl/Nickel)
- Kolben ohne teure Sonderbeschichtungen
- Reibleistungsvorteile aufgrund geringer Oberflächenrauheit (zumindest tendenziell; Haupteinfluss: reduzierte Kolbenring-Tangentialkräfte wegen vergleichsweise glatter Zylinderlauffläche möglich)
- tauglich auch für sehr hohe spezifische Leistungen (Rennsport)

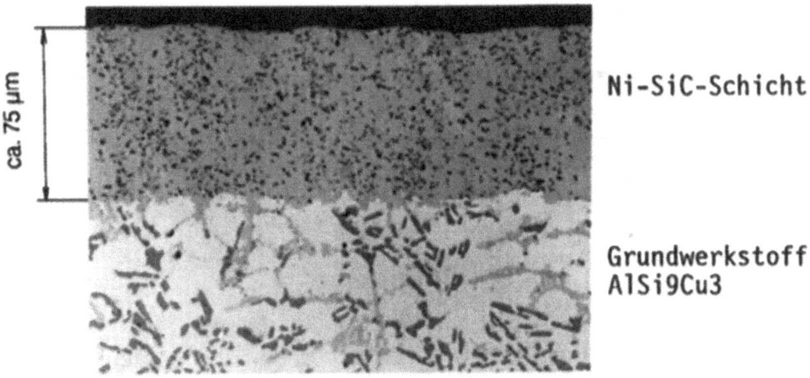

Siliziumkarbid-Anteil: 2,7–4,0 Gew.%, mittl. Korngröße 2,5 µm
Härte: Nickel-Matrix ca. 610 HV, Siliziumkarbid ca. 2500 HV
Rauheit nach dem Honen: $R_a \leq 0{,}3$ µm, $R_z \leq 2{,}5$ µm

Abb. 4.123 Ni-SiC-dispersionsbeschichtete Al-Zylinderlauffläche

Neben den genannten Vorteilen beinhaltet das Beschichtungskonzept auch einige nicht von der Hand zu weisende Nachteile:

- hohe Anforderungen an die Oberflächenqualität der Zylinderbohrung, d. h., nur weitestgehend porenfreie Oberflächen sind beschichtbar. Nach Stand der Technik für Mehrzylinder-ZKG nur im Niederdruck-Kokillenguss garantiert (Druckguss problematisch)
- teure Beschichtungsanlagen und aufwändige Prozesstechnik
- Nickel wird zunehmend als toxisch eingestuft und ist daher in die Umweltdiskussion geraten
- beschichtete ZKG in Bezug auf Handling sehr empfindlich; gewisses Ausschussrisiko
- keine einfache Reparaturlösung vorhanden (Entschichten und erneutes Beschichten im Werk)
- Korrosionsprobleme in Verbindung mit stark schwefelhaltigem Kraftstoff, die den Einsatz bei Pkw-Serienmotoren auf einige wenige Jahre beschränkt haben. Der hohe Schwefelgehalt des Kraftstoffs ist in einigen Regionen der Welt noch ein Problem.

Beim Recycling ist Nickel als Legierungsbestandteil je nach Spezifikation u. U. nicht unerwünscht.

4.5.1.3.4 Verbundwerkstofftechnik zur lokalen Erzeugung von Al-Zylinderlaufflächen

Die Nutzung von Verbundwerkstofftechniken eröffnet die Möglichkeit, die Anwendung von Werkstoffen mit den gewünschten tribologischen Eigenschaften auf die Zylinderbohrung lokal zu begrenzen. Das hier kurz vorgestellte Konzept orientiert sich am Vorbild der motorisch erprobten und überaus bewährten übereutektischen AlSi-Legierung. Es beruht auf einem Verfahren, mit dem es gelingt, lokal Si-Körner in eine Matrix aus untereutektischer, konventioneller Umschmelzlegierung in der Weise einzubinden, dass eine der Primär-Si-Ausscheidung ähnliche Morphologie entsteht [174]. Hierzu wird eine hohlzylindrische Preform aus Si bzw. Si und Al_2O_3-Kurzfaser im Druckguss oder diesem ähnlichen Verfahren mit Legierung 226 (VDS) infiltriert. Dabei entsteht im Bereich der Zylinderbohrung ein Verbundwerkstoff, der bezüglich seiner Beschaffenheit und Eigenschaften mit der übereutektischen Legierung vergleichbar ist.

Abb. 4.124 zeigt eine solche Preform aus Si und Al_2O_3-Faser. Eine ähnliche Technologie hat bereits durch HONDA eine Serienanwendung gefunden [175]. Das tribologische System von HONDA beruht allerdings nicht auf Si, sondern auf Al_2O_3- und Kohle-Faser. Beim hier beschriebenen Konzept hat der geringe Faseranteil dagegen nur eine Trägerfunktion für die Si-Partikel. Darüber hinaus kompensiert er das Festigkeitsdefizit infolge innerer Kerbwirkung durch die relativ großen Partikel. Für primär tribologische Anwendungen ohne besondere Anforderungen an die Festigkeit (keine Minimalabmessungen im Stegbereich zwischen den Zylindern) kommt eine faserlose Variante des Verbundwerkstoffs zum Einsatz (ohne Faserzugabe grundsätzlich anderer Preform-Herstellprozess). Dieses Laufflächenkonzept wurde viele Jahre beim ZKG des PORSCHE „Boxster“ bzw. 911 angewandt.

Abb. 4.124 Preform zur Erzeugung lokaler Verbundwerkstoff-Zylinderlaufflächen durch Infiltration mit Al-Umschmelzlegierung 226 (VDS); Patent damalige KS Aluminium-Technologie AG, heute KS Huayu AluTech GmbH, Zusammensetzung: 5 Vol.% Al_2O_3-Faser (Durchmesser 3 μm, Länge 60 μm) 15 Vol.% Si-Partikel (Korngröße $\leq$70 μm)

4.5.1.3.5 Thermische Spritzschichten

Es ist bei hoch beanspruchten Aluminium-ZKG von Pkw-Motoren derzeit ein Trend zu verzeichnen, auf quasi-monolithische ZKG-Konzepte zu setzen, d. h. einerseits weitgehend von der thermischen Entlastung des Werkstoffs Aluminium zu profitieren, andererseits hinsichtlich der Optimierung der Zylinderlaufflächen nicht an einen speziellen Grundwerkstoff gebunden zu sein. Deshalb finden nun thermische Spritzschichten nach langer Entwicklungs- und Erprobungszeit den Weg in die breitere Serienanwendung. Spritzschichten bei Kolbenringlaufflächen sind schon lang Stand der Technik. Während Düsenabstand und Strahlwinkel dort keinen Einschränkungen unterliegen, zeigt die Innenbeschichtung nicht nur Tücken bei kleinen Zylinderdurchmessern. Nicht zuletzt auch die Schichthaftung (es entsteht keine metallische Bindung) auf dem Grundwerkstoff – Messgröße Haftzugfestigkeit – bedurfte einer sicheren Lösung. Thermische Spritzschichten sind auch Diesel-fähig [176]. Die Dieselmotorenfamilie eines Automobilherstellers basiert, beiläufig bemerkt, bereits seit vielen Jahren auf Aluminium-ZKG. Insbesondere Dieselmotoren stellen höhere Anforderungen an die Werkstoffeigenschaften des Aluminium-Gussteils, sprich an Legierung und Gießverfahren. Letzteres nimmt hinsichtlich erzielbarer Gussqualität (Porosität) im Zylinderbohrungsbereich zudem direkt Einfluss auf die dortige Beschichtungsfähigkeit.

Folgende Verfahren kommen für thermisch gespritzte Zylinderlaufflächen grundsätzlich in Frage:

- Atmosphärisches Plasma-Spritzen (APS)
- Lichtbogen-Drahtspritzen (LDS)
- Plasma Transferred Wire Arc (PTWA)
- Hochgeschwindigkeits-Flammspritzen (HVOF).

Hinsichtlich der Beschichtungswerkstoffe gibt es Einschränkungen. Während bei LDS und PTWA nur metallische Beschichtungswerkstoffe Verwendung finden, da sie auf Schmelzen von Draht im Plasma-Lichtbogen, Zerstäuben, Beschleunigen sowie Abscheiden des flüssigen Metalls mittels Zerstäubergas basieren, gibt es bei APS und HVOF, die auf einem pulverförmigen Beschichtungswerkstoff basieren, weitere Optionen. Es sind dann neben metallischen auch keramische Beschichtungswerkstoffe, sogar die Zugabe von Festschmierstoffen, möglich. Serienmäßig Anwendung haben bisher APS, LDS und PTWA gefunden. PTWA unterscheidet sich im Wesentlichen von LDS, indem der Vorschub nur eines Drahts (Draht ist Anode, Festkathode) zu regeln ist, Abb. 4.125 [177]. Darin könnte ein Vorteil hinsichtlich Prozesssicherheit gesehen werden. Pulver ist hygroskopisch und dadurch prinzipiell schwieriger zu verarbeiten als Draht. Mit einem Verfahrensvergleich von LDS und PTWA beschäftigt sich u. a. auch [178].

Die üblichen thermischen Spritzschichten basieren werkstofflich auf einer Art Stahl, also Eisen und einigen 1/10 % Kohlenstoff, optional legiert mit Chrom, aber auch Nickel, Molybdän etc. Angestrebt wird eine fein- bis nanokristalline Schicht, die durch Honbearbeitung – hier wird im Extremfall von „Spiegelhonung" gesprochen – eine besonders glatte Oberfläche mit dabei – sehr wichtig – freigelegten feinen Poren erhält. Da die betreffenden

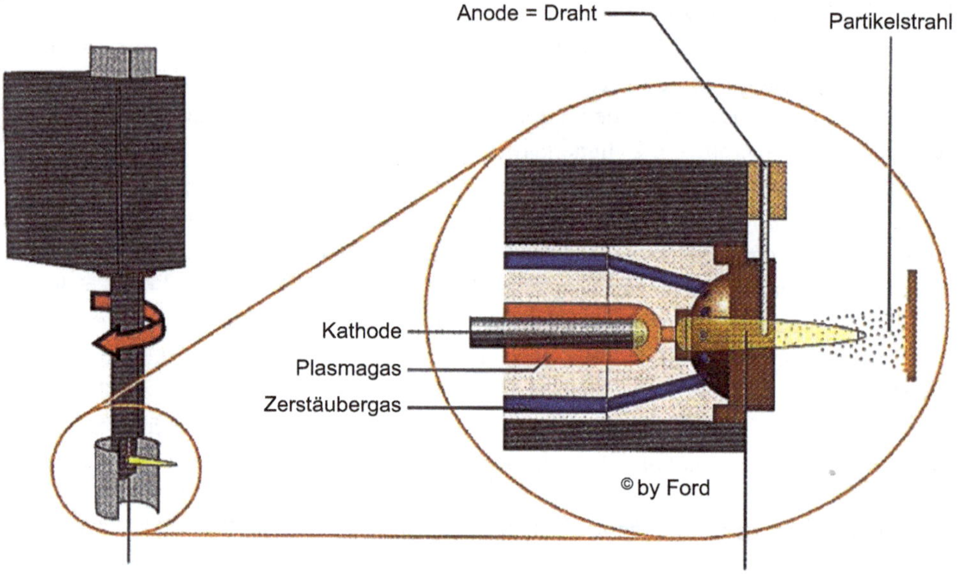

Abb. 4.125 Prinzip der PTWA-Zylinderlaufflächenbeschichtung (aus [177]); die Rotationsachse befindet sich im Zentrum des Drahtquerschnitts

Beschichtungsverfahren nur unter atmosphärischen Bedingungen wirtschaftlich handhabbar sind, sind oxydische (quasi-keramische) und karbidische Einschlüsse sowie Poren unvermeidlich. Erstere verbessern jedoch die Notlaufeigenschaften, Letztere haben quasi-hydrostatische Wirkung und liefern damit erst die Voraussetzung für die untypisch besonders glatte Oberfläche. Diese ist in der Lage, Reibung und Verschleiß nachweisbar weiter zu verringern. Immer noch hochschwefelhaltiger Kraftstoff in einigen großen Märkten, korrosive Belastung durch hohe AGR-Raten und sowie höherer Verschleiß infolge Kraftstoffverdünnung müssen aktuell bei der Werkstoffwahl stärkere Berücksichtigung finden [179].

Um eine ausreichende Schichthaftung zu erreichen, muss die Zylinderoberfläche speziell „aktiviert" werden. Dies kann mittels Korundstrahlen oder Hochdruckwasserstrahlen erfolgen. Es hat sich zur Erzielung der erforderlichen Haftzugfestigkeit von mindestens 60 MPa aber schließlich als unvermeidlich erwiesen, die Beschichtung im Grundwerkstoff regelrecht zu verankern. Dazu müssen die Zylinderbohrungen mittels eines sehr speziellen Drehstahls mit Profilschneide „aufgeraut" werden. Die dabei erzeugten Drehriefen haben im Querschnitt etwa ein Schwalbenschwanz-Profil, verfügen somit über geringen Hinterschnitt, Abb. 4.126 [180, 181]. In der Bearbeitungslinie darf beim Honen nicht Bezug auf die Indexbohrungen des ZKG genommen werden. Zur Erzielung konstanter Schichtdicke in den Zylinderbohrungen muss stattdessen mit einer gelenkigen Werkzeugaufnahme gearbeitet werden. Die dadurch bewirkte Selbstzentrierung ermöglicht dann einen weitgehend-gleichmäßigen Abtrag.

Abb. 4.126 PTWA-Beschichtung der Zylinderlaufflächen bei Porsche Boxermotoren (aus [179]) (links); Verankerung der Beschichtung mittels gering hinterschnittener Drehriefen im Grundwerkstoff (rechts)

4.5.1.4 ZKG-Gießverfahren

Da die Gießverfahren beim Al-ZKG Bestandteil des Konzepts sind, soll ihnen hier ein kurzer Abschnitt gewidmet werden. Während beim Grauguss ausschließlich mit Sandformen im Schwerkraftverfahren gegossen wird, haben beim Aluminium vor allem auch die druckbeaufschlagten Verfahren Bedeutung erlangt. Dabei erstarrt das ZKG in der Stahlkokille auf der Schwerkraft- oder Niederdruckgießstelle bzw. in der Stahlform in der Druckgießmaschine. Mit dem Gießdruck steigt auch der Wärmeübergangskoeffizient. Mit dem rascheren Wärmeentzug verkürzt sich die Taktzeit. Im Druckguss und diesem ähnlichen Verfahren lassen sich deshalb Al-ZKG sehr wirtschaftlich herstellen.

Beim Schwerkraft-Sandguss ist die Erstarrungszeit nicht maßgeblich für die Taktzeit, da die Sandformen nach der Befüllung mit Metall nicht an der Gießstelle bis zur Erstarrung verweilen müssen. Sie kühlen auf einer Rollenbahn ab, während laufend neue Teile gegossen werden. Das Schwerkraft-Sandgießverfahren ist heute ebenso automatisierbar/roboterisierbar (Kernherstellung, Zusammenlegen der Formen und Gießen) wie die Druckgießzelle. Letztere ist hinsichtlich ihrer Produktivität auf engstem Raum auch unter Investment-Gesichtpunkten, eine für dieses Verfahren optimierte Konstruktion des ZKG vorausgesetzt, kaum zu schlagen.

In Tab. 4.9 sind die wichtigen Gießverfahren mit praktischer Bedeutung aufgeführt, wobei die Bewertung im Hinblick auf den Werkstoff Aluminium vorgenommen wird. Es ist stets schwierig, unter Würdigung aller Vor- und Nachteile „das beste Verfahren" zu identifizieren. Tatsache ist, dass es bezüglich des Al-ZKG eine Vielzahl an Alternativen gibt, die dem Eisengießer nicht zur Verfügung stehen. Weiterhin unbestritten sind die

Tab. 4.9 Übersicht über die gebräuchlichen Gießverfahren zur Herstellung von Al-ZKG

Schwerkraftguss		
Gießwerkzeuge, Gießformen	• Sandformen • Sand-/Styropormodelle • Stahl-/Sand-Halbkokillen (SPM = „Semi Permanent Mold“) • Stahlkokillen	
Gießverfahren	**Vorteile**	**Nachteile**
Sandguss/Kernpaket-Verfahren (automatisierter Sandguss)	Taktzeit unabhängig von der Erstarrungszeit Hohe Lagerstuhlfestigkeit (schnelle Erstarrung, kleiner DAS[1]) mit eingeformten Kühleisen prinzipiell darstellbar (Anschnitt Lagerstuhlseite) Weitgehende Konstruktionsfreiheit (Komplexität, Funktionsintegration, Vermeidung von Materialanhäufungen) Eignung für Großserienfertigung	Beschränkung auf lokale, passive Kühlmaßnahmen Ohne diese sehr begrenzte Beeinflussungsmöglichkeit der Erstarrung (grobes Gefüge, Porosität, Seigerungen) Komplexität (Anzahl der Sandkerne) treibt Kosten Hohe Anforderungen an Sandkernqualität (z. B. manuelles Putzen nicht möglich) Einhaltung von Toleranzen (Maße, Lage) Gefahr größerer Spaltbildung bei Eingussteilen (z. B. Zylinderlaufbuchsen) Geringe Anlagenflexibilität Umwälzung großer Sandmengen (Sand-Recycling)
Kokillenguss (Stahl bzw. SPM)	Taktzeitreduzierung bei Karussell-/Linearanlagen Beeinflussung der Erstarrung durch aktive Kühlung Hohe Lagerstuhlfestigkeit (schnelle Erstarrung bei geeignetem Anschnitt) Kokillen tendenziell kostengünstiger im Vergleich mit Niederdruckguss	Gussqualität (Porositäts- und Lunkergefahr) im Übergang unterer Zylinderbereich – Kurbelraum (Wärmezentrum, problematische Nachspeisung über lange Speisungswege zum Kopfspeiser)
Vollformguss (Lost Foam)	Taktzeit unabhängig von der Erstarrungszeit Größtmögliche konstruktive Freiheit	Aufwändige Herstellung des Styropormodells (Kleben, wenn mehrteilig) Gratbildung an Klebefugen Gasentwicklung beim Gießen Kühleisen bzw. Eingießen von Eingussteilen (z. B. Zylinderlaufbuchsen) nicht möglich Mäßige Gussqualität infolge langsamer Erstarrung)

(*Fortsetzung*)

Tab. 4.9 (Fortsetzung)

Niederdruckguss		
Gießwerkzeuge, Gießformen	• Sandformen • Stahl-/Sand-Halbkokillen (SPM = „Semi Permanent Mold") • Gekühlte Stahlkokille mit Temperaturführung (Heizung + Kühlung)	
Gießverfahren	**Vorteile**	**Nachteile**
Niederdruck-Sandguss/ Kernpaket-Verfahren System „Cosworth" (Metallpumpe)	Verfahren weitgehend mechanisierbar Taktzeitreduzierung durch „Roll-over"-Option (Abkoppeln von der Gießstelle nach Formfüllung; Anguss wird Speiser)	Vergleichbar mit Schwerkraft-Sandguss
Niederdruck-Kokillenguss	Turbulenzarme, vertikale Formfüllung („bottom up") Nahezu ideal gerichtete Erstarrung „top down" zum Anguss (günstige Beeinflussung der Erstarrung durch Heizung und aktive Kühlung) Sehr geringe Porosität im Zylinderbereich (beschichtungsfähig) Für übereutektische AlSi-Legierungen optimiertes Gießverfahren Wirtschaftlich bei Minimum an Sandkernen	Lange Erstarrungszeit/Taktzeit (Belegung der Gießstelle bis zur Erstarrung) Infolge Angussnähe länger dauernde Erstarrung der Lagerstühle (keine Höchstwerte an Festigkeit erzielbar) Versteifende Verrippung gröber, primär diagonal/vertikal Optimale Eignung für kleinere bis mittlere Stückzahlen
Anmerkung zu Schwerkraft- und Niederdruckguss: Generelle Vorteile: – Uneingeschränkte Wärmebehandelbarkeit (Festigkeitssteigerung) – Closed-deck-Bauweise mit Wassermantel-Sandkern unproblematisch Prinzipieller Nachteil: Infiltrationstechniken („In-situ"-Erzeugung von Verbundwerkstoffen (MMC)) nicht möglich		
Druckguss/Druckgießverfahren		
Gießwerkzeuge, Gießformen	Stahlformen	
Gießverfahren	**Vorteile**	**Nachteile**
Herkömmlicher Druckguss	Hohe Produktivität infolge sehr kurzer Taktzeit (Massenfertigungsverfahren) Sehr schnelle Erstarrung („Skin"-Effekt) Geringe Wanddicken darstellbar (Leichtbau) Versteifung durch filigrane Verrippung	Verfahrensbedingte Gasporosität: – nur bedingt stabilisierbar (keine festigkeitssteigernde Wärmebehandlung) – kaum schweißbar – nur eingeschränkt beschichtbar (Zylinderlaufflächen) Beschränkung auf Open-deck-

(Fortsetzung)

Tab. 4.9 (Fortsetzung)

		Bauweise (Technologien für druckgussfeste Wassermantel-Sand- bzw. Salzkerne bisher kaum in Anwendung)
Druckguss mit Echtzeitregelung	Breit wählbare Prozessparameter Eignung für die Herstellung von Verbundwerkstoffen (MMC) mittels Infiltration von porösen „Preforms“	Steuerung verteuert Druckgießmaschinen (mittlerweile jedoch Standard) Zahlreiche ältere Maschinen für Prozess nicht geeignet
Druckguss mit Vakuum-Unterstützung/Vakuum-Druckguss	Guss abhängig vom Vakuum Schweißbar Wärmebehandelbar (Festigkeitssteigerung)	Aufwändigere Prozesstechnik Geringere Prozesssicherheit (störungsanfälliger)
Squeeze-Casting	SC-Prozess mittlerweile auch auf Druckgießmaschinen mit Echtzeitregelung darstellbar Einschränkungen (Nachteile) des herkömmlichen Druckgusses entfallen weitgehend	Etwas längere Taktzeit Langsame Formfüllung bei langen Fließwegen erfordert größere Wanddicken als beim Druckguss (angepasste Bauteilkonstruktion) Verfahrensbedingt großer Angussbereich (Eingießgewicht) „Klassisches“ Gießverfahren mit vertikalem Gießkolben erfordert Sondermaschine Prinzipbedingte Neigung zur Oxidbildung

[1]DAS: Dendritenarmabstand

Vorteile der Druckgießverfahren, wobei allerdings gewisse gestalterische Zugeständnisse zu machen sind. Dem stehen die gestalterischen Freiheiten der Sandgießverfahren gegenüber, verbunden allerdings mit recht hohem Aufwand für das Aufbereiten, Formen und Recycling des Sands. Hinzu kommt, dass im Schwerkraftguss keine Verbundwerkstoffe hergestellt werden können.

Wie zuvor angesprochen, spiegelt sich das Gießverfahren in der Gestaltung des ZKG wieder. Hinterschnittene und mit Einschränkung auch durchbrochene Konturen können nur im Sandguss hergestellt werden. Bei Niederdruck-Stahlkokillen sind die Außenkonturen und der Kurbelraum direkt in Stahl ausformbar gestaltet. Es wird versucht, bis auf den Wassermantel bei Closed-deck-Bauweise weitere Sandkerne zu vermeiden. Die direkte Ausformbarkeit in Stahl war bis vor kurzem für den Druckguss noch eine unabdingbare Forderung. So waren keine Sandkerne verfügbar, die den hohen Drücken, der hohen kinetischen Energie und gleichzeitig hoher Temperatur standhielten. Dies schränkte die Bauweise auf Open-deck ein, was heute prinzipiell so nicht mehr gültig ist [174]. Allerdings wagt kaum ein Hersteller eine Serienanwendung.

4.5.1.5 ZKG-Konzeptvergleich, Entwicklungstrend bei Pkw

Konzeptvergleiche unter Einbeziehung aller Aspekte sind sehr umfangreich und nie frei von subjektiven Kriterien. Zudem bestimmen heute die Kosten und politische Randbedingen immer nachhaltiger die zukünftige Richtung. Alle bisher und im Folgenden zusammengetragenen Fakten dienen dem Konzeptvergleich. Eine wirklich objektive Beurteilung ist jedoch kaum möglich, denn mit einer rein technischen Argumentation gelingt es ohnehin nicht, die zukünftige Entwicklung vorherzusagen.

Mittelfristig wird der Grauguss auch bei kleinen Pkw-Vierzylinder-Ottomotoren noch zu einem gewissen Teil durch Aluminium ersetzt werden. Downsizing und damit einhergehende Steigerung der spezifischen Leistung bremst allerdings diesen Trend. Diese Umstellung erfolgt unter dem Zwang zum Leichtbau als anteilige Maßnahme zur Senkung des Kraftstoffverbrauchs, denn von der Kostenseite kann Aluminium nicht mit Grauguss konkurrieren. Aluminium hat neben der geringen Dichte auch Funktionsvorteile, wenn monolithische (buchsenlose) ZKG-Konzepte gewählt werden. Aus Kostengründen sind vorerst jedoch im Druckguss eingegossene GJL-Buchsen die Realität. Alternativ werden GJL-Buchsen auch im Schwerkraft-Sandguss eingegossen. Funktionstechnische Nachteile, wie Wärmeübergangsprobleme durch Spaltbildung zwischen Buchse und Al-Umguss, entsprechend schlechtere Wärmeleitung und Zylinderverzug, müssen unter den Kostenvorgaben von den Entwicklern, soweit möglich, teilkompensiert werden. Vor allem bezüglich Zylinderverzug können remanente Eigenspannungen durch Aufschrumpfen des Al-Umgusses – verstärkt durch unterschiedliche Werkstoffeigenschaften (Wärmeausdehnungskoeffizient, E-Modul) und lokale Effekte – negativ in Erscheinung treten. Schwindungs- und toleranzbedingte Wanddickenunterschiede bei den Buchsen nach Bearbeitung tragen das Ihrige dazu bei, insbesondere hinsichtlich Warmverzug. Die durch Buchsen vorgegebene größere Stegbreite ist ebenfalls eine Tatsache. Einige Neuentwicklungen kennzeichnen allerdings Extremauslegungen unter teilweiser Vernachlässigung von Toleranzen und Anforderungen an die Gießbarkeit (prozesssichere Serienproduktion).

Für minimale Stegbreiten könnten zusammengegossene Buchseneinheiten, so genannte Brillen, eingesetzt werden. Hier sind jedoch herstelltechnische Probleme nicht zu unterschätzen. Dieses Konzept wurde in Japan vorgestellt.

Berechtigte Aussichten auf eine Rückkehr zu monolithischen Konzepten eröffnete die lokale Anwendung von Verbundwerkstoffen (oft auch als „MMC“ = Metal Matrix Composites bezeichnet). Dieser Technologie wird jedoch immer noch mit großer Zurückhaltung begegnet. Zunehmende Bedeutung gewannen zeitweilig AlSi-Buchsen auf pulvermetallischer Basis. Die funktionstechnischen Vorbehalte gegen das kompakte Open-deck mit zusammengegossenen Zylinderbohrungen nahmen unter dem enormen Kostendruck und der allgemein zur Kenntnis genommenen zunehmenden Verbreitung dieser Bauweise stetig ab. Längerfristige Erwartungen werden an thermische Spritzschichten geknüpft. Deren Potenzial wurde bereits auch in Pkw-Dieselmotoren in der Serienproduktion unter Beweis gestellt.

4.5.2 Beanspruchung des ZKG, allgemeiner konstruktiver Aufbau und Funktionsmerkmale

Das ZKG muss folgende Belastungen aufnehmen:

- Gaskräfte
- freie Massenkräfte und -momente
- innere Kräfte und Biegemomente (ZK- und Hauptlagerverschraubung)
- Nutzdrehmoment

Das Nutzdrehmoment und die freien Massenwirkungen stützen sich über die Motorlagerung ab. Bei einem Minimum an Masse ist ein Höchstmaß an Steifigkeit und Festigkeit zu realisieren, um den Kolben und der Kurbelwelle die für ihre einwandfreie Funktion notwendige Umgebung zu garantieren. Die vielfältigen ZKG-Konzepte tangieren direkt die Konstruktion des Bauteils. Einiges kann daher unter Bezug auf vorangehende Abschnitte als bekannt vorausgesetzt werden. Die Abb. 4.127 und 4.128 zeigen prinzipiell den konstruktiven Aufbau eines Reihen-Vierzylinder-ZKG. Die Elemente, aus denen sich das Gehäuse aufbaut, wurden schon in unterschiedlichem Zusammenhang erwähnt, sodass es sich nachfolgend vor allem um eine kurze Zusammenfassung handelt.

Der Zylinderblock enthält die Zylinderbohrungen mit Laufflächen bestimmter Ausführung, die vom Wassermantel umgeben sind. Vom steuerseitigen Druckstutzen der Wasserpumpe gelangt das Kühlmittel in den Wassermantel. Der Druckstutzen kann mitsamt der „Wasserpumpenschnecke“ am Zylinderblock angegossen sein. Die an den seitlichen Außenwänden innen angebundenen ZK-Schraubenpfeifen sind im Stegbereich zwischen den Zylindern weit nach innen versetzt. Den oberen Abschluss bildet das Zylinderdeck, den unteren bei herkömmlichen ZKG das Wasserraumdeck. Unterhalb schließt sich das seitlich ausladende Kurbelgehäuse an, bei konventioneller Bauweise mit dem Ölwannenflansch als unterem Abschluss. Der Kurbelraum ist im Allgemeinen auf seiner Innenseite schottähnlich durch Lagerstühle unterteilt. Diese enthalten auf ihrer Unterseite die halbkreisförmigen Aussparungen für die Kurbelwellenlagerung, die in ihrer Gesamtheit als Lagergasse bezeichnet werden. Links und rechts der Hauptlager sind die Gewindebohrungen der Hauptlagerverschraubung eingebracht. Abtriebsseitig ist ein meist ausladender Flansch für die Getriebeankopplung angegossen, u. U. mit Anlasserflansch. Die Außenflächen sind aus Versteifungsgründen mehr oder weniger stark verrippt und zudem mit einer Vielzahl von Flanschflächen und Befestigungsaugen für Nebenaggregate und Anbauteile versehen.

Das ZKG beinhaltet, wenn es zusammen mit dem Zylinderkopf (oben schon mit ZK abgekürzt) als Motorrumpfeinheit betrachtet wird, ein Schmieröl-Versorgungssystem (Leitungssys-

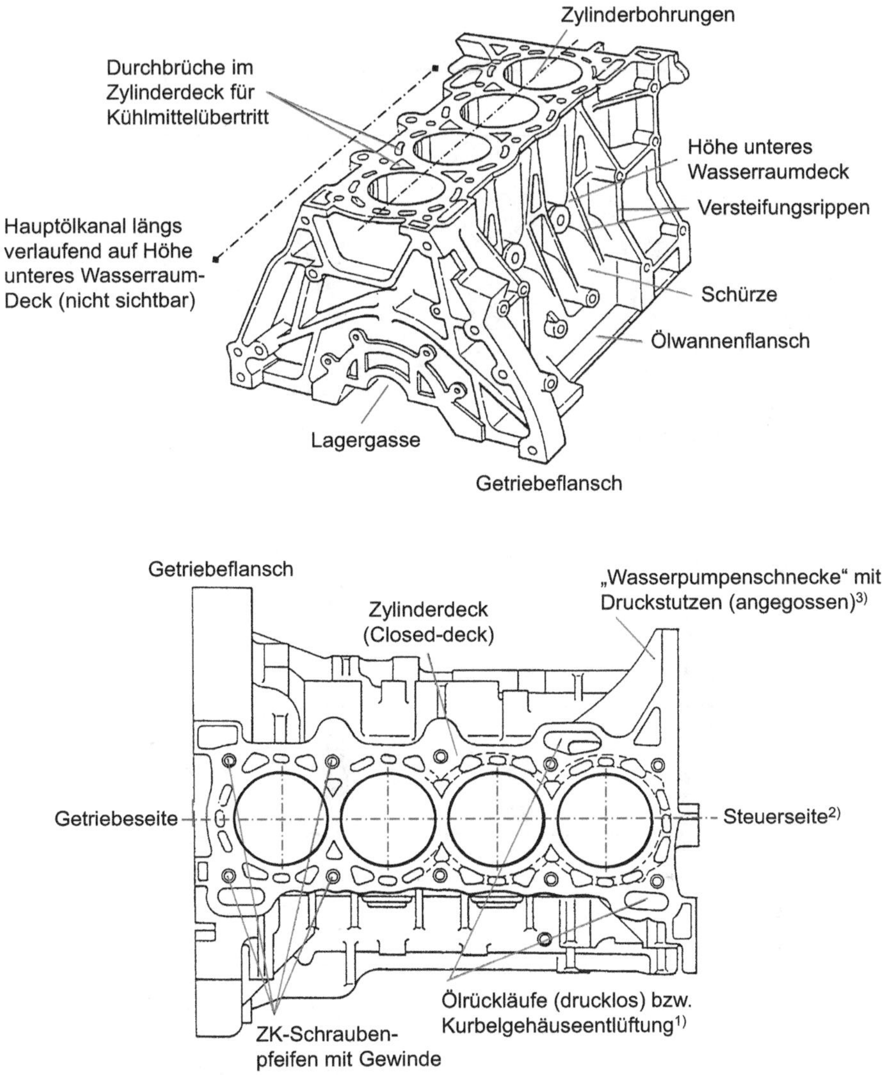

Abb. 4.127 Prinzipdarstellung des konstruktiven Aufbaus eines ZKG (hier Vierzylinder-Reihenmotor in Closed-deck-Bauweise); perspektivische Ansicht und Draufsicht auf das Zylinderdeck

tem) und ein Entlüftungssystem für Blow-by-Gase. Daneben können weitere Bestandteile des Schmieröl-Versorgungssystems direkt integriert sein. In der Zuführungsleitung von der Ölpumpe liegt das den Systemdruck begrenzende Überdruckventil. Das nicht unmittelbar in den Ölsumpf rückgeführte Drucköl gelangt zum Ölfilter, für dessen Anbringung ein

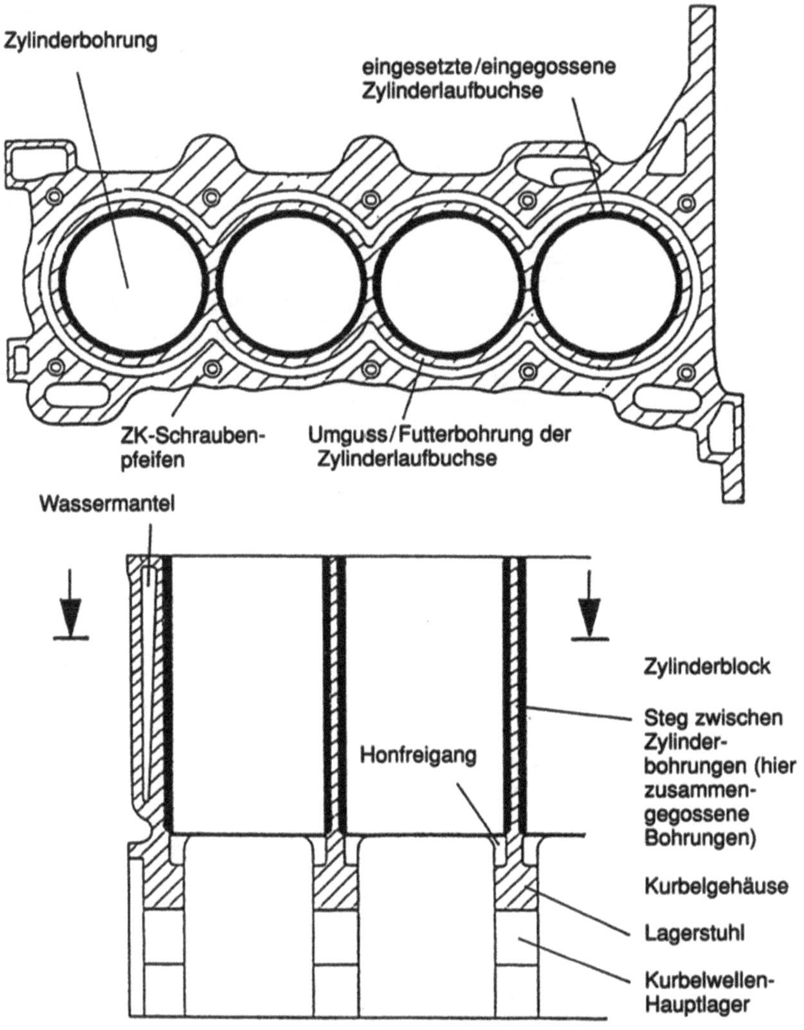

Abb. 4.128 Ergänzung zu Abb. 4.127: horizontaler Schnitt durch ein ZKG in Höhe Wassermantel (oben) und Längsschnitt (unten) mit Blick auf Zylinderbohrungen, Stege und Hauptlagerwände

Flansch an geeigneter Stelle des Gehäuses vorzusehen ist. Hierbei handelt es sich um ein Hauptstromölfilter, weil es von der Gesamtmenge des Drucköls durchströmt wird. Das Hauptstromölfilter kann mittels eines Kurzschlussventils überbrückt werden (bei verschmutztem Filter oder sehr zähflüssigem Öl bei tiefen Temperaturen). Hinter dem Ölfilter befindet sich u. U. noch ein Ölkühler, wofür Anschlüsse für den Zu- und Rücklauf benötigt werden. Vieles davon kann jedoch auch eine getrennte Baugruppe bilden. Die Ölpumpe kann auch mit weiteren Elementen in einen Frontdeckel integriert sein.

Schließlich gelangt das Drucköl in den längs im ZKG verlaufenden Hauptölkanal, der die Rolle des zentralen Versorgungskanals für die motorinternen und peripheren Schmierstellen übernimmt. Der Hauptölkanal wird vorgegossen oder tieflochgebohrt. Hinsichtlich der Dichtheit des Gusses werden hohe Anforderungen gestellt (Nachverdichten des Gusses im Wasser- und Schmierölbereich nicht unüblich). Von den Lagerstühlen aus sind Ölzuführungsbohrungen zum Hauptölkanal gebohrt, seltener vorgegossen. Ein mehr oder weniger vertikaler Zuführungskanal führt vom Hauptölkanal zum ZK. Er mündet dort wiederum in einen längs horizontal verlaufenden Schmieröl-Versorgungskanal für die Nockenwellenlager, Tassenstößelführungen (falls vorhanden) u. a. Sind Winkelkanäle nicht zu vermeiden, so wird üblicherweise von zwei Seiten gebohrt, und die Bohrungen werden von außen verdeckelt.

Bei Kolbenkühlung wird häufig ein parallel zum Hauptölkanal verlaufender Versorgungskanal mit Verbindungen zu den Spritzdüsen vorgesehen. Die benötigte Schmierölmenge kann notfalls auch im Hauptlagerbereich abgezapft werden und über Bohrungen in den Lagerstühlen zugeführt werden. Der Versorgungskanal hat den Vorteil, dass nur ein einziges Überström-Druckventil benötigt wird. Das Ventil ist so eingestellt, dass die Anspritzung im Leerlauf und bei niedriger Drehzahl (geringe Fördermenge der Ölpumpe) zwecks Aufrechterhaltung der Schmierung nicht aktiv ist.

Auch dem drucklosen Systemteil gilt besondere Aufmerksamkeit. In Abb. 4.127 sind Ölrücklaufkanäle angedeutet. Diese sind oft nur auf der „tiefen“ Seite (Motor im Einbau geneigt) angeordnet. Die Kanäle auf der anderen Seite dienen dann der Entlüftung. Es kommt insbesondere darauf an, das Schmieröl in möglichst kurzer Zeit auf ein Niveau unterhalb der Kurbelwelle abzuführen, um Ölverschäumung, dadurch verursachte zusätzliche Reibungsverluste, Öloxidation und Ölstandsabsenkung zu begrenzen. Dabei ist auf eine großzügige Querschnittsbemessung zu achten.

Ähnlich verhält es sich mit dem System zur Kurbelraumentlüftung mit integrierter Ölabscheidung. Analog zu den in Abb. 4.127 angedeuteten Ölrückläufen kann dies mit Hilfe von Schächten realisiert werden, die im ZK bis zum Ölabscheider (üblicherweise unterhalb des ZK-Deckels) fortgeführt werden. Bei kleinen Reihenmotoren ist der Regelfall allerdings die externe Führung der Entlüftung über eine seitliche Öffnung in der Kurbelgehäusewand. Die konventionelle Lösung ist die Entlüftung über den Kettenschacht, wenn der Nockenwellenantrieb noch mittels Kette erfolgt.

Heutige Motoren verfügen über recht aufwändige Kurbelraumentlüftungen, die auf den jeweiligen Betriebszustand des Motors abgestimmt sind.

Von ausgesprochener Wichtigkeit ist der Druckausgleich im Kurbelraum zwischen den Zylindern allein schon aus Gründen der Motorleistung. Er trägt zudem zu den aus Funktions- und Emissionsgründen geforderten niedrigen Nulllast-Blow-by-Werten bei. Können die Durchbrüche im Lagerstuhl nicht gegossen werden (im Sandguss kein Problem), so müssen sie später von der Front- oder Rückseite her gebohrt und verdeckelt werden (Stahlkokille/Stahlwerkzeug ohne Sandkerne) (Abb. 4.129).

Bei V-Anordnung der Zylinder erlaubt die Schrägstellung der Zylinderbänke, die dann höher gelegenen Kanäle auf der V-Innenseite zur Entlüftung und diejenigen auf der

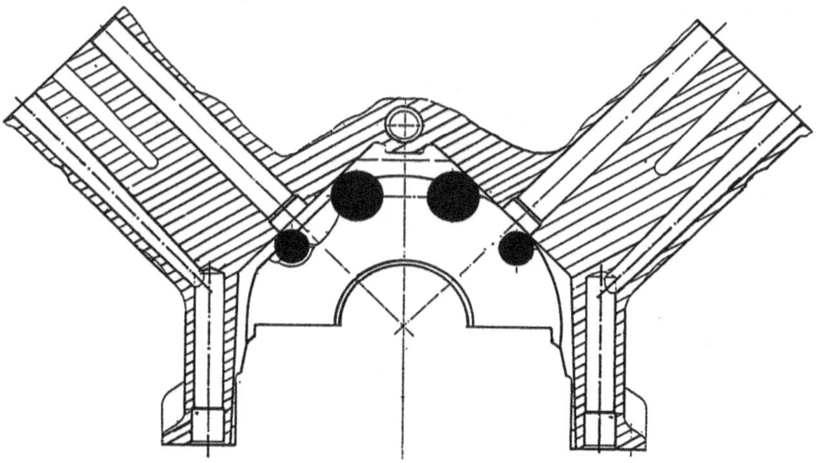

Abb. 4.129 Gebohrte Druckausgleichsbohrungen in den Lagerstühlen eines Al-ZKG, gegossen in einer Niederdruck-Stahlkokille (älterer M.-B. V8-Motor)

Außenseite – wo sich aufgrund der Schwerkraftwirkung das Schmieröl sammelt – als Ölrückläufe heranzuziehen. Ähnliches bietet sich bei in größerer Schräglage eingebauten R-Motoren an, wie oben schon angemerkt. Zunehmend wird auch der V-Raum (Raum im V zwischen den Zylinderbänken) in das Entlüftungssystem einbezogen, indem dieser als Sammelbehälter für die Blow-by-Gase (Durchbrüche zum Kurbelraum) dient. Der V-Raum wird zu diesem Zweck mit einem Deckel verschlossen.

Es gibt jedoch einige andere Verwendungsmöglichkeiten für den V-Raum, z. B. zur Kühlmittelführung [182] oder zur Unterbringung einer Ausgleichswelle für den Massenmomentausgleich, wenn der V-Winkel in Verbindung mit der gewählten Kröpfungsanordnung dies angeraten erscheinen lässt. Amerikanische V-Motoren nutzen diesen Raum meist noch für die zentral angeordnete Nockenwelle, die über Stoßstangen die Ventile beider Zylinderköpfe betätigt.

Eine Verdeckelung des V-Raums oder andere Kopplung der Zylinderbänke wirkt sich stets positiv auf die Bank-zu-Bank-Schwingungsform (bei geschlossenem Querschnitt auch Torsionsschwingungsverhalten) aus.

Auf eine Problemstelle des ZKG soll noch hingewiesen werden. Die Zylinderbohrung stößt im unteren Bereich auf die Zwischenwand des Lagerstuhls und verschneidet sich mit dieser (Stegbreite < Lagerstuhlbreite), weil die zylindrische Kontur wegen des Auslaufs des Hon-Werkzeugs nach unten um wenigstens 15 mm verlängert werden muss/sein sollte. Es ist darauf zu achten, dass sich die Schwächung des Lagerstuhls in Grenzen hält und die Gestaltfestigkeit nicht durch scharfe Ecken und Kanten, die in Verbindung mit der Bearbeitung entstehen, in unzulässiger Weise herabgesetzt wird.

Heute wird die Motor-/Getriebeeinheit schwingungstechnisch als Einheit betrachtet. Auf eine großflächige Verbindung von Motor- und Getriebeflansch wird daher mittlerweile viel Wert gelegt. Insgesamt wird angestrebt, eine biege- und torsionssteife Getriebe-Kurbelraum-Struktur herzustellen.

Die Außenflächen des ZKG sind oft unübersichtlich „zerklüftet“, was sich wegen der Vielzahl der Schnittstellen (vom einfachen Befestigungsauge über die Deckeldichtfläche bis zum Aggregateflansch) zwangsläufig ergibt. Müssen die Seitenflächen in Stahl ausformbar sein, so ist die Zugrichtung der Seitenschieber bei der Konstruktion zu beachten (0° beim Druckguss, z. B. 22,5° nach unten beim Niederdruckguss speziell bei V-Motoren).

Nicht zu vergessen sind auch die Befestigungspunkte für die Motoraufhängung. Die dafür vorgesehenen Stellen müssen sehr steif sein, wie das z. B. jeweils auf Höhe der Lagerstuhlzwischenwände der Fall ist [183].

Am Ende dieses Abschnitts soll nicht versäumt werden, die Nummerierung der Zylinder zu erwähnen. Zylinder 1 ist der beim Reihenmotor in Fahrtrichtung vorderste Zylinder (Längseinbau) bzw. der der Steuerseite nächstgelegene (Quereinbau). Beim V-Motor ist das im Prinzip gleich, wenn die A-Bank gegenüber der B-Bank in Fahrtrichtung bzw. in Richtung Steuerseite verschoben ist, was mehrheitlich der Fall ist (positiver Bankversatz). Die A-Bank ist die von vorn (Steuerseite) gesehen linke Bank. Zylinder 1 ist der vorderste Zylinder der A-, Zylinder *n* der hinterste Zylinder der B-Bank beim V*n*-Motor, unabhängig davon, ob positiver oder negativer Bankversatz vorliegt. Beim Boxermotor unterscheidet sich die Zählweise nicht von der des V-Motors. Beim Heckmotor sind Verwechslungen auszuschließen, wenn ebenfalls von der Steuerseite aus gezählt wird. Es ist anzumerken, dass in jüngerer Zeit die Steuerseite aber auch zur Getriebeseite gewandert sein kann.

4.5.3 ZKG-Leichtbau

4.5.3.1 Massenreduzierungs-Potenzial

Aluminium wurde in der Vergangenheit beim ZKG eher zögerlich eingesetzt. Die Anwendung beschränkte sich primär aus Kostengründen auf großvolumige und vielzylindrige Motoren der Pkw-Oberklasse. Mit der öffentlichen Diskussion um die CO_2-Emission hat die Wichtigkeit einer weiteren drastischen Reduzierung des Kraftstoffverbrauchs eine neue Dimension erreicht.

Neben einer weiteren sichtbaren Verbesserung des Gesamtwirkungsgrads als langfristige Aufgabe ist die Verringerung des Fahrwiderstands eine kurz- bis mittelfristig greifende Maßnahme. Es wurde allgemein etwas übersehen, dass nur beim Luftwiderstand im letzten Jahrzehnt erhebliche Fortschritte erzielt wurden. Die übrigen der Fahrzeugmasse proportionalen Fahrwiderstände haben sich demgegenüber erhöht, weil diese, bedingt durch passive Sicherheit, Geräuschdämmung und -dämpfung sowie dem Komfort dienenden Zubehör, stetig zugenommen hat. Je ungleichmäßiger ein Fahrzeug bewegt wird, umso entscheidender geht die Fahrzeugmasse in den Kraftstoffverbrauch ein (Kenngröße: Kraftstoffeinsparungsfaktor; repräsentativer Mittelwert 0,6 l pro 100 km und 100 kg Mindergewicht [184]). Dieser Wert ist allerdings ziemlich umstritten. Die mittlerweile publizierten Werte variieren zwischen 0,25 und 0,7. Diese Bandbreite ist nicht verwunderlich. Die Aussagefähigkeit eines solchen

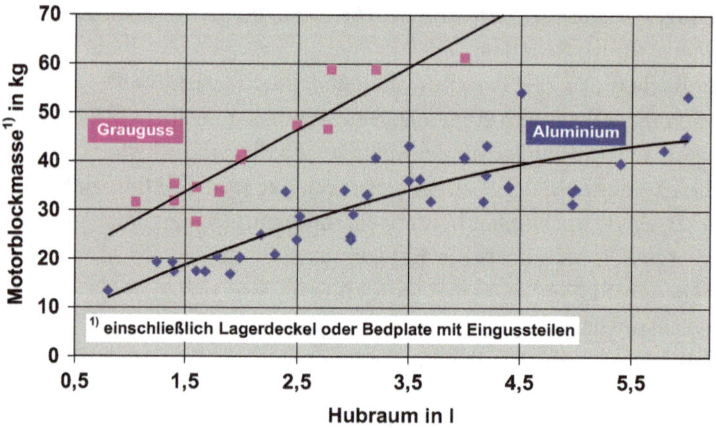

Abb. 4.130 Masse des Zylinderkurbelgehäuses in Abhängigkeit vom Hubraum unter Berücksichtigung des Werkstoffs (die einzelnen Punkte repräsentieren die ZKG-Masse von Serienmotoren)

Werts erfordert nämlich den Bezug auf die spezifischen Randbedingungen (Fahrzeugkategorie, Antrieb, Fahrprogramm etc.). Ein verbindlicher Wert bzw. eine solche Wertebandbreite sollte tatsächlich gemessen worden sein oder wenigstens auf einfacher physikalischer Modellbildung beruhen, da diese in Kosten-/Nutzen-Betrachtungen eingehen.

Das Massenreduzierungs-Potenzial durch Umstellung vom Grauguss- auf das Aluminium-ZKG wird zunehmend auch in der Pkw-Mittelklasse genutzt werden. Es liegt zwischen 40 und über 50 %, wobei es sich beim ZKG um das schwerste Einzelteil des Pkw handelt (Abb. 4.130). Dabei sind, wie in Abschn. 4.5.1.5 schon angeklungen, vor allem kostengünstige Konzepte gefragt. Die Substitutionsrate hat sich bei ZKG von Pkw-Ottomotoren mittlerweile bei etwa 50 % eingependelt. Stetig steigende spezifische Leistung in Verbindung mit Downsizing und damit einhergehende Kosten-/Nutzen-Betrachtungen haben eine bremsende Wirkung. Die Vorteile des Einsatzes von Aluminium bei ZKG von Pkw-Dieselmotoren ist in der Automobilindustrie umstritten.

Die Weiterentwicklung der Gießverfahren erlaubt mittlerweile auch beim Grauguss (Vermicular-Graphit) Masseeinsparungen von 10 bis 25 %. Hier werden jedoch auch aufgrund der Verzugsproblematik bei sehr dünnwandigen Strukturen Grenzen durch die Funktionsanforderungen gestellt. Ein Potenzial von mindestens 10 % der Gesamtmasse steckt in den Wanddickentoleranzen. Die Problematik liegt hier in der lagegenauen Positionierung der Sandformteile und -kerne. Eine Verringerung der Bestandteile der Gießform (bedeutet dann zwangsläufig deutlich größere und folglich komplexere Sandformteile/-kerne) wird in diesem Zusammenhang von der AVL/Graz (A) vorgeschlagen. Die hinsichtlich der Masse ihrer Produkte zwangsläufig benachteiligten Graugießer befeuern den Wettbewerb immer wieder durch Präsentation spezieller ZKG-Leichtbau-Konzepte (siehe z. B. [185]). Insider wissen, dass dieser Wettbewerb nicht nur von objektiven, sondern mitunter auch subjektiven Kriterien gekennzeichnet ist. Objektiv gesehen, hat sich Grauguss aufgrund seines

Tab. 4.10 Al-Gießverfahren und allgemeine ZKG-Wanddicken mit Toleranzen (Anhaltswerte*)

Gießverfahren	Typische minimale Wanddicke	Wanddickentoleranz	Bearbeitungsaufmaß
Druckguss	3 mm	1 mm	1 mm
Squeeze-Casting	4 mm	1 mm	1 mm (max. 2 mm)
Schwerkraft-/Nieder-druck-Kokillenguss	4,5 mm (lokal 4 mm)	1 mm (1,5 mm**)	2 mm (max. 4 mm)
Sandguss	4,5 mm	1,5–2 mm	2,5 mm (max. 5 mm)

*DIN 1688 gibt z. B. die Allgemeintoleranzen und Bearbeitungszugaben für Gussrohteile aus Leichtmetall-Legierungen an
**in Verbindung mit Sandkernen (z. B. Wassermantel)

klaren Kostenvorteils sicherlich auch im Pkw-Bereich behauptet. Die Automobilhersteller haben sich mehr oder weniger für die Koexistenz beider Werkstoffgruppen entschieden.

Das Leichtbau-Potenzial verschiedener Gießverfahren geht auch aus den Anhaltswerten (hier Erfahrungswerte für Aluminium; nicht unbedingt identisch mit Angaben in den einschlägigen Normen) in Tab. 4.10 hervor.

4.5.3.2 Werkstoffeigenschaften von Grauguss und Aluminium im Vergleich

Bestimmte Vorbehalte gegenüber dem Werkstoff Aluminium betreffen nicht nur die Kosten. Sie beziehen sich auch auf die Werkstoffeigenschaften, die in Tab. 4.11 denen von Grauguss gegenübergestellt sind. Die eindeutigen Vorteile von Aluminium liegen in der geringen Dichte, in Hinblick auf den Kolben in etwa derselben Wärmeausdehnung und in der hervorragenden Wärmeleitfähigkeit. Für Grauguss sprechen der Elastizitäts-Modul, die höheren Festigkeitswerte (vor allem Druckfestigkeit) – für die letztlich wegen der bei beiden Werkstoffen großen Bandbreite eigentlich kein repräsentativer Verhältniswert angegeben werden kann –, die Härte und scheinbar auch der Verlustfaktor.

Der Härteunterschied ist so zu bewerten, dass – abgesehen von der übereutektischen AlSi-Legierung mit ihren sehr harten, verschleißfesten Primär-Si-Anteilen – die Al-Legierungen eben nicht ohne Bewehrung der Zylinderlauffläche auskommen.

Der geringe Verlustfaktor wird immer wieder strapaziert, um die akustischen Nachteile von Aluminium zu unterstreichen. Diese Argumentation ist aber fragwürdig. Die Tabellenwerte der Werkstoffdämpfung beziehen sich auf den Probestab. Dieser Nachteil von Aluminium verliert mehr und mehr an Bedeutung, je komplexer die Strukturen sind. Was die Leitung des Körperschalls anbetrifft, so überwiegen beim ZKG globale Effekte der Körperschall- und Einfügungsdämmung die Werkstoffdämpfung bei weitem. Diese Aussage beruht nicht nur auf allgemeiner Erfahrung.

Neben der Körperschallleitung ist insbesondere die Schallabstrahlung von Bedeutung. Für eine überschlägige Abschätzung kann hier die Grenzfrequenz der auf Biegewellen zurückgehenden Schallabstrahlung herangezogen werden (siehe Abschn. 6.5.2). Für plattenförmige Elemente, aus denen sich das ZKG zusammensetzt, stellt sich dieselbe Grenz-

Tab. 4.11 Grauguss- und Aluminium-Werkstoffkennwerte im Vergleich (Basis: Standard-Legierungen; Verhältnis-Angaben z. T. problematisch wegen großer Bandbreiten)

Werkstoffeigenschaft	Verhältnis Al/GJL	Einfluss auf ...
Dichte ρ	ca. 1/3	• Masse • Akustik
E-Modul E	ca. 0,7	• Steifigkeit • Querschnittsbemessung • Akustik • Schraubenverbindung/dynamische Schraubenbeanspruchung • ZKG-Bauweise/Konstruktion insgesamt
Wärmeausdehnungskoeffizient α	ca. 2	• Kolbenbauart, Einbau- und Laufspiel, Kolbengeräusch • Zylinderverzug bei Paarung unterschiedlicher Werkstoffe
Wärmeleitzahl λ	2–3	• Wassermanteltiefe • Kühlsystem • maximale Temperaturen/ Temperaturverteilung/ Klopfneigung
Verlustfaktor η (Werkstoffdämpfung)	Al << GJL	• Akustik/Körperschallübertragung (Angaben beziehen sich auf Probestab; verliert bei komplexen Strukturen an Bedeutung; keine Werte hierzu veröffentlicht)
Härte HB	0,4–0,6 (stark von Wärmebehandlung abhängig)	• Tribologie: Reibung/Verschleiß Bewehrung Zylinderlauffläche Beschichtung Kolbenschaft Kolbenring-Lauffläche
Festigkeit:		
Zugfestigkeit R_m	0,6–0,95	• Querschnittsbemessung/ Gewindefestigkeit
Druckfestigkeit $K_{f,max}$	ca. 1/3	• Schraubenverbindung/ Setzverhalten
Biegewechselfestigkeit σ_{bw}	0,4–0,7	• ZKG-Bauweise/Konstruktion insgesamt
Bruchdehnung A_5	Al $\leq$ bzw. $\geq$ GJL, hängt von Legierung und Wärmebehandlung ab	• Rissbildung • Schraubenverbindungen ZK-Schraubenpfeifen/Lagerstuhl
Querdehnungszahl μ	0,33/0,25 = 1,32	Akustik

frequenz ein, wenn die Querschnittshöhen (Rechteckquerschnitt zugrunde gelegt) im folgenden Verhältnis zueinander stehen:

$$\frac{h_{Al}}{h_{GJL}} = \sqrt{\frac{\rho_{Al} E_{GJL}(1 - \mu_{Al}^2)}{\rho_{GJL} E_{Al}(1 - \mu_{GJL}^2)}} \tag{4.167}$$

Für die Dichte ρ, den E-Modul E und die Querkontraktionszahl μ können bei den Werkstoffen Al und GJL folgende charakteristische Werte eingesetzt werden:

$$\rho_{Al}/\rho_{GJL} = 0{,}375,\ E_{Al}/E_{GJL} = 0{,}69,\ \mu_{Al} = 0{,}33,\ \mu_{GJL} = 0{,}25 \rightarrow h_{Al}/h_{GJL} = 0{,}72$$

Dieser Wert darf wegen der stark vereinfachten Annahmen nicht überinterpretiert werden. Er lässt dennoch zunächst die wichtige Aussage zu, dass in Bezug auf die Schallabstrahlung eine akustisch gleichwertige ZKG-Konstruktion auf Aluminium-Basis bei herkömmlicher Querschnittsdimensionierung möglich zu sein scheint. Dies lässt den weiteren Schluss zu, dass der Vorteil der geringen Dichte von Aluminium ohne schwerwiegende akustische Nachteile konstruktiv umgesetzt werden kann.

Darüber hinaus lassen sich die Terme

$$h\sqrt{E/[\rho(1-\mu^2)]} \text{ bzw. deren Kehrwerte}$$
$$1/h\sqrt{\rho(1-\mu^2)/E}$$

als Kennzahlen für die Höhe der Eigenfrequenzen bzw. – siehe Gl. (4.167) – die Grenzfrequenz der Schallabstrahlung interpretieren (siehe auch Abschn. 6.5.2). Ein Al-Gehäuse hat also – vergleichbare Wanddicken vorausgesetzt – eine niedrigere Grenzfrequenz der Schallabstrahlung, aber eine höhere Lage der Eigenfrequenzen. Ersteres bedeutet zwar eine größere Schallabstrahlung im Vergleich mit Grauguss unterhalb der Grenzfrequenz, was für ZKG weniger relevant ist, Letzteres eine günstige Verschiebung der Eigenfrequenzen gegenüber der Anregung (siehe Abschn. 6.5.2). Allerdings soll nicht verschwiegen werden, dass bei Kraftanregung im Gegensatz zur Schnelleanregung oberhalb der Grenzfrequenz ein Pegel von +7 dB für die Schnelle (Schnellepegel $10\ \text{lg}v^2 = 20\ \text{lg}v$) abgeschätzt werden kann. Dieser Nachteil ließe sich durch ca. 1,7-fachen Querschnitt kompensieren. Dahingehende Betrachtungen sind jedoch eher theoretisch und beziehen sich auf eine abstrakte, elementare Plattenstruktur.

Ähnlich einfache Abschätzungen lassen sich hinsichtlich der Biegesteifigkeit und der Biegewechselfestigkeit anstellen:

$$\frac{h_{Al}}{h_{GJL}} = \sqrt[3]{\frac{E_{GJL}}{E_{Al}}}$$

bzw.

$$\frac{h_{Al}}{h_{GJL}} = \sqrt{\frac{\sigma_{bwGJL}}{\sigma_{bwAl}}} \tag{4.168}$$

Die Multiplikation mit dem Dichteverhältnis weist das nutzbare Potenzial zur Massenreduzierung beim Al-ZKG aus. Im ersten Fall heißt das mit den oben angegebenen Werten, dass die Al-Wandstärke nur um 13 % erhöht werden muss, sodass die Masse rein theoretisch um 58 % reduziert werden kann. Im zweiten Fall – unter der Annahme, dass die Biegewechselfestigkeit des betreffenden Grauguss-Werkstoffes doppelt so hoch ist – muss die Al-Wanddicke um 41 % erhöht werden. Dann verbleibt immer noch ein Potenzial zur Massenreduzierung von 47 %. Dies ist zugegebenermaßen ein Spielen mit Zahlen, das jedoch geeignet ist, die in der öffentlichen Diskussion manchmal etwas verzerrte Darstellung der Eignung von Aluminium für ZKG etwas zu korrigieren.

In der Praxis ist eine auf den Werkstoff Aluminium zugeschnittene Konstruktion unbedingt erforderlich, um die Vorteile voll nützen und die aus Tab. 4.11 hervorgehenden nachteiligen Eigenschaften kompensieren zu können. Dies betrifft die Gesamtsteifigkeit der Struktur, die Verschraubungsbereiche und die Lagerstellen hinsichtlich der Beherrschung der Warmspiele. Die verstärkte Anregung bedingt durch größere Warmspiele beim Al-ZKG haben in der Vergangenheit erheblich zu der in akustischer Hinsicht schlechten Beurteilung beigetragen und eine Fehlinterpretation der Werkstoffeigenschaften bewirkt. Heute gibt es erprobte Lösungen, um konstruktiv dagegenhalten zu können.

Dies lässt sich mit Abb. 4.131 (oben) anhand der mittels experimenteller Modal-Analyse gewonnenen Messergebnisse eindrucksvoll bestätigen. In akustischer Hinsicht verglichen werden ein ZKG aus Grauguss als Referenz mit einem damit vergleichbaren aus üblicher Aluminium-ZKG-Legierung (AlSi8Cu3) ohne und mit zusätzlicher massiver Versteifung. Letzteres wird hier versuchsmäßig durch eine so genannte Versteifungsbrille bewirkt. Sie versteift Lagerstühle und Schürzen (Seitenwände des Kurbelraums) im Flanschbereich zur Ölwanne. Die exemplarischen Körperschall-Übertragungsfunktionen (hier in Form der Inertanz: Beschleunigung/anregende Kraft) bestätigen den bereits angesprochenen Sachverhalt. Aluminium verschiebt die Eigenfrequenzen günstig zu höheren Frequenzen. Gleichzeitig nimmt die Körperschallanregung durch das Zylinderdruckspektrum mit der Frequenz stark ab. Höhere Eigenfrequenzen bei ähnlicher Dimensionierung beruhen prinzipiell auf dem deutlich günstigeren spezifischen Elastizitäts-Modul E/ρ (E-Modul bezogen auf die Werkstoffdichte) von Aluminium-Legierungen. Eine weitere Verschiebung gelingt durch geeignete Strukturversteifungsmaßnahmen. In der konstruktiven Praxis geht es dabei um die Erzielung einer hohen Formsteifigkeit bei geringem Materialmehreinsatz. Die betreffende Abb. 4.131 (unten) stellt auch die modalen Dämpfungswerte (mit Bezug auf die Eigenfrequenzen) des Grauguss- und Aluminium-ZKG gegenüber. Es ist keineswegs erstaunlich, dass sich der immer wieder strapazierte signifikante Unterschied in der Werkstoffdämpfung hier verwischt. Vielmehr bestätigt sich, dass Letztere gegenüber der Dämpfung komplexer Strukturen bzw. ganzer Systeme (hier kompletter Motor) von absolut zweitrangiger Bedeutung ist.

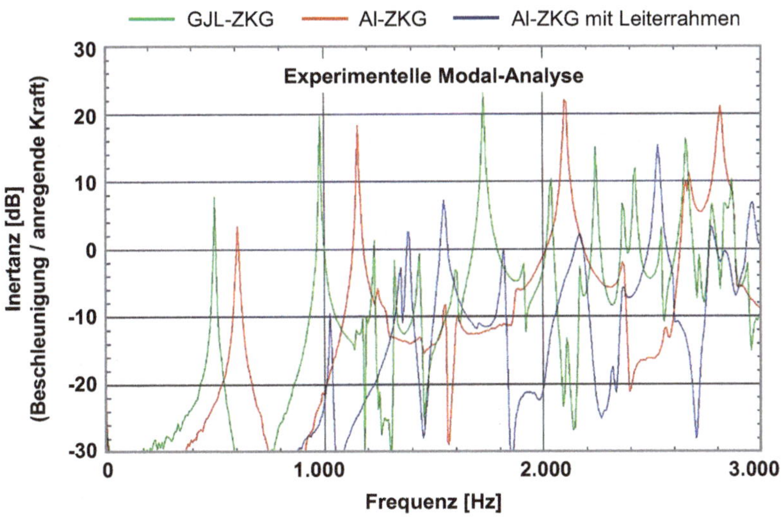

GJL-ZKG	f_e [Hz]	502	928	1.229	1.251	1.320	1.411	1.728	2.032	2.158
	D/D_{krit} 1)	0,38	0,13	0,16	0,38	0,17	0,08	0,16	0,25	0,12
	Eigen-schwingungs-form	Torsion Längs-achse	Biegung Hoch-achse	„Atmung" Schürzen	Torsion Hoch-achse	Schürzen-schwingung	Biegung Schürzen	komplexe Eigenschwingungsformen		

Al-ZKG	f_e [Hz]	611	1.158	1.547	2.105	2.368	2.558	2.821
	D/D_{krit} 1)	0,79	0,23	0,06	0,25	0,06	0,33	0,33

1) D_{krit} Lehrsche Dämpfung D = 1

Abb. 4.131 Grauguss- (Referenz) und Aluminium-ZKG ohne und mit zusätzlicher Versteifung im akustischen Vergleich anhand exemplarischer Körperschall-Übertragungsfunktionen (Inertanz) (oben); Vergleich der auf die Eigenfrequenzen bezogenen modalen Dämpfungswerte (unten)

Magnesium ist ziemlich teuer, hat einen sehr geringen E-Modul und dehnt sich unter Temperatur noch etwas mehr aus als Aluminium. Die Korrosion ist dagegen laut Expertenmeinung aus jüngster Zeit heute beherrschbar. Die Problematik in Verbindung mit der Verarbeitung (Gießen und mechanische Bearbeitung) von Magnesium ist allgemein bekannt. Potenzialabschätzungen lassen den Dichtevorteil gegenüber Aluminium (1,8 / 2,7 = 0,67) beim Zylinderkurbelgehäuse auf etwa 10 % weniger Masse schrumpfen. Die Vorteile von Magnesium können bei nicht direkt im Kraftfluss befindlichen Teilen (ausgeprägte Kriechneigung, mäßige Härte) wesentlich besser genutzt werden. Im Übrigen ist von einer Koexistenz und kaum von einem Verdrängungswettbewerb auch der Leichtmetalle im Kraftfahrzeug auszugehen.

4.5.4 ZKG-Berechnung

4.5.4.1 Berechnung des ZKG mittels FEM

Die komplexe Struktur eines ZKG entzieht sich der Berechenbarkeit mittels konventioneller Methoden. Die Berechnung ist ohne Anwendung rechnergestützter Methoden, wie z. B. der FEM, nicht denkbar. Andererseits ist die Kenntnis über

- das Temperaturfeld
- die Verformung
- die Steifigkeit
- die auftretenden Spannungsspitzen sowie
- das Schwingungs- und akustische Abstrahlverhalten

im Entwurfsstadium in Hinblick auf die Vorgaben des Lastenhefts von solcher Bedeutung, dass dieser Aufwand heute routinemäßig betrieben wird.

Was die Diskretisierung der Geometrie anbetrifft, so sind die für die angeführten Berechnungsaufgaben generierten Netzwerke nicht identisch. Für Steifigkeits- und Verformungsuntersuchungen kann daher die Struktur aus wesentlich gröberen Elementen aufgebaut werden als dies z. B. für die Identifizierung von Temperatur- und insbesondere Spannungsspitzen möglich ist, vor allem dann, wenn entsprechende Gradienten auftreten. Für dynamisch/akustische Untersuchungen kann die Netzdichte der Biegewellenlänge der höchsten noch aufzulösenden Frequenz angepasst werden (Achtung: in biegeweichen Bereichen ist auch die Biegewellenlänge bei dispersiven Medien klein!).

Ebenso variieren auch die Elementtypen je nach Aufgabenstellung. Bezüglich Temperatur und Spannung werden üblicherweise hauptsächlich räumliche Quader-Elemente mit acht bzw. (wenn je ein Zwischenpunkt auf der Kante hinzukommt) 20 Knoten verwendet. Letzteres erlaubt auch gekrümmte Kanten mit parabolischer Approximation (meist so genannte isoparametrische Elemente). Auch die Begriffe „Konstant-" und „Linear-Element" tauchen im Zusammenhang mit Elementen ohne bzw. mit Zwischenknoten auf. Bei dynamisch/akustischen Untersuchungen herrschen flächenhafte Platten-/Schalenelemente vor, denen rechnerisch eine Dicke zugeordnet wird (Abb. 4.132) [186, 187]. Selbstverständlich ist auch die Kombination von Raum- und Platten-/Schalenelementen grundsätzlich möglich. Hinsichtlich der richtigen Kopplung ist jedoch einiges zu beachten. Das Element ist festgelegt durch seine Randknoten und die zugeordneten Werkstoffkennwerte. Dort, wo Bauteilgrenzen aufeinander stoßen, werden Doppelknoten gesetzt. So können der Werkstoffwechsel und die Wärmeübergangsbedingungen entlang der Grenzflächen dargestellt werden.

Dass der Hauptaufwand in der Netzwerkgenerierung (,wobei eine leistungsfähige CAD/CAE-Schnittstelle und Strukturoptimierungs-Programme den Aufwand nur bedingt reduzieren können,) und in der späteren Ergebnisauswertung und -darstellung liegt, wird mehrfach auch an anderer Stelle erwähnt. Nur trifft dies eben auf die komplexe Struktur des ZKG besonders zu.

Abb. 4.133 zeigt links oben das FE-Komplettmodell eines Vierzylinder-Ottomotors einschließlich der für die Berechnung gekoppelten Bauteile, wie die ZK-Grundplatte, die Brennraumeinfassung der Zylinderkopfdichtung (fortan auch mit ZKD abgekürzt) und die Hauptlagerdeckel. Solche Modelle dienen z. B. der Untersuchung des Einflusses der Schraubenkräfte auf die Verformung der Gesamtstruktur [188]. Im Schrifttum stößt man mittlerweile auf eine Vielzahl solcher Beispiele, die in der Darstellung nicht immer vollständig sind. Deshalb wird oben rechts ein vollständiges Modell gegenübergestellt. Es zeigt eine detailgenaue Abbildung der Originalstruktur des ZKG und mehr Aufwand bei der

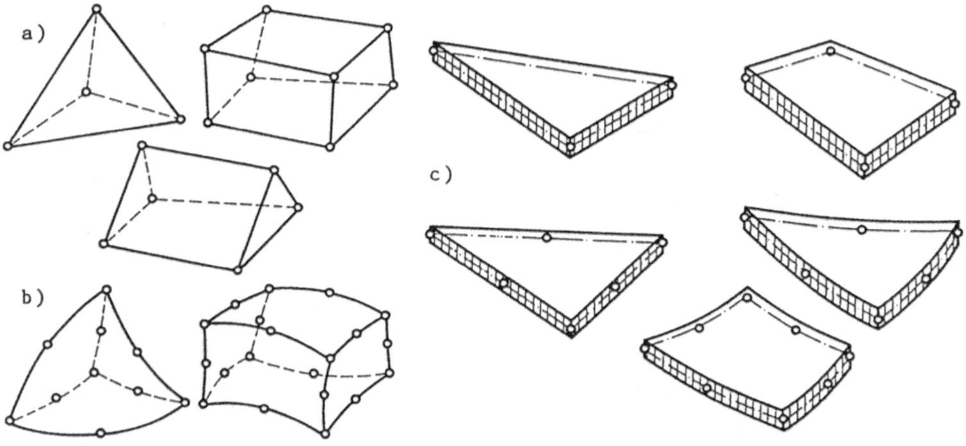

Abb. 4.132 Einige gebräuchliche Elementtypen für die FEM-Berechnung: Raumelemente mit geraden (**a**) und gekrümmten Kanten (**b**); entsprechende Scheiben-/Platten-/Schalenelemente rechnerischer Dicke (unterschiedliche Knotenfreiheitsgrade!)

Diskretisierung des ZK (Grundplatte mit Schraubenpfeifen) und der ZKD. Auch die ZK- und Hauptlagerschrauben sind enthalten. Eine Besonderheit bedeuten die in diesem Fall in ein Aluminium-Druckguss-ZKG eingegossenen GJL-Buchsen. Die dabei nicht vernachlässigbaren Eigenspannungen können nur erfasst werden, wenn die Erstarrung, d. h. das Aufschrumpfen des Aluminium-Umgusses auf die Buchsen, vorab berechnet wird.

Die Komplettmodelle dienen in der Regel jedoch dynamisch/akustischen Zwecken und sind weitaus gröber diskretisiert, auch gröber als das in Abb. 4.134 unten gezeigte Modell. Für so genannte Grobmodelle reichen ca. 2000 bis 4000 Platten-/Schalenelemente und einige 100 Balkenelemente aus [187]. Sollen nicht nur Strukturschwingungen und Akustik berechnet werden, so ist es vorteilhaft, auch für das Grobmodell Raumelemente zu verwenden. Beim Grobmodell werden oft der ZK mit Deckel, das Getriebegehäuse und, sofern als strukturversteifende Komponente ausgebildet, auch die Ölwanne gekoppelt. Ziel der Optimierung ist die Minimierung der Einleitung von Antriebsschwingungen in das Fahrzeug (z. B. niedrigste Eigenfrequenz des Motor-Getriebe-Verbunds). Weiterhin kann die Luftschallabstrahlung unterschiedlicher Varianten verglichen werden [189].

Andere Berechnungen benötigen oft nur eine Teilstruktur. Diese wird jedoch wesentlich feiner aufgelöst. Üblich ist eine „Motorscheibe“, die in der Längserstreckung von Zylindermitte zu Zylindermitte reicht. Die Schnittebenen verlaufen senkrecht zur Motorlängsachse. Diese Scheibe wird auch als „Halbsegment“ bezeichnet. Der Scheibenausschnitt lässt sich mit 5000 bis 6000 Elementen darstellen [187]. Abb. 4.134 zeigt beispielhaft eine solche Motorscheibe für die Berechung eines Pkw-Dieselmotors [190]. Damit die „offene“ Struktur für die Berechnung taugt, müssen zwecks der Randbedingungen dieselben

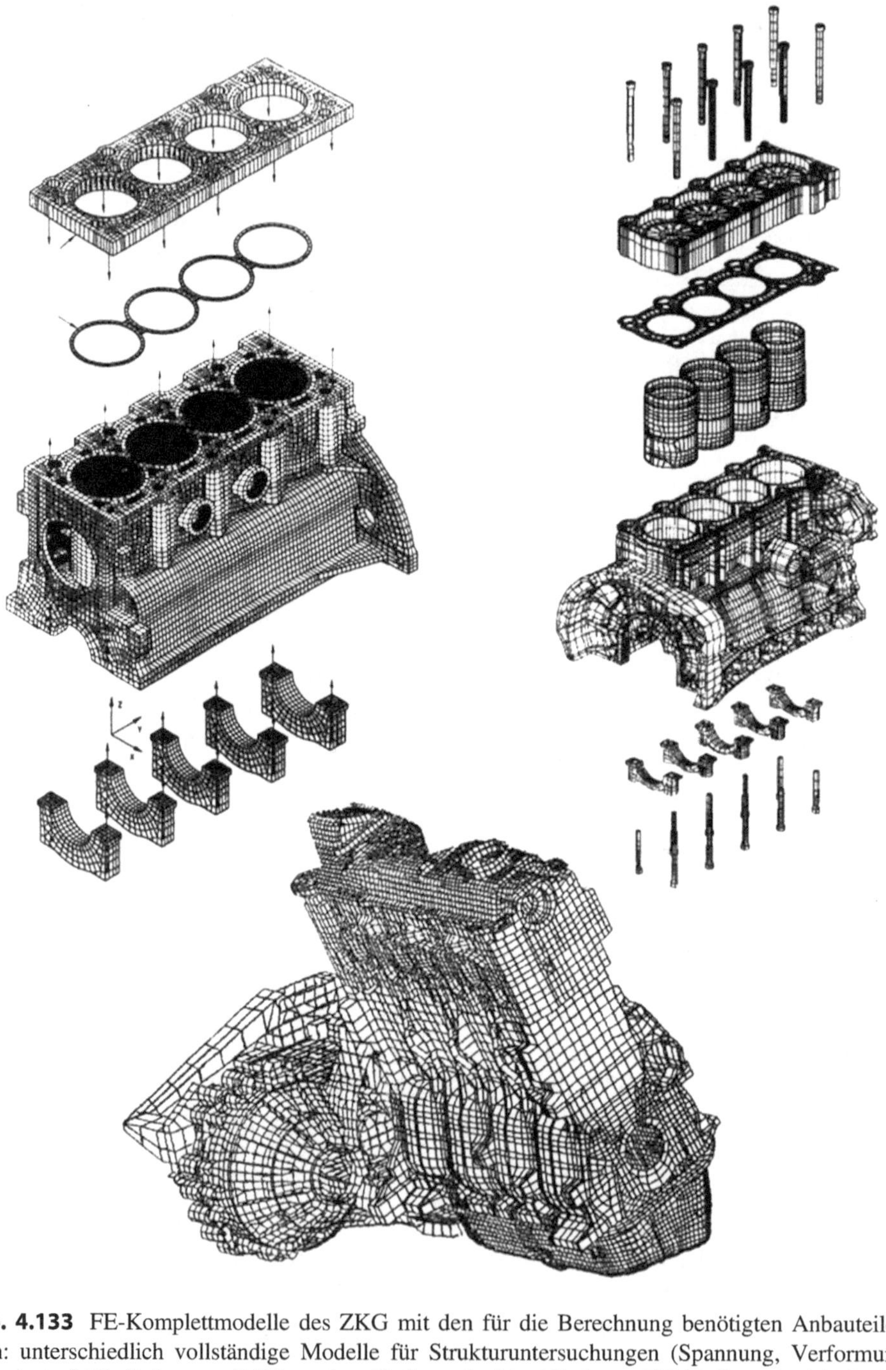

Abb. 4.133 FE-Komplettmodelle des ZKG mit den für die Berechnung benötigten Anbauteilen; oben: unterschiedlich vollständige Modelle für Strukturuntersuchungen (Spannung, Verformung, Temperaturfeld) (links: aus [188], rechts: Kolbenschmidt AG, heute KS Kolbenschmidt GmbH, Unternehmen der Rheinmetall Automotive AG); unten: FE-Akustikmodell der kompletten Antriebseinheit einschließlich Getriebegehäuse (aus [189])

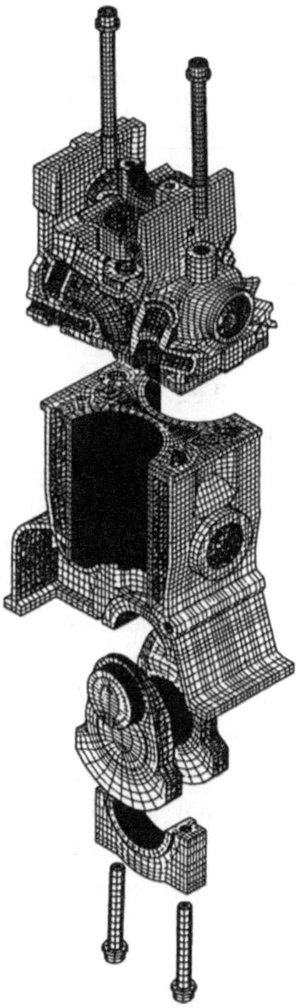

Abb. 4.134 Fein diskretisierte „Motorscheibe“ für die FEM-Ausschnittsberechnung (aus [190]); Schattierung (schwarz angelegte Flächen) nur aus optischen Gründen

Halbsegmente links und rechts „hinzukopiert“ werden [191]. Die Randbedingungen für den Ausschnitt lassen sich auch mit dem groben Komplettmodell gewinnen. Bei Ausschnitten werden sinnvollerweise Symmetrien genutzt.

4.5.4.1.1 Zur Berechnung des Temperaturfelds

Für die Berechnung des Temperaturfelds müssen die Randbedingungen für folgende Grenzflächen vorgegeben werden:

- Brennraum
- Bauteil gegen Bauteil
- vom Kühlmittel umströmte Flächen

Brennraum (Wärmeaufnahme des Bauteils)

- konstante Oberflächentemperaturen für bestimmten Betriebszustand (Last und Drehzahl konstant)
- Wärmestromdichte hängt vom mittleren Wärmeübergangskoeffizienten und der für den Zyklus repräsentativen Brennraumtemperatur ab [192]

Weitere Einzelheiten zum brennraumseitigen Wärmeübergang werden im Zusammenhang mit dem ZK in Abschn. 4.6.2.1 erläutert.

Bauteil gegen Bauteil (Wärmeleitung über Grenzflächen)
Unterscheidung zwischen permanent-statischem (1) und gleitendem Kontakt (2) zwischen dem Kolben (Kolbenringen) und der Zylinderlauffläche:

(1) Wärmeübergangskoeffizient ist im Wesentlichen Funktion der Kontaktflächenpressung
(2) quasi-statische Approximation der thermischen Wechselwirkung durch exponentiell abklingenden Wärmeübergangskoeffizienten entlang der Zylinderachse [187]

Kühlmittel (Wärmeabführung)
In Abschn. 4.5.1.1.3 wird darauf hingewiesen, dass die so genannte „Reynolds-Analogie" die Bestimmung der örtlichen Wärmeübergangskoeffizienten erlaubt. Die über das Kühlmittel abgeführte Wärmemenge kann mit Hilfe der für die Wärmeübertragung maßgeblichen *Nu*-Zahl für erzwungene Konvektion ermittelt werden [187]. Der Wärmeübergangskoeffizient α_{Wa} lässt sich damit wie folgt abschätzen:

$$\alpha_{Wa} = Nu\,\lambda/d \text{ mit } Nu = 0{,}023\ Re^{0,8}\ Pr^{0,4} \qquad (4.169)$$

Re steht für die Reynolds-, *Pr* für die Prandtl-Zahl und λ für die Wärmeleitzahl des Kühlmittels. *d* ist eine charakteristische Querschnittsdimension im Bereich des Wassermantels, idealerweise der Durchmesser einer Rohrströmung. Die benötigten Strömungsgeschwindigkeiten folgen mehr und mehr aus der Strömungssimulation. Die kühlmittelseitigen Wandtemperaturen T_{Wa} sind über die Temperaturdifferenz $T_{Wa} - T_{Km}$ mit der vom Kühlmittel über das Oberflächenelement dA aufgenommenen Wärmemenge $dA\ \alpha_{Wa}\,(T_{Wa} - T_{Km})$ gekoppelt. Der Wärmeübergangskoeffizient wird seinerseits von der Strömungsgeschwindigkeit, dem lokalen Strömungsquerschnitt und der Kühlmitteltemperatur (temperaturabhängige Stoffgrößen) beeinflusst. Die Kühlmitteleintrittstemperatur wird bei der Berechnung vorgegeben. Im Beharrungszustand ändern sich die Temperaturen örtlich nicht mehr.

Die Temperaturerhöhung des Kühlmittelstroms $\dot{m}$ mit der spezifischen Wärme c_p sei am einfachen Beispiel einer Strömung entlang einer Zylinderwand mit konstanter

Außenwandtemperatur T_{Wa} erläutert. Die vom Kühlmittel aufgenommene Wärmemenge ist der wandseitig konvektiv übertragenen Wärmemenge äquivalent:

$$d\dot{Q} = \dot{m}\, c_p dT_{Km} = dA\, \alpha_{Wa}(T_{Wa} - T_{Km}) \quad \rightarrow \quad \frac{dT_{Km}}{T_{Wa} - T_{Km}} = \frac{\alpha_{Wa}\, dA}{\dot{m}\, c_p} \tag{4.170}$$

Nach Integration von T_{KmE} bis T_{KmA} (Kühlmittelein- und -austrittstemperatur) und über die Austauschfläche A folgt:

$$\ln \frac{T_{Wa} - T_{KmE}}{T_{Wa} - T_{KmA}} = \frac{\alpha_{Wa} A}{\dot{m}\, c_p}$$

und

$$T_{KmA} = T_{Wa} - \frac{(T_{Wa} - T_{KmE})}{e^{\left(\frac{\alpha_{Wa} A}{\dot{m}\, c_p}\right)}} \tag{4.171}$$

4.5.4.1.2 Zur Berechnung der Verformung

Für die Verformungsanalyse muss der ZKG-Ausschnitt mit dem ZK bei Zwischenschaltung der ZKD und den Hauptlagerdeckeln „verschraubt“ werden. Dies geschieht dadurch, dass das Rechenmodell örtlich mit den Schraubenkräften der ZK- und Hauptlagerverschraubung beaufschlagt wird. Die Schrauben selbst werden meist nicht modelliert, sondern durch in ihren Eigenschaften äquivalente zylindrische Ersatzkörper dargestellt. Der ZK kann für erste Untersuchungen auch durch dessen Grundplatte oder eine Platte äquivalenter Steifigkeit angenähert werden.

Die ZKD ist die relativ nachgiebigste Teilstruktur.[2] In Verbindung mit den örtlich wirkenden Schraubenkräften beeinflusst sie das Verformungsverhalten des gesamten Verbunds auch spürbar. Die Reibung zwischen der ZKD und den ZKG- bzw. ZK-seitigen Flanschflächen sowie die tatsächlich auftretenden Gleitbewegungen werden gewöhnlich nicht oder nur annähernd erfasst. In Bezug auf die Verformung sind drei verschiedene Zustände zu unterscheiden:

- Verformung durch statische Belastung mit Schraubenkräften nach der Montage
- Verformung infolge dynamischer Belastung durch die Gaskraft
- zusätzliche, thermisch bedingte Verformung bei Berücksichtigung der Knotentemperaturen (Temperaturfeld)

Dabei interessieren primär

[2]So genannte „Zusammendrückung“ bezogen auf die ZKD-Dicke (unbelastet).

- eine möglichst geringe Verformung der Zylinderbohrung
- eine möglichst geringe Verwölbung des Zylinderdecks und der ZK-Grundplatte
- eine möglichst gleichmäßige Pressungsverteilung der ZKD und
- eine minimale Verformung der Kurbelwellenhauptlager und bestmögliche Fluchtung der Lagergasse auch unter Belastung (setzt Kurbelwellenkröpfung im Modell voraus)

4.5.4.1.3 Spannungsberechnung

Die Spannungsverteilung resultiert aus den lokal berechneten Verformungen. Hochbeanspruchte Bereiche werden so zweifelsfrei identifiziert. Kritische Bereiche sind z. B. die Schraubengewinde, die Innenseiten der Hauptlagertrennfuge, der Stegbereich zwischen zusammengegossenen Zylindern und scharfkantige Verschneidungen, die durch Bearbeitung entstehen (z. B. Honauslauf).

Für Spannungsberechnungen ist es u. U. praktizierbar, das Netz gegenüber der Temperaturfeldberechnung etwas zu überarbeiten. Wird das Kontaktproblem bezüglich angrenzender Bauteile unter Inkaufnahme eines gewissen Fehlers vernachlässigt, indem z. B. Doppelknoten an den Grenzflächen zu anderen Bauteilen entfernt werden (Doppelknoten kennzeichnen auch den Übergang zu einem anderen Werkstoff), können Teilstrukturen „fest" miteinander verbunden werden [187], was bei gegebenen Voraussetzungen die Berechnung etwas vereinfacht.

Dann ist noch zu prüfen, ob die symmetrischen Randbedingungen für eine realistische Spannungsermittlung zutreffend sind, oder ob Unsymmetrien zu berücksichtigen sind. Richtige Randbedingungen liefert mit Sicherheit, wie oben erwähnt, ein Grobmodell der kompletten Struktur.

Eingieß- und Einschrumpfteile bereiten Schwierigkeiten. Durch sie entstehen bereits Spannungen und Verformungen in der unbelasteten Struktur, die als Grundzustand (Eigenspannungen) in einem ersten Rechengang erfasst werden müssen. Den betreffenden Elementen der Struktur müssen dazu die abweichenden Werkstoffkennwerte zugeordnet werden. Letzteres gilt generell auch für die Temperatur- und Verformungsberechnung, wenn z. B. in Al eingegossene GJL-Buchsen simuliert werden sollen. Für die Berechnung lassen sich wieder die in Abschn. 4.5.4.1.2 genannten Fälle unterscheiden. Die Umrechnung in Hauptspannungen und die Überlagerung von mechanischen und thermischen Spannungen erfolgt analog zum Kolben (siehe Abschn. 4.2.6.3).

4.5.4.2 Anmerkungen zur Hauptlagerverschraubung

In Abschn. 4.1.4 wird am Beispiel des Pleuels der theoretische Hintergrund von Schraubverbindungen ausführlich dargestellt. Die näherungsweise Berechnung der Hauptlagerverschraubung kann analog vorgenommen werden, wenn das kreisringförmige Ersatzmodell des Pleuelkopfes durch eine beidseitig fest eingespannte Ringhälfte als Abstraktion des Lagerdeckels ersetzt wird (siehe z. B. [193]). Mit Hinweis auf Abb. 4.7 in Abschn. 4.1.3.3 muss die Lagerkraft je nach Zylinderanordnung auch als Funktion des Kurbelwinkels φ angesetzt werden, um die Maximalbeanspruchung zu erfassen.

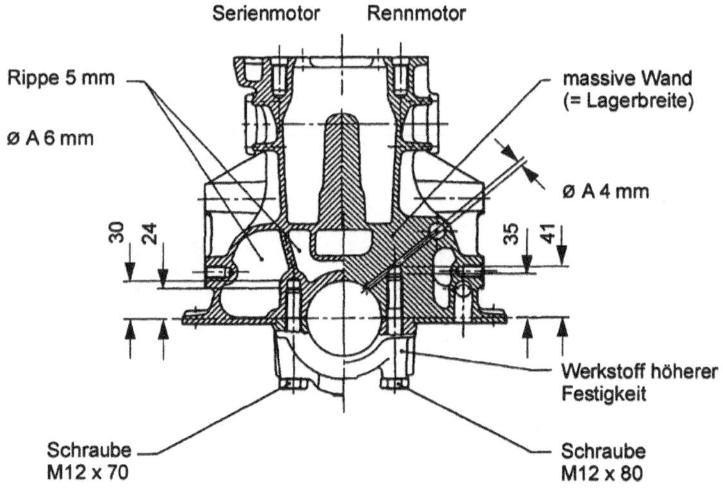

Abb. 4.135 Verstärkungen im Bereich der Hauptlagerverschraubung, um ein Serien-Grauguss-ZKG rennsporttauglich zu machen (aus [160])

Bei einer Leistungssteigerung gerät die Hauptlagerverschraubung u. U. an die Grenze ihrer Möglichkeiten und muss verstärkt werden [160, 161]. Gängige Verstärkungsmaßnahmen an einem Grauguss-ZKG sind in Abb. 4.135 zusammengefasst. Allgemein üblich sind:

- Verlängerung der Schraubenspannlänge
- Schraubenwerkstoff höherer Festigkeit
- Verstärkung/Versteifung des Lagerstuhls insgesamt (bei Al) bzw. der Lagerstuhl-Schraubenpfeifen (bei GJL)
- Hauptlagerdeckel-Werkstoff höherer Festigkeit (z. B. GJS400 statt GJL250)
- streckgrenzengesteuertes Anziehverfahren
- „Heli-Coil"-Gewindeverstärkungen, Erhöhung der Gewindeeinschraublängen (Al)

4.5.4.3 Anmerkungen zur Zylinderkopfverschraubung

ZK- und Hauptlagerverschraubung dürfen im Sinne eines kraftflussgerechten Konstruierens bei der Gestaltung des ZKG nicht unabhängig voneinander betrachtet werden. Der Kraftfluss sollte geradlinig verlaufen und geschlossen sein. Durch eine Bombierung kann die Wirkung der ZK- und hauptlagerseitigen Schraubenkräfte weitgehend biegemomentfrei gestaltet werden (Abb. 4.136). Bei V-Motoren lässt es sich wegen des Bankversatzes nicht vermeiden, dass die ZK- und Hauptlagerschrauben nicht in einer vertikalen Ebene angeordnet werden können.

Die Schraubenpfeifen der ZK-Schrauben dürfen nicht an die Zylinderwand angebunden sein, da sie sonst sehr große Zylinderverzüge verursachen, die die Kolben- und Kolbenringfunktion beeinträchtigen. Sie müssen mit ausreichenden Querschnitten in die Was-

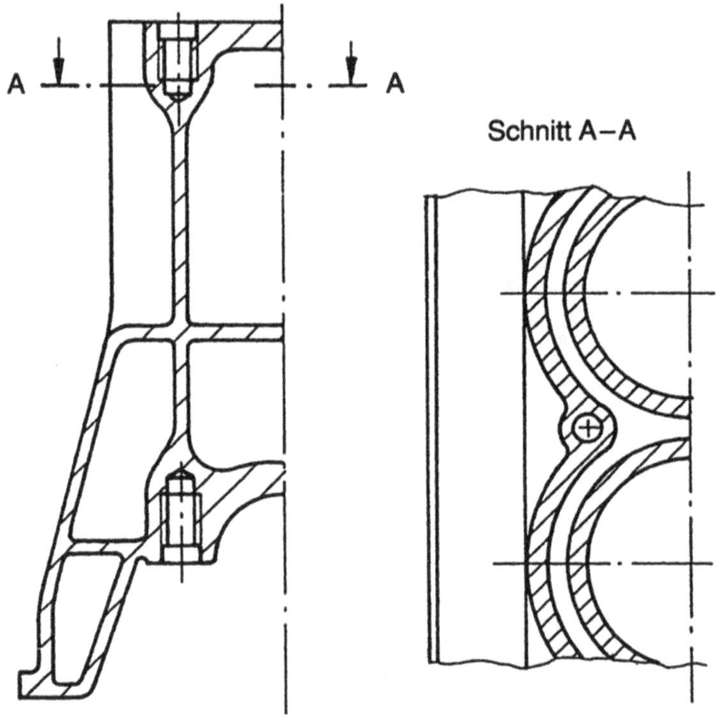

Abb. 4.136 Bombierung der ZKG-Seitenwände, um geradlinigen Kraftfluss zu erreichen und Biegemomente, verursacht durch die Schraubenkräfte, nach Möglichkeit auszuschalten (Prinzipskizze) (aus [193])

sermantelwandung (Außenwand) integriert werden, wobei die Schraubengewinde nicht unmittelbar unterhalb des Zylinderdecks, sondern in einer gewissen Tiefe platziert werden sollten. Wird nur die Zylinderverformung betrachtet, so werden lange Schrauben, deren Gewinde unterhalb des Wassermantels fußen, günstig beurteilt. In welcher Höhe die ZK-Schraubengewinde tatsächlich am günstigsten angeordnet sind, ist allerdings weiterhin Gegenstand von Betrachtungen zur Optimierung von ZKG. Die Tatsache, dass der Schraubenabstand zur Zylinderbohrung möglichst gering auszuführen ist, steht des Öfteren im Zielkonflikt mit einem ausreichenden Wassermantelquerschnitt im Bereich der Schraubenpfeifen.

Grundsätzlich können für die ZK-Verschraubung Schrauben und Zuganker, auch in Dehnschaftausführung, vorgesehen werden. Es gibt auch ausgeführte Konstruktionen, bei denen ZK und Hauptlager mit durchgehenden Zugankern gegen das ZKG verschraubt werden [194] (bei der zitierten Quelle ZK mit ZKG-Ober- und -Unterteil).

Beim Al-ZK und verstärkt noch bei der Kombination Al-ZK und Al-ZKG sollte, auch wenn die Praxis dagegen spricht, die Streckgrenze der ZK-Schrauben durch die Montage-Vorspannkraft eigentlich nicht ganz erreicht werden. Da sich das Aluminium bei Erwär-

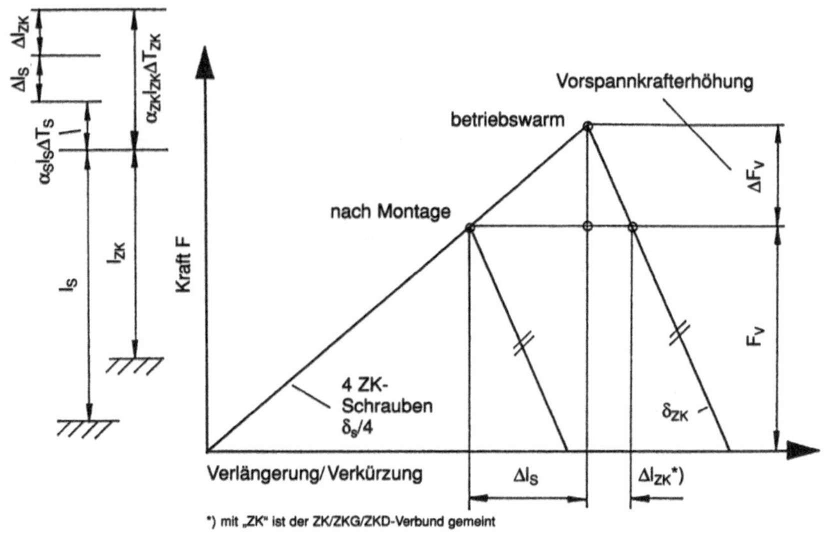

Abb. 4.137 Verspannungsschaubild der ZK-Verschraubung nach Montage und bei betriebswarmem Motor

mung auf Betriebstemperatur stärker ausdehnt als die Stahlschrauben, müssten für diese zusätzliche Beanspruchungsreserven vorhanden sein. Auch der Zylinderkopf benötigt im Schraubenpfeifenbereich gewisse Beanspruchungsreserven. Die Verhältnisse werden am besten anhand des Verspannungsschaubilds geklärt (Abb. 4.137). Die thermisch bedingte Erhöhung der Vorspannkraft ΔF_V aller beispielsweise vier ZK-Schrauben zusammen beträgt mit der Schraubennachgiebigkeit δ_S (Kehrwert der Steifigkeit der Einzelschraube) und der zusätzlichen Schraubenlängung Δl_S

$$\Delta F_V = 4\frac{\Delta l_S}{\delta_S} \tag{4.172}$$

Δl_S folgt aus dem Kräftegleichgewicht zwischen den Schrauben und dem ZK/ZKG:

$$\Delta F_V = 4\frac{\Delta l_S}{\delta_S} = \frac{\Delta l_{ZK}}{\delta_{ZK}} \tag{4.173}$$

δ_{ZK} ist die Nachgiebigkeit des ZK bzw. des ZK/ZKG im Klemmlängenbereich, hier der Einfachheit halber beispielsweise vier Schraubenpfeifen zusammengefasst, und Δl_{ZK} dessen relative Verkürzung. Die geometrische Verträglichkeit lautet gemäß Abb. 4.138 wie folgt:

$$\alpha_{ZK}\, l_{ZK}\, \Delta T_{ZK} = \alpha_S\, l_S\, \Delta T_S + \Delta l_S + \Delta l_{ZK} \tag{4.174}$$

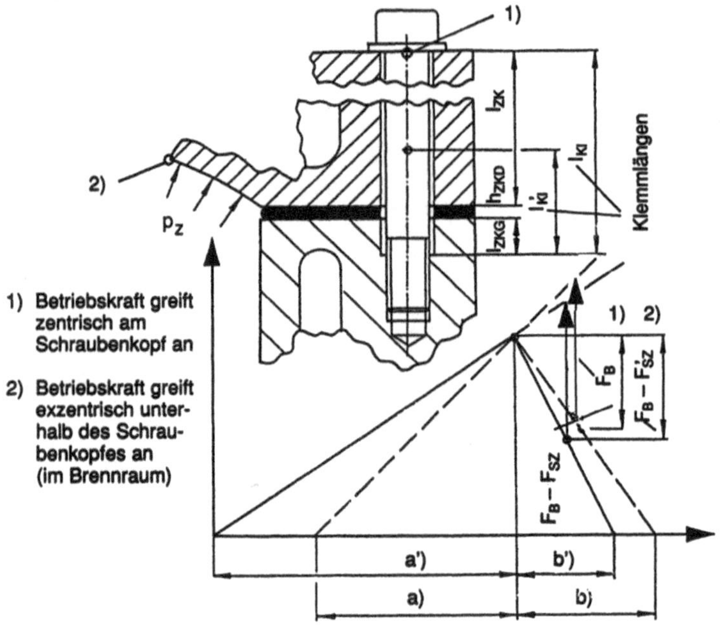

$$\delta_{Ers} = \delta_{ZK} + \delta_{ZKG} + \delta_{ZKD} \qquad \text{a)}\,\frac{\delta_s}{4}F_V \qquad \text{b)}\,\delta_{Ers}F_V$$

$$\text{a}')\left(\frac{\delta_s}{4} + (1-\zeta)\delta^*_{Ers}\right)F_V \qquad \text{b}')\,\zeta\delta^{**}_{Ers}F_V$$

Abb. 4.138 ZK-Verschraubung; oben: theoretische Klemmlänge l_{Kl} und tatsächlich nutzbare Klemmlänge l'_{Kl}; unten: Auswirkung der Verschiebung des Kraftangriffspunkts der Betriebskraft auf das Verspannungsschaubild; Ersatz-Nachgiebigkeiten δ^*_{Ers} und δ^{**}_{Ers} kennzeichnen den allgemeinen Fall der exzentrischen Verschraubung (grafische Bestimmung von F'_{SZ} erfordert zusätzlich Korrektur von $\delta_S/4$ um den Differenzbetrag $+\delta^* - \delta^{**}$, um Gl. (4.181), rechts, zu erfüllen)

Mit den beiden letzten Gleichungen kann die Schraubenlängung Δl_S und mit Gl. (4.172) schließlich die thermisch bedingte Vorspannkrafterhöhung berechnet werden:

$$\Delta F_V = \frac{\alpha_{ZK}\, l_{ZK}\, \Delta T_{ZK} - \alpha_S\, l_S\, \Delta T_S}{\frac{\delta_S}{4} + \delta_{ZK}} \tag{4.175}$$

Es ist noch zu ergänzen, dass l_S für die Schraubenschaftlänge steht, und α_S bzw. α_{ZK} die unterschiedlichen Wärmeausdehnungskoeffizienten repräsentieren, kenntlich gemacht durch die Indizes. ΔT_S und ΔT_{ZK} sind die bei Schraube und ZK/ZKG unterschiedlichen Temperaturerhöhungen im Betrieb. In der Warmlaufphase ist $\Delta T_{ZK} >> \Delta T_S$!

Die Vorspannkraft F_V muss so groß gewählt werden, dass bei Einwirkung der maximalen Betriebskraft $F_B = p_{Zmax}\pi D_Z^2/4$ die verbleibende Klemmkraft F_{Kl} noch die für die Abdichtung notwendige Mindestflächenpressung p_{min} gewährleistet. Nur im Fall von nassen Buchsen oder Einzel-ZK bei luftgekühlten Motoren sind die Verhältnisse so eindeutig, dass diese Überprüfung unter der Annahme konstanter Flächenpressung elementar durchgeführt werden kann. Die Pressungen sind auch vom Dichtungsmaterial abhängig und mit den ZKD-Herstellern abzustimmen.

Bisher wird noch vernachlässigt, dass die Betriebskraft nicht am Schraubenkopf, sondern in der Brennraumkalotte des ZK wirkt. Zum einen ist diese Wirkung exzentrisch, wobei auf die Erläuterungen zum Pleuel in den Abschn. 4.1.4.2.2 und 4.1.4.2.3 verwiesen und hier nicht mehr weiter eingegangen wird. Zum anderen ist zu beachten, dass das ZKG unter Betriebskraft zwar entlastet, der ZK jedoch zusätzlich belastet wird, d. h., die Gaskraft „hebt" den ZK vom ZKG „ab", während sie ihn gleichzeitig zusätzlich beaufschlagt. Damit ändern sich die Verhältnisse gegenüber dem gewöhnlichen Verspannungsschaubild. Die angesprochenen Grenzfälle werden nachfolgend als

Fall 1: Kraftangriff am Schraubenkopf und
Fall 2: Kraftangriff in der Brennraumkalotte auf Höhe der Trennfuge,

angesprochen.

Fall 1
Für die Schraubenzusatzkraft F_{SZ} (dynamische Belastung) der vier ZK-Schrauben bei Aufbringung der Betriebskraft F_B und den Nachgiebigkeiten δ_{ZK} des ZK, δ_{ZKG} des ZKG und δ_{ZKD} der ZKD, die zu einer Ersatznachgiebigkeit

$$\delta_{Ers} = \delta_{ZK} + \delta_{ZKG} + \delta_{ZKD} \tag{4.176}$$

zusammengefasst werden können, gilt im Hinblick auf eine dynamische Längenänderung Δl folgende Beziehung (Abb. 4.138):

$$(\Delta l =)\ F_{SZ}\frac{\delta_S}{4} = (F_B - F_{SZ})\,\delta_{Ers} \qquad \rightarrow \qquad F_{SZ} = \frac{F_B\,\delta_{Ers}}{\frac{\delta_S}{4} + \delta_{Ers}} \tag{4.177}$$

Gl. (4.177) ist nach Umformung der Gl. (4.43) in Abschn. 4.1.4.2.3 äquivalent.

Fall 2
Greift die Betriebskraft in der Brennraumkalotte an, dann ändern sich die Verhältnisse wie folgt, wobei die Prinzipskizzen in Abb. 4.139 zu beachten sind:

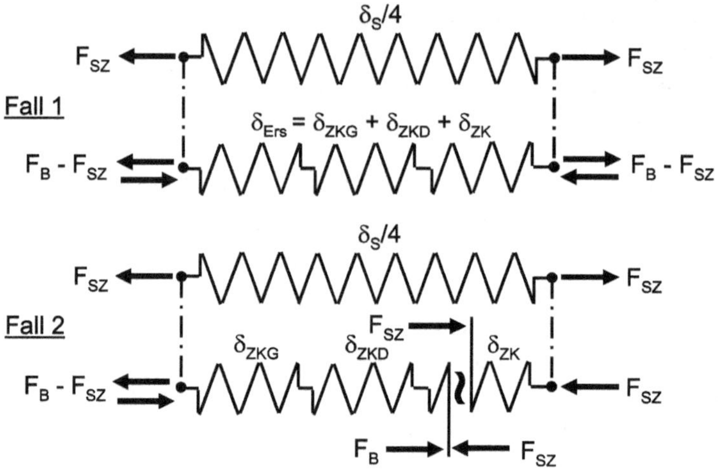

Abb. 4.139 Prinzipskizzen zur Herleitung der Schraubenzusatzkraft bei unterschiedlichem Ort der Betriebskrafteinleitung; Fall 1: Schraubenkopf, Fall 2: Brennraumkalotte – siehe Gl. (4.177) und (4.178)

$$
\begin{aligned}
(\Delta l =) \quad F_{SZ}\frac{\delta_S}{4} &= (F_B - F_{SZ})\,(\delta_{ZKG} + \delta_{ZKD}) - F_{SZ}\delta_{ZK} \quad \rightarrow F_{SZ} \\
&= \frac{F_B\,(\delta_{ZKG} + \delta_{ZKD})}{\frac{\delta_S}{4} + \delta_{ZK} + \delta_{ZKG} + \delta_{ZKD}} \\
&= \frac{F_B\,(\delta_{ZKG} + \delta_{ZKD})}{\frac{\delta_S}{4} + \delta_{Ers}}
\end{aligned}
\tag{4.178}
$$

Wird die in den beiden betrachteten Grenzfällen wirkende Schraubenzusatzkraft ins Verhältnis gesetzt,

$$
\frac{F_{SZ(2)}}{F_{SZ(1)}} = \frac{\delta_{ZKG} + \delta_{ZKD}}{\delta_{Ers}} \tag{4.179}
$$

so ist die dynamische Schraubenbeanspruchung in Fall 2 geringer. Aus dieser Sicht beinhaltet es kein Risiko, den tatsächlichen Kraftangriffspunkt unterhalb des Schraubenkopfes zu vernachlässigen. Die Restklemmkraft verringert sich jedoch in Fall 2 mit der kleineren dynamischen Schraubenbeanspruchung:

$$
F_{Kl} = F_V - F_B + F_{SZ} \tag{4.180}
$$

Bei richtiger Auslegung der Schraubenverbindung ist dies aber beherrschbar. Der tatsächliche Ort der Betriebskrafteinleitung liegt, wie schon erwähnt, im ZK irgendwo zwischen den Grenzfällen 1 und 2. In der Praxis ist anzustreben, den Kraftangriffspunkt durch konstruktive Maßnahmen möglichst weit zum Schraubenkopf hin zu verlagern. Dies erhöht die für die Verschraubung relevante Elastizität der verspannten Bauteile und „versteift" die ZK-Schrauben (Abb. 4.138) (beachte: Erörterung des allgemeinen Falls 3).

Der allgemeine Fall soll hier noch als Fall 3 behandelt werden.

Fall 3

Die ZK-Verschraubung ist ein Sonderfall. Während allgemein möglichst elastische Schrauben mit im Verspannungsbereich möglichst steifen Bauteilen gepaart werden sollen, um die dynamische Schrauben- und Gewindebeanspruchung (Letzteres vor allem in Verbindung mit Al-ZKG wichtig) durch die Schraubenzusatzkraft F_{SZ} klein zu halten, gibt es umgekehrte Verhältnisse. Zu Lasten der dynamischen Schraubenbeanspruchung muss hier die dynamische Kraft in der Trennfuge klein gehalten werden [195]. In Verbindung mit einer wenig nachgiebigen Dichtfläche auf Seiten des Zylinderdecks und der ZK-Grundplatte als Voraussetzung für eine gleichmäßige Pressungsverteilung ist dies wichtig für eine gute, dauerhafte Abdichtung mit der ZKD. Die Forderung lautet daher:

- reduzierte Schraubenelastizität (steifere Schraube)
- „elastischere" Bauteile (ZK-Schraubenpfeifen)
- möglichst zentrische Krafteinleitung in Nähe des Schraubenkopfes

Mit Hinweis auf die Ausführungen in Abschn. 4.1.4.2.2 bis Abschn. 4.1.4.2.4 und Abb. 4.138 kann die Schraubenzusatzkraft für den allgemeinen Fall wie folgt angegeben werden:

$$F_{SZ} = \frac{\zeta \, F_B \, \delta_{Ers}}{\frac{\delta_S}{4} + \delta_{Ers}} \quad \text{bzw.} \quad F_{SZ} = \frac{\zeta \, F_B \, \delta_{Ers}^{**}}{\frac{\delta_S}{4} + \delta_{Ers}^{*}} \tag{4.181}$$

Der Faktor ζ berücksichtigt die tatsächlich nutzbare Klemmlänge l'_{Kl} (siehe Abb. 4.138).

Für $\zeta = 1$ greift die Betriebskraft am Schraubenkopf an. Wegen des in Wirklichkeit nicht zentrischen Kraftangriffs ändern sich aufgrund der zusätzlich eingeleiteten Biegemomente örtlich die Nachgiebigkeiten (Schraubenkraft und Betriebskraft wirken nicht am selben Ort), was durch die Kennzeichnung mit einem ($*$) bzw. zwei Sternen ($**$) zum Ausdruck kommt. An dieser Stelle wird, wie zuvor schon vermerkt, auf die Erläuterungen in den Abschn. 4.1.4.2.2 bis 4.1.4.2.4 verwiesen.

Es ist noch auf die tatsächliche Nicht-Linearität des Kraft-Weg-Verlaufs der Schraubenverbindung und den Einfluss des Schraubentyps auf die verbleibende Vorspannkraft nach dem Setzen hinzuweisen. Bei gleichem Setzbetrag kann die elastische Dehnschaftschraube die höhere Vorspannkraft aufrechterhalten, was einfach nachprüfbar ist, wenn im Verspan-

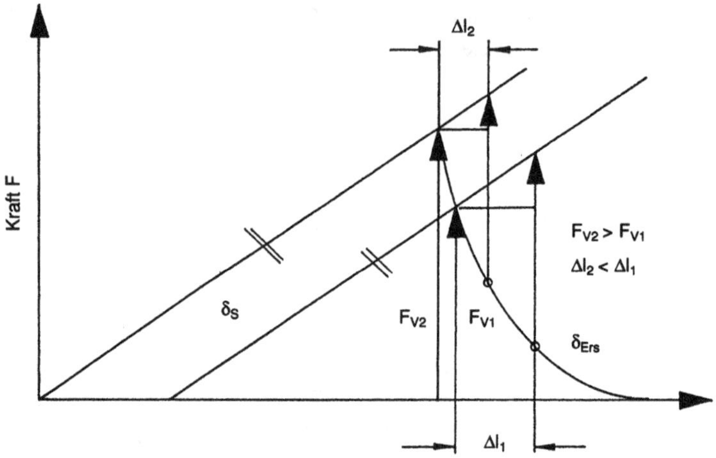

Abb. 4.140 Trennfugenkraft- und -wegschwingung unter Betriebskraft bei unterschiedlicher Vorspannkraft und nicht-linearem Kraft-Weg-Verlauf der ZK-Verschraubung

nungsschaubild unterschiedliche Schraubenelastizitäten bei identischem Setzbetrag betrachtet werden. Dem Nachteil der stärkeren Entlastung der Trennfuge (Kraft) kann die geringere Trennfugenschwingung (Weg) gegenübergestellt werden (Abb. 4.140). Der Einsatz von Dehnschaftschrauben lässt sich daher auch beim ZK rechtfertigen, wenn sich aus den elementaren Zusammenhängen auch die Forderung nach steifen ZK-Schrauben ableiten lässt. In der Praxis wird meist die Dünnschaftschraube vorgezogen, die bezüglich ihrer Elastizität zwischen Dehn- und Vollschaftschraube einzuordnen ist.

Als Faustregel galt eigentlich, dass als Vorspannkraft F_V das Drei- bis Vierfache der Betriebskraft $F_B = F_{Gas}$ (Gaskraft) vorgehalten wird. Diese Forderung des Maschinenbaus muss unter Leichtbaugesichtspunkten oft auf unter das Zweieinhalbfache reduziert werden. Eine Nachrechnung der Restklemmkraft unter Beachtung des Setzvorgangs bei realistischen Annahmen (exzentrische und innerhalb angreifende Betriebskraft) sowie die Berücksichtigung der thermischen Ausdehnung sind unerlässlich.

Eine wichtige Forderung besteht allgemein in der Nachziehfreiheit des ZK. Die Ausführung der ZKD, der Schraubentyp und das Anziehverfahren auf der einen, die Steifigkeit der ZK- und ZKG-Dichtflächen auf der anderen Seite müssen dazu sorgfältig aufeinander abgestimmt werden. Dabei wird zugleich unterstellt, dass die Schraubenpfeifen konstruktiv sauber ausgeführt und die Schraubenauflage sowie die Ausführung der Gewinde dem Werkstoff angepasst sind. Dennoch ist die Nachziehfreiheit nicht in allen Fällen auch erreichbar. Das Anziehen auf Streckgrenze ist gerade beim ZK keine Garantie dafür. Die Gefahr, dass der ZK plastisch verformt wird oder Risse im Anbindungsbereich der Schraubenpfeifen während der Montage oder bei der ersten Erwärmung nach Inbetriebnahme des Motors auftreten (in dieser Phase sind die Temperaturunterschiede am größten), ist nicht von der Hand zu weisen. Die Risse wandern nach und nach z. B. durch die Wasser- oder Ölraumwandung.

4.5.4.4 Mathematische Beschreibung des Zylinderverzugs

Die beliebige Abweichung ΔR von der kreisrunden Gestalt einer Zylinderbohrung kann mittels der Fourier-Analyse anhand weniger Zahlenwerte – der Fourier-Koeffizienten A_i, B_i der Ordnungszahl i – beschrieben werden [196]:

$$\begin{aligned} \Delta R = A_0 + A_1 \cos\varphi + A_2 \cos 2\varphi + \ldots + A_i \cos i\varphi \\ + \mathrm{B}_1 \sin\varphi + B_2 \sin 2\varphi + \ldots + B_i \sin i\varphi \end{aligned} \tag{4.182}$$

Mit $\Delta R_0 = A_0$, $\Delta R_i^2 = A_i^2 + B_i^2$ und $\varphi_i = 1/i \arctan(B_i/A_i)$ ist folgende Umformung möglich:

$$\Delta R = \Delta R_0 + \Delta R_1 \cos(\varphi - \varphi_1) + \Delta R_2 \cos 2(\varphi - \varphi_2) + \ldots + \Delta R_i \cos i(\varphi - \varphi_i) \tag{4.183}$$

Aus Abb. 4.141 geht hervor, wie dies geometrisch zu interpretieren ist. Auf verschiedene Ursachen des Zylinderverzugs wird auch an anderer Stelle eingegangen. Diese sind:

- Verformungen im Zusammenhang mit Eigenspannungen erzeugt während der Erstarrung des Gussteils bzw. mit Erstarrungsphänomenen:
  - z. B. Aufschrumpfen (Gussteilschwindung) auf eingegossene Buchsen insbesondere bei Paarung unterschiedlicher Werkstoffe
  - unkontrollierter Abbau von Eigenspannungen in Verbindung mit eingegossenen Buchsen

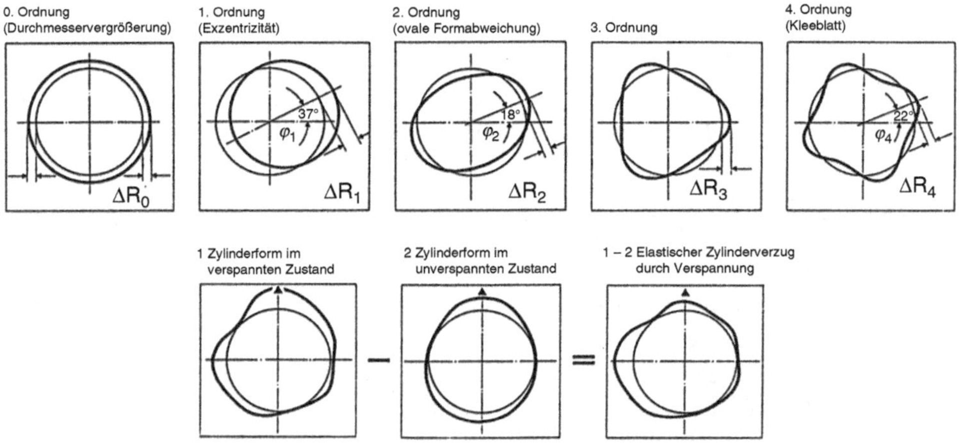

	A_i	B_i
2.	2.9	– 6.8
3.	6.9	– 2.7
4.	2.7	– 0.4

A_i	B_i
8.1	– 2.3
2.4	– 0.2
0.7	0.8

A_i	B_i
– 5.2	– 4.5
4.5	– 2.5
2.0	– 1.2

Abb. 4.141 Oben: Verformungen 0. bis 4. Ordnung des Zylinderverzugs; unten: Berechnung des elastischen Zylinderverzugs mittels der Fourier-Koeffizienten (Praxis-Beispiel) (aus [196])

- lokale Effekte in Verbindung mit Resterstarrungszonen (z. B. massereiche Schraubenpfeifen)
- mangels Wärmebehandlung (Al-Druckguss) nicht vorhandene Volumenstabilität des ZKG (Ausscheidungen wegen infolge rascher Abkühlung übersättigtem Zustand bewirken Verformungen während des Motorbetriebs [bei Betriebstemperatur])

• örtlich unterschiedliche Wärmeausdehnung (z. B. auch durch Paarung unterschiedlicher Werkstoffe bei veränderlichen Querschnitten); ganz allgemein thermisch bedingter Verzug infolge
  - toleranzbedingt veränderlicher Buchsenwanddicke (Unrundheit nach Guss infolge Schwindung + Ausnutzung der Positionstoleranzen der Zylinderbohrungen)
  - inhomogener Temperaturverteilung (z. B. kleine Stegbreiten bei zusammengegossenen Zylindern; starke Wärmeausdehnung quer zur Motorlängsachse = ovale Zylinderbohrungen im Betrieb, hohe Spannungen bei teilweiser Deformationsbehinderung, Kriecheffekte)
• Verformung durch Montagekräfte (tritt verstärkt bei ungünstigen konstruktiven Merkmalen auf):
  - z. B. Anbindung Schraubenpfeifen an Zylinderrohr
  - Behinderung von Gleitbewegungen im ZKD-Bereich (unterschiedliche Wärmeausdehnung zwischen ZK und ZKG)
  - Einbau- und Anbauteile (z. B. auch Wasserpumpe), Motoraufhängung (mangelnde Steifigkeit)
• Verformung durch Betriebskräfte (Gaskraft, Kolbenseitenkraft)
• Unrundheit bedingt durch den Fertigungsprozess (Einflüsse durch Werkzeugmaschinengenauigkeit, Steifigkeit, Vibrationen, Schneidwerkstoffe und Schneidenhalterung, Bearbeitbarkeit der Werkstoffe u. v. a.)

Bezüglich des Zylinderverzugs sind verschiedene Zustände zu unterscheiden (beachte auch Abb. 4.141 [196]), bei denen die Zylinderbohrung vermessen wird:

(a) Neuzustand nach Fertigbearbeitung
(b) nach Teilmontage (z. B. Erstmontage des ZK)
(c) nach Demontage ohne Inbetriebnahme
(d) nach erneuter bzw. mehrmaliger Teilmontage
(b) – (c) bzw. (d) – (c) elastische Verzüge
(c) – (a) plastische Verzüge
(b) – (a) bzw. (d) – (a) Gesamtverzug
(e) nach Demontage (Kurzzeitbetrieb)
(f) nach Demontage (Langzeitbetrieb)
(e) – (a) plastische Verzüge
(f) – (a) plastische Verzüge + Verschleiß
(f) – (e) plastischer Langzeit-Verzug + Verschleiß

Abhilfemaßnahmen setzen voraus, dass die Ursachen eindeutig erkannt sind. Dies kann im Einzelfall dann auch zu sehr unkonventionellen Maßnahmen führen. So ist z. B. der Al-Umguss der GJL-Buchsen des VOLVO-Druckguss-ZKG (R4-/R5-/R6-Motoren) mit örtlich unterschiedlichen Wanddicken gestaltet und der Steg zwischen den Zylindern geschlitzt, um die Verzüge gezielt zu beeinflussen.

Ein Vorteil der Ordnungsanalyse des Zylinderverzugs besteht auch darin, dass die Anpassungsfähigkeit der Kolbenringe an die radialen Formabweichungen der Zylinderbohrung als Funktion der Ordnung i ausgedrückt werden kann [197]. Die radiale Formabweichung ΔR_i, die vom Kolbenring, gekennzeichnet durch seinen k_{Ri}-Parameter (siehe Gl. (4.123) für Rechteckring in Abschn. 4.3.4.2), noch „lichtspaltdicht" ausgeglichen werden kann, darf maximal

$$\Delta R_i = \frac{D_Z\, k_{Ri}}{2\left(i^2 - 1\right)^2}\left(1 + \frac{p_Z}{p}\right) \tag{4.184}$$

betragen. wobei der Quotient p_Z/p das Verhältnis der radialen Pressung mit Unterstützung durch den Zylinderdruck p_Z im Ringrücken (oder der Pressung p_{rad} durch eine zusätzliche gespannte Feder) zu der allein durch Tangentialkraft F_t verursachten p bedeutet. Aus Abb. 4.142 wird ersichtlich, wie dann die Ordnung erkannt werden kann, an die sich ein bestimmter Kolbenring unter den gegebenen Verhältnissen nicht mehr anpassen kann. Dies lässt Rückschlüsse in Bezug auf den Ölverbrauch und die Blow-by-Gase bereits im Entwurfsstadium zu, wenn mittels FEM ermittelte Verformungswerte (Schraubenkräfte und thermische Verformung) und das Potenzial einer geplanten Ringbestückung einander gegenübergestellt werden.

Auch für die Linearitätsabweichung der Zylinderbohrung lassen sich Kriterien formulieren, deren Allgemeingültigkeit allerdings in Frage gestellt werden darf. Daher werden sie hier nicht behandelt. Die zulässige Formabweichung der Zylinderbohrung im Neuzustand wird ganzheitlich durch eine Zylindrizitäts-Forderung /O/ ausgedrückt. Sie beträgt allgemein zwischen 5 und 10 μm.

Große Aufmerksamkeit wird heutzutage der realen Zylinderform im Motorbetrieb und wirksamen Maßnahmen zu deren Verbesserung gewidmet. Mit zeitgemäßen Methoden zur Optimierung des Zylinderverzugs, hier Minimierung durch Unterstützung mittels Rechnung und Messung, befasst sich z. B. ausführlich [198]. Es ist mittlerweile Standard, die statische Verformung der Zylinderbohrungen nach Verschrauben des ZKG mit dem Zylinderkopf in der Fertigung zu antizipieren. Deshalb erfolgt die Honbearbeitung in Vorrichtungen (auch als „Honbrillen" bezeichnet), die die Verspannungskräfte aufbringen. Die praktischen Maßnahmen werden sukzessive weiter verfeinert. Um dem Phänomen der Überdeckung zwischen Kolben und Zylinderbohrung vorzubeugen und den starken Anstieg der Reibungsverluste zu vermeiden, können die Zylinderbohrungen in Richtung niedrigerer Wandtemperatur, d. h. kleinerer Zylinderdurchmesser im Motorbetrieb, also in Richtung unterer Totpunkt, aufgeweitet werden. Dies wird als rotationssymmetrische Formhonung bezeichnet [199].

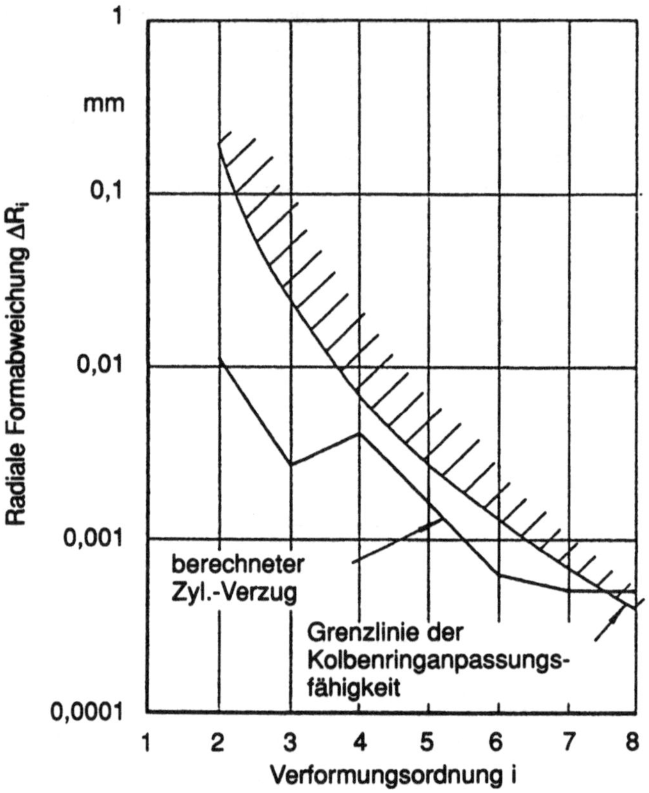

Abb. 4.142 Berechnete Anpassungsfähigkeit eines Kolbenrings im Vergleich mit der ebenfalls berechneten Verformung der Zylinderbohrung unter Berücksichtigung der Schraubenkräfte und des Temperaturfelds (1. Kolbenring in OT-Lage eines 12 l-Sechszylinder-Dieselmotors) (aus [200])

4.5.5 Zylinderlaufbuchsen

In Abschn. 4.5.1 wird der Begriff „heterogenes" ZKG-Konzept eingeführt und auch einiges über dessen Vor- und Nachteile ausgesagt. Es handelt sich dabei um ZKG mit Zylinderlaufbuchsen, die als separate Bauteile zu betrachten sind. Die eingegossene Buchse als eine der möglichen Alternativen wird als abgehandelt betrachtet. Luftgekühlte Rippenzylinder stellen eine Sonderbauform dar, die hier nicht im Zentrum des Interesses steht. Eingesetzte nasse und trockene Buchsen, die eingeschrumpft, eingepresst oder eingeschoben („Slip-fit") werden, sollen im Folgenden noch etwas eingehender behandelt werden. Die verschiedenen Buchsenkonzepte sind in ihren Grundzügen in Abb. 4.143 skizziert.

- Austauschbarkeit (günstig hinsichtlich Instandsetzung)
- freie Werkstoffwahl (verschleißfestere Werkstoffe mit besseren tribologischen Eigenschaften als der Grundwerkstoff)

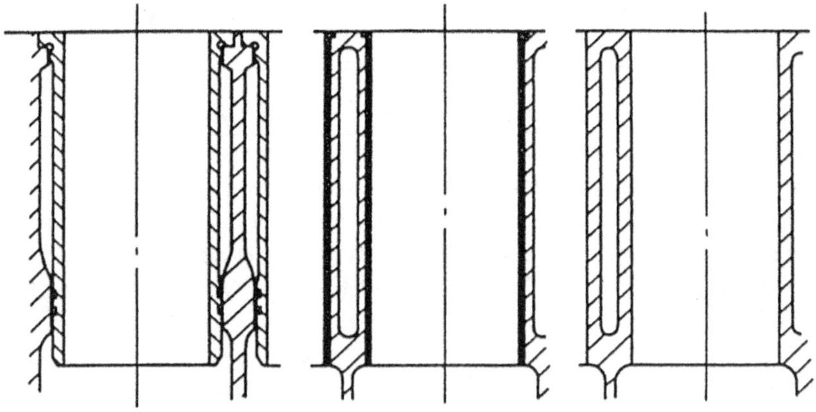

Abb. 4.143 Buchsenkonzepte und monolithisches ZKG (**C**) im prinzipiellen Vergleich; nasse Buchse (**A**), trockene Buchse (**B**) in eingeschrumpfter, eingepresster, eingeschobener („Slip-fit") oder eingegossener Ausführung (eingegossene Buchse dickwandiger (2,5 bis 4 mm) als eingesetzte Buchse (1,5 bis 2,5 mm); Angaben beziehen sich auf Pkw-Motoren und fertig bearbeitete Bohrung (aus [201])

- einfache ZKG-Konstruktion
- bei nasser Buchse geringerer Einfluss der Umgebung auf Zylinderverzug
- in Verbindung mit GJL-Buchsen lassen sich auch Pkw-Dieselmotoren mit Al-ZKG realisieren (zunehmend auch eingegossene Buchsen)

Neben den an anderer Stelle genannten Nachteilen gibt es auch einige nicht von der Hand zu weisende Vorteile des Buchsenkonzepts:

Für Zylinderlaufbuchsen aus Grauguss werden un- oder niedrig legierte GJL-Werkstoffe verwendet. Die Herstellung erfolgt im Schleuderguss-Verfahren. Für Al-Buchsen sind mehr oder weniger alle in Abschn. 4.5.1.3 angeführten Laufflächentechnolgien denkbar.

4.5.5.1 Nasse Buchsen

4.5.5.1.1 Konstruktive Gestaltung von nassen Buchsen

Die „hängende" Buchse hängt im ZKG. Der obere Buchsenbereich ist dazu bundförmig ausgebildet. Die zusätzliche Zentrierung mit dem Bund ist hinsichtlich der damit erreichten thermischen Entlastung günstig, verursacht jedoch größere Spannungen in der Hohlkehle im Zylinderdeck infolge der behinderten Ausdehnung bei Erwärmung im Motorbetrieb. Zur Entlastung kann deshalb ein separater Zentrierbund unterhalb der Bundauflagefläche dienen, wodurch sich die thermischen Verhältnisse verschlechtern, weil sich der erste Kolbenring in OT-Stellung, so die Ausdrucksweise, nicht mehr „im Wasser" befindet (auf der Buchsenaußenseite nicht vom Kühlmittel beaufschlagt wird). ZKG mit „hängenden"

Buchsen benötigen wegen der Bundauflagefläche ein seiner Art nach eher geschlossenes Zylinderdeck und demnach auch einen Wassermantelsandkern.

Auflage und Zentrierung können im Fall der „stehenden" Buchse auch in den unteren Bereich verlagert werden. Abb. 4.144 zeigt die „stehende" und „hängende" Buchse im prinzipiellen Vergleich. Neben der Tatsache, dass jetzt auch der oberste Buchsenbereich gekühlt wird, spart diese Ausführung Zylinderabstand. Wie in Abb. 4.144 zu erkennen, sorgt der eingezogene, dünnwandige Zylinderhals für eine alternative Auflagefläche, sodass deren Außendurchmesser kleiner als der Flanschdurchmesser der „hängenden" Konstruktion dimensioniert werden kann. Es ist zudem üblich, zwecks Verkleinerung der Stegbreite den Bund seitlich zwischen den Zylindern abzuflachen. Die „stehende" Buchse wird mittels Passdurchmesser im Zylinderhalsbereich zentriert. Erwähnenswert ist in diesem Zusammenhang, dass es vereinzelt auch „hängende" Buchsen gibt, die oben im Zylinderdeck frei

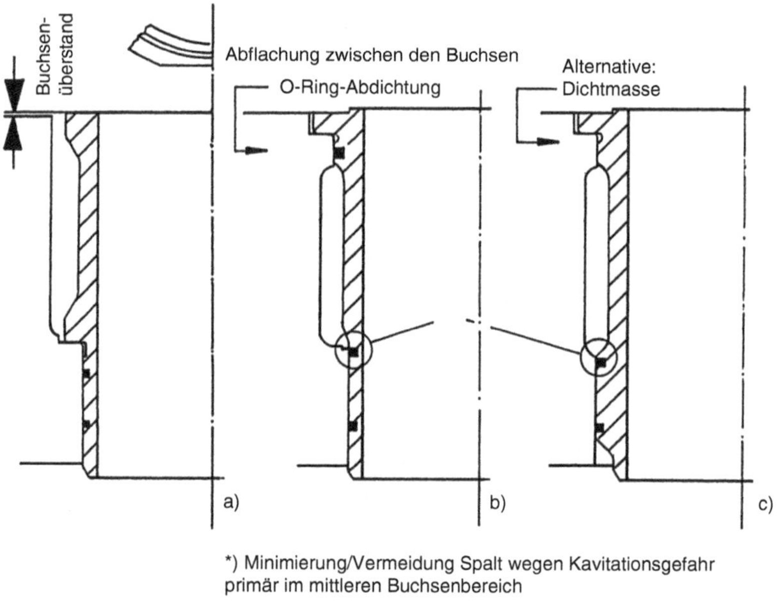

Abb. 4.144 Nasse Zylinderlaufbuchsen in unterschiedlicher Ausführung (Prinzipskizzen mit nicht maßstabsgerechten Proportionen)

a) „stehende" Buchse mit Zentrierung im Zylinderhals, der zudem O-Ringe für die untere Abdichtung des Wassermantels aufnimmt, was auch gehäuseseitig möglich ist (Buchsenüberstand angedeutet, oberer Buchsenrand plangedreht [kein Feuerring])

b) „hängende" Buchse mit zusätzlichem Zentrierbund unterhalb der Auflagefläche, hier mit O-Ringen zur oberen Abdichtung des Wassermantels; unterer Buchsenbereich mit Abdichtung ähnlich wie bei **a)** ausgeführt; oberer Buchsenrand enthält Feuerring (ZKD liegt im abgesetzten Bereich hinter Feuerring)

c) „hängende" Buchse mit alternativer Gestaltung des unteren Buchsenbereichs; obere Abdichtung des Wassermantels erfolgt durch Dichtmasse im Spalt anstelle O-Ring aufliegen und ebenfalls unten mit dem Zylinderhals zentriert werden. Die gängige Ausführung der „stehenden“ Buchse wird auch als „Mid-stop-Buchse“ bezeichnet (Auflagefläche etwa in Buchsenmitte bzw. oberhalb oder unterhalb davon).

Ein gewisser Nachteil der „stehenden“ Buchse ist der kaum vermeidbare Buchsenüberstand (ca. 0,05 bis 0,1 mm), um eine sichere Abdichtung mit der ZKD zu erreichen. Die Toleranzeinhaltung des Überstands bedingt eine Klassierung der Einsetzlänge der Buchse, was mit zusätzlichen Fertigungskosten und erhöhtem Qualitätssicherungs-Aufwand verbunden ist. Vor allem bei GJL-Buchsen im Al-ZKG verursachen die unterschiedlichen Wärmeausdehnungskoeffizienten eine besondere Problematik. Das Al-ZKG dehnt sich im Motorbetrieb stärker aus als die GJL-Buchsen. Dadurch reduziert sich die Vorspannung. Wegen des erforderlichen großen Überstands wirken große axiale Kräfte auf die Buchsen, was erhebliche Zylinderverzüge zur Folge haben kann.

Bei nassen Al-Buchsen im Al-ZKG entschärfen sich die Verhältnisse. Es wird versucht, mit maximal 0,05 mm Überstand auszukommen. Dabei ist die Neigung zum Kriechen von Aluminium zu berücksichtigen und, soweit möglich, der geringere E-Modul von Al durch angemessene Querschnittsverstärkungen zu kompensieren. Die meisten Erfahrungen mit nassen Al-Buchsen stammen aus dem Rennsport. Schließlich eignen sich Motoren mit nassen Buchsen für die Erprobung von Al-Zylinderlaufflächen (z. B. insbesondere für Pkw-Dieselmotoren).

Der zwischen der nassen Buchse und der ZKG-Wand gebildete Wassermantel muss abgedichtet werden. „Stehende“ Buchsen weisen im ZK-Dichtungsbereich und auch sonst eine Ähnlichkeit mit dem Open-deck auf. Die Abdichtung Brennraum/Kühlmittel erfolgt durch Pressung der ZKD auf den meist plan bearbeiteten oberen Buchsenrand.

Zur gleichmäßigen Verteilung der zur Abdichtung notwendigen Pressung haben sich in der Vergangenheit Brennraumeinfassungen aus Blech bewährt. Je nach Stärke der Einfassung wird die Pressung örtlich erhöht. Bei ZKD ohne Brennraumeinfassungen müssen gewöhnlich auch „hängende“ Buchsen im Bundbereich überstehen. Die Kombination Brennraumeinfassung/Buchsenüberstand ist in allen Fällen, d. h. bei „stehender“ und „hängender“ Buchse, stets sorgfältig aufeinander abzustimmen. Bei „hängenden“ Buchsen mit Überstand in Verbindung mit einer ZKD mit Brennraumeinfassung besteht Bundrissgefahr.

Die hier angesprochenen Unterscheidungsmerkmale (ohne/mit Brennraumeinfassung) orientieren sich exemplarisch an der herkömmlichen Abdichtungstechnik. Sie eignen sich jedoch, um die diffizilen Verhältnisse im Dichtungsbereich darzustellen. Die ZKD-Technik bietet eine Vielfalt an Lösungen an. Diese reichen von den aktuellen Vollmetall-Dichtungen bis zu den eigentlich kaum mehr gebräuchlichen Weichstoff-Metall-Dichtungen mit getrenntem Brennraum-Dichtelement (siehe Abschn. 4.7). Letztere wurden einst für nasse Buchsen und Open-deck-ZKG für besonders geeignet erachtet. Spezifische Abdichtprobleme lassen sich nur in enger Zusammenarbeit mit den ZKD-Herstellern lösen.

Bei „hängenden“ Buchsen wird der Wassermantel oben zusätzlich entweder mit einem O-Ring im Zentrierbund oder mit einer speziellen Dichtmasse, die die Spalte ausfüllt, abgedichtet. Unten werden ebenfalls O-Ringe verwendet. Die zugehörigen Nuten können sowohl im Zylinderhals als auch auf der Gegenseite im ZKG untergebracht sein. Bei „stehender“ Buchse sind auch Flachdichtungen in der Auflagefläche denkbar. Die O-Ringe sind gewöhnlich aus Perbunan, bei höherer thermischer Beanspruchung auch aus Viton.

Die untere Pass- bzw. Dichtstelle beinhaltet die Gefahr einer Einschnürung. Das Einpassspiel, die Nutgeometrie und die O-Ringdichtungen müssen daher sorgfältig abgestimmt werden. Besonders kritisch ist z. B. ein radial zu stark gepresster O-Ring, der gegen einen sehr dünnwandigen Zylinderhals abdichtet. Auf diese Weise kann die erwähnte Einschnürung entstehen. Zu geringe Pressung stellt dagegen eine zuverlässige Abdichtung in Frage.

Nasse Buchsen sind besonders kavitationsgefährdet. Kavitation bedeutet Werkstofferosion auf der Kühlmittelseite. Dies trifft an Stellen zu, wo nur kleine Spalte zwischen den Buchsen vorhanden sind – z. B. dort, wo sich die Abflachungen der Buchsen fast berühren oder wo der Wassermantel nur über eine geringe radiale Abmessung verfügt. Deshalb ist auf eine minimale Schwingungsanregung durch die Kolbensekundärbewegung, auf Einhaltung eines Mindestspalts (> 0,8 mm) oder eine Abdichtung der Spalte besonders zu achten. Die Schwingungsanregung durch die Verbrennung kann nur über den Zylinderdruckverlauf beeinflusst werden. Als letzte Möglichkeit ist das Verchromen der Außenfläche in Betracht zu ziehen. Eine ausreichende Menge Korrosionsschutzmittel und die Vermeidung von Lufteintritt durch bestmögliche Dichtheit des Kühlsystems sind Präventivmaßnahmen [202, 203].

Die einwandfreie Funktion von Zylinderlaufbuchsen hängt stark von einer sauberen Bundauflagefläche, deren Rechtwinkligkeit zur Bundzentrierung, Konzentrizität der maßgeblichen Innen- und Außendurchmesser und verschiedenen Gestaltungsmaßnahmen, wie Einstiche, Radien und Fasen, ab. Letztere können auch der Absicherung der Gestaltfestigkeit dienen. Wichtig ist zudem die Umsetzung der ZK-Schraubenkräfte in eine gleichmäßige Pressungsverteilung im Hinblick auf möglichst geringe Verzüge. Dazu leistet, wie oben schon angesprochen, nicht zuletzt die ZKD bei richtiger Auslegung ihren überaus wichtigen Beitrag [204].

4.5.5.1.2 Hinweise zur Dimensionierung und Auslegung nasser Buchsen

Wanddicken

Die Wanddicke s_W beträgt im nicht unterstützten Bereich 5 bis 8 % des Zylinderdurchmessers D_Z. Diese Werte gelten für Grauguss. Bei Aluminium kann bei vorgegebenen Motorhauptabmessungen meist nur eine teilweise Anpassung der Querschnitte gemäß dem E-Modul-Verhältnis vorgenommen werden. Aufgrund der in diesem Fall möglichen Reduzierung der Wassermanteltiefe kann über die kürzere verspannte Länge bei „stehender“ Buchse Steifigkeit dennoch in ausreichendem Maß zurückgewonnen werden. Andererseits ist bei Aluminium generell die „hängende“ Bauweise vorzuziehen, weil sie unter bestimmten Voraussetzungen weniger anfällig für Zylinderverzug ist. Im unterstützten Bereich (Zylinderhals) wird teilweise an die Grenzen des Machbaren gegangen ($s_W \geq 2{,}5$ % D_Z bei GJL bzw. $s_W \geq 3{,}5$ % D_Z bei Al), um bei „stehender“ Buchse kleine Zylinderabstände zu realisieren. Für die Bundhöhe h_B bei „hängender“ Buchse kann als Richtwert ca. 8 % D_Z angegeben werden.

Auflageflächen

Die Auflagefläche A berechnet sich aus der zulässigen Flächenpressung p_{zul} und der Schraubenvorspannkraft F_V [193]:

$$\begin{aligned} &A = F_V/p_{zul} \\ &\text{GJL: } p_{zul} \approx 380\ \text{N/mm}^2 \\ &\text{Al: } p_{zul} \approx 160\ \text{N/mm}^2 \end{aligned} \tag{4.185}$$

Bei Grauguss macht sich dessen im Vergleich zur Zugfestigkeit sehr hohe Druckfestigkeit positiv bemerkbar. Aus A folgt der Bund-Außendurchmesser D_{Ba}, der, wie oben schon erwähnt, bei „stehender" Buchse kleiner und damit günstiger für den Zylinderabstand ausfällt. Allerdings relativiert sich der Unterschied zwischenzeitlich.

Bundkräfte und -momente bei „hängender" Buchse

Vorteile auf der Seite der „hängenden" Bauweise setzen eine Auslegung voraus, bei der nur geringe Spannungen im Bund entstehen. Die Montagekräfte der Schrauben und die zyklisch wirkende Gaskraft verursachen über die entsprechenden Hebelarme diese Spannungen (Abb. 4.145). Das Moment der Gaskraft wird dann klein, wenn der Innenrand der ZKD möglichst dicht an die Bohrung heranrückt. Dies wird mit einem Feuerring geringer radialer Abmessung und Flachdichtung oder einer Ringdichtung in unmittelbarer Nähe des Bohrungsinnenrands erreicht. Die vom Brennraumdruck beaufschlagte Fläche kann so zwar minimiert werden, andererseits geht diese Auslegung zu Lasten des von den ZKG-Schrauben eingeleiteten Biegemoments. Dabei besteht nicht nur die Gefahr eines unzulässig großen Zylinderverzugs, sondern auch eines Bundrisses. Aus Abb. 4.146 lassen sich folgende Hebelarme x_1 und x_2 ableiten:

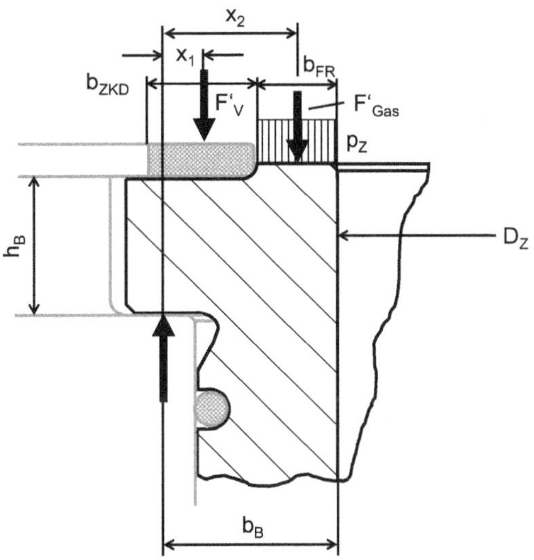

Abb. 4.145 Belastungsverhältnisse am Buchsenbund bei „hängender" Ausführung: Kräfte, Hebelarme und geometrische Parameter

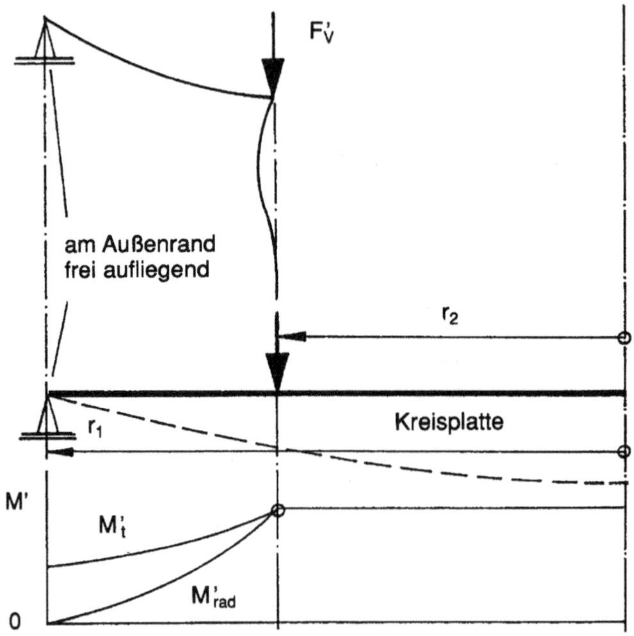

Abb. 4.146 Bundbelastung und Verformung der „hängenden“ Buchse (oben); einfaches Kreisplatten-Ersatzmodell (Mitte) mit radialem Verlauf der auf den Umfang bezogenen Biegemomente M'_{rad} und M'_t (unten)

Schraubenvorspannkraft

$$F_V : x_1 = b_B - b_{FR} - b_{ZKD}/2 \tag{4.186}$$

Gaskraft

$$F_{Gas} : x_2 = b_B - b_{FR}/2 \tag{4.187}$$

b_B ist der radiale Abstand des gedachten Angriffspunkts der Abstützkraft zum Innenrand der Zylinderbohrung, b_{ZKD} ist im Allgemeinen die radiale Abmessung der Brennraumeinfassung der ZKD und b_{FR} die des Feuerrings. Diese Parameter müssen geometrisch verträglich sein, d. h., b_{FR} + $b_{ZKD}/2 \leq b_B$ muss sinnvollerweise gegeben sein. Die auf die Hebelarme x_1 und x_2 zurückgehenden Biegemomente überlagern sich mit gleichem Vorzeichen:

Abb. 4.147 In die Zylinderbohrung oben lose eingesetzter und vom Zylinderkopf in Position gehaltener „Anti-Polishing-Ring“ (oben); Problem des „Zylinder-Polierens“, abrasiver Verschleiß durch Ölkohleablagerungen am Feuersteg des Kolbens bei Kontakt mit der Zylinderwand (unten) (aus [206])

$$M'_b = F'_V x_1 + F'_{Gas} x_2 \tag{4.188}$$

Die mit „′“ vorgenommene Zusatzkennzeichnung deutet an, dass es sich um Größen handelt, die auf den Umfang bezogen sind. Mit realistischen Annahmen lässt sich abschätzen, dass für die Beanspruchung im Bund die Schraubenvorspannkräfte weitaus entscheidender sind als die innerhalb des Feuerrings angreifende Gaskraft, sodass ein größeres Gaskraftmoment zu Gunsten eines kleineren Hebelarms x_1 insgesamt gesehen weitaus günstiger ist. Dieser Sachverhalt kann im Einzelfall jeweils leicht nachgeprüft werden. Es sei angemerkt, dass die hier verwendete Bezeichnung „Feuerring“ heutzutage missverstanden werden kann. Mittlerweile wird der „Anti-Polishing-Ring“ – kurz APR-Ring – auch als „Feuerring“ bezeichnet (siehe Abb. 4.147). Das betreffende konstruktive Merkmal, der ringförmige Überstand am Bohrungsrand, hat die alternative Bezeichnung „Feuerschutzrand“.

Das Balkenmodell von Abb. 4.145 genügt jedoch dem Buchsenbund, der mehr einer kreisringförmigen, außen frei aufliegenden und am Innenrand mit einem Einspannmoment versehenen Platte ähnlich ist, zunächst nur unzulänglich. Unter Belastung treten im Bund dann nicht nur Radial-, sondern auch Tangentialspannungen auf, die bei Anwendung der „Kirchhoffschen Plattentheorie“ abgeschätzt werden können. Die tatsächliche Beanspruchung lässt sich nur mittels FEM-Berechnung ermitteln. Daneben existieren überschlägige Berechnungsformeln zur Nachrechnung der Bundbeanspruchung. Diese basieren auf einem elementaren „Balken-Ansatz“ (Balken- statt Plattenbiegung) und können zumindest für Vergleichszwecke und grundsätzliche Überlegungen herangezogen werden.

Ein einfaches Ersatzmodell, das den tatsächlichen Verhältnissen näher kommt, ist die am Außenrand mit Radius r_1 frei aufliegende Kreisplatte mit einer über dem Umfang mit Radius r_2 verteilten Streckenlast (Abb. 4.146). An der höchstbeanspruchten Stelle ($r = r_2$) wirken nach [205] folgende auf den Umfang bezogene Biegemomente M'_b, M'_{rad} und M'_t:

$$M'_b = M'_{rad} = M'_t = \frac{F_V}{8\pi}\left[2(1+\mu)\ln\frac{r_1}{r_2} + (1-\mu)\left(1 - \frac{r_2^2}{r_1^2}\right)\right] \quad (4.189)$$

mit $r_1 = D_Z/2 + b_B$ und $r_2 = r_1 - x_1$ bzw. $r_2 = r_1 - x_2$, wenn F_V durch F_{Gas} ersetzt wird (siehe oben). μ ist die Querkontraktionszahl. Mit der Bundhöhe h_B betragen die zugehörigen Spannungen:

$$\sigma_{rad} = \frac{6\,M'_{rad}}{h_B^2} \quad \text{bzw.} \quad \sigma_t = \frac{6\,M'_t}{h_B^2} \quad (4.190)$$

Maßgeblich ist die Vergleichsspannung nach der Gestaltänderungs-Hypothese:

$$\sigma_V = \sqrt{\sigma_{rad}^2 + \sigma_t^2 - \sigma_{rad}\,\sigma_t} = \frac{6\,M'_b}{h_B^2} \quad (4.191)$$

(Zahlenbeispiel: $r_1/r_2 = 1{,}1$, $x_1 = r_1 - r_2$, $\mu = 0{,}3$

a) Elementarer „Balken“-Ansatz: $M'_b = F'_V x_1 = \frac{F_V x_1}{2\pi r_2} = F_V \frac{0{,}1}{2\pi} = 0{,}0159\,F_V$
b) Kreisplatte: $M'_b = 0{,}0147\,F_V$)

Da Zylinderlaufbuchsen weniger aus Stahl mit Chrom-Zylinderlaufflächenbeschichtung, sondern hauptsächlich aus herkömmlichem Grauguss bzw. legiertem Gusseisen gefertigt werden, müsste in diesem Fall mit einer Querdehnungszahl $\mu = 0{,}25$ gerechnet werden. Das hier verwendete Kreisplatten-Ersatzmodell taugt jedoch ohnehin nur für eine grobe Abschätzung der Beanspruchung des Buchsenbunds. Ein alternatives, ebenfalls nur bedingt vertretbares Ersatzmodell liefert die Anwendung der Schalentheorie auf einen dünnwandigen zylindrischen Körper, an dessen oberen Randumfang ein nach innen wirkendes so genanntes „Krempelmoment“ wirkt. Die so unter der Annahme, dass die Bundhöhe im Bundbereich etwa der Buchsenwanddicke entsprechen soll, abgeschätzte Vergleichsspannung σ_V liefert keinen wesentlich abweichenden Wert. Solche Abschätzungen sind für aktuelle Anforderungen aber zu ungenau. Aufgrund aktuell geringer radialer Abmessung des Buchsenbunds steht einer reduzierten Biegebeanspruchung eine erhöhte Flächenpressung gegenüber.

„Anti-Polishing-Ring“

Um Lebensdauer- sowie Langzeit-Ölverbrauchs- und Emissionsziele zu erreichen, kommen bei nassen Zylinderlaufbuchsen von Dieselmotoren zunehmend „Anti-Polishing-Ringe“ zum Einsatz, Abb. 4.147 (oben) [206]. Ein APR-Ring sitzt im oberen Ende der Zylinderlaufbuchse in einer entsprechenden Aussparung. Er wird bei der Montage lose eingesetzt und später durch den Zylinderkopf in Position gehalten Ein APR-Ring (auch Feuerring, Feuerstegring oder

Ölkohleabstreifring genannt) verhindert harte Ölkohleablagerungen am Feuersteg des Kolbens, die bei Kontakt mit der Zylinderwand infolge Kolbensekundärbewegung die Honriefen mit der Laufzeit infolge abrasiven Verschleißes unzulässig glätten können, Abb. 4.147 (unten). Mit seinem kleineren Innendurchmesser schabt er die unerwünschte Ölkohle vom Feuersteg des Kolbens, wenn dieser sich dem oberen Totpunkt nähert. Der Feuerstegdurchmesser des Kolbens ist dazu auf den APR-Ringinnendurchmesser abzustimmen.

4.5.5.2 Trockene Buchsen

Die trockene Buchse ist bei Pkw-Motoren aus heutiger Sicht eine Reparatur- oder Notlösung, bei Nkw-Motoren eine Alternative zur nassen Buchse. Die im Allgemeinen sehr dünnwandigen Buchsen sollten nur im eingepassten Zustand mit dem ZKG fertigbearbeitet (feingebohrt und gehont) werden. Eine Ausnahme bilden so genannte „Slip-fit"-Buchsen, die in lauffähigem Zustand mit Schiebesitz oder nur geringer Überdeckung in die Futterbohrung eingeschoben werden. Auch der Außendurchmesser muss sehr genau und die Außenfläche fein bearbeitet werden (R_a 0,8 μm, R_z 6,3 μm). All dies passt wegen der damit verbundenen Kosten weniger in eine moderne Großserienfertigung, eher in einen Instandsetzungsbetrieb.

Die Grenzfläche zwischen Buchse und Umgebung stellt eine zusätzliche Wärmeübergangszone dar und behindert damit den Wärmefluss. Zu geringe Vorspannung, zu große Vorspannung mit lokaler Verformung und Passungsrost beeinflussen die Wärmeleitung zusätzlich. Bei bundlosen Buchsen kommen Verbrennungsrückstände hinzu. Bundlose Buchsen benötigen eine gehäuseseitige axiale Abstützung am unteren Ende. Ohne diese ist die Fixierung mangelhaft. Abb. 4.148 zeigt die Wärmeleitung von GJL-Buchsen in Aluminiumumguss oder in eingepresster Form im Vergleich zur Al-Zylinderbohrung – hier aus einem Al-Verbundwerkstoff – und zum GJL-Zylinder (quasi-monolithisches Al- bzw. monolithisches GJL-ZKG). Die Wärmeleitzahlen sind aus Messungen des Temperaturgradienten in der Zylinderwand nicht näher bekannter ZKG bei konstanter Wärmestromdichte berechnet [207]. Werden die Werte ins Verhältnis gesetzt, so bestätigt dies ebenfalls auf Messungen beruhende Angaben [208], wenn bedacht wird, dass die bekannten Al-Verbundwerkstoffe bezüglich ihrer Wärmeleitfähigkeit etwas unter den Basislegierungen liegen. Das Handicap von GJL-Buchsen im Al-ZKG ist jedoch stets offensichtlich. Wie die Messungen beweisen, ist auch der technologische Einfluss auf die Wärmeleitung bei ZKG mit Buchsen nicht zu vernachlässigen.

Eine interessante Lösung im Zusammenhang mit der angeführten Problematik ist die mit Schmieröl umspülte Buchse [209]. Vom Hauptölkanal aus wird Schmieröl zwischen die Buchse und die Futterbohrung gedrückt, das von dort in die Ölwanne zurückläuft.

4.5.5.2.1 Schrumpfspannungen (Montagezustand)

Für die eingeschrumpfte oder eingepresste Buchse und deren Umgebung im ZKG gelten vereinfachend die Gesetzmäßigkeiten des „dickwandigen Rohres" unter Außen- bzw. Innendruck (z. B. [210, 211]). Es werden folgende Abkürzungen eingeführt:

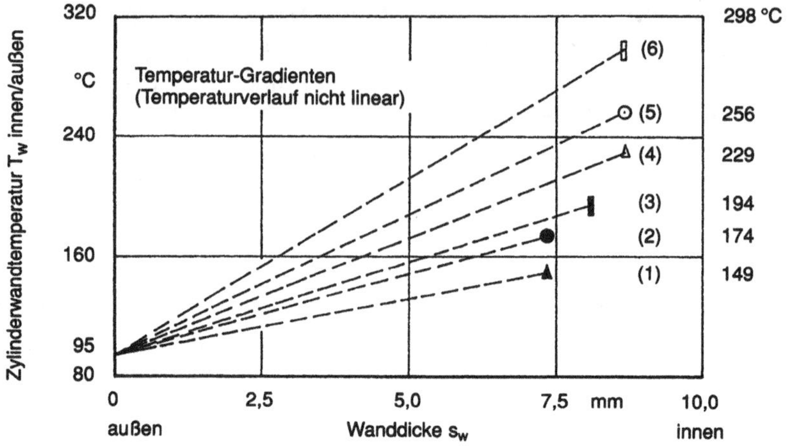

Bohrungsdurchmesser	$D_Z = 87{,}630$ mm (Wanddicken s_W siehe oben)
Wärmestromdichte	$\dot{Q}/A = 94 \cdot 10^4$ W/m^2
Wärmeleitzahl	$\lambda = \frac{\dot{Q}}{A}\frac{D_Z}{2\Delta T_W} - \ln\frac{D_Z + 2s_W}{D_Z}$

lfd. Nr.	Variante	λ [W/mK]
(1)	Al-Verbundwerkstoff (Voll-Al-Zylinder)	118
(2)	GJL-Buchse eingegossen in Al mittels Squeeze-Casting (Druckguss)	81
(3)	Sandguss, GJL-Buchse eingepresst in Al	70
(4)	Halbkokille, GJL-Buchse eingegossen in Al	55
(5)	Sandguss, GJL-Buchse eingegossen in Al	46
(6)	GJL-ZKG	37

Abb. 4.148 Temperaturgradienten in der Zylinderwand von Al-ZKG ohne und mit GJL-Buchsen und einem GJL-ZKG im Vergleich; Messergebnisse [207] bei konstanter Wärmestromdichte und daraus berechnete äquivalente Wärmeleitzahlen λ

$$\eta_a = d_a/d_1, \eta_i = d_1/d_i, \eta = d_a/d_i$$

mit	Duchmesser der Zylinderbohrung	$d_i = 2\,r_i = D_Z$
	Außendurchmesser der Zylinderlaufbuchse	$d_1 = 2\,r_1 = D_Z + 2\,s_2$
	Außendurchmesser der ZKG-Umgebung	$d_a = 2\,r_a = D_Z + 2\,s_1 + 2\,s_2$
	Wanddicke der Zylinderlaufbuchse	s_2
	Wanddicke der ZKG-Umgebung	s_1

Aus der Überdeckung Δd (siehe Abschn. 4.5.5.2.2) resultiert die Pressung p. Mit dieser und den oben definierten Abkürzungen können die Radial- und Tangentialspannungen in Abhängigkeit von der Radialkoordinate r sowie die Vergleichsspannungen am jeweiligen

Innenrand, wo die Maximalwerte auftreten, berechnet werden. Die Schrumpfspannungen werden mit dem Index „I“ zusätzlich gekennzeichnet. Ihr radialer Verlauf ist in Abb. 4.149 dargestellt (Tab. 4.12).

Die Vergleichsspannungen sind mit zulässigen statischen Festigkeitswerten der verwendeten Werkstoffe zu vergleichen. Da die Zylinderlaufbuchsen allgemein sehr dünnwandig sind, sind die Vergleichsspannungen in der Buchse gewöhnlich mindestens doppelt so groß wie im diese umgebenden ZKG-Werkstoff. Die Nachrechnung kann sich deshalb zunächst auf die Buchse konzentrieren.

4.5.5.2.2 Überdeckung und daraus resultierende Pressung

Bei Umgebungsbedingungen überdeckt der Buchsendurchmesser die Futterbohrung im ZKG, um im montierten Zustand den gewünschten festen Sitz zu garantieren. Für die Festlegung der Mindestpressung gibt es unterschiedliche Kriterien:

- sicherer Sitz bei Betriebstemperatur trotz unterschiedlicher Wärmeausdehnungskoeffizienten
- sicherer Sitz auch bei extremer Toleranzlage
- sicherer Sitz auch unter Einwirkung von Schneidkräften beim Feinbohren und Honen im montierten Zustand

Zudem muss auch die maximale Pressung im Auge behalten werden. Diese ist begrenzt durch die zulässigen Spannungen. Überschreitungen sind auf

- zusätzliche Wärmespannungen im Betrieb infolge unterschiedlicher Wärmeausdehnungskoeffizienten oder
- Toleranzüberschreitung der Durchmesser

zurückzuführen. Dünnwandige Buchsen können nach innen ausbeulen und brechen.

Das Einschrumpfen ist gleichbedeutend mit einer Durchmesserverkleinerung Δd_B der Buchse unter „Außendruck“ p und Durchmesservergrößerung Δd_U der Umgebung unter dem gleich großen „Innendruck“ p. Die Betragssumme $\Delta d = |\Delta d_B| + |\Delta d_U|$ ist die Überdeckung oder das Schrumpfmaß, das neben den in Abschn. 4.5.5.2.1 definierten Geometrieparametern vom jeweiligen E-Modul E_1 und E_2, den zugehörigen Querkontraktionszahlen μ_1 und μ_2 sowie dem Fugendurchmesser d_1 abhängt [210]:

$$\Delta d = d_1 p \left(\frac{\frac{\eta_a^2+1}{\eta_a^2-1} + \mu_1}{E_1} + \frac{\frac{\eta_i^2+1}{\eta_i^2-1} - \mu_2}{E_2} \right) \tag{4.198}$$

bzw.

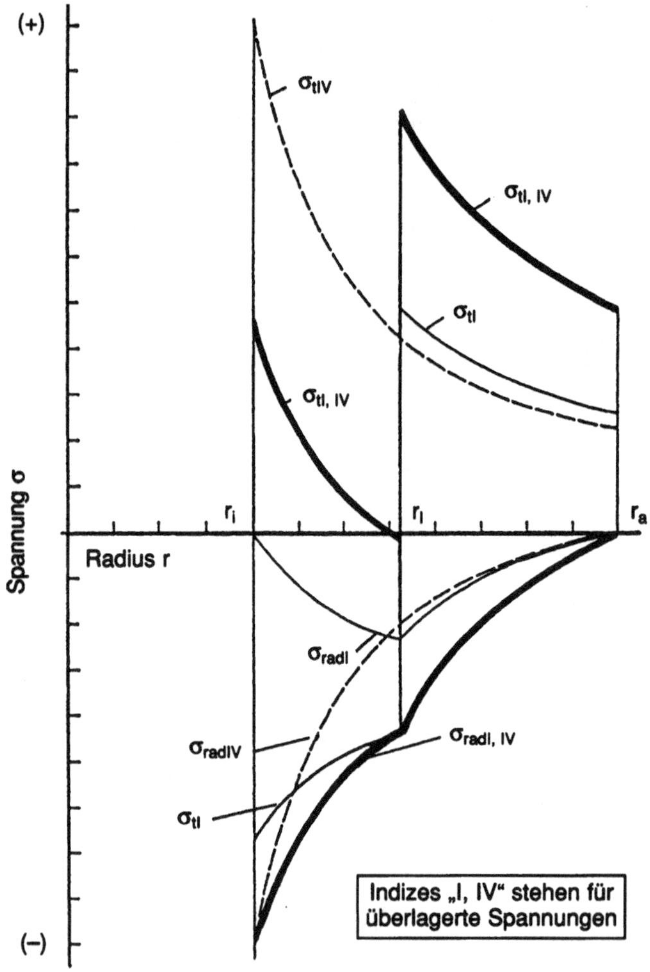

Abb. 4.149 Prinzipieller radialer Verlauf der Schrumpfspannungen (Index „I"), der durch den Innendruck (Zünddruck) erzeugten Spannungen (Index „IV") und der überlagerten Spannungen (Index „I, IV") in der Buchse und in der ZKG-Umgebung; Darstellung gilt nur bei identischen Werkstoffen für die eingeschrumpfte Buchse und die ZKG-Umgebung

$$\Delta d = d_1 p \frac{\frac{\eta_a^2+1}{\eta_a^2-1} + \frac{\eta_i^2+1}{\eta_i^2-1}}{E} \text{für } E_1 = E_2 = E \text{ und } \mu_1 = \mu_2 \tag{4.199}$$

In Tab. 4.13 sind einige denkbare Kombinationen mit entsprechenden Überdeckelungswerten zusammengefasst. Die Angaben sind nur Anhaltswerte und müssen im Anwendungsfall nachgerechnet werden. Die exemplarisch angenommene Temperaturdifferenz von $\Delta T = 180$ K kann im oberen Zylinderbereich stark überschritten werden. In der Praxis

Tab. 4.12 Berechnung der Schrumpfspannungen

Spannung	Buchse („Außendruck") ($r_i \leq r \leq r_1$)	Umgebung („Innendruck") ($r_1 \leq r \leq r_a$)
$\sigma_{r\mathrm{I}}$ (radial)	$-p\,\eta_i^2 \frac{1-r_i^2/r^2}{\eta_i^2-1}$ (4.192)	$-p\,\frac{r_a^2/r^2-1}{\eta_a^2-1}$ (4.193)
$\sigma_{t\mathrm{I}}$ (tangential)	$-p\,\eta_i^2 \frac{1+r_i^2/r^2}{\eta_i^2-1}$ (4.194)	$p\,\frac{r_a^2/r^2+1}{\eta_a^2-1}$ (4.195)
$\sigma_{v\mathrm{I}}^*$	$-2p\,\frac{\eta_i^2}{\eta_i^2-1}$ $(r = r_i)$ (4.196)	$2p\,\frac{\eta_a^2}{\eta_a^2-1}$ $(r = r_1)$ (4.197)

*Schubspannungshypothese: $\sigma_v = \sigma_t - \sigma_r$

Tab. 4.13 Werkstoffkombinationen für Buchsen und ZKG (Werte für eine Einheitsbohrung mit $D_Z = 100$ mm, dünnwandige Buchsen mit $s_2 = 2{,}0$ mm und Umgebungswanddicke $s_1 = 8$ mm)

Fall	Buchsenwerkstoff	ZKG-Werkstoff	Überdeckung Δd [mm] bei Raumtemperatur ($\Delta T = 180$ K)
a	Al	Al	0,050–0,080
b	GJL	GJL	0,035–0,065
c	GJL	Al	0,230–0,260
d	Al	GJL	0,045–0,075*

*Relativ große Überdeckung wegen Fixierung bis tiefe Minusgrade erzeugt möglicherweise kritisch hohe Spannungen im betriebswarmen Zustand (bis −40 °C ca. $\Delta d = 0{,}1 \ldots 0{,}13$ mm)

fällt die Pressung am oberen und unteren Buchsenrand ab. Der Maximalwert in Buchsenmitte liegt deutlich über der so berechneten Pressung.

Zu den Fällen (a) und (b)
Bei identischen oder sehr ähnlichen Werkstoffen (E, α) sind keine Temperatureinflüsse zu beachten.

Zu Fall (c)
Die ZKG-Umgebung (Futterbohrung) dehnt sich bei Betriebstemperatur stärker aus als die Buchse. Bei Maximaltemperatur muss dennoch die minimale Pressung garantiert werden. Dies bedeutet eine entsprechend größere Pressung im Kaltzustand (Temperaturdifferenz bei Montage). Es ist darauf zu achten, dass bei sehr tiefen Temperaturen keine kritischen Spannungen speziell im Al-Umguss des ZKG entstehen, besonders bei kleinen Stegbreiten zwischen den Zylinderbohrungen. Die dabei auftretenden Druckspannungen in den GJL-Buchsen sind, abgesehen von der kritischen Beulspannung, weniger kritisch zu bewerten, da die Druckfestigkeit von Grauguss etwa das Dreifache der Zugfestigkeit beträgt. Es gibt auch Empfehlungen, GJL-Buchsen einzupressen, um bei Pressungsverlust im Warmzustand die Verankerung mittels einer Art Kaltschweißung zu verbessern.

Zu Fall (d)
Dieser Fall ist selten (nur Al-Laufflächenversuche) und die Umkehrung von Fall (c). Bei Betriebstemperatur ist mit kritischen Temperaturen in der Buchse zu rechnen, wenn mit der Überdeckung entsprechend vorgehalten wird, um die Buchse auch bei sehr tiefen Temperaturen zu fixieren.

Vor der Montage werden trockene Buchsen unterkühlt (CO_2-Trockeneis, bei sehr großer Überdeckung flüssiger Stickstoff [N2]). Gleichzeitig wird das ZKG auf Temperaturen unterhalb des Anlasstemperaturbereichs (< 180 °C) erwärmt (oberhalb dieser Temperatur wäre bei nicht stabilisierten Al-ZKG wachstumsbedingt irreversible thermische Verformung zu befürchten).

4.5.5.2.3 Wärmespannungen in der Zylinderwand

Wärmespannungen infolge unterschiedlicher Wärmeausdehnungskoeffizienten
Ohne Behinderung kommt es bezogen auf den Fugendurchmesser d_1 zu folgenden Wärmeausdehnungen:

$$\Delta d_B = d_1\ \alpha_2 \Delta T \text{ (Zylinderlaufbuchse)} \tag{4.200}$$

$$\Delta d_U = d_1 \alpha_1 \Delta T \text{ (ZKG-Umgebung)} \tag{4.201}$$

α_1 bzw. α_2 sind die jeweiligen Wärmeausdehnungskoeffizienten, ΔT die Temperaturerhöhung im Betrieb gegenüber Umgebungstemperatur. Der Verbund erlaubt jedoch gemäß dem sich einstellenden Kräftegleichgewicht nur eine gemeinsame Wärmeausdehnung Δd. Folglich entstehen Wärmespannungen wegen behinderter oder erzwungener Dehnung. Für die Umfangsrichtung ist die Tangentialkomponente ε_t anzusetzen:

$$|\varepsilon_{tB}| = \left|\frac{\Delta d - \Delta d_B}{d_1}\right| = \left|\frac{\Delta d}{d_1} - \alpha_2\,\Delta T\right| \text{ (Zylinderlaufbuchse)} \tag{4.202}$$

$$|\varepsilon_{tU}| = \left|\frac{\Delta d - \Delta d_U}{d_1}\right| = \left|\frac{\Delta d}{d_1} - \alpha_1\,\Delta T\right| \text{ (ZKG – Umgebung)} \tag{4.203}$$

Den Zusammenhang zwischen Spannung und Dehnung beschreibt das Hookesche Gesetz für den zweiachsigen Spannungszustand:

$$\varepsilon_t = \frac{\sigma_t - \mu\,\sigma_{rad}}{E} \tag{4.204}$$

In der Trennfuge gilt die Randbedingung, dass die Radialspannungen $\sigma_{rad}(r_1)$ ZKG- und buchsenseitig gleich groß sein müssen. Mit den obigen Gl. (4.202), (4.203) und (4.204) und den Gleichungen für die Spannungen σ_{rad} und σ_t in Abschn. 4.5.5.2.1 kann die Änderung der Pressung Δp infolge Temperatureinwirkung berechnet werden. Bei positivem Δp erhöht sich die Pressung bei Erwärmung (Wärmeausdehnungskoeffizient α_2 der Zylinderbuchse > α_1 der ZKG-Umgebung). Bei negativem Δp liegen umgekehrte Verhältnisse vor. Bei Temperaturen unterhalb der Umgebungstemperatur wird die Temperaturdifferenz ΔT negativ. Entsprechend kehren sich wiederum die Verhältnisse um. Für Δp lässt sich folgende Beziehung finden:

$$\Delta p = \frac{E_1\,E_2\,(\alpha_2 - \alpha_1)\,\Delta T}{E_1\left(\frac{\eta_i^2+1}{\eta_i^2-1} - \mu_2\right) + E_2\left(\frac{\eta_a^2+1}{\eta_a^2-1} + \mu_1\right)} \tag{4.205}$$

(Indizes „2“ bzw. „i“ beziehen sich auf die Zylinderlaufbuchse, Indizes „1“ bzw. „a“ auf die ZKG-Umgebung.)

Mit Δp können die Korrekturwerte $\sigma_{rad\text{II}}$ und $\sigma_{t\text{II}}$ für die Spannungen in der Zylinderlaufbuchse und der ZKG-Umgebung berechnet werden (siehe Gl. (4.192) und (4.193) in Abschn. 4.5.5.2.1).

Mit dem Ansatz

$$\Delta d = d_1\,\overline{\alpha}\,\Delta T \tag{4.206}$$

und der für Δp abgeleiteten Gl. (4.205) sowie dem aus Gl. (4.204) ableitbaren Ansatz

$$\Delta d = d_1\,\alpha_2\,\Delta T - \frac{\Delta p\,d_1}{E_2}\left(\frac{\eta_i^2+1}{\eta_i^2-1} - \mu_2\right) \tag{4.207}$$

kann auch der gemeinsame Wärmeausdehnungskoeffizient $\overline{\alpha}$ des Verbunds, der für die Kolbenspielgebung entscheidend ist, bestimmt werden:

$$\overline{\alpha} = \alpha_2 - \frac{\alpha_2 - \alpha_1}{1 + C} \tag{4.208}$$

mit

$$C = \frac{E_2\left(\frac{\eta_a^2+1}{\eta_a^2-1} + \mu_1\right)}{E_1\left(\frac{\eta_i^2+1}{\eta_i^2-1} - \mu_2\right)} \tag{4.209}$$

Wärmespannungen infolge von Temperaturgradienten Der in der Zylinderwand vorhandene Temperaturgradient ΔT erzeugt Wärmespannungen. Die durch die Zylinderwand mit der Radial-Koordinate r bei der Wärmeleitzahl λ pro Längeneinheit zeitlich übertragene Wärmemenge $\dot{Q}\,/l$ folgt dem Gesetz

$$\dot{Q}/l = \lambda 2\pi r \frac{dT}{dr}$$

bzw. nach Integration

$$\dot{Q}/l = \lambda 2\pi \frac{\Delta T}{\ln \frac{r_a}{r_i}}. \tag{4.210}$$

Der örtliche Verlauf der Wandtemperatur(differenz) ist:

$$\Delta T(r) = \Delta T \frac{\ln \frac{r_a}{r}}{\ln \frac{r_a}{r_i}} \tag{4.211}$$

Damit kann der für die Berechnung der Wärmespannungen benötigte Term $T^*(r)$ [211] bestimmt werden:

$$T^*(r) = \frac{1}{r^2} \int_{r_i}^{r} \Delta T(r)\, r\, dr = \frac{\Delta T}{2 \ln \frac{r_a}{r_i}} \left(\ln \frac{r_a}{r} - \frac{r_i^2}{r^2} \ln \frac{r_a}{r_i} + \frac{r^2 - r_i^2}{2r^2} \right) \tag{4.212}$$

Die radialen und tangentialen Wärmespannungen in allgemeiner Form und für den oben angegebenen Temperaturverlauf betragen dann [211]:

$$\sigma_{rad\mathrm{III}} = \frac{E\alpha}{1-\mu} \left[\frac{r^2 - r_i^2}{r_a^2 - r_i^2} \left(\frac{r_a}{r} \right)^2 T^*(r_a) - T^*(r) \right] \tag{4.213}$$

$$\sigma_{t\mathrm{III}} = \frac{E\alpha}{1-\mu} \left[\frac{r^2 + r_i^2}{r_a^2 - r_i^2} \left(\frac{r_a}{r} \right)^2 T^*(r_a) + T^*(r) - \Delta T(r) \right] \tag{4.214}$$

bzw.

$$\sigma_{rad\mathrm{III}} = \frac{E\alpha\ \Delta T}{2(1-\mu)} \left[\frac{r_a^2 - r^2}{r_a^2 - r_i^2} \left(\frac{r_i}{r} \right)^2 - \frac{\ln \frac{r_a}{r}}{\ln \frac{r_a}{r_i}} \right] \tag{4.215}$$

$$\sigma_{t\mathrm{III}} = \frac{-E\alpha\Delta T}{2(1-\mu)} \left[\frac{r_a^2 + r^2}{r_a^2 - r_i^2} \left(\frac{r_i}{r} \right)^2 + \frac{\ln \frac{r_a}{r} - 1}{\ln \frac{r_a}{r_i}} \right]. \tag{4.216}$$

E, α und μ sind die bekannten Werkstoffkennwerte; r_i und r_a sind die Innen- bzw. Außenradien der Zylinderwand bzw. bei Buchsenkonstruktionen der Buchse oder der ZKG-Umgebung (die Gl. (4.215) und (4.216) sind dann getrennt für beide Bereiche anzusetzen). Wärmespannungen in der Zylinderwand sind in Abb. 4.150 exemplarisch dargestellt.

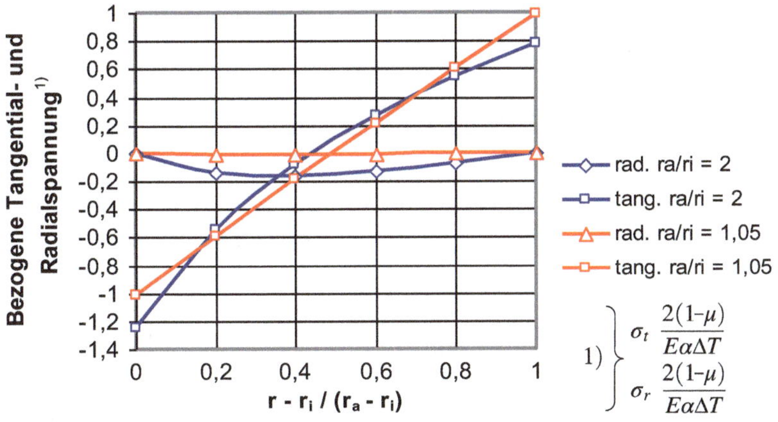

Abb. 4.150 Beispielhafter Verlauf der Wärmespannungen in der Zylinderwand infolge des Temperaturgradienten ΔT

4.5.5.2.4 Dynamische Beanspruchung unter Zünddruck, Vergleichsspannung

Die bisher genannten Spannungen $\sigma_{rad\mathrm{I}}$ bis $\sigma_{rad\mathrm{III}}$ und $\sigma_{t\mathrm{I}}$ bis $\sigma_{t\mathrm{III}}$ sind statisch. Unter Zünddruck wird der Zylinder dynamisch beansprucht. Die dynamische Beanspruchung durch die Kolbenseitenkraft wird hier nicht berücksichtigt. Bei Innendruck muss in Bezug auf die Spannungen dann nicht zwischen der Zylinderlaufbuchse und der ZKG-Umgebung unterschieden werden (Trennfuge mit Radius r_1 spielt keine Rolle), wenn die Werkstoffe der Buchse und des ZKG identisch sind. Wie aus Abb. 4.149 in Abschn. 4.5.5.2.1 zu erkennen ist, stellen sich im Schrumpfverbund bei Innendruck deutlich günstigere Beanspruchungsverhältnisse am spannungskritischen Innenrand ein als ohne Vorspannung. Die dynamischen Radial- und Tangentialspannungen betragen für $r_i \leq r \leq r_a$ und $\eta = r_a / r_i$:

$$\sigma_{rad\mathrm{IV}} = -p_Z \frac{\frac{r_a^2}{r^2} - 1}{\eta^2 - 1} \tag{4.217}$$

$$\sigma_{t\mathrm{IV}} = p_Z \frac{\frac{r_a^2}{r^2} + 1}{\eta^2 - 1} \tag{4.218}$$

Sind die Werkstoffe nicht identisch, so gelten folgende Randbedingungen in der Trennfuge:

$$\sigma_{radB}(r_1) = \sigma_{radU}(r_1) = -p \tag{4.219}$$

bzw.

$$\varepsilon_{tB}(r_1) = \varepsilon_{tU}(r_1) \tag{4.220}$$

Die Zusatzindizes „*B*" und „*U*" sind analog zu Abschn. 4.5.5.2.3 gewählt – Gl. (4.202) und (4.203). Der Zusammenhang zwischen Spannung und Dehnung ist mit Gl. (4.204) im erwähnten Abschnitt bereits bekannt:

$$\varepsilon_{tB}(r_1) = \varepsilon_{t2}(r_1) = \frac{\sigma_{t2}(r_1) - \mu_2\,\sigma_{rad2}(r_1)}{E_2} \text{ (Zylinderlaufbuchse)} \tag{4.221}$$

$$\varepsilon_{tU}(r_1) = \varepsilon_{t1}(r_1) = \frac{\sigma_{t1}(r_1) - \mu_1\,\sigma_{rad1}(r_1)}{E_1} \text{ (ZKG-Umgebung)} \tag{4.222}$$

Wie in Abschn. 4.5.5.2.3 haben auch hier die Indizes „*B*" und „2" bzw. „*U*" und „1" dieselbe Bedeutung. Der Index „1" des gemäß allgemeiner Gepflogenheiten mit r_1 bezeichneten Fugenradius darf mit dem letzteren gleich lautenden nicht verwechselt werden. Bei Beaufschlagung mit Zünddruck steht die Buchse unter dem Innendruck p_Z und der Fugenpressung p auf der Außenseite. Die von der Innen- und Außendruckbelastung hervorgerufenen Spannungen in der Buchsenwand überlagern sich. Mit Hilfe der Gl. (4.194) und (4.195) in Abschn. 4.5.5.2.1 können die am Außenrand wirkenden Tangentialspannungen mit der zunächst nicht näher bestimmten Fugenpressung p angegeben werden. Analog gilt dies für die Futterbohrung der ZKG-Umgebung, die infolge der Fugenpressung jedoch nur unter „Innendruck" steht. Die zugehörigen Radialspannungen sind durch die Randbedingung – Gl. (4.219) – gegeben. Die so ermittelten Tangential- und Radialspannungen können dann in die Gl. (4.221) und (4.222) eingesetzt werden. Entsprechend der weiteren Randbedingung – Gl. (4.220) – können die Gl. (4.221) und (4.222) dann gleichgesetzt werden. Schließlich kann nach der unbekannten Fugenpressung p aufgelöst werden:

$$p = \frac{2p_Z}{C\,(\eta_i^2 - 1)} \tag{4.223}$$

mit

$$C = \frac{E_2}{E_1}\left(\frac{\eta_a^2 + 1}{\eta_a^2 - 1} + \mu_1\right) + \left(\frac{\eta_i^2 + 1}{\eta_i^2 - 1}\right) - \mu_2$$

Unter Verwendung der Gl. (4.192), (4.193) (4.194) und (4.195) und Berücksichtigung der Spannungsüberlagerung durch die Innen- und Außendruckbelastung auf der Seite der Buchse können die Spannungsverläufe in Abhängigkeit von der Radialkoordinate r bestimmt werden. Da mit Kenntnis der Fugenpressung p der weitere Rechengang trivial ist, mögen diese Erläuterungen genügen.

Die Spannungen mit den Indizes „I" bis „IV" sind zu überlagern, wobei zwischen Oberspannung σ_o und Unterspannung σ_u zu unterscheiden ist:

$$\sigma_o = \sigma_{\mathrm{I}} + \sigma_{\mathrm{II}} + \sigma_{\mathrm{III}} + \sigma_{\mathrm{IV}} \text{ bzw. } \sigma_u = \sigma_{\mathrm{I}} + \sigma_{\mathrm{II}} + \sigma_{\mathrm{III}} \tag{4.224}$$

mit $\sigma = \sigma_{rad,t}$

Daraus sind die Mittelspannungen und Spannungsausschläge für die radiale und tangentiale Spannungskomponente zu berechnen (analog zu Abschn. 4.4.2.4, F). Die Vergleichsmittel- und -wechselspannung nach der Schubspannungs-Hypothese lautet dann:

$$\sigma_{vm} = \sigma_{tm} - \sigma_{radm} \text{ bzw. } \sigma_{va} = \pm\left|\sigma_{ta} - \sigma_{rada}\right| \text{ (Vorzeichen beachten)} \tag{4.225}$$

4.5.6 Zylinderverschleiß

Im Zusammenhang mit den Laufflächentechnologien werden in Abschn. 4.5.1.3 die Bedeutung der Werkstoffeigenschaften und die anzustrebende Gestaltung tribologisch tauglicher Oberflächen hervorgehoben. Dennoch unterliegt die Zylinderbohrung auch bei günstigen Voraussetzungen infolge des Kontakts mit den Gleitpartnern Kolbenringe/Kolben einem abrasiven Verschleiß. Darüber hinaus tritt auch korrosiver Verschleiß auf. Kraftstoffe und Schmieröle sind nicht frei von Substanzen wie z. B. Schwefel, sodass die Bildung aggressiver Medien im Zylinder bei Taupunktunterschreitung (im genannten Fall schweflige Säure) nicht ausgeschlossen werden kann.

Der Kolbenschaft gleitet auf der Zylinderlauffläche und stützt sich bei Schrägstellung des Pleuels infolge des auf den Kolben wirkenden Verbrennungsdrucks und/oder der drehzahlabhängigen oszillierenden Massenkräfte auf dieser ab. Der damit verbundene Laufflächenverschleiß ist dennoch vergleichsweise sehr gering. Auffällige Markierungen lassen sich meistens dem Zylinderverzug oder einer örtlichen Einschnürung des Zylinders zuordnen. Dies ist dann in Form von Glanzstellen auch mit dem Auge zu erkennen. Häufig anzutreffende Riefen stammen von Fremdkörpern (Schmutz, Kernsand, Strahlmittel u. a.) oder von fehlerhaften Kolbenringen. In diesem Zusammenhang muss auch das Anlaufen des Feuerstegs genannt werden.

Unabhängig davon kann auch ein durch die Kolbensekundärbewegung verursachter Effekt, der sich bei einem bestimmten Betriebszustand (Last/Drehzahl) einstellen kann, Markierungen auf der Zylinderlauffläche erzeugen. Öfters befinden sich diese dann sogar auf der Gegendruckseite.

Weitaus unangenehmer in Bezug auf den Zylinderverschleiß verhalten sich die Kolbenringe. In den Totpunkten fällt die Gleitgeschwindigkeit auf Null ab. Dies bedeutet kurzfristig den Verlust der hydrodynamischen Schmierungsbedingungen für die Kolbenringe (und den Kolbenschaft). Die so entstehenden Mischreibungsverhältnisse begünstigen den lokalen Verschleiß sehr stark. Speziell für den ersten Kolbenring („Top-Ring“) ist dieser vorübergehende Zustand prekär. Der hohe Brennraumdruck um den ZOT beaufschlagt auch den

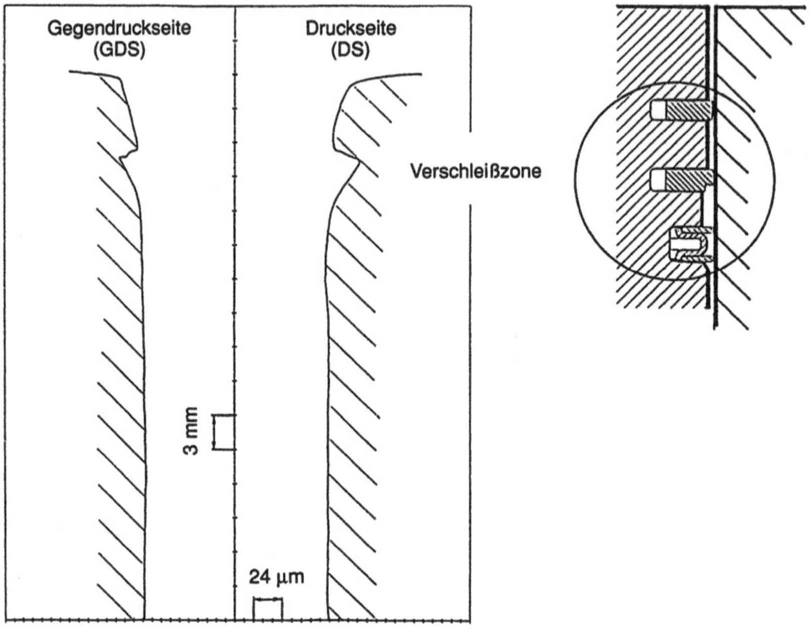

Abb. 4.151 Beispiel für die Ausbildung des Zwickelverschleißes im oberen Ringumkehrpunkt des Zylinders

Ringrücken und presst den ersten Kolbenring, der durch die Tangentialkraft vorgespannt ist, zusätzlich gegen die Zylinderwand. Auf diese Weise entsteht der so genannte „Zwickelverschleiß" im oberen Ringumkehrpunkt des Zylinders (Abb. 4.151). Damit wird verständlich, dass vor allem Dieselmotoren unter verstärktem Zwickelverschleiß leiden. Bei ihnen sind die Zünddrücke grob gesagt doppelt so hoch wie bei Otto-Saugmotoren.

Der Zwickelverschleiß ist der hauptsächliche Grund, warum der eine oder andere Pkw-Dieselmotor noch nicht serienmäßig mit Al-Zylindern läuft. Allerdings beweisen die umfangreichen Erfahrungen mit Ottomotoren, dass der Zwickelverschleiß von Al-Zylinderlaufflächen etwas anders zu bewerten ist. Tatsächlich funktionieren Al-Zylinderlaufflächen mit Zwickelverschleißraten noch einwandfrei, die bei Grauguss-Motoren bereits zu Betriebsbeeinträchtigungen führen. Dies hängt auch mit einer qualitativ etwas anderen Ausbildung des Zwickels zusammen. Der maximal zulässige Zwickelverschleiß ist daher keine feste Größe. Während z. B. bei Pkw-Motoren mit GJL-Zylinderlaufflächen bei 10 bis 20 µm u. U. schon die Funktionsgrenze (z. B. Ölverbrauch) erreicht wird, können Motoren mit Al-Zylinderlaufflächen trotz ähnlicher Verschleißwerte oft weiterbetrieben werden. Am Ende der Laufzeit wurden Zwickelverschleißwerte bis 50 µm gemessen.

4.6 Der Zylinderkopf (ZK)

4.6.1 Konstruktiver Aufbau und Funktionsmerkmale des ZK

Der ZK ist in konstruktiv-gestalterischer Hinsicht das anspruchsvollste Motorenbauteil. Er ist ein wesentlicher Bestandteil des Motorgehäuses insgesamt und beinhaltet dabei die obere Begrenzung des Brennraums (der Brennräume). Über dessen/deren an das Brennverfahren angepasste Form sowie die Gestaltung der Ladungswechselkanäle – Kanalform und -querschnitt bzw. -querschnittsverlauf – beeinflusst er die Energieumwandlung ganz entscheidend. Nach [212] lassen sich die wichtigsten Anforderungen an die Funktionseinheit des fertig montierten Zylinderkopfs wie folgt formulieren:

- hohe Volllastwerte durch widerstandsarmen Ladungswechsel
- effiziente Verbrennung durch kompakten Brennraum
- geräuscharmer und drehzahlfester Ventiltrieb
- niedriges Gewicht
- kostengünstige Herstellung
- Wartungsfreiheit

Eine kostengünstige Herstellung setzt einen einfachen Aufbau voraus. Unerwähnt bleiben in der Aufzählung die besonderen werkstofflichen Anforderungen (siehe Abschn. 4.6.3). Den ZK gibt es in Einzel- und Blockausführung. Der Einsatz des Block-ZK beschränkt sich im Allgemeinen auf kleinere Zylindereinheiten, wie sie für Pkw-Motoren typisch sind. Obwohl dies das Gussteil entsprechend kompliziert, wird dabei der Wassermantel (der vom Kühlmittel beaufschlagte Bereich) immer aufwändiger ausgeführt. Bei größeren Zylindereinheiten von Nkw-Motoren ist der Einzel-ZK, wobei dieser zusätzlich als Einheits-ZK konzipiert sein kann (Baukastensystem), die in technischer Hinsicht geeignetere und wirtschaftliche Lösung. Es gibt jedoch auch Nkw-Motorenhersteller mit davon abweichender Meinung (USA).

Die, wie aus den oben angeführten Stichworten zu entnehmen, komplexe Funktion des ZK kommt in seiner Gestaltung zum Ausdruck:

- Er enthält beim Ottomotor mit den Brennraumkalotten auf der Unterseite der Grundplatte – dem Feuerdeck – einen wichtigen Bestandteil der Brennräume. Die Restfläche – beim DI-Dieselmotor meist die gesamte Fläche – ist geplant und bildet so die Kontaktfläche für die ZKD.
- Innerhalb des ZK verlaufen die Ein- und Auslasskanäle von den seitlichen Flanschflächen zu den Brennräumen. Bei DI-Dieselmotoren sind die Einlasskanäle zwecks Drallerzeugung besonders geformt. Im Mündungsbereich sind die Ventilsitze eingepresst (eingeschrumpft). Bei DI-Dieselmotoren sind „gedrehte“ Ventilpositionen möglich. Auslassseitig ist eine sichere Schraubenverbindung mit dem Auslasskrümmer besonders

wichtig. Dies verlangt die Beherrschung hoher Temperaturen bzw. Temperaturunterschiede (Wärmeausdehnung).

- In den Ladungswechselkanälen können Klappen (Kanalabschaltung, Drall- und Tumbleklappen) zur Beeinflussung der Zylinderinnenströmung, d. h. Gemischbildung, installiert sein. Dies kompliziert jedoch den Zylinderkopf. Daher sind die Ladungsbewegungsklappen aktuell im Saugmodul, d. h. unmittelbar vor dem Einlasskanalflansch, angeordnet.
- Um die Brennraumkalotten herum – oberhalb und außerhalb – verzweigt sich bei wassergekühlten Motoren ein komplizierter, vom Kühlmittel durchströmter Wassermantel, der auf bestmögliche Kühlung ausgelegt ist. Dieser wird von den Ladungswechselkanälen sowie den Zündkerzenschächten, beim Benzindirekteinspritzer-Otto- und DI-Dieselmotor den Einspritzdüsen, früher bei IDI-Dieselmotoren den Vor- bzw. Wirbelkammern sowie den Schraubenpfeifen der ZK-Verschraubung durchdrungen. Wasser- und Drucköl führende Bereiche erfordern ein gegeneinander und nach außen und innen dichtes Gussteil. Im Bereich von gieß- und bearbeitungstechnisch bedingten Öffnungen nach außen ohne Anschluss erfolgt eine funktionssichere Abdichtung durch eingeschraubte oder eingepresste Stopfen bzw. Deckel.
- Der Wasserraum hat einen Bypass-Verteiler zum Heizungswärmetauscher. Es besteht auch die Möglichkeit der Raum sparenden Integration des Thermostats (Kurzschlusskreislauf) in den ZK oder das ZKG.
- Im inneren Kanalbereich oberhalb der Ventilsitze durchstoßen die Ventilschäfte mit den dort auslaufenden Führungen die Ladungswechselkanäle. Charakteristisch für Ottomotoren ist, dass im Gegensatz zu DI-Dieselmotoren die Ventilachsen unter einem bestimmten Winkel zur Vertikalen stehen. Für die Ventilführungen sind „Pfeifen“ mit ausreichend bemessener Führungslänge vorzugießen.
- Oberhalb der Wassermantelzwischenwand erstreckt sich der Ölraum. Die Entkernung des Wassermantelsandkerns macht Öffnungen zum darüber liegenden Ölraum erforderlich, die später verdeckelt werden.
- Der Ölraum beherbergt die Ventilsteuerung. Die Konstruktion der ZK-Oberseite unterscheidet sich allerdings abhängig vom Ventiltriebskonzept mehr oder weniger stark. Bei oben liegender/liegenden Nockenwelle(n) geht es zunächst um eine stabile Lagerung derselben. Dann stellen die ausreichende Führung und Schmierung von Tassenstößeln bzw. alternativ die Lagerung von Kipp- oder Schlepphebeln einschließlich deren hydraulischer Ventilspielausgleich unterschiedliche konstruktive Anforderungen.
- Der ZK ist über einen Versorgungskanal mit dem Hauptölkanal verbunden. Die Ölversorgung mündet in einen längs verlaufenden Verteilerkanal, der den Nockenwellenlagern Schmieröl zuführt. Im Allgemeinen hat die Nockenwelle $n = z + 1$ Lagerstellen (z entspricht dabei der Zylinderzahl, die vom ZK überdeckt wird). Bei Tassenstößel müssen auch deren Führungen, bei Kipp- und Schlepphebel deren hydraulischer Ventilspielausgleich vom Verteilerkanal aus mit Schmieröl versorgt werden.
- Die drucklosen Ölrücklaufkanäle des ZK münden in die des ZKG. Ebenso wird die Kurbelraumentlüftung, wenn intern über Schächte geleitet, im ZK entsprechend fort-

geführt. Die Entlüftung mündet im Ölabscheider, der oft unterhalb des ZK-Deckels (der ZK-Haube) untergebracht ist. Von dort erfolgt die Rückführung in den Ansaugtrakt.

- Zur geeigneten Nachbehandlung des Abgases (quasi Nachverbrennung) kann im ZK auch noch ein Sekundärluftkanal untergebracht sein. Dieser steht mit einer externen Sekundärluftpumpe in Verbindung und mischt dem Abgasstrom Frischluft bei.
- Der ZK benötigt eine steife Struktur und darf sich unter den bei der Montage aufgebrachten Schraubenkräften nur gering verziehen. Nur so ist eine plane Auflage der Grundplatte und somit sichere Abdichtung mit der ZKD gewährleistet. Die Schraubenpfeifen müssen selbst ausreichend steif und den hohen Schraubenkräften gewachsen sein. Sie müssen auf geeignete Weise an die Struktur angebunden sein, damit ihr Einfluss auf die Bauteilverformung gering ist. Nockenwellenlager auf Höhe Zylindermitte verbinden die Seitenwände mit den Kerzen- bzw. Düsendomen zu einer steifen Struktur des oberen ZK-Bereichs. Dies erlaubt, sofern erforderlich, eine teilweise Entkopplung von den ZK-Schraubenpfeifen. Bei Querstromkühlung ermöglichen durchgehende Wände in Querrichtung eine zusätzliche Versteifung.
- Die Flächenpressung unter den Schraubenköpfen darf im Sine einer sicheren, wartungsfreien Verschraubung die Möglichkeiten des Werkstoffs (Aluminiumlegierung) nicht überfordern. Der Angriffspunkt der Betriebskraft muss möglichst nahe beim Schraubenkopf liegen (siehe Abschn. 4.5.4.3). Ein wichtiges Kriterium bei zwei oben liegenden Nockenwellen (auch als „DOHC: double overhead camschafts" bezeichnet) ist die Zugänglichkeit der ZK-Schrauben nach Montage der Nockenwellen, ein schwieriges Unterfangen.
- Von besonderer Bedeutung ist ein warmfester, thermoschockbeständiger und beim Ottomotor zudem ausreichend klopffester Werkstoff.

Das Grundkonzept, auf das im Folgenden noch näher eingegangen wird, das Ventiltriebssystem, der Ladungswechsel, die Gemischbildung sowie optional die Abgasnachbehandlung bestimmen demnach die konstruktive Ausführung des ZK. In Abb. 4.152 sind als Beispiel für den Einfluss des Ventiltriebs die zwei gängigsten Bauweisen bei ZK für Pkw-Vierventil-Ottomotoren gegenübergestellt: links ein ZK, ausgelegt für einen Tassenstößel-, rechts ein ZK mit dem zunehmend angewandten Rollenschlepphebel-Ventiltrieb, beide in einteiliger Ausführung.

Neben der eingangs erwähnten Grobunterscheidung beziehen sich weitere Unterscheidungsmerkmale auf die Bauweise. Folgende Begriffe bedürfen deshalb teils einer kurzen Erläuterung:

- Querstrom-ZK
- einteiliger bzw. gebauter ZK
- Mehrventil-ZK
- Wende-ZK

Beim Querstromprinzip wird der ZK quer zu seiner Längsrichtung durchströmt, d. h., Ein- und Auslasskanäle befinden sich nicht, wie früher allgemein üblich, auf derselben Seite mit

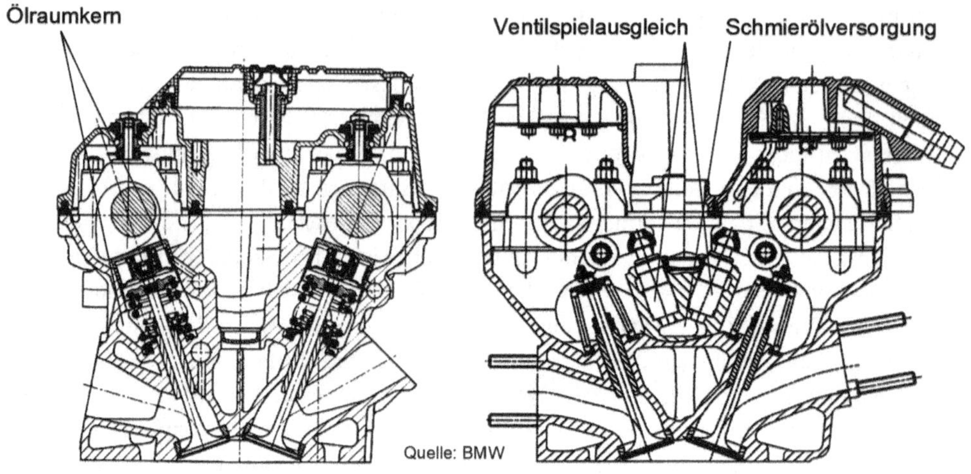

Abb. 4.152 Querschnitte einteiliger Vierventil-ZK für Pkw-Ottomotoren: mit Tassenstößel-Ventiltrieb (links); mit Rollenschlepphebel-Ventiltrieb (rechts) (aus [213])

den damit verbundenen Nachteilen (unmittelbare Nachbarschaft von Ansaugleitung und Abgaskrümmer).

Der ZK muss nicht in einem Stück gegossen sein. Er kann auch aus verschiedenen Teilen bestehen, wobei sich eine Schichtbauweise ergibt. Den Vereinfachungen beim Gießen steht ein erhöhter Aufwand bei der Bearbeitung und Abdichtung gegenüber. In Hinblick auf eine Reduzierung der Einzelteile kann auch der ZK-Deckel zur Nockenwellenlagerung herangezogen werden, indem auf der Innenseite die Lagerdeckel integriert sind. Wird der ZK-Deckel nicht in die kraftführende Struktur mit einbezogen, so ist die akustische Entkopplung zu empfehlen. Unabhängig davon sind an diesem Bauteil strukturelle Versteifungsmaßnahmen (bei Blech Sicken, bei Leichtmetallguss Verrippung und Bombierung) erforderlich. Beim gebauten ZK ist der Aufbau meist folgendermaßen:

- Grundplatte mit Brennraumkalotten, Wasserraum und Ladungswechselkanäle gegossen im Sand- oder Kokillenguss aus Aluminium (Pkw-Motoren)
- Nockenwellengehäuse-Unterteil aus Aluminium-Druckguss; darin z. B. Tassenstößelführungen mit Schmierölversorgung und untere Nockenwellenlagerung integriert
- Nockenwellengehäuse-Oberteil aus Aluminium-Druckguss oder einzelne Nockenwellenlagerdeckel
- ZK-Deckel

Die Abb. 4.153 und 4.154 zeigen entsprechende Details. Ersteres zeigt zwei getrennt im ZK montierte Nockenwellengehäuse mit integrierten Tassenstößelführungen [214]. Die ZK-Beispiele des Letzteren beziehen sich auf die oben erwähnte Schichtbauweise. Neben der Möglichkeit, bei Massenfertigung das ZK-Oberteil – im Bild oben das Nockenwellengehäuse [215] – im kostengünstigen Aluminium-Druckguss herzustellen, besteht die Option [216], bei

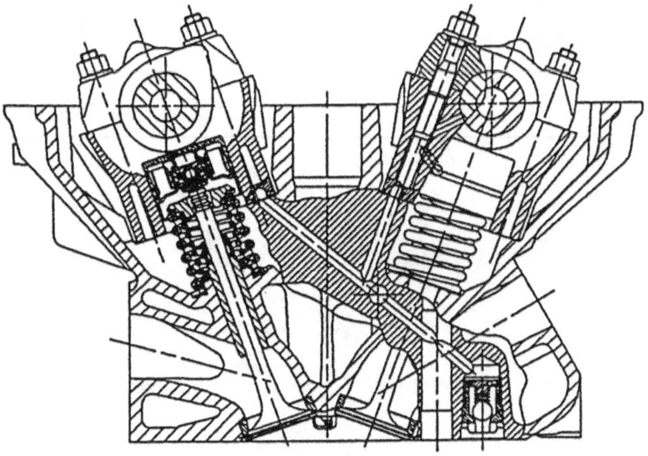

Abb. 4.153 Querschnitt durch einen BMW-Vierventil-ZK mit Tassenstößeln (Ottomotor); mehrteilige Ausführung mit separaten Nockenwellengehäusen mit integrierten Führungen der Tassenstößel; Ölversorgungskanäle mit Rücklaufsperre zur Verhinderung von Ventil-Startgeräuschen und hydraulischer Ventilspielausgleich hervorgehoben; Bauweise vermeidet Ölraumkern (aus [214])

hoher thermischer Beanspruchung das ZK-Unterteil mit den Brennraumkalotten im Bedarfsfall in einer hochwarmfesten Aluminium-Sonderlegierung zu gießen.

Beim Mehrventil-ZK handelt es sich meist um einen Vierventil-ZK mit je zwei Ein- und Auslassventilen. In Verbindung mit der zentralen Kerzenlage zeigt der Aufbau eine gewisse Symmetrie. Die innere Struktur gestaltet sich im Vergleich mit dem Zweiventil-ZK wesentlich filigraner. Dies ist bei eingehenderer Betrachtung auch aus Abb. 4.155 ersichtlich. Bei der hier in Bezug auf beide Beispiele vorliegenden einteiligen Bauweise mit Tassenstößeln müssen die Tassenstößelführungen vorgegossen werden. Der Ölraum kann dann in der Kokille (bei Kokillenguss) nicht direkt in Stahl ausgeformt werden, sondern es wird wegen der hinterschnittenen Konturen zusätzlich ein Ölraumkern benötigt. Bei zentraler Zündkerzenlage kann der Kerzenschacht im Ölraumbereich auch von einem eingesetzten Kunststoffrohr gebildet werden.

Der oben erwähnte Wende-ZK ist aus Kostengründen bei V-Motoren anzustreben. Die Kosten sind gegen Forderungen, die dessen Realisierung doch erschweren, streng abzuwägen. Durch Wenden, d. h. Drehen des ZK in der Dichtflächenebene um 180°, kann derselbe ZK auf beiden Zylinderbänken grundsätzlich verwendet werden, wenn die konstruktiven Voraussetzungen dafür geschaffen werden (Wenden ist notwendig, da die Einlassventile stets auf der V-Innen-, die Auslassventile auf der V-Außenseite sind). Diese Regel ist allerdings nicht mehr allgemeingültig. Folgendes ist zu beachten:

- Ein am ZK angegossener Kettenkasten ist nicht darstellbar.
- Der Nockenwellenantrieb muss auch beim gewendeten Kopf (Rückseite) vorgesehen sein. Für die Montage der Nockenwellenräder ist der Zylinderbankversatz zu beachten.

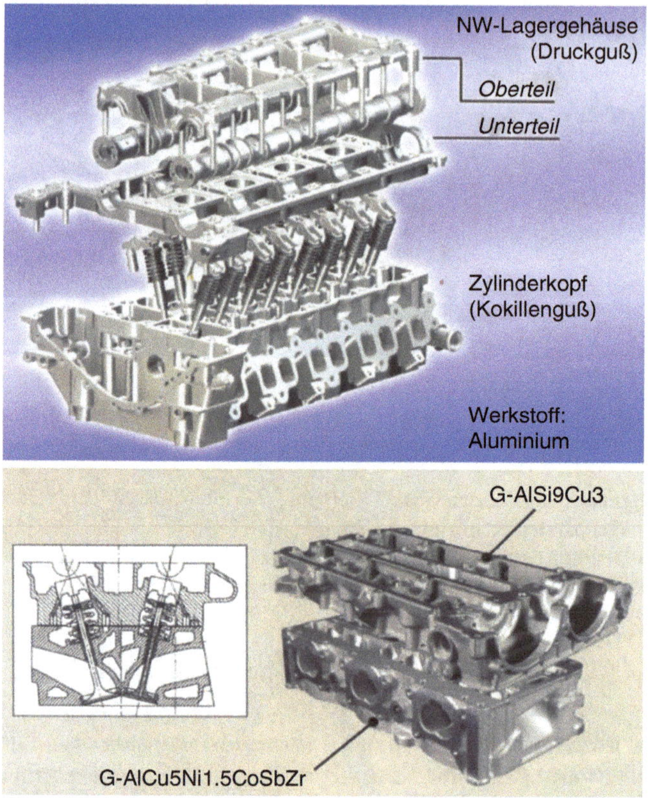

Abb. 4.154 Pkw-Ottomotoren-ZK in Schichtbauweise; Nockenwellengehäuse aus kostengünstigem Aluminium-Druckguss (oben, Daimler) (aus [215]); ZK-Unterteil bei hoher thermischer Beanspruchung optional aus hochwarmfester AlCu-Sonderlegierung (unten, Porsche) (aus [216])

- Die Schmierölversorgung ist beim gewendeten Kopf diagonal angeordnet, wenn identische Teile (keine Differenzierung bei der Bearbeitung nach entsprechendem Vorhalten beim Gussteil) verwendet werden sollen.
- Wende-ZK neigen wegen der einzugehenden Kompromisse dazu, etwas schwerer zu sein.

Der ZK wird statisch durch die Vorspannkräfte der ZK-Schrauben und die Bauteiltemperatur beansprucht. Die dynamische Beanspruchung resultiert aus der zyklischen Verbrennung (HCF, „high cycle fatigue") sowie Temperaturzyklen (TMF/LCF, „thermo-mechanical/low cycle fatigue") und den Massenwirkungen der Anbauteile. Beim ZK kommt eine besondere Bedeutung den Wärmespannungen zu. Der intensive Wärmeübergang bedeutet nicht nur eine hohe thermische Beanspruchung, sondern die dadurch erzwungenen Kühlmaßnahmen erzeugen zudem sehr große Temperaturgradienten und folglich erhebliche Wärmespannungen. So fällt die Temperatur von 280 bis 320 °C an der Brennraumoberfläche über

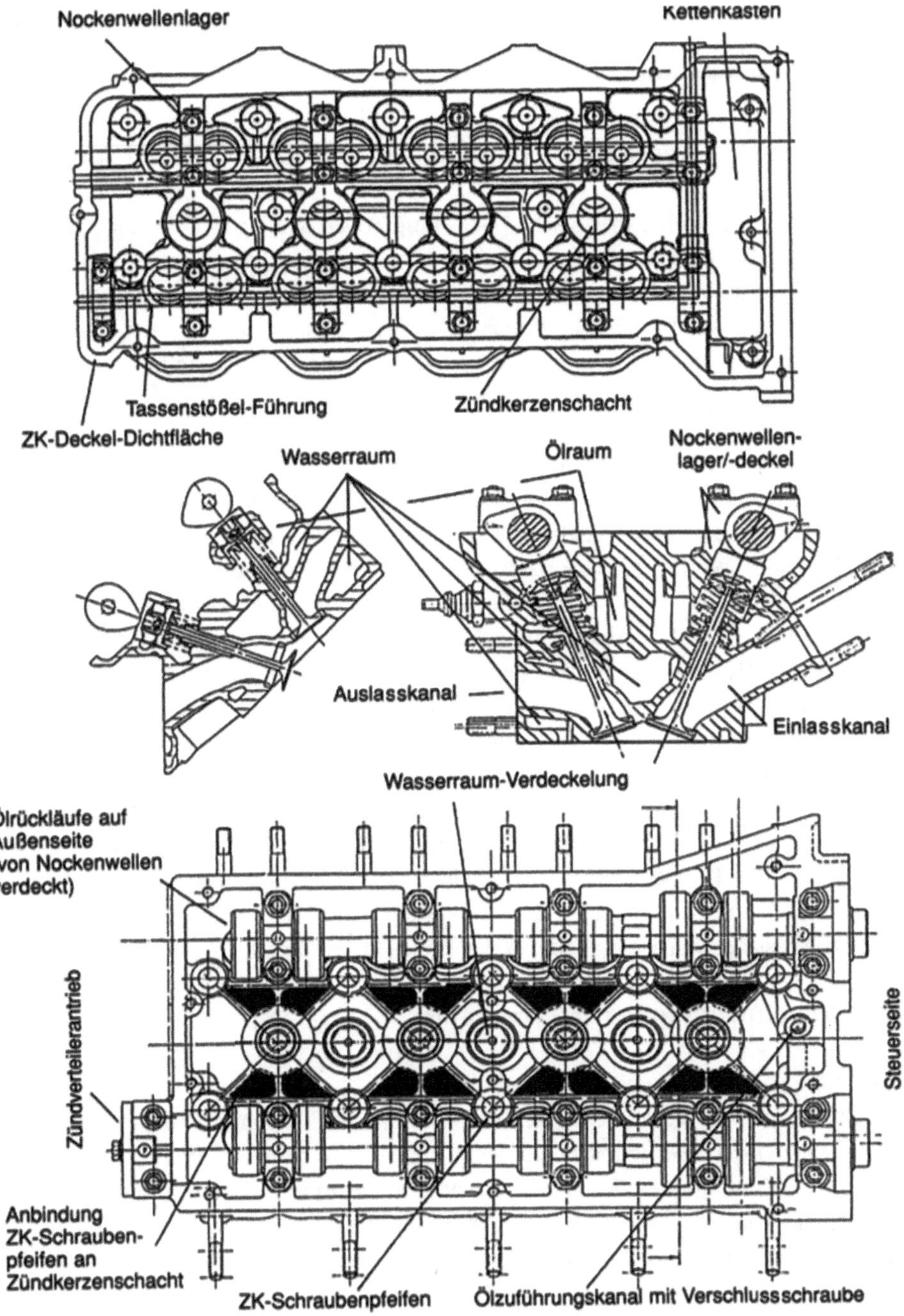

Abb. 4.155 Draufsichten auf und Schnitte durch Vierventil-ZK von Ottomotoren; oben und Mitte links: ZK für eine Zylinderbank eines V8-Motors (aus [217]); unten und Mitte rechts: ZK für einen Vierzylinder-Reihenmotor (aus [218]); es handelt sich jeweils um Tassenstößel-Konstruktionen

wenige mm Wanddicke auf 100 bis 120 °C auf der vom Kühlmittel beaufschlagten Seite ab. Die genannten Werte gelten für Al-ZK.

4.6.2 Die besondere Problematik der thermischen ZK-Beanspruchung

Der ZK ist infolge hoher thermischer Belastung neben den Kolben das die Motorleistung begrenzende Bauteil. Dies trifft heute zumindest für DI-Dieselmotoren mit allgemein üblicher Abgasturboaufladung zu. Aber auch ZK des steigenden Anteils aufgeladener Pkw-Ottomotoren mit ebenfalls immer höheren Zünddrücken und sehr hohem Wärmeeintrag sind eine Herausforderung. Bei der Auslegung des ZK stellt sich die Aufgabe, sowohl die sich zyklisch überlagernden mechanischen Spannungen sowie die Wärmespannungen – sprich die maximalen Bauteiltemperaturen – auf zulässige Werte zu begrenzen als auch einen ZK-Werkstoff ausreichender thermomechanischer Festigkeit einzusetzen. Nur so kann die erforderliche Gestaltfestigkeit – sprich Lebensdauer – erreicht werden. Hier ist zunächst das im vorigen Abschnitt bereits angesprochene so genannte „TMF-/LCF-Verhalten" des Werkstoffs von maßgeblicher Bedeutung. Aufgrund enorm gestiegener Zünddrücke rückt nicht nur bei DI-Dieselmotoren auch die hochfrequente dynamische Beanspruchung („HCF-Verhalten" des Werkstoffs) immer mehr in den Blickpunkt.

Die in den ZK eingetragene Wärmemenge und damit dessen thermische Beanspruchung hängen vom Energieumsatz im Brennraum und dem brennraumseitigen Wärmeübergang ab. Mit den thermodynamischen Grundlagen des Wärmeübergangs befasst sich der folgende Abschnitt.

Die ZK-Temperatur nimmt auch Einfluss auf die Motorfunktion. So wirkt sich z. B. eine Absenkung der ZK-Temperatur äußerst positiv auf das Klopfverhalten beim Ottomotor aus. Je niedriger die Temperatur im ZK gehalten werden kann, umso größere Volllast-Vorzündwinkel können tatsächlich gefahren werden. Die Bauteiltemperatur nimmt hier also direkt Einfluss auf den Verbrauch und das Emissionsverhalten.

4.6.2.1 Wärmeübergang im Brennraum

4.6.2.1.1 „Globale" Ansätze

Der ZK bildet einen wesentlichen Teil des Brennraums. Nicht nur für die Prozessrechnung, sondern auch für die Festigkeitsberechnung – hier die Temperaturverteilung im Bauteil – ist die genaue Kenntnis des Wärmeübergangs von den Verbrennungsgasen an die Brennraumwände von fundamentaler Bedeutung. Die bekannten Berechnungsansätze für den brennraumseitigen Wärmeübergang werden z. B. bei [219] erörtert. Die älteren sind empirischer Natur, die aus jüngerer Zeit bauen auf die Ähnlichkeitstheorie der konvektiven Wärmeübertragung auf. Nusselt hat bereits im Jahr 1923 eine Formel für den Wärmeübergang im Brennraum vorgeschlagen. Für die neueren Ansätze stehen die Namen Sitkei, Annand und insbesondere Woschni (Veröffentlichungen zu diesem Themenkomplex z. B. [220–226]). Der Wärmeübergang ist örtlich und zeitlich veränderlich. Es hat sich

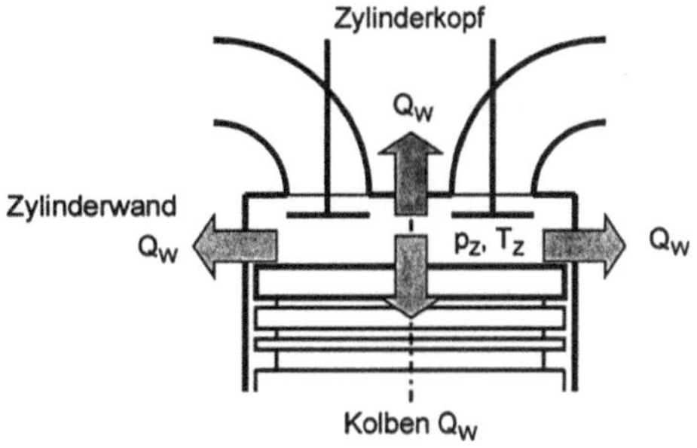

Abb. 4.156 Wärmeübergang im Brennraum; anteilige Oberflächen

jedoch bewährt, mit einem nur zeitlich veränderlichen, örtlich jedoch über die gesamte augenblicklich am Wärmeübergang beteiligte Brennraumoberfläche gemittelten Wärmeübergangskoeffizient zu rechnen. Am Wärmeübergang sind insgesamt

- der Zylinderkopf
- die Zylinderwand und
- der Kolbenboden

beteiligt (Abb. 4.156).

Für die Brennraumoberfläche lassen sich für Teilflächen gemittelte Wandtemperaturen bestimmen. In erster Näherung können für diese Erfahrungswerte angesetzt werden. Üblich ist es jedoch, z. B. von Temperatur-Messergebnissen auszugehen. Die Zylinderkopf- und -wandtemperaturen sind relativ einfach zu messen. Aufwändiger ist eine genaue Messung der Temperatur des Kolbenbodens (z. B. mit Thermoelementen und Schwinge für Signalübertragung oder NTC mit Spulenübertragungssystem; weniger genaue Messung mit geringem Aufwand mittels „Templug“ über Resthärte möglich).

Die über die Brennraumwände A_i abfließende Wärmemenge Q_W berechnet sich aus der Temperaturdifferenz zwischen dem Brennraum (T_Z) und dessen Wand (T_{Wi}) sowie dem Wärmeübergangskoeffizient α_W:

$$\frac{\mathrm{d}Q_W}{\mathrm{d}\varphi} = \frac{1}{\omega}\,\alpha_W(\varphi)\sum_i A_i(T_Z(\varphi) - T_{Wi}) \tag{4.226}$$

im Mittel

$$\frac{\mathrm{d}Q_W}{\mathrm{d}\varphi} = \frac{1}{\omega}\,\alpha_{Wm}\sum_i A_i(T_{Zm} - T_{Wi}) \tag{4.227}$$

Wird ein Bauteil durch einen instationären Wärmestrom thermisch beansprucht, so ist die Temperaturschwankung im Werkstoff (unter der Oberfläche) vernachlässigbar. Dies erlaubt, auch mit einem zeitlich gemittelten Wärmeübergangskoeffizient α_{Wm} und einer repräsentativen Gastemperatur T_{Zm} im Zylinder zu rechnen – siehe Gl. (4.227). Es wird folglich ein quasi-stationärer Wärmestrom unterstellt:

$$\alpha_{Wm} = \frac{1}{\varphi_2 - \varphi_1} \int_{\varphi_1}^{\varphi_2} \alpha_W(\varphi)\,\mathrm{d}\varphi \tag{4.228}$$

bzw.

$$T_{Zm} = \frac{1}{\alpha_{Wm}\,(\varphi_2 - \varphi_1)} \int_{\varphi_1}^{\varphi_2} \alpha_W(\varphi)\,T_Z(\varphi)\,\mathrm{d}\varphi \tag{4.229}$$

Der auf die Oberfläche bezogene Wärmestrom, die Wärmestromdichte, ist ein Maß für die thermische Bauteilbeanspruchung.

Einer der bekanntesten, häufig verwendeten und in der Praxis bewährten Ansätze für den Wärmeübergang im Brennraum ist der von Woschni [221]. Er basiert auf der Annahme einer Rohrströmung mit konvektivem Wärmeübergang (Tab. 4.14).

$$\alpha_W(\varphi) = 0{,}013\,D_Z^{-0{,}2}\,p_Z(\varphi)^{0{,}8}\,T_Z(\varphi)^{-0{,}53}\left[C_1\,v_m + \frac{C_2 V_h T_{Z1}}{p_{Z1}\,V_{Z1}}\left(p_Z(\varphi) - p_{ZFA}(\varphi)\right)\right]^{0{,}8} \tag{4.230}$$

Dieser Wärmeübergangskoeffizient wird, ein homogenes Verbrennungsmodell[3] vorausgesetzt [226, 227], ohne Änderung der Exponenten und Konstanten (Konstante C_2 dient der Anpassung an das Verbrennungsverfahren, C_1 der Anpassung an den Arbeitstakt) auch dem Ottomotor gerecht (v_u/v_m erfasst Einlassdrall)[4]:

- Ladungswechsel → $C_1 = 6{,}18 + 0{,}417\, v_u/v_m$
- Verdichtung, Expansion → $C_1 = 2{,}28 + 0{,}308\, v_u/v_m$
- Diesel mit Direkteinspritzung, Otto → $C_2 = 3{,}24 \cdot 10^{-3}$ m/sK
- Kammer-Dieselmotoren → $C_2 = 6{,}22 \cdot 10^{-3}$ m/sK

[3] Örtlich mittlere Gastemperatur, Verbrennungsgase befinden sich im thermodynamischen Gleichgewicht; nicht für mehrschichtige Verbrennungsmodelle geeignet, für Zweizonenmodell jedoch zulässig [227].

[4] Das Verhältnis von Umfangs- zur Axialgeschwindigkeit der Strömung wird als Drallzahl bezeichnet. Ein Messverfahren ist die Gleichrichter-Drallmessmethode „nach Tippelmann“ [230]. Definition der Drallzahl beruht auf der Größe: Reaktionsmoment M des Strömungsgleichrichters (Ansaugung über Drallkanal) $\times$ Zylinderbohrungsradius $D_Z/2$: (Volumenstrom im Quadrat $\dot{V}^2$ $\times$ Luftdichte ρ_L).

Tab. 4.14 Größen, Einheiten und Formelzeichen zu Gl. (4.230)

Formelzeichen	Einheit	Größe
α_W	W/m² K	örtlich mittlerer Wärmeübergangskoeffizient
φ	°, rad	Kurbelwinkel
V_h	m³	Zylinderhubvolumen
D_Z	m	Zylinderbohrungsdurchmesser
v_m	m/s	mittlere Kolbengeschwindigkeit
p_Z	N/m²	örtlich mittlerer Brennraumdruck
T_Z	K	örtlich mittlere Brennraumtemperatur
p_{ZI}	N/m²	Brennraumdruck bei Einlassschluss
T_{ZI}	K	Brennraumtemperatur bei Einlassschluss
V_{Z1}	m³	Brennraumvolumen bei Einlassschluss (Verdichtungsbeginn)
p_{ZFA}	N/m²	Zylinderdruck bei fremdangetriebenem Motor

Die hier angegebenen Werte sind [228] entnommen. Abb. 4.157 zeigt beispielhaft den Verlauf des örtlich mittleren Wärmeübergangskoeffizienten (nach Woschni) eines Motors bei Diesel- und Gasbetrieb (Otto) im Vergleich (für vergleichbare Betriebspunkte) [227]. Trotz der größeren übertragenen Wärmemenge ist der Wärmeübergang beim Ottomotor durch einen kleineren Wärmeübergangskoeffizienten gegenüber dem Dieselmotor gekennzeichnet (siehe z. B. [226, 227, 229]). Ursächlich sind der deutlich niedrigere Brennraumdruck p_Z und Zündsprung $p_Z - p_{ZFA}$ sowie die erheblich höhere Prozesstemperatur T_Z beim Ottomotor mit ihrem negativen Exponenten. Damit fällt der konvektive Wärmeübergang gegenüber dem Dieselmotor ab. Die insgesamt größeren Wärmeverluste des Ottomotors können mit der größeren Temperaturdifferenz $T_Z - T_W$ anhand Gl. (4.226) erklärt werden. Zu den relativ großen Schwankungen des Zünddrucks beim Ottomotor ist noch zu erwähnen, dass mit einem aus ausreichend vielen Zyklen gemittelten Druckverlauf gerechnet werden muss.

Die durch Konvektion übertragene Wärmemenge ist dominierend. Darüber hinaus ist noch die Flamm- bzw. Gasstrahlung zu erwähnen. Die Temperaturschwingungen an der Bauteiloberfläche klingen nach innen rasch (exponentiell) ab. Nach [231] betreffen bis zu 50 % der gesamten Wärmeverluste den Brennraum und die Auslasskanäle des ZK. Unter Einbeziehung des Abgaskrümmers erhöht sich dieser Betrag auf bis zu 65 % (100 % schließen Kolben und Zylinder mit ein). Für den Wärmeübergang im Ein- und Auslasskanalbereich gibt es spezifische Ansätze (siehe z. B. [232]).

Das Verhältnis $Q/m_{Kr}\,H_u$ – rechnerisch umgesetzte $\left(\int dQ\right)$ zur eingesetzten Kraftstoffenergie $(m_{Kr}\,H_u)$, ermittelt über Verbrauchsmessung am Prüfstand – ist die Energiebilanz. Sie ist in erster Linie ein Kriterium für die richtige Berechnung des Wärmeübergangs. Bei der thermodynamischen Auswertung von mittels Quarzdruckaufnehmern indizierten Druckverläufen ist die Energiebilanz unbefriedigend. In Umkehrung dieser Erfahrung ist somit die Bestimmung des Wärmeübergangs mit Hilfe der genannten Messmethode bei höheren Genauigkeitsanforderungen nur bedingt zu empfehlen. Bei gefeuertem Motor kann

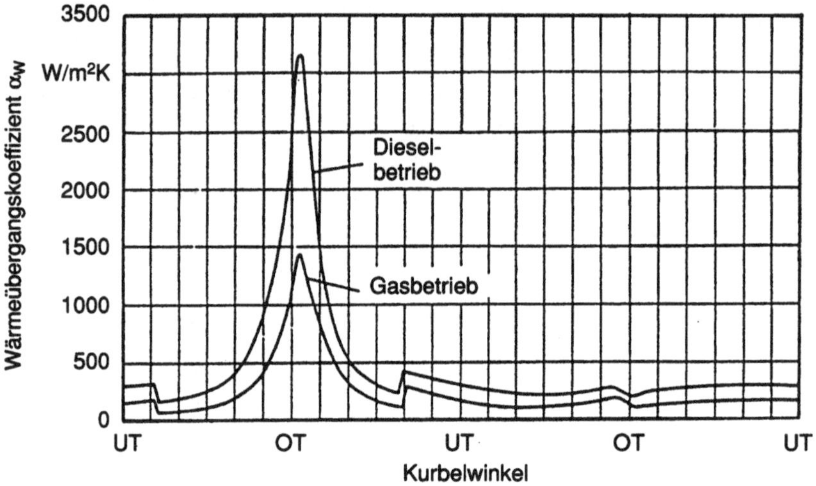

Abb. 4.157 Örtlich mittlerer Wärmeübergangskoeffizient nach Woschni [227] bei Diesel- und Gasbetrieb (Gas = Otto) (MTU-Motor/vergleichbarer Betriebszustand, $p_{me} = 5{,}2$ bar, $n = 1500$ 1/min)

ohnehin nur ein örtlich und zeitlich gemittelter Wärmeübergangskoeffizient mittels der Druckverlaufsanalyse bestimmt werden. Bei geschlepptem Motor findet keine Energiefreisetzung statt, was demgegenüber die zeitliche Auflösung erlaubt. Alternative Methoden sind die Oberflächentemperaturmethode oder die Messung der zeitlich gemittelten Wärmestromdichte.

Der erhöhte Wärmeübergang bei klopfender Verbrennung kann durch eine dem selbstzündenden Kraftstoffmassenanteil proportionale Überhöhung des Wärmeübergangskoeffizienten berücksichtigt werden [233].

Abschließend noch eine Anmerkung zur Baugrößenabhängigkeit der Wandwärmeverluste. Üblicherweise wird davon ausgegangen, dass die mit zunehmender Motorgröße geringeren Wandwärmeverluste auf das abnehmende Oberflächen-Volumen-Verhältnis zurückzuführen sind. Nach [234] wird dieser Einfluss durch die ebenfalls sinkende Drehzahl kompensiert. Verantwortlich sei vielmehr der mit steigendem Bohrungsdurchmesser kleiner werdende Wärmeübergangskoeffizient (beachte in diesem Zusammenhang Gl. (4.230)). Die für Letzteres verantwortlichen physikalischen Vorgänge sind recht einfach zu erklären.

Die Ähnlichkeitstheorie der Thermodynamik fordert, dass die Wärmeübergangszahl α_W mit der Nußelt-Zahl Nu über die Beziehung $\alpha_W = \lambda\, Nu/D_Z$ gekoppelt ist. D_Z ist der Zylinderdurchmesser als charakteristische Abmessung und λ die Wärmeleitzahl. Die Nußelt-Zahl selbst ist der Reynolds-Zahl Re proportional [220]: $Nu \sim Re^{0{,}786}$ mit $Re = v_m\, D_Z\, \rho/\eta$. v_m ist die mittlere Kolbengeschwindigkeit, η die dynamische Viskosität und ρ die Dichte des strömenden Mediums. Wird allein der Einfluss des Zylinderdurchmessers betrachtet, so gilt $\alpha_W \sim D_Z^{0{,}786} / D_Z = D_Z^{-0{,}214}$ bzw. $\alpha_W \sim 1 / D_Z^{0{,}214}$.

4.6.2.1.2 Erweiterte Ansätze für den Wärmeübergang

Verschiedene Autoren (z. B. [219, 235–237]) plädieren für eine differenziertere Berechnung des Wärmetransports zwischen den Verbrennungsgasen und den Brennraumwänden als dies bei der globalen Formulierung des Wärmeübergangs möglich ist. So sollen das instationäre, turbulente Strömungsfeld und die Wärmestrahlung der Flamme Berücksichtigung finden. Letzteres wird bei herkömmlichen Ansätzen teilweise durch einen Zusatzterm versucht. Der Woschni-Ansatz – Gl. (4.230) – beinhaltet eine zeitliche Auflösung der thermodynamischen Zustandsgrößen, kennt sonst jedoch nur pauschal die mittlere Kolbengeschwindigkeit als Einflussgröße der Strömung im Zylinder.

Erweiterte Ansätze beabsichtigen die örtliche und zeitliche Auflösung der Wärmestromdichte. Sie berücksichtigen daher auch den örtlichen und zeitlichen Verlauf der Strömung und beziehen ein so genanntes Turbulenzmodell ein, da die Turbulenz den konvektiven Wärmeübergang beeinflusst. In diesem Zusammenhang spielen neben der mittleren Strömungsgeschwindigkeit auch die turbulenten Schwankungen, d. h. die kinetische Energie der Turbulenz, deren Abklingen (Dissipation) und das turbulente Längenmaß (Maß für Abmessung einzelner „Turbulenzballen") eine Rolle, was hier nicht weiter verfolgt werden soll. Bezüglich der Turbulenz kommt dem international einheitlich als „k-ε-Modell" bezeichneten Ansatz derzeit wohl die größte Bedeutung zu.

Es kann die „Reynolds-Analogie" (Ähnlichkeit zwischen Geschwindigkeits- und Temperaturverteilung) angewandt werden, wobei die Strömung im Zylinder mit einer rotationssymmetrischen Rohrströmung verglichen wird (z. B. [219]). Auf dieser Basis sind Rechenmodelle möglich, die den Einfluss der Einlassströmung und der Brennraumgeometrie auf den Wärmeübergang wiedergeben und das Ziel, den Wärmeübergang ohne Anpassungskoeffizienten zu berechnen, erreichen.

Die bekannten Modelle teilen sich allerdings eine gemeinsame Schwäche, indem sie während des Ansaug- und Verdichtungsvorgangs brauchbare Ergebnisse liefern, hinsichtlich des gefeuerten Motors jedoch noch erhebliche Schwierigkeiten aufwerfen. So muss z. B. die von der Verbrennung zusätzlich erzeugte Turbulenz richtig erfasst werden. Die Berücksichtigung der Verbrennung ist zudem gleichbedeutend mit der Einführung einer Flammenzone und chemischer Umsetzung, erfordert somit ein komplizierteres Modell mit entsprechendem Rechenaufwand.

Besondere Aufmerksamkeit ist der Modellierung der Grenzschicht zu schenken. Um Rechenaufwand zu sparen, sind so genannte „Wandfunktionen" (im angelsächsischen Schrifttum: „law of the wall") eingeführt worden. Der erhöhte Rechenaufwand folgt sonst aus der Tatsache, dass die Maschenweite des Berechnungsgitters außerhalb der Grenzschicht deren Größenordnung entspricht oder noch deutlich größer ist. Innerhalb der Grenzschicht müsste das Gitter erheblich verfeinert werden.

Die bereits erwähnte „Reynolds-Analogie", die die Ähnlichkeit zwischen Geschwindigkeits- und Temperaturverteilung postuliert, gilt streng genommen nicht für die Strömung kompressibler Medien. Die Wandfunktion zur Darstellung der Temperaturgrenzschicht bezieht sich jedoch darauf. Deshalb sind Modellerweiterungen vorgeschlagen worden. Für die viskose Grenzschicht mit kleinen turbulenten Reynolds-Zahlen können so genannte „Low-Reynolds-Modelle" zum Einsatz kommen (siehe z. B. [235]). Dies sollen nur Hinweise sein, da im abgesteckten Rahmen nicht tiefer in diese Materie eingedrungen werden kann. Die numerische Strömungssimulation („Computational Fluid Dynamics“ – CFD) hat seither enorme Fortschritte gemacht. Die dreidimensionale zeitliche Auflösung der Zylinderinnenströmung wird mittlerweile routinemäßig in der Bauteilentwicklung angewandt. Dies eröffnet entsprechende Möglichkeiten für die differenzierte Betrachtung des Wärmeübergangs (siehe z. B. [238]).

4.6.2.1.3 Wärmeübertragung durch die Bauteilwand

Wärmeübergang und Wärmeleitung können hinsichtlich der thermischen Bauteilbeanspruchung bekanntlich nicht unabhängig voneinander betrachtet werden.

Abb. 4.158 (oben) soll das bekannte Temperaturprofil der Wärmeübertragung, hier z. B. durch eine ebene Wand, ins Gedächtnis zurückrufen. Während die Wärmeleitzahl λ als bekannte Werkstoffkenngröße vorausgesetzt werden kann, sind die brennraum- und kühlmittelseitigen Wärmeübergangskoeffizienten sehr viel schwieriger zu erfassen. Darauf wird im vorausgehenden Abschnitt (Brennraum) und an verschiedenen anderen Stellen (Kühlmittelseite) näher eingegangen. Die pro Zeiteinheit durch die ebene Wandfläche A mit der Dicke s und der Wärmedurchgangszahl k infolge der Temperaturdifferenz ΔT übertragene Wärmemenge $\dot{Q}_{ab}$ beträgt:

$$\dot{Q}_{ab} = kA\,\Delta T \tag{4.231}$$

mit

$$\frac{1}{k} = \frac{1}{\alpha_{Wi}} + \frac{s}{\lambda} + \frac{1}{\alpha_{Wa}}$$

α_{Wi} (an anderer Stelle ohne Zusatz-Index i) und α_{Wa} sind die Wärmeübergangskoeffizienten auf der Innen- bzw. Außenseite. ΔT bezieht sich dabei auf die Raumtemperaturen diesseits und jenseits der Wand. Ist mit ΔT die Wandtemperatur-Differenz zwischen innen und außen gemeint, so reduziert sich k auf den Term λ/s.

In der Berechnungspraxis wird die Problematik der nicht immer genauen Kenntnis der Wärmeübergangskoeffizienten oft dadurch umgangen, dass diese auf indirekte Weise so angepasst werden, dass die Temperaturrandbedingungen erfüllt werden. Dies setzt voraus, dass auf hinreichend zuverlässige Temperaturmessungen am Bauteil zurückgegriffen werden kann. Kühlmittelseitig existiert eine kritische Wärmestromdichte abhängig vom Kühlmittel, dessen Siedepunkt bei Systemdruck und vom Strömungszustand. Der konvektive Wärmeübergang wird bei hoher thermischer Belastung von einem zusätzlichen Effekt überlagert. Der Wärmeübergang wird in diesem Fall lokal durch intensives Blasensieden bestimmt. Mit zunehmender kühlmittelseitiger Wandtemperatur und beginnender Dampfblasenbildung steigt der unterhalb dieser Temperatur rein konvektiv bedingte Wär-

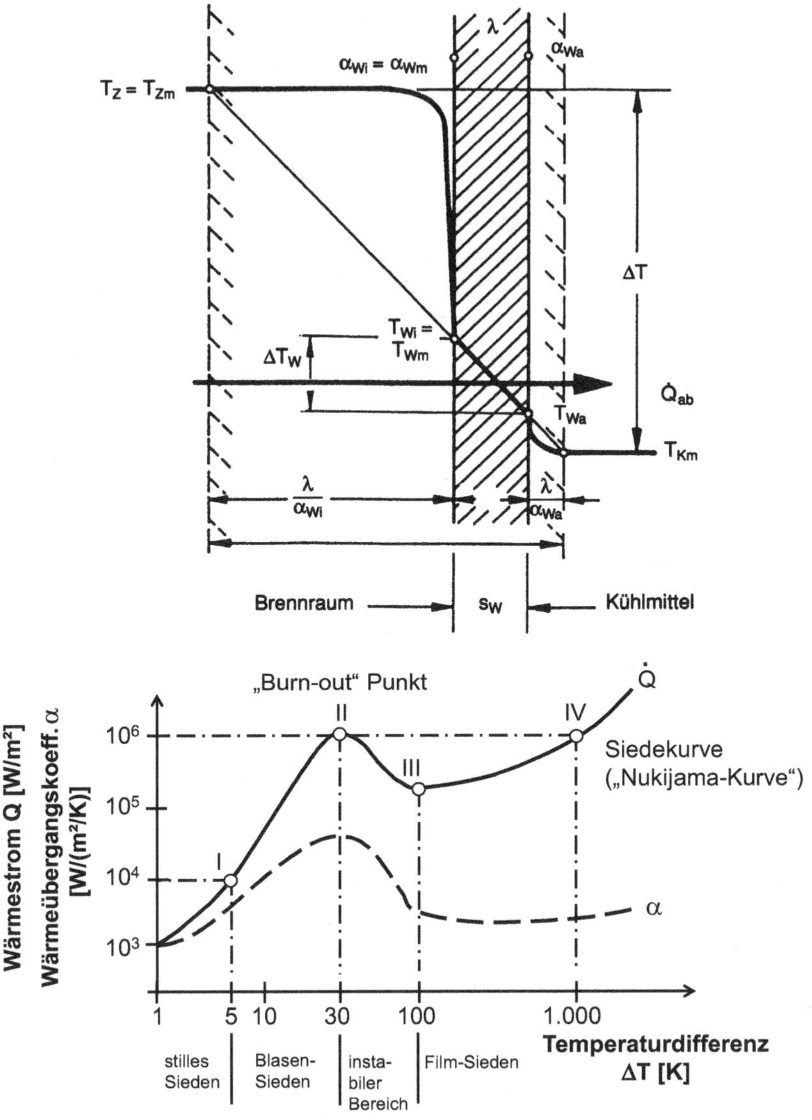

Abb. 4.158 Temperaturprofil des Wärmedurchgangs durch eine eben angenommene Brennraumwand; quasi-stationärer Wärmestrom bei mittleren Prozessgrößen; auf der Brennraumseite repräsentative Gastemperatur und zeitlich mittlere Größen für Wandinnentemperatur und Wärmeübergangskoeffizient; auf der Kühlmittelseite konstante Größen entsprechend stationärem Betriebszustand; Ersatzwanddicken für grafische Wandtemperaturbestimmung angedeutet (aus [228]) (oben); prinzipieller Verlauf des kühlmittelseitigen Wärmeübergangskoeffizienten sowie Wärmestroms bei zunehmender Temperaturdifferenz zwischen Bauteilwand und Kühlmittel nach Nukijama [239] (unten)

meübergangskoeffizient zunächst stark an, um dann jenseits des Maximums wegen instabiler Filmbildung wieder stark abzufallen. Erst bei deutlich höheren Temperaturdifferenzen (hier Differenz zwischen Wand und Siedetemperatur des Kühlmittels) steigt der Wärmeübergangskoeffizient bei stabiler Filmverdampfung wieder an [228]. Der maximal übertragbare Wärmestrom liegt nach der zitierten Quelle für Wasser und übliche Kühlmittelmischungen zwischen 1,2 und $1{,}9 \cdot 10^6$ W/m^2 (bei üblichen Systemdrücken). Abb. 4.158 (unten) zeigt den prinzipiellen Verlauf des kühlmittelseitigen Wärmeübergangs sowie Wärmestroms bei zunehmender Temperaturdifferenz zwischen Bauteilwand und Kühlmittel beginnend mit freier Konvektion bei stillem Sieden. Nach [240] decken allerdings Simulationsmodelle des Siedeverhaltens aus der Literatur nur unzureichend die Verhältnisse beim ZK ab. Dies mag mitunter damit begründet sein, dass im Gegensatz zur freien Konvektion, Abb. 4.158, im Kühlkreislauf recht spezifische Bedingungen einer erzwungenen Konvektion vorliegen. Die mit dem Sieden einhergehende Nicht-Linearität erschwert die Berechnung des Temperaturfelds.

4.6.2.2 Wärmespannungen im ZK

Wärmespannungen resultieren aus örtlich unterschiedlichen Temperaturen. Sie setzen also Temperaturgradienten voraus. Bauteilwände mit unterschiedlichen Temperaturen auf der Innen- und Außenseite können sich je nach Einspannrandbedingungen nicht wie bei unbehinderter thermischer Ausdehnung krümmen. Die Behinderung der Krümmung erzeugt die Wärmespannung σ_{therm}. Bei einer ebenen Wand mit dem Temperaturgradienten ΔT, dem E-Modul E und dem Wärmeausdehnungskoeffizienten α beträgt diese, wenn ein zweiachsiger Spannungszustand in der Wand mit $\sigma_1 = \sigma_2$, eine behinderte Dehnung in der Randfaser $\varepsilon = \alpha\,\Delta T\,/\,2$ und der Zusammenhang zwischen Spannung und Dehnung $\varepsilon_1 = (\sigma_1 - \mu\sigma_2)\,/\,E$ angenommen werden:

$$\sigma_{therm} = \pm \frac{E\,\alpha\,\Delta T}{2\,(1-\mu)} \tag{4.232}$$

Druckspannungen entstehen dabei auf der „heißen“, Zugspannungen auf der „kalten“ Seite der Wand.

Besonders extrem sind die Verhältnisse im Bereich des Brennraums. Die dünnen Stege zwischen den Ventilen (Mehrventilmotoren besonders gefährdet) heizen sich besonders stark auf. Die kältere Umgebung dehnt sich weit weniger aus als diese heißen Bereiche. Die dadurch entstehenden Druckspannungen rufen lokal plastische Verformungen hervor. Bei der Abkühlung, z. B. durch eine größere Last- und Drehzahländerung, erfahren die verkürzten Stege dann Zugspannungen, die ihrerseits wieder bis zur plastischen Verformung führen. Auf diese Weise können schon nach wenigen Aufwärm- und Abkühlzyklen die berüchtigten Stegrisse entstehen, von denen vor allem Hochleistungsmotoren betroffen sind. Bei durchgängig planem Feuerdeck von DI-Dieselmotoren mit demzufolge ungünstigerer Steifigkeitsverteilung verschärft sich die Problematik der zyklischen Plastifizierung im Ventilstegbereich. Hinzu kommt die Notwendigkeit der Anordnung des Glühstifts in einem der Ventilstege, somit im gefährdeten Bereich.

Die thermomechanische Ermüdung des Werkstoffs durch „Low-Cycle“-Thermoschockbeanspruchung (TMF/LCF) ist zu unterscheiden von der zyklischen mechanischen und thermischen „High-Cycle“-Beanspruchung. Letztere thermische Beanspruchung tritt bei jedem Arbeitszyklus auf und beaufschlagt die Brennraumwände nur oberflächennah. Dieselmotoren leiden besonders unter der ersteren Beanspruchung. Sie saugen auch im Schubbetrieb die volle Luftmenge an bzw. werden mit vom Ladeluftkühler heruntergekühlter Luft befüllt, wodurch die Thermoschockwirkung infolge einer größeren Änderung des Betriebszustands deutlich verstärkt wird.

In diesem Zusammenhang ist darüber hinaus auch auf die allgemeine Bedeutung der Ermöglichung von Gleitbewegungen im ZKD-Bereich hinzuweisen. Vor allem die Kombination Aluminium-ZK/Grauguss-ZKG ist zum Ausgleichen der sehr unterschiedlichen thermischen Ausdehnungen darauf angewiesen. Die lokale Behinderung von Gleitvorgängen kann infolge der dann wirkenden Reibkräfte zur mehr oder weniger starken Unrundheit der Zylinderbohrungen im Deckbereich beitragen.

Abb. 4.159 zeigt modellhaft den zum Versagen führenden Mechanismus im Ventilstegbereich anhand eines exemplarischen σ-ε-Diagramms [241]. Der hier dargestellte Spannungs-Dehnungsverlauf bezieht sich auf eine kritische Stelle. Dabei wird für den Werkstoff elastisch-plastisches Verhalten angenommen. Im Übrigen ist der dargestellte Vorgang nur exemplarisch. Die Temperaturdifferenz kann von Zyklus zu Zyklus variieren. Als Folge der plastischen Verformung mit Kriechen und Relaxation entstehen Hysterese-Schleifen, die nicht in sich geschlossen, sondern versetzt zueinander sind. Auch wenn [241] den Kurvenverlauf nicht konkret erläutert, kann ein solcher prinzipiell durch zyklisches Kriechen und so genannte „zyklische Mittelspannungsrelaxation“ erklärt werden, also Kriechen (plastische Verformung) und Relaxation (Spannungsabbau). Der Werkstoff kriecht während der Beanspruchungszyklen, wobei sich dessen Dehn- und Stauchgrenze sukzessive ändern.

Es könnte daraus geschlossen werden, dass eine realitätsnahe Festigkeitsberechnung des ZK eine Vielzahl von Berechnungszyklen erfordert. Schließlich ist auch die „natürliche“ Werkstoffalterung im Motorbetrieb ein Faktum. Mit zunehmender Temperatureinwirkzeit fallen Härte und damit korrelierende Festigkeit des ZK-Werkstoffs (Aluminiumlegierung) ab. Ein allerdings zu einem gewissen Teil kompensierender Effekt ist das dabei steigende Dehnungsvermögen. So scheinen die Grenzen der Berechenbarkeit schnell überschritten zu werden. Dennoch gelingt es heute bei Kenntnis einer umfangreichen, aber recht aufwändig zu ermittelnden Werkstoffdatenbasis und realitätsnahen Lastkollektiven, die Lebensdauer von ZK hinreichend genau vorherzusagen (siehe Abschn. 4.6.5).

Zur Vermeidung bzw. zeitlichen Verzögerung des Auftretens von Rissen stehen folgende Maßnahmen zur Verfügung:

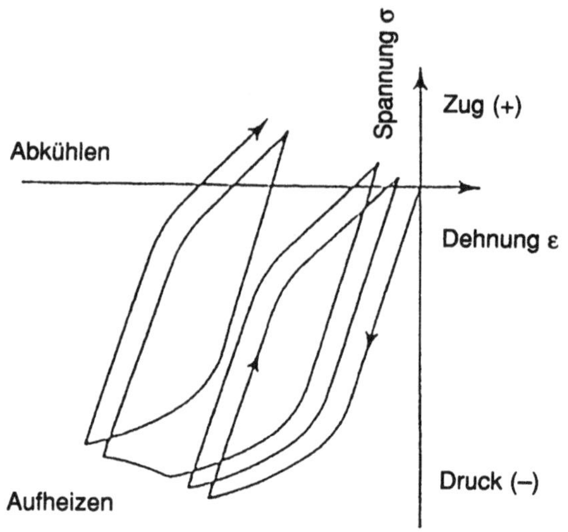

Abb. 4.159 Schematische Erklärung des „Thermomechanical-/Low-Cycle-Fatigue-Versagensmechanismus“ (TMF/LCF-Rissbildung) im Ventilstegbereich, bei technisch überholten Kammer-Dieselmotoren auch im Bereich der Schuss-/Überströmkanalbohrung, anhand eines σ-ε-Diagramms (Hysterese-Schleifen) bei elastisch-plastischem Werkstoffverhalten (aus [241])

- Thermische Entlastung
  - Modifizierte Kühlmittelführung im ZK-Wasserraum zwecks verbesserter Kühlung im Ventilsteg-, Schuss-/Überströmkanal- und Einspritzdüsenbereich (Dieselmotoren) durch möglichst direkte Beaufschlagung mit Kühlmittel
  - Erhöhung des Kühlmitteldurchsatzes, Vermeidung von extremen Drosselstellen, Strömungskurzschluss zwischen ZK und ZKG sowie von Totwasserzonen und „Hotspots“, aber mit Rücksicht auf entsprechende Wärmespannungen auch von überkühlten Zonen
  - Sichere Entlüftung des ZK-Wasserraums auch in Verbindung mit der tatsächlichen Einbaulage (Neigung) des Motors bei verschiedenen Einbausituationen in unterschiedlichen Fahrzeugen
  - Verringerung der Wanddicken in thermisch kritischen Bereichen (durch die Bauteilwand abgeführte Wärmemenge ist proportional zum Kehrwert der Wanddicke)
  - Entfernung der Gusshaut durch mechanische Bearbeitung (z. B. Stegbohrungen auf der Wasserraumseite)
- Reduzierung der Rissanfälligkeit durch werkstoffliche und sonstige Maßnahmen (insbesondere beim Al-ZK)
  - Verwendung von Legierungen mit erhöhter Temperaturwechsel-Beständigkeit (Thermoschock-Beständigkeit), Warmstreckgrenze und Bruchdehnung (siehe auch ZK-Werkstoffe in Abschn. 4.6.3)

- Optimierung des Gießprozesses hinsichtlich günstiger Beeinflussung der lokalen Gefügeparameter (Feinkörnigkeit)
- Einsatz von Faserverstärkungen im Brennraumkalottenbereich (ähnlich wie am Muldenrand von Kolben für Direkteinspritzer-Dieselmotoren); Faserverstärkung bedeutet lokalen Verbundwerkstoff, der z. B. durch Infiltration von Al_2O_3-Faser-Preforms bei hohen Drücken mit Hilfe des als Squeeze-Casting bezeichneten Gießverfahrens lokal entsteht (diese Technologie fand aufgrund hoher Kosten und der Tatsache, dass mit Einführung der Direkteinspritzung bei Pkw-Dieselmotoren der ZK zunächst wieder thermisch etwas entlastet wurde, bisher keine Anwendung)
- Erzeugung von Dehnfugen im Ventilstegbereich durch metallische Eingussteile ohne Bindung (z. B. bei Al-ZK von luftgekühlten Nkw-Dieselmotoren)
- Mechanische Bearbeitung der Ventilstege [242]

Die Strömungsverhältnisse im zerklüfteten ZK-Wasserraum können nur mittels Modellbildung genau untersucht werden. Eine möglichst gute Kühlmittelbeaufschlagung führt zu einer filigranen Gestaltung des ZK mit eher dünnen Wänden bzw. gering dimensionierten Querschnitten. Dies steht in gewissem Maß im Zielkonflikt mit der erforderlichen steifen Struktur zur zuverlässigen Abdichtung im ZKD-Bereich und mit der Gießbarkeit (Kern-Form- und Lagetoleranzen, Kernschwindung, -durchbiegung und -aufschwimmen). Hinsichtlich der Steifigkeit weist der Einzel-ZK gegenüber dem Block-ZK eindeutige Vorteile auf. Letzterer verfügt bei Längsdurchströmung nicht über die Zwischenwände zwischen den Brennraumkalotten.

Eine größere Wärmeübergangszahl infolge höherer Strömungsgeschwindigkeit durch Verengung der Querschnitte überwiegt den Nachteil einer geringeren Wärmeaustauschoberfläche und Drosselung des Volumenstroms [243]. Wie andere Untersuchungen zeigen, ist eine Erhöhung des Kühlmitteldurchsatzes weit weniger wirksam als eine Reduzierung der Dicke (nicht Breite!) der Ventilstege, in deren Mitte im engsten Querschnitt zwischen zwei Ventilen die höchsten Temperaturen auftreten. Nach [244] fällt die Temperatur bei einer Halbierung der Ventilstegdicke um mehr als 60 K ab, während eine Verdoppelung des Kühlmitteldurchsatzes bestenfalls eine Absenkung um 30 K bewirkt. Diese Angaben beziehen sich auf einen bestimmten Al-ZK. Andere Autoren berichten quantitativ abweichende Ergebnisse bei qualitativer Bestätigung des grundsätzlichen Sachverhalts. Bei veröffentlichten Ergebnissen ist es meist schwierig, das Zusammenwirken aller Einflussgrößen exakt nachzuvollziehen.

Die mechanische Nachbearbeitung des Brennraums, sei es in diesem Zusammenhang zur Glättung der Oberfläche aus Festigkeitsgründen (hinsichtlich Wirksamkeit umstritten) oder in anderen Fällen zur Einengung der Verdichtungstoleranz, sieht sich allgemein Widerständen der Kostenrechner gegenüber. Eine kostenverträgliche Lösung unter Ausschöpfung aller gießtechnischer und werkstofflicher Verbesserungsmöglichkeiten wird auch weiterhin die ZK-Hersteller beschäftigen.

4.6.2.3 Kühlmittelführung im ZK

Dem ZK-seitigen Wasserraum kommt im Hinblick auf das motorseitige Kühlsystem (gesamtes Kühlsystem besteht aus motor- und fahrzeugseitigen Installationen) außerordentliche Bedeutung zu. Ziel der Auslegung muss ein möglichst niedriges Temperaturniveau bei gleichmäßiger Temperaturverteilung innerhalb eines Zylindersegments sein. Die Kühlbedingungen sollten dabei für alle Zylinder annähernd gleich sein. Dabei kann die Durchströmung des ZK-Wasserraums nicht unabhängig vom ZKG-Wassermantel betrachtet werden, da beide Teilsysteme kommunizieren. Prinzipiell lassen sich folgende Varianten der Strömungsführung unterscheiden:

- Konventionelles Konzept
  Kühlmittel durchströmt in Motorlängsrichtung den ZKG-Wassermantel und tritt dabei durch Öffnungen im Zylinderdeck / in der ZK-Grundplatte im Bereich eines jeden Zylinders auch in den ZK über. Die Längsdurchströmung des ZK erfolgt dabei in umgekehrter Richtung zu der des ZKG (Abb. 4.160 [245]). Der Vorteil des konventionellen Konzepts liegt im größeren Kühlmitteldurchsatz, die Nachteile betreffen die Unsicherheit, wie viel Kühlmittel wo tatsächlich übertritt. Weiterhin besteht die Möglichkeit des Strömungskurzschlusses. Auf Modellrechnungen oder Untersuchungen am durchsichtigen Strömungsmodell kann im Zweifelsfall nicht verzichtet werden.
- Zwangsdurchströmung des ZK
  Eine Zwangsdurchströmung des ZK vermeidet diese Nachteile. Nach Längsdurchströmung des ZKG-Wassermantels tritt das Kühlmittel an der Motorrückseite (abtriebsseitig) in den ZK über und durchströmt diesen in entgegengesetzter Richtung (Abb. 4.160). Obwohl das gesamte Kühlmittel im ZKG bereits eine Temperaturerhöhung erfahren hat, kann bei konstruktiv günstiger Auslegung der ZK-seitigen Wasserräume eine Temperaturabsenkung gegenüber dem konventionellen Konzept im ZK erzielt werden.

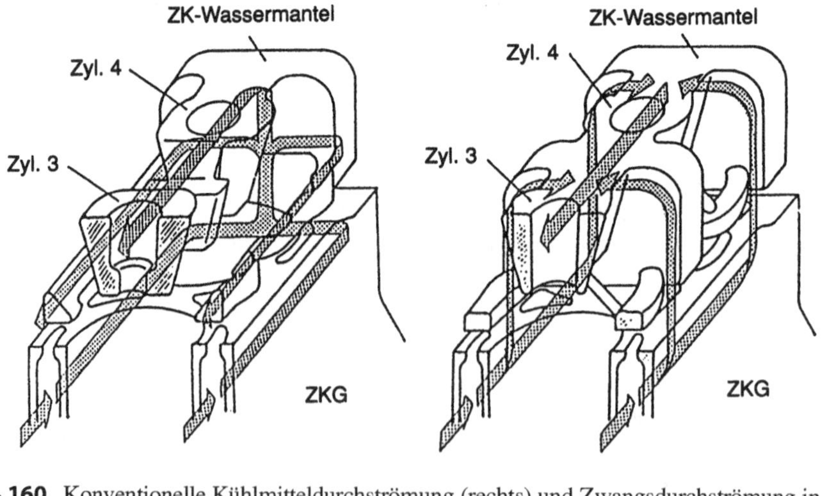

Abb. 4.160 Konventionelle Kühlmitteldurchströmung (rechts) und Zwangsdurchströmung in Längsrichtung (links) des ZK (aus [245])

- Primärdurchströmung des ZK
  Dieser Ansatz postuliert, dass es insgesamt von Vorteil ist, das Kühlmittel vom Druckstutzen der Wasserpumpe direkt in den ZK zu fördern. Erst danach tritt es in den ZKG-Wassermantel ein. Damit lässt sich die größte Temperaturabsenkung im ZK erreichen. Zudem argumentieren die Befürworter dieses Konzepts, dass die im Zylinderbereich erhöhte Temperatur die Kolben- und Kolbenringreibung etwas herabsetzt [246]. Auch im Hinblick auf unterschiedliche Wärmeausdehnungskoeffizienten – einen Al-ZK auf einem GJL-ZKG vorausgesetzt – sind hier gewisse Vorteile erkennbar.
- Querdurchströmung des ZK
  Bei der motorseitigen Kühlmittelführung dominierte lange Zeit die Längsdurchströmung. Sie wird jedoch zunehmend durch die Querdurchströmung – zumindest des ZK – ersetzt. Diese erfolgt beispielsweise so, dass, ausgehend von einem längs auf der Auslassseite verlaufenden Versorgungskanal, der ZK im Kalottenbereich jeweils primär quer durchströmt wird. Die Querkanäle münden dann in einen einlassseitig wiederum längs verlaufenden Kanal, der das Kühlmittel abführt. Die Querdurchströmung erlaubt eine gezielte Kühlung der thermisch hoch beanspruchten Auslassventilstege bei allerdings geringerem Kühlmitteldurchsatz im Vergleich mit der Längsdurchströmung.

Um den Anforderungen lokal gezielter Kühlung gerecht zu werden, kommen mittlerweile in Teilbreichen extrem filigran gestaltete Wassermantelsandkerne zum Einsatz, wie das Beispiel in Abb. 4.161 [247] unter Beweis stellt. Damit stößt man sicherlich an die augenblicklichen Grenzen einer prozesssicheren Sandkernherstellung.

Moderne Motorkühlsysteme zeichnen sich über die herkömmliche thermostatische Regelung hinaus zunehmend durch Variabilität, d. h. bedarfsgerechte Mengenregelung aus. Eine verminderte Kühlung z. B. während des Warmlaufs bewirkt die schnellere Erwärmung des Motors und reduziert dementsprechend die Schadstoff-Emissionen in dieser für die Abgaszertifizierung kritischen Phase. Mit der Anpassung der Kühlleistung an Teillastbedingungen kann zudem das Temperaturniveau des Motors wirkungsgradgünstig beeinflusst werden. Weitere Vorteile reichen vom schnelleren Ansprechen der Fahrzeugheizung bis zur Option des Nachlaufens der Wasserpumpe bei elektrischem Antrieb derselben.

Abb. 4.161 ZK-Wassermantel eines Pkw-DI-Dieselmotors mit filigranen Ringkanälen um die Einspritzdüsen (aus [247])

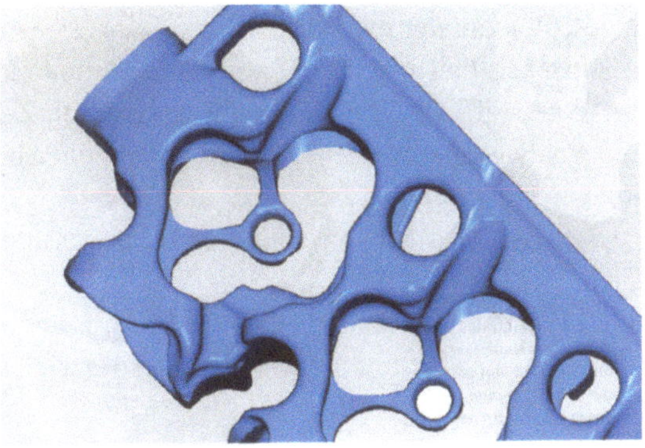

Es geht somit längst nicht mehr nur um eine möglichst effiziente Kühlung des Motors, sondern ein den aktuellen Anforderungen gerecht werdendes Thermomanagement. Aktuelle Auslegungstrends betreffen dabei das so genannte „Split-Cooling" und den „integrierten Abgaskrümmer". Darüber hinaus werden herkömmliche Kühlmittelpumpen (Wasserpumpen) zunehmend durch schaltbare oder elektrisch angetriebene ersetzt. Beim „Split-Cooling"-Konzept wird während des Warmlaufs nur der ZK vom Kühlmittel bedarfsgeregelt durchströmt.

In Verbindung mit Abgasturboaufladung kann das Thermomanagement-Konzept drei getrennte Kühlkreisläufe erfordern, einen zweiteiligen Hochtemperaturkreislauf, für ZK und ZKG unabhängig voneinander bedarfsgeregelt betreibbar, sowie einen Niedertemperaturkreislauf für die Ladeluftkühlung, optional ins Saugrohr integriert (SILLK) [248]. Im ZKG-Kühlkreislauf kann z. B. eine Hauptkühlmittelpumpe mit elektromagnetisch schaltbarer Kupplung verbaut sein. In den beiden anderen Kühlkreisläufen befinden sich in der Regel elektrische Kühlmittelpumpen. Im ZK-Kühlkreislauf sind der AGR-Kühler und der Heizungswärmetauscher integriert. Der zuschaltbare Hauptkühlkreislauf des ZKG beinhaltet den Motor- und Getriebeölkühler sowie den Frontkühler. Über einen separaten Frontkühler verfügt auch der Niedertemperaturkreislauf. Ziel des Thermomanagement ist es, den Motorwarmlauf weiter zu verkürzen und die Katalysatoren noch schneller auf Betriebstemperatur zu bringen, dabei aber auch die Klimatisierung des Fahrgastraums zu gewährleisten.

Ein in den ZK integrierter, wassergekühlter Abgaskrümmer dient ebenfalls neben der Warmlaufverkürzung und rascheren Heizungsverfügbarkeit insbesondere der Absenkung der Abgastemperatur um 50 bis 100 K bei Volllast. Bei Ottomotoren kommt dies einer Kraftstoffverbrauchsenkung von ca. 20 % infolge geringeren Vollastanreicherungsbedarfs gleich. Außerdem kann aufgrund der deutlichen Absenkung der Abgastemperatur wie beim Dieselmotor der Einsatz eines Abgasturboladers mit variabler Turbinengeometrie (ATL mit VTG) erwogen werden.

4.6.3 ZK-Werkstoffe und -Gießverfahren

Die Substitution von Grauguss (GJL) durch geeignete Al-Legierungen ist bei ZK von Pkw-Motoren – Dieselmotoren eingeschlossen – mit wenigen Ausnahmen schon vor Jahren abgeschlossen worden. Mit Blick auf die größeren Dieselmotoren und weiter steigender spezifischer Leistung bei Pkw-DI-Dieselmotoren bleibt Grauguss jedoch ein wichtiger ZK-Werkstoff. Der Stegrissgefahr kann durch Zulegieren geeigneter Elemente (meist Mo und Cr) begegnet werden. Aktuell gewinnt der höherfeste Vermicular-Graphitguss (GJV) zunehmend an Bedeutung.

Beim Al-ZK stehen prinzipiell zwei Legierungsgruppen im Wettbewerb,

- so genannte warm aushärtende AlSiMg-Legierungen (Zusatzbezeichnung „wa" steht für „Warmauslagerung") mit, wie in der Bezeichnung erkennbar, nennenswertem Mg-Anteil und

- auch kalt aushärtende AlSiCu-Legierungen mit größerem Cu-Anteil, die jedoch zumindest spannungsarm/stabilisierungsgeglüht werden.

Folgende Al-Legierungen finden primär Anwendung:

- AlSi7Mg0,3(bis 0,7)
- AlSi7MgCu0,5
- AlSi10Mg(Cu)
- AlSi6Cu4
- AlSi8Cu3

Erkennbar ist ein Trend, von temperaturstabileren AlSiCu-Sekundärlegierungen auf duktilere AlSiMg-Primärlegierungen (reine Hüttenlegierungen mit geringem Fe-Gehalt) umzusteigen, um thermischen Ermüdungsrissen besser vorbeugen zu können. Daneben spielen bei Hochleistungsmotoren allerdings schwieriger zu vergießende hochwarmfeste AlCu-Legierungen, z. B. AlCu5Ni1,5CoSbZr, zunehmend eine Rolle [216].

Bei der üblichen Warmaushärtung wird dem mehrstündigen „Anlassen" oder auch Warmauslagern ein Lösungsglühen oder auch Homogenisieren (AlSiCu-Legierungen: 2 bis 5 h bei 480 bis 500 °C; AlSiMg-Legierungen: 2 bis 5 h bei bis 530 °C) mit anschließendem Abschrecken vorangestellt. Während dieser ersten Phase der Glühbehandlung werden metastabile (schwache Form der Stabilität) Ausscheidungen und Seigerungen aufgelöst sowie das Si zwecks Reduzierung innerer Kerbwirkung – wie der Metallurge sich ausdrückt – „eingeformt". Der Temperaturbereich bei der anschließenden Warmauslagerung liegt bei AlSiCu-Legierungen bei 215 bis 240 °C (T6-/T7-, ohne Lösungsglühen T5-Wärmebehandlung (nur Stabilisierung)), bei AlSiMg-Legierungen unter Berücksichtigung des größeren Härte- bzw. Festigkeitsverlusts niedriger, 160 bis 200 °C (T6-Wärmebehandlung).

Die Wärmebehandlung dient zunächst dem Einstellen der gewünschten Anfangshärte bzw. -festigkeit in Abhängigkeit von den Parametern Warmauslagerungszeit und -temperatur, wobei auch der Einfluss der Legierungstoleranzen auf die erzielbaren Werkstoffeigenschaften zu beachten ist. Sie baut zugleich Eigenspannungen ab. Denn größere Zugeigenspannungen in Form von Mittelspannungen sind von erheblichem Einfluss auf die dauerhaft ertragbaren Wechselspannungsamplituden und damit die Bauteillebensdauer [216]. Die nachhaltige Reduzierung der Eigenspannungen bedarf nicht nur der Wärmebehandlung, sondern auch der Optimierung des Gießverfahren sowie oft auch zusätzlicher konstruktiver Maßnahmen. Die Wärmebehandlung vollzieht zudem vorab das irreversibles „Wachstum" (unvermeidliche Volumenvergrößerung unter Temperaturbeaufschlagung), d. h., sie bewirkt die aus Funktionsgesichtspunkten anzustrebende Volumenteil- bis Vollstabilisierung. Unter Berücksichtigung der notwendigerweise niedrigeren Auslagerungstemperatur erlauben AlSiMg-Legierungen nur eine Teilstabilisierung. Eine nachträgliche Verbesserung der Werkstoffqualität ist durch eine allerdings relativ teuere

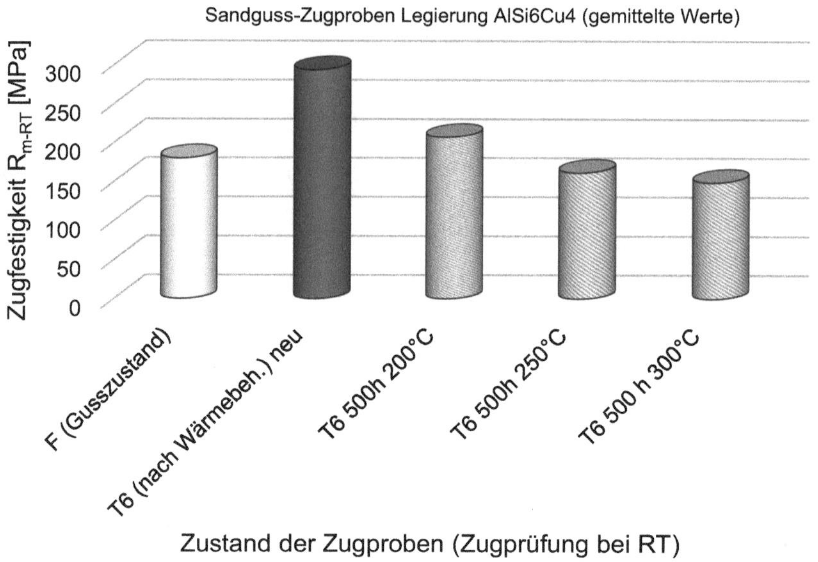

Abb. 4.162 Festigkeitsverlust von Al-Legierungen unter Langzeittemperaturbeaufschlagung am Beispiel der Legierung AlSi6Cu4 (Zugfestigkeit $R_{m\text{-}RT}$ bei Raumtemperatur von Sandguss-Zugproben im Gusszustand, nach Wärmebehandlung und nach 500 h Warmauslagerung bei 200, 250 und 300 °C; nach [249])

Druck-Zeit-Temperatur-Behandlung (HIP = „Heiß Isostatisches Pressen") gegeben. Hierbei können kleinere Poren weitgehend geschlossen werden.

Signifikant für thermisch hochbeanspruchte Motorkomponenten aus Aluminium ist der mit der Laufzeit einhergehende Härte- und Festigkeitsverlust. Abhängig vom Al-Legierungstyp tritt dieser bereits bei Temperaturen deutlich unter 200 °C auf. Abb. 4.162 zeigt am Beispiel der Al-Legierung AlSi6Cu4, wie die durch eine T6-Wärmebehandlung (T6: Lösungsglühen, Abschrecken und Warmauslagern) zunächst gesteigerte Zugfestigkeit (hier bezogen auf Raumtemperatur) nach 500 h Warmauslagerung bei 200, 250 und 300 °C – Temperaturen, die lokal z. B. in den Stegen zwischen den Einlassventilen erreicht bzw. überschritten werden, – stark abnimmt.

Insgesamt ist beim Al-ZK ein Kompromiss aus Duktilität, Härte, Festigkeit und Volumenstabilität gefragt [250, 251]. Bereits in der teilweisen Widersprüchlichkeit der Anforderungen liegt somit begründet, dass bei den verfügbaren Al-Legierungen Stärken und Schwächen dicht beieinander liegen, wenn folgende Kriterien zu erfüllen sind:

- hohe Dehngrenze bei Betriebstemperatur
- hohe Zugfestigkeit und ausreichend hohe Bruchdehnung (Duktilität) bei Betriebstemperatur
- ausreichend hohe Resthärte und -festigkeit nach langer Laufzeit
- gute dynamische Festigkeitswerte (Dauerfestigkeit) bei Betriebstemperatur

- ausreichend hohe thermomechanische Festigkeit bzw. Thermoschock-Beständigkeit (Rissfreiheit, Sicherheit gegen thermomechanische Ermüdung)
- gute Wärmeleitfähigkeit
- hohe Wärmekapazität zwecks „Dämpfung" der Temperaturgradienten
- Beständigkeit gegen erosiven Klopfangriff (speziell Ottomotor)
- angepasster Wärmeausdehnungskoeffizient (Minimierung des Verzugs)
- hohe Steifigkeit durch hohen Elastizitäts-Modul

Besonders der Zielkonflikt zwischen Festigkeit und Härte einerseits (AlSiCu-Legierungen) sowie Duktilität (AlSiMg-Legierungen) andererseits lässt sich nicht voll befriedigend lösen. Auch Grauguss lässt hinsichtlich Duktilität zu wünschen übrig. Als GJV bietet er allerdings eine höhere Streckgrenze, die wiederum eine Senkung der teilplastischen Spannungsamplituden herbeiführt. Grauguss hat auch einen vergleichsweise hohen Elastizitäts-Modul, leitet jedoch die Wärme schlecht. Die etwa dreimal höhere Wärmeleitzahl von Aluminium wird daher in punkto thermischer Entlastung des ZK überaus geschätzt. Hier liegt ein Vorteil bei den AlSiMg-Legierungen (Wärmeleitzahl λ von AlSi7Mg ca. 160 W/mK, die von AlSi8Cu3 ca. 120 W/mK). Trotz erheblich größerem Härte- bzw. Festigkeitsverlust nach längerer Laufzeit wird daher unter Abwägung aller Vor- und Nachteile der AlSiMg-Legierungsgruppe derzeit etwas mehr Potential zugeschrieben. Als stützende Maßnahme wird allerdings doch eine geringe Cu-Menge zulegiert.

Wesentlichen Einfluss auf die thermomechanische Festigkeit im Brennraumbereich nimmt zunächst die von der Erstarrungsgeschwindigkeit abhängige Feinheit des Gefüges in Form des Dendritenarmabstands (DAS) des α-(Al-)Mischkristalls. Nach der „Hall-Petch-Beziehung" besteht ein direkter Zusammenhang zwischen der Zugfestigkeit R_m und dem DAS: $R_m = K_1 + K_2/\sqrt{DAS}$ (K_1, K_2 werkstoffspezifische Konstanten) [216]. Strenge Anforderungen begrenzen den DAS auf maximal 20 µm. Dann ist die als „Eisennadeln" bezeichnete β-AlSiFe-Phase als unerwünschter Gefügebestandteil (Folge größeren Fe-Gehalts der Legierung und – abhängig vom Gießverfahren – langsamer Erstarrung) zu nennen. Schließlich ist die Mikroporosität jedoch von ähnlich großem Einfluss [252], sodass bei porenarmem Guss die DAS-Anforderungen etwas zurückgeschraubt werden können. Die Mikroporosität hängt mit der Wasserstoffaffinität der Schmelze bzw. deren Reinigung, der Kornfeinung bzw. Veredelung der Schmelze sowie der lokalen Erstarrungsgeschwindigkeit / den Erstarrungsbedingungen (dem Gießverfahren) zusammen. Neben dem neueren Schrifttum (z. B. [216]) ist, was das Potenzial und die Grenzen von ZK-Legierungen anbetrifft, z. B. auch [253] zu beachten.

Die bereits erwähnte Erstarrungsgeschwindigkeit ist ein technologischer Faktor. Kleine DAS-Werte lassen sich nur mit geeignetem Gießkonzept erzielen. Neben einer geeigneten Anschnitttechnik ist dabei insbesondere die gezielte intensive Kühlung im Brennraum(kalotten)bereich entscheidend. Die üblichen ZK-Gießverfahren sind in Tab. 4.15 zusammengestellt. In Europa und USA wird die große Menge der ZK von Pkw-Motoren im Schwerkraft-Kokillenguss gegossen. Andere Gießverfahren spielen eine untergeordnete

Tab. 4.15 Übliche Gießverfahren für Al-Zylinderköpfe sowie Alternativen, die jedoch bisher über das Forschungs- bis Versuchsstadium nicht hinausgekommen sind

Gießverfahren, Verfahrensvarianten	Gießform	Anmerkungen
Schwerkraft-Sandguss: Kernpaket-Verfahren (Core Package System (CPS))	Sandform aufgebaut als „Kernpaket“	ohne feuerdeckseitig eingeformte Kühleisen dort ungünstig großer DAS, daher beschränkte Einsatzmöglichkeit
Schwerkraft-Kokillenguss:	Stahlkokille mit Sandkernen bzw. Stahl-Sand-Halbkokille (Semi Permanent Mold (SPM))	prinzipiell relativ feines Gefüge (DAS), da Feuerdeck gegen Stahl gegossen wird
herkömmliche Verfahren: – Kopfguss – Bodenguss	— — — — — — — →	„Kopf“ bzw. Boden beziehen sich auf die Höhe des Anschnitts
Kippgießverfahren	— — — — — — — →	Vorfüllung aus Gießtümpel, turbulenzarmere Füllung durch Kippbewegung/Rückkippen in die Ausgangslage der Kokille
Rotacast®-Verfahren[1]	— — — — — — — →	Formfüllung über Gießwanne/-tümpel durch Drehen der Kokille um 180°; Erstarrung unter geregeltem Gasdruck
Niederdruck-Sandguss:	Sandform aufgebaut als Kernpaket	
– herkömmliches Verfahren	— — — — — — — →	bei optional „umgedrehter Gießlage“ des ZK feuerdeckseitig eingeformte Kühleisen zur Verbesserung des Gefüges (DAS) möglich
– „Cosworth®-Verfahren“	— — — — — — — →	gilt als Präzisionssandgießverfahren, Formfüllung mittels elektromagnetischer Pumpe („Metallpumpe“), „Roll-over“-Option[3], Verwendung von Zirkonsand mit gegenüber Quarzsand verbesserter Wärmeableitung
Niederdruck-Kokillenguss	Stahlkokille mit Sandkernen bzw. Stahl-Sand-Halbkokille (Semi Permanent Mold (SPM))	herkömmlicher Anschnitt (Feuerdeck) im Zielkonflikt mit dort angestrebtem feinen Gefüge (DAS), jedoch andererseits geringe Gussporosität
Vollformguss („Lost Foam“)	Ausschmelzen eines in Formsand eingerüttelten Styropor-Modells	keine Kühlmöglichkeit (Einsatz von Kühleisen im Feuerdeckbereich nicht möglich), daher dort ungünstig großer DAS, beschränkte Einsatzmöglichkeit

(*Fortsetzung*)

Tab. 4.15 (Fortsetzung)

Gießverfahren, Verfahrensvarianten	Gießform	Anmerkungen
Forschungs- bzw. Versuchsstadium		
Squeeze-Casting[2]	Stahlform mit druckgussfesten Sandkernen	feuerdeckseitige Verbesserung der TMF insbesondere durch optionale Keramikfaserverstärkung[4] im Brennraumbereich (bisher nur Prototypenerprobung, teures Bauteilkonzept, konstruktive Einschränkungen, keine weiteren Entwicklungsaktivitäten erkennbar)
Gradientenguss	Schichtgießverfahren: unten im Feuerdeckbereich hochwertige Legierung, oben Standardlegierung, Übergangszone	noch im Forschungsstadium (geringe Entwicklungsaktivitäten, Serieneinsatz derzeit nicht absehbar)

[1]Spezielles Rotations-Gießverfahren für hochwertigen Guss
[2]Druckgießverfahren, aber mit langsamer, vertikaler Formfüllung
[3]Nach Formfüllung Drehen der Form um Längsachse um 180°; Anguss dient dann während der Erstarrung als Speiser
[4]Preform-Infiltration „in situ" unter hohem Druck

Rolle. In Japan dominiert dagegen der Niederdruck-Kokillenguss. Dafür lassen sich zumindest zum Teil bauartbedingte Gründe anführen. Massenanhäufungen im oberen Bereich des ZK, wie sie z. B. bei Tassenstößelführungen bei einteiliger Bauweise nicht zu vermeiden sind, sprechen für den Schwerkraftguss. Oben „offene" ZK bei mehrteiliger Bauweise und bedingt auch ZK mit Schlepphebelventiltrieb weisen dagegen eine auch dem Niederduckguss gerecht werdende vertikale Massenverteilung auf.

Sandformen werden heute im hoch automatisierten Kernpaket-Verfahren wirtschaftlich hergestellt. Die schlechte Wärmeleitung des Formsands verhindert im Sandguss jedoch eine ausreichend schnelle Abkühlung und damit die angestrebten geringen DAS-Werte. Abhängig vom gewählten Sandgießverfahren ist allerdings das Einformen bzw. Gießen gegen lokal eingeformte Kühleisen möglich. Dies bedingt einen Kreislauf der Kühleisen, die vor Wiederverwendung neu aufbereitet – dabei auch verschleißen – und geschlichtet werden müssen. In der Praxis spielt diese Verfahrensvariante beim ZK keine größere Rolle.

Die Vorteile liegen in dieser Hinsicht eindeutig beim Schwerkraft-Kokillenguss. Kennzeichnend für ZK ist die so genannte (herkömmliche) „Kopflage" des Anschnittsystems („Kopfguss: Anschnitt oben mit fallender Gießweise). Hier kann der Boden der Stahlkokille, d. h. die Feuerdeckseite des ZK, auf jeden Fall ausreichend gekühlt werden, um durch rasche Erstarrung das erforderliche feinkörnige Gefüge zu erzielen (kleiner DAS). Die gerichtete Erstarrung läuft dann vom Feuerdeck zum Speiser in Richtung Nockenwellenlagerseite. Niedrige Kokillentemperaturen und die damit verbundene geringere thermische Ausdehnung erhöhen bei ZK von Ottomotoren zudem auch die Volumen-

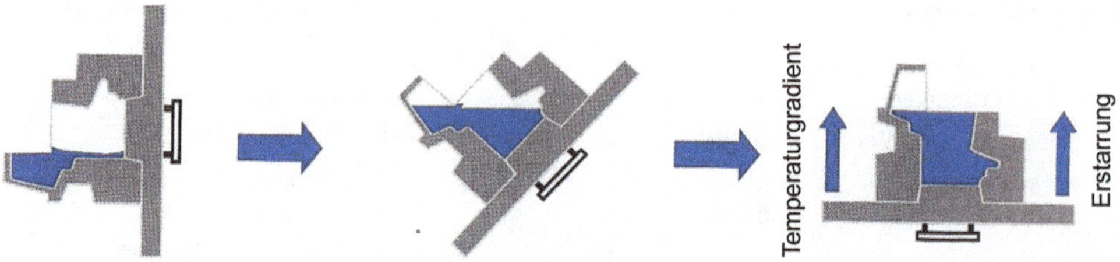

Abb. 4.163 Prinzip des Schwerkraft-Kippgießverfahrens, Kippwinkel 90° (Ausganglage bei Gießbeginn) (Phase 1: Vorfüllen aus Gießtümpel, Phase 2: Füllen mit Kippbewegung, Phase 3: Vollendung der Formfüllung und vollständiges Rückkippen in die Ausgangslage 0°)

genauigkeit nicht nachbearbeiteter Brennraumkalotten, was der Einhaltung der Verdichtungstoleranz förderlich ist. Die eigentlich übliche „Bodenlage“ des Anschnitts („Bodenguss“: Anschnitt unten auf der Ein- oder Auslassseite mit steigender Gießweise) liefert wegen Temperaturverlust der Schmelze während der Formfüllung und entsprechend großem Speiserquerschnitt kein optimal feinkörniges Gefüge (kleiner DAS) im Feuerdeck. Allerdings erfüllt bei Kopflage eine stationäre Kokille nicht die Anforderungen einer turbulenzarmen und oxidarmen Formfüllung. Hierzu muss die Kokille bei Gießbeginn z. B. um 90°gekippt sein, wie das aus Abb. 4.163 hervorgeht [254]. Aus einem Gießtümpel vor dem Anschnitt erfolgt die Vorfüllung. Während des Kippens füllt z. B. ein Gießroboter gesteuerter Gießlöffel nach. Bei etwa halbem Kippwinkel ist der Gießlöffel vollständig entleert. Danach erfolgt das weitere Rückkippen in die Ausgangslage 0°. Der Gießvorgang ähnelt so dem fachmännischen Füllen eines Weizenbierglases.

Beim Niederdruck-Kokillenguss ist dagegen bei herkömmlicher Gießlage das Feuerdeck die „heiße“ Seite, weil auf dieser Seite nicht nur angegossen wird, sondern zudem die gerichtete Erstarrung prinzipbedingt in umgekehrter Richtung, d. h. zum beheizten Anguss hin verläuft. Andernfalls müsste bei umgekehrter Gießlage z. B. an den zentral angeordneten Kerzenstutzen/Düsendomen angegossen werden. Diese werden aber vorzugsweise vorgegossen, sodass die alternative Gießlage wegen des erhöhten Bearbeitungsaufwands weitgehend gemieden wird. Beim Niederdruck-Kokillenguss können jedoch die Vorteile der geringen Mikroporosität die Nachteile des gröberen Gefüges zumindest teilweise kompensieren.

Abb. 4.164 zeigt zur Herstellung eines ZK erforderliche Sandkerne. Es werden wenigstens ein Wassermantelkern sowie die ein- und auslassseitigen Kanalkerne, optional ein Ölraumkern benötigt. Zur Verbesserung der Oberflächenqualität müssen Kanalkerne geschlichtet werden. Die Kerne werden je nach Anforderung in der Regel im „Cold-Box“- (kalt aushärtend) oder „Warm-Box“-Verfahren (warm aushärtend) in Kernkästen auf Kernschießmaschinen „geschossen“. Sowohl der Umgang mit den Sanden als auch den recht verschiedenen Bindersystemen erfordert ein spezifisches Wissen. Zur Verbesserung der Maßhaltigkeit oder schnelleren Erstarrung können spezielle, teurere Sandarten (z. B. Zirkonsand, Chromerzsand etc.) partiell Verwendung finden. Der Lagerung der Kernmarken kommt hinsichtlich Einhaltung zunehmend engerer Gussteiltoleranzen (Lagetoleranzen)

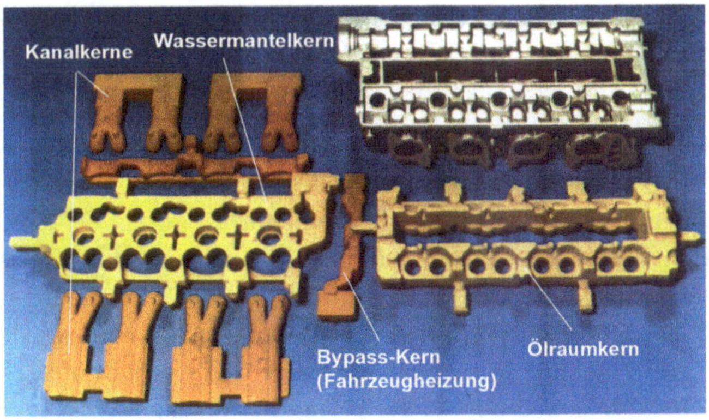

Abb. 4.164 Beispiel für die zur Herstellung eines Vierventil-ZK eines R4-Ottomotors im Kokillenguss erforderlichen Sandkerne

große Bedeutung zu. Die Einengung der Formtoleranzen gelingt heute bei CAD/3D-Modellierung und Nutzung der CAD/CAM-Schiene für die Herstellung der Kernkästen und Kontureinsätzen der Kokillen zufriedenstellend. Von großer Bedeutung ist dabei die Gießer spezifische Erfahrung hinsichtlich der Schwindmaße.

4.6.4 Ladungswechselkanäle, Ventilwinkel, Brennraumgeometrie und ZK-Bauhöhe

4.6.4.1 Ladungswechselkanäle

Der volumetrische Wirkungsgrad (Liefergrad) hängt stark von der Gestaltung der Einlasskanäle ab. Die Kanalführung im ZK, der Querschnittsverlauf und die tatsächlichen örtlichen Strömungsgeschwindigkeiten sowie die Tatsache, inwieweit die beabsichtigte Beeinflussung der Strömung („Drall" und „Tumble") auch in Anbetracht grenzwertiger Gießtoleranzen noch umgesetzt werden kann, sind von ebenso entscheidender Bedeutung wie die nicht ganz vermeidbaren Strömungsverluste im Ventilsitzbereich. Weitere Einflüsse rühren von Veränderungen im Ventiltrieb infolge Wärmeausdehnung und den mechanischen Fertigungstoleranzen her.

Die CAD/CAM/CAQ- bzw. CAD/CAE-Kopplung für die Herstellung der Kanalkerne bzw. die rechnerische Überprüfung des Ladungswechsels ist heute schon zur Routine im Entwicklungsprozess geworden. Die Geometrie-Datensätze müssen dem jeweiligen Verwendungszweck angepasst werden. So sind für die Berechnung letztlich gewisse geometrische Abstraktionen unvermeidlich und daher zulässig. Bei der Kernkastenherstellung muss demgegenüber die Kanalgeometrie sehr genau, jedoch um das Schwindmaß verzerrt, übertragen werden. Zudem müssen die Nennmaße zwecks Ausschöpfung der maximalen Standzeit durch die jeweils günstigen toleranzbehafteten Maße ersetzt werden. Dies gilt jedoch ganz allgemein für alle Gussteile, nicht nur für den ZK. Dieser stellt seinerseits aber vergleichsweise sehr hohe Anforderungen an die Genauigkeit gegossener Konturen. Dies steht etwas im Widerspruch zu den zahlreichen Sandkernen zur Darstellung der Hohlräume.

4.6.4.1.1 Kanalgeometrie und Strömungsbeeinflussung

Die Radialströmung (Quetschströmung) im Brennraum ist nur im OT-nahen Bereich von Bedeutung. Die maßgeblichen Größen sind hier Quetschfläche und Quetschspalt. Sonst tragen die Einlasskanäle bzw. deren Geometrie maßgeblich zur Ladungsbewegung im Brennraum bei. Bei Ottomotoren sind die Einlasskanäle im Wesentlichen nur um die ZK-Längsachse gekrümmt. Bei Dieselmotoren, speziell bei solchen mit Direkteinspritzung, kommt eine zweite Krümmung um die ZK-Hochachse hinzu, um der Strömung den notwendigen Drall mitzugeben (Drallkanal).

Ganz allgemein gilt für die Ladungswechselkanäle, dass Strömungsumlenkungen, -ablenkungen und Stufen zwischen den eingeschrumpften Ventilsitzringen und den Kanälen die Strömungsverluste erhöhen. Zu deren Verringerung ist daher von Fall zu Fall z. B. eine zusätzliche Kosten verursachende Bearbeitung des Übergangs Ventilsitzring/Kanal zu erwägen. Ladungswechselkanäle verlaufen im ZK mit veränderlichem Querschnitt. Die Querschnitte erweitern sich dabei nach außen (Flanschseite). Signifikant ist die Querschnittsverengung oberhalb des Einlassventils, um die Einströmgeschwindigkeit zu erhöhen. In ähnlicher Weise erfährt der Auslasskanal hinter dem Auslassventil eine Querschnittserweiterung, wodurch eine gewisse Diffusorwirkung erzielt wird. Abb. 4.165 zeigt in zwei Ansichten 2D-Projektionen von 3D-modellierten Kanalgeometrien eines Vierventil-Ottomotors im Vergleich mit der veränderten Kanalausbildung eines auf diesem Serienmotor basierenden

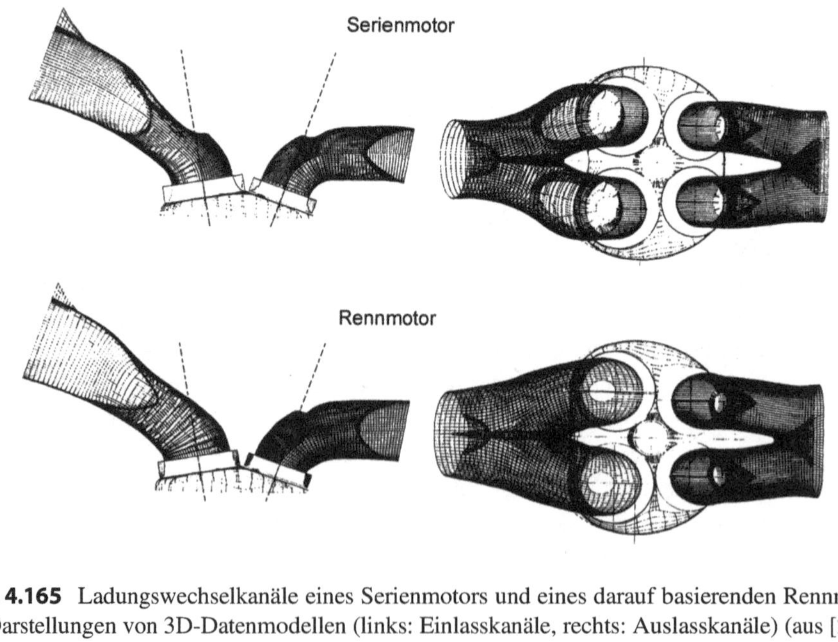

Abb. 4.165 Ladungswechselkanäle eines Serienmotors und eines darauf basierenden Rennmotors; 2D-Darstellungen von 3D-Datenmodellen (links: Einlasskanäle, rechts: Auslasskanäle) (aus [255])

Rennmotors. Die größeren Strömungsquerschnitte, die Begradigung in der Draufsicht, die Beseitigung von Querschnittssprüngen und die gegenüber dem Einlasskanal eher geringfügigen Modifikationen des Auslasskanals sind nicht zu übersehen.

In Bezug auf den Strömungsquerschnitt und die damit direkt zusammenhängende Strömungsgeschwindigkeit zwingt auch die Kanalauslegung zu Kompromissen. So ist einerseits die Forderung nach hoher Leistung wegen der hierfür durchzusetzenden großen Gasmenge nur mit dementsprechend großen Kanalquerschnitten zu erfüllen. Andererseits bedingt eine optimale Verbrennung auch im Teillastbereich hohe Gasgeschwindigkeiten bei niedriger Drehzahl. Die in der Praxis bei Serienmotoren angestrebte Auslegung muss folglich eine sehr strömungsgünstige Formgebung mit eher kleineren Kanalquerschnitten verbinden, um ein befriedigendes Verhalten im gesamten Kennfeld zu garantieren.

a) Besonderheiten beim Ottomotor

Auch die Ventilanordnung beeinflusst die Ausbildung der Strömung im Zylinder während des Ansaugtakts. Bei Vierventilmotoren mit zweiflutigem Einlasssystem und Kanalabschaltung kann sich z. B. bei nur einem aktiven Einlasskanal eine Drallströmung („Swirl" [256]) um die Zylinderachse ausbilden (Abb. 4.166).

Bei Vierventilmotoren mit zwei aktiven Einlasskanälen oder einflutigem Einlasssystem kann sich demgegenüber ein walzenförmiger Wirbel ausbilden, dessen Drehachse senkrecht zur Zylinderachse gerichtet ist. Die rotatorischen Strömungskomponenten löschen sich aufgrund der Symmetrie des Einlasssystems aus. Dieses Strömungsphänomen wird als „Tumble" [256] bezeichnet (Abb. 4.167). Ähnliche Möglichkeiten bieten sich in Verbindung mit der Ventilabschaltung.

Die so genannte „Twinport-Technologie" – Kanalabschaltung in Verbindung mit variabler Einlassventilsteuerung und hohen Abgasrückführraten in der Teillast – ist bei kleinen Vierventil-Ottomotoren bis etwa 1,6 l Hubraum eine bewährte kostengünstige Alternative

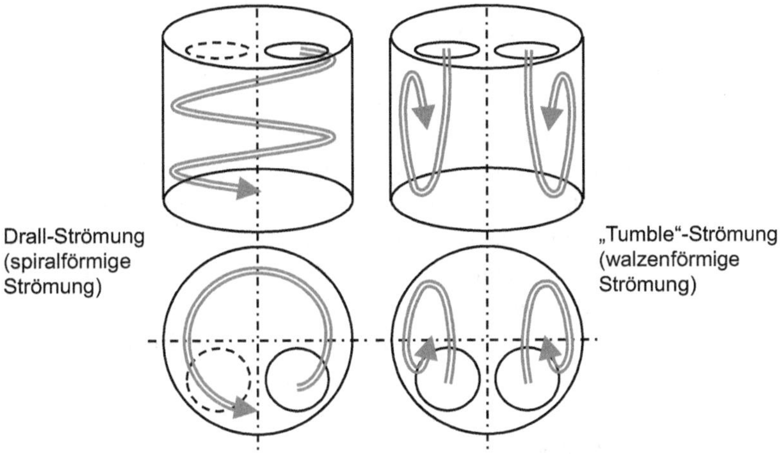

Abb. 4.166 Einlassseitige Drall- („Swirl"-) und „Tumble"-Strömung; Prinzipdarstellung beim Vierventilmotor

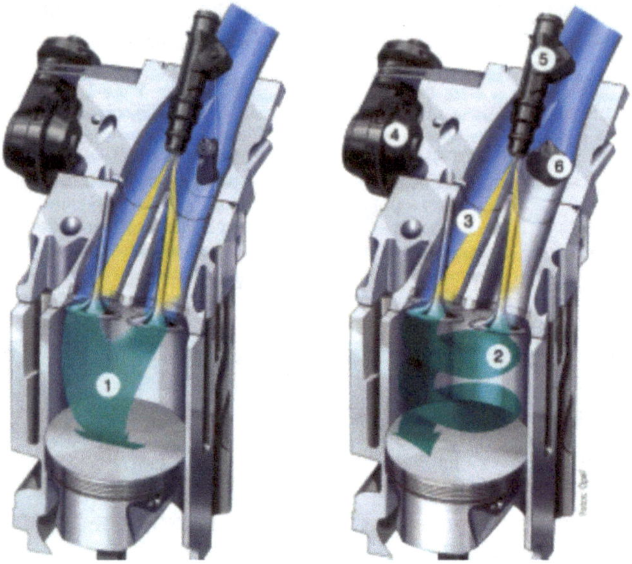

Abb. 4.167 Prinzip der Kanalabschaltung bei „Twinport-Technologie" (aus [257])

zur Direkteinspritzung [257]. So macht die Umstellung auf Benzin-Direkteinspritzung eine gänzliche Neukonstruktion des Zylinderkopfes erforderlich. Mit Einführung strahlgeführter Systeme werden – beiläufig bemerkt – die Injektoren allerdings wieder zentral angeordnet und neben der Zündkerze platziert. Die erhöhte Ladungsbewegung, d. h. Drallerzeugung durch Kanalabschaltung, dient der Erhöhung der Restgasverträglichkeit. Neben der Reduzierung des Kraftstoffverbrauchs (verbesserte Magerlauffähigkeit) und Senkung der NO_x-Emission kann das Betriebsverhalten des Motors insgesamt (Drehmomentsteigerung, Leerlaufstabilisierung) verbessert werden. Eine Alternative zur Kraftstoffverbrauchsreduzierung bei Teillast ist die Erhöhung der Turbulenz im Brennraum mittels einer „Tumble"-Klappe zur Erzeugung einer stärker ausgeprägten „Tumble"-Strömung, die während des Verdichtungstakts in Turbulenz zerfällt [258].

Die Steilheit des Kanals (Winkel zwischen Kanalachse und ZK-Grundplatte), dessen Krümmung, der Ventilwinkel (Winkel zwischen Ventilachse und ZK-Grundplatte) und der Ventilhub beeinflussen die Einlassströmung stark (Abb. 4.168) [256].

Einlasskanäle von Vierventil-Ottomotoren mit vergleichsweise geringer Umlenkung werden auch als Fallkanäle bezeichnet. Der Kanaleinlaufwinkel (Steilheit) hat primäre Auswirkungen auf den so genannten „Einström-Gradienten" – das ist der Winkel zur Zylinderachse unter dem hauptsächlich das Einströmen in den Brennraum erfolgt. Im Übergangsbereich zwischen dem Kanaleinlauf und dem Ventilsitzring verändert der Ventilwinkel den Kanalwinkel. Der Ventilwinkel nimmt damit direkt Einfluss auf den Strömungsabriss von der stärker gekrümmten „Innenseite" des Einlasskanals, der zum einseitigen Ausströmen aus dem Ventilspalt führt und damit für die plötzliche Entstehung des

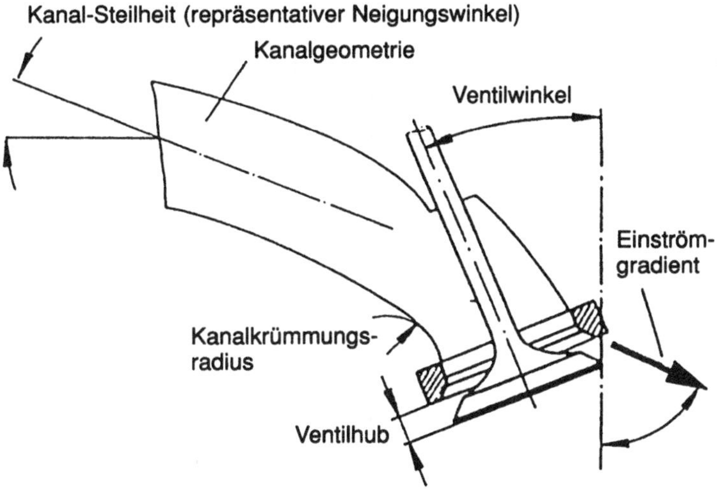

Abb. 4.168 Einflussparameter auf die „Tumble"-Erzeugung beim Einlasskanal (aus [256])

„Tumble" verantwortlich ist [256]. Drall und „Tumble" liefern einen Beitrag zur Turbulenz und erhöhen dadurch die Ladungsbewegung. Dies hat bekanntlich positive Auswirkungen auf die Brenngeschwindigkeit (genauer: Flammengeschwindigkeit als Summe der Brenn- und Transportgeschwindigkeit).

Als in gewisser Weise nachteilig hat sich erwiesen, dass die Steigerung der Ladungsturbulenz durch Drall und „Tumble" nur zu Lasten der Durchflussmenge möglich ist [259]. Dies zeigt anschaulich das Praxisbeispiel in Abb. 4.169. Dargestellt sind die Durchfluss- und „Tumble"-Zahlen in Abhängigkeit vom auf den Ventildurchmesser bezogenen Ventilhub für verschiedene Kanalvarianten eines Vierventil-Ottomotors. Bei großem Ventilhub fällt der Durchfluss mit zunehmender „Tumble"-Zahl ab. So ist auch die Nutzung von Drall und „Tumble" mit Kompromissen verbunden. Ein starker „Tumble"-Effekt kann sich außerdem sehr negativ auf das Motorgeräusch auswirken. Ursächlich ist der u. U. enorme Zylinderdruckanstieg über dem Kurbelwinkel $\mathrm{d}p/\mathrm{d}\varphi$.

Schließlich sei noch der Hinweis erlaubt, dass die Einspritzdüse bei Saugrohreinspritzung im Saugrohrflansch angeordnet ist. Dafür muss der ZK-Kanal-Flanschquerschnitt oft eine zusätzliche Aussparung aufweisen, um Platz für die Einspritzdüse zu schaffen.

b) Besonderheiten beim DI-Dieselmotor

Bei DI-Dieselmotoren ist die Injektorposition zentral, Abb. 4.170. Die Common-Rail-Einspritzung hat sich bei Pkw-DI-Dieselmotoren durchgesetzt. Mit zunehmender Baugröße von Dieselmotoren gewinnt die Pumpe-Düse-Einspritzung – einzelne von der Nockenwelle angetriebene Steckpumpen im ZK – an Bedeutung. Besonderes Augenmerk gilt den Einlasskanälen.

Durch entsprechende Gestaltung wird speziell beim DI-Dieselmotor der Drall – die Drehbewegung der einströmenden Luft – intensiviert. Die für die Verbrennung optimale

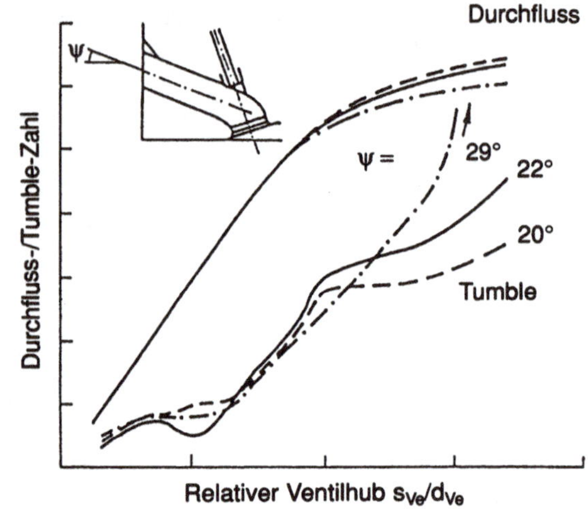

Abb. 4.169 „Tumble"-Zahl und Luftdurchsatz verschiedener Einlasskanal-Varianten (aus [259])

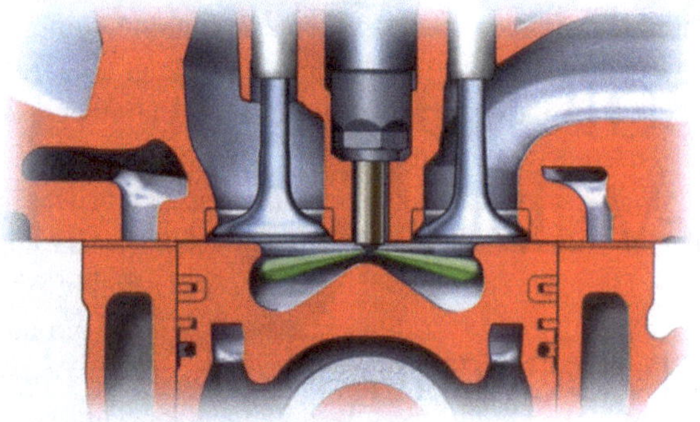

Abb. 4.170 Anordnung der Einspritzdüse und der Ventile beim Pkw-DI-Dieselmotor, außerdem obligatorische ω-Brennraummulde im Kolbenboden und Einspritzstrahl (aus [260])

Drallzahl (z. B. Messmethode „nach Tippelmann" [230]) ist abhängig vom Verbrennungsverfahren, der Brennraumform, der Kolbenbodenmulde und den Einspritzbedingen (siehe z. B. [260]). Ziel der Auslegung ist die gewünschte Drallcharakteristik bei möglichst großem Durchfluss. Entscheidend ist letztlich der Drall in der Brennraummulde nach Schließen der Einlassventile, dessen Bestimmung aber deutlich aufwändiger ist [261].

Beim Vierventiler mit zwei separaten Einlasskanälen kann mittels eines Drallkanals der Drall durch Abschalten des zweiten Kanals, der (unabhängig von seiner Geometrie) als Füllkanal bezeichnet wird, bei niedrigen Luftdurchsätzen (niedrige Last/Drehzahl) zur Steigerung der Gemischbildungsenergie erhöht werden. Zu- und Abschalten des Füllkanals wird als Drallsteuerung bezeichnet. Die Drallklappen befinden sich in den Kanälen oder heute primär im Saugrohr.

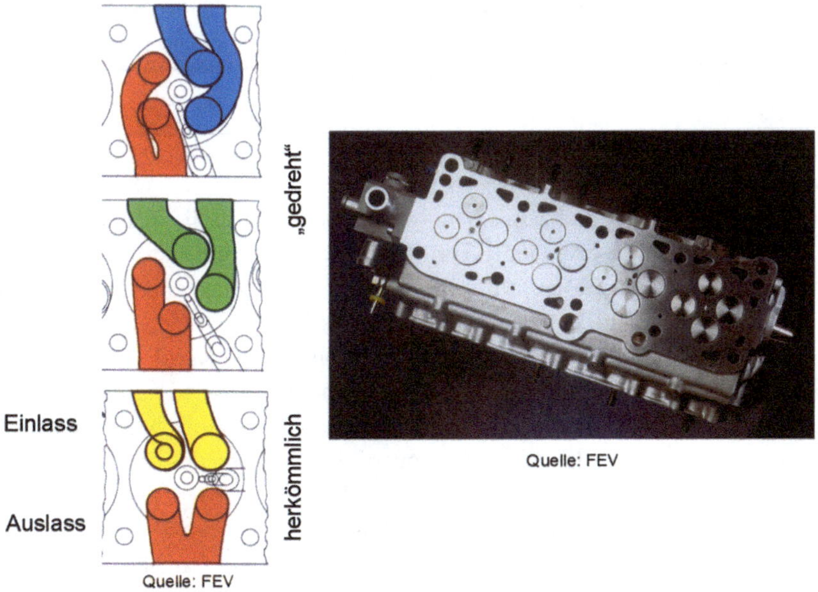

Abb. 4.171 Herkömmliche und gedrehte Ventilpositionen beim Pkw-DI-Dieselmotor mit vier Ventilen (aus [264])

Es wird entsprechend ihrer Gestaltung zwischen Kanälen, die als Drall- bzw. Spiral- und Tangentialkanal bezeichnet werden, unterschieden. Ersterer ist ungünstiger im Durchfluss, reagiert aber etwas unempfindlicher auf Fertigungstoleranzen und mündet annähernd spiralförmig. Die Drehbewegung wird durch die Formgebung erzeugt. Letzterer zeigt sich günstiger im Durchfluss und in der fertigungsbedingten Drallstreuung. Er mündet tangential. Die Drehbewegung erfolgt durch die exzentrische Anordnung mit Hilfe der Zylinderwand [262]. Der Drall lässt sich somit auf unterschiedliche Weise erzeugen. Auch die Begriffe Primär- und Sekundärkanal sind gebräuchlich [263]. Es entspricht einer gängigen Auslegung, z. B. mittels eines Tangentialkanals eine hohe Ladungsbewegung (Drall) zu erzeugen, und bei höherer Last/Drehzahl durch Zuschalten eines Spiralkanals, d. h. bei Interaktion beider Kanalströmungen und insgesamt reduziertem Drall eine gute Füllung zu erreichen [260]. Möglich sind jedoch auch andere Kanalkombinationen. Je nach Auslegung der Kanäle kann eine in günstiger Weise gedrehte Ventilposition in der ZK-Grundplatte erforderlich werden, Abb. 4.171 [264].

Die Ladungsbewegung beeinflusst die Abgasemission. Hier ist der Zielkonflikt zwischen NO_{x-} und Partikel-Emission beim Dieselmotor zu beachten. Zwecks weiterer erforderlicher Reduzierung der Stickoxide geht der Trend in Richtung Drallreduzierung. Eine Erhöhung der Spritzlochzahl wirkt sich auch günstig auf die NO_x-Emission aus. Aus Gründen des „Verwehens“ der Einspritzstrahlen muss jedoch der Drall reduziert werde. Dies erfordert eine noch bessere Kraftstoffzerstäubung durch weiter steigenden Einspritzdruck, um die Rauchzahl unter Kontrolle zu behalten. Zu beachten ist hierbei die freie Strahllänge, d. h.

größere Zylinderdurchmesser können diesen Ansatz zwangsläufig besser unterstützen. Pkw-DI-Dieselmotoren sind dagegen im Vergleich mit größeren Dieselmotoren nach Stand der Technik auf eine höhere Ladungsbewegung angewiesen.

4.6.4.1.2 Durchflusszahl für die Drosselverluste

a) Hinweise zur Ladungswechselberechnung

Für das jeweilige last- und drehzahlabhängige Drehmoment ist die Zylinderfüllung maßgeblich. Diese wiederum ist abhängig von der Güte des Ladungswechsels. Diesen bzw. den hierfür erforderlichen Durchfluss bestimmen die Steuerzeiten und die Steuerquerschnitte der Ventile, die Druckverhältnisse einschließlich Druckpulsationen und Turbulenz der Strömung, die Kanalquerschnitte, Kanalführung und Kanaloberfläche(nrauheit). Ladungswechselkanäle haben aufgrund beengter Verhältnisse nur an wenigen Stellen einen kreisförmigen Querschnitt. Dies wird in der Berechnung durch einen hydraulischen Durchmesser – einen entsprechenden Ersatzkreisquerschnitt – kompensiert. Die rechnerische Voroptimierung des Ladungswechsels, z. B. mit dem FVV-Programmpaket „PROMO", ist heute nicht mehr wegzudenken (z. B. [265–268]).

Beim Ladungswechsel (siehe auch Abschn. 5.1) überschneiden sich Motor-Mechanik und Motor-Thermodynamik sehr eng. Die gebräuchlichen Berechnungsverfahren lassen sich nach [266] wie in Tab. 4.16 aufgezeigt systematisieren.

Dazu sind folgende Anmerkungen zu den Rechenmodellen und deren Anwendung hilfreich:

- Nulldimensionale Verfahren
  - Saug- und Abgasanlage ohne räumliche Ausdehnung → Wellenvorgänge in den Leitungen werden nicht erfasst (ein- und auslassseitige Behälter mit konstant angenommenem Druck [Abb. 4.172] oder Abgasbehälter mit zeitlich veränderlichem Druck)
  - Vornehmliche Anwendung bei langsam und mittelschnell laufenden Dieselmotoren mit kurzen Leitungen und Aufladung
- Eindimensionale Verfahren
  - Leitungen haben konstanten Querschnitt
  - Differenzialgleichungen werden linearisiert → Annahme kleiner Druckgradienten und gegenüber der Schallgeschwindigkeit kleine Strömungsgeschwindigkeiten
  - Auf der Saugseite bei niedrigen Drehzahlen gute Ergebnisse erzielbar; hohe Strömungsgeschwindigkeiten, große Druckgradienten und Unstetigkeitsstellen im Abgasleitungssystem lassen demgegenüber nur eine unzureichende Erfassung der dortigen Wellenphänomene zu
- Eineinhalbdimensionale Verfahren
  - Unstetigkeitsstellen im Leitungssystem werden durch Übergangsbedingungen beschrieben und nulldimensional betrachtet (auch Zylinder)
  - Instationäre Vorgänge in den Leitungen können mit den Gesetzen der instationären Gasdynamik ziemlich genau erfasst werden, wenn auf Linearisierung verzichtet wird

Tab. 4.16 Systematik der Berechnungsverfahren des Ladungswechsels

Berechnungsverfahren	Gleichungssystem	Modelleigenschaften
Nulldimensionale Verfahren (Füll- und Entleermethode)	Energiegleichung, Kontinuitätsgleichung für Kontrollvolumen	Sammelbehälter ohne räumliche Ausdehnung, quasi-stationäre Berechnung
Eindimensionale Verfahren („Akustische" Theorie)	Euler-Gleichung, Kontinuitätsgleichung (linearisiert), eindimensionale, instationäre, kompressible Fadenströmung	Kleine Druckgradienten und Strömungsgeschwindigkeiten, Berücksichtigung von Wellenlaufzeiten
Eineinhalbdimensionale Verfahren (z. B. „PROMO" der FVV)	Energiegleichung, Kontinuitätsgleichung, Impulssatz, eindimensionale, instationäre, kompressible Fadenströmung	Zeitliche und eindimensional örtliche Beschreibung der Vorgänge, Querschnittssprünge
Mehrdimensionale Verfahren	Energiegleichung, Kontinuitätsgleichung, Impulssatz, diskrete Volumenelemente	Zwei- bis dreidimensionale Erfassung der Strömungsvorgänge mit Turbulenzmodell

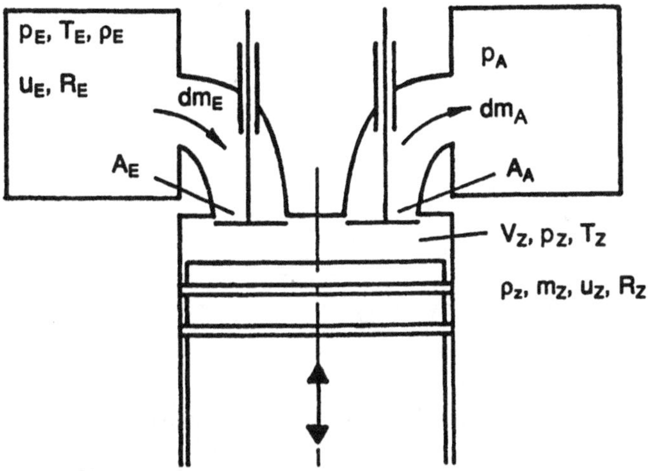

Abb. 4.172 Stark vereinfachtes Ersatzmodell für den Ladungswechsel des Viertaktmotors; ein- und auslassseitige Leitungssysteme ersetzt durch kurze Leitungen mit angeschlossenen großen Behältern zur Rechtfertigung der Annahme konstanter Drücke (aus [269])

- Mehrdimensionale Verfahren
  - Auflösung der Strömungsverhältnisse im Rohrquerschnitt bzw. Sichtbarmachung der Strömung im Zylinder nur bei mehrdimensionalem Ansatz möglich
  - Hoher Rechenaufwand, großer Speicherbedarf; sinnvoll überall dort einsetzbar, wo Informationen über die örtliche und zeitliche Auflösung der Strömung benötigt werden

Abb. 4.173 zeigt schematisch den Zylinder mit dem Zylinderkopf und der dort integrierten Ladungswechselsteuerung sowie dem saug- und abgasseitigen Leitungssystem. Für die Ladungswechselberechnung werden die Bereiche I bis III unterschieden:

Bereich I	Zylinder	→	Gesetze der Thermodynamik
Bereich II	Drosselstellen (Ein- und Auslassventile)	→	quasi-stationäre Fadenströmung
Bereich III	Saug- und Abgasleitungssysteme	→	instationäre Fadenströmung

b) Grundlagen der Gasdynamik Die Strömungsvorgänge in den Ladungswechselkanälen sind hochgradig instationär. Die Phänomene möglichst genau vorauszusagen, ist Aufgabe der Ladungswechselberechnung, (siehe auch Abschn. 5.1). Das Gesamtsystem, unterteilt in die Bereiche I bis III, geht aus Abb. 4.173 hervor. Im Gegensatz zum zeitlich und örtlich stark veränderlichen Gaszustand in den langen Leitungssystemen kann das Durchflussverhalten der ZK-seitigen Drosselstellen unabhängig davon quasi-stationär untersucht werden. Die folgenden Ausführungen beschränken sich daher nur auf den Bereich II in Abb. 4.173.

Nachfolgend wird ohne Herleitungen kurz an die Grundlagen der stationären Gasdynamik erinnert, wobei auf die Standardwerke der Thermodynamik und Strömungsmechanik zu verweisen ist. Eine ausführliche Behandlung ist z. B. im neueren Schrifttum über Verbrennungsmotoren auch bei [269] zu finden.

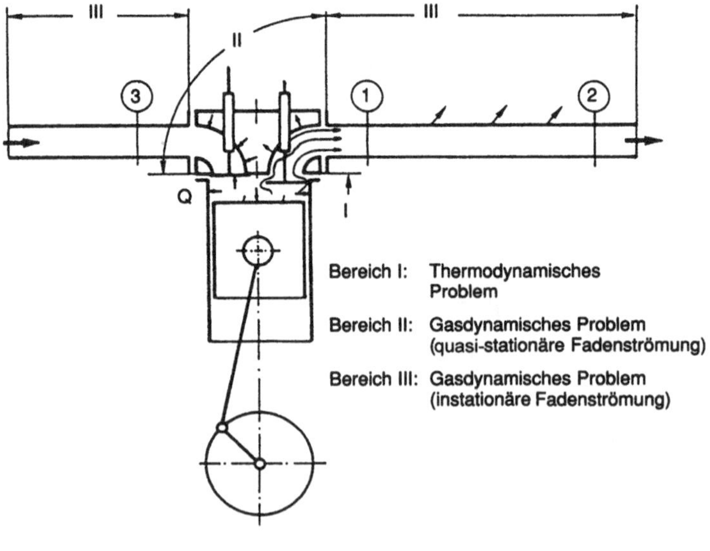

Abb. 4.173 Zylinder mit Drosselstellen (Ein- und Auslassventile) sowie Saug- und Abgasleitungssystemen schematisch mit Kennzeichnung der Problemstellungen bei der Berechnung (aus [270])

Die eindimensionale, isentrope, stationäre Strömung kompressibler Medien wird durch folgende Größen beschrieben:

- Strömungsgeschwindigkeit w:
  Bei isentroper Expansion eines Gases mit der Gaskonstanten R – isentrop bedeutet kein Wärmeaustausch mit der Umgebung (Isentropenexponent κ) – beträgt die Strömungsgeschwindigkeit w (Ausströmen aus Behälter mit Gesamtdruck p_0 und absoluter Temperatur T_0, Gesamtzustandsgrößen) beim Druck p

$$w = \sqrt{\frac{2\kappa}{\kappa - 1} R T_0 \left[1 - \left(\frac{p}{p_0}\right)^{\kappa-1/\kappa}\right]} \tag{4.233}$$

- Schallgeschwindigkeit a in Gasen:

$$a = \sqrt{\kappa R T} \tag{4.234}$$

- Mach-Zahl Ma:
  Das Verhältnis der lokalen Strömungsgeschwindigkeit zur Schallgeschwindigkeit drückt die Mach-Zahl aus:

$$Ma = w/a \tag{4.235}$$

- Massenstrom $\dot{m}$:
  Der Massenstrom berechnet sich aus der Strömungsgeschwindigkeit w, dem Strömungsquerschnitt A und der Gasdichte ρ:

$$\dot{m} = w\, A\, \rho \tag{4.236}$$

- Ausströmfunktion Ψ:
  Mit Gl. (4.233) für die Strömungsgeschwindigkeit, der Isentropengleichung, ausgedrückt durch Druck und Dichte, sowie der allgemeinen Gasgleichung kann der Massenstrom auch mit Hilfe der Ausflussfunktion Ψ angegeben werden:

$$\dot{m} = \sqrt{\frac{2}{R T_0}} p_0 \Psi A \tag{4.237}$$

$$\text{mit } \Psi = \sqrt{\frac{\kappa}{\kappa - 1} \left[\left(\frac{p}{p_0}\right)^{2/\kappa} - \left(\frac{p}{p_0}\right)^{\kappa+1/\kappa}\right]}$$

$$\text{Anmerkung}: p_0\sqrt{\frac{2}{RT_0}} = \sqrt{2p_0\rho_0}$$

- Kritisches Druck- und Temperaturverhältnis p^*/p_0 bzw. T^*/T_0:
  Der Maximalwert der Ausströmfunktion beträgt

$$\Psi_{max} = \left(\frac{2}{\kappa+1}\right)^{1/(\kappa-1)}\sqrt{\frac{\kappa}{\kappa+1}} \tag{4.238}$$

Er wird bei einem als „kritisch“ bezeichneten Druck- bzw. Temperaturverhältnis erreicht:

$$\frac{p^*}{p_0} = \left(\frac{2}{\kappa+1}\right)^{\kappa/(\kappa-1)} \text{bzw.} \ \frac{T^*}{T_0} = \frac{2}{\kappa+1} \tag{4.239}$$

Die zugehörige kritische Strömungsgeschwindigkeit w^* entspricht der Schallgeschwindigkeit a^* bei kritischen Bedingungen:

$$w^* = \sqrt{\kappa R T^*} = a^* \tag{4.240}$$

Nach der Kontinuitätsgleichung ($\Psi A = \text{const.}$) ist eine Erhöhung der Strömungsgeschwindigkeit durch weitere Druckabsenkung, also Überschallgeschwindigkeit, nur möglich, wenn der oberhalb des kritischen Verhältnisses wieder abnehmende Ausfluss Ψ durch entsprechende Querschnittserweiterung A (Laval-Düse) ausgeglichen wird. Für die engsten Querschnitte der Ein- und Auslassventile des Zylinders gelten die kritischen Bedingungen.

Die tatsächlich durch den Kanal strömende und durch den zwischen Ventil und Ventilsitz freigegebenen Querschnitt in den Zylinder gelangende Gasmenge ist kleiner als es aufgrund der Druckverhältnisse und Querschnitte möglich wäre. Die Abweichung beschreibt die Durchflusszahl. Diese kann nur stationär gemessen werden. Dennoch wird sie auch auf den instationären Fall übertragen.

Es wird nämlich dann eben unterstellt, dass sich die instationäre Strömung aus einer Vielzahl quasi-stationärer Momentaufnahmen – diskreter Rechenschritte bei der nummerischen Berechnung – zusammensetzt. Dabei wird zusätzlich unterstellt, dass sich die Strömung unter rasch veränderlichen Druckverhältnissen trägheitslos verhält. Die Durchflusszahl berücksichtigt alle Verluste zwischen dem Zustand vor und nach der Drosselstelle. Die Form geht nicht ein, was das Verfahren universell anwendbar macht. Der messtechnische Nachweis für die korrekte instationäre Berechnung mittels stationär ermittelter Durchflusszahlen konnte erbracht werden. Die gebräuchliche Definition der Durchflusszahl α_D ist der Quotient aus dem wirklichen Massenstrom $\dot{m}$ und dem theoretisch möglichen $\dot{m}_{th}$:

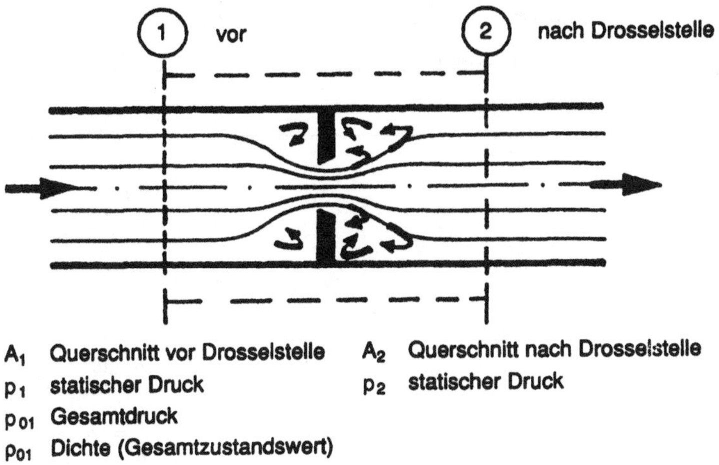

Abb. 4.174 Strömung durch eine Drosselstelle

$$\alpha_D = \frac{\dot{m}}{\dot{m}_{th}} \tag{4.241}$$

Der theoretisch mögliche Massenstrom bezieht sich auf die reibungsfreie, isentrope Strömung. Für eine beliebige Drosselstelle, wie sie in Abb. 4.174 dargestellt ist, gilt analog zu Gl. (4.237):

$$\dot{m}_{th} = A_2 \sqrt{2 p_{01} \rho_{01}} \sqrt{\frac{\kappa}{(\kappa - 1)} \left[\left(\frac{p_2}{p_{01}} \right)^{2/\kappa} - \left(\frac{p_2}{p_{01}} \right)^{\kappa+1/\kappa} \right]} \tag{4.242}$$

$$\text{Anmerkung} : \sqrt{2 p_{01} \rho_{01}} = p_{01} \sqrt{\frac{2}{R T_{01}}}$$

Der Index 01 bezieht sich auf den Gesamtzustand vor der Drosselstelle. Der Druck p_{01} muss infolgedessen mit dem Pitot-Rohr gemessen werden. Der Druck p_2 ist der statische Druck, A_2 der Strömungsquerschnitt hinter der Drosselstelle.

Mit der ein- und ausströmenden Gasmasse kann die Massenbilanz des Zylinders aufgestellt werden. Die im Zylinder befindliche Gasmasse m_Z ändert sich mit der Zeit t um den Differenzbetrag aus ein- und ausströmender Gasmasse:

$$\frac{\mathrm{d}m_Z}{\mathrm{d}t} = \frac{\mathrm{d}m_E}{\mathrm{d}t} - \frac{\mathrm{d}m_A}{\mathrm{d}t} \tag{4.243}$$

Tab. 4.17 Korrespondierende Formelzeichen für Einlass- und Auslassseite

Formelzeichen	Einlassseite	Auslassseite
Ψ	Ψ_E	Ψ_A
p/p_0	p_Z/p_{E0}	p_A/p_{Z0}
T_0	T_{E0}	T_{Z0}
R	R_E	R_Z
κ	κ_E	κ_A im Ausl., κ_Z im Zyl.
A	A_E	A_A
α_D	α_{DE}	α_{DA}
$\mathrm{d}m/\mathrm{d}t$	$\frac{\mathrm{d}m_E}{\mathrm{d}t} = \alpha_{DE}\sqrt{2p_{E0}\rho_{E0}}\,\Psi_E A_E = \alpha_{DE}\,p_{E0}\sqrt{\frac{2}{R_E T_{E0}}}\,\Psi_E A_E$	$\frac{\mathrm{d}m_A}{\mathrm{d}t} = \alpha_{DA}\sqrt{2p_{Z0}\rho_{Z0}}\,\Psi_A A_A = \alpha_{DA}\,p_{Z0}\sqrt{\frac{2}{R_Z T_{Z0}}}\,\Psi_A A_A$

Der Zusatzindex „0“ kennzeichnet den Gesamtzustand

Die durch die Ventile einströmende Masse $\mathrm{d}m_E/\mathrm{d}t$ bzw. die ausströmende Masse $\mathrm{d}m_A/\mathrm{d}t$ berechnet sich nach den Gl. (4.237) bzw. (4.242) und (4.241), wobei die Formelzeichen nach Tab. 4.17 auszutauschen sind.

Bei einer Anordnung mit „Behältern“ als Ersatzsysteme für die Ansaug- und Abgasleitung, wie das z. B. in Abb. 4.172 dargestellt ist, kann der Gesamtdruck mit ausreichender Genauigkeit durch den statischen Druck ersetzt werden. Die Gesamtenergie des strömenden Gases ist stets die Summe aus Enthalpie und kinetischer Energie. Zur Beurteilung der Kanalströmungsverluste wird im Allgemeinen der Verlauf der Durchflusszahl α_D in Abhängigkeit vom auf den Ventildurchmesser bezogenen Ventilhub s_{Ve}/d_{Ve} bei bestimmten Druckdifferenzen Δp herangezogen, wobei oft auch relative Vergleiche verschiedener Kanalvarianten interessieren (siehe auch Abb. 4.169).

4.6.4.2 Ventilwinkel, Brennraumgeometrie und Bauhöhe

Der Ventilwinkel ist der Winkel, den die Ein- und Auslassventile zur Zylinderachse bilden. Während bei Dieselmotoren die Ventile meist in der Richtung der Zylinderachse aufgehängt sind (hohe Verdichtung, kleines Brennraumvolumen), dieser Winkel demnach 0° beträgt, sind bei Ottomotoren mehr oder weniger große Winkellagen anzutreffen. Insbesondere bei Vierventilmotoren sind kleine Ventilwinkel anzustreben. Dies ermöglicht kompakte Brennräume mit günstigem Oberflächen-Volumen-Verhältnis. „Klein“ ist mit Winkeln um 20° zu interpretieren. Winkel > 40° sind eher zu vermeiden.

Die Neigung der Ein- und Auslassventile ist im Allgemeinen nicht symmetrisch. Der Auslasskanal, weit weniger kritisch in Bezug auf die Strömung, verläuft stärker gekrümmt im ZK, nicht zuletzt deshalb, weil das Abgas außerhalb des ZK „nach unten“ abgeführt wird, während das Frischgas „von oben“ zugeführt wird. Da aus strömungstechnischen Gründen die Ventilachsen zu den Kanalachsen einen bestimmten Winkel bilden, folgt daraus eine etwas größere Ventilachsenneigung auf der Auslassseite. Die Verbrennungsgase strömen meist fast horizontal in den Abgaskrümmer. Die Flanschfläche des Abgaskrümmers ist daher am ZK tiefer angeordnet als die des Saugrohrs auf der gegenüberliegenden Seite. Ventilwinkel, Bauhöhe (Kenngröße: Abstand Dichtfläche der ZK-Grundplatte zu Nockenwellenachsen), Baubreite und Zugänglichkeit zu den ZK-Schrauben (die ZK-Schrauben sollten auch bei montierten Nockenwellen frei zugänglich sein) stehen bei der DOHC-Anordnung (zwei oben liegende Nockenwellen) in einem direkten Zusammenhang. Allgemein gilt:

Großer Ventilwinkel	→	ZK wird breit und flach; Schrauben leichter zugänglich
Kleiner Ventilwinkel	→	ZK wird schmal und hoch; Schrauben weniger leicht zugänglich

4.6.5 Rechnergestützte Berechnung des ZK

Die Auslegung eines ZK ist ein recht komplexer und – nicht zu vermeiden – iterativer Vorgang, wie aus der Systematik in Abb. 4.175 hervorgeht (siehe z. B. [238]). Spannungen und Verformungen liefert auch hier die Berechnung mittels Finiter Elemente, worauf an anderer Stelle schon ausführlich eingegangen wird. Der ZK zeigt sich bei der Erzeugung seines Strukturmodells als recht aufwändig, und der CAE-Umfang ist insgesamt erheblich.

Die Berücksichtigung der Teilplastizität in den bereits erläuterten Problemzonen (Ventilstege) erfordert die nichtlineare FEM. Für diesen Zweck ist es zur Erfassung der Temperatur- und insbesondere Spannungsspitzen zweckmäßig, die Berechnung anhand feiner dis-

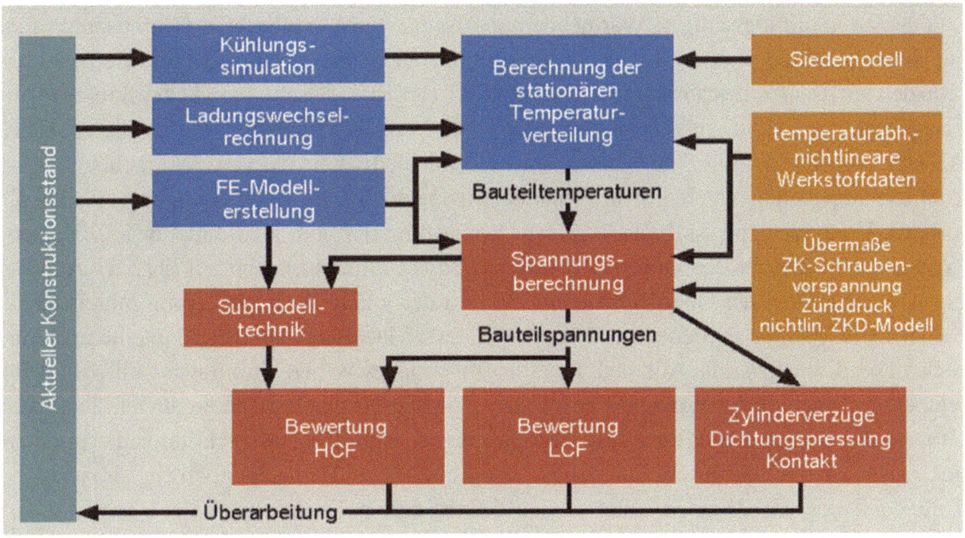

Abb. 4.175 Systematik und Ablauf der ZK-Auslegung (aus [238])

kretisierter Ausschnitte (auch als Submodelle bezeichnet) durchzuführen. Bei der Ausschnittberechnung können z. B. entsprechende „nichtlineare Bereiche“ – hier die Brennräume bzw. Brennraumkalotten – in eine „lineare“ Umgebung eingebettet werden, die die erforderlichen Randbedingungen liefert, Abb. 4.176. Für den Ausschnitt ist die Kenntnis des temperaturabhängigen, nichtlinearen Zusammenhangs zwischen Spannung und Dehnung unabdingbar. Es sei hier angemerkt, dass auf der Feuerdeckseite auch nichtlineare Kontaktbedingungen zu berücksichtigen sind.

Zunächst ist jedoch umfangreiche Vorarbeit zu leisten. Für die Berechnung des Temperaturfelds sind die als Randbedingungen herangezogenen Wärmeübergangskoeffizienten von elementarer Bedeutung. Die Bauteiltemperaturen bzw. deren örtliche Verteilung bestimmen ihrerseits die thermischen Spannungen und nehmen Einfluss auf die lokalen Werkstoffkennwerte. Bei herkömmlicher Berechnung liefert die nulldimensionale Arbeitsprozess- und Ladungswechsel-Rechnung zeitlich veränderliche, jedoch örtlich gemittelte brennraumseitige Wärmeübergangskoeffizienten und die Gastemperatur im Brennraum (siehe Abschn. 4.6.2.1). Die mangelnde räumliche Auflösung wird hier zunehmend als Defizit empfunden. Die räumliche Verteilung des Wärmeübergangs setzt allerdings die sehr viel aufwändigere 3D-CFD-Simulation (numerische Strömungsberechnung, „Computational Fluid Dynamics“) der Zylinderinnenströmung voraus [238]. Abb. 4.177 gibt einen Eindruck von einem „transienten“ 3D-CFD-Vollmodell eines Pkw-Vierventil-Dieselmotors bestehend aus der Brennraumgeometrie sowie den Ein- und Auslasskanälen. So genannte Wandmodelle bilden dabei die Vorgänge in der Grenzschicht vereinfacht ab. Zeitliche Mittelung liefert lokale, stationäre Randbedingungen (Wärmeübergangskoeffizienten und Gastemperaturen) für die FE-Berechnung. Angemerkt sei, dass sich die Erfassung des brennraumseitigen Wärmeübergangs nicht auf den ZK beschränken darf, sondern Kolben und Zylinderwand einschließen muss.

Für den kühlmittelseitigen Wärmeübergang ist für einen bestimmten Betriebspunkt die Betrachtung als zeitlich konstanter Vorgang ohnehin zulässig. Die 3D-CFD-Berechnung reduziert sich auf ein stationäres Strömungsfeld (örtliche Geschwindigkeitsvektoren). Im Fachjargon der Motorentwickler wird dies „Wasserspiele“ genannt (siehe hierzu auch Abschn. 4.5.1.1.3). Die auf dieser Basis ermittelten konvektiven Wärmeübergangskoeffizienten dienen wiederum als Randbedingungen für die Berechnung des Temperaturfelds. Voraussetzung ist die vollständige Vernetzung der vom Kühlmittel beaufschlagten Wassermantelbereiche des Motors (ZK, ZKG, Wasserpumpe etc.), Abb. 4.178 [271]. Abhängig von der ermittelten Oberflächentemperatur ist der lokale Wärmeübergang mittels eines Siedeanteils (geeignetes Siedemodell vorausgesetzt) zu korrigieren und die Bauteiltemperatur rückwirkend anzupassen. Auf den Iterationsaufwand zwischen Strömungs- und Bauteiltemperaturberechnung (zeitintensiver iterativer Austausch der Randbedingungen zwischen CFD- und FE-Berechnung) sei ausdrücklich hingewiesen. Über Fortschritte in Form einer gekoppelten Berechnung berichtet z. B. [238]. Abb. 4.179 [272] zeigt noch ein Einzylinder-Teilmodell eines ZK-Wassermantels und gibt einen groben Eindruck von der Verteilung der Kühlmittelströme.

Die Beanspruchung des ZK folgt schließlich aus der Überlagerung von mechanischen und thermischen Spannungen. Die Berechnungsschritte umfassen a) Montage, b) Tem-

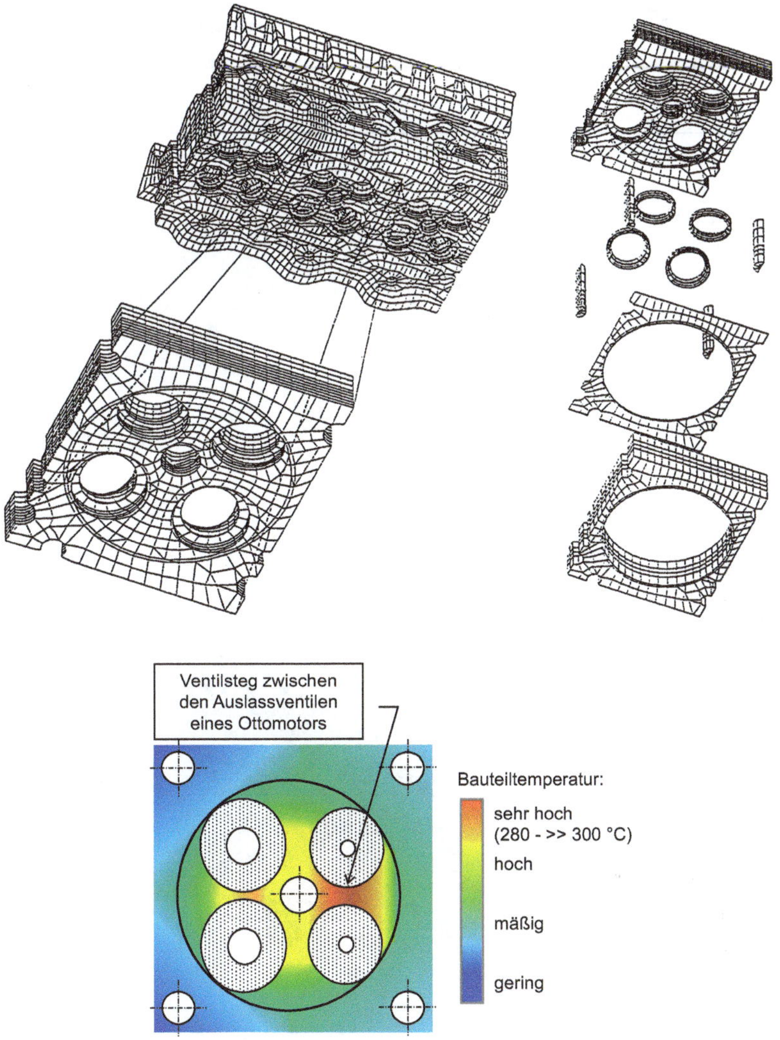

Abb. 4.176 Exemplarisches FE-Modell eines ZK (Beispiel zeigt hier noch Pkw-IDI-Diesel) mit feiner diskretisierter Brennraumkalotte (FE-Ausschnittsberechnung) einschließlich Ventilsitzringen sowie abstrahierten Montagekomponenten (ZKD, ZKG und ZK-Schrauben) zur Darstellung des verschraubten Zustands (oben); schematisierte Darstellung der Temperaturverteilung in der Brennraumkalotte eines Aluminium-Zylinderkopfes eines Ottomotors auf der Grundlage von FE-Temperaturfeld-Berechnungen (Ventile nicht berücksichtigt); farbliche Kennzeichnung (rot) kritischer Temperaturen im Ventilstegbereich zwischen den Auslassventilen

peraturbeaufschlagung und c) zyklische Zündlast (im HCF-Bereich der Wöhlerlinie (Zeitfestigkeitsbereich)) und d) thermomechanische Ermüdung (TMF [273, 274] im LCF-Bereich der Wöhlerlinie (Kurzzeitfestigkeitsbereich)). Letztere resultiert bekanntlich aus vom Motorbetrieb abhängigen Temperaturzyklen. Diese wiederum bewirken lokal thermomechanische Spannungs-Dehnungs-Hysteresen. Der Schädigungsprozess beginnt mit

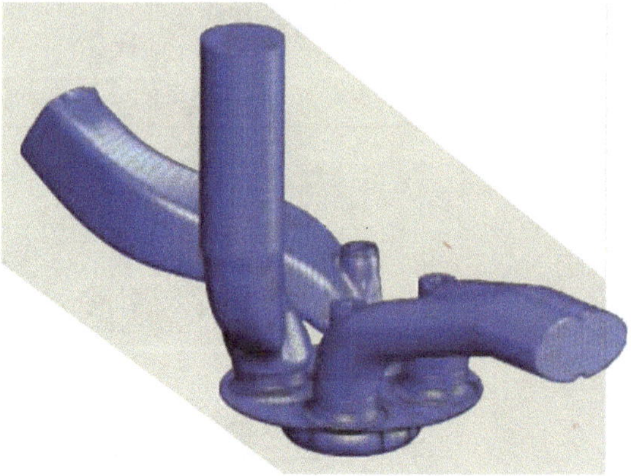

Abb. 4.177 „Transientes" (in Abgrenzung zur stationären Strömung) 3D-CFD-Vollmodell der Ladungswechselkanäle und des Brennraums mit der Besonderheit bewegter Systemgrenzen (hier Kolben und Ventile) eines Pkw-Vierventil-DI-Dieselmotors (aus [238])

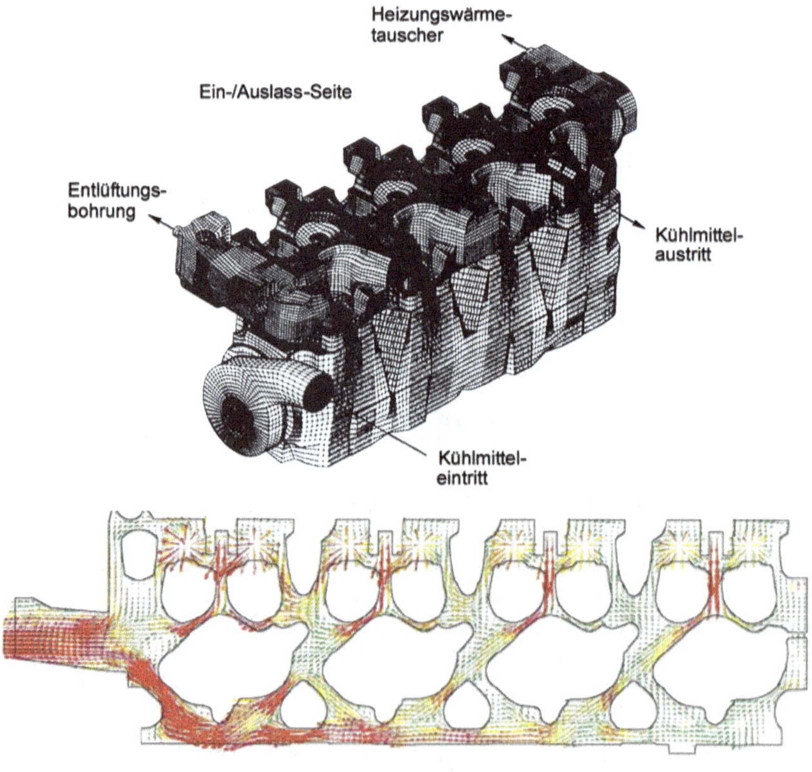

Abb. 4.178 Gesamtmodell des ZK- und ZKG-seitigen Wassermantels für Strömungs- und Kühlungsuntersuchungen (oben) (aus [271]); Kühlmittelströmung im Bodenplattenbereich (unten) (aus [262])

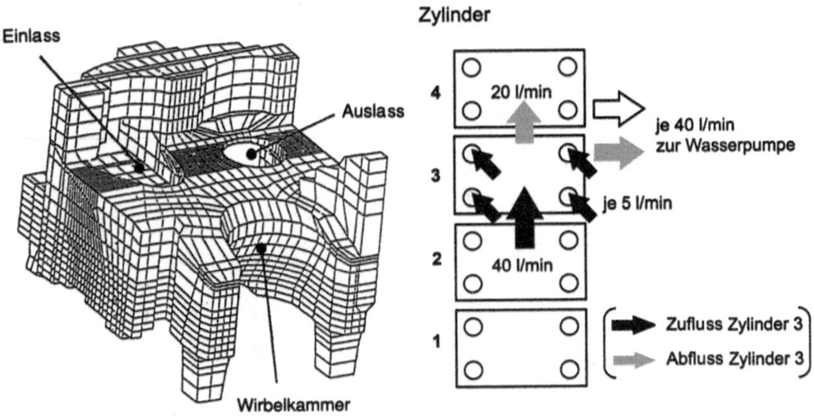

Abb. 4.179 Teilmodell des ZK-Wasserraums (Blick von oben auf die Wirbelkammerseite) mit angenommener Verteilung der Kühlmittelstöme (an vier Stellen treten je 5 l/min unmittelbar vom ZKG zum ZK über, vom linken Nachbarzylinder strömen seitlich 40 l/min ein, während nur 20 l/min an den rechten Nachbarzylinder abgegeben werden, 40 l/min strömen vom betrachteten Zylinder zur Wasserpumpe [zum Kühler] ab) (aus [272])

mechanischer Entfestigung durch plastische Deformation und führt über Kriechen und Einwirkung von Oxidation (Korrosion) bis zum Rissbeginn.

Die möglichst genaue Kenntnis der Beanspruchung, wie an anderer Stelle bereits ausgeführt, Beanspruchungsart, mehrachsige Beanspruchung, Mittelspannung und Wechselspannungsamplituden, Last-Zeit-Folgen, Eigenspannungen, Werkstoffverfestigung, Wärmebehandlung, Werkstoffalterung im Motorbetrieb und Bauteiltemperatur sowie weitere Einflussparameter (Bauteilgeometrie- und Größeneinfluss, Oberfläche, Randschicht, Werkstoffgefüge, Härte, andere Fertigungseinflüsse etc.) ist Voraussetzung für die anschließende Betriebsfestigkeitsberechnung. Deren Ziel ist eine belastbare Aussage im frühen Entwicklungsstadium über die Lebensdauer bei Nennlast sowie im realen Kundenbetrieb. Sie beruht – ganz allgemein gesprochen – auf einer Bewertung einer Kombination von relevanten Lastfällen und Lastkollektiven. Die rechnergestützte Betriebsfestigkeitsberechnung ist ein spezielles, sich derzeit noch rasch weiterentwickelndes Fachgebiet mit differierenden Ansätzen hinsichtlich der zugrunde liegenden Werkstoffmodelle, der berücksichtigten Schadensparameter sowie der darauf basierenden werkstoffabhängigen Schädigungsmodelle [274, 275]. Entsprechend umfangreich ist die benötigte Werkstoffdatenbasis, wenn das Potential des Werkstoffs ausgereizt werden soll.

Die Komplexität einer Betriebsfestigkeitsberechnung auf dem heutigen Stand übersteigt die Möglichkeiten einer detaillierten Darstellung in diesem Buch. In Ihren Grundzügen handelt es sich um eine Schadensakkumulation [276]. Jeder Lastwechsel bedeutet einen Verbrauch an Lebensdauer. Ein Klassifizierungsverfahren liefert das Lastkollektiv. Für kritische Bereiche werden den lokalen Bedingungen gerecht werdende, bauteilspezifische Wöhler-Linien benötigt. Diese müssen insbesondere auf die jeweiligen Mittelspannungen

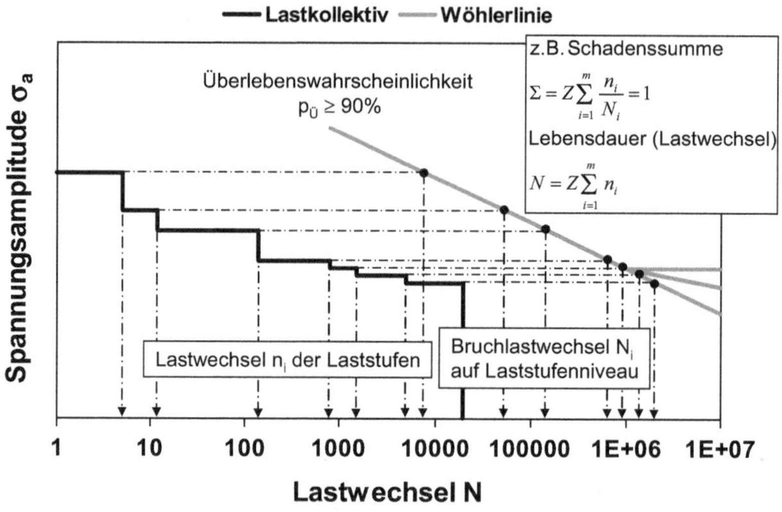

Abb. 4.180 Prinzip einer Betriebsfestigkeitsberechnung beruhend auf einer bauteilspezifischen Wöhler-Linie und einem Lastkollektiv (nach [276])

und Bauteiltemperaturen abgestimmt sein. Die Verbindung zwischen Lastkollektiv und Wöhler-Linie stellt eine Schadensakkumulationshypothese (SAH) her. Zugrunde gelegt werden heute meist nicht Spannungs-, sondern Dehnungs-Wöhler-Linien basierend auf so genannten „zyklisch stabilisierten" Spannungs-Dehnungs-Kurven (ZSD) (Schädigungsparameter „auf Energiebasis"). Bauteilversagen tritt ein, wenn die Summe aller Teilschädigungen die Schadenssumme $\sum = 1$ erreicht, Abb. 4.180. Quasi eine „Invertierung" der Lebensdauer ist das Versagensrisiko, dessen Verteilung für jeden Knoten bzw. jedes Element der Struktur berechnet und in Form von „Iso-Linien" dargestellt werden kann. In der Auslegungspraxis kommt dabei der programmgesteuerten Strukturoptimierung (siehe z. B. [277]) immer mehr Bedeutung zu, wenn auch beim ZK im beanspruchungskritischen Brennraumbereich die Möglichkeiten einer Gestaltoptimierung sehr begrenzt sind.

Abschließend sei noch auf den wichtigen Teilaspekt einer sicheren Verschraubung des ZK mit dem ZKG hingewiesen. Hierzu müssen beide Komponenten sowie die ZKD in die Berechnung einbezogen werden. Dies wird im Abschn. 4.5.4.3 behandelt.

4.7 Die Zylinderkopfdichtung

4.7.1 Funktion und Anforderungen

Die ZKD-Dichtungstechnik hat sich gerade in den letzten Jahren, nach Einführung der Metalllagen-Dichtung, enorm weiterentwickelt. Dass die ZKD seit jeher ein problematisches Bauteil ist, das den Erfindergeist entsprechend beflügelte, mag manchem kaum mehr bewusst sein, beweist jedoch nicht zuletzt die umfangreiche ältere Patentliteratur [278]. Das zu erwartende Tempo bei der Weiterentwicklung der ZKD macht es unumgänglich, die aktuellen Fachpublikationen der ZKD-Hersteller zu beachten.

Der ZKD kommt im Hinblick auf eine sichere und dauerhafte Motorfunktion bei sehr unterschiedlichen, mitunter recht ungünstigen Betriebsbedingungen größte Bedeutung zu. Motorkonstrukteure beschränken sich zunächst weitgehend darauf, eine möglichst geringe Dicke (Bauhöhe) zu fordern. Diese ist bei der Bemessung des Quetschspalts und des Kompressionsvolumens entsprechend zu berücksichtigen. Außerdem ist deren Einfluss auf den hinsichtlich der HC-Emission relevanten Schadraum zu bedenken. Berechnungs- und Motorversuchs-Ingenieure müssen sich dann allerdings weitaus intensiver mit diesem Bauteil beschäftigen, zumal moderne Motorentwicklungen immer höhere Anforderungen stellen. Die Funktion der ZKD ist dabei an die ZK- und ZKG-seitigen konstruktiven Randbedingungen gekoppelt. So verhalten sich beispielsweise Außenzylinder ohne beidseitige Abstützung durch Nachbarzylinder prinzipiell kritischer als innen liegende. Schließlich muss die ZKD in ihrem Zusammenwirken mit der ZK-Verschraubung betrachtet werden (siehe hierzu auch die Ausführungen in den Abschn. 4.5 und 4.6).

Die Aufgabe der ZKD ist es, folgende Bereiche gegeneinander und „nach außen" abzudichten, Tab. 4.18:

- Brennräume
- Kühlmittelbereich
- Schmierölbereich.

Die Unterschiedlichen Dichtbereiche stellen spezifische Anforderungen. Diese lassen sich nur mit angepassten mechanischen und werkstofflichen Eigenschaften der ZKD erfüllen. Die mechanischen Eigenschaften werden dabei sowohl vom konstruktiven Aufbau als auch den verwendeten Werkstoffen bestimmt. Letztere müssen zudem medienbeständig sein. Von elementarer Bedeutung ist das Verformungsverhalten (Dickenänderung in Abhängigkeit von der Pressung) und Setzverhalten (bleibende, die Vorspannkraft der ZK-Schrauben verringernde Dickenänderung). Die ZKD muss die ZK-Schraubenkräfte flächenhaft so übertragen und verteilen, dass auch lokal (fernab der ZK-Schrauben) eine ausreichende Dichtkraft (Mindestklemmkraft/Pressung) zur Verfügung steht. Dies setzt eine Mindestverformbarkeit der ZKD voraus. Verformbarkeit und höhere Schraubenkräfte begünstigen jedoch ihrerseits die kaltstatischen Zylinderverzüge. Somit ist auch hier ein Kompromiss gefragt. Mit den Durchbrüchen im Kühlmittelbereich, die als Blenden fungieren, wird zudem (bei entsprechender Kühlmittelführung) – wenn allgemein auch weniger beachtet – die in den ZK örtlich übertretende Kühlmittelmenge und damit die Temperaturverteilung im ZK gesteuert.

Tab. 4.18 Elementare Anforderungen an die Abdichteigenschaften von ZKD (in Anlehnung an [279], aktualisiert)

Abzudichtender Bereich, Randbedingungen	Anforderungen an ZKD
1. Brennraum	
Verbrennungsgase unter immer höherem Druck; Zünddrücke derzeit bei • Ottomotoren bis > 100 bar • DI-Dieselmotoren 200 bis 230 bar	• Druckstandfestigkeit (statische Pressungen 20 bis >> 100 N/mm^2) mit überlagerter dynamischer Belastung • möglichst gleichmäßige Pressungsverteilung am Brennraumumfang
Hohe Gastemperaturen bis ca. 2500 °C	Temperaturbeständigkeit bis mindestens 300 °C Bauteiltemperatur
Axiale Verformungen unter Zünddruck, Ausgleich von Relativbewegungen zwischen ZK und ZKG	• günstiges Verformungsverhalten (von der Pressung abhängige Dickenänderung) • ausreichende Elastizität bei überlagerter dynamischer Belastung (Ausgleich von Dichtspaltschwingungen unter Gaskraft und Setzvorgängen infolge unterschiedlicher thermischer Ausdehnung im Verbund) • geringes Setzverhalten der Dichtung selbst
Verschiebungen in der ZKD-Ebene infolge unterschiedlicher Wärmeausdehnung zwischen ZK und ZKD sowie ZKG (Einfluss auf Zylinderverzug im Zylinderdeckbereich)	• hohe Zug-/Druckfestigkeit der Querschnitte senkrecht zu den Dichtflächen • angepasste Oberflächenbeschaffenheit mit günstigem Reibungsverhalten (geeignete Beschichtung der ZKD)
2. Kühlmittel	
Kühlmitteltemperaturen bis 120 °C bei Systemdruck	• Dichtheit und Druckstandfestigkeit bei Pressungen von 5 bis 30 N/mm^2 • Kühlmittelbeständigkeit • Korrosionsbeständigkeit • Kalibrierung der übertretenden Kühlmittelströme (Blenden-Funktion)
3. Schmieröl	
Schmieröltemperaturen bis > 150 °C bei bis 10 bar Überdruck (kalt > 10 bar)	• Schmieröldichtheit • Schmierölbeständigkeit

4.7.2 ZKD-Bauarten im Wandel der Zeit

Bei den ZKD-Bauarten im Pkw- und Nkw-Bereich hat sich in der jüngeren Vergangenheit ein grundsätzlicher Wandel, allerdings in zwei Phasen, vollzogen. Zunächst wurde vom Gesetzgeber gefordert, nur noch asbestfreie ZKD einzusetzen [280]. Dies betraf die jahrzehntelang vornehmlich eingesetzte Weichstoff-Metalldichtung, Abb. 4.181 (links). Deren Brennraumbereich weist eine metallische Einfassung auf. Für hoch belastete Dieselmotoren-ZKG mit Zylinderlaufbuchsen und Ottomotoren-ZKG in Open-deck-Bauweise kam oft ein so genanntes getrenntes, nach innen abgesetztes Brennraum-Dichtelement unterschiedlichster Ausführung zum Einsatz [281]. Die Abdichtung im Flüssigkeitsbereich

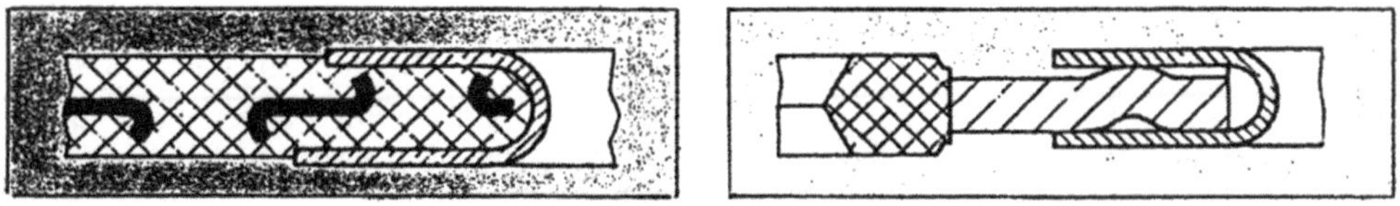

Abb. 4.181 Weichstoff-Metall- und Elastomer-Metall-Dichtung im Vergleich (Elring GmbH, heute Elring Klinger GmbH)

erfolgte vollflächig mit dem anpassungsfähigen Weichstoff (ursprünglich Asbest), der auf einer metallischen Verstärkungseinlage – einem gezackten Trägerblech – beidseitig aufgewalzt war. Dieser Dichtungstyp hat aus aktueller Sicht keine Vorteile. Nachteile sind die vergleichsweise geringe Rückfederung und thermische bedingte Änderung der Pressung.

Ein Schritt in Richtung Metall-Dichtung war die Elastomer-Metall-Dichtung, Abb. 4.181 (rechts) für den Einsatzbereich z. B. schwerer Nkw-Dieselmotoren mit nassen Zylinderlaufbuchsen. Sie besteht aus einer Metall-Trägerplatte mit Funktionstrennung zwischen Brennraum- und Flüssigkeitsabdichtung. Den Brennraumbereich kennzeichnet eine eingefasste metallische Brennraumsicke (Sickenkonzepte). Die flüssigkeitsbeaufschlagten Dichtstellen (Durchbrüche) des Metallträgers verfügen über eine Elastomerabdichtung. Vorteilhaft ist, dass im Elastomerbereich nur geringe Dichtkräfte erforderlich sind. Dies erlaubt eine effizientere Nutzung der Schraubenkräfte für die Brennraumabdichtung.

4.7.3 Moderne ZKD-Dichtungstechnik

4.7.3.1 Veränderte Einsatzbedingungen

Bei aktuellen Motorentwicklungen gehen stetig steigende Zünddrücke – beim DI-Dieselmotor infolge mehrfacher Einspritzung zudem ein höheres Druckniveau über einen größeren Kurbelwinkelbereich – einher mit Leichtbau. 2007 überwog beispielsweise, wie an anderer Stelle bereits erwähnt, erstmals die Anzahl der mit Aluminium-ZKG gefertigten Pkw-Motoren. Steigende Belastung bei verminderter Bauteilsteifigkeit – eine immer höhere mechanische und thermische Beanspruchung der Strukturen – ist daher kennzeichnend für die aktuelle Entwicklung. Dies führt zwangsläufig zu immer größeren Dichtspaltbewegungen sowie Verzügen beim ZKG und ZK. Noch höhere Schraubenkräfte sind hier nicht die Lösung [282], und dies nicht nur, weil z. B. die Festigkeit der verfügbaren Aluminium-Gusslegierungen ohnehin die Schraubenkräfte limitiert.

In modernen Motorkonstruktionen herrscht in Bezug auf die Funktion der ZKD eine ungünstig veränderte Spannungssituation. Der Trend zu längeren ZK-Schrauben bzw. damit einhergehenden größeren Klemmlängen erhöht zwar die Elastizitäten und reduziert daher bei gleichem Setzbetrag rein theoretisch den Vorspannkraftverlust der Schrauben. Praktisch überwiegt jedoch bei auf Streckgrenze angezogenen Schrauben oft die größere Änderung der Schraubenkraft infolge unterschiedlicher thermischer Dehnung. Dies verursacht dann doch einen größeren Setzbetrag [283]. Hinzu kommt ein durch die ZK-Bauweise bedingter, zunehmend tieferer fiktiver Angriffspunkt der Betriebskraft. Aus einem Verspannungs-Schaubild wird einfach ersichtlich, dass dadurch die dynamische Schraubenelastizität zu und die Klemmlängenelastizität abnimmt. So wird die ZKD im Betrieb stärker dynamisch entlastet [283]. Es ist zu beobachten, dass das Schraubenkraft-/Zündkraftverhältnis im Montagezustand auf Werte unter 3,7 sinkt. Unter spezifischen Randbedingungen kann dieser Wert im Motorbetrieb unter 2,5 [284] abfallen. Die Folgen sind zu niedrige Dichtpressung und zu große Dichtspaltschwingungen. Die genannten Werte mögen damals als kritisch betrachtet worden sein, werden heute jedoch unterschritten.

4.7.3.2 Metalllagen-Dichtungen

Mittlerweile haben Mehrlagen-Stahl-Dichtungen (MLS: „Multi Layer Steel") im Pkw- und Nkw-Bereich ältere Dichtungstypen nahezu vollständig verdrängt, Abb. 4.182 (siehe z. B. [283]). Metalllagen-Dichtungen sind seit 1992 in unterschiedlichsten Ausführungen im Serieneinsatz. Sie haben mehr Potenzial hinsichtlich sicherer Abdichtung bei reduzierten ZK-Schraubenkräften und geringeren Zylinderverzügen.

Sie zeichnen sich im Detail zudem durch folgende Vorteile aus:

- hohe mechanische Festigkeit
- hohe Temperaturbeständigkeit
- hohe Formbeständigkeit
- Korrosionsbeständigkeit
- nahezu setzfrei, dauerelastisch, nachzugsfrei
- recyclingfreundlich
- Anpassungsfähigkeit an unterschiedlichste Motorkonzepte
- dauerhafte, zuverlässige Funktion
- konstant hohe Produktqualität.

Sie sind aus einer bis mehreren gesickten Lagen aus dünnem Federstahlblech, ungeschickten Zwischenlagen (Distanzlagen zur Höhenanpassung), am Brennraumumfang einer Verdickung, dem so genannten „Stopper", und einer dünnen Elastomer-Beschichtung aufgebaut. Die Größe der Dichtspaltbewegung bestimmt die Anzahl der erforderlichen Lagen (ca. max. 8 μm pro Lage [282]). Die Linienabdichtung (!) ersetzt dabei die flächenhafte Abdichtung der konventionellen ZKD. Ein einfacher Aufbau, abgesehen von der nachfolgend noch erläuterten Einlagen-Stahl-Dichtung (SLS: „Single Layer Steel"), sieht z. B. zwei Funktionslagen mit Dichtsicke (Vollsicke), getrennt durch eine Stopper-Lage, vor Abb. 4.183 [285]. Bei Ottomotoren ohne besondere Anforderungen kommen bis drei, im Sonderfall sowie bei DI-Dieselmotoren bis zu fünf Lagen zum Einsatz.

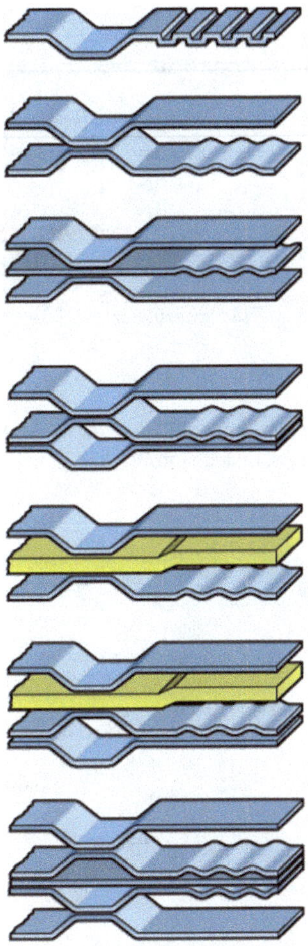

Abb. 4.182 Metalllagen- bzw. Mehrlagen-Stahl-ZKD (MLS); hier am Beispiel von Wellenstopper-Konstruktionen für unterschiedliche Motoranforderungen (aus [283])

Auslegung der Metalllagen-Dichtung

Die Auslegung einer Metalllagen-Dichtung ist ein komplexer Vorgang, wie Abb. 4.184 [284] beweist.

Die Ermittlung der lokalen Verformungseigenschaften – der Kraft-Weg-Kennlinien („Stauchkurven") der aktiven Federlagen mit Elastomer-Beschichtung – erfordert zwingend die Anwendung der nichtlinearen FEM [286, 287]. Laborversuch und Motorprüfstand bringen dann die Feinabstimmung. Die in die Funktionslagen aus Federstahl eingeprägten Sicken übernehmen die Makro-Abdichtung. Die Elastomer-Beschichtung (hochtemperaturbeständiges Fluor-Polymer) dient der Mikro-Abdichtung, d. h. dem Abdichten gegen die Oberflächenrauheiten der ZK- und ZKG-Dichtflächen.

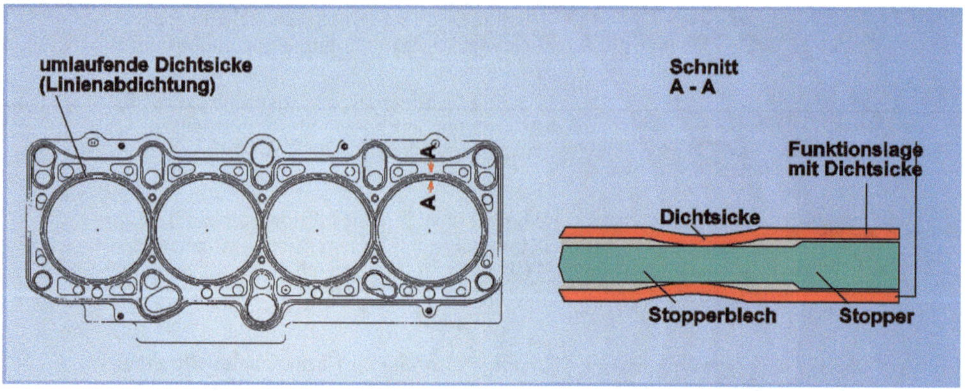

Abb. 4.183 Konstruktion und prinzipielle Wirkungsweise einer Metalllagen- bzw. Mehrlagen-Stahl-ZKD (MLS) (hier beispielhaft: zwei Funktionslagen mit Dichtsicke (Vollsicke), getrennt durch eine Stopper-Lage) (aus [285])

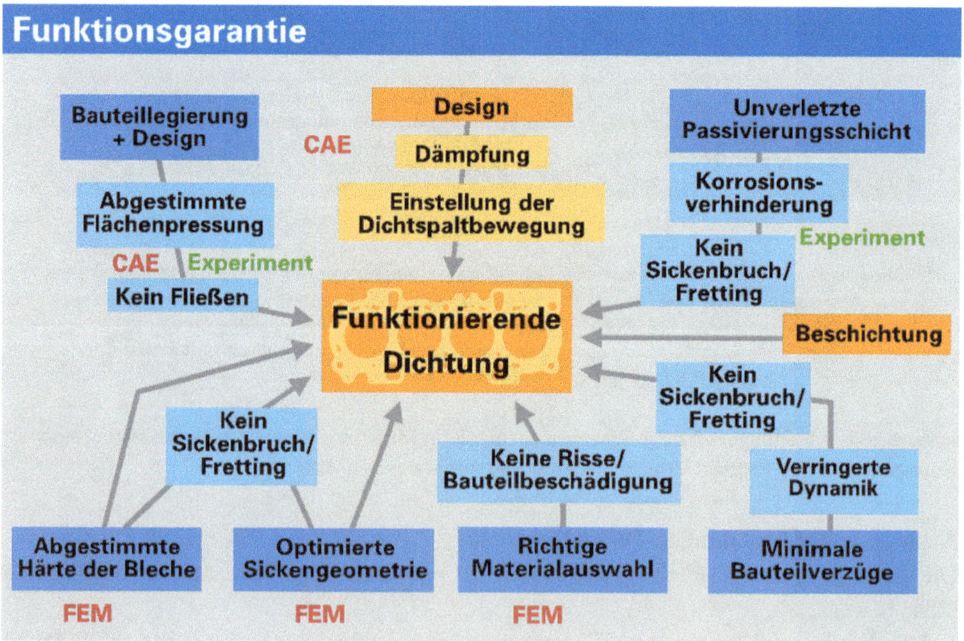

Abb. 4.184 Aspekte bei der Auslegung einer Metalllagen- bzw. Mehrlagen-Stahl-ZKD (MLS) (aus [284])

Die Beschichtung der Kontaktflächen verfügt über entsprechende Gleiteigenschaften, um „Fretting"-Marken durch Mikrobewegungen unter hoher Flächenpressung vorzubeugen. Die zulässige Flächenpressung des ZK- und ZKG-Werkstoffs darf verständlicherweise nicht überschritten werden. Funktionslagen können auch nur partiell beschichtet sein bzw.

eine spezielle Beschichtung im Brennraumbereich haben, die auf die extremen Anforderungen (hohe Temperaturen, große Gleitbewegungen) abgestimmt ist. Neben angepassten Federereigenschaften geht es bei diesen ZKD auch um definiertes Fließverhalten. Kontrollierte Plastizität, ausreichende Restelastizität, geeignetes Dämpfungsverhalten und optimierte Tribologie der Oberfläche stellen insgesamt hohe Anforderungen an die Werkstoffauswahl bei Stopper und Sicken.

Sicken

Sicken werden in die Funktionslagen aus Federstahl eingeprägt. Aufgrund ihrer Rückfedereigenschaft haben Vollsicken die Wirkung eines zusätzlichen dynamischen Dichtelements zur Abdichtung gegen die Verbrennungsgase bei entsprechender Bauart hinter dem Stopper. Vollsicken dienen somit der Abdichtung im Brennraum-, Halbsicken der im Flüssigkeitsbereich. Durch die Vorspannung im ZK kommen die Brennraumsicken bei niedrigen bis mittleren Brennraumdrücken nicht zum Einsatz. Die Abdichtung erfolgt ausschließlich dadurch, dass der ZK über den Bereich des Stoppers vorgespannt ist. Wenn der Stopper dann bei steigendem Brennraumdruck den Kontakt verlieren sollte, übernehmen die Brennraumsicken die Dichtfunktion [282].

Stopper

Am Brennraumumfang werden ZK und ZKD durch einen Stopper elastisch verspannt. Die verdickte Stopperzone ist ein Bereich stark erhöhter Kontaktpressung. Sie dient der primären Abdichtung. Dem Risiko des ZK- bzw. ZKG-seitigen Eingrabens wird durch eine Stopper-Träger- bzw. Distanzlage begegnet. Der Stopper gibt außerdem die Einbauhöhe der Sicken (Vollsicken) vor. Die Funktion des Stoppers ist hierbei die Begrenzung der Sickenverformung. Er bestimmt somit den Grad der Verpressung der Sicken und nimmt auf diese Weise direkten Einfluss auf deren Dauerfestigkeit. Zu hohe Pressung und zu hoher Federweg reduzieren die Lebensdauer. Die Höhe ausgeführter Stopper reicht von wenigen 1/100 mm bis etwa 0,15 mm.

Die Gestaltung des Stoppers hat charakteristische Auswirkungen auf die gemeinsame Funktion des Dichtsystems Stopper – Vollsicke. Zudem bestimmen auch werkstoffliche wie technologische Faktoren über dessen Anpassungsfähigkeit an unterschiedliche Anforderungen sowie den dabei verfügbaren konstruktiven Freiraum. Über Höhe und Steifigkeit des Stoppers kann gezielt auf die Pressungsverteilung und damit die durch die Gaskraft bedingten Dichtspaltschwingungen Einfluss genommen werden. Der Stopper verringert den Federweg der Sicken während der Befeuerung. Dieser wird auch als „head lift" bezeichnet. Diese Größe korreliert mit dem Zünddruck. Es sind Bewegungen bis > 25 µm möglich [288]. Das Zusammenspiel von Sicke und Stopper verteilt die Schraubenkräfte auf die relevanten Dichtungsbereiche. Dies macht eine sehr sorgfältige Abstimmung notwendig. Ein höherer Stopper erzeugt in seinem Wirkungsbereich auch einen höheren Krafteintrag, reduziert gleichzeitig aber die Pressung der Sicken. Dies erzeugt zwangsläufig einen größeren Zylinderverzug, reduziert aber den „head lift", d. h. die Dichtspaltbewegung [288]. Die Weiterentwicklung des Stoppers hat mittlerweile zu einer großen technologi-

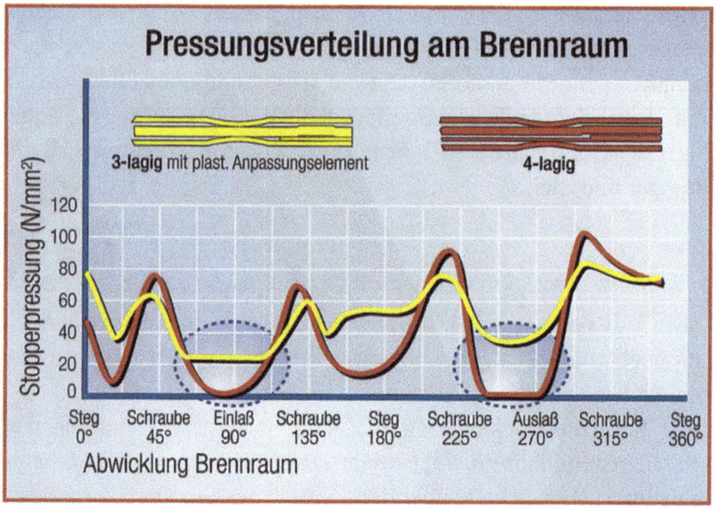

Abb. 4.185 Pressungsverteilung am Brennraum bei unterschiedlichem Aufbau einer Metalllagen- bzw. Mehrlagen-Stahl-ZKD (MLS) (aus [289])

schen Vielfalt zu deren Herstellung geführt. Nach umgefalzten (umgefalteten) und lasergeschweißten Ausführungen werden Stopper mittlerweile vornehmlich in eine Federstahllage (je nach Ausführung Funktionslage oder Trägerblech) geprägt. Von den ZKD-Herstellern werden dabei unterschiedliche Prägungen präferiert, z. B. in Form von Wellen oder anderen umlaufenden Profilen, Segmenten (segmentweise umgebördelt mit zusätzlicher Prägung im Trägerblech), Mäandern, Noppen, Karos etc.

Seit Einführung der Metalllagen-Dichtung wurde der Ausführung des Stoppers besondere Aufmerksamkeit geschenkt. Denn die zunächst verwendeten steifen („starren") Stopper, die sich an die Bauteilverformung nur unzureichend anpassen, induzieren folglich größere Bauteilverzüge und eine ungleichmäßigere Pressungsverteilung am Brennraum, Abb. 4.185 [289]. Deshalb wurden mittlerweile zahlreiche Stopper-Konfigurationen entwickelt. Einen Vergleich verschiedener Technologien zur Darstellung des Stoppers gibt es z. B. bei [290]. Augenblicklich dienen folgende Begriffe der Unterscheidung:

- starrer Stopper (z. B. gefalztes bzw. gebördeltes Stopperblech, auf-/eingeschweißter bzw. -gelöteter Stopperring etc.)
- plastischer Stopper (Anpassung des Höhenprofils im Motorbetrieb)
- höhenprofilierter oder topografischer Stopper (angepasstes Höhenprofil bei der Herstellung), z. B. aufgesinterter Stopper, gezielte Reduzierung des Trägerblechs in Bereichen hoher Bauteilsteifigkeit etc.
- besondere Stopper-Geometrien bzw. Technologien (siehe letzter Absatz)

Die Aufzählung ist angesichts der kontinuierlich erfolgenden Weiterentwicklung sicherlich unvollständig.

Auf das charakteristische Verhalten unterschiedlicher Stoppertypen (gebördelter bzw. plastischer, geschweißter und elastischer Stopper) wird z. B. bei [288] näher eingegangen. Plastische und elastische Stopper neigen zu höherer Sickenbewegung und demnach reduzierter Lebensdauer, starre Stopper bekanntlich zu ungleichmäßigerer Pressungsverteilung. Nachteil starrer Stopper ist auch ihr geringer nutzbarer Verformungsweg. Als guter Kompromiss wird der topografische Stopper auf Basis eines starren Stoppers bezeichnet. Dessen Höhenverlauf muss mittels FEM ausgelegt werden. Die Ermittlung der erforderlichen Stopperkontur erfordert dabei zwangsläufig die realitätsnahe Einbeziehung von ZKG und ZK. Der Stopper ist niedriger im Schraubenbereich und höher zwischen den Schrauben im Bereich größter Durchbiegung. Die reduzierte Stopperhöhe im Schraubenbereich entspricht einer Verlagerung der Kraft in den Bereich zwischen den Schrauben. Insgesamt entsteht ein wellenförmiges Höhenprofil mit gleichmäßigerer Pressungsverteilung und reduzierten Zylinderverzügen. Im Bestfall ermöglicht eine optimierte Höhenverteilung des Stoppers lokal (bei einer bestimmten Messhöhe) um mehr als 50 % reduzierte Zylinderverzüge bei deutlicher Verringerung sowohl der Schraubenkräfte als auch der Dichtspaltbewegung. Neben der individuellen Anpassung der Höhe des Stoppers ist auch seine Form Gegenstand stetiger Optimierung [291].

Höhenprofilierte Sinterstopper haben in Verbindung mit SLS Bedeutung erlangt [290]. Der für MLS typische kaltverfestigte Stahl ist allerdings für Temperaturen > 1000 °C bei der SLS-Herstellung ungeeignet. Denn er verliert seine Federeigenschaften beim Sintern des Stoppers [292]. SLS basieren auf einem speziell entwickelten Edelstahl und einem speziellen Stopperwerkstoff. Aufgetragen wird der Sinterstopper in Höhen von 0,04 bis 0,12 mm im Siebdruckverfahren.

Die konventionelle Metalllagen-Dichtung entspricht der Bauart „Sicke neben Stopper", d. h. vom Brennraumrand aus betrachtet liegt die Vollsicke hinter dem Stopper. Sie befindet sich damit im „Kraft-Nebenschluss". Die zur Brennraumabdichtung notwendige Vollsicke kann jedoch nicht nur neben, sondern auf dem Stopper, in Form einer umlaufenden „Stopperbrille", liegen. Dies ist z. B. bei der „Bead-on-Stopper-Technologie" (BOSTEC) [293] der Fall, Abb. 4.186. Die Vollsicke liegt dann im „Kraft-Hauptschluss". Vorteilhaft ist die Nutzung der eingeleiteten Schraubenkräfte primär für die Gasabdichtung. Dies kann bei Voll-Aluminium-ZKG von aufgeladenen Ottomotoren zum Ausgleich hoher thermischer Bauteilverzüge hilfreich sein. Das elastische Gasabdichtelement ist in diesem Fall ein „federnder Stopper". Damit gelingt eine gute Umverteilung der Schraubenkräfte auf eine breite Fläche, wodurch sich prinzipiell geringere Zylinderverzüge einstellen sollen. Es bietet sich auch ein Raumgewinn für eine Vollsicke bei schmalen Zylinderstegen. Es kann auch eine zusätzliche zweite Dichtlinie durch eine nachgeschaltete, umlaufende Brennraumhalbsicke dargestellt werden. Der Stopper gibt bei diesem Konstruktionsprinzip allerdings nicht mehr die Einbauhöhe der Brennraumsicke vor.

Auch beim Breitstopper liegt die Sicke im Kraft-Hauptschluss [282]. Die Ziele sind auch hier eine definierte Reduzierung der Dichtspaltbewegung, gleichmäßigere Verteilung der Kräfte und Reduzierung der Schraubenkräfte. Bei der Ausführung „Delta-Breitstopper" ist der Querschnitt deltaförmig gestaltet. Der Überstand resultiert nur aus dem

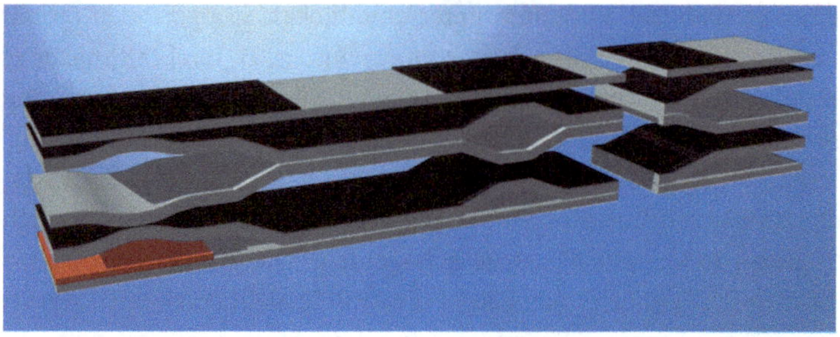

Abb. 4.186 Schematischer Aufbau des BOSTEC-ZKD-Designs mit nachgeschalteter Brennraum-Halbsicke (aus [293])

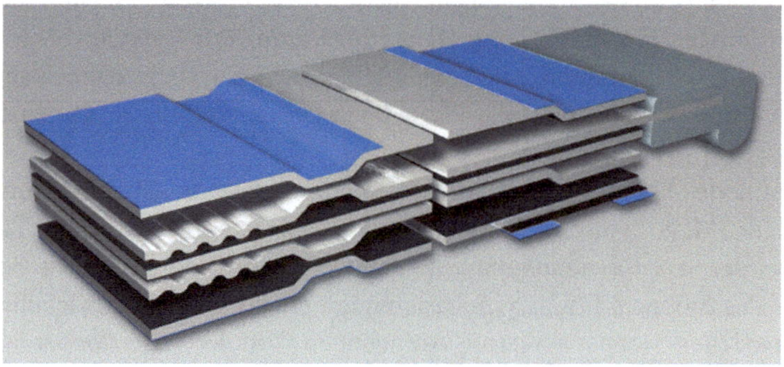

Abb. 4.187 Metalllagen- bzw. Mehrlagen-Stahl-ZKD (MLS) aufgebaut aus fünf Lagen mit Doppelwellenstopper (aus [294])

Dickenunterschied zweier Blechlagen. Der Breitstopper verkürzt in vorteilhafter Weise den Hebelarm der Vorspannkraft.

Der Wellenstopper, Sonderausführung Doppel-Wellenstopper, Abb. 4.187 [294], verfügt über ein elastisch-plastisches Stopperelement [295]. Er ist in Breite und Höhe sehr variabel (Parameter: Wellenradien, Wellenabstand, Blechdicke etc.). Die topografische Höhenprofilierung ist in den Prägeprozess integrierbar. Die Wellen erzeugen mehrere Dichtlinien. Im Zylinderstegsteg bereich kann die Wellenzahl entsprechend lokal engen Verhältnissen reduziert werden. Es bietet sich eine breite konstruktive Vielfalt für einen großen und variablen Elastizitätsbereich. Eine Gestaltungsvariante ist der Trapezstopper. Damit ist die Integration des Wellenstoppers in eine Aktivlage möglich, z. B. bei Anwendung am Voll-Aluminium-ZKG (gleichbedeutend mit der Einsparung einer Metalllage). Höchsten Anforderungen genügt der Fünf-Lagen-Aufbau mit Doppel-Wellenstopper. Damit gelingt die Beherrschung hoch elastischer Bauteilverformungen auch unter schwierigen mechanisch-thermischen Randbedingungen. Eine zusätzliche Option bietet die „Hinterland-Welle". Sie dient mit Blick auf minimierte Zylinderverzüge speziell der Abstützung der Außenzylinder im Hinterland der ZKD.

Entwicklungstendenzen bei Otto- und DI-Dieselmotoren

Bei DI-Dieselmotoren steht angesichts hoher Brennraumdrücke eine möglichst gleichmäßige Verteilung der Dichtpressung im Vordergrund. Dies lenkt die Priorität in Richtung eines variablen Stopper-Elements (elastisch-plastisch verformbar und/oder höhenprofiliert) zur lokalen Anpassung an unterschiedliche Bauteilverformungen. Die im Vergleich mit dem herkömmlichen Ottomotor deutlich größere Dichtspaltschwingung („head lift") bedingt außerdem hinreichend viele Lagen.

Beim herkömmlichen Ottomotor (Saugmotor) mit niedrigeren Brennraumdrücken und somit Dichtspaltschwingungen überwiegt die Forderung nach Wirtschaftlichkeit und Schadraumreduzierung. Dies bedingt eine Dichtung geringer Bauhöhe, im Sonderfall die Einlagen-Metall-Dichtung (SLS), optional z. B. mit Höhenprofilierung des Stoppers. Zwecks Verzugsminimierung ist ein Verzicht auf den Stopper prinzipiell möglich [289]. In diesem Fall werden zwei Sicken spiegelsymmetrisch im Hauptschluss angeordnet. Nachteilig ist eben, dass die Sickenverformung nicht mehr durch einen Stopper begrenzt wird.

Besonderheiten bei Aluminium-ZKG

Aluminium-ZKG in Open-deck-Bauweise erweisen sich hinsichtlich der Abdichtung mitunter als besonders problematisch. Als Problemlösung wird hier z. B. auch ein spezieller Delta-Breitstopper [282] empfohlen. Diese Bauart sieht die Trennung von Brennraum- und Hinterland-Abdichtung vor. Der Stopper befindet sich im Kraft-Hauptschluss. Zwecks Minimierung des Stopperüberstands wird dessen Funktion durch einen geringen Blechdickenunterschied dargestellt.

Die Alternative beim Aluminium-ZKG heißt stopperlose Dichtung. Diese reduziert einerseits die Bauteilspannungen und damit die Zylinderverzüge. Andererseits liegt jedoch eine geringere Bauteilverspannung vor, und die Dichtspaltbewegung ist relativ groß. Dies bedeutet eine schnellere Ermüdung der Sicken mit der Gefahr der Leckage. Abhilfe verschafft eine Erhöhung der Anzahl der Lagen, was die ZKD allerdings verteuert. Eine weitere Alternative ist beispielsweise in Wellenstoppern mit sehr geringer Stopperhöhe zu sehen [283].

Zusatzaufgaben und -funktionen moderner ZKD

Neben der Reibungsminderung im Dichtflächenbereich kann der ZKD im Sonderfall auch die zusätzliche Aufgabe des Korrosionsschutzes zufallen. Dies ist z. B. beim derzeit einzigen Magnesium-Aluminium-Verbundguss-ZKG der Fall [294]. Hier obliegt ihr die elektrische Isolation des Mg-Umgusses.

ZKD übernehmen zunehmend auch andere Funktionen. Genannt sei hier die „Integrierte Dichtspalt-Sensorik" (IDS) [285]. Dabei handelt es sich um die Integration eines Piezoelements in die ZKD. Die Dichtspaltbewegung erzeugt eine proportionale Kraft. Daraus resultiert eine entsprechende elektrische Ladung. Eine Impedanzwandlerstufe wandelt diese in ein Spannungssignal um, das für die Motorsteuerung genutzt werden kann. Beim Ottomotor können so Aussetzer und klopfende Verbrennung detektiert werden. Beim Dieselmotor kann der Brennbeginn erkannt werden. Außerdem besteht die Möglichkeit einer spitzendruckgeregelten, zylinderselektiven Volllastmengenzumessung des Kraftstoffs. Die Potenziale der Methode sind in der hohen Empfindlichkeit und Signalqualität begründet. Schließlich erlaubt die Integration von Sensoren auch Temperaturmessungen an Bauteilen und im Kühlmittel [296].

Literatur

Pleuel und Kolben

1. KS X20R – Hochbelastbarer bleifreier Stahl-Messing-Verbundwerkstoff mit Sputterlaufschicht für Haupt- und Pleuellager (G-X20R A/IX/f); KS X20T – Bleifreier Stahl-Messing-Verbundwerkstoff mit Sputterlaufschicht für höchstbelastete Gleitlager (G-X20T A/IX/f); KS X20 – Hochbelastbarer, bleifreier Stahl-Messing-Verbundwerkstoff für Pleuelbuchsen (G-X20 A/IX/f); Firmenschriften der KS Gleitlager GmbH, D-68789 St. Leon-Rot
2. *Pischinger, F.:* Verbrennungsmotoren. Band 1. 9. Auflage. Aachen: Lehrstuhl für angewandte Thermodynamik RWTH Aachen, 1988, – Vorlesungsumdruck
3. *Hiemesch, D.; Dworschak, J.:* Die Dieselmotoren des BMW 1er. ATZ 10/2004 106. Jahrgang, S. 50–55
4. *Haehnel, M.:* Getrennt mit einem Schlag. Pleuel kontrolliert brechen. In: Ind.-Anz. (1992), Nr. 13
5. *Brox, W.; Fischer, A.; Hofmann, R.; Rech, H.; Schlott, H.; Ziermann, P.:* Die neuen BMW V8-Motoren. In: MTZ 53 (1992), Nr. 5
6. *Depp, J. Ch.; Ilia, E.; Hähnel, M.:* Neue hochfeste Werkstoffe für sintergeschmiedete Pleuelstangen. In: MTZ 66 (2005), Nr. 4
7. *Spangenberg, S. et al.:* Massenreduzierung an Bauteilen des Kurbeltriebs – Pleuel im Fokus. In: MTZ 67 (2006), Nr. 4
8. *Zima, S.:* Kurbeltriebe – Konstruktion, Berechnung und Erprobung von den Anfängen bis heute. Braunschweig; Wiesbaden: Friedr. Vieweg & Sohn, 1998 (ATZ/MTZ-Fachbuch)
9. *Lang, O. R.:* Triebwerke schnell laufender Verbrennungsmotoren: Grundlagen zur Berechnung und Konstruktion. Berlin: Springer, 1966
10. *Indra, F.; Tholl, M.:* Der 3,0 l Opel-Rennmotor für die Internationale Deutsche Tourenwagenmeisterschaft. In: MTZ 52 (1991), Nr. 9
11. *Dubbel:* Taschenbuch für den Maschinenbau. Band 1. 13. Auflage. Berlin: Springer, 1970. – S. 802
12. *Grotewohl, A.:* Auslegung von dauerhaltbaren, gestalt- und kostenoptimierten Pleuellagerverschraubungen. In: Automobil-Industrie 33 (1988), Nr. 3
13. *Urlaub, A.:* Verbrennungsmotoren. Band 3: Konstruktion. Berlin: Springer, 1989
14. *Leipholz, H.:* Festigkeitslehre für den Konstrukteur. Berlin: Springer, 1969 (*Kollmann, K. (Hrsg.):* Konstruktionsbücher Band 25)
15. *Huber, R.:* Festigkeitsuntersuchungen an Pleuelstangen für einen schnell laufenden Leichtdieselmotor. In: SDP-Technik (1987). – Steyr-Daimler-Puch-Firmenschrift
16. *Knoll, G. et al.:* Ölbedarf von Grund- und Pleuellagern – Simulationstechniken und experimentelle Validierung. In: MTZ 67 (2006), Nr. 9
17. *Seiffert, U.; Scharnhorst, Th.:* Die Bedeutung von Berechnungen und Simulationen für den Automobilbau. Teil 2. In: ATZ 91 (1989), Nr. 5
18. *Peter, W.:* Berechnung im Automobilbau. In: ATZ 90 (1988), Nr. 6
19. *Shenoy, P. S.:* Dynamic Load Analysis and Optimization of Connecting Rod. University of Toledo, Ohio (USA), MSc Mech. Eng. Thesis, 2004
20. *Shenoy, P. S.; Fatemi, A.:* Connecting Rod Optimization for Weight and Cost Reduction. SAE Technical Papers 2005-01-0987

21. *Schönrock, A.; Rulfs, H.; Vötter, M.:* Festigkeitsanalyse der Pleuelstange eines mittelschnell laufenden Dieselmotors. In: MTZ 52 (1991), Nr. 1
22. *Thomala, W.:* Erläuterungen zur Richtlinie VDI 2230 Blatt 1 (1986): Bsp. Pkw-Pleuelverschraubung. In: VDI-Z Band 128 (1986), Nr. 12
23. Norm VDI 2230 (VDI-Richtlinie). Systematische Berechnung hoch beanspruchter Schraubenverbindungen. Berlin: Beuth, 1986, Neufassung vom Februar 2003
24. *Grotewohl, A.:* Auslegung der Schraubenverbindungen im Automobilbau und deren Einfluss auf den Montagevorgang. Teil 1: Zentrische Montage und zentrische Betriebskrafteinleitung in eine Schraubenverbindung. In: Automobil-Industrie 30 (1985), Nr. 3
25. *Grotewohl, A.:* Auslegung der Schraubenverbindungen im Automobilbau und deren Einfluss auf den Montagevorgang. Teil 2: Exzentrische Montage und exzentrische Betriebskrafteinleitung in eine Schraubenverbindung. In: Automobil-Industrie 30 (1985), Nr. 4
26. *Grotewohl, A.:* Auslegung der Schraubenverbindungen im Automobilbau und deren Einfluss auf den Montagevorgang. Teil 3: Kraftschlüssig belastete Schraubenverbindungen, Ausführungsbeispiele des Automobilbaues. In: Automobil-Industrie 30 (1985), Nr. 5
27. *Grotewohl, A.:* Analyse der Großserienmontage von Schraubenverbindungen. In: Automobil-Industrie 35 (1990), Nr. 5
28. *Jende, S.; Knackstedt, R.:* Warum Dehnschrauben? Definition, Wirkungsweise, Aufgaben, Gestaltung. In: VDI-Z Band 128 (1986), Nr. 12
29. *Yamada, K.:* The Development of One Liter Motor Cycle Engines. In: SAE Technical Paper Series 891800
30. *Zima, S.:* Motorkolben – Bauarten, Betrieb, Schäden. Wiesbaden: Vieweg, 2005 (ATZ/MTZ-Fachbuch)
31. *Kolbenschmidt AG:* KS-Handbuch: Technisches Handbuch der Kolbenschmidt AG. Band 1, Heft 3, Kap. 1: Grundlagen. Neckarsulm: Kolbenschmidt, 1987
32. *Kolbenschmidt AG:* KS-Handbuch: Technisches Handbuch der Kolbenschmidt AG. Band 1, Heft 3, Kap. 2: Gestaltung des Kolbens. Neckarsulm: Kolbenschmidt, 1987
33. *Mahle GmbH:* Mahle Kolbenkunde: Technisches Handbuch. Stuttgart: Mahle, ca. 1984/1985
34. *Mahle GmbH (Hrsg.):* Kolben und motorische Erprobung. Wiesbaden: Vieweg + Teubner/Springer Fachmedien, 2010
35. *Krüger, H.:* Sechszylindermotoren mit kleinem V-Winkel. In: MTZ 51 (1990), Nr. 10
36. *Kolbenschmidt AG:* KS-Handbuch: Technisches Handbuch der Kolbenschmidt AG. Band 1, Heft 3, Kap. 3: Kolbenbauarten. Neckarsulm: Kolbenschmidt, 1987
37. LiteKS® – Kolbentechnologie für Hochleistungs-Pkw-Ottomotoren. Firmenschrift der KS Kolbenschmidt GmbH, D-74172 Neckarsulm (Unternehmen der Rheinmetall Automotive AG)
38. Kolbentechnologie für Pkw-Dieselmotoren – Bestens gekühlt für zukünftige Herausforderungen. Firmenschrift der KS Kolbenschmidt GmbH, D-74172 Neckarsulm (Unternehmen der Rheinmetall Automotive AG)
39. *Dörnenburg, T. H. et al.:* Hoch belastete Aluminiumkolben. Werkstoffe. Sonderausgabe von ATZ und MTZ, 01/2007
40. *Ullrich, M.; Scharp, R.:* Nutzfahrzeugkolben für erhöhte mechanische und thermische Belastungen. In: MTZ 68 (2007), Nr. 6
41. *Kortas, J.:* Vom Aluminium- zum Stahlgroßkolben bei Nkw und Schiffen. In: MTZ 66 (2005), Nr. 11
42. LITEKS, NANOFRIKS und KS 309 – Innovative Kolbentechnologien für Ottomotoren. Schrift der KS Kolbenschmidt GmbH (Unternehmen der Rheinmetall Automotive AG), D-74172 Neckarsulm
43. *Meiser, J.; Deuß, Th.; Ehnis, H.; Künzel, R.:* Reibleistungsmessungen am befeuerten Ottomotor – Einfluss der Kolbenschaftgeometrie. MTZ 04/2018 79. Jahrgang, S. 52–57

44. *Blümm, M.; Baberg, A.; Dörnenburg, T. H.; Leitzmann, D.:* Innovative Schaftbeschichtungen für Otto- und Dieselmotorkolben. MTZ 02/2016 77. Jahrgang, S. 54–58
45. *Kim, Y.; Kim, S. J.; Lee, J.; Lim, D.-s.:* Nanodiamantverstärkte PTFE Verbundstoffbeschichtungen. MTZ 2/2015 76. Jahrgang, S. 54–58
46. *Bach, M. et al.:* Audi 4,0 V8 TDI – Der erste Dieselmotor der neuen Audi-V-Motorenbaureihe, Teil 1: Konstruktion und Mechanik. In: MTZ 64 (2003), Nr. 9
47. Neue Werkstoffe und Prozesse für Pkw-Dieselkolben. Firmenschrift der KS Kolbenschmidt GmbH (Unternehmen der Rheinmetall Automotive AG)
48. Innovative Kolbentechnologie für Pkw und Nkw von KS Kolbenschmidt. Firmenschrift der KS Kolbenschmidt GmbH (Unternehmen der Rheinmetall Automotive AG)
49. *Buschbeck, R.; Ottliczky, E.; Hanke, W.; Weimar, H.-J.:* Innovative Kolbensystemlösungen für Verbrennungsmotoren. In: 100 Jahre Kolbenschmidt Pierburg. MTZ extra März 2010
50. *Schommers, J.; Lagemann, V.; Böhm, J.; Binder, S.:* Stahlkolben für Pkw-Dieselmotoren von Mercedes-Benz – Leicht, effizient und zukunftsfähig. MTZ 06/2015 76. Jahrgang, S. 16–23
51. *Kemmner, M.; Lückert, P.; Roth, T.; Braun, T.:* E-Klasse Motor, Familiengründer OM654. ATZ extra Mai 2016, S. 124–131
52. *Sander, W.; Schoeckle, S.:* Design and Fatigue Life Evaluation of Pistons for High BMEP Diesel Engines. In: SAE Technical Paper Series 790857
53. *Schlaefke, K.:* Zur Berechnung von Kolbenbolzen. In: MTZ 1 (1940), Nr. 4
54. *Kuhm, M.:* Das Problem des Kolbenbolzens im Kurbeltrieb. Tl. 1: Anschauung und Berechnungsgrundlagen; Tl. 2: Folgerungen und Kritik. In: MTZ 25 (1964), Nr. 2 ; MTZ 25 (1964), Nr. 6
55. *Sander, W.; Bordt, M.; Strasser, E.:* Hochbelastbare Kolben für Nutzfahrzeugdieselmotoren. In: *Kolbenschmidt AG:* 75 Jahre Kolbenschmidt. Neckarsulm: Kolbenschmidt, 1985
56. *Sander, W.; Kelm, W.:* Formgedrehte Bohrungen zur Bolzenlagerung hoch belasteter Kolben. In: MTZ 42 (1981), Nr. 10
57. *Iguchi, H.:* Weight Reduction of Engine Parts for Motorcycles. In: SAE Technical Paper Series 871187
58. *Reipert, P.; Moebus, H.:* Beitrag zur Berechnung der Naben von Kolben. In: *Kolbenschmidt AG:* 75 Jahre Kolbenschmidt. Neckarsulm: Kolbenschmidt, 1985
59. *Smith, A. V.; Steward, S. G.:* The Design of Lightweight Recibrocating Components for a New Family of High Speed Motorcycle Engines. In: SAE Technical Paper Series 910344
60. *Mahle GmbH (Hrsg.):* Zylinderkomponenten – Eigenschaften, Anwendungen, Werkstoffe. Wiesbaden: Vieweg+Teubner/GWV Fachverlage, 2009
61. *Kolbenschmidt AG:* KS-Handbuch: Technisches Handbuch der Kolbenschmidt AG. Band 1, Heft 8: Werkstoffe für Motorenbauteile. Neckarsulm: Kolbenschmidt, 1987
62. *Mix, W.:* Kolbenbolzensicherungen unter dem Einfluss von Massenkräften. In: KS-Dienst Nr. 11/12
63. *Tschöke, H. E.:* Beitrag zur Berechnung der Kolbensekundärbewegung in Verbrennungsmotoren. Stuttgart, Universität, Diss., 1981
64. *Essers, U.:* Messtechnische Untersuchung der Kolbenquerbewegung an Verbrennungsmotoren. Aachen, RWTH Aachen, Habil.-Schr., 1969
65. *Chucholowski, C.; Woschni, G.; Zeilinger, K.:* Simulationsrechnung der Kolbensekundärbewegung. In: MTZ 48 (1987), Nr. 4
66. *Kolbenschmidt AG:* KS-Handbuch: Technisches Handbuch der Kolbenschmidt AG. Band 1, Heft 9: Kolbenberechnung. Neckarsulm: Kolbenschmidt, 1987
67. *Essig, G.:* KS-Entwicklungs- und Problemlösungskapazitäten". In: *Kolbenschmidt AG:* 75 Jahre Kolbenschmidt. Neckarsulm: Kolbenschmidt, 1985
68. *Wacker, E.; Strecker, E.; Sarsten, A.; Haaland, E.:* Finite Element-Programme zur Berechnung von Brennraumbauteilen. In: MTZ 32 (1971), Nr. 8

69. *Sander, W.; Schoeckle, S.:* Design and Fatigue Life Evaluation of Pistons for High BMEP Diesel Engines. In: SAE Technical Paper Series 790857
70. *Reipert, P.; Moebus, H.; Schellmann, K.:* Computer Design of a Steel-Nodular Cast Iron Piston Capable of Withstanding High Loads for Application in Mid-Speed Diesel Engines. 15. CIMAC-Kongress (Paris 1983)
71. *Keribar, R.; Morel, T.; Blumberg, P. N.:* Coupled Methodology for Thermal Shock Calculations in I.C. Engines. In: SAE Technical Paper Series 865038
72. *Basshuysen, R. van; Steinwart, J.; Stähle, H.; Bauder, A.:* Audi Turbodieselmotor mit Direkteinspritzung. Teil 2. In: MTZ 50 (1989), Nr. 12
73. *Ebel, R.:* Untersuchungen an einem Leichtbaukolben für Pkw-Motoren. In: MTZ 51 (1990), Nr. 1
74. *Link, M.:* Vorausberechnung der thermischen Bauteilbelastung bei geänderten Motorbetriebsbedingungen. FVV-Kolloquium Der heutige Stand der Berechnungsmethoden zum Arbeitsverfahren des Verbrennungsmotors (Frankfurt 1974). In: FVV-Heft R 256 (1974)
75. *Woschni, G.:* Die Berechnung der Wandverluste und der thermischen Belastung der Bauteile von Dieselmotoren. In: MTZ 31 (1970), Nr. 12
76. *Hosokawa, T.; Tsukada, H.; Maeda, Y.; Nakakubo, T.; Nakada, M.:* Development of Computer Aided Engineering for Piston Design. In: SAE Technical Paper Series 890775

Kolbenringe

77. *Betz, G.; Zellbeck, H.:* Untersuchungen zur Reibleistung der Kolbengruppe. In: MTZ 47 (1986), Nr. 10
78. *FEDERAL MOGUL/GOETZE* Kolbenringhandbuch. Ausgabe 04/2003. FEDERAL-MOGUL Burscheid GmbH, D-51399 Burscheid
79. *TRW Thompson GmbH:* Handbuch. 6. Auflage. Barsinghausen: TRW Thompson, 1983. – heute SPT
80. *Jakobs, R.:* Ein Beitrag zum Funktionsverhalten von negativ vertwistenden Minutenringen in der 2. Nut von Fahrzeugdieselmotoren. In: *Goetze AG:* Goetze Dichtungsentwicklung: 100 Jahre Erfahrung. Burscheid: Goetze. – Drucksache Nr. 893460-07/87 ; heute AE Goetze
81. *Mierbach, A.:* Die Twistwinkel des L-förmigen Kolbenringes. In: MTZ 36 (1975), Nr. 4
82. *Knoll, G.; Lechtape-Grüter, R.; Peeken, H.:* Berechnung der Reibungskräfte an Kolbenringen und Ringpaketen bei hydrodynamischer Flüssigkeitsreibung und bei Mischreibung unter Berücksichtigung der Kolbenringdynamik. Arbeitsfortschrittsbericht. In: FVV-Heft R 450 (1988)
83. *Furuhama, S.; Hiruma, M.; Tsuzita, M.:* Piston Ring Motion and Its Influence on Engine Tribology. In: SAE Technical Paper Series 790860
84. *Neumann, P.; Rau, N.; Hübner, G.:* Bestimmung der Radialdruckverteilung an Kolbenringen. In: MTZ 48 (1987), Nr. 11
85. *Leipholz, H.:* Festigkeitslehre für den Konstrukteur. Berlin: Springer, 1969 (*Kollmann, K. (Hrsg.):* Konstruktionsbücher Band 25) (= 14. Pleuel und Kolben)
86. *Mierbach, A.; Mittler, R.:* Einfluss der Auslegung von Kolbenringen auf das Formfüllvermögen in thermisch und mechanisch hoch beanspruchten Motoren. In: MTZ 67 (2006), Nr. 1
87. *Mey, H.:* Unerwünschte plastische Verformung des Kolbenringes. In: MTZ 49 (1988), Nr. 3
88. *Kornprobst, H.; Woschni, G.; Zeilinger, K.:* Simulation des Verhaltens von Kolbenringen im Motorbetrieb. Teil 2. In: MTZ 50 (1989), Nr. 12
89. *Iskra, A.:* Schmierverhältnisse in der Baugruppe Kolbenring-Zylinder bei begrenzter Schmierung der Zylinderwand. In: MTZ 47 (1986), Nr. 7/8
90. *Hannoschöck, N.:* Zur Tribologie des Kolbenringes. In: MTZ 46 (1985), Nr. 12

91. *Jakobs, R.:* Zur Reibleistung der Kolbenringe bei Pkw-Ottomotoren. Burscheid: Goetze (Fachschrift K34; heute AE-Goetze). – auch in: MTZ 49 (1988), Nr. 7/8
92. *Gardner, T. P.; Henein, N. A.:* Diesel Starting: A Mathematical Model. In: SAE Technical Paper Series 880426
93. *Furuhama, S.; Takiguchi, M.; Tomizawa, K.:* Effect of Piston and Piston Ring Designs on the Piston Friction Forces in Diesel Engines. In: SAE Technical Paper Series 810977
94. *Tang-Wei Kuo; Sellnau, M. C.; Theobald, M. A.; Jones, J. D.:* Calculation of Flow in the Piston-Cylinder-Ring Crevices of a Homogeneous Charge Engine and Comparison with Experiment. In: SAE Technical Paper Series 890838
95. *Kolbenschmidt AG:* KS-Handbuch: Technisches Handbuch der Kolbenschmidt AG. Band 1, Heft 9: Kolbenberechnung. Neckarsulm: Kolbenschmidt, 1987 (= 66. Pleuel und Kolben)
96. *Seiler, F.:* Entwicklung eines Programmsystems zur Berechnung der Kolbenringbewegung in radialer und axialer Richtung. Karlsruhe, TH, Dipl.-Arb., 1984
97. *Kempf, M.:* Programmsystem zur Berechnung der Kolbenringbewegung. Karlsruhe, TH, Dipl.-Arb., 1986
98. *Morsbach, M.:* Einfluss der axialen Höhe von Kolbenringen auf deren Funktionsverhalten. In: MTZ 43 (1982), Nr. 7/8
99. *Eweis, M.:* Reibungs- und Undichtigkeitsverluste an Kolbenringen. In: VDI Forschungsheft Nr. 371 (1935)
100. *Layer, A.:* Theorie des Gleitlagers bei Vollschmierung. Bern: Verlag „Technische Rundschau" Hallwag, 1967 (Blaue TR-Reihe Heft 46)
101. *Richez, M. F.; Constans, B.; Winquist, K.:* Theoretical and Experimental Study of Ring-Linear-Friction. In: Proc. of 9th Leeds-Lyon Symp. on Tribology 1982
102. *Patir, N.; Cheng, H. S.:* An Average Flow Model for Determining Effects of Three Dimensional Roughness and Partial Hydrodynamic Lubrication. In: ASME . . . (?) (1978), pp. 12–17
103. *Patir, N.; Cheng, H. S.:* Application of Average Flow Model to Lubrication between Rough Sliding Surfaces. In: ASME . . . (?) (1979), pp. 220–229
104. *Mahle GmbH (Hrsg.):* Kolben und motorische Erprobung. Wiesbaden: Vieweg + Teubner/Springer Fachmedien, 2010 (= 34. Pleuel und Kolben)
105. *Berg, M. (Hrsg):* Ölkreislauf von Verbrennungsmotoren III. Haus der Technik Fachbuch 103. Dort: Knoll, G.; Schlerege, F.: Berechnungsverfahren zur Ölemission eines Ottomotors. Renningen: expert verlag, 2009
106. *Basshuysen van, R.; Schäfer, F. (Hrsg.):* Handbuch Verbrennungsmotor. ATZ/MTZ-Fachbuch. 7. Auflage. Wiesbaden: Springer Vieweg/Springer Fachmedien, 2015, S. 131 ff.
107. Der Audi V6-Motor. Konstruktion und Funktion. Selbststudienprogramm 128. V.A.G. Kundendienst (000.2809.46.00, technischer Stand 10/90), Volkswagen AG, Wolfsburg

Kurbelwelle

108. *Maaß, H.:* Gesichtspunkte zur Berechnung von Kurbelwellen. In: MTZ 30 (1969), Nr. 4
109. *Kritzer, R.:* Mechanik, Beanspruchungen und Dauerbruchsicherheit der Kurbelwellen schnell laufender Dieselmotoren. In: Konstruktion 13 (1961), Nr. 11 und 12
110. *Maaß, H.:* Die Gestaltfestigkeit von Kurbelwellen, insbesondere nach den Forderungen der Klassifikationsgesellschaften. In: MTZ 25 (1964), Nr. 10
111. *Kritzer, R.:* Die dynamische Festigkeitsberechnung der Kurbelwelle. In: Konstruktion 10 (1958), Nr. 7
112. *Donath, G.:* Vorschlag einer Auslegungsvorschrift für Kurbelwellen. Tl. 1. In: MTZ 45 (1984), Nr. 9 – Bericht aus einer Arbeit des CIMAC

113. *Donath, G.; Seidemann, H.:* Auslegung von Dieselmotoren-Kurbelwellen.: Vergleich gemessener und gerechneter Spannungen. Teil 2. In: MTZ 48 (1987), Nr. 11
114. *Hafner, K. E.:* Zur Berechnung der Torsion von Kurbelwellen von Kolbenmaschinen mit Hilfe elektronischer Rechenanlagen. In: MTZ 25 (1964), Nr. 10
115. *Naundorf, H.; Rothe, V.; Ziese, J.:* Einflüsse auf die Festigkeit von Stahlkurbelwellen für Personenwagenmotoren. In: MTZ 37 (1976), Nr. 5
116. *Lang, O. R.:* Triebwerke schnell laufender Verbrennungsmotoren: Grundlagen zur Berechnung und Konstruktion. Berlin: Springer, 1966 (= 9. Pleuel und Kolben)
117. *Mollenhauer, K.; Tschöke, H. (Hrsg.):* Handbuch Dieselmotoren. 3. neu bearbeitete Auflage. Berlin; Heidelberg; New York: Springer, 2007
118. *Basshuysen, R. van; Schäfer, F. (Hrsg.):* Handbuch Verbrennungsmotor; Vieweg Verlag, 1. Auflage, Braunschweig/Wiesbaden 2002
119. *Maaß, H.:* Die Formziffer α und ihre Anwendung bei kombinierter Beanspruchung der Kurbelwelle. In: MTZ 28 (1967), Nr. 2
120. *Lang, O. R.:* Formzahlen von Kurbelwellen. In: MTZ 29 (1968), Nr. 3
121. *Pfender, M.; Amedick, E.; Sonntag, G.:* Einfluss der Formgebung auf die Spannungsverteilung in Kurbelwellenkröpfungen. In: MTZ 27 (1966), Nr. 6
122. *Finkelnburg, H. H.:* Spannungszustände in der festgewalzten Oberfläche von Kurbelwellen. In: MTZ 37 (1976), Nr. 9
123. *Kritzer, R.:* Zur Berechnung der Formzahlen von Kurbelwellen. In: MTZ 23 (1962), Nr. 12. – Interpretation von: *Lejkin, A. S.:* Stress Concentration in Crankshaft Fillets. In: Russian Engineering Journal (1960), Nr. 5
124. *Arai, J.:* The Bending Stress Concentration Factor of Solid Crankshaft. In: Bulletin of ISME No. 31 (1965) Vol. 8
125. *Hoshino, J.; Arai, J.:* Strength Analysis of Diesel Engine Crankshaft. 6. Shipping- and Shipbuilding Conference 1966
126. *Eberhard, A.:* Einfluss der Formgebung auf die Spannungsverteilung von Kurbelkröpfungen, insbesondere von solchen mit Längsbohrungen. In: Forschungsbericht der Forschungsvereinigung Verbrennungskraftmaschinen e. V. (FVV) Heft 130 (1972)
127. *Eberhard, A.:* Einfluss der Formgebung auf die Spannungsverteilung von Kurbelkröpfungen mit Längsbohrungen. Teil 1; Teil 2. In: MTZ 34 (1973), Nr. 7 ; MTZ 34 (1973), Nr. 9
128. *Urlaub, A.:* Verbrennungsmotoren. Band 3: Konstruktion. Berlin: Springer, 1989 (= 13. Pleuel und Kolben)
129. IACS (International Association of Classifications Societies) (1986): M53 Calculation of Crankshafts of I.C. Engines. IACS Requirements
130. *Zenner, H.; Donath, G.:* Dauerfestigkeit von Kurbelwellen: Ein neues Berechnungsverfahren unter besonderer Berücksichtigung der Baugröße. In: MTZ 38 (1977), Nr. 2
131. *Zenner, H.:* Studie über den Einfluss der Baugröße auf die Dauerfestigkeit von Kurbelwellen. In: Forschungsbericht der Forschungsvereinigung Verbrennungskraftmaschinen e.V. (FVV) Heft 199 (1976)
132. *Wellinger, K.; Dietmann, K. H.:* Festigkeitsberechnung: Grundlagen und technische Anwendungen. Stuttgart: Körner, 1969
133. *Maaß, H.:* Betrachtungen zur Gestaltfestigkeit von Kurbelwellen. Teil 2: Berechnungsmethoden. In: MTZ 31 (1970), Nr. 7
134. *Petersen, C.:* Die Gestaltfestigkeit von Bauteilen. In: VDI-Z Band 94 (1952)
135. *Maaß, H.:* Betrachtungen zur Gestaltfestigkeit von Kurbelwellen. Teil 3: Berechnungsvorschlag zur Bauteilfestigkeit der Kurbelwelle. In: MTZ 31 (1970), Nr. 12
136. *Maaß, H.:* Betrachtungen zur Gestaltfestigkeit von Kurbelwellen. In: MTZ 31 (1970), Nr. 2

137. *Albrecht, K.-H.; Emanuel H.; Junk, H.:* Optimierung von Kurbelwellen aus Gusseisen mit Kugelgraphit. In: MTZ 47 (1986), Nr. 7/8
138. *Svoboda, M.; Bauer, W.:* Berechnung von Spannungen in den Hohlkehlen von Pkw-Kurbelwellen mit der Boundary-Element-Methode (BEM). In: MTZ 47 (1986), Nr. 3
139. *Bartels, M.; Ruschlau, B.:* PROBE Neue p-Version der Finite-Element-Methode. In: ATZ 92 (1990), Nr. 9
140. *Chang, N.; Chung, S. B.:* Computer Program for the Optimal Design of Crankshaft. In: SAE Technical Paper Series 871224
141. *Georgens, G.; Strauss, A.; Willmann, M.:* Der neue Turbodieselmotor mit Direkteinspritzung und 1,9 l Hubraum. In: MTZ 53 (1992), Nr. 3
142. *Payer, E.:* Nichtlineare transiente Spannungsberechnung von Kurbelwellen. In: MTZ 55 (1994), Nr. 2
143. *Fiedler, A. G.; Gschweitl E.:* Neues Berechnungsverfahren zeigt vorhandene Reserven bei der Kurbelwellenfestigkeit. In: MTZ 59 (1998), Nr. 3
144. *Rasser, W.; Resch, T.; Priebsch, H. H.:* Berechnung der gekoppelten Axial-, Biege- und Torsionsschwingungen von Kurbelwellen und der auftretenden Spannungen. In: MTZ 61 (2000), Nr. 10
145. *Resch, T. et al.:* Verwendung von Mehrkörperdynamik zur Kurbelwellenauslegung in der Konzeptphase. In: MTZ 65 (2004), Nr. 11
146. *Ortjohann, T.; Rebbert, M.; Maasen, F.; Robers, M.:* Kurbelwellensimulation. In: MTZ 67 (2006), Nr. 5
147. *Ilzhöfer, B.; Kuchar, P.; Wersching, R.:* Schnittlasten aus der dynamischen 3D-Kurbelwellenberechnung. In: MTZ 68 (2007), Nr. 07/08
148. *Tschöke, H.; Mollenhauer, K.; Maier, R. (Hrsg.):* Handbuch Dieselmotoren. 4. Auflage. Springer Reference Technik. Wiesbaden: Springer Vieweg/Springer Fachmedien, 2018. Teil XII, 34, *Köhler, E.*: Bauformen, Eigenschaften und Beanspruchung des Triebwerks, S. 527 ff.; Teil XII, 35, *Köhler, E.*: Massenausgleich und Drehschwingungen des Triebwerks, S. 561 ff.
149. *Maaß, H.; Klier, H.:* Kräfte, Momente und deren Ausgleich in der Verbrennungskraftmaschine. Wien: Springer, 1982
150. *Träbing, C.:* Optimierung transienter Berechnungen der Motordynamik durch Interfacemoden und modale Spannungen. Kassel, Universität, Diss., 2003
151. *Gaier, C.; Dannbauer, H.:* Ein effizientes kritisches Schnittebenenverfahren für duktile, semiduktile und spröde Werkstoffe. (http://www.femfat.com/ftp/papers/2006/01_Planneralm.pdf)

Zylinderkurbelgehäuse

152. *Flierl, R., (Hrsg).:* Konzeption, werkstoffgerechte Gestaltung und Festigkeitsnachweis für ein Magnesium-Hybrid-Zylinderkurbelgehäuse. Diss. *Doerr, J.*, Technische Universität Kaiserslautern, Kaiserslautern 2005
153. *Arai, T.:* Major Engine Components Made by Various Aluminium Casting Techniques. In: Aluminium + Automobil. Düsseldorf: Aluminium Verlag, 1998
154. *Köhler, E.:* Umdruck zur Vorlesung „Konstruktion und Berechnung von Kolbenmaschinen", IMS, Lehrstuhl für Kolbenmaschinen, Otto-von-Guericke-Universität Magdeburg
155. *Flierl, R.:* Patent Nr. DE 10112132.6
156. *BMW AG*, München: BMW 6-Zylinder-Ottomotor mit VALVETRONIC – Magnesium-Aluminium-Verbund-Kurbelgehäuse, Presseabteilung 06/2004
157. *Schmillen, K.; Schwaderlapp, M.; Spessert, B.:* Verbesserung des akustischen Verhaltens von Motorblöcken. In: MTZ 53 (1992), Nr. 4

158. *Flierl, R.:* Umdruck zur Vorlesung Verbrennungsmotoren, Technische Universität Kaiserslautern
159. *Albrecht, K.-H.; Emanuel, H.; Junk, H.:* Moderne Grauguss-Zylinderkurbelgehäuse. In: MTZ 46 (1985), Nr. 10
160. *Indra, F.; Tholl, M.:* Der 3,0 l Opel-Rennmotor für die Internationale Deutsche Tourenwagenmeisterschaft. In: MTZ 52 (1991), Nr. 9 (= 10. Pleuel und Kolben)
161. *Georgens, G.; Strauss, A.; Willmann, M.:* Der neue Turbodieselmotor mit Direkteinspritzung und 1,9 l Hubraum. In: MTZ 53 (1992), Nr. 3
162. *Fischer, A.; Gaede, G.; Göschel, B.; Schlott, H.; Tischer, J.:* Der neue BMW-12-Zylinder-Motor mit 5 l Hubraum, Teil 1. In: MTZ 48 (1987), Nr. 9
163. *Hadler, J. et al.:* Der neue 5-Zylinder 2,5l-TDI Pumpedüse-Dieselmotor von Volkswagen. Aachener Kolloquium „Fahrzeug- und Motorentechnik", 07.–09. Oktober, 2002, Aachen
164. *Bock, S.; Mau, G.:* Bauelemente von Dieselmotoren. In: Die Dieselmaschine im Land- und Schiffsbetrieb. Wiesbaden: Vieweg+Teubner, 1968
165. *Frigge, P.; Affolter, S.; Bachmann, D. De; Jong, R.:* Neue Zweitakt-Schiffsdieselmotoren von Wärtsilä. MTZ 11/2011 72. Jahrgang, S. 846–853
166. Lexikon Verbrennungsmotor: Supplement von ATZ und MTZ, Folge 52
167. Lexikon Verbrennungsmotor: Supplement von ATZ und MTZ, Folge 51
168. *Maier, K.:* Beschichtung von Zylinderlaufflächen und Kolben. In: VDI-Berichte Nr. 866 (1990)
169. *Hoen, Th.; Schmid, J.; Stumpf, W.:* Weniger Verschleiß und Ölverbrauch durch Spiralgleithonung bei Deutz-Motoren. MTZ 04/2009 70. Jahrgang, S. 325–329
170. *Wacker, E.:* Unbewehrte Aluminium-Zylinder für Verbrennungsmotoren. In MTZ 34 (1973), Nr. 2
171. *Wacker, E.; Dorsch, H.:* ALUSIL-Zylinder und FERROCOAT-Kolben für den Porsche-Motor 911. In: MTZ 35 (1974), Nr. 2
172. *Hofmann, H.-H.; Schellmann, K.; Wacker, E.:* Aluminium 390 Alloy Engine Blocks: Design and Manufacturing. In: SAE Technical Paper Series 830007
173. *Hofmann, H.; Köhler, E.:* 15 Jahre KS-Erfahrung mit ALUSIL-Motorblöcken. In: Kolbenschmidt AG: 75 Jahre Kolbenschmidt. Neckarsulm: Kolbenschmidt, 1985
174. *Köhler, E.; Hofmann, K.; Niehues, J.; Sick, G.:* Kurzbauende, leichte Closed-deck-Aluminium-Kurbelgehäuse für Großserien. In: ATZ/MTZ-Sonderheft Fertigungstechnik '92
175. *Ebisawa, M.; Hara, T.; Hayashi, T.; Ushio, H.:* Production Process of Metal Matrix Composites (MMC) Engine Block. In: SAE Technical Paper Series 910835
176. *Salmansberger, M.; Hiemesch, D.; Stütz, W.; Steinmayr, Th.:* Die Dieselmotorenfamilie des Next-Generation-Baukastens von BMW. MTZ 12/2017 78. Jahrgang, S. 38–46
177. *Köhler, E.; Beer, St.; Klimesch, Ch.; Niehues, J.; Sommer, B.:* Leichtbau beim Zylinderkurbelgehäuse für aktuelle und zukünftige Anforderungen. MTZ 10/2009 70. Jahrgang, S. 712–721
178. *Ernst, F.; Kube, D.; Klaus, G.:* Al-Kurbelgehäuse mit thermisch gespritzter Eisenbasisbeschichtung. GIESSEREI 100 12/2013, S. 44–51
179. *Distelrath-Lübeck, A.; Scherer, V.; Aumiller, M.:* Korrosionsverhalten von Werkstoffen für Zylinderlaufflächen. MTZ 01/2017 78. Jahrgang, S. 56–61
180. *Kerner, J.; Wasserbäch, Th.; Brandl, Th.; Baumann, M.:* Die neue Generation der Porsche Sechszylinder-Boxermotoren. Anzeigen-Sonderveröffentlichung. MTZ 11/2015 76. Jahrgang, S. 64–70
181. *Müller, H.; Dengler, S.; Nutz, J.; Füssel, M.:* Der neue 2,5-l-TFSI-Fünfzylindermotor von Audi für den TT RS. MTZ 04/2017 78. Jahrgang, S. 40–48
182. *Brox, W.; Fischer, A.; Hofmann, R.; Rech, H.; Schlott, H.; Ziermann, P.:* Die neuen BMW V8-Motoren. In: MTZ 53 (1992), Nr. 5 (= 5. Pleuel und Kolben)

183. *Anisits, F.; Hiemesch, O.; Kratochwill, H.; Mundorff, F.:* Der neue BMW Sechszylinder-Dieselmotor. Teil 1. In: MTZ 52 (1991), Nr. 10
184. *Piech, F.:* 3 Liter/100 km im Jahr 2000? ATZ 94 (1992), Nr. 1 (= 20. Kapitel 3)
185. *Sorger, H.; Schöffmann, W.; Wolf, W.; Steinberg, W.:* Leichtbau von Zylinderkurbelgehäusen aus Eisenguss. MTZ 03/2015 76. Jahrgang, S. 42–47
186. *Seungkuh, L.; Kikuchi, N.:* Model Analysis of a Diesel Engine Cylinder Block Using HEXA8 Finite Elements: Analysis and Experiment. In: SAE Technical Paper Series 881853
187. *Angoy, C. H.; Tunnah, R. J.:* The Use of Finite Element Techniques in Structural Assessment of a Radically New Small Engine. In: Auto-Tech 89 399/25, 1989 High Tech: New Engine IMechE Seminar Papers
188. *Brandstetter, W.; Finch, J.; Hirsch, W.:* Die neue DOHC-16-Ventil-Motorenbaureihe von Ford. Teil 1: Projektierung Grundmotor. In: MTZ 53 (1992), Nr. 2
189. *Atzorn, H.-H.; Stamerjohanns, P.:* Berechnung des Schwingungs- und Akustikverhaltens eines Dieselmotors. Haus der Technik e.V. (Veranst.): Tagung Verbrennungsmotoren-Akustik (Essen 1993)
190. *Brandstetter, W.; Lawrence, P. J.; Hansen, J.:* Die Dieselmotoren-Familie mit 1,8 l Hubraum von Ford. In: MTZ 52 (1991), Nr. 9, S. 434 ff.
191. *Vorberger, G.; Flierl, R.; Hirschfelder, K.:* Berechnungsmethoden in der Motorenentwicklung. In: Automobil-Industrie 35 (1990), Nr. 6
192. *Woschni, G.:* Die Berechnung der Wandverluste und der thermischen Belastung der Bauteile von Dieselmotoren. In: MTZ 31 (1970), Nr. 12 (= 75. Pleuel und Kolben)
193. *Urlaub, A.:* Verbrennungsmotoren. Band 3: Konstruktion. Berlin: Springer, 1989 (= 13. Kolben und Pleuel; = 128. Kurbelwelle)
194. *Fersen, O. v.:* Schichtwechsel. Moderne Motoren: Rover K-Reihe. In: mot Technik (1989), Nr. 26
195. *Karner, J.:* Die nachziehfreie Zylinderkopf-Verspannung. In: MTZ 41 (1980), Nr. 3
196. *Lönne, K.:* Das Goetze-Zylinderverzugsmesssystem und Möglichkeiten zur Reduzierung der Zylinderverzüge. In: *Goetze AG*: Goetze Dichtungsentwicklung: 100 Jahre Erfahrung. Burscheid: Goetze. – Drucksache Nr. 893460-07/87; heute AE-Goetze
197. *FEDERAL MOGUL/GOETZE Kolbenringhandbuch.* Ausgabe 04/2003. FEDERAL-MOGUL Burscheid GmbH, D-51399 Burscheid
198. *Berg, M.; Schultheiß, H.; Musch, D.; Hilbert, Th.:* Moderne Methoden zur Optimierung von Zylinderverzügen. MTZ 12/2015 76. Jahrgang, S. 46–55
199. *Landerl, Ch.; Rülicke, M.; Spanring, D.; Schmuck-Soldan, S.:* Die Ottomotorenfamilie des Next-Generation-Baukastens von BMW. MTZ 03/2018 79. Jahrgang, S. 40–46
200. *Banks, T. J.; Lacy, D. J.:* The Application of Analysis to Piston Ring Performance. IMechE-Paper C375/003 1989 Combustion Engine: Reduction of Friction and Wear, IMechE Conf. Proc. 1989-9
201. *Pischinger, F.:* Verbrennungsmotoren. Band 1. 9. Auflage. Aachen: Lehrstuhl für angewandte Thermodynamik RWTH Aachen, 1988, Vorlesungsumdruck Seite 258
202. *Zürner, H.-J.; Schibalski, W.; Müller, H.:* Kavitation und Korrosion an Zylindern von Dieselmotoren. In: MTZ 49 (1988), Nr. 9
203. *Anonym:* La cavitation des chemises humides sur les moteurs Diesel. In : Rev. Tech. Diesel (1989) 155D
204. *Bennigsen, G. v. :* Verminderung von Laufbuchsenverzügen an Kolbenmotoren durch Gestaltung der Einfassungsbördel an Flachdichtungen. In: MTZ 29 (1968), Nr. 8
205. *Kunz, A.:* Formelsammlung. Essen: Verlag technisch-wissenschaftliche Schriften, 1981. – Hrsg.: VGB Technische Vereinigung der Großkraftwerksbetreiber e.V. VGB Kraftwerkstechnik GmbH
206. *MS Motor Service:* Zylinderlaufbuchsen mit Feuerring – Konstruktion, Funktion und Einbauweise. Service Information (SI) 0024. MS Motor Service International GmbH (Unternehmen der Rheinmetall Automotive AG)

207. *Doehler-Jarvis:* Unveröffentlichte Messergebnisse Toledo/Ohio, USA: Doehler-Jarvis
208. *Karl Schmidt GmbH:* KS Technisches Handbuch. Neckarsulm: Karl Schmidt GmbH, 1967
209. *Zürner, H.:* Gestaltung von Zylinderlaufbuchsen und Kolben in Fahrzeugmotoren. In: ATZ 73 (1971), Nr. 4
210. *Holzmann, G.; Meyer, H.; Schumpich, G.:* Technische Mechanik. Teil 3: Festigkeitslehre. Stuttgart: Teubner, 1990
211. *Leipholz, H.:* Festigkeitslehre für den Konstrukteur. Berlin: Springer, 1969 (*Kollmann, K. (Hrsg.):* Konstruktionsbücher Band 25) (= 14. Pleuel und Kolben; = 85. Kolbenringe)

Zylinderkopf

212. *Brox, W.; Fischer, A.; Hofmann, R.; Rech, H.; Schlott, H.; Ziermann, P.:* Die neuen BMW V8-Motoren. In: MTZ 53 (1992), Nr. 5 (= 5. Pleuel und Kolben; =182. Zylinderkurbelgehäuse)
213. *Basshuysen, R. van; Schäfer, F. (Hrsg.):* Handbuch Verbrennungsmotoren; Vieweg Verlag, 1. Auflage, Braunschweig/Wiesbaden 2002 (= 118. Kurbelwelle)
214. *Lehner, F.; Walther, G.:* Die konstruktive Auslegung der neuen BMW Vierventilmotoren. In: Automobil-Industrie 35 (1990), Nr. 3
215. *Lückert, P. et al.:* Power Pack. ATZ-/MTZ-Sonderausgabe DaimlerChrysler SLK-Klasse – Motoren
216. *Knirsch, S.; Ambos, E.; Todte, M.:* Werkstoff- und Verfahrensentwicklung für Zylinderköpfe von hochbelasteten Verbrennungsmotoren. In: MTZ 65 (2004), Nr. 4
217. *James, E. F.; Jacques, R. L.; Marsh, R. A.; Brooks, P. J.:* The Northstar DOHC V-8 Engine for Cadillac. In: SAE Technical Paper Series 920671
218. Auszug aus Konstruktionsunterlagen der KS Aluminium-Technologie AG, Neckarsulm, für einen Vierventil-Zylinderkopf eines 1,4 l Vierzylinder-Ottomotors
219. *Boulouchos, K.; Hannoschöck, N.:* Der Wärmetransport zwischen Arbeitsmedium und Brennraumwand. In: MTZ 47 (1986), Nr. 9
220. *Woschni, G.:* Beitrag zum Problem des Wärmeübergangs im Verbrennungsmotor. In: MTZ 26 (1965), Nr. 4
221. *Woschni, G.:* Die Berechnung der Wandverluste und der thermischen Belastung der Bauteile von Dieselmotoren. In: MTZ 31 (1970), Nr. 12 (= 75. Pleuel und Kolben)
222. *Zapf, H.:* Beitrag zur Untersuchung des Wärmeübergangs während des Ladungswechsels im Viertaktdieselmotor. In: MTZ 30 (1969), Nr. 12
223. *Woschni, G.:* Experimentelle Untersuchung des Wärmeflusses in Kolben und Zylinderbüchse eines schnell laufenden Dieselmotors. In: MTZ 39 (1978), Nr. 12
224. *Woschni, G.; Fieger, J.:* Auswertung gemessener Temperaturfelder zur Bestimmung örtlicher Wärmeübergangskoeffizienten am Kolben eines schnell laufenden Dieselmotors. In: MTZ 40 (1979), Nr. 4
225. *Fieger, J.:* Experimentelle Untersuchung des Wärmeübergangs beim Ottomotor. München, TU, Diss., 1981
226. *Woschni, G.; Fieger, J.:* Experimentelle Bestimmung des örtlich gemittelten Wärmeübergangskoeffizienten im Ottomotor. In: MTZ 42 (1981), Nr. 6
227. *Woschni, G.:* Wärmeübergang und Brennverlauf im Ottomotor. In: FVV Heft R391 (1980)
228. *Pischinger, F.:* Verbrennungsmotoren. Band 1. 9. Auflage. Aachen: Lehrstuhl für angewandte Thermodynamik RWTH Aachen, 1988. – Vorlesungsumdruck Seite 169
229. *Woschni, G.:* Wärmeübergang und Brennverlauf im Ottomotor. In: FVV Heft R326 (1978)
230. *Basshuysen, R. van; Schäfer, F.:* http://www.Motorlexikon.de, „Einlasskanal Dieselmotor" → „Drallzahl"

231. *Imabeppu, S.; Hirano, Y.; Shimonosono, H.:* An Analysis of Heat Release to Coolant in the Cylinder Head. In: JSAE Rev. 11 (1990), Nr. 3
232. *Pivec, R.; Sams, Th.; Wimmer, A.:* Wärmeübergang im Ein- und Auslasssystem. In: MTZ 59 (1998), Nr. 10
233. *Trapy, J.:* Ansatz für den gasseitigen Wärmeübergangskoeffizienten bei Ottomotoren unter Berücksichtigung klopfender Verbrennung. RWTH Aachen (Veranst.); SIA (Veranst.); VDI-GFT (Veranst.): Tagung Der Fahrzeug-Ottomotor unter neuen europäischen Randbedingungen (Aachen 1985). – Kurzfassung in: MTZ 47 (1986), Nr. 4
234. *Eilts, P.:* Zur Baugrößenabhängigkeit der Wandwärmeverluste von Verbrennungsmotoren. In: MTZ 51 (1990), Nr. 7/8
235. *Pohlmann, H.:* Berechnung der örtlichen und zeitlichen Verteilung der Wärmestromdichte im Kolbenmotor. In: MTZ 50 (1989), Nr. 2
236. *Yang, J.; Pierce, P.; Martin, J. K.; Foster, D. E.:* Heat Transfer Predictions and Experiments in a Motored Engine. In: SAE Technical Paper Series 881314
237. *Morel, T.; Rackmil, C. I.; Keribar, R.; Jennings, M. J.:* Model for Heat Transfer and Combustion in Spark Ignited Engines and its Comparison with Experiments. In: SAE Technical Paper Series 880198
238. *Petutschnig, H. et al.:* Rechnerische Abbildung des Temperaturfelds in Zylinderköpfen moderner Dieselmotoren. In: MTZ 63 (2002), Nr. 12
239. *Mayinger, F.:* Blasenbildung und Wärmeübergang bei Sieden in freier und erzwungener Konvektion. Chemie-Ing.-Techn. 47. Jahrgang Heft 18 (1975), S. 737–748
240. *Steinparzer, F. et al.:* Neuer Vierzylinder-Dieselmotor von BMW mit Common-Rail-Einspritzung. In: MTZ 62 (2001), Nr. 11
241. *Nagayoshi, T.; Kodaira, T.:* Analysis of Thermal Fatigue Cracks in Cylinder Heads. In: JSAE Rev. 14 (1993), Nr. 2
242. *Brandstetter, W.; Bostock, Ph.; Hansen, J.:* Die neuen Dieselmotoren mit 2,5 l Hubraum für den Ford Transit. In: MTZ 53 (1992), Nr. 5
243. *Hüttner, Th.; Duckworth, R.:* Der präzisionsgekühlte Zylinderkopf von Cosworth. In: MTZ 57 (1996), Nr. 11
244. *Sunayama, N.:* Heat Transfer/Thermal Analysis for Cylinder Head. In: SAE Technical Paper Series 910301
245. *Iwashita, Y.; Kanda, M.; Kartagiri, H.; Yokoi, Y.:* Improvement of Coolant Flow for Reducing Knock. In: Auto-Tech 89 C399/6, 1989 Engine Cooling Technology IMechE Seminar Papers
246. *Kulkarni, A. V.:* New Generation Small Block V8 Engine. In: SAE Technical Paper Series 920673
247. *Dorenkamp, R. et al.:* Die Dieselmotoren im neuen Passat: Hoher Komfort – geringe Emissionen. VW Passat. Sonderausgabe von ATZ und MTZ, 04/2005
248. Selbststudienprogramm 514: Die neue Dieselmotoren-Baureihe EA288 – Konstruktion und Funktion. After Sales Qualifizierung, Service Training VSQ/2, Volkswagen AG, Wolfsburg
249. *Klan, St.*: Beitrag zur Evolution von Aluminium-Gusslegierungen für warmfeste Anwendungen. Dissertation Technische Universität Bergakademie Freiberg, Freiberg 2004
250. *Karl Schmidt GmbH:* KS Technisches Handbuch. Neckarsulm: Karl Schmidt GmbH, 1967. – heute Kolbenschmidt Pierburg AG (= 208. Zylinderkurbelgehäuse)
251. *Kolbenschmidt AG:* KS-Handbuch: Technisches Handbuch der Kolbenschmidt AG. Band 1, Heft 8: Werkstoffe für Motorenbauteile. Neckarsulm: Kolbenschmidt, 1987 (= 61. Pleuel und Kolben)
252. *Weiss, F.; Fuchs, H. A.:* Niederdruckgießen von Zylinderköpfen und Zylinderblöcken. In: Gießerei-Praxis (1990), Nr. 8

253. *Chuimert, R.;. Garat, M.*: Aluminium Casting Alloy for Highly Stressed Diesel Cylinder Heads. In: Aluminium + Automobil. Düsseldorf: Aluminium Verlag, 1988
254. *Köhler, E.; Klimesch, Ch.; Bechtle, S.; Stanchev, St.*: Zylinderköpfe im Schwerkraft-Kokillenguss. MTZ 09/2010 71. Jahrgang, S. 608–611
255. *Indra, F.; Tholl, M.*: Der 3,0 l Opel-Rennmotor für die Internationale Deutsche Tourenwagenmeisterschaft. In: MTZ 52 (1991), Nr. 9 (= 10. Pleuel und Kolben, = 160. Zylinderkurbelgehäuse)
256. *Endres, H.; Wurms, R.; Neusser, H. J.*: Verbrauchs- und Emissionsminderung bei Mehrventil-Ottomotoren durch Anwendung von Drall und „Tumble“. 3. Aachener Kolloquium Fahrzeug- und Motorentechnik, Aachen 1991
257. *Gebhard, P. et al.*: Neue Generation der kleinen Ottomotoren-Baureihe für Opel Corsa, Agila und Astra. In: MTZ 65 (2004), Nr. 3
258. *Lückert, P. et al.*: Der neue V6-Ottomotor M272 von Mercedes-Benz. In: MTZ 65 (2004), Nr. 6
259. *Brandstetter, W.; Wallbrück, B.; Sweet, T.; Hansen, J.*: Der 2,0 l 16V Motor für den neuen Ford Escort RS 2000. In: MTZ 52 (1991), Nr. 10
260. *Bauder, R. et al.*: Audi 4,0 V8-TDI – Der erste Dieselmotor der neuen Audi-V-Motorenbaureihe, Teil 2 : Thermodynamik und Applikation. MTZ 64 (2003) Nr. 10
261. *Bach, M. et al.*: Der neue V8-TDI-Motor von Audi – Teil I: Vorentwicklung und Berechnung. ATZ-/MTZ-Sonderausgabe 10 Jahre TDI/Der neue V8 TDI
262. *Eidenböck et al.*: Zylinderkopf in Vierventiltechnik für den BMW DI-Dieselmotor. In: MTZ 59 (1998), Nr. 6
263. *Lawrence, P. et al.*: Die neuen Duratorq-Dieselmotoren mit Direkteinspritzung im Ford Transit. In: MTZ 61 (2000), Nr. 1
264. Interdisciplinary Engine Development from the Initial Concept through Production Release. Firmenschrift der FEV Motorentechnik GmbH & Co. KG, D-52078 Aachen
265. *Seifert, H.*: 20 Jahre erfolgreiche Entwicklung des Programmsystems PROMO. In: MTZ 51 (1990), Nr. 11
266. *Stanski, U.; Melcher, Th.; Berthold, J.*: Rechnergestützte Ladungswechselauslegung. In: MTZ 46 (1985), Nr. 12
267. *Seifert, H.*: Die Berechnung instationärer Strömungsvorgänge in Rohrleitungssystemen von Mehrzylindermotoren. In: MTZ 33 (1972), Nr. 11
268. *Seifert, H.*: Die Analyse instationärer Strömungsvorgänge in Saugrohren von Mehrzylinder-Vergasermotoren. In: MTZ 39 (1978), Nr. 1
269. *Urlaub, A.*: Verbrennungsmotoren. Band 2: Vefahrenstheorie. Berlin: Springer, 1989
270. *Stromberg, H. J.*: Berechnung von Ladungswechsel und Kreisprozess eines Verbrennungsmotors unter Berücksichtigung der instationären Strömungsvorgänge in den angeschlossenen Rohrleitungen. FVV-Kolloquium Der heutige Stand der Berechnungsmethoden zum Arbeitsverfahren des Verbrennungsmotors (1974). In: FVV Heft R256 (1974)
271. *Brandstetter, W.; Lawrence, P. J.; Hansen, J.*: Die Dieselmotoren-Familie mit 1,8 l Hubraum von Ford. In: MTZ 52 (1991), Nr. 9, S. 434 ff.
272. *Danckert, H.; Wersching, R.; Schöckle, S.*: 3-dimensionale Berechnung der Wasserströmung in einem Zylinderkopf. In: Automobil-Industrie 35 (1990), Nr. 5
273. *Riedler, M.; Minichmayr, R.; Eichlseder, W.*: Thermomechanische Ermüdung am Zylinderkopf. Thermische Einflüsse auf Werkstoffe, 5. Juli 2005, Burg Oberkapfenberg (A) (http://www.sfg.at/termine/docs/1460_Vortrag_Riedler.pdf)
274. *Winter, G. et al.*: Cast Iron versus Aluminium Cylinder Head Materials: Their Properties Concerning Thermo-Mechanical Fatigue. 22nd DANUBIA-ADRIA Symposium on Experimental Methods in Solid Mechanics, September 28 – October 1, 2005, Monticelli Terme/Parma, Italy
275. *FEMFAT NEWSLETTER* – FEMFAT HEAT Sehitoglu. Spring Edition 2006, S. 2–3

276. *Niemann, G.; Winter, H.; Höhn, B.-R.:* Maschinenelemente – Band 1: Konstruktion und Berechnung von Verbindungen, Lagern und Wellen. 4. Auflage, Berlin: Springer, 2005
277. *Trampert, S. et al.:* Reduzierte Entwicklungszeiten durch Anwendung programmgesteuerter Strukturoptimierung bei der Simulation von Verbrennungsmotoren. Schrift der FEV Motorentechnik GmbH bzw. FE-Design GmbH. www.fe-design.de/.../publikationen/publikationen2006/06-09-25_VPC_Strukturopt_Verbrennungsmot_FEV-FED.pdf

Zylinderkopfdichtung

278. *Fleischer, E.:* Die Zylinderkopfdichtung in der Patentliteratur. Teil I – III. In: MTZ 48 (1987), Nr. 3, Nr. 9 und Nr. 12
279. *Schwenkel, W.:* Ferrolastik 470: ein Werkstoff für nachziehfreie Zylinderkopfverspannungen. In: ATZ 82 (1980), Nr. 7/8
280. *Gronle, H.; Wagenplast, D.:* Asbestfreier Dichtungswerkstoff mit neuer Konzeption. In: MTZ 49 (1988), Nr. 5
281. *Karner, J.:* Die nachziehfreie Zylinderkopf-Verspannung. In: MTZ 41 (1980), Nr. 3
282. *Golombek, Ch.:* Zylinderkopfdichtung mit Breitstopper verringert Kontaktpressung. In: MTZ 64 (2003), Nr. 11
283. *Ludwig, J. et al.:* Die neue Technologie für Mehrlagen-Stahl-Zylinderkopfdichtungen. In: MTZ 62 (2001), Nr. 10
284. *Weiß, A.:* REINZ-Retall MLS-Zylinderkopfdichtungen für höchste Verbrennungsdrücke. In: Sonderausgabe von MTZ: 60 Jahre MTZ
285. *Eifler, G.:* Neue Zylinderkopfdichtung mit integrierter Dichtspaltsensorik. In: MTZ 60 (1999), Nr. 3
286. *Popielas, F.:* FEM als Tool zur Auslegung von Mehrlagenstahl (MLS)-Dichtungen. In: Sonderausgabe von ATZ und MTZ: System Partners 98 (1998), S. 94 f.
287. *Popielas, F.; Quick, L.; Weiß, A.:* Optimierung funktionsrelevanter Eigenschaften von Mehrlagen-Stahl-Zylinderkopfdichtungen für neue Motorkonstruktionen. In: MTZ 60 (1999), Nr. 3
288. *Cierocki, K.; Ermert, Th.:* Topografischer Stopper für Zylinderkopfdichtungen. In: MTZ 64 (2003), Nr. 1
289. Titelthema: Dichtungstechnik – Neue Dichtungstechnik für neue Motoren (Elring Klinger GmbH, D-72575 Dettingen). In: MTZ 59 (1998), Nr. 5
290. *Cierocki, K.; Ermert, Th.:* Topografischer Stopper für Zylinderkopfdichtungen. MTZ 1/2003 64. Jahrgang, S. 22–28
291. *Hirsch, V.; Schneider, E.; Weiß, R.:* Numerische Berechnungen für Dichtungen und Bauteile. In: MTZ 65 (2004), Nr. 10
292. *Cierocki, K.; Hilgert, Ch.:* Dichtung mit nur einer Lage. In: Automobil-Entwicklung, Mai 1998
293. *Gasch, M.; Schwarzer, R.; Heilig, M.:* Neues Zylinderkopfdichtungskonzept für den Sechszylinder-Twin-Turbo-Ottomotor von BMW. In: MTZ 68 (2007), Nr. 1
294. *Ludwig, J. et al.:* Zylinderkopfdichtungen für neue Al-Mg-Kombibauweise von BMW-Ottomotoren. In: MTZ 65 (2004), Nr. 12
295. *Schneider, J. et al.:* Funktionserweiterung von Zylinderkopfdichtungen – Weiterentwicklungen beim Wellenstopper. In: MTZ 64 (2003), Nr. 10
296. *Eckert, D.:* Dichtungstechnologie – kreative und innovative Entwicklungsleistungen für Meilensteine im Motorenbau. In: Sonderausgabe von MTZ: 60 Jahre MTZ

Berechnung und Auslegung von Baugruppen 5

5.1 Ladungswechsel

Der Ladungswechsel, d. h. das Ausschieben des Abgases und das Füllen des Zylinders mit Luft oder Frischgas (Abb. 5.1), beeinflusst den Drehmomentverlauf über der Motordrehzahl an der Volllast, Verbrauch und Emissionen in der Teillast und die Leerlaufqualität des Motors entscheidend. Streng genommen umfasst der Ladungswechsel den Austausch der Zylinderfüllung. Da das Einströmen des Frischgases in den Zylinder die Gemischaufbereitung und das Strömungsfeld im Zylinder prägen und der Anteil von Abgas, der im Zylinder als so genanntes Restgas verbleibt, durch den Ladungswechsel gesteuert wird, beeinflusst der Ladungswechsel auch die Verbrennung und die Mengen an schädlichen Emissionen wesentlich. Dabei unterscheidet sich das Ausschieben von Abgas deutlich von den Einströmvorgängen.

Beim Öffnen des Auslassventils ist das Abgas im Zylinder in der Regel noch auf einem Druck von über 2 bar bei einem Druck in der Abgasanlage von ca. 1 bar. Infolge dieses „kritischen Druckverhältnisses“ strömt das Abgas mit Geschwindigkeiten bis zur Schallgeschwindigkeit durch den Ventilspalt, bis sich der Druckunterschied weitgehend abgebaut hat. In diesem Bereich wird der größte Anteil der Abgasmasse ohne wesentliche Ladungswechselarbeit aus dem Zylinder herausgebracht.

Wenn das Einlassventil geöffnet wird, ist eine Druckdifferenz in der Größenordnung von 2 bar bei Saugmotoren nicht vorhanden. Der Druck in der Ansauganlage bzw. vor dem Einlassventil ist bei Dieselmotoren in der Größenordnung von 0,9 bar, bei Ottomotoren je nach Last zwischen 0,95 bar (Volllast) und 0,4 bar in der Teillast. Die Höhe der Geschwindigkeiten im Einlassventilspalt sind geprägt vom Öffnungszeitpunkt des Einlassventils und von der Kolbengeschwindigkeit bzw. der Motordrehzahl, da das Frischgas dem Kolben möglichst folgt.

E. Köhler, R. Flierl, *Verbrennungsmotoren*, ATZ/MTZ-Fachbuch,
https://doi.org/10.1007/978-3-658-24541-2_5

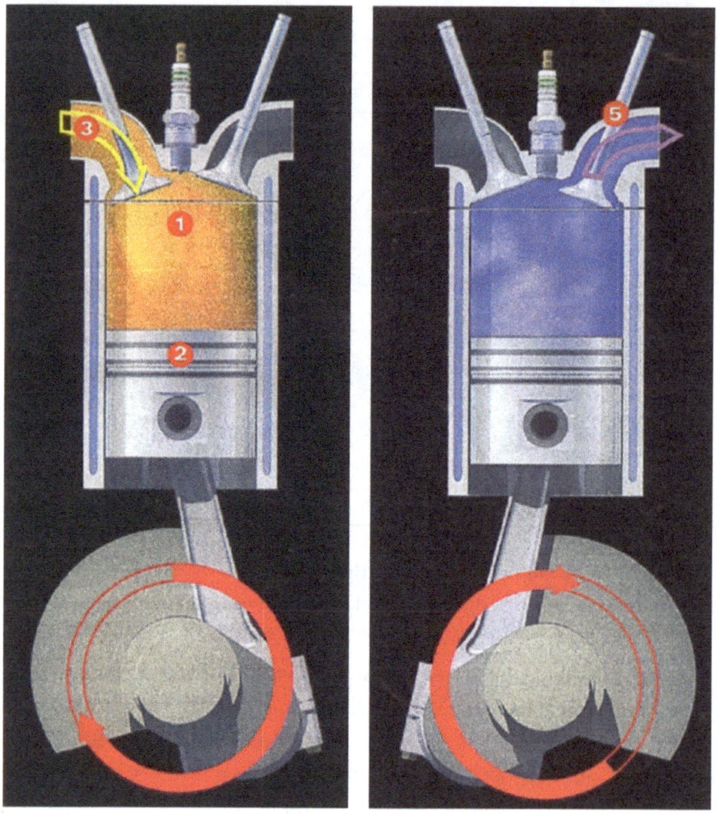

Abb. 5.1 Ladungswechsel; links Ansaugen; rechts Ausschieben (nach [1])

Da die Druckdifferenz zwischen Einlasskanal und Zylinder bei Ottomotoren von der Last und die Gasgeschwindigkeiten im Ventilspalt von der Motordrehzahl geprägt wird, ist der Betrag der turbulenten kinetischen Energie im Zylinder bzw. Brennraum zum Zündzeitpunkt stark last- und drehzahlabhängig. Von der turbulenten kinetischen Energie wird die Brenngeschwindigkeit und damit die Restgasverträglichkeit der Verbrennung in der Teillast beeinflusst.

Die Güte bzw. der Erfolg des Ladungswechsels an der Volllast wird durch die Kennzahlen Luftaufwand λ_a und Liefergrad λ_L beschrieben:

$$\lambda_a = \frac{m_G}{m_{th}} = \frac{m_K + m_L}{V_h \cdot \rho_{th}} \qquad \begin{aligned} m_K &= \text{zugefährte Kraftstoffmasse} \\ m_L &= \text{zugeführte Luftmasse} \\ V_h &= \text{Zylinderhubvolumen} \\ \rho_{th} &= \text{Dichte} \end{aligned} \tag{5.1}$$

$$\lambda_L = \frac{m_{GZ}}{m_{th}} = \frac{m_{KZ} + m_{LZ}}{V_h \cdot \rho_{th}} \quad m_{GZ} = \text{im Zylinder verbleibende Gemischmasse} \tag{5.2}$$

Dabei bedeutet m_G die dem Zylinder zugeführte und m_{GZ} die im Zylinder nach dem Ladungswechsel verbleibende Gemischmasse. Sie stehen in Relation zu der den Zylinder maximal ausfüllenden Frischgemischmasse m_{th}. Der Unterschied zwischen beiden Kennzahlen liegt in der Ladungsmenge, die in den Auslasstrakt strömt oder die in den Ansaugkanal zurückströmt [2].

Heute wird die Güte des Ansaugsystems und des Ansaugprozesses mit dem Luftaufwand beurteilt, da dieser an einem Entwicklungsmotor schnell und sicher messbar ist.

Der Erfolg des Ladungswechsels an der Volllast wird durch die Menge an Frischgas bestimmt, die im Zylinder nach dem Schließen des Einlassventils verbleibt. Diese Menge kann zum einen durch Abgas (Restgas), das im Zylinder verbleibt, und zum anderen durch ein Zurückströmen von Frischgas in den Saugkanal reduziert werden (siehe Abb. 5.2).

An der Volllast und im Leerlauf ist Abgas bzw. Restgas im Zylinder schädlich. Abgas füllt das Kompressionsvolumen aus, wenn der Kolben im Ladungswechsel OT steht und mindert damit die Füllung des Zylinders mit Frischgas. Dieser Anteil von Abgas kann durch Frischgas ausgespült werden, wenn beide Ladungswechselventile im Ladungswechsel OT geöffnet sind. Die Phase, wenn beide LW-Ventile geöffnet sind, bezeichnet man als Überschneidung.

Nach Apfelbeck kann man Hochleistungsmotoren in zwei Epochen einteilen, das Zeitalter mit geringer und das Zeitalter mit ausgeprägter Ventilüberschneidung. Apfelbeck weist in seinem Buch „Wege zum Hochleistungs-Viertaktmotor" die Einführung der Ventilüberschneidung den rennfahrenden Konstrukteuren Marchaud und LeVack zu, die „plötzlich" mit einer verblüffenden Leistung ihrer Motoren glänzten (Abb. 5.3).

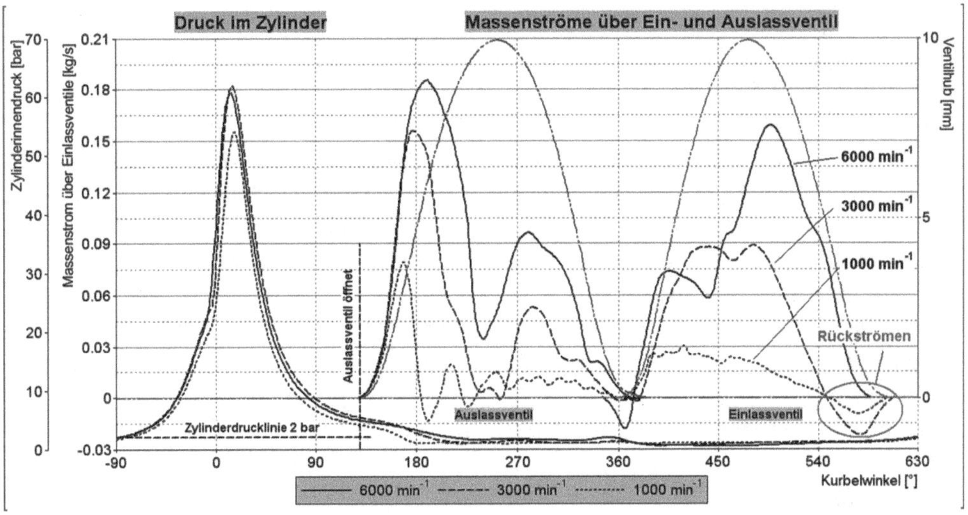

Abb. 5.2 Berechnete Massenströme über °KW an der Volllast bei verschiedenen Motordrehzahlen

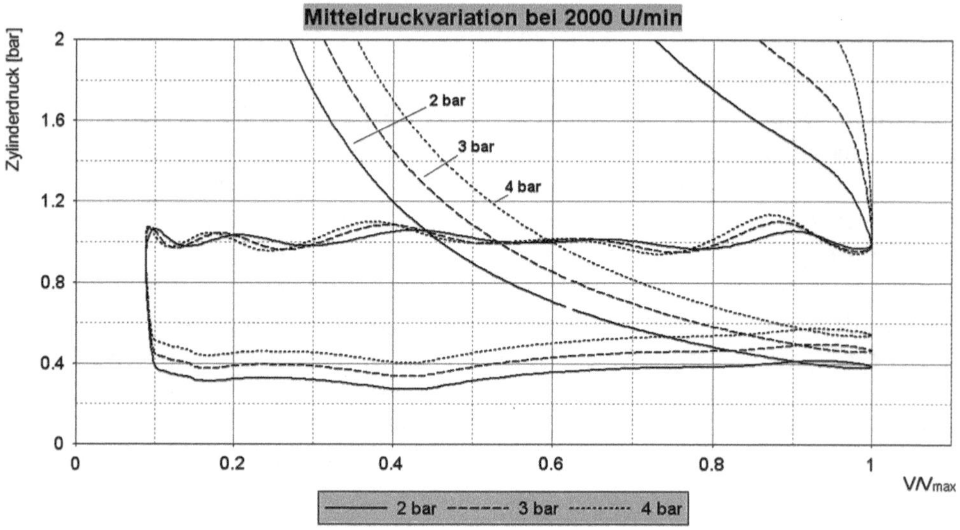

Abb. 5.3 Ladungswechselschleifen eines Ottomotors bei verschiedenen Motorlasten

Mit dem definierten Ausspülen des Brennraums mit Frischgas wird an der Volllast die Füllung und damit die Leistung des Motors verbessert. Allerdings kann dabei auch Frischgas und damit auch Kraftstoff in den Abgastrakt gelangen. Der Kraftstoff, der dabei als HC-Rohemission ins Abgas gelangt, muss heute bei Fahrzeugen begrenzt werden (Abb. 5.4 und 5.5).

Beim Öffnen des Einlassventils wird eine Saugwelle in der Ansauganlage indiziert, da die Luftmoleküle im Einlasskanal der Kolbenbewegung folgen. Diese Saugwelle wird an einer „inneren" Unstetigkeit der Ansauganlage, z. B. am Übergang des Saugrohrs zum Sauganlagensammler, als Druckwelle reflektiert. Diese Druckwelle kann dazu genutzt werden, die Füllung des Zylinders zu erhöhen (Abb. 5.6).

Um eine möglichst hohe Füllung des Zylinders zu erreichen, muss das Einlassventil genau dann geschlossen werden, wenn der Druckbereich in den Saugbereich der gasdynamischen Schwingung übergeht. Die Saug- bzw. Druckwelle läuft mit Schallgeschwindigkeit, deren Betrag von der Gasdichte und -temperatur abhängig ist. Die Laufzeit der Welle ist von der Länge des Saugkanals und des Saugrohres, die Öffnungszeit des Einlassventils ist von der Motordrehzahl bestimmt.

Mit einem Saugrohr konstanter Länge kann damit dieser Füllungseffekt nur für bestimmte Drehzahlen genau abgestimmt werden. Bei anderen Drehzahlen kommt es zu Rückströmungen (siehe Abb. 5.2).

Die noch unter hohen Druck stehenden Abgase im Brennraum erzeugen beim Öffnen des Auslassventils einen Druckstoß, der eine Gasschwingung mit hoher Druckamplitude verursacht (Abb. 5.7).

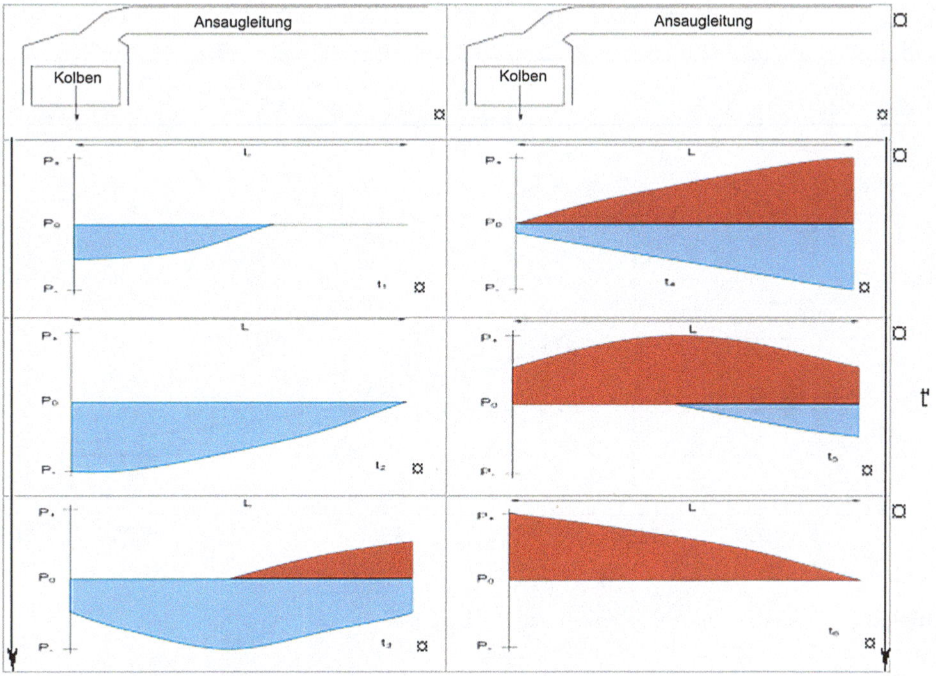

Abb. 5.4 Gasschwingung in der Ansauganlage eines Viertaktmotors

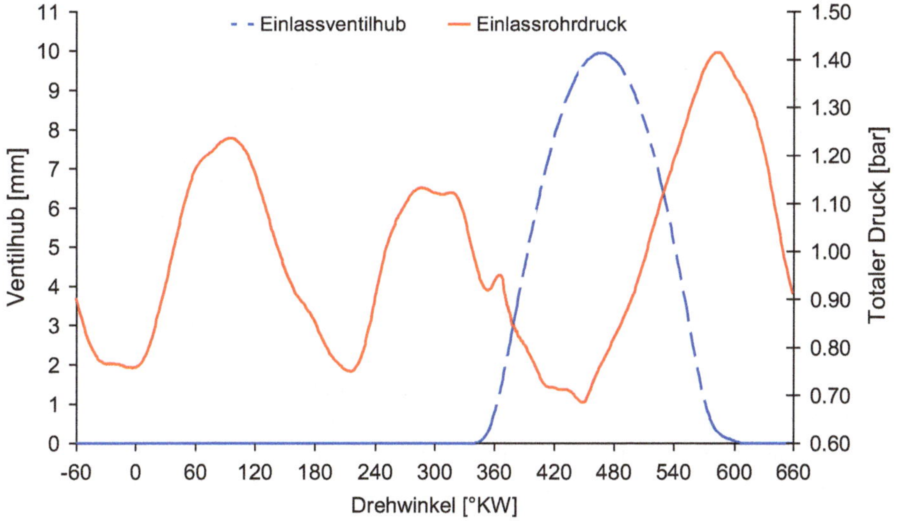

Abb. 5.5 Druckschwingung vor dem Einlassventil, gerechnet mit GT-Power im gedrosselten Betrieb

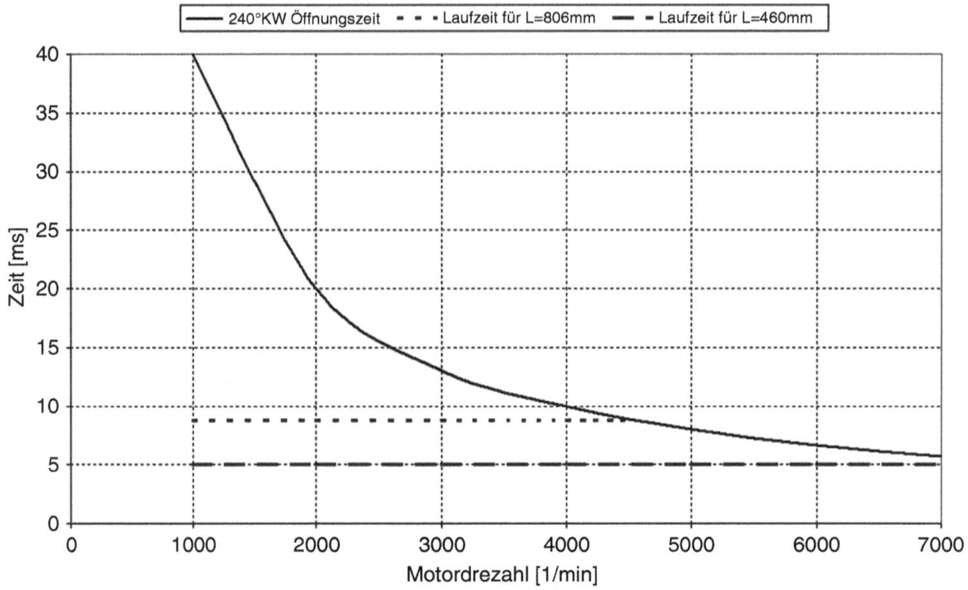

Abb. 5.6 Öffnungszeit in Abhängigkeit von der Drehzahl

Abb. 5.7 Druckverlauf im Abgaskrümmer (100 mm nach Auslassventil) [3]

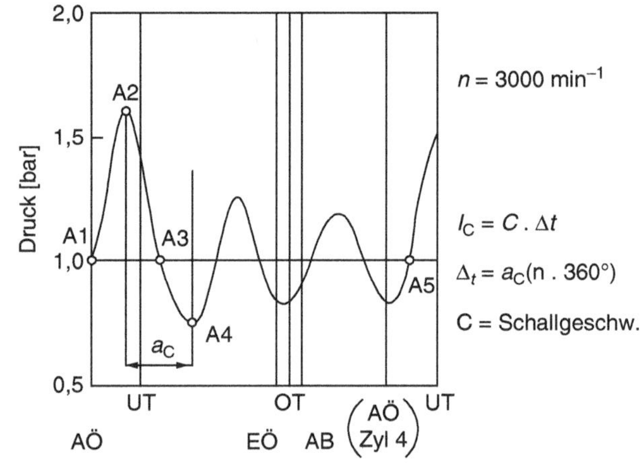

Die Druckamplitude läuft ebenso mit Schallgeschwindigkeit durch die Abgasleitung bis zur nächsten Reflexionsstelle und wird als Saugwelle reflektiert. Diese Saugwelle kann, wenn sie am geöffneten Auslassventil ankommt, Abgas bzw. Restgas aus dem Brennraum „absaugen".

In der Teillast von Fahrzeugmotoren wird heute definiert Abgas dem Frischgas zugemischt. Dieses Abgas ist bis auf die unverbrannten Kohlenwasserstoffe inert, d. h., es nimmt nicht an der Verbrennung teil, verlangsamt aber den Verbrennungsablauf. Die Reduktion der Verbrennungsgeschwindigkeit setzt die Verbrennungstemperaturen herab und vermindert

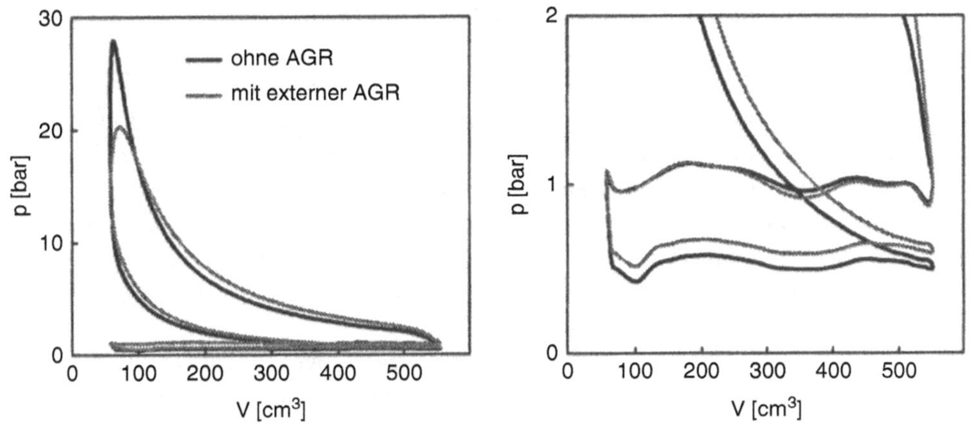

Abb. 5.8 p-V-Diagramm mit und ohne Restgas (aus [4])

Abb. 5.9 Ansaugarbeitsverluste ohne Drosselung bei Volllast (nach [5])

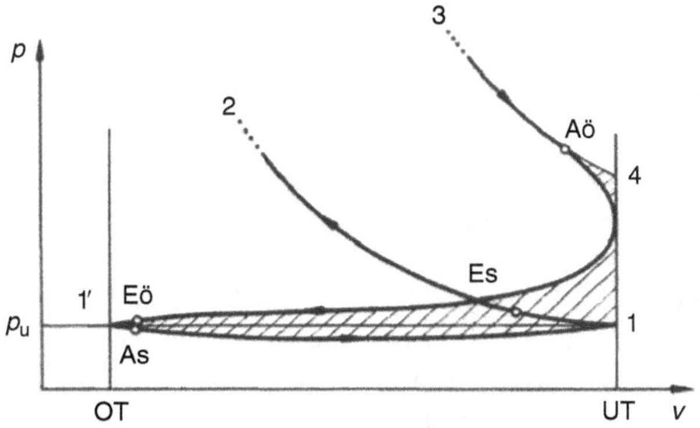

damit die Stickoxidmenge. Das Abgas bzw. Restgas kann in der Überschneidungsphase, wenn beide Ventile offen sind, aus der Abgasanlage in den Zylinder zurückströmen oder auch durch den Zylinder hindurch in die Sauganlage strömen. Dieser Restgasanteil wird dann mit dem Frischgas zusammen wieder angesaugt. Die Restgasmenge wird dabei über die Überschneidungsfläche gesteuert. Überhöhte Restgasmengen führen zu einer verschleppten Verbrennung und zu Zündaussetzern in der Teillast (Abb. 5.8).

Bei Motoren, bei denen aufgrund des hohen Verdichtungsverhältnisses eine Überschneidungsfläche nur sehr eingeschränkt dargestellt werden kann (Dieselmotoren), wird das Restgas über eine externe Leitung von der Abgas- zur Sauganlage über ein steuerbares Ventil geleitet. Diese externe Abgasrückführung führt bei drosselgesteuerten Motoren zu einer teilweisen Entdrosselung und zu einer Reduzierung der Ladungswechselarbeit (Abb. 5.9).

Das Austauschen der Ladung ist mit Arbeit verbunden, die der Motor aufbringen muss. Diese Ladungswechselarbeit entspricht dem Flächeninhalt der Niederdruckschleife im p-V-Diagramm und dem Expansionsverlust.

Die Ladungswechselvorgänge werden heute mit Simulationsprogrammen wie GT-Power, Boost, Wave und PROMO berechnet.

5.1.1 Eindimensionale Simulation des Ladungswechsels (nach [6])

Für die erfolgreiche Simulation des Motorprozesses ist eine möglichst realistische Vorhersage der Frischgasmasse im Zylinder und damit des Ladungswechsels von entscheidender Bedeutung. Diese wird weitgehend durch Schwingungsvorgänge im Ansaug- und Abgassystem bestimmt. Amplituden und Phasenlagen dieser Schwingungen sowie das Zusammenwirken von Schwingungen in der Ladungswechselanlage können den Ladungswechsel bei bestimmten Drehzahlen unterstützen und bei anderen Drehzahlen behindern. Hierdurch werden der Verlauf des Liefergrades über der Drehzahl und damit die Drehmomentcharakteristik des Motors entscheidend beeinflusst [3, 7].

Die Schwingungsvorgänge werden durch Druckwellen angeregt, die beim Öffnen und Schließen der Ventile sowie durch die Kolbenbewegung entstehen. Abb. 5.5 zeigt einen Druckverlauf im Saugrohr eines Viertaktmotors.

Zu Beginn des Ansaugvorganges wird infolge der Abwärtsbewegung des Kolbens eine Unterdruckwelle am Einlassventil erzeugt. Diese Unterdruckwelle läuft auf den Sammler zu, der ein offenes Rohrende darstellt. So wird die Unterdruckwelle als Überdruckwelle reflektiert die dabei Drücke im Bereich von 1,4 ... 1,5 bar erreicht und im Einlasskanal zurückläuft, um das Einlassventil im idealen Fall kurz vor „Einlass schließt“ (ES) zu erreichen.

Bei der eindimensionalen Simulation der Motorinnenströmung wird das Gesamtsystem „Verbrennungsmotor“ in einzelne Elemente wie Zylinder, Luftfilter, Ventile und Rohre unterteilt (Abb. 5.10). Das geschieht unter der Annahme, dass die Strömung im Gesamtsystem im Falle von Rohrelementen durch eine eindimensionale instationäre Rohrströmung sowie im Falle von Rohrverbindungselementen durch eine eindimensionale quasistationäre Drosselströmung beschrieben werden kann [3, 7].

Die eindimensionale instationäre Betrachtungsweise in einem Rohrelement geht davon aus, dass die Zustandsgrößen wie Druck p, Dichte ρ und Geschwindigkeit u durch Mittelwerte in den einzelnen Rohrquerschnitten ausreichend genau festgelegt werden können. Weiterhin wird vorausgesetzt, dass kein Impulsverlust infolge innerer Reibung in der Strömung auftritt. Nur die Reibung der Strömung an der Rohrwand wird berücksichtigt.

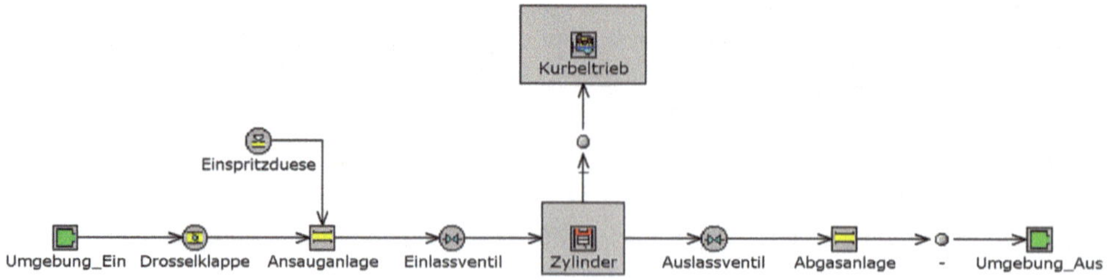

Abb. 5.10 Einfaches eindimensionales Motormodell (Software: GT-Power)

Das bedeutet, dass die Vorgänge in einem Rohrelement, wie z. B. die Umwandlung von Druckenergie in Bewegungsenergie, nur aufgrund der berücksichtigten Wandreibung irreversibel sind. Somit lässt sich, ausgehend von den Erhaltungsgleichungen für Masse, Impuls und Energie, ein nicht-lineares inhomogenes Differenzialgleichungssystem für eine eindimensionale instationäre Rohrströmung in der Strömungsebene aufstellen [7–9]:

Massenerhaltung:

$$\frac{\partial \rho}{\partial t} = -\frac{\partial(\rho \cdot u)}{\partial x} - \rho \cdot u \cdot \frac{1}{A} \cdot \frac{dA}{dx} \tag{5.3}$$

Impulserhaltung:

$$\frac{\partial(\rho \cdot u)}{\partial t} = -\frac{\partial(\rho \cdot u^2 + p)}{\partial x} - \rho \cdot u^2 \cdot \frac{1}{A} \cdot \frac{\partial A}{\partial x} - \frac{F_R}{V} \tag{5.4}$$

Energieerhaltung:

$$\frac{\partial E}{\partial t} = -\frac{\partial[u \cdot (E + p)]}{\partial x} - u \cdot (E + p) \cdot \frac{1}{A} \cdot \frac{dA}{dx} + \frac{q_w}{V} \tag{5.5}$$

mit:	ρ	Dichte	t	Zeit
	u	Geschwindigkeit	x	Länge
	A	Rohrquerschnittsfläche	p	Druck
	F_R	Wandreibung	V	Volumen
	E	volumetrische Energie	q_w	Wärmestrom durch die Wand

Um dieses Anfangs- und Randwertproblem lösen zu können, sind Aussagen über den Zustand an den Rohrrändern notwendig. Dieser Zustandsvektor wird von der Strömung in den Bauteilen bestimmt, die die Rohrenden miteinander verbinden. Physikalisch handelt es sich bei diesen Bauteilen um Drosselstellen, die stark ausgeprägte dreidimensionale Strömungen mit Strahlablösung und Wirbelzonen verursachen. Deswegen können für diese Drosselstellen die Voraussetzungen der eindimensionalen instationären Strömung nicht mehr gelten. Vereinfachend wird angenommen, dass die Strömung durch diese Drosselstellen quasi-stationär sei. Quasi-stationär bedeutet hier, dass der Zustandsvektor (p,T,u) auf der Ein- und Austrittsfläche der Drosselstelle innerhalb eines Zeitschrittes dt der Berechnung konstant bleibt und sich der zeitliche Verlauf des Vektors aus einer Aneinanderreihung unterschiedlicher stationärer Zustände ergibt. Da somit die endliche Erstreckung der Drosselstelle vernachlässigt wird, ist diese Betrachtung umso eher zulässig, je geringer die Ausdehnung der Drosselstelle in Strömungsrichtung gegenüber den angeschlossenen Rohren ist [7, 9].

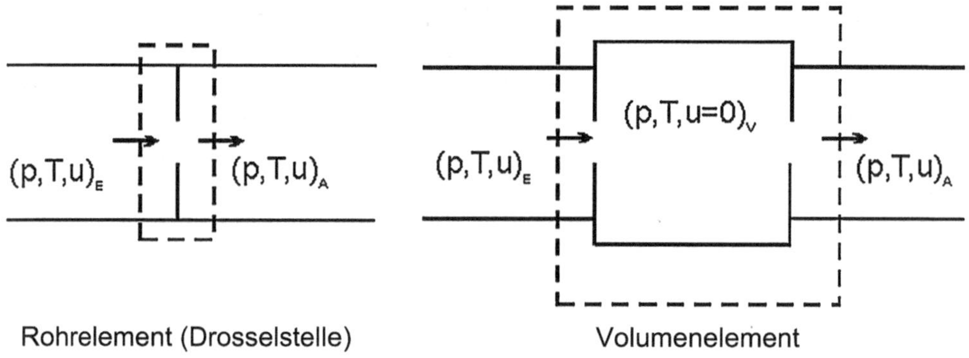

Abb. 5.11 Bilanz der Zustandsgrößen [7]

Infolge der Einführung dieser Modellannahme können die Grundgleichungen der eindimensionalen stationären Strömung zur Berechnung der Zustandsvektoren *(p,T,u)E* und *(p,T,u)A* an den Rohrrändern verwendet werden (Abb. 5.11).

Mit Hilfe der Kontinuitäts- und Energiegleichung der eindimensionalen stationären Strömung erhält man die theoretische Durchflussgleichung nach St.Venant. Diese gilt, falls sich eine isentrope Zustandsänderung in einem Strömungsquerschnitt nach den Ein- und Austrittsflächen der quasistationär durchströmten Drosselstelle einstellen würde:

$$\frac{dm_{th}}{dt} = A \cdot p_E \cdot \sqrt{\frac{2}{R \cdot T_E}} \cdot \sqrt{\frac{\kappa}{\kappa - 1} \cdot \left[\left(\frac{p_A}{p_E}\right)^{\frac{2}{\kappa}} - \left(\frac{p_A}{p_E}\right)^{\frac{\kappa+1}{\kappa}}\right]} \tag{5.6}$$

mit:	m	Masse	t	Zeit
	p	Druck	A	Aus
	R	Gaskonstante	E	Ein
	T	Temperatur	A	Rohrquerschnittsfläche
	q_w	spez. Wandwärmeverluste	κ	Isentropenexponent
	α	Durchflussbeiwert	ψ	Durchflussfunktion

Da aber die Zustandsänderung nicht isentrop verläuft und ein Impulsverlust auftritt, muss dieser Ansatz korrigiert werden:

$$\frac{dm}{dt} = A_{eff} \cdot p_E \cdot \psi \cdot \sqrt{\frac{2}{R \cdot T_E}} \tag{5.7}$$

wobei:

$$A_{eff} = \alpha \cdot \frac{\pi \cdot d^2}{4} \quad (5.8)$$

und die Durchflussfunktion ψ im Unterschallbereich:

$$\psi = \sqrt{\frac{\kappa}{\kappa - 1} \cdot \left[\left(\frac{p_A}{p_E} \right)^{\frac{2}{\kappa}} - \left(\frac{p_A}{p_E} \right)^{\frac{\kappa+1}{\kappa}} \right]} \quad (5.9)$$

und im schallnahen Bereich:

$$\psi = \psi_{\max} = \left(\frac{2}{\kappa + 1} \right)^{\frac{1}{\kappa+1}} \cdot \sqrt{\frac{\kappa}{\kappa + 1}} \quad (5.10)$$

Zur Korrektur ist eine stationäre Messung notwendig, die die thermodynamische Auswirkung der Strömungsphänomene quantifiziert, die den Impulsverlust verursachen. Dieser Impulsverlust spiegelt sich in einer irreversiblen Erhöhung der Entropie des Fluids wider. Aus diesem Grund ist der bei der irreversiblen Strömung durch die Drosselstelle fließende Massenstrom kleiner als derjenige, der sich bei einer verlustfreien Strömung ergeben würde. Dieser Verlust wird mit Hilfe des Durchflussbeiwertes α erfasst, der als Verhältnis des tatsächlichen Massenstromes zum isentropen Massenstrom definiert ist [7, 8].

Bei Drosselstellen mit Speicherwirkung, wie sie z. B. der Luftfilter oder der Motorzylinder darstellen, kommt ein dritter Zustandsvektor $(p,T,u = 0)V$ hinzu (Abb. 5.11).

Die Annahme Geschwindigkeit $u = 0$ besagt, dass die kinetische Energie der eintretenden Strömung vollständig dissipiert wird. Dieser Zustandsvektor beschreibt die Zustandsänderung im Inneren der Drosselstelle. Dabei wird vorausgesetzt, dass zu jedem Zeitpunkt und an jedem Ort im Systeminneren ein thermodynamisches Gleichgewicht herrscht.

Bei der Betrachtung des Motorzylinders als Drosselstelle mit Speicherwirkung kommt hinzu, dass die innere Energie seines Inhalts zum einen von der Enthalpie der ein- und ausströmenden Masse, zum anderen aber auch von Wärmeübertragungsvorgängen und der Arbeitsleistung abhängt:

$$\frac{d(m \cdot u)}{d\varphi} = -p \cdot \frac{dV}{d\varphi} - \sum \frac{dQ_W}{d\varphi} + \sum \frac{dQ_B}{d\varphi} + \sum \frac{dm_E}{d\varphi} \cdot h_E - \sum \frac{dm_A}{d\varphi} \cdot h_A \quad (5.11)$$

Für die Verbrennung stehen hierbei die Ansätze der nulldimensionalen Motorprozessrechnung, wie der Vibe-Brennverlauf, zur Verfügung [7, 8, 10–12].

5.1.2 Ladungswechsel mit starrem Ventiltrieb

Bei Motoren mit starrem Ventiltrieb muss ein Kompromiss zwischen Leerlaufqualität, Emissionen und Kraftstoffverbrauch in der Teillast und Drehmomentverlauf über der Motordrehzahl und maximaler Leistung gefunden werden. Der Ladungswechsel wird durch das so genannte Steuerdiagramm festgelegt, in dem Öffnungs- und Schließzeitpunkt der Gaswechselventile in °KW angegeben sind. Das Steuerdiagramm in Abb. 5.12c zeigt die Ventilquerschnittsfläche in Abhängigkeit vom Kurbelwinkel. Häufig wird im Steuerdiagramm auch der Ventilhub aufgetragen und der Abstand in °KW des maximalen Ventilhubes zum Ladungswechsel OT als Einlass- und Auslassspreizung angegeben.

Die Ventilquerschnittsfläche (Ventilöffnungsfläche) A_{Ve} ist in Abb. 5.13 skizziert. Sie hängt vom Kanalinnendurchmesser d_i (nicht vom Ventiltellerdurchmesser d_{Ve}), dem Ventilhub s_{Ve} und dem (halben) Ventilsitzwinkel α_{Ve} ab:

$$\begin{aligned} &\text{überschlägig:} && A_{Ve} = \pi\, d_i s_{Ve}\, \sin\alpha_{Ve} \\ &\text{nach üblicher Definition:} && A_{Ve} = \pi s_{Ve} \sin\alpha_{Ve}(d_i + s_{Ve}\sin\alpha_{Ve}\cos\alpha_{Ve}) \end{aligned} \qquad (5.12)$$

Der Ventilsitzwinkel, für den sich theoretisch die größte Öffnungsfläche einstellt, muss die Gleichung

$$\frac{d_i}{s_{Ve}} \cot\alpha_{Ve} + 3\cos^2\alpha_{Ve} - 1 = 0 \qquad (5.13)$$

erfüllen. Für $s_{Ve}/d_i = 0{,}25$ folgt z. B. der Ventilsitzwinkel $\alpha_{Ve} = 77{,}5°$. Üblich sind jedoch kleinere Winkel (45°, selten 60°). Dies hängt mit der Strömungsumlenkung und der damit verbundenen Strömungsablösung am Ventilsitz zusammen. Demgegenüber ist die Ventilseite unkritisch. Dort liegt die Strömung auch mit zunehmendem Ventilsitzwinkel immer besser an.

Für den Durchfluss gelten die Gesetze der Gasdynamik, wobei der Querschnitt mit einer der Rechnung schwer zugänglicher Durchflussziffer <1,0 zu multiplizieren ist. Zwischen der mittleren Einlassströmungsgeschwindigkeit w_m und der mittleren Kolbengeschwindigkeit v_m gilt der Zusammenhang $w_m\, A_{Ve} = v_m\, A_k$. Die mittlere Strömungsgeschwindigkeit sollte 60 bis 70 m/s, die maximale etwa 100 m/s nicht überschreiten (voll geöffnet, Nennleistung). Das Ausströmen, wobei die Verbrennungsgase zunächst unter hohem Druck stehen und die Ventildurchmesser deshalb kleiner bemessen sein können (Querschnitte ca. 15 % kleiner), unterliegt anderen Kriterien.

5.1.2.1 Anzahl der Ventile

Die gesamte Ventilquerschnittsfläche muss die Anzahl der Ein- und Auslassventile berücksichtigen.

Die Verdopplung der Anzahl der Ein- und Auslassventile (2 Ventile → 4 Ventile) ist eine mittlerweile hinreichend bewährte Maßnahme zur Verbesserung des Luftaufwandes λ_a bzw.

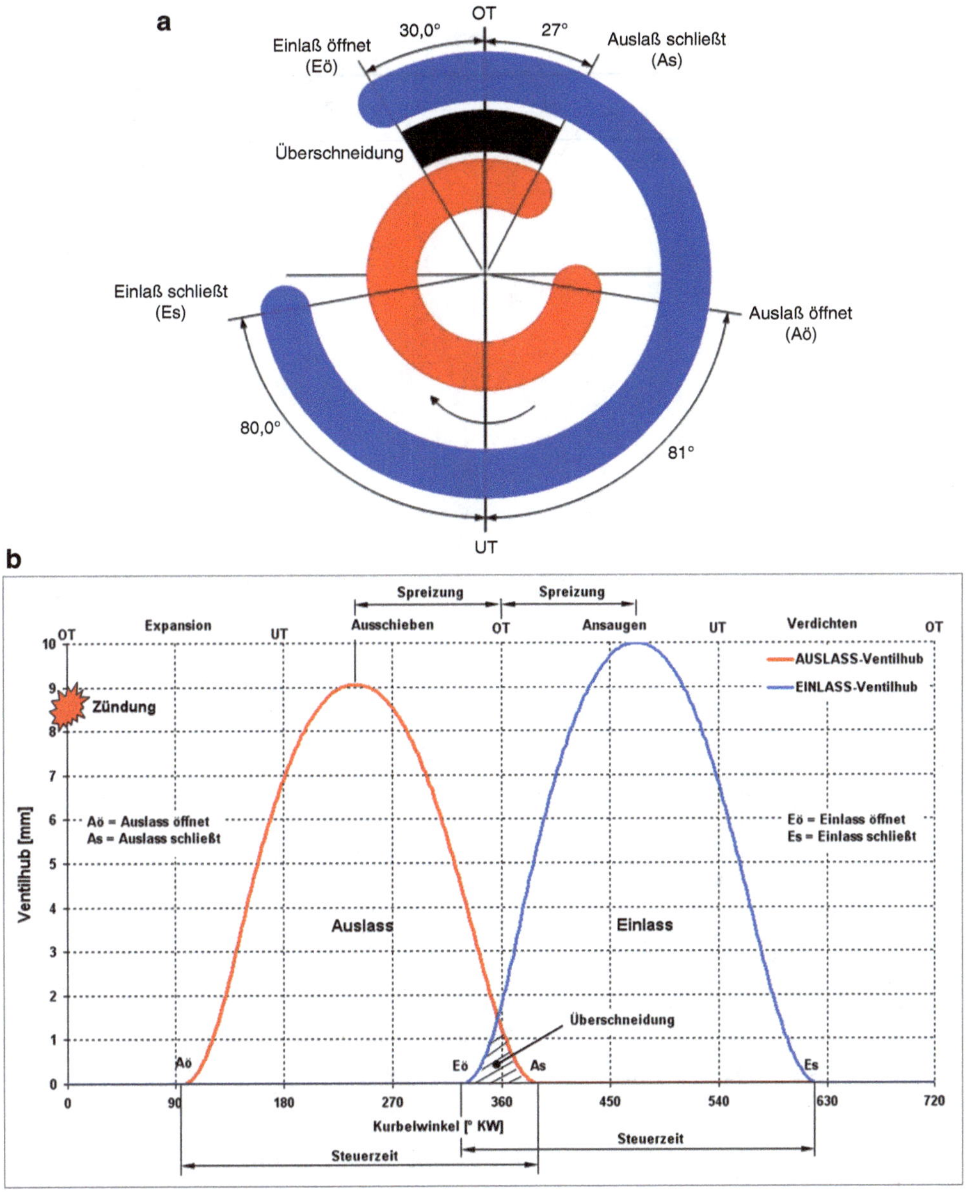

Abb. 5.12 **a** Steuerzeiten des Porsche-F1-Rennmotors (Saugmotor) der frühen 1960er-Jahre (große „Überschneidung", alternative Angaben für Serienmotoren) (nach [13]). **b** Steuerdiagramm eines Viertaktmotors anhand der Ventilhubkurven. **c** Steuerdiagramm eines Viertaktmotors anhand der Ventilquerschnittsfläche

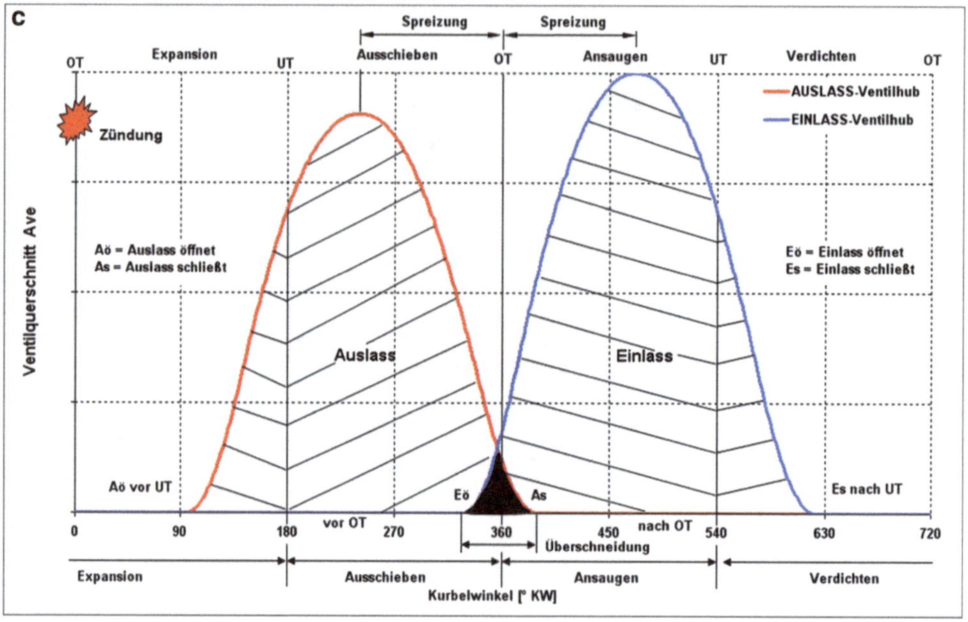

Abb. 5.12 (Fortsetzung)

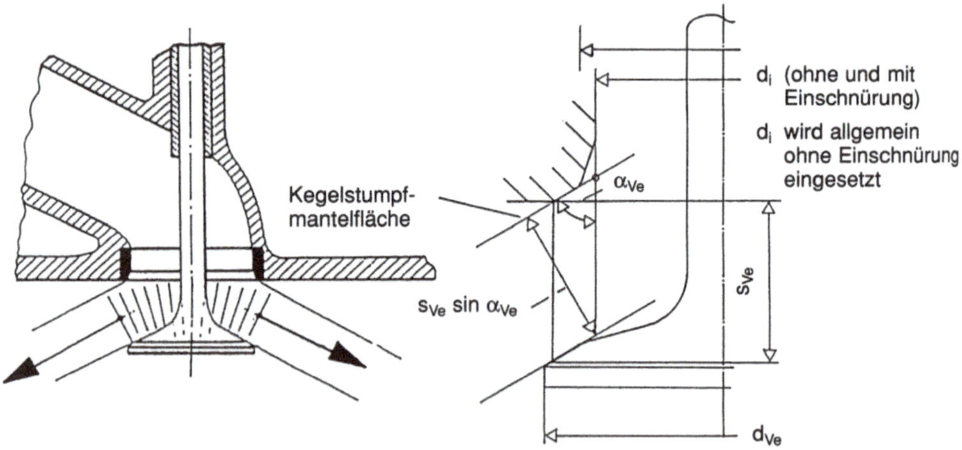

Abb. 5.13 Definition des Ventilquerschnitts (allgemein übliche Definition der Ventilöffnungsfläche)

des Liefergrades λ_L und der Verringerung der Ladungswechselarbeit durch größere Strömungsquerschnitte. Einer Steigerung der spezifischen Leistung steht ein aufwändigerer Ventiltrieb und deutlich höhere dynamische bewegte Massen gegenüber.

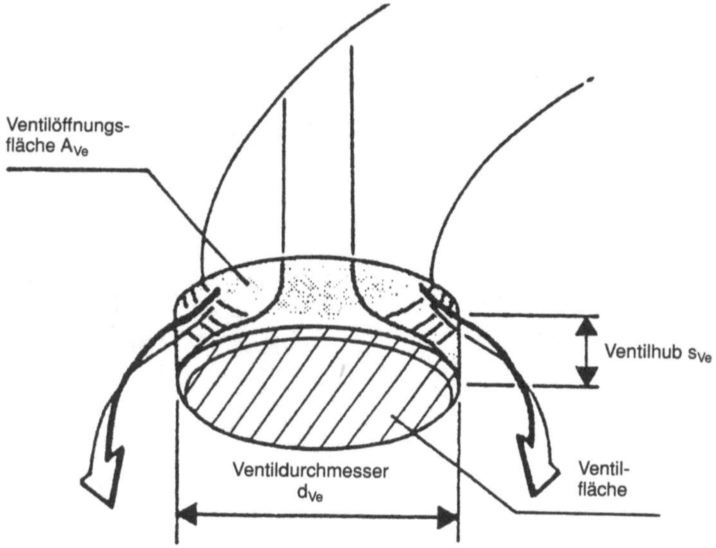

Abb. 5.14 Definition der Ventil- und Ventilöffnungsfläche (aus [14])

Bei der Verfolgung dieses technischen Ansatzes ist die Frage zu stellen, ob die heute üblichen vier Ventile pro Zylinder einem absoluten oder einem relativen Optimum nahe kommen. Bei [14] werden zu diesem Zweck Vier- bis Siebenventilanordnungen untersucht. Folgende Begriffe sind in diesem Zusammenhang zu definieren (siehe auch Abb. 5.14):

Ventilfläche → Kreisfläche der Ventilöffnung pro Zylinder

Ventilöffnungsfläche → Mantelfläche bei geöffneten Ventilen abweichend von der allgemeinen Definition

Gleichen Zylinderdurchmesser vorausgesetzt, weist die Fünfventilanordnung (drei Einlassventile) die größte Ventilöffnungsfläche auf, wobei sich diese Aussage jetzt auf die hinsichtlich des zu erzielenden Effekts dominanten Einlassventile bezieht (Abb. 5.15). Bei gleichem Druckverhältnis stellen sich die höchste Durchflussrate und der beste volumetrische Wirkungsgrad ein. Bei gleicher Ventilöffnungsfläche könnte der Zylinderdurchmesser bei fünf Ventilen etwas kleiner ausfallen als bei vier Ventilen. Der kompaktere Brennraum des Fünfventilers bietet also leistungsmäßig Vorteile.

Dennoch hat sich im Bereich der Pkw-Ottomotoren der Vierventiler auf breiter Ebene durchgesetzt. Dies liegt vor allem daran, dass die mit fünf anstelle von vier Ventilen erreichten Verbesserung bei den meisten Anwendungen nicht mehr in vernünftigem Verhältnis zum Aufwand steht [15]. Dieser beginnt bei der Ventilführung im ZK und setzt sich bei den mechanischen Ventiltriebskomponenten fort, wobei die räumliche Enge im Vordergrund steht. Vier Ventile sind so der beste Kompromiss, wie aus einer bei [15] vorgenommenen Bewertung hervorgeht (siehe Tab. 5.1).

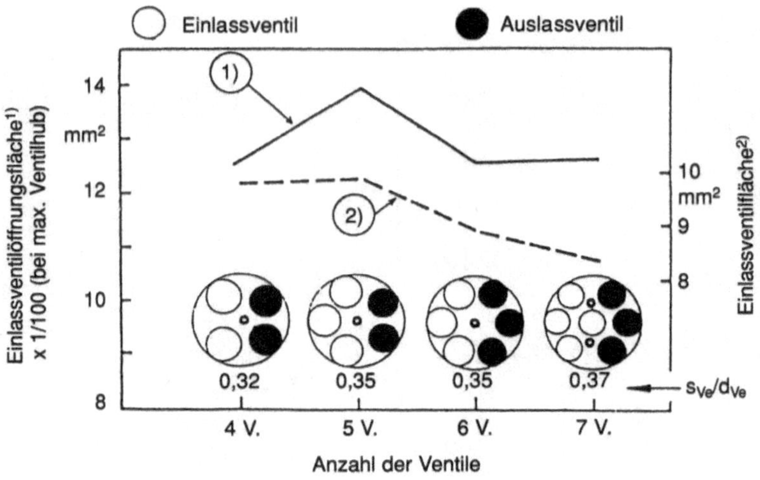

Abb. 5.15 Einfluss der Anzahl der Ventile auf die Einlass- und Einlassöffnungsfläche am Beispiel eines bestimmten Motors (aus [3])

Tab. 5.1 Vergleichende Bewertung von drei, vier und fünf Ventilen pro Zylinder (nach [5])

	Rang		
Anzahl der Ventile	3 V.	4 V.	5 V.
Ventilquerschnitt/spez. Leistung	3	2	1
Kerzenlage	3	1	1
Quetschflächenanteil	1	2	3
Zahl der Nockenwellen	1	3	3
Ventilbetätigung/Steifigkeit	3	1	1
Anzahl der Bauteile	1	2	3
Möglichkeiten mit variablen Steuerzeiten	3	1	1
Abgasverhalten	1	1	1
Kosten	1	2	3
Summe der Einzelrangfolgen	17	15	17

Bei NFZ-Dieselmotoren ist die Vierventiltechnik vor allem in den USA seit langem in Einsatz. In Europa erfolgt die Einführung eher zögerlich. Der nicht von der Hand zu weisende Nachteil des höheren Aufwands tritt jedoch auch bei NFZ angesichts der Forderung nach höherer (spezifischer) Leistung, Reduzierung des Kraftstoffverbrauchs und niedrigerer Emissionen in den Hintergrund.

Die Verdopplung der Ein- und Auslassventile setzt beim Ottomotor die Drosselung (Ladungswechselverluste) spürbar herab. Bei einem ansaugseitig ungedrosselten Dieselmotor, insbesondere in Verbindung mit Abgasturboaufladung, ist nicht automatisch eine äquivalente Verbesserung zu erwarten. Ein Systemvergleich bei [16] bestätigt jedoch bei NFZ-

Dieselmotoren attraktive Verbesserungen. Neben einer Kraftstoffverbrauchssenkung im gesamten Kennfeld wird auch die NO_x-Emission drastisch gesenkt. Der weichere Verbrennungsverlauf (geringerer Druckanstieg $dp/d\varphi$), im Vergleich zum Ottomotor ein Diesel-Mehrventiler-Spezifikum, reduziert neben den NO_x-Emissionen das Verbrennungsgeräusch. Schließlich ist auch die Partikelemission tendenziell geringer.

5.1.2.2 Steuerelemente des starren Ventiltriebes (Abb. 5.16)

In der Entwicklungsgeschichte der Motorentechnik sind eine Vielzahl von unterschiedlichen Ventilbetätigungen dargestellt worden. Im Fahrzeugbereich hat sich aber zum Ende des letzten Jahrhunderts eine deutliche Konzentration auf Tassenstößel, Kipphebel und Schlepphebelausführungen ergeben.

Bei Tassenstößelsteuerung sind die Ventile im Zylinderkopf in einer Reihe angeordnet. Die Nockenwelle liegt direkt über dem Tassenstößel und betätigt die Ventile unmittelbar. Die Tassenstößel und Ventile sind in Reihe geschaltet, d. h., die Masse des Tassenstößels geht vollständig in die bewegte Masse ein.

Die Kipphebelsteuerung ist durch eine tiefe Lage der Nockenwelle gekennzeichnet. Der Kipphebel schwingt um eine zwischen Nockenwelle und Ventil angeordnete Kipphebelachse. Die Lagerkräfte im Drehpunkt sind ca. doppelt so groß wie die Federkräfte. Da der Kipphebel in der Stellung des maximalen Ventilhubes die Drehrichtung ändert,

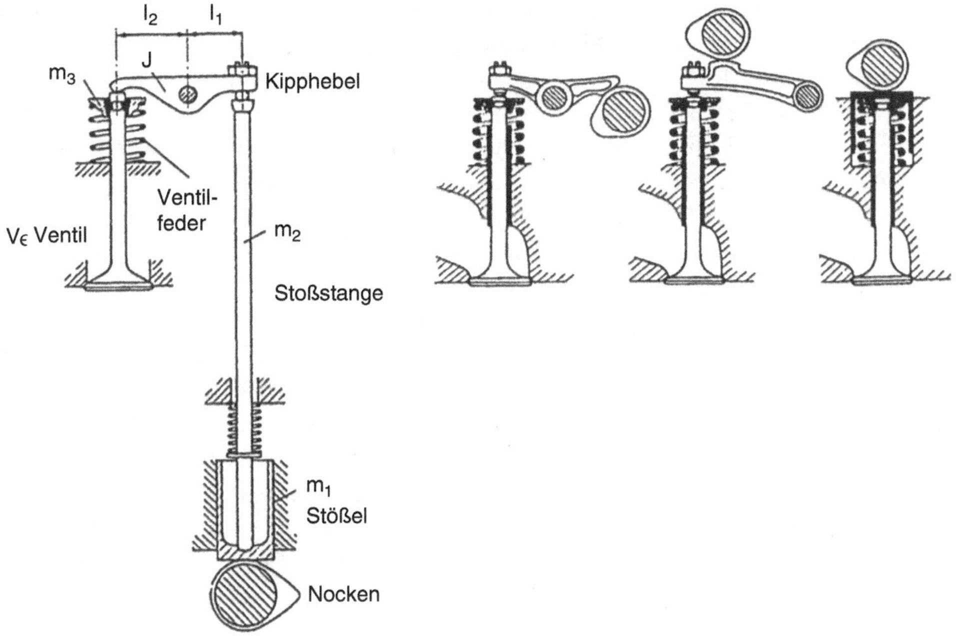

Abb. 5.16 Links: Ventilbetätigung über Stößel, Stoßstange und Kipphebel (aus [13]); rechts: alternative Mechanismen bei oben liegender Nockenwelle (Kipphebel, Schlepphebel – aktuell als Rollenschlepphebel – und Tassenstößel) (aus [17])

treten bei kleinen Gleitgeschwindigkeiten große Kräfte auf. Die Reibungsverluste sind dabei relativ groß.

Bei der Schlepphebelsteuerung wird die Nockenbewegung durch einen auf dem Ventil und im Zylinderkopf gelagerten Hebel übertragen. Dieser so genannte Schwinghebel oder Schlepphebel übersetzt entsprechend der Hebelverhältnisse den Nockenhub, sodass die Nocken sehr kompakt ausgeführt werden können. Da der Schwinghebel im Auflagepunkt im Zylinderkopf nur eine Drehbewegung ausführt, ist der Anteil der bewegten Masse des Schwinghebels relativ klein. Der Hebel kann zudem sehr kompakt und kurz gestaltet werden. Daher eignet sich diese Steuerung auch für hohe Drehzahlen.

In den USA ist die Stoßstangensteuerung bei Achtzylindermotoren immer noch verbreitet, während man in Europa diese Steuerung nur noch in großen Dieselmotoren vorfindet. Die Nockenwelle ist im Motorblock gelagert. Die Nocken-Hubbewegung wird von Stoßstangen auf Kipphebel und weiter auf die Ventile übertragen. Die Bauweise führt zu einer niedrigen Gesamthöhe und zu einem sehr kompakten Motor. Allerdings ist eine variable Steuerzeitenverstellung bzw. eine variable Verstellung der Überschneidung mit einem Phasensteller nicht möglich.

Die verschiedenen Steuerungen müssen hinsichtlich ihrer Reibungsverluste und hinsichtlich ihrer Drehzahlfestigkeit bzw. ihrer dynamischen Eigenschaften beurteilt werden.

Bis Mitte der 1980er-Jahre wurden im Fahrzeugbereich alle Steuerungen mit Gleitkontakten ausgeführt. Diese Gleitkontakte zeichneten sich bei niedriger Drehzahl durch erhöhte Reibungsverluste infolge von Mischreibung aus. Da die Größe der Federkräfte direkt vom Betrag der bewegten Masse abhängt, beeinflusst die Art der Ventilbetätigung die Reibungsverluste. In Abb. 5.17 sind die mittleren Schleppmomente eines Tassenstößel-, Schlepphebel- und Kipphebeltriebes gegenübergestellt.

Hier zeigt der Schlepphebel die geringsten Reibungsverluste. Bei Gleitkontakten wird die Verlustreibung durch die Ölzähigkeit bzw. durch die Öltemperatur stark beeinflusst (Abb. 5.18). Die mittlere Schleppleistung bei einem Tassenstößeltrieb erhöht im Warmlauf den Kraftstoffverbrauch deutlich. Dagegen reduziert die bei „kaltem“ Öl höhere Viskosität den Reibungskoeffizient im Mischreibungsgebiet.

Aus diesem Grund hat sich die in den 1980er-Jahren von Mitsubishi und dann von BMW in Großserie eingeführte Rollreibung im Ventiltrieb durchgesetzt. Der Schlepphebel steht dabei nicht mehr über eine Gleitfläche (Abb. 5.16), sondern eine Rolle, die mit einem Nadellager auf einer Achse des Hebels gelagert ist, in Kontakt mit der Nockenwelle (Abb. 5.19 und 5.20).

Mit dieser Bauart wird das mittlere Schleppmoment deutlich abgesenkt (Abb. 5.17) und der Temperatureinfluss ist nahezu nicht mehr vorhanden. Diese Vorteile, zusammen mit relativ niedrigen bewegten Massen, hat dazugeführt, dass in Europa nahezu alle neuen Motoren die nach 2000 in Serie gingen, mit dieser Steuerung ausgerüstet sind.

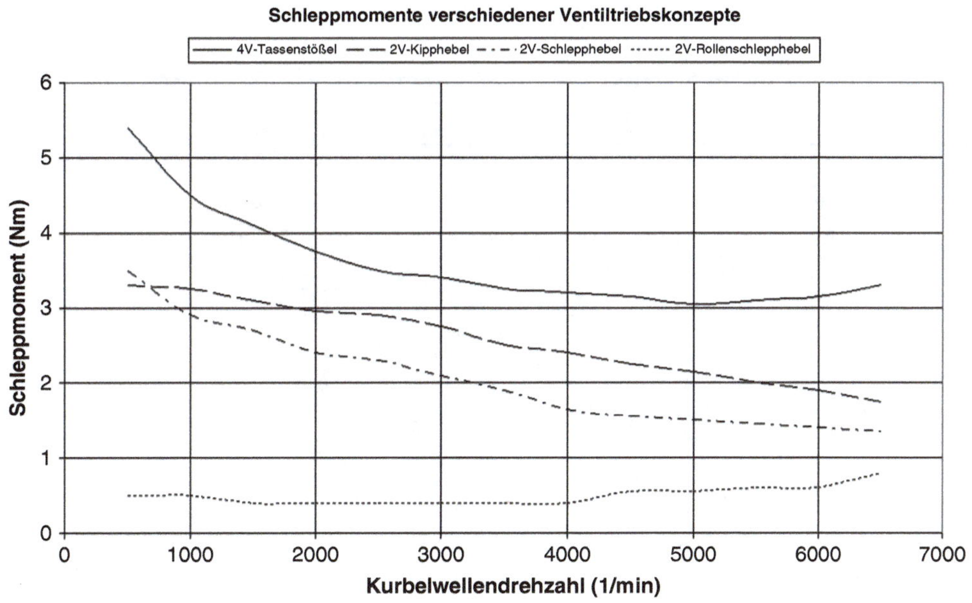

Abb. 5.17 Mittlere Schleppmomente von mehreren Steuerungsarten

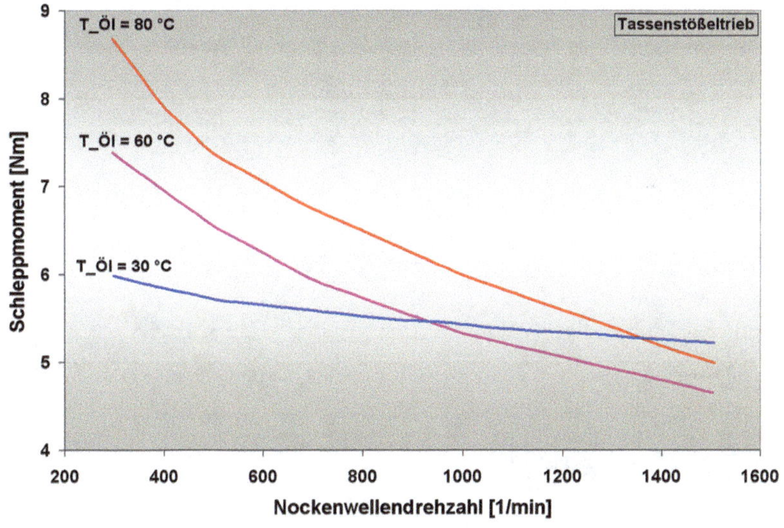

Abb. 5.18 Temperatureinfluss auf das Schleppmoment des Ventiltriebs

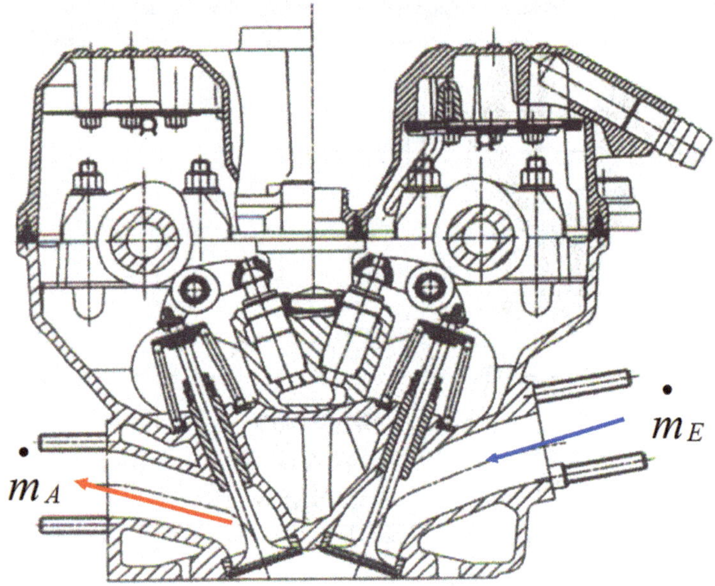

Abb. 5.19 Rollenschlepphebel (nach [3])

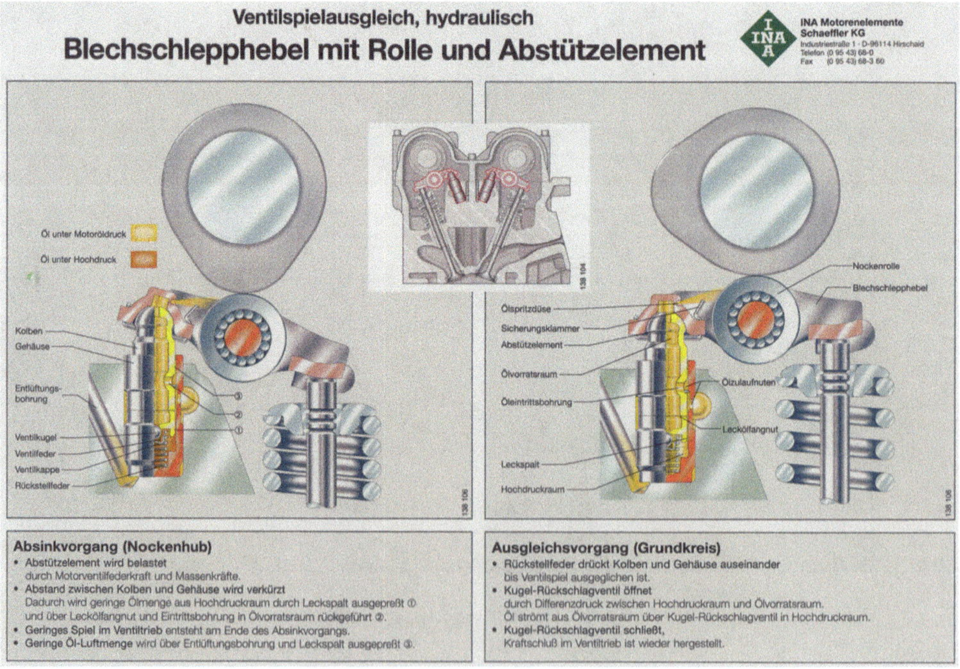

Abb. 5.20 Hydraulisches Ventilspielausgleichselement der Firma INA

5.1.2.3 Hydraulische Ausgleichselemente

Diese Ventilsteuerungen können mit einem hydraulischen Ventilspielausgleichselement ausgerüstet werden. Da in Zylinderköpfen aus Aluminium der Kopf bei Erwärmung deutlich stärker wächst als die Ventile aus austenitischen Stahl, muss entweder ein definiertes Spiel zwischen Ventil und Betätigungselement eingestellt werden oder ein z. B. hydraulisch betätigtes Ausgleichselement eingesetzt werden.

Solche Elemente werden auch bei Tassenstößelventiltrieben eingesetzt (Abb. 5.22). Allerdings erhöhen sie dabei die bewegte Ventiltriebsmasse, da sowohl das Öl im Vorratsraum als auch das Element selbst direkt bewegt werden, während das Abstützelement beim Schlepphebel still steht (Abb. 5.20).

5.1.2.4 Ventile

Neben dem Zylinderkopf (ZK) und den Steuerorganen des Ventiltriebs ist das Ventil selbst ein anspruchsvolles Bauteil mit einer Vielzahl kleiner, aber funktionswichtiger Gestaltungsdetails (Abb. 5.21). Es besteht aus Kopf und Schaft. Die Abdichtung zum Brennraum erfolgt mit der konisch geschliffenen Ventilsitzfläche am Ventilteller, die an der ebenfalls konischen Dichtfläche des in den ZK eingeschrumpften Ventilsitzrings anliegt. Direkt in den ZK-Werkstoff gearbeitete Ventilsitze – ohnehin nur bei Grauguss denkbar – können bei Fahrzeugmotoren die Anforderungen nicht mehr erfüllen. Das Ventil wird mit seinem Schaft in der Ventilführung geführt, die z. B. beim Al-ZK in diesen eingepresst wird. Die Montage der Ventilsitzringe und -führungen bewirkt Verformungen im Zylinderkopf, sodass der ZK, abgesehen von der an den genannten Montageteilen ohnehin vorzunehmenden Nachbearbeitung, erst in diesem Zustand fertig bearbeitet werden kann.

In den Einstich am Schaftende des Ventils greifen zwei halbschalenförmige Ventilkegelstücke mit Außenkonus ein. Die vorgespannte Ventilfeder ist über den Ventilfederteller mit dem Ventilschaft formschlüssig verbunden, indem diese die Innenkonusfläche im Zentrum des Ventiltellers gegen die Außenkonusfläche der Ventilkegelstücke presst. Diese verriegeln den Ventilschaft durch Eingriff in den dafür vorgesehenen Einstich (Abb. 5.21). Es wird zwischen „klemmenden" und „nicht klemmenden" Ventilkegelstücken unterschieden. Bei Letzteren verbleibt im montierten Zustand ein Längsspalt zwischen den beiden Hälften der Ventilkegelstücke, sodass die Kraftübertragung trotz des vorhandenen Formschlusses über Kraftschluss erfolgt. Die nicht klemmende Verbindung erlaubt dem Ventil, sich frei zu drehen. Zur sicheren Kraftübertragung sind jedoch mehrere Einstiche am Schaftende vorzusehen. Das Ventil ist im Bereich des Schaftendes wegen der dort auftretenden Beanspruchung gehärtet.

Der verchromte Ventilschaft ist sehr eng in die Ventilführung eingepasst. Der enge Spalt dient auch einer möglichst guten Wärmeabführung. Die Ventilführung zentriert das Ventil im Sitz. Oben (ölraumseitig) ist an der Ventilführung eine Ventilschaftabdichtung befestigt. Diese soll das Übertreten von Schmieröl in den Brennraum verhindern und dennoch eine ausreichende Schmierung des Ventilschafts gewährleisten.

Um das Ventil möglichst gleichmäßig thermisch zu belasten und das Ansetzen von Verbrennungsrückständen zu verhindern, können Ventildrehvorrichtungen eingesetzt werden.

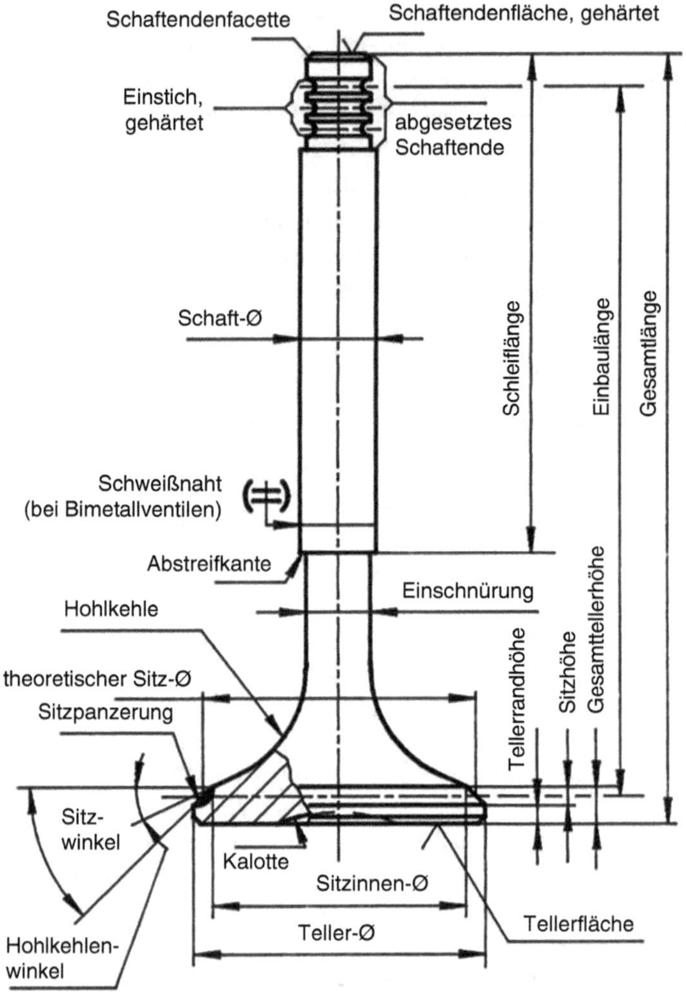

Abb. 5.21 Ventil mit Erläuterung seiner vielfältigen konstruktiven Merkmale (aus [18]); Hohlschaftventil

Die Drehung des Ventils wird je nach Funktionsweise der Drehvorrichtung entweder beim Öffnen oder beim Schließen des Ventils aktiviert [18].

Insbesondere die Auslassventile sind thermisch sehr hoch belastet. Dieser Tatsache wird durch besondere Werkstoffe und Sonderbauformen Rechnung getragen. Das Spektrum der Ventilwerkstoffe reicht von hoch legierten CrSi-Stählen über hoch legierte CrMoV-, CrMnNi-, CrMnNiNb- oder CrMnMo-Stähle bis zur Nickel-Basis-Legierung Nimonic 80A (selten in Pkw- und Nkw-Motoren). Bei höchster thermischer Beanspruchung (Temperaturen bis 1000 °C) ist eine Stellit-Panzerung des Ventilsitzes (Auslass) anstelle der üblichen Härtung nicht zu umgehen. Sonderbauformen sind z. B. so genannte Bimetall-Ventile, wobei zwei unterschiedliche Werkstoffe für Kopf und Schaft kombiniert werden

(Stumpfschweißung), oder hohle Ventile, die zur besseren Wärmeabführung teilweise mit Natrium gefüllt werden. Die bereits unter 100 °C flüssig werdende Füllung unterliegt der „Shaker-Wirkung“. Dadurch wird die Wärme besser vom Kopf in den Schaft übertragen und von dort an die Ventilführung abgegeben, womit eine erhebliche thermische Entlastung einhergeht.

Die Werkstofffrage stellt sich auch bei den Ventilsitzringen. Hohe Verschleißfestigkeit, thermische Beständigkeit, gute Wärmeleitfähigkeit, geringe Korrosionsneigung bei Hochtemperatur und Selbstschmierfähigkeit müssen unter einen Hut gebracht werden. Ventilsitzringe werden im Schleuderguss oder mittels Sinterverfahren hergestellt. Schleuderguss-Ventilsitzringe bestehen aus legiertem/vergütetem Grauguss, Stahl, Halbstahl und Sonderlegierungen. Sie finden vorwiegend in Dieselmotoren Verwendung. Ventilsitzringe für Ottomotoren sind meist gesintert. Die verfügbaren Werkstoffe sind entsprechend den Möglichkeiten des Sinterverfahrens sehr vielfältig. Sie reichen vom niedrig legierten Sinterstahl bis zu hoch verschleißfesten Werkstoffen auf Fe-Basis mit höheren Anteilen an Co, Cr, Mo, Ni und Mn mit Festschmierstoffanteilen (Bleifrei-Betrieb), wie z. B. Pb. Bei Sinterwerkstoffen ist zudem eine Cu-Infiltration zur Erhöhung der Wärmeleitfähigkeit möglich.

Der Ventilsitz wird in erster Linie durch den Aufsetzimpuls des Ventils beansprucht. Um ein Einschlagen des Ventils in den Sitz zu verhindern muss die Aufsetzgeschwindigkeit des Ventils begrenzt werden. Die Aufsetzgeschwindigkeit sollte deshalb unter 1 m/s liegen.

Für die Ventilführungen kommen phosphorlegierter Grauguss, Bronze oder z. B. Sinterstahl-Legierungen mit Festschmierstoffanteilen in Frage.

Ein bei konventionellen Lösungen kaum zu behebender Nachteil ist der infolge Spaltbildung behinderte Wärmeübergang zwischen dem eingeschrumpften Ventilsitzring und dem ZK-Basiswerkstoff. Das lokale Laser-Pulver-Beschichten mit neu entwickelten Werkstoffkombinationen auf Cu-Basis mit größeren Anteilen an Ni, Fe, B und Si, aber auch Co, Mo und Cr vermeidet diesen Nachteil, weil dabei eine metallische Bindung mit dem ZK-Basiswerkstoff hergestellt wird. Nach der Beschichtung wird die Sitzgeometrie ähnlich wie bei der eingesetzten Lösung nachbearbeitet. Dieses Verfahren ist in Japan so weit entwickelt, dass es für den Serieneinsatz zur Verfügung steht [19]. Probleme hinsichtlich des Recycling sind aufgrund der geringen Mengen an für Aluminium-Silizium-Legierungen nicht spezifizierten Legierungsbestandteilen nicht zu erwarten (Abb. 5.22).

Das Ventil, die Ventilkegel und der Federteller vollziehen die gesamte Ventilbewegung, unabhängig davon, wie die Steuerung aufgebaut ist, und gehen damit vollständig in die bewegte Masse ein. Diese Bauteile stehen deshalb unter einem besonders hohen Leichtbaudruck. Der Schaftdurchmesser von Serienventilen wurde z. B. von 7 mm (1989) über die Jahre in Stufen auf 5 mm (2005) in der Automobilindustrie reduziert, der Ventilteller und der Ventilfederteller wurde deutlich gewichtserleichtert. Es wurden Hohlschaftventile und Ventile aus Titanaluminid entwickelt, die allerdings nur bei hoch drehenden Motoren in „Serie“ verwendet werden, um die bewegte Masse zu reduzieren (Tab. 5.2).

Die so genannten Blechventile werden aus umgeformten Blechteilen hergestellt. Mit dieser Konstruktion kommt man in den Gewichtsbereich von Titanventilen bei deutlich geringeren Kosten.

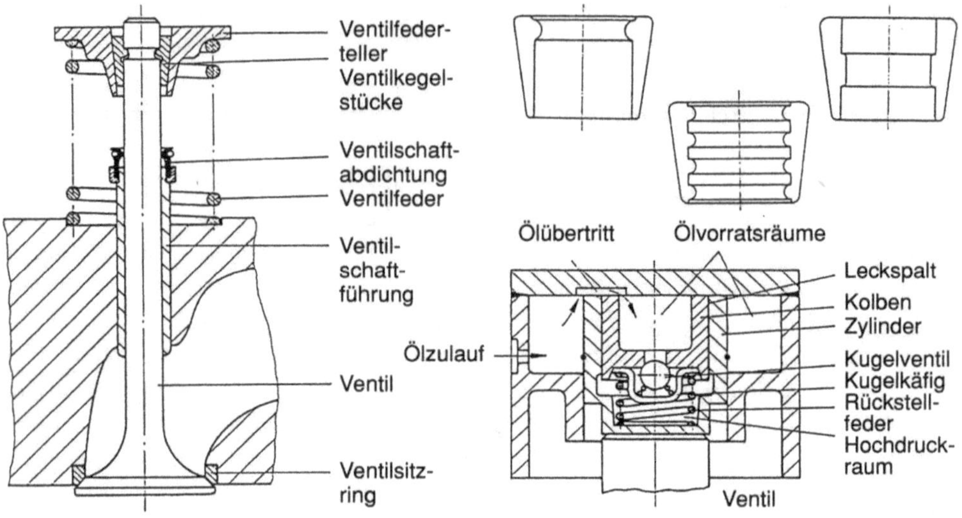

Abb. 5.22 Ventil mit Einbauzubehör (links) sowie hydraulischer Tassenstößel (unten rechts); Prinzipdarstellung (aus [20]); klemmende (rechts oben) und nicht klemmende Ventilkegelstücke (darunter) (aus [18])

Tab. 5.2 Entwicklung Ventilgewicht

	1990	1992	2002	2005	Hohlschaft	TiAl	Blechventile
Schaftdurchmesser	7 mm	6 mm	6 mm (5 mm)	5 mm	6 mm	6 mm	6 mm
Gewicht	62 g	48 g	42 g	38 g		26 g	
Gewicht Federteller	18 g			3 g			

In hoch drehenden Motorradmotoren wird ein Ventilschaftdurchmesser von 5 mm schon seit langem verwendet, bei neuen hoch drehenden Motoren werden Ventile mit einem Schaftdurchmesser von 4,5 mm und 4 mm verwendet, um die bewegten Massen zu reduzieren.

5.1.2.5 Nocken

5.1.2.5.1 Definition der Nockenform

Die Nockenformen und deren mathematische Darstellung sind bei [13] sehr ausführlich beschrieben. Grundsätzlich werden zwei Arten von Nocken unterschieden, wobei die Nockenform sich stets aus dem Grundkreis, der Nockenflanke und -spitze zusammensetzt (Abb. 5.23):

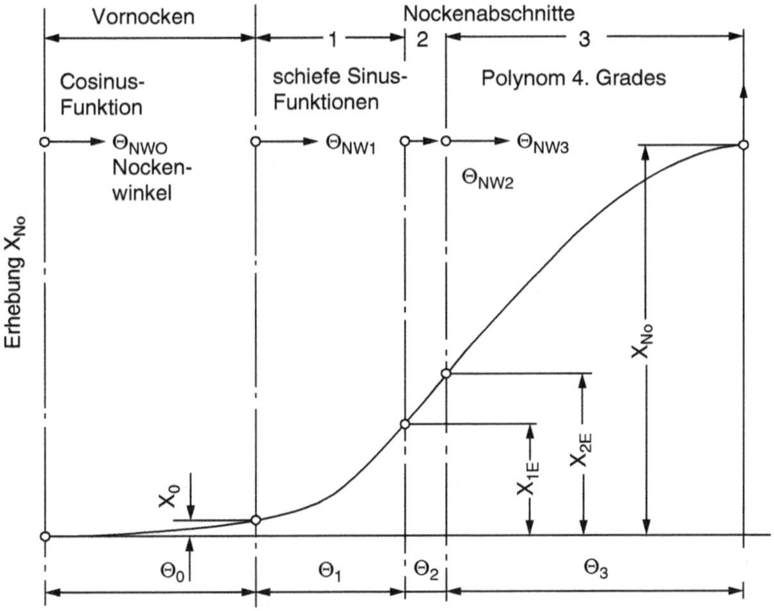

Abb. 5.23 Definition des ruckfreien Nockens mit Berechnungsvorschrift (nach [13, 21])

Kreisbogennocken → An den Übergängen der einzelnen Kreisbogensegmente (Grenzfall Gerade) liegt eine Unstetigkeit des Nockenprofils vor, die einen Beschleunigungssprung verursacht. Die dadurch hervorgerufenen Stoßkräfte beeinflussen die Ventilhubfunktion und regen Ventiltriebsgeräusche an.

Ruckfreie Nocken → Dies sind Nocken mit kontinuierlicher Änderung der Krümmungsradien. Sie haben die Kreisbogennocken ersetzt.

Für die einzelnen Abschnitte der Hubfunktion des ruckfreien Nockens, beginnend mit dem Vornocken (Nockenwinkelbereich, während dessen das Ventilspiel ausgeglichen wird), werden geeignete Funktionen gewählt (trigonometrische Funktionen, Polynome [21, 13] und [20] beziehen sich auf diese Quelle). Die Konstanten dieser Funktionen werden so gewählt, dass an den Übergängen der Kurvenabschnitte die mathematischen Stetigkeitsbedingungen erfüllt sind:

Hub, Geschwindigkeit und Beschleunigung diesseits und jenseits der Übergangsstellen müssen sich entsprechen (Abb. 5.26).

Außerdem dürfen eine Grenzgeschwindigkeit am Ende des Vornockens (Erfahrungswert für die Auftreffgeschwindigkeit <0,8 m/s) sowie eine Maximalbeschleunigung nicht überschritten, und der Gesamthub muss erreicht werden. Mit Rechnerunterstützung ist die Bestimmung der Hubfunktionen (Ventilerhebungen) und das Rechnen mit der über die Kinematik der Ventilbetätigung definierten Nockenform leicht zu handhaben.

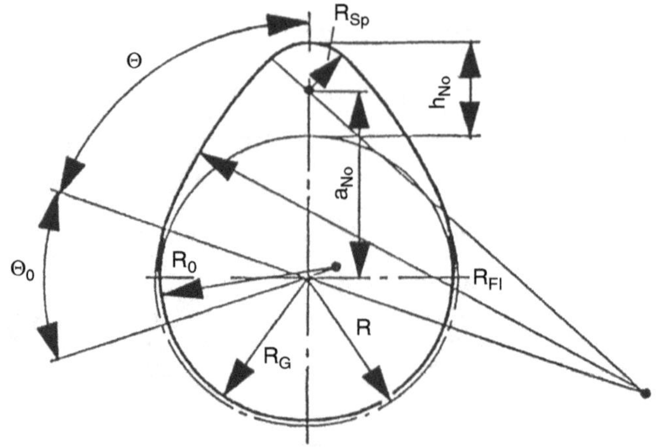

Abb. 5.24 Geometrie des Kreisbogennockens mit gewölbter Flanke; Definition der geometrischen Parameter mit formelmäßigen Zusammenhängen (nach [13])

Abb. 5.24 zeigt die Nockengeometrie, hier am Beispiel des technisch überholten Kreisbogennockens, weil dessen Verhältnisse hinsichtlich der geltenden Definitionen besonders übersichtlich sind. Folgende Begriffe sind allgemein eingeführt:

- Grundkreisradius R_G
- Krümmungsradius im Vornockenbereich R_0
- Radius R = Grundkreisradius R_G + Vornockenhöhe h_0 (Ventilspiel)
- Flankenkrümmungsradius R_{Fl}
- Spitzenradius R_{Sp}
- Nockenhub h_{No}
- Abstand der Einstichpunkte Grundkreisradius/Spitzenradius a_{No}
- Vornockenwinkelbereich θ_0
- Flanken- und Spitzenbereich überspannender Winkel θ

Nockenhubfunktion (Stößel-/Ventilerhebung) der einzelnen Abschnitte θ_i mit der Variablen θ_{NWi}

$$\begin{aligned}
x_{No0} &= x_0\left[1-\cos\left(\pi\theta_{NW0}/2\theta_0\right)\right] && \rightarrow \quad \dot{x}_{No0},\quad \ddot{x}_{No0}\\
x_{No1} &= x_0 + c_{11}\,\theta_{NW1} - c_{12}\sin\left(\pi\theta_{NW1}/\theta_1\right) && \rightarrow \quad \dot{x}_{No1},\quad \ddot{x}_{No1}\\
x_{No2} &= x_{1E} + c_{21}\,\theta_{NW2} + c_{22}\sin\left(\pi\theta_{NW2}/2\theta_2\right) && \rightarrow \quad \dot{x}_{No2},\quad \ddot{x}_{No2}\\
x_{No3} &= x_{2E} + c_{31}\left(\theta_3-\theta_{NW3}\right)^4 - c_{32}\left(\theta_3-\theta_{NW3}\right)^2 + c_{33} && \rightarrow \quad \dot{x}_{No3},\quad \ddot{x}_{No3}
\end{aligned} \qquad (5.14)$$

x_0 bezieht sich auf die Vornockenhöhe h_0; zunächst müssen die Hübe an den Übergangsstellen gleich groß sein, und der maximale Hub x_{N0} muss erreicht werden. Mit diesen Randbedingungen folgt:

$$\begin{aligned} x_{1E} &= x_0 + c_{11}\theta_1 \\ x_{2E} &= x_{1E} + c_{21}\theta_1 + c_{22} \\ x_{No} &= x_{2E} + c_{33} \end{aligned} \tag{5.15}$$

Die allgemeine Bedingung hierfür lautet:

$$x_{Noi}(\theta_i) = x_{Noi+1}(0) \tag{5.16}$$

Auch die Geschwindigkeiten und Beschleunigungen müssen sich an den Übergangsstellen entsprechen:

$$\dot{x}_{Noi}(\theta_i) = \dot{x}_{Noi+1}(0) \text{ bzw. } \ddot{x}_{Noi}(\theta_i) = \ddot{x}_{Noi+1}(0) \tag{5.17}$$

Mit diesen zusätzlichen Randbedingungen können die Konstanten c_{ij} bestimmt werden, wobei dies so erfolgen kann, dass z. B. für die Endgeschwindigkeit im Vornockenbereich und für die Beschleunigungen im Bereich der Nockenflanke und -spitze maximal zulässige Werte vorgegeben werden.

Beim ruckfreien Nocken nach Abb. 5.23 müssen im Gegensatz zum Kreisbogennocken die Krümmungsradien des Nockens stets nachgerechnet werden, weil diese dann nicht explizit vorliegen, sondern indirekt über die definierte Hubfunktion festgelegt sind. Auf Folgendes ist zu achten:

Die Flankenkrümmung muss (sollte aus Fertigungsgründen) positiv sein.

Die zulässige Flächenpressung darf infolge eines zu kleinen Krümmungsradius der Nockenspitze nicht überschritten werden.

Grundkreisradius + Ventilspiel:

$$R = a_{No}\cos\theta + R_{Fl} \pm \sqrt{a_{No}^2\cos^2\theta + \left(R_{Fl} - R_{Sp}\right)^2 - a_{No}^2} \tag{5.18}$$

Krümmungsradius im Vornockenbereich:

$$R_0 = \frac{(R_{Fl} - R)^2 + R_G^2 - R_{Fl}^2 + 2(R_{Fl} - R)_G\cos\theta_0}{2[R_G - R_{Fl} + (R_{Fl} - R)\cos\theta_0]} \tag{5.19}$$

Flankenradius:

$$R_{Fl} = \frac{a_{No}^2 + R^2 - R_{Sp}^2 - 2a_{No}R\cos\theta}{2\left[R - R_{Sp} - a_{No}\cos\theta\right]} \tag{5.20}$$

Spitzenradius:

$$R_{Sp} = \frac{R(R_{Fl} - R - h_{No}) - h_{No}^2/2 - (R_{Fl} - R)(R + h_{No})\cos\theta}{R_{Fl} - R - h_{No} - (R_{Fl} - R)\cos\theta} \tag{5.21}$$

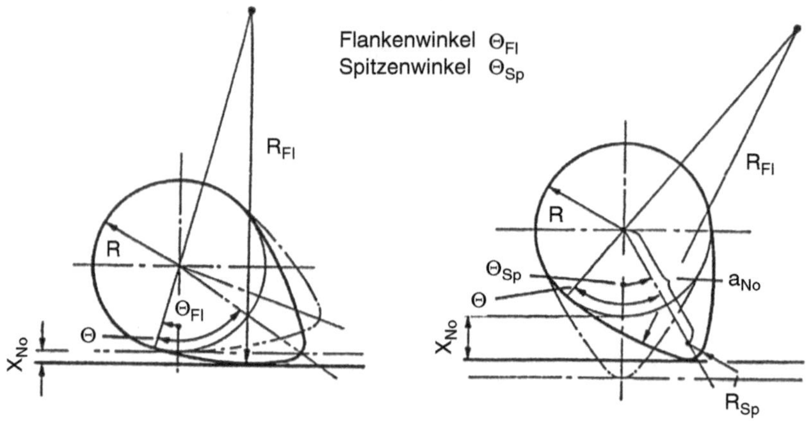

$$\theta = \theta_{Fl\max} + \theta_{Sp\max}, \qquad \sin\theta_{Fl\max} = \frac{a_{No}\sin\theta}{R_{Fl} - R_{Sp}}$$

Stößelerhebung	Flanke	Spitze
$x_{No} =$	$(R_{Fl} - R)(1 - \cos\theta_{Fl})$	$a_{No}\cos\theta_{Sp} + R_{Sp} - R$ $= h_{No} - a_{No}(1 - \cos\theta_{Sp})$
$\dot{x}_{No} =$	$\omega(R_{Fl} - R)\sin\theta_{Fl}$	$\omega a_{No}\sin\theta_{Sp}$
$\ddot{x}_{No} =$	$\omega^2(R_{Fl} - R)\cos\theta_{Fl}$	$-\omega^2 a_{No}\cos\theta_{Sp}$

Abb. 5.25 Zusammenhang zwischen dem Nockenprofil und der Stößelerhebung am Beispiel des gerade geführten Stößels mit ebener Kontaktfläche („harmonischer Nocken“ genannt) (aus [13])

Nockenhub:

$$h_{No} = R_{Fl} - R + a_{No} \pm \sqrt{a_{No}^2 + (R_{Fl} - R)^2 + 2a_{No}(R_{Fl} - R)\cos\theta} \tag{5.22}$$

Mit den Beziehungen für die Stößel-/Ventilerhebung und -beschleunigung, wie sie z. B. für den „harmonischen Nocken“ gelten (siehe Abb. 5.25), können die Flanken- bzw. Spitzenwinkel in den dort angegebenen Gleichungen eliminiert und dann die Krümmungsradien folgendermaßen angegeben werden:

$$R_{Fl} = R_G + x_{No}(\theta_{NW}) + \frac{\ddot{x}_{No}(\theta_{NW})}{\omega^2}, \quad \theta_{NW} = \theta_{Fl}$$

bzw.

$$R_{Sp} = R_G + x_{No}(\theta_{NW}) + \frac{\ddot{x}_{No}(\theta_{NW})}{\omega^2}, \theta_{NW} = \theta_{Sp} \tag{5.23}$$

Gl. (5.23) gilt selbstverständlich nur für die ebene Stößelfläche. Im Übrigen ist von der allgemeinen mathematischen Definition der Krümmung auszugehen. Für eine beliebige

Funktion in Parameterdarstellung $x(\varphi)$, $y(\varphi)$ mit $x(\varphi) = R(\varphi)\cos\varphi$ und $y(\varphi) = R(\varphi)\sin\varphi$ lässt sich der Krümmungsradius R_K wie folgt berechnen:

$$R_K = \frac{\sqrt{\left[\left(\frac{\mathrm{d}x}{\mathrm{d}\varphi}\right)^2 + \left(\frac{\mathrm{d}y}{\mathrm{d}\varphi}\right)^2\right]^3}}{\frac{\mathrm{d}x}{\mathrm{d}\varphi}\frac{\mathrm{d}^2y}{\mathrm{d}\varphi^2} - \frac{\mathrm{d}y}{\mathrm{d}\varphi}\frac{\mathrm{d}^2x}{\mathrm{d}\varphi^2}} = \frac{\sqrt{\left[R(\varphi)^2 + \left(\frac{\mathrm{d}R(\varphi)}{\mathrm{d}\varphi}\right)^2\right]^3}}{R(\varphi)^2 + 2\left(\frac{\mathrm{d}R(\varphi)}{\mathrm{d}\varphi}\right)^2 - R(\varphi)\frac{\mathrm{d}^2R(\varphi)}{\mathrm{d}\varphi^2}} \tag{5.24}$$

In Bezug auf einen Rollenstößel mit dem Radius R_{St} oder auch eine ballige Kontaktfläche eines Hebels ist $R(\varphi)$ als Ortsvektor zu interpretieren, dessen Betrag dem momentanen Abstand zwischen der Nockenwellendrehachse und dem Drehzentrum des Stößels oder der balligen Kontaktfläche entspricht. Der Krümmungsradius R_K ist der Krümmungsradius der vom Vektor beschriebenen Bahn. Er ist die Summe aus Nocken- und Stößel-/Hebelkrümmungsradius. Also gilt :

$$\varphi = \theta_{NW},\ \ R(\theta_{NW}) = R_G + x_{No}(\theta_{NW}) + R_{St} \text{ und } R_{Fl} \text{ bzw. } R_{Sp} = R_K - R_{St} \tag{5.25}$$

Mit den Gl. (5.24) und (5.25) können die Nockenkrümmungsradien ganz allgemein berechnet werden.

Das Nockenprofil ist nicht gleichbedeutend mit der Ventilhubfunktion. Die Übertragungsverhältnisse, gegeben durch

- gerade oder gekrümmte Stößelfläche
- Tassenstößel, Kipphebel oder Schwing-/Schlepphebel
- Übersetzungsverhältnis (bei Hebeln) und
- relative axiale Lage der Stößelkontaktfläche zum Hebeldrehpunkt

gehen zusätzlich in die Stößel- bzw. Ventilhubfunktion ein. Die grundsätzlichen Zusammenhänge, hier am Beispiel des „harmonischen" Nockens, gehen aus Abb. 5.25 hervor. Zwecks möglichst kleinem Antriebsmoment der Nockenwelle und niedriger Flächenpressung sollte der Stößelradius entsprechend groß sein oder ein ebener Stößel vorgesehen werden. Die aus der Hubfunktion x_{No} resultierende Geschwindigkeit $\dot{x}_{No}$ und Beschleunigung $\ddot{x}_{No}$ betragen:

$$\dot{x}_{No}(\theta_{NW}, \omega) = \frac{\mathrm{d}x_{No}}{\mathrm{d}\theta_{NW}}\frac{\mathrm{d}\theta_{NW}}{\mathrm{d}t} = \omega_{NW}\frac{\mathrm{d}x_{No}}{\mathrm{d}\theta_{NW}} \tag{5.26}$$

$$\ddot{x}_{No}(\theta_{NW}, \omega) = \frac{\mathrm{d}}{\mathrm{d}\theta_{NW}}\left(\dot{x}_{No}\right) = \omega_{NW}^2\frac{\mathrm{d}^2x_{No}}{\mathrm{d}\theta_{NW}^2} \tag{5.27}$$

Davon wurde im vorigen Abschnitt ohne besonderen Hinweis schon Gebrauch gemacht.

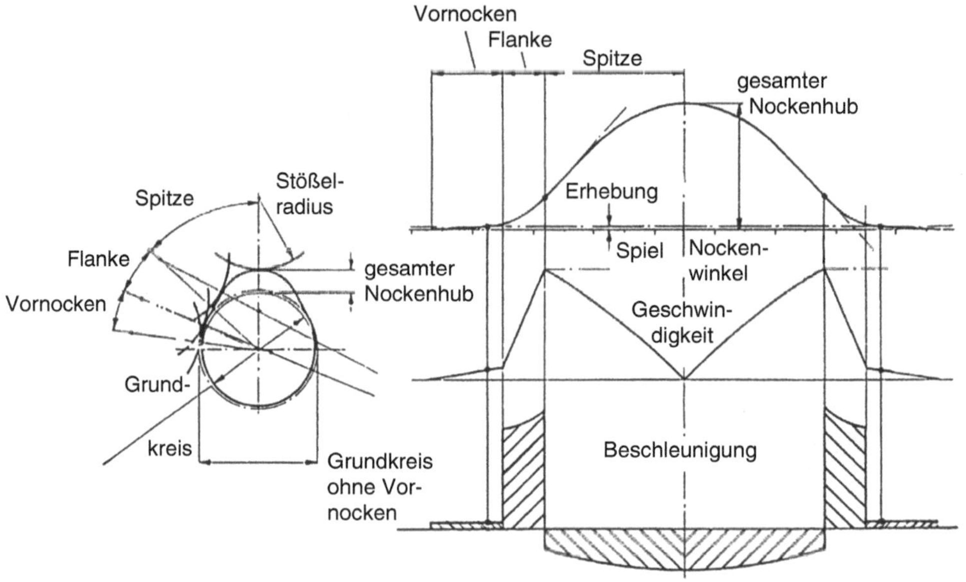

Abb. 5.26 Stößelerhebung, -geschwindigkeit und -beschleunigung für den Fall der Flanken- und Spitzenberührung (Nocken hier in Kontakt mit konvexer Stößelfläche; technisch überholter Kreisbogennocken, gekennzeichnet durch abrupte Übergänge); Prinzipdarstellung (aus [13])

Der Index „*No*" bezieht sich nicht auf das Nockenprofil selbst, sondern auf die vom Nocken im Zusammenspiel mit den Übertragungselementen bewirkte Hubfunktion. Er wird somit zunächst stellvertretend für die Stößelerhebung gebraucht. Beim Tassenstößel entspricht dies direkt auch der Ventilerhebung. Beim Schlepphebel ist ebenfalls die Ventilerhebung gemeint, wobei kompliziertere kinematische Verhältnisse vorliegen können. Beim Kipphebel ist meist die nockenseitige Erhebung gemeint. Für eine konvexe Stößelkontaktfläche sind Stößelerhebung, -geschwindigkeit und -beschleunigung für die Flanken- und Spitzenberührung in Abb. 5.26 angedeutet. Die Darstellung bezieht sich auf den Kreisbogennocken, gekennzeichnet durch abrupte Übergänge. Analog lässt sich dies für den ruckfreien Nocken (Abb. 5.27) aufzeigen. In Abb. 5.27 sind die diesbezüglichen Unterschiede im Geschwindigkeits- und Beschleunigungsverlauf deutlich zu erkennen.

5.1.2.5.2 Auslegungsprogramme

Heute werden die Nockenprofile in so genannte Nockensyntheseprogrammen wie VENTIL oder Camshaft Design System ausgelegt. Dabei wird der Beschleunigungsverlauf des Ventils mit genau definierten Rampen und definierter Höhe, Form der Öffnungs- und Schließbeschleunigung entworfen (Abb. 5.28).

Im Programm wird dann ein Flächenausgleich durchgeführt, indem der Beschleunigungsverlauf verändert wird, sodass die Fläche F_1 gleich F_2 und F_3 gleich F_4 ist. Die zwei-

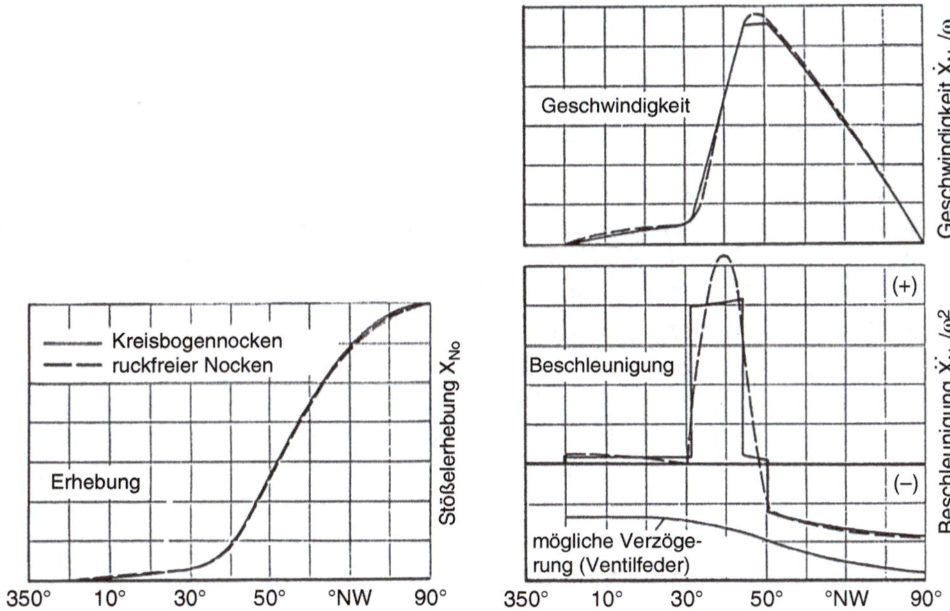

Abb. 5.27 Unterschiede im Geschwindigkeits- und Beschleunigungsverlauf zwischen Kreisbogen- und ruckfreiem Nocken; Berechnungsbeispiel (aus [13])

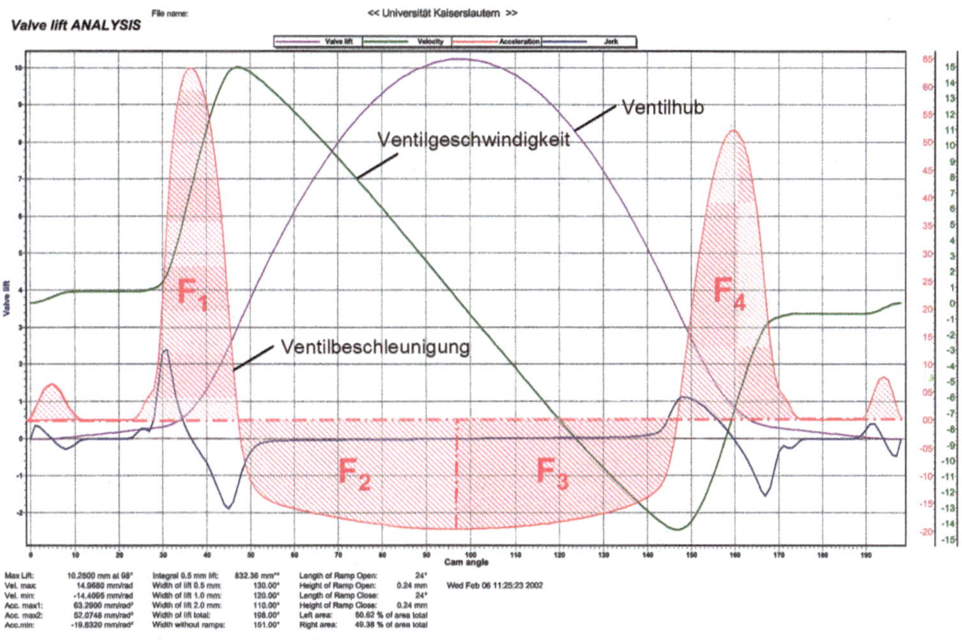

Abb. 5.28 Beschleunigungsverlauf

fache Integration dieses angepassten Beschleunigungsverlaufes führt dann zum Ventilhub unter Berücksichtigung der Bauart des Ventiltriebes.

5.1.2.6 Ventilfedern

5.1.2.6.1 Erforderliche Ventilfederkraft

Die Ventilfeder soll zum einen das ruhende Ventil geschlossen und zum anderen das beschleunigte Ventil mit dem Nocken in Kontakt halten. Die Ventilfederkraft ist folglich größer als die auf das Ventil reduzierte Massenkraft. Abb. 5.16 zeigt den allgemeinen Fall der Ventilbetätigung über Stößel (m_1), Stoßstange (m_2) und Kipphebel (J); Ventil mit Ventilfeder/-teller (m_3). Beim Tassenstößel verschwinden die Massen m_1 und m_2 von Stößel und Stoßstange sowie das Massenträgheitsmoment J des Kipphebels auf der Antriebsseite. Dafür muss die Stößelmasse auf der Seite des Ventils der Masse m_3 zugeschlagen werden. Diese setzt sich aus der Ventilmasse plus Zubehör und der halben Ventilfedermasse zusammen, das die Ventilfeder sich einseitig abstützt. Für die jeweilige Seite gelten für den allgemeinen Fall folgende Massenreduktionen mit dem Übersetzungsverhältnis l_2/l_1.

$$m_{Vered} = m_3 + (m_1 + m_2)\left(\frac{l_1}{l_2}\right)^2 + \frac{J}{l_2^2} \tag{5.28}$$

$$m_{Vered} = m_1 + m_2 + m_3\left(\frac{l_2}{l_1}\right)^2 + \frac{J}{l_1^2} \tag{5.29}$$

Wird die auf den Ventilteller wirkende Gaskraft vernachlässigt, so gilt mit der Federvorspannkraft F_{FV} und der Federkonstante c_F folgende Grenzbedingung für das Abheben des Stößels vom Nocken:

$$m_{Nored}\ddot{x}_{No} + (F_{FV} + c_F x_{Ve})i = m_{Nored}\ddot{x}_{No} + F_{FV}i + c_F x_{No} i^2 = 0 \tag{5.30}$$

(Übersetzungsverhältnis $i = l_2/l_1$)

$x_{Ve} = x_{No} i$ ist die Ventilerhebung. Für die Nockenspitze, bei der die größte gegen die Ventilfeder gerichtete Beschleunigung auftritt, ist $x_{No} = h_{No}$ (Nockenhub; Ventilspiel vernachlässigt) und $\ddot{x}_{No} = -C\omega^2$, wobei die Konstante C von der Nockenform abhängt. Damit wird die Grenzdrehzahl berechnet:

$$\omega_g = \sqrt{\frac{F_{FV}i + c_F h_{No} i^2}{C m_{Nored}}} \left(n_g = \omega_g\, 30/\pi \text{ in } 1/\text{min}\right) \tag{5.31}$$

Bei Kraftfluss wirkt die Kraft $F_{No} = F_{Fred} + m_{Nored}\ddot{x}_{No}$ auf den Nocken, wobei mit F_{Fred} die reduzierte Ventilfederkraft gemeint ist. Die Ventilfeder muss mit ausreichender Reserve, abhängig von den auftretenden Beschleunigungen, der Elastizität des Ventiltriebes und möglichen Überdrehzahlen, von +30 % bis +50 % ausgelegt werden. Dabei sollte die

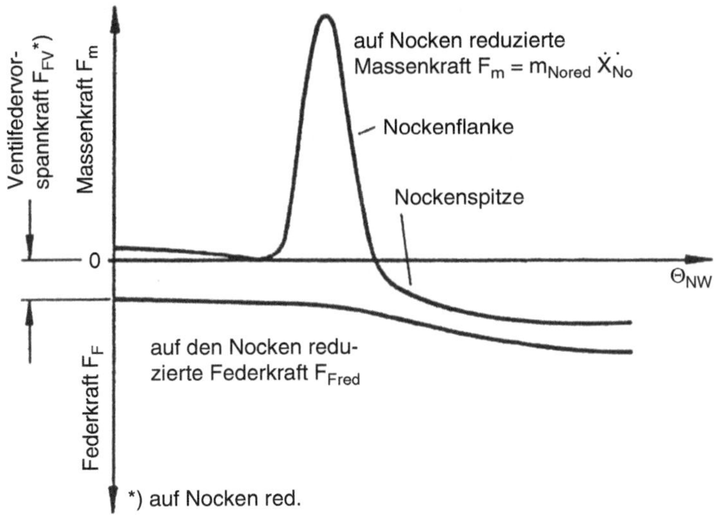

Abb. 5.29 Ventilfeder- und Massenkraftverlauf bei richtiger Auslegung (Schemaskizze)

Flächenpressung zwischen Nocken und Stößel erfahrungsgemäß <200 N/mm^2 (gilt für den „harmonischen Nocken") gehalten werden. An der Nockenspitze sind deutlich größere Flächenpressungen heute kaum zu vermeiden. Die Flächenpressung wird dabei nach Hertz anhand der beiden Krümmungsradien berechnet. Ventilfeder- und Massenkraftverlauf zeigt Abb. 5.29 in Form einer Prinzipdarstellung.

5.1.2.6.2 Berechnung der Ventilfeder

Die Ventilfeder ist üblicherweise eine zylindrische Schraubenfeder, die unter Belastung auf Biegung und Torsion beansprucht wird. Die Betrachtungen zur Dauerfestigkeit können auf die Torsionsbeanspruchung beschränkt werden. Die Ventilfeder ist ein schwingungsfähiges Gebilde, deren Eigenmasse bei hohen Frequenzen nicht vernachlässigbar ist. Infolge harmonischer Erregung durch die Ventilerhebungsfunktion sind große, resonanzbedingte Schwingungsausschläge möglich.

Ohne Berücksichtigung von Schwingungen beträgt die maximale Torsionsspannung.

$$\tau_{T\max} = \tau_{TV} + 2\tau_{TA} = \tau_{Tm} + \tau_{Ta}$$
$$\text{mit } \tau_{T\ldots} = \frac{8\xi F_F D_F}{\pi d_F^3} \tag{5.32}$$

τ_{TV} bezieht sich auf die Vorspannung der Feder. τ_{TM} ist die Mittelspannung und τ_{Ta} der Spannungsausschlag. Beide Größen dienen der Beurteilung der Dauerfestigkeit anhand der Dauerfestigkeitsschaubilder der Ventilfederhersteller. Die angegebenen Berechnungsformel für die Torsionsspannung gilt für die zylindrische Schraubenfeder. F_F ist die Federkraft, D_F der mittlere Windungsdurchmesser und d_F der Durchmesser des Federdrahts.

$\xi = 1 + 5/4\, d_F/D_F + 7/8\, (d_F/D_F)^2$ ist ein Korrekturfaktor zur Berücksichtigung der erhöhten Beanspruchung am Innendurchmesser der Feder. Mit der Anzahl der wirksamen Windungen i (möglichst halbzahlig), dem Schubmodul G und den die Schraubenfedergeometrie kennzeichnenden Durchmessern kann die Federsteifigkeit angegeben werden:

$$c_F = \frac{G d_F^4}{8 i D_F^3} \tag{5.33}$$

Die Federmasse kann über den mittleren Windungsdurchmesser bei Berücksichtigung der Windungszahl, des Drahtquerschnitts und der Dichte ρ näherungsweise berechnet werden:

$$m_F \approx \frac{\pi^2}{4} \rho i D_F d_F^2 \tag{5.34}$$

Mit der Federsteifigkeit und der schwingenden Masse kann die Eigenkreisfrequenz der Ventilfeder abgeschätzt werden. Bei der schwingenden Masse wird zunächst der Fall berücksichtigt, dass ich die Ventilfeder einseitig abstützt. Nur die dem Federteller zugewandte Seite führt die volle Hubbewegung aus. Der Hub nimmt linear von Windung zu Windung ab. Es wird ein diesen Umstand berücksichtigender Massenfaktor μ definiert. Anhand einer energetischen Betrachtung kann der Faktor $\mu = {}^1/_3$, für beidseitig frei schwingende Federenden $\mu = {}^1/_{12}$ abgeleitet werden. Bei Verwendung der Formel für den Ein-Massen-Schwinger gilt dann Gl. (5.35) links):

$$\omega_e \approx \sqrt{\frac{c_F}{\mu m_F}} = \frac{d_F}{i \pi D_F^2} \sqrt{\frac{G}{2 \mu \rho}}$$

bzw.

$$\omega_e = \frac{d_F}{i D_F^2} \sqrt{\frac{G}{2\rho}} \tag{5.35}$$

Die entsprechende Nockenwellendrehzahl in 1/min ist dann $n_e = \omega_e\, 30/\pi$. Eine genauere Berechnung der Eigenfrequenzen der Feder berücksichtigt, dass diese ein massebehaftetes Kontinuum und kein Ein-Massen-Schwinger ist. Die Eigenfrequenzen folgen aus der Lösung der eindimensionalen „Wellengleichung". Im Schrifttum wird hier meist Gl. (5.35 rechts) angegeben [13], das Ergebnis für die frei schwingende oder an beiden Enden geführte Druckfeder (Grundschwingung). In Verbindung mit dem Massenfaktor $\mu = {}^1/_{12}$ erweist sich Gl. (5.35 links) als akzeptable Näherungslösung. Beide Gleichungen unterscheiden sich um den Faktor $\mu^{-0,5} / \pi = 1{,}1027$. [13] **u. a.** beziehen sich auf eine gemeinsame ältere Quelle, die dem Autor nicht zur Verfügung steht.

Tatsächlich schwingt die Feder in sich mit umso mehr Freiheitsgraden als Windungen vorhanden sind. Die Feder hat viele Eigenfrequenzen, wovon die niedrigste den geringsten Abstand zur Drehfrequenz der Nockenwelle hat. Die Eigenfrequenzen sind durch den Grad I = 1, 2, 3 … gekennzeichnet. Die Erregerfrequenzen und die Erregeramplituden werden mittels „harmonischer Analyse" (Fourier-Reihen-Entwicklung) der Ventilerhebung näherungsweise berechnet. Der Federweg in seinem zeitlichen Ablauf ist dann zerlegt in einzelne Sinusschwingungen der Nockenwellendrehzahlfrequenz und ganzzahlige Vielfache dieser Grundfrequenz mit zugehörigen Erregeramplituden. Man spricht von Harmonischen der Ordnung i. Was die Amplituden der Resonanzschwingungen anbetrifft, so gibt es Erfahrungswerte bezüglich der Dämpfung der Erregeramplituden (siehe z. B. [13]). Man bezieht sich dabei üblicherweise auf den Ausschlag der mittleren Federwindung. Aus den Schwingungsamplituden der Feder können die überlagerten dynamischen Torsionsspannungen ermittelt werden.

Resonanz tritt ein, wenn die Eigenfrequenz der Feder des Grades I und höherer Grade der Nockenwellenfrequenz oder einem ganzzahligen Vielfachen dieser Frequenz entspricht ($\omega_{eI} = i\ \omega_{NW} \rightarrow \omega_{NW} = \omega_{eI}/i$). Die niedrigste Eigenfrequenz muss demnach recht hoch sein, wenn die Erregung durch maßgebliche höhere Ordnungen außerhalb des Nockenwellendrehzahlbereichs liegen soll. Die Erfahrung zeigt, dass zur Vermeidung von Ventilfederschwingungen die der Eigenfrequenz entsprechende Drehzahl acht- bis zehnmal so groß wie die höchste Nockenwellendrehzahl [20] sein soll. Zur Auslegung von Ventilfedern ist insbesondere auch auf die Ausführungen bei [22] hinzuweisen.

5.1.2.7 Nockenwelle

5.1.2.7.1 Anmerkungen zu Nockenwellenwerkstoffen, -herstellung und -lagerung

Die Werkstoffe für Nockenwellen von Pkw- und Nkw-Motoren reichen im Allgemeinen vom unlegierten C-Stahl über Einsatzstahl bis hin zum Gusseisen. Sie können im Gesenk geschlagen werden oder z. B. aus legiertem Gusseisen oder Schalenguss (Erzeugung eines ledeburitischen Hartgussgefüges in der Randzone – „Weißerstarrung“) gegossen werden. Die Nocken müssen gehärtet werden. Dies erfolgt mittels Einsatz- oder Brennhärtens. Das aufwändige Hartverchromen der Nocken bleibt besonderen Anwendungen vorbehalten. Die werkstoffliche Beschaffenheit der Stößel-, Schwing- und Schlepphebel-Kontaktflächen muss auf den Nockenwerkstoff abgestimmt werden. Bei sehr hoher Beanspruchung können Hartmetallplättchen aufgelötet werden. Neuerdings gewinnen auch keramische Materialien für diese und vergleichbare Anwendungen an Bedeutung.

Nach dem Härten erhalten die Nocken ihre endgültige Form durch Schleifen. Dies geschieht nur mehr z. T. noch im Kopierverfahren unter Verwendung eines Meisternockens.

Mehr und mehr findet auch die „gebaute“ Nockenwelle ihre Anwendung in Serienmotoren. Es sind verschiedene Konzepte bekannt. Nocken und Welle sind getrennte Komponenten, die im Allgemeinen noch nicht so genau gefügt werden können, dass das Nachschleifen der Nocken und Welle eingespart werden kann. Neben den bekannten Nocken-Werkstoffen kommen hier auch Sinter- bzw. Sinter-Schmiedewerkstoffe zum Einsatz. Die Nocken werden entweder aufgeschrumpft oder mittels Keil-, Kerb- und anderen Verzahnungen mit der Welle verbunden. Die Fügetechnik muss qualitativ hochwertige, positionsgenaue Verbindungen zu niedrigen Kosten sicherstellen.

Die Nockenwelle ist bei normaler Belastung unmittelbar im Aluminium oder Grauguss des Zylinderkopfes gelagert. Nur bei außerordentlich hoher Lagerbelastung werden spezielle Lagerschalen verwendet, Letzteres vornehmlich bei NFZ-Motoren.

5.1.3 Ladungswechsel mit variabler Steuerzeit

Starre Steuerzeiten stellen einen Kompromiss zwischen Leerlaufqualität, maximaler Leistung und Emissionen in der Teillast dar.

Da bei einem starren Ventiltrieb die Überschneidung für alle Last- und Drehzahlbereiche fest eingestellt ist, kann der Restgasanteil in der Teillast nicht optimal gesteuert werden. Schon durch eine einfache Verschiebung der Steuerzeit des Einlassventils kann ein Rückströmen des Frischgases aus dem Zylinder vermieden und Drehmoment im unteren Drehzahlbereich und maximaler Leistung im oberen Drehzahlbereich (Abb. 5.32) gewonnen werden (Abb. 5.30).

Die lastabhängige Veränderung der Überschneidung in der Teillast führt zu einer deutlichen Reduzierung der Stickoxidemissionen und zu einer Verbrauchsreduktion (Abb. 5.31).

Vereinfacht können folgende grundsätzliche Zusammenhänge dargestellt werden

- früher Einlassschluss führt zu hohen Drehmomenten im unteren Drehzahlbereich
- später Einlassschluss führt zu hoher Leistung im oberen Drehzahlbereich
- hohe Überschneidung reduziert NO_x-Emissionen und verschlechtert die Leerlaufqualität

Während einer Volllastbeschleunigung aus niedrigen Drehzahlen heraus bis hin zu hohen Drehzahlen schaltet der Verstellmechanismus „spät“ → „früh“ → „spät“. Zur Stabilisierung des Leerlaufs ist die Ventilüberschneidung zunächst gering. Mit dem Öffnen der

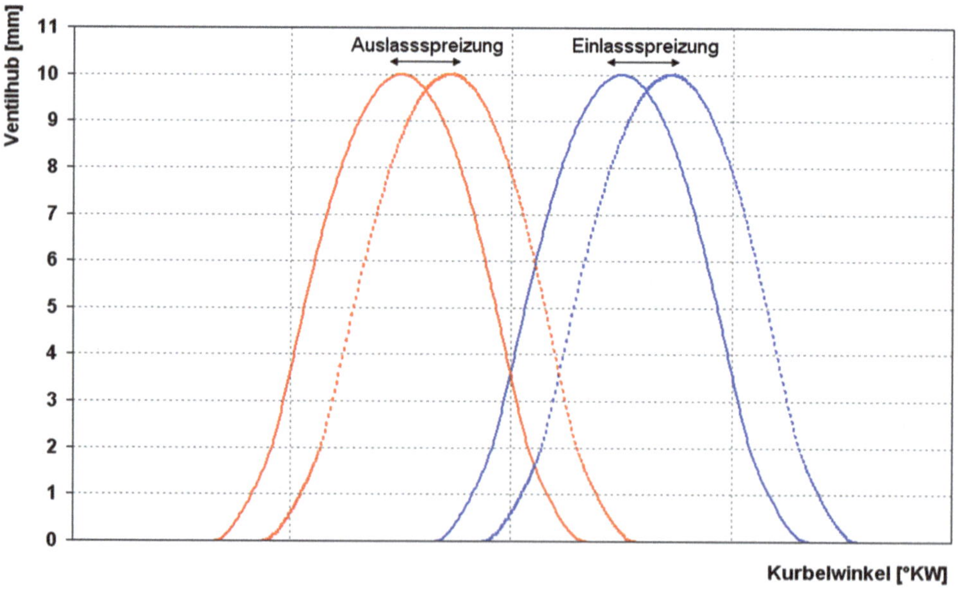

Abb. 5.30 Ein- und Auslassspreizung im Steuerzeitendiagramm

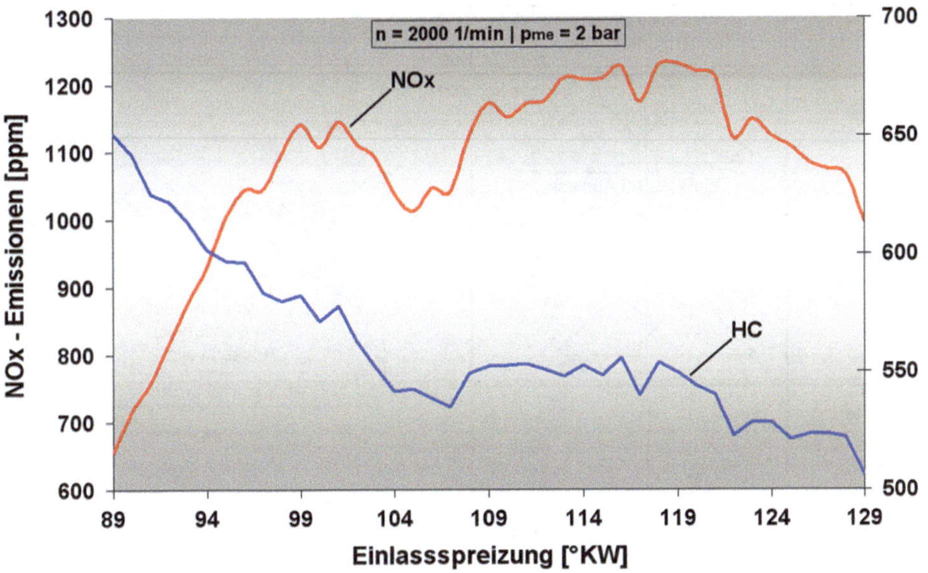

Abb. 5.31 Einfluss der Variation der Einlasssspreizung auf HC- und NOx-Emissionen im gedrosselten Motorbetrieb

Drosselklappe bei niedriger Drehzahl ist dann möglichst großes Drehmoment gefragt. Zwecks einer guten Zylinderfüllung mit wenig Restgas muss der Einlass früh schließen. Im Bereich höherer Drehzahlen kann die gewünschte Mehrleistung nur durch den dynamischen Nachladeeffekt erzielt werden, wozu die Einlassventile möglichst spät schließen müssen. In Abb. 5.32 sind diese Zusammenhänge prinzipiell in Anlehnung an [23] skizziert.

Der späte Einlassschluss im Leerlauf, die große Ventilüberschneidung im mittleren Drehzahlbereich und die geringe Ventilüberschneidung bei hohen Drehzahlen und Volllast müssen bei der Phasenverschiebung als das „geringere Übel" in Kauf genommen werden. Die Schaltpunkte gibt das Motorsteuergerät vor. Die Schaltparameter sind Drehzahl, Last und Öltemperatur. Bei den bekannten Systemen ist das Motorkennfeld in drei Drehzahlbereiche unterteilt, wobei sich die Schaltdrehzahl lastabhängig verändert.

Abb. 5.33 demonstriert die praktische Auswirkung auf den Drehmomentverlauf eines Ottomotors [25]. Ein interessanter Nebeneffekt der variablen Ventilsteuerzeiten ist die Tatsache, dass innerhalb eines gewissen Bereichs die Last ohne Drosselverluste geregelt werden kann, was sich grundsätzlich positiv auf den Kraftstoffverbrauch auswirkt. Die ersten Systeme hatten Verstellbereiche von wenigstens 10 bis 17° Nockenwinkel = 20 bis 34° Kurbelwinkel. Für die Optimierung der Steuerzeiten, des Verstellbereichs und der Nockenform (Steuerquerschnitt) ist die „reale" Prozessrechnung ein leistungsfähiges Hilfsmittel, mit dem die Basisauslegung ohne umfangreiche Motorversuche vorgenommen werden kann.

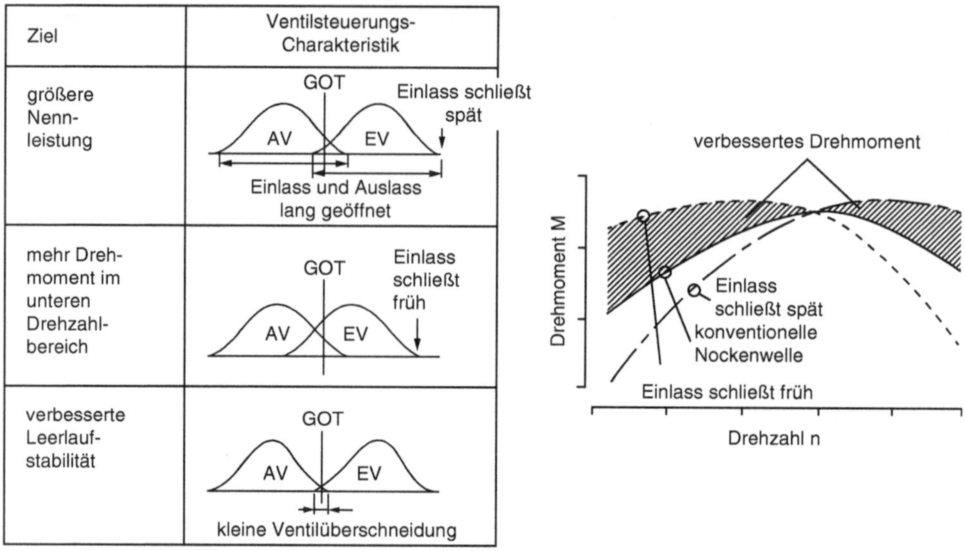

Abb. 5.32 Einfluss variabler Ventilsteuerzeiten (einlassseitig) auf das Motordrehmoment (aus [23, 24])

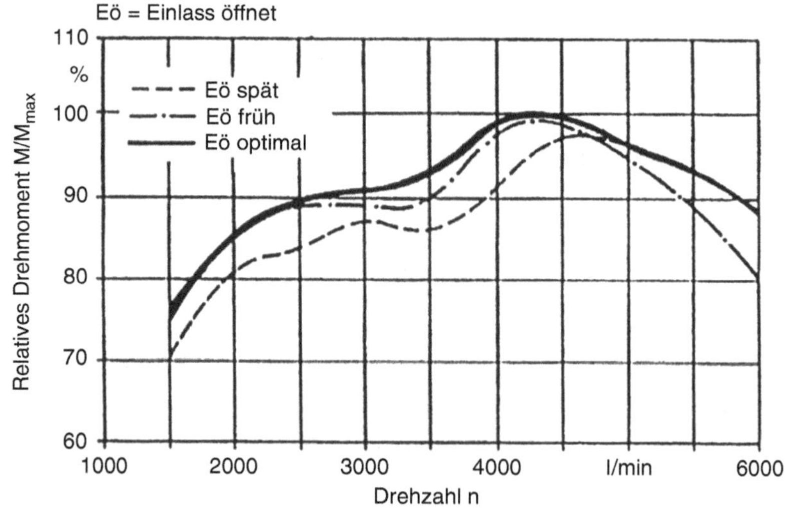

Abb. 5.33 Praktische Auswirkung variabler Ventilsteuerung einlassseitig; Phasenverstellung im Vergleich mit den jeweiligen Festeinstellungen „früh" und „spät" (aus [25])

Nach [26] werden die Vorteile der variablen Ventilsteuerung bei Dieselmotoren niedriger eingestuft. Dies bringt zum einen die Qualitätsregelung mit deutlich geringeren Drosselverlusten bei Teillast mit sich. Das niedrigere Drehzahlniveau bedeutet zudem, dass hier die genutzten Strömungsphänomene bei Volllast/hohen Drehzahlen nicht in gleicher Weise wie beim Ottomotor mit der niedrigen Teillast im Zielkonflikt stehen. Schließlich erlauben die hohen Diesel-Verdichtungen mit demzufolge minimalen Spiel zwischen Kolbenboden und Zylinderkopf nur einen begrenzten Phasenverstellbereich.

5.1.4 Ausführungsformen

5.1.4.1 Zweipunktversteller

Zweipunktversteller als erste Generation von Nockenwellenverstellern, ermöglichten eine Verdrehung meist der Einlassnockenwelle gegenüber der Kurbelwelle für zwei Stellungen. 1983 setzte Alfa Romeo erstmals eine Nockenwellenverstellung in Großserienmotoren ein, BMW folgte 1992 ebenso mit einem durch Öldruck betätigten schrägverzahnten Zweipunktversteller auf der Einlassnockenwelle. BMW baute sein System vom Stufenversteller auf der Einlassnockenwelle zum voll geregelten Verstellsystem auf der Ein- und Auslassnockenwelle, zum so genannten Doppel-VANOS (Abb. 5.34) weiter aus. Dieses System hatte im Endausbau einen Verstellbereich von 40°.

5.1.4.2 Kettenversteller

Eine weitere Bauart stellt der so genannte Kettenversteller (Abb. 5.35) dar. Dabei ist der Versteller zwischen zwei Nockenwellenkettenrädern platziert.

Die Auslassnockenwelle wird über eine Kette von der Kurbelwelle angetrieben. Eine zweite Kette zwischen den Nockenwellen treibt die Einlassnockenwelle an. Der Kettenspanner verändert die Kettenlänge im Leer- und im Zugtrumm und verdreht die Nockenwellen zueinander. Der Kettenspanner ist im System integriert.

Abb. 5.34 Doppel-VANOS im BMW-Sechszylindermotor

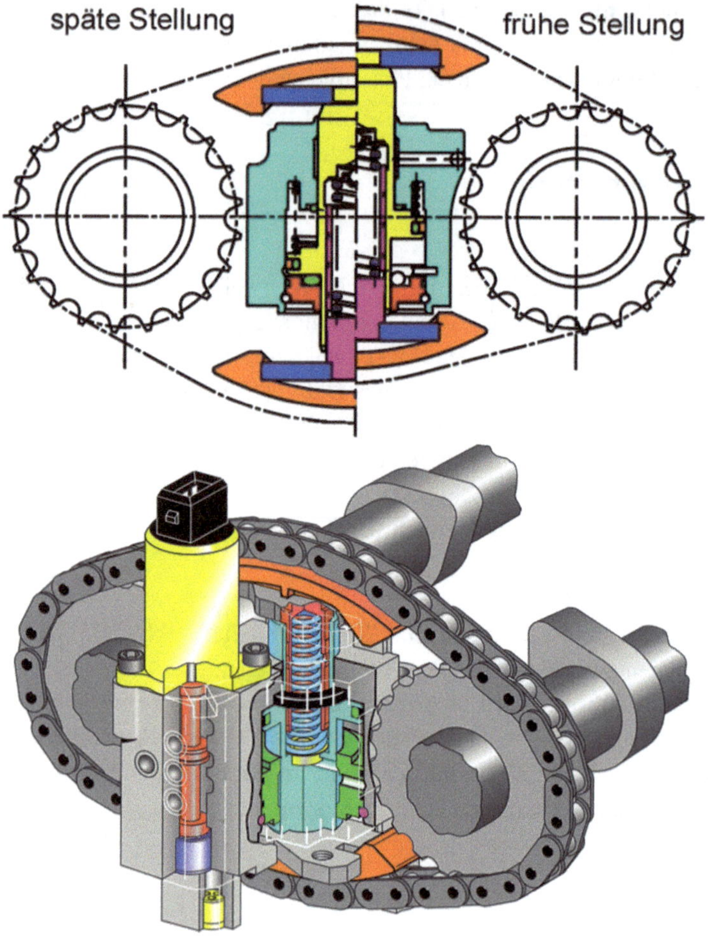

Abb. 5.35 Kettenversteller (Beispiele nach Firma Hydraulik Ring) [27]

5.1.4.3 Schwenkmotoren

Die Entwicklung der Nockenwellenversteller konzentrierte sich in den 1990er-Jahren auf stufenlose Systeme, die nach dem Schwenkmotorenprinzip arbeiten (Abb. 5.36).

Diese Versteller zeichnen sich durch die geringe Anzahl der Komponenten aus. Die Reduktion auf fünf Komponenten ohne zusätzliche Dichtung zwischen Rotor und Stator führt zu einem robusten und einfach zu integrierenden System dessen Kosten dazu führten, dass sich diese Versteller in Großserie für kleine Ottomotoren durchsetzten (Abb. 5.37).

Im Innern des Verstellers befindet sich ein schwenkbarer Rotor, der mit der Nockenwelle fest verbunden ist. Das Außenteil des Verstellers, der so genannte Stator, wird entweder über eine Kette oder einen Zahnriemen angetrieben. Zwischen Rotor und Stator

Abb. 5.36 Aufbau eines Schwenkmotorverstellers für Ein- und Auslassnockenwelle [27]

ist ein Ölraum angeordnet, der mit druckbeaufschlagtem Motoröl versorgt wird. Zur Veränderung der Winkellage zwischen Nockenwelle und Kurbelwelle, d. h. zur Verstellung der Spreizung, wird der Rotor gegenüber dem Stator verdreht. Zum Halten einer Stellung wird der Rotor auf beiden Seiten mit Öl mit dem gleichen Druck versorgt. Die Stellung der Nockenwelle wird durch einen Sensor überwacht, sodass ein im Motorsteuergerät integrierter Regler eine an die Motordrehzahl, -temperatur und -last voll variable Spreizung eingestellt wird. Eine Verstellung über den gesamten Verstellbereich erfolgt im Normalfall innerhalb von 300 ms. Nur im Heißleerlauf sind längere Stellzeiten vorhanden. Die Ansteuerung ist durch ein 4/3-Wege-Proportionalventil gegeben.

5.1.5 Ladungswechsel mit variabler Ventilhubumschaltung

Großes Aufsehen hat die Serieneinführung des HONDA-VTEC-System (Variable Timing und Lift Electronic Control [5] erregt (Abb. 5.38). Es ist weltweit das erste Ventilhub Umschaltsystem, das zwischen zwei Nocken und damit zwischen zwei Ventilhüben/Ventilsteuerzeiten hin- und herschalten konnte. Eingesetzt wurde das Umschaltsystem zuerst in einem Motorradmotor, um das Drehmoment bei niedrigen Drehzahlen zu erhöhen und die Leerlaufqualität zu verbessern. Durch frühes Einlassschließen wird ein Rückströmen von Frischgas aus dem Zylinder in den Ansaugkanal vermieden und das Drehmoment erhöht (siehe Abb. 5.45).

Die kurze Einlasssteuerzeit (Abb. 5.39) führt zu hohen Ventilbeschleunigungen und ist mechanisch nur durch einen reduzierten Ventilhub beherrschbar. Der in Abb. 5.39

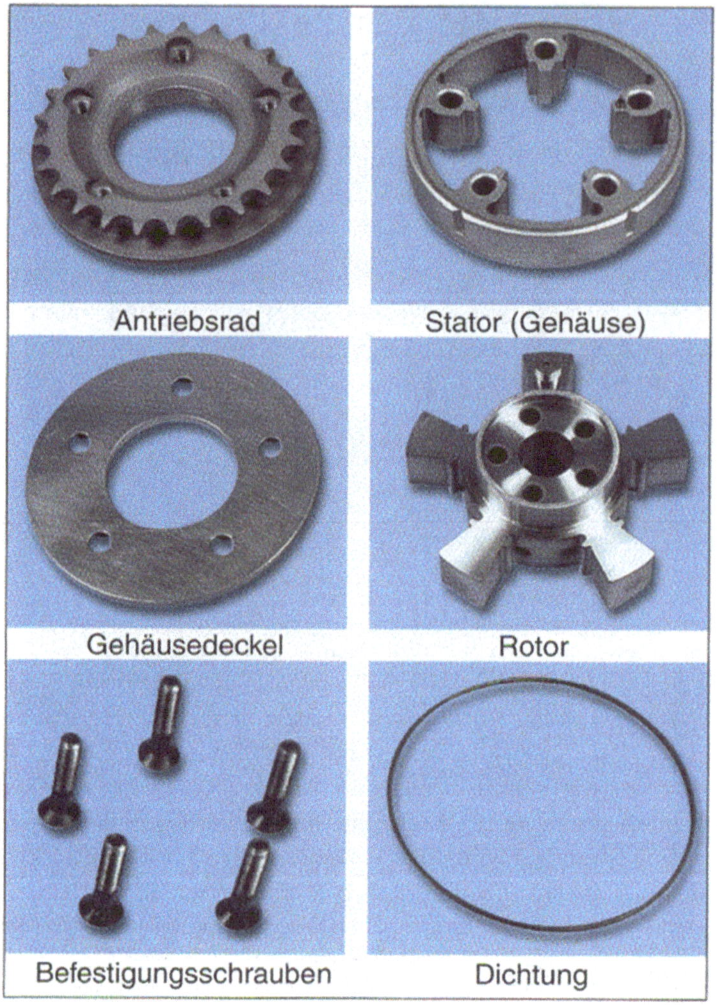

Abb. 5.37 Die Komponenten des Schwenkmotors (Beispiele Firma Hydraulik Ring) [27]

dargestellte Ventilhub ist nur exemplarisch zu sehen, da die realisierbare Ventilhubhöhe von der bewegten Masse im Ventiltrieb abhängt.

Die Überschneidungsfläche wird bereits durch eine verkürzte Steuerzeit bzw. reduzierten Einlass Ventilhub verkleinert. Wird auch noch die Auslaßsteuerzeit und der Auslaßhub verkürzt, so bleibt keine Überschneidungsfläche mehr übrig. Damit kann die Leerlaufdrehzahl deutlich reduziert werden bei verbesserter Leerlaufqualität und der Kraftstoffverbrauch sinkt.

Bei dem VTEC-System werden 2 Ladungswechselventile von 3 Nocken der Nockenwelle betätigt, wobei die äußeren mit gleicher Kontur geschliffen sind.

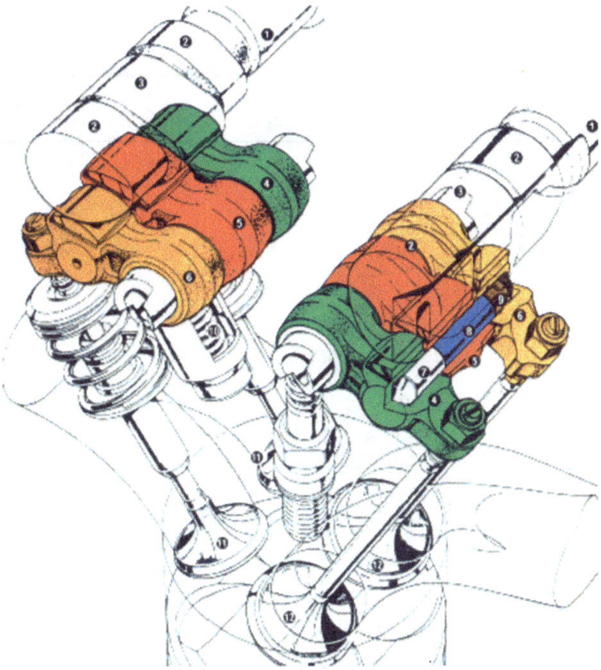

Abb. 5.38 VTEC-Ventilsteuerung von HONDA (aus [28])

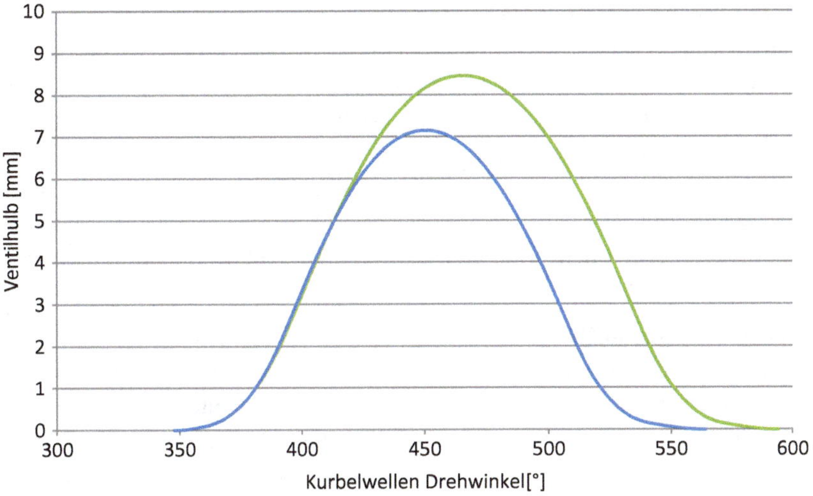

Abb. 5.39 Steuerdiagramm mit Ventilhubumschaltung und Phasenverstellung

Abb. 5.40 Porsche Variocam Plus [29, 98]

1999 wurde von Porsche eine Ventilhubumschaltung mit Schalttassen in PKW-Großserie (Abb. 5.40) eingeführt. Eine Schalttasse, die ein Ladungswechselventil betätigt, steht mit 3 Nocken der Nockenwelle in Kontakt Die beiden gleichen ‚äußeren Nocken Laufen auf dem Randbereich des Tassenstößels ab Dabei wird der Tassenstößel nach unten bewegt, wirkt aber nicht auf das Ventil. Geöffnet wird dieses vom mittleren Nocken mit einem relativ geringen Hub von 3,6 mm, der auf einen kleinen Stößel wirkt. Dieser kleine Stößel im Tassenstößel kann durch einen hydraulisch betätigten Stift gegenüber dem Tassenstößel arretiert werden. In diesem Fall wird das Ventil durch die beiden äußeren Nocken mit einem Ventilhub von 11 mm betätigt Mit diesem sogenannten Variocam Plus-System wurde neben den oben genannten Drehmoment- und Leistungsvorteilen auch eine Verbrauchseinsparung im NEFZ von bis zu sechs Prozent [98] ausgewiesen. Das Vario Cam Plus-System verbindet erstmalig eine variable Steuerzeit mit einem Hubumschalter.

5.1.5.1 Zylinderabschaltung

Ventilumschaltungen können auch zur Zylinderabschaltung genutzt werden. Dabei werden die Ladungswechselventile der „abgeschalteten“ Zylinder von einem Ventilhub von 9,0 bis 11,0 mm auf einen Ventilhub 0 mm umgeschaltet und die Kraftstoffeinspritzung an den abgeschalteten Zylindern stillgelegt. Dadurch wird die „innere Last“ der aktiven Zylinder bei gleicher Drehmomentanforderung erhöht und der Kraftstoffverbrauch reduziert.

„Displacement by Demand“, wie die Zylinderabschaltung in den USA genannt wird, wurde 2005 von Chrysler, Jeep und Dodge mit den Hemi-V8-Motoren eingesetzt. Im selben Jahr bot Daimler-Benz optional die Zylinderabschaltung ZAS in einem 5.0 l V8 Motor in der S-Klasse an. Abgesehen von kleineren Stückzahlen bei HONDA, GM und Audi setzt sich die Zylinderabschaltung erst 2012 mit dem Einsatz in 4-Zylinder Motoren des VW-Konzerns durch. Die Technik wird als „Active Cylinder Termination“ (ACT) erstmalig

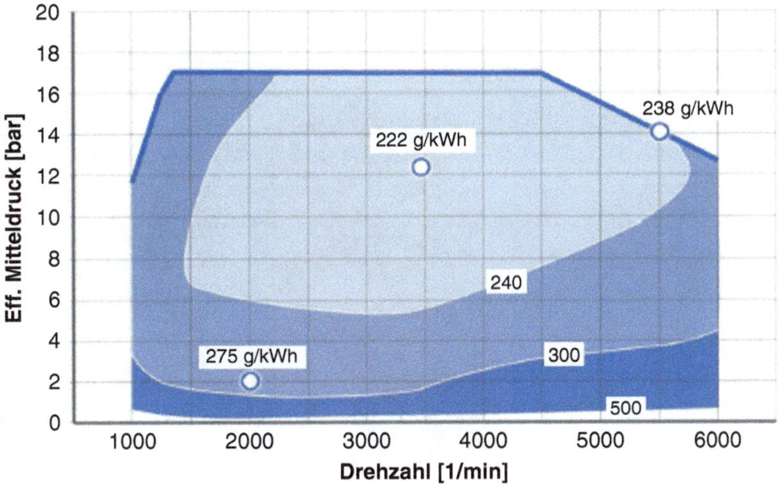

Abb 5.41 Verbrauchsdiagramm Eichler et al. Wiener Motorensymposium 2016 [99]

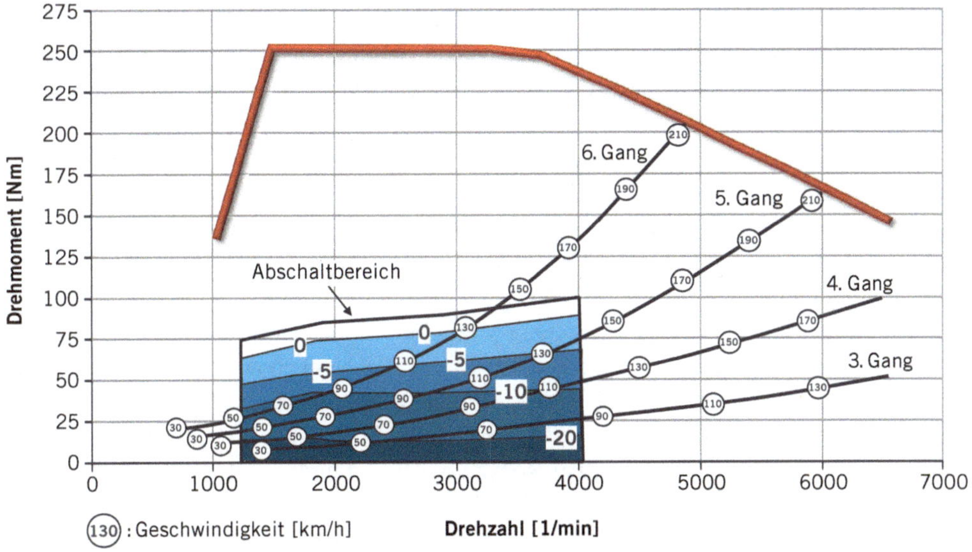

Abb 5.42 Kennfeldbereich der „Active Cylinder Termination" – ACT [99]

in PKW-Großserienstückzahlen eingesetzt. Mit dieser Technologie wurde mit weiteren Verbrauchsmaßnahmen im EA-211 TSI evo 2016 ein Kraftstoffverbrauch von 275 g/KWh im Referenzpunkt 2000/2bar erreicht [99], der zu dem Veröffentlichungszeitpunkt einen absoluten Bestpunkt darstellte.

Abb 5.43 Schiebenocken-Systemausführung Fa. VW [99]

Allerdings konnte diese als ACT-Technik bezeichnete Ventilhubabschaltung nur in einem relativ kleinen Kennfeldbereich mit Verbrauchsvorteilen betrieben werden.

Durch häufiges Umschalten wird der Kraftstoffverbrauch erhöht, da der Drehmomentstoß durch Androsseln und/oder Zündwinkelverstellung reduziert bzw. vermieden werden muss.

Realisiert wird die Zylinderabschaltung von VW und Audi durch einen sogenannten Schiebenocken. Dabei wird eine Nockengruppe mittels einer Kulissenschaltung durch einfahrende Stifte zwischen zwei Endlagen hin und hergeschoben. Die Umschaltung beginnt jeweils mit dem Erreichen des Grundkreises und erfolgt innerhalb einer Nockenwellenumdrehung vollständig.

Realisiert wird die Zylinderabschaltung von VW und Audi durch einen sogenannten Schiebenocken. Dabei wird eine Nockengruppe mit vier Nocken auf der Nockenwelle in einer Zahnwelle axial verschoben. Die Verschiebung wird durch einen Aktuator eingeleitet, der einen Schalt Pin in eine axiale Kulisse drückt. Jeder Schiebeknocken weist zwei solcher Kulissen auf, mit denen zwischen zwei Nocken pro Ventil hin- und her geschaltet werden kann. Zur Zylinderabschaltung werden Schiebenocken auf der Ein- und Auslassnockenwelle installiert. Dabei können die Positionen der Nockenwellen gegenüber einem Motor ohne Schiebenocken beibehalten werden, so dass der Änderungsumfang bei einer Ableitung aus einem Großserienmotor mit relativ geringen Änderungen verbunden ist bzw. möglich erscheint.

Auch bei Dieselmotoren ist die Abschaltung von Zylindern zur Erhöhung der Temperatur des Abgasmassenstrom zur Herstellung der Funktionsbereitschaft der Abgasnach-behandlung vorteilhaft. Dies ist bei Serienmotoren bisher noch nicht realisiert. Die zunehmenden Anforderungen bzgl. der Schadstoffemissionen (z. B. NOx-Emissionen) bei gleichzeitig sinkenden

CO_2-Emissionsgrenzwerten lassen sich beim Einsatz der Zylinderabschaltung bei Dieselmotoren realisieren [105].

5.1.5.2 Ventilhubumschaltung und Millersteuerzeiten

Mercedes-Benz setzt einen ähnlichen Schiebenocken in einer Variante des M270 Motors auf der Einlassseite ein. Bei der sogenannten CAMTRONIC wird zwischen zwei Hubkurven hin- und hergeschalten (Abb. 5.44). Häufig wird versucht z. B. durch sogenannte Millersteuerzeiten (frühes schließen des Einlassventils) die effektive im Zylinder gefangene Frischgasmasse zu steuern (Abb. 5.45)

Bei sehr niedrigen Motordrehzahlen wird durch eine Vermeidung von Rückströmen die Frischgasmasse erhöht und das Drehmoment im „Saugbereich" erhöht. Im mittleren Drehzahlbereich bis circa 3000 U/min soll dagegen bei 4-Zylinder Turbomotoren die Frischgasmasse reduziert werden, um die Zündrandbedingungen zu verbessern. Bei diesen

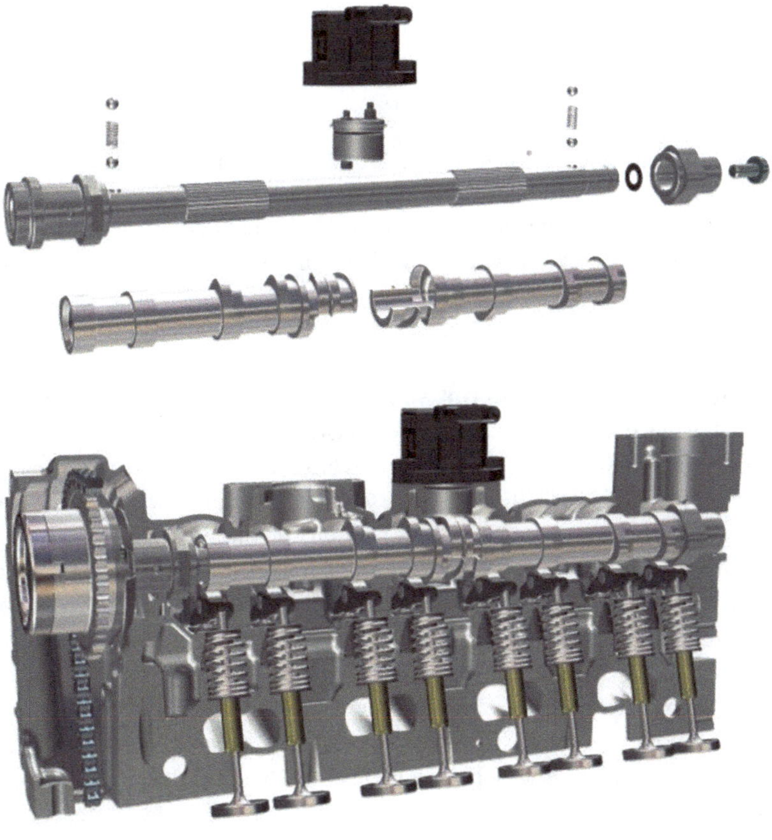

Abb. 5.44 Mercedes Benz A-Klasse Ventilhubumschaltung CAMTRONIC. [Quelle Daimler AG, Medienportal]

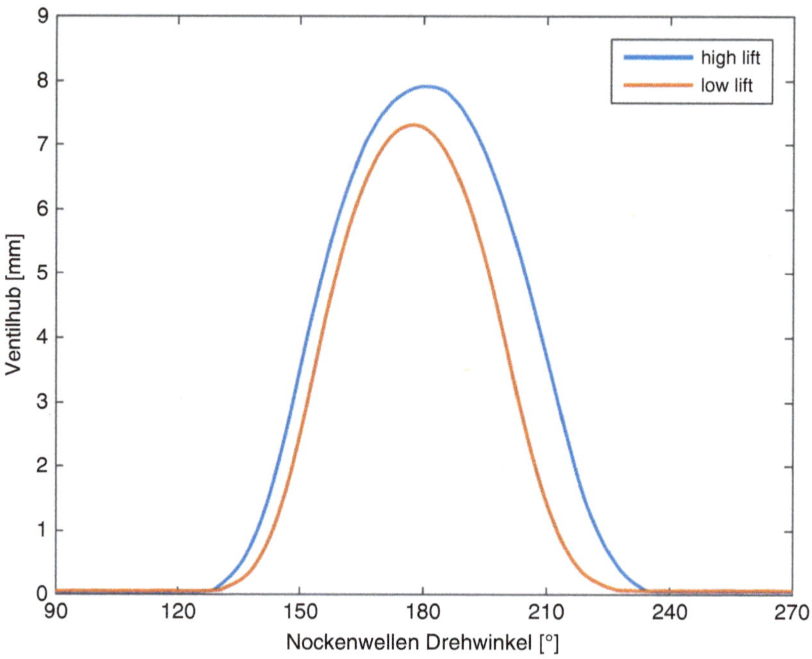

Abb. 5.45 Millersteuerzeiten. [Quelle Lehrstuhl Prof. Dr.-Ing. R. Flierl, TU Kaiserslautern]

Motoren kann dann das geometrische Verdichtungsverhältnis auf $\varepsilon = 11 \ldots 12$ erhöht werden, um den Teillastwirkungsgrad zu verbessern und die CO_2-Emissionen im NEFZ zu reduzieren.

5.1.5.3 Ventilhubumschaltung mit schaltbarem Rollenschlepphebel

Der erste schaltbare Rollenschlepphebel in einem Großserien Dieselmotor [103] erfolgte bei Mazda Skyaktiv-D-Motoren [103]. Bei diesem Konzept wird auf einen Nocken mit einem 2. Auslassventilhub (Secondary Event) umgeschaltet. Mit dem Second Event kann intern heißes Abgas in den Zylinder zurück geführt werden, um die Temperatur im Brennraum zu erhöhen. Dadurch wird auch die Abgastemperatur bei niederen Motorlasten deutlich erhöht und Katalysatoren können im Betriebskennfeld gehalten werden. Der Motor kommt mit einem Verdichtungsverhältnis von 14:1 aus. Abb. 5.46 zeigt einen ähnlichen schaltbaren Rollenschlepphebel, der von der Firma Promescon entwickelt wurde, aber bisher nicht in Serienmotoren eingesetzt wird.

Bei der Entwicklung ist die bewegte Masse bzw. das erreichte Massenträgheitsmoment bezogen auf den Drehpunkt des Hebels von entscheidender Bedeutung. Ist die Masse zu hoch, kommt es bei hohen Motordrehzahlen zu einem Nachspringen des Ventils in der Aufsetzphase, das die Standfestigkeit reduziert und den Verschleiß des Ventiltriebes erhöhen kann.

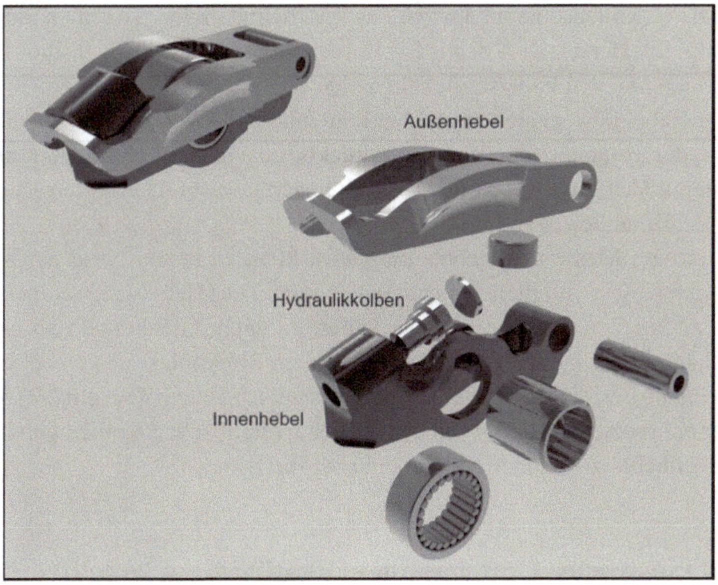

Abb. 5.46 Schaltbarer Rollenschlepphebel der Firma Promescon und die Einzelteile

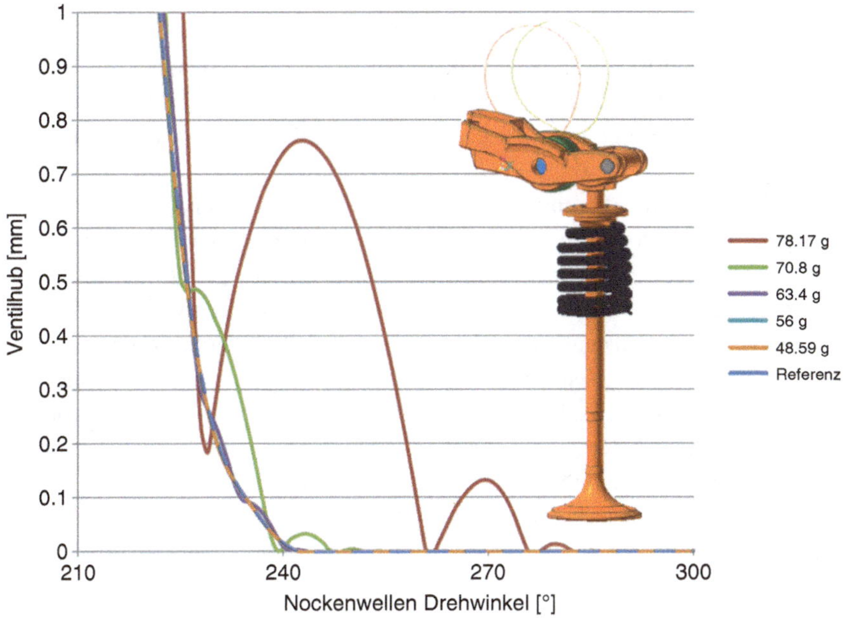

Abb. 5.47 MKS-Simulation des dynamischen Verhaltens eines Rollenschlepphebels mit verschiedenen Gewichten. [VKM, Lehrstuhl Prof. Dr.-Ing. Flierl, TU Kaiserslautern]

Ein schaltbarer Rollenschlepphebel ist aus 2 schwingfähigen Systemen aufgebaut. Bei der Auslegung des Hebels sind deren Eigenfrequenzen zu beachten. Dabei kommt dem Bauteilgewichten und den Federsteifigkeiten eine besondere Bedeutung zu.

Der äußere Hebel bewegt sich gegenüber dem inneren Hebel (sogenannte „lost motion“ Systeme) und der gesamte Hebel führt bei druckbeaufschlagten Hydraulikkolben zusammen mit weiteren Ventiltriebsbauteilen (Ventil, Federsteller und bewegter Anteil der Ventilfeder) die Ventilhubbewegung aus.

Um die bewegte Masse des Hebels möglichst klein zu halten, wird der hydraulische Zylinder mit den Kolben möglichst über dem Drehpunkt des Hebels angeordnet. Die beiden außenliegenden Nocken der Nockenwelle laufen in einem Gleitkontakt ab, während der mittlere Nocken mit der kurzen Steuerzeit über einem Rollkontakt den Hebel bewegt.

Die Umschaltung erfolgt bei diesem Hebel hydraulisch, indem über ein 2/3-Wege-Ventil Motoröl über ein spezielles HVA-Element auf den hydraulischen Kolben geführt wird, der dann den Außenhebel gegenüber dem Innenhebel sperrt.

5.1.6 Ladungswechsel mit variablem Ventilhub – drosselfreie Laststeuerung (Abb. 5.49)

Bei einem voll variablen Ventiltrieb wird die Last bzw. die Füllung des Zylinders bei Ottomotoren nicht mehr mit einer Drosselklappe gesteuert, sondern der eingestellte Öffnungsquerschnitt und der Öffnungs- bzw. Schließzeitpunkt des Einlassventils bestimmt die Füllungsmenge an Frischgas. Im Prinzip wird genau dann das Einlassventil geschlossen, wenn die notwendige Frischgasmenge für das geforderte Drehmoment des Motors im Zylinder ist. Der Druck im Saugrohr bzw. im Ansaugkanal ist bei diesem Laststeuerverfahren nahezu unabhängig von der Last bei ca. 1.0 bar und die Ladungswechselarbeit ist auf niedrigem Niveau.

In Abb. 5.50 sind die Ladungswechselschleifen heute üblicher Laststeuerverfahren gegenübergestellt. Die drosselfreien Laststeuerungsverfahren sind mit einem elektromechanischen und einem mechanischem Ventiltriebsystem dargestellt. Heute ebenso auf Entwicklungsmotoren laufende servohydraulische Systeme bewegen sich zwischen diesen beiden, da dabei sowohl der Hub als auch die Öffnungszeit verändert werden kann.

Der elektromechanische Ventiltrieb öffnet das Ventil immer voll auf einen Ventilhub von ca. 8 mm und variiert die Öffnungszeit zur Lasteinstellung. In der Teillast bewegt sich die Öffnungszeit dabei im Bereich von *ms*. Für den Ladungswechsel bedeutet dies, dass das Einlassventil nicht erst dann geöffnet werden sollte, wenn der Kolben bereits einen deutlichen „Unterdruck“ aufgebaut hat. Durch das Öffnen des Einlassventils geht die dafür aufgewendete „Ladungswechselarbeit“ verloren, da die gespeicherte Energie in der „Gasfeder“ durch die Entspannung freigesetzt wird.

Mit einem voll variablen mechanischen Ventiltrieb wird zur Laststeuerung der Ventilhub, die Steuerzeit und der Schließzeitpunkt der Einlassventile verstellt. Der für die Volllast und für die Ladungswechselarbeit entscheidende Schließzeitpunkt wird bei neueren

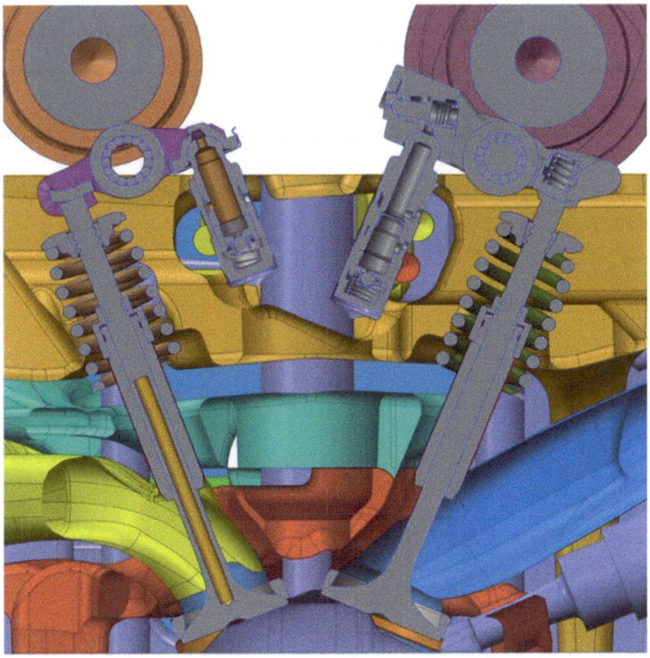

Abb. 5.48 Hydraulisches Ventilspielausgleichselement mit schaltbarem Rollenschlepphebel. [VKM, Lehrstuhl Prof. Dr.-Ing. Flierl, TU Kaiserslautern]

Systemen bereits durch das Öffnungszeit-/Hub-Verhalten im Bereich von 100 ... 140° KW verändert. Ein zusätzlicher Phasenschieber erhöht diese Variabilität um weiter 60 ... 80° KW. Damit ist es möglich, den Leerlauf des Verbrennungsmotors vollkommen ohne Überschneidung, also möglichst ohne Restgas, zu betreiben und in der Teillast einen für die Höhe der Ladungswechselarbeit optimalen Schließzeitpunkt einzustellen. Die Steuerung der Überschneidungsfläche und damit die Restgassteuerung muss dann in erster Linie durch die Spreizungsänderung der Auslasssteuerung eingestellt werden.

Die Ladungswechselarbeit wird durch die Verschiebung des Einlassventilschließzeitpunktes um 80 °KW um ca. 30 % und durch die Verschiebung der Auslassspreizung um 14 °KW um weitere 10 % reduziert. Das damit an einem vergleichbaren Grundmotor erzielte und gemessene Kraftstoffverbrauchspotenzial ist in Abb. 5.51 dargestellt. Verbrauchspotenzial deshalb, weil die Kraftstoffverbrauchsvorteile am Motorprüfstand gemessen wurden, ohne dass die Abstimmung hinsichtlich der Emissionen, mechanischen Beanspruchung und Fahrbarkeit von Fahrzeugantrieben überprüft ist.

Bei einer drosselfreien Laststeuerung wird der Verbrennungsmotor quasi immer mit Volllast betrieben, der Lastpunkt wird im Wesentlichen durch den Schließzeitpunkt der Einlassventile eingestellt. An der Volllast wird im unteren und im mittleren Drehzahlbereich

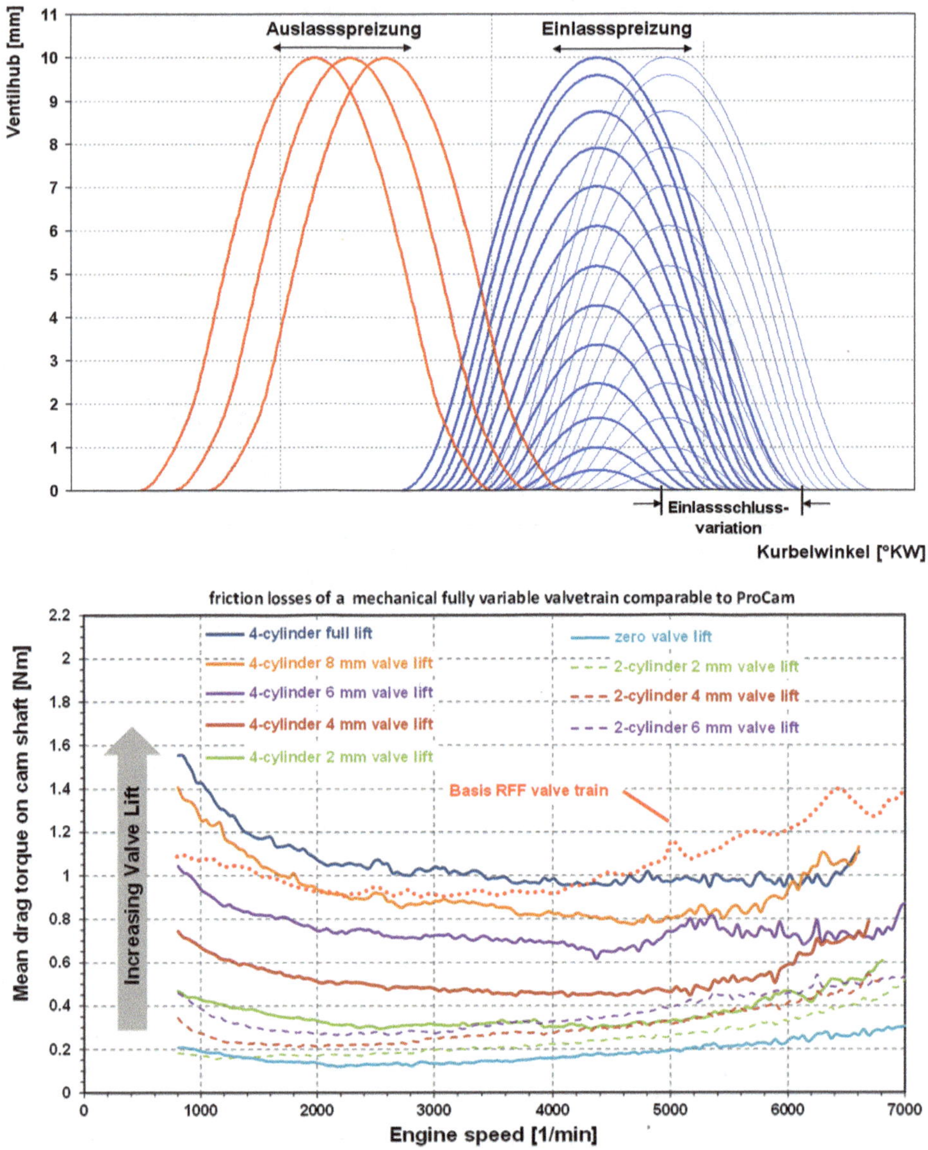

Abb. 5.49 Steuerdiagramm eines mechanischen und elektromechanischen Ventiltriebes. [VKM, Lehrstuhl Prof. Dr.-Ing. Flierl, TU Kaiserslautern]

der optimale Schließzeitpunkt mit Teilhüben erreicht. Damit ergeben sich trotz der geringeren Ventilhübe gegenüber einem Ventiltrieb mit festen Steuerzeiten deutlich höhere Volllastdrehmomente (Abb. 5.52).

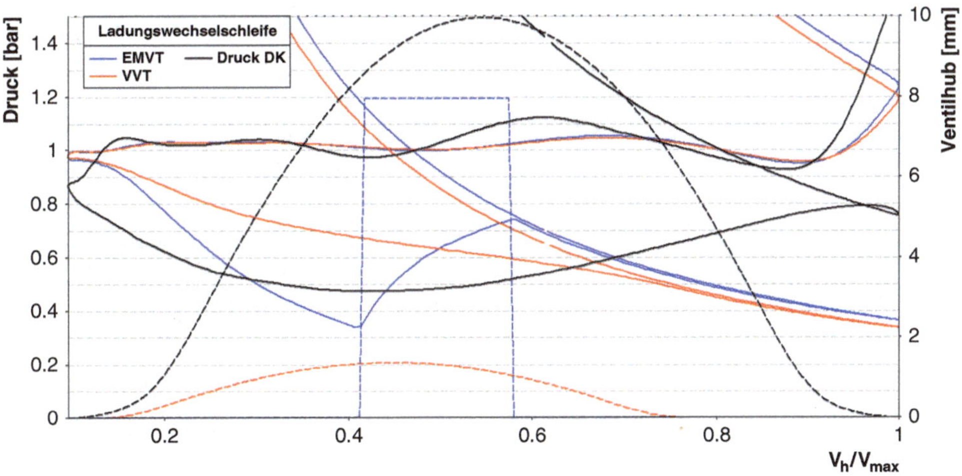

Abb. 5.50 Ladungswechselschleife bei mechanisch voll variablem Ventiltrieb, elektromechanischem Ventiltrieb drosselfrei und starrem Ventiltrieb, gedrosselt. Gerechnet mit GT-Power

5.1.6.1 Ausführungsformen

Es gibt heute bereits eine Vielzahl von Patentanmeldungen für vollvariable Ventilhubsysteme (Abb. 5.53), die kinematisch fast immer auf ein reines Kurvengetriebe oder auf eine Kombination mit einem Übersetzungsgetriebe zurückgeführt werden können.

Die Kurvengetriebe und Übersetzungsgetriebe sind in ihrer Grundfunktion in einem Patent von Noltemeier (Abb. 5.53) definiert. Dieser Bereich legt fest, welcher Ventilhub erreicht wird.

5.1.6.1.1 BMW-VALVETRONIC

Der mechanisch voll variable Ventiltrieb von BMW, der als VALVETRONIC bezeichnet wird, ist die erste voll variable Ventilsteuerung, die in Großserie umgesetzt wurde. Dieser voll variable Ventiltrieb baut auf einem Rollenschlepphebeltrieb auf.

Zusätzliche Elemente sind ein Zwischenhebel, eine Exzenterwelle und eine Rückstellfeder. Diese Zusatzelemente heben die starre Koppelung der Nockenwelle mit dem Schlepphebel – und demzufolge mit dem Einlassventil – auf. Der Zwischenhebel stützt sich an der Exzenterwelle ab und wird bei jeder Umdrehung der Nockenwelle um den Abstützpunkt ausgelenkt. Durch die Exzenterwelle, die über eine Rolle mit dem Zwischenhebel in Kontakt steht, wird der Abstützpunkt des Zwischenhebels variiert und der Hebel um den Kontaktpunkt zur Nockenwelle gedreht. Damit wird der Kontaktbereich der so genannten Arbeitskurve des Zwischenhebels und der Rolle des Rollenschlepphebels definiert, die bei einer Umdrehung der Nockenwelle durchlaufen wird (Abb. 5.54).

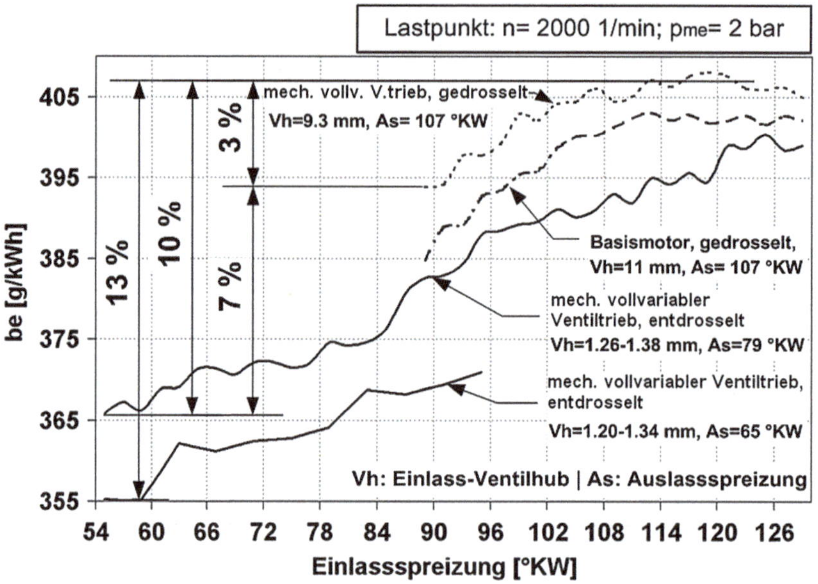

Abb. 5.51 Gemessener Kraftstoffverbrauch bei variabler Steuerzeit und mechanisch voll variablen Ventiltrieb

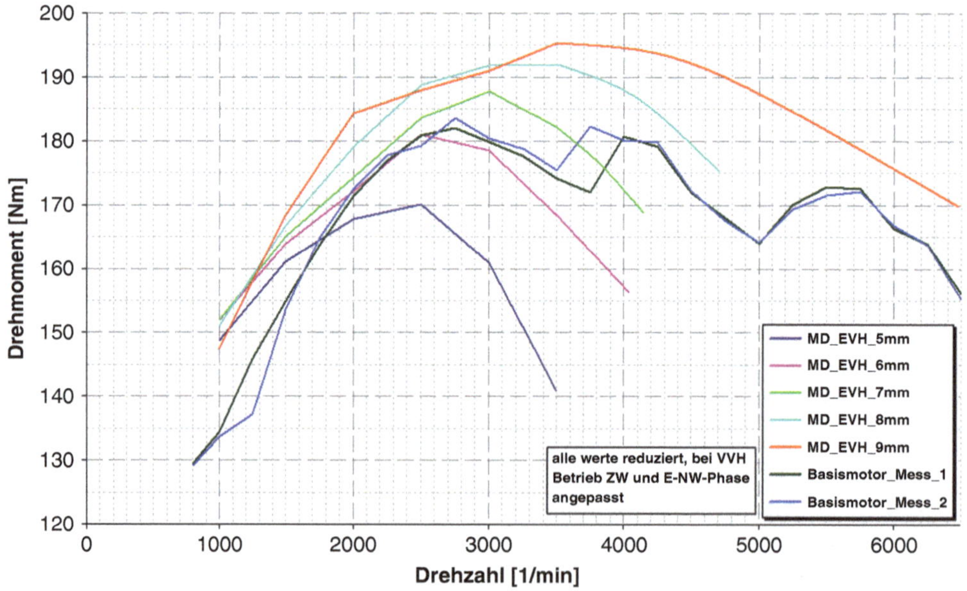

Abb. 5.52 Drehmomentverlauf bei verschiedenen Drehzahlen

Abb. 5.53 Patentanmeldungen von vollvariablen Ventilhubsystemen [32]

5.1.6.1.2 UniValve-System

Ein weiterer mechanisch voll variabler Ventiltrieb ist das UniValve-System, zudem viele Veröffentlichungen vorliegen. Auch die Messergebnisse (Abb. 5.56 und 5.57) wurden mit diesem Ventiltrieb dargestellt (Abb. 5.55).

Auch dieser Ventiltrieb ist kinematisch betrachtet ein Kurvengetriebe und verwendet ebenso wie das BMW-System einen zusätzlichen Hebel, der mit seiner Arbeitskurve auf der Rolle eines Schlepphebels abläuft. Der Hebel wird zudem über eine Rolle in einer Kulissenbahn geführt und in dieser Kulisse durch den Nocken bewegt. Damit führt der Hebel eine Kippbewegung um den Kontaktpunkt zur Exzenterwelle durch. Die Höhe des Ventilhubes wird durch die Verschiebung des Exzenterkontaktpunktes eingestellt.

Abb. 5.54 Anordnung der VALVETRONIC-Komponenten im Zylinderkopf (nach [33])

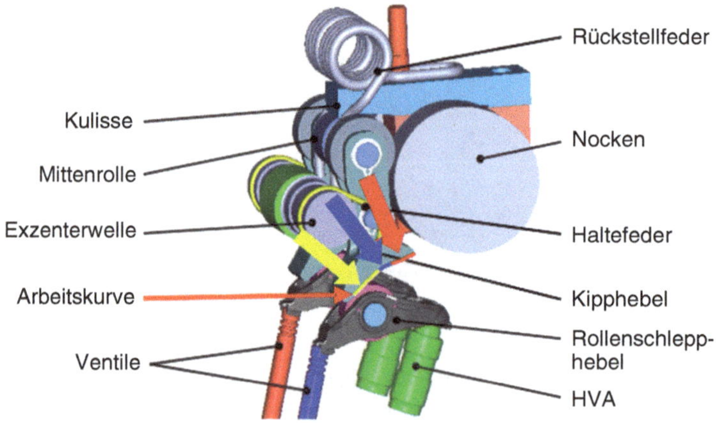

Abb. 5.55 UniValve-Ventiltriebssystem. [VKM, Lehrstuhl Prof. Dr.-Ing. Flierl, TU Kaiserslautern]

Die Exzenterwelle ist als Innenexzenter ausgeführt, d. h., der Lagerungsdurchmesser ist größer als der Exzenter.

Bei einem mechanisch voll variablen Ventilhubsystem sind das dynamische Verhalten, die Reibungsverluste, der Bauraum und die Kosten zu beurteilen. Die Reibungsverluste

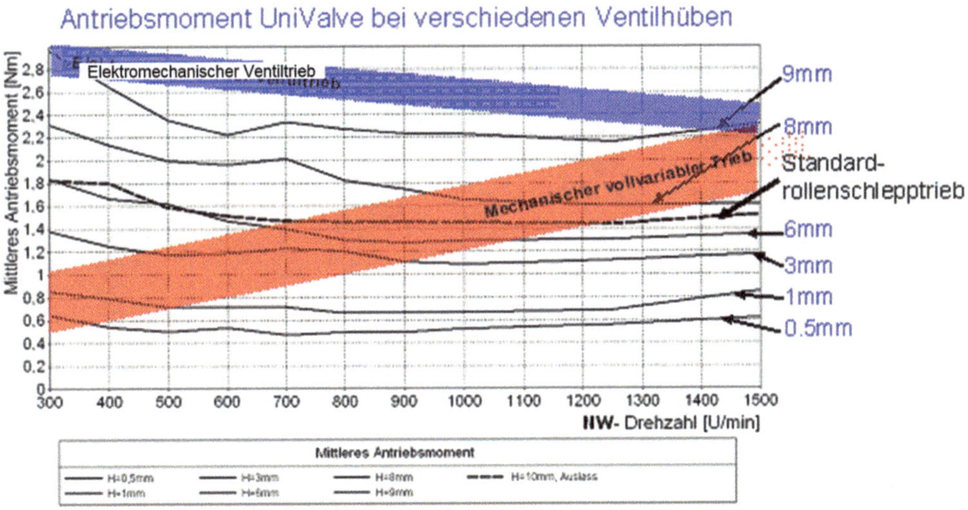

Abb. 5.56 Gemessene Schleppmomente der Nockenwelle eines vollvariablen Ventiltriebes bei verschiedenen Ventilhüben und bei einem Rollenschlepphebeltrieb mit starren Steuerzeiten. [VKM, Lehrstuhl Prof. Dr.-Ing. Flierl, TU Kaiserslautern]

setzen sich dabei aus dem Schleppmoment der Nockenwelle und den Momenten oder Kräften, die zum Einstellen und Halten eines Ventilhubes notwendig sind, zusammen.

Das Schleppmoment eines mechanischen voll variablen Ventiltriebsystems bei konstanten Ventilhüben über der NW-Drehzahl ist in Abb. 5.56 dargestellt.

Miteingetragen ist das Schleppmoment eines Rollenschlepphebeltriebes mit starrer Steuerzeit. Bei einem Vollhub von 10 mm ist das Antriebsmoment der Nockenwelle des starren Ventiltriebes geringfügig niedriger, bei hohen Drehzahlen zeigt der vollvariable Ventiltrieb bei Vollhub geringfügige Vorteile. Bei Teilhüben hat dagegen der vollvariable Ventiltrieb deutliche Vorteile, wie die Antriebsmomente bei eingestelltem Ventilhub in Abb. 5.56 zeigen. Da bei 200 U/min/2 bar ein 2.0l Motor mit einem Ventilhub von 1,2 mm gefahren wird, können durch die drosselfreie Laststeuerung in der Teillast durch Reibungsreduzierung deutliche Verbrauchsvorteile zusätzlich zu den Ladungswechselvorteilen (Abb. 5.51) erzielt werden.

Bei dieser Betrachtung dürfen allerdings die Kräfte und Momente nicht außer Acht gelassen werden, die zum Halten des eingestellten Ventilhubes notwendig sind (Abb. 5.57).

5.1.6.1.3 Elektromechanischer Ventiltrieb

Der Elektromechanische Ventiltrieb wird seit vielen Jahren in vielen Entwicklungsabteilungen der europäischen Automobilindustrie und Zulieferindustrie verfolgt. Die hohe Variabilität – es können einzelnen Ventile oder Zylindergruppen abgeschaltet werden, einzelnen Zylinder können taktweise stillgelegt werden oder Ventile können mehrfach geöffnet werden – begeistert viele Ingenieure in den Motorenentwicklungen.

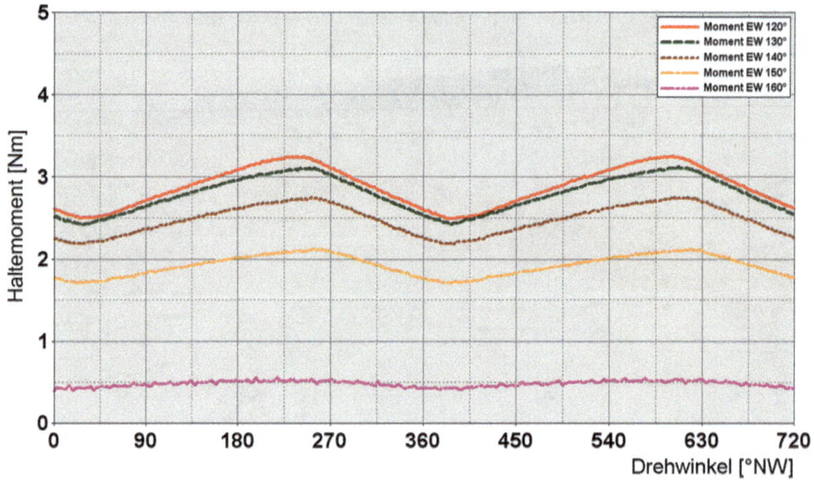

Abb. 5.57 Haltemomente an der Exzenterwelle des UniValve-Systems bei verschiedenen Ventilhüben

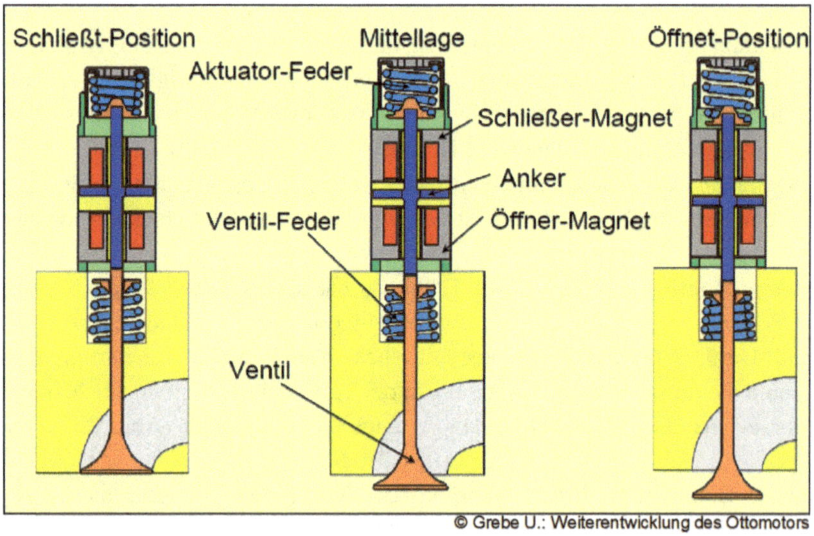

Abb. 5.58 Elektromechanischer Ventiltrieb [34]

Der elektromechanische Ventiltrieb besteht aus einem Feder-Masse-Schwingsystem (Abb. 5.58) [34]. Zwei Federn sorgen für die Ventilbeschleunigung zum Öffnen und Schließen des Ventils. Zwei Elektromagneten fangen das Ventil und halten es im offenen bzw. geschlossenen Zustand. Im Ruhezustand, d. h. stromlos, ist das Ventil halb geöffnet. Zum Motorstart muss das Ventil geschlossen werden.

Der elektromechanische Ventiltrieb generiert idealisierterweise einen Rechteckhub mit sehr steilen Öffnungs- und Schließflanken. Dabei sind Öffnungs- und Schließzeitpunkt sowie die Dauer der Ventilöffnung frei wählbar. Der klassische EMVT realisiert dabei einen nicht variablen Ventilhub von ca. 8 mm. Die Last wird über die Öffnungsdauer des Ventils eingestellt.

Als Randbedingung bleibt die Vermeidung einer Kollision von Kolben und Ventil bei Einlass öffnet, womit der Zeitpunkt für EÖ nach früh begrenzt bleibt.

Wie in Abb. 5.59 zu erkennen, ist die Einstellung der Restgasmenge durch die steilen Flanken der Ventilhubkurven nicht sensibel durchführbar. Bereits kleine Änderungen der Auslassschließ- bzw. Einlassöffnungszeiten ergeben große Veränderungen der Überschneidungsfläche. Hier geht Potenzial zur Regelung der internen Restgasmenge und damit Potenzial zu Kraftstoffeinsparung und Emissionsminderung verloren.

Die Geräuschemission des EMVT wird durch zwei Phänomene negativ gegenüber den Nockenwellentrieben beeinflusst. Zum einen schlägt sowohl beim Öffnen als auch beim Schließen der Ventile der Anker des Aktuators gegen die Spule. Zum anderen wird das Mündungsgeräusch durch das schnelle Öffnen der Einlassventile durch das starke Anregen der Luftsäule erhöht. Neue Ansätze, wie das Soft-Landing, sollen den elektromechanischen Ventiltrieb leiser gestalten [35].

Die Reibungsverluste in einem Ventiltrieb mit Rollenschlepphebel für eine Nockenwelle liegen heute im Bereich von 2 Nm über dem gesamten Drehzahlband. Demgegenüber zeigt der mechanische vollvariable Ventiltrieb bei niedrigen Drehzahlen aufgrund des kleineren Ventilhubes geringere Schleppmomente, bei höheren Drehzahlen ein deutlich höheres Schleppmoment (Abb. 5.60). Unberücksichtigt sind dabei die Halte- oder Verstellkräfte bzw. -momente.

Abb. 5.60 zeigt das mittlere Antriebsmoment über der Nockenwellendrehzahl. Bei kleinen Hüben liegt das Schleppmoment deutlich unter 2 Nm. Der gerasterte Bereich bezeichnet die Hübe in der Teillast. Erst bei einer Kurbelwellendrehzahl von 3000/min^{-1} werden die Schleppmomente eines Standardrollenschlepphebeltriebs erreicht.

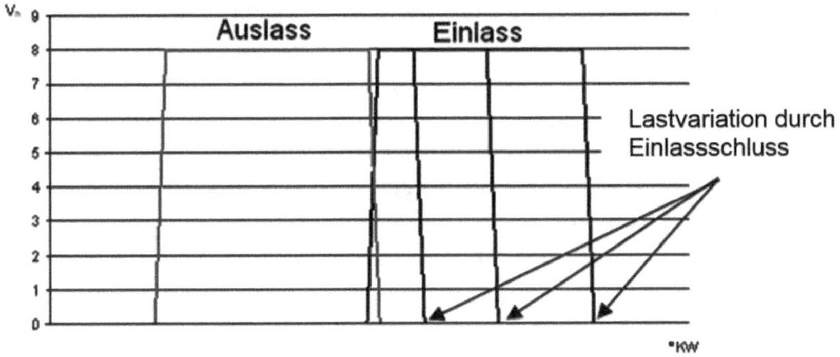

Abb. 5.59 Ventilhubkurven eines EMVT

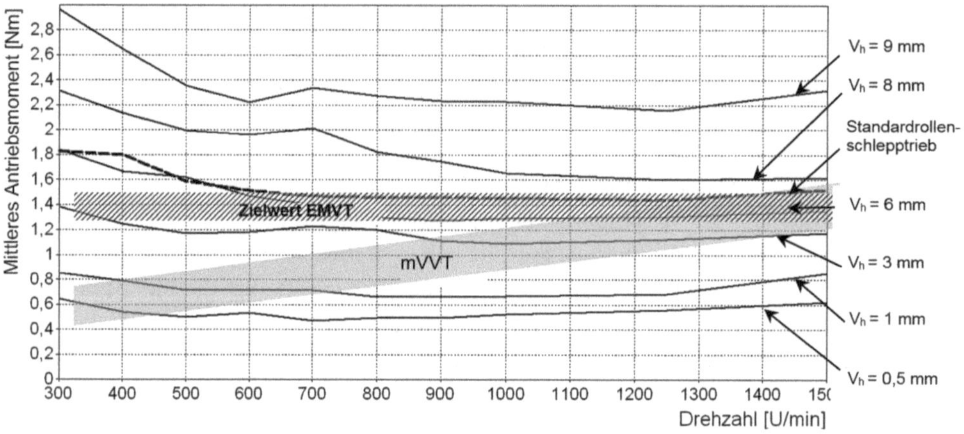

Abb. 5.60 Schleppmomente UniValve im Vergleich

Bei elektromechanischen Ventiltrieben wird zwischen Öffnungsstrom bzw. Öffnungsenergie und Haltestrom bzw. Halteenergie unterschieden. Da die Öffnungsenergie abhängig vom Abstand der Armatur zum Spulenmagneten ist, beeinflusst der Ventilhub den Energiebedarf grundsätzlich.

Rechnet man den Energiebedarf eines EMVT in ein vergleichbar mechanisches Schleppmoment mit einem elektrischen/mechanischen Wirkungsgrad von 0,9 um, so ergibt sich ein vergleichbares Schleppmoment von 1,5 Nm. Dieser Wert wird als Entwicklungsziel angestrebt [36].

5.1.7 Berechnung des dynamischen Verhaltens von Ventiltrieben

Genauere Untersuchungen des dynamischen Verhaltens des Ventiltriebs bedürfen einer aufwändigeren Modellbildung. Insbesondere bei sehr hohen Drehzahlen muss aus Funktions- und Geräuschgründen auch auf Stoßvorgänge eingegangen werden. Zudem sind die Kräfte nicht streng periodisch, da die Ventilfederschwingung auf dem Nockengrundkreis nicht vollständig abklingt, d. h., die Anfangsbedingungen sind von Zyklus zu Zyklus unterschiedlich.

Mit Rechnerunterstützung sind sehr komplexe Ersatzmodelle der Auslegungspraxis zugänglich. Dies erlaubt detaillierte Schwingungsanalysen bis hin zur Simulation des dynamischen Verhaltens aller Einzelkomponenten des Ventiltriebs (siehe z. B. [37–40]). Abb. 5.61 gibt einen Eindruck, wie ein anspruchsvolles Modell aufgebaut werden kann [40]. Das System ist in ausreichend viele Einzelmassen aufgegliedert. Die Dämpfung wird empirisch berücksichtigt. Bemerkenswert ist, dass die Ventilfeder pro Windung als Einzelmasse aufgefasst wird. Damit können Rückwirkungen von Federresonanzen auf den Ventiltrieb mit dem Modell direkt berechnet werden. Für jede Teilmasse kann nach dem

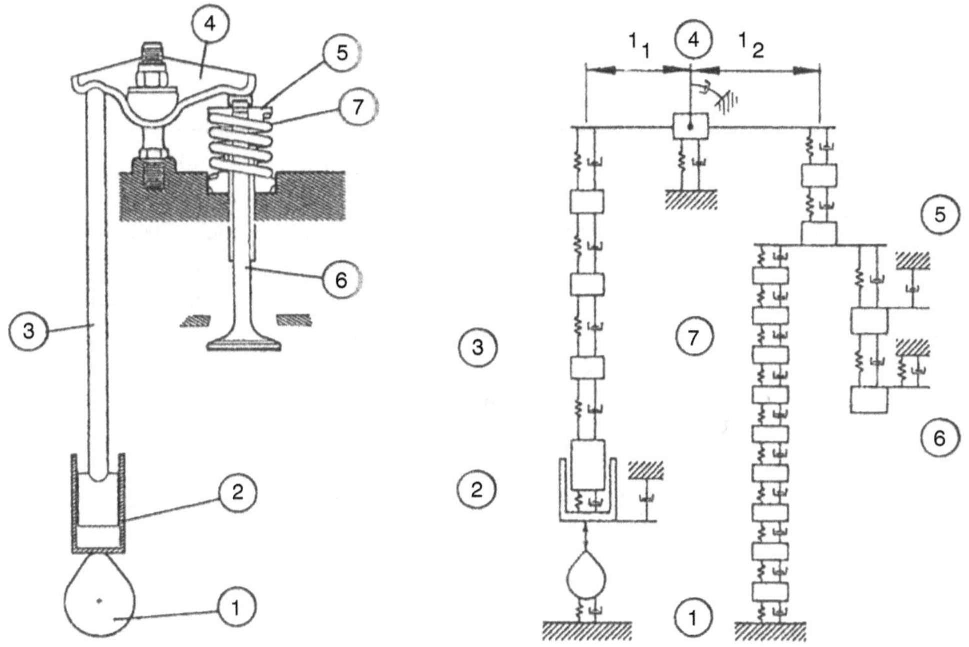

Nr.	Komponente	Freiheitsgrade
1	Nockenwelle	1
2	Hydrostößel	2
3	Stoßstange	2
4	Kipphebel	4
5	Ventilfederteller	1
6	Ventil	2
7	Ventilfeder	9

Abb. 5.61 Dynamisches Ersatzmodell eines Ventiltriebs mit Stoßstangen und Kipphebel = allgemeinster Fall (aus [40])

Impulssatz der Mechanik die Bewegungsgleichung angesetzt werden. Für das gekoppelte Schwingungssystem mit n Freiheitsgraden kann auf diese Weise ein Gleichungssystem in Matrizen-Schreibweise aufgestellt werden:

$$[m]\,[\ddot{x}] + [k_D]\,[\dot{x}] + [c_F]\,[x] = [F(\omega_{NW} t)] \tag{5.36}$$

Die eckigen Klammern symbolisieren die Matrizen. x steht für die Bewegung eines Freiheitsgrads. m kennzeichnet die Massen-, k_D die Dämpfungs- und c_F die Steifigkeitsmatrix. Für eine beliebige Masse m_i, die zwischen den Federsteifigkeiten c_{Fi-1} und c_{Fi} bzw. Dämpfungskoeffizienten k_{Di-1} und k_{Di} „eingespannt" ist, lautet die Bewegungsgleichung mit den Freiheitsgraden der Bewegung x_{i-1}, x_i und x_{i+1} und der Erregerkraft F_i (falls vorhanden):

$$m_i\ddot{x}_i = k_{Di-1}(\dot{x}_{i-1} - \dot{x}_i) - k_{Di}(\dot{x}_i - \dot{x}_{i+1}) + c_{Fi-1}(x_{i-1} - x_i) - c_{Fi}(x_i - x_{i+1}) + F_i \tag{5.37}$$

Für die Lösung von Systemen linearer Differenzialgleichungen 2. Ordnung mit konstanten Koeffizienten stehen mathematische Methoden zur Verfügung, die bis auf folgenden Hinweis nicht Gegenstand dieser Erörterung sein können.

Nach [37] kann ein solches Gleichungssystem in zwei simultane, nicht-lineare Systeme 1. Ordnung zerlegt und schrittweise nach dem so genannten „Prediktor-Korrektor-Verfahren" gelöst werden. [39] verweist z. B. auch auf das „Integrationsverfahren 4. Ordnung nach Runge-Kutta". Ein Beispiel für die erreichbare Genauigkeit der Vorhersage ist der Vergleich in Abb. 5.62. Messung und Rechnersimulation weichen nur noch geringfügig ab.

Aus der Aufstellung in Abb. 5.63 geht die praktische Vorgehensweise bei der Auslegung des Ventiltriebs nach [37] hervor. Die Genauigkeit der Rechnersimulation steigt mit der Verfügbarkeit realer Eingangsgrößen bez. Steifigkeit und tatsächlicher Nockengeometrie. Auch hier ersetzt die Berechnung nicht das Experiment. Vielmehr gelingt es, mit verhältnismäßig einfachen Untersuchungen an Ventiltriebskomponenten sehr reale Simulationen durchzuführen, die im Auslegungsstadium helfen, elementare Fehler zu vermeiden und damit Zeit und Entwicklungskosten zu sparen.

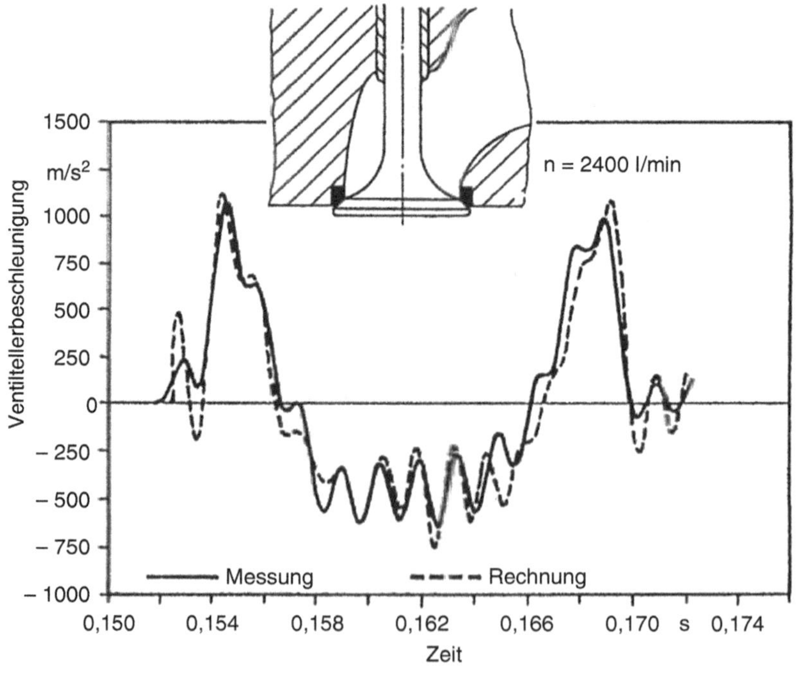

Abb. 5.62 Vergleich zwischen gemessenem und rechnerisch simuliertem Beschleunigungsverlauf bezogen auf den Ventilteller (aus [40])

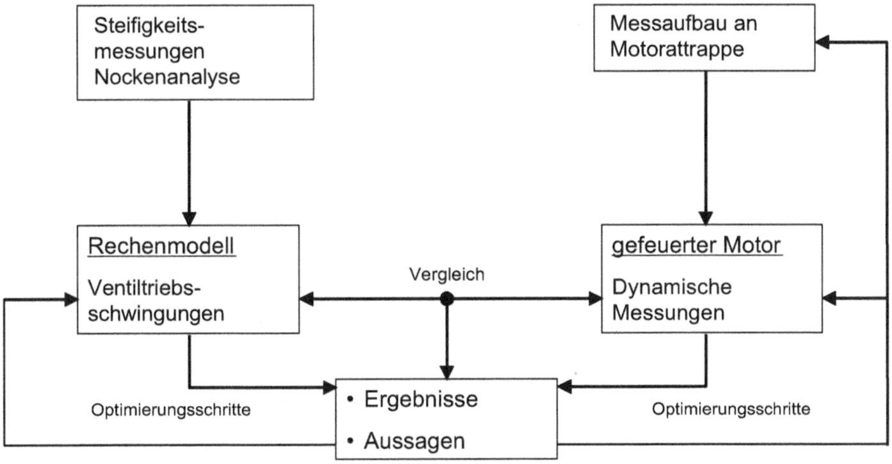

Abb. 5.63 Vorgehensweise bei der rechnergestützten Auslegung des Ventiltriebs (nach [37])

5.1.7.1 Anmerkungen zur Ventiltriebsreibung, zum Ventiltriebsgeräusch und zur Dynamik des Gesamtsystems

Leider muss die Behandlung der Nockenwelle selbst den Bemühungen geopfert werden, den Gesamtumfang in Grenzen zu halten. So müssen einige knappe Anmerkungen an dieser Stelle genügen (Abb. 5.64).

Das Nockenwellen-Antriebsmoment kann anhand der an den einzelnen Nocken angreifenden Kräfte und zugehörigen Hebelverhältnisse als Funktion des Nockenwinkels berechnet werden. Unter Berücksichtigung der Phasenverschiebungen der einzelnen Nocken folgt das Antriebsmoment durch Überlagerung der einzelnen Drehmomentverläufe.

Darüber hinaus ist auch die Nockenwelle ein schwingungsfähiges Gebilde. Sie unterliegt Torsionsschwingungen, wobei auf die Wechselwirkungen mit dem Steuertrieb besonders zu achten ist. Zusätzliche Freiheitsgrade treten bei gekoppelten Nockenwellen auf, d. h., wenn der Steuertrieb eine Nockenwelle antreibt, die wiederum eine weitere Nockenwelle antreibt. Für das Schwingungsverhalten ist der Ort der Kraftübertragung (Kopplung) entscheidend.

Abb. 5.65 zeigt stellvertretend ein Simulationsmodell für den gesamten Ventiltrieb, das geeignet ist, dessen dynamisches Verhalten vorab rechnerisch zu überprüfen und zu optimieren [42].

Mit weiter steigender Nenndrehzahl kommen nunmehr auch Gegengewichte auf der Nockenwelle zum Einsatz. Der gezielte Leichtbau bei den bewegten Massen kann zudem die Ventiltriebskräfte und -reibung erheblich reduzieren, indem dann die Ventilfederkräfte entsprechend reduziert werden können. Dennoch kann dabei das dynamische Verhalten insgesamt verbessert werden.

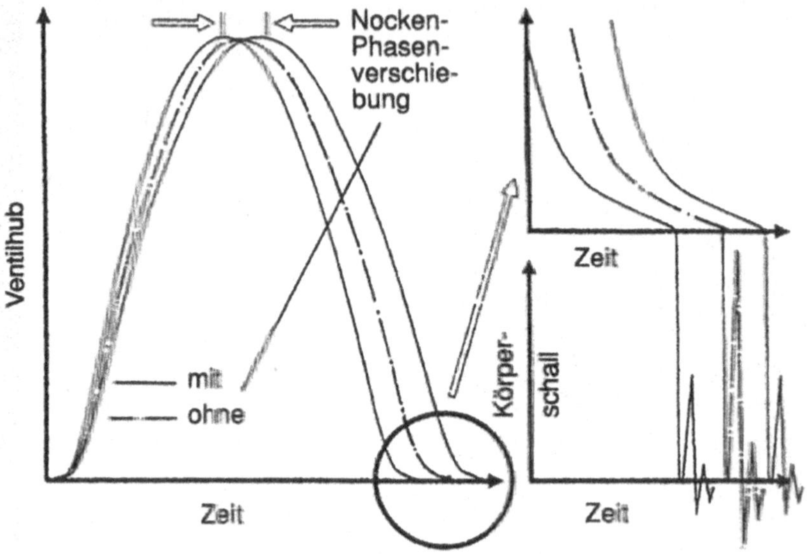

Abb. 5.64 Phasenverschiebung zwischen zwei Ein- oder Auslassventilen beim Vierventilmotor; Prinzipskizze des „Nocken-Phasing“ (aus [41])

5.1.7.2 Berechnung der Ventiltriebsdynamik mit Mehrkörpersimulation

Besonders in der Motorenentwicklung hat die Mehrkörpersimulation – kurz MKS-Simulation – erheblich an Bedeutung gewonnen. Mit Standardprogrammen dieser Art ist es möglich, komplexe Bewegungsabläufe abzubilden und das dynamische Verhalten unter Einbindung von „flexiblen“ Bauteilen mit Hilfe von FEM-Methoden insbesondere in der frühen Phase der Entwicklung mit guter Übereinstimmung mit späteren Messungen zu berechnen.

Welche Übereinstimmung zwischen Simulation und Berechnung erreicht werden kann, zeigt folgendes Abbildung (aus [43]) (Abb. 5.66).

5.1.8 Der Ladungswechsel von Turbomotoren

Seit dem Jahr 1995 werden verstärkt Turbomotoren im Mittelklassefahrzeugen eingesetzt, ein Beispiel ist der 1,8 Liter Turbomotor der Volkswagen AG. Ursprünglich erfolgte die Aufladung mit dem Ziel, kompakte, leistungsstarke und insbesondere sparsame Aggregate in Mittelklassefahrzeuge zu integrieren. Mit der Vorgabe der Zielwerte für den EU-Flottenverbauch von Neufahrzeugen wurde der Trend des Downsizings gesetzt, welcher in der Zwischenzeit von nahezu allen OEM in Serie umgesetzt wird. Dabei werden hubraumstarke Saugmotoren durch kleinere Motoren mit gleicher oder gar höherer Motorleistung bzw. gesteigertem Motordrehmoment ersetzt. Das Angleichen der Motorleistung und des Motordrehmoments zwischen dem hubraumstarken und verkleinerten Motor erfolgt

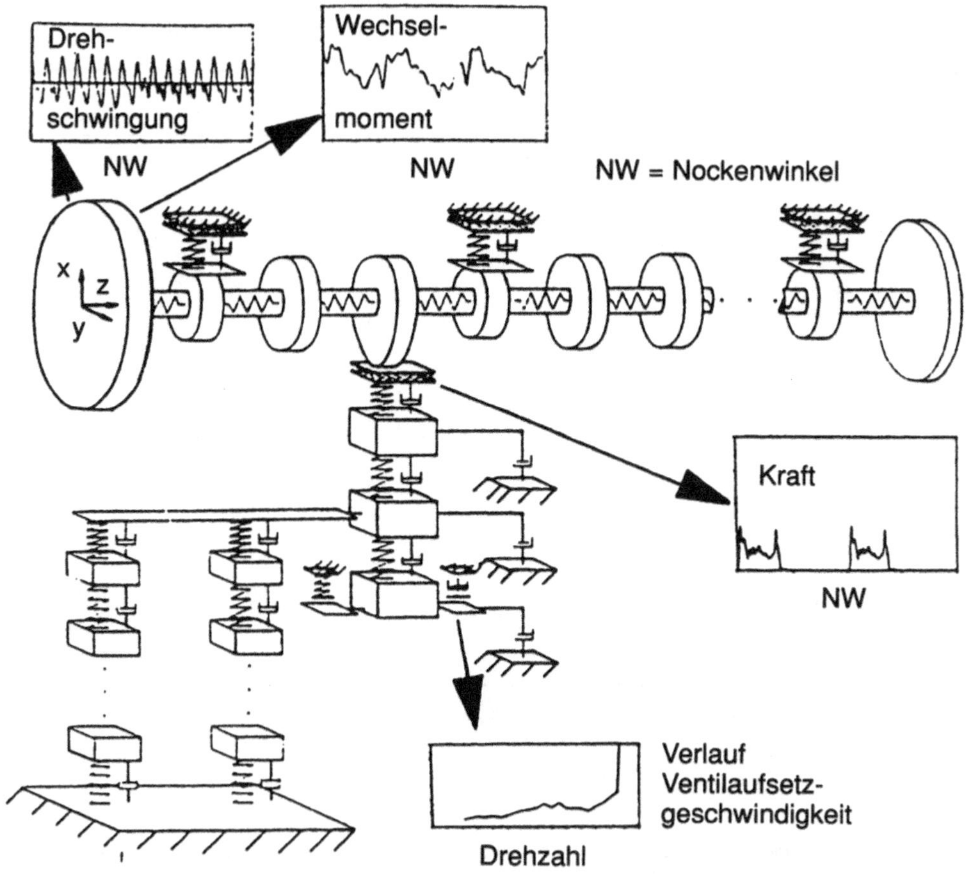

Abb. 5.65 Simulationsmodell Gesamtventiltrieb (aus [42])

durch Turbo- [49], Kompressor- [51] oder in Einzelfällen durch eine Kombination aus Turbo- und Kompressoraufladung [52]. Durch den kleineren Hubraum erfolgt – bei gleicher Drehmomentabgabe im Vergleich zum größeren Saugmotor – eine innere Lastpunktverschiebung hin zu Kennfeldpunkten, welche einen günstigeren effektiven spezifischen Kraftstoffverbrauch aufweisen. Oftmals werden die Downsizing Konzepte aufgrund ihres breiten Drehmomentplateaus und der damit einhergehenden verbesserten Elastizität zusätzlich länger übersetzt, wodurch neben einer Lastpunktverschiebung eine zusätzliche Drehzahlabsenkung einhergeht. Dies wird als „Downspeeding" bezeichnet. Die Drehzahlabsenkung und der kleinere Motorhubraum führen zudem zu einer Reibungsreduzierung, welche zusätzlich verbrauchssenkend wirkt.

In den nachfolgenden Abschnitten wird der Ladungswechsel von aufgeladenen Motoren mit unterschiedlich ausgeprägter Ventiltriebsvariabilität vorgestellt.

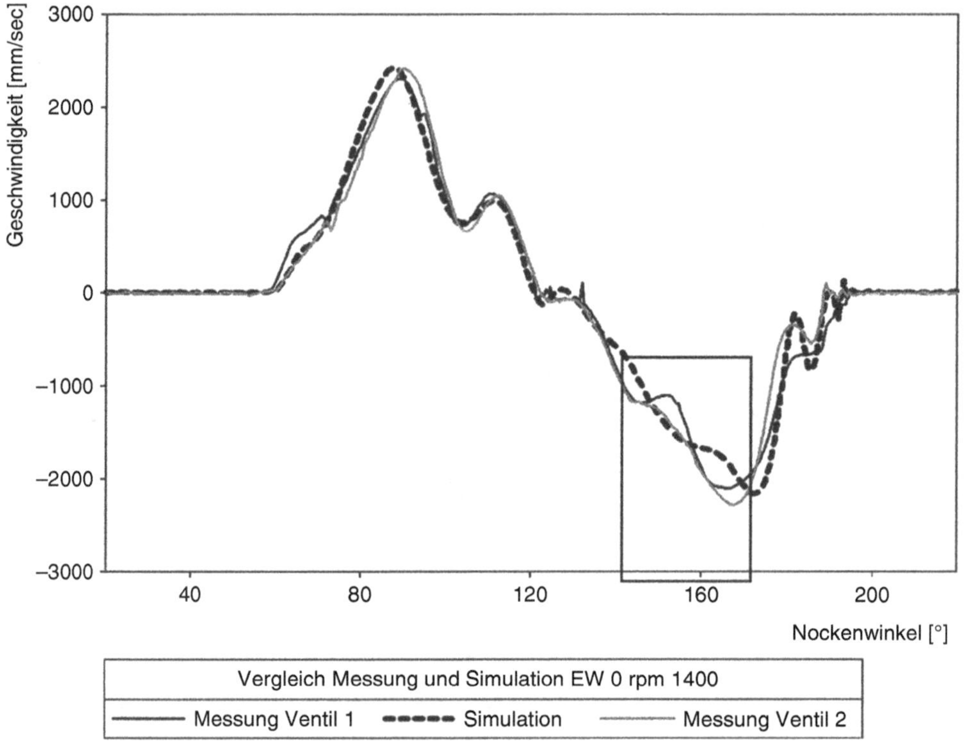

Abb. 5.66 Vergleich Simulation und Messung [43]

5.1.8.1 Der Ladungswechsel von Turbomotoren mit starrem Ventiltrieb

Otto- und Dieselmotoren mit Turboaufladung und starrem Ventiltrieb sind typischerweise mit relativ kurzen Einlass- und Auslassöffnungszeiten ausgestattet. Abb. 5.67 zeigt exemplarisch das Steuerzeitendiagramm für einen typischen 2,0 Liter Turbodieselmotor.

Eine kurze Einlassventilöffnungszeit reduziert das Rückströmen von bereits angesaugter Zylinderladung an der Volllast bei niedrigen Drehzahlen, vgl. Abb. 5.2. Die Zylinderfüllung wird dadurch erhöht. Infolge der hohen Zylinderfüllung liegt bereits bei tiefer Drehzahl ein hoher Abgasmassenstrom vor, welcher den Turbolader bereits früh ansprechen lässt, wodurch die Zylinderfüllung weiter erhöht wird. Die Auslegung der Einlassspreizung erfolgte ebenfalls hinsichtlich eines optimierten Vollastverhaltens für tiefe Drehzahlen.

Im Vergleich zu Saugmotoren muss eine Füllungserhöhung bei Turbomotoren aufgrund der Aufladung nicht mehr mit Unterstützung einer Saugrohrdynamik erreicht werden. Dahingegen sind große Volumina nach der Drosselklappe bei einem Turbomotor unerwünscht, da diese bei einer dynamischen Laständerung als dämpfendes Glied beim Ladedruckaufbau wirken. Deshalb sind die Saugrohrlängen der Sauganlage allgemein bei Turbomotoren stark verkürzt sowie das Sammlervolumen und die Saugrohrquerschnitte möglichst reduziert, um entsprechend Volumen für einen zusätzlichen Ladeluftkühler bei

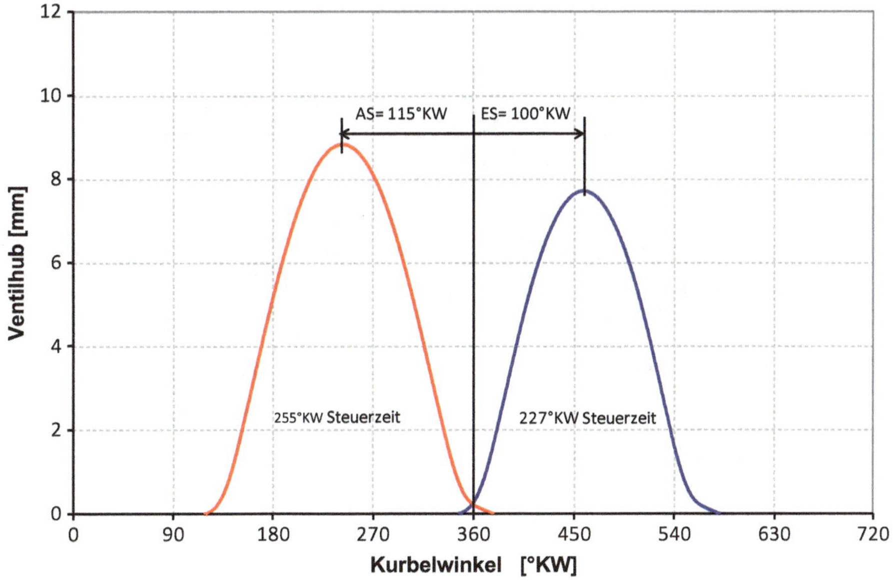

Abb. 5.67 Steuerzeitendiagramm eines 2,0 l Turbodieselmotors

akzeptablem Lastaufbauverhalten bereitzustellen. So beträgt das Volumen zwischen Verdichter und Einlassventil beim 1,4 Liter TSI des Volkswagen-Konzerns lediglich rund 4,8 l [49] (Abb. 5.68).

Die Druckschwingungen im Abgaskrümmer eines Vierzylindermotors mit Turboaufladung führen zu dynamischen Drucküberhöhungen im Auslasskanal, so dass bei der Wahl einer zu langen Auslasssteuerzeit insbesondere bei tiefen Drehzahlen ein Rückströmen von Abgas in das noch geöffnete Auslassventil stattfinden kann, vgl. Abb. 5.69. Dieses „rückgeführte" Abgas reduziert die Füllung mit Frischgas und erhöht die Temperatur der Ladung. Beides reduziert das Drehmoment an der Volllast bzw. schränkt das mögliche Verdichtungsverhältnis infolge klopfender Verbrennung ein. Eine „kurze" Auslassventilöffnungszeit führt zu einer Zündfolgetrennung am 4 Zylindermotor und erlaubt eine Verbesserung des Drehmomentverhaltens. So ist die Wahl der Auslassventilsteuerzeiten beim Turbomotor durch einen Zielkonflikt aus Ansprechverhalten bei tiefen Drehzahlen und einer Leistungsauslegung geprägt.

Aufgrund dieses Effekts konnte trotz höherer Anfettung (z. B. bei aufgeladenen 5-Zylinder-Motoren) nur ein geometrisches Verdichtungsverhältnis von 8,5:1 mit Saugrohreinspritzung und so genannten Monoscroll-Turboladern, bei denen das Überströmen von Abgas durch nicht getrennte Abgaskrümmer möglich ist, dargestellt werden. Die Verwendung von Twin-Scroll Turboladern, welche getrennte Abgasleitungen für 2 Zylindergruppen bis hin zum Turbinenrad besitzen, stellt einen alternativen Lösungsansatz gegenüber Verkürzung der Auslasssteuerzeit zur Darstellung einer Zündfolgetrennung

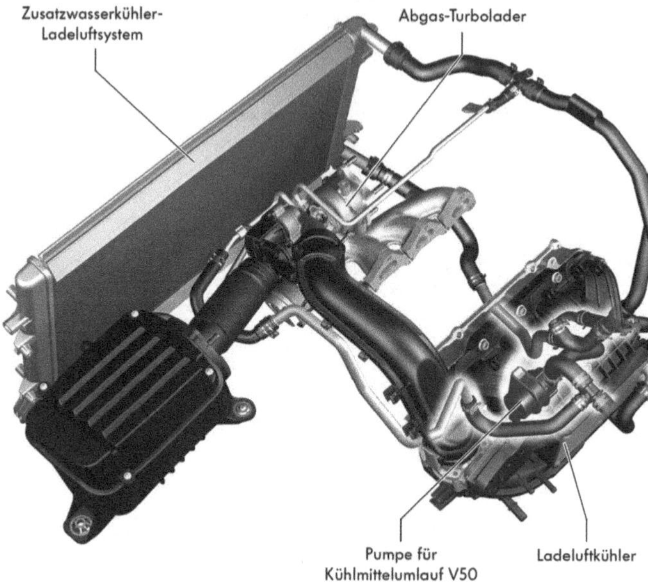

Abb. 5.68 Sauganlage von 1,4l TSI der Volkswagen AG [50]

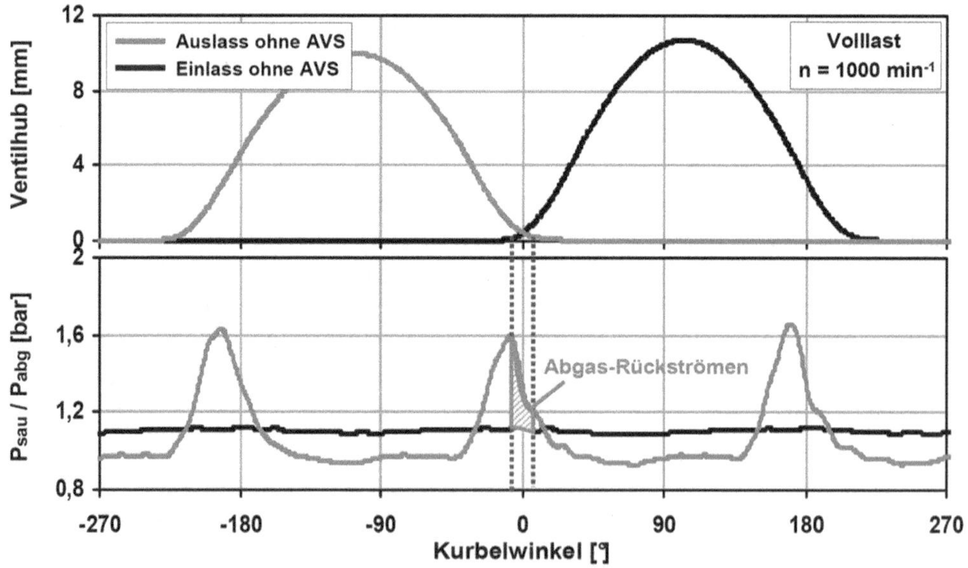

Abb. 5.69 Ladungswechsel eines aufgeladenen 4-Zylindermotors [44]

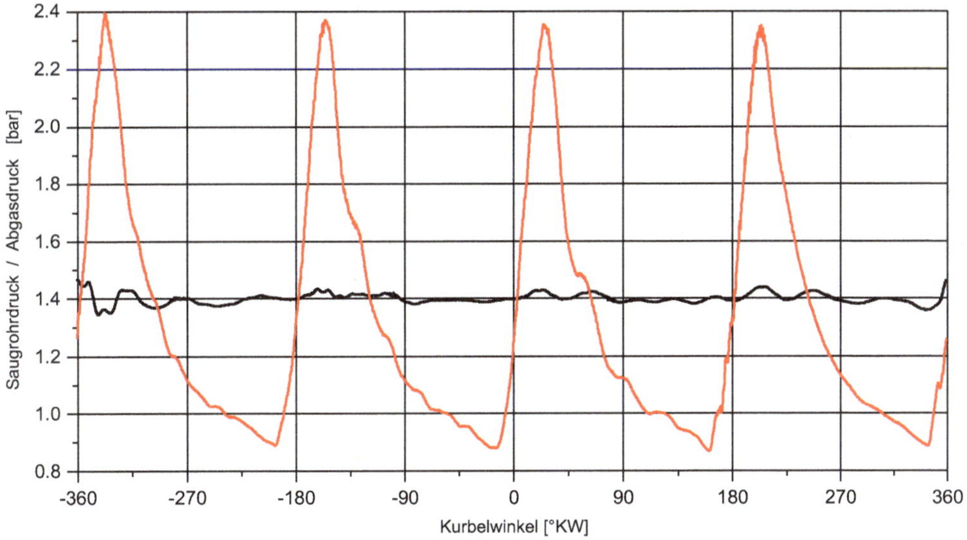

Abb. 5.70 Druckverlauf im Einlasskanal des 1. Zylinders eines aufgeladenen Ottomotors (n = 2000 1/min, pme = 16 bar)

und Steigerung des Motordrehmoments bei tiefen Drehzahlen von aufgeladenen Motoren dar.

Das im Vergleich zu vergleichbar starken Saugmotoren abgesenkte Verdichtungsverhältnis, die erhöhte Triebwerksreibung aufgrund der größeren Kolbenringvorspannung und die erhöhten Kühlmittelvolumenströme der aufgeladenen Motoren führten zu einem erhöhten Kraftstoffverbrauch. Die Wahl einer kurzen Auslasssteuerzeit kann sich durch eine Erhöhung der Ausschiebeverluste zusätzlich ungünstig auf den Kraftstoffverbrauch auswirken.

Durch die kurze Auslegung von Ein- und Auslassnockenwelle wird die Ventilüberschneidung sehr klein, wodurch die intern rückgeführte Restgasmenge minimal eingestellt wird. Dies wirkt sich positiv auf die Leerlaufqualität der Motoren aus (Abb. 5.70).

5.1.8.2 Der Ladungswechsel von Otto-Turbomotoren mit variabler Einlassspreizung

Die Einführung von Einlassphasenstellern bei Ottomotoren führte zu einer durchschnittlichen Verbrauchsverbesserung von ca. 3 % in der Teillast von gedrosselt betriebenen Ottomotoren. Diese Verbrauchsabsenkung ist auf eine Reduzierung der Ladungswechselarbeit zurückzuführen. Zusätzlich konnte eine Absenkung der NO_x- und HC-Emissionen durch die variabel einstellbare Ventilüberschneidung und damit Restgasmenge erreicht werden.

An der Volllast konnte der Zielkonflikt aus möglichst hohem low-end-torque und einer Leistungsauslegung hinsichtlich der Spreizungen durch den Einlassphasensteller teilweise gelöst werden. Durch ein frühes Einlass-Schließen wurde der Drehmomentaufbau bei niedrigen Drehzahlen verbessert. Frühes Einlass-Schließen verhindert Rückströmen bei niedrigen Drehzahlen und die daraus folgende, größere Abgasmasse und erhöhte Abgasenthalpie führt zu höheren Turboladerdrehzahlen sowie höheren Drücken im Ansaugkanal. Das Drehmomentaufbauverhalten konnte somit verbessert werden. Otto-Turbomotoren mit einflutiger Turbine und mit einem Einlassphasensteller erreichen bereits ab ca. 1500 1/min das maximale Volllastdrehmoment (vgl. Abb. 5.71).

Die direkte Einspritzung des Kraftstoffs in den Brennraum führte durch die verbesserte Innenkühlung und die Möglichkeit zur Mehrfacheinspritzung zu Vorteilen im Klopfverhalten [53]. Dies ermöglichte eine Anhebung des Verdichtungsverhältnisses auf Werte um ca. 10:1 [49], wodurch der Teillastverbrauch der aufgeladenen Motoren abgesenkt werden konnte.

Da der Kraftstoff erst nach dem Schließen der Auslassventile in den Verdichtungshub eingespritzt wird, kann das Restgas bei niederen Drehzahlen in der Ventilüberschneidungsphase durch das vorherrschende Druckgefälle, das im Kompressionsvolumen noch vorhanden ist, ausgespült und zusätzlich Frischluft durchgespült werden.

Beide Effekte erhöhen die Zylinderfüllung, den Abgasmassenstrom, die Abgasenthalpie und führen durch höhere Turboladerdrehzahlen und höhere Drücke im Ansaugkanal zu einer weiteren Verbesserung der Füllung. Dieses „Durchspülen“ wird als Scavenging

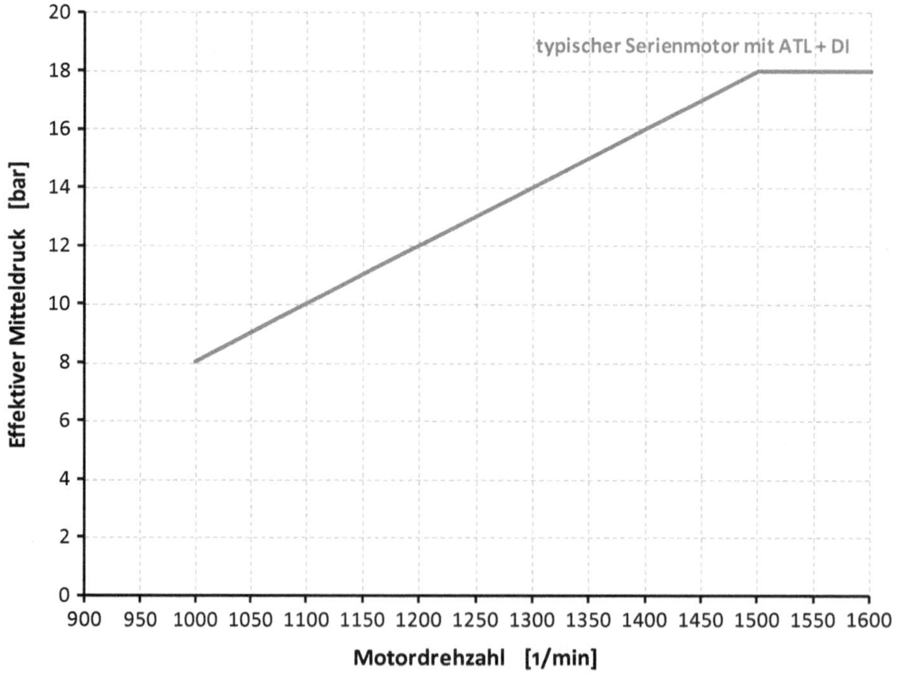

Abb. 5.71 Volllastverhalten des DI-Turbomotors mit Scavenging

bezeichnet. Die Wirksamkeit von Scavenging bei Motoren mit mehr als 4 Zylindern und einflutiger Turbine ist stark von der Öffnungsdauer der Auslassventile abhängig.

Ein wirksames Spülen des Brennraums lässt sich mit Auslasssteuerzeiten von 180 °KW bis 190 °KW (und kürzer) erreichen. Längere Auslassöffnungszeiten führen dahingegen in der Überschneidung zu höheren Restgasanteilen. Je nach Länge der Auslassnockenwelle wird das Spülgefälle über den Auslassstoß des in der Zündfolge nachfolgenden Zylinders positiv oder negativ beeinflusst und die Restgassteuerung wesentlich geprägt. Im Falle einer kurzen Steuerzeit kann ein positiver Spüldruck vorliegen und der Brennraum aktiv gespült werden, vgl. [44].

Dieser Scavenging-Effekt kann durch einen zusätzlichen Auslassphasensteller infolge einer vergrößerten Überschneidungsfläche noch verstärkt werden, was den Drehmomentaufbau bei niederen Drehzahlen deutlich verbessern kann. Durch das Durchspülen des Brennraums mit Frischluft muss zur Erreichung eines stöchiometrischen Abgases ($\lambda_{Abgas} = 1$) ein fettes Gemisch im Brennraum ($\lambda_{Brennraum} < 1$) eingestellt werden. Dies verbessert zusätzlich das Klopfverhalten und lässt frühere Zündwinkel zu. Zusätzlich führt die Nachoxidation der unverbrannten Kohlenwasserstoffe (der fett betriebenen Zylinder) mit der zuvor durchgespülten Luft im Abgaskrümmer zu einer weiteren Verbesserung des Ansprechverhaltens des Turboladers (Abb. 5.72).

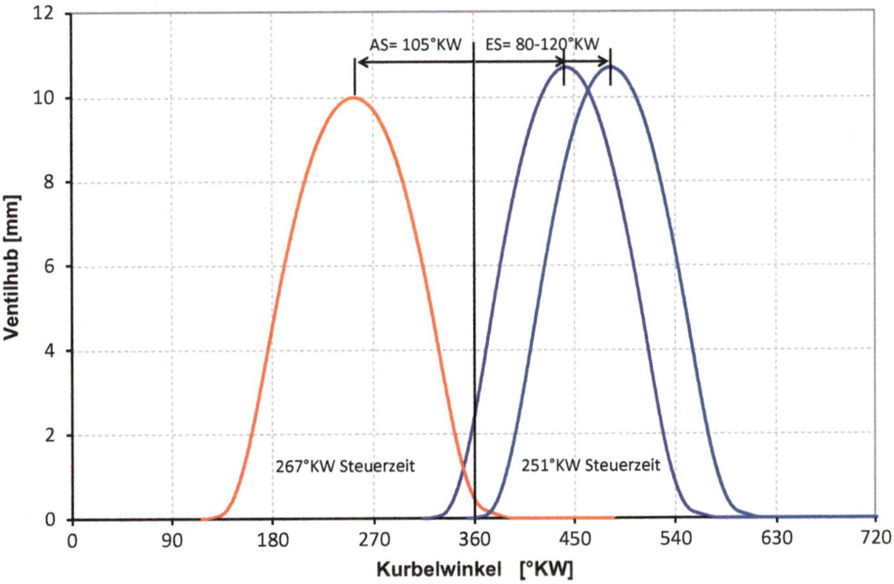

Abb. 5.72 Steuerzeitendiagramm eines typischen Turbomotors mit homogener Benzindirekteinspritzung

5.1.8.3 Der Ladungswechsel von Turbomotoren mit vollvariablem Einlassventiltrieb und variabler Auslassspreizung

Das Drehmoment eines Saugmotors kann durch einen mechanisch vollvariablen Ventiltrieb über ein breites Drehzahlband angehoben werden. Schon bei niedrigsten Drehzahlen kann durch die bei niedrigen Ventilhüben (vgl. Abb. 5.52) sehr kurze Steuerzeit die Füllung deutlich verbessert werden [54]. Dieses Potenzial zur Erhöhung der Zylinderfüllung durch die variable Ventilöffnungsdauer kann auch an aufgeladenen Motoren genutzt werden, vgl. [48, 55].

Durch die erhöhte Zylinderfüllung verbessern sich das Ansprechverhalten des Turboladers und damit auch das maximal erzielbare Motordrehmoment. Abb. 5.73 stellt das Steuerzeitendiagramm eines typischen aufgeladenen Benzinmotors mit Benzindirekteinspritzung dar und zeigt, in welch großem Bereich das Einlass-Öffnungs- und der Einlass-Schließt-Zeitpunkt durch die Kombination aus variablem Ventiltrieb und Phasensteller variiert werden kann.

Messungen an einem aufgeladenen, 2,0 Liter Turbomotor mit Benzindirekteinspritzung und dem variablen Ventiltriebsystem UniValve auf der Einlassseite zeigen ein um ca. 20 Nm höheres Drehmoment gegenüber dem mit einem starrem Ventiltrieb ausgerüsteten Basismotor bei einer Motordrehzahl von n = 1000 1/min [48]. Die maximale Füllung und damit das maximale Motordrehmoment wird in diesem Betriebspunkt bereits bei einem Ventilhub von 6 bis 7 mm und der damit verbundenen kurzen Steuerzeit von 209 bis 218 °KW erreicht, vgl. Abb. 5.74.

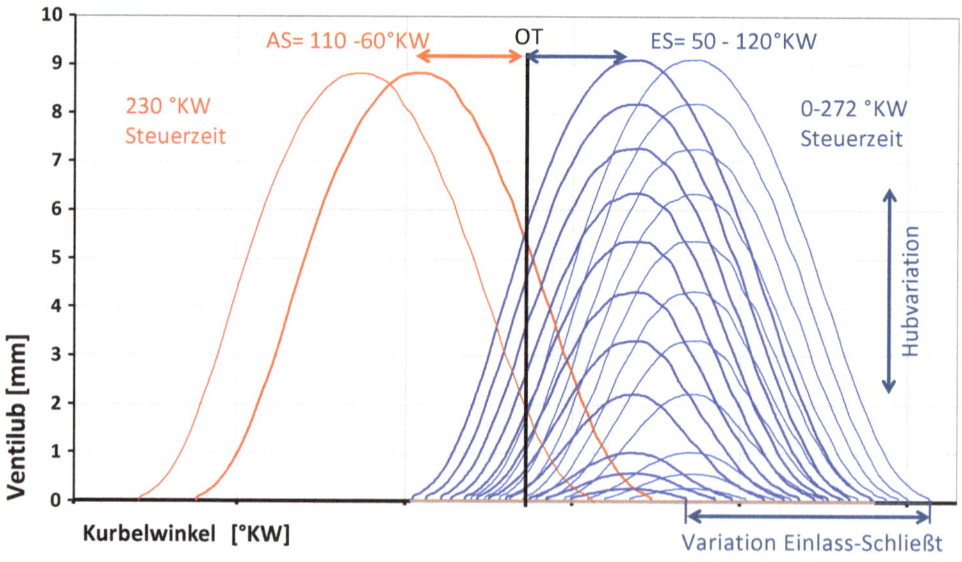

Abb. 5.73 Ventilsteuerzeiten mit vollvariablem Ventiltrieb

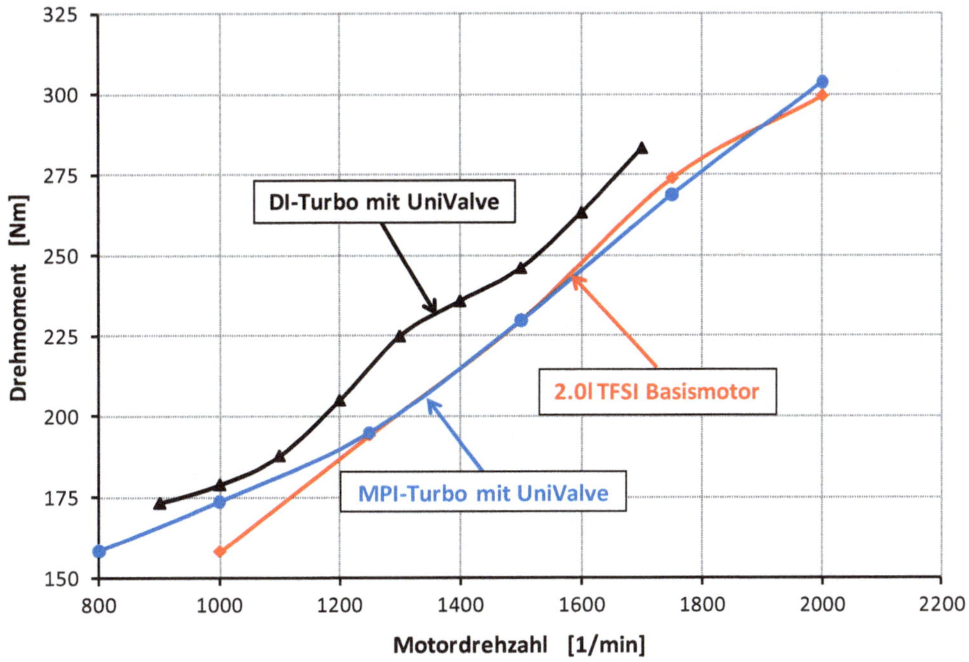

Abb. 5.74 Volllastverhalten eines 2.0 l Turbomotors mit Benzindirekteinspritzung und variablem Ventiltrieb, AS = 107 °KW [48]

Die lange Auslasssteuerzeit des Serienmotors verhindert jedoch bei niederen Drehzahlen eine hohe Zylinderfüllung bzw. ein hohes Motordrehmoment. Ein Rückströmen von Abgas aus dem Auslasskanal in den Brennraum führt zu einer erhöhten intern rückgeführten Restgasmenge, welche den verfügbaren Raum für Frischluft reduziert und zusätzlich die Randbedingungen für die Verbrennung wesentlich beeinflusst.

Zudem verhindert der erhöhte dynamische Abgasdruck im Bereich der Ventilüberschneidung ein Durchspülen der im Kompressionsvolumen verbleibenden Restgasmenge, wodurch die Füllung an der Volllast weiter reduziert wird. Zusätzlich werden durch die erhöhte Restgasmenge drehmomentoptimale Zündwinkel verhindert. Mit einer langen Steuerzeit sind somit nur geringe Drehmomente an der Volllast des aufgeladenen Benzinmotors bei niederen Drehzahlen erzielbar, vgl. Abb. 5.75.

Um das Volllastverhalten bei Motoren mit 4 Zylindern und Monoscroll Turboladern insbesondere bei tiefen Drehzahlen zu verbessern, wird häufig eine kurze Auslasssteuerzeit eingesetzt. Die kurze Steuerzeit verhindert das ungewollte Rückströmen von Restgas im Hochlastbetrieb und ermöglicht ein Durchspülen des Brennraums, wodurch die dem Brennraum zugeführte Frischladungsmenge zunimmt und die Verbrennungsrandbedingungen optimiert werden können. Das mit einer „kurzen“ und „mittleren“ Auslasssteuerzeit erzielbare Motordrehmoment ist in Abb. 5.76 ebenfalls ersichtlich.

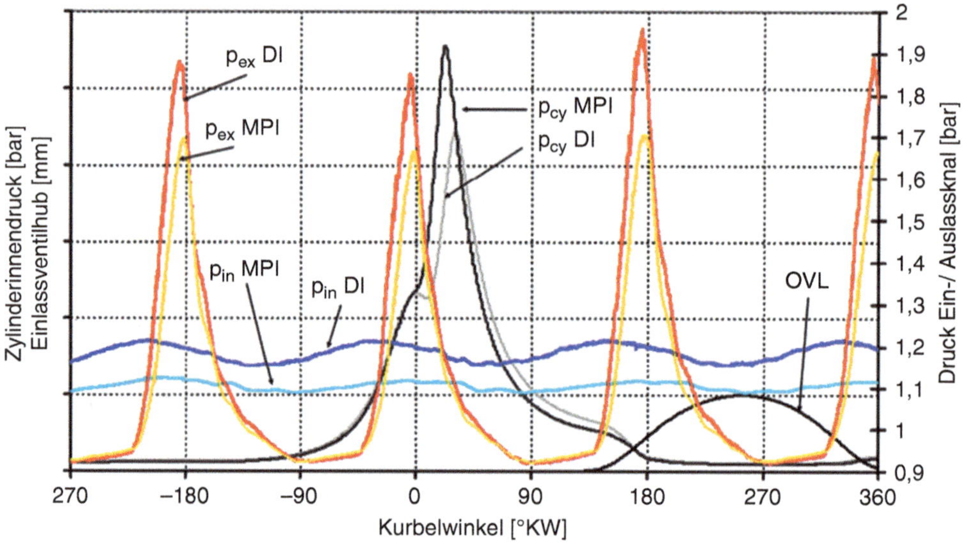

Abb. 5.75 Druckverläufe des aufgeladenen 2,0 l Vierzylindermotors an der Volllast [48]

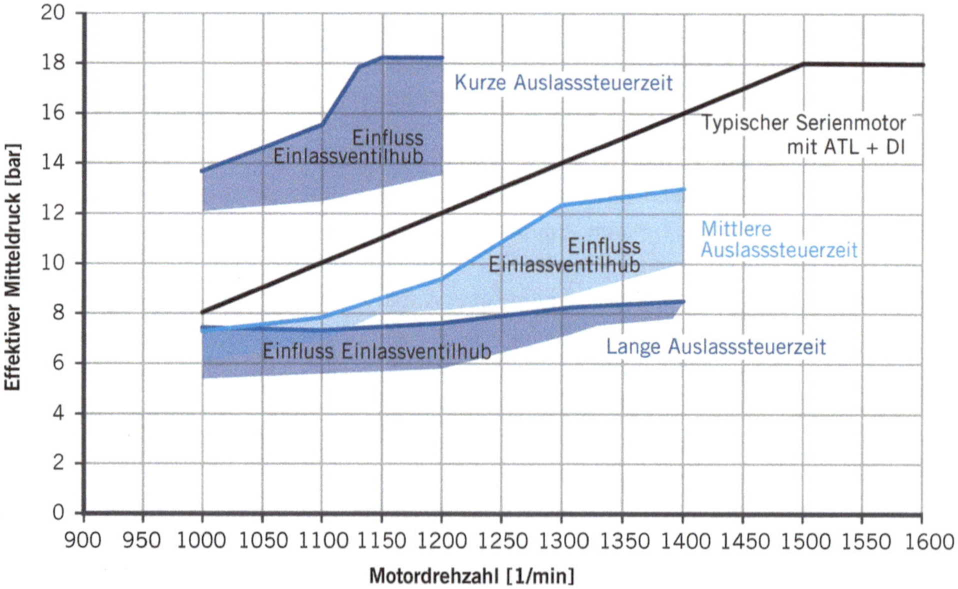

Abb. 5.76 Gemessene Drehmomentkurven an der Volllast mit starrem Ventiltrieb sowie mit mechanisch vollvariablem Einlassventiltrieb und unterschiedlich langen Auslasssteuerzeiten [45]

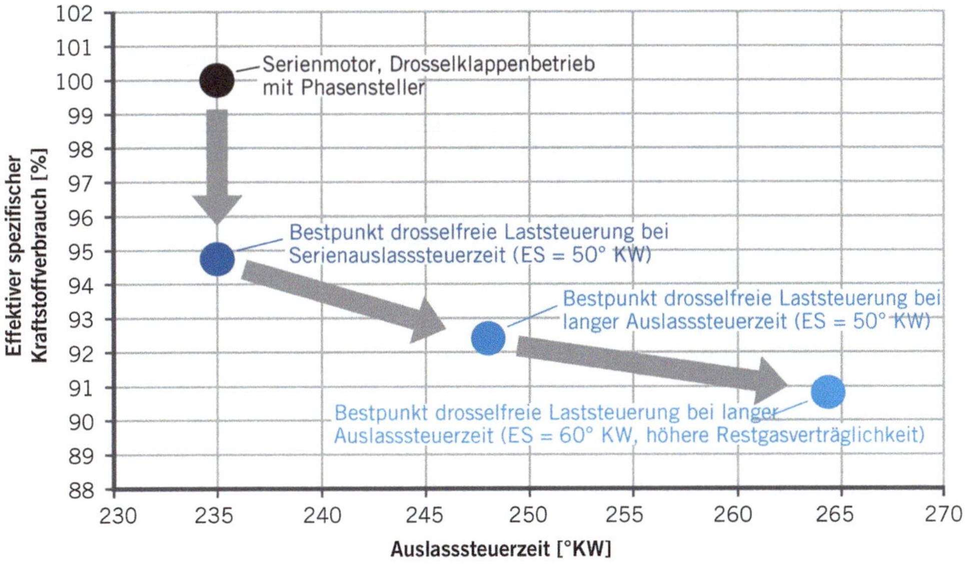

Abb. 5.77 Gemessene Teillastverbrauch bei n = 2000 1/min und pme = 2 bar bei einem 4-Zylinder-Motor mit drosselfreier Laststeuerung und unterschiedlichen Auslassseiten [45]

Bei 4-Zylinder Motoren mit drosselfreier Laststeuerung stellt sich die vollastgünstige Wahl der „kurzen“ Auslasssteuerzeit jedoch in der Teillast als unvorteilhaft heraus. Die erzielbaren Verbrauchsverbesserungen sind deutlich geringer, als bei der Wahl einer langen Auslassnockenwelle, vgl. Abb. 5.77.

Eine kurze Auslasssteuerzeit erhöht bei vergleichbarer Auslassspreizung die Ladungswechselarbeit und reduziert den Restgasgehalt. Beide Effekte vermindern das maximale Kraftstoffverbrauchspotenzial und führen bei dem gemessenen Motor lediglich zu einer deutlich verminderten Verbrauchsersparnis gegenüber einer langen Auslasssteuerzeit, vgl. Abb. 5.77. Mit der drosselfreien Laststeuerung stellt sich bei den häufig verwendeten Vierzylindermotoren also ein Zielkonflikt aus maximalem Low-End-Torque und erzielbarem Kraftstoffverbrauch in der Teillast ein. Zweizylinder- und Dreizylinderkonzepte sind aufgrund ihrer großen Zündabstände (z. B. der Zweizylinder-Gleichläufer von Fiat „Twin-Air“, [56]) von diesem Zielkonflikt nicht betroffen. Sie können mit teillastgünstigen langen Auslasssteuerzeiten versehen werden, ohne dass das Volllastverhalten negativ beeinflusst wird.

Die Kombination aus hohen Volllastwerten und einem niedrigen Teillastverbrauch kann am Vierzylindermotor jedoch z. B. durch eine Teilung der Abgasführung, die ein Rückströmen von Abgas in der Volllast verhindert, mit einem Twin-Scroll-Turbolader erreicht werden, vgl. Abb. 5.78.

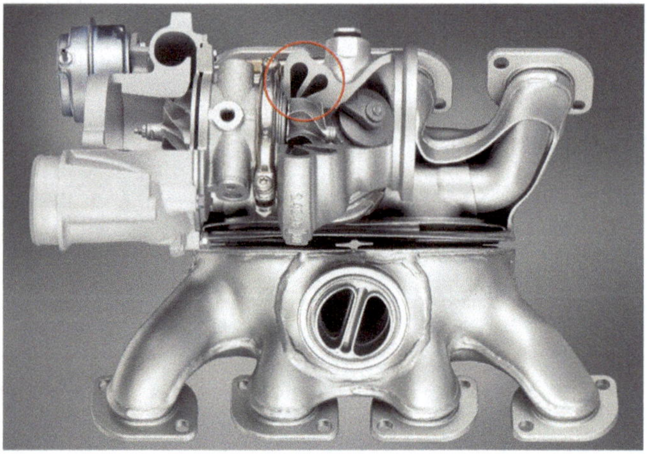

Abb. 5.78 Twin-Scroll-Turbolader, Konzept „TwinPower“ von BMW [46]

Dabei wird das Abgas von den Zylindern 1 und 4 sowie den Zylindern 2 und 3 in separaten Abgasleitungen zur Turbine geführt. Im Turbinengehäuse werden die beiden getrennt geführten Abgasströme durch zwei am Umfang angeordnete Kanäle zur Turbine hingeleitet, wodurch ein Überströmen verhindert werden kann. Die Zündfolgetrennung erfolgt in dieser Bauform durch die Geometrie des Abgaskrümmers sowie des Turboladergehäuses und braucht somit nicht mehr durch kurze Steuerzeiten der Auslassnockenwelle eingestellt zu werden. Neben den Zusatzkosten für die Twin-Scroll-Systeme steht die Entwicklung von integrierten Abgaskrümmern der breiten Einführung dieser Systeme gegenüber [47].

Unabhängig von der gewählten Methode zur Einstellung einer Zündfolgetrennung, d. h. über eine kurze Auslassnockenwelle oder ein Twin-Scroll-System, wirkt der vollvariable Ventiltrieb auf der Einlassseite positiv. Im Gegensatz zu einem Saugmotor, bei dem die reine Verkürzung der Steuerzeit an der Volllast bei tiefen Drehzahlen die Füllung und das Drehmoment verbessert, wirkt die Ventiltriebsvariabilität bei einem aufgeladenen Motor durch zwei Mechanismen positiv. Einerseits wird durch eine Verlängerung der Einlasssteuerzeit und die Verkleinerung der Einlassspreizung die Überschneidungsfläche vergrößert. Dies ermöglicht ein verstärktes Durchspülen. Zusätzlich kann ein füllungsoptimales Einlass-Schließen eingestellt werden, so dass das maximale Potenzial des Motors ausgenutzt werden kann.

5.1.8.4 Der Ladungswechsel mit vollvariablem Ventiltrieb auf Ein- und Auslassseite

Der in Abschn. 5.1.8.3 diskutierte Zielkonflikt bei der Wahl der Auslasssteuerzeit aus Low-End-Torque und erzielbarem Teillastverbrauch bei drosselfrei betriebenen 4-Zylinder-

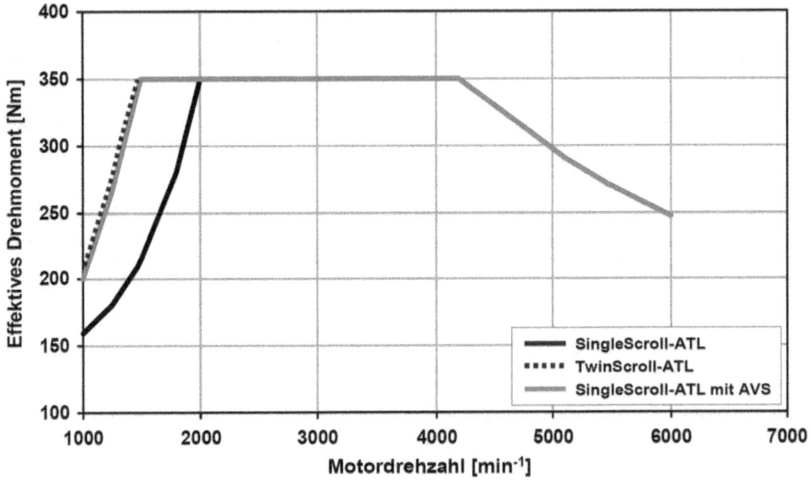

Abb. 5.79 Volllastverhalten mit und ohne Zündfolgetrennung. Zündfolgetrennung durch Nockenwelle und Twin-Scroll-Turbolader [44]

Motoren mit Mono-Scroll-Turboaufladung kann ebenfalls durch Ventiltriebsvariabilität auf der Auslassseite gelöst werden (Abb. 5.79).

In Serie findet bereits das 2-stufige Umschaltsystem „AVS“ der Firma Audi Anwendung, welches im Volllastbetrieb bei niederen Drehzahlen auf einen kleinen, kurzen Nocken wechselt und damit eine Zündfolgetrennung einstellt [44].

Alternativ zur diskreten Ventilhubumschaltung kann die Auslassseite mit einem voll variablen Ventiltrieb ausgestattet werden. So kann die Steuerzeit der Auslassventile im Bedarfsfall auf die Erfordernisse des Volllastbetriebs hin optimiert werden. Eine tendenziell kurze Auslasssteuerzeit stellt dabei eine Zündfolgetrennung her, so dass die Restgasmenge reduziert werden kann. Weiterhin werden die Druckverhältnisse während der Ventilüberschneidung dahingehend beeinflusst, dass ein aktives Spülen des Brennraums ermöglicht wird. Das Volllastverhalten wird deutlich beeinflusst, vgl. Abb. 5.76 und 5.80. Hin zu höheren Drehzahlen kann die Auslassventilsteuerzeit wiederum bedarfsgerecht verlängert werden.

Besonders in der Teillast zeigt sich die Wirkung eines stufenlos einstellbaren Auslassventilhubs. Die Auslassventilsteuerzeiten können hier auf einen optimierten Kraftstoffverbrauch hin optimiert werden. Insbesondere in Kombination mit der drosselfreien Laststeuerung ist die Wahl der Auslasssteuerzeit wesentlich für den Teillastverbrauch mitentscheidend. Der geringste Kraftstoffverbrauch in der Teillast wird mit einer tendenziell langen Auslassnockenwelle erreicht:

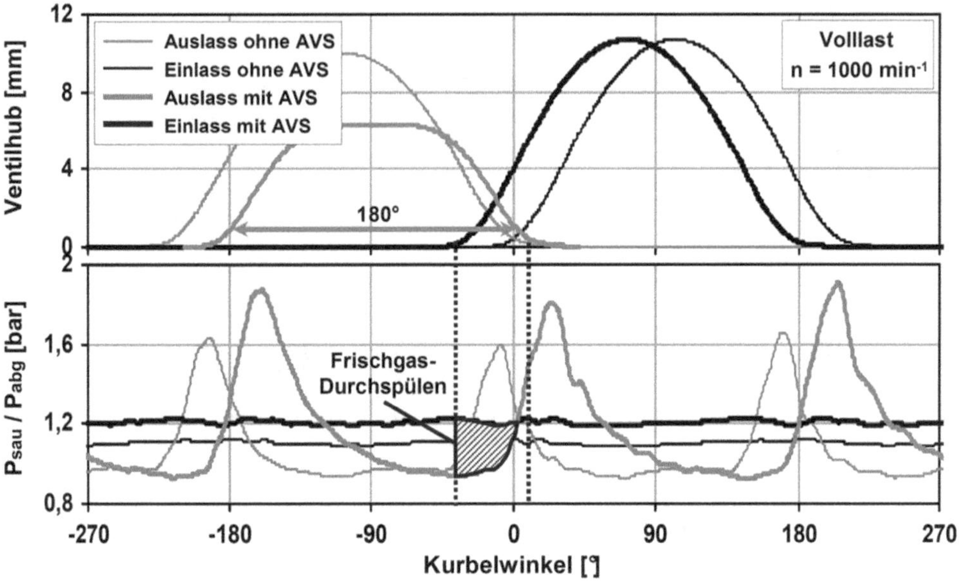

Abb. 5.80 Niederdruck-Druckverläufe mit und ohne Zündfolgetrennung [44]

- es kann ein Optimum aus Expansions- und Ausschiebeverlusten eingestellt werden
- die dem Brennraum intern rückgeführte Restgasmenge wird wesentlich durch den Zeitpunkt des Auslass-Schließens definiert
- die rückgeführte intern rückgeführte Restgasmenge beeinflusst den Ansaugvorgang und die resultierenden Ladungswechselverluste
- zusätzlich beeinflusst die Restgasmenge das effektive Verdichtungsverhältnis (Abb. 5.81)

Durch einen variablen Auslassventiltrieb kann die Restgasmenge lastabhängig so eingestellt werden, dass in jedem Betriebspunkt ein möglichst geringer Kraftstoffverbrauch bei gleichzeitig optimierten Emissionen erreicht wird. Dies führt bei niedriger Last zu mittleren Steuerzeiten auf der Auslassseite (Restgasverträglichkeit!). Mit steigender Last nimmt die verbrauchsoptimale Auslasssteuerzeit entsprechend weiter zu. An der Volllast bei niederen Drehzahlen wird sie schlussendlich zur Zündfolgetrennung minimal eingestellt. Die vollvariable Einstellung der Auslasssteuerzeit und Einlasssteuerzeit erlaubt es, den Zielkonflikt aus Low-End-Torque und Teillastverbrauch am aufgeladenen Vierzylinder-Ottomotor zu lösen. In jedem Betriebspunkt können die Ladungswechselverluste ohne Kompromisse minimiert sowie das Emissions- und Verbrauchsverhalten optimiert werden.

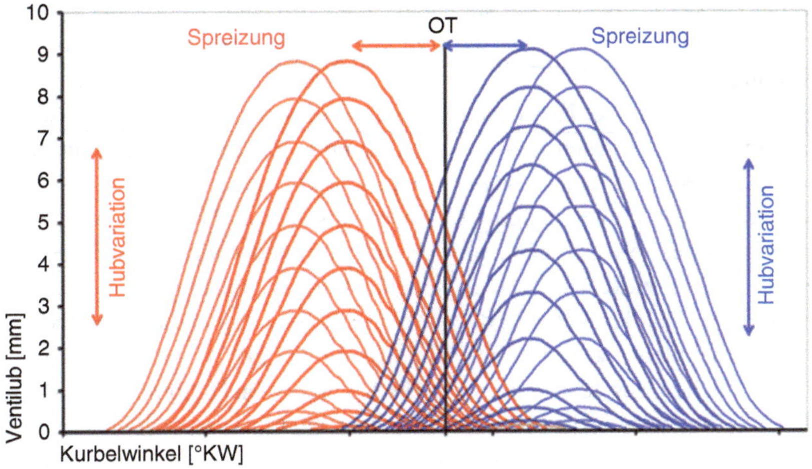

Abb. 5.81 Steuerzeitendiagramm mit mechanisch vollvariablem Ventiltrieb auf Ein- und Auslassseite

5.2 Der Kurbeltrieb

5.2.1 Massenausgleich des Hubkolbenmotors

Die Methoden zur Berechnung und praktischen Realisierung des Massenausgleichs des Hubkolbenmotors wurden bereits in den ersten Jahrzehnten seiner Existenz nahezu umfassend erarbeitet und mehrfach ausführlich beschrieben (z. B. [57, 58] u. a.).[1]

Im Gegensatz zur Theorie hat sich auf der Seite der Berechnungspraxis Entscheidendes geändert. Die Motorenentwickler verfügen heute über geeignete Software, die in der Lage ist, bei entsprechendem Daten-Input die Massenwirkungen eines Kurbeltriebs interaktiv zu berechnen sowie eine Kurbelwelle in optimaler Weise mit Gegengewichten zu versehen. Es entspricht dem Stand der Technik, dass dabei die Kurbelwelle mit ihren Zapfen, Wangen und Gegengewichten sowie das gesamte Laufzeug in der Motorkonstruktionsphase mit Hilfe von CAD-Systemen dreidimensional generiert wird. Dies geschieht z. B. „volumenbasiert“ in Form so genannter „Solids“. Eine genaue Vorausberechnung von Volumina (Massen) und Massenschwerpunkten unter Verwendung von integrierten Hilfsprogrammen ist in diesem Zusammenhang selbstverständlich geworden. Die früher sehr nützlichen Hilfsformeln haben damit bei der Auslegung weitgehend ausgedient, wenn von Abschätzungen, die dem Ingenieur auch weiterhin ein Gefühl von Größenordnungen vermitteln, abgesehen wird.

[1]Diese Ausführungen orientieren sich im Übrigen am nicht mehr erhältlichen Vorlesungs-Manuskript „Dynamik des Kurbelgetriebes“ von Prof. Dr.-Ing. P. Riekert, Lehrstuhl für Kraftfahrwesen der damaligen Technischen Hochschule Stuttgart; gedruckt 1957 bei Julius Wagner, Stuttgart – Bad Cannstatt.

Hinzu kommt die sich stetig verbessernde Möglichkeit, mechanische Systeme, wie z. B. auch den kompletten Kurbeltrieb, per Simulation zu untersuchen. Die Vorausberechenbarkeit der Massenwirkungen einschließlich des sonstigen dynamischen Verhaltens (Schwingungen) komplex gestalteter bewegter Komponenten hat so eine hohe Güte erreicht. Ihr stehen andererseits nach wie vor die realen Abweichungen in Form der Fertigungstoleranzen mit dem Zwang, diese immer weiter einzuschränken, gegenüber.

Für die Massenwirkungen möglicher Anordnungen von Triebwerken einschließlich deren teilweisen oder vollständigen Ausgleich durch Gegengewichte existieren auch mehr oder weniger umfangreiche Tabellen. Die Quellen [58–60] stellen nur einige herausgegriffene Beispiele dar. Bei der Sichtung des für den Verfasser zugänglichen Schrifttums zum Massenausgleich fallen unterschiedliche Schwerpunkte auf. So wird teilweise auch das Arbeiten mit Tabellen, aus denen fallspezifische Koeffizienten entnommen werden können, empfohlen. Dieses Vorgehen ist in der Praxis sicher recht hilfreich, setzt in der Regel jedoch eine zuvor notwendige Durchdringung der Materie voraus. Diese kann durch grafische Lösungen unterstützt werden. Allerdings ist damit die Bewältigung eines beliebigen Anwendungsfalls noch nicht sichergestellt. Letzteres bedarf des in diesem Abschn. 5.2 weitgehend verfolgten „analytischen" Ansatzes.

5.2.1.1 Massenausgleich des Einzylindertriebwerks

5.2.1.1.1 Massenkräfte 1. Ordnung

Beim Massenausgleich des Hubkolbenmotors geht es darum, für möglichst kleine „Fundamentreaktionen" zu sorgen, d. h., die Einleitung von niederfrequenten Schwingungen über die Motoraufhängung in die Karosserie durch primäre Maßnahmen an der Quelle, dem Motor selbst, zu minimieren. Dies setzt eine günstige Auslegung des Triebwerks hinsichtlich seiner freien Massenwirkungen voraus. Unter Letzteren sind Massenkräfte und -momente der Komponenten des Kurbeltriebs zu verstehen. Diese entstehen infolge zyklischer Beschleunigung bzw. Verzögerung oder Fliehkraftwirkung.

Beim Massenausgleich ist zwischen rotierenden und oszillierenden oder translatorischen Massenkräften zu unterscheiden. Die rotierenden Massenkräfte laufen mit der Kurbelwelle um und treten daher nur in der 1. Ordnung auf. Die oszillierenden Massenkräfte weisen auch höhere Ordnungen auf (siehe Abschn. 4.2.3.3). Von Letzteren ist jedoch lediglich noch die 2. Ordnung von praktischer Bedeutung. Die kleinen Restunwuchten 4. und höherer Ordnungen werden nicht ausgeglichen.

Es ist üblich, ein kartesisches Koordinatensystem einzuführen und dann von Längs- und Querkräften (Längs- und Kippmoment beim Mehrzylindermotor) zu sprechen, Abb. 5.82.

Längskräfte F_{xi} wirken in Richtung der Motorhochachse (x-Richtung), Querkräfte F_{yi} in Richtung der Motorquerachse (y-Achse). Das Längsmoment M_x wird durch die Kräfte F_{yi}, das Kippmoment M_y durch die Kräfte F_{xi} erzeugt. Ein Massenmoment setzt einen Hebelarm und damit mehr als einen Zylinder voraus. Es existiert auch ein so genanntes Massenumlaufmoment M_z sowie ein primär von den Gaskräften hervorgerufenes Moment um die z-Achse, d. h. Motorlängsachse, auf die am Ende dieses Kapitels Massenausgleich einge-

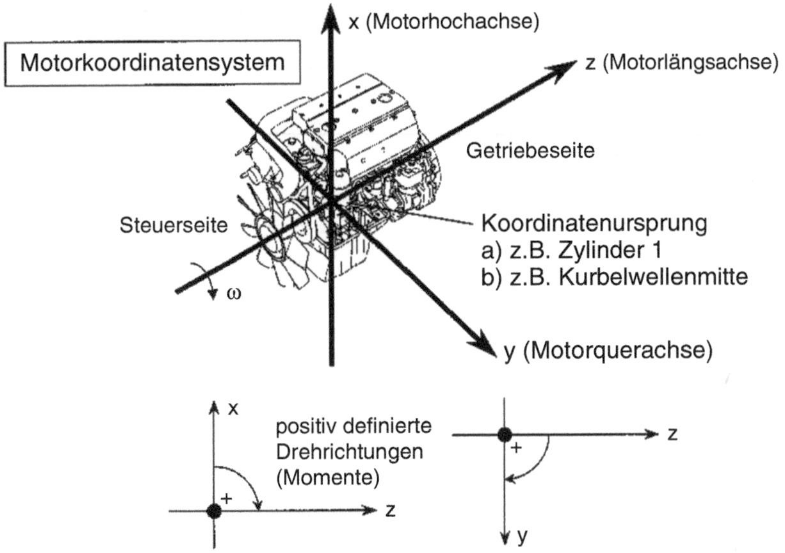

Abb. 5.82 Motor-Koordinatensystem einschließlich Definition von positiv bzw. negativ orientierten Kraft- und Momentenvektoren (Vereinbarung eines positiven bzw. negativen Drehsinns)

gangen wird. Die Massenwirkungen des Triebwerks lassen sich in Form eines Kraft- und Momentenvektors zusammenfassen:

$$\vec{F} = \begin{bmatrix} F_x \\ F_y \end{bmatrix}, \quad \vec{M} = \begin{bmatrix} M_x \\ M_y \\ M_z \end{bmatrix} \tag{5.38}$$

Es geht nun zunächst darum, diese Massenwirkungen des Einzylinder-Kurbeltriebs zu erfassen. In Tab. 5.3 werden hierzu die maßgeblichen Parameter definiert. Was unter den jeweiligen Formelzeichen zu verstehen ist, geht auch aus Abb. 5.83 hervor.

5.2.1.1.2 Ausgleichsmöglichkeiten durch Gegengewichte beim Einzylindertriebwerk

Zur Erzielung eines vollständigen Massenausgleichs des Einzylindertriebwerks müssen die Wirkungen aller freien Massenkräfte betrags- und richtungsmäßig „zu Null gemacht werden“. Durch das Anbringen von Ausgleichsmassen, soweit es die Kurbelwelle betrifft in Form von „Gegengewichten“, die unten an den Kurbelwangen, d. h. in zum Hubzapfen entgegengesetzter Richtung, angebracht werden, eröffnen sich folgende Möglichkeiten:

- Querkraftausgleich = Ausgleich der rotierenden Massenkräfte
- Längskraftausgleich 1. Ordnung

Tab. 5.3 Massenkräfte des Kurbeltriebs des Einzylindertriebwerks: Definitionen und Zusammenhänge (Erläuterungen siehe auch Abb. 5.83 bzw. Abschn. 4.1 und 4.2 zu Pleuel und Kolben)

a) Kurbeltriebsabmessungen		
Kurbelradius	r	
Massenschwerpunktsradius der Kurbelwelle	r_1	
Augenabstand des Pleuels	l_{Pl}	
Abstand Pleuelmassenschwerpunkt/ großes Pleuelauge	l_{Pl1}	
Pleuelstangenverhältnis	$\lambda_{Pl} = \frac{r}{l_{Pl}}$	(5.39)
b) Kurbeltriebsmassen		
Masse der Kurbelwelle	m_{KW}	
Kolbengesamtmasse (Kolben + Bolzen + Ringe)	m_{Kges}	
Pleuelmasse	m_{Pl}	
c) Anteilige/reduzierte Massen		
Red. Kurbelwellenmasse	$m_{KWrot} = m_{KW}\frac{r_1}{r}$	(5.40)
Oszillierende Pleuelmasse	$m_{Plosz} = m_{Pl}\frac{l_{Pl1}}{l_{Pl}}$	(5.41)
Rotierende Pleuelmasse	$m_{Plrot} = m_{Pl}\left(1 - \frac{l_{Pl1}}{l_{Pl}}\right)$	(5.42)
Oszillierende (translatorische) Masse	$m_{osz} = m_{Kges} + m_{Plosz} = m_{Kges} + m_{Pl}\frac{l_{Pl1}}{l_{Pl}}$	(5.43)
Rotierende Masse	$m_{rot} = m_{KWrot} + m_{Plrot} = m_{KW}\frac{r_1}{r} + m_{Pl}\left(1 - \frac{l_{Pl1}}{l_{Pl}}\right)$	(5.44)
Rotierendes „Massenmoment"	$M_{mrot} = (m_{KWrot} + m_{Plrot})r = m_{KW}r_1 + m_{Pl}r\left(1 - \frac{l_{Pl1}}{l_{Pl}}\right)$ $M_{mrot} = m_{rot}r$	(5.45)
d) Massenkräfte		
Oszillierende Massenkraft allgemein	$F_{mosz} = m_{osz}r\omega^2(\cos\varphi + A_2\cos 2\varphi + A_4\cos 4\varphi + \ldots)$ $A_2 = \lambda_{Pl} + \frac{1}{4}\lambda_{Pl}^3 + \frac{15}{128}\lambda_{Pl}^5,\ A_4 = -\frac{1}{4}\lambda_{Pl}^3 - \frac{3}{16}\lambda_{Pl}^5$	(5.46)
Oszillierende Massenkraft 1. Ordnung	$F_{mosz}^{(1)} = \hat{F}_{mosz}^{(1)}\cos\varphi = m_{osz}r\omega^2\cos\varphi$	(5.47)
Oszillierende Massenkraft 2. Ordnung	$F_{mosz}^{(2)} \approx m_{osz}r\omega^2\lambda_{Pl}\cos 2\varphi$	(5.48)
Rotierende Massenkraft	$F_{mrot} = M_{mrot}\omega^2 = m_{rot}r\omega^2$	(5.49)
Längskraft 1. Ordnung	$F_x^{(1)} = m_{osz}r\omega^2\cos\varphi + m_{rot}r\omega^2\cos\varphi$ $F_x^{(1)} = r\omega^2(m_{osz} + m_{rot})\cos\varphi$	(5.50)
Querkraft	$F_y = m_{rot}r\omega^2\sin\varphi$	(5.51)
Zusammenhänge	$F_x^{(1)} = \left(F_{mosz}^{(1)} + F_{mrot}\right)\cos\varphi$ bzw. $F_y = F_{mrot}\sin\varphi$	(5.52)

Abb. 5.83 Ersatzmassensystem des Kurbeltriebs mit den die Massenkräfte beeinflussenden Hauptabmessungen

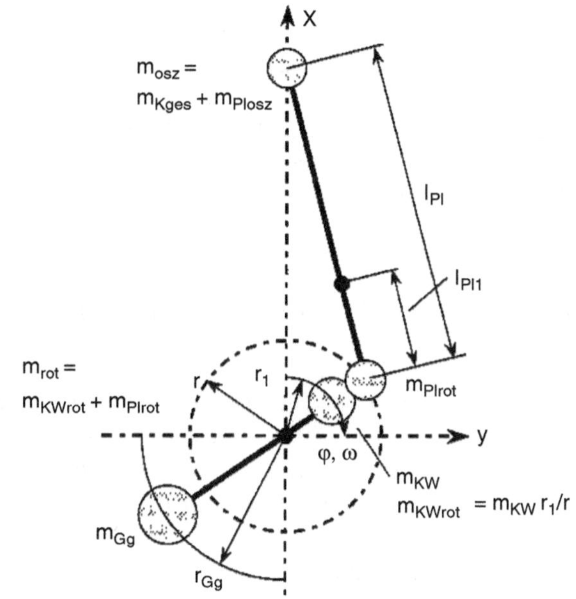

- Teilweiser Ausgleich der Längskraft 1. Ordnung und der Querkraft (100 %); Sonderfall: „Normalausgleich" (Ausgleich von 50 % der oszillierenden und 100 % rotierenden Massenkräfte)

Im Gegensatz zur Kurbel scheitert das Anbringen von Ausgleichsmassen am Pleuel praktisch an den räumlichen Gegebenheiten. Die damit verbundenen Möglichkeiten des Massenausgleichs reduzieren sich daher auf eine theoretische Betrachtung:

- Querkraftausgleich = Ausgleich der rotierenden Massenkräfte
- Ausgleich der oszillierenden Massenkräfte 1. und höherer Ordnung

a) Querkraftausgleich = Ausgleich der rotierenden Massen

Nach Tab. 5.3 gilt:

$$F_y \text{ bzw. } F_{mrot} = 0: \qquad m_{KW} r_1 + m_{Pl} r \left(1 - \frac{l_{Pl1}}{l_{Pl}}\right) = 0 \qquad (5.53)$$

Der Versuch, *mit der Masse der Kurbel auszugleichen*, ergibt eine Lage (Radius) des Massenschwerpunkts

$$r_1 = -\frac{m_{Pl}}{m_{KW}} r \left(1 - \frac{l_{Pl1}}{l_{Pl}}\right) < 0 \tag{5.54}$$

d. h., eine negative Verlagerung des Kurbelschwerpunkts ist zunächst also keine sinnvolle Lösung. Es ist dagegen zielführend, Gegengewichte an der negativen Verlängerung der Kurbel anzubringen, um den gemeinsamen Schwerpunkt in die Drehachse der Kurbelwelle zu legen:

$$m_{KW} r_1 - m_{Gg} r_{Gg} + m_{Pl} r \left(1 - \frac{l_{Pl1}}{l_{Pl}}\right) = 0 \tag{5.55}$$

Für das bisherige Massenmoment der Kurbel ohne Gegengewichte $m_{KW} r_1$ kann dann sinngemäß $m_{KW0} r_{10}$ geschrieben werden. Dann gilt für die Kurbel mit Gegengewichten $m_{KW} r_1 = m_{KW0} r_{10} - m_{Gg} r_{Gg}$. Von diesem Sachverhalt wird im Folgenden ohne besonderen Hinweis stets ausgegangen und auf den zusätzlichen Index verzichtet. Daraus folgt die Gegengewichtsmasse m_{Gg} mit dem Schwerpunktsradius r_{Gg}. Dass die Anordnung von Gegengewichten momentenfrei – also symmetrisch, d. h. an beiden Kurbelwangen – zu erfolgen hat, versteht sich von selbst.

$$m_{Gg} = \frac{1}{r_{Gg}} \left[m_{KW} r_1 + m_{Pl} r \left(1 - \frac{l_{Pl1}}{l_{Pl}}\right) \right] = \frac{r}{r_{Gg}} \left(m_{KWrot} + m_{Plrot}\right) = \frac{r}{r_{Gg}} m_{rot} \tag{5.56}$$

Der alternative Versuch, *mittels des Pleuels auszugleichen*, bedingt einen Massenschwerpunkt des Pleuels

$$l_{Pl1} = l_{Pl} \left(1 + \frac{m_{KW} r_1}{m_{Pl} r}\right) > l_{Pl} \tag{5.57}$$

d. h. eine Verlagerung des Pleuelschwerpunkts jenseits des kleinen Pleuelauges. Die Größenordnung der notwendigen Zusatzmasse ist jedoch mit den räumlichen Gegebenheiten im Innern des Kolbens nicht zu vereinbaren. Dort ist der Pleuelfreigang zwischen dem Pleuelauge und dem Kolbenboden innen insbesondere auch im Hinblick auf eine Minimierung der Kompressionshöhe sehr knapp bemessen. Diese Möglichkeit ist daher rein theoretisch gegeben, praktisch jedoch nicht anwendbar.

Ein 100-%iger Ausgleich der rotierenden Massenkräfte ist anzustreben, wird in der Praxis aber aus verschiedenen Gründen nicht immer ganz erreicht. Auch in diesem Zusammenhang werden räumlich beengte Verhältnisse, aber auch Gesichtspunkte, wie z. B. Massenträgheit (Torsionsschwingungsverhalten) der Kurbelwelle (Rennmotoren [61]) u. a., angeführt.

b) Längskraftausgleich 1. Ordnung
Nach Tab. 5.3 gilt:

$$F_x^{(1)} = 0 : \left(m_{Kges} + m_{Pl} \frac{l_{Pl1}}{l_{Pl}} \right) r + m_{KW} r_1 + m_{Pl} r \left(1 - \frac{l_{Pl1}}{l_{Pl}} \right) = 0 \quad (5.58)$$

bzw.

$$\left(m_{Kges} + m_{Pl} \right) r + m_{KW} r_1 = 0 \quad (5.59)$$

Es werden wiederum Gegengewichte an der Kurbelwelle benötigt, die den gemeinsamen Massenschwerpunkt in deren Drehachse legen:

$$\left(m_{Kges} + m_{Pl} \right) r + m_{KW} r_1 - m_{Gg} r_{Gg} = 0 \quad (5.60)$$

Daraus folgt die Gegengewichtsmasse

$$\begin{aligned} m_{Gg} &= \frac{1}{r_{Gg}} \left[m_{KW} r_1 + \left(m_{Kges} + m_{Pl} \right) r \right] \\ &= \frac{r}{r_{Gg}} \left(m_{KWrot} + m_{Plrot} + m_{Kges} + m_{Plosz} \right) = \frac{r}{r_{Gg}} \left(m_{rot} + m_{osz} \right) \end{aligned} \quad (5.61)$$

Wird Gl. (5.56) beachtet, dann ist der Querkraftausgleich gleichzeitig nicht erfüllbar. Das Gegengewicht ist, wie gezeigt wird, „um die oszillierende Masse zu groß“. Die oszillierende Massenkraft wird nur in die Querrichtung „umgelenkt“, wie dies aus der Differenz der Gegengewichtsmassen nach Gl. (5.56) und (5.61) ersichtlich wird:

$$\Delta m_{Gg} = \frac{r}{r_{Gg}} \left(m_{Kges} + m_{Plosz} \right) = \frac{r}{r_{Gg}} m_{osz} \quad (5.62)$$

Es können demzufolge die Quer- und Längskräfte 1. Ordnung nicht gleichzeitig zu 100 % ausgeglichen werden.

c) Teilweiser Ausgleich der Längskraft 1. Ordnung bei vollständigem Querkraftausgleich
Die Erkenntnisse aus a) und b) machen einen Kompromiss erforderlich. Es wird der Faktor Ω, $(0 \leq \Omega \leq 1)$, eingeführt. $\Omega = 0$ bedeutet 100 % Querkraftausgleich, $\Omega = 1$ 100 % Längskraftausgleich 1. Ordnung. Der Ansatz lautet dann entsprechend $F_{mosz}\Omega + F_{mrot} = 0$, wobei es praktisch sinnvoll ist, den Faktor Ω nicht größer als 0,5 zu wählen. Nach Tab. 5.3 gilt:

$$\left(m_{Kges} + m_{Pl}\frac{l_{Pl1}}{l_{Pl}}\right)r\Omega + m_{KW}r_1 + m_{Pl}r\left(1 - \frac{l_{Pl1}}{l_{Pl}}\right) = 0 \tag{5.63}$$

d) Sonderfall des „Normalausgleichs"

Im Fall des „Normalausgleichs", auch als „gleichmäßiger" Ausgleich von Längs- und Querkraft bezeichnet, wird der Faktor $\Omega = 0{,}5$ gesetzt. Gemäß Gl. (5.63) folgt dann:

$$\left(m_{Kges} + m_{Pl}\frac{l_{Pl1}}{l_{Pl}}\right)\frac{r}{2} + m_{KW}r_1 + m_{Pl}r\left(1 - \frac{l_{Pl1}}{l_{PL}}\right) = 0 \tag{5.64}$$

bzw.

$$\left[\frac{m_{Kges}}{2} + m_{Pl}\left(1 - \frac{l_{Pl1}}{2l_{Pl}}\right)\right]r + m_{KW}r_1 = 0 \tag{5.65}$$

Für eine technisch sinnvolle Lösung sind entsprechend a) und b) Ausgleichsmassen anzusetzen:

$$\left[\frac{m_{Kges}}{2} + m_{Pl}\left(1 - \frac{l_{Pl1}}{2l_{Pl}}\right)\right]r + m_{KW}r_1 - m_{Gg}r_{Gg} = 0$$

bzw.

$$\begin{aligned} m_{Gg} &= \frac{1}{r_{Gg}}\left\{m_{KW}r_1 + \left[\frac{m_{Kges}}{2} + m_{Pl}\left(1 - \frac{l_{Pl1}}{2l_{Pl}}\right)\right]r\right\} \\ &= \frac{r}{r_{Gg}}\left(m_{KWrot} + m_{Plrot} + \frac{m_{Kges}}{2} + \frac{m_{Plosz}}{2}\right) \qquad (5.66) \\ m_{Gg} &= \frac{r}{r_{Gg}}\left(m_{rot} + \frac{m_{osz}}{2}\right) \end{aligned}$$

Der „gleichmäßige" Ausgleich von Querkraft und Längskraft 1. Ordnung bedeutet, dass in Längsrichtung die rotierende und 50 % der oszillierenden Massenkraft ausgeglichen werden. Wie aus Abb. 5.84 zu ersehen ist, sind die Gegengewichte für die Querrichtung, in der nur die rotierende Massenkraft auftritt, um den Anteil zum Ausgleich von 50 % der oszillierenden Massenkraft zu groß. 50 % der oszillierenden Massenkraft werden in Querrichtung „umgelenkt" (beim Längskraftausgleich waren es noch 100 %):

$$\Delta m_{Gg} = \frac{r}{2r_{Gg}}\left(m_{Kges} + m_{Plosz}\right) = \frac{r}{2r_{Gg}}m_{osz} \tag{5.67}$$

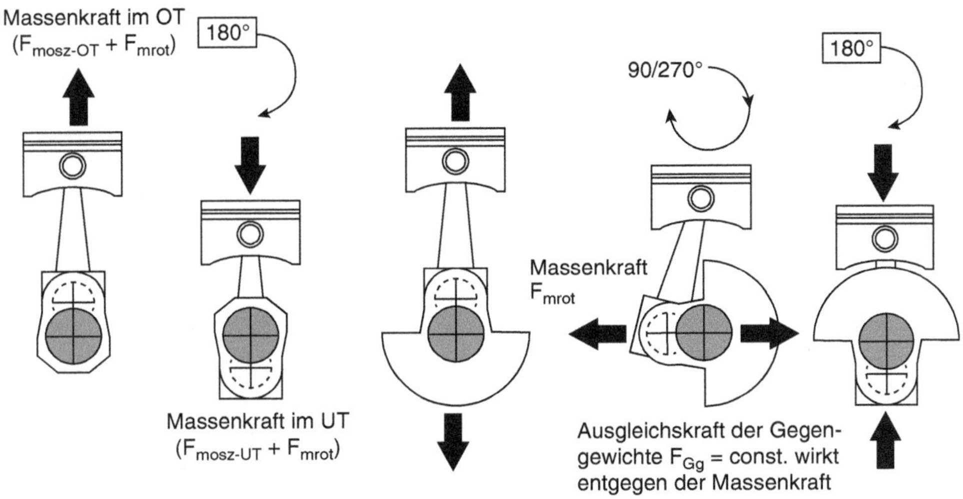

Abb. 5.84 Massenkraftwirkung der Gegengewichte in Längs- und Querrichtung

Die nicht ausgeglichenen Massenkräfte sind also in der Längs- und Querrichtung gleich groß, nämlich 50 % der oszillierenden Massenkraft 1. Ordnung.

e) Vollständiger Ausgleich der oszillierenden Massenkräfte 1. und höherer Ordnung
Ein vollständiger Ausgleich der Massenkraft 1. Ordnung und zugleich aller höheren Ordnungen ist theoretisch möglich und bedeutet, dass der gemeinsame Massenschwerpunkt von Kolben und Pleuel in den Hubzapfen verlagert werden muss. Nach Tab. 5.3 gilt:

$$m_{osz} = 0: \quad m_{Kges} + m_{Pl}\frac{l_{Pl1}}{l_{Pl}} = 0 \qquad \text{bzw.} \qquad l_{Pl1} = -\frac{m_{Kges}}{m_{Pl}} l_{Pl} < 0 \qquad (5.68)$$

Der Pleuelschwerpunkt müsste folglich durch Anbringen einer Zusatzmasse unterhalb des Pleuelkopfes dorthin verlagert werden. Der vollständige Ausgleich scheitert daran, dass im beengten Kurbelraum entsprechende Massen nicht unterzubringen sind. Teilverbesserungen sind mittels des so genannten „Fußausgleichs" – so wird diese Methode des Massenausgleichs manchmal bezeichnet – erreichbar. Diese Möglichkeit wurde in jüngerer Zeit „wiederentdeckt" [62, 63]. Je näher der Pleuelschwerpunkt (Schwerpunktsabstand l_{Pl1}) zum Pleuelkopf hin verschoben werden kann, umso geringer wird der oszillierende Massenanteil des Pleuels und folglich auch die oszillierende Masse m_{osz} insgesamt, was sich, wie oben bereits erwähnt, hinsichtlich aller Ordnungen in gleicher Weise positiv bemerkbar macht. Wie das Beispiel [62] zeigt, erlauben begrenzte Zusatzmassen unterstützt durch begleitende Maßnahmen, wie eine Pleuelverlängerung bei gleichzeitiger Verringerung der Pleuel- und Kolbenmasse, eine spürbare Minderung der oszillierenden Massenkräfte 2. Ordnung beim in dieser Hinsicht sehr kritischen Vierzylindermotor (hier 12 % gegenüber Vorgängermotor [62]). Der „Fußausgleich" allein steuert knapp die Hälfte dazu bei.

f) Vollständiger Längskraftausgleich 1. und höherer Ordnung

Der vollständige Längskraftausgleich 1. und höherer Ordnung ist theoretisch möglich, wenn gemäß e) die oszillierenden Massenkräfte mittels „Fußausgleich“ vollständig ausgeglichen werden und gemäß a) zusätzlich Gegengewichte an der Kurbelwelle angebracht werden, die den gemeinsamen Schwerpunkt von Kolben, Pleuel und Kurbel in die Kurbelwellenachse verlagern. Die Pleuelfußmasse erhöht aber ihrerseits die Gegengewichtsmasse der Kurbelwelle.

g) Unterausgleich, Überausgleich, „gestörter“ Massenausgleich

Wie bereits erwähnt, wird in der Regel angestrebt, zumindest die rotierenden Massenkräfte auszugleichen. Sollen auch oszillierende Massenkräfte ausgeglichen werden, so ist der „Normalausgleich“ ein üblicher Kompromiss. Werden (auch aufgrund unstimmiger Massen) mehr als 50 % der oszillierenden Massenkräfte ausgeglichen, so wird von Überausgleich, werden weniger als 50 % ausgeglichen, so wird von Unterausgleich gesprochen. Abb. 5.85 demonstriert in schematischer Darstellung den ellipsenähnlichen Verlauf der Massenkraft in Abhängigkeit vom Kurbelwinkel. Sind die rotierenden Massen ausgeglichen, so oszilliert der noch verbleibende Massenkraftvektor in Längsrichtung. Werden die Massenkräfte in Längsrichtung ausgeglichen, so oszilliert der noch verbleibende Massenkraftvektor in Querrichtung. Beim „Normalausgleich“ rotiert der noch verbleibende Massenkraftvektor mit konstantem Betrag, also kreisförmig, bei Unterausgleich beschreibt er eine „vertikale“, bei Überausgleich eine „horizontale“ ellipsenähnliche Bahn. Mit dem bereits eingeführten Ausgleichsfaktor Ω lauten die Restkräfte:

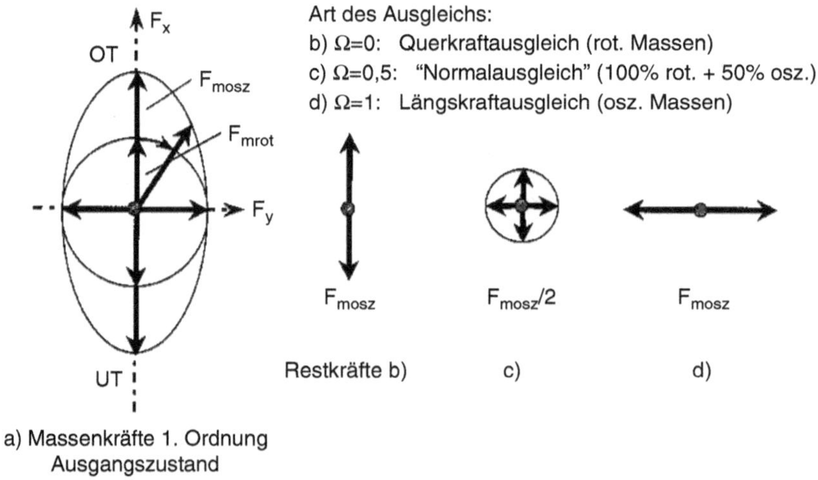

Abb. 5.85 Massenkraftvektor (Restkraftvektor) 1. Ordnung in Abhängigkeit vom Ausgleichsgrad (-faktor) Ω

$$F_{x\mathrm{Rest}}^{(1)} = m_{osz}(1-\Omega)r\omega^2\cos\varphi \qquad \text{bzw.} \qquad F_{y\mathrm{Rest}} = m_{osz}\Omega r\omega^2\sin\varphi \tag{5.69}$$

$$/F_{m\mathrm{Rest}}/ = m_{osz}r\omega^2\sqrt{\Omega^2\sin^2\varphi + (1-\Omega)^2\cos^2\varphi} \tag{5.70}$$

Gl. (5.70) gibt den Betrag des noch verbleibenden Massenkraftvektors (Restkraftvektors) an. Die Massenkraft ohne Ausgleich bzw. analog die nicht ausgeglichene Restkraft kann auch mittels zweier gegenläufig mit Kurbelwellendrehzahl rotierender Kraftvektoren versinnbildlicht werden, Abb. 5.86. Der positive, dort im Drehsinn der Kurbelwelle umlaufende und somit durch einen entgegengesetzt wirkenden Kraftvektor (Gegengewichte) kompensierbare Kraftvektor entspricht betragsmäßig der Masse $m_{osz}/2 + m_{rot}$. Der negativ, d. h. im Gegensinn umlaufende, Kraftvektor entspricht betragsmäßig der Masse $m_{osz}/2$. Die tatsächlich wirkende Massenkraft ergibt sich durch Vektoraddition. Der Kraftvektor, der der Massenkraftwirkung der Gegengewichte entspricht, kann nun vom positiv umlaufenden Vektor betragsmäßig subtrahiert werden. Es verbleibt ein positiv umlaufender Restkraftvektor und unverändert der negativ umlaufende Kraftvektor. Wiederum durch Vektoraddition ergibt sich der noch verbleibende Massenkraftvektor (Restkraft). Der negativ umlaufende Kraftvektor kann verständlicherweise nicht durch einen auf Gegengewichten beruhenden Kraftvektor ausgeglichen werden. Beim „Normalausgleich" verschwindet der positiv umlaufende Kraftvektor. Bemerkenswert ist, dass die Winkelgeschwindigkeit des Massenkraftvektors im allgemeinen Fall nicht konstant ist. Gegenüber der Winkelgeschwindigkeit der Kurbelwelle treten periodische Beschleunigungen und Verzögerungen auf.

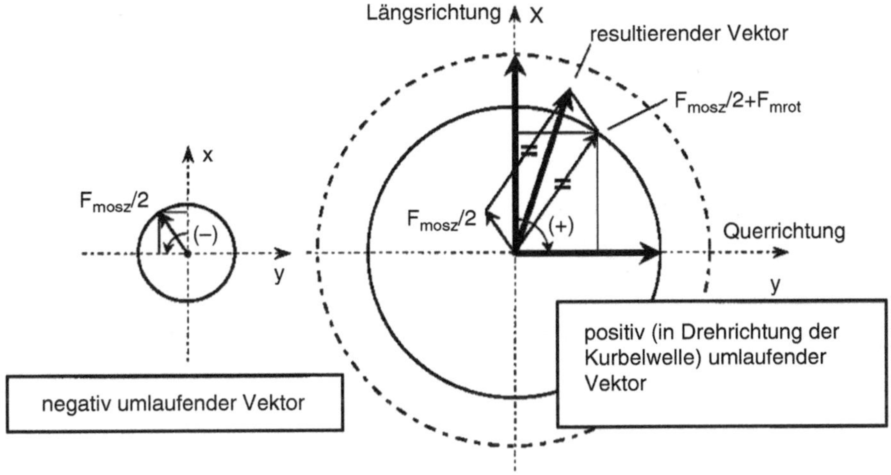

Abb. 5.86 Darstellung der Massenkraft durch Vektoraddition eines positiv und eines negativ umlaufenden Vektors

h) Betrachtungen zum optimierten Ausgleich der oszillierenden Massenkräfte

Über die vorausgehenden Betrachtungen hinaus gibt es Ansätze, den Ausgleich der oszillierenden Massenkräfte durch Gegengewichte zu optimieren. Diesen liegt das Bemühen zugrunde, den Verlauf der oszillierenden Restkraft oder resultierenden Längskraft im Folgenden erörterten Kriterien zu unterwerfen. Die oszillierende Massenkraft insgesamt wird hierbei mit einer Näherungs-Formel berücksichtigt:

$$F_{mosz} \approx m_{osz} r\omega^2(\cos\varphi + \lambda_{Pl}\cos 2\varphi) \tag{5.71}$$

Die Gegengewichte dienen bei dieser Betrachtung nur dem Ausgleich der oszillierenden Massen (Ausgleich der rotierenden Massen bereits erfüllt). Die Massenkraft der Gegengewichte wird sodann aufgeteilt in ihre x- und y-Komponenten:

$$F_{Ggx} = m_{Gg} r_{Gg}\omega^2 \cos(\varphi - 180°) = -m_{Gg} r_{Gg}\omega^2 \cos\varphi \tag{5.72}$$

$$F_{Ggy} = m_{Gg} r_{Gg}\omega^2 \sin(\varphi - 180°) = -m_{Gg} r_{Gg}\omega^2 \sin\varphi \tag{5.73}$$

Für die Masse der Gegengewichte wird folgende Annahme getroffen:

$$m_{Gg} r_{Gg} = \Omega m_{osz} r \tag{5.74}$$

Der zunächst nicht näher bestimmte Faktor Ω beschreibt wiederum den Ausgleichsgrad der oszillierenden Massen. Es wird nun gefordert, dass die resultierende Kraft aus der oszillierenden Restkraft und der Massenkraft der rotierenden Gegengewichte bestimmten Bedingungen genügen soll. Der Betrag der resultierenden Kraft berechnet sich nachPythagoras aus den Richtungskomponenten:

$$\begin{aligned} F_{res}^2 &= (F_{mosz} - F_{Ggx})^2 + F_{Ggy}^2 \\ &= m_{osz}^2 r^2\omega^4\left\{[(1-\Omega)\cos\varphi + \lambda_{Pl}\cos 2\varphi]^2 + \Omega^2\sin^2\varphi\right\} \end{aligned} \tag{5.75}$$

Es lassen sich verschiedene sinnvolle Bedingungen zur Bestimmung von Ω finden:

Bedingung I:

$$F_{res}(\varphi) = \text{min.} \Rightarrow \frac{dF_{res}}{d\Omega} = 0$$

daraus folgt

$$\Omega = 0{,}5 + \cos 2\varphi(0{,}5 + \lambda_{Pl}\cos\varphi) \tag{5.76}$$

Die Berechnung des linearen Mittelwerts ergibt

$$\overline{\Omega} = \frac{1}{\pi} \int_0^{\pi} \Omega(\varphi) d\varphi = 0{,}5 \tag{5.77}$$

die des quadratischen Mittelwerts

$$\sqrt{\overline{\Omega^2}} = \sqrt{\frac{1}{\pi} \int_0^{\pi} \Omega^2(\varphi) d\varphi} = \sqrt{\frac{3}{8} + \frac{\lambda_{Pl}{}^2}{4}} \tag{5.78}$$

$\sqrt{\overline{\Omega^2}} > 0{,}612$. Für $\lambda_{Pl} = 0,25$ ist der quadratische Mittelwert 0,625, für $\lambda_{Pl} = 0,33$ mit 0,634 nur unwesentlich größer.

Bedingung II:

$$\sqrt{\bar{F}^2_{res}} = \text{min.} \Rightarrow \frac{d}{d\Omega} \sqrt{\frac{1}{\pi} \int_0^{\pi} F^2_{res}(\varphi) d\varphi} = 0; \text{daraus folgt } \Omega = 0{,}5 \tag{5.79}$$

Den bisherigen „integralen“ (über eine Kurbelwellenumdrehung mittelnden) Ansätzen zur Bestimmung eines optimalen Ausgleichsgrads Ω können solche gegenübergestellt werden, die sich auf die Maxima der resultierenden Kraft beziehen. Entsprechende Bedingungen fordern die betragsmäßige Angleichung solcher Maxima.

Bedingung III:

$$F^2_{res}(0°) + F^2_{res}(90°) = \text{min.} \Rightarrow \frac{d}{d\Omega} \sum_{i=1}^{2} F^2_{resi} = 0 \tag{5.80}$$

Daraus resultiert die Gleichung

$$\lambda_{Pl} - 2\Omega + 1 = 0 \text{ mit der Lösung} \tag{5.81}$$

$$\Omega = 0{,}5 + \frac{\lambda_{Pl}}{2} \tag{5.82}$$

Für $\lambda_{Pl} = 0{,}25$ ist $\Omega = 0{,}625$, für $\lambda_{Pl} = 0{,}33$ entsprechend 0,667.

Bedingung IV:

$$F_{res}^2(0°) - F_{res}^2(90°) = 0 \tag{5.83}$$

Daraus resultiert die Gleichung

$$2\lambda_{Pl}(1 - \Omega) - 2\Omega + 1 = 0 \tag{5.84}$$

bzw.

$$\Omega = 0{,}5 + \frac{\lambda_{Pl}}{2(1 + \lambda_{Pl})} \tag{5.85}$$

Für $\lambda_{Pl} = 0{,}25$ ist $\Omega = 0{,}6$, für $\lambda_{Pl} = 0{,}33$ entsprechend 0,624. Da ein Maximum (Extremwert) der resultierenden Kraft zwar bei 0° auftritt, nicht aber exakt bei 90°, stellt Gl. (5.85) nur eine Näherungslösung dar. Es kann daher noch ein Korrekturterm[2] Berücksichtigung finden:

$$\frac{-\lambda_{Pl}}{8(1 + \lambda_{Pl})^2(1 + 2\lambda_{Pl})^2} \tag{5.86}$$

Als bestmöglicher Kompromiss für *Bedingung IV* gilt

$$\Omega = 0{,}5 + 0{,}36\,\lambda_{Pl} \tag{5.87}$$

Abb. 5.87 zeigt den Verlauf der resultierenden Kraft in Abhängigkeit des Ausgleichsgrads Ω beispielhaft für ein Pleuelstangenverhältnis $\lambda_{Pl} = 0{,}25$. Fasst man die Bemühungen zusammen, mittels der Erfüllung entsprechender Bedingungen die Wirkung der oszillierenden Massenkraft insgesamt, d. h. nicht spezifisch nach Ordnungen, zu optimieren, so lässt sich feststellen, dass das Optimum rechnerisch zwischen $\Omega = 0{,}5$ („Normalausgleich) und etwas mehr als 0,6 liegt. Dies deckt sich mit der praktischen Erfahrung verschiedener Motorenbauer, dass der Ausgleichsgrad der oszillierenden Massen etwas mehr als 50 % betragen sollte. Diese Aussage bezieht sich auf Einzylinder- und V2-Zylindermotoren mit V-Winkel 45°.

[2]Nach dem nicht mehr erhältlichen Vorlesungs-Manuskript „Dynamik des Kurbelgetriebes“ von Prof. Dr.-Ing. P. Riekert, Lehrstuhl für Kraftfahrwesen der damaligen Technischen Hochschule Stuttgart; gedruckt 1957 bei Julius Wagner, Stuttgart – Bad Cannstatt.

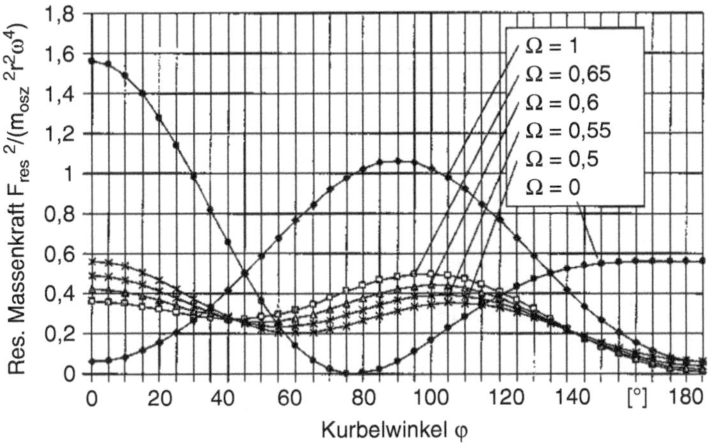

Abb. 5.87 Verlauf der resultierenden Kraft F_{res}^2 in Abhängigkeit des Ausgleichsgrads Ω beispielhaft für ein Pleuelstangenverhältnis $\lambda_{Pl} = 0{,}25$

5.2.1.2 Massenausgleich des Mehrzylindertriebwerks mit Hilfe von Gegengewichten

5.2.1.2.1 Ausgleich der freien Massenkräfte beim Reihenmotor

Freie Massenkräfte können beim Mehrzylindertriebwerk durch zentralsymmetrische Kröpfungsanordnung der Kurbelwelle ausgeglichen werden. Die Zündfolge spielt dabei keine Rolle. Zentralsymmetrie ist gegeben, wenn die Kröpfungsebenen in der Projektion (in Motorlängsrichtung (z-Richtung) betrachtet) einen Stern mit identischem Winkel zwischen den Strahlen bilden. Für Viertaktmotoren ist folgende Bedingung zu erfüllen:

$$\sum_{k=1}^{z} \cos\varphi_k^{(i)} = \sum_{k=0}^{z-1} \cos ki\frac{4\pi}{z} = 0$$
$$\left(\sum_{k=0}^{z-1} \sin ki\frac{4\pi}{z} = 0\right) \tag{5.88}$$

$4\pi/z$ ist der Kröpfungswinkel der Kurbelwelle, z ist die Zylinderzahl, i die Ordnungszahl. Somit ist $i4\pi/z$ der Winkel zwischen den Strahlen des „Kurbelsterns“ (Richtungssterns) i. Ordnung. $\varphi_k^{(i)}$ bzw. $ki4\pi/z$ sind die in der 1. Ordnung realen, in den höheren Ordnungen fiktiven Kröpfungswinkel der den einzelnen Zylindern zuordenbaren Kröpfungen des „Kurbelsterns“ i. Ordnung. Für nicht ausgeglichene Ordnungen ist beim Reihenmotor mit zentralsymmetrischer Kurbelwelle die Summe der cos-Glieder gleich z, d. h. die oszillierenden Massenkräfte dieser Ordnung aller Zylinder sind phasengleich (wirken gleichzeitig in Längsrichtung), weshalb sich die Einheitsvektoren addieren. Mit den entsprechenden

Tab. 5.4 Massenausgleich von Mehrzylindermotoren

Zylinder-zahl z	Kröpfungs-winkel $4\pi / z$	Nicht ausgeglichene Ordnungen i, Faktor z						
		1.	2.	4.	6.	8.	10.	12.
2	360°*	2	2	2	2	2	2	2
3	240°	–	–	–	3	–	–	3
4	180°	–	4	4	4	4	4	4
5	144°	–	–	–	–	–	5	–
6	120°	–	–	–	6	–	–	6

*360 (Sonderfall Zweizylinder-Reihenmotor: In der Praxis wird der Kröpfungswinkel 180° bevorzugt, um zu Lasten eines Massenmoments in der 1. Ordnung nach außen kräftefrei zu sein (beachte nicht ausgeglichene Massenkräfte in allen Ordnungen beim R2-„Twin"-Motor).)

Zahlenwerten für die Ordnungen $i = 1, 2, 4, 6, \ldots$ sind die nicht ausgeglichenen Ordnungen für eine bestimmte Zylinderzahl z schnell gefunden. Die Querkräfte, die bei Reihenmotoren ja nur in der 1. Ordnung auftreten, sind bei Zentralsymmetrie ebenfalls nach außen ausgeglichen. Bei V-Motoren treten aufgrund der schräg stehenden Zylinderachsen auch Querkräfte (sin-Glieder) höherer Ordnung auf.

Beim Reihenmotor stellt sich die Situation für verschiedene Zylinderzahlen z wie folgt dar (Tab. 5.4):

Ein einfaches Rechenbeispiel anhand des Vierzylinder-Reihenmotors unter Verwendung der Gl. (5.88) bzw. Berücksichtigung der Gl. (5.89) bis (5.91) soll hier genügen:

$$\sum F_x^{(1)} = F_I^{(1)} \sum_{k=1}^{z} \cos \varphi_k^{(1)} = F_I^{(1)} \sum_{k=0}^{3} \cos k\pi$$

$$\sum F_y = F_{II} \sum_{k=1}^{z} \sin \varphi_k^{(1)} = F_{II} \sum_{k=0}^{3} \sin k\pi \tag{5.89}$$

$$\sum F_x^{(2)} = F_I^{(2)} \sum_{k=1}^{z} \cos \varphi_k^{(2)} = F_I^{(2)} \sum_{k=0}^{3} \cos k2\pi \tag{5.90}$$

$$F_I^{(1)} = \hat{F}_{mosz}^{(1)} + F_{mrot} = r\omega^2 (m_{osz} + m_{rot})$$

$$F_{II} = F_{mrot} = r\omega^2 m_{rot}, \quad F_I^{(2)} \approx r\omega^2 \lambda_{Pl} m_{osz} \tag{5.91}$$

$$\sum_{k=0}^{3} \cos k\pi = \cos 0° + \cos 180° + \cos 360° + \cos 540° = 1 - 1 + 1 - 1 = 0$$

$$\sum_{k=0}^{3} \sin k\pi = \sin 0° + \sin 180° + \sin 360° + \sin 540° = 0 + 0 + 0 + 0 = 0$$

$$\sum_{k=0}^{3} \cos k2\pi = \cos 0° + \cos 360° + \cos 720° + \cos 1.080° = 1 + 1 + 1 + 1 = 4$$

Auch wenn sich durch eine geeignete Mehrzylinderanordnung die Massenkräfte nach außen gegenseitig aufheben, kann auf Gegengewichte nicht gänzlich verzichtet werden. Ursächlich hierfür sind die inneren Massenwirkungen. Die sich gegenseitig nach außen aufhebenden Massenkräfte rufen zwar keine äußeren Reaktionen (Kräfte) hervor, sind jedoch weiterhin vorhanden und verformen die Kurbelwelle. Die Gegengewichte dienen der Korrektur der Biegelinie der Kurbelwelle, um einzelne Hauptlager nicht unzulässig hoch zu beanspruchen und die Einleitung dynamischer Biegemomente in das Zylinderkurbelgehäuse klein zu halten [61].

5.2.1.2.2 Ausgleich der freien Massenkräfte beim V2-Triebwerk

Die Besonderheiten des V-Motors werden im Schrifttum vielfältig behandelt (z. B. [57, 58, 64–66] u. a.), sodass hier vor allem auf den aktuellen Aspekt beliebiger V-Winkel und versetzter Hubzapfen eingegangen werden soll. Es ist in den letzten Jahren eine deutlich größere Bereitschaft bei den Konstrukteuren zu erkennen, unter gewissen Gegebenheiten von „herkömmlichen" V-Winkeln abzugehen bzw. komplexer gekröpfte Kurbelwellen trotz aufwändigerer Fertigung zu akzeptieren. So wurde z. B. beim OPEL-V6-Motor zwecks Steigerung der Kompaktheit anstelle des „natürlichen" V-Winkels von 60° ein reduzierter V-Winkel von 54° gewählt [67]. Zur Wiederherstellung gleichmäßiger Zündabstände sind die Hubzapfen eines V-Zylinderpaars um 66° gegeneinander versetzt. Dieser Versatzwinkel des Hubzapfens wird auch Pleuelversatzwinkel δ genannt.

Das V-Zylinderpaar mit Triebwerk und allen Parameterdefinitionen ist schematisch in Abb. 5.88 für einen beliebigen V-Winkel α_V und Pleuelversatzwinkel δ dargestellt. φ_1 und φ_2 sind die den Zylindern 1 und 2 zugeordneten Kurbelwinkel. Wird das übergeordnete kartesische x,y-Koordinatensystem des Motors als Bezugssystem gewählt und der Kurbelwinkel φ von der x-Achse aus gemessen, dann gelten folgende Winkeltransformationen bezüglich der Zylinderachsen:

$$\begin{aligned} \varphi_1 &= \varphi + \frac{\alpha_V}{2} \\ \varphi_2 &= \varphi - \frac{\alpha_V}{2} - \delta \end{aligned} \tag{5.92}$$

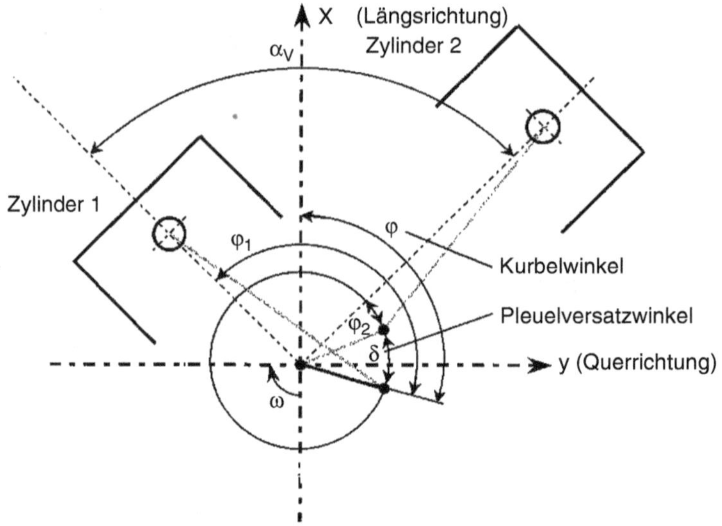

Abb. 5.88 Schematische Darstellung des Kurbeltriebs des V-Zylinderpaars; Parameterdefinitionen für beliebige V-Winkel α_V und Pleuelversatzwinkel δ

Die x- und y-Komponenten der Massenkräfte beider Zylinder sind zu addieren:

$$F_x = (F_{x1} + F_{x2}) \cos\frac{\alpha_V}{2} + \left(F_{y1} - F_{y2}\right) \sin\frac{\alpha_V}{2} \tag{5.93}$$

$$F_y = (-F_{x1} + F_{x2}) \sin\frac{\alpha_V}{2} + \left(F_{y1} + F_{y2}\right) \cos\frac{\alpha_V}{2} \tag{5.94}$$

Im Folgenden sollen exemplarisch nur die Kräfte 1. Ordnung betrachtet werden:

$$F_{x1}^{(1)} = \left(\hat{F}_{mosz}^{(1)} + F_{mrot}\right) \cos\varphi_1,\ F_{y1} = F_{mrot} \sin\varphi_1 \tag{5.95}$$

$$F_{x2}^{(1)} = \left(\hat{F}_{mosz}^{(1)} + F_{mrot}\right) \cos\varphi_2,\ F_{y2} = F_{mrot} \sin\varphi_2 \tag{5.96}$$

$\hat{F}_{mosz}^{(1)}$ ist der Scheitelwert der oszillierenden Massenkraft, F_{mrot} die mit konstantem Betrag rotierende Massenkraft. Mit den Beziehungen (5.92), (5.93), (5.94) und (5.96) können nach einigen trigonometrischen Umformungen die Massenkräfte des V-Triebwerks in etwas veränderter Form geschrieben werden:

$$F_x^{(1)} = \left[\hat{F}_{mosz}^{(1)} \cos\left(\frac{\alpha_V}{2} + \frac{\delta}{2}\right) \cos\frac{\alpha_V}{2} + F_{mrot} \cos\frac{\delta}{2}\right] 2\cos\left(\varphi - \frac{\delta}{2}\right) \tag{5.97}$$

$$F_y^{(1)} = \left[\hat{F}_{mosz}^{(1)} \sin\left(\frac{\alpha_V}{2} + \frac{\delta}{2}\right) \sin\frac{\alpha_V}{2} + F_{mrot} \cos\frac{\delta}{2}\right] 2 \sin\left(\varphi - \frac{\delta}{2}\right) \tag{5.98}$$

Für einen 100-%igen Massenausgleich müssen Terme in den eckigen Klammern zu Null werden. Nach weiteren trigonometrischen Umformungen lauten die entsprechenden Bedingungen:

$$\hat{F}_{mosz}^{(1)} \left[\cos\frac{\delta}{2} + \cos\left(\alpha_V + \frac{\delta}{2}\right)\right] + 2F_{mrot} \cos\frac{\delta}{2} = 0$$

bzw.

$$\hat{F}_{mosz}^{(1)} \left[\cos\frac{\delta}{2} - \cos\left(\alpha_V + \frac{\delta}{2}\right)\right] + 2F_{mrot} \cos\frac{\delta}{2} = 0 \tag{5.99}$$

Diese sind nur erfüllbar für

$$\cos\left(\alpha_V + \frac{\delta}{2}\right) = 0 \tag{5.100}$$

Lösung 1:

$\delta = \pi - 2\alpha_V$, d. h., ein beliebiger V-Winkel erzwingt einen Pleuelversatzwinkel δ.

Lösung 2:

$\delta = 0$ und $\alpha_V = \frac{\pi}{2}$, d. h., ohne Pleuelversatzwinkel beträgt der V-Winkel 90°.

Mit erfüllten Voraussetzungen für den Massenausgleich kann die Bedingung zur Festlegung der Gegengewichte aus den Gl. (5.99) abgeleitet werden:

$$\begin{gathered} F_{mosz}^{(1)} + 2F_{mrot} = 0 : \\ \left(m_{Kges} + m_{Pl}\frac{l_{Pl1}}{l_{Pl}}\right) r + 2\left[\frac{m_{KW}}{2} r_1 + m_{Pl} r\left(1 - \frac{l_{Pl1}}{l_{Pl}}\right)\right] = 0 \end{gathered} \tag{5.101}$$

Die Kurbelmasse teilt sich auf zwei Zylinder auf. Deshalb darf nur $m_{KW}/2$ angesetzt werden. Bei gleicher Vorgehensweise wie beim Einzylindertriebwerk berechnet sich dann die Gegengewichtsmasse zu

$$m_{Gg} = \frac{1}{r_{Gg}} \left[m_{Kges} r + m_{Pl} r\left(2 - \frac{l_{Pl1}}{l_{Pl}}\right) + m_{KW} r_1\right] \tag{5.102}$$

bzw.

$$m_{Gg} = \frac{r}{r_{Gg}} \left[m_{Kges} + m_{Plosz} + 2m_{Plrot} + m_{KW} \frac{r_1}{r}\right] \tag{5.103}$$

bzw.

$$m_{Gg} = \frac{r}{r_{Gg}}\left[m_{Kges} + m_{Plosz} + 2m_{Plrot} + m_{KWrot}\right] = \frac{r}{r_{Gg}}[m_{osz} + \nu m_{rot}]$$
$$\nu = 1 + \frac{m_{Plrot}}{m_{rot}} \tag{5.104}$$

(Achtung: Einheitliche Definition von m_{rot} hier gemäß Tab. 5.3, d. h. wie beim Einzylinder; beinhaltet demnach nur den Anteil eines Pleuels.)

Auch beim V-Triebwerk ist die Vorstellung der Vektoraddition eines positiv und eines negativ umlaufenden Vektors anwendbar. Die o.g. Bedingungen bedeuten, dass der negativ umlaufende Vektor verschwindet. Damit ist das Triebwerk allein durch Gegengewichte ausgleichbar.

Analog können die Betrachtungen zur Massenkraft 2. Ordnung angestellt werden. Bei ausgeglichener 1. Ordnung bleiben unausgeglichen in x-Richtung die 4., 8., 12., ... und in y-Richtung die 2., 6., 10., ... Ordnung.

Ein Beispiel mit einem Pleuelversatzwinkel von 76° beim Zweizylinder-V-Motor (HONDA-Motorrad) bei einem bauraumbedingt kleinen V-Winkel von 52° zeigt Abb. 5.89 [68].

Bei den bisherigen Betrachtungen handelt es sich um die „unmittelbare" bzw. direkte Pleuelanlenkung. Wie eingangs erwähnt, sind beide Pleuel nebeneinander am selben Hubzapfen der Kurbelwelle angelenkt, wenn vom Sonderfall versetzter Pleuel abgesehen wird. Dies ist heute der Regelfall bei Mehrzylinder-V-Motoren. Eine solche Ausführung bedingt jedoch einen Bankversatz (Versatz der Zylinderbänke). In der Vergangenheit wurde versucht, dies zu vermeiden. Dafür gab es zwei wesentliche Gründe [69]:

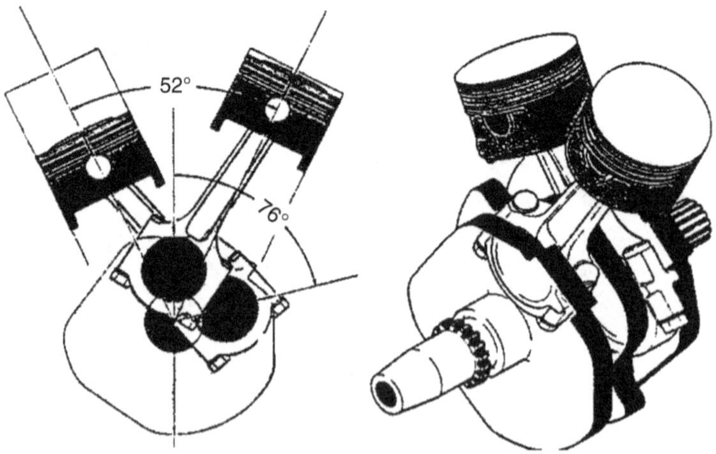

Abb. 5.89 HONDA-V2-Triebwerk mit kleinem V-Winkel und dementsprechendem Pleuelversatzwinkel für den vollständigen Ausgleich der Massenkräfte 1. Ordnung; aus [68]

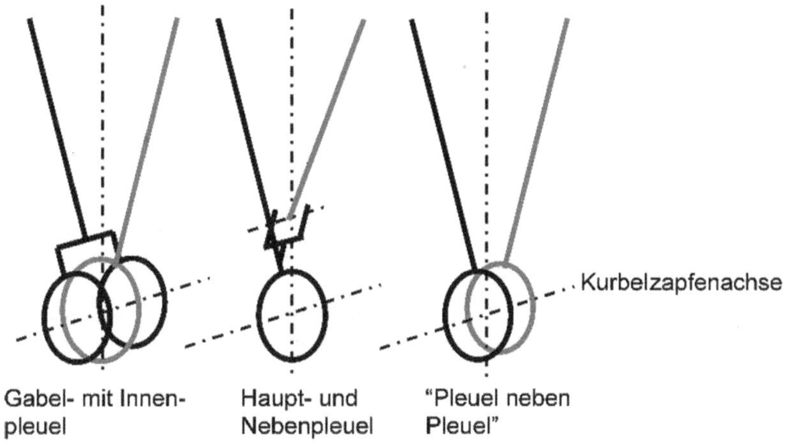

Abb. 5.90 Pleuel-neben-Pleuel-, Gabel- mit Innenpleuel sowie Haupt- mit Nebenpleuel-anordnung beim V-Motor

a) kompakteres Zylinderkurbelgehäuse
b) Vermeidung eines Moments und einer zusätzlichen Lagerstuhlbeanspruchung durch axial exzentrischen Kraftangriffspunkt

Zur Vermeidung des Bankversatzes gibt es konstruktive Möglichkeiten, statt zweier identischer Pleuel (Gleichteile) ein Haupt- und ein Nebenpleuel zu verwenden. Zwei Varianten sind zu unterscheiden, Abb. 5.90:

a) Gabel- mit direkt angelenktem Innenpleuel
b) Haupt- mit an diesem „mittelbar" angelenktem Nebenpleuel

Diese Varianten beinhalten jedoch spezifische Problemstellen. So ist im einen Fall das Gabelpleuellager in der Fertigung schwierig beherrschbar und im anderen Fall neigt das die Kräfte beider bzw. beim Sternmotor aller Zylinder aufnehmende Hauptpleuel dazu, prinzipiell grenzwertig beansprucht zu sein. Aufgrund veränderter Kinematik hat das Nebenpleuel außerdem einen geringfügig veränderten Hub. Daraus resultiert auch ein verschobener Zündzeitpunkt.

Bei unmittelbarer Anlenkung mit Gabel- und Innenpleuel sind die unterschiedlichen Massen beider Pleuel zu beachten. Dies kann in Verbindung mit den Gl. (5.95) bzw. (5.96) entsprechend berücksichtigt werden, falls die Massen beider Pleuel nicht durch besondere Maßnahmen egalisiert werden. Wir unterstellen dies hier nicht und nehmen außerdem einen kleinen V-Winkel von 45° an, wie er, wenn auch in diesem Zusammenhang nicht relevant, z. B. bei Motorradmotoren von Harley Davidson tatsächlich zutreffend ist. Die Faktoren μ und ν beschreiben das Verhältnis der den beiden Zylindern zugeordneten oszillierenden bzw. rotierenden Massen:

$$m_{osz2} = \mu m_{osz1}, \quad m_{rot2} = \nu m_{rot1} \tag{5.105}$$

Die Gl. (5.97), (5.98) nehmen dann folgende Form an:

$$F_x^{(1)} = \hat{F}_{mosz}^{(1)}[0{,}3536(1-\mu)\sin\varphi + 0{,}8536(1+\mu)\cos\varphi] + F_{mrot}(1+\nu)\cos\varphi \tag{5.106}$$

$$F_y^{(1)} = \hat{F}_{mosz}^{(1)}[0{,}1465(1+\mu)\sin\varphi + 0{,}3536(1-\mu)\cos\varphi] + F_{mrot}(1+\nu)\sin\varphi \tag{5.107}$$

Ein vollständiger Massenausgleich ist unter den genannten Voraussetzungen – darauf wird oben bereits hingewiesen – nicht möglich. Die Frage ist, welcher Ausgleichsgrad der oszillierenden Massen wieder den besten Kompromiss darstellt. Dies war beim Einzylindertriebwerk der „Normalausgleich“. Dabei rotiert der Restkraftvektor mit konstantem Betrag. Dies soll hier auch durch folgenden Ansatz gefordert werden:

$$/F_{Rest}(0°)/ = /F_{Rest}(90°)/ \text{ mit } /F_{Rest}/ = \sqrt{F_{xRest}^2 + F_{yRest}^2} \tag{5.108}$$

$$F_{xRest} = F_x - F_{Ggx} \;, F_{yRest} = F_y - F_{Ggy} \tag{5.109}$$

Es ist den Gl. (5.106), (5.107) direkt abzulesen, dass die rotierenden Massenkräfte mit Hilfe einer Gegengewichtskraft von

$$F_{GgII} = -F_{mrot}(1+\nu) \tag{5.110}$$

zu 100 % ausgeglichen werden können. Die Bemessung der zusätzlichen Gegengewichte zum teilweisen Ausgleich der oszillierenden Massenkräfte basiert auf dem Ansatz

$$F_{GgI} = -\Omega F_{mosz}^{(1)} \;, F_{GgIx} = -\Omega F_{mosz}^{(1)}\cos\varphi \;, F_{GgIy} = -\Omega F_{mosz}^{(1)}\sin\varphi \tag{5.111}$$

Aus den Gl. (5.106), (5.107), (5.108), (5.109) und (5.111) ergibt sich schließlich das fast erwartete Ergebnis:

$$\Omega = 0{,}5(1+\mu) \tag{5.112}$$

Auch in diesem Fall mit $\alpha_V \neq 90°$ und $\delta = 0°$ sowie ungleichen Pleuelmassen gegeben durch eine Gabel- mit Innenpleuel-Konfiguration ist der „Normalausgleich“ ein tragbarer Kompromiss.

Der Vollständigkeit halber wird im Folgenden noch wegen der besonderen historischen Bedeutung auf die Eigenheiten des V-Zylinderpaars mit Haupt- und mittelbar angelenktem Nebenpleuel eingegangen. Ganz im Gegensatz zu Zeiten, als Sternmotoren als Flugzeugantrieb noch dominierten, spielt diese Bauart heute praktisch keine große Rolle mehr. Abb. 5.91 zeigt die durch die ungleichen Haupt- und Nebenpleuel veränderte Kinematik.

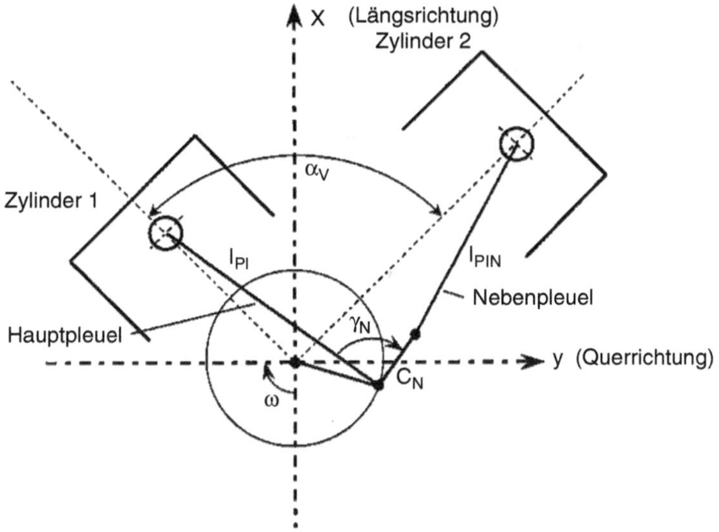

Abb. 5.91 Schematische Darstellung des Kurbeltriebs des V-Zylinderpaars mit mittelbarer Anlenkung (Haupt- und daran angelenktes Nebenpleuel); Parameterdefinitionen; insbesondere Anlenkhebelarm c_N und Winkel γ_N (Sonderfall $\gamma_N = \alpha_V$, $\alpha_V = 90^\circ$)

c_N ist der unter dem Winkel γ_N am Hauptpleuel befindliche Hebelarm, an dem das Nebenpleuel angelenkt ist. Folgende Größen charakterisieren die Verhältnisse:

Pleuelstangenverhältnisse

$$\lambda_{Pl} = \frac{r}{l_{Pl}}, \quad \lambda_{PlN} = \frac{r}{l_{PlN}} \tag{5.113}$$

Anlenkungsverhältnis

$$\rho_N = \frac{c_N}{l_{Pl}} \tag{5.114}$$

Differenzwinkel

$$\delta_N = \gamma_N - \alpha_V \tag{5.115}$$

Es geht nun zunächst auch hier darum, die Bewegungsgleichung des dem Nebenpleuel zugeordneten Kolbens x_{KN} aufzustellen und die erste bzw. zweite Ableitung nach der Zeit $\dot{x}_{KN}$ bzw. $\ddot{x}_{KN}$ zu bilden. Durch Reihenentwicklung lässt sich dann analog zum herkömmlichen Kurbeltrieb eine Darstellung basierend auf Motorordnungen erreichen. Auf eine explizite Ausführung dieser Rechenoperationen wird hier verzichtet. Im Weiteren beschränken wir uns auf den Fall so genannter „regelmäßiger“ Anlenkung. Dies ist gleichbedeutend mit $\gamma_N = \alpha_V$

bzw. $\delta_N = 0°$. Außerdem soll $\alpha_V = 90°$ betragen. Nach älteren Quellen[3] wirken dann folgende Längs- und Querkräfte bis einschließlich 2. Ordnung:
Kräfte 1. Ordnung:

$$F_x^{(1)} = \left(\hat{F}_{mosz}^{(1)} + F_{mrot}^{*}\right)\cos\varphi + F_{mPlrotN}(\cos\varphi - \rho_N \sin\varphi) \tag{5.116}$$

$$F_y^{(1)} = \left(\hat{F}_{moszN}^{(1)} + F_{mrotges}\right)\sin\varphi \tag{5.117}$$

bzw.

$$F_x^{(1)} = r\omega^2\left[\left(m_{osz} + m_{rot}^{*} + m_{PlrotN}\right)\cos\varphi - \rho_N m_{PlrotN}\sin\varphi \tag{5.118}$$

$$F_y^{(1)} = r\omega^2\left[\left(m_{oszN} + m_{rot}^{*} + m_{PlrotN}\right)\sin\varphi \tag{5.119}$$

Kräfte 2. Ordnung:

$$F_x^{(2)} = r\omega^2 m_{osz}\lambda_{Pl}\cos 2\varphi \tag{5.120}$$

$$F_y^{(2)} = r\omega^2\left\{m_{osz}[(\lambda_{PlN} - \rho_N\lambda_{Pl})\cos 2\varphi - 2\rho_N\lambda_{PlN}\sin 2\varphi] - m_{PlrotN}\rho_N\lambda_{Pl}\cos 2\varphi\right\} \tag{5.121}$$

Die dem Nebenpleuel zugeordneten Größen sind mit dem Zusatz-Index „$_N$" gekennzeichnet. F_{mrot}^{*} bzw. m_{rot}^{*} beinhalten die rotierende Pleuelmasse des Hauptpleuels und die gesamte rotierende Kurbelmasse, $F_{mrotges}$ die gesamte rotierende Masse, also die beider Pleuel und der Kurbel.

Es ist ersichtlich, dass ein vollständiger Ausgleich der Massenkräfte 1. Ordnung wegen $m_{PlrotN} \neq 0$ (Verschwinden des sin-Terms bei $F_x^{(1)}$ (Gl. 5.118) nicht möglich ist. Wird dieser vergleichsweise kleine Anteil vernachlässigt, so muss gemäß den genannten Gleichungen noch die Bedingung

$$m_{osz} + m_{rot}^{*} + m_{PlrotN} = m_{oszN} + m_{rot}^{*} + m_{PlrotN} \tag{5.122}$$

erfüllt werden. Dazu müssen die oszillierenden Massen des Haupt- und des Nebengetriebes egalisiert werden:

$$m_{osz} = m_{oszN} \tag{5.123}$$

[3]Nach dem nicht mehr erhältlichen Vorlesungs-Manuskript „Dynamik des Kurbelgetriebes" von Prof. Dr.-Ing. P. Riekert, Lehrstuhl für Kraftfahrwesen der damaligen Technischen Hochschule Stuttgart; gedruckt 1957 bei Julius Wagner, Stuttgart – Bad Cannstatt.

Der weitgehende Massenausgleich 1. Ordnung erfordert demzufolge ein großes Gegengewicht, das die „Gesamtmasse" des Hauptgetriebes und die rotierende Masse des Nebengetriebes ausgleicht:

$$\begin{aligned} &m_{osz} + m_{rot}^{*} + m_{PlrotN} = 0 \ \text{ bzw.} \\ &m_{Kges} + m_{Plosz} + m_{Plrot} + m_{PlrotN} + m_{KWrot} = 0 \ \text{ bzw.} \\ &m_{Kges} + m_{Pl} + m_{PlrotN} + m_{KWrot} = 0 \end{aligned} \tag{5.124}$$

Einschließlich Gegengewichte kann wie zuvor der Ansatz

$$m_{KWrot} r = m_{KW0} r_{10} - m_{Gg} r_{Gg} \tag{5.125}$$

gemacht werden, wobei der Zusatzindex „0" bei der folgenden Gleichung zur Bestimmung der Gegengewichtsmasse wie zuvor an anderer Stelle unterdrückt wird.

$$\begin{aligned} &m_{Gg} = \frac{r}{r_{Gg}} \left[m_{Kges} + m_{Pl} + m_{PlrotN} + m_{KW} \frac{r_1}{r} \right] \\ &\text{mit } m_{PlrotN} = m_{PlN} \left(1 - \frac{l_{PlN1}}{l_{PlN}} \right) \end{aligned} \tag{5.126}$$

5.2.1.2.3 Ausgleich der freien Massenmomente

Auch bei nach außen ausgeglichenen Massenkräften können über die als Hebelarm fungierenden Zylinderabstände oder den Zylinderbankversatz (V-Motoren) Massenmomente entstehen, die hinsichtlich der sie verursachenden Massenkräfte – genauer ausgedrückt deren Richtungskomponenten und Drehachsen – zu unterscheiden sind:

• Längsmoment	y-Komponenten der rotierenden Massenkräfte (Querkräfte) verursachen bezüglich Kurbelwellenmitte Moment um die x-Achse (Motor-Hochachse).
• Kippmoment 1. Ordnung	x-Komponenten der rotierenden Massenkräfte und oszillierende Massenkräfte 1. Ordnung verursachen bezüglich Kurbelwellenmitte Moment um die y-Achse (Motor-Querachse).
• Längskippmoment	Momentenvektor der rotierenden Massenkräfte (Längsmoment plus rotatorischer Anteil des Kippmoments).
• Kippmoment 2. Ordnung	Oszillierende Massenkräfte 2. Ordnung verursachen bezüglich Kurbelwellenmitte Moment um die y-Achse (Motor-Querachse).

Die Beachtung folgender Regeln ist bei der Auslegung hilfreich und kann dazu beitragen, den Rechenaufwand einzuschränken (siehe z. B. auch [58]):

- Ein Massenmoment bezieht sich per Definition immer auf einen Referenzpunkt, nach üblicher Konvention die Mitte der Kurbelwelle in Längserstreckung (hier z-Richtung).
- Längssymmetrische Wellen sind momentenfrei in allen Ordnungen.
- Bei nicht längssymmetrischer Kurbelwelle – dies ist bei Viertakt-Reihenmotoren zwangsläufig nur bei ungerader Zylinderzahl der Fall – treten Massenmomente 1. (und

höherer) Ordnung auf. Das Massenmoment 1. Ordnung kann durch Gegengewichte nicht vollständig ausgeglichen werden und erfordert daher zusätzlich eine Ausgleichswelle. Der Ausgleich von Massenmomenten höherer Ordnung erfordert ohnehin Ausgleichswellen.

- Viertakt-V-Motoren weisen in der Regel auch bei gerader Zylinderzahl ($6 \leq z \leq 10$ hier betrachtet) keine längssymmetrische Kurbelwelle auf. Es treten Massenmomente 1. (und höherer) Ordnung auf. Das Massenmoment 1. Ordnung kann bei den bevorzugten Konstruktionsparametern (gerade Zylinderzahl, „natürlicher" V-Winkel, wenn nicht, Verzicht auf gleichmäßige Zündabstände) durch Gegengewichte in Form des „Normalausgleichs" vollständig ausgeglichen werden.
- Bei Wellen mit zentralsymmetrischem (zentrisch-symmetrischem) Kröpfungsstern 1. Ordnung resultieren aus dem Pleuelversatz weder eine freie Kraft noch ein freies Moment (1. Ordnung). Bei Verletzung der Zentralsymmetrie tritt dann auf jeden Fall ein Moment 1. Ordnung auf.
- Zentralsymmetrische Wellen 1. Ordnung mit um 180° versetzten Kröpfungspaaren sind kräfte- und momentenfrei (in der 1. Ordnung).
- Anmerkung: Unter Kröpfungspaar sind hier zwei um 180° versetzte Kröpfungen unterschiedlicher V-Zylinderpaare zu verstehen, die nicht benachbart sein müssen, jedoch jeweils gleichen Abstand haben.

Bei der Anbringung von Gegengewichten ist zudem auf Folgendes zu achten:

- Gegengewichte sind so anzubringen, dass durch den Momentenausgleich keine zusätzlichen freien Kräfte entstehen.
- Die für den inneren Massenausgleich (bei hohen Drehzahlen wichtig) erforderlichen Gegengewichte dürfen weder freie Kräfte noch Momente erzeugen (zentral- bzw. längssymmetrische Anordnung).

Was die hier eingeführten Begriffe betrifft, so scheint es im Schrifttum keine ganz einheitliche bzw. eindeutige Terminologie zu geben. Hierzu deshalb noch einige Anmerkungen:

- In Verbindung mit den Massenmomenten von V-Motoren mit Kurbelwellen bestimmter Konfiguration, nämlich mit um 180° versetzten Kröpfungspaaren, spielt auch der leicht irreführende Begriff **„Zylinderversatz"** eine Rolle. Gemeint ist dann im Allgemeinen der Abstand von um 180° versetzten Kröpfungen, die – wie oben erwähnt – nicht benachbart sein müssen. Der Zylinderversatz ist daher bei benachbarten 180°-Kröpfungen gleichbedeutend mit dem Zylinderabstand auf beiden Zylinderbänken eines V-Motors.
- Der **Kröpfungsversatz** ist dagegen der Abstand zweier gegenüber liegender Zylinder eines V-Zylinderpaares, d. h. der Versatz der beiden Zylinderbänke gegeneinander (deshalb an anderer Stelle auch **Bankversatz** genannt).
- Bei **Pleuelversatz**, d. h. „Doppelkröpfung" – sofern dieser Begriff dann noch ganz korrekt ist – mit Versatzwinkel (**Pleuelversatzwinkel**), um z. B. die freien Massenkräfte bei beliebigem V-Winkel pro V-Zylinderpaar ausgleichen zu können bzw. den Zündabstand zu

vergleichmäßigen (was übrigens nur im Sonderfall zum selben Ergebnis führt), tritt bei nicht zentrisch symmetrischem Kröpfungsstern ein Moment 1. Ordnung auf.

- Der Begriff **„Doppelkröpfung"** kann missverständlich sein. Hier wird im Zusammenhang mit V-Motoren von diesem Begriff Gebrauch gemacht. Die Doppelkröpfung kann ohne oder mit versetzten Hubzapfen (**Pleuelversatz**) ausgeführt sein. Der Begriff Doppelkröpfung versteht sich aus der Tatsache heraus, dass dort beide Pleuel eines V-Zylinderpaars angelenkt sind. Im Schrifttum kann bei einer Doppelkröpfung auch nur eine Kröpfung zur unmittelbaren Anlenkung beider Pleuel eines V-Zylinderpaars, d. h. eine Anordnung „Pleuel-neben-Pleuel" (ohne Pleuelversatz), gemeint sein.

Wie an anderer Stelle gezeigt wird, spielen beim Reihenmotor der Zylinderabstand und die Zündfolge in Bezug auf die Größe der Massenmomente die entscheidende Rolle. Beim V-Motor kommen je nach Art des Kröpfungssterns der Kröpfungsversatz (Bankversatz), der Pleuelversatzwinkel, bei entsprechender Konfiguration auch der Zylinderversatz hinzu, wobei nochmals auf die nicht ganz einheitliche Terminologie hingewiesen wird. Die ausgeglichenen bzw. nicht oder nur teilweise ausgleichbaren Massenmomente von Motoren verschiedener Zylinderzahl- und -anordnung gehen, wie bereits erwähnt, aus umfangreichen Tabellenwerken im Schrifttum hervor. Eine umfassende Wiederholung dieser Daten kann deshalb hier nicht beabsichtigt sein. Im Folgenden werden vielmehr einige interessante Fälle rechnerisch nachvollzogen und die Ergebnisse besprochen:

a) Möglichkeiten des Momentenausgleichs am einfachen Beispiel des Zweizylinder-Reihenmotors

Der Zweizylinder-Reihenmotor mit ungleichem Zündabstand, d. h. mit zwei um 180° versetzten (entgegengesetzt angeordneten) Kröpfungen, ist aufgrund der folglich nicht längssymmetrischen Kurbelwelle auch nicht momentenfrei. Mit Gegengewichten in bestimmten Abständen bezogen auf die Kurbelwellenmitte lässt sich ein Gegenmoment erzeugen, Abb. 5.92. Hinsichtlich des Momentenausgleichs 1. Ordnung lassen sich an diesem Beispiel auf einfach überschaubare Weise verschiedene Fälle der Einflussnahme durchspielen, die in Abb. 5.93 entsprechend illustriert sind. Abb. 5.94 erläutert darüber hinaus ganz allgemein die Zusammenhänge zwischen Massenmoment 1. Ordnung, Ausgleichsmoment und Restmoment in vektorieller Prinzipdarstellung.

Ausgangszustand ist die Kurbelwelle ohne Ausgleichsmassen. Es wirken Kipp- und Längsmoment, wobei unterschiedliche Vorzeichen der Momente – Beiträge der einzelnen Zylinder – aus dem jeweiligen Drehsinn gemäß der eingangs gemachten Definition (positiver Drehsinn = Uhrzeigersinn) resultieren.

Kippmoment:

$$M_y^{(1)} = \left(\hat{F}_{mosz}^{(1)} + F_{mrot}\right) a_Z \cos\varphi \tag{5.127}$$

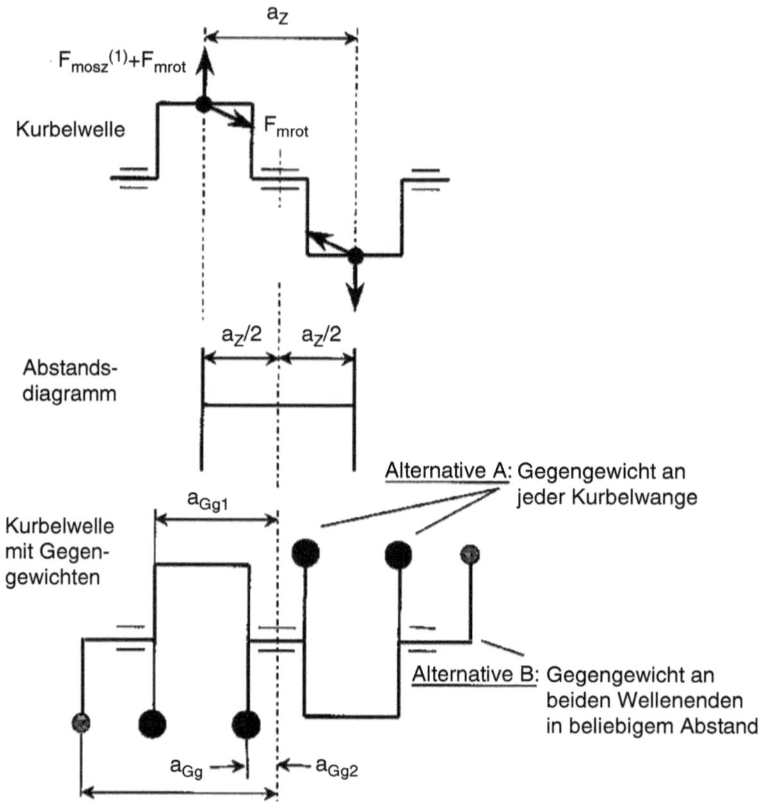

Abb. 5.92 Kurbelwelle des Zweizylinder-Reihenmotors mit 180°-Kröpfung, zugehöriges Abstandsdiagramm und mögliche Anordnungen der Gegengewichte

Längsmoment:

$$M_x = -F_{mrot} a_Z \sin\varphi \tag{5.128}$$

Vektorbetrag:

$$/\vec{M}/ = a_Z \sqrt{\left(\hat{F}_{mosz}^{(1)2} + 2\hat{F}_{mosz}^{(1)} F_{mrot}\right) \cos^2\varphi + F_{mrot}^2} \tag{5.129}$$

Der resultierende Momentenvektor $\vec{M}$ rotiert mit veränderlichem Betrag und beschreibt dabei eine ellipsenähnliche Bahn (große Halbachse zeigt in Motor-Querrichtung). Der Motor reagiert darauf mit einer Taumelbewegung. Es können nun hinsichtlich des Momentenausgleichs verschiedene, dem besseren Verständnis der Zusammenhänge dienende Betrachtungen angestellt werden.

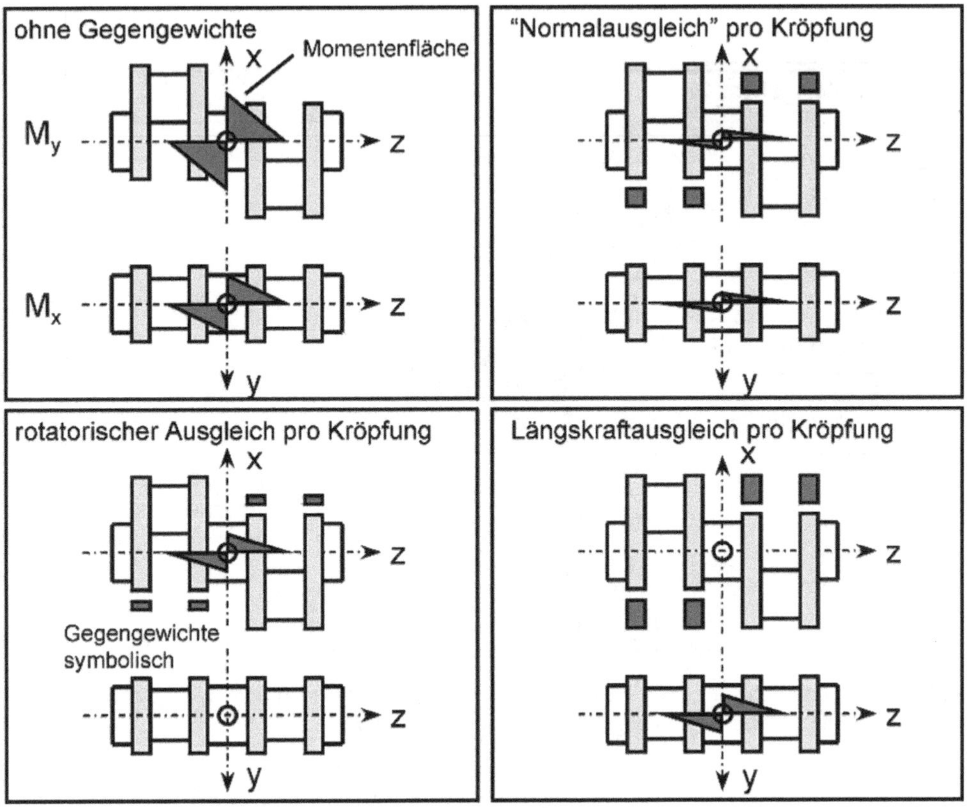

Abb. 5.93 Möglichkeiten des Momentenausgleichs 1. Ordnung mit Hilfe von Gegengewichten exemplarisch aufgezeigt am einfachen Beispiel des Zweizylinder-Reihenmotors mit um 180° versetzten Kröpfungen (ungleicher Zündabstand)

Fall I: Gegengewichte entsprechend der Größe der rotierenden Massenkräfte werden an den Kurbelwangen beider Kröpfungen angebracht.

Dies ist, wenn nur die Massenkräfte betrachtet werden, nicht erforderlich, da nach außen keine freien Kräfte wirken. Auch die Massenkräfte der Gegengewichte heben sich aufgrund ihrer Anordnung gegenseitig auf.

Für das Moment der Gegengewichte gilt zunächst ganz allgemein folgender Ansatz:

$$/\vec{M}_{Gg}/ = 2\left(F_{Gg1}a_{Gg1} + F_{Gg2}a_{Gg2}\right) \tag{5.130}$$

F_{Gg1} und F_{Gg2} sind die auf den beiden Kurbelwangen einer Kröpfung verteilbaren Gegengewichtskräfte ($F_{Gg} = m_{Gg}r_{Gg}\omega^2$), m_{Gg} ist die Gegengewichtsmasse mit dem Schwerpunktsradius r_{Gg}, ω die Winkelgeschwindigkeit und a_{Gg1} bzw. a_{Gg2} sind die zugehörigen Hebelarme. Es ist jedoch bei Mehrzylindermotoren nicht zwingend notwendig, beide Kurbelwangen einer Kröpfung mit Gegengewichten zu versehen.

Alternative α) Nur ein Gegengewicht je Kröpfung $F_{Gg} = F_{mrot}$ im Abstand a_{Gg}

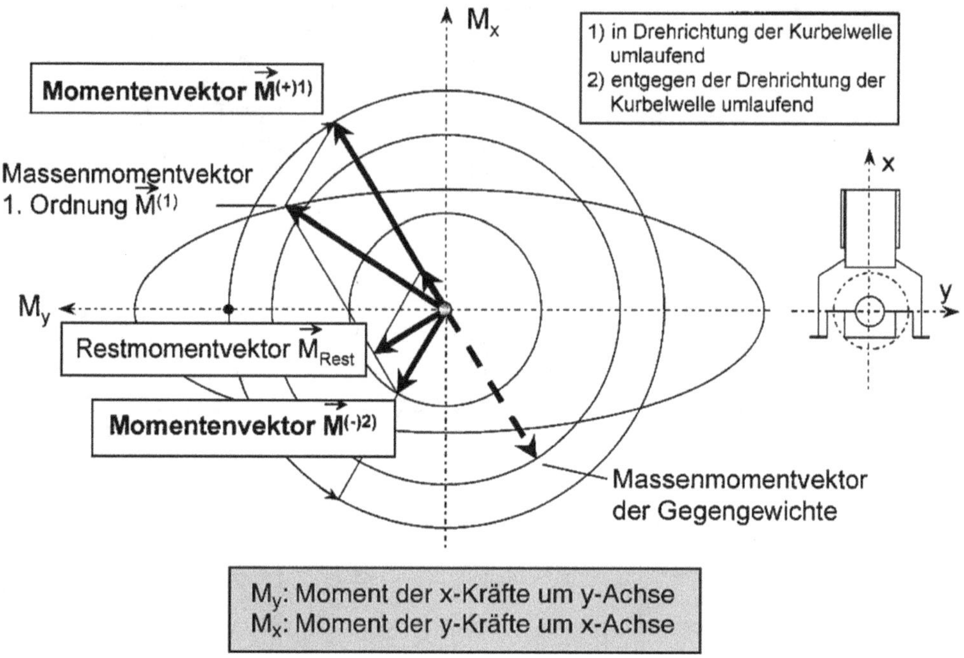

Abb. 5.94 Darstellung des resultierenden Massenmoments und dessen Ausgleichs durch Gegengewichte mit Hilfe von positiv und negativ umlaufenden Vektoren

$$/\vec{M}_{Gg}/ = 2F_{Gg}a_{Gg} = 2F_{mrot}a_{Gg} \tag{5.131}$$

Kippmoment:

$$M^{(1)}_{y\mathrm{Rest}} = \hat{F}^{(1)}_{mosz}a_Z\cos\varphi + F_{mrot}\left(a_Z - 2a_{Gg}\right)\cos\varphi \tag{5.132}$$

Längsmoment:

$$M_{x\mathrm{Rest}} = -F_{mrot}\left(a_Z - 2a_{Gg}\right)\sin\varphi \tag{5.133}$$

Vektorbetrag:

$$/\vec{M}_{\mathrm{Rest}}/ = \sqrt{\left[\hat{F}^{(1)2}_{mosz}a_Z^2 + 2\hat{F}^{(1)}_{mosz}F_{mrot}a_Z\left(a_Z - 2a_{Gg}\right)\right]\cos^2\varphi + F^2_{mrot}\left(a_Z - 2a_{Gg}\right)^2} \tag{5.134}$$

Der verbleibende Restmomentvektor $\vec{M}_{Rest}$ hängt vom Hebelverhältnis a_Z/a_{Gg} ab. Für $2a_{Gg} = a_Z$, d. h. $a_{Gg} = a_Z/2$, ist das Moment der rotierenden Massenkräfte ausgeglichen. Dass in Mitte des Hubzapfens kein Gegengewicht unterzubringen ist, ist vorläufig unwichtig.

Der Restmomentvektor $\vec{M}_{Rest}$ oszilliert in Richtung der y-Achse. Die Drehpendelbewegung des Motors erfolgt in der x,z-Ebene.
Vektorbetrag:

$$/\vec{M}_{\text{Rest}}/ = \hat{F}^{(1)}_{mosz} a_Z \cos\varphi \tag{5.135}$$

Diese Art des teilweisen Momentenausgleichs wird als Längskippmomentausgleich – auch Querkraft-Längsmomentausgleich – bezeichnet. Der Längskippmomentausgleich ist nichts anderes als das „dynamische Wuchten" einer Welle ($\Sigma F = 0$, $\Sigma M = 0$), wobei hierbei eben nur rotierende Massen (Kompensieren deren Kraft- und Momentenwirkungen) gemeint sind. Es werden zwei zusätzliche, um 180° entgegengesetzt angeordnete Massen in der „Wirkungsebene" des Moments – im allgemeinen Fall an den Wellenenden im Abstand a_{Gg} – angebracht. Diese „Wirkungsebene" bildet mit der Referenzebene, beim Motor die Kröpfungsebene des ersten Zylinders, einen von den jeweiligen Gegebenheiten abhängenden Winkel (Drehachse = Kurbelwellenachse).

Alternative β) Verteilung der Gegengewichte auf beide Kurbelwangen einer Kröpfung

Der Gegengewichtshebelarm $a_{Gg} = a_Z/2$, d. h. Kröpfungsmitte, wäre – wie bereits oben angemerkt – ziemlich ungünstig gewählt. Er kann aber als Ersatzhebelarm interpretiert werden, wenn die Gegengewichte auf beide Kurbelwangen einer Kröpfung entsprechend verteilt werden:

$$2\left(F_{Gg1} a_{Gg1} + F_{Gg2} a_{Gg2}\right) = 2F_{mrot}\frac{a_Z}{2} \tag{5.136}$$

Es können dann z. B. folgende Annahmen getroffen werden:

$$\begin{aligned} &F_{Gg1} + F_{Gg2} = F_{mrot} \text{ bzw. } F_{Gg1} = F_{Gg2} = F_{Gg} \text{ und} \\ &a_{Gg1} = \frac{a_Z}{2} - b \text{ bzw. } a_{Gg2} = \frac{a_Z}{2} + b \end{aligned} \tag{5.137}$$

Daraus folgt:

$$\begin{aligned} F_{Gg} &= \frac{F_{mrot}}{2} \\ a_{Gg1} + a_{Gg2} &= a_Z \end{aligned} \tag{5.138}$$

Alternative γ) Anbringung eines Gegengewichts an beiden Wellenenden (Längskippmomentausgleich in allgemeiner Form)

Unabhängig von der Anzahl der Kröpfungen einer Kurbelwelle kann bekanntlich der Längskippmomentausgleich mittels zweier an den Wellenenden angebrachter Gegengewichte erfolgen. Der Gegengewichtsabstand a_{Gg} ist dann vorgegeben und möglichst groß, um die Ausgleichsmassen klein zu halten. Analog zu den Gl. (5.132), (5.133) und (5.134) gilt:

Kippmoment:

$$M^{(1)}_{y\mathrm{Rest}} = \hat{F}^{(1)}_{mosz} a_Z \cos\varphi + F_{mrot} a_Z \cos\varphi - 2F_{Gg} a_{Gg} \cos\varphi,$$
$$M^{(1)}_{y\mathrm{Rest}} = \hat{F}^{(1)}_{mosz} a_Z \cos\varphi + \left(F_{mrot} a_Z - 2F_{Gg} a_{Gg}\right) \cos\varphi \tag{5.139}$$

Längsmoment:

$$M_{x\mathrm{Rest}} = -\left(F_{mrot} a_Z - 2F_{Gg} a_{Gg}\right) \sin\varphi \tag{5.140}$$

Gegengewichtsmasse:

$$m_{Gg} = \frac{m_{rot}}{2} \frac{r a_Z}{r_{Gg} a_{Gg}} \tag{5.141}$$

Fall II: „Normalausgleich" an beiden Kröpfungen (100 % rot., 50 % osz.)

Kippmoment:

$$M^{(1)}_{y\mathrm{Rest}} = \hat{F}^{(1)}_{mosz} \frac{a_Z}{2} \cos\varphi \tag{5.142}$$

Längsmoment:

$$M_{x\mathrm{Rest}} = F^{(1)}_{mosz} \frac{a_Z}{2} \sin\varphi \tag{5.143}$$

Vektorbetrag:

$$/\vec{M}_{\mathrm{Rest}}/ = \hat{F}^{(1)}_{mosz} \frac{a_Z}{2} = const. \tag{5.144}$$

Der Restmomentvektor $\vec{M}_{\mathrm{Rest}}$ rotiert und beschreibt einen Kreis als Sonderfall einer ellipsenähnlichen Bahn.

Fall III: Vollständiger Längskraftausgleich an beiden Kröpfungen (100 % rot., 100 % osz.)

Kippmoment:

$$M^{(1)}_{y\mathrm{Rest}} = 0 \tag{5.145}$$

Längsmoment:

$$M_{x\mathrm{Rest}} = \hat{F}^{(1)}_{mosz} a_Z \sin\varphi \tag{5.146}$$

Vektorbetrag:

$$/\vec{M}_{\mathrm{Rest}}/ = \hat{F}^{(1)}_{mosz} a_Z \sin\varphi \tag{5.147}$$

Der Restmomentvektor $\vec{M}_{\mathrm{Rest}}$ oszilliert in Richtung der x-Achse. Die Drehpendelbewegung erfolgt in der y,z-Ebene.

Wie eingangs erwähnt, handelt es sich bei diesen Fallunterscheidungen am einfachen Beispiel des Zweizylinder-Reihenmotors gewissermaßen um Spielereien, um das Zusammenspiel von Massenkraft- und Massenmomentausgleich in seinen Grundzügen aufzuzeigen und die Verhältnisse bei Motoren mit komplexeren Triebwerken transparenter zu machen. Eine wichtige Erkenntnis ist die, dass beim betreffenden Triebwerk das Massenmoment 1. Ordnung allein durch Gegengewichte zwar reduziert, aber nicht vollständig ausgeglichen werden kann. Interessant dabei ist, dass die Qualität des Restmoments durch Gegengewichte erheblich manipuliert werden kann. Dieser Umstand wird in Verbindung mit dem Aspekt „Fahrkomfort“ genutzt, weil z. B. hinsichtlich der Wechselwirkung zwischen Motor, Motoraufhängung und Karosserie eine veränderte Anregungsrichtung sich u. U. in der Praxis positiv auf das Übertragungsverhalten auswirken, d. h. tatsächlich zu geringerer Anregung führen, kann.

b) Massenmomente des Dreizylinder-Reihenmotors

Der Dreizylinder-Reihenmotor (R3) war wegen nicht zu vernachlässigender Komfortdefizite als Kfz-Antrieb nicht besonders populär. Ausnahmen bestätigen die Regel und zudem stehen hier Viertaktmotoren im Mittelpunkt der folgenden Erörterung. Die zeitweilige Bedeutung entsprechender Zweitaktmotoren von DKW (Motto: 3 = 6) soll dennoch nicht in Abrede gestellt werden.

Die für notwendig erachteten zusätzlichen Aufwendungen für den Massenausgleich wurden in der Fahrzeugklasse, für die eine solche Motorisierung eine Alternative hätte bedeuten können, eher gescheut. Bei der Darstellung eines „3-Liter-Autos“ [70] und beim nun notwendig gewordenen Downsizing lassen sich der Reduzierung der Zylinderzahl allerdings einige nicht von der Hand zu weisende Vorteile abgewinnen. Diese haben diesem Motor mittlerweile sogar zum Aufschwung verholfen. Die Vorteile betreffen sowohl den mechanischen (Reibleistungsvorteile) als auch den inneren Wirkungsgrad (größere Zylindereinheiten; siehe Abschn. 3.6). Heutzutage wird sogar eine Auslegung ohne Ausgleichswelle (Massenmoment 1. Ordnung) um einiges günstiger beurteilt. Insbesondere bei kleinen Dreizylinder-Dieselmotoren hat sich herausgestellt, dass hinsichtlich der im Fahrzeuginnenraum spürbaren Schwingungen die gaskraftbedingte 1,5. Ordnung dominant gegenüber der massenkraftbedingten 1. Ordnung ist. Deshalb soll, so die Argumentation, eine Ausgleichswelle unter diesen Gegebenheiten nicht zwingend erforderlich sein [71].

Die Massenkräfte des Dreizylinder-Reihenmotors sind unterhalb der 6. Ordnung ausgeglichen, nicht jedoch die Massenmomente (primär interessieren die 1. und 2. Ordnung). Zur Berechnung des Massenmoments 1. Ordnung und prinzipiell auch höherer Ordnungen, wenn die entsprechenden Vielfachen der Kröpfungswinkel berücksichtigt werden, ist wie folgt vorzugehen:

Bei einer Zündfolge 1-3-2 und einem Zündabstand $\varphi_Z = 4\pi/3 = 240°$ können nach den in den Abb. 5.95 skizzierten Verhältnissen die Momentengleichgewichte bezüglich der y- und x-Achse angesetzt werden. Zunächst sind dafür aber die Kröpfungswinkel unter Berücksichtigung der Zündfolge zu ermitteln:

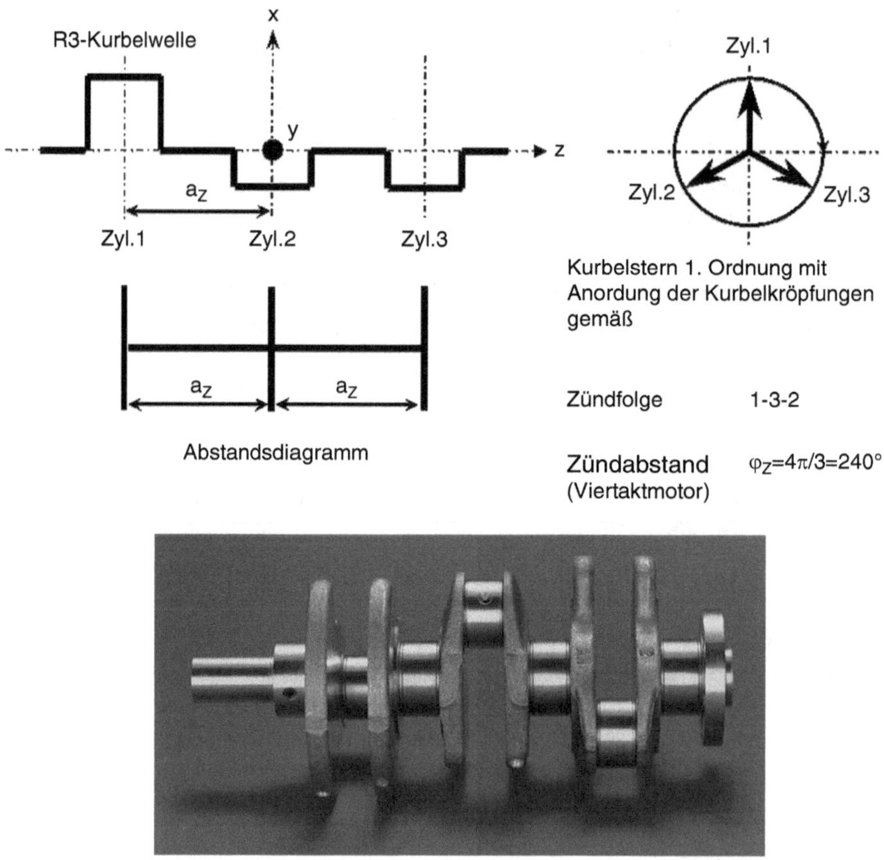

Abb. 5.95 Massenmoment 1. Ordnung beim Dreizylinder-Reihenmotor; Kurbelstern 1. Ordnung und Abstandsdiagramm; Kurbelwelle des Smart-Dreizylinder-Dieselmotors [71]

$$\begin{aligned} \varphi_1 &= \varphi \\ \varphi_3 &= \varphi - 240° \\ \varphi_2 &= \varphi - 2 \cdot 240° = \varphi - 480° \end{aligned} \tag{5.148}$$

In Verbindung mit höheren Ordnungen sind die Winkel φ_i mit der Ordnungszahl zu multiplizieren.

Die zugehörigen Hebelarme folgen aus dem Abstandsdiagramm. Des Weiteren werden folgende Abkürzungen verwendet, wobei unter $\hat{F}^{(1)}_{mosz}$ wiederum der Scheitelwert der oszillierenden Massenkraft zu verstehen ist:

$$F_I^{(1)} = \hat{F}^{(1)}_{mosz} + F_{mrot} \tag{5.149}$$

$$F_{II} = F_{mrot} \tag{5.150}$$

Kippmoment 1. Ordnung:

$$\begin{aligned} M_y^{(1)} &= F_I^{(1)} a_z[\cos(\varphi - 0°) - \cos(\varphi - 240°)] \\ M_y^{(1)} &= F_I^{(1)} a_z(0{,}866 \sin\varphi + 1{,}5 \cos\varphi) \end{aligned} \quad (5.151)$$

Längsmoment:

$$\begin{aligned} M_x &= F_{II} a_z[-\sin(\varphi - 0°) + \sin(\varphi - 240°)] \\ M_x &= F_{II} a_z(-1{,}5 \sin\varphi + 0{,}866 \cos\varphi) \end{aligned} \quad (5.152)$$

Für den Längskippmomentausgleich (nur rotatorischer Ausgleich) ist $F_I^{(1)} = F_{II} = F_{mrot}$. Der auszugleichende Massenmomentvektor rotiert dann mit konstantem Betrag:

$$/\vec{M}/ = \sqrt{M_y^{(1)2} + M_x^2} \quad (5.153)$$

$$/\vec{M}/ = \sqrt{3} F_{mrot} a_Z = const. \quad (5.154)$$

Aus den Richtungskomponenten des Momentenvektors folgt der Phasenwinkel des Moments bezogen auf Zylinder 1 ($\varphi_1 = \varphi = 0°$)rechnerisch wie folgt, wobei M_y hier ohne die zusätzliche Kennzeichnung „(1)“ geschrieben wird, da ja nur das Moment der rotierenden Massenkräfte betrachtet wird:

$$\begin{aligned} \tan\beta &= \frac{M_y}{M_x} = \frac{1{,}5}{0{,}866} = 1{,}732 \\ \beta &= \arctan(1{,}732) = 60° \end{aligned} \quad (5.155)$$

Abb. 5.96 zeigt die graphische Bestimmung des resultierenden Momentenvektors und seines Phasenwinkels. Im Fall des oben bereits erwähnten Längskippmomentausgleichs – des Ausgleichs des Massenmoments (1. Ordnung) hier nur der rotierenden Massen – wird bekanntlich jeweils ein Gegengewicht an den Wellenenden (also insgesamt zwei Gegengewichte) angebracht. Unter Berücksichtigung der Gegengewichtskräfte F_{Gg1}, F_{Gg2} unter den Winkeln β_1, β_2 bezogen auf Zylinder 1 und der Hebelarme a_{Gg1}, a_{Gg2} müssen zugleich Kräfte und Momente ausgeglichen sein ($\Sigma F = 0$, $\Sigma M = 0$).

Die Gleichungen für das Kräftegleichgewicht lauten ganz allgemein:

$$F_{Gg1} \cos\beta_1 + F_{Gg2} \cos\beta_2 + \sum_i F_I^{(1)} \cos\varphi_i = 0; \; \sum_i F_{mrot} \cos\varphi_i = F_{xres} \quad (5.156a)$$

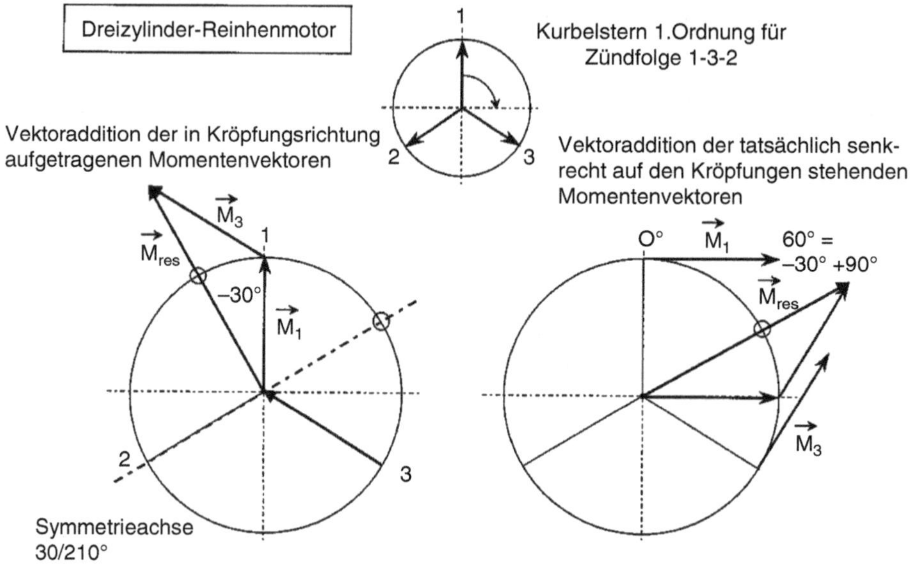

Abb. 5.96 Massenmoment 1. Ordnung beim Dreizylinder-Reihenmotor; grafische Bestimmung des resultierenden Momentenvektors

$$F_{Gg1} \sin \beta_1 + F_{Gg2} \sin \beta_2 + \sum_i F_{II} \sin \varphi_i = 0; \quad \sum_i F_{mrot} \sin \varphi_i = F_{yres} \tag{5.156b}$$

Die Gleichungen für das Momentengleichgewicht, wobei sich dieses auf den Bezugspunkt, hier wie bisher auf die Kurbelwellenmitte, bezieht, lauten außerdem unter Berücksichtigung des Drehsinns ganz allgemein:

$$\begin{aligned} &F_{Gg1} a_{Gg1} \cos \beta_1 - F_{Gg2} a_{Gg2} \cos \beta_2 + \sum_i F_{mrot} a_{Zi} \cos \varphi_i = 0; \\ &\sum_i F_{mrot} a_{Zi} \cos \varphi_i = M_{yres} \end{aligned} \tag{5.157a}$$

$$\begin{aligned} &- F_{Gg1} a_{Gg1} \sin \beta_1 + F_{Gg2} a_{Gg2} \sin \beta_2 + \sum_i F_{mrot} a_{Zi} \sin \varphi_i = 0; \\ &\sum_i F_{mrot} a_{Zi} \sin \varphi_i = M_{xres} \end{aligned} \tag{5.157b}$$

Das Gleichungssystem (5.156), (5.157) hat folgende Lösungen:

$$\begin{aligned} \tan\beta_1 &= \frac{F_{yres}a_{Gg2} - M_{xres}}{F_{xres}a_{Gg2} + M_{yres}} \\ \tan\beta_2 &= \frac{F_{yres}a_{Gg1} + M_{xres}}{F_{xres}a_{Gg1} - M_{yres}} \end{aligned} \tag{5.158}$$

$$\begin{aligned} F_{Gg1} &= \frac{-F_{xres}a_{Gg2} - M_{yres}}{\left(a_{Gg1} + a_{Gg2}\right)\cos\beta_1} \\ F_{Gg2} &= \frac{-F_{xres}a_{Gg1} + M_{yres}}{\left(a_{Gg1} + a_{Gg2}\right)\cos\beta_2} \end{aligned} \tag{5.159}$$

Betrachten wir speziell den Dreizylinder-Reihenmotor mit seinem nach außen hin kräftefreien Triebwerk, so folgt $F_{xres} = 0$, $F_{yres} = 0$. Für $\varphi = 0$ folgt aus den Gl. (5.151) bzw. (5.152) außerdem:

$$\begin{aligned} M_{yres} &= 1{,}5F_{mrot}a_Z \\ M_{xres} &= 0{,}866F_{mrot}a_Z \end{aligned} \tag{5.160}$$

Analog zu Gl. (5.155) kann damit zunächst anhand der Gl. (5.158)

$$\tan\beta_1 = \tan\beta_2 = -0{,}5773$$

bzw.

$$\beta = -30°(330°)$$

berechnet werden. Bei der Bestimmung von β_1 und β_2 ist zu beachten, dass unter Berücksichtigung des Ansatzes in Gl. (5.156) bzw. Gl. (5.157) für das Momentengleichgewicht cos β_1 definitionsgemäß so zu wählen ist, dass F_{Gg1}, bestimmt mit den Gl. (5.159), ein positives Vorzeichen bekommt. Das bedeutet in diesem Fall

$$\beta_1 = -30° + 180° = 150°, \quad \beta_2 = -30°(330°).$$

Die im Abstand $a_{Gg1} = a_{Gg2} = a_{Gg}$ aufzubringenden Gegengewichtskräfte bzw. die Gegengewichtsmassen mit dem Gegengewichtsradius r_{Gg} betragen schließlich gemäß den Gl. (5.159)

$$F_{Gg} = \frac{\sqrt{3}}{2}F_{mrot}\frac{a_Z}{a_{Gg}} \tag{5.161}$$

$$m_{Gg} = \frac{\sqrt{3}}{2}m_{rot}\frac{ra_Z}{r_{Gg}a_{Gg}} \tag{5.162}$$

Damit ist das Moment resultierend aus den rotierenden Massen ausgeglichen. Das durch die oszillierenden Massenkräfte verursachte Restmoment – definitionsgemäß ein Kippmoment – ist abschließend noch zu betrachten. Der Restmomentvektor oszilliert in

Richtung der y-Achse. Die Drehpendelbewegung erfolgt in der x,z-Ebene. Das Restmoment kann durch Gegengewichte nicht ausgeglichen werden. Es kann jedoch durch Gegengewichte an den einzelnen Kurbelkröpfungen (Kurbelwangen) so verändert werden, dass es mit konstantem Betrag, d. h. „kreisförmig", rotiert. Dieses Moment kann dann z. B. durch eine Ausgleichswelle mit zwei Gegengewichten, die ein gegenphasiges Moment – siehe Abschn. 5.2.1.3 – erzeugen, tatsächlich nach außen vollständig kompensiert werden. Die Vorgehensweise setzt den „Normalausgleich" an allen Kurbelkröpfungen voraus. Nach Abb. 5.97 folgen für das Beispiel des Dreizylinder-Reihenmotors, wenn die Gegengewichte auf alle sechs Kurbelwangen der Kurbelwelle verteilt werden, wobei $2F^*_{Gg} = \hat{F}^{(1)}_{mosz}/2 + F_{mrot} = F_{Gg}$ (F^*_{Gg} ist die Gegengewichtskraft je Kurbelwange) gelten soll, unter Berücksichtigung der Hebelarme und Phasenlage die Restmomente:

$$\begin{aligned}
M^{(1)}_{y\mathrm{Rest}} &= F^{(1)}_I a_z(0{,}866 \sin\varphi + 1{,}5\cos\varphi)+\\
&+ F^*_{Gg}\big[(a_Z + b)\cos(\varphi - 0^\circ - 180^\circ) + (a_Z - b)\cos(\varphi - 0^\circ - 180^\circ)+\\
&+ b\cos(\varphi - 480^\circ - 180^\circ) - b\cos(\varphi - 480^\circ - 180^\circ)-\\
&- (a_Z - b)\cos(\varphi - 240^\circ - 180^\circ) - (a_Z + b)\cos(\varphi - 240^\circ - 180^\circ)\big]
\end{aligned} \tag{5.163}$$

Entsprechend kann der Ansatz für $M_{x\mathrm{Rest}}$ erfolgen.

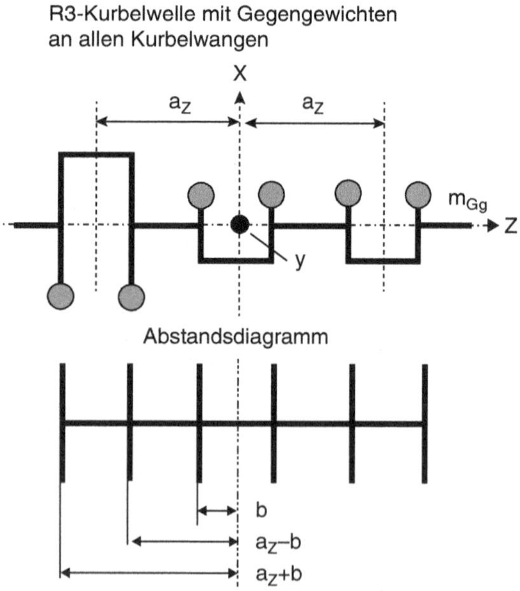

Abb. 5.97 Abstandsdiagramm für Dreizylinder-Reihenmotor mit Gegengewichten an jeder Kurbelwange der Kurbelwelle

$$M_{y\mathrm{Rest}}^{(1)} = F_I^{(1)} a_z (0{,}866 \sin\varphi + 1{,}5 \cos\varphi) + F_{Gg} a_Z [\cos(\varphi - 180^\circ) - \cos(\varphi - 420^\circ)]$$
$$M_{y\mathrm{Rest}}^{(1)} = F_I^{(1)} a_z (0{,}866 \sin\varphi + 1{,}5 \cos\varphi) - F_{Gg} a_Z (0{,}866 \sin\varphi + 1{,}5 \cos\varphi) \tag{5.164}$$

$$M_{x\mathrm{Rest}} = -F_{II} a_z (1{,}5 \sin\varphi - 0{,}866 \cos\varphi) - F_{Gg} a_Z [\sin(\varphi - 180^\circ) - \sin(\varphi - 420^\circ)]$$
$$M_{x\mathrm{Rest}} = -F_{II} a_z (1{,}5 \sin\varphi - 0{,}866 \cos\varphi) + F_{Gg} a_Z (1{,}5 \sin\varphi - 0{,}866 \cos\varphi) \tag{5.165}$$

Die Abkürzungen $F_I^{(1)}$, F_{II} sind hinreichend bekannt. Nach einigen Umformungen lautet das Ergebnis:

$$M_{y\mathrm{Rest}}^{(1)} = \hat{F}_{mosz}^{(1)} a_z (0{,}433 \sin\varphi + 0{,}75 \cos\varphi) \tag{5.166}$$

$$M_{x\mathrm{Rest}} = \hat{F}_{mosz}^{(1)} a_z (0{,}75 \sin\varphi - 0{,}433 \cos\varphi) \tag{5.167}$$

$$/\vec{M}_{\mathrm{Rest}}/ = \frac{\sqrt{3}}{2} \hat{F}_{mosz}^{(1)} a_Z \tag{5.168}$$

Der Vollständigkeit halber soll an dieser Stelle noch auf einen Sachverhalt hingewiesen werden, der in den bisherigen Erläuterungen zu Massenkräften und -momenten implizit enthalten ist, jedoch möglicherweise leicht übersehen wird. Gemeint ist die Tatsache, dass der jeweilige Vektor nur dann mit konstanter Geschwindigkeit rotiert, wenn seine Spitze einen Kreis beschreibt. Dies ist, wie bereits bekannt, dann der Fall, wenn nur die rotierenden Anteile betrachtet oder die oszillierenden Anteile in geeigneter Weise teilausgeglichen werden (Stichwort: „Normalausgleich“). Andernfalls eilt der Drehwinkel β des Vektors dem Drehwinkel φ der Kurbelwelle (1. Ordnung) vor bzw. nach, d. h., er beschleunigt und verzögert je zweimal während einer Umdrehung. Rein mathematisch folgt dies aus der Tatsache, dass die den kartesischen Koordinaten x, y zugeordneten Vektorkomponenten trigonometrische Funktionen des Drehwinkels φ sind, es sich folglich um Funktionen in so genannter „Parameter-Darstellung“ handelt. Dies soll am Beispiel des R3-Triebwerks anhand des Massenmoments 1. Ordnung aufgezeigt werden.

Die Momente 1. Ordnung bezüglich der y- und x-Achse beschreiben die Gl. (5.151) und (5.152). Daraus kann die Funktion $\beta(\varphi)$ gebildet werden:

$$\tan\beta = \frac{M_y^{(1)}}{M_x} = \kappa \frac{0{,}866 \sin\varphi + 1{,}5 \cos\varphi}{-1{,}5 \sin\varphi + 0{,}866 \cos\varphi} \quad \text{mit}$$
$$\kappa = \frac{\hat{F}_{mosz}^{(1)} + F_{mrot}}{F_{mrot}} = 1 + \frac{m_{osz}}{m_{rot}} \tag{5.169}$$

$$\tan\beta = 0{,}5773\kappa\frac{1{,}7321 + \tan\varphi}{0{,}5773 - \tan\varphi} = X \quad \text{bzw.} \quad \beta = \arctan X \tag{5.170}$$

Damit kann dann die veränderliche Drehgeschwindigkeit (Winkelgeschwindigkeit)

$$\dot{\beta} = \frac{d\beta}{d\varphi}\frac{d\varphi}{dt} = \frac{d\beta}{d\varphi}\omega$$

berechnet werden. Dabei wird von dem mathematischen Zusammenhang

$$\frac{d\beta}{d\varphi} = \frac{d}{d\varphi}[\arctan X(\varphi)] = \frac{1}{1+X^2}\frac{dX}{d\varphi}$$

Gebrauch gemacht.

$$\dot{\beta} = \frac{\kappa\omega}{(0{,}25\kappa^2 + 0{,}75)\sin^2\varphi + (0{,}75\kappa^2 + 0{,}25)\cos^2\varphi + 0{,}866(\kappa^2 - 1)\sin\varphi\cos\varphi} \tag{5.171}$$

Für $\kappa = 1$ ist $\dot{\beta} = \omega$. Es handelt sich somit um den oben bereits erwähnten Fall des gleichförmig mit konstantem Betrag rotierenden Vektors. Nach nochmaliger Ableitung nach der Zeit erhält man schließlich die Drehbeschleunigung (Winkelbeschleunigung) $\ddot{\beta} = \frac{d\dot{\beta}}{d\varphi}\frac{d\varphi}{dt} = \frac{d\dot{\beta}}{d\varphi}\omega$:

$$\ddot{\beta} = \frac{-\kappa\omega^2[-(\kappa^2 - 1)\sin\varphi\cos\varphi - 0{,}866(\kappa^2 - 1)(\sin^2\varphi - \cos^2\varphi)]}{[(0{,}25\kappa^2 + 0{,}75)\sin^2\varphi + (0{,}75\kappa^2 + 0{,}25)\cos^2\varphi + 0{,}866(\kappa^2 - 1)\sin\varphi\cos\varphi]^2} \tag{5.172}$$

Bei maximaler bzw. minimaler Winkelgeschwindigkeit ist $\ddot{\beta} = 0$. Die zugehörigen Winkelstellungen ergeben sich dann aus folgender Bestimmungsgleichung, die aus dem Zähler der Gl. (5.172) hergeleitet werden kann:

$$\tan^2\varphi + 1{,}1547\tan\varphi - 1 = 0 \tag{5.173}$$

Die Lösungen lauten: $\tan\varphi_1 = 0{,}5773$ bzw. $\tan\varphi_2 = -1{,}7321$. Die entsprechenden Winkel betragen $\varphi_1 = 30°(210°)$, $\varphi_2 = 120°(300°)$. Die maximale Winkelgeschwindigkeit beträgt $\dot{\beta}(120°) = \kappa\omega$, die minimale $\dot{\beta}(30°) = \frac{\omega}{\kappa}$. Reale κ-Werte von Kurbeltrieben von Pkw-Motoren liegen zwischen $1{,}3 \leq \kappa \leq 1{,}7$. Für einen fiktiven Wert $\kappa = 1{,}5$ ist die maximale Winkelgeschwindigkeit des Momentenvektors demnach um 50 % größer, die minimale um 33 % geringer als die der gleichförmig rotierenden Kurbelwelle. Die Zusammenhänge zwischen $\varphi, \beta, \dot{\beta}$ und $\ddot{\beta}$ gehen beispielhaft aus Abb. 5.98 hervor.

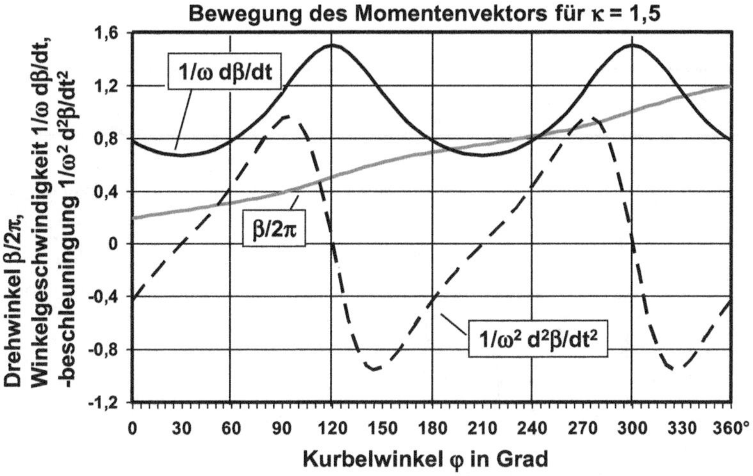

Abb. 5.98 Drehwinkel, Winkelgeschwindigkeit und Winkelbeschleunigung des Momentenvektors des Dreizylinder-Reihentriebwerks (R3) in Abhängigkeit vom Kurbelwinkel beispielhaft dargestellt für ein Verhältnis der Massenkraft insgesamt (osz. + rot.) zu der der rotierenden Massen (rot.) von $\kappa = 1{,}5$ (Anmerkung: ab Kurbelwinkel $\varphi = 360^\circ$ ($= 0^\circ$) ist $1 + \beta/2\pi$ dargestellt)

c) Massenmomente des Fünfzylinder-Reihenmotors

Ein hinsichtlich des Massenausgleichs recht interessanter Reihenmotor ist der Fünfzylindermotor. Seine Massenkräfte sind unterhalb der 10. Ordnung zwar ausgeglichen, seine Massenmomente zwingen bei der Motorauslegung allerdings zu Prioritätsentscheidungen. Entscheidend für die Massenmomente 1. und 2. Ordnung sowie deren Phasenlage ist die Zündfolge. Jeweils beginnend mit Zylinder 1 existieren bei z Zylindern $(z - 1)!$ Möglichkeiten, wovon sich jedoch nur $(z - 1)!/2$ „dynamisch" unterscheiden. Bei $z = 5$ bedeutet dies dann $4!/2 = 12$ bezüglich der Massenmomente sich unterscheidende, nicht längssymmetrische Anordnungen der Kurbelkröpfungen.

Beim damaligen Pkw-Fünfzylindermotor von AUDI [72] – AUDI machte den Fünfzylinder seinerzeit als Pkw-Antrieb für die obere Mittelklasse populär, mittlerweile haben aber auch andere Fahrzeughersteller einen solchen Motor wieder neu im Programm – wurde eine Anordnung mit dem kleinsten Massenmoment 1. Ordnung gewählt. Der damit verbundene Größtwert des Massenmoments 2. Ordnung wurde in diesem Fall in Kauf genommen. Den dadurch verursachten Störschwingungen wurde – so die damaligen Äußerungen gegenüber der Fachpresse – eine geringere Bedeutung beigemessen. Dass die rotierenden Massen beim betreffenden Motor nicht zu 100 % je Kurbelkröpfung ausgeglichen sind, steht nur insofern in Zusammenhang mit der hier zu behandelnden Thematik, als dies Einfluss auf das Restmoment hat. Der Restmomentvektor rotiert demzufolge und beschreibt eine ellipsenähnliche Bahn. Das Restmoment wird durch Zusatzmassen an den Enden der Kurbelwelle so beeinflusst, dass die über die Motorlagerung übertragene Schwingungsanregung ein relatives Minimum beträgt. Im vorliegenden Fall war es möglich, die erforderlichen Zusatzmassen im Schwungrad und in der Nabe des Schwingungsdämpfers unterzubringen.

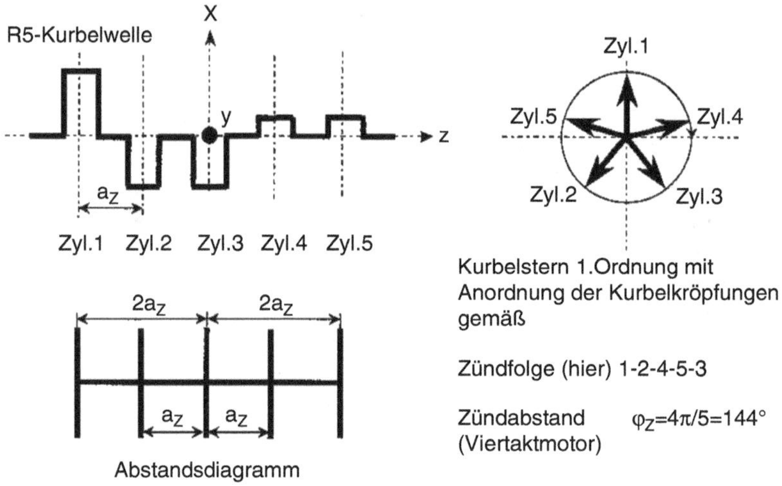

Abb. 5.99 Massenmoment 1. Ordnung des Fünfzylinder-Reihentriebwerks mit Zündfolge 1 – 2 – 4 – 5 – 3; Kurbelstern mit der Zündfolge entsprechenden Kröpfungswinkeln, Abstandsdiagramm

Bei Zündfolge 1 – 2 – 4 – 5 – 3 nach [72] und Zündabstand $\varphi_Z = 4\pi/5 = 144°$ kann nach den in Abb. 5.99 skizzierten Verhältnissen der Momentenvektor und dessen Phasenlage analog zum Beispiel des Dreizylinder-Reihenmotor berechnet werden. Zunächst sind wiederum die Kröpfungswinkel unter Berücksichtigung der Zündfolge zu ermitteln:

$$\begin{aligned}
\varphi_1 &= \varphi \\
\varphi_2 &= \varphi - 144° \\
\varphi_4 &= \varphi - 2 \cdot 144° = \varphi - 288° \\
\varphi_5 &= \varphi - 3 \cdot 144° = \varphi - 432° \\
\varphi_3 &= \varphi - 4 \cdot 144° = \varphi - 576°
\end{aligned} \tag{5.174}$$

Des Weiteren werden die bekannten Abkürzungen verwendet, wobei unter $\widehat{F}^{(1)}_{mosz}$ wie zuvor der Scheitelwert der oszillierenden Massenkraft zu verstehen ist:

$$\begin{aligned}
F_I^{(1)} &= \hat{F}^{(1)}_{mosz} + F_{mrot} \\
F_{II} &= F_{mrot}
\end{aligned} \tag{5.175}$$

Kippmoment 1. Ordnung:

$$\begin{aligned}
M_y^{(1)} &= F_I^{(1)} a_z [2\cos(\varphi - 0°) + \cos(\varphi - 144°) - \cos(\varphi - 288°) - 2\cos(\varphi - 432°)] \\
M_y^{(1)} &= F_I^{(1)} a_z (-0{,}3633 \sin\varphi + 0{,}2640 \cos\varphi)
\end{aligned} \tag{5.176}$$

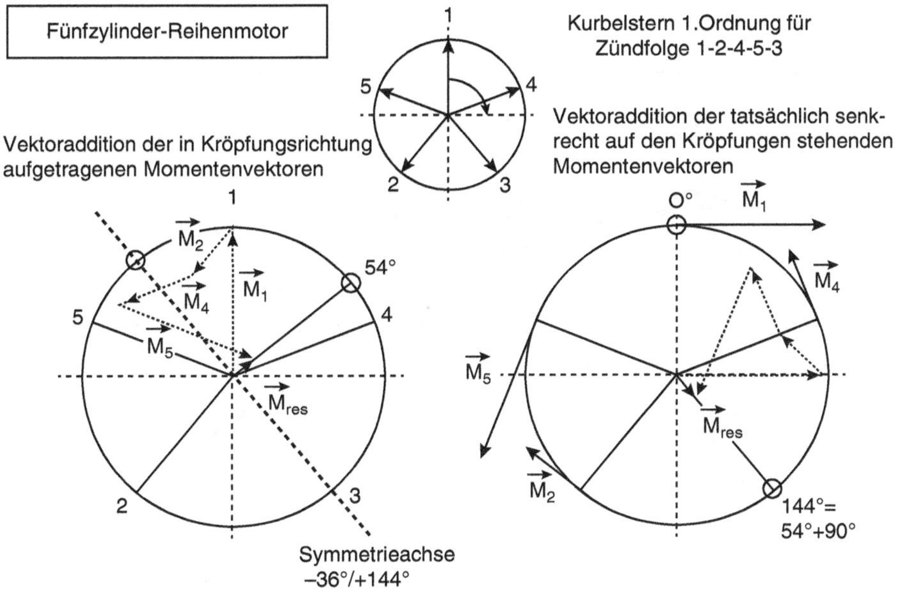

Abb. 5.100 Grafische Bestimmung des resultierenden Momentenvektors des Fünfzylinder-Reihenmotors und seiner Phasenlage

Längsmoment:

$$M_x = F_{II}a_z[-2\sin(\varphi - 0°) - \sin(\varphi - 144°) + \sin(\varphi - 288°) + 2\sin(\varphi - 432°)]$$
$$M_x = -F_{II}a_z(0{,}2640\sin\varphi + 0{,}3633\cos\varphi) \tag{5.177}$$

Für den Längskippmomentausgleich ist $F_I^{(1)} = F_{II} = F_{mrot}$. Der auszugleichende Massenmomentvektor rotiert dann mit konstantem Betrag:

$$/\overleftrightarrow{M}/ = 0{,}449F_{mrot}a_Z = const. \tag{5.178}$$

Der Momentenvektor kann bezüglich Betrag und Richtung auch grafisch durch Vektoraddition bestimmt werden, wie dies aus Abb. 5.100 hervorgeht. Üblich ist es, die den einzelnen Zylindern zugeordneten Momente als Pfeile unter Zuhilfenahme des Kröpfungssterns (hier 1. Ordnung) in Kröpfungsrichtung abzutragen. In Wirklichkeit stehen die Momentenvektoren jedoch senkrecht auf den Kurbelkröpfungen. Wird dies grafisch berücksichtigt, so stimmt der resultierende Vektor nicht nur nach Betrag, sondern auch Richtung mit der Realität überein.

Aus den Richtungskomponenten des Momentenvektors folgt der Phasenwinkel des Moments bezogen auf Zylinder 1 ($\varphi_1 = \varphi = 0°$) rechnerisch wie folgt, wobei M_y hier ohne die zusätzliche Kennzeichnung „(1)“ geschrieben wird, da ja nur das Moment der rotierenden Massenkräfte betrachtet wird:

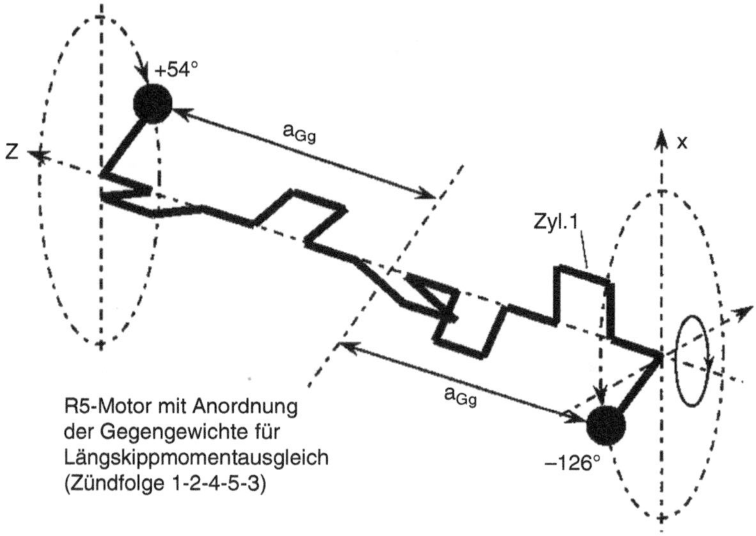

Abb. 5.101 Anordnung der Gegengewichte für den Längskippmomentausgleich (Ausgleich des Momentenvektors der rotierenden Massenkräfte) beim Fünfzylinder-Reihentriebwerk in prinzipieller Darstellung

$$\begin{aligned}\tan\beta &= \frac{M_y}{M_x} = -\frac{0{,}2640}{0{,}3633} = -0{,}7267\\ \beta &= \arctan(-0{,}7265) = 144°\end{aligned} \qquad (5.179)$$

Die Berechnung der Gegengewichte F_{Gg1}, F_{Gg2} und Hebelarme a_{Gg1}, a_{Gg2} (hier $a_{Gg1} = a_{Gg2}$ angenommen) erfolgt wie am Beispiel des Dreizylinder-Reihenmotors bereits hergeleitet mit den Gl. (5.158) bzw. (5.159):

$$\begin{aligned}F_{Gg1} &= \frac{-M_{yres}}{(a_{Gg1} + a_{Gg2})\cos\beta_1} = \frac{-0{,}2640 F_{mrot} a_Z}{2a_{Gg}\cos\beta_1}\\ \tan\beta_1 &= -\frac{M_{xres}}{M_{yres}} = \frac{0{,}3633}{0{,}2640} = 1{,}3761\end{aligned} \qquad (5.180)$$

$$\begin{aligned}\beta_1 &= \arctan(1{,}3761) = 54°\\ F_{Gg1} &= -0{,}2246 F_{mrot} a_Z / a_{Gg}\end{aligned} \qquad (5.181)$$

Diese Gleichungen liefern nur ein vorläufiges Ergebnis. β_1 muss wieder so gewählt werden, dass F_{Gg1} positiv wird. Demnach gilt $\beta_1 = 54° + 180° = 234°(-126°)$ bzw. $\beta_2 = 54°$. Für einen großen Hebelarm a_{Gg} werden die Gegengewichtsmassen relativ klein und können daher teilweise außerhalb der Kurbelwelle in andere mit der Kurbelwelle rotierende Bauteile integriert werden (Schwungrad bzw. Riemenscheibe/Schwingungsdämpfer steuerseitig). Abb. 5.101 zeigt dies in prinzipieller Darstellung.

Nach Durchführung des Längskippmomentausgleichs bleibt wie beim obigen Beispiel des R3-Motors auch ein in Richtung der y-Achse oszillierender Restmomentvektor nicht ausgeglichen. Definitionsgemäß handelt es sich um ein Kippmoment. Es versteht sich von selbst, dass auch beim R5-Motor anstelle des rein rotatorischen Längskippmomentausgleichs mittels „Normalausgleich" an allen Kröpfungen ein „kreisförmig" negativ rotierender Restmomentvektor erzeugt werden kann, der mit einer Ausgleichswelle ausgeglichen werden könnte. Es besteht jedoch noch eine weitere, aus bestimmten Gründen in der Praxis äußerst selten anwendbare Möglichkeit des Kippmomentausgleichs mittels ungleicher Zylinderabstände (hier Hebelarme a_{Z1}, a_{Z2}), die auch bei [58] Erwähnung findet. Gl. (5.151) kann auch in folgender Form geschrieben werden:

$$
\begin{aligned}
M_y^{(1)} = F_I^{(1)} \big[&a_{Z1} \cos(\varphi - 0°) + a_{Z2} \cos(\varphi - 144°) - \\
&- a_{Z2} \cos(\varphi - 288°) - a_{Z1} \cos(\varphi - 432°)\big]
\end{aligned} \tag{5.182}
$$

Für $M_y^{(1)} = 0$ gewinnt man folgende Beziehung:

$$
\begin{aligned}
\frac{a_{Z1}}{a_{Z2}} &= \frac{1{,}618 - 2{,}2271 \tan\varphi}{1 - 1{,}3764 \tan\varphi} = \frac{1{,}618(1 - 1{,}3764 \tan\varphi)}{1 - 1{,}3764 \tan\varphi} \\
\frac{a_{Z1}}{a_{Z2}} &= 1{,}618 = \frac{2}{\sqrt{5} - 1} \\
a_{Z1} &= 1{,}618 a_{Z2}
\end{aligned} \tag{5.183}
$$

Die inneren Abstände der Zylinder 2 und 4 bezogen auf den mittleren Zylinder 3 müssen demnach deutlich größer sein als die äußeren Abstände zwischen den Zylindern 1 und 2 bzw. 4 und 5. Die kleineren Abstände außen sind jedoch identisch mit dem Zylinderabstand $a_Z = a_{Z1} - a_{Z2}$. Daraus folgt mit Gl. (5.183) $a_{Z2} = 1{,}618 a_Z$. Der Motor verlängert sich demnach um $\Delta l_{KW} = 2a_Z(1{,}618 - 1) = 1{,}236 a_Z$.

Zahlenbeispiel (typische VW-/AUDI-Abmessungen):

Zylinderdurchmesser	$D_Z = 81$ mm
Steg zwischen den Zylindern	$\Delta a_Z = 7$ mm
Zylinderabstand	$a_Z = 88$ mm
Verlängerung der Kurbelwelle	$\Delta l_{KW} = 108{,}768$ mm

Ein um fast 11 cm verlängerter Motor ist angesichts aktueller Forderungen hinsichtlich „Crash-Länge" und Frontantrieb mit Quereinbau sicher nicht vertretbar. Ähnliche Überlegungen können auch analog für andere Kröpfungskonfigurationen und Ordnungen angestellt werden [58].

d) Aktuelle Tendenzen beim V6-Motor

Der kompaktere und daher mit steiferem Triebwerk aufwartende V6-Motor hat mittlerweile eine größere Verbreitung gefunden als der R6-Motor (Sechszylinder-Reihenmotor) trotz dessen hervorragender, hohen Komfortansprüchen gerecht werdender Laufeigenschaften. Letztere gewährleisten eine voll symmetrische Kurbelwelle und konstante Zündabstände. Als Triebwerk ohne freie Kräfte und Momente 1. und 2. Ordnung kommt der R6-Motor dem idealen Triebwerk bereits sehr nahe. Die längere Kurbelwelle des R6-Motors ist etwas „torsionslabiler“ (anfälliger für Torsionsschwingungen), was die Maximaldrehzahl begrenzt. Die Grenzdrehzahl liegt jedoch sicher oberhalb des für Serienmotoren relevanten Drehzahlbereichs. Eine Untersuchung beider Bauweisen fällt bei [73] klar zugunsten des R6-Motors aus. Vorteile werden allerdings auch dort dem V6-Motor in Verbindung mit Frontantrieb zugebilligt.

Der „natürliche“ V-Winkel des V6-Motors beträgt augenscheinlich, ohne dass dies eigentlich eines besonderen Beweises bedarf, 60° bzw. ein Vielfaches davon. Dies verlangt ein konstanter Zündabstand ($4\pi/z = 720°/6 = 120° = 2 \times 60°$). Der V-Winkel 60° ermöglicht eine vergleichsweise kompakte Bauweise. Die Platzverhältnisse im so genannten „V-Raum“ sind noch ausreichend bemessen, um die Unterbringung der Ladungswechselorgane saugseitig nicht entscheidend einzuschränken. Im Pkw-Bereich wird der V-Raum heutzutage (wenigstens in Europa und Japan) ohnehin anders genutzt als früher. Bei oben liegender (oben liegenden) Nockenwelle(n) wird dort kein Bauraum für die Unterbringung von Stoßstangen in Anspruch genommen. Der V-Winkel 60° in Verbindung mit einem Kröpfungswinkel von 120° bei zusätzlichem Kröpfungsversatz mit Pleuelversatzwinkel 60° – d. h. jeweils um 60° gegeneinander versetzte Hubzapfen eines V-Zylinderpaars – bietet günstige Verhältnisse, denn das freie Moment 1. Ordnung verschwindet bei „Normalausgleich“. Es verbleibt allerdings ein freies Moment 2. Ordnung.

Es gibt primär fertigungstechnische Gründe, den V6-Motor mit ausladenderem V-Winkel von 90° darzustellen. Diese Situation ist dann gegeben, wenn im Rahmen eines Baukastensystems auch ein V8-Motor existiert, für den der „natürliche“ V-Winkel von 90° zwar nicht absolut zwingend notwendig ist, aber hinsichtlich des Massenausgleichs bei vertretbarem Bauvolumen die günstigsten Verhältnisse schafft. Der V6/90°-Motor hat in einfacher Ausführung eine Kurbelwelle mit drei um 120° versetzten Kurbelkröpfungen. Nachteilig ist der ungleiche Zündabstand: 150° – 90° – 150° – 90° usw. Zur Wiederherstellung gleicher Zündabstände von 120° werden die Doppelkröpfungen mit einem Pleuelversatzwinkel von 30° ausgeführt, Abb. 5.102 [74] bzw. 5.104 [75, 76]. Es wird in diesem Fall einem gleichmäßigeren Drehmomentverlauf der Vorrang gegenüber dem Massenausgleich eingeräumt bzw. andernfalls eine Ausgleichswelle erwogen. Auf die Massenmomente dieser V6-Triebwerksvarianten wird im Folgenden näher eingegangen.

Massenmomente des V6-Motors mit V-Winkel $\alpha_V = 90°$, Pleuelversatzwinkel δ:
Es wird eine Zündfolge 1 – 4 – 3 – 6 – 2 – 5 beispielhaft angenommen. Der Zündabstand beträgt wie erwähnt $\varphi_Z = 4\pi/6 = 120°$. a_Z ist wie bisher der Zylinderabstand je Zylinderbank, b_Z der Zylinderbankversatz. Die Zählweise der Zylinder erfolgt so, dass der erste Zylinder der „linken“ (von der Steuerseite aus gesehen) Zylinderbank (Bank „A“) Zylinder Nr. 1 ist. Zunächst wird die linke (1, 2, 3), dann die rechte (4, 5, 6) Zylinderbank (Bank „B“)

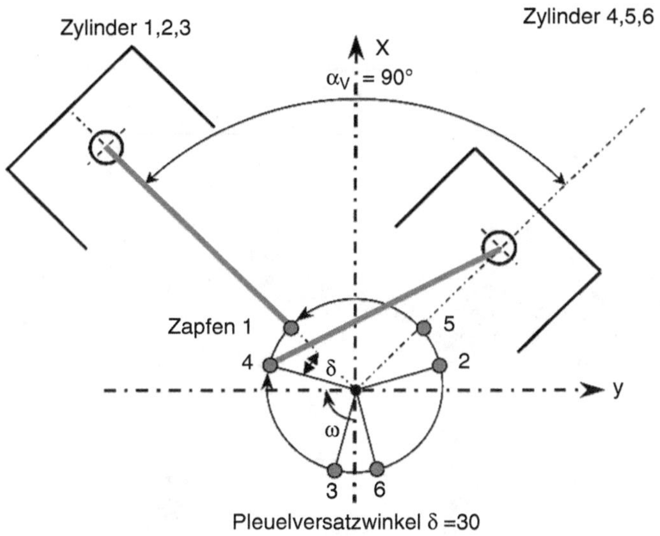

Abb. 5.102 Kurbeltrieb des V6/90°-Motors mit Pleuelversatzwinkel $\delta = 30°$ zwecks gleicher Zündabstände; Prinzipdarstellung nach [74] beruhend auf der Pkw-Motoren-Kurbelwelle des HONDA Legend

durchnummeriert. x_A, y_A seien die lokalen Koordinaten der linken, x_B, y_B die der rechten Zylinderbank, x, y die des übergeordneten Motorkoordinatensystems (siehe Prinzipskizze in Abb. 5.88 zum „V-Zylinderpaar").

Zu den genannten Koordinatensystemen gehören die Kurbelwinkel φ_A, φ_B und φ mit folgendem Zusammenhang:

$$\varphi_A = \varphi + \frac{\alpha_V}{2}, \qquad \varphi_B = \varphi - \frac{\alpha_V}{2} - \delta \tag{5.184}$$

Allgemeiner Ansatz für die Massenkräfte eines einzelnen Zylinders der linken Zylinderbank (Bank „A") im Motorkoordinatensystem:

$$F_{x,Zyl\ldots} = F_{xA}\cos\frac{\alpha_V}{2} + F_{yA}\sin\frac{\alpha_V}{2} \tag{5.185}$$

$$F_{y,Zyl\ldots} = -F_{xA}\sin\frac{\alpha_V}{2} + F_{yA}\cos\frac{\alpha_V}{2} \tag{5.186}$$

Allgemeiner Ansatz für die Massenkräfte eines einzelnen Zylinders der rechten Zylinderbank (Bank „B") im Motorkoordinatensystem:

Abb. 5.103 Pleuelversatz um 30° beim V6/90°-Motor zur Erzielung gleicher Zündabstände; ausgeführte Kurbelwellen-Beispiele: Pkw-Kurbelwellen des Mercedes-V6-Motors [75] (oben) und AUDI-V6-TDI-Motors [76] (unten)

$$F_{x,Zyl...} = F_{xB} \cos\frac{\alpha_V}{2} - F_{yB} \sin\frac{\alpha_V}{2} \tag{5.187}$$

$$F_{y,Zyl...} = F_{xB} \sin\frac{\alpha_V}{2} + F_{yB} \cos\frac{\alpha_V}{2} \tag{5.188}$$

Es werden bei diesem Beispiel nur die Massenkräfte 1. Ordnung berücksichtigt. Die Kräfte F_{xA}, F_{xB}, F_{yA} und F_{yB} sind dann folgendermaßen definiert:

$$F_{xA} = \left(\hat{F}^{(1)}_{mosz} + F_{mrot}\right) \cos\varphi_A = F_I^{(1)} \cos\varphi_A \tag{5.189}$$

$$F_{yA} = F_{mrot} \sin\varphi_A = F_{II} \sin\varphi_A \tag{5.190}$$

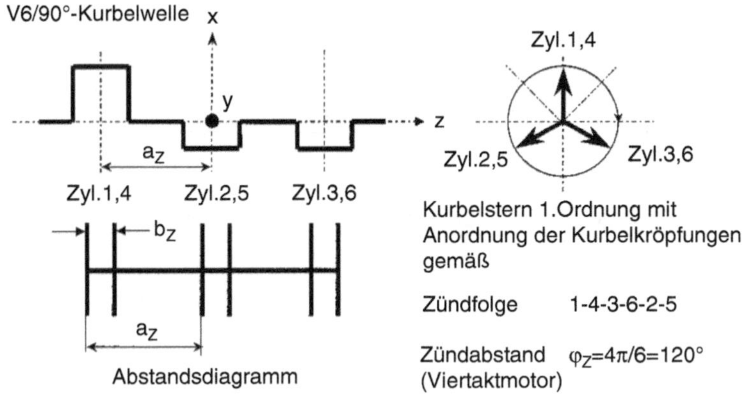

Abb. 5.104 V6-90°-Motor: Kurbelstern 1. Ordnung und Abstandsdiagramm

$$F_{xB} = \left(\hat{F}_{mosz}^{(1)} + F_{mrot}\right) \cos\varphi_B = F_I^{(1)} \cos\varphi_B \tag{5.191}$$

$$F_{yB} = F_{mrot} \sin\varphi_B = F_{II} \sin\varphi_B \tag{5.192}$$

Unter Berücksichtigung der Zündfolge ergeben sich folgende Kurbelwinkel (Phasen) der einzelnen Zylinder (Kröpfungen) φ_i, wobei $\varphi_1, \varphi_2, \varphi_3$ gemäß φ_A und $\varphi_4, \varphi_5, \varphi_6$ gemäß φ_B zu bilden sind:

$$\begin{aligned}
\varphi_1 &= \varphi + \frac{\alpha_V}{2} \\
\varphi_4 &= \varphi - \frac{\alpha_V}{2} - \delta \\
\varphi_3 &= \varphi_1 - 2 \cdot 120° = \varphi_1 - 240° = \varphi + \frac{\alpha_V}{2} - 240° \\
\varphi_6 &= \varphi_4 - 2 \cdot 120° = \varphi_4 - 240° = \varphi - \frac{\alpha_V}{2} - \delta - 240° \\
\varphi_2 &= \varphi_1 - 4 \cdot 120° = \varphi_1 - 480° = \varphi + \frac{\alpha_V}{2} - 480° \\
\varphi_5 &= \varphi_4 - 4 \cdot 120° = \varphi_4 - 480° = \varphi - \frac{\alpha_V}{2} - \delta - 480°
\end{aligned} \tag{5.193}$$

Mit den Massenkräften der einzelnen Zylinder (Gl. (5.185), (5.186), (5.187) und (5.188), gleichzeitiger Berücksichtigung der Gl. (5.189), (5.190), (5.191) und (5.192), ihren Phasenbeziehungen, Gl. (5.193), und den sich aus dem Abstandsdiagramm ergebenden Hebelarmen, Abb. 5.104, können – hier nur in formaler Schreibweise angegeben – analog zu den Beispielen für Reihenmotoren die Momente 1. Ordnung berechnet werden:

$$\begin{aligned} M_y = F_{x,Zyl1}\left(a_Z + \frac{b_Z}{2}\right) + F_{x,Zyl4}\left(a_Z - \frac{b_Z}{2}\right) + F_{x,Zyl2}\frac{b_Z}{2} - \\ -F_{x,Zyl5}\frac{b_Z}{2} - F_{x,Zyl3}\left(a_Z - \frac{b_Z}{2}\right) - F_{x,Zyl6}\left(a_z + \frac{b_Z}{2}\right) \end{aligned} \tag{5.194}$$

$$\begin{aligned} M_x = -F_{y,Zyl1}\left(a_Z + \frac{b_Z}{2}\right) - F_{y,Zyl4}\left(a_Z - \frac{b_Z}{2}\right) - F_{y,Zyl2}\frac{b_Z}{2} + \\ + F_{y,Zyl5}\frac{b_Z}{2} + F_{y,Zyl3}\left(a_Z - \frac{b_Z}{2}\right) + F_{y,Zyl6}\left(a_z + \frac{b_Z}{2}\right) \end{aligned} \tag{5.195}$$

Nach längerer Rechnung lautet das Ergebnis für $\alpha_V = 90°$ und $\delta = 0°$:

$$\begin{aligned} M_y^{(1)} &= \left(F_I^{(1)} + F_{II}\right)a_Z(0{,}866\sin\varphi + 1{,}5\cos\varphi) \\ M_y^{(1)} &= (\hat{F}_{mosz}^{(1)} + 2F_{mrot})a_Z(0{,}866\sin\varphi + 1{,}5\cos\varphi) \end{aligned} \tag{5.196}$$

$$\begin{aligned} M_x^{(1)} &= -\left(F_I^{(1)} + F_{II}\right)a_Z(1{,}5\sin\varphi - 0{,}866\cos\varphi) \\ M_x^{(1)} &= -(\hat{F}_{mosz}^{(1)} + 2F_{mrot})a_Z(1{,}5\sin\varphi - 0{,}866\cos\varphi) \end{aligned} \tag{5.197}$$

$$/\,\vec{M}\,/ = \sqrt{3}\left(\hat{F}_{mosz}^{(1)} + 2F_{mrot}\right)a_Z = const. \tag{5.198}$$

Der Momentenvektor rotiert mit konstantem Betrag.
Und für $\alpha_V = 90°$ sowie $\delta = 30°$ entsprechend:

$$\begin{aligned} M_y^{(1)} &= (0{,}866F_I^{(1)} + 1{,}5F_{II})a_Z(\sin\varphi + \cos\varphi) \\ M_y^{(1)} &= (0{,}866\hat{F}_{mosz}^{(1)} + 2{,}366F_{mrot})a_Z(\sin\varphi + \cos\varphi) \end{aligned} \tag{5.199}$$

$$\begin{aligned} M_x^{(1)} &= -(1{,}5F_I^{(1)} + 0{,}866F_{II})a_Z(\sin\varphi - \cos\varphi) \\ M_x^{(1)} &= -(1{,}5\hat{F}_{mosz}^{(1)} + 2{,}366F_{mrot})a_Z(\sin\varphi - \cos\varphi) \end{aligned} \tag{5.200}$$

$$
\begin{aligned}
&/\ \vec{M}\ / = \sqrt{3}a_Z \\
&\sqrt{\hat{F}^{(1)2}_{mosz} + 3{,}733\left(\hat{F}^{(1)}_{mosz}F_{mrot} + F^2_{mrot}\right) - \left(\hat{F}^{(1)2}_{mosz} + 2\hat{F}^{(1)}_{mosz}F_{mrot}\right)\sin\varphi\cos\varphi} = f(\varphi) \\
&/\ \vec{M}\ (0°/90°)/ = \sqrt{3}a_Z\sqrt{\hat{F}^{(1)2}_{mosz} + 3{,}733\left(\hat{F}^{(1)}_{mosz}F_{mrot} + F^2_{mrot}\right)} \\
&/\ \vec{M}\ (45°)/ = \sqrt{3}a_Z\sqrt{0{,}5\hat{F}^{(1)2}_{mosz} + 2{,}733\hat{F}^{(1)}_{mosz}F_{mrot} + 3{,}733F^2_{mrot})} \\
&= \sqrt{3}a_Z(0{,}7071F^{(1)}_{mosz} + 1{,}932F_{mrot}) \\
&/\ \vec{M}\ (135°)/ = \sqrt{3}a_Z\sqrt{1{,}5\hat{F}^{(1)2}_{mosz} + 4{,}733\hat{F}^{(1)}_{mosz}F_{mrot} + 3{,}733F^2_{mrot})} \\
&= \sqrt{3}a_Z(1{,}225F^{(1)}_{mosz} + 1{,}932F_{mrot})
\end{aligned}
\tag{5.201}
$$

Augenscheinlich ist der Betrag des rotierenden Momentenvektors 1. Ordnung nicht mehr konstant. Analog zu den Möglichkeiten beim Reihenmotor kann auch beim V6-Motor durch „Normalausgleich" je nach Gegebenheiten das Massenmoment 1. Ordnung nach außen vollständig kompensiert oder zumindest so manipuliert werden, dass ersteres dann mittels einer Ausgleichswelle möglich ist.

$F_{Gg} = 0{,}5\hat{F}^{(1)}_{mosz} + F_{mrot}$ ist hierbei die pro Zylinder einer Kröpfung wirkende Ausgleichskraft. Die Momente der Gegengewichte M_{Ggy}, M_{Ggx} können analog zum Beispiel des Dreizylinder-Reihenmotors elementar angesetzt werden (siehe Gl. (5.163)). Durch einfache Überlegung kann jedoch analog zu den Gl. (5.196) und (5.197) hinsichtlich des Ausgleichsmoments der Gegengewichte direkt geschlossen werden, dass $F_I^{(1)} + F_{II}$ für die rotierenden Massen durch $F_{II} + F_{II}$ ersetzt werden kann. Folglich kann wiederum anstelle von F_{II} dann F_{Gg} gesetzt werden.
Für $\alpha_V = 90°$ und $\delta = 0°$:

$$
\begin{aligned}
M_{Ggy} &= \left(F_{Gg} + F_{Gg}\right)a_Z[0{,}866\sin(\varphi - 180°) + 1{,}5\cos(\varphi - 180°)] \\
&= -2F_{Gg}a_Z(0{,}866\sin\varphi + 1{,}5\cos\varphi)
\end{aligned}
\tag{5.202}
$$

$$
\begin{aligned}
M_{Ggx} &= -\left(F_{Gg} + F_{Gg}\right)a_Z[1{,}5\sin(\varphi - 180°) - 0{,}866\cos(\varphi - 180°)] \\
&= 2F_{Gg}a_Z(1{,}5\sin\varphi - 0{,}866\cos\varphi)
\end{aligned}
\tag{5.203}
$$

$$M_y^{(1)} + M_{Ggy} = 0 \tag{5.204}$$

$$M_x^{(1)} + M_{Ggx} = 0 \tag{5.205}$$

$$/\ \vec{M}\ / = 0 \tag{5.206}$$

Und für $\alpha_V = 90°$ sowie $\delta = 30°$ entsprechend:

$$M_{Ggy} = (0{,}866F_{Gg} + 1{,}5F_{Gg})a_Z[\sin(\varphi - 180°) + \cos(\varphi - 180°)] \\ = -2{,}366F_{Gg}a_Z(\sin\varphi + \cos\varphi) \tag{5.207}$$

$$M_{Ggx} = -(1{,}5F_{Gg} + 0{,}866F_{Gg})a_Z[(\sin(\varphi - 180°) - \cos(\varphi - 180°)] \\ = 2{,}366F_{Gg}a_Z(\sin\varphi - \cos\varphi) \tag{5.208}$$

$$M_{yRest}^{(1)} = -2{,}366\left(\frac{\hat{F}_{mosz}^{(1)}}{2} + F_{mrot}\right)a_Z(\sin\varphi + \cos\varphi) + \\ + \left[0{,}866\left(\hat{F}_{mosz}^{(1)} + F_{mrot}\right) + 1{,}5F_{mrot}\right]a_Z(\sin\varphi + \cos\varphi) \tag{5.209}$$

$$M_{xRest}^{(1)} = 2{,}366\left(\frac{\hat{F}_{mosz}^{(1)}}{2} + F_{mrot}\right)a_Z(\sin\varphi - \cos\varphi) + \\ + \left[1{,}5\left(\hat{F}_{mosz}^{(1)} + F_{mrot}\right) + 0{,}866F_{mrot}\right]a_Z(\sin\varphi - \cos\varphi) \tag{5.210}$$

$$M_{yRest}^{(1)} = -0{,}317\hat{F}_{mosz}^{(1)}a_Z(\sin\varphi + \cos\varphi) \tag{5.211}$$

$$M_{xRest}^{(1)} = -0{,}317\hat{F}_{mosz}^{(1)}a_Z(\sin\varphi - \cos\varphi) \tag{5.212}$$

Im Fall des „Normalausgleichs" verbleibt ein Restmoment mit konstantem Betrag:

$$/\vec{M}/ = 0{,}448\hat{F}_{mosz}^{(1)}a_Z \tag{5.213}$$

Da der Restmomentvektor negativ, d. h. entgegen der Drehrichtung der Kurbelwelle, umläuft, ist ein vollständiger Momentenausgleich 1. Ordnung nur mit einer ebenfalls gegensinnig zur Kurbelwelle umlaufenden Ausgleichswelle realisierbar.

Wird der Winkel zwischen den Zylindern und der Pleuelversatzwinkel eines Zylinderpaars auf 180° erhöht, wobei der Kröpfungswinkel weiterhin 120° beträgt (es ist stets notwendig, den „Kröpfungswinkel", wie er sich rechnerisch ergibt, und den Versatzwinkel der Hubzapfen eines V-Zylinderpaares streng auseinanderzuhalten), so entsteht das hinsichtlich des Massenausgleichs sehr vorteilhafte Sechzylinder-Boxertriebwerk, das durch die 911er-Motoren der Fa. Porsche mittlerweile einen legendären Ruf erlangt hat, Abb. 5.105 [77]. Es ergibt sich ein konstanter Zündabstand von 120° und es treten keine freien Kräfte und Momente 1. und 2. Ordnung auf.

Abb. 5.105 Porsche B6-Kurbelwelle; aus [77]

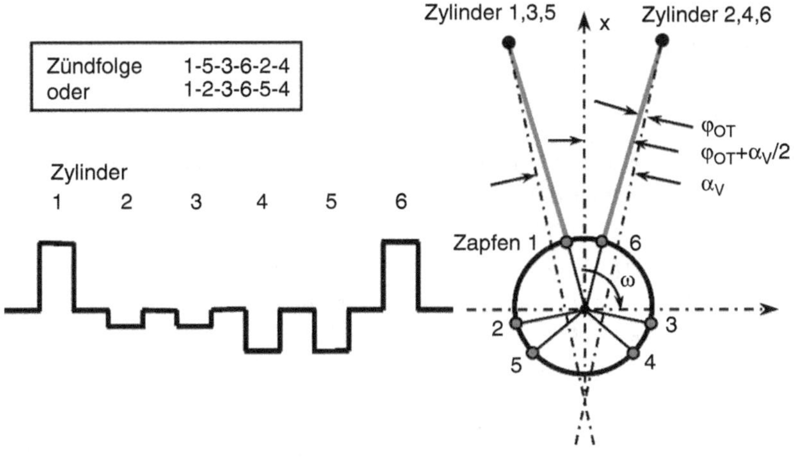

Abb. 5.106 Kurbelstern des VR6-Viertaktmotors; nach [78]

e) Anmerkungen zum VR6-Motor

Nach [78] wird die Kröpfungsanordnung des VR6-Viertaktmotors von VW, d. h. eines V6-Motors mit sehr kleinem V-Winkel (hier 15°), aus der des R6-Reihenmotors mit der Zündfolge 1 – 5 – 3 – 6 – 2 – 4 abgeleitet, Abb. 5.106, wobei die Zählweise der Zylinder weiterhin wie beim Reihenmotor – also nicht „bankweise“ – erfolgt. Die Kröpfungswinkel – wie beim Reihenmotor handelt es sich entweder um Einzelkröpfungen (hier: siebenfache Lagerung der Kurbelwelle) oder gegeneinander verdrehte Hubzapfen mit Zwischenwange (hier: vierfache Lagerung der Kurbelwelle) – werden so korrigiert, dass bezüglich OT wieder gleiche Zündabstände von 120° vorliegen. Der Kröpfungsstern bleibt zentralsymmetrisch, sodass weiterhin keine freien Massenkräfte in den interessierenden Ordnungen auftreten.

Dafür liefert der VR6-Motor freie Massenmomente 1. und 2. Ordnung. Um insbesondere das Massenmoment 1. Ordnung klein zu halten, sollte auch der V-Winkel und die durch den kleinen V-Winkel bedingte, nicht vermeidbare Schränkung des Triebwerks (Zylinderachsen schneiden sich unterhalb der Kurbelwellenachse) im Rahmen des Machbaren klein sein. Denn dies sind exakt die „störenden" Parameter, die die Massenmomente verursachen. Außerdem wird je Kröpfung der „Normalausgleich" vorgesehen. Das Massenmoment 2. Ordnung ist relativ gering und bedarf anscheinend keiner besonderer Maßnahmen [78]. Dies stellt zumindest die gängige Auslegungspraxis dar.

Neben objektiven spielen sicher auch subjektive Beurteilungskriterien eine Rolle. So ist es keineswegs erstaunlich, dass im praktischen Auslegungsbereich der VR6-Motor hinsichtlich seiner freien Massenwirkungen näher beim R6-Motor liegt und daher u. U. günstiger beurteilt wird als ein V6/60- oder V6/90°-Motor mit gleichmäßigem Zündabstand [78].

Bei der rechnerischen Behandlung des Massenausgleichs von VR-Triebwerken ist zweierlei zu beachten (siehe auch Abschn. 4.2.3.3):

a) Massenkräfte des geschränkten Kurbeltriebs (sin-Glieder der Kolbenbeschleunigung)
b) Abweichung des OT (und UT) („Streck- und Decklage") vom OT des ungeschränkten Kurbeltriebs

Die Desachsierung bzw. Schränkung y kann positiv oder negativ sein. Negativ trifft dann zu, wenn von OT aus betrachtet die Versetzung entgegen der Drehrichtung, positiv entsprechend dann, wenn diese Versetzung in Drehrichtung der Kurbelwelle erfolgt. Der Begriff der „Exzentrizität" $e = y/l_{Pl}$ – der auf die Pleuellänge bezogenen Versetzung – ist in diesem Zusammenhang aus dem Abschn. 4.2.3.3 bereits bekannt. Dies gilt auch für die im Folgenden nochmals angegebenen Gleichungen für den Hub s^* sowie den OT- bzw. UT-Winkel bei Desachsierung bzw. Schränkung.

$$s^* = x_{OT} - x_{UT} = \frac{r}{\lambda_{Pl}} \left(\sqrt{(1 + \lambda_{Pl})^2 - e^2} - \sqrt{(1 - \lambda_{Pl})^2 - e^2} \right) \tag{5.214}$$

$$\varphi_{OT} = \arcsin \frac{y}{l_{Pl} + r} = \arcsin \frac{e}{1 + \lambda_{Pl}} \tag{5.215}$$

$$\varphi_{UT} = \arcsin \frac{y}{l_{Pl} - r} = \arcsin \frac{e}{1 - \lambda_{Pl}} + \pi \tag{5.216}$$

Bezüglich der OT-Lage sind im Abb. 5.107 nochmals die bereits bekannten Zusammenhänge dargestellt.

Für die oszillierende Massenkraft gilt nach Reihenentwicklung der folgende allgemeine Ansatz:

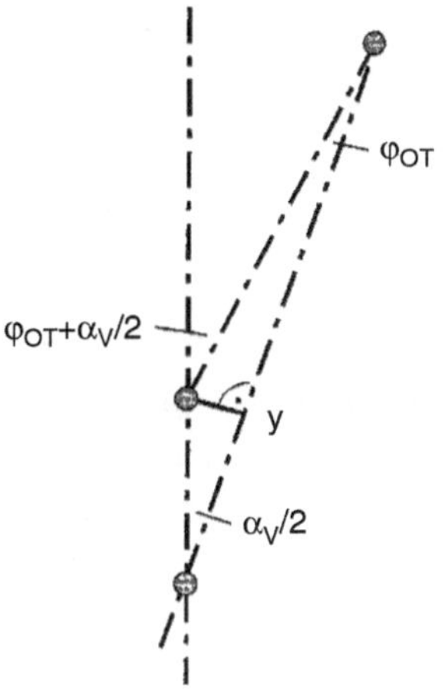

Abb. 5.107 Parameter des geschränkten V-Triebwerks

$$F_{mosz} = m_{osz} r\omega^2 \left(\cos\varphi + A_1^* \sin\varphi + A_2^* \cos 2\varphi + A_3^* \sin 3\varphi + A_4^* \cos 4\varphi + \ldots \right) \quad (5.217)$$

mit

$$\begin{aligned} A_1^* &= e\left(1 + \frac{3}{8}\lambda_{Pl}^2 + \frac{15}{64}\lambda_{Pl}^4\right) + \frac{1}{2}e^3\left(1 + \frac{15}{8}\lambda_{Pl}^2\right) + \frac{3}{8}e^5 \\ A_2^* &= A_2 + \frac{3}{2}e^2\lambda_{Pl}\left(1 + \frac{5}{4}\lambda_{Pl}^2\right) + \frac{15}{8}e^4\lambda_{Pl} \\ A_3^* &= -\frac{9}{8}e\lambda_{Pl}^2\left(1 + \frac{15}{16}\lambda_{Pl}^2\right) - \frac{45}{16}e^3\lambda_{Pl}^2 \\ A_4^* &= A_4 - \frac{15}{8}e^2\lambda_{Pl}^3 \end{aligned} \quad (5.218)$$

$$\begin{aligned} A_2 &= \lambda_{Pl} + \frac{1}{4}\lambda_{Pl}^3 + \frac{15}{128}\lambda_{Pl}^5 \approx \lambda_{Pl} \\ A_4 &= -\frac{1}{4}\lambda_{Pl}^3 - \frac{3}{16}\lambda_{Pl}^5 \approx -\frac{1}{4}\lambda_{Pl}^3 \end{aligned} \quad (5.219)$$

Beim nicht desachsierten bzw. geschränkten Triebwerk verschwinden bekanntlich die sin-Glieder. Die vergleichsweise kleine Kolbendesachsierung wird in der Regel vernachlässigt. Die Koeffizienten der cos-Glieder vereinfachen sich entsprechend und reduzieren sich auf diejenigen der Gl. (5.219), wobei dann die besondere Kennzeichnung mit dem Stern („*“) entfällt.

Ein praktisches Beispiel mag helfen, mit den Verhältnissen des VR-Triebwerks besser zurecht zu kommen. Die VR-Motoren von VW kennzeichnen z. B. folgende Triebwerksparameter:

Hub	$s^* = 90{,}3$ mm
Pleuellänge	$l_{Pl} = 164$ mm
V-Winkel	$\alpha_V = 15°$
Schränkung	$y = \pm\, 12{,}5$ mm
Pleuelstangenverhältnis	$\lambda_{Pl} = 0{,}274$

Anhand der Daten lässt sich zunächst ein Kurbelradius $r = 45$ mm und eine Exzentrizität von $e = \pm\, 0{,}07622$ errechnen. Gl. (5.215) liefert hierfür einen Winkel $\varphi_{OT} = \pm\, 3{,}43°$. Um die korrekten Kröpfungs- bzw. Pleuelversatzwinkel der Kurbelwelle zu ermitteln, wird von der Anordnung beim Reihenmotor ausgegangen. Zwecks gleicher Zündabstände sind anschließend beide Zylinderreihen um den Winkel $\delta^* = \alpha_V + 2\varphi_{OT} = 15° + 2 \cdot 3{,}43° = 21{,}86°$ gegeneinander zu verdrehen. Unter Berücksichtigung der Rechengenauigkeit entspricht dies ziemlich genau der Angabe im Schrifttum [79] von $21°50' = 21{,}83°$. Der Pleuelversatzwinkel (Versatz der Hubzapfen eines V-Zylinderpaars, wenn letzterer Begriff auch nicht der Denkweise beim VR-Motor mit einem gewissen Zwittercharakter entspricht) beträgt schließlich $\delta = 120° - \delta^* = 120° - 21{,}86° = 98{,}14°$ bei einem Kröpfungswinkel von 120° wie beim R6-Motor.

Unter Berücksichtigung einer Zündfolge von beispielsweise 1 – 5 – 3 – 6 – 2 – 4 können den einzelnen Zylindern folgende Kurbelwinkel φ_i zugeordnet werden:

$$\begin{aligned}
\varphi_1 &= \varphi + \frac{\alpha_V}{2} + \varphi_{OT}\\
\varphi_5 &= \varphi - \frac{\alpha_V}{2} - \varphi_{OT} - \delta\\
\varphi_3 &= \varphi_1 - 2 \cdot 120° = \varphi + \frac{\alpha_V}{2} + \varphi_{OT} - 240°\\
\varphi_6 &= \varphi_5 - 2 \cdot 120° = \varphi - \frac{\alpha_V}{2} - \varphi_{OT} - \delta - 240°\\
\varphi_2 &= \varphi_1 - 4 \cdot 120° = \varphi + \frac{\alpha_V}{2} + \varphi_{OT} - 480°\\
\varphi_4 &= \varphi_5 - 4 \cdot 120° = \varphi - \frac{\alpha_V}{2} - \varphi_{OT} - \delta - 480°
\end{aligned} \tag{5.220}$$

Das weitere Vorgehen zur Berechnung der Massenmomente 1. und 2. Ordnung entspricht dem beim regulären V6-Motor, das oben ausführlich erläutert wird. Dies möge daher dem interessierten Leser vorbehalten bleiben. Es ist dabei z. B. bei Gl. (5.196) zu beachten, die sich z. B. in der 1. Ordnung für die VW-Triebwerksparameter wie folgt reduziert, wobei jeweils drei Zylinder positiv und drei negativ geschränkt sind:

$$F^{(1)}_{mosz} = m_{osz} r\omega^2\left(\cos\varphi + A_1^* \sin\varphi\right) = m_{osz} r\omega^2\left(\cos\varphi \pm 0{,}0787 \sin\varphi\right) \tag{5.221}$$

Der Vorteil des VR-Konzepts gegenüber dem Reihenmotor ist die deutlich kürzere Baulänge, der gegenüber dem V-Motor die Tatsache, dass nur ein Zylinderkopf benötigt wird. Nachteilig sind weniger die Massenmomente. Neben den im Abschn. 4.2.3.3

erörterten Fakten ist eine gewisse Problematik der gleichmäßigen Gemischversorgung aller Zylinder infolge unterschiedlich langer Saugwege einschließlich thermisch bedingter Effekte nicht ganz von der Hand zu weisen.

f) Anmerkungen zum VR5-Motor

Mittlerweile wurde von VW – dort wird das VR-Konzept weiterhin breit unterstützt, jedoch das zusätzliche „R“ mittlerweile im Sprachgebrauch unterdrückt – auch ein VR5-Motor mit gleichem kleinen V-Winkel von 15° und ebenfalls gleichmäßigem Zündabstand vorgestellt [80]. Bei diesem Motor treten Massenkräfte und Momente in der 1. und 2. Ordnung auf. Ähnlich wie beim zuvor behandelten R5-Pendant besteht die Möglichkeit der Beeinflussung durch die Zündfolge. Die Massenkräfte 2. Ordnung sind vergleichsweise gering. Beim betrachteten Motor betragen sie nur 12 % verglichen mit einem entsprechenden R4-Motor. Dem Massenmoment 1. Ordnung kommen die bauartbedingt kleineren Hebelarme zugute. So kann der VR5-Motor in dieser Hinsicht im Bereich entsprechender V6-Motoren eingeordnet werden. Das Massenmoment 2. Ordnung ist bei der gewählten Zündfolge relativ groß. Hier ist der VR5-Motor zwischen entsprechenden R5- und V6-Motoren einzuordnen [80]. Hinsichtlich Fahrkomfort ist der VR5-Motor besser als R4- und R5-Motoren einzuschätzen. Das Niveau von V6- bzw. VR6-Motoren kann erwartungsgemäß nicht erreicht werden.

g) Anmerkungen zum V8-Motor

Die hinsichtlich ihrer freien Massenwirkungen besonders günstig zu beurteilenden Achtzylindermotoren – der Reihen- und der Boxermotor – spielen heute im Pkw- und Nkw-Bereich keine Rolle. Die lang bauende Kurbelwelle des ersteren wird bei schnell laufenden Motoren sehr anfällig für Torsionsschwingungen, die Dimensionen des letzteren werden auch zu ausladend. Ihr exzellenter Massenausgleich ist daher praktisch ohne Bedeutung für die genannten Anwendungen.

Der Zündabstand des Achtzylinders beträgt $\varphi_Z = 4\pi/8 = 90°$. Üblich ist der V8-Motor mit einem V-Winkel von verständlicherweise ebenfalls 90°, dessen in zwei Ebenen gekröpfte Kurbelwelle vier um 90° bzw. 180° gegeneinander versetzte Doppelkröpfungen – also keinen Pleuelversatzwinkel, d. h. keine gegeneinander verdrehte Hubzapfen eines Zylinderpaars – aufweist, Abb. 5.108 („Kreuzwelle“). Diese Anordnung ergibt ein in der 1. und 2. Ordnung kräftefreies und in der 2. Ordnung auch momentenfreies Triebwerk. Es verbleibt allerdings ein Massenmoment 1. Ordnung, das durch „Normalausgleich“ vollständig ausgeglichen werden kann. Dies ist jedoch nicht die einzige Option hierfür beim 90°/V8-„Kreuzwellen“-Triebwerk, wie auffällige Unterschiede hinsichtlich Anzahl, Größe und Anordnung der Gegengewichte in der Praxis vermuten lassen. Es zeigen sich mehrere Möglichkeiten, die aus dem *Sonderfall* resultieren, dass hier das freie Massenmoment 1. Ordnung $M^{(1)}$ mit konstantem Betrag rotiert:

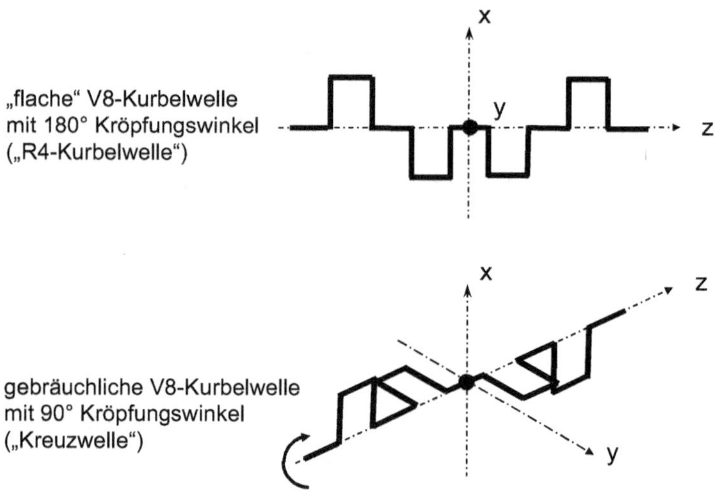

Abb. 5.108 V8-Kurbelwellen; Prinzipdarstellungen

$$\begin{aligned} M_y^{(1)} &= \left(F_{mosz}^{(1)} + 2F_{mrot}\right) a_Z (3\cos\varphi + \sin\varphi) \\ M_x^{(1)} &= -\left(F_{mosz}^{(1)} + 2F_{mrot}\right) a_Z (3\sin\varphi - \cos\varphi) \\ \left|M^{(1)}\right| &= \left(F_{mosz}^{(1)} + 2F_{mrot}\right) \sqrt{10}\, a_Z \end{aligned} \tag{5.222}$$

$F_{mosz}^{(1)}$ ist wiederum die oszillierende Massenkraft bezogen auf einen Zylinder. $2F_{mrot}$ beinhaltet die Kurbelmasse bezogen auf ein V-Zylinderpaar (pro Zylinder deren Hälfte), aber zweimal die rotierende Pleuelmasse. Einige Ausgleichsmöglichkeiten lassen sich in Kurzform wie folgt beschreiben:

a) Der Phasenwinkel β des freien Massenmomentvektors 1. Ordnung in der x, y-Ebene bezogen auf Kröpfung 1 beträgt bei der Kreuzwelle (Kröpfungskonfiguration 0°, −90°, −270° und −180°) +71,57° (Kröpfungswinkel gegen, Phasenwinkel in Drehrichtung gemessen). Da der Momentvektor mit konstantem Betrag rotiert, führt der Längskippmomentausgleich bereits zum vollständigen Momentausgleich mit nur zwei Gegengewichten, jeweils eines an den beiden äußersten Kurbelwangen unter den Winkeln 71,57° ± 90° = +161,57° bzw. −18,43° (von den äußeren Kröpfungen aus betrachtet ein Winkelversatz von +161,57° bzw. −198,43°)! Diese Lösung ist zunächst von begrenztem praktischem Nutzen, da sie zugleich noch nicht den Anforderungen des inneren Massenausgleichs genügt. Große äußere Gegengewichte können dort auch den Lagerabstand vergrößern.
b) Die ungleiche Hauptlagerbelastung kann jedoch abgemildert werden, indem das Ausgleichsmoment auf drei Gegengewichte links bzw. rechts unter dem betreffenden Win-

kelversatz, insgesamt sechs Gegengewichte, verteilt wird, wobei die Kurbelwangen des mittleren Hauptlagers keine Gegengewichte tragen.

c) Mit Bezug auf die Möglichkeit a) kann das Massenmoment 1. Ordnung mit den beiden äußeren Gegengewichten auch nur bis zu einem gewissen Grad reduziert werden. Der Restmomentvektor rotiert dann weiterhin mit konstantem Betrag. Mit jeweils zwei weiteren um 180° versetzten Gegengewichten links und rechts an der inneren Kurbelwange der äußeren Kröpfungen und der äußeren Kurbelwange der inneren Kröpfungen kann das Restmoment vollständig ausgeglichen werden. Aus der Erfüllung der Ausgleichsbedingungen folgt die Verteilung der Ausgleichsmassen. Links und rechts des mittleren Hauptlagers befinden sich bei insgesamt sechs Gegengewichten wiederum keine Gegengewichte.
d) Zunächst rein mathematisch ist das Ausgleichsproblem auch mit sechs Gegengewichten lösbar, die bezogen auf die oben genannte Kröpfungskonfiguration nur um $-135°$ (gegen die Drehrichtung gemessen) versetzt werden. Aus der Erfüllung der Ausgleichsbedingungen folgt wiederum die Verteilung der Ausgleichsmassen. Die Gegengewichte an den äußeren Kurbelwangen der inneren Kröpfungen werden dabei zunächst ziemlich groß. Ein Teil dieser Masse kann jedoch deutlich effektiver den beiden Wangen der äußeren Kröpfungen zugeschlagen werden (vektorielle Addition der anteiligen Massenkräfte), wodurch sich der Winkelversatz der Gegengewichte dann auf einen Wert zwischen $-135°$ und den obigen $-198{,}43°$ der Möglichkeit a) ändert. Links und rechts des mittleren Hauptlagers befinden sich auch in diesem Fall keine Gegengewichte. Der Ausgleichsmassenaufwand kann dann hier insgesamt sehr günstig gestaltet werden.
e) Wie eingangs bereits ausführt, kann der vollständige Ausgleich des freien Massenmoments 1. Ordnung durch Normalausgleich herbeigeführt werden. Dabei finden pro Kröpfung zwei um 180° versetzte Gegengewichte, insgesamt jedoch acht Gegengewichte, Verwendung. Der Ausgleichsmassenaufwand ist dabei aber relativ hoch.

V8-Motoren dieser Kreuzwellen-Ausführung bieten hohen Laufkomfort. Wenn ein R6-Motor dennoch subjektiv günstiger beurteilt werden sollte, so sind die Gründe dafür nicht in der Qualität des Massenausgleichs zu suchen. Ursächlich hierfür ist ein akustisches Phänomen im Zusammenhang mit dem Ladungswechsel. Die dem V8-Motor bei beschriebener Konstellation aufgezwungenen Möglichkeiten der Zündfolge machen es unvermeidlich, dass auch benachbarte bzw. Zylinder einer Zylinderbank nacheinander zünden. Wünschenswert wäre es dagegen, dass die Zündung jeweils von Zylinderbank zu Zylinderbank „springt", d. h., beide Zylinderbänke abwechselnd zünden. Dies ist eben bei der beschriebenen Konfiguration nicht darstellbar. Es treten daher auch ungleichmäßige Zündabstände je Zylinderbank auf, wie das beispielsweise aus einer Zündfolge mit praktischer Bedeutung hervorgeht: $1 - 5 - 4 - \overline{8} - \overline{6} - 3 - 7 - \overline{2}(-\overline{1} - \ldots)$. Die ungleichmäßigen Zündabstände verursachen auch ungleichmäßige Ein- und Ausströmbedingungen, Abb. 5.109 [81]. Insbesondere die Druckpulsationen des Abgasstroms machen sich folglich auch mehr oder weniger akustisch störend bemerkbar. Es handelt sich dabei aber insbesondere um ein thermodynamisches, nicht ein primär mechanisches Problem.

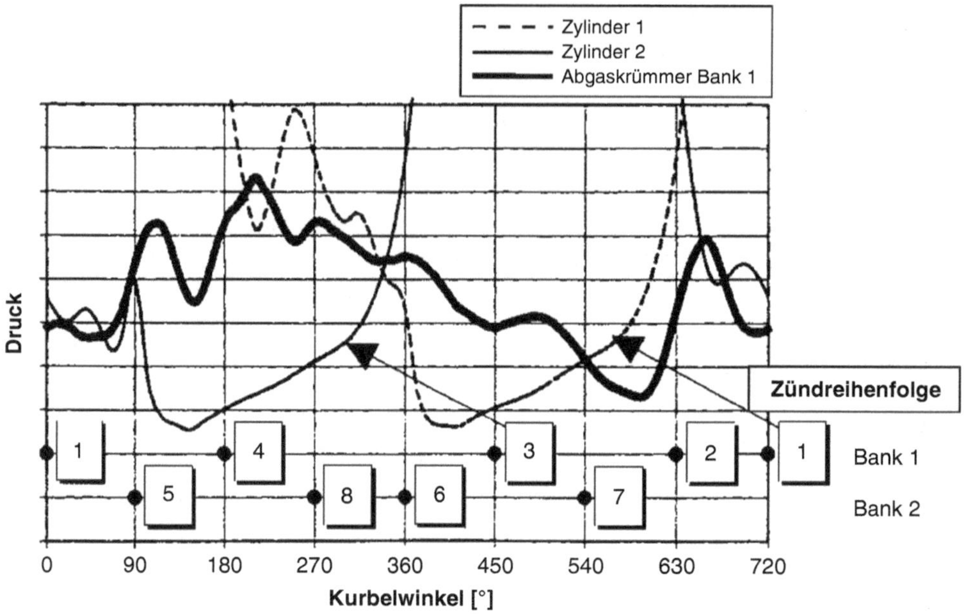

Abb. 5.109 Abgasdruckpulsationen eines V8-Ottomotors bei Nenndrehzahl; aus [81]

Der V8-Motor mit flacher „Vierzylinder-Kurbelwelle" (nur in einer Ebene, d. h. 180° gekröpft) galt bisher als keine wirkliche Alternative für die Motorisierung der Pkw-Oberklasse. Als problematisch einzustufen sind die Massenkräfte 2. Ordnung in Motorquerrichtung (horizontal wirkend). Hinzu kommt ein oszillierendes Massenmoment 2. Ordnung um die y-Achse resultierend aus dem Zylinderbankversatz:

$$F_y^{(2)} = 4\sqrt{2}\hat{F}_{mosz}^{(2)} \sin\varphi \tag{5.223}$$

$$M_y^{(2)} = -2\sqrt{2}\hat{F}_{mosz}^{(2)} b_Z \sin\varphi \tag{5.224}$$

$\hat{F}_{mosz}^{(2)}$ ist der Scheitelwert der Massenkraft 2. Ordnung, b_Z der Zylinderbankversatz. Gl. (5.224) wurde für die unten angegebene Zündfolge berechnet. Die Kompensation der Massenkräfte 2. Ordnung erfordert zwei mit doppelter Drehzahl gegenläufig rotierende Ausgleichswellen (siehe Abschn. 5.2.1.3). Dennoch gibt es aufgrund der saug- und abgasseitigen thermodynamischen Vorteile eine Anwendung bei Motoren, bei denen das Leistungsziel mit im Vordergrund steht. Die bei [82] angewandte Zündfolge 1 – 8 – 3 – 6 – 4 – 5 – 2 – 7 erfüllt die Forderung, dass beide Zylinderbänke abwechselnd zünden. Je Bank ergibt sich eine Zündfolge wie bei R4-Motoren, nämlich 1 – 3 – 4 – 2 und 8 – 6 – 5 – 7. Grundsätzlich ist auch Doppelzündung möglich: 1/4 – 5/8 – 2/3 – 6/7.

h) Anmerkungen zum V10-Motor

Der V10-Motor hat sichtlich an Bedeutung gewonnen. Galt er früher als weniger beachteter „Exote" zwischen der V8- und V12-Bauart, so ist er nicht zuletzt durch die Formel-1 zeitweilig interessant geworden. Bezogen auf den dort damals festgelegten Hubraum werden die Zylindereinheiten beim V12-Motor tendenziell zu „klein" und der Motor baut eher zu lang. Beim entsprechenden V8-Motor werden die Zylinderdurchmesser größer als wünschenswert und damit die Kolben absolut relativ „schwer". Außerdem wird der Motor breit, wenn der herkömmliche V-Winkel 90° zur Anwendung kommt. Es gibt allerdings bei reinrassigen Rennmotoren ohne Anleihen bei Serienmotoren keinen vernünftigen Grund, den V-Winkel nicht kleiner auszuführen. Dies sind nur einige Argumente einer zunächst nur pauschalen Betrachtungsweise.

Der Zündabstand des V10-Motors beträgt $4\pi/10 = 72°$. Analog zum V8-Motor, wo auch V-Winkel, gleichmäßiger Zündabstand und Kröpfungswinkel in Übereinstimmung gebracht werden können, bedeutet dies einen V-Winkel von ebenfalls 72°. Im älteren Schrifttum (z. B. [58]) wird dagegen auch für den V10-Motor ein V-Winkel von 90° empfohlen. Daneben existieren weitere akzeptable Gestaltungsmöglichkeiten, auf die hier nicht eingegangen werden kann. 90° bedeutet allerdings ungleichmäßige Zündabstände (54°–90°–54°–90°– ...). Die Kurbelwelle ist fünffach gekröpft (fünf Doppelkröpfungen ohne versetzte Hubzapfen). Es treten keine freien Kräfte, jedoch Massenmomente 1. und 2. Ordnung auf. Das Massenmoment 1. Ordnung ist mittels „Normalausgleich" vollständig ausgleichbar. Das Massenmoment 2. Ordnung ist vergleichsweise gering. Insgesamt steht der V10- dem V8-Motor somit nicht wesentlich nach.

j) Anmerkungen zum V12-Motor

Der Zündabstand des V12-Motors beträgt $4\pi/12 = 60°$. Analog zum V8- und V10-Motor, wo, wie zuvor erwähnt, auch V-Winkel, gleichmäßiger Zündabstand und Kröpfungswinkel in Übereinstimmung gebracht werden können, bedeutet dies einen V-Winkel von 60°. Die Kurbelwelle ist sechsfach gekröpft (sechs Doppelkröpfungen ohne versetzte Hubzapfen). Sie ist identisch mit der des R6-Motors. Aufgrund ihrer Zentral- und Längssymmetrie treten weder freie Kräfte noch Momente unterhalb der 6. Ordnung auf. Werden nur die Massenwirkungen betrachtet, so fällt der Vergleich zwischen V12- und R6-Motor sogar knapp zugunsten des letzteren aus. Der R6-Motor hat selbst in der 6. Ordnung kein freies Massenmoment und die freien Massenkräfte 6. Ordnung sind um den Faktor $1/\sqrt{3}$ geringer als beim V12-Motor. Dies mögen Spitzfindigkeiten sein, belegen jedoch die bereits angesprochene Qualität der Mechanik des R6-Motors. Wird der durch die Zylinderverdopplung bedingte, wesentlich gleichmäßigere Drehmomentverlauf des V12-Motors mit in die Waagschale geworfen, so verfügt das V12-Triebwerk insgesamt über absolut überlegene Laufeigenschaften. Abb. 5.110 zeigt den Kurbeltrieb des BMW-V12-Motors [83], ein sicherlich ästhetischer Anblick.

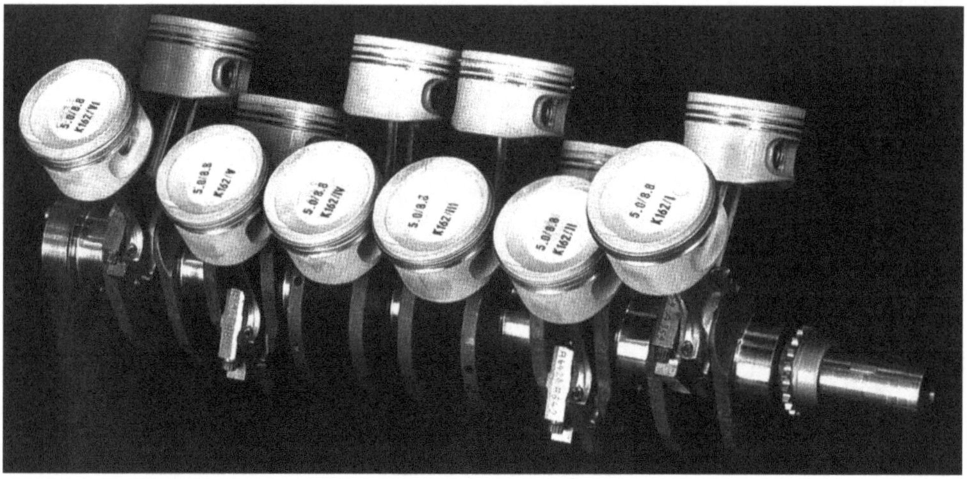

Abb. 5.110 Kurbeltrieb des BMW V12-Motors; aus [83]

k) Anmerkungen zu Motoren mit mehr als 12 Zylindern

In den letzten Jahren wird immer wieder über die Entwicklung von Pkw-Motoren mit 16 und 18 Zylindern berichtet, die zum Zeitpunkt der Abfassung dieses Abschnitts noch keine Serienbedeutung haben. Diese Projekte entspringen keiner technischen Notwendigkeit, z. B. um Triebwerke mit nochmals verbessertem Massenausgleich oder noch gleichmäßigerem Drehmomentverlauf darzustellen. Es geht wohl eher darum, Fahrzeuge des Luxus-Segments mit aufsehenerregender Technik auszustatten. Bei diesen großen Zylinderzahlen steht dann eine möglichst kompakte Bauweise absolut im Vordergrund. Herkömmliche R- und V-Anordnungen werden so in Frage gestellt. Je nach Zylinderzahl bieten sich drei – W-Motor – oder gar vier Zylinderreihen – VRV-Motor – an. VRV-Anordnung bedeutet, dass quasi zwei VR-Motoren mit ihrem typischen kleinem V-Winkel so kombiniert werden, dass sie zusätzlich einen großen V-Winkel bilden. Da dies dann letztlich doch mehr die Vorstellung eines „W" erfüllt als beim so genannten W-Motor per Definition, wird der VRV-Motor augenblicklich ebenfalls seitens seiner Entwickler als W-Motor bezeichnet. Der W-Motor ist damit zurzeit nicht mehr eindeutig definiert, kann also drei oder sogar vier Zylinderreihen aufweisen. Prinzipbedingt ist der Kurbeltrieb jeweils sehr hoch belastet und erfordert somit besonderen Entwicklungsaufwand. Es sei hier ergänzt, dass jenseits der Fahrzeugmotoren Zylinderzahlen von deutlich mehr als 12 Zylinder selbstverständlich gängige Praxis sind.

5.2.1.2.4 Massenumlaufmoment

Das Massenumlaufmoment $\vec{M}_z$ ist ein Moment um die z-Achse, also die Längsachse der Kurbelwelle. Es entsteht infolge nicht gleichförmig bewegter „umlaufender" Massen. Letztere bedürfen sicher noch der näheren Erläuterung. Bei den bisherigen Ausführungen wird die Masse bzw. anteilige Masse stets als in einem Punkt vereinigt betrachtet. In Wirklichkeit trifft dies bekanntlich nicht zu, was durch das Massenträgheitsmoment zum Ausdruck kommt, dem definitionsgemäß die räumliche Verteilung der Masse zugrunde liegt. Bei instationärer Drehbewegung entsteht ein Moment um die Drehachse. Beim Kurbeltrieb trifft dies sowohl uneingeschränkt für das Schwenkbewegungen ausführende Pleuel als auch bedingt – im Fall nicht konstanter Drehzahl – für die Kurbelwelle zu.

Das Massenumlaufmoment setzt sich demnach aus verschiedenen Anteilen zusammen, die im Folgenden näher betrachtet werden:

a) Drehimpuls des Kolbens:

$$T_K \approx 0 \tag{5.225}$$

Der Kolben führt eine rein translatorische Bewegung aus, wenn seine Kippbewegungen wegen der geringen Ausschläge vernachlässigt werden.

b) Drehimpuls des oszillierenden Pleuelmassenanteils:

$$T_{Plosz} = -\Theta_{Plosz}\dot{\psi} = -m_{Plosz}k^2_{Plosz}\dot{\psi} \tag{5.226}$$

ψ ist der Pleuelschwenkwinkel, $\dot{\psi}$ die Winkelgeschwindigkeit der Schwenkbewegung des Pleuels. Θ_{Plosz} ist das Massenträgheitsmoment des oszillierenden Pleuelmassenanteils m_{Plosz} bezogen auf den Kolbenbolzen, k_{Plosz} der entsprechende Trägheitsradius.

c) Drehimpuls des rotierenden Pleuelmassenanteils:

$$T_{Plrot} = -\Theta_{Plrot}\dot{\psi} + m_{Plrot}r^2\omega = m_{Plrot}\left(-k^2_{Plrot}\dot{\psi} + r^2\omega\right) \tag{5.227}$$

Θ_{Plrot}, m_{Plrot} und k_{Plrot} sind analog zu b) die entsprechenden Größen des rotierenden Pleuelmassenanteils mit den Bezugspunkten Kurbelwellenhubzapfen (Pleuel) bzw. Kurbelwellengrundzapfen. Wird berücksichtigt, dass die Massenträgheitsmomente der oszillierenden und rotierenden Pleuelmassenanteile bezogen auf den Massenschwerpunkt des Pleuels (Masse m_{Pl}, Trägheitsradius k_{Pl}) in Summe dem Massenträgheitsmoment des Pleuels entsprechen müssen, so ist folgender Ansatz möglich, wobei vom „Satz von Steiner" Gebrauch gemacht wird (Massenträgheitsmoment bezogen auf eine Drehachse im Abstand s vom Massenschwerpunkt $\Theta = \Theta_0 + ms^2$):

$$m_{Plosz}\left[k^2_{Plosz} + (l_{Pl} - l_{Pl1})^2\right] + m_{Plrot}\left(k^2_{Plrot} + l^2_{Pl1}\right) = m_{Pl}k^2_{Pl} \tag{5.228}$$

Mit den bekannten Zusammenhängen

$$m_{Plosz} = m_{Pl}\frac{l_{Pl1}}{l_{Pl}}$$

bzw.

$$m_{Plrot} = m_{Pl}\left(1 - \frac{l_{Pl1}}{l_{Pl}}\right)$$

folgt:

$$m_{Plosz}k_{Plosz}^2 + m_{Plrot}k_{Plrot}^2 = m_{Pl}\left[k_{Pl}^2 - l_{Pl1}(l_{Pl} - l_{Pl1})\right] \tag{5.229}$$

d) Drehimpuls der Kurbelwelle:

$$T_{KW} = \Theta_{KW}\omega = m_{KW}k_{KW}^2\omega \tag{5.230}$$

e) Gesamter Drehimpuls der „umlaufenden" Massen:

$$T_{ges} = T_K + T_{Plosz} + T_{Plrot} + T_{KW} \tag{5.231}$$

$$T_{ges} = -\dot{\psi}\left(m_{Plosz}k_{Plosz}^2 + m_{Plrot}k_{Plrot}^2\right) + \omega\left(m_{Plrot}r^2 + m_{KW}k_{KW}^2\right) \tag{5.232}$$

bzw.

$$T_{ges} = \dot{\psi}\, m_{Pl}\left[l_{Pl1}(l_{Pl} - l_{Pl1}) - k_{Pl}^2\right] + \omega\left[m_{Pl}r^2\left(1 - \frac{l_{Pl1}}{l_{Pl}}\right) + m_{KW}k_{KW}^2\right] \tag{5.233}$$

wenn Gl. (5.229) herangezogen wird. Übersichtlicher ist eine abgekürzte Schreibweise mit „reduzierten" Massenträgheitsmomenten:

$$T_{ges} = \dot{\psi}\ \Theta_{red1} + \omega\ \Theta_{red2} \tag{5.234}$$

Das Massenumlaufmoment folgt schließlich aus dem oben bereits nicht namentlich erwähnten Drallsatz der Mechanik:

$$M_z = -\frac{dT_{ges}}{dt} = -\left(\ddot{\psi}\ \Theta_{red1} + \dot{\omega}\ \Theta_{red2}\right) \tag{5.235}$$

$\dot{\omega}$ ist die Winkelbeschleunigung der Kurbelwelle. Der zweite Term tritt demnach nur im Instationärbetrieb (bei veränderlicher Drehzahl) auf. $\ddot{\psi}$ ist die Winkelbeschleunigung der Schwenkbewegung des Pleuels. Sie setzt sich aus einem stationären und instationären Anteil zusammen. Der bekannte Zusammenhang zwischen Pleuelschwenkwinkel ψ und Kurbelwinkel φ, nämlich $\sin\psi = \lambda_{Pl}\sin\varphi$ bzw. $\psi = \arcsin(\lambda_{Pl}\sin\varphi)$, erlaubt auch für ψ eine entsprechende Reihenentwicklung:

$$\psi = \lambda_{Pl}\sin\varphi + \frac{1}{6}\lambda_{Pl}^3\sin^3\varphi + \frac{3}{40}\lambda_{Pl}^5\sin^5\varphi + \ldots \tag{5.236}$$

Für die Potenzen $\sin^n\varphi$ ist wiederum einen Reihenentwicklung möglich. Ohne diese hier explizit auszuführen, lautet das Ergebnis:

$$\psi = \lambda_{Pl}\left(C_1 \sin\varphi + \frac{1}{9}C_3 \sin 3\varphi + \frac{1}{25}C_5 \sin 5\varphi + \ldots\right) \tag{5.237}$$

$$\dot{\psi} = \lambda_{Pl}\omega\left(C_1 \cos\varphi + \frac{1}{3}C_3 \cos 3\varphi + \frac{1}{5}C_5 \cos 5\varphi + \ldots\right) \tag{5.238}$$

$$\begin{aligned}\ddot{\psi} = &-\lambda_{Pl}\omega^2(C_1 \sin\varphi + C_3 \sin 3\varphi + C_5 \sin 5\varphi + \ldots)+\\ &+ \lambda_{Pl}\dot{\omega}\left(C_1 \cos\varphi + \frac{1}{3}C_3 \cos 3\varphi + \frac{1}{5}C_5 \cos 5\varphi + \ldots\right)\end{aligned} \tag{5.239}$$

Dabei bedeuten die Konstanten C_i:

$$\begin{aligned} C_1 &= 1 + \frac{1}{8}\lambda_{Pl}^2 + \frac{3}{64}\lambda_{Pl}^4 + \ldots \\ C_3 &= -\frac{3}{8}\lambda_{Pl}^2 - \frac{27}{128}\lambda_{Pl}^4 - \ldots \\ C_5 &= \frac{15}{128}\lambda_{Pl}^4 + \ldots \end{aligned} \tag{5.240}$$

Die Bedingungen für den Ausgleich des Massenumlaufmoments lauten:

$$\alpha)\ l_{Pl1}(l_{Pl} - l_{Pl1}) - k_{Pl}^2 = 0;\ k_{Pl}^2 = l_{Pl1}(l_{Pl} - l_{Pl1}) \tag{5.241}$$

$$\beta)\ m_{Pl}r^2\left(1 - \frac{l_{Pl1}}{l_{Pl}}\right) + m_{KW}k_{KW}^2 = 0;\ l_{Pl1} = l_{Pl}\left(1 + \frac{m_{KW}k_{KW}^2}{m_{Pl}r^2}\right) \tag{5.242}$$

Erstere Forderung ist erfüllbar durch das Anbringen kleiner Zusatzmassen am Pleuelkopf bzw. kleinen Pleuelauge, Abb. 5.111, letztere wegen $l_{Pl1} > l_{Pl}$ in der Praxis augenscheinlich nicht.

5.2.1.3 Massenausgleich mit Hilfe von Ausgleichswellen

Beim Umgang mit Ausgleichswellen ist es vorteilhaft, sich zumindest gedanklich der Vektordarstellung zu bedienen. Ziel ist es, mittels eines gleich großen, entgegengesetzt gerichteten Vektors den Ausgleich herbeizuführen oder wenigstens einen Teilausgleich zu erreichen. Wie schon gezeigt, können die auszugleichenden Vektoren mit periodisch veränderlichem oder im Sonderfall mit konstantem Betrag „kreisförmig" rotieren oder in Längs- bzw. Querrichtung oszillieren. Massenkräfte und -momente können in herkömmlicher Weise – d. h. mit Hilfe von Gegengewichten – u. U. nur teilweise ausgeglichen werden. Neben baulichen Einschränkungen kann der Grund – so belegen es die bisherigen Ausführungen – auch prinzipieller Natur sein. In der Regel verbleibt ein Restvektor. Der durch Gegengewichte prinzipiell erreichbare Ausgleichsgrad bedarf einer Betrachtung

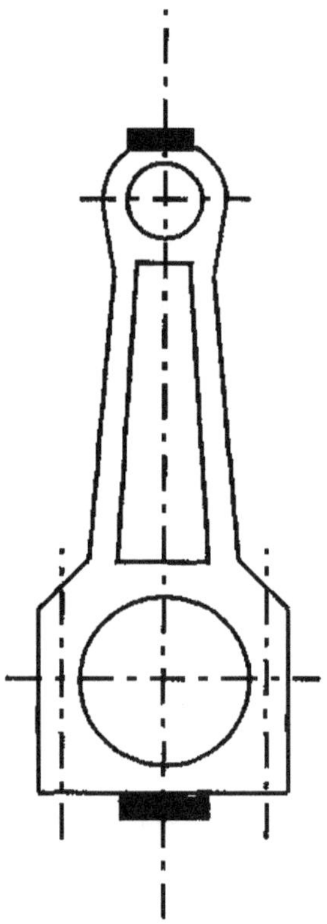

Abb. 5.111 Kleine Zusatzmassen am Pleuelkopf und am kleinen Pleuelauge zum Ausgleich des durch die Pleuelschwenkbewegung verursachten Anteils am Massenumlaufmoment

des jeweiligen spezifischen Falls. Ein Restvektor setzt sich im Allgemeinen aus einem durch zusätzliche Gegengewichte an der Kurbelwelle ausgleichbaren positiv umlaufenden Vektor und möglicherweise außerdem aus einem auf diese Weise nicht beizukommenden negativ (entgegen der Kurbelwellendrehrichtung) umlaufenden Vektor zusammen.

Der Einsatz von Ausgleichswellen konzentriert sich auf die durch Gegengewichte an der Kurbelwelle nicht ausgleichbaren Massenkräfte und -momente. Nur dieser Umstand rechtfertigt den unverhältnismäßig großen technischen Aufwand entsprechender Maßnahmen, die stets gegenüber herkömmlichen „Alternativen" abzuwägen sind. Die Kriterien sind dabei zunächst die Mehrkosten in Relation zu einem potenziellen Zugewinn an Laufruhe (Komfort). Weiterhin spielt die betreffende Motorkategorie im Kontext mit einer bestimmten Fahrzeugklasse eine wichtige Rolle. Schließlich wird auch die Motorisierung von Wettbewerbsfahrzeugen in dieser Klasse Berücksichtigung finden.

Eine Ausgleichswelle benötigt eine gehäuseähnliche Substruktur, die zusätzlichen Bauraum beansprucht. Sie muss sicher gelagert werden, insbesondere dann, wenn sie mit doppelter Motordrehzahl rotiert (Ausgleich 2. Ordnung). Neben der simplen zweifachen Lagerung muss in bestimmten Fällen auch eine dreifache Lagerung (bzw. Vielfachlagerung) erwogen werden. Es können z. B. zweiteilige Gleitlager (Halbschalen mit Stahlrücken und AlSn20-Laufschicht) ähnlich wie bei anderen motorischen Lagerstellen

(Kurbelwellenhauptlager, Pleuellager) oder einteilige Buchsen Verwendung finden. Dies erfordert eine weitere Verzweigung der Druckölschmierung mit Sicherstellen des einwandfreien drucklosen Ölrücklaufs. Wartungsfreie Wälzlager sind teurer und bauen größer als Gleitlager. Sie sind dann notwendig, wenn Ausgleichswellen außerhalb des so genannten „drucklosen Ölraums“ untergebracht werden müssen oder sollen. Ihr Einsatz war eher selten. Zur Reibleistungsreduzierung setzte sich jedoch nun Nadellagerung durch.

Eine Ausgleichswelle muss entweder getrennt angetrieben werden oder in das Nebenantriebskonzept des Motors zusätzlich integriert werden. Der Antrieb muss, ob über Zahnriemen, Kette oder Zahnräder, langfristig phasentreu, dauerfest und akustisch unauffällig sein. Die mechanischen Antriebsverluste müssen möglichst gering sein. Bei der Lagerung von Ausgleichswellen kann auf eine Axialkraftabstützung nicht verzichtet werden (Anlaufscheiben oder Bundbuchse bei Gleitlagern obligatorisch).

Eine nachträgliche Integration von Ausgleichswellen gestaltet sich demnach so schwierig, dass eine diese Option betreffende Entscheidung unbedingt in der Konzeptphase getroffen werden sollte. Für den Antrieb von Ausgleichswellen gibt es keine ideale Lösung. Die Entscheidung wird entsprechend der jeweiligen konstruktiven Gegebenheiten unterschiedlich ausfallen. Dies belegt auch das Schrifttum (z. B. [84]), obwohl dort eher selten bis ins Detail über diese spezielle Thematik berichtet wird. Aktuell steht wohl der Kettenantrieb mit dem Zahnradantrieb im Wettbewerb, wenn die Welle(n) unterhalb der Kurbelwelle gelagert ist (sind). Auf der Kurbelwelle ist hierfür ein Kettenrad bzw. Zahnrad vorzusehen. Diese befinden sich nicht zwangsläufig auf dem steuerseitigen Zapfen der Kurbelwelle, der z. B. u. U. bereits für die Ölpumpe bzw. den Ölpumpenabtrieb reserviert ist, sondern an anderer geeigneter Stelle. Die Anforderungen an Letztere implizieren eine ausreichende statische „Stabilität“ und eine relativ geringe Dynamik (Schwingungsknoten). Eine Kette mit Kettenspanner ist sehr viel besser in der Lage, während des Motorbetriebs auftretende Wellenabstandsänderungen auszugleichen. Bei Zahnradantrieb stellt sich grundsätzlich das Problem der Minimierung des Zahnflankenspiels. Muss ein Kettenrad jedoch in die Kurbelwangen integriert werden, so stellt sich das Problem des großen Durchmessers. Die maximal zulässige Kettengeschwindigkeit wird dann leicht überschritten. Für Ketten, wie sie hier Anwendung finden, liegt diese nach [84] bei etwa 30 m/s gemäß Herstellerangabe. Eine weitere Möglichkeit besteht in diesem Fall, die Welle(n) über eine kettenangetriebene Ölpumpe anzutreiben, Abb. 5.112. Am steuerseitigen Zapfen kann das Kettenrad für den Ölpumpenantrieb ausreichend klein bemessen werden, um dem genannten Problem aus dem Weg zu gehen.

a) Oszillierende Massenkräfte (1. und 2. Ordnung)

Für den Ausgleich freier Massenkräfte sind immer zwei symmetrisch zur Kurbelwelle angeordnete Wellen notwendig, um keine zusätzlichen Massenmomente zu erzeugen. Die exzentrischen Massen der Wellen sind so ausgerichtet, dass der resultierende Kraftvektor entgegen der auszugleichenden freien Massenkraft zeigt. Die Phasenlage beträgt demnach 180°. Auch die einzelne Welle selbst ist so gestaltet bzw. die Positionierung beider Wellen in Motorhoch- und -längsrichtung erfolgt so, dass dadurch keine zusätzlichen Massenmomente entstehen.

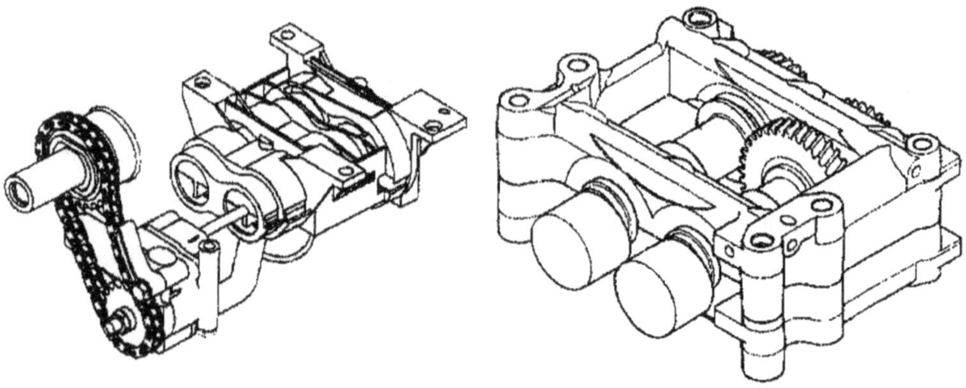

Abb. 5.112 Antrieb der Ausgleichswellen (Massenkräfte 2. Ordnung) beim Vierzylinder-Reihenmotor über Ölpumpe bzw. kurbelwellenseitiges Zahnrad; aus [84]

b) Rotierendes Massenmoment

Sind beim Massenkraftausgleich durch die Wellen zusätzliche freie Momente zu vermeiden, so sind beim Momentenausgleich zusätzliche freie Kräfte zu vermeiden. Zur Erzeugung eines rotierenden Ausgleichmoments genügt eine unter Beachtung der Anforderungen „beliebig" positionierte Ausgleichswelle. Diese hat zwei in möglichst großem Abstand (Hebelarm) entgegengesetzt angeordnete exzentrische Massen. Die Phasenlage des Ausgleichmoments beträgt wiederum 180° zum auszugleichenden Massenmoment. Die Ausgleichswelle rotiert mit gleicher Drehzahl – in der Praxis geht es im Wesentlichen um die 1. Ordnung – gegensinnig zur Kurbelwelle, d. h. gegenphasig mit dem negativ umlaufenden Restmomentvektor. Dabei wird unterstellt, dass der positiv umlaufende Anteil durch Gegengewichte an der Kurbelwelle bereits vollständig ausgeglichen ist.

c) Oszillierendes Massenmoment

Zur Erzeugung eines oszillierenden Ausgleichsmoments sind prinzipiell zwei gegensinnig rotierende Wellen erforderlich. Die um 180° versetzten Exzentermassen der Wellen rotieren spiegelsymmetrisch zueinander. Die Komponenten der Massenmomente in Ausgleichsrichtung addieren sich, diejenigen senkrecht dazu heben sich gegenseitig auf.

5.2.1.3.1 Ausgleich von Massenkräften durch Ausgleichswellen; Möglichkeiten und Anwendungen

a) Der Einzylindermotor

Die Abb. 5.113 und 5.114 (links) zeigen die beiden Alternativen für den vollkommenen Massenausgleich 1. Ordnung des Einzylindertriebwerks mit Hilfe von Ausgleichswellen, die mit Kurbelwellendrehzahl rotieren.

Beim „Normalausgleich" ist der nicht ausgleichbare, negativ umlaufende Kraftvektor, der die 50 % der verbleibenden oszillierenden Massenkraft repräsentiert, durch einen ebenfalls

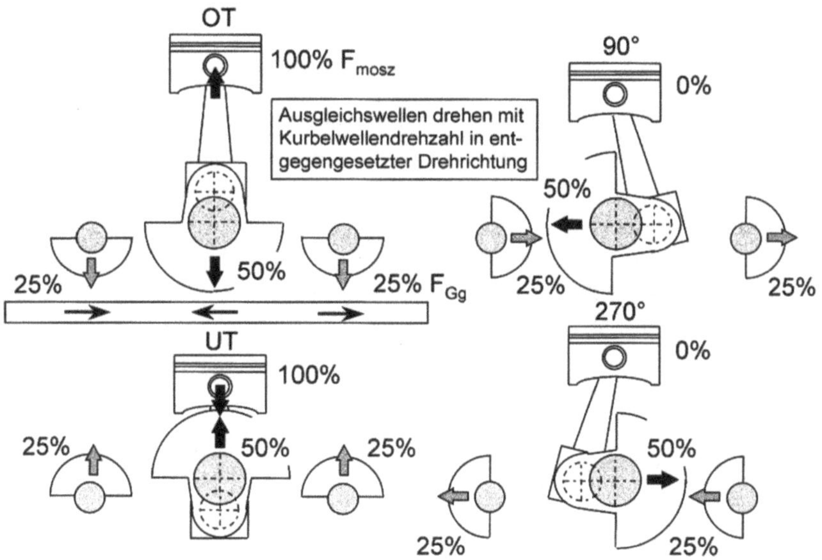

Abb. 5.113 Vollkommener Ausgleich der Massenkraft 1. Ordnung beim Einzylindertriebwerk mit „Normalausgleich" durch zwei entgegen der Kurbelwellendrehrichtung mit Kurbelwellendrehzahl rotierende Ausgleichswellen (Prinzipdarstellung)

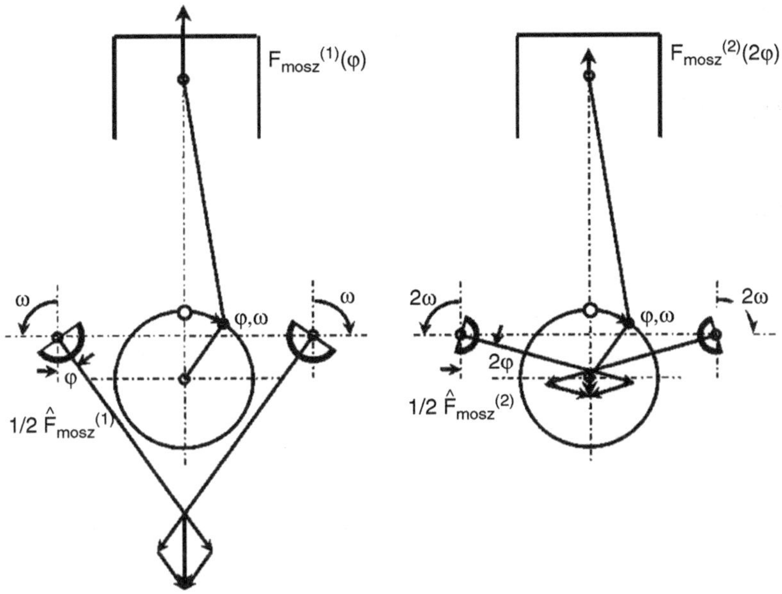

Abb. 5.114 Vollkommener Ausgleich der Massenkräfte 1. und 2. Ordnung beim Einzlindertriebwerk mit durch Gegengewichte ausgeglichenen rotierenden Massenkräften mittels jeweils zweier gegensinnig (spiegelsymmetrisch) mit einfacher bzw. doppelter Motordrehzahl rotierender Ausgleichswellen

negativ, d. h. entgegen der Kurbelwelle, rotierenden Kraftvektor zu kompensieren. Wie dargestellt, gleichen die Massenkräfte der beiden symmetrisch angeordneten, gleichsinnig entgegen der Kurbelwelle rotierenden Exzenterwellen (gekennzeichnet mit 2 × 25 %) die oszillierende Restkraft (50 %) aus. Werden nur die rotierenden Massenkräfte durch Gegengewichte ausgeglichen, so erzeugen zwei gegensinnig (spiegelsymmetrisch) rotierende Ausgleichswellen einen oszillierenden Kraftvektor (2 × 50 %), der die volle oszillierende Massenkraft (100 %) ausgleicht.

Massenkräfte 2. Ordnung können nicht durch Gegengewichte an der Kurbelwelle ausgeglichen werden, da sie bekanntlich mit einer Frequenz, die der doppelten Motordrehzahl entspricht, auftreten. Da es sich um oszillierende Kräfte handelt, sind wiederum zwei gegensinnig rotierende Wellen, die, wie aus Abb. 5.114 (rechts) ersichtlich, dann mit doppelter Motordrehzahl rotieren, notwendig.

b) Massenkräfte 2. Ordnung beim Vierzylindermotor

Beim Vierzylinderreihenmotor sind die Massenkräfte 2. Ordnung, die sich bei allen vier Zylindern addieren, weil der zugehörige Kröpfungstern keinerlei Symmetrie aufweist, sondern die Massenkräfte aller vier Zylinder in dieselbe Richtung wirken, besonders kritisch, Abb. 5.115. Es kommt erschwerend hinzu, dass die Periodizität der Massenkräfte 2. Ordnung bei vier Zylindern mit der Zündfrequenz zusammenfällt. Der Vierzylindermotor wird so auch gaskraftseitig von der 2. Motorordnung bestimmt. Charakteristisch ist daher eine gewisse Brummigkeit dieses Motors. Diese tritt verstärkt in Erscheinung, wenn Biegeeigenfrequenzen des Motor-Getriebe-Verbunds von Massenkräften 2. Ordnung angeregt und über die Motoraufhängung auf die Karosserie übertragen werden. In jüngerer Zeit werden große Anstrengungen unternommen, durch die Struktur versteifende Maßnahmen diese

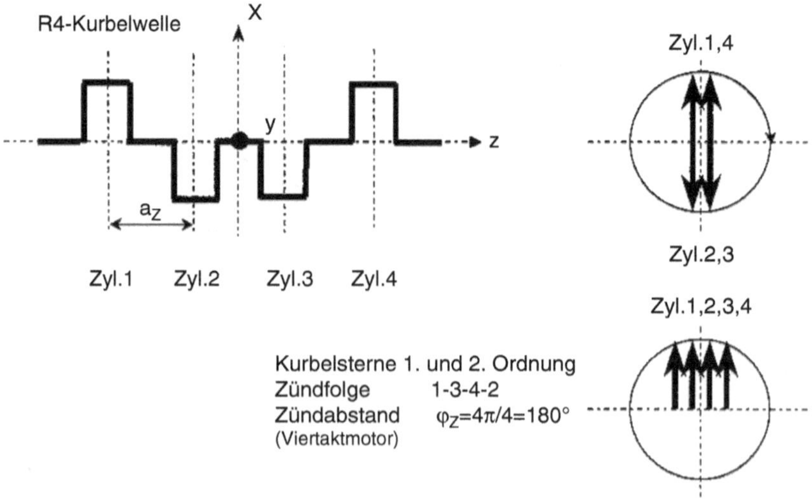

Abb. 5.115 Kurbelsterne 1. und 2. Ordnung beim Vierzylinder-Reihenmotor

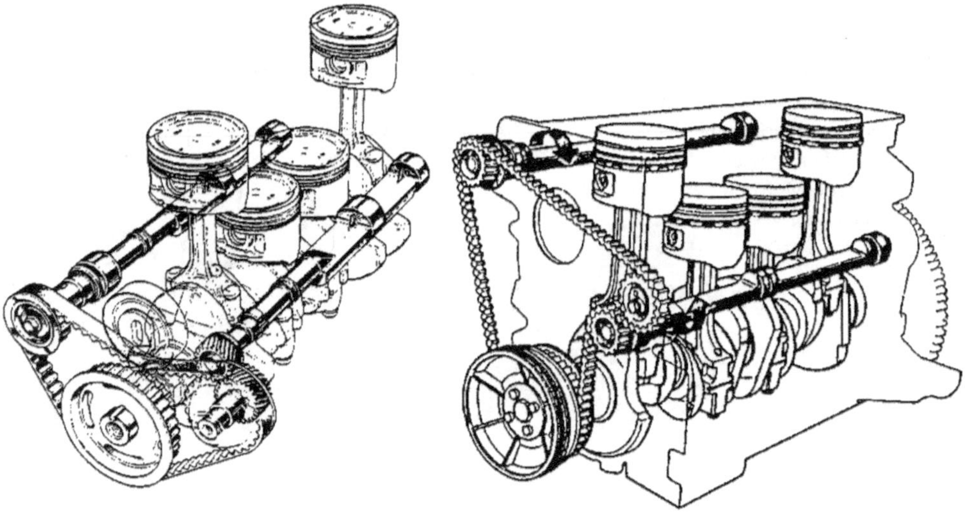

Abb. 5.116 Vierzylindertriebwerke mit „Lancester-Ausgleich“: Honda Accord (links) und Lancia Dedra (rechts)

Abb. 5.117 Gehäuse der Ausgleichswellen mit Integration des Wellenantriebs in den Ölpumpenantrieb (FORD 2,3-l-DOHC-Motor [85])

Biegeeigenfrequenzen in den Frequenzbereich 250 bis 300 Hz anzuheben, d. h., gegenüber der Anregungsfrequenz ausreichend weit nach oben zu verschieben. Die Anregungsfrequenz 2. Ordnung beträgt z. B. bei $n = 6000$ 1/min $2 \times 6000/60 = 200$ Hz.

Der mit zwei zusätzlichen, mit doppelter Drehzahl gegensinnig rotierenden Ausgleichswellen einhergehende Aufwand wird in zunehmendem Maß nicht mehr gescheut. Dies gilt vor allem für „große“ Pkw-Vierzylindermotoren, worunter Hubräume > 2 l zu verstehen sind. Diese Art des Ausgleichs wird auch „Lancester-Ausgleich“ genannt, Abb. 5.116. Bei der dargestellten „hohen“ Lage der Ausgleichswellen benötigt das Zylinderkurbelgehäuse seitliche Lagerungs- bzw. Unterbringungsmöglichkeiten. Eine alternative Unterbringung geht aus Abb. 5.117 [85] hervor. Hier liegen die Ausgleichswellen „tief“, d. h. unterhalb

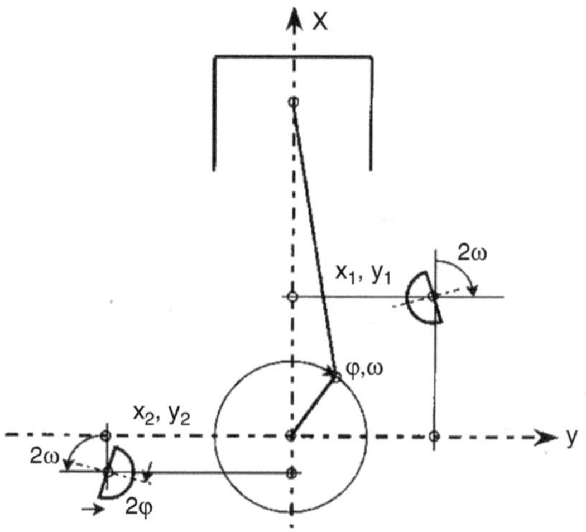

Abb. 5.118 „Lancester-Ausgleich“ mit Teilkompensation des Rollmoments 2. Ordnung durch unsymmetrische Anordnung der Ausgleichswellen, wie er z. B. bei den Porsche-Motoren 944/968 seinerzeit verwirklicht wurde

der Kurbelwelle. Die beiden Ausgleichswellen sind bei diesem Ausführungsbeispiel in einem Aluminium-Leiterrahmen integriert, der zwischen dem Zylinderkurbelgehäuse und der Ölwanne angeordnet ist. Der Ausgleichswellenantrieb ist zugleich in den Ölpumpenkettenantrieb eingebunden. Ein am Kettenrad befindliches Zahnrad treibt eine Ausgleichswelle direkt und die andere zwecks Erzeugung der gegenläufigen Drehbewegung über ein Zwischenrad im Verhältnis 2:1 an.

Es gibt gute Gründe, beim „Lancester-Ausgleich“ durch nicht symmetrische Anordnung der beiden Ausgleichswellen zusätzlich ein Moment um die Motorlängsachse zu erzeugen. Dieses soll dem so genannten „Rollmoment“ infolge ungleichförmiger Drehkraftwirkung speziell im Hinblick auf die 2. Motorordnung beim Vierzylinder-Viertaktmotor entgegenwirken. Man spricht in diesem Zusammenhang auch ganz allgemein vom Ausgleich der freien Drehmomente infolge Gas- und Massenkraftwirkung. Zur Erzeugung eines Moments um die Motorlängsachse reicht eigentlich prinzipiell eine gegenüber dieser Achse versetzte Exzenterwelle aus, die mit einer Drehzahl gemäß der betrachteten Ordnung und entsprechender Phase rotiert. Diese erzeugt jedoch zusätzlich eine nicht ausgeglichene Kraft. Abb. 5.118 zeigt beispielhaft die Zweiwellen-Anordnung des „Lancester-Ausgleichs“. Streng genommen kann der gleichzeitige Rollmomentausgleich (im Abb. rechts) wegen unterschiedlicher Drehzahlabhängigkeit nur für einen bestimmten Drehzahl-/Lastpunkt voll gelingen (Rollmoment: siehe Abschn. 5.2.1.3.2).

5.2.1.3.2 Rollmoment

a) Ungleichförmigkeitsgrad

Das Rollmoment ist definitionsgemäß ein Moment um die Längsachse, hier die Motorlängsachse. Gemeint ist in diesem Zusammenhang das Drehmoment resultierend aus der Überlagerung der freien Drehmomente, verursacht durch die Gas- und Massenkräfte der einzelnen Zylinder. Dieses Drehmoment unterliegt je nach Ungleichförmigkeit des

Tangentialkraftverlaufs (Drehkraftverlaufs) mehr oder weniger großen zyklischen Schwankungen. Die zwei Umdrehungen in Anspruch nehmenden Arbeitstakte eines Viertaktzyklus sorgen für einen stark ungleichmäßigen Drehverlauf der Kurbelwelle. Die Triebwerksmassen werden beschleunigt und dann wieder abgebremst. Deshalb schwankt die Drehzahl mehr oder weniger stark. Die Ungleichförmigkeit bestimmen im Wesentlichen die Zylinderzahl, die Gleichmäßigkeit der Zündabstände und das Massenträgheitsmoment des Triebwerks, dabei insbesondere das des Schwungrads. Das Schwungrad ist dazu da, in der Verzögerungsphase mit der gespeicherten Energie „durchzuziehen“ und in der Beschleunigungsphase mit seiner Massenträgheit „dagegenzuhalten“. Es gleicht demnach Drehzahlschwankungen bis zu einem gewissen Grad aus. Sinnvollerweise werden diese Drehzahlschwankungen im Leerlauf (warmer Motor mit optimaler Einstellung vorausgesetzt) gemessen. Die Drehzahlschwankung während eines Zyklus

$$\Delta\omega = \omega_{\max} - \omega_{\min} \tag{5.243}$$

ist zu ermitteln und auf den Mittelwert

$$\overline{\omega} = \frac{1}{2}(\omega_{\max} + \omega_{\min}) \tag{5.244}$$

zu beziehen. Diese Rechengröße wird Ungleichförmigkeitsgrad $\delta_U = \dfrac{\Delta\omega}{\overline{\omega}}$ genannt.

b) Bemessung des Schwungrads

Praktischen Erfahrungen folgend kann die Massenträgheit des Schwungrads so weit reduziert werden, bis die Drehzahlschwankungen maximal 10 % betragen (z. B. 80 1/min bei 800 1/min). Im älteren Schrifttum werden auch größere Werte genannt. Bei empirischer Auslegung spielt dabei sicher die subjektive Beurteilung des Leerlaufverhaltens des Motors eine wesentliche Rolle. Auch die nicht zyklischen Schwankungen der Leerlaufdrehzahl haben erfahrungsgemäß einen erheblichen Einfluss auf den den Insassen vermittelten Komforteindruck. So wird heute der Stabilisierung des Leerlaufs bei möglichst niedriger Drehzahl insgesamt große Aufmerksamkeit gewidmet.

Die Schwungradmasse kann auch rechnerisch bestimmt werden. Dieses Verfahren ist jedoch recht aufwändig und setzt genaue Messdaten voraus, wie z. B. die Indizierung des Zylinderdruckverlaufs, die im Auslegungsstadium als reale Messgrößen noch nicht zur Verfügung stehen. So ist man in erster Näherung auf eine Simulationsrechnung des Kreisprozesses angewiesen.

Bezüglich des im Folgenden verwendeten Begriffs „Tangentialdruck“ $\bar{p}_t$ wird auf die unter dem folgenden Punkt c) gemachten Ausführungen verwiesen. Die vom mittleren „Tangentialdruck“ während eines Arbeitszyklus 4π geleistete innere Arbeit W_i muss identisch sein mit der von den Kolben mit der Kolbenfläche A_K aller Zylinder z infolge des mittleren indizierten Zylinderdrucks p_{mi} geleisteten Arbeit:

$$W_i = A_K \bar{p}_t 4\pi r = A_K p_{mi} 2rz \Rightarrow \bar{p}_t = \frac{z}{2\pi} p_{mi} \tag{5.245}$$

Die zeitliche Änderung der Winkelgeschwindigkeit beschreibt folgender Ansatz, der die Änderung der Rotationsenergie der in bestimmten Phasen des Arbeitszyklus überschüssigen (Beschleunigungsphase), in anderen wiederum fehlenden (Verzögerungsphase) Energie $W_Ü$ gleichsetzt:

$$\frac{1}{2}\left[\omega^2(\varphi_2) - \omega^2(\varphi_1)\right]\Theta_{ges} = A_K r \int_{\varphi_1}^{\varphi_2} (p_t(\varphi) - \bar{p}_t) d\varphi \tag{5.246}$$

$$\text{Somit gilt:} \qquad \omega^2_{\max} - \omega^2_{\min} = \frac{2W_Ü}{\Theta_{ges}} \tag{5.247}$$

Θ_{ges} ist das auf die Kurbelwelle bezogene Massenträgheitsmoment der rotierenden Triebwerksmassen. Mit den Gl. (5.243), (5.244) und (5.247) kann der Ungleichförmigkeitsgrad dann durch folgende Beziehung ausgedrückt werden:

$$\delta_U = \frac{W_Ü}{\overline{\omega}^2 \Theta_{ges}} \tag{5.248}$$

Wird ein bestimmter Ungleichförmigkeitsgrad zugelassen, so kann bei Kenntnis des Massenträgheitsmoments der Kurbelwelle sowie der an ihr befindlichen zusätzlichen rotierenden Massen Θ_{KWges} das Massenträgheitsmoment des Schwungrads berechnet werden:

$$\Theta_{Schw} = \frac{W_Ü}{\delta_U \overline{\omega}^2} - \Theta_{KWges} \tag{5.249}$$

c) Gas- und Massendrehkraftverläufe

Es ist zweckmäßig, die Gas- und Massendrehkraftanteile zunächst getrennt zu betrachten. Der mit dem Kurbelwinkel veränderliche Drehkraftverlauf $F_t(\varphi)$ regt insbesondere Torsionsschwingungen der Kurbelwelle an. Es wird deshalb auch hier eine Zerlegung in einzelne Harmonische vorgenommen. Die Tangential- oder Drehkraft kann mittels des Prinzips der virtuellen Arbeit hergeleitet werden:

$$-F\frac{dx}{dt} = F_t r \frac{d\varphi}{dt} \tag{5.250}$$

Hinsichtlich Gas- und oszillierender Massenkraft gilt dann entsprechend:

$$F_{tGas} = -F_{Gas}\frac{\dot{x}}{r\omega} \quad \text{bzw.} \quad F_{tmosz} = -F_{mosz}\frac{\dot{x}}{r\omega} = -m_{osz}\frac{\dot{x}\ddot{x}}{r\omega} \tag{5.251}$$

Da die Gaskraft auf den Zylinderdruck zurückzuführen ist, hat es sich eingebürgert, auch vom „Tangentialdruck" zu sprechen, nämlich der auf die Kolbenfläche bezogenen Tangential- oder Drehkraft. Näherungsweise besteht folgende Beziehung zwischen der Dreh- und der translatorischen Kolbenkraft:

$$F_t \approx F_K\left(\sin\varphi + \frac{\lambda_{Pl}}{2}\sin 2\varphi\right) \tag{5.252}$$

Mit der ebenfalls einschließlich der 2. Ordnung angesetzten Kolbenbeschleunigung folgt nach einigen Umformungen schließlich für den Massen-„Tangentialdruck":

$$p_{tmosz} \approx \frac{m_{osz}r\omega^2}{A_K}\left(\frac{1}{4}\lambda_{Pl}\sin\varphi - \frac{1}{2}\sin 2\varphi - \frac{3}{4}\lambda_{Pl}\sin 3\varphi - \frac{1}{4}\lambda_{Pl}^2\sin 4\varphi\right) \tag{5.253}$$

Je nach Zylinderzahl des Mehrzylindermotors tragen jedoch nicht alle Harmonische zum resultierenden Drehmoment bei, da sie sich aufgrund der Phasenverschiebung zwischen den Zylindern (Kröpfungen) gegenseitig aufheben können. Hier einige Beispiele für Viertaktmotoren:
Dreizylindermotor:

$$p_{tmosz} = \frac{m_{osz}r\omega^2}{A_K}\left(-\frac{9}{4}\lambda_{Pl}\sin 3\varphi + \frac{9}{32}\lambda_{Pl}^4\sin 6\varphi\right) \tag{5.254}$$

Vierzylindermotor:

$$p_{tmosz} = \frac{m_{osz}r\omega^2}{A_K}\left(-2\sin 2\varphi - \lambda_{Pl}^2\sin 4\varphi + \frac{3}{4}\lambda_{pl}^4\sin 6\varphi\right) \tag{5.255}$$

Fünfzylindermotor:

$$p_{tmosz} = \frac{m_{osz}r\omega^2}{A_K}\frac{25}{32}\lambda_{Pl}^3\sin 5\varphi \tag{5.256}$$

Für den Gas-„Tangentialdruck" kann gemäß Gl. (5.252) ein analoger Ansatz gemacht werden:

$$p_{tGas} \approx \frac{F_{Gas}}{A_K}\left(\sin\varphi + \frac{\lambda_{Pl}}{2}\sin 2\varphi\right) \tag{5.257}$$

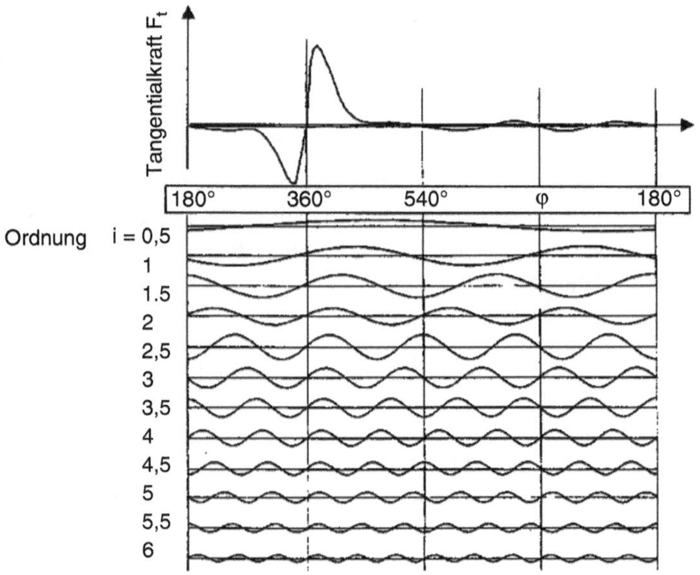

Abb. 5.119 An einer Kurbelkröpfung angreifende Tangentialkraft (Drehkraft) und ihre Harmonischen (Viertaktmotor); aus [86]

Auch der Gasdrehkraftverlauf ist eine periodische Funktion. Die Periode entspricht dem Zyklus des Arbeitsverfahrens. Abb. 5.119 zeigt beispielhaft für einen Viertaktmotor den Drehkraftverlauf einer Kurbelkröpfung und die Harmonischen. Beim Viertaktmotor beträgt der Zyklus zwei Umdrehungen. Als niedrigste Ordnung folgt daraus die 0,5. Ordnung. Während die Gasdrehkraft halbe Ordnungen kennt, treten bei der Massendrehkraft nur ganzzahlige Ordnungen auf.

Der Gasdrehkraftverlauf eines Zylinders kann mittels harmonischer Analyse (siehe z. B. [60]) des Zylinderdruckverlauf $p_Z(\varphi)$ (multipliziert mit der Kolbenfläche A_K (bzw. Zylinderquerschnitt mit Zylinderdurchmesser D_Z)) als Summe der einzelnen Harmonischen, d. h. in Form einer Fourier-Reihe, dargestellt werden:

$$F_{tGas} = F_{t0} + \sum_{i=1}^{n} F_{ti} \sin\left(\frac{i\varphi}{2} + \delta_i\right) \tag{5.258}$$

i ist der Index der Harmonischen, $i/2$ die zugehörige Motorordnung. F_{t0} ist die mittlere Drehkraft, F_{ti} sind die Amplituden der einzelnen Harmonischen und δ_i die zugehörigen Phasenwinkel. Bei Mehrzylindermotoren wird der Gasdrehkraftverlauf entsprechend der Zylinderzahl und der Zündabstände mehrfach versetzt überlagert. Bei V-Motoren kann es je nach den Gegebenheiten sinnvoll sein, zunächst die Drehkraftüberlagerung eines V-Zylinderpaars und anschließend entsprechend der Phasenbeziehungen der Doppelkröpfungen die weitere Überlagerung vorzunehmen.

Liegen die Harmonischen der Gas- und Massendrehkraft vor, so müssen sie für die jeweilige Ordnung vektoriell addiert werden. Erstere weist sin- und cos-Glieder, letztere in der Regel nur sin-Glieder auf. Allerdings sind die Amplituden der Massendrehkraft oberhalb der 4. Ordnung im Allgemeinen vernachlässigbar klein. Die Harmonischen der Drehkraft haben unterschiedliche Phasenlagen in den einzelnen Ordnungen, wobei für jede Ordnung ein Zeigerdiagramm – ein so genannter Richtungsstern analog zu dem zuvor benutzten Kurbelstern – erstellt werden kann. In Bezug auf die Erregung von Torsionsschwingungen, deren Behandlung möglichen weiteren Ergänzungen zu diesem Buch vorbehalten bleiben muss, wird die Ordnung, bei der alle die einzelnen Kröpfungen repräsentierenden Zeiger gleichgerichtet sind, Haupterreger-Ordnung, diejenige, bei der die Zeiger ohne gleichgerichtet zu sein in einer Ebene liegen, 1. Nebenerreger-Ordnungen genannt.

Haupterreger-Ordnungen: $i^{**} = \frac{z}{2} i$, $(i = 1, 2, 3, \ldots)$; Viertaktmotor

Nebenerreger-Ordnungen: $i^{*} = \frac{z}{2}\left(i - \frac{1}{2}\right)$, $(i = 1, 2, 3, \ldots)$; Viertaktmotor

Die Angaben gelten für gleiche Zündabstände. Maßgeblich für die Erregerordnungen sind Zylinderzahl, Zündfolge und Arbeitsverfahren. Resultierende Haupterregeramplituden sind allerdings unabhängig von der Zündfolge.

5.2.1.3.3 Ausgleich von Massenmomenten durch Ausgleichswellen; Anwendungsbeispiele

Im Abschn. 5.2.1.3 wird auf die Prinzipien des Ausgleichs von Massenmomenten mittels Ausgleichswellen bereits eingegangen. Dieses Thema wird z. B. auch bei [58] recht ausführlich behandelt. Zur Erzielung eines vollständigen Momentenausgleichs mit Hilfe von Ausgleichswellen ist es u. U. zunächst notwendig, das auszugleichende Massenmoment (1. Ordnung) so zu verändern, dass der Restmomentvektor rotiert oder oszilliert. Dies gelingt mit Hilfe von Gegengewichten an der Kurbelwelle, sodass es sich in solchen Fällen eigentlich um einen kombinierten Ausgleich handelt. Bei nicht mit konstantem Betrag rotierendem Moment gelingt auch mit Ausgleichswelle(n) nur ein Teilausgleich.

a) Dreizylinder-Reihenmotor

Abb. 5.120 zeigt beispielhaft den Ausgleich des Massenmoments 1. Ordnung mittels einer Ausgleichswelle mit Zahnradantrieb. Es handelt sich dabei um den Dreizylinder-Reihenmotor des K75-Motorrads, den BMW damals als kleinere Antriebsvariante zum Vierzylindermotor der K100 entwickelte.

b) Sechszylinder-V-Motor

Während sich der Einsatz von Ausgleichswellen bei Drei- und Vierzylindermotoren aus sachlichen Gründen aufdrängt, ihr Einsatz jedoch aus Kostengründen in Frage gestellt wird, verhält es sich bei Sechszylindermotoren in V-Bauweise eher umgekehrt. Dem je nach Auslegung kleineren Restmoment 1. Ordnung (bei V-Winkel 90°) oder dem in der allgemeinen Einschätzung nicht zwangsläufig als störend betrachteten Moment 2. Ordnung (bei

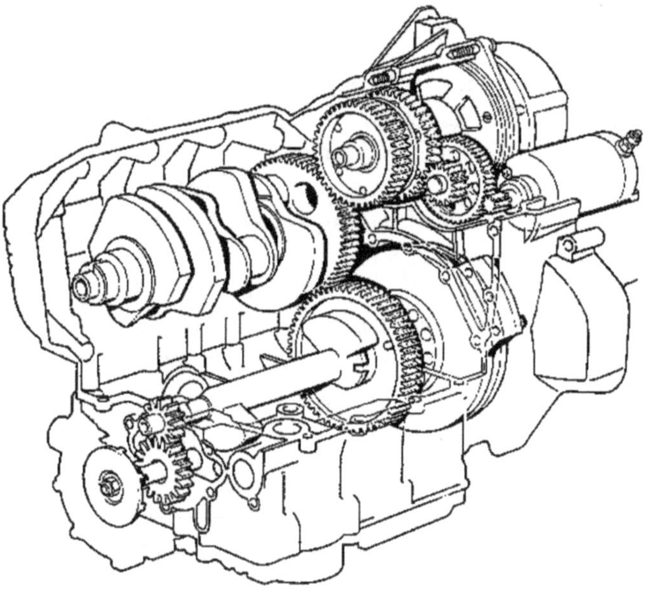

Abb. 5.120 Ausgleichswelle zum Ausgleich des Massenmoments 1. Ordnung beim einstigen Dreizylindermotor des BMW-K75-Motorrads; über Zahnräderpaar angetriebene Welle rotiert gegensinnig und gleicht so negativ umlaufenden Restmomentvektor aus (Darstellung der Fachpresse entnommen)

V-Winkel 60° und 90°) stehen mittlerweile hohe Komfortansprüche in der oberen Pkw-Mittelklasse und insbesondere der Pkw-Oberklasse (V6 hier in der Regel Einstiegsmotorisierung) gegenüber. Dies hat bewirkt, dass Ausgleichswellen bei V6-Motoren immer selbstverständlicher werden, sowohl zum Ausgleich eines potenziellen Restmoments 1. als auch des Moments 2. Ordnung.

Die Massenmomente 1. Ordnung von V6-Triebwerken mit V-Winkel 90° werden im Abschn. 5.2.1.2.3 d) ausführlich behandelt. Das entsprechende in Motorquerrichtung oszillierende Massenmoment 2. Ordnung beträgt für Pleuelversatzwinkel $\delta = 0°$

$$/\vec{M}^{(2)}/ = \sqrt{6}\hat{F}^{(2)}_{mosz} a_Z \tag{5.259}$$

Heutige V6-Motoren mit V-Winkel 90° sind – wie im genannten Abschnitt erwähnt – in der Regel für gleichmäßige Zündabstände ausgelegt. Deshalb steht hier in Verbindung mit dem Thema Ausgleichswellen die Kompensation des Restmoments 1. Ordnung im Vordergrund. Abb. 5.121 zeigt die Ausgleichswelle des AUDI V6-TDI-Motors [87] zum Ausgleich des Massenmoments 1. Ordnung, das – wie zuvor gezeigt – bei V-Winkel 90° und Pleuelversatzwinkel 30°, Letzteres erzeugt gleiche Zündabstände, nicht vollständig durch Gegengewichte ausgeglichen werden kann. Insbesondere die gegenüber dem V6-Ottomotor wesentlich schwereren Dieselkolben legen es nahe, zusätzliche Kompensationsmaßnahmen im

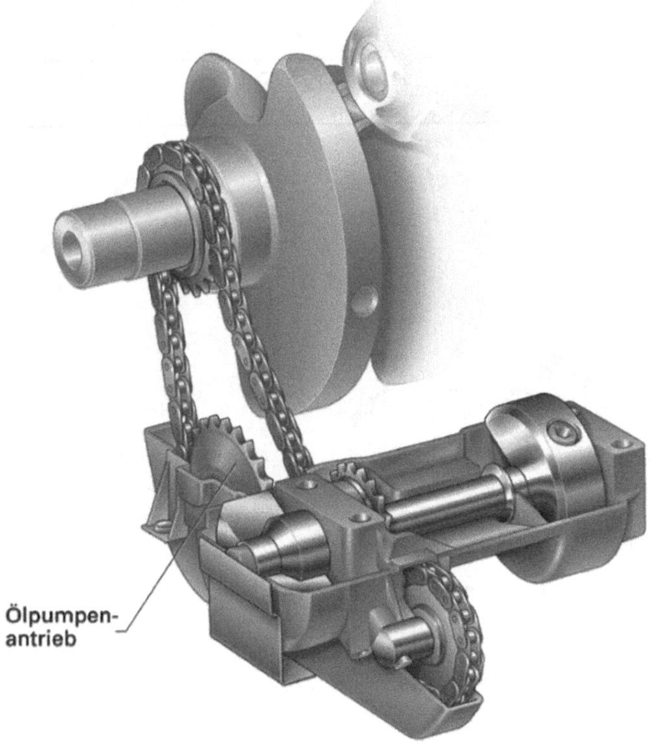

Abb. 5.121 In das Ölwannenoberteil integrierte Ausgleichswelle zum Ausgleich des Massenmoments 1. Ordnung beim AUDI V6-TDI-Motor (90° V-Winkel, 30° Pleuelversatzwinkel) [87]

Hinblick auf das demzufolge relativ große Massenmoment zu erwägen. Die Ausgleichswelle ist dabei in das so genannte Ölwannenoberteil integriert, d. h., auch in diesem Fall wird eine „tiefe" Lage bevorzugt. Sie wird zusammen mit der Ölpumpe gegenläufig zur Kurbelwelle über eine Rollenkette angetrieben.

Bei V6-Motoren mit 60° V-Winkel kann das Massenmoment 2. Ordnung u. U. störende Schwingungen im Antriebsstrang anregen, sodass sich der Einsatz einer Ausgleichwelle, die mit doppelter Drehzahl entgegen der Kurbelwelle rotiert, zur Verbesserung des Komforts empfiehlt [88]. Das positiv umlaufende Massenmoment 1. Ordnung, das bei Pleuelversatzwinkel $\delta = 60°$ mittels „Normalausgleich" vollständig ausgeglichen werden kann, beträgt

$$/\vec{M}^{(1)}/ = \frac{3}{2}\left(\hat{F}^{(1)}_{mosz} + 2F_{mrot}\right) a_Z \tag{5.260}$$

das negativ umlaufende 2. Ordnung

Abb. 5.122 Unterbringung der Ausgleichswelle zum Ausgleich des Massenmoments 2. Ordnung beim FORD V6-4,0-l-SOHC-Motor mit V-Winkel 60° in einem Gehäuse mit Befestigung unterhalb der Kurbelwelle. Sofern das Massenmoment 2. Ordnung wie in diesem Fall rotiert, genügt eine Ausgleichswelle. Ein oszillierendes Massenmoment erfordert, wie bereits ausgeführt, zwei Ausgleichswellen [88]

$$/\vec{M}^{(2)}/ = \frac{3}{2}\hat{F}^{(2)}_{mosz} a_Z \tag{5.261}$$

Abb. 5.122 zeigt ein ausgeführtes Beispiel anhand des FORD V6 4,0-l-SOHC-Motors [88]. Die Welle zum Ausgleich des Massenmoments 2. Ordnung befindet sich in einem Gehäuse unterhalb der Kurbelwelle und wird mit einer Kette vom freien Kurbelwellenende angetrieben. Das die Welle abschirmende Gehäuse soll im Wesentlichen zur Vermeidung von Ölverschäumung über ein zwischengeschaltetes Zahnrad, das die Drehrichtung umkehrt, dienen.

5.2.2 Anmerkungen zu Triebwerksschwingungen

Die dreh-, biege- und längselastische Kurbelwelle stellt mit den Triebwerksmassen ein schwingungsfähiges System dar, das durch Wechselkräfte, Wechseldreh- und -biegemomente zu Torsions-, Biege- und Axialschwingungen angeregt wird. Diese verursachen eine zusätzliche dynamische Beanspruchung der Kurbelwelle und deren Lagerung. Im Resonanzfall können unzulässig große Schwingungsamplituden zum Dauerbruch führen, was durch geeignete Auslegung zu vermeiden ist. Triebwerksschwingungen tragen darüber hinaus zur Körperschallanregung bei. Zur Erfassung der genannten Triebwerksschwingungen wurden spezifische Berechnungsmodelle entwickelt (z. B. ältere Quellen [89–94]). [95] befasst sich dagegen experimentell mit der Körperschallanregung durch die Kurbelwelle. In der Realität sind allerdings alle Schwingungsphänomene miteinander gekoppelt. Dem wird durch moderne Berechnungsmethoden Rechnung getragen (z. B. [96, 97]). Ausführungen zu dieser speziellen Thematik mögen einer der weiteren Auflagen dieses Buches vorbehalten bleiben.

5.3 Variable Verdichtung

Rudolf Flierl, Din Wabbals, Daniel Hosse und Jörg Neugärtner

Der Wunsch vieler Motorenentwickler nach einen variablen bzw. einstellbaren Verdichtungsverhältnis ist mit dem Streben nach deutlich reduzierten Kraftstoffverbrauch bei gleichzeitig höherer Leistung und höherem Drehmoment verbunden. Turboaufgeladene 4-Zylinder Ottomotoren mußten lange Zeit trotz Direkteinspritzung und Ladeluftkühlung mit einem geometrischen Verdichtungsverhältnis von 10 ... 11,0 betrieben werden, um klopfende Verbrennung an der Volllast zu vermeiden. Dies führte an der Volllast nicht zu einem sinkenden Wirkungsgrad aufgrund nicht optimaler Zündwinkel und damit zu steigenden bzw. hohem Kraftstoffverbrauch. In der Teillast sinkt beim Ottomotor durch die lastabhängige Füllung der Zylinder mit Frischgas das effektive Verdichtungsverhältnis auf 4,0 ... 5,0 (bei 2,0 ... 3,0 bar) [97] und führt zu relativ hohen Teillast-Kraftstoffverbräuchen. Da der Teillast-Kraftstoffverbrauch im Neuen Europäischen Fahrzeugzyklus und auch im neuen WLTC-Zyklus (Worldwide Harmonised Light Vehicle Test Cycle) die CO_2-Emissionseinstufung stark beeinflußt, haben Fahrzeughersteller weltweit ein großes Interesse an variabler Verdichtung und beobachten die angemeldeten Patente und publizierten Entwicklungen sehr genau.

5.3.1 Lösungsansätze zur Variation des geometrischen Verdichtungsverhältnisses

Die Umsetzung der Ideen zur geometrischen Variation des Verdichtungsverhältnisses ist eine große Herausforderungen zur Optimierung des Verbrennungsprozesses von Otto- und Dieselmotoren. Wobei der Schwerpunkt der Entwicklung sicherlich bei Ottomotoren zu finden sein wird.

Aus der Literatur und der Patentliteratur sind zahlreiche Lösungen und Patente zur technischen Umsetzung bekannt. Analog zur variablen Ventilsteuerung lassen sich die bekannten Lösungsansätze in teilvariable und vollvariable Verfahren unterteilen. Blickt man auf die variable Ventilsteuerung, so könnten die teilvariablen Systeme, d. h. eine Umschaltung zwischen zwei geometrischen Verdichtungsverhältnissen, einen Zwischenschritt darstellen. Die entscheidende Frage dabei ist, welche Potenziale können erreicht werden und welcher Aufwand ist dazu notwendig bzw. welcher Aufwand ist für eine vollvariable Lösung erforderlich. Abb. 5.123

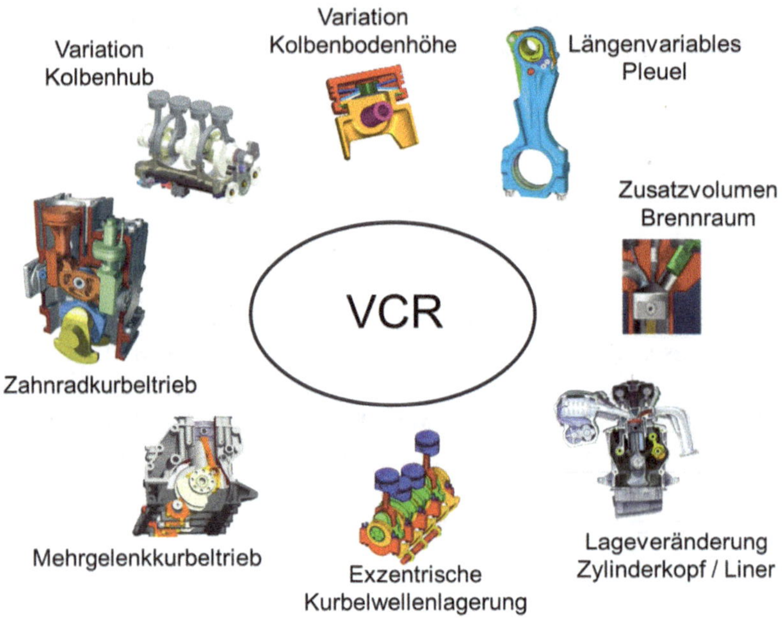

Abb. 5.123 Unvollständige Übersicht der geometrischen Variation des Verdichtungsverhältnisses

zeigt eine bei Weitem unvollständige Übersicht, welche technische Möglichkeiten heute verfolgt bzw. als Patent angemeldet wurden.

Betrachtet man die von den Autoren bekannten und sich in Entwicklung befindlichen Systeme, scheint sich als Trend herauszubilden, dass die Brennraum-Grundgeometrie bei der Variation des Verdichtungsverhältnisses möglichst erhalten bleibt bzw. das die Position des Kolbens zum Brennraum im Zylinderkopf variiert wird.

5.3.1.1 Teilvariable Systeme zur Variation des Verdichtungsverhältnisses

Für die teilvariablen Systeme werden heute hauptsächlich drei Lösungsansätze verfolgt. Eine technische Ausführung ist bereits in einen Serieneinsatz übergeführt worden.

5.3.1.1.1 Variable Kompressionshöhe des Kolbens

Die Änderung der Kompressionshöhe des Kolbens kann zum Beispiel durch einen zweigeteilten Kolben verwirklicht werden. Der Kolben wird so gestaltet (Abb. 5.124). dass der Kolbenboden gegenüber dem Kolbenhemd verschoben werden kann. Dabei ist der Kolbenboden durch eine Hydraulik oder eine mechanische Feder mit dem Kolbenhemd bzw. Kolbenbolzen verbunden. Die Variation des Verdichtungsverhältnisses erfolgt im bewegten Kolben und ist damit vermutlich nur in einer Umschaltung zwischen zwei Positionen technisch sinnvoll darstellbar.

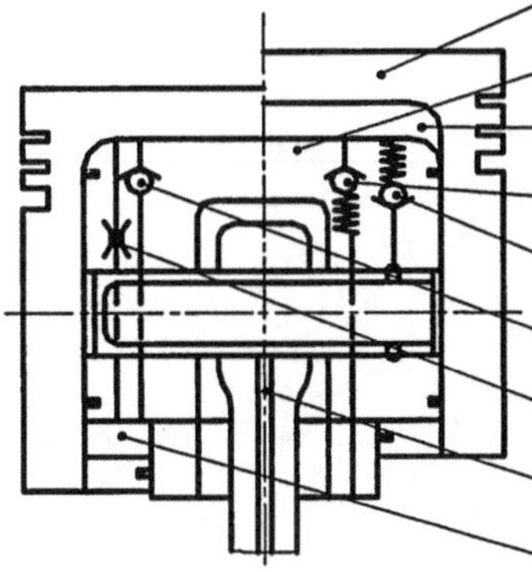

Abb. 5.124 Kolben mit variabler Kompressionshöhe

Die Vorteile dieses Konzepts liegen bei geringen Änderungen des Grundmotors. Die Erhöhung der bewegten Massen bzw. die Massenkräften scheinen beherrschbar und kann durch zusätzliche Ausgleichgewichte an der Kurbelwelle und/oder durch zusätzliche Ausgleichswellen ausgeglichen werden.

5.3.1.1.2 Variable Verdichtung mit variabler Pleuellänge

Die Variation der Pleuellänge stellt für den Motorhersteller ähnlich wie der variable Kolben einen hoch interessanten Weg dar. Er muß ‚nur' ein Bauteil bzw. eine Bauteilgruppe eines bestehenden Motors austauschen, ohne den Grundmotor zu ändern. In der Literatur bzw. Patentliteratur stechen zwei Lösungen hervor – das Pleuel der FEV und das Pleuel der AVL.

Bei dem in Abb. 5.125 dargestellten längenvariablen Pleuel wird durch ein Verdrehen eines Exzenters im kleinen Pleuelauge die Verdichtung geändert. Zur Ein- bzw. Verstellung der geometrischen Verdichtung werden die Gas- und Massenkräfte benutzt. Die Verluste durch die Verstellkräfte sind vermutlich relativ klein. Die Freigabe zur hydraulischen Verstellung der Verdichtung wird durch ein 2/3-Wegeventil gesteuert und durch eine Beaufschlagung der Hydraulikkolben mit Motoröl sichergestellt.

Dieses Konzept zeichnet sich durch eine fast Bauraum-neutrale Umsetzung in bestehende Motoren und durch eine geringe Verlustleistung beim Verstellen aus. Nachteilig wird eine Erhöhung der oszillierenden und rotierenden Massen sein, die die Reibung des Motors erhöhen und die Grenzdrehzahl reduzieren können. Auch der Start des Motors mit kaltem Motoröl könnte problematisch sein. Beim Pleuel der AVL erfolgt die Verstellung nicht mechanisch, sondern hydraulisch.

In Abb. 5.126 ist im Überblick das von AVL entwickelte sogenannte Dual Mode VCS™ dargestellt. Diese hydraulisch geschaltete Pleuelstange ermöglicht die Umschaltung des Verdichtungsverhältnisses. Die wirksame Pleuellänge kann zirka um 5 mm mittels Modulation des Öldrucks im Kurbelwellenzapfen geschaltet werden. Die Umschaltung erfolgt abhängig vom Öldruck und der Motordrehzahl binnen weniger Arbeitszyklen. Der Ver-

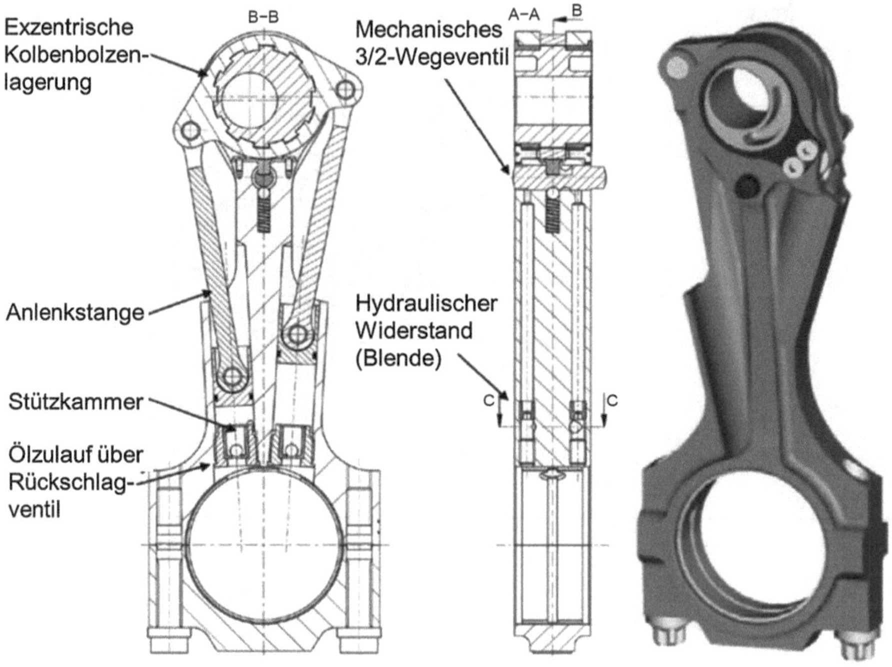

Abb. 5.125 Längenveränderliches Pleuel [hilite/FEV]

brennungsdruck und die Massenkräfte stützen sich bei diesem ausgeführtem Pleuel vollständig auf dem Ölvolumen des integrierten Hydraulikzylinders ab.

5.3.1.1.3 Variable Verdichtung von Nissan

Der japanische Fahrzeughersteller Nissan setzt ein vollkommen neues Prinzip ein. Nachdem er bereits 2006 [102] einen Forschungsmotor mit einem geteilten Pleuel präsentiert hatte, stellte er auf dem Motorensymposium 2017 in Wien den weltweit ersten Großserienmotor mit variabler Verdichtung vor (Abb. 5.127). Das Motorenprinzip soll laut Nissan (Internet) in der gesamten Konzernwelt eingesetzt werden. Der erste Motor ist ein 4-Zylinder Motor, turboaufgeladen mit 2,0 l Hubraum, einem maximalen Drehmoment von 390 Nm und einer maximalen Leistung von 272 PS, der im Infinity QX50 zum Einsatz kommen sollte. Zur Verstellung des Verdichtungsverhältnisses wird ein in einem Exzenter gelagerten Zwischenhebel in seiner Position zur Kurbelwelle durch Verdrehen des Exzenters eingestellt. Der Zwischenhebel ist über zwei Pleuelstangen mit der Kurbelwelle und dem Kolben verbunden ist. Mit dieser Mechanik kann durch Verdrehen des Exzenters das Verdichtungsverhältnis zweistufig zwischen 8 und 14 variiert werden.

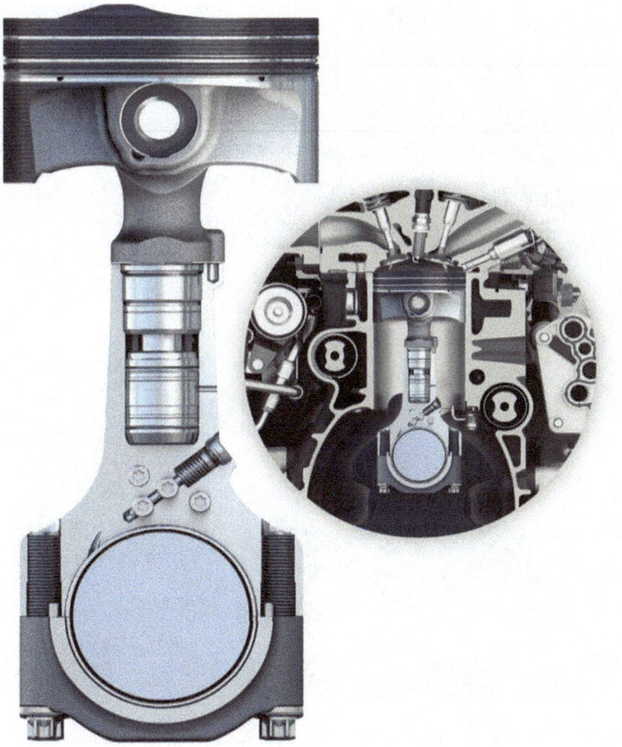

Abb. 5.126 Längenverstellbares Pleuel der Fa. iwis/AVL [MTZ 2018/6]

5.3.2 Vollvariable Systeme zur Variation des Verdichtungsverhältnisses

Aus Patenten und der Literatur sind verschiedene Konzepte zur Umsetzung eines vollvariablen Kolbenhubes bekannt. Als Lösungskonzepte werden axial verschiebbare bzw. neigbare und höhenvariable Kurbelwangen sowie exzentrische Hubzapfen genannt. Dabei sind der Mehrgelenkkurbeltrieb von Nissan, der FEV und der Zahnradkurbeltrieb der Firma MCE-5 zu nennen.

5.3.2.1 Mehrgelenkkurbeltrieb

Die Mehrgelenkkurbelbetriebe basieren auf der Idee eines geteilten Pleuels bzw. eines zusätzlichen Anlenkpunktes der Pleuelstange. Aus der Literatur sind eine Vielzahl von Konzepten und Ideen bekannt. Die Kurbelwellendynamik wird durch die Verstellung bzw. Auslenkung des Anlenkpleuels beeinflußt (Abb. 5.128).

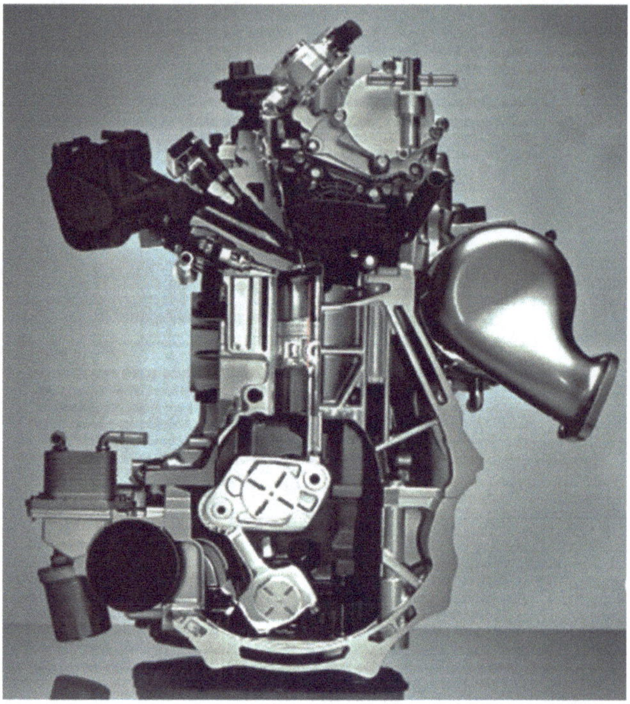

Abb. 5.127 Ansicht VC-T Nissan-Motor [AMS – Technikprofi –Teil 14-2018]

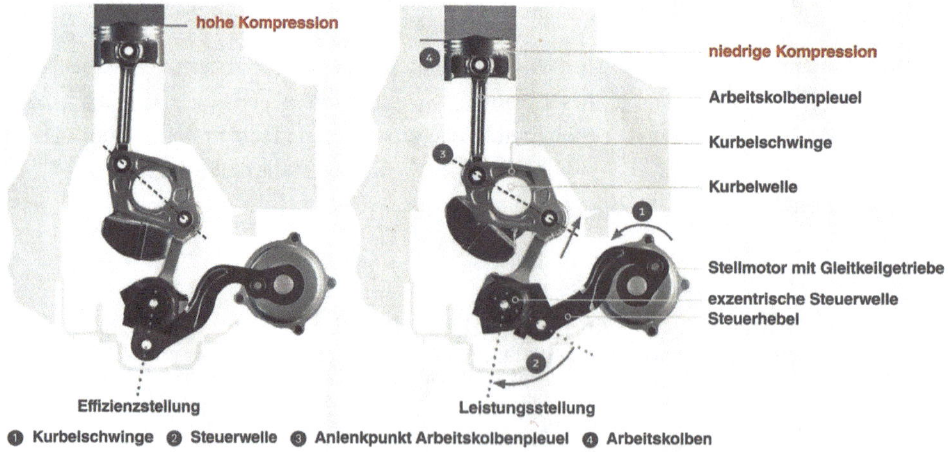

Abb. 5.128 Mehrgelenkkurbeltrieb Nissan VC-T [AMS – Technikprofi –Teil 14-2018]

Durch den Kurbeltrieb mit Anlenkpleuel wird die bewegte Masse erhöht und die maximal zulässige Drehzahl des Motors reduziert. Die Anzahl der zusätzlichen Lagerstellen und die Veränderung der Kolbenseitenkraft kann die Motorreibung erhöhen. Entscheidend für den erreichbaren Kraftstoffverbrauch sind die Einstellkräfte bei der Variation der Verdichtung.

5.3.2.2 Zahnradkurbeltrieb

Der Zahnradkurbeltrieb der Firma MCE-5 ist eine Sonderform der Mehrgelenkkurbeltriebe. Die Koppelstange und die Anlenkpleuel werden durch Zahnräder bzw. Zahnstangen ersetzt. Zudem verfügt der Mechanismus über eine Kolbenstange, die am Ende als Zahnstange ausgeführt ist.

Abb. 5.129 zeigt das Konzept der variablen Verdichtung von MCE-5. Durch den Aufbau des Zahnradkurbeltriebes und seiner Kinematik entfällt laut MCE-5 die Kolbenseitenkraft, so dass der Kolben keine Führungsfunktion übernehmen muss. Die Führungsfunktion wird an die synchronisierte Rolle verlagert, die die Kolbenstange hält und sich am Kurbelgehäuse abstützt. Die Kolbenabwärtsbewegung beschleunigt das Transmissionsrad des Kurbeltriebes, welches auf der Steuerungszahnstange abwälzt.

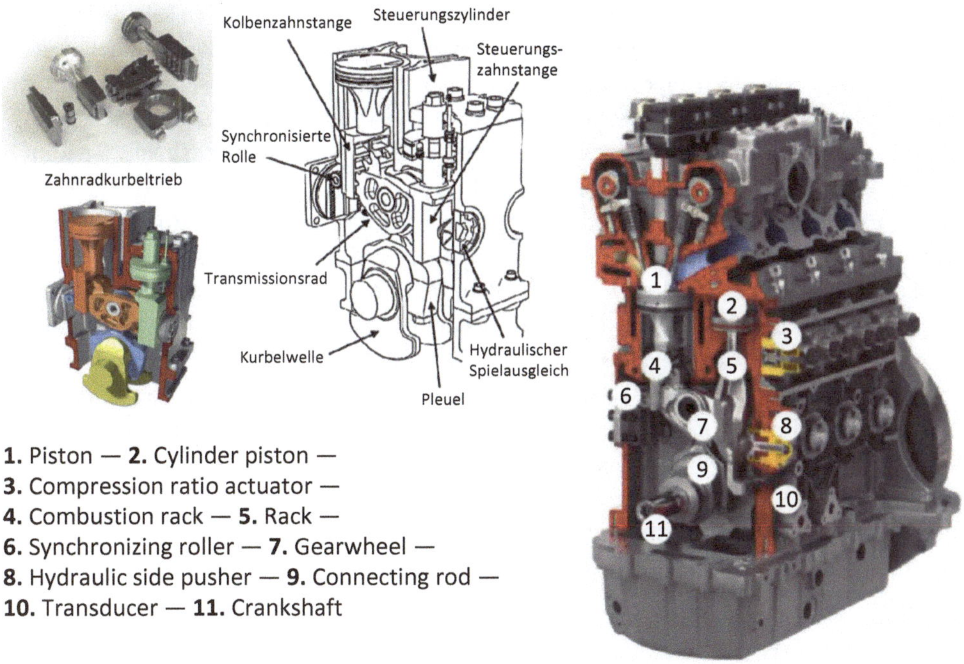

Abb. 5.129 Schnittbild MC5 Motor [MC5 Internet homepage – Abfrage am 17.09.2018]

Die Herstellung der Verdichtung erfolgt durch die Steuerungszylinder, die durch einen separaten Ölkreislauf hydraulisch betätigt werden. Werden die Steuerungszylinder nach unten bewegt, so wird die Verdichtung erhöht. Erfolgt die Bewegung der Steuerungszylinder nach oben, wird die Verdichtung reduziert. Da jeder Zylinder über einen eigenen Steuerungszylinder verfügt, kann die Verdichtung zylinderselektiv angepasst und so ein Ausgleich von Toleranzen und Spielen durchgeführt werden.

Eine Integration des Mechanismus in ein bestehendes Motorenkonzepte ist nicht möglich.

Auch das Fahrzeug-Package muss neu gestaltet werden.

5.3.3 Der Einzylinder-Forschungsmotor der Technischen Universität Kaiserslautern

Wie die verschiedenen Lösungsansätze zeigen, erfordert die technische Umsetzung einer variablen Verdichtung einen erheblichen Entwicklungsaufwand. Bevor man sich auf diesen Aufwand einläßt, ist es sinnvoll, sich über die realen Verbrauchsverbesserungen klar zu werden. Für die erreichbaren Verbrauchsverbesserungen ist das Hub-Bohrungsverhältnis und die Tiefe der notwendigen Ventiltaschen im Kolben bedeutend. Um die Verbrauchsverbesserung und Emissionsvorteile von VVT (Vollvariable Steuerzeit) nicht aufzugeben, müssen große Überschneidungen der Ein- und Auslaßsteuerzeit möglich sein. Bei einem Bohrungsdurchmesser von 84 mm ist zum Beispiel nur eine geometrische Verdichtung von ca. 13,0 möglich, da tiefere Ventiltaschen im Kolben das geometrische Verdichtungsverhältnis reduzieren. Tiefe Ventiltaschen erhöhen zudem den Kraftstoffverbrauch.

Auf Ventiltaschen kann nur dann verzichtet werden, wenn der maximale Ventilhub der Ein- und Auslaßventile reduziert wird und das eingestellte geometrische Verdichtungsverhältnis angepasst werden kann (Abb. 5.130). Aus diesem Grund wurde der Forschungsmotor mit einem vollvariablen Ventiltrieb auf der Ein- und Auslaßseite ausgerüstet. Die Einstellung des Verdichtungsverhältnisses erfolgte durch ein Verschieben des Zylinderkopfes mit angebundener Laufbuchseneinheit. Der Kettentrieb stellt sich automatisch auf den veränderten Abstand zwischen Nockenwellen und Kurbelwelle ein. Die Konstruktion ist in [101] und [103] dargestellt (Abb. 5.131). Bei einem geometrischen Verdichtungsverhältnis von 18 beträgt der Abstand zwischen Brennraumdach und Kolbenboden nur noch 1 mm. Die ausgeführten Ventiltaschen sind nur 1,5 mm tief. Bei den Messungen wurde durch die Einstellung der Position des Zylinderkopfes/Büchse bei laufendem Motor ein Verdichtungsverhältnis Epsilon eingestellt und mit einer Variation des Einlaßventilhubes und der möglichen Einlaßspreizung das Verbrauchsoptimum gesucht.

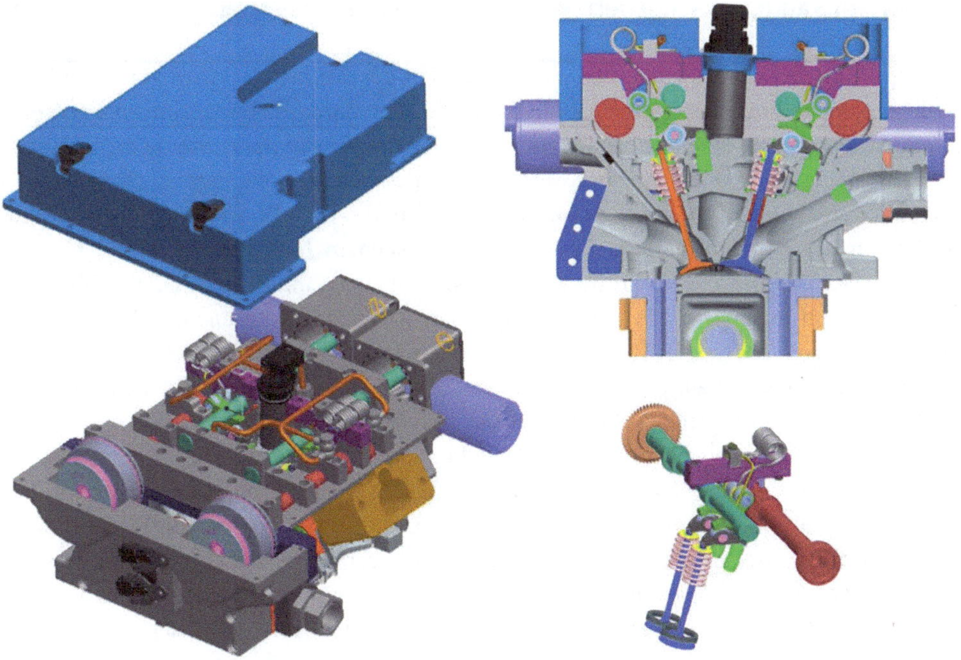

Abb. 5.130 Zylinderkopf des 1-Zyl.-Forschungsmotors mit integriertem Ein- und Auslass Phasenverstellen [VKM – Lehrstuhl Prof. Dr.-Ing. R. Flierl, TU Kiaserslautern]

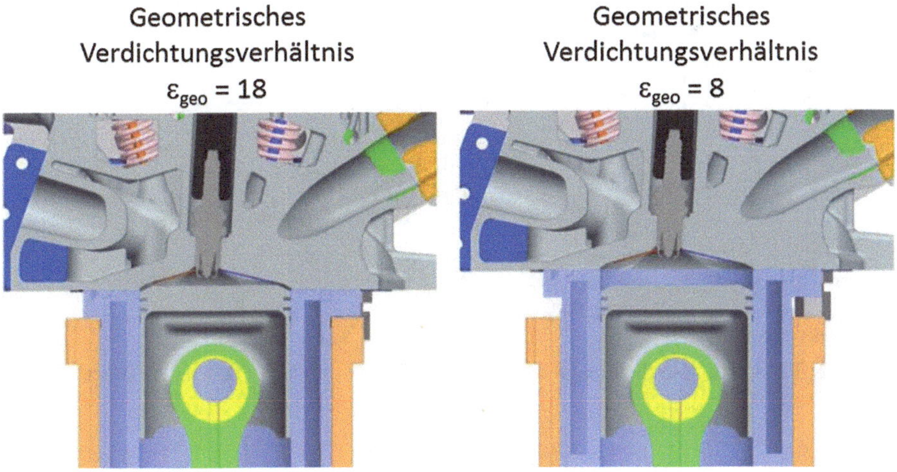

Abb. 5.131 Verdichtungseinstellung maximal 18:1 (links) und minimal 8:1 (rechts) [100]

5.3.3.1 Im Saugmotor-Betrieb gemessene Verbrauchsverbesserungen in der Teillast

Die Epsilon-Meßbreiten wurden bis zum Erreichen der Kollisionsgrenze von Ventil und Kolben durchgeführt. Bis zu einem Epsilon von 10 steht der volle Einlaßspreizungsbereich zur Verfügung. Ab einem Epsilon von 13 kann die Einlaßphase nur noch zwischen ES 82 KW bis ES 110 KW variiert werden. Eine geometrische Verdichtung von 16 lässt nur noch eine Einlaßspreizung zwischen 96 KW und 110 KW zu. Die Potenziale zur Reduktion des Kraftstoffverbrauches für die untersuchten Lastpunkte 2 bar, 3 bar und 5 bar bei Motordrehzahlen von 1250 1/min, 1500 1/min und 2000 1/min sind im Abb. 5.132 dargestellt und liegen zwischen 0 und 8 Prozent, wenn man von einem Epsilon von 10 ausgeht. Da bei modernen Turbomotoren bereits ein Epsilon von 11,0 gefahren wird, reduziert sich das Potenzial auf circa 6 Prozent. Bei diesen Messungen sind die Verluste durch die Aktuatorik nicht berücksichtigt. Werden tiefere Ventiltaschen eingesetzt und sind größere Ein- und Auslaßspreizungen möglich, können sich die Potenziale im Kraftstoffverbrauch verändern. Da die Versuche mit einer konstanten Auslaßsteuerzeit gefahren wurden, kann durch eine Optimierung der Auslaßspreizung noch eine Reduktion von 1 bis 3 Prozent erreicht werden. Bei der Bewertung der Kraftstoffverbräuche ist zu beachten, dass der 1-Zylinder Motor mit Drosselklappe sich durch eine geringe Ladungswechselarbeit auszeichnet und diese Versuchsergebnisse an einem 4-Zylinder Motor verifiziert werden müssen (Abb. 5.133).

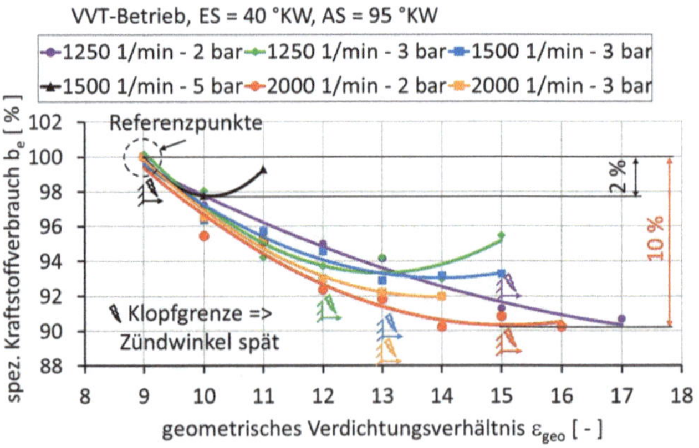

Abb. 5.132 Einfluß des Verdichtungsverhältnisses auf den Kraftstoffverbrauch im Betrieb mit variablem Ventilhub [102]

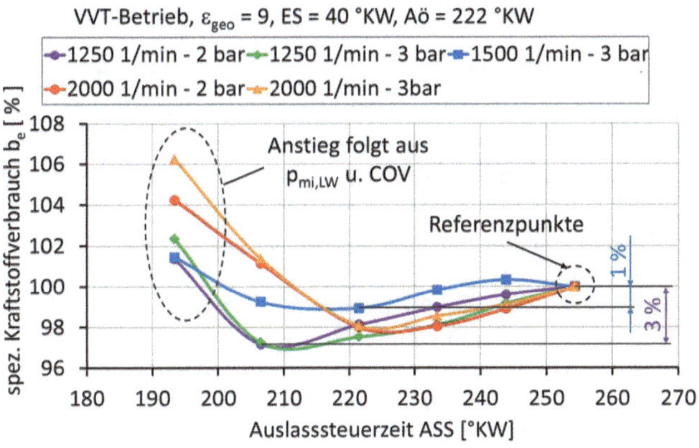

Abb. 5.133 Einfluß der Außlasssteuerzeit bei konstantem Auslaß-Öffnen auf den spezifischen Kraftstoffverbrauch [102]

Literatur

1. *Flierl, R.:* Verbrennungsmotoren. Vorlesungsumdruck TU Kaiserslautern
2. *Walzer, P.; Panagiotis, A.; Heinrich, H; Schumacher, V:* Variable Steuerzeiten und variable Verdichtung beim Ottomotor. In: MTZ 47 (1986), Nr. 1
3. *Basshuysen, R.* van; *Schäfer, F. (Hrsg.):* Handbuch Verbrennungsmotoren; Vieweg Verlag, 1. Auflage, Braunschweig/Wiesbaden 2002
4. *Pöhls, A.:* Untersuchung eines Verfahrens zur gesteuerten Abgasrückführung bei Ottomotoren. Fortschr.- Ber. VDI Reihe 12 Nr. 458. Düsseldorf: VDI Verlag 2001
5. *Hosaka, T.; Hamazaki, M.:* Development of the Variable Valve timing and Lift (VTEC) Engine for the Honda NSX. In: SAE Technical Paper Series 910 008
6. *Kronich, A.:* Methodik zur Entwicklung eines vollvariablen Ventiltriebs. Dissertation Technische Universität Kaiserslautern, Kaiserslautern 2005
7. *Spicher, U.:* Verbrennungsmotoren A und B. Vorlesungsumdrucke TH Karlsruhe
8. *Bach, E.:* Thermodynamische Modellierung realer Prozesse von Verbrennungsmotoren. Vorlesungsumdruck Hochschule für Technik und Wirtschaft Dresden (FH)
9. *Seifert, H.:* Instationäre Strömungsvorgänge in Rohrleitungen an Verbrennungskraftmaschinen. Berlin: Springer Verlag, 1962
10. *Vibe, I. I.:* Brennverlauf und Kreisprozess von Verbrennungsmotoren. Berlin: VEB Verlag Technik, 1970
11. *Pischinger, R.; Kraßnig, G.; Taucar, G.; Sams, Th.:* Thermodynamik der Verbrennungskraftmaschine. Wien: Springer Verlag, 1989
12. *Urlaub, A.:* Verbrennungsmotoren. Berlin: Springer Verlag, 2. Auflage, 1994
13. *Bensinger, W.-D.:* Die Steuerung des Gaswechsels in schnellaufenden Verbrennungsmotoren. Berlin: Springer, 1968 *(Kollmann, K. (Hrsg.)):* Konstruktionsbücher Band 16

14. *Aoi, K.; Nomura, K.; Matsuzaka, H.:* Optimization of Multi-Valve, Four Cycle Engine Design: The Benefit of Five-Valve Technology. In: SAE: Technical Paper Series 860032
15. *Lohr, F.:* Die Kraftfahrzeugmotoren der Zukunft. In: Automobil-Industrie 34 (1982), Nr. 2
16. *Moser, F. X.:* Kriterien und Potential der Vier-Ventil-Technik bei Nutzfahrzeug-Dieselmotoren. In: MTZ 50 (1989), Nr. 6
17. *Pischinger, F.:* Verbrennungsmotoren, Band 1. 9. Auflage. Aachen: Lehrstuhl für angewandte Thermodynamik RWTH Aachen, 1988. – Vorlesungsumdruck Seite 287
18. *TRW Thompson GmbH:* Handbuch. 6. Auflage. Barsinghausen: TRW Thompson, 1983. – heute SPT
19. *Kawasaki, M; Takase, K.; Kato, S.; Nakagawa, M.; Mori, M:* Development of Engine Valve Seats Directly Deposited onto Aluminum Cylinder Head by Laser Cladding Process. In: SAE Technical Paper Serie 920571
20. *Grotewohl, A.:* Auslegung von dauerhaltbaren, gestalt- und kostenoptimierten Pleuellagerverschraubungen. In: Automobil-Industrie 33 (1988), Nr. 3
21. *Kurz, D.:* Entwurf und Berechnung ruckfreier Nocken. In: ATZ 56 (1954), Nr. 11
22. *Oppermann, G.; Häntsch, H.; Schubert, R.:* Ventilfederauslegung an schnellaufenden Verbrennungsmotoren. In: MTZ 53 (1992), Nr. 12
23. *Atsugi Unisia Corporation. Atsugi/Japan:* Atsugi Unisia Corporation, 1989. – Produktinformation
24. *Maekawa, K.; Ohsawa, N.; Akasaka, A.:* Development of a Valve Timing Control System. In: SAE Technical Paper Series 890680
25. *Grohn, M.; Wolf, K:* Variable Steuerzeiten der neuen Mercedes-Benz Vierventilmotoren. In: MTZ 50 (1989), Nr. 7/8
26. *Gray, C.:* A Review of Variable Engine Valve Timing. In: SAE Technical Paper Series 880386
27. *Hannibal, W.; Knecht, A.; Stephan, W.:* Nockenwellenverstellungen für Ottomotoren. Die Bibliothek der Technik, Band 247 (2002). Landsberg am Lech: verlag moderne industrie.
28. *Kochanowski, H. A.; Haller, H.:* Geräuschemission luftgekühlter Fahrzeug-Dieselmotoren. FISITA (Veranst.): XVIII. Intern. Kongress (Hamburg 1980)
29. *Römmer, A.; Ihlemann A.; Haas, M.; Solfrank, P.; Jäckel, M.; Bretting, W.; Geiger, U.:* Ventiltriebsysteme für Verbrennungsmotoren. Die Bibliothek der Technik, Band 249 (2003). Landsberg am Lech: verlag moderne industrie.
30. *Lancefield, T. M.; Gayler, R. J.; Chattopadhay. A.:* The Practical Application and Effects of a Variable Event Valve Timing System. In: SAE Technical Paper Series 930825
31. *Fersen, O. v.:* Verwandlungskünstler. Moderne Ventiltechnik: Variable Steuerzeiten. In: mot-Technik (1991), Nr. 2
32. *Hannibal, W.; Flierl, R.; Stiegler, L.; Meyer, R.:* Overview of current continuously variable valve lift systems for four-stroke spark-ignition engines and the criteria for their design ratings. SAE Paper 2004-01-1263, Detroit 2004
33. *Unger, H.:* VALVETRONIC. Bibliothek der Technik, Band 263 (2004). Landsberg am Lech: verlag moderne industrie.
34. *Grebe, U.:* Weiterentwicklung des Ottomotors, Vorlesung TU Wien, Wien 2005
35. *Maerky, C.; Nicole, E.; Dulac A.:* JCAE SVA Electromagnetic Valve Actuation. In: *Pischinger, S. (Hrsg.):* Variable Ventilsteuerung – Ein Verfahren zur Reduzierung von Kraftstoffverbrauch und Emissionen. Renningen: expert Verlag 2002
36. *Koch, A.; Kramer W.; Warnecke, V.:* Die Systemkomponenten eines elektromechanischen Ventiltriebs. 20. Internationales Wiener Motorensymposium. Wien 1999
37. *Haas, E.; Reichweger, J.:* Messtechnische und rechnerische Untersuchung am Ventiltrieb von Lkw- Motoren. VDI-Tagung Berechnung im Automobilbau, Fellbach 1984. In: VDI-Berichte Nr. 537 (1984)

38. *Schamel, A.; Meyer, J.; Philips, P.:* Rechnerische Simulation des dynamischen Verhaltens von modernen Ventiltrieben. In: VDI Berichte Nr. 699 (1988)
39. *Lacy, D. J.:* Computers in Analysis Techniques for Reciprocating Engine Design. In: Inst. Mech. Eng. (1987) C14/87
40. *Seidlitz, S.:* Valve Train Dynamics : a Computer Study. In: SAE Technical Paper Series 089620
41. *Brandstetter, W.: Finch, J.; Hirsch, W.:* Die neue DOHC-16Ventil-Motorenbaureihe von Ford. Teil 1: Projektierung Grundmotor. In: MTZ 53 (1992), Nr. 2
42. *Arnold, M.; Roß, J.; Speckens, F.-W.:* Analyse und Optimierung von Ventil- und Steuertrieben in Verbrennungsmotoren. In: MTZ 54 (1993), Nr. 3
43. *Mohr, M.:* Dynamische Optimierung eines mechanisch vollvariablen Ventiltriebs mittels Mehrkörpersimulation. Diplomarbeit Technische Universität Kaiserslautern, Kaiserslautern 2005
44. *Budack, R.; Kuhl, R.; Trost, W.; Poida, R.:* Vorteile auslassseitiger Ventiltriebsvariabilitäten beim Turbomotor. Tagung: Variable Ventilsteuerung, Haus der Technik, Essen 2009
45. *Flierl, R.; Schmitt, S.; Kleinert, G.; Esch, Hans-Joachim; Dismon, H.:* UniValve – ein vollvariables mechanisches Ventiltriebsystem für zukünftige Ottomotoren. In MTZ:
46. Internetquelle, Pressestelle BMW.
47. *Kuhlbach, K.; Mehring, J.; Borrmann, D.; Friedfeld, R.:* Zylinderkopf mit integriertem Abgaskrümmer für Downsizing-Konzepte. In: MTZ 04 2009
48. *Flierl, R.; Schmitt, S.; Paulov, M., Hannibal, W., Kleinert, G.:* Comparative Investigation of Throttle-free Load Control on a 2.0 l Four Cylinder Turbocharged Gasoline Engine with Port and Direct Fuel Injection. International SAE World Congress, 2010, Detroid
49. *Szengel, R.; Middendorf, H.; Voeltz, S.; Laumann, A.; Tilchner, L.; Theobald, J.; Etzrod, T.; Krebs, R.:* Der TSI-Motor mit 90kW – Erweiterung der verbrauchsgünstigen Ottomotorem-Baureihe von Volkswagen. In: MTZ 07-08 2007
50. Volkswagen AG: Selbststudienprogramm 405 – der 1,4l-90kW-TSI Motor mit Turboaufladung
51. *Lückert, P.; Kreitmann, F.; Rehberger, A.; Bruchner, K.; Schwedler, K.; Ottenbacher, H.:* Der neue 1,8l-Vierzylinder-Ottomotor von Mercedes-Benz. In: MTZ 2009-06
52. *Krebs, R.; Szengel, R.; Middendorf, H.; Fließ, M.; Laumann, A.; Voeltz, S.:* Neuer Ottomotor mit Direkteinspritzung und Doppelaufladung von Volkswagen. In: MTZ 2005-11
53. *Flierl, R.; Paulov, M.; Schmitt, S.; Hannibal, W.; Spicher, U.; Sarikoc, F.:* Potentiale des mechanisch voll variablen Ventiltriebs am aufgeladenen Ottomotor mit innerer und äußerer Gemischbildung. In: MTZ 2011-07
54. *Flierl, R.; Schmitt, S.; Fuchs, T.:* Kreisprozesssimulation von Ottomotoren mit drosselfreier Laststeuerung durch mechanisch vollvariablen Ventiltrieb. In: Simulation und Aufladung von Verbrennungsmotoren, Lechmann, A. (Hrsg.), Berlin: Springer, 2008
55. *Klauer, N.; Klüting, M.; Steinparzer, F.; Kretschmer, J.:* Innovative Aufladung, Variable Ventiltriebe und 8-Gang Getriebe – eine neue Generation von Antrieben.18. Aachener-KolloquiumFahrzeug- und Motorentechnik, 2009
56. *Mastrangelo, G.; Micelli, D.; Sacco, D.:* Extremes Downsizing durch den Zweizylinder-Ottomotor von Fiat. In: MTZ 2011-0
57. *Maaß, H.; Klier, H.:* Kräfte, Momente und deren Ausgleich in der Verbrennungskraftmaschine. Wien: Springer, 1982
58. *Lang, O. R.:* Triebwerke schnell laufender Verbrennungsmotoren: Grundlagen zur Berechnung und Konstruktion. Berlin: Springer, 1966 (= 9. Kapitel 4 Pleuel und Kolben)
59. *Wyczalek, F. A.:* Generalized Balance of Inline, Vee and Opposed Pistons Engines. In: SAE Technical Paper Series 880418

60. *Dubbel, Taschenbuch für den Maschinenbau.* 14. Auflage. Herausgeber: *Beitz, W.* und *Küttner, K.-H.* Berlin; Heidelberg; New York: Springer, 1981.
61. *Indra, F.; Tholl, M.:* Der 3,0 l Opel-Rennmotor für die Internationale Deutsche Tourenwagenmeisterschaft. In: MTZ 52 (1991) (= 10. Kapitel 4 Kolben und Pleuel)
62. *Ebbinghaus, W.; Müller, E.; Neyer, D.:* Der neue 1,9-l-Dieselmotor von VW. In: MTZ 50 (1989), Nr. 12
63. *Krüger, H.:* Massenausgleich durch Pleuelgegenmassen. In: MTZ 53 (1992), Nr. 12
64. *Urlaub, A.:* Verbrennungsmotoren. Band 3: Konstruktion. Berlin: Springer, 1989 (= 13. Kapitel 4 Pleuel und Kolben)
65. *Burow, G.:* Ein Beitrag zum Massenausgleich von V-Maschinen mit niedrigen Zylinderzahlen. In: Dieselmotor-Nachrichten (1987), Nr. 1/2
66. *Freyther, H. G.:* Massenkräfte und Massenmomente bei V-Motoren in Abhängigkeit vom V-Winkel. In: MTZ 22 (1961), Nr. 12
67. *Breitwieser, K.; Kemmann, H.; Weidner, H.; Zickwolff, E.:* Der neue Opel-V6-Motor. In: MTZ 54 (1993), Nr. 3
68. *Bayer, B.:* Good Vibrations – Motorschwingungen. In: PS Motorrad-Zeitung (1988), Heft 1
69. *Zima, S.:* Kurbeltriebe: Konstruktion, Berechnung und Erprobung von den Anfängen bis heute. Braunschweig; Wiesbaden: Friedr. Vieweg & Sohn (ATZ-MTZ-Fachbuch), 1998 (= 8. Kapitel 4 Pleuel und Kolben)
70. *Piech, F.:* 3 Liter/100 km im Jahr 2000? ATZ 94 (1992) (= 20. Kapitel 3)
71. *Thiemann, W.; Finkbeiner, H.; Brüggemann, H.:* Der neue Common-Rail-Dieselmotor mit Direkteinspritzung für den smart – Teil I: Motorkonstruktion und mechanischer Aufbau. In: MTZ 60 (1999), Nr. 11
72. *Hauk, F.; Dommes, W.:* Der erste serienmäßige Reihen-Fünfzylinder-Ottomotor für Personenwagen: Eine Entwicklung der AUDI NSU. In: MTZ 78 (1976), Nr. 10
73. *Schmidt, G.; Niggemeyer, H.:* Sechszylinder in Reihen- oder V-Bauart – die optimale Motorisierung? In: MTZ 56 (1995), Nr. 5
74. *Fersen, O. v.:* Moderne Motoren: Honda V6. In: mot-Technik (1986), Heft 24
75. *Kollmann, K.; Fortnagel, M.; Thom, R.; Wagner, W.-D.:* Die neue V-Motorenbaureihe von Mercedes-Benz mit Dreiventiltechnik und Doppelzündung. In: MTZ 58 (1997), Nr. 6
76. *Bach, M.; Bauder, R.; Mikulic, L.; Pölzl, H.-W.; Stähle, H.:* Der neue V6-TDI-Motor von Audi mit Vierventiltechnik – Teil 1: Konstruktion. In: MTZ 58 (1997), Nr. 7/8
77. Porsche Boxermotor-Kurbelwelle des 911 Carrera; Bild: Maschinenfabrik ALFING Kessler GmbH, 73413 Aalen-Wasseralfingen
78. *Mahle GmbH:* Mahle Kolbenkunde: Technisches Handbuch. Stuttgart: Mahle, ca. 1984/1985 (= 33. Kapitel 4 Kolben und Pleuel)
79. *Aschoff, G.; Ebel, B.; Eissing, S.; Metzner, F.Th.:* Der neue V6-Vierventilmotor von Volkswagen. In: MTZ 60 (1999), Nr. 11
80. *Ebel, B.; Kirsch, U.; Metzner, F.Th.:* Der neue Fünfzylindermotor von Volkswagen – Teil 1: Konstruktion und Motormechanik. In: MTZ 59 (1998), Nr. 1
81. *Nefischer, P.; Steinparzer, F.; Stütz, W.:* Der Ladungswechsel des neuen BMW V8 Dieselmotors. In: 8. Aachener Kolloquium Fahrzeug- und Motorentechnik, Aachen, 1999
82. *Marquard, R.; Helfried, S.:* AVL Spectros – Ein Motorenkonzept für Leichtbau und Modulbauweise. In: MTZ 61 (2000), Nr. 2
83. Entwicklungsgeschichte Zwölfzylinder BMW 750. Sonderdruck aus auto motor und sport, Heft 15/1987
84. *Flierl, R.; Jooß, R.:* Ausgleichswellensystem für den BMW-Vierzylindermotor im neuen 316i und 318i. In: MTZ 60 (1999), Nr. 5

85. *Heuser, G.; Hügen, S.; Brohmer, A.; Warren, G. A.; Menne, R.J.:* Der neue Ford 2,3-l-Motor mit Ausgleichswellen. In: MTZ 58 (1997), Nr. 1
86. *Pischinger, F.:* Verbrennungsmotoren. Band 1. 9. Auflage. Aachen: Lehrstuhl für angewandte Thermodynamik RWTH Aachen, 1988. – Vorlesungsumdruck Seite 214
87. *Hofer, K.; Schedl, H.; Boom, J. v. d.:* Die Akustik des neuen V6-TDI-Motors im Audi A8. In: ATZ 99 (1997), Nr. 7/8
88. *Heuser, G.; Gerlach, S.; Graham, D.; Meurer, J.; Metz, H.:* Der 4,0-i-SOHC-Motor für den Ford Explorer. In: MTZ 58 (1997) Nr. 5
89. *Hafner, K. E.; Maaß, H.:* Die Verbrennungskraftmaschine. Bd. 4: Torsionsschwingungen in der Verbrennungskraftmaschine. Wien: Springer, 1985
90. *Benz, W.:* Die Erregung der Längsschwingungen von Kurbelwellen. In: MTZ 21 (1960), Nr. 8
91. *Biezeno, L.; Grammel, R.:* Technische Dynamik. 2. Auflage. Berlin: Springer, 1953
92. *Benz, W.:* Biegeschwingungen von Kurbelwellen, insbesondere bei schweren Schwungrädern. In: ATZ 37 (1935), Nr. 16
93. *Benz, W.:* Biegeschwingungen von mit einer Masse besetzten Wellen. In: MTZ 11 (1950), Nr. 3
94. *Kritzer, R.:* Die Biegeschwingungen der Kurbelwelle von Kolbenmaschinen mit Berücksichtigung der Kreiselwirkung des Schwungrads. In: MWM Nachrichten (1957), Nr. 1
95. *Essers, U.; Gutzmer, P.; Philipp, U.:* Körperschallanregung in den Kurbelwellengrundlagern eines Verbrennungsmotors. In: FVV-Heft R424, 1982 ; FVV-Heft R428, 1983
96. *Resch, T. et al.:* Verwendung von Mehrkörperdynamik zur Kurbelwellenauslegung in der Konzeptphase. In: MTZ 65 (2004), Nr. 11
97. *Rasser, W.; Resch, T.; Priebsch, H. H.:* Berechnung der gekoppelten Axial-, Biege- und Torsionsschwingungen von Kurbelwellen und der auftretenden Spannungen. In: MTZ 61 (2000), Nr. 10
98. *Neußer, H.J.; Dorsch, H.; Brüstle, C.; Krakau M.:* Porsche 911 Turbo mit Vario Cam Plus, Fortschritts Berichte VDI, Reihe 12,Verkehrstechnik/Fahrzeugtechnik 21 Internationales Wiener Motorensymposium, VDI-Verlag, Düsseldorf 2000
99. *Demelbauer-Ebner, W.; Eichler, F.; Theobald, J.; Striebels, B.; Hoffmeyer; Kraft:* Der neue EA-211 TSI evo von Volkswagen, 37 Wiener Motorensymposium 2016, Vortragsband
100. *Lauer, F.:* Drosselfreie Laststeuerung und Zylinderabschaltung mit mechanisch Vollvariablen Ventiltrieb am turboaufgeladenem Ottomotor, ISBN 978-3-943995-44-2, VKM Schriftreihe, Band 12 ISSN 1861-2555, TU – Kaiserslautern
101. *Wabbals, D.:* Potentiale der Kombination von kontinuierlich verstellbarem Verdichtungsverhältnis und variabler Ventilsteuerung, ISBN 978-3-943995-45-9,VKM Schriftenreihe, Band13, TU-Kaiserslautern
102. *Shunichi, A.; Moteki, K.; Takahshi, N.; Hiyoshi R.:* Untersuchung eines variablen Verdichtungsverhältnissystems mit einem Mehrfachverbindungsmechanismus und seine Auswirkung Tagungsband zum 15.Aachener Kolloquium Fahrzeug-und Motorentechnik 2006
103. *Mazda:* internet homepage: https://www.mazda.com/en/innovation/technology/skyactiv/skyactiv-d/ Zugriff September 2019
104. *Flierl, R.; Schmitt, S.; Wabbals, D.; Kleinert ,G.:* Vollvariabler Ventiltrieb und variable Verdichtung, Erste Messergebnisse, MTZ 07-08/2009 Jahrgang 70
105. *Neugärtner, J.:* Lastpunktverschiebung beim Dieselmotor, ISBN 978-3-95974-088-3, VKM Schriftenreihe ISSN 1861-2555, Band 22, TU Kaiserlautern, Diss., 2018

6 Motorgeräusch

Das Motorgeräusch ist nicht exakt vorausberechenbar. Diese Aussage muss diesem Abschnitt vorangestellt werden. Es ist dennoch auf halbempirischem Weg möglich, das Motorgeräusch nach erfolgter Kategorisierung innerhalb gewisser Genauigkeitsgrenzen vorherzusagen. Darüber hinaus gelingt es bereits ziemlich gut, relative Verbesserungen oder Verschlechterungen hinsichtlich eines veränderten Zylinderdruckverlaufs, strukturmechanischer Maßnahmen sowie Veränderungen am Ansaugtrakt und Abgasschalldämpfersystem zu berechnen.

In diesem Kapitel werden einige grundsätzliche Zusammenhänge kurz dargestellt und Ausführungen zur Berechnungsproblematik gemacht. Dabei werden die Grundlagen der Technischen Akustik, Schwingungstechnik und Signalanalyse teilweise vorausgesetzt.

6.1 Motorgeräusch und Fahrgeräusch – gesetzliche Vorschriften

Die Vervielfachung des Kraftfahrzeugbestands in den Industrieländern in wenigen Jahrzehnten und die damit einhergehende Geräuschbelästigung der Bevölkerung insbesondere in den Ballungszentren hat die Gesetzgeber relativ spät bewogen, die Geräuschgrenzwerte drastisch abzusenken und Stufenpläne für weitere Grenzwertreduzierungen aufzustellen (siehe z. B. [1]). Mittlerweile ist die Motor- und Fahrzeugakustik nicht nur wegen der gesetzlichen Anforderungen, sondern auch verstärkt wegen des erheblich gestiegenen Komfortanspruchs der Käufer zu einer Disziplin mit zentraler Bedeutung bei der Weiterentwicklung von Kraftfahrzeugen geworden. Die gesetzlichen Geräuschgrenzwerte bezogen sich in der Vergangenheit bekanntlich auf den maximalen A-bewerteten Schalldruckpegel des Außengeräuschs bei beschleunigter Vorbeifahrt unter Volllast aus einer konstanten Geschwindigkeit von 50 km/h (bei Pkw im 2. und 3. Gang (arithmetischer Mittelwert) bzw. Stufe D bei Automatikgetriebe) nach ISO/R 362 [2]. Das Prüfverfahren stand zuneh-

E. Köhler, R. Flierl, *Verbrennungsmotoren*, ATZ/MTZ-Fachbuch,
https://doi.org/10.1007/978-3-658-24541-2_6

mend in der Kritik, da nur ein spezifischer Betriebszustand auf einem bestimmten Drehzahlniveau Berücksichtigung fand. Die zunehmenden Abweichungen vom praxisrelevanten Fahrbetrieb machten schließlich eine Neuregelung unumgänglich. Die Ergebnisse des neuen Prüfverfahrens sollen auch mit dem technischen Fortschritt bei der Geräuschminderung besser korrelieren.

Rückblickend stand die Problemgruppe der schweren, leistungsstarken Nutzfahrzeuge in den 1980er-Jahren besonders in der Kritik. Geeignete Maßnahmen zur Geräuschminderung an direkteinspritzenden Dieselmotoren bildeten daher viele Jahre einen besonderen Schwerpunkt der Motorenentwicklung (siehe z. B. [3]). Darüber hinaus konnten Forschungsprojekte die Realisierbarkeit alltagstauglicher „lärmarmer Lkw“ bei vertretbaren Mehrkosten und nicht einschneidender Minderung der Nutzlast nachweisen und zu einem allgemeinen Umdenken beitragen (siehe z. B. [4]). Mittlerweile ist die einstige Zögerlichkeit längst Vergangenheit, und aufwändige akustische Maßnamen insbesondere auch bei Diesel-Pkw sind nicht mehr wegzudenken. Bemerkenswert ist in diesem Zusammenhang die zeitliche Entwicklung der Geräuschgrenzwerte in der Gesetzgebung, Abb. 6.1 [5]. Von Mitte der 1980er- bis Mitte der 1990er-Jahre nahm die Kategorie der „lärmarmen Lkw“ (in Abb. 6.1 nicht dargestellt) noch eine Sonderstellung ein. Die Geräuschemission auch schwerer Lkw wurde jedoch bereits seit langem generell auf das betreffende Niveau abgesenkt. Am 01.07.2014 trat die neue EU-Richtlinie 540/2014 in Kraft, die die Anforderungen an die Geräuschemission bei der Typgenehmigung von Kfz neu regelt [6]. Die bisherigen und neuen Grenzwerte sind aufgrund des geänderten Prüfverfahrens nur noch bedingt vergleichbar.

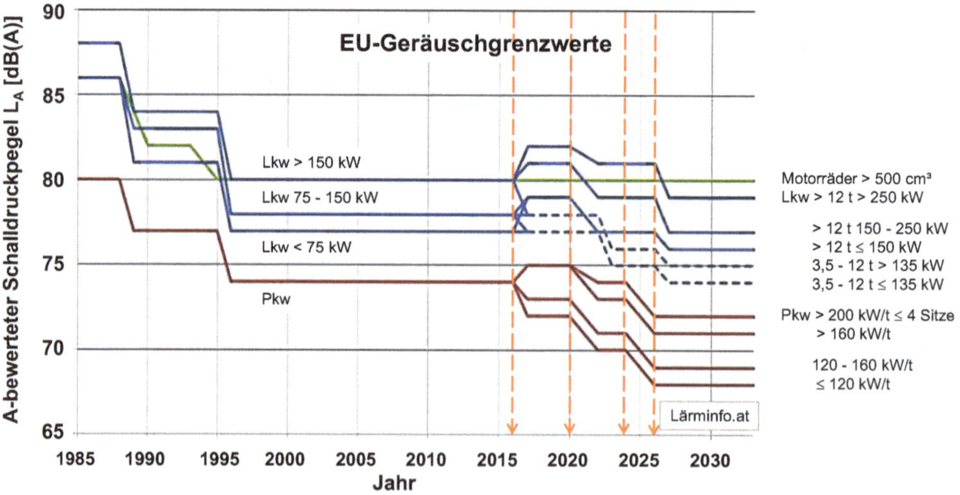

Abb. 6.1 Zeitliche Entwicklung der Geräuschgrenzwerte für Kfz in der EU (erstellt mit Daten aus [5])

Die Einführung der EU-Richtlinie 540/2014 für Pkw, Nkw und Busse erfolgt, wie aus Abb. 6.1 ersichtlich, in drei Phasen. „M" steht für Fahrzeuge zur Personen-, „N" zur Güterbeförderung. Die Fahrzeugkategorien der Kfz wurden in der Richtlinie neu geordnet. Pkw zählen z. B. zur übergeordneten Kategorie M_1. Innerhalb von M_1 erfolgt die Differenzierung nach dem Verhältnis von Motornennleistung und Fahrzeugmasse (PMR: „power mass ratio"), auch als spezifischer Leistungsindex bezeichnet. Statt z. B. bisher nur einer Pkw-Kategorie sind nun vier Unterkategorien vorgesehen.

Bei Nkw werden die übergeordneten Kategorien N_1 bis N_3 unterschieden. Statt z. B. bisher drei Nkw-Kategorien über 3,5 t (zul. Gesamtmasse) sind nun fünf in zwei übergeordneten Kategorien N_2 und N_3 vorgesehen. Die Differenzierung bis 3,5 t (N_1) richtet sich nach der Fahrzeugmasse, darüber (N_2: 3,5 bis 12 t, $N_3 > 12$ t) nach der Nennleistung. Die neuen Grenzwerte sind variabel und hängen von der Kategorisierung des Kfz ab.

Neue Grenzwerte für die Phase 1 und ein geändertes Prüfverfahren für das Außengeräusch gelten seit dem 01.07.2016. Für die betreffende Geräuschmessung gilt die Norm DIN ISO 362-1 [7]. Die Messstrecke als solche einschließlich Mikrofonposition wurde unverändert übernommen, Abb. 6.2. Allerdings ist insgesamt eine aufwändigere Messtechnik erforderlich, um den Vorgaben der Norm entsprechen zu können. Entgegen dem bisherigen Vorgehen ist nun neben der Geräuschmessung bei beschleunigter Vorbeifahrt auch noch eine weitere bei konstanter Fahrgeschwindigkeit zu absolvieren. Die auf der Mikrofonlinie zu erreichende bzw. einzuhaltende Fahrgeschwindigkeit ist dabei 50 km/h. Die Vielzahl der zu berücksichtigenden Faktoren (Fahrzeugdaten, Reifen, Fahrbahn, Test-, Umweltbedingungen etc.), erhöhte Anforderungen an die Messtechnik, differenzierte Vorschriften zur Abdeckung aller in der Praxis auftretender Fälle, Berechnungsformeln und Korrekturwerte sind nun so komplex ausgefallen, dass an dieser Stelle nur auf einige

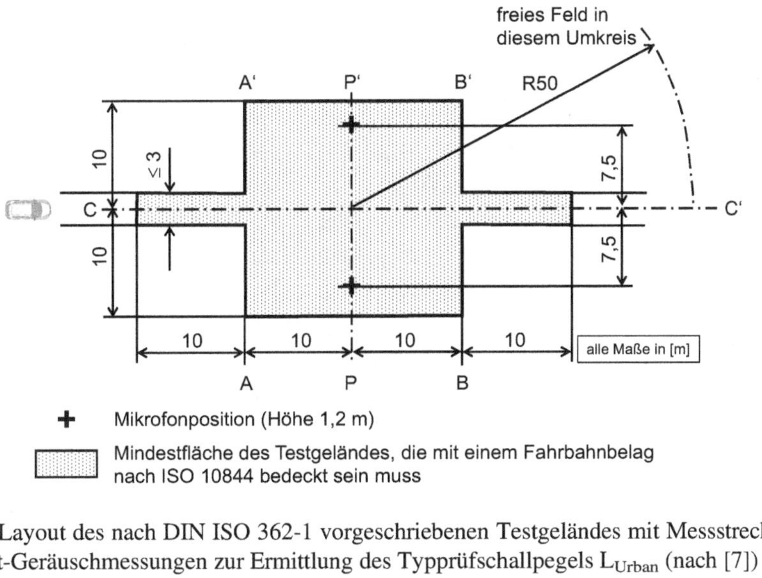

Abb. 6.2 Layout des nach DIN ISO 362-1 vorgeschriebenen Testgeländes mit Messstrecke für die Vorbeifahrt-Geräuschmessungen zur Ermittlung des Typprüfschallpegels L_{Urban} (nach [7])

wesentliche Sachverhalte hingewiesen werden kann. Es soll im Folgenden nur ein einfacher Fall betrachtet werden.

Basis ist der hier als dimensionslos betrachtete PMR-Wert: Nennleistung (P_n [kW] / Fahrzeugprüfmasse m_t [kg]) × 1000. Darüber hinaus ist der Sachverhalt auf den ersten Blick etwas unübersichtlich. Bei beschleunigter Vorbeifahrt unter Volllast wird eine möglichst konstante Beschleunigung angestrebt. Die Wahl der Gangstufe(n) orientiert sich daher neuerdings an einer Referenzbeschleunigung $a_{wot\ ref}$ (wot: wide open throttle, gemeint ist Volllast). Für $a_{wot\ ref}$ gilt je nach PMR-Wert $a_{wot\ ref} = f(PMR)$ – die Norm enthält eine entsprechende Berechnungsformel – oder $a_{wot\ ref} = a_{Urban}$. $a_{Urban} = f(PMR)$ ist wiederum eine statistisch relevante Teillastbeschleunigung im Stadtverkehr, für die die Norm ebenfalls eine Berechnungsformel vorhält. Das Messfahrzeug muss nun in allen relevanten Gangstufen Beschleunigungstests in der Messstrecke unterzogen werden, wobei mittels gemessener Ein- und Ausfahrgeschwindigkeit nach ebenfalls von der Norm vorgehaltener Berechnungsformel die jeweiligen mittleren Beschleunigungen $a_{wot\ test}$ berechnet werden. Im einfachsten Fall gibt es eine Gangstufe i, für die $a_{wot\ test\text{-}i} = a_{wot\ ref} \pm 5\ \% < 2\ m/s^2$ zutrifft. Andernfalls ist eine weitere Gangstufe zu berücksichtigen, wobei ein rechnerisch ermittelter „gear ratio weighting factor“ k ins Spiel kommt, ohne dies hier weiter ausführen zu können.

Neben diesem kennt die Norm noch einen ebenfalls rechnerisch ermittelten „partial power factor“ k_P. Wichtig ist noch zu erwähnen, dass dieses Messverfahren die genaue Bestimmung der Einfahrgeschwindigkeit in die Messstrecke (10 m-Linie vor den Mikrofonen) erfordert, um mittels der betreffenden realen Beschleunigung auf der Höhe derselben bei Vollastbeschleunigung $v_{test} = 50$ km/h $\pm$ 1 zu erreichen. Anhand der gemessenen, jeweils aus mehreren Messfahrten gemittelten Schallpegelwerte werden, um im Englischen zu bleiben, „reported values“ angegeben. Sofern zwei Gangstufen zu berücksichtigen sind, erfolgt eine Kombination der Ergebnisse, wobei eine Gewichtung mittels des k-Werts erfolgt. Dieses Vorgehen liefert für die beschleunigte Vorbeifahrt den A-bewerteten Schalldruckpegel $L_{wot\ rep}$ und für die Vorbeifahrt mit konstanter Geschwindigkeit entsprechend $L_{crs\ rep}$. Zum Vergleich mit dem Grenzwert ist eine ähnliche gewichtete Kombination der betreffenden Schalldruckpegel unter Verwendung des k_P-Werts erforderlich. So lautet das Endergebnis der Prüfung schließlich: $L_{Urban} = L_{wot\ rep} - k_P(L_{wot\ rep} - L_{crs\ rep})$.

Es gelten darüber hinaus „zusätzliche Bestimmungen zu Geräuschemissionen“ (Additional Sound Emission Provisions) für Kfz, um sicherzustellen, dass unter anderen Betriebsbedingungen, d. h. im beliebigen realen Fahrbetrieb, keine wesentlichen Abweichungen vom Prüfergebnis auftreten. Damit dürften auch Klappenauspuffschalldämpferanlagen nur noch sehr eingeschränkt zulässig sein.

Es sei noch darauf hingewiesen, dass die Geräuschmessung bei Vorbeifahrt heutzutage auch auf einem für akustische Messungen geeigneten Rollenprüfstand (schallabsorbierend ausgekleideter Prüfstandraum, der annähernd Freifeldqualität bietet) mittels eines Mikrophon-Arrays simuliert werden kann. Dies erlaubt, einige der unvermeidlichen Einflüsse bei Messungen im Freien auszuschließen. Darauf nimmt ISO 362-3 Bezug.

Trotz des erreichten Fortschritts sind auch heute neben motorischen Maßnahmen vor allem luft- sowie körperschalldämmende und -dämpfende Maßnahmen – auch sekundäre

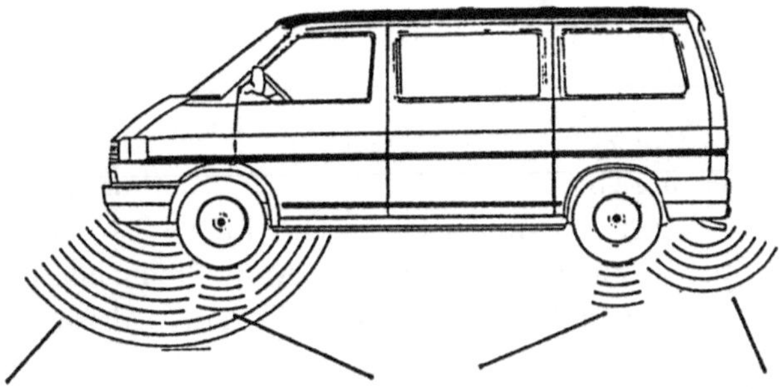

Abb. 6.3 Primär zum Fahrgeräusch beitragende Teilschallquellen (aus [9])

Geräuschreduzierungsmaßnahmen genannt – unbedingt erforderlich. Primäre Maßnahmen sind solche, die sich direkt auf die Geräuschentstehung an der Quelle auswirken.

Wie aus Abb. 6.3 hervorgeht, lässt sich das während der Vorbeifahrt abgestrahlte Fahrgeräusch hauptsächlich auf drei Teilschallquellen zurückführen:

Motorgeräusch
Auspuffmündungsgeräusch
Reifengeräusch

Im niedrigen bis mittleren Geschwindigkeitsbereich, wo vorzugsweise in niedrigen Gangstufen gefahren wird, und insbesondere bei Volllastbeschleunigung dominiert das Motorgeräusch. Umgekehrt überwiegt beim Fahren mit konstanter Geschwindigkeit in einer höheren Gangstufe oberhalb einer Geschwindigkeit von 60 km/h bereits das Reifenabrollgeräusch. Letzteres unterliegt allerdings, abhängig von Reifenbauart, Laufflächenprofil, Längskraft, Querkraft, Schlupf und Fahrbahnbelag, ziemlichen Schwankungen. Auch die Witterung ist von Einfluss. So ist die Geschwindigkeitsabhängigkeit des Reifenabrollgeräusches auf nasser Fahrbahn geringer, das Geräuschniveau liegt demgegenüber jedoch deutlich höher [8]. Die wesentlichen spektralen Anteile >1 kHz bewirken die subjektiv empfundene Lästigkeit.

Das Motorgeräusch ist, abhängig vom Verbrennungsverfahren, unterschiedlich last- und drehzahlabhängig. Dies spiegelt sich im Auspuffmündungsgeräusch wider, wobei sich Resonanzeffekte überlagern. In Verbindung mit der jeweiligen Gangstufe können unterschiedliche Geschwindigkeitsabhängigkeiten ermittelt werden, die sich auf konstante Geschwindigkeiten entlang der Fahrwiderstandskurve beziehen. Ebenso können sich solche Angaben auf den Prüfstandsbetrieb mit konstanter Last beziehen. Die einer Teilschallquelle zuordenbare Drehzahl- bzw. Geschwindigkeitsabhängigkeit dient häufig als Kenngröße zur Identifikation unterschiedlicher Geräuschentstehungsmechanismen.

Die Intensitäten der Teilschallquellen addieren sich zum Summenpegel $L_{A\Sigma}$ des Fahrgeräusches. Entsprechend dem Gesetz für die Addition von Schallpegeln gilt:

$$L_{A\Sigma} = 10 \ \lg\left(10^{L_{AMot}/10} + 10^{L_{A-Am}/10} + 10^{L_{AR}/10} + \ \ldots\right) \qquad (6.1)$$

L_A... bedeutet hierbei den A-bewerteten Schalldruckpegel. Die Zusatzindizes „Mot“, „Am“ und „R“ beziehen sich auf das Motor-, das Auspuffmündungs- und das Reifenabrollgeräusch. Beim gültigen Messverfahren DIN ISO 362-1 dominiert in der Regel das Motorgeräusch, bei Krafträdern oft auch das Auspuffmündungsgeräusch (das Ansauggeräusch zählt bei dieser Grobunterscheidung zum Motorgeräusch).

6.2 Motorgeräusch – Teilschallquellen und Geräuschursachen

Zum Motorgeräusch tragen diverse Teilschallquellen bei, die sich systematisieren lassen (siehe z. B. [1, 3, 10–12]). Obwohl die Terminologie nicht ganz einheitlich ist, zeigt Abb. 6.4 eine sachlich mit den genannten Quellen übereinstimmende Aufstellung. Es wird generell unterschieden zwischen

- direkt erzeugtem Motorgeräusch → direkt erzeugter Luftschall (z. B. Strömungsgeräusche)
- indirekt erzeugtem Motorgeräusch → Körperschallerregung und -übertragung, Luftschallabstrahlung an der Motoroberfläche.

Das indirekt erregte Motorgeräusch setzt sich aus

- Verbrennungsgeräusch und
- mechanischem Geräusch

zusammen.
Das Verbrennungsgeräusch kann wiederum

- direkt oder
- indirekt

erzeugt werden. In umittelbarem Zusammenhang damit stehen der so genannte

- „äußere“ und
- „innere“ Körperschallleitweg.

Das direkte Verbrennungsgeräusch resultiert aus dem steilen Druckanstieg im Brennraum und den dadurch entstehenden Druckschwingungen, die die den Brennraum umschließenden Wände anregen. Die Übertragung des Körperschalls zur Motoroberfläche erfolgt über den „äußeren“ Körperschallleitweg, d. h. über Zylinder und Zylinderkopf (gute Korrelation

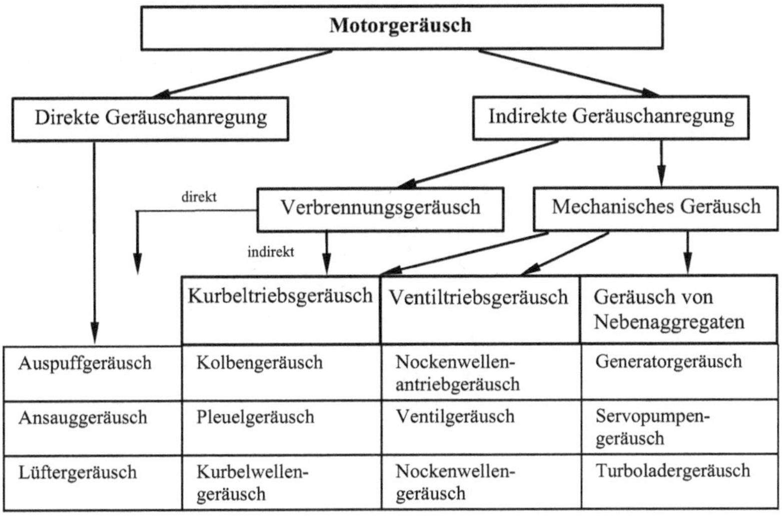

Abb. 6.4 Systematik des Motorgeräusches – Teilschallquellen und Geräuschursachen (nach [11])

zwischen den Oberflächenschwingungen und dem Verbrennungsdruckspektrum [11]). Für das abgestrahlte Geräusch maßgeblich sind:

- Frequenzen und Amplituden des periodischen Zylinderdruckverlaufs
  → Zylinderdruckspektrum
- Übertragungsverhalten der Motorgehäusestruktur

Nur etwa ein Viertel der Geräuschenergie wird über den „äußeren" Körperschallleitweg übertragen.
Etwa drei Viertel der Geräuschenergie werden folglich über den „inneren" Körperschallleitweg übertragen:
Kolben → Kolbenbolzen → Pleuel → Kurbelwelle → Hauptlager → Zylinderkurbelgehäuse (Motorgehäusestruktur). Zusammengefasst wird dies auch als Kurbeltriebsgeräusch bezeichnet (Abb. 6.5).
Je nachdem, ob kurbelwinkelabhängig die Gas- oder die Massenkraft dominiert, handelt es sich um indirekt erregtes Verbrennungsgeräusch oder eine spezielle Art des mechanischen Geräusches:

- Kraftanregung → Gaskraftverlauf, Massenkraftverlauf und
- Impulsanregung → Stoßvorgänge bei Anlagewechsel der spielbehafteten Triebwerksteile

überlagern sich.
Bei der Kraftanregung ist der Beschleunigungsverlauf, bei der Impulsanregung sind Masse und Stoßgeschwindigkeit entscheidend.

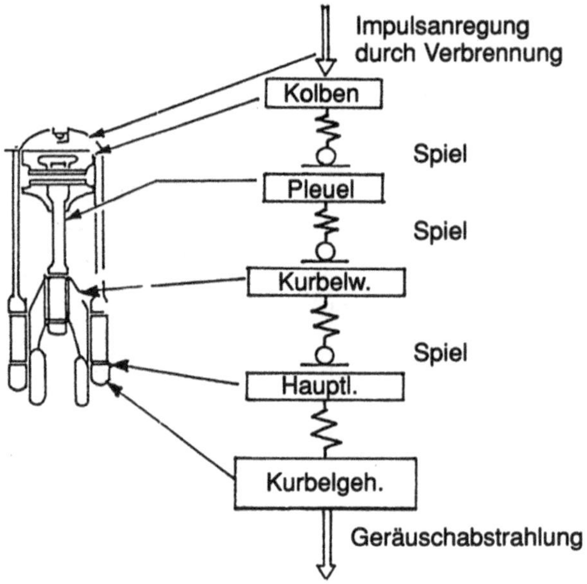

Abb. 6.5 „Innerer“ Körperschallleitweg

Maßgeblich für das indirekte Verbrennungsgeräusch sind:

- zeitlicher Verlauf des Zylinderdrucks
- Zünddruck (Spitzendruck)

Die Einflussgrößen sind:

- Verbrennungsverfahren
- Last/Drehzahl
- Hub-Bohrungs-Verhältnis

Je nachdem, ob kurbelwinkelabhängig die Gas- oder die Massenkraft dominiert, handelt es sich um indirekt erregtes Verbrennungsgeräusch oder eine spezielle Art des mechanischen Geräusches:

- Kraftanregung → Gaskraftverlauf, Massenkraftverlauf und
- Impulsanregung → Stoßvorgänge bei Anlagewechsel der spielbehafteten Triebwerksteile

überlagern sich.
Bei der Kraftanregung ist der Beschleunigungsverlauf, bei der Impulsanregung sind Masse und Stoßgeschwindigkeit entscheidend.
Maßgeblich für das indirekte Verbrennungsgeräusch sind:

- zeitlicher Verlauf des Zylinderdrucks
- Zünddruck (Spitzendruck)

Die Einflussgrößen sind:

- Verbrennungsverfahren
- Last/Drehzahl
- Hub-Bohrungs-Verhältnis

Zum mechanischen Geräusch zählt auch das Kolbengeräusch. Der Kolben führt eine Sekundärbewegung (Anlagewechsel DS-GDS und umgekehrt, mindestens sechs Anlagewechsel pro Arbeitszyklus; zusätzliche Kippbewegung) und eine Tertiärbewegung (in Bolzenachsenrichtung bzw. Axialbewegung des Bolzens relativ zum Kolben) aus (Kolbenbolzen kann auch durch spielbedingte Radialbewegung Geräusch erzeugen). Das durch Sekundär- und Tertiärbewegung hervorgerufene Kolbengeräusch trägt jedoch bei richtiger konstruktiver Auslegung und ordentlicher Abstimmung (Schaftgeradführung, Kopfspielgebung, Einbauspiel und Desachsierung) bei betriebswarmem Motor nur mäßig zum subjektiv wahrnehmbaren mechanischen Geräusch bei. Andererseits kann das vom Kolben verursachte Geräusch bei kaltem Motor vorübergehend als sehr lästig empfunden werden. Der instationäre Charakter solcher Geräusche trägt dazu wesentlich bei. Die zunehmenden Beanstandungen sind primär darauf zurückzuführen, dass die mittlerweile sehr erfolgreichen Bemühungen zur Absenkung des Geräuschniveaus insgesamt das Kolbengeräusch stärker zum Vorschein bringen. Die Stoßanregung ist der Berechnung hinsichtlich qualitativer Aussagen zugänglich. Kenngröße hierfür ist die ausgetauschte Stoßenergie (Energieverlust des bewegten Bauteils nach dem Stoß). Ein hoher Energieverlust ist einer starken Körperschallanregung gleichzusetzen.
Das Motorgeräusch verhält sich bei Otto- und Dieselmotoren grundsätzlich verschieden:

- Ottomotor → mit zunehmender Drehzahl wenig lastabhängig (Massenkraftanregung)
  → mechanische Geräusche dominant
- Dieselmotor → stark lastabhängig (Gaskraftanregung)
  → Verbrennungsgeräusch dominant

6.3 Indirekt erzeugtes Motorgeräusch – Entstehung, Übertragung und Abstrahlung

Abb. 6.6 erklärt schematisch, wie die elastische Motorstruktur der anregenden Kraft (Kraftspektrum) einen frequenzabhängigen Widerstand entgegensetzt, den eingeleiteten Körperschall unterschiedlich stark dämpft und an der Motoroberfläche die übertragene Körperschallleistung mit unterschiedlichem Wirkungsgrad in Luftschall umsetzt. Die Technische Akustik und Schwingungstechnik kennt dafür den Begriff der Gesamt-Übertragungsfunktion (hier: der Motorstruktur):

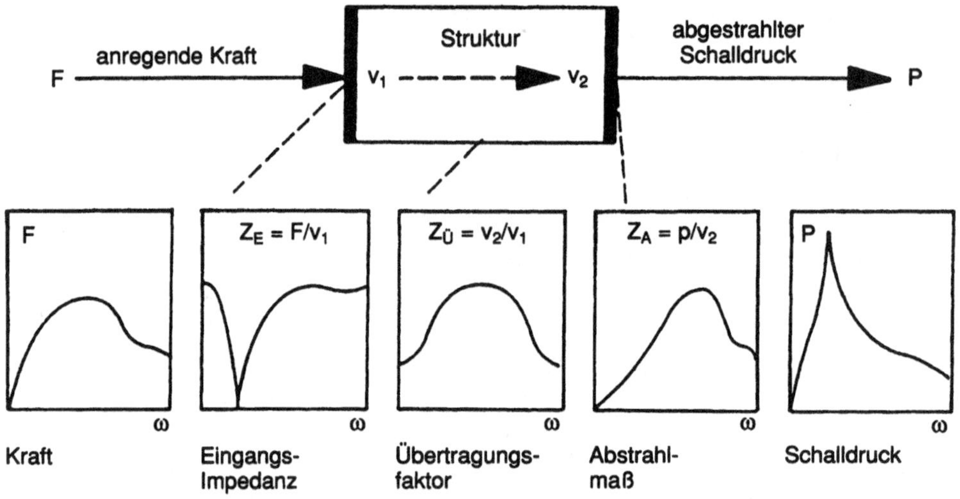

Abb. 6.6 Anregung (Entstehung), Übertragung und Abstrahlung von indirekt erzeugtem Motorgeräusch (aus [13], dort Verweis auf [14])

$$\underline{H}_{ges}(f) = \underline{p}(f)/\underline{F}(f) \tag{6.2}$$

f ist die Frequenz, $\underline{p}(f)$ das Luftschallspektrum, $\underline{F}(f)$ das Spektrum der erregenden Kraft. Die unterstrichenen Größen stehen für komplexe Funktionen. Kraftimpulse bei Stoßanregung erzeugen ein so genanntes Dichtespektrum oder auch kontinuierliches Spektrum, das aus dem zeitlichen Stoßkraftverlauf $F(t)$ mittels Fourier-Transformation gewonnen wird:

$$\underline{F}(f) = \int_{-\infty}^{+\infty} F(t)\,\mathrm{e}^{-j2\pi f t}\mathrm{d}t \tag{6.3}$$

$j2\pi f = j\omega$ ist die komplexe Kreisfrequenz. Streng periodische Kraftverläufe, wie im Idealfall diejenigen der Gas- und Massenkraft, erzeugen demgegenüber ein Linienspektrum, das aus der Fourier-Reihenentwicklung des Kraftverlaufs gewonnen wird. Auch diese erlaubt eine komplexe Schreibweise:

$$\underline{F}(t) = \sum_{i=-\infty}^{i=+\infty} F(f_i)\,\mathrm{e}^{j2\pi f_i t} \tag{6.4}$$

f_i sind die diskreten Frequenzen mit den Spektrallinien $F(f_i)$ (i jeweils ganze Zahl). Der Abstand der Spektrallinien beträgt $\Delta f = 1/T$. T ist die Periodendauer des Kraftverlaufs $F(t)$.

Das Spektrum ist symmetrisch zur Frequenz $f = 0$ und kann deshalb gespiegelt werden, wodurch sich die Amplitudenwerte betragsmäßig verdoppeln.

Von praktischer Bedeutung im Rahmen der digitalen Signalanalyse ist die „Finite-Fourier-Transformation" mit im Vergleich zu Gl. (6.3) endlichen Integrationsgrenzen, auch Zeitfenster genannt (siehe z. B. [15]). Um zuverlässige Ergebnisse bei stochastischen Zeitverläufen zu erhalten, müssen ausreichend viele Signalausschnitte („Data Samples") erfasst und deren Spektren gemittelt werden („Averaging"-Technik). Fehler, die dadurch entstehen, dass der Zeitverlauf an den Fenstergrenzen abgeschnitten wird ($\neq 0 \rightarrow$ „Signalsprung"), werden durch so genannte Fensterfunktionen vermieden. Der von den Fensterfunktionen hervorgerufene spektrale Energieverlust wird rechnerisch kompensiert. Beim Verbrennungsmotor wird das Zeitfenster sinnvollerweise mit der Periode des Arbeitszyklus „getriggert".

Die grundsätzlichen Zusammenhänge bei der digitalen Signalabtastung sind in Tab. 6.1 zusammengestellt (siehe auch [15, 16]). Entspricht die Anzahl der Stützstellen des Zeitverlaufs einer Potenz der Zahl zwei (2^n), so kann ein besonders zeitsparender Algorithmus nach Cooley-Tuckey [17] angewandt werden, um die Fourier-Transformation durchzuführen. Diese so genannte „Fast Fourier Transform", kurz FFT, wird in den digitalen FFT-Analysatoren vorteilhaft genutzt.

Bei den Geräusch- und Schwingungskomfort betreffenden Problemen (englisch NVH: noise, vibration, harshness) kann u. U. ein Charakteristikum der Geräuschquelle bei der Problemanalyse vorteilhaft genutzt werden. Bei periodischen Vorgängen wie z. B. der Wellenrotation in Verbrennungsmotoren und diversen Maschinen und Geräten bietet es sich an, von der Frequenz- auf die Ordnungsanalyse überzugehen. Ordnung i, Frequenz f [Hz] und Drehzahl n [min^{-1}] stehen in folgendem Zusammenhang: i = f n/60. Neue Basis sind nun die Drehfrequenz n/60, die der 1. Ordnung entspricht, sowie deren Vielfache i = 2, 3, . . ., m. Im einfachen stationären Fall ist es so zu verstehen, dass die bei bestimmten Drehzahlen ermittelten FFT-Frequenzspektren mittels der jeweiligen Motordrehzahlen in Ordnungsspektren umgerechnet werden. Die schwierigere Messaufgabe ist die Ordnungsanalyse während des Drehzahlhochlaufs des Motors. Ohne hier auf Details einzugehen, sollte im Sinne der Messgenauigkeit die Drehzahl nur langsam ansteigen, um ein Verwischen der spektralen Spitzen zu vermeiden.

Zur Verbesserung der Messgenauigkeit sollte die Abtastung nicht in zeitlich konstanten Intervallen, sondern drehwinkelsynchron erfolgen. Die spektrale Auflösung der FFT ist dann unabhängig von der Drehzahl, weil pro Umdrehung stets gleichviele Abtastungen erfolgen. Werden dagegen herkömmliche (zeitlich diskrete) Signale verwendet, so müssen parallel Drehwinkelinformationen erfasst werden. Auf diese Weise können Zeitsignale in den Drehwinkelbereich transformiert werden. Das Ergebnis einer anschließenden FFT-Transformation ist folglich eine Ordnungsanalyse. Die Güte der Drehwinkelerfassung bestimmt die Qualität einer solchen.

Der Ergebnisdarstellung dient das so genannte „Campbell-Diagramm". Es entstammt der Rotordynamik und zeigt dort ursprünglich die mit der Rotordrehzahl veränderlichen Eigenfrequenzen. Dieser Begriff wird heute auf dreidimensionale Darstellungen aus der Vogelperspektive ausgedehnt, wobei sich meist die Abszisse auf die Frequenz f oder Ord-

Tab. 6.1 Grundlagen der digitalen Signalabtastung

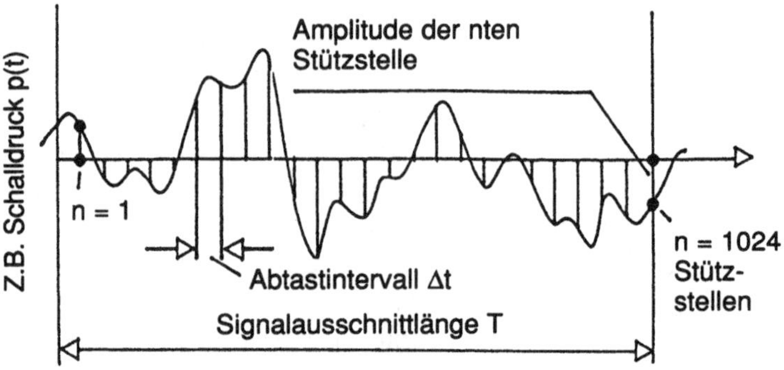

1. Stützstellen	Abgetasteter Signalausschnitt besteht z. B. aus $n = 1024$ Stützstellen (Daten-„Sample").
2. Höchste Frequenz	Höchste noch zu erfassende Frequenz f_g bestimmt Abtastfrequenz: $f_{Abt} > 2\,f_g$ (im Allgemeinen $f_{Abt} = 2{,}56\,f_g$).
3. Signalausschnittlänge	Länge T der Daten-„Samples" ist „Periodendauer" gleichzusetzen.
4. Abtastintervall	Intervall $\Delta t = T\,/\,n$ ist zeitlicher Abstand zweier nacheinander abgetasteter Amplitudenwerte des Zeitsignals; somit auch $\Delta t = 1\,/\,f_{Abt}$.
5. Spektrale Auflösung	Mit „Periodendauer" T beträgt Abstand der Spektrallinien bei digitaler Signalanalyse (DFT/FFT) $\Delta f = 1\,/\,T$.
6. Anzahl der Spektrallinien (mit Zahlenbeispiel)	Gemäß Definition: $f_g = f_{Abt}\,/\,2{,}56$ $= 1\,/\,2{,}56\Delta t$ $= n\,/\,2{,}56T$ $= n\Delta f\,/\,2{,}56$ $= (1024\,/\,2{,}56)\ \Delta f = 400\ \Delta f$ Mit gegebenen Zahlenwerten besteht das Spektrum aus 400 Spektrallinien (in diesem Fall).
7. „Cut-off"-Frequenz	Hochfrequente Signalanteile, die Abtastbedingung nicht mehr erfüllen, bewirken so genannten „Aliasing"-Effekt, d. h. Verfälschungen des Spektrums durch Rückfaltungen („Spiegelungen" an der „Cut-off"-Frequenz $f_c = f_{Abt}\,/\,2$). In der Praxis wird daher ein „Anti-Aliasing"-Filter (Tiefpassfilter mit entsprechender „Cut-off"-Frequenz) vorgeschaltet.

nung i und die Ordinate auf die Drehzahl n beziehen. Die spektralen Amplituden (meist in Form von Pegeln) zeigen in Richtung der dritten Koordinate. Bei einer alternativen Farbkodierung der Pegel entfällt diese, wie Abb. 6.7 (nach [18]) beispielhaft zeigt. Die Ordnungen i sind – abhängig vom Bezug der Abszisse – Ursprungs- oder parallele Geraden (bei der eigentlichen Ordnungsanalyse).

Dieser kurze Abstecher in die digitale Signalanalyse soll damit beendet sein. Die Materie ist soweit von Interesse, als bei der auf halbempirischer Basis vorgenommenen Geräu-

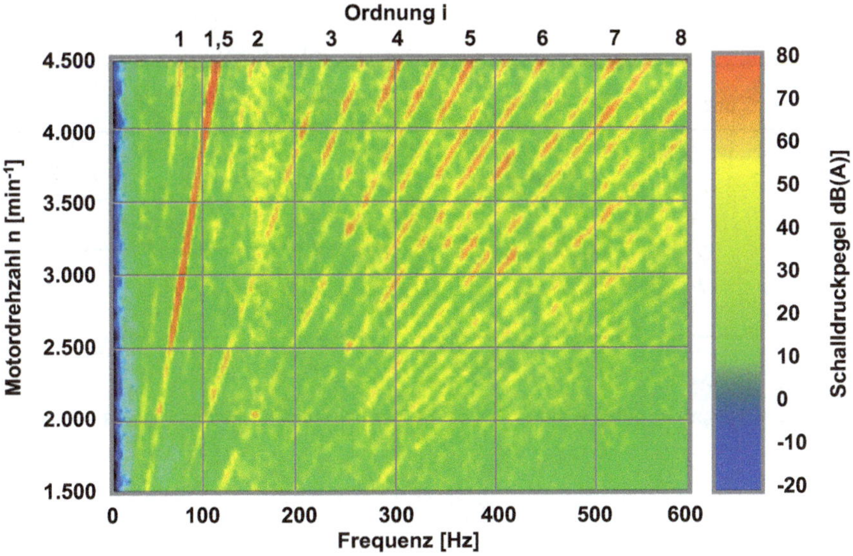

Abb. 6.7 Beispielhaftes Campbell-Diagramm des Auspuffmündungsgeräuschs eines Pkw-V6-Dieselmotors im Abstand von 0,5 m unter einem Winkel von 45° (aus [18]) („Sound 2“: Erzeugung eines sportlichen Klangs durch Betonung bestimmter Motor-Ordnungen mittels „aktivem Schalldämpfer“)

schvorhersage (z. B. Messung und Auswertung von Druckverläufen oder Messung von Übertragungsfunktionen) eine entsprechende Rechentechnik angewandt wird.

Es ist die Rede von der (Gesamt-)Übertragungsfunktion.[1] Diese setzt sich aus der Eingangsimpedanz

$$\underline{Z}_E = \frac{\underline{F}(f)}{\underline{v}_1(f)} \tag{6.5}$$

dem Übertragungsfaktor

$$\underline{Z}_Ü = \frac{\underline{v}_2(f)}{\underline{v}_1(f)} \tag{6.6}$$

und dem „Abstrahlmaß“

[1] „Übertragungsfunktion“ nicht eindeutig definiert; z. B. auch $\frac{\underline{v}_2(f)}{\underline{F}(f)}$ (Modalanalyse).

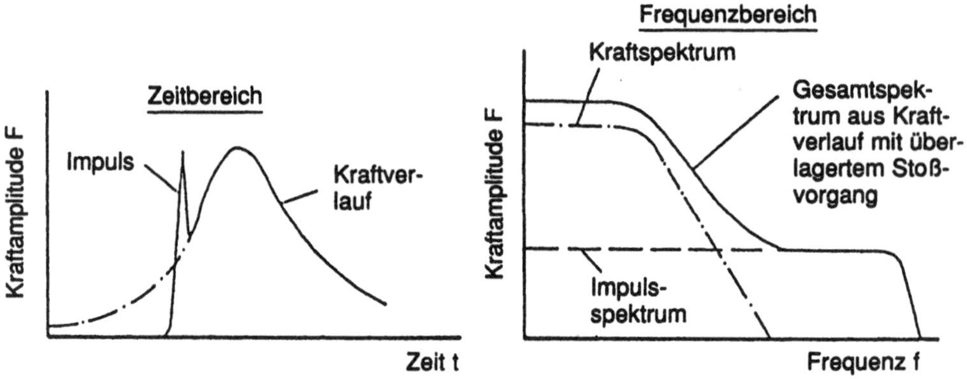

Abb. 6.8 Frequenzspektrum bei Kraftanregung mit überlagertem Stoßvorgang (aus [11])

$$\underline{Z}_A = \frac{\underline{p}(f)}{\underline{v}_2(f)} \tag{6.7}$$

zusammen. Aus den Gln. (6.5) bis (6.7) folgt wiederum Gl. (6.8):

$$\underline{H}_{ges}(f) = \frac{1}{\underline{Z}_e}\,\underline{Z}_{\ddot{U}}\,\underline{Z}_A = \frac{\underline{v}_1}{\underline{F}}\,\frac{\underline{v}_2}{\underline{v}_1}\,\frac{\underline{p}}{\underline{v}_2} = \frac{\underline{p}}{\underline{F}} \tag{6.8}$$

Das Anregungsspektrum ergibt sich, wie bereits oben erläutert, aus dem zeitlichen Verlauf der anregenden Kraft *F(t)* (Abb. 6.8). Die Eingangsimpedanz „bricht" im Bereich der Eigenfrequenzen der Struktur „ein" (Eigenfrequenzen $\approx$ Resonanzfrequenzen bei geringer Dämpfung), d. h., es erfolgt eine starke Anregung. Die Körperschallübertragung ist abhängig von der Entfernung, der Änderung der Energiedichte während der Ausbreitung (ein-, zwei- oder dreidimensionale Ausbreitung), der Reflexion an Diskontinuitäten und der Umwandlung von Körperschallenergie in Wärme (Körperschalldämpfung); Pegeldifferenz $\Delta L_K = 10 \lg (v_2/v_1)^2$ (siehe z. B. [19]). Das Abstrahlmaß (der Abstrahlgrad) gibt an, in welchem Umfang der Körperschall an der Motoroberfläche in Luftschall umgewandelt wird. Anstelle des ortsabhängigen Luftschalldrucks in einem gewissen Abstand von der Motoroberfläche ist es sinnvoller, auf die abgestrahlte Schallleistung überzugehen (Abstrahlmaß $10 \lg\sigma = 10 \lg P / P_0 - 10 \lg \bar{v}^2/v_0^2 - 10 \lg A / A_0$, σ ist der Abstrahlgrad, P die Schallleistung, $P_0 = 10^{-12}$ W die Bezugsschallleistung, $\bar{v}^2$ das über die abstrahlende Oberfläche gemittelte Schallschnellequadrat, $v_0 = 5 \cdot 10^{-8}$ m/s die Bezugsschallschnelle, A die abstrahlende Oberfläche und $A_0 = 1$ m^2 die Bezugsfläche).

Ausgehend von der spezifischen Schallimpedanz $\underline{Z}_S = \underline{p}/\underline{v}$ ist der Strahlungswiderstand als deren Realteil definiert (im Schrifttum keine einheitliche Terminologie). Schalldruck $\underline{p}$ und Schallschnelle $\underline{v} = \underline{v}_2$ beziehen sich auf die abstrahlende Motoroberfläche.

$$\mathrm{Re}(\underline{Z}_S) = \mathrm{Re}\left(\underline{p}/\underline{v}\right) = \rho_L\, c_L\, \sigma(f) \tag{6.9}$$

ρ_L ist die Luftdichte, c_L die Schallgeschwindigkeit in Luft. $Z_0 = \rho_L\, c_L$ ist die Schallkennimpedanz von Luft und $\sigma(f)$ der frequenzabhängige Abstrahlgrad. Die spektrale Leistungsdichte der abgestrahlten Schallleistung kann bei bekannter Oberflächenschnelle v mit deren quadriertem und über die Oberfläche gemittelten Betrag folgendermaßen be-rechnet werden:

$$P(f) = \rho_L\, c_L \int_A \overline{v^2(f)}\, \sigma(f)\, \mathrm{d}A \tag{6.10}$$

Die insgesamt abgestrahlte Schallleistung im Frequenzband Δf folgt mittels Integration:

$$P = \int_{\Delta f} P(f)\, \mathrm{d}f \tag{6.11}$$

Die Übertragungsfunktionen wassergekühlter Mehrzylindermotoren haben qualitativ stets den gleichen Verlauf und weichen quantitativ unter Berücksichtigung akustisch relevanter Größenordnungen nicht sonderlich voneinander ab (maximal 10 dB nach [20]). Anhand eines Zylinderdruckspektrums kann die Geräuschabstrahlung eines Motors mittels solcher Übertragungsfunktionen überschlägig abgeschätzt werden. Abb. 6.9 zeigt das Vorgehen beispielhaft, hier in Form von auf Messung und Rechnung basierenden Terzfrequenzspektren (Bsp. aus [21], siehe z. B. auch [20, 22]).

Primärmaßnahmen greifen in die Entstehungsmechanismen an der Quelle ein. Sie vermeiden die Anregung selbst oder erhöhen den Eingangswiderstand (Eingangsimpedanz). Sekundäre Maßnahmen beeinflussen die Übertragung und Abstrahlung oder behindern (dämmen/dämpfen) die Ausbreitung des abgestrahlten Luftschalls. Der Begriff „sekundäre Maßnahmen“ wird dabei nicht einheitlich verwendet. Oft werden damit Kapselungsmaßnahmen im Gegensatz zu akustischen Maßnahmen am Motor selbst angesprochen. An der Schallabstrahlung sind neben der kraftführenden Struktur, wie Zylinderkurbelgehäuse und Zylinderkopf, auch Bauteile der nicht kraftführenden Struktur – wie Ölwanne, Zylinderkopfdeckel und alle Arten von Abdeckungen, Ansaug- und Auspuffkrümmer sowie Zusatzaggregate – maßgeblich beteiligt.

In Bezug auf die kraftführende Struktur sind Strukturveränderungen (in der Regel Versteifungen), in Bezug auf die nicht kraftführende Struktur Entkopplungsmaßnahmen sinnvoll. Beides bedarf zwecks Effizienz einer sorgfältigen Abstimmung, d. h., es ist eine wirkliche Pegelreduzierung und nicht nur eine in den meisten Fällen durchaus hilfreiche Frequenzverschiebung anzustreben. Den Eingangsimpedanzen in den Lagerstellen und der Fügedämpfung in den kraftschlüssigen Verbindungen ist zudem besondere Aufmerksamkeit zu schenken. Während die kraftführende Struktur direkt durch Kräfte angeregt wird,

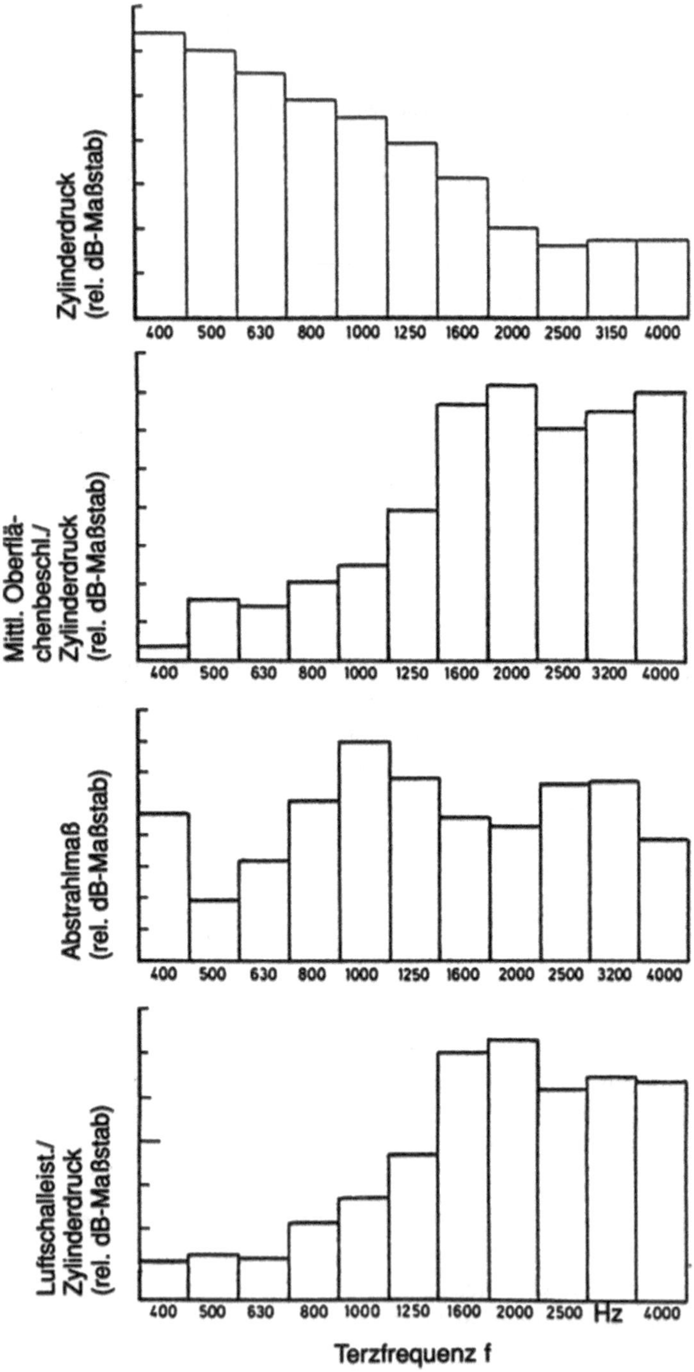

Abb. 6.9 Zylinderdruckspektrum, resultierender Beschleunigungspegel an der Motoroberfläche, Abstrahlmaß und Gesamtübertragungsverhalten eines Nkw-Dieselmotors in Form von Terzfrequenzspektren (aus [21])

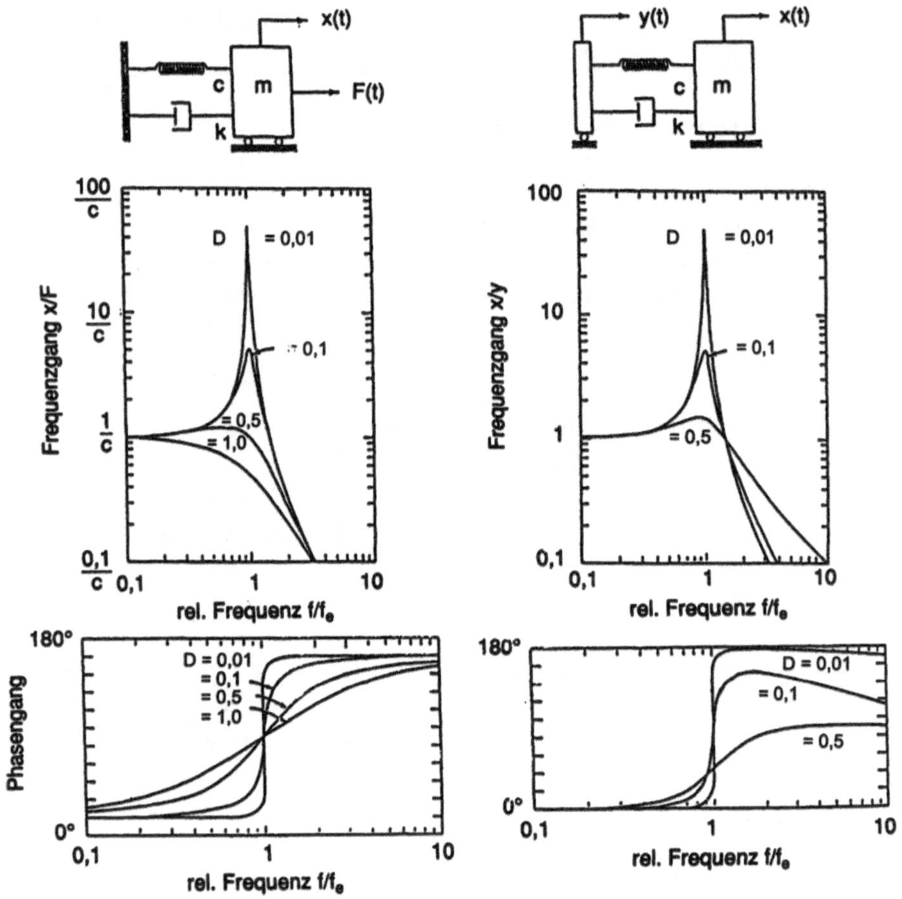

Abb. 6.10 Unterschiedliches dynamisches Verhalten des Einmassenschwingers bei Kraft- und bei Fußpunkterregung; dargestellt: Frequenz- und Phasengang; Dämpfung $D = k/(4\pi m f_e)$ (aus [15])

wird die nicht kraftführende Struktur „fußpunkterregt". Beides ist vom einfachsten Beispiel des gedämpften Einmassenschwingers bekannt.

$$\text{Krafterregung } m\ddot{x} + k\dot{x} + cx = F(t) \tag{6.12}$$

$$\text{Fußpunkterregung } m\ddot{x} + k\dot{x} + cx = k\dot{y} + cy \tag{6.13}$$

Dementsprechend unterschiedlich ist das dynamische Verhalten (Abb. 6.10). Die Vielzahl der bekannten Maßnahmen zur primären und sekundären Geräuschminderung kann hier nicht im Mittelpunkt des Interesses stehen. Ebenso besteht keine Gelegenheit, das umfangreiche Schrifttum zu diesem wichtigen Thema ausreichend zu würdigen. Einen raschen Überblick verschaffen in diesem Zusammenhang die älteren Schrifttumshinweise bei [1].

Über das Verbesserungspotenzial beim Ottomotor berichtet z. B. [13] sehr ausführlich. Über den Stand der Geräuschreduzierung am Pkw-Dieselmotor informiert z. B. [23]. Bezüglich Nkw-Dieselmotoren mit Direkteinspritzung trifft dies z. B. für [3] zu.

Erfolgreiche sekundäre Maßnahmen zur Darstellung damaliger lärmarmer Lkw werden z. B. bei [4] (kurze Zusammenfassung bei [24]) vorgestellt. Neben vielen anderen, hier nicht erwähnten Veröffentlichungen sind die Beschreibungen der motorakustischen Maßnahmen bei der Vorstellung neu im Markt eingeführter Kraftfahrzeuge und deren Motoren in ATZ, MTZ und SAE-Papers zu beachten. Schrifttumshinweise, wie [25–32], zur konkreten Untermauerung dieser Aussage haben nur beispielhaften Charakter.

6.4 Zylinderdruckverlauf und resultierendes Zylinderdruckspektrum

Das Anregungsspektrum hängt von den Kenngrößen des Zylinderdruckverlaufs ab (Abb. 6.11) [3]. Abhängig von der Frequenz *f*, hier ausgedrückt durch die Motordrehfrequenz *n*, sind

- der Zünddruck p_{Zmax} ($0 \leq f \leq$ ca. $10\,n$),
- der maximale Druckanstieg $(\mathrm{d}p/\mathrm{d}\varphi)_{max}$ ($10\,n \leq f \leq$ ca. $40\,n$) und
- die maximale Druckanstiegsgeschwindigkeit $(\mathrm{d}^2p/\mathrm{d}\varphi^2)_{max}$ ($f >$ ca. $40\,n$)

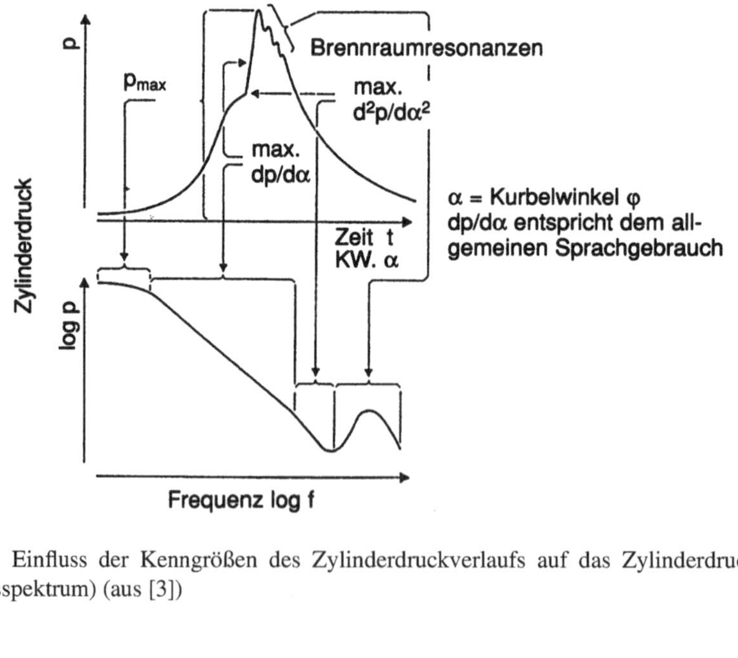

Abb. 6.11 Einfluss der Kenngrößen des Zylinderdruckverlaufs auf das Zylinderdruckspektrum (Anregungsspektrum) (aus [3])

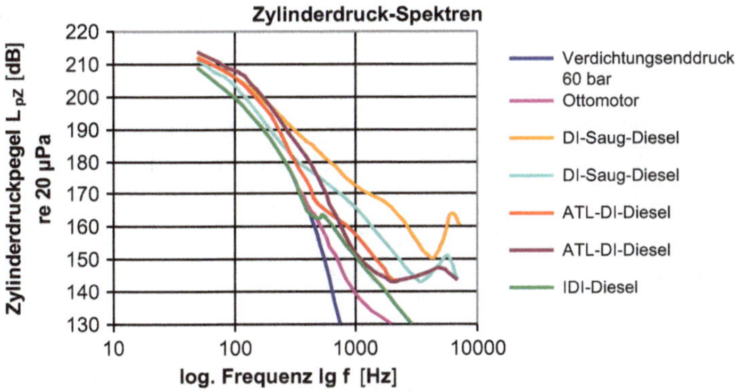

Abb. 6.12 Einfluss des Verbrennungsverfahrens auf das Zylinderdruckspektrum (nach [35])

bestimmend. Spektrale Pegelüberhöhungen bei sehr hohen Frequenzen sind auf Brennraumresonanzen zurückzuführen, wie sie z. B. ausgeprägt bei klopfender Verbrennung auftreten.

In der Entwicklungspraxis zeigt sich ein Zielkonflikt zwischen einem „weichen" und damit akustisch günstigen Verbrennungsdruckverlauf (Zylinderdruckverlauf) und einer verbrauchsoptimierten und schadstoffminimierten Verbrennung. Dieses Problem teilen sich in gewisser Weise Otto- und Dieselmotoren. Allerdings sind die Verhältnisse bei Letzteren infolge der sehr hohen Zünddrücke ungleich kritischer. Entsprechend schwierig ist die Kompromissfindung bei der Entwicklung von Verbrennungsverfahren für moderne Direkteinspritzermotoren. Mit der milden Aufladung [33] und der Einführung der Vierventiltechnik (sanftere Wärmefreisetzung bei etwa gleichem Zünddruck) [34] stehen für einen Teilbereich der Nkw-Dieselmotoren die aktuelle Zielsetzung unterstützende Konzepte zur Verfügung. Dazu gehört auch ein optimierter Einspritzverlauf mit Minimierung der Kraftstoffmenge zu Beginn der Verbrennung (Mehrfacheinspritzung).

Bei Ottomotoren hat die Vierventiltechnik die Zünddrücke erheblich gesteigert und in Verbindung mit einer raschen Verbrennung („Fast Burn") weitere Fortschritte in Hinblick auf leisere Motoren erschwert. Entsprechend gesteigerte Bedeutung kommt deshalb der Triebwerksauslegung bzw. der Motor-Mechanik insgesamt, der Strukturmechanik und dem Zündkennfeld (raschere Verbrennung erlaubt generell spätere Zündung) zu.

Abb. 6.12 zeigt beispielhaft den Einfluss der Verbrennung und des Verbrennungsverfahrens, beim Direkteinspritzer-Dieselmotor ohne und mit Abgasturboaufladung, auf das Zylinderdruckspektrum [35]. Eine Vielzahl anderer Quellen zeigt ähnliche Zylinderdruckspektren, wenn auch nicht im direkten Vergleich. Die ausgewiesene Bandbreite wird erwartungsgemäß oben durch den Direkteinspritzer-Dieselmotor und unten, abgesehen von der reinen Verdichtung ohne Verbrennung, durch den Ottomotor begrenzt, wobei bei letzterem hier keine Differenzierung zwischen Motoren mit schneller und langsamerer Verbrennung erfolgt. Es handelt sich um ältere Daten, sodass primär auf die qualitativen Unterschiede, nicht die absolute Höhe der Druckpegel, hingewiesen wird.

Aktuell sind vor allem die Bemühungen, der Bewegung des im Zylinder befindlichen Gemischs durch die Einlassströmung eine gewisse Charakteristik aufzuprägen (Stichworte „Drall“ und „Tumble“). Beim Ottomotor können durch eine „organisierte“ Strömung der Kraftstoffverbrauch und die HC-Emission (insbesondere im Teillastbereich) gesenkt und die Magerlauffähigkeit verbessert werden. Dadurch wird speziell auch die „Qualität“ des Motorgeräusches beeinflusst [36]. Eine stark ausgebildete „Tumble“-Strömung muss aber nicht in jedem Fall als subjektiv lästiger empfunden werden. Beim Dieselmotor zielen solche Maßnahmen vor allem auf die Reduzierung der Partikel-Emission ab.

6.5 Vorausberechnung des akustischen Verhaltens der Motorstruktur

6.5.1 Schwingungsverhalten der Motorstruktur

Die akustische Voroptimierung der Motorstruktur erfolgt heute bereits im Konstruktionsstadium. Das Eigenschwingungsverhalten, das Körperschallübertragungsverhalten und – mit deutlichen Einschränkungen – das Luftschallabstrahlungsverhalten können mit Hilfe der dynamischen Finite-Element-Rechnung vorhergesagt werden. Im Prototypstadium ist dann die experimentelle Modalanalyse [37] ein bewährtes Mittel zur praktischen Überprüfung des berechneten Schwingungsverhaltens. Im mittleren bis höheren Frequenzbereich von einigen 100 Hz bis über 3 kHz, innerhalb dessen die maßgeblichen Eigenmoden (Eigenschwingungsformen) der Motorstruktur auftreten, werden gut zwei Drittel der gesamten Schallleistung abgestrahlt. Das Geräuschspektrum wird in diesem Frequenzbereich primär von der Gestaltung des Kurbelgehäuses, ab ca. 2500 Hz dann auch stärker von der des Zylinderblocks bestimmt. Im niederfrequenten Bereich sind die nicht ausgeglichenen Massenkräfte, die über die Motoraufhängung in das Chassis eingeleitet werden, von primärer Bedeutung. Das Schwingungsverhalten des Zylinderkurbelgehäuses, bisher im Allgemeinen mit ZKG abgekürzt, im Folgenden auch gemäß der Umgangssprache mit dem Begriff Motorblock angesprochen, wird durch Anbauteile wie Zylinderkopf, Ölwanne und Getriebe beeinflusst, wobei deutliche Unterschiede zwischen Reihen- und V-Motoren festzustellen sind.

Die Eigenschwingungsform mit der niedrigsten Frequenz ist bei Mehrzylindermotoren der Torsion zugeordnet. Zu höheren Frequenzen hin folgen Biegeeigenschwingungsformen und schließlich solche, wie sie bei „Schürzenschwingungen“ entstehen („Schürze“ = [heruntergezogene] Seitenwand des Motorblocks). Dies geht auch aus Abb. 6.13 hervor, das im Übrigen noch einen Vergleich zwischen gemessenen und berechneten Eigenfrequenzen zeigt [38].

An die Stelle der bei Reihenmotoren signifikanten Schürzenschwingungen treten bei V-Motoren Schwingungen der beiden Zylinderbänke zueinander auf. Dieser Sachverhalt und die Frequenzverschiebung durch Anbauteile ist in Abb. 6.14 anhand von drei Beispielen aus [37] (2,0 l-R4-Pkw-, 3,3 l-V6- und 11,0 l-R6-Nkw-Dieselmotor) dargestellt.

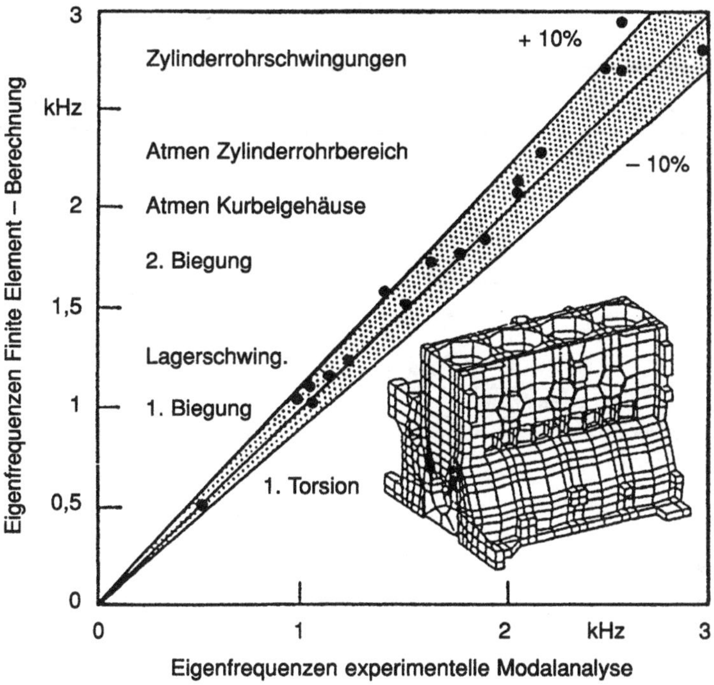

Abb. 6.13 Mittels FEM berechnete und experimenteller Modalanalyse gemessene Eigenfrequenzen eines Zylinderkurbelgehäuses im Vergleich (FEM-Modell bestehend aus 1700 Schalen- und 500 Volumenelementen sowie 14.000 Freiheitsgraden) (aus [38])

Die Auswirkung von Anbauteilen soll hier auf folgende generelle Aussagen beschränkt werden (siehe z. B. [37, 38]):

- Die Zylinderkopfmontage bewirkt bei V-Motoren im Gegensatz zu Reihenmotoren eine starke Absenkung der Eigenfrequenzen. Die Fügestellendämpfung wirkt sich mit ca. 10 dB in der Übertragungsfunktion aus.
- Eine Blechölwanne kann im Gegensatz zu einer steifen Gussölwanne in erster Näherung vernachlässigt werden. Diese Aussage bezieht sich auf die Beeinflussung des Eigenschwingungsverhaltens bzw. Übertragungsverhaltens des Motorblocks, nicht auf das von der Ölwanne abgestrahlte Geräusch! Es treten jedoch zusätzliche, dem Motorblock aufgeprägte, Eigenfrequenzen auf, die allerdings nicht pegelbestimmend sind. Die Fügestelle dämpft die Pegelspitzen.
- Der Einbau des Triebwerks (Kurbeltriebs) führt zu einer deutlichen Erhöhung der modalen Dämpfung (ca. 10 dB hinsichtlich der Übertragungsfunktion), verschiebt jedoch die Eigenfrequenzen nur wenig.

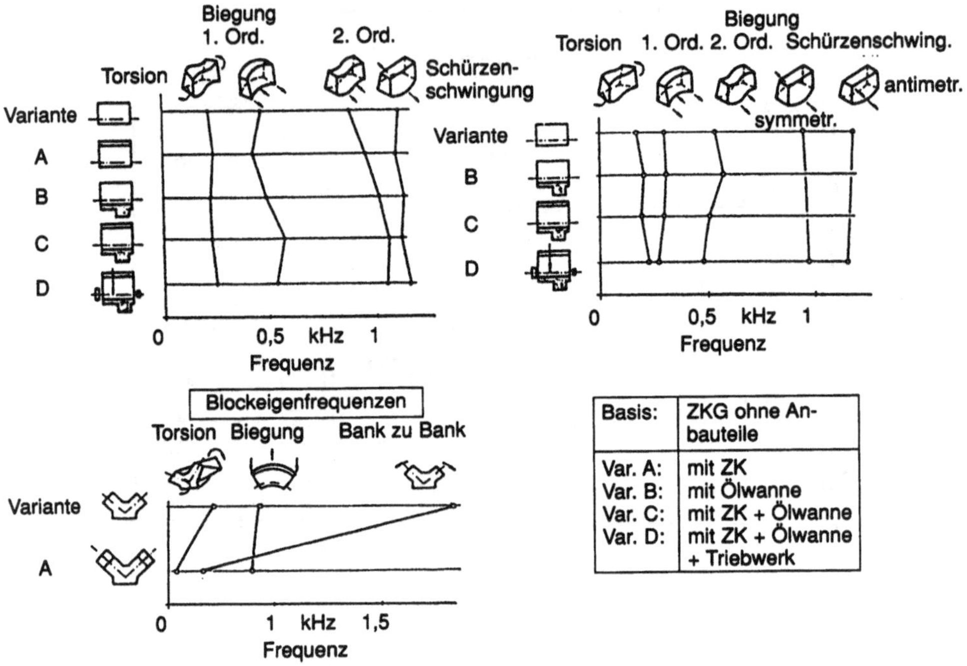

Abb. 6.14 Einfluss von An- und Einbauteilen auf die Eigenfrequenzen des Motorblocks (Ausgangszustand, A: mit Zylinderkopf, B: mit Ölwanne, C: mit Zylinderkopf und Ölwanne, D: wie C, zusätzlich mit Triebwerk unter statisch simulierter Gaskraftbelastung); 2,0 l-R4-Pkw-Dieselmotor (oben links), 11,0 l-R6-Nkw-Dieselmotor (oben rechts) und 3,3 l-V6-Nkw-Dieselmotor (unten) (aus [37])

Dies ist bei der Modellbildung für die Berechnung entsprechend zu beachten. Für erste Aussagen ist es aber zulässig, den „nackten" Motorblock zu betrachten.

Ein wichtiger „Baustein" ist auch der Ölfilm in den Hauptlagern und dessen nichtlineares Übertragungsverhalten. Auch die Massenwirkung der Triebwerkskomponenten muss in ein komplexeres Modell implementiert werden. Bei der Erstellung von Modellen ist aber stets das Aufwand-Nutzen-Verhältnis im Auge zu behalten.

6.5.2 Geräuschreduzierende Strukturveränderungen am Zylinderkurbelgehäuse (Motorblock) und deren physikalischer Hintergrund

Die zur Geräuschreduzierung allgemein angewandte Maßnahme ist die der Versteifung, nur in seltenen Fällen die der Steifigkeitsminderung. Dort, wo Kräfte die Struktur zu Schwingungen anregen, erhöht die Versteifung den mechanischen Widerstand (Eingangsimpedanz), was als uneingeschränkt positiver Effekt zu werten ist. Dort, wo Luftschall an der Oberfläche abgestrahlt wird, begegnet man zwei gegenläufigen Effekten, die am einfachen

Beispiel einer Platte erklärt werden, auf der sich Biegewellen ausbreiten. Die Platte stellt ja auch das Basiselement dar, aus dem sich die Seitenwände des Motorblocks zusammensetzen. Bei einer unendlich ausgedehnten, ungedämpften Platte mit Biegewellen wird der Schall unter dem Winkel Θ zur Flächennormalen abgestrahlt (siehe z. B. [39]):

$$\sin \Theta = \lambda_L / \lambda_B \tag{6.14}$$

Für die Abstrahlung von Schallwellen muss folglich die Biegewellenlänge $\lambda_B > \lambda_L$ sein, d. h. größer als die Luftschallwellenlänge (Grenzfall: $\Theta = 90°$ mit „streifender" Schallabstrahlung). Die Grenzfrequenz der Schallabstrahlung und die Biegewellenlänge sind über die Beziehung

$$\lambda_B = \lambda_L \sqrt{\frac{f}{f_g}} \tag{6.15}$$

miteinander verknüpft. Gl. (6.15) geht auf den dispersiven Charakter des Mediums zurück, auf dem sich Biegewellen ausbreiten (Dispersion = Frequenzabhängigkeit der Schallgeschwindigkeit [Ausbreitungsgeschwindigkeit]; eine biegesteife Platte ist im Gegensatz zur Luft ein dispersives Medium). Unter diesen Voraussetzungen kann daher Luftschall nur oberhalb der Frequenz $f > f_g$ von der Platte abgestrahlt werden. Der Abstrahlgrad oberhalb der Grenzfrequenz beträgt $\sigma = 1$. Unterhalb der Grenzfrequenz herrscht „hydrodynamischer Kurzschluss", also ist $\sigma = 0$. Für $f = f_g$ gilt theoretisch $\sigma \to \infty$ (Abb. 6.15). Deshalb sollte der für das Geräusch relevante Frequenzbereich deutlich unter oder über der Grenzfrequenz liegen. Plattenähnliche Strukturen sind in der Praxis jedoch endlich

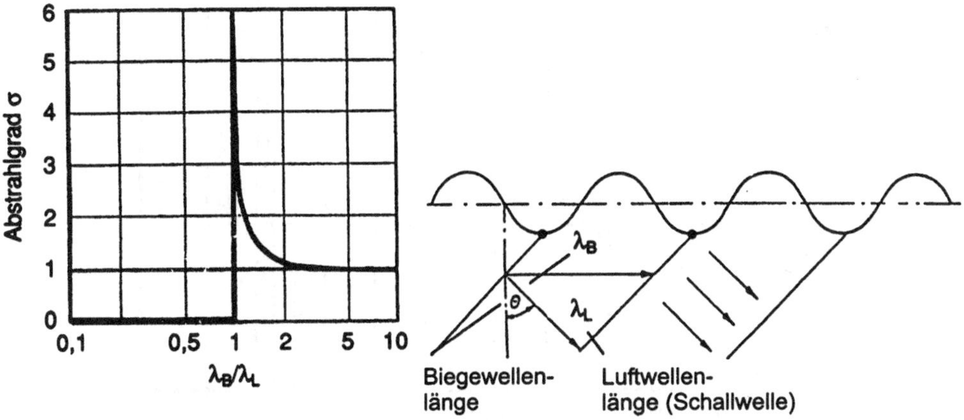

Abb. 6.15 Prinzip der Schallabstrahlung von Platten mit Biegewellenausbreitung und Abstrahlgrad σ für den theoretischen Fall der unendlich ausgedehnten, ungedämpften Platte (aus [39])

und hinsichtlich des Motorblocks schwach gedämpft. Dies hat keine Auswirkungen auf die Effizienz der Schallabstrahlung oberhalb der Grenzfrequenz, unterhalb der Grenzfrequenz wird der Abstrahlgrad σ jedoch > 0.

Dafür gibt es drei Gründe:

- An den Plattenrändern werden die Biegewellen reflektiert → stehende Wellen/Eigenschwingungsformen.
- Kein hydrodynamischer Kurzschluss an den Plattenrändern → dort erfolgt Schallabsrahlung.
- Je nach Anregung und Dämpfung inhomogene Amplitudenverteilung → verhindert vollständige gegenseitige Auslöschung („Nahfeldeffekt").

Danach hat der Abstrahlgrad σ qualitativ den in Abb. 6.16 gezeigten Verlauf. Die für die Abschätzung getroffenen Annahmen sind rein exemplarischer Natur.

Die Grenzfrequenz einer Platte hängt von der Masse pro Fläche m'', der Biegesteifigkeit pro Querschnittsbreite $B' = E\,I'$ und der Schallgeschwindigkeit in Luft c_L ab:

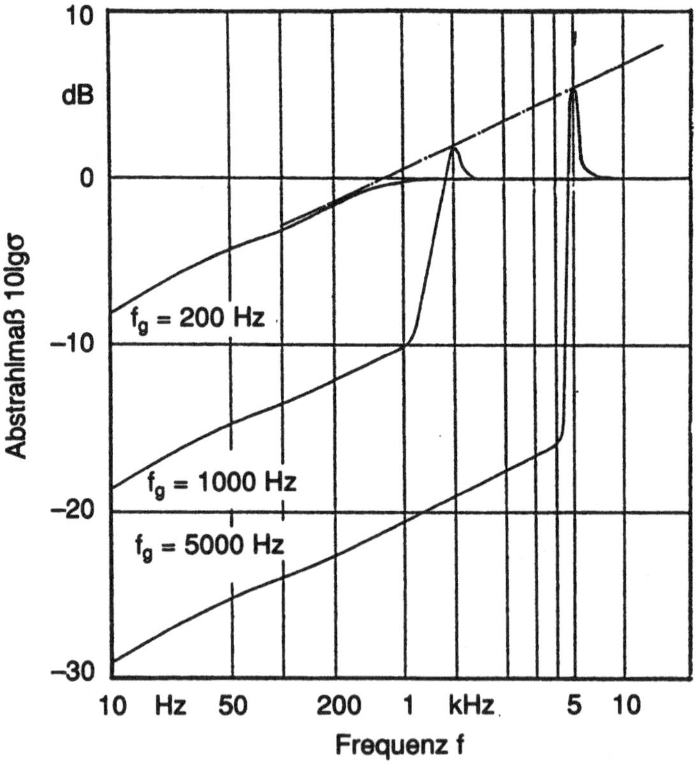

Abb. 6.16 Abgeschätzte Abstrahlgrade σ für schwach gedämpfte Platten endlicher Abmessung (allseitig gelenkig gelagert und punktförmig erregt) zur Demonstration der Abhängigkeit von der Grenzfrequenz f_g; quadratische Fläche mit Flächeninhalt 1 m^2 angenommen (nach [39, 43])

$$f_g = \frac{c_L^2}{2\pi}\sqrt{\frac{m''}{B'}} = \frac{c_L^2}{2\pi h}\sqrt{\frac{12\rho(1-\mu^2)}{E}} \tag{6.16}$$

h ist die Plattendicke, ρ deren Dichte, E der Elastizitätsmodul und μ die Querkontraktionszahl des Plattenwerkstoffs.

Aus akustischen Gründen ist eine hohe Grenzfrequenz wünschenswert (Verschiebung der effizienten Schallabstrahlung zu möglichst hohen Frequenzen, d. h. möglichst oberhalb des Frequenzbandes der Hauptanregung). Dies bedeutet wiederum einen möglichst „schweren" Werkstoff (Massebelegung) mit geringer Biegesteifigkeit.

Beim Motorblock handelt es sich aufgrund der allgemeinen Funktionsanforderungen um ein von Haus aus ziemlich steifes Gebilde. Zudem ist die Struktur im Vergleich mit der für grundsätzliche Betrachtungen herangezogenen Platte komplex. Auch die Anregung erfolgt im Gegensatz zum simplen Plattenbeispiel nicht punktförmig und teilweise indirekt (Körperschallübertragung). Auf jeden Fall liegen die Grenzfrequenzen vergleichsweise niedrig. Die oben beschriebene Möglichkeit der Geräuschreduzierung mittels biegeweicher Oberflächengestaltung kann nur in Verbindung mit einer so genannten „Skelettbauweise" realisiert werden, wobei zudem eine Körperschallisolation der luftschallabstrahlenden Oberfläche gegenüber der kraftführenden Struktur vorteilhaft genutzt werden kann („Skelettmotor", siehe z. B. [40]). Die vielfältigen mit dieser Bauweise verbundenen Schwierigkeiten einschließlich der hohen Kosten belassen diese Lösung zunächst im Bereich der „Forschungsmotoren".

Bei der konventionellen Blockkonstruktion müssen andere Wege beschritten werden. Diese liegen – nach dem, was bisher erörtert wurde, vielleicht etwas überraschend – in der bereits erwähnten Versteifung der Struktur. Dies betrifft die Gesamtstruktur, nicht allein die Oberflächenstruktur. Folgende Überlegungen führen zum Ziel: Unterhalb der Grenzfrequenz bedeutet eine Versteifung eine Vergrößerung des Abstrahlgrads (siehe Abb. 6.16) und damit eine akustische Verschlechterung. Oberhalb der Grenzfrequenz und damit im für den steifen Motorblock wichtigen Frequenzbereich ist der Abstrahlgrad groß, aber in grober Näherung konstant ($\sigma \approx 1$). Eine Versteifung reduziert insgesamt die Schwingungsamplituden und erhöht die Eigenfrequenzen. Letztere können, wie oben schon bemerkt, teilweise in den Bereich geringerer Anregung angehoben werden.

Entscheidend für die abgestrahlte Schallleistung ist das Produkt $\overline{v^2(f)}\,\sigma(f)$, sodass unter diesem Gesichtspunkt dann eine Versteifung geräuschmindernd wirkt. Es ist zwischen Geschwindigkeits- und Kraftanregung zu unterscheiden. Wird in diesem Zusammenhang wiederum die einfache Platte (hier endlicher Abmessung bei breitbandiger Anregung [39]) mit Kraftanregung bemüht, so verringert sich das mittlere Quadrat der Schallschnelle

$$\overline{v^2} \sim \frac{1}{m''\sqrt{m''B'}} \tag{6.17}$$

mit Erhöhung der bezogenen Steifigkeit B' und der Masse pro Flächeneinheit m''. Mit den Größen Biegesteifigkeit und Masse rücken die Werkstoffkennwerte E-Modul und Dichte in den Blickpunkt des Interesses. Dies drängt den akustischen Vergleich unterschiedlicher Werkstoffe für den Motorblock auf. Hierzu wird auf Abschn. 4.5.3.2 verwiesen. Systematische Untersuchungen zeigen, dass trotz (oder gerade wegen) der Versteifung und trotz der damit in gewissem Umfang einhergehenden Begünstigung der Schallabstrahlung über die Reduzierung der Schwingungsamplituden insgesamt das Geräusch abgesenkt werden kann (siehe z. B. [21]).

Von elementarer Bedeutung ist die Anbindung der Kurbelwellenhauptlager (der die Hauptlager aufnehmenden Zwischenwände zwischen den Zylindern) an die Seitenwände (Schürzen) im Kurbelraum im Sinne eines steifen Verbunds (siehe z. B. [1, 21, 41] u. a.). Denn über diesen Weg gelangt der Körperschall auf die stark abstrahlenden Seitenwände. Hier in konstruktiver Hinsicht auch unter Kostengesichtspunkten den richtigen Ansatz zu finden, ist überaus wichtig in Bezug auf eine möglichst gute Beherrschung des indirekten Verbrennungsgeräuschs („innerer" Körperschallleitweg). Die zunächst versuchsweise praktizierte Lösung sah eine zwischen Motorblock und Ölwanne geflanschte Versteifungsplatte vor (auch „Brille" oder „Leiterrahmen" genannt). Dabei hat sich die Anbindung der Hauptlagerdeckel bewährt, sodass im nächsten Schritt die Hauptlagerdeckel in den Leiterrahmen integriert wurden. Nach [30] ließen sich damit die Gehäuse-Resonanzamplituden, verursacht durch Biegeschwingungsresonanzen der Kurbelwelle, reduzieren. Denn die Versteifungsplatte mit Lageranbindung versteift neben dem unteren Bereich des Motorblocks – Ölwannenflansch bis Wasserraumdeck (bei Bauweise mit tiefem Wassermantel; sonst oberer Kurbelraumabschluss) – auch die Lagerung der Kurbelwelle und die integrierten Hauptlagerdeckel, was eine geringere Lagerverformung zur Folge hat (siehe hierzu auch Abschn. 4.5.1.1). Die zunächst nur experimentelle Lösung mit der Platte wurde weiterentwickelt zu einem Gehäuseteil (Gussteil), wobei sich der Motorblock aus einem Ober- und Unterteil (auch Zwischenteil, englisch „bedplate", amerikanisch manchmal auch „girdle") zusammensetzt. Ein Beispiel aus [26] beweist, wie sich diese Maßnahme, unterstützt durch eine mittels FEM vorgenommene Optimierung, auf die Luftschallemission positiv auswirken kann (Abb. 6.17).

Diese Art der Versteifung trägt wesentlich zur erwähnten Verschiebung der Eigenschwingungen hin zu höheren Frequenzen bei. Mit der Eigenfrequenzverschiebung wird in der Regel eine geringere Überdeckung des Frequenzbereichs starker Anregung mit dem großer Werte der Übertragungsfunktionen erreicht [42]. Außerdem befinden sich dann meist weniger Eigenfrequenzen im interessierenden Frequenzband. Auf diese Zusammenhänge wird hier mehrfach hingewiesen. Ergänzend sei auch angemerkt, dass zwar einerseits die so genannte Schürzenschwingung durch die Anbindung weitgehend unterbunden wird, andererseits die Übertragung über den „inneren" Körperschallleitweg begünstigt wird. Eine Entkopplung von Schürzen- und Hauptlagerwandschwingung bedeutet demgegenüber eine Freistellung der Lagerstühle durch seitliche Einschnitte u. U. bis hoch zum Wasserraumdeck (wenn zugleich oberer Kurbelraumabschluss), wodurch in akustischer Hinsicht u. U. das Gegenteil erreicht wird. Die wenig steifen Lagerstühle und Schürzenwände neigen verstärkt zu Schwingungen. Der Kompromiss heißt in diesem Fall Freistellung der in sich

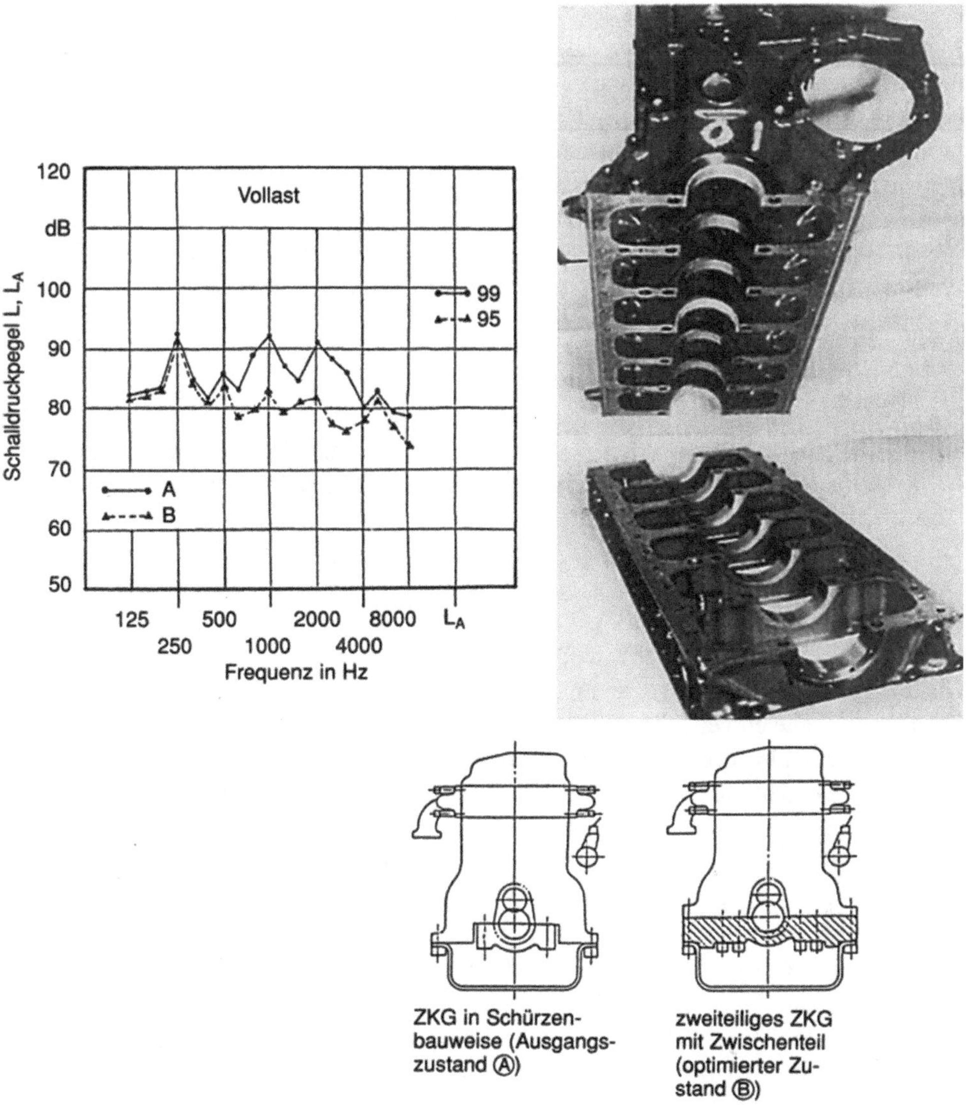

Abb. 6.17 Spektren und Luftschallsummenpegel des Motorgeräusches eines Nkw-Dieselmotors (Volllast, n = 2400 1/min) ohne und mit Versteifungsplatte mit Lageranbindung (aus [26]; Mikrophonabstand nicht angegeben)

steifen Lagerstühle in Verbindung mit einem Rahmen, der den Ölwannenflansch dennoch erheblich versteift [44].

Nach [39] (Bezug auf [43]) ist auch das *U*/*A*-Verhältnis (Umfang/Oberfläche) bei Platten zwecks eines geringen Abstrahlgrads klein zu halten. Dies trifft allerdings nur unterhalb der Grenzfrequenz zu. In der Praxis bedeutet das den Verzicht auf gewohnte Rippen und Sicken, die speziell für die Versteifung des Motorblocks eine durchaus wichtige Rolle spielen.[2] Auch hier kommt zum Ausdruck, dass für die Schallabstrahlung des Motorblocks die Gesetzmäßigkeiten oberhalb der Grenzfrequenz bindend sind. Entsprechend stark verrippt sind beispielsweise moderne Al-Motorblöcke.

Eine Steifigkeitsreduzierung kann dagegen ähnlich wie die Entkopplung für die fußpunkterregten Anbauteile interessant sein. Deren Resonanzen (Ölwanne, Räderkastendeckel u. a. [4]) werden damit zu tieferen Frequenzen und somit kleinerem Abstrahlgrad verschoben. Al-Gussölwannen dienen jedoch häufig der Versteifung des Motorblocks. Welche Abstimmung sinnvoll ist, ist im Einzelfall anhand der vorliegenden Verhältnisse abzumessen.

6.5.3 Akustische Betrachtungen zur Kurbelwelle, deren Lagerung und das Verhalten des Schmierfilms im Zusammenhang mit dem „inneren" Körperschallleitweg

Der „innere" Körperschallleitweg (siehe Abb. 6.5 in Abschn. 6.2) besagt, dass der Körperschall über das Triebwerk auf die Gehäusestruktur übertragen und an deren Oberfläche als Luftschall abgestrahlt wird. Das dynamische Verhalten der Kurbelwelle, die Qualität deren Lagerung und das nicht-lineare Verhalten des dazwischen befindlichen Schmierfilms spielen bei der Übertragung eine zentrale Rolle. Der Verbrennungsvorgang regt die Lagerstühle, unterstützt durch die Biegeschwingungen der Kurbelwelle, nicht nur in Zylinderachsenrichtung bzw. ganz allgemein ausgedrückt radial, sondern auch in Längsrichtung der Kurbelwelle zu Schwingungen an. Bei der Verfolgung des gesamten Übertragungswegs kann die Geräuschanregung in den Hauptlagern der Kurbelwelle als der entscheidende Vorgang in der Übertragungskette identifiziert werden [45, 46]. Dies trifft bis zu Frequenzen von 2500 bis 3000 Hz zu. Die „Durchlässigkeit" (Kehrwert der Impedanz, d. h. des mechanischen Widerstands gegen die Einleitung von Schwingungsenergie in das Gehäuse im Lagerstuhlbereich), ist dann am größten, wenn bestimmte Eigenschwingungsformen der Kurbelwelle, des Hauptlagerbereichs (speziell auch der Lagerdeckel) und der Gehäusewände frequenzmäßig zusammenfallen [47]. Maßnahmen zur Erhöhung der Steifigkeit sind deshalb nur dann von durchschlagendem Erfolg, wenn diese Zusammenhänge beachtet werden. Die Einbeziehung der Kurbelwelle bei der Modellbildung erweist sich so als sehr wichtig.

Soll das Übertragungsverhalten rechnerisch untersucht werden, so müssen die wesentlichen Komponenten, wie die Kurbelwelle und der Schmierfilm in den Hauptlagern, zusätzlich zur FE-Struktur des Motorblocks modelliert und in ein Gesamtmodell integriert werden. Die Kurbelwelle wird gewöhnlich durch ein Balken-Massen-Modell abstrahiert, worauf noch eingegangen wird. Anbauteile, wie z. B. der Zylinderkopf oder die Ölwanne,

[2]Rippen und Sicken vergrößern primär den „wirksamen" Umfang und nur sekundär die Oberfläche.

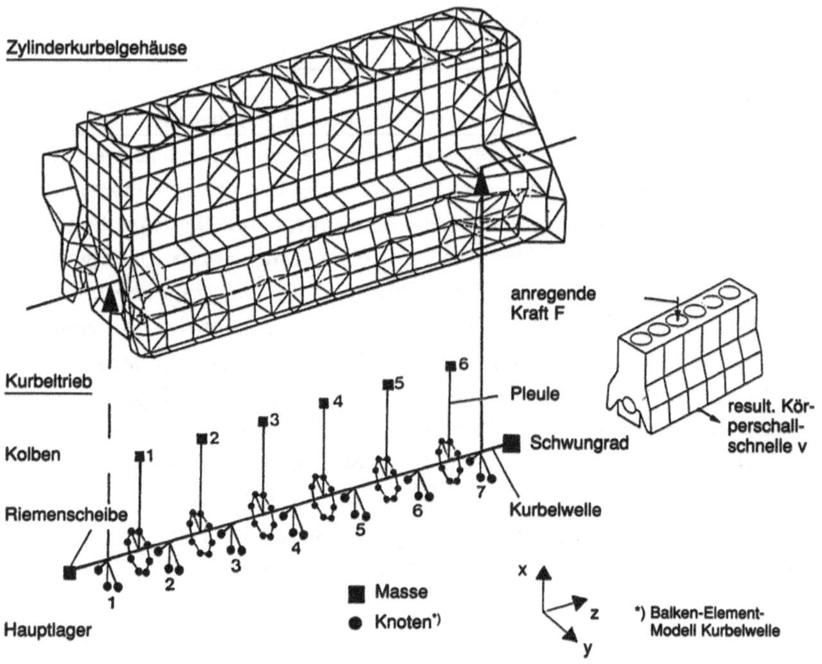

Abb. 6.18 FE-Grobmodell des gesamten Motorblocks mit entfeinertem Modell des Kurbeltriebs zur Untersuchung der akustischen Auswirkungen der Eigendynamik der Kurbelwelle auf die Körperschallübertragung (aus [47])

müssen dann berücksichtigt werden, wenn sie im betreffenden Fall das dynamische Verhalten des Motorblocks stärker beeinflussen. Darüberhinaus wird unterstellt, dass z. B. die dominante Schallabstrahlung der Ölwanne oder des Steuergehäusedeckels (Lautsprechermembran-Effekt) durch begleitende akustische Maßnahmen beherrscht wird, um nicht zentraler Gegenstand einer solchen Untersuchung zu werden.

Als Referenz für diese Vorgehensweise kann z. B. nochmals auf [47] hingewiesen werden. Abb. 6.18 zeigt ein Grobmodell des gesamten Motorblocks mit einem entfeinerten Modell des Kurbeltriebs. Die Körperschallanregung durch die Verbrennung erfolgt während ca. 60° Kurbelwinkel um ZOT. Dies erlaubt, die Steifigkeit der Kurbelwelle und deren Massenträgheit sowie die Steifigkeit des Schmierfilms in diesem Kurbelwinkelbereich als näherungsweise konstant anzunehmen. Bei Mehrzylindermotoren zünden jedoch benachbarte Zylinder zu Zeitpunkten, wo diese Annahmen nicht mehr zutreffen. So muss zumindest die Steifigkeit des Schmierfilms für die einzelnen Hauptlager im Modell variiert werden [47].

Der Brennraumdruckverlauf in den einzelnen Zylindern ist ein jeweils kurzfristiges, stark instationäres Ereignis. Als Folge dieses Ereignisses ist ein Körperschallimpuls an der Außenwand des Gehäuses wahrnehmbar. Es handelt sich quasi um die Betrachtung eines kurzen zeitlichen Abschnitts. Die Modellbildung muss demnach keine rotierende Kurbelwelle beinhalten. Berechnet wird das Übertragungsverhalten zwischen dem anregenden Gaskraftspektrum und der resultierenden Körperschallschnelle an beliebigen Punkten des Gehäuses. Üblicherweise wird dafür die so genannte Übertragungs-Mobilität – der Kehrwert der Übertragungsfunktion – herangezogen.

Die eigentliche Berechnung der Kurbelwellendynamik umfasst die rotierende Kurbelwelle mit nicht-linearen Lagerrandbedingungen und Anregung durch zeitlich veränderliche Gas- und Massenkräfte des Triebwerks. Der Stand der Rechentechnik erlaubt heute die Darstellung der Hauptlager als hydrodynamische Elemente mit Berücksichtigung der elastischen Lager- und Lagerstuhlstruktur (basierend auf vorab durchgeführten FE-Berechnungen) bei nicht-linearem Schmierfilmverhalten. Die vorgegebene Lagerstellen-Charakteristik und deren Rückwirkung auf die Lagerreaktionskräfte beeinflussen das Schwingungsverhalten der Kurbelwelle (z. B. auch Lagerstellendämpfung). Ein dreidimensionales, rotierendes Kurbelwellenmodell ermöglicht zudem die Kopplung von Längs-, Biege- und Torsionsschwingungen. Das Ergebnis solcher Berechnungen sind z. B. die Schwingungsamplituden mit der 1. und 2. Ableitung (Schwinggeschwindigkeit und -beschleunigung), Schnittkräfte und -momente, Lagerkräfte und Verlagerungsbahnen der Hauptlagerzapfen (stark beeinflusst durch Biegeschwingungen) sowie Momentaufnahmen der räumlichen Biegung (Biegelinie) der Kurbelwelle. Zur Vertiefung dieses Themas ist z. B. [48] geeignet.

Wie zuvor schon erwähnt, wird dazu die Kurbelwellenstruktur stark entfeinert. Ausgehend von der CAD/3D-Geometrie wird das FE-Netz im Sinne der Balken-Massen-Element-Diskretisierung zu Makro-Elementen abstrahiert, wie dies aus Abb. 6.19 hervorgeht.

Die anhand einer solchen Berechnung erhaltenen Informationen können in mehrfacher Weise genutzt werden. Zum einen sind hier elasto-hydrodynamische Lagerberechnungen zu nennen, die dann auf wesentlich realistischere Lagerreaktionskräfte, Lagerdeformationen und Schmierfilmdicken aufbauen. Zum anderen können sie helfen, die Konstruktion der Kurbelwelle zu optimieren. So lässt sich damit verhindern, dass die Kurbelwelle an einer Stelle mit großem axialem Ausschlag oder erheblicher Schrägstellung axial gelagert wird. Auch die Schwingungseinleitung in den Ventiltrieb oder die Taumelbewegung des Schwungrads kann vorab überprüft werden. Ebenso sind Rückschlüsse auf die axiale Anregung der Lagerstühle möglich.

Die Hauptlagersteifigkeit hängt von der Richtung der Krafteinwirkung ab. Insbesondere die Steifigkeit des Schmierfilms ändert sich stark mit dem Kurbelwinkel. Der Schmierfilm stellt demnach das bereits mehrfach erwähnte nicht-lineare Glied in der Übertragungskette dar, das hier noch etwas näher untersucht werden soll. Abb. 6.20 zeigt ein Hauptlager-Modell mit exzentrisch verlagertem Kurbelwellen-Hauptlagerzapfen im nicht-linearen Schmierfilm, der Lagerschale und der mittels Feder-Dämpfer-Elementen dargestellten elastischen Lagerstruktur [48]. Steht nicht primär die möglichst genaue Abbildung des Schwingungsverhaltens der Kurbelwelle, sondern speziell das Übertragungsverhalten der Hauptlagerstruktur im Vordergrund, so kann näherungsweise auf die aufwändige (elasto-) hydrodynamische Modellierung des Schmierfilms verzichtet werden. Er wird durch horizontal

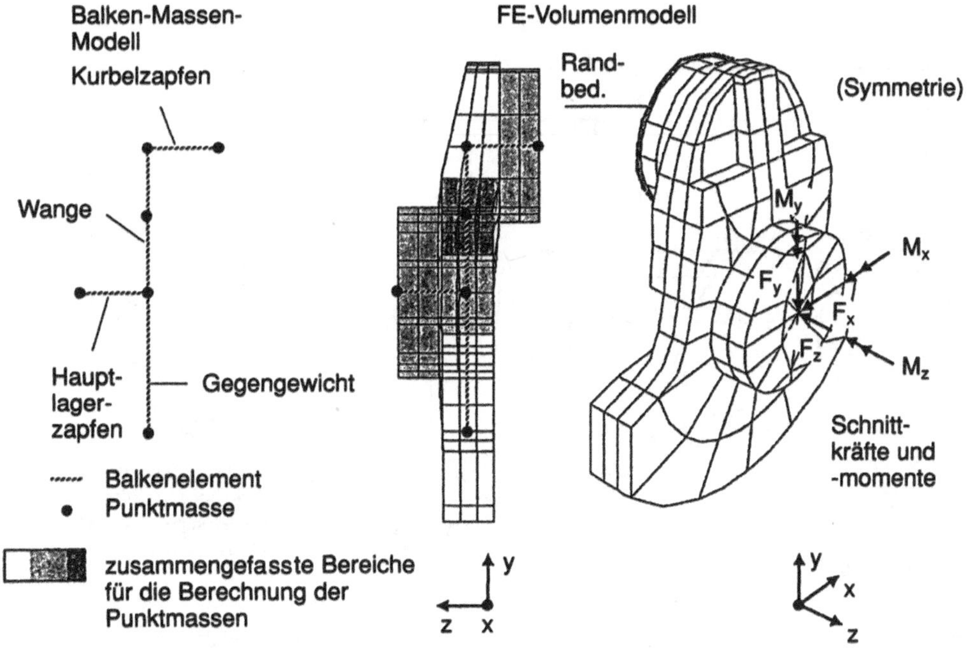

Abb. 6.19 Konvertierung eines FE-Halbkröpfungsmodells der Kurbelwelle in ein abstrahiertes Balken-Massen-Modell für dynamische Berechnungen (aus [48])

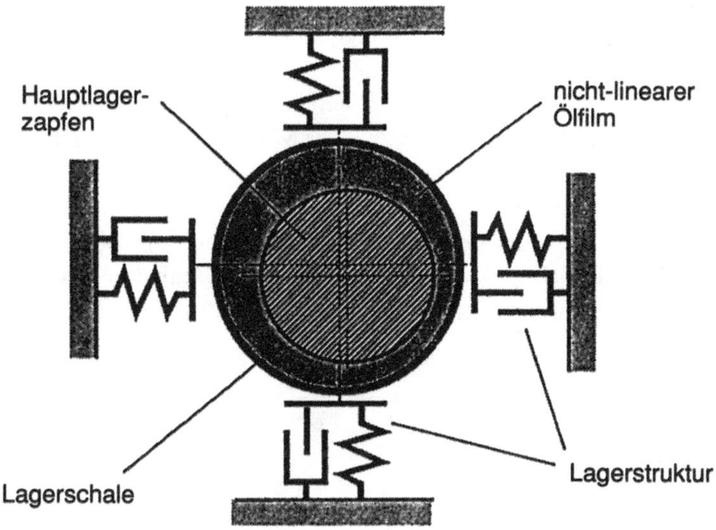

Abb. 6.20 Modell eines Kurbelwellen-Hauptlagers für die dynamische Berechnung der Kurbelwelle bei elastischen Lager-Randbedingungen (nach [48])

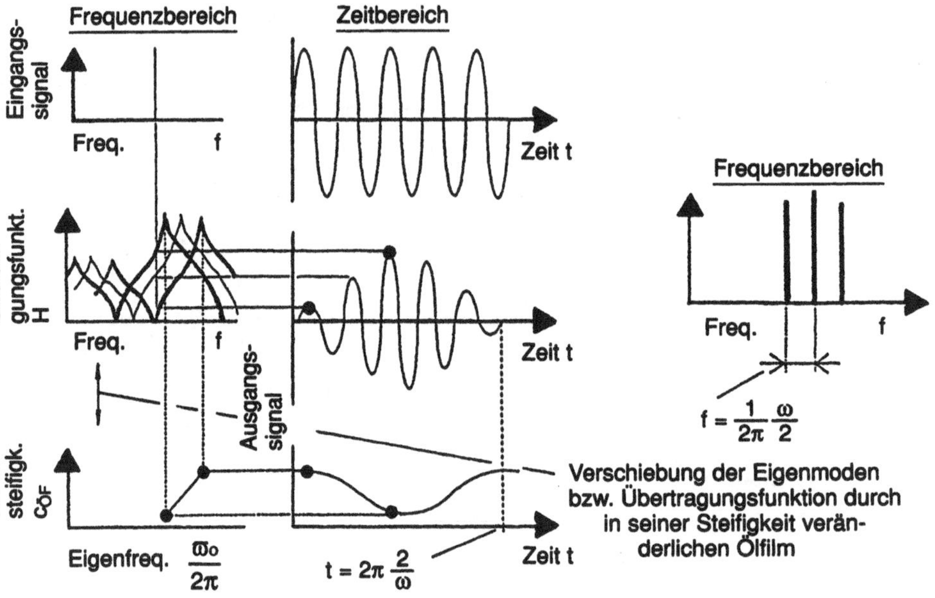

Abb. 6.21 Entstehung von Seitenbändern durch veränderliche Übertragungsfunktionen bei Abhängigkeit der Schmierfilmsteifigkeit vom Kurbelwinkel (nach [49])

und vertikal angeordnete, lineare Federn ersetzt, an denen der Hauptlagerzapfen der Kurbelwelle aufgehängt ist. Durch Variation der Federsteifigkeit kann der Einfluss auf das Übertragungsverhalten dann rechnerisch untersucht werden [49].

Die Schmierfilmsteifigkeit verändert dabei die Eigenmoden der Gehäusestruktur. Eine Versteifung des Schmierfilms bewirkt eine Frequenzverschiebung zu höheren Frequenzen hin. Damit ändert sich auch das Übertragungsverhalten. Mit der Veränderlichkeit der Schmierfilmsteifigkeit wird das Übertragungsverhalten während eines Arbeitszyklus ebenfalls zur variablen Größe [49]. Es kommt zu einer Modulation des Eingangssignals in der Form, dass zusätzliche Seitenbänder im Ausgangssignal auftreten, wie sich das anhand von Abb. 6.21 zeigen lässt.

Die veränderliche Steifigkeit des Schmierfilms (Ölfilms) $c_{ÖF}$ kann mit der Übertragungsfunktion H berücksichtigt werden. H ist dabei als Quotient aus der Änderung der Schmierfilmdicke Δx und der Änderung der Hauptlagerkraft ΔF definiert:

$$H = \frac{\Delta x}{\Delta F} = \frac{1}{c_{ÖF}(\varphi)} \tag{6.18}$$

Es wird angenommen, dass die Anregung durch die harmonische Kraft

$$F_E = F_{E0} \sin \omega_0 t \tag{6.19}$$

erfolgt, d. h., es handelt sich um die Anregung einer Eigenschwingungsform bei der Frequenz $f = \omega_0/2\pi$. Es wird außerdem stark vereinfachend angenommen, dass der mit der Schmierfilmsteifigkeit veränderliche Wert der Übertragungsfunktion H durch folgende vom Kurbelwinkel $\varphi = \omega t$ abhängige Funktion gegeben ist:

$$H = H_0 \left(1 + \frac{\Delta H}{H_0} \cos \frac{\omega t}{2}\right) \tag{6.20}$$

ΔH ist der mit der Schmierfilmsteifigkeit veränderliche Anteil der Amplitude H_0 der Übertragungsfunktion H. $\omega/2$ rührt daher, dass die Periodizität der des Arbeitszyklus entspricht. Beim Viertaktmotor stellt sich die kleinste Dicke des Schmierfilms alle 720° um ZOT ein. Die Ausgangsamplitude x_A berechnet sich aus der Erregerkraft F_E und der Übertragungsfunktion H:

$$x_A = F_E H = F_{E0} \sin \omega_0 t H_0 \left(1 + \frac{\Delta H}{H_0} \cos \frac{\omega t}{2}\right) \tag{6.21}$$

Folgende trigonometrische Umformungen sind mit den unten angegebenen Abkürzungen möglich:

$\sin\alpha(1 + \gamma \cos \beta) = \sin\alpha + \gamma \sin\alpha \cos\beta$; $\sin\alpha \cos\beta = 1/2[\sin(\alpha - \beta) + \sin(\alpha + \beta)]$

Das Ergebnis lautet schließlich mit $\alpha = \omega_0$t, $\beta = \omega t/2$ und $\gamma = \Delta H/H_0$:

$$x_A = F_{E0} H_0 \left(\sin \omega_0 t + \frac{\Delta H}{2 H_0} \left[\sin \left(\omega_0 - \frac{\omega}{2}\right) t + \sin \left(\omega_0 + \frac{\omega}{2}\right) t \right] \right) \tag{6.22}$$

Neben die Ausgangsamplitude bei selber Kreisfrequenz ω_0 treten wegen der Veränderlichkeit der Steifigkeit des Schmierfilms Seitenbänder, die um die halbe Motorordnung (Kurbelwellendrehzahl) $\omega/2$ gegenüber der Erregerfrequenz nach links und rechts verschoben sind. Die durch die Seitenbänder angeregten Frequenzen erscheinen als Harmonische der halben Motorordnung und sind daher bekanntlich besonders kritisch im Hinblick auf den Komfort und die Geräuschqualität des Triebwerks insgesamt. Seitenbänder entstehen nicht nur durch das nicht-lineare Verhalten des Schmierfilms, sondern auch infolge der mehr oder weniger nicht rotationssymmetrischen Biegesteifigkeit der Kurbelwelle und der Kurbelwellenhauptlager. Letzteres wurde eingangs schon erwähnt (beachte hier z. B. Untersuchungen zum Resonanzverhalten von Kurbelwellen mit Schwungrad [50]). Speziell geringe Steifigkeit und großes Warmspiel der Kurbelwelle wirken sich entscheidend auf das sehr lästig empfundene „Kurbelwellen-Rumpeln“ aus.

6.5.4 Berechnung der Luftschallabstrahlung von der schwingenden Motorstruktur

6.5.4.1 Anmerkungen zum Berechnungsablauf

Die Berechnung der Schallabstrahlung von realen Oberflächenstrukturen ist ein schwieriges Unterfangen. Zum einen ist es erforderlich, alle schallabstrahlenden Teilflächen mit unabhängigen Punktstrahlern zu belegen. Zudem müssen Reflexion und Beugung am schwingenden Körper selbst berücksichtigt werden [51]. Für vergleichende Aussagen können allerdings vereinfachte Berechnungsmethoden völlig ausreichen [52].

Der prinzipielle Ablauf der Berechnung geht aus der Übersicht in Abb. 6.22 hervor [53]. Mit dem FEM-Strukturmodell wird im ersten Schritt eine rechnerische Modalanalyse durchgeführt. Als Ergebnis liegen dann die Eigenfrequenzen/-vektoren und modalen Massen vor, mit denen das „modale Modell" aufgebaut werden kann. Dieses besteht aus diskreten Massen sowie den zugeordneten Steifigkeiten und den Relationen der Bewegungen der Knotenpunkte untereinander. Die Anzahl der Freiheitsgrade ist identisch mit der Anzahl der Moden im betrachteten (begrenzten) Frequenzbereich. Dieser Umstand und die begrenzte Anzahl der Freiheitsgrade erleichtern den Umgang mit dem „modalen Modell" erheblich. Die erzwungenen Schwingungen mit den zugehörigen Knotenpunktsgeschwindigkeiten, wobei insbesondere die an der Oberfläche interessieren, können berechnet werden, wenn dem „modalen Modell" die Erregerkräfte in Form von diskreten Spektren oder „Sinus-Sweep" aufgeprägt werden. Damit lassen sich die Übertragungsfunktionen für die Knotenpunkte gewinnen. Das „modale Modell" einer komplexen schwingenden Struktur

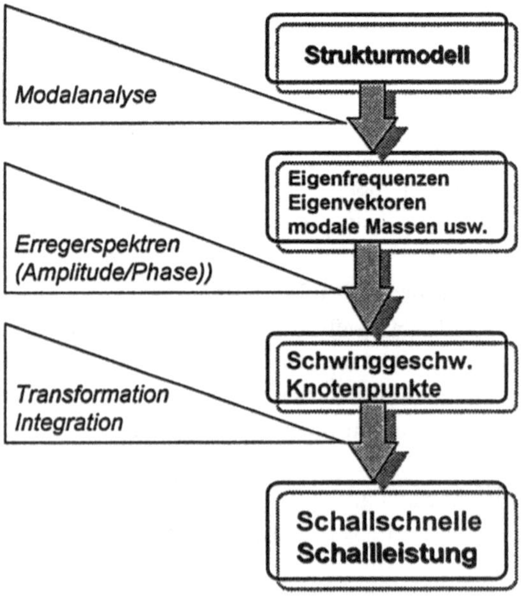

Abb. 6.22 Prinzipieller Ablauf bei der Berechnung der Schallabstrahlung von der schwingenden Motorstruktur (aus [53])

entzieht sich einer einfachen und anschaulichen Erklärung. Es handelt sich dabei um die Reduktion auf ein Ersatzsystem von mit den Eigenfrequenzen der einzelnen Eigenmoden schwingenden Einmassenschwingern mittels Transformation auf so genannte Hauptkoordinaten. Die Einmassenschwinger werden dabei entkoppelt. In Anhang VI werden die Grundzüge des „modalen Modells" erklärt.

Zur Berechnung der abgestrahlten Schallleistung wird ein zusätzliches Oberflächenmodell herangezogen. Es handelt sich hierbei um ein reines Schalenmodell, das auf der Außenkontur des FE-Strukturmodells liegt. Für Vergleiche bleibt das umgebende Luftschallfeld unberücksichtigt, indem der Abstrahlgrad in erster Näherung zu $\sigma = 1$ gesetzt wird.

6.5.4.2 Abschätzung der abgestrahlten Schallleistung

Bei bekannter Anregung – die Pfeile in Abb. 6.23 beschreiben den Anregungslastfall bei Gaskraft (Zylinderdruckspektrum hier nicht als diskretes Linienspektrum, sondern als Dichtespektrum gegeben) [52] – kann mit Hilfe der FEM die Schnelle der einzelnen Knoten (Flächenelemente) der Oberfläche berechnet und daraus deren Normalkomponente ($\perp$ zum Flächenelement) ermittelt werden. Daraus ergibt sich der örtliche quadratische Mittelwert – siehe Gl. (6.10) –, wobei auch mehrere Teilflächen zusammengefasst werden können.

Es kann davon ausgegangen werden, dass die Motoroberflächenschwingung transient ist und hauptsächlich auf die Erregerkräfte in den Hauptlagern zurückgeht [54]. Der Körperschall zwischen zwei Zündungen klingt rasch ab. Die Verbrennung in jedem Zylinder kann so als getrennter Anregungsfall behandelt werden. Über Energiemittelung ist eine Zusammenfassung möglich.

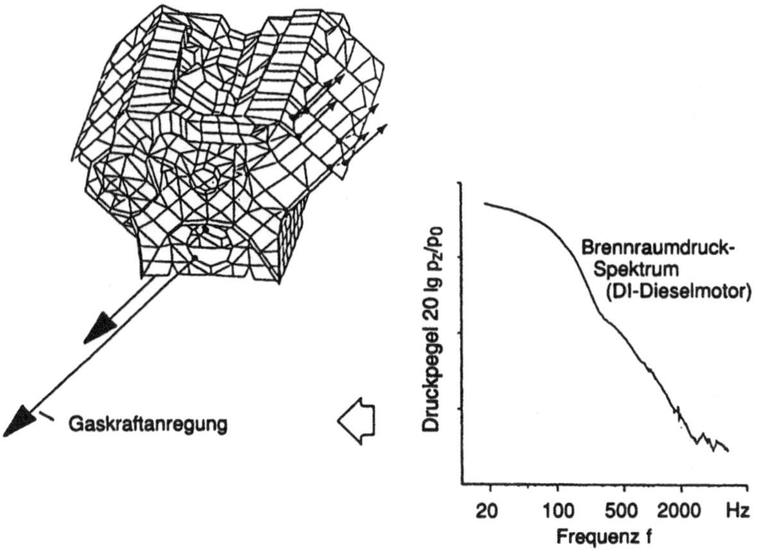

Abb. 6.23 V8-Motorblock mit Gaskraftanregung längs eines Zylinders (FE-Modell) (aus [52])

Als Anregungsfrequenzen werden nur die aus der Schwingungsanalyse bekannten Eigenfrequenzen herangezogen. Im Sinne einer linearisierten Betrachtung wird die Reaktion der Motorstruktur aus den Reaktionen der einzelnen modalen Freiheitsgrade zusammengesetzt. Das Antwortspektrum der Schnelle eines modalen Freiheitsgrads gleicht dem der Schwinggeschwindigkeit des Einmassenschwingers bei Anregung mit weißem Rauschen.

Der Abfall zu höheren Frequenzen des Zylinderdruckspektrums wird in einem engen Bereich um die Motorblockeigenfrequenzen ignoriert. Die spektrale Leistungsdichte der Erregung wird dort als annähernd konstant angesehen. Die im Frequenzbereich durchgeführte Berechnung [52] liefert die Antwort der Motoroberfläche, wobei ein Wert, z. B. der Scheitelwert der spektralen Leistungsdichte $\overline{v^2(f_i)}$, zusammen mit der Eigenfrequenz f_i und der „modalen" Dämpfung D_i ausreichen, um das Antwortspektrum der Schallschnelle eines modalen Freiheitsgrads festzulegen:

$$\overline{v^2(f)} = \frac{\overline{v^2(f_i)}}{1 + \frac{\left(f_i^2 - f^2\right)^2}{4 D_i^2 f_i^2 f^2}} \tag{6.23}$$

Gelegentlich ist anstelle der Dämpfung (des Dämpfungsgrads) D_i eigentlich der „Verlustfaktor" gemeint. Bei geringer Dämpfung ($D_i << 1$) entfällt dann definitionsgemäß lediglich der Faktor 4 im Nenner von Gl. (6.23). Abb. 6.24 zeigt den Verlauf der spektralen Leistungsdichte in Abhängigkeit von der Frequenz, die mit Hilfe der Gl. (6.10) und (6.11) zur anteiligen Schallleistung eines modalen Freiheitsgrads aufintegriert werden kann. Sinnvollerweise werden die in die einzelnen Terz- oder Oktavbänder fallenden spektralen Anteile zu Terz- oder Oktavschnellepegeln aufsummiert und entsprechend der A-Bewertungskurve gefiltert:

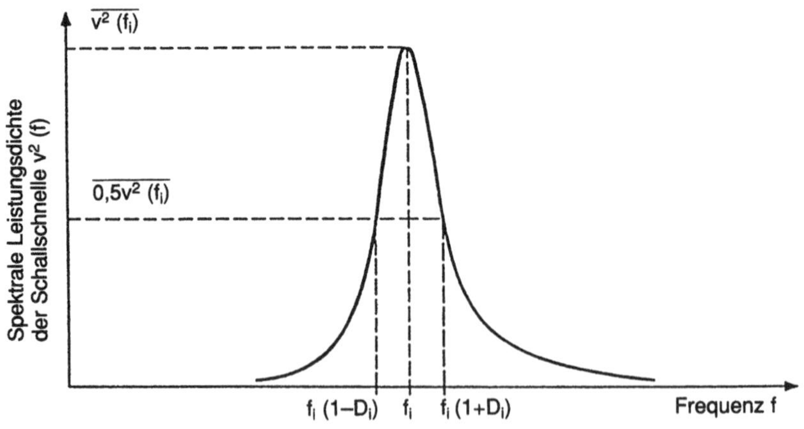

Abb. 6.24 Antwortspektrum der Schwinggeschwindigkeit des Einmassenschwingers bei Erregung mit weißem Rauschen

$$L_v = 10 \lg \frac{\overline{v^2}}{v_0^2} = 10 \lg \sum \frac{\overline{v_i^2}}{v_0^2} \tag{6.24}$$

Die Bezugsschallschnelle wird üblicherweise mit $5 \cdot 10^{-8}$ m/s gewählt. Schwierigkeiten bei vielen Anwendungsfällen bereiten die Unbekannten modale Dämpfung und Abstrahlgrad. Dies verhindert zwar absolute Geräuschaussagen, nicht jedoch Aussagen über relative Verbesserungen oder Verschlechterungen, wenn die unbekannten Parameter von Variante zu Variante unverändert bleiben. Bei Verallgemeinerung der Ergebnisse bei [52] kann der akustische oder hydrodynamische Kurzschluss im für Motorblockstrukturen interessierenden Frequenzbereich oberhalb einiger 100 Hz weitestgehend ausgeschlossen werden (Abstrahlgrad $\sigma \approx 1$) und es darf von Körperschalldifferenzen direkt auf Luftschalldifferenzen geschlossen werden. Über diese „globale" Methode hinausgehende Verfahren sind, wie eingangs erwähnt, sehr aufwändig, um Aussagen über die integrale Schallleistungsabstrahlung zu erhalten.

Diese „Zerlegung" der komplex schwingenden Struktur in „modale" Einmassenschwinger lässt, was die Genauigkeit anbetrifft, mit zunehmender Frequenz zu wünschen übrig. In dem schwingungstechnisch und akustisch primär wichtigen Frequenzbereich bis maximal ca. 4 kHz arbeitet dieses Verfahren jedoch zufriedenstellend.

Die Methoden der dynamischen FEM müssen über diese Ausführungen hinaus dem speziellen Schrifttum vorbehalten bleiben. Die meisten strukturdynamischen Berechnungen lassen sich mit der linearen FEM behandeln. Die Methode der nicht-linearen FEM ist mit erhöhtem Rechenaufwand verbunden. Darauf wird auch an anderer Stelle hingewiesen. Sie wird insbesondere dann erforderlich, wenn physikalische (nicht-lineare Elastizität, wie z. B. bei Gummi), geometrische (große Verformungen) und andere Nicht-Linearitäten (z. B. Randbedingungen bei so genannten Kontaktproblemen) auftreten ([55–57] u. a.).

6.6 Bemerkung zu weiteren Geräuschquellen am Motor

Die Behandlung des Themas „Motorgeräusch" konzentriert sich hier, von einführenden allgemeinen Bemerkungen und Definitionen abgesehen, auf die Akustik der Motorstruktur. Dies lässt sich vor allem damit begründen, dass die dynamischen Eigenschaften des Motorblocks der Berechnung gut zugänglich sind. So wird die Vorhersage der akustischen Eigenschaften in der Auslegungspraxis bereits effektiv genutzt.

Demgegenüber sind die Geräuschentstehungsmechanismen manch anderer Teilschallquelle wohl geklärt, dennoch entzieht sich deren akustisches Verhalten noch soweit einer vergleichbar genauen Berechnung, dass hauptsächlich mit empirischen Beziehungen gearbeitet wird, die z. B. auf der Drehzahlabhängigkeit des als Luftschall abgestrahlten Geräusches basieren. Darauf näher einzugehen, ist hier nicht beabsichtigt. Das gilt auch für diesbezüglich geeignete Maßnahmen zur Geräuschreduzierung. Dies soll dem einschlägigen Schrifttum zur Motor-Akustik vorbehalten bleiben.

Schließlich wäre noch das Ventiltriebsgeräusch zu erwähnen, das sich bei genauerer Analyse aus einer zeitlichen Aneinanderreihung einzelner Impulspakete zusammensetzt. Die bei den einzelnen Impulsen übertragene Energie kann anhand der kinematischen Zusammenhänge abgeschätzt und so für relative Vergleiche hinsichtlich der Körperschallanregung herangezogen werden.

Ansaug- und Auspuffmündungsgeräusche, die ebenfalls rechnerisch gut voroptimierbar sind, werden hier wegen ihres thematischen Bezugs zur Motor-Thermodynamik nicht betrachtet.

Literatur

1. *Essers, U.; Horch, E.-J.; Köhler, E.:* Geräusche von Kraftfahrzeugen: Stand 1985 und Zukunftsaussichten. In: Technischer Fortschritt sichert die Zukunft. Düsseldorf: VDI-Verlag, 1985
2. Norm *ISO-Recommendation R362.* – Ref. No.: ISO/R362-1964 (E)
3. *Flotho, A.; Spessert, B.:* Geräuschminderung an direkteinspritzenden Dieselmotoren. 1. Teil. In: Automobil-Industrie 33 (1988), Nr. 3
4. *Liedl, W.; Hommel, R.; Kiessig, H.; Fischer, J.; Hühn, W.:* Entwicklung eines lärmarmen Baustellen-Lastkraftwagens. In: UBA-Forschungsbericht Nr. 105 05 118/01, Mai 1983
5. Lärminfo.at. EU-Verordnung für leisere Kfz. Bundesministerium für Nachhaltigkeit und Tourismus, Unternehmensgegenstand: Öffentliche Verwaltung Stubenring 1, 1010 Wien, Österreich.; http://www.laerminfo.at/ueberlaerm/laermquellen/strassenverkehr/kfz_grenzwerte.html (abgerufen am 06.07.2018)
6. Verordnung (EU) Nr. 540/2014 des Europäischen Parlaments und des Rates vom 16. April 2014 über den Geräuschpegel von Kraftfahrzeugen und von Austauschschalldämpferanlagen sowie zur Änderung der Richtlinie 2007/46/EG und zur Aufhebung der Richtlinie 70/157/EWG
7. DIN ISO 361-1: Messverfahren für das von beschleunigten Straßenfahrzeugen abgestrahlte Geräusch – Teil 1: Fahrzeuge der Klassen M und N
8. *Köhler, E.:* Beitrag zur Erklärung des Reifenabrollgeräusches bei Nässe. Stuttgart, Universität, Diss., 1983
9. *Nachbar, K.; Tautenhahn, W.:* Der neue Volkswagen Transporter/Caravelle. Teil 2. In: ATZ 92 (1990), Nr. 11
10. *Thien, G. E.:* Geräuschquellen am Dieselmotor. In: VDI-Berichte 499 (1983)
11. *Herrmann, R.:* Entstehung und Zusammensetzung des Motorgeräusches. In: Automobil-Industrie 32 (1987), Nr. 3
12. *Mahr, B.; Essers, U.:* Einfluss der Verbrennung auf das Geräusch des direkteinspritzenden Dieselmotors. In: VDI Fortschrittsberichte Reihe 12 Nr. 140 (1989)
13. *Ziegler, G. u. a.:* Reduzierung des Motorgeräusches von Kraftfahrzeugen durch maschinenakustische Maßnahmen. Band 3: Geräuschminderung an einem Pkw-Ottomotor. – Forschungsbericht TV 8052/9 (1983) des BMFT
14. *Föller, D.:* Geräuscharme Maschinenteile: Untersuchung der Anregung von Körperschall in Maschinen und der Möglichkeit für eine primäre Lärmbekämpfung. In: Forschungskuratorium Maschinenbau e.V. Heft 15 (1972)

15. *Bendat, J. S.; Piersol, A. G.:* Random Data: Analysis and Measurement Procedures. New York: Wiley-Interscience, John Wiley & Sons, 1971
16. *Bendat, J. S.; Piersol, A. G.*: Engineering Applications of Correlation and Spectral Analysis. New York: Wiley-Interscience, John Wiley & Sons, 1980
17. *Cooley, J. W.; Tuckey, J. W.:* An Algorithm for the Machine Calculation of Complex Fourier Series. In: Math. Comp. 19 April 1965
18. *Krüger, J.; Pommerer, M.; Jebasinski, R.*: Aktive Abgasschalldämpfer. MTZ 07-08/2010 71. Jahrgang, S. 464–469
19. *Heckl, M.; Müller, H. A.:* Taschenbuch der Technischen Akustik. Berlin: Springer, 1975
20. *Ueberschär, D.; Grundmann, W.:* Verminderung des Verbrennungsgeräusches durch Heißkühlung und Abgasrückführung. In: Automobil-Industrie 29 (1984), Nr. 3
21. *Croker, M. D.:* Summary Report of Experimental Work on the RICARDO Crankcase Simulation Rigs. Part 1. In: DP 87/716
22. *Anderton, D.:* Some Reflections on Automotive Engine Noise, Cooling and Turbocharging. Seminar (Stuttgart-Vaihingen 1984). In: *Essers, U.* (Hrsg.): Berichte aus den Instituten FKFS, ISVR und IVK, 1985
23. *Aistleitner, K.; Anisits, F.:* Möglichkeiten der Geräuschreduktion bei Pkw-Dieselmotoren. In: VDI-Berichte Nr. 714 (1988)
24. *Köhler, E.:* Überblick über die Forschungsarbeiten des FKFS auf dem Gebiet der Kfz-Geräuschbekämpfung. Seminar (Stuttgart-Vaihingen 1984). In: *Essers, U.* (Hrsg.): Berichte aus den Instituten FKFS, ISVR und IVK, 1985
25. *Ebbinghaus, W.; Müller, E.; Neyer, D.:* Der neue 1,9-Liter-Dieselmotor von VW. In: MTZ 50 (1989), Nr. 12
26. *Okino, M.; Okada, K.; Abe, M.:* ISUZU New 8.4 L Diesel Engine. In: SAE Technical Paper Series 850258
27. *Gaede, G.:* Akustische Entwicklung des BMW-12-Zylinder-Motors. In: Automobil-Industrie 32 (1987), Nr. 6
28. *Kuroda, O.; Fujii, Y.:* An Approach to Improve Engine Sound Quality. In: SAE Technical Paper Series 880083
29. *Anonym*: Rigid Design Quiets 2.4-L Engine. In: Machine Design 61 (1989) No. 8
30. *Usuba, Y.; Kuzuoka, H.; Kamiya, N.:* Low Noise Design for the Main Structural Parts of V6 Engines. In: Int. J. of Veh. Des. 10 (1989) No. 1
31. *Ide, S.; Uchida, T.; Ozawa, K.:* Improvement of Engine Sound Quality by Use of a Flexible Flywheel. In: JSAE Review 10 (1989) No. 3
32. *Takeuchi, K.; Kubota, K.; Konagai, M.; Watanabe, M.; Kihara, R.:* The New Isuzu 2.5 Liter and 2.8 Liter 4-Cylinder Direct Injection Diesel Engine. In: SAE Technical Paper Series 850261
33. *Kochanowski, H. A.; Haller, H.:* Geräuschemission luftgekühlter Fahrzeug-Dieselmotoren. *FISITA* (Veranst.): XVIII. Intern. Kongress (Hamburg 1980)
34. *Kronich, A.:* Methodik zur Entwicklung eines vollvariablen Ventiltriebs. Dissertation Technische Universität Kaiserslautern, Kaiserslautern 2005
35. *Schaberg, P. W.; Priede, T.; Dutkiewicz, R. K.:* Effects of a Rapid Pressure Rise on Engine Vibration and Noise. SAE Technical Paper Series 900013
36. *Davey, P.:* Combining High Tech Performance and Refinement in Gasoline Engines. In: Auto-Tech 89C399/7, 1989 Combustion, Emissions and Performance IMechE Seminar Papers
37. *Affenzeller, J.; Priebsch, H. H.; Rainer, G.:* Einflüsse von Anbauteilen auf die dynamischen Kenngrößen von Motorblöcken. In: MTZ 45 (1984), Nr. 1
38. *Schmillen, K.; Schwaderlapp, M.; Spessert, B.:* Verbesserung des akustischen Verhaltens von Motorblöcken. In: MTZ 53 (1992), Nr. 4 (= 157. Kapitel 4 Zylinderkurbelgehäuse)

39. *W. Schirmer u. a.:* Lärmbekämpfung: Physikalische Grundlagen und praktische Maßnahmen der Lärmbekämpfung an Maschinen und in Produktionsanlagen. Berlin: Verlag Tribüne Berlin, 1984
40. *Oberg, H. J.; Punkt, D.; Fachbach, M. A.:* Decoupled Engine for Exterior Noise Reduction in a Lower-Mid-Class Front-Wheel-Drive Passenger Car. In: SAE Technical Paper Series 870633
41. *Baker, J. M.:* Bearing Impacts and Noise and Finite Element Modeling. Seminar (Stuttgart-Vaihingen 1984). In: *Essers, U.* (Hrsg.): Berichte aus den Instituten FKFS, ISVR und IVK, 1985
42. *Flotho, A.; Spessert, B.:* Geräuschminderung an direkteinspritzenden Dieselmotoren. Teil 2. In: Automobil-Industrie 33 (1988), Nr. 5
43. *Cremer, L.; Heckl, M.:* Körperschall: Physikalische Grundlagen und Technische Anwendungen. Berlin: Springer, 1967
44. *Rainer, G. Ph.; Gschweitl, E.; Hübl, H. P.:* Einfluss von Konstruktionsvarianten auf das akustische Verhalten von Motoren. *Haus der Technik* (Veranst.): Tagung Verbrennungsmotorenakustik (Essen 1993)
45. *Essers, U.; Gutzmer, P.; Philipp, U.:* Körperschallanregung in den Kurbelwellengrundlagern eines Verbrennungsmotors. In: FVV-Heft R424, 1982; FVV-Heft R428, 1983
46. *Essers, U.; Gutzmer, P.; Kuipers, G.:* Geräuschanregung durch die Bewegung der Kurbelwelle in den Hauptlagern eines Ottomotors. – FISITA-Beitrag Nr. 845049 (1984)
47. *Brandl, F. K.; Affenzeller, J.; Thien, G. E.:* Some Strategies to Meet Future Noise Regulations for Truck Engines. In: SAE Technical Paper Series 870950
48. *Priebsch, H.-H.; Affenzeller, J.; Gran, S.:* Prediction Techniques for Stress and Vibration of Nonlinear Supported, Rotating Crankshafts. In: ASME, Development in Off-Highway-Engines, ICE Volume 18, Oct. 1992
49. *Shibuya, H.; Ishihama, M.; Kubozuka, T.:* Improved Passenger Compartment Sound Quality of a Shell Shaped Power Plant Structure: an Analytical Study with Experimental and Vehicle Verification. In: IMechE Paper C420/034 1990 Quiet Revolutions: Powertrain and Vehicle Noise Refinements IMechE Conf. Proc
50. *Aoki, H.; Ishihama, M.; Kinoshita, A.:* Effects of a Powerplant Vibration on Sound Quality in the Passenger Compartment during Acceleration. In: SAE Technical Paper Series 870955
51. *Raasch, I.:* Schallabstrahlung von schwingenden Strukturen: Möglichkeiten der theoretischen Vorhersage der abgestrahlten Schalleistung. FEM-Kongress IKOSS, Baden-Baden 1982
52. *Dürr, W.:* Körperschallminderung durch Einsatz der Finite-Element-Methode. In: VDI-Berichte Nr. 537 (1984)
53. *Atzorn, H.-H.; Stamerjohanns, P.:* Berechnung des Schwingungs- und Akustikverhaltens eines Dieselmotors. Haus der Technik e.V. (Veranst.): Tagung Verbrennungsmotoren-Akustik (Essen 1993) (= 189. Kapitel 4 Zylinderkurbelgehäuse)
54. *Priede, T.; Ghazy, M. R.:* Die Charakteristiken der erregenden Kräfte in Turboladermotoren und ihr Einfluss auf Motorschwingungen und Geräusch. Seminar (Stuttgart-Vaihingen 1984). In: *Essers, U.* (Hrsg.): Berichte aus den Instituten FKFS, ISVR und IVK, 1985
55. *Schelkle, E.:* Einsatz nichtlinearer Finite-Element-Methoden im Automobilbau. In: VDI-Berichte Nr. 537 (1984)
56. *Radaj, D.; Butenschön, H.-J.; Hempel, H.; Wiest H.:* Finite Berechnungsverfahren für neue Fahrzeugtriebwerke. In: MTZ 52 (1991), Nr. 2
57. *Dieu, F.:* Structural Optimization of a Vehicle Using Finite Element Techniques. In: SAE Technical Paper Series 885135

7 Zusammenfassung und Ausblick

Das vorliegende Buch befasst sich mit der Motor-Mechanik. Dabei stehen die Berechnung und zeitgemäße Auslegung von Motorkomponenten und Baugruppen für Pkw- und Nkw-Hubkolbenmotoren im Vordergrund. Diese fachliche Beschränkung dient der Begrenzung des Gesamtumfangs des Buches.

Im Einzelnen werden die Bauteile Pleuel, Kolben, Kolbenringe, Kurbelwelle, Zylinderkurbelgehäuse, Zylinderkopf und Zylinderkopfdichtung ausführlich behandelt. Betrachtungen zu den motorischen Hauptabmessungen mögen zunächst sogar recht trivial erscheinen. Deren direkter Zusammenhang mit der Triebwerksauslegung ist jedoch von so vorentscheidender Bedeutung in der Konzeptphase, dass die Festlegungen stets recht sorgfältig getroffen werden müssen.

Die Behandlung der mechanischen Baugruppen konzentriert sich auf den Ventiltrieb und den Kurbeltrieb. Außerdem wird die Motor-Akustik berücksichtigt – eine aus Sicht des Motorbauers zunehmend wichtiger werdende Disziplin. Damit wird den aktuellen Bemühungen zur weiteren Minderung des Motorgeräusches Rechnung getragen. Die Geräuschanregung und -übertragung, die angeregten Strukturschwingungen (Biegewellen) und die die Luftschallabstrahlung beeinflussenden Faktoren stehen dabei im Vordergrund.

Ausgehend von elementaren analytischen Ansätzen wird jeweils versucht, den Bogen zu mehr oder weniger anspruchsvollen, rechnergestützten Berechnungsmethoden zu spannen. Auch wenn die so genannten konventionellen Berechnungsmethoden an praktischer Bedeutung verlieren, so ist das Nachvollziehen doch von hohem Wert hinsichtlich der geistigen Durchdringung der Materie und erleichtert den Zugang zu einem komplexeren Berechnungsansatz.

Die erheblich genauere rechnergestützte Bauteilberechnung stützt sich in vielen Fällen z. B. auf die „Methode der Finiten Elemente" (FEM). Voraussetzung ist die Diskretisierung der Bauteilgeometrie zu einer endlichen Anzahl geometrisch einfacher Elemente. Elementtyp und -größe sowie die Gesamtzahl der Elemente und Knoten werden der Berechnungsaufgabe

E. Köhler, R. Flierl, *Verbrennungsmotoren*, ATZ/MTZ-Fachbuch,
https://doi.org/10.1007/978-3-658-24541-2_7

unter Berücksichtigung der Genauigkeitsanforderungen und der verfügbaren Rechnerkapazität angepasst. Grundsätzlich wird zwischen Volumen- und Schalenmodellen unterschieden. Erstere werden z. B. primär für die Festigkeitsberechnung, Letztere für akustische und schwingungstechnische Untersuchungen eingesetzt. Die „statische" oder „dynamische" Aufgabenstellung beeinflusst damit die Modellbildung.

Im fachübergreifenden Bereich Motor-Mechanik, Schwingungstechnik, Akustik sind z. B. die niedrigste Biege-Eigenfrequenz des Motor-Getriebe-Verbunds, die im Resonanzfall für starke Brummgeräusche im Fahrzeuginnenraum verantwortlich ist, oder das akustische Verhalten des Zylinderkurbelgehäuses von so großer Bedeutung, dass sie heute im Voraus berechnet werden. Wie u. a. das akustische Verhalten eines Zylinderkurbelgehäuses der Berechnung zugänglich ist, wird beispielhaft skizziert.

Was die nummerischen Berechnungsmethoden anbetrifft, so werden neben der Methode der Finiten Elemente überall dort, wo Vorteile erkennbar sind, auch die „Boundary-Element-Methode" (BEM) oder die „Finite-Differenzen-Methode" (FDM) herangezogen. Im Anhang wird versucht, diese Methoden in ihren Grundzügen kurz darzustellen.

Statt der nummerischen Berechnungsmethoden selbst stehen deren beispielhafte Anwendungen auf wichtige Aufgabenstellungen der Motor-Mechanik im Vordergrund. Die Genauigkeit der Berechnungsergebnisse ist keine rein nummerische Angelegenheit. Von entscheidender Bedeutung sind zunächst die Randbedingungen. Deren ungenaue Kenntnis oder die Missachtung offensichtlich nicht-linearer Zusammenhänge lohnt dann den hohen Rechenaufwand nicht. Immer anwenderfreundlichere und problemspezifische Software hilft generell, die Effizienz technischer Berechnungen zu steigern.

Nicht zu vernachlässigende Nicht-Linearitäten sind typisch für Bauteile mit hoher Temperaturbeaufschlagung, wie z. B. den Kolben oder die Brennraumkalotten des Zylinderkopfes. Hier kommt es zu teilplastischem Werkstoffverhalten, d. h., der Zusammenhang zwischen Spannung und Dehnung ist nicht mehr linear und außerdem ebenso wie die übrigen Werkstoffkenngrößen stark von der Temperatur abhängig. Die für die Werkstoffuntersuchungen aufzuwendenden Kosten können dann leicht die eigentlichen Berechnungskosten – die Modellierung eingeschlossen – übersteigen. Dies beweist, dass mit dem Rechner erzeugte Ergebnisse stets kritisch hinterfragt werden müssen. Manchmal täuschen die mittels aufwendigem Post-Processing aufbereiteten Ergebnis-Grafiken über die Unzulänglichkeiten der Einganggrößen und die somit nur hypothetische Aussagekraft hinweg.

Einzelne Bauteile fügen sich zu Baugruppen zusammen. Zwischen den Bauteilen einer Baugruppe kommt es aufgrund von Kraft- und Formschlüssigkeit zu Wechselwirkungen. Relativbewegungen und erzwungene Schwingungen treten auf. Zwischen Gleitflächen wirken Schmierfilme. Die Schmierspalte wiederum ändern ihre Geometrie abhängig von der Bauteilverformung im Betrieb. Temperaturgradienten erzeugen Wärmeströme. Soll all das rechnerisch berücksichtigt werden, dann hat der Schritt vom Bauteil zur integralen Baugruppe erhebliche Konsequenzen für die Berechnung. An den Stellen, wo Wechselwirkungen auftreten, müssen nämlich unterschiedliche Modelle miteinander „verheiratet" werden.

Soll z. B. die Dynamik der Kurbelwelle mit deren Wechselwirkungen mit dem Zylinderkurbelgehäuse dargestellt werden, so ist die Baugruppe „Triebwerk“ (Kolben, Pleuel, Kurbelwelle, Schwungrad usw.) elastisch gelagert in den Kurbelwellen-Hauptlagern mit Zwischenschaltung eines nicht-linearen Schmierfilms aus Haupt- und Sub-Berechnungsmodellen aufzubauen. Es ist offensichtlich, dass die Biegelinie der Kurbelwelle, deren Zapfenverlagerung und Schrägstellung in den Hauptlagern, die Lagerstuhlverformung und der resultierende Schmierspalt bzw. der daraus resultierende hydrodynamische Schmierfilm in einem kausalen Zusammenhang stehen. Dementsprechend bestehen auch mathematische Kopplungen zwischen den Teilmodellen, sodass ein ziemlich umständlicher Lösungsweg beschritten werden muss. Dieses Beispiel, dessen Thematik nur unter motorakustischen Gesichtspunkten gestreift wird, zeigt anschaulich die auf der Anwenderseite augenblicklich erreichten Grenzen. Dass im Bereich der Forschung jenseits dieser Grenzen operiert wird, ist eine wichtige Voraussetzung für die im Anwenderbereich morgen verfügbaren erweiterten rechentechnischen Möglichkeiten.

Die immer komplexer werdenden Anforderungen an zukünftige Motoren machen die simultane Vorhersage und Voroptimierung der Funktion und Qualität des gesamten Motors bereits in einer frühen Phase der Entwicklung erforderlich. Es geht also nicht mehr nur darum, das Verhalten einzelner Bauteile oder Baugruppen auf dem Rechner simulieren zu können. Es wird vielmehr die „höchste Ebene“ angestrebt, nämlich die der Simulation der Funktion des Gesamtmotors, auch CAET („Computer Aided Engine Technology“) oder einfach „virtueller Motor“ genannt.

So entspricht es seit geraumer Zeit dem Stand der Technik, die thermodynamischen Vorgänge im Motor sowie dessen mechanisches bzw. dynamisches Verhalten ziemlich genau ganzheitlich simulieren zu können. Was unter dem Begriff „CAET“ oder „virtueller Motor“ zu verstehen ist, ist letztlich aber auch eine Frage der jeweiligen Zielsetzung, z. B. die thermodynamische Simulation oder die der Motormechanik, die Modellierung und Simulation aller Motorkomponenten und Baugruppen einschließlich Kinematik, Dynamik, Reibungsverhalten und Betriebsfestigkeit, darauf basierend z.B. die realitätsnahe Ermittlung der motorischen Gesamtreibungsverluste oder die Schallabstrahlung der gesamten Motoroberfläche. Es kann aber auch um ganz spezifische Dinge gehen, wie z.B. das dynamische Ansprechverhalten des Motors und viele andere Aufgabenstellungen. An den Beispielen wird ersichtlich, dass in absehbarer Zeit wohl kaum „das allumfassende Motormodell“ zur Verfügung stehen wird. Es gibt jedoch bereits heute für alle Teilaspekte sehr leistungsfähige Simulationsprogramme, bei denen die erforderlichen Submodule entsprechend interagieren. Moderne so genannte „Advanced Simulation Software“ mit „Template basierter Architektur“ kommt dem Ziel schon recht nahe. Unter Template kann eine gemeinsame Vorlage oder ein Grundgerüst für die Benutzeroberfläche der verschiedenen Module verstanden werden. Stellvertretend seien hier GT POWER® (quasi ein Standard für die Motorthermodynamik, aber mit vielen anhängenden Applikationen), FEV Virtual Engine/Dynamics® oder das Motorsimulationsmodell AVL BOOST™ genannt.

Sicherlich gibt es weiterhin Grenzen, die nur sehr schwierig zu überschreiten sein werden. Hier bedarf es nämlich der Unterscheidung zwischen der Abbildung der Motorfunktion im Rechner und dessen virtuellen Betriebs. Es gibt zwar mittlerweile auch den „virtuellen Motorprüfstand“ und die Möglichkeit virtueller Testfahrten. Aber es gelingt weiterhin nicht, den Motor im Rechner einer Dauererprobung zu unterziehen und daraus eine zuverlässige Lebensdauerprognose abzuleiten, oder z. B den Ölverbrauch des Motors zufriedenstellend vorauszuberechnen. Andererseits gelingt es auch immer besser, technologische Einflüsse auf Werkstoffeigenschaften rechnerisch prognostizieren zu können.

Die in der Anwendungstechnik verfügbaren Berechnungsmöglichkeiten verbessern sich stetig. Es ist daher immer wieder reizvoll, den technischen Stand neu zusammenzufassen und dabei bekanntes Fachbuchwissen mit aktuellen Erkenntnissen in Verbindung zu bringen sowie beides eigenen Erfahrungen gegenüberzustellen. Die Autoren hoffen, mit diesem Buch hierzu einen Beitrag zu leisten.

Anhang 8

8.1 Anmerkungen zu den Grundlagen der Finite-Element-Methode (FEM)

Mit der FEM steht den Ingenieuren ein mächtiges Hilfsmittel zur Verfügung, mit dem der Schritt von einer letztendlich doch sehr ungenauen rechnerischen Abschätzung zur wirklichkeitsnahen Simulation gelungen ist. Ohne die enorme Entwicklung der Leistungsfähigkeit elektronischer Rechner (Hochintegration der Schaltungen, Speicherplatzdichte, Beschleunigung der Rechenoperationen, Miniaturisierung und Dezentralisierung der Geräte, um nur einiges zu nennen) in Verbindung mit immer leistungsfähigerer Software wäre dieser Fortschritt nicht möglich gewesen. Für die allgemeine Verbreitung der Anwendung der FEM haben schließlich die immer nebensächlicher werdenden Hardware-Kosten und nachwachsende Generationen von Ingenieuren gesorgt, die mit diesem Instrumentarium bereits während des Studiums in Berührung gekommen sind.

Die FEM hat ausgehend von ihrem ursprünglich sehr eng begrenzten Anwendungsgebiet heute alle Disziplinen durchdrungen, deren Grundgesetze in Form von Differenzialgleichungen formuliert sind, die für ein komplexes „Grundgebiet" Gültigkeit haben, das eine explizite Lösung unmöglich macht. Die Diskretisierung dieses „Grundgebiets" in „finite", d. h. endliche Teilgebiete einfacher Geometrie, und die Umformulierung der mathematischen Aufgabenstellung in die Lösung linearer (nicht-linearer) Gleichungssysteme sind kennzeichnend für diese Methode und auf elektronische Rechner geradezu zugeschnitten.

Die FEM ([1–5]) wurde nicht von Mathematikern, sondern von Strukturmechanikern entwickelt und zunächst auf die Verformung elastischer Körper angewandt. Dabei wurden die Differenzialgleichungen der Elastomechanik umgangen! Die Berechnung wurde nicht mathematisch, sondern physikalisch abgestützt [1]. Letzteres bedeutet den direkten Bezug auf das verallgemeinerte Spannungs-Dehnungs-Gesetz von Hooke. Dieser Grundzug, Differenzialgleichungen nach Möglichkeit zu vermeiden, wird bei der FEM in der Strukturmechanik weitgehend beibehalten. Während sich der ebene Spannungszustand elementar formulieren

E. Köhler, R. Flierl, *Verbrennungsmotoren*, ATZ/MTZ-Fachbuch,
https://doi.org/10.1007/978-3-658-24541-2_8

lässt, muss bei dreidimensionalen Aufgabenstellungen dann z. B. auf Integralbeziehungen für die Verformungsenergie zurückgegriffen werden, um die Mängel der elementaren Vorgehensweise auszugleichen [1].

Die FEM als Verfahren an und für sich muss jedoch losgelöst von der Strukturmechanik betrachtet werden. Sie ist eine Variante des klassischen Verfahrens von Ritz zur Lösung von Variationsaufgaben. Es handelt sich um ein nummerisches Verfahren zur Lösung von Differenzialgleichungen, die den stationären Zustand oder zeitlich veränderliche Vorgänge in Verbindung mit technisch-naturwissenschaftlichen Aufgabenstellungen beschreiben. Die Differenzialgleichungen werden dabei in zugehörige Integral-Probleme überführt. Darauf wird an anderer Stelle noch etwas näher eingegangen.

Es ist zwischen linearen und nicht-linearen FE-Modellen/-Systemen zu unterscheiden. Erstere zeichnen sich dadurch aus, dass Nicht-Linearitäten vermieden werden, wie sie z. B. bei großen Verformungen, bestimmtem Werkstoffverhalten (elastisch-plastisch), beim Wärmeübergang (wenn z. B. der Wärmeübergangskoeffizient abhängig von der Oberflächentemperatur ist), beim Wärmetransport (temperaturabhängige Wärmeleitzahl) und in der Strömungsmechanik (Navier-Stokes-Gleichung) auftreten, um nur einige Fälle zu nennen [6]. Nicht-lineare Modelle/Systeme beanspruchen hohe Rechenleistungen und setzen beim Anwender im Gegensatz zu den linearen, die heute fast einer „black box“ gleich allgemein genutzt werden, hohe Fachkompetenz voraus [7].

Zur Diskretisierung steht eine Vielzahl von Element-Typen zur Verfügung. Vom einfachen Zug-Druck-Stab über das Balkenelement, das dreieckige/rechteckige 2D-Flächenelement, das dreieckige/rechteckige Platten-/Schalenelement bis hin zum Tetraeder- bzw. Keil- und Quader-Volumenelement gibt es eine Vielzahl von Bausteinen. Die Eckpunkte heißen Knoten. Im Gegensatz zum Fachwerk können die Element- bzw. Strukturknoten (je nachdem, ob das einzelne Element oder die gesamte Struktur angesprochen wird) auch Momente übertragen. Die Auswahl des Element-Typs erfolgt problemspezifisch.

Die Element-Auswahl ist Gegenstand ständiger fachlicher Auseinandersetzungen. Im Sinne der Reduzierung der Modelle ein und derselben Struktur für unterschiedliche Berechnungen hat das Volumenmodell eindeutige Vorteile, jedoch bezüglich des „Handling“ (schneller Aufbau der Struktur, schnelle Änderungen, Modellumfang und damit Rechnerkapazität) doch auch nennenswerte Nachteile. So werden z. B. für akustisch-schwingungstechnische Aufgabenstellungen oft Platten-/Schalen-Modelle der Gesamtstruktur erstellt. Diese sind jedoch im Gegensatz zu einem Volumen-Grobmodell der Gesamtstruktur nicht in der Lage, die notwendigen Randbedingungen für feiner diskretisierte Ausschnitte zu liefern, anhand derer z. B. genaue Spannungsberechnungen durchgeführt werden. Andererseits sind dünnwandige Bereiche, die z. B. aus nur einer Schicht von Volumenelementen gebildet werden, nur unzureichend in der Lage, den Gesetzmäßigkeiten der Biegung zu entsprechen.

An dieser Stelle kann lediglich auf diese Problematik hingewiesen werden, ohne weiter Stellung zu beziehen. Letztlich wird dies in der Praxis über die Kosten entschieden. Das Problem dynamischer Berechnungen ist die Vielzahl der Zeitschritte, die nacheinander berechnet werden müssen. Dies erfordert „handliche“ Modelle, was mit Platten/Schalen leichter zu bewerkstelligen ist.

Mit den Begriffen „Grobmodell“ und „Ausschnitt“ ist das Thema „Diskretisierung“ und damit die Rechengenauigkeit angesprochen. Hier müssen, um die Modelle nicht über alle beherrschbaren Grenzen wachsen zu lassen, wirtschaftliche Kompromisse geschlossen werden. Die Approximationsgenauigkeit eines Elements hängt nicht nur von seiner flächenhaften/räumlichen Erstreckung (Feinheit des Netzes), sondern auch stark von dessen Polynomgrad ab. Dies muss etwas genauer erläutert werden.

Im einfachsten Fall besitzt ein Element nur an seinen Ecken Knoten. Für die Näherungslösung wird ein Polynom verwendet. Wenn nur Eckknoten gegeben sind, ist dieses linear. Das Polynom wird üblicherweise Ansatzfunktion genannt. Aus rein geometrischer Sicht kann eine gekrümmte Kontur in diesem Fall nur mit Hilfe von aneinander gereihten Sekanten-Abschnitten (Geraden/ebene Flächen) modelliert werden.

Ansatzfunktionen höherer Ordnung setzen Zwischenknoten voraus. Ein entsprechendes Element besitzt z. B. zwischen den Eckknoten jeweils noch einen Zwischenknoten. Die zugehörige Ansatzfunktion ist parabolisch. Letztlich hängt die Art des Ansatzes von der Form des Elements und dem zu behandelnden Problem ab. Höhergradige Ansatzfunktionen legen es nahe, auf krummlinige Elemente überzugehen. Mit z. B. drei Punkten je Elementseite/-kante kann eine gekrümmte Kontur mit Parabel-Abschnitten meist hinreichend genau approximiert werden. Entspricht die Ansatzfunktion mathematisch der Transformation krummliniger/-kantiger Elemente in das so genannte Einheitselement der Seiten-/Kantenlänge 1, so spricht man von isoparametrischen Elementen.

Die in den Knotenpunkten benutzten Funktionswerte und Werte von Ableitungen werden Knotenvariablen des Elements genannt. Mit Hilfe der Knotenvariablen wird die Ansatzfunktion als Linearkombination der so genannten Formfunktionen mit den Knotenvariablen als Koeffizienten dargerstellt. Die herkömmliche FEM beschränkt sich auf Elemente mit Eckknoten bzw. einem Zwischenknoten je Elementseite/-kante. Die Begriffe „konstant“ und „linear“ beziehen sich in Verbindung mit den Elementen auf das zugrunde liegende „Deformationsmodell“. Hinsichtlich dieser und weiterer, die gebräuchlichen Element-Typen betreffenden Details muss auf das einschlägige Schrifttum verwiesen werden. Dies schließt die die Eigenschaften teilweise kennzeichnende Namensgebung ebenfalls ein.

Durch Ansätze höherer Ordnung – d. h. mehr als ein Zwischenpunkt – lässt sich die Genauigkeit trotz vergleichsweise grober Diskretisierung steigern [8]. Die Steigerung des Polynomgrads stellt also eine Alternative zur Verfeinerung des FE-Netzes dar.

Bei der Diskretisierung der Struktur ist neben der Tatsache, dass z. B. die Knotendichte bei der Spannungsberechnung den zu erwartenden Spannungsgradienten anzupassen ist, auch auf physikalische Phänomene zu achten. Beispielhaft sei in diesem Zusammenhang der dispersive Charakter von plattenähnlichen Strukturen in Bezug auf Biegewellen genannt. Bei akustischen Berechnungen ist zu berücksichtigen, dass sich auf biegeweichen Strukturen, wie Ölwannen und Ventildeckel, die Biegewellen mit deutlich geringerer Wellenlänge ausbilden als auf dem steifen Motorblock.

Schließlich sei noch der Freiheitsgrad erwähnt, unter dem, bezogen auf das Element, die jeweilige Bewegungsfreiheit der Knotenpunkte zu verstehen ist. Die Größe eines Modells ist dann durch die Gesamtzahl der Elemente und Freiheitsgrade beschrieben.

Dass die Berechnung in drei Phasen abläuft, ist hinlänglich bekannt. Zur Erstellung des Netzwerks wird der „Preprozessor" herangezogen. Der FE-Prozessor oder „Solver" führt die eigentliche nummerische Berechnung durch. Der „Postprozessor" bereitet das Ergebnis auf, wobei die vielen Daten auf aussagefähige Darstellungen reduziert werden.

8.2 Zur Matrizen-Theorie der Statik – Verschiebungsmethode

Bei der Verschiebungsmethode werden die Knotenverschiebungen als Unbekannte eingeführt. Für jedes Element ergibt sich in Verbindung mit den Einheitsverschiebungen seiner Knoten und dem Stoffgesetz die Steifigkeitsmatrix. Mit den Gleichgewichtsbedingungen für alle Knoten folgt das Gleichungssystem zur Bestimmung der unbekannten Verschiebungen. Wie dies im Einzelnen zu verstehen ist, soll am folgenden, zwecks Eingängigkeit sehr einfachen, Beispiel erläutert werden, das sich an der Darstellung bei [4] bzw. [9] orientiert.

Zunächst wird das *einzelne Element* betrachtet, im einfachsten Fall ein *Stab.* Durch *innere* Krafteinwirkung über die Knotenpunkte wird das Element verzerrt (verformt). Für die Stellen eines Elements, die mit anderen Elementen Knoten bilden, können die *Verschiebungen* in allen drei Koordinatenrichtungen definiert werden. Das benutzte *Koordinatensystem* ist dabei *„Element-fest"*.

Die Kräfte sind als „verallgemeinerte Kräfte" zu verstehen, d. h., es sind Kräfte und Momente gemeint. Die die Verzerrung des Elements verursachenden „Kräfte" – wobei im allgemeinen Fall Zug/Druck, Biegung (mit Querkraft) und Torsion zu berücksichtigen sind (je nachdem, wie viel Bewegungsfreiheitsgrade dem jeweiligen Strukturknotenpunkt zugemessen werden) – können *pro Element* in einem Element-Vektor der inneren Kräfte $[f]$ zusammengefasst werden. Die der Verzerrung des Elements entgegenwirkenden Steifigkeiten lassen sich ebenso in einer Steifigkeit-Matrix $[c]$ zusammenfassen und die Knotenpunktsverschiebungen entsprechend in einem Verschiebungs-Vektor $[v]$.

Abb. 8.1 zeigt als Ausschnitt einen Teilbereich einer zweidimensionalen (2D-)„Struktur" mit

a)	• den Stabelementen (1), (2) und (3) • dem element-bezogenen Koordinaten-System (u,v) • den Verdrehwinkeln $\varphi(1)$, $\varphi(2)$ und $\varphi(3)$ der element-bezogenen Koordinatensysteme
b)	• den Strukturknoten 1, 2 und 3, • der äußeren Kraft F in y-Richtung am Knoten 3
c)	• der Lagerreaktion F_A mit den Komponenten F_{Ax}, F_{Ay} am Knoten 1 (hinsichtlich F_{Ax} werden im nicht dargestellten Bereich des Berechnungsnetzes auch horizontale Belastungskomponenten angenommen)
Weiterhin bedeuten	
	• c die hier einheitlich angenommene axiale Element-Steifigkeit und • v_u, v_v die Bewegungsfreiheitsgrade (Verschiebungen) der Strukturknoten, wobei der Übersichtlichkeit wegen hier im Beispiel nur Zug/Druck zugelassen sein soll

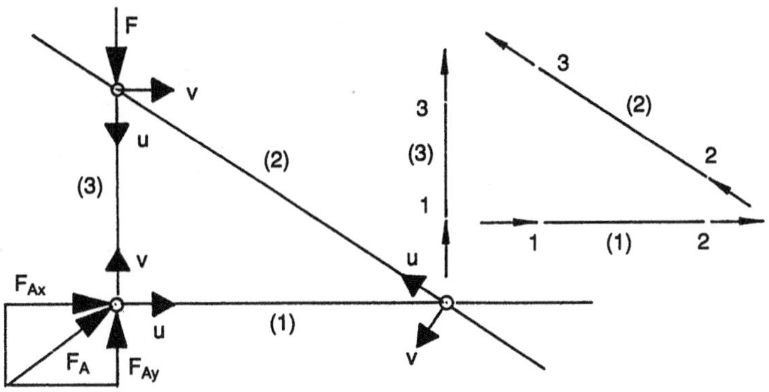

Abb. 8.1 Ausschnitt aus einer 2D-Struktur

Für Element (1) gilt in Bezug auf die an den Enden (Knoten) wirkenden Kräfte und die dadurch verursachte Verschiebung (Verformung):

$$F_{u1} + F_{u2} = 0 \rightarrow F_{u2} = -F_{u1} \tag{8.1}$$

$$v_{u1} - v_{u2} = \Delta l_{(1)} \tag{8.2}$$

$$| F_{u1} | = | F_{u2} | = c\Delta l_{(1)} \tag{8.3}$$

In Matrizen-Schreibweise lässt sich das wie folgt formulieren:

$$\begin{bmatrix} F_{u1} \\ F_{u2} \end{bmatrix} = \begin{bmatrix} c & -c \\ -c & c \end{bmatrix} \begin{bmatrix} v_{u1} \\ v_{u2} \end{bmatrix}$$

bzw. allgemein

$$\left[f_{(1)}\right] = \left[c_{(1)}\right] \left[v_{(1)}\right] \tag{8.4}$$

Für alle Elemente der gesamten Struktur gilt bei Vernachlässigung der Kennzeichnung der elementspezifischen Matrizen/Vektoren:

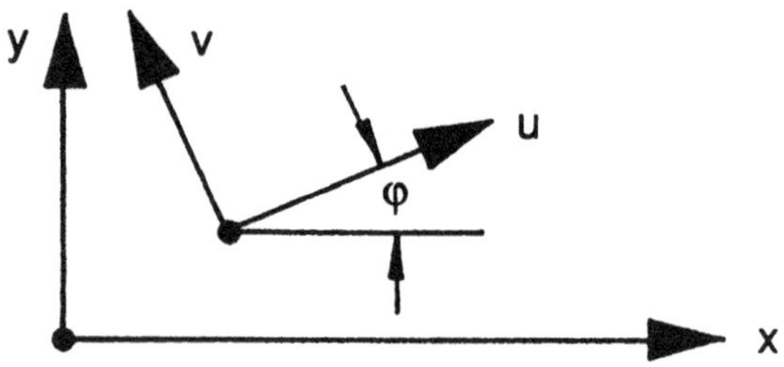

Abb. 8.2 Element-Koordinatensystem (u,v) und Struktur-Koordinatensystem (x,y)

$$\begin{bmatrix} f_{(1)} \\ f_{(2)} \\ f_{(3)} \\ \cdots \\ f_{(n)} \end{bmatrix} = \begin{bmatrix} c_{(1)} & & & & \\ & c_{(2)} & & & \\ & & c_{(3)} & & \\ & & & \cdots & \\ & & & & c_{(n)} \end{bmatrix} \begin{bmatrix} v_{(1)} \\ v_{(2)} \\ v_{(3)} \\ \cdots \\ v_{(n)} \end{bmatrix}$$

bzw. allgemein

$$\mathrm{f} = \mathrm{c}\,\mathrm{v} \tag{8.5}$$

Zunächst müssen die Element-Koordinatensysteme mit den Koordinaten (u,v) für den Zusammenbau der Elemente zur Gesamtstruktur in ein einheitliches Struktur-Koordinatensystem (x,y) (bzw. (x,y,z) bei 3D-Strukturen) transformiert werden, wie das in Abb. 8.2 angedeutet ist.

Die Transformations-Gleichungen für Element (1) lauten bei kleinen Verschiebungen und demnach zulässiger Linearisierung, wobei nur Komponenten in u-Richtung, d. h. in Richtung der Stabachse, auftreten:

$$\begin{aligned} &\text{Knoten 1 von Stab (1)}: v_{u1} = v_{x1}\cos\varphi + v_{y1}\sin\varphi \quad \text{und} \\ &\text{Knoten 2 von Stab (1)}: v_{u2} = v_{x2}\cos\varphi + v_{y2}\sin\varphi \end{aligned} \tag{8.6}$$

In Matrizen-Schreibweise folgt analog zu Gl. (8.4) für das betrachtete Element (1):

$$\begin{bmatrix} v_{u1} \\ v_{u2} \end{bmatrix} = \begin{bmatrix} \cos\varphi & \sin\varphi & 0 & 0 \\ 0 & 0 & \cos\varphi & \sin\varphi \end{bmatrix} \begin{bmatrix} v_{x1} \\ v_{y1} \\ v_{x2} \\ v_{y2} \end{bmatrix}$$

bzw. allgemein

$$\left[v_{(1)}\right] = \left[T_{(1)}\right]\left[V_{(1)}\right] \tag{8.7}$$

Werden wiederum die Elemente in ihrer Gesamtzahl betrachtet, so ist analog zu Gl. (8.5) eine verallgemeinerte Schreibweise üblich:

$$\mathrm{v} = \mathrm{T\,V} \tag{8.8}$$

T ist die Transformations-Matrix, die die globalen (äußeren) Verschiebungen V in die inneren Verschiebungen v überführt. Entsprechend können die äußeren Kräfte F mit den inneren Kräften f in Zusammenhang gebracht werden. Für das zunächst wiederum betrachtete Element (1) ergeben sich folgende Transformations-Beziehungen:

$$\begin{aligned} F_{x1} &= F_{u1}\,\cos\varphi \\ F_{y1} &= F_{u1}\,\sin\varphi \\ F_{x2} &= F_{u2}\,\cos\varphi \\ F_{y2} &= F_{u2}\,\sin\varphi \end{aligned} \tag{8.9}$$

Auch Gl. (8.9) lässt sich analog zu Gl. (8.4) in Matrizen-Schreibweise darstellen:

$$\begin{bmatrix} F_{x1} \\ F_{y1} \\ F_{x2} \\ F_{y2} \end{bmatrix} = \begin{bmatrix} \cos\varphi & 0 \\ \sin\varphi & 0 \\ 0 & \cos\varphi \\ 0 & \sin\varphi \end{bmatrix} \begin{bmatrix} F_{u1} \\ F_{u2} \end{bmatrix}$$

bzw:allgemein

$$\left[F_{(1)}\right] = \left[T_{(1)}\right]^{\mathrm{T}} \left[f_{(1)}\right] \tag{8.10}$$

Und für die Elemente in ihrer Gesamtzahl ist auch hier die abstrakte Formulierung sinnvoll:

$$\mathrm{F} = \mathrm{T}^{\mathrm{T}}\mathrm{f} \tag{8.11}$$

T^{T} ist, wenn das Gleichungssystem (8.10) mit (8.7) verglichen wird, nichts anderes als die an der Hauptdiagonalen gespiegelte Transformations-Matrix, die auch als „transponiert“ bezeichnet wird. Aus den Matrizen-Gleichungen (8.5), (8.8) und (8.11) folgt direkt:

$$\mathrm{F} = \mathrm{T}^{\mathrm{T}}\mathrm{c\,v} \tag{8.12}$$

bzw.

$$\mathrm{F} = \mathrm{T}^{\mathrm{T}}\mathrm{c\;TV} \tag{8.13}$$

mit

$$\mathrm{C} = \mathrm{T}^{\mathrm{T}}\mathrm{c\,T} \tag{8.14}$$

C ist die transformierte *Element-Steifigkeits-Matrix* c, die in dieser zu den globalen Koordinaten konformen Darstellung als *Struktur-Steifigkeits-Matrix* bezeichnet wird. Mit ihrer

Einführung lässt sich der direkte Zusammenhang zwischen der äußeren Kraft F und den äußeren Verschiebungen V herstellen:

$$\mathrm{F} = \mathrm{CV} \tag{8.15}$$

bzw.

$$\mathrm{V} = \mathrm{C}^{-1}\mathrm{F} \tag{8.16}$$

C^{-1} ist die inverse Struktur-Steifigkeits-Matrix. Bei vielen Freiheitsgraden ist eine direkte Lösung durch Invertieren der Struktur-Steifigkeits-Matrix allerdings nicht möglich. Die Matrix C wird für das hier betrachtete Beispiel nach folgendem Gesetz gebildet:

$$\mathrm{C} = c\begin{bmatrix} \cos^2\varphi & \sin\varphi\cos\varphi & -\cos^2\varphi & -\sin\varphi\cos\varphi \\ \sin\varphi\cos\varphi & \sin^2\varphi & -\sin\varphi\cos\varphi & -\sin^2\varphi \\ -\cos^2\varphi & -\sin\varphi\cos\varphi & \cos^2\varphi & \sin\varphi\cos\varphi \\ -\sin\varphi\cos\varphi & -\sin^2\varphi & \sin\varphi\cos\varphi & \sin^2\varphi \end{bmatrix} \tag{8.17}$$

Exakterweise müssten C, c und φ mit dem Index (i) versehen werden, da sie sich auf das jeweilige Element $\mathrm{E}_{(i)}$ beziehen. c ist der Steifigkeitswert des Elements, der sich hier auf die einheitliche axiale Stabsteifigkeit $c = EA/l$ reduziert.

Der mit Gl. (8.15) aufgezeigte Zusammenhang zwischen Kraft und Verschiebung lässt sich auch über eine streng physikalische Betrachtungsweise herleiten, wenn das „Prinzip der virtuellen Arbeit" zugrunde gelegt wird. Dabei müssen sich äußere und innere Arbeit die Waage halten, d. h.

$$\text{äußere Kräfte} \cdot \text{äußere Verschiebungen} = \text{innere Kräfte} \cdot \text{innere Verschiebungen}$$

Implizit ist damit verbunden, dass im stabilen Gleichgewicht die potenzielle Energie der elastischen Formänderung eines Körpers ein Minimum aufweist (Sätze von Castigliano und Menabrea [1]). Es wird schon in Abschn. 8.1 des Anhangs darauf hingewiesen, dass bei 3D-Problemen der Strukturmechanik auf Integralbeziehungen für die Verformungsenergie zurückgegriffen werden muss [1].

Die Matrizen-Gleichung (8.15) kann jetzt mit Hilfe der Gl. (8.17) für jedes der drei betrachteten Stabelemente aufgestellt werden:

Element $E_{(1)}$ mit $c_{(1)}$ und $\varphi_{(1)} = 0°$:

$$\begin{matrix} & & x_1 & x_2 & \\ \begin{bmatrix} F_{x1} \\ F_{x2} \end{bmatrix} & = c_{(1)} & \begin{bmatrix} 1 & -1 \\ -1 & 1 \end{bmatrix} & & \begin{bmatrix} v_{x1} \\ v_{x2} \end{bmatrix} \end{matrix} \tag{8.18}$$

Element $E_{(2)}$ mit $c_{(2)}$ und $\varphi_{(2)} = 135°$:

$$\begin{matrix} & & x_2 & y_2 & x_3 & y_3 & \\ \begin{bmatrix} F_{x2} \\ F_{y2} \\ F_{x3} \\ F_{y3} \end{bmatrix} & = c_{(2)} & \begin{bmatrix} 0{,}5 & -0{,}5 & -0{,}5 & 0{,}5 \\ -0{,}5 & 0{,}5 & 0{,}5 & -0{,}5 \\ -0{,}5 & 0{,}5 & 0{,}5 & -0{,}5 \\ 0{,}5 & -0{,}5 & -0{,}5 & 0{,}5 \end{bmatrix} & \begin{bmatrix} v_{x2} \\ v_{y2} \\ v_{x3} \\ v_{y3} \end{bmatrix} \end{matrix} \tag{8.19}$$

Element $E_{(3)}$ mit $c_{(3)}$ und $\varphi_{(3)} = 270°$:

$$\begin{bmatrix} F_{y3} \\ F_{y1} \end{bmatrix} = c_{(3)} \overset{\begin{matrix} y_3 & \;\; y_1 \end{matrix}}{\begin{bmatrix} 1 & -1 \\ -1 & 1 \end{bmatrix}} \begin{bmatrix} v_{y3} \\ v_{y1} \end{bmatrix} \tag{8.20}$$

Schließlich sind die Gleichgewichtsbedingungen für die einzelnen Knoten in x- und y-Richtung (für 3D-Strukturen auch z-Richtung) anzusetzen. Dazu werden die Anteile, die die einzelnen dort gekoppelten Stäbe liefern, addiert. Knoten 1 hat in x-Richtung nur Anteile von Element (1) und in y-Richtung von Element (3). Knoten 2 hat in x-Richtung Anteile der Elemente (1) und (2) und in y-Richtung nur von Element (2). Knoten 3 hat in x-Richtung nur Anteile von Element (2), in y-Richtung dagegen von den Elementen (2) und (3) usw. Auf diese Weise wird das Gleichungssystem mit der *Gesamt-Steifigkeits-Matrix* aufgestellt. Die Unbekannten sind die Verschiebungen v_{xi}, v_{yi}, die von den äußeren, an den Knoten i angreifenden Kräften ΣF_{xi}, ΣF_{yi} hervorgerufen werden. Für das obige Beispiel lautet das Gleichungssystem wie folgt:

$$\begin{bmatrix} \sum F_{x1} \\ \sum F_{y1} \\ \sum F_{x2} \\ \sum F_{y2} \\ \sum F_{x3} \\ \sum F_{y3} \\ \cdots \end{bmatrix} = \begin{bmatrix} c_{(1)} & 0 & -c_{(1)} & 0 & 0 & 0 & \cdots \\ 0 & c_{(3)} & 0 & 0 & 0 & -c_{(3)} & \cdots \\ -c_{(1)} & 0 & c_{(1)} + \frac{c_{(2)}}{2} & -\frac{c_{(2)}}{2} & -\frac{c_{(2)}}{2} & \frac{c_{(2)}}{2} & \cdots \\ 0 & 0 & -\frac{c_{(2)}}{2} & \frac{c_{(2)}}{2} & \frac{c_{(2)}}{2} & -\frac{c_{(2)}}{2} & \cdots \\ 0 & 0 & -\frac{c_{(2)}}{2} & \frac{c_{(2)}}{2} & \frac{c_{(2)}}{2} & -\frac{c_{(2)}}{2} & \cdots \\ 0 & -c_{(3)} & \frac{c_{(2)}}{2} & -\frac{c_{(2)}}{2} & -\frac{c_{(2)}}{2} & \frac{c_{(2)}}{2} + c_{(3)} & \cdots \\ \cdots & \cdots & \cdots & \cdots & \cdots & \cdots & \cdots \end{bmatrix} \begin{bmatrix} v_{x1} \\ v_{y1} \\ v_{x2} \\ v_{y2} \\ v_{x3} \\ v_{y3} \\ \cdots \end{bmatrix} \tag{8.21}$$

(Spaltenbezeichnungen: x_1, y_1, x_2, y_2, x_3, y_3, …)

Zur Lösung des Gleichungssystems werden nummerische Verfahren mit Rechnerunterstützung herangezogen. Zuvor sind allerdings noch die Randbedingungen zu beachten. Gemäß der Skizze des Ausschnitts der Struktur sind die Kräfte ΣF_{x1} bzw. ΣF_{y1}

die äußeren Kräfte F_{Ax} bzw. F_{Ay}, d. h. die Richtungskomponenten der Lagerreaktionskraft F_A. $\Sigma F_{y3} = -\mathrm{F}$ ist eine äußere Kraft, die die Struktur belastet ($\Sigma F_{x3} = 0$, da keine Horizontalkomponente). An Knoten ohne äußere Kräfte gilt $\Sigma F_{xi} = 0$ bzw. $\Sigma F_{yi} = 0$. Ähnlich verhält es sich mit den Verschiebungen. In Verbindung mit der Lagerreaktionskraft F_A gilt dann beispielsweise $v_{x1} = 0$ und $v_{y1} = 0$. Hinzu kommen weitere notwendige Randbedingungen zur Lösung des Gleichungssystems, da bei diesem Beispiel ja nur ein Strukturausschnitt betrachtet wird.

Nach Einsetzen der Randbedingungen ist zu erkennen, dass sich das ursprüngliche Gleichungssystem eigentlich auf zwei Gleichungssysteme reduziert. Das erste Gleichungssystem mit den unbekannten Verschiebungen und den in Form von Randbedingungen bekannten Kräften wird „modifiziertes Gleichungssystem" genannt [4]. Es muss zuerst gelöst werden. Damit sind die Verschiebungen bekannt. Nun können die unbekannten Kräfte mit Hilfe der einzelnen Gleichungen des zweiten Gleichungssystems bestimmt werden. Die Stabkräfte folgen wiederum aus den oben abgeleiteten Beziehungen.

Zusammenfassend ist stets wie folgt vorzugehen [4]:

- Aufteilung des Systems in finite Elemente und die zugehörigen Knoten
- Festlegung der Knotenverschiebungen und inneren Knotenkräfte
- Bestimmung der Element-Matrizen
- Aufbau der System-Matrix durch Superposition der Element-Matrizen
- Vervollständigung zum Gleichungssystem durch den Vektor „der rechten Seite" (hier Kraftvektor)
- Modifizierung des Gleichungssystems mit Hilfe der Randbedingungen
- Lösung des modifizierten Gleichungssystems
- Berechnung der problemspezifischen Größen (hier unbekannte Kräfte) aus dem Lösungsvektor (Verschiebungen)

Neben der Verformung eines Körpers interessieren primär die in diesem durch äußere Kräfte hervorgerufenen Spannungen. Die weiteren Schritte können hier nur noch sehr formal vollzogen werden. Es wird nicht mehr der zuvor benutzte Stab, sondern sinnvollerweise wieder ein einfaches Element, z. B. ein Dreieck mit drei Ecknoten („Konstant-Element" = vereinfachende Annahme eines konstanten Verzerrungszustands innerhalb des Elements) betrachtet, dem über die zugeordnete Dicke h ein volumenähnlicher Charakter verliehen wird. Die Beschränkung auf den zweiachsigen Spannungszustand (Beanspruchung in der 2D-Ebene) soll aufrechterhalten werden, da diese Ausführungen ja nur exemplarischer Natur sein sollen und alle die Behandlung des 3D-Falls erschwerenden Fakten auch bis zu dieser Stelle unberücksichtigt bleiben.

Elementar ist die Dehnung bekanntlich die partielle Ableitung der Verschiebung nach der betreffenden Koordinatenrichtung. Den Zusammenhang zwischen der jetzt bekannten Verzerrung (Verschiebung) V und der Dehnung ε stellt die Transformations-Matrix H her:

$$\varepsilon = \mathrm{H}\,\mathrm{V} \tag{8.22}$$

ε und V stellen dabei Spaltenvektoren dar. Bei bekannter Dehnungsverteilung ε in der Struktur kann die Spannungsverteilung σ berechnet werden, wenn die Werkstoff-Steifigkeits-Matrix E aufgestellt wird. Dazu müssen die Elemente mit einem E-Modul E und der zugehörige Querkontraktionszahl μ belegt werden:

$$\sigma = \mathrm{E}\varepsilon \tag{8.23}$$

Für die auf äußere Kräfte F zurückgehende Spannungsverteilung σ kann ohne Beweis folgende Beziehung abgeleitet werden:

$$\mathrm{F} = V_E \mathrm{H}^{\mathrm{T}} \sigma \tag{8.24}$$

V_E ist das Element-Volumen. H^{T} ist nichts anderes als die transponierte Matrix H von Gl. (8.22). Wird Gl. (8.22) in Gl. (8.23) sowie das Ergebnis wiederum in Gl. (8.24) eingesetzt, so lässt sich die Transformations-Matrix H unter Zuhilfenahme der Werkstoff-Steifigkeits-Matrix E in die Struktur-Steifigkeits-Matrix C – siehe Gl. (8.14) und Gl. (8.15) – überführen:

$$\mathrm{F} = V_E \left(\mathrm{H}^{\mathrm{T}} \mathrm{E} \mathrm{H}\right) \mathrm{V} = \mathrm{C}\,\mathrm{V} \tag{8.25}$$

und folglich

$$\mathrm{C} = V_E \left(\mathrm{H}^{\mathrm{T}}\, \mathrm{E}\, \mathrm{H}\right) \tag{8.26}$$

8.3 Lösung von Differenzialgleichungen mit Hilfe der FEM

In Abschn. 8.2 wird ein „direktes“ Verfahren zur Lösung von Aufgabenstellungen der Strukturmechanik anwendungsnah vorgestellt. Es wird darauf hingewiesen, dass dabei Differenzialgleichungen (DGL) umgangen werden. Auch wenn letztere Vorstellung manchmal mit der FEM verbunden wird, entspricht dies keineswegs den Tatsachen. Allerdings lassen sich in vielen Fällen DGL durch Aufgaben gleicher Lösung ersetzen, bei denen eine Funktion gesucht wird, die einem bestimmten Integral einen Kleinstwert erteilt [1]. In der Mathematik wird dann von „Variationsaufgaben“ gesprochen. Es darf in diesem Zusammenhang in Erinnerung gerufen werden, dass weite Bereiche der Physik von „Minimal-Prinzipien“ bestimmt werden.

Bezüglich der Lösung von DGL konkurriert die FEM mit anderen Methoden, wie z. B. der FDM (Finite-Differenzen-Methode). Es muss an dieser Stelle der Hinweis genügen, dass die FEM im Gegensatz zur FDM, was das Grundgebiet anbetrifft, auf dem die gesuchte Funktion $u(x,y,z)$ definiert ist, nicht auf ein starres Gitter beschränkt ist, sondern mit einer Vielzahl von Element-Geometrien sehr anpassungsfähig ist. Einige weitere Anmerkungen zur FDM enthält Abschn. 8.4.

Die Transformations-Gleichung zwischen der Variationsaufgabe und der DGL ist die Eulersche DGL. Dies kann am folgenden Beispiel verdeutlicht werden:

$$\text{Variationsaufgabe: Integral}\, I = \int_G F\left(x, y, z, u_x, u_y, u_z\right) \mathrm{d}V = \text{Minimum} \tag{8.27}$$

F ist der Integrand, *u*(*x*,*y*,*z*) ist die gesuchte Lösung. Es treten bei diesem Beispiel nur 1. Ableitungen von *u* nach den Koordinaten *x*, *y* und *z* auf. *G* ist das Grundgebiet, $\mathrm{d}V = \mathrm{d}x\mathrm{d}y\mathrm{d}z$ ein Volumenelement. Die stetige Differenzierbarkeit aller vorkommenden Funktionen und Ableitungen wird vorausgesetzt. Die obige Variationsaufgabe gilt ohne Modifikation (zusätzliche Integrationsterme), wenn die Lösung *u* auf dem Rand *C* des Grundgebiets *G* gegeben ist [1]. Im Prinzip handelt es sich um so genannte Randwert- oder Eigenwertprobleme, wenn die DGL homogen ist. Die Eulersche DGL lautet in diesem Fall [1]:

$$\frac{\partial}{\partial x}\left(\frac{\partial F}{\partial u_x}\right) + \frac{\partial}{\partial y}\left(\frac{\partial F}{\partial u_y}\right) + \frac{\partial}{\partial z}\left(\frac{\partial F}{\partial u_z}\right) - \frac{\partial F}{\partial u} = 0 \tag{8.28}$$

Für dieses Beispiel soll der Integrand

$$F = u_x^2 + u_y^2 + u_z^2 \tag{8.29}$$

angesetzt werden.

Aus den Gl. (8.28) und (8.29) folgt:

$$\begin{aligned} &\frac{\partial F}{\partial u} = 0 \\ &\frac{\partial F}{\partial u_x} = \frac{\partial}{\partial u_x}(u_x^2) = 2u_x; \quad \frac{\partial}{\partial x}(2u_x) = 2u_{xx} \\ &\frac{\partial F}{\partial u_y} = \frac{\partial}{\partial u_y}\left(u_y^2\right) = 2u_y; \quad \frac{\partial}{\partial y}(2u_y) = 2u_{yy} \\ &\frac{\partial F}{\partial u_z} = \frac{\partial}{\partial u_z}(u_z^2) = 2u_z; \quad \frac{\partial}{\partial z}(2u_z) = 2u_{zz} \end{aligned} \tag{8.30}$$

Aus den Gl. (8.28) und (8.30) folgt schließlich die bekannte Laplacesche DGL:

$$u_{xx} + u_{yy} + u_{zz} = 0 \tag{8.31}$$

Bei Anwendung der FEM wird die DGL in eine Variationsaufgabe überführt. In allgemeiner Schreibweise heißt dies analog zu oben, wenn zur zu lösenden DGL der zugehörige Integrand *F* angesetzt wird:

$$I = \int_G F \mathrm{d}V = \text{Minimum} \tag{8.32}$$

Das Grundgebiet G, auf dem die DGL gilt, wird dann in viele kleine Teilbereiche, die finiten Elemente $E_{(i)}$, aufgeteilt. Die Gesamtzahl der Elemente betrage m. Es wird ja außerdem vorausgesetzt, dass die Lösung u auf dem Rand von G bekannt ist, d. h. ausreichend viele Randbedingungen für u für eine eindeutige Lösung gegeben sind.

Das globale Integral (Gl. [8.32]) kann dann durch eine Summe von einzelnen Integralen, die sich auf die Teilbereiche beziehen, ersetzt werden:

$$I = \sum \int_{E_{(i)}} F \mathrm{d}V = \text{Minimum} \tag{8.33}$$

Jedes der m finiten Elemente $E_{(i)}$ hat n Knotenpunkte K mit bekannten Koordinaten. Diese werden bei der Erstellung des FE-Netzes eindeutig festgelegt. Für die exakte Lösung u der DGL wird ein Ansatz für die Näherungslösung U gemacht, wobei diese nur stückweise definiert ist. Die Näherungslösung U muss dabei für jedes finite Element angesetzt werden. Je nach Element-Typ kommen Linearfunktionen oder Polynome in Frage (siehe Abschn. 8.1). Die Stetigkeitsforderung beschränkt sich dabei zunächst darauf, dass zwei finite Elemente, die denselben Knoten teilen, bezüglich der für sie angesetzten Näherungsfunktionen dort wenigstens dieselbe Näherungslösung U haben müssen.

Da sich jedes Vieleck in Dreiecke zerlegen lässt, sind Dreiecke sehr anpassungsfähig. Dreiecke lassen sich darüberhinaus so mit Knoten belegen, dass die Näherungslösung U als Polynom beliebiger Ordnung gewählt werden kann, wobei die Stetigkeit von U auf den Elementrändern erfüllt ist. Für weitere Erläuterungen wird ein einfaches 2D-Dreieck-Element angenommen. Dieses hat drei Eckpunkte (Knoten, TRIM3-Element [1]), sodass für die Näherungslösung U die Linearfunktion der allgemeinen Form

$$U = a + bx + cy \tag{8.34}$$

mit den unbestimmten Koeffizienten a, b und c angesetzt wird.

Wir konzentrieren uns vorübergehend ganz auf das Element $E_{(1)}$ mit den Knoten $K_1(x_1,y_1)$, $K_2(x_2,y_2)$ und $K_3(x_3,y_3)$. Einsetzen der Knoten-Koordinaten führt zu folgendem Gleichungs-System:

$$\begin{aligned} U_1 &= a + bx_1 + cy_1 \\ U_2 &= a + bx_2 + cy_2 \\ U_3 &= a + bx_3 + cy_3 \end{aligned} \tag{8.35}$$

U_1, U_2 und U_3 sind noch nicht bekannte Näherungslösungen von u an den Knoten K_1, K_2 und K_3. Es muss hier eingeschoben werden, dass für dieses Beispiel auf elementspezifische

Koordinaten (z. B. lokale Dreiecks-Koordinaten; siehe Anmerkung am Ende des Abschnitts) verzichtet wird, die mittels Transformation in das globale Koordinatensystem überführt werden. Das Gleichungssystem (8.35) kann z. B. mit der Determinanten-Methode gelöst werden:

$$\begin{aligned}
\text{Koeffiz.-Det. } D &= x_1(y_2 - y_3) + x_2(y_3 - y_1) + x_3(y_1 - y_2) = 2A \\
\text{Determinante } D_1 &= U_1(x_2y_3 - x_3y_2) + U_2(x_3y_1 - x_1y_3) + U_3(x_1y_2 - x_2y_1) \\
\text{Determinante } D_2 &= U_1(y_2 - y_3) + U_2(y_3 - y_1) + U_3(y_1 - y_2) \\
\text{Determinante } D_3 &= U_1(x_3 - x_2) + U_2(x_1 - x_3) + U_3(x_2 - x_1)
\end{aligned} \tag{8.36}$$

Die Lösungen folgen mit

$$a = D_1/D, b = D_2/D \text{ und } c = D_3/D \text{ mit } D = 2A (A \text{ Dreieckfläche}) \tag{8.37}$$

Mit der Einführung von Zahlenwerten lässt sich etwas mehr Übersichtlichkeit erreichen. Die Element-Knoten werden mit $K_1(0,0)$, $K_2(1,0)$ und $K_3(0,1)$ bezüglich ihrer Lage im Grundgebiet G festgelegt. Die Koeffizienten nehmen dann die Werte

$$a = U_1, b = U_2 - U_1 \text{ und } c = U_3 - U_1 \text{ an und} \tag{8.38}$$

die Näherungsfunktion für das finite Element $E_{(1)}$ lautet

$$U_{(1)} = U_1 + (U_2 - U_1)x + (U_3 - U_1)y \tag{8.39}$$

Die Koeffizienten werden also durch die Lösungen U_1, U_2 und U_3 der Näherungsfunktion ausgedrückt. Wird das Element $E_{(1)}$ mit beliebigen Ortskoordinaten in Verbindung gebracht, so haben die Koeffizienten a, b und c folgende allgemeine Form:

$$\begin{aligned}
a &= \alpha_1 U_1 + \alpha_2 U_2 + \alpha_3 U_3 \\
b &= \beta_1 U_1 + \beta_2 U_2 + \beta_3 U_3 \\
c &= \gamma_1 U_1 + \gamma_2 U_2 + \gamma_3 U_3
\end{aligned} \tag{8.40}$$

Es wird nun folgender Ansatz auf dem finiten Element $E_{(i)}$ gemacht:

$$U_{(i)} = \sum_{j=1}^{n} f_{(i)j} U_j \tag{8.41}$$

(i = Element-Zähler, j = Knoten-Zähler des Elements, n = Knoten pro Element, hier $n = 3$). Die Funktionen $f_{(i)j}$ sind dabei Polynome der Ortskoordinaten. Für das hier behandelte Beispiel geht Gl. (8.42) aus Gl. (8.39) unter Berücksichtigung von Gl. (8.40) und Gl. (8.41) hervor:

$$U_{(1)} = (1 - x - y)U_1 + xU_2 + yU_3 \tag{8.42}$$

Gl. (8.42) liefert die so genannten Formfunktionen („Shape Functions") $f_{(1)j}$ des Elements $E_{(1)}$:

$$f_{(1)1} = 1 - x - y, \quad f_{(1)2} = x \text{ und } \quad f_{(1)3} = y \tag{8.43}$$

Werden die Koordinaten eines Knotenpunkts $K_k(x_k,y_k)$ in die Näherungsfunktion eingesetzt, dann ist $U_{(1)} = U_k$, was z. B. für $k = 2$ (Knoten $K_2(1,0)$) leicht zu zeigen ist:

$$U_{(1)} = (1 - 1 - 0)U_1 + 1 \cdot U_2 + 0 \cdot U_3 = U_2$$

Für ein beliebiges anderes Element $E_{(p)}$, z. B. mit den Element-Knoten $K_r(x_r,y_r)$, $K_s(x_s,y_s)$ und $K_t(x_t,y_t)$, ergibt sich analog folgende Näherungsfunktion, wobei mit Bezug auf die Gl. (8.36) und (8.37) folgende Schreibweise üblich ist:

$$U_{(p)} = \frac{1}{2A}\left[(A_r + B_r x + C_r y)\,U_r + (A_s + B_s x + C_s y)\,U_s + (A_t + B_t x + C_t y)\,U_t\right] \tag{8.44}$$

$$\text{mit } \frac{A_i}{2A} = \alpha_i, \quad \frac{B_i}{2A} = \beta_i \quad \text{und} \quad \frac{C_i}{2A} = \gamma_i \text{ nach den Gl.(8.40)}$$

Tatsächlich werden zur Vereinfachung der über die Elemente erforderlichen Integration (ganz allgemein aber auch zwecks einheitlicher Behandlung unterschiedlicher Näherungsfunktionen und der entsprechenden Element-Beiträge) Dreieckselemente auf ein Einheitsdreieck abgebildet. Darauf und auf die Durchführung der Integration kann hier nicht näher eingegangen werden.

Sind alle Formfunktionen bestimmt, so werden die in der DGL vorkommenden Ableitungen aus U auf der Basis von Gl. (8.41) gebildet. Die Ableitung U_x lautet dann z. B. wie folgt:

$$U_{(i)x} = \sum_{j=1}^{n} \frac{\partial f_{(i)j}}{\partial x} U_j \tag{8.45}$$

Entsprechend können die Ableitungen $U_{(i)y}$ und, wenn sie vorkommen, auch höherer Ordnung sowie nach der z-Koordinate bei einem 3D-Grundgebiet berechnet werden [1]. So wird der Integrand F für das Element $E_{(i)}$ aufgebaut. Damit das Integral I der Minimalbedingung genügt, muss $\partial I/\partial U_k$ für jedes unbekannte U_k verschwinden. In allgemeiner Schreibweise lässt sich dies mit Bezug auf Gl. (8.33) wie folgt ausdrücken:

$$\sum \frac{\partial}{\partial U_k}\left(\int\limits_{E_{(i)}} F\,\mathrm{d}V\right) = 0 \tag{8.46}$$

Die Matrix der Koeffizienten des Gleichungssystems

$$\frac{\partial}{\partial U_k}\left(\int\limits_{E_{(i)}} F\,\mathrm{d}V\right) = 0 \tag{8.47}$$

ist die Element-Matrix. Zunächst werden alle Element-Matrizen bestimmt, aus denen dann das Gleichungssystem für das gesamte Grundgebiet zusammengestellt wird. Die Lösung des Gleichungssystems erfolgt mit Hilfe geeigneter nummerischer Methoden und Rechnerunterstützung, was in diesem kurzen Abriss nicht weiter verfolgt werden kann. Letztere Aussage bezieht sich insbesondere auf Eigenwertprobleme.

Diese knappe Einführung beschränkt sich auf wesentliche Schritte des Berechnungsablaufs. Dabei werden streng mathematische Kriterien bei der Herleitung der Lösung bewusst weitgehend außer Acht gelassen, um diese Methode transparenter darstellen zu können. Für die praktische Anwendung sind ohnehin weiterführendes Schrifttum und die Handbücher der Software-Hersteller zu Rate zu ziehen.

Es ist noch zu ergänzen, dass nicht für alle Randwertprobleme eine äquivalente Variationsaufgabe existiert, d. h. das auf Ritz zurückgehende Verfahren dann nicht anwendbar ist. In diesen Fällen wird ein Näherungsansatz U für die Lösung gewählt, bei dem nach Einsetzen in die DGL ein Rest oder Residuum verbleibt. Die freien Parameter des Näherungsansatzes U werden nun so bestimmt, dass der Rest im betrachteten Intervall möglichst klein wird. Dazu werden Gewichtsfunktionen W eingeführt. Nach Multiplikation und Integration im betrachteten Intervall wird ein so genannter gewichteter Durchschnitt berechnet, der verschwinden (= 0 sein) soll. Daraus folgen die Bestimmungsgleichungen für die freien Parameter. Je nach Wahl der Gewichtsfunktion hat das Verfahren unterschiedliche Namen. Am bekanntesten ist heute wohl „Galerkin-Prozess“. Aber auch „Methode der gewichteten Residuen“ oder „Restgrößenmethode“ sind gebräuchliche Namen. Dieser Hinweis soll an der Stelle ausreichen.

Abschließend noch die oben angekündigte Anmerkung zu Dreieckskoordinaten. Es handelt sich dabei um die lokalen Koordinaten L_1, L_2 und L_3 eines Dreiecks. Für die Näherungslösung U gilt: $U = L_1U_1 + L_2U_2 + L_3U_3$. Den Zusammenhang mit den globalen Koordinaten x,y stellen folgende Beziehungen her (Abb. 8.3):

$$x = \sum_{i=1}^{3} L_i x_i, \quad y = \sum_{i=1}^{3} L_i y_i, \quad \sum_{i=1}^{3} L_i = 1 \tag{8.48}$$

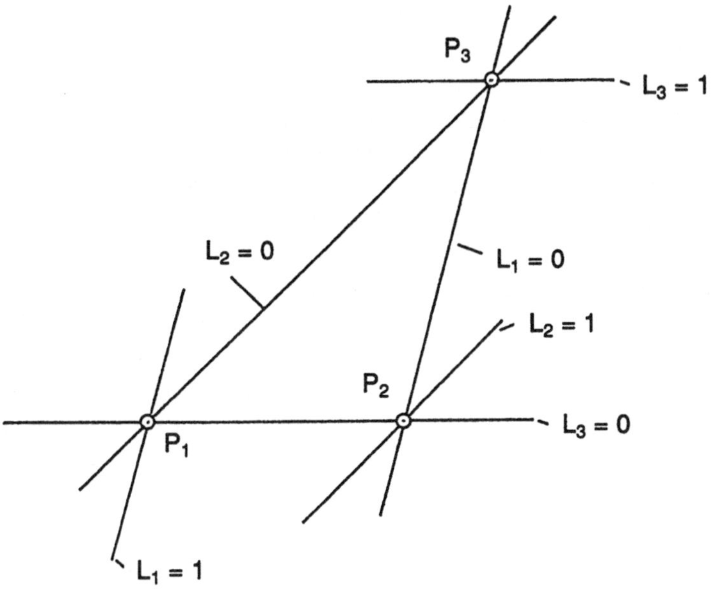

Abb. 8.3 Dreieckskoordinaten L_i

8.4 Anmerkungen zur Finite-Differenzen-Methode (FDM)

Es wird eine Differenzialgleichung unterstellt, die bestimmte physikalische Zusammenhänge beschreibt und bei vorliegender Aufgabenstellung nicht explizit lösbar ist. Gesucht wird daher eine Näherungslösung U anstelle der exakten Lösung u. Bei der FDM werden alle Ableitungen durch Differenzenquotienten ersetzt. So entsteht aus der Differenzialgleichung eine Differenzengleichung. Die Differenzenquotienten werden mit Hilfe von Approximationen z. B. auf folgende Weise gebildet, wobei die Erfüllung der Stetigkeitsbedingungen vorausgesetzt wird:

1. Ableitung: $\partial u/\partial x = (u_{i+1,j} - u_{i,j})/\Delta x + F_{\mathrm{I}}(\Delta x)$
2. Ableitung: $\partial^2 u/\partial x^2 = (u_{i+1,j} - 2u_{i,j} + u_{i-1,j})/2\Delta x + F_{\mathrm{II}}(\Delta x)$

Entsprechend werden $\partial u/\partial y$ usw. gebildet (Indizierung hier für zweidimensionalen Definitionsbereich).

Der Definitionsbereich der Differenzengleichung reduziert sich auf eine diskrete Punktmenge mit den Abständen Δx, Δy und Δz zwischen den Punkten, wenn ganz allgemein ein dreidimensionales Grundgebiet betrachtet wird. Deshalb wird das Grundgebiet durch ein in den einzelnen Koordinatenrichtungen äquidistantes, achsenparalleles Gitter (Netz) abstrahiert. Die Indizes von u legen den jeweiligen Gitterpunkt eindeutig fest. Zur Reduzierung des Rechenaufwands wird später bei mehrdimensionalem Grundgebiet sinnvollerweise von der Mehrfach- auf eine Einfachindizierung übergegangen, was hier jedoch nicht weiter verfolgt werden kann. Die Abstände Δx, Δy und Δz, bei zeitabhängigen Vorgängen auch Δt, bestimmen die Diskretisierungsfehler F. Durch Anwendung der in allgemeiner Form vorliegenden Differenzengleichungen auf die Gitterpunkte entsteht ein algebraisches Gleichungssystem, das mit mathematischen Algorithmen gelöst werden kann, wenn je nach Aufgabenstellung ausreichend viele Anfangs- oder Randbedingungen (Gitterpunkte, auf denen die Lösung u bekannt ist, oder zusätzliche Hilfsgitterpunkte im Fall der Normalableitung $\partial u/\partial n$) gegeben sind.

Der Disketisierungsfehler und die Begriffe Konsistenz und Konvergenz spielen bei der FDM eine große Rolle. Leider ist es keine Selbstverständlichkeit, dass mit hinreichend kleiner Schrittweite der Diskretisierungsfehler vernachlässigbar wird. Durch ungeschickte Wahl der Schrittweiten kann dieser dabei über alle Grenzen wachsen. Konsistenz bedeutet, dass der Diskretisierungsfehler der Näherungsbeziehungen zur Approximation von Differenzialquotienten mit hinreichend kleiner Schrittweite vernachlässigbar wird. Konvergenz bedeutet, dass die Näherungslösung U dabei von der exakten Lösung u nur noch vernachlässigbar abweicht.

Hinzu kommt das Problem der nummerischen Instabilität. Darunter ist z. B. das oszillierende Aufschaukeln des Diskretisierungsfehlers zu verstehen. An dieser Stelle kann nur auf die Existenz solcher mathematisch-nummerischer Phänomene in Verbindung mit Approximationslösungen hingewiesen werden. Für das weiterführende Studium empfiehlt sich z. B. [1]. Dort wird auch auf die Lösung großer algebraischer Gleichungssysteme eingegangen.

8.5 Anmerkungen zur Boundary-Element-Methode (BEM)

In bestimmten Anwendungsgebieten kann die BEM heute eine wirtschaftlichere Alternative zur FEM, auf jeden Fall eine Ergänzung der Anwendungsbreite derartiger Methoden darstellen. Die BEM wird auch als Integralgleichungs-Methode bezeichnet. Sie zeigt so eine gewisse Verwandtschaft mit der FEM, bezieht sich jedoch nur auf den Randbereich eines Körpers. Im Gegensatz zur FEM ist die Modellierung der Oberfläche ausreichend, um auch den Zustand im Inneren der Struktur (des Körpers) ermitteln zu können. Es ist daher auch der Begriff „Randelement-Methode“ (REM) gebräuchlich.

Aufgrund dieses Sachverhalts eignet sich die BEM z. B. besonders für die Ermittlung von Kerbspannungen an der Bauteiloberfläche. Hier kann der geringere Aufwand zur Beschreibung der Geometrie und die im Allgemeinen höhere Genauigkeit vorteilhaft genutzt werden. Nachteile können lange Rechenzeiten und großer Speicherbedarf sein. Von wesentlichem Einfluss ist dabei die „Kompaktheit“ der Struktur (des Körpers). Gemeint ist damit das Oberflächen-Volumen-Verhältnis.

Auch zur BEM gibt es mittlerweile ausreichend viel Schrifttum. Stellvertretend sei hier [10] genannt. Diese Quelle ist selbst stark anwendungsorientiert, enthält jedoch viele Schrifttumhinweise im Hinblick auf die Grundlagen der Methode.

Die Anfänge der BEM lassen sich am elementar lösbaren Fall der Durchbiegung y eines Balkens plausibel erklären. Die Lösung der bekannten DGL der Balkenbiegung $y''''(x) = q(x)/EI$ kann in eine Integralgleichung

$$y(x) = \frac{1}{EI} \int_0^l G(x, \xi)\, q\xi \,\mathrm{d}\xi$$

überführt werden. G ist die Greensche Funktion und q die Belastungsfunktion. Die Greensche oder Einflussfunktion erfüllt die DGL und die Randbedingung in Bezug auf eine Einheitskraft $F(\xi) = 1$ an der Stelle ξ des Balkens. Basierend auf der Kenntnis von G kann für beliebige Lastfunktionen q die Lösung gefunden werden.

Für komplexere Strukturen (Körper) ist die Greensche Funktion, d. h. die an beliebiger Stelle gültige Lösung (hier Verformung) infolge einer an dieser oder einer beliebigen anderen Stelle wirkenden Einheitskraft, in der Regel nicht bekannt. Man behilft sich mit grundsätzlich bekannten Lösungen für Scheiben, Platten, Schalen etc. unendlicher Erstreckung, denen im Körperinneren exakte Gültigkeit unterstellt wird. Es wird einfach angenommen, die Struktur (der Körper) sei aus einem Gebiet unendlicher Erstreckung herausgeschnitten worden. Die für die Oberfläche gültige Lösung folgt durch punktweise Anpassung an die Randbedingungen in einer integralen Form der Grundgleichungen.

Über Betrachtungen zur Äquivalenz der Verformungsarbeit in Verbindung mit der Aufbringung der tatsächlichen Belastung und alternativ der Einheitskraft unter Verwendung des „Satzes von Betti" lässt sich die Einflussfunktion über Gebiets- und Randintegrale ermitteln, was verständlicherweise hier nicht im Detail nachvollzogen werden kann. Die nummerischen Gleichungen entstehen dadurch, dass zum einem in jedem der k Knoten die Einheitskraft aufgebracht und der „Satz von Betti" angewandt wird, des Weiteren dadurch, dass zusätzlich auch ein Einheitsmoment aufgebracht und identisch verfahren wird. So entstehen $2k$ Gleichungen für $2k$ Unbekannte. Zur nummerischen Integration über die Berandung der Struktur (des Körpers) müssen noch Elementfunktionen eingeführt werden.

8.6 Anmerkungen zum „modalen Modell" (Modal-Analyse)

Die die Bewegung von Strukturen mit vielen Freiheitsgraden beschreibenden Gleichungen sind zwangläufig miteinander gekoppelt. Dies erschwert die Lösung der Gleichungen, d. h., dies kostet Rechenzeit und kann auch zu nummerischen Ungenauigkeiten führen [11]. Es besteht allerdings die Möglichkeit, die Gleichungen zu entkoppeln. Auf diese Weise entstehen entkoppelte Gleichungen, von denen jede völlig unabhängig von den anderen gelöst werden kann. Auf dieser Vorgehensweise beruht das „modale Modell" schwingender Strukturen:

Die Bewegungsgleichung der schwingenden Struktur lautet:

$$[M]\{\ddot{x}\} + [K]\{\dot{x}\} + [C]\{x\} = \{F(t)\}$$

$[M]$	Massen-Matrix	$\{\ddot{x}\}$	Vektor der Schwingbeschleunigung
$[K]$	Dämpfungs-Matrix	$\{\dot{x}\}$	Vektor der Schwinggeschwindigkeit
$[C]$	Steifigkeits-Matrix	$\{x\}$	Vektor der Schwingungsamplituden
		$\{F(t)\}$	Vektor der äußeren Kräfte (Anregung).

Es handelt sich dabei um n gekoppelte Gleichungen. Der Zähl-Index ist k.

Die Eigenfrequenzen ω_k des ungedämpften Systems ergeben sich aus folgendem Gleichungssystem:

$$\left|[C] - \omega^2[M]\right| = 0$$

Die Eigenvektoren $\{x_k\}$ können dann wie folgt bestimmt werden:

$$\left([C] - \omega_k^2[M]\right)\{x_k\} = 0$$

Die Eigenvektoren $\{x_k\}$ beschreiben die zu den Eigenfrequenzen ω_k gehörenden Eigenschwingungsformen. Sind die Eigenfrequenzen und Eigenvektoren bestimmt, so wird folgende Transformation vorgenommen [11]:

$$\{x\} = [X]\{y\}, \{\dot{x}\} = [X]\{\dot{y}\}, \{\ddot{x}\} = [X]\{\ddot{y}\}$$

$[X]$ ist die Matrix der Eigenvektoren $\{x_k\}$ $(1 \leq k \leq n)$, d. h. eine nxn-Matrix. Gleichzeitig wird die Dämpfungs-Matrix $[K] = 0$ gesetzt. Die obige Bewegungsgleichung der ungedämpften Struktur lautet dann:

$$[M][X]\{\ddot{y}\} + [C][X]\{y\} = \{F(t)\}$$

Multiplikation mit der transponierten Matrix $[X]^{\mathrm{T}}$ liefert schließlich ohne Beweis n entkoppelte Gleichungen

$$[X]^{\mathrm{T}}[M][X]\{\ddot{y}\} + [X]^{\mathrm{T}}[C][X]\{y\} = [X]^{\mathrm{T}}\{F(t)\},$$

weil die Produkte $[X]^{\mathrm{T}}[M][X]$ und $[X]^{\mathrm{T}}[C][X]$ „diagonale" Matrizen sind. Die entkoppelte Gleichung für die Anregung der k-ten Eigenschwingungsform lautet dann:

$$m_k^* \ddot{y}_k + c_k^* y_k = F_k^*(t)$$

$$m_k^* = \{x_k\}^T [M] \{x_k\}$$

$$c_k^* = \{x_k\}^T [C] \{x_k\}$$

$$F_k^* = \{x_k\}^T \{F(t)\}$$

y_k wird Haupt- oder „modale" Koordinate genannt. Sie entzieht sich einer direkten kinematischen Deutung. m_k^* ist die generalisierte oder „modale" Masse, c_k^* die generalisierte oder „modale" Steifigkeit und F_k^* die generalisierte Kraft, die den „modalen" Einmassen-Schwinger zu Schwingungen anregt. Das „modale Modell" einer schwingenden Struktur interpretiert diese als eine Anzahl voneinander unabhängiger Einmassenschwinger, die mit den Eigenfrequenzen der Struktur schwingen.

Die Dämpfung wurde bisher vernachlässigt. Zwecks Aufrechterhaltung der Entkopplung der Gleichungen muss für die jetzt noch einzuführende Dämpfung beispielsweise folgender Ansatz gemacht werden [11]:

$$[K] = \alpha[M] + \beta[C]$$

Aus $[X]^T[K][X]$ folgen die Dämpfungs-Konstanten k_k^* und damit die Schwingungsgleichungen mit „modaler" Dämpfung für die den einzelnen Eigenmoden zugeordneten Resonanzschwingungen:

$$m_k^* \ddot{y}_k + k_k^* \dot{y}_k + c_k^* y_k = F_k^*(t)$$

Division durch m_k^* ermöglicht schließlich noch folgende Umformung:

$$\ddot{y}_k + 2 D_k \omega_k \dot{y}_k + \omega_k^2 y_k = F_k(t)$$

Dabei ist $D_k = k_k^*/(2m_k^*\omega_k)$ der „modale" Dämpfungsgrad ($2D_k\omega_k = \alpha + \beta\omega_k^2$) und $F_k(t) = F_k^*(t)/m_k^*$. Gemäß der schon erwähnten Transformation kann der Lösungsvektor $\{x(t)\}$ jetzt aus der Matrix der Eigenvektoren $[X]$ und dem nun bekannten Vektor $\{y(t)\}$ berechnet werden. Die Verschiebung eines Strukturpunkts (der Koordinate) $x_i(t)$ wird schließlich nach folgender Vorschrift berechnet:

$$x_i(t) = \sum_{k=1}^{n} x_{ik} y_k(t)$$

x_{ik} sind die Elemente der Matrix der Eigenvektoren.

Der Vorteil „modaler" Modelle ist die Tatsache, dass bezüglich der zu Schwingungen angeregten Struktur nur die jeweils innerhalb eines Frequenzbands interessierenden Resonanzschwingungen völlig unabhängig ohne Matrizen-Operationen ziemlich einfach berechnet werden können.

Literatur

1. *Marsal, D.:* Die nummerische Lösung partieller Differenzialgleichungen in Wissenschaft und Technik. Mannheim: Bibliographisches Institut/B.I.-Wissenschaftsverlag, 1976
2. *Zienkiewicz, O. C.:* The Finite Element Method in Engineering Science. London: McGraw-Hill, 1971. – 2. erw. und überarb. Aufl. von The Finite Element Method in Structural and Continuum Mechanics
3. *Bathe, K. J.:* Finite Element Procedures in Engineering Analysis. Prentice-Hall, 1982
4. *Kämmel, G.; Franek, H.; Recke, H.-G.:* Einführung in die Methode der finiten Elemente. 2. Auflage. München: Carl Hauser, 1990 (Studienbücher der technischen Wissenschaften)
5. *Schwarz, H. R.:* Methode der finiten Elemente. 3. Auflage. Stuttgart: Teubner, 1991 (Teubner Studienbücher Mathematik)
6. *Schelkle, E.:* Einsatz nichtlinearer Finite-Element-Methoden im Automobilbau. In: VDI-Berichte Nr. 537 (1984) (= 55. Kapitel 6)
7. *Radaj, D.; Butenschön, H.-J.; Hempel, H.; Wiest H.:* Finite Berechnungsverfahren für neue Fahrzeugtriebwerke. In: MTZ 52 (1991), Nr. 2 (= 56. Kapitel 6)
8. *Bartels, M.; Ruschlau, B.:* PROBE Neue p-Version der Finite-Element-Methode. In: ATZ 92 (1990), Nr. 9 (= 139. Kapitel 4 Kurbelwelle)
9. *Holzmann, G.; Meyer, H.; Schumpich, G.:* Technische Mechanik. Teil 3: Festigkeitslehre. Stuttgart: Teubner, 1990 (= 210. Kapitel 4 Zylinderkurbelgehäuse)
10. *Möhrmann, W.:* DBETSY: die Boundary Element Methode in der industriellen Berechnung. In: VDI-Berichte Nr. 537 (1984)
11. *Krämer, E.:* Maschinendynamik. Berlin: Springer, 1984

Stichwortverzeichnis

E. Köhler, R. Flierl, *Verbrennungsmotoren*, ATZ/MTZ-Fachbuch,
https://doi.org/10.1007/978-3-658-24541-2

L